I. Steinbrück, D. Baumhoer, Ph. Henle

Intensivkurs Anatomie

I. Steinbrück, D. Baumhoer, Ph. Henle

Intensivkurs Anatomie

Mit 464 Abbildungen und 120 Tabellen

1. Auflage

ELSEVIER
URBAN & FISCHER

URBAN & FISCHER
München • Jena

Zuschriften und Kritik an:

Elsevier GmbH, Urban & Fischer Verlag, Lektorat Medizinstudium, Dr. Andrea Beilmann,
Karlstraße 45, 80333 München
e-mail: medizinstudium@elsevier.de

Wichtiger Hinweis für den Benutzer

Die Erkenntnisse in der Medizin unterliegen laufendem Wandel durch Forschung und klinische Erfahrungen. Herausgeber und Autoren dieses Werkes haben große Sorgfalt darauf verwendet, dass die in diesem Werk gemachten Angaben dem derzeitigen Wissensstand entsprechen.

Bibliografische Information der Deutschen Bibliothek

Die Deutsche Bibliothek verzeichnet diese Publikation in der Deutschen Nationalbibliografie; detaillierte bibliografische Daten sind im Internet unter http://dnb.ddb.de abrufbar.

Programmleitung: Dr. med. Dorothea Hennessen
Planung: Alexander Gattnarzik
Lektorat: Dr. Andrea Beilmann, Dr. Andrea Richarz
Redaktion: Martin Kortenhaus, s|t|m Verlagsdienstleistungen GbR, Illertissen;
Dr. Marie Trendelenburg, Olching
Herstellung: Peter Sutterlitte
Satz: Kösel, Krugzell
Druck und Bindung: Firmengruppe Appl, aprinta GmbH & Co. KG, Wemding
Zeichnungen: Stefan Elsberger, Planegg; Rüdiger Gay, Astried Rothenburger,
Gay + Rothenburger, Sternenfels; Patrick Rebacz, Königswinter
Umschlaggestaltung: SpieszDesign, Neu-Ulm

ISBN 978-3-437-43670-3

Aktuelle Informationen finden Sie im Internet unter www.elsevier.de und www.elsevier.com

Vorwort

Als die Lektoren des Urban und Fischer Verlags vor 4 Jahren mit der Frage an uns herantraten, ob wir nach dem inzwischen in 2. Auflage erschienenen Kurzlehrbuch Histologie Interesse hätten, ein Anatomiebuch zu verfassen, waren wir zunächst ein wenig skeptisch. Ein von zwei Klinikern verfasstes Anatomiebuch ... Konnte das gut gehen?

Nach einiger Überlegung fanden wir die Idee dann doch ziemlich reizvoll. Schon im Studium hatten wir eine besondere Affinität zur Anatomie gehabt und mehrfach Studenten im Präparierkurs als Präparierassistenten betreut sowie selbst geschriebene skriptähnliche Zusammenfassungen als Vorbereitung auf die drohenden Testate verteilt. Unsere Zeit im Präparierkurs war für das Verfassen dieses Buches natürlich von großem Nutzen, da wir aufgrund der Erfahrungen mit den Studenten auf die im Kurs häufig unklaren oder schwierigen Sachverhalte besonders detailliert eingehen konnten. Überhaupt haben wir das Buch am Anfang unserer beruflichen Aus- und Weiterbildung konzipiert und fühlten uns so dem studentischen Blickwinkel bzw. den studentischen Bedürfnissen noch sehr nahe. Auf der anderen Seite konnten wir unsere Erfahrungen aus der eigenen fachärztlichen Ausbildung (I. Medizinische Abteilung [Gastroenterologie] der Asklepios Klinik Altona in Hamburg und Institut für Pathologie der Universität Basel) einbeziehen, um damit die Relevanz der morphologisch-anatomischen Grundlagen in klinischen Fragestellungen zu unterstreichen. Immerhin ist es häufig so, dass sich die Antwort auf die während des Medizinstudiums so inflationär gestellte Frage „Warum müssen wir das alles eigentlich lernen?" oftmals erst Jahre später in konkreten klinischen Fragestellungen beantworten lässt. Vor allem war es jedoch unser Anliegen, ein Buch zu schreiben, das Spaß macht und unsere seit dem Studium bestehende Begeisterung für dieses Fach zum Ausdruck bringt. Denn schließlich stellt der Präparierkurs die erste große Hürde des Medizinstudenten auf dem Weg zum ersten Abschnitt der ärztlichen Prüfung dar, eine Phase, in der innerhalb kürzester Zeit mehr Wissen akkumuliert werden muss als jemals zuvor (und danach), und das Ganze unter dem Druck von Klausuren und regelmäßigen Testaten.

Glücklicherweise konnten wir zusätzlich noch Philipp Henle (Klinik und Poliklinik für Orthopädische Chirurgie im Inselspital Bern) für die Mitarbeit an diesem Buch begeistern, so dass auch die Anatomie der Extremitäten und des Bewegungsapparats kompetent abgedeckt und um klinische Informationen ergänzt werden konnte.

Auf diese Weise ist in nunmehr 5 Jahren ein Buch entstanden, das prüfungs- und GK-relevantes Wissen komprimiert und didaktisch aufbereitet vollständig und interessant vermitteln möchte. Der Intensivkurs ist somit als Ergänzung und Repetitorium gedacht, das die Testat- und Prüfungsvorbereitungen erleichtern soll, jedoch ein großes Lehrbuch nicht ersetzen kann.

Schließlich möchten wir noch diversen Personen für ihre Unterstützung und Mitarbeit bei der Entstehung dieses Buches danken: unseren Anatomielehrern und -dozenten der Universität Göttingen, Frau Dr. Richarz, Frau Dr. Beilmann, Herrn Gattnarzik, Frau Dr. Trendelenburg, Herrn Kortenhaus, Frau Dr. Hennessen, Frau Hennhöfer, Frau Wintermayr, Herrn Gay, Herrn Rebacz, Herrn Prof. Dr. Hagenmüller, Herrn Dr. Malzfeldt, Herrn Dr. Riediger und schließlich unseren Familien und Freundinnen.

Wir wünschen viel Spaß und Erfolg mit der Lektüre dieses Buches sowie ein erfolgreiches Bestehen des Präparierkurses und des Physikums!

Hamburg und Basel
im Herbst 2007

I. Steinbrück und
D. Baumhoer

Inhaltsverzeichnis

4 Hals

Daniel Baumhoer

5 Brusteingeweide

Daniel Baumhoer

6 Bauch- und Beckeneingeweide

Ingo Steinbrück

7 Obere Extremität

Philipp Henle

8 Untere Extremität

Philipp Henle

9 Zentrales Nervensystem

Ingo Steinbrück

Ingo Steinbrück

1 Allgemeiner Körperbau

Daniel Baumhoer

Inhaltsverzeichnis

1.1 Nomenklatur und räumliche Orientierung

1.1.1 Nomenklatur

Die anatomische Terminologie ist durch die Sprachen des klassischen Altertums geprägt und überwiegend in lateinischer Sprache gehalten. Auf eine einheitliche Form einigten sich Anatomen aus der ganzen Welt erstmalig 1895 in Basel und konzipierten so die erste **Nomina anatomica**, die in weiteren Zusammentreffen nach und nach überarbeitet und ergänzt wurde. Im alltäglichen Sprachgebrauch tauchen zusätzlich zahlreiche Variationen, Abkürzungen und Eigennamen auf, die das Spektrum der medizinischen Fachsprache weiter vergrößern.

Die Kenntnis der anatomischen Terminologie ist von großer Bedeutung, da sie das Verständnis medizinischer Zusammenhänge erleichtert und auf eine allgemeingültige Form konzentriert.

Die Aussprache der lateinischen Begriffe und Bezeichnungen folgt bis auf wenige Ausnahmen einer einfachen Regel:

Merke

Betont wird nie die letzte, sondern immer die vorletzte oder (bei kurz gesprochener vorletzter) die drittletzte Silbe. Beispiele: Articu*la*tio, Cere*bel*lum; Ar*te*ria, Ve*si*cula.

Der Buchstabe „C" wird vor e, i, ae und oe wie ein „Z" und sonst wie ein „K" ausgesprochen. So spricht man vom Kleinhirn (Cerebellum) als „Zerebellum" und vom Herz (Cor) als „Kor".

1.1.2 Räumliche Orientierung

Viele anatomischen Bezeichnungen leiten sich von Lagebeziehungen oder den Funktionen der jeweiligen Strukturen ab. Ein Beispiel sind folgende Muskeln: M. brachioradialis (zwischen Brachium [Oberarm] und Radius [Speiche], M. sternothyroideus (zwischen Sternum [Brustbein] und Gl. thyroidea [Schilddrüse]). Berücksichtigt man die im Muskelnamen enthaltenen räumlichen Beziehungen, lässt sich das Erlernen der Muskelfunktionen deutlich vereinfachen, und das weitverbreitete Auswendiglernen der Ursprünge und Ansätze der verschiedenen Muskelgruppen (das frustrierend und auf längere Sicht äußerst uneffektiv ist) wird überflüssig.

Zur Darstellung von Lagebeziehungen dienen **Achsen,** die Raumebenen definieren: Beim aufrecht stehenden Menschen mit an den Rumpf angelegten Armen und nach vorn zeigenden Daumen (= Neutralnullstellung) lassen sich wie bei jedem dreidimensionalen Körper Achsen in drei Hauptrichtungen definieren (in der Geometrie zumeist als x-, y- und z-Achsen bezeichnet), die jeweils senkrecht aufeinanderstehen (↗ Abb. 1.1):

Merke

- **Longitudinalachsen (Längsachsen),** im Koordinatensystem als y-Achsen bzw. Ordinaten bezeichnet, erlauben es, die Höhe eines Körpers zu messen.
- **Transversalachsen (Querachsen),** im Koordinatensystem als x-Achsen bzw. Abszissen bezeichnet, ermöglichen es, die Breite eines Körpers zu bestimmen.
- **Sagittalachsen (Pfeilachsen,** von lat. sagitta = Pfeil), im Koordinatensystem als z-Achsen bezeichnet, ermöglichen es, die Tiefe eines Körpers zu bestimmen.

Jeweils zwei dieser Achsen definieren wiederum verschiedene **Raumebenen** (↗ Abb. 1.1):

Merke

- Zwischen Longitudinal- und Transversalachsen spannen sich **Frontalebenen** (annähernd parallel zur Stirn, von lat. frons = Stirn) auf.
- Zwischen Longitudinal- und Sagittalachsen spannen sich **Sagittalebenen** (annähernd parallel zur Schläfe) auf.
- Zwischen Transversal- und Sagittalachsen spannen sich **Transversalebenen** (bei aufrechtem Stand verlaufen sie parallel zum Fußboden) auf.

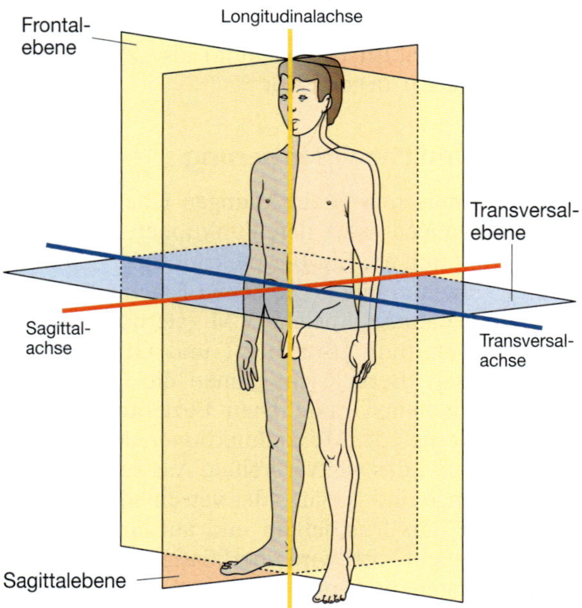

Abb. 1.1 Darstellung der drei Hauptachsen und Hauptebenen (in Neutralnullstellung). (Modifiziert nach [5])

Tab. 1.1 Lagebezeichnungen

Lagebezeichnung	Bedeutung
kranial	zum Kopf hin
kaudal	zum Steißende hin
superior	oben liegend
inferior	unten liegend
proximal	dicht am Stamm
distal	entfernt vom Stamm
anterior	vorn
posterior	hinten
ventral	vorn
dorsal	hinten
externus	außen
internus	innen
superficialis	oberflächlich
profundus	tief
dexter	rechts
sinister	links
lateral	zur Seite hin
medial	zur Mitte hin
median	in der Mitte gelegen
paramedian	neben der Mitte gelegen
ipsilateral	auf der gleichen Seite befindlich
kontralateral	auf der gegenüberliegenden Seite befindlich
apikal	zur Spitze hin
basal	zur Basis hin
rostral	schnabel-, schnauzenwärts
okzipital	zum Hinterhaupt hin
oral	mundwärts
aboral	vom Mund weg gelegen
temporal	schläfenwärts
nasal	nasenwärts
palmar, volar	handflächenseitig, hohlhandseitig
plantar	fußsohlenseitig

Klinik

In der Computertomographie werden unter Verwendung von Röntgenstrahlen Schnittbilder durch Transversalebenen des Körpers erzeugt. Auf diese Weise erscheint die untersuchte Körperregion in „transparenten Scheiben".

Um sich im dreidimensionalen Körper zurechtzufinden, existiert eine Reihe von Begrifflichkeiten und Definitionen, die die Lage im Raum und die Lagebeziehungen der einzelnen Strukturen verdeutlichen (↗ Tab. 1.1 und Abb. 1.2).

Zur weiteren Orientierungserleichterung können zahlreiche Körperregionen voneinander unterschieden werden (↗ Abb. 1.3).

1.2 Zytologie und Histologie

1.2.1 Grundaufbau von Zellen

Gegenstand der Zytologie (Zellenlehre) ist die kleinste noch lebensfähige Baueinheit eines Organismus,

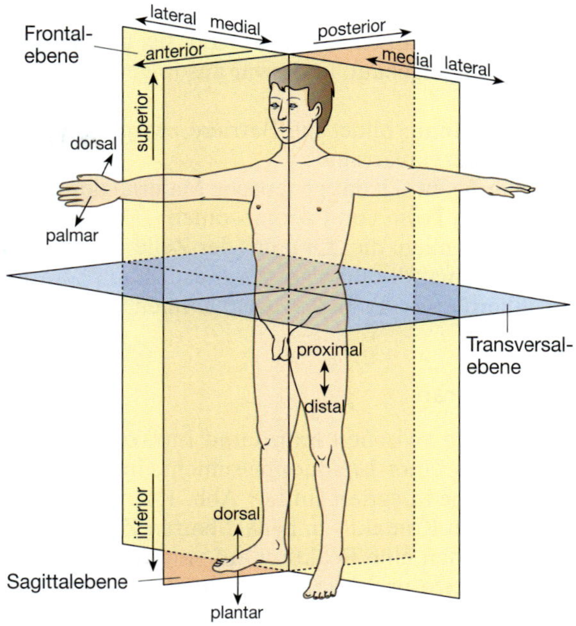

Abb. 1.2 Die wichtigsten Lagebezeichnungen und ihre Beziehung zu den Hauptebenen. (Modifiziert nach [5])

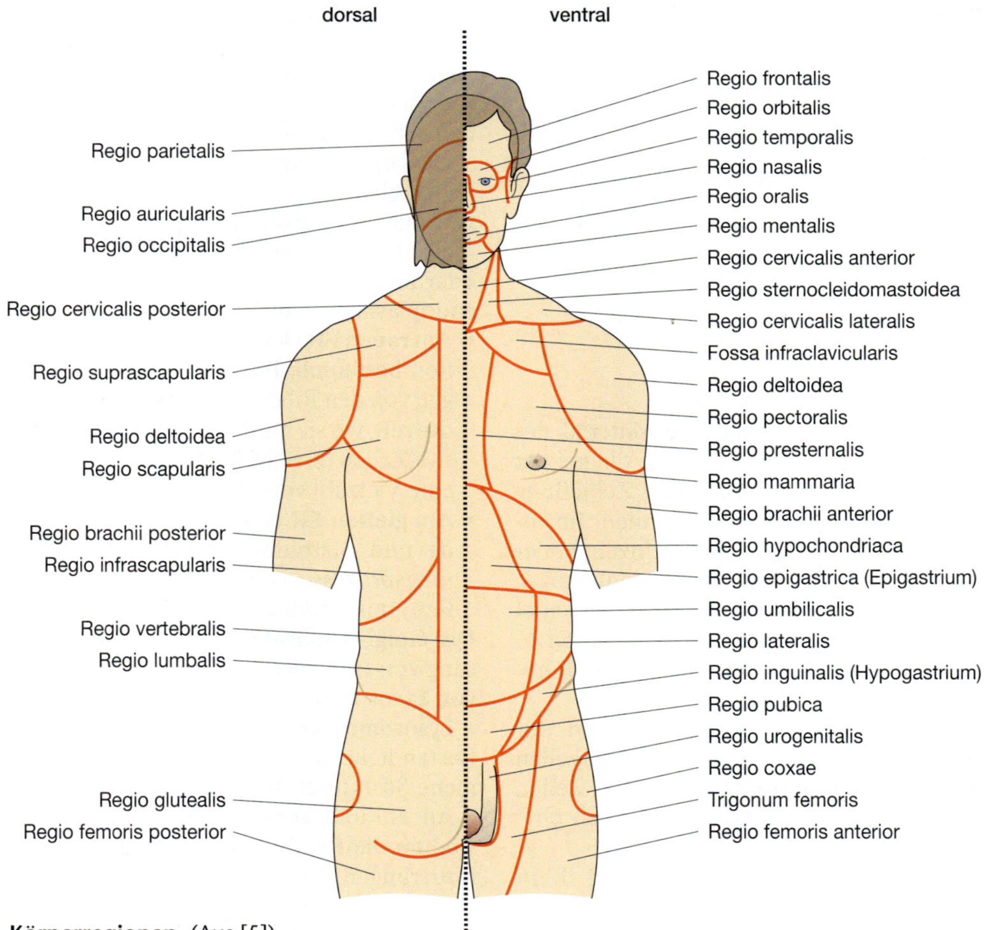

Abb. 1.3 Körperregionen. (Aus [5])

die Zelle. Obwohl sich Zellen in ihrer Lokalisation und Funktion unterscheiden, sind sie nahezu alle einheitlich aufgebaut, und zwar aus folgenden Komponenten:

- Zellmembran: bildet die Barriere zwischen Extra- und Intrazellulärraum
- Zellkern: enthält das genetische Material des Organismus in Form von Chromosomen
- Zellorganellen: die „Organe" der Zelle
- Zytoplasma: die flüssige „Grundsubstanz", in der Zellkern und Organellen „schwimmen".

Zellmembran

Die Barriere zwischen Extra- und Intrazellulärraum besteht aus einer Lipiddoppelschicht, in die Membranproteine integriert sind (↗ Abb. 1.4). Letztere

- vermitteln Kontakte zu benachbarten Zellen.
- ermöglichen eine Reaktion auf von außen einwirkende Reize und Impulse. So binden Botenstoffe (z. B. Hormone) an spezielle Membranproteine (Rezeptoren) und setzen hierdurch eine Signalkaskade in Gang, die z. B. zu Veränderungen der Genexpression im Zellkern führt.
- transportieren Substrate bzw. Ionen aus der Zelle heraus oder in sie hinein (Beispiel: Resorption von Nahrungsbestandteilen aus dem Lumen des Verdauungstrakts).

Membranproteine, die aus der Zellmembran in den Extrazellulärraum ragen, tragen auf ihrer zum Extrazellulärraum weisenden Oberfläche meist Oligosaccharidseitenketten (↗ Abb. 1.4). Das Muster dieser Oligosaccharidseitenketten wird als **Glykokalix** bezeichnet und ist charakteristisch für die Zellen eines Organismus. Auf diese Weise können „fremde" Zellen vom Immunsystem als solche erkannt und Immunreaktionen ausgelöst werden.

Zellkern (Nukleus)

Jeder Zellkern enthält das genetische Material des Organismus in Form von Chromosomen, die bei der Mitose (Kernteilung) im Rahmen der Zellteilung lichtmikroskopisch sichtbar werden können. Im Inneren des Zellkerns finden sich häufig einzelne oder mehrere dichte Körperchen, die als **Nukleolus** bzw. **Nukleoli** (Kernkörperchen, ↗ Abb. 1.4) bezeichnet werden. Sie bestehen aus kondensierten Chromosomenabschnitten und sind der Ort, an dem die Ribosomenuntereinheiten entstehen.

Die meisten Zellen des Organismus haben nur einen einzigen Zellkern pro Zelle. In Leberzellen (**Hepatozyten**) oder knochenabbauenden Zellen (**Osteoklasten**) beispielsweise kommen jedoch physiologischerweise mehrere Kerne vor.

Die Größenrelation zwischen Zelle und Kern (**Kern-Plasma-Relation**) erlaubt Rückschlüsse auf die Aktivität einer Zelle. So sind große Nuklei typisch für Zellen mit hoher Stoffwechselaktivität (z. B. bei intensiver Substratsynthese).

Klinik

Die Zellen bösartiger Tumoren zeichnen sich durch Störungen in der Zellteilungsregulation aus und vermehren sich unkontrolliert. Da dies mit einer hohen Stoffwechselaktivität einhergeht, weisen Tumorzellen in der Regel eine zugunsten des Kerns verschobene Kern-Plasma-Relation auf.

Zellorganellen

Zellorganellen sind die „Organe" einer Zelle.

Mitochondrien (↗ Abb. 1.4) sind die „Kraftwerke" der Zelle. In ihnen werden Produkte des intermediären Stoffwechsels mithilfe von Sauerstoff zu Kohlendioxid und Wasser abgebaut, wobei das energiereiche ATP (Adenosintriphosphat) entsteht. Zellen mit hohem Energiebedarf (z. B. Herzmuskelzellen) verfügen über viele Mitochondrien. Mitochondrien vermehren sich durch Teilung und enthalten ihre eigene, ringförmige DNA – ihre Vererbung erfolgt ausschließlich über das mütterliche Erbgut (aus der Eizelle).

An den **Ribosomen** wird die von DNA-Abschnitten im Zellkern „abgeschriebene" (**transkribierte**) mRNA (messenger-RNA) abgelesen und in Proteine „übersetzt" (**translatiert**). Ribosomen können frei im Zytoplasma oder an den Außenseiten des endoplasmatischen Retikulums (↗ unten) vorkommen.

Das **endoplasmatische Retikulum (ER)** ist ein Schlauchsystem aus Membranen, das der Synthese verschiedener Substanzen und als Ca^{2+}-Speicher dient. Je nachdem, ob es mit Ribosomen besetzt ist oder nicht, bezeichnet man es als raues oder glattes endoplasmatisches Retikulum (↗ Abb. 1.4).

- Am **rauen ER (RER)** werden vorwiegend zur Sekretion bestimmte Proteine synthetisiert. Diese gelangen von den Ribosomen des reR direkt in das Innere des reR, wo sie modifiziert werden. Sekretorisch aktive Zellen (z. B. Drüsenzellen) zeichnen sich durch eine Vielzahl von Ribosomen und viel reR aus.
- Am **glatten ER (GER)** werden in erster Linie Lipide und Steroidhormone produziert und Entgiftungsprozesse (z. B. in Form von Biotransformation) durchgeführt.

Der **Golgi-Apparat** (↗ Abb. 1.4) dient der Modifizierung von Proteinen (wie das RER) sowie der Bildung von Lysosomen und Membranen.

Lysosomen sind membranumhüllte Bläschen, die Bestandteile der Zelle oder von außen aufgenommene Strukturen abbauen können.

Anzahl und Verteilung der Organellen einer Zelle sind an die Bedürfnisse dieser Zelle und an die Anforderungen, die an sie gestellt werden, angepasst und daher charakteristisch für die verschiedenen Zelltypen des Organismus.

Zytoplasma (Hyaloplasma, Zytosol)

Das Zytoplasma füllt das Innere der Zelle aus und beherbergt Zellkern und Zellorganellen (↗ Abb. 1.4). Es besteht aus Wasser, Kohlenhydraten, Proteinen, RNA und Elektrolyten.

Merke

Eine Ausnahme vom oben beschriebenen Grundbauplan der Zellen stellen die roten Blutkörperchen (Erythrozyten) dar, die keinen Zellkern und keine Mitochondrien enthalten. Sie leiten sich von kernhaltigen Vorstufen ab, die im Laufe ihrer Differenzierung den Kern ausstoßen. Da sie kernlos sind, können sie sich nicht mehr teilen und werden nach einer Lebensdauer von 80–120 Tagen abgebaut.

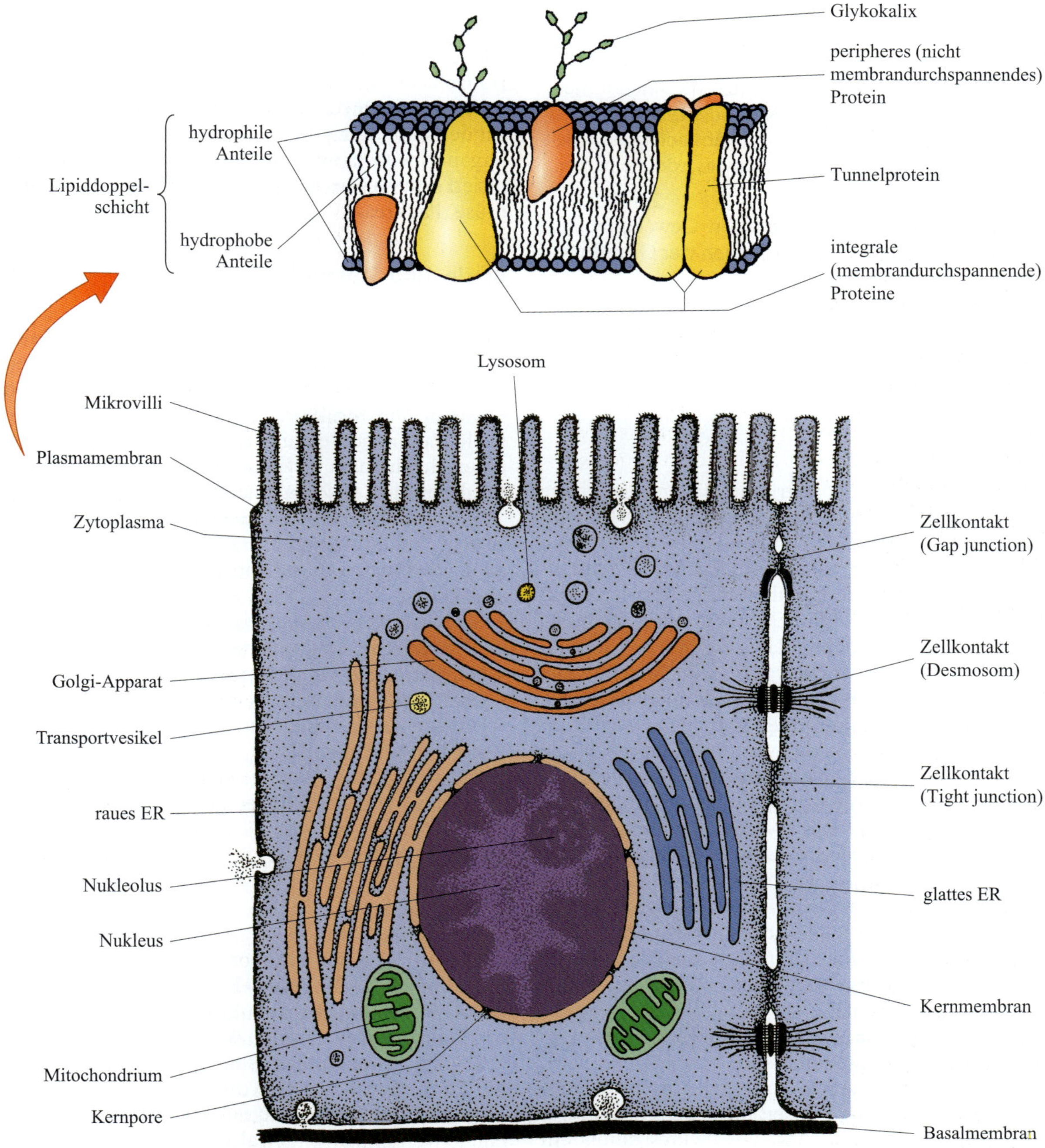

Abb. 1.4 Grundbauplan der Zelle. (Aus [4])

1.2.2 Gewebeformen

Zellen sind mikroskopisch kleine Baueinheiten, die für sich allein betrachtet nur einen verschwindend geringen Einfluss auf den gesamten Organismus ausüben können. Aus diesem Grund kommen im menschlichen Körper gleichartige Zellen häufig in Verbänden vor, die man als Gewebe bezeichnet.

Klinik

Die einzelne Zelle sollte dennoch nicht unterschätzt werden. So gehen die meisten bösartigen (malignen) Tumoren von einer einzigen Zelle aus, die sich unkontrolliert vermehrt. Durch das Größenwachstum des Tumors können die angrenzenden Strukturen verdrängt oder zerstört und so die jeweilige Organfunktion beeinträchtigt werden. Zusätzlich können Tumorzellen durch Infiltration von Blut- oder Lymphgefäßen in die Zirkulation gelangen und Absiedlungen (Metastasen) an praktisch jeder Stelle des Körpers bilden.

Die Lehre von den verschiedenen Geweben ist die **Histologie**. Man kann grundsätzlich vier Grundtypen von Geweben unterscheiden:
- Epithelgewebe
- Binde- und Stützgewebe
- Muskelgewebe
- Nervengewebe.

Epithelgewebe

Epithelzellen sind geometrische Zellen, die dichte Zellverbände ausbilden und immer einer Basalmembran aufliegen. Bei Letzterer handelt es sich um eine schmale Schicht verdichteten Kollagens, die den Epithelverband stabilisiert und wichtige Barrierefunktionen übernimmt. Epithelgewebe wird auch als Grenzgewebe bezeichnet, da es die inneren und äußeren Oberflächen des Körpers (z. B. Schleimhäute des Magen-Darm-Trakts und des Bronchialsystems, Haut) auskleidet. Es vermittelt somit den ersten Kontakt mit sämtlichen Substanzen und Einflüssen, die von außen an den Organismus herantreten bzw. in das Innere des Körpers gelangen (durch Einatmen/Herunterschlucken). Im Verdauungstrakt gewährleistet das Epithel beispielsweise die Resorption der Nahrungsbestandteile, die im Anschluss an das Blut abgegeben werden und so in die Zirkulation gelangen. Hierfür bildet es an seiner apikalen Oberfläche kleine zotten- oder fingerförmige Ausstülpungen, die der Oberflächenvergrößerung dienen und als Mikrovilli bezeichnet werden.

Eine **Sonderform** des Epithelgewebes ist das sog. **Drüsenepithel**. Drüsenepithelien synthetisieren zahlreiche Verdauungssekrete (Speichel, Magensaft, Galle) und Hormone und geben diese nach passagerer intrazellulärer Speicherung (als Sekretgranula, in Vesikeln) an die Umgebung ab (Sekretion). Anhand des „Zielorts" des Sekrets können Drüsenepithelien weiter untergliedert werden:
- **exokrin:** Das Sekret wird an innere oder äußere Oberflächen abgegeben (z. B. Verdauungssekrete).
- **endokrin:** Das Sekret wird in nahe gelegene Blutgefäße und somit an die Zirkulation abgegeben (Hormone).

Exokrine Drüsenepithelien lassen sich nach dem Modus der Sekretabgabe einteilen in
- **ekkrin:** Sekretgranula werden ohne Zytoplasmaverlust abgegeben.
- **apokrin:** Sekretgranula werden mit einem Teil des Zytoplasmas abgegeben.
- **holokrin:** Die gesamte Zelle geht bei der Sekretabgabe zugrunde und zerfällt.

Drüsenepithelzellen können einzeln vorkommen (**Einzeldrüsen**, z. B. Becherzellen, Paneth-Körnerzellen im Darm) oder in Stroma (Grundgerüst aus Binde- und Stützgewebe) eingebettet zu größeren Organen mit verzweigten Ausführungsgängen organisiert sein (**zusammengesetzte Drüsen**, z. B. Schilddrüse, Pankreas).

Binde- und Stützgewebe

Definition und Subtypen

Bindegewebe zeichnet sich durch lockere Zellverbände mit viel Interzellularsubstanz aus und umfasst sämtliche Gewebe, die dem Körper oder einzelnen Organen und Strukturen Form und Halt geben. Je nach Zusammensetzung der Interzellularsubstanz unterscheidet man **lockeres**, **straffes** und **retikuläres Bindegewebe** (↗ „Zusammensetzung").

Stützgewebe sind spezialisierte Formen von Bindegewebe, die vorwiegend Haltefunktionen übernehmen. Zu ihnen zählen Knochen, Knorpel, Sehnen und Zähne.

Eine weitere Form spezialisierten Bindegewebes ist das **Fettgewebe**. Man unterscheidet zwei Formen:
- Univakuoläres Fettgewebe kommt bei Menschen jeden Lebensalters in mehr oder minder großem Umfang vor und spielt eine wichtige Rolle als Energie- und Wärmespeicher.
- Plurivakuoläres Fettgewebe kommt in größerem Umfang nur bei Säuglingen (und winterschlafenden Säugetieren) vor und dient der Erzeugung von Wärme (Thermogenese) durch Oxidation von Fettsäuren.

Zusammensetzung

Bindegewebe besteht aus ortsständigen (fixen) und freien (mobilen) **Bindegewebszellen** sowie aus **Interzellularsubstanz** (**extrazelluläre Matrix**), die von den ortsständigen Zellen produziert wird.

Zu den **ortsständigen Bindegewebszellen** zählen die **Fibrozyten** und ihre Vorläuferzellen, die **Fibroblasten**. Diese Zellen sind durch Zellkontakte miteinander verbunden, bilden also ein Zellgrundgerüst in der von ihnen produzierten Interzellularsubstanz.

Freie Bindegewebszellen sind **vor allem Zellen der Immunabwehr**. Sie wandern aus der Blutbahn in das Bindegewebe ein und können Abwehrreaktionen initiieren.

Die **Interzellularsubstanz** besteht aus folgenden Komponenten:

- **Fasern:** Unterschieden werden **Kollagen**fasern und **elastische** Fasern, deren Verteilung in Abhängigkeit von den unterschiedlichen Bindegewebsarten variiert. Kollagen ist das häufigste Protein des menschlichen Körpers, besteht aus **Primärfilamenten** und **Fibrillen** und zeichnet sich durch starke Zugfestigkeit bei nur geringer Dehnbarkeit aus. Über 20 verschiedene Typen sind bekannt, deren Verteilung für bestimmte Gewebsarten charakteristisch ist (Typ I: Knochen, Typ II: Knorpel, Typ IV: Basalmembranen). Elastische Fasern verzweigen sich, sind gut dehnbar und kehren nach Belastung in ihre Ausgangslage zurück. Sie kommen fast überall im Körper vor und bestehen aus **Elastin** und **Mikrofibrillen** (aus **Fibrillin**).
- **Grundsubstanz:** amorphe, farblose Matrix, in die die Fasern eingelagert sind. Sie dient als „Verkehrsraum" zum Transport von Substanzen und zur Wanderung von Zellen. Hauptbestandteile sind **Glykoproteine** – Makromoleküle aus einem Protein und einer oder mehreren kovalent gebundenen Kohlenhydratgruppen – und **Wasser**. Eine besondere Klasse der Glykoproteine sind die **Proteoglykane**, die über ihr zentrales Kernprotein zahlreiche **Glykosaminoglykan**ketten (lange Kohlenhydratketten) binden, d. h. besonders stark glykosyliert sind. Die Zusammensetzung der Glykosaminoglykanketten beeinflusst die physikalischen Eigenschaften der Grundsubstanz (Festigkeit, Elastizität, Viskosität).

Die Zusammensetzung der einzelnen Komponenten variiert in den verschiedenen **Bindegewebstypen**:

- **Lockeres Bindegewebe** enthält viel Grundsubstanz, in der kollagene und elastische Fasern, Fibroblasten und freie Bindegewebszellen liegen. Es kommt ubiquitär vor und dient als „Lückenfüller" zwischen einzelnen Organen, als Verschiebeschicht oder als Wasserspeicher.
- **Straffes Bindegewebe** weist aufgrund einer hohen Dichte an Kollagenfasern hohe mechanische Belastbarkeit auf und kommt typischerweise in Gelenkkapseln, Bändern, Herzklappen, aber auch einer Vielzahl anderer Lokalisationen vor.
- **Retikuläres Bindegewebe** enthält sternförmige fibroblastische Retikulumzellen, die Kollagen-III-reiche Retikulumfasern bilden und im Stroma zahlreicher Organe vorkommen (Milz, Lymphknoten, Knochenmark).

Muskelgewebe

Muskelzellen, irreführenderweise auch als Muskelfasern bezeichnet, haben die Fähigkeit, sich unter Entwicklung mechanischer Spannung zu verkürzen und dadurch Bewegungen zu ermöglichen. Verantwortlich hierfür sind kontraktile Fibrillen (Myofibrillen) im Zytoplasma der Muskelzellen, die aus den Mikrofilamenten **Aktin** und **Myosin** bestehen. Beim Kontraktionsvorgang werden unter Verbrauch des energiereichen ATP (Adenosintriphosphat) die Aktinfilamente zwischen die Myosinfilamente gezogen, wodurch sich die Zelle verkürzt. Die Plasmamembran (Plasmalemm) und die Organellen der Muskelzellen werden in der Regel um die erste Silbe „Sarko-" ergänzt (Plasmalemm = **Sarkolemm**, endoplasmatisches Retikulum = **sarkoplasmatisches Retikulum**, Zytoplasma = **Sarkoplasma**, Mitochondrien = **Sarkosomen**).

Man unterscheidet drei Formen von Muskelgewebe:

- Skelettmuskulatur
- glatte Muskulatur
- Herzmuskulatur.

Skelettmuskulatur kann in der Regel willkürlich innerviert werden, glatte Muskulatur und Herzmuskulatur hingegen nicht.

Muskelzellen können sich nicht mehr teilen. In der Skelettmuskulatur kommen allerdings vereinzelt undifferenzierte Vorläuferzellen (**Satellitenzellen**) vor, aus denen sich neue Muskelzellen entwickeln können. Im Herzmuskel fehlen diese Zellen.

Klinik

Bei starker körperlicher Beanspruchung der Muskulatur (z. B. Bodybuilding) kommt es zu einer Zunahme an Myofibrillen und damit zu einer Vergrößerung der Muskelzellen und des Muskels insgesamt. Man bezeichnet eine solche Größenzunahme durch Zellvergrößerung als **Hypertrophie** (abzugrenzen von der Größenzunahme durch Vermehrung der Zellzahl, der **Hyperplasie**).

Skelettmuskulatur

Gliederung und Histologie

Skelettmuskulatur besteht aus Muskelzellen, deren Myofibrillen parallel angeordnet sind (↗ Abb. 1.5a). Da sich in den Myofibrillen dunklere und hellere Abschnitte abwechseln, erscheint Skelettmuskulatur im Lichtmikroskop **quergestreift** (↗ Abb. 1.5b).

Die einzelnen Skelettmuskelzellen werden von einem einheitlichen Basalmembranschlauch und einer sich nach außen anschließenden Schicht lockeren Bindegewebes (**Endomysium**) umgeben. Gruppen von Muskelzellen bezeichnet man als Primär- und Sekundärbündel. Sie sind voneinander durch das bindegewebige **Perimysium** getrennt. Das **Epimysium** umhüllt den gesamten Muskel (↗ Abb. 1.5a). Es besteht größtenteils aus lockerem Bindegewebe, nur die äußerste Schicht ist aus straffem kollagenem Bindegewebe aufgebaut und wird als **Muskelfaszie** bezeichnet.

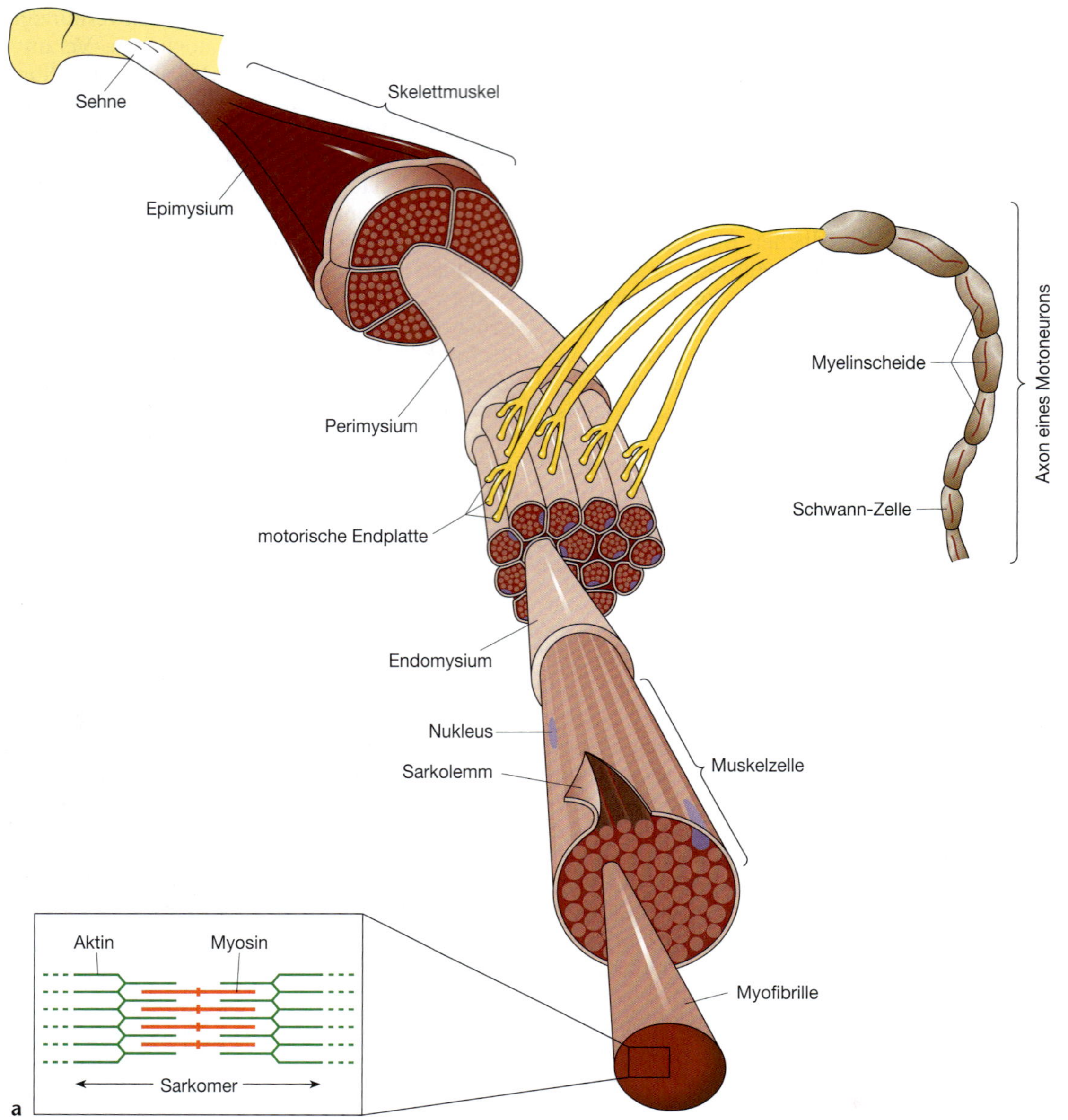

Abb. 1.5 Skelettmuskulatur. a Feinbau und Innervation.

Innervation

Die Innervation der Skelettmuskulatur erfolgt über motorische Nervenfasern. In den Synapsen, den **motorischen Endplatten** (↗ Abb. 1.5a und Abschnitt „Nervengewebe") dient Acetylcholin als Überträgerstoff (Neurotransmitter). Je nach Muskel können Nervenfasern einzelne Muskelzellen versorgen oder Hunderte von ihnen innervieren. Somit variiert das Ausmaß der Feinsteuerung von Muskel zu Muskel. Die Augenmuskeln beispielsweise werden sehr dicht innerviert (wenig Muskelfasern pro Nerv), die großen Extremitätenmuskeln (z. B. M. quadriceps femoris) deutlich weniger dicht (viele Muskelfasern pro Nerv).

Glatte Muskulatur

In den Zellen der glatten Muskulatur sind die Myofibrillen nicht parallel angeordnet, die **Querstreifung** fehlt (↗ Abb. 1.6). Glatte Muskulatur kommt insbesondere in inneren Organen vor und kann nicht willkürlich angespannt werden.

Herzmuskulatur

Die Myofibrillen in den Zellen des Herzmuskels sind wie die der Skelettmuskulatur parallel angeordnet, der Herzmuskel ist also **quergestreift** (↗ Abb. 1.7). Seine Kontraktion lässt sich nicht willkürlich steuern. Auf seine Besonderheiten wird in Kapitel 5.6.3, auf seine Innervation in Kapitel 5.6.9 genauer eingegangen.

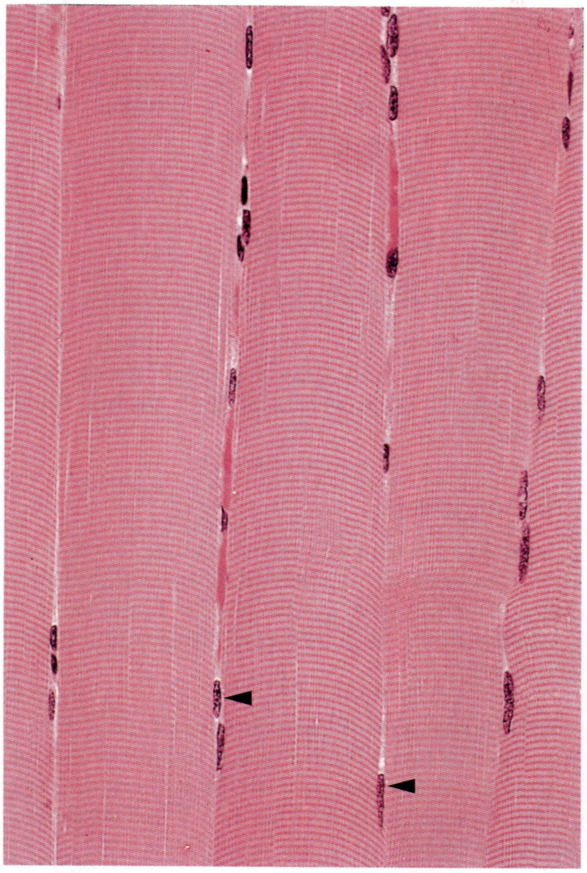

b

Abb. 1.5 *Fortsetzung.* **b** Lichtmikroskopische Aufnahme längsgeschnittener Skelettmuskelzellen (Pfeile: Zellkerne; Vergr. 400fach). (Aus [16])

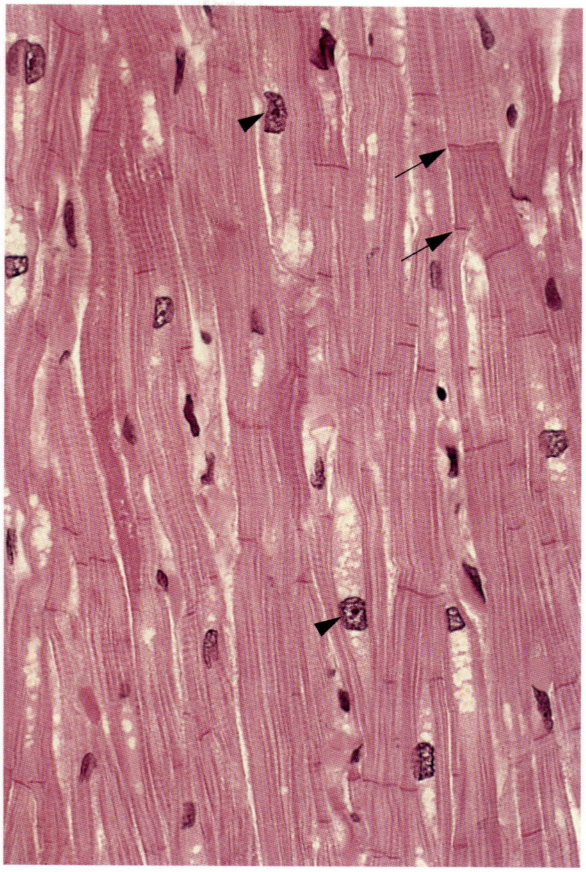

Abb. 1.7 Herzmuskulatur im Längsschnitt. Lichtmikroskopische Aufnahme (Pfeilköpfe: Zellkerne, lange Pfeile: Glanzstreifen; Vergr. 300fach). (Aus [16])

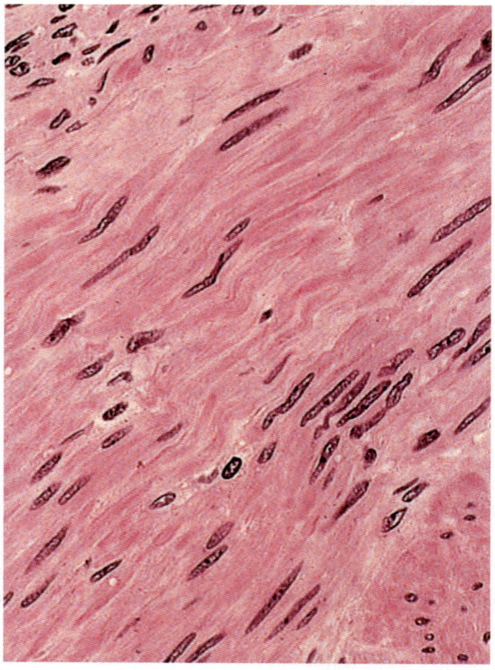

Abb. 1.6 Glatte Muskulatur im Längsschnitt (Vergr. 230fach) (aus [16]).

Merke

Quergestreifte Muskelzellen haben mehrere Zellkerne.

Nervengewebe

Nervengewebe ist ein hochdifferenziertes Gewebe neuroektodermaler Herkunft, das aus Nerven- und Gliazellen besteht.

Nervenzellen (Neurone) bestehen aus einem Zellkörper, der als **Perikaryon** bezeichnet wird, mehreren reizaufnehmenden Zellfortsätzen **(Dendriten)** und einem einzigen reizaussendenden Zellfortsatz **(Axon).** Letzterer kann sich im Verlauf aufzweigen und auf diese Weise seinen Reiz an mehrere Zellen weiterleiten. Die eigentliche Reizüberleitung erfolgt an **Synapsen,** an denen impulsaussendende und -empfangende Zellen bzw. Zellfortsätze in unmittelbaren räumlichen Kontakt treten und nur noch durch den synaptischen Spalt getrennt werden. In der präsynaptischen Membran gespeicherte Überträgerstoffe **(Neurotransmitter)** werden in den synaptischen Spalt ausgeschüttet, gelangen an die postsynaptische Membran der Zielzelle und vermitteln so eine Weiterleitung des Impulses. Wenn Neurone Reize aus der

Peripherie in Richtung zentrales Nervensystem (ZNS) leiten, so bezeichnet man sie als **afferente** Nervenzellen. Eine Reizleitung vom ZNS in die Peripherie wird als **efferent** bezeichnet.

Merke

Alle Sinnesreize (z. B. Eindrücke durch den Tastsinn) werden vom Ort ihrer Wahrnehmung über **afferente Neurone** in das ZNS transportiert und hier verarbeitet und empfunden. Jegliche Form der Motorik, deren Ablauf im ZNS geplant wurde, wird über **efferente Neurone** an die ausführenden Muskeln weitergeleitet.

Nervenzellen können sich nach der Geburt nicht mehr teilen.

Gliazellen hingegen sind teilungsfähig. Sie schützen, ernähren und stützen die Neurone, deren Anzahl sie etwa um das 5fache übertreffen. Viele Axone sind umgeben von **Markscheiden.** Diese werden von Gliazellen gebildet: im ZNS von Oligodendrozyten, im peripheren Nervensystem von **Schwann-Zellen** (↗ auch Kap. 1.5). Die Markscheide selbst besteht aus **Myelin,** einer Substanz aus Lipiden und Proteinen, die zu einer Erhöhung der Nervenleitungsgeschwindigkeit führt. Je nach Vorhandensein oder Fehlen einer Myelinscheide können **markhaltige** und **marklose Axone** unterschieden werden. Auch marklose Axone werden in ihrem Verlauf von Gliazellen umgeben.

Klinik

Bei der **multiplen Sklerose** kommt es zu einer schubförmig verlaufenden Zerstörung von Myelinscheiden im ZNS, während die Axone unbeschädigt bleiben. Klinisch manifestiert sich die Erkrankung meist im jungen Erwachsenenalter durch Sprachstörungen, Gangunsicherheit und spastische Lähmung. Die Ätiologie ist unbekannt.

1.2.3 Aufbau von Organen

Organe bestehen nie aus nur einem einzigen Gewebe, sondern setzen sich in Abhängigkeit von ihrer Lage und Funktion aus unterschiedlichen Anteilen der beschriebenen Gewebetypen zusammen. So findet man im gesamten **Magen-Darm-Trakt** als innerste Schicht **Epithelgewebe (Tunica mucosa)**, das für die Resorption der Nahrungsbestandteile, aber auch für die Sekretion von Verdauungsenzymen und anderen Substanzen verantwortlich ist. Es folgen eine **stabilisierende Bindegewebsschicht (Tunica submucosa)** und mehrere Schichten **Muskelgewebe (Tunica muscularis)**, die den Nahrungsbrei weitertransportieren. Zwischen den verschiedenen Gewebeschichten findet sich Nervengewebe (Plexus submucosus, Plexus myentericus), das die Koordination der Muskelkontraktionen steuert. Nach außen abschließend folgt erneut eine **Bindegewebsschicht (Tunica serosa, Tunica adventitia)**. Ein ähnlicher Aufbau findet sich in den luftleitenden Strukturen des **Bronchialsystems**. In den meisten Organen kommen Anteile aller vier Grundgewebearten vor.

1.3 Bewegungsapparat

1.3.1 Knochen- und Knorpelgewebe

Wie in Kapitel 1.2.2 beschrieben, handelt es sich beim Knochen- und Knorpelgewebe um spezielle Formen des Bindegewebes, nämlich um sog. **Stützgewebe**.

Knochengewebe

Morphologisch können lange und kurze Röhrenknochen (Extremitäten), platte Knochen (z. B. Schädeldach, Brustbein) und unregelmäßige Knochen (z. B. Gesichtsschädel, Wirbelkörper, Rippen) unterschieden werden.

Gliederung eines Röhrenknochens

An einem Röhrenknochen lassen sich die Knochenenden, die Metaphysen und der Knochenschaft (Diaphyse) unterscheiden (↗ Abb. 1.8). Die **Knochenenden** gliedern sich in

- **Epiphyse:** aufgetriebener Endabschnitt, der mit dem angrenzenden Knochen ein Gelenk ausbildet und mit hyalinem Knorpel (↗ Abschnitt „Knorpelgewebe“) überzogen ist,
- **Wachstumszone** (**Epiphysenfuge,** im Wachstumsalter) bzw. **Linea epiphysialis** (nach Abschluss des Wachstums): Im Wachstumsalter findet sich zwischen Epi- und Diaphyse eine Knorpelzone (chondrale Ossifikation, ↗ unten). Diese Wachstumszone (Epiphysenfuge) ist der Ort des Knochen**längenwachstums**. Sobald das Wachstum abgeschlossen ist, verknöchert die Epiphysenfuge zur Linea epiphysialis (↗ Abb. 1.8).

Die **Metaphysen** weisen **Muskelansatzhöcker** zur Befestigung von Muskeln auf, die als **Apophysen** bezeichnet werden.

Die **Diaphyse** ist der Ort des Knochen**dickenwachstums**. Sie ist röhrenförmig und enthält in der Markhöhle (**Cavitas medullaris**) Knochenmark.

Wie entsteht Knochengewebe?

Knochen kann direkt aus Bindegewebe oder Mesenchym hervorgehen. Diese sog. **desmale Ossifikation** findet z. B. bei einigen Knochen des Schädeldachs und des Gesichtsschädels statt. Auf diese Weise entstandener Knochen wird als **Deckknochen** bezeichnet.

Häufiger entwickelt sich Knochen jedoch aus knorpeligen Knochenvorstadien. Bei dieser **chondralen Ossifikation** entsteht **Ersatzknochen**.

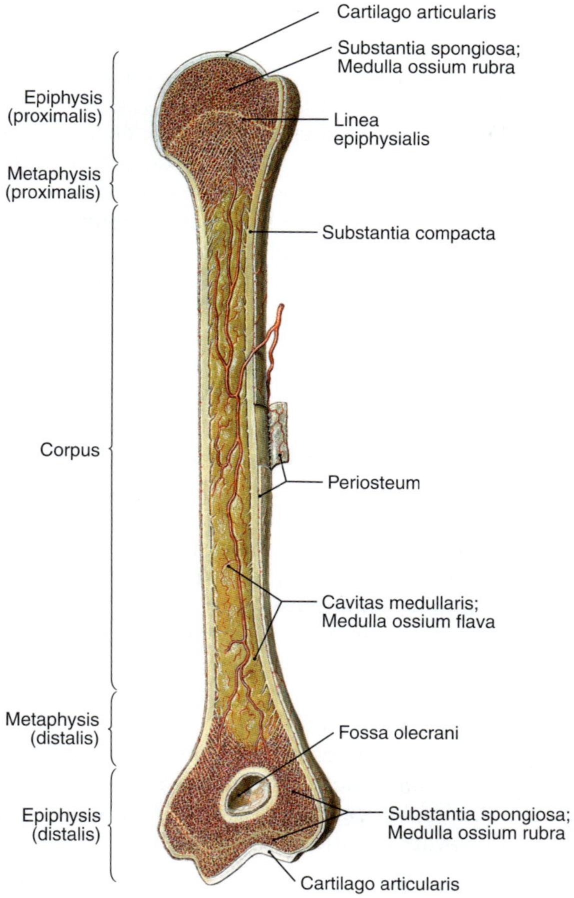

Abb. 1.8 Gliederung eines Röhrenknochens. (Modifiziert nach [5])

In beiden Fällen entwickelt sich zunächst der weniger spezialisierte **Faser-** bzw. **Geflechtknochen**, der im erwachsenen Skelett nur noch an wenigen Stellen vorkommt (z. B. am Ansatz von Sehnen oder nach Frakturheilung) und stark vaskularisiert ist. Der größte Teil des Faserknochens wird in den ersten Lebensjahren durch den mechanisch belastbareren **Lamellenknochen** ersetzt, der durch schichtweise angeordnete Lamellensysteme (ähnliches Prinzip wie beim Sperrholz) gekennzeichnet ist. Man unterscheidet makroskopisch zwei Arten von Lamellenknochen:

- **Substantia compacta (Kompakta):** verdichtetes Knochengewebe, das immer die äußerste Schicht eines Knochens bildet. An der Diaphyse der Röhrenknochen bezeichnet man die oberflächliche Schicht der Substantia compacta als Rinde **(Kortikalis).**
- **Substantia spongiosa (Spongiosa):** schwammartig aufgebautes Knochengewebe aus Knochenbälkchen, die von Kompakta umgeben sind. Zwischen den Spongiosabälkchen ist das Knochenmark eingelagert. Man unterscheidet gelbes Knochenmark (**Medulla ossium flava**, besteht vorwiegend aus Fettgewebe und findet sich v. a. in der Diaphyse der Röhrenknochen) und rotes Knochenmark (**Medulla ossium rubra**, Ort der Blutbildung = **Hämatopoese**). Letzteres findet sich in erster Linie in den Enden der Röhrenknochen und in den platten Knochen (z. B. im Brustbein = Sternum).

Die Knochenhaut (Periost[eum])

Außen liegt dem Knochen die Knochenhaut, das Periost, auf. Das Periost besteht aus einem äußeren **Stratum fibrosum** und einem inneren **Stratum osteogenicum**. Letzteres enthält während des Knochenwachstums zahlreiche knochenbildende Zellen (**Osteoblasten**), die beim Erwachsenen nur noch spärlich vorkommen. Es verbleiben jedoch zeitlebens Vorläuferzellen, die sich im Fall eines Knochenbruchs zu Osteoblasten differenzieren können. Das Periost ist stark vaskularisiert, weil von hier aus die Blutversorgung des Knochens erfolgt. Entfernt man von einem Knochen das Periost, ist er nicht mehr überlebensfähig. Außerdem ist das Periost dicht innerviert und deshalb sehr schmerzempfindlich.

Klinik

Knochengewebe ist dynamisch und passt sich an veränderte Beanspruchung an. So ändern sich bei veränderter Belastung nach operativer Korrektur einer Fehlstellung die Knochendichte und die Anordnung der Spongiosabälkchen entsprechend den neuen Belastungsschwerpunkten.

Bei einem Knochenbruch (Fraktur) kommt es zu einer Verletzung von Gefäßen mit nachfolgender Gewebseinblutung (Hämatom). Nach und nach sprossen aus dem Periost Gefäße und Fibroblasten ein, die den sog. **Bindegewebskallus** bilden. Hierin differenzieren sich Zellen mit osteogener und chondrogener Potenz, die mit der desmalen und chondralen Knochensynthese beginnen **(knöcherner Kallus).** Es folgen der Umbau des Geflechtknochens in Lamellenknochen und der allmähliche Abbau des überschüssigen Kallusgewebes (über Monate bis Jahre).

Knorpelgewebe

Knorpelgewebe ist im Gegensatz zu Knochengewebe elastisch und verformbar. Die hieraus resultierende gute Druckbelastbarkeit sowie die glatte Oberfläche machen Knorpelgewebe zum idealen Bindeglied zwischen sich gegeneinander bewegenden Knochen. Auf diese Weise sind reibungslose Bewegungen sowie Druckbelastungen ohne Schädigung des Knochens möglich (Stoßdämpferfunktion).

Knorpelgewebe besteht aus Chondrozyten und Interzellularsubstanz (Grundsubstanz und Kollagenfasern, v. a. aus Typ-II-Kollagen). Die Grundsubstanz ist reich an Proteoglykanen und Hyaluronsäure, die die hohe Wasserbindungskapazität vermitteln (die Grundsubstanz des Knorpels besteht zu ca. 80 % aus

Wasser). Insbesondere anhand der Zusammensetzung der Faserkomponenten werden verschiedene Knorpelarten unterschieden:

- **hyaliner Knorpel:** enthält Typ-II-Kollagenfasern. Diese häufigste Knorpelart von milchig blauer Farbe überzieht die Epiphysen als dünne Schicht (Gelenkknorpel) und kommt u.a. als Rippenknorpel oder in Nase, Kehlkopf, Trachea und Bronchien vor.
- **elastischer Knorpel:** ähnelt vom Aufbau her dem hyalinen Knorpel, enthält aber zusätzlich elastische Fasern, die ihn makroskopisch gelb erscheinen lassen. Elastischer Knorpel kommt u.a. am Ohr (Ohrmuschel, äußerer Gehörgang), im Kehlkopf und in kleineren Bronchien vor.
- **Faserknorpel:** enthält weniger Grundsubstanz, dafür viele Typ-I-Kollagenfasern. Die charakteristischen halbmondförmigen Knorpelscheiben am Kniegelenk (**Menisci**), die die Ungleichheiten der stark gekrümmten Femurkondylen und der flachen Tibiapfannen ausgleichen, bestehen aus Faserknorpel. Des Weiteren kommt dieser Knorpeltyp u.a. in den Zwischenwirbelscheiben (Bandscheiben) und als sog. Gelenklippe (**Labrum articulare**) im Schultergelenk vor (vergrößert die knöcherne Gelenkpfanne).

Klinik

Knorpelgewebe ist gut auf Druck, aber nur schlecht auf Zug beanspruchbar. So kann es im Rahmen von Sportverletzungen durch eine Überrotation im Kniegelenk zum Einriss der Menisci kommen.

Knorpelgewebe zählt zu den **bradytrophen** Geweben, d.h., es zeigt einen reduzierten Stoffwechsel, und ist im ausgewachsenen Skelett in der Regel frei von Blut- und Lymphgefäßen sowie von Nerven. Es wird durch Diffusion aus der Umgebung und in Gelenken aus der Gelenkflüssigkeit (**Synovia**) ernährt.

Klinik

Für die Ernährung des Gelenkknorpels aus der Synovia ist eine regelmäßige Bewegung der Gelenke notwendig. Um einer Knorpelschädigung vorzubeugen, dürfen Gelenke daher postoperativ nicht zu lange ruhig gestellt werden.

1.3.2 Gelenke

Überblick

Gelenke sind definiert als Kontaktstellen zwischen Skelettelementen, an denen diese gegeneinander bewegt werden können. Zum Gelenk gehören stets sowohl die miteinander in Kontakt tretenden Knochen als auch die dazwischen liegenden Strukturen.

Sind die beteiligten Skelettelemente nur durch straffes Bindegewebe oder Knorpelgewebe miteinander verbunden, so spricht man von **Synarthrosen**. Sie erlauben den in Kontakt tretenden Skelettelementen nur eine geringe Beweglichkeit und dienen in erster Linie deren stabiler Verbindung.

Gelenke, die sich durch das Vorhandensein eines Gelenkspaltes sowie einer mit Gelenkschmiere (**Synovia**) gefüllten Gelenkkapsel auszeichnen, bezeichnet man als **Diarthrosen** (= **synoviale Gelenke**). Hier können die beteiligten Skelettelemente in einem bis maximal allen drei möglichen Freiheitsgraden gegeneinander bewegt werden.

Synarthrosen

Eine durch **straffes Bindegewebe** charakterisierte Synarthrose wird als **Syndesmose** bezeichnet und ist vorwiegend auf Zug belastbar (Bsp.: distales Tibiofibulargelenk, Schädelnähte = **Suturae**). Eine Sonderform stellen die Verbindungen zwischen Zahnwurzel und Kieferknochen dar. Man spricht von einer Einzapfung (**Gomphosis**).

Synarthrosen, die Skelettelemente durch **hyalinen Knorpel** verbinden, heißen **Synchondrosen**. Sie sind in erster Linie auf Druck belastbar (Bsp.: Synchondrosis manubriosternalis).

Synarthrosen, bei denen **Faserknorpel** benachbarte Knochen verbindet, werden als **Symphysen** bezeichnet. Sie können sowohl auf Druck als auch auf Zug beansprucht werden.

Diarthrosen

Bei den Diarthrosen sind die Gelenkflächen (**Facies articulares**) mit hyalinem Gelenkknorpel überzogen (**Cartilago articularis**). Faserknorpel kommt nur in Ausnahmefällen, z.B. im Kiefer- und Sternoklavikulargelenk, vor. Zwischen den beiden Gelenkflächen existiert per definitionem ein Gelenkspalt. Er ist Bestandteil der Gelenkhöhle (**Cavitas articularis**), die durch eine Gelenkkapsel (**Capsula articularis**) nach außen abgeschlossen wird. Die Capsula articularis besteht aus einer äußeren derben Bindegewebsschicht (**Membrana fibrosa**), die dem Gelenk Halt gibt und in die Haltebänder einstrahlen, sowie der innen gelegenen **Membrana synovialis**, die häufig in das Gelenk ragende Zotten (Synovialzotten) ausbildet. Die Capsula articularis enthält Gelenkflüssigkeit (Gelenkschmiere, **Synovia**), deren molekulare Zusammensetzung weitgehend einem Dialysat des Blutes entspricht. Sie dient dem Schmieren der Gelenkflächen, der Stoßdämpfung sowie der Ernährung des Gelenkknorpels.

Entwicklungsgeschichtlich lassen sich zwei Typen von Diarthrosen unterscheiden:

- Bei **Abgliederungsgelenken** entwickelt sich das Gelenk aus einer zunächst einheitlichen Skelettanlage durch Spaltbildung.
- Bei **Anlagerungsgelenken** wachsen zwei Skelettanlagen aufeinander zu und induzieren durch

Spaltbildung im dazwischen liegenden Gewebe die Ausbildung der Gelenkhöhle.

- **Morphologisch und funktionell** unterscheidet man folgende Diarthrosetypen (↗ Abb. 1.9):
- **Kugelgelenk** (Art. spheroidea): annähernd halbkugelförmiger Gelenkkörper und entsprechend ausgehöhlte Gelenkpfanne. Bewegungen um alle drei Hauptachsen (↗ Kap. 1.1.2) möglich = 3 Freiheitsgrade. Beispiele: Hüftgelenk, Schultergelenk, Fingergrundgelenke
- **Sattelgelenk** (Art. sellaris): sattelförmige Gelenkflächen. Bewegungen um eine sagittale und eine transversale Achse möglich = 2 Freiheitsgrade. Das einzige Sattelgelenk des Körpers ist das Daumengrundgelenk (Art. carpometacarpalis pollicis).
- **Eigelenk** (Art. ellipsoidea): ellipsoid gekrümmter Gelenkkopf mit entsprechend ausgehöhlter Pfanne. Bewegungen um eine sagittale und eine transversale Achse möglich = 2 Freiheitsgrade. Beispiel: proximales Handgelenk (Art. radiocarpalis)
- **bikondyläres Gelenk** (Art. bicondylaris): besteht aus zwei Kondylen (Rollen), die mit planen bis konkaven Pfannen artikulieren. Die Gelenke können in einer gemeinsamen Gelenkhöhle liegen (z. B. Kniegelenk) oder in zwei Einzelgelenke mit separaten Höhlen unterteilt sein (z. B. Kiefergelenk). Bewegungen um eine transversale und eine longitudinale Achse möglich = 2 Freiheitsgrade
- **Rad-/Zapfengelenk** (Art. trochoidea): rad-/zapfenförmiger Gelenkkopf, umfasst von einem osteofibrösen Führungsring (Gleitpfanne mit Ring- oder Querbändern). Bewegung nur um eine longitudinale Achse möglich = 1 Freiheitsgrad. Beispiel: proximales Radioulnargelenk
- **Scharniergelenk** (Ginglymus): walzenförmiger Gelenkkopf, der von einer konkaven Gelenkfläche zangenförmig umfasst wird. Bewegungen nur um eine transversale Achse möglich = 1 Freiheitsgrad. Beispiel: Ellenbogengelenk
- **planes Gelenk** (Art. plana): annähernd plane Gelenkflächen. Verschiebungen aufeinander und Rotationsbewegungen sind prinzipiell möglich, in der Regel aber durch kräftige Bänder stark eingeschränkt. Beispiel: Intervertebralgelenke
- **straffes Gelenk** (Amphiarthrose): der Stabilität dienende, aufgrund kräftiger Bandführung und Form der Gelenkflächen in der Bewegungsfreiheit stark eingeschränkte Gelenke. Beispiele: viele Gelenke der Hand- und Fußwurzeln, Iliosakralgelenk (↗ Abb. 2.19).

Man unterscheidet folgende Bewegungsrichtungen der Skelettelemente einer Diarthrose beim aufrecht stehenden Menschen mit an den Rumpf angelegten Armen und nach vorn zeigenden Daumen (= Neutralnullstellung; ↗ Abb. 1.10):

- **Ante-/Retroversion** (= Vor-/Zurückführung): Bewegung um eine transversale Achse
- **Flexion/Extension** (= Beugung/Streckung): Bewegung um eine transversale Achse

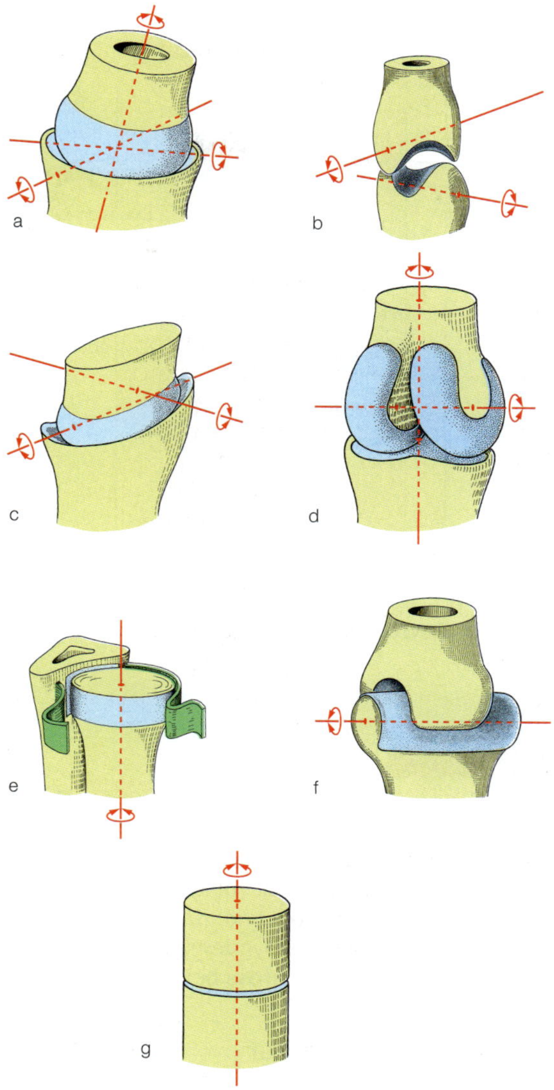

Abb. 1.9 Einteilung der Diarthrosen. **a** Kugelgelenk, **b** Sattelgelenk, **c** Eigelenk, **d** bikondyläres Gelenk, **e** Rad-/Zapfengelenk, **f** Scharniergelenk, **g** planes Gelenk. (Aus [5])

- **Abduktion/Adduktion** (= Abspreizen/Heranführen): Bewegung um eine sagittale Achse
- **Innen-/Außenrotation:** Bewegung um eine longitudinale Achse
- **Pronation/Supination** (Handgelenk): pronieren = Daumenseite der Hand zum Körper hinführen (= nach innen wenden), supinieren = Daumenseite der Hand vom Körper wegführen (= nach außen wenden). Bewegung um eine schräge Achse (läuft durch den proximalen Kopf der Speiche und den distalen Kopf der Elle)
- **Pronation/Supination** (Fußgelenk): pronieren = Anheben des äußeren Fußrandes (= auswärtsdrehen), supinieren = Anheben des inneren Fußrandes (= einwärtsdrehen). Bewegung um eine schräge Achse.

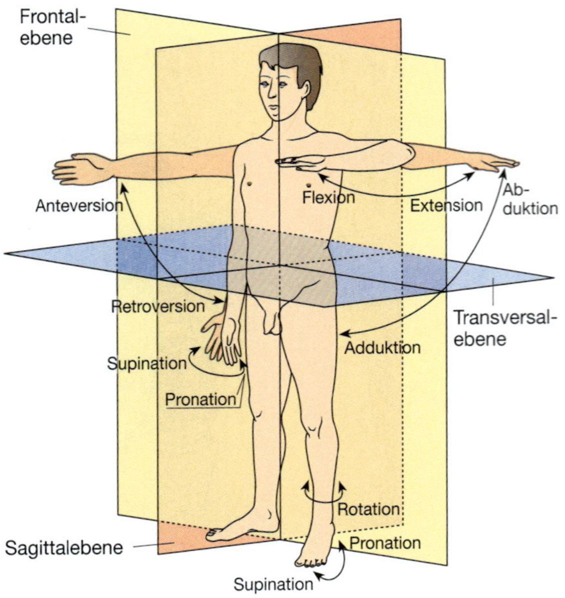

Abb. 1.10 Bewegungsrichtungen. (Modifiziert nach [5])

Klinik

Das Ausbleiben jeglicher Bewegung in einem Gelenk kann zur Verknöcherung des Gelenks **(Synostosis)** führen. Wird andererseits nach einem Knochenbruch das zugehörige Gelenk nicht ruhig gestellt, kann die Kallusbildung unvollständig sein, d. h. ein Frakturspalt verbleiben. Es entsteht eine syndesmosenähnliche Verbindung, die als **Pseudarthrose** bezeichnet wird.

1.3.3 Skelettmuskulatur

Überblick

Skelettmuskeln bestehen aus einem Verband von Muskelzellen, die von Bindegewebe (Muskelfaszie, ↗ Kap. 1.2.2) umgeben und über Sehnen an Knochen, Knorpel oder anderen Strukturen befestigt sind. Die Befestigungen der Muskelenden werden als **Muskelursprung und -ansatz** bezeichnet, wobei der Muskelursprung immer am proximalen (rumpfnahen) und der Muskelansatz am distalen (rumpffernen) Muskelende lokalisiert sind. Bei einer Muskelkontraktion verkürzt sich der Muskel und bewegt die Skelettelemente, an denen er befestigt ist.

Der Bereich des Muskels, an dem Gefäße und Nerven eintreten, wird als **Muskelhilum** bezeichnet.

Muskelmechanik

Das weniger stark bewegte Ende eines Muskels bezeichnet man als **Punctum fixum** und stellt es dem stärker bewegten **Punctum mobile** gegenüber. In der Regel entsprechen das Punctum fixum dem Muskelursprung und das Punctum mobile dem Muskelansatz. Je nach Bewegung und Muskel können jedoch Abweichungen vorkommen.

Beim Querschnitt durch einen Muskel müssen zwei Begriffe voneinander abgegrenzt werden:

- Der **anatomische Muskelquerschnitt** ist der Querschnitt senkrecht zur Hauptachse des Muskels an dessen dickster Stelle.
- Im Gegensatz hierzu verläuft der **physiologische Muskelquerschnitt** senkrecht zu allen Muskelfasern und ist bei gefiederten Muskeln größer als der anatomische Querschnitt.

Um die Wirkung eines Muskels an Gelenken einschätzen zu können, ist der Begriff des **virtuellen Hebelarms** eingeführt worden. Er beschreibt die senkrechte Strecke zwischen der Drehachse des Gelenks und der Sehne des Muskels und erlaubt Rückschlüsse auf die wirksame Muskelendstrecke.

Muskeltypen

Makroskopisch können in Abhängigkeit von der Muskelform und dem Verlauf von Muskel- und Sehnenfasern verschiedene Muskeltypen unterschieden werden. Nach der Muskelform unterscheidet man (↗ Abb. 1.11a und b):

- einbäuchige Muskeln (z. B. M. palmaris longus)
- flächenhafte, platte Muskeln (z. B. M. obliquus externus abdominis)
- zwei- oder mehrbäuchige Muskeln (z. B. M. rectus abdominis)
- zwei- oder mehrköpfige Muskeln (z. B. M. biceps brachii)
- ringförmige Verschlussmuskeln (z. B. M. sphincter ani).

Nach dem Verlauf von Muskel- und Sehnenfasern unterscheidet man (↗ Abb. 1.11b):

- parallelfaserige Muskeln: Die Sehnenfasern zeigen dieselbe Verlaufsrichtung wie die Muskelfasern (= Muskelzellen).
- gefiederte Muskeln: Muskel- und Sehnenfasern bilden einen schrägen Winkel. Man unterscheidet:
  - einfache Fiederung (M. unipennatus, z. B. M. extensor hallucis longus)
  - doppelte Fiederung (M. bipennatus, z. B. M. flexor digitorum longus).

Sehnen

Sehnen bestehen aus straffem kollagenem Bindegewebe und vermitteln die Befestigung der Muskeln an den Skelettelementen. Um eine möglichst breite, d. h. stabile Ansatzfläche zu gewährleisten, verzweigt sich das Bindegewebe der Sehne bis in das Perimysium der Muskeln und setzt direkt an den Muskelfasern an. An der Muskeloberfläche lokalisierte Sehnenblätter werden als **Sehnenspiegel**, platte und flächenhafte Muskelsehnen (↗ Abb. 1.11b) als **Aponeurosen** bezeichnet.

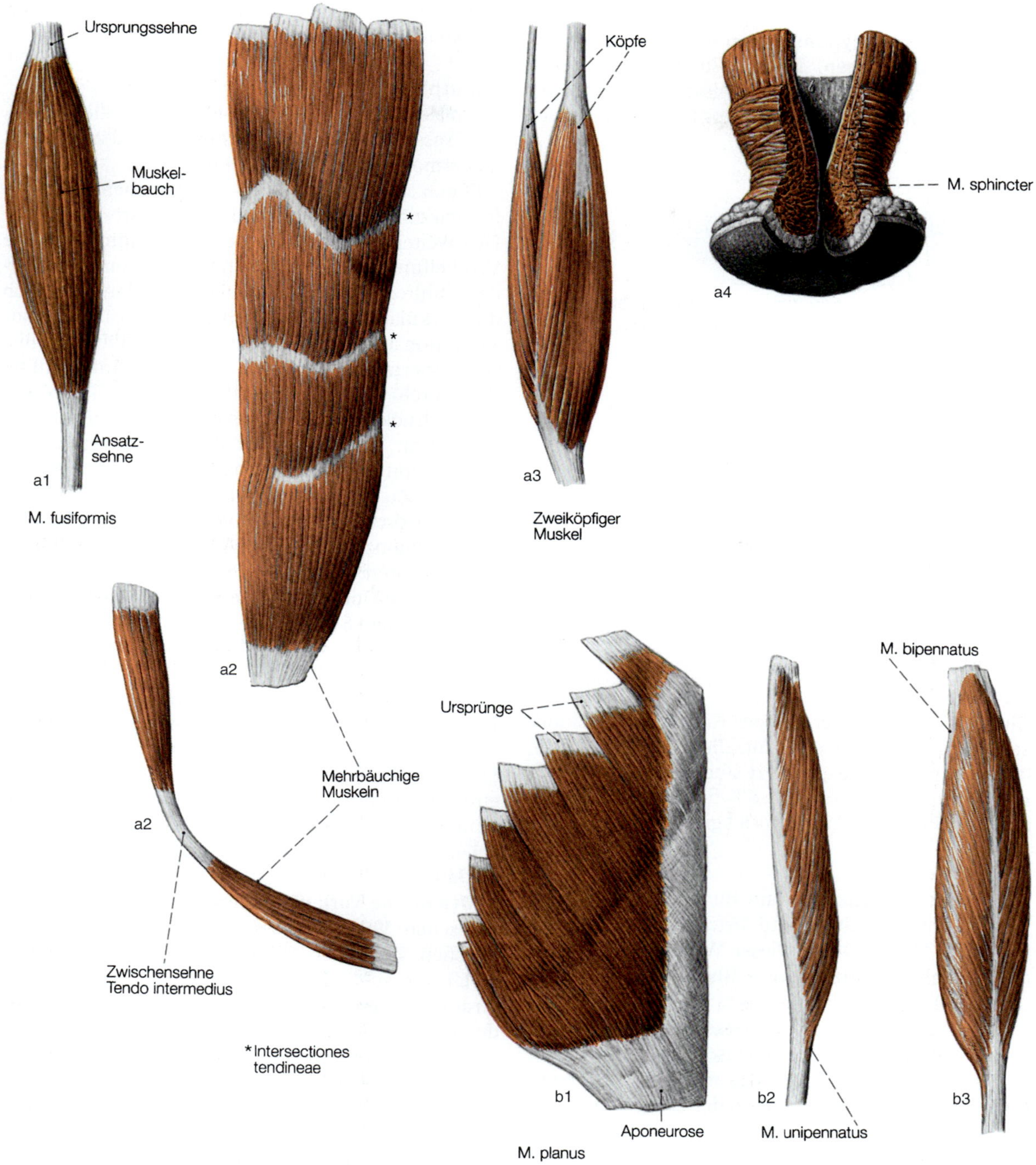

Abb. 1.11 Muskeltypen. a Einteilung nach der Muskelform, **b** Einteilung nach dem Verlauf der Muskel- und Sehnenfasern. (Aus [5])

Schleimbeutel und Sehnenscheiden

An Stellen erhöhter mechanischer Belastung findet man zum Schutz von Muskeln, Sehnen und Knochen häufig Schleimbeutel und Sehnenscheiden.

Schleimbeutel (Bursae synoviales) sind mit Synovialflüssigkeit gefüllte Taschen, die als Verschiebekissen oder Druckaufnehmer dienen (z. B. Bursa olecrani zwischen Haut und Olecranon am Ellenbogen). Histologisch kann ein äußeres straffes **Stratum fibrosum** von einem glatten inneren **Stratum synoviale** unterschieden werden.

Sehnenscheiden (**Vaginae tendinum**) zeigen den gleichen Aufbau wie Bursen (**Vagina fibrosa**, **Vagina synovialis**) und umgeben Sehnen schlauchförmig.

An einigen Stellen des Körpers sind Knorpel oder Knochen, sog. **Sesambeine**, in Sehnen eingelagert. Sie dienen ebenfalls der Reibungsminderung, beispielsweise an Stellen, an denen Sehnen umgelenkt werden – an sog. **Hypomochlien** – oder an denen sie über Gelenke ziehen. Das größte Sesambein des menschlichen Körpers ist die Kniescheibe (**Patella**), die in die Sehne des M. quadriceps femoris eingebettet ist.

1.4 Kreislaufsystem

Das Kreislaufsystem besteht aus
- Blutgefäßen: In ihnen zirkuliert, angetrieben durch die rhythmische Kontraktion des Herzmuskels, das Transportmedium des Körpers, das Blut.
- Lymphgefäßen: Sie führen Flüssigkeit, die aus den Blutgefäßen in das Interstitium abgepresst wurde: die Lymphe. Da die beiden Hauptstämme des Lymphgefäßsystems in den linken bzw. rechten Venenwinkel (Zusammenfluss von V. subclavia und V. jugularis interna) münden (↗ Kap. 1.4.2), gelangt die Lymphe schließlich in den Blutkreislauf zurück.

1.4.1 Blutgefäßsystem

Grundlagen: Blut

Zusammensetzung

Blut, das Transportmedium des Körpers, besteht aus zellulären Bestandteilen (Blutzellen), die in Flüssigkeit (Blutplasma) suspendiert sind. Beim Erwachsenen macht das Blut etwa 6–8% des Körpergewichts aus. Ein Blutvolumen von 6–8 l gilt als normal.

Blutzellen

Der Anteil der Blutzellen am Blutvolumen wird als Hämatokrit bezeichnet und beträgt im Normalfall zwischen 41 und 46%. Dieser Wert wird entscheidend durch die Anzahl roter Blutkörperchen (Erythrozyten) geprägt, die etwa 99% der Blutzellen darstellen. Erythrozyten sind kernlose, bikonkave Scheiben mit einer mittleren Lebensdauer von 80–120 Tagen. Sie sind die Träger des roten Blutfarbstoffs (Hämoglobin), der Sauerstoff in der Lunge aufnimmt und im Gewebe wieder abgibt.

Die weißen Blutkörperchen (**Leukozyten**) stehen im Auftrag der **Immunabwehr** und können in **Granulo**-, **Mono**- und **Lymphozyten** unterteilt werden.

Klinik

Eine Überschreitung des Normalwertes von 4000–11000 Leukozyten pro µl Blut wird als Leukozytose bezeichnet und ist ein Hinweis für eine Entzündungsreaktion des Organismus.

Für die **Blutgerinnung** sind die kernlosen Blutplättchen (**Thrombozyten**) entscheidend. Sie verweilen etwa 5–11 Tage im Blut. Bei Aktivierung der Blutgerinnung (z. B. durch eine Gefäßverletzung) setzen sie Mediatoren frei und aggregieren.

Blutplasma

Blutplasma ist eine gelbliche Flüssigkeit, die zu 90% aus Wasser, zu 6–8% aus Proteinen und zu 2% aus niedermolekularen Substanzen besteht.

Durch den hohen Anteil an Proteinen stellt das Plasma ein schnell verfügbares Eiweißreservoir dar. Des Weiteren übernehmen die Plasmaproteine eine Vehikelfunktion. An Plasmaproteine gebunden, werden zahlreiche kleinmolekulare Substanzen durch die Zirkulation transportiert. Die konstante Konzentration an Proteinen ist entscheidend für die Flüssigkeitsverteilung zwischen Plasma und Interstitium. Der durch die Proteine entstehende kolloidosmotische Druck hält die Flüssigkeit in den Gefäßen. Ein Mangel an Proteinen führt daher zum vermehrten Austritt von Flüssigkeit in das angrenzende Gewebe (**Ödem**). Zu den Plasmaproteinen zählen die Gerinnungsfaktoren, die bei Aktivierung zur Aggregation der Thrombozyten und zur Ausbildung eines Fibrinpfropfs führen.

Blutplasma ohne den Gerinnungsfaktor Fibrinogen nennt man **Serum**.

Blutbildung

Alle Blutzellen leiten sich von **pluripotenten Stammzellen** des Knochenmarks ab, die sich unter dem Einfluss von Wachstumsfaktoren innerhalb weniger Stunden bis Tage zu den reifen Blutzellen weiterentwickeln und differenzieren können. Aus den unmittelbaren Tochterzellen der pluripotenten Stammzellen entstehen zunächst **myeloische** und **lymphoide Vorläuferzellen**.

Myeloische Vorläuferzellen reifen zu den deterministischen Vorläuferzellen der verschiedenen myeloischen Zellreihen heran **(Colony-forming units, CFU)**, die schließlich zu den Zellen der **Erythro-**, **Granulo-/Mono-** und **Thrombopoese** ausreifen. Bei der Thrombopoese entstehen aus den CFU die Megakaryozyten, aus denen die Thrombozyten durch Abschnürung hervorgehen. Dagegen differenzieren sich Erythrozyten, Granulozyten und Monozyten jeweils über mehrere Vorläuferstadien aus den CFU.

Aus den **lymphoiden Vorläuferzellen** entwickeln sich die Vorläuferstadien der **Lymphozyten** direkt – CFU kommen nicht vor.

Gliederung des Blutgefäßsystems

Ausgehend vom Herzen als Motor und Zentrum des Kreislaufsystems, transportieren die Blutgefäße das Blut durch den Körper.

Das Herz ist ein muskuläres Hohlorgan, das sich in eine linke und eine rechte Hälfte gliedern lässt. Jede Herzhälfte besteht aus einem Vorhof (**Atrium cordis**) und einer Kammer (**Ventriculus cordis**). Zwischen Vorhof und Kammer sowie zwischen Kammer und ableitenden Gefäßen befindet sich jeweils eine Herzklappe. Die vier Herzklappen verhindern bei den Kontraktionen des Herzmuskels, des **Myokards**, einen Rückfluss in die jeweils vorgeschalteten Abschnitte und gewährleisten so einen unidirektionalen Blutfluss.

Nach funktionellen Gesichtspunkten lassen sich Blutgefäße in **Arterien** und **Venen** einteilen.

Merke

Die Unterscheidung zwischen Arterien und Venen hängt ausschließlich von der Richtung des transportierten Blutes, nicht von dessen Zusammensetzung ab. Arterien befördern Blut immer vom Herzen weg, Venen Blut zum Herzen hin.

Sauerstoffreiches Blut gelangt aus dem linken Herzen (Atrium sinistrum + Ventriculus cordis sinister) über die Hauptschlagader (Aorta) in den Organismus. Die Arterien führen oxygeniertes (sauerstoffreiches) Blut und transportieren es in die verschiedenen Organe des Körpers. Von hier aus gelangt das nun sauerstoffarme Blut durch Venen, zuletzt durch die beiden Hohlvenen, in das rechte Herz (Atrium dextrum + Ventriculus cordis dexter, ↗ Abb. 1.12). Dieser Kreislauf mit dem linken Herz als Motor wird als **Körperkreislauf** oder großer Kreislauf bezeichnet. Das rechte Herz pumpt das sauerstoffarme Blut durch die Lungenarterien in die Lunge und somit in den kleinen Kreislauf (**Lungenkreislauf**, Abb. 1.12). Hier werden Kohlendioxid an die Atemluft abgegeben und die Erythrozyten mit Sauerstoff angereichert (Oxygenierung). Das Blut wird durch die Lungenvenen zurück zum linken Herzen und von hier aus wieder in den Körperkreislauf transportiert.

Klinik

Die Folgen einer Pumpschwäche des Herzens **(Herzinsuffizienz)** lassen sich anhand der Gliederung des Blutgefäßsystems in Körper- und Lungenkreislauf erklären: Betrifft die Herzinsuffizienz vorwiegend das linke Herz **(Linksherzinsuffizienz)**, so kann das aus dem Lungenkreislauf kommende Blut nicht mehr adäquat in den Körperkreislauf gepumpt werden. Es resultiert ein Rückstau in den Lungenkreislauf und damit ein Flüssigkeitsaustritt aus den Gefäßen in das Lungenparenchym (Lungenödem). Bei einer **Rechtsherzinsuffizienz** hingegen staut sich das Blut in der Körperperipherie. Erstsymptome sind häufig Bein- und Knöchelödeme.

Funktionell unterscheidet man im Körperkreislauf ein Hoch- und ein Niederdrucksystem. Zum **Hochdrucksystem** zählen nur die Hauptschlagader (**Aorta**) und die sich unmittelbar anschließenden **großen Arterien**, in die das Herz Blut mit einem mittleren Druck von etwa 100 mmHg pumpt. Der mit Abstand größte Teil des Blutvolumens, rund 85 %, befindet sich im **Niederdrucksystem**, das daher auch als Volumenspeicher bezeichnet wird.

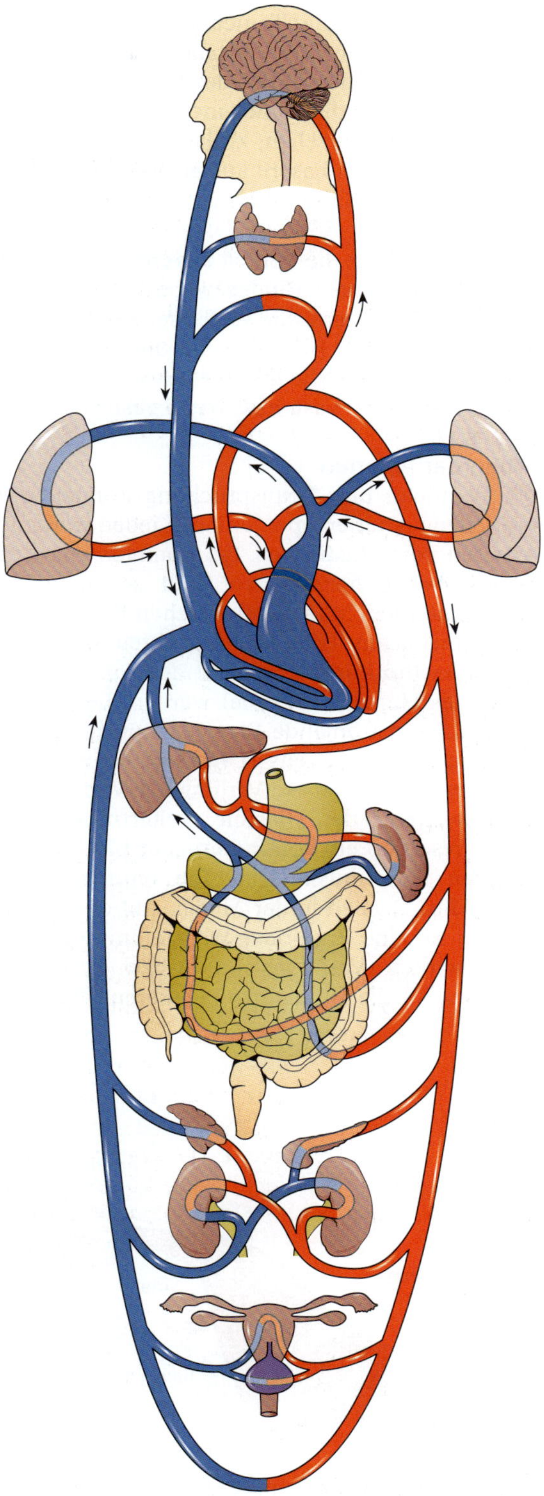

Abb. 1.12 Kreislaufschema. Sauerstoffreiches Blut ist rot, sauerstoffarmes blau dargestellt.

Feinbau der Blutgefäße

Prinzip

Die Wand der Blutgefäße ist, von regionalen Unterschieden abgesehen, nach einem einheitlichen Muster aufgebaut (↗ Abb. 1.13):

- Die innerste Schicht, die direkt mit dem Blutstrom in Kontakt steht, heißt **Tunica intima** (**Intima**). Sie gliedert sich in eine Endothelzellschicht, eine Basalmembran und subendotheliales Bindegewebe.
- Nach außen folgt die **Tunica media** (**Media**). Sie ist aus glatten Muskelzellen, kollagenem Bindegewebe und elastischen Fasern aufgebaut und wirkt der Dehnung der Gefäße durch den Blutdruck entgegen.
- Ganz außen liegt die **Tunica adventitia** (**Adventitia**) aus kollagenem Bindegewebe und einzelnen glatten Muskelfasern. Sie verbindet das Gefäß mit dem umliegenden Bindegewebe und enthält Gefäße und Nerven, die die Gefäßwand versorgen bzw. innervieren (**Vasa bzw. Nervi vasorum**).

Feinbau der Arterien

Nach Wandbau und Beanspruchung können zwei verschiedene Arterientypen unterschieden werden:

- **Arterien vom elastischen Typ** kommen charakteristischerweise herznah vor und zeichnen sich durch einen Reichtum an elastischen Fasern in der Tunica media aus. Hierdurch vermitteln sie die sog. **Windkesselfunktion.** Während der Austreibungsphase des Herzens **(Systole)** werden die Arterien durch das einströmende Blut gedehnt, in der Füllungsphase des Herzens **(Diastole)** verjüngen sie sich wieder. Durch diese Verjüngung wird das Blut auch während der Diastole weitertransportiert, und es resultiert ein kontinuierlicher Blutfluss.
- **Arterien vom muskulären Typ** enthalten viele glatte Muskelzellen in der Media. Auf diese Weise können sie eine Eng- oder Weitstellung der Arterien bewirken (Vasokonstriktion bzw. Vasodilatation) und so die Blutmenge regulieren, die in die nachgeschalteten Kapillargebiete gelangt. Deshalb bezeichnet man diese Arterien als **Widerstandsgefäße**. An der Grenze zwischen Intima und Media sind die elastischen Fasern zur **Membrana elastica interna** verdichtet. Analog hierzu kann zusätzlich eine dünne **Membrana elastica externa** zwischen Media und Adventitia vorkommen.

Die Übergänge zwischen Arterien elastischer und muskulärer Bauart sind fließend.

Feinbau von Arteriolen und Kapillarsystem

Arteriolen folgen im Anschluss an die Arterien und haben einen Durchmesser von < 0,5 mm. Sie enthalten nur noch wenige glatte Muskelzellen in der Media und leiten das Blut in das **Kapillarsystem**, das eine große Oberfläche besitzt. Hier finden sich die kleinsten Gefäße des Körpers mit mittleren Durchmessern von 4–15 μm. Kapillaren bestehen in der Regel nur noch aus einer Endothelzellschicht mit darunterliegender Basalmembran. Sie vermitteln den Gas-, Flüssigkeits- und Stoffaustausch zwischen Blut und Gewebe.

Feinbau der Venen

Venen führen das Blut zurück zum Herzen. Aufgrund des niedrigeren Drucks im venösen System ist die Wand der Venen dünner als die der Arterien. Zudem ist die Schichtung der Wand weniger ausgeprägt, die Media ist schmaler und die Adventitia breiter als bei Arterien (↗ Abb. 1.13).

Direkt im Anschluss an das Kapillarbett folgen Venulen, dann mittelgroße und größere Venenstämme. Die mittleren Venen weisen häufig **Venenklappen** (Intimaduplikaturen) auf, die einen undirektionalen Blutfluss (auch gegen die Schwerkraft) ermöglichen (↗ Abb. 1.14a). Zusätzlich kann eine Kompression der Venen von außen, z. B. durch die Kontraktion umgebender Muskeln (**Muskelpumpe**) bzw. bei **Begleitvenen** durch das rhythmische Pulsieren der benachbarten Arterien, den Blutfluss in Richtung Herz unterstützen (↗ Abb. 1.14b).

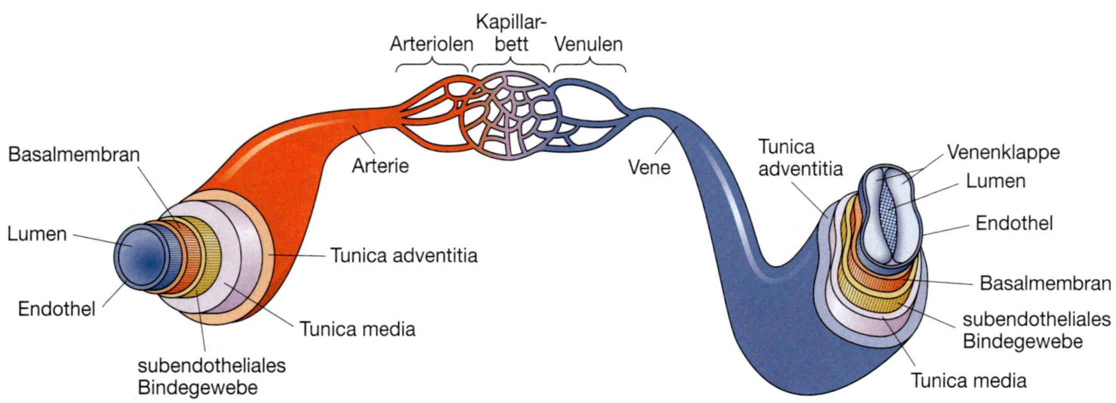

Abb. 1.13 Feinbau der Blutgefäße.

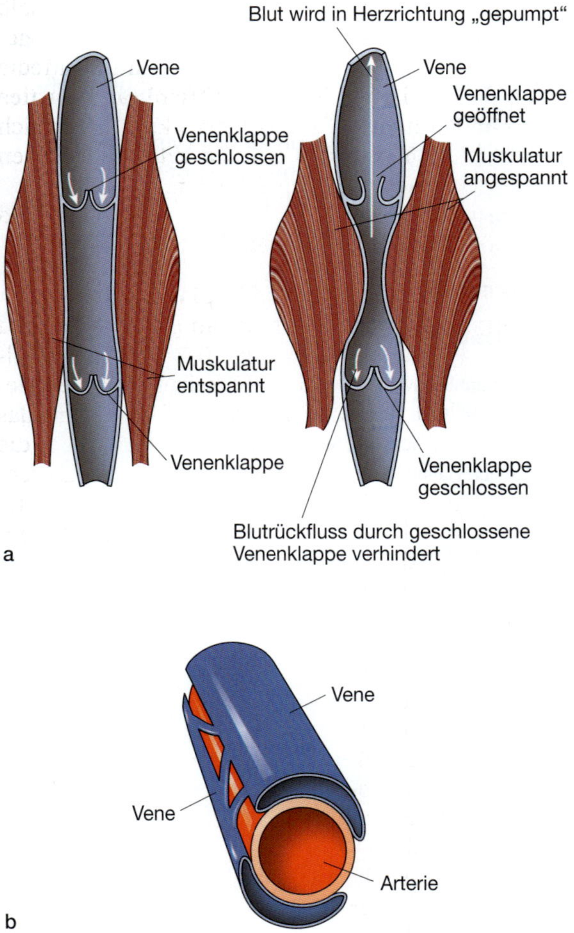

Abb. 1.14 Hilfseinrichtungen der Venen zur Gewährleistung eines unidirektionalen Blutflusses. a Funktion von Venenklappen und Muskelpumpe, **b** Lagebeziehung zwischen Begleitvenen und „ihrer“ Arterie.

1.4.2 Lymphgefäßsystem

Im Kreislaufsystem des Körpers wird das Blut mit hohem Druck aus dem arteriellen Schenkel in das Kapillarsystem gepumpt. Hierbei werden pro Tag etwa 2 l Flüssigkeit durch die Kapillarwände gepresst und gelangen in das Interstitium der Gewebe. Hier wird die Flüssigkeit in Lymphkapillaren (**Vasa lymphocapillaria**) aufgenommen und in größere Lymphgefäße weitergeleitet, die die nun als **Lymphe** bezeichnete Flüssigkeit in – sog. regionäre – Lymphknoten (zu Lymphknoten ↗ Kap. 1.6) transportieren. Die von Lymphknoten wegführenden Lymphgefäße vereinigen sich zu größeren Lymphstämmen (**Trunci lymphatici**), die entlang größeren Blutgefäßen verlaufen und in die wiederum Lymphknoten eingeschaltet sein können (sog. Sammellymphknoten). Die Trunci lymphatici münden schließlich in den **Ductus thoracicus** oder den **Ductus lymphaticus dexter**. Hierbei handelt es sich um die beiden thorakal lokalisierten Hauptstämme des Lymphgefäßsystems, die ihrerseits in den linken und rechten Venenwinkel münden und damit die Lymphe dem Stromgebiet der V. cava superior zuleiten (↗ Abb. 1.15). Das Lymphgefäßsystem kann somit als Parallelweg zum Venensystem verstanden werden. Ähnlich wie größere Venen sind auch die größeren Lymphgefäße durch das Vorhandensein von Klappen gekennzeichnet, die den Blutstrom in nur eine Richtung ermöglichen. Die klappenfreien Abschnitte können sich rhythmisch kontrahieren.

1.5 Nervensystem

Das Nervensystem lässt sich nach topographischen und funktionellen Gesichtspunkten einteilen.

Nach **topographischen Gesichtspunkten** unterscheidet man zwischen zentralem und peripherem Nervensystem: Das **zentrale Nervensystem (ZNS)** besteht aus dem in der Schädelhöhle lokalisierten Gehirn und dem innerhalb des Wirbelkanals liegenden Rückenmark. Die Verbindung zwischen ZNS und den verschiedenen Organen und Geweben stellt das **periphere Nervensystem (PNS)** her.

Nach **funktionellen Gesichtspunkten** unterscheidet man das willentlich zu beeinflussende **somatische (animalische)** Nervensystem von dem in der Regel vom freien Willen nicht beeinflussbaren **vegetativen (autonomen) Nervensystem**.

1.5.1 Gliederung nach topographischen Gesichtspunkten

Zentrales Nervensystem

Gliederung

Bereits makroskopisch können im ZNS graue und weiße Substanz voneinander unterschieden werden. In der **grauen Substanz (Substantia grisea)** liegen die Zellkörper der Nervenzellen, deren reizleitende Fortsätze in ihrer Gesamtheit die **weiße Substanz (Substantia alba)** bilden. Die weißliche Farbe resultiert aus den lipidhaltigen Markscheiden der Axone.

Im Rückenmark (Medulla spinalis) liegen die Zellkörper und somit die graue Substanz innen. Die graue Substanz erscheint auf Querschnitten als Schmetterlingsfigur und ist von weißer Substanz umgeben. Im Groß- und Kleinhirn dagegen liegen die graue Substanz als Hirnrinde (Cortex cerebri bzw. cerebelli) außen und die weiße Substanz als Hirnmark (Medulla cerebri bzw. cerebelli) innen. Der Übergang dieser beiden Abschnitte, in denen die Nervenfasern ihre Position von außen nach innen bzw. von innen nach außen ändern, erfolgt im Hirnstamm.

In der weißen Substanz lokalisierte Ansammlungen von Nervenzellen und somit von grauer Substanz werden als **Nuklei** (Kernregionen) bezeichnet (z. B. Hirnnervenkerne im Hirnstamm).

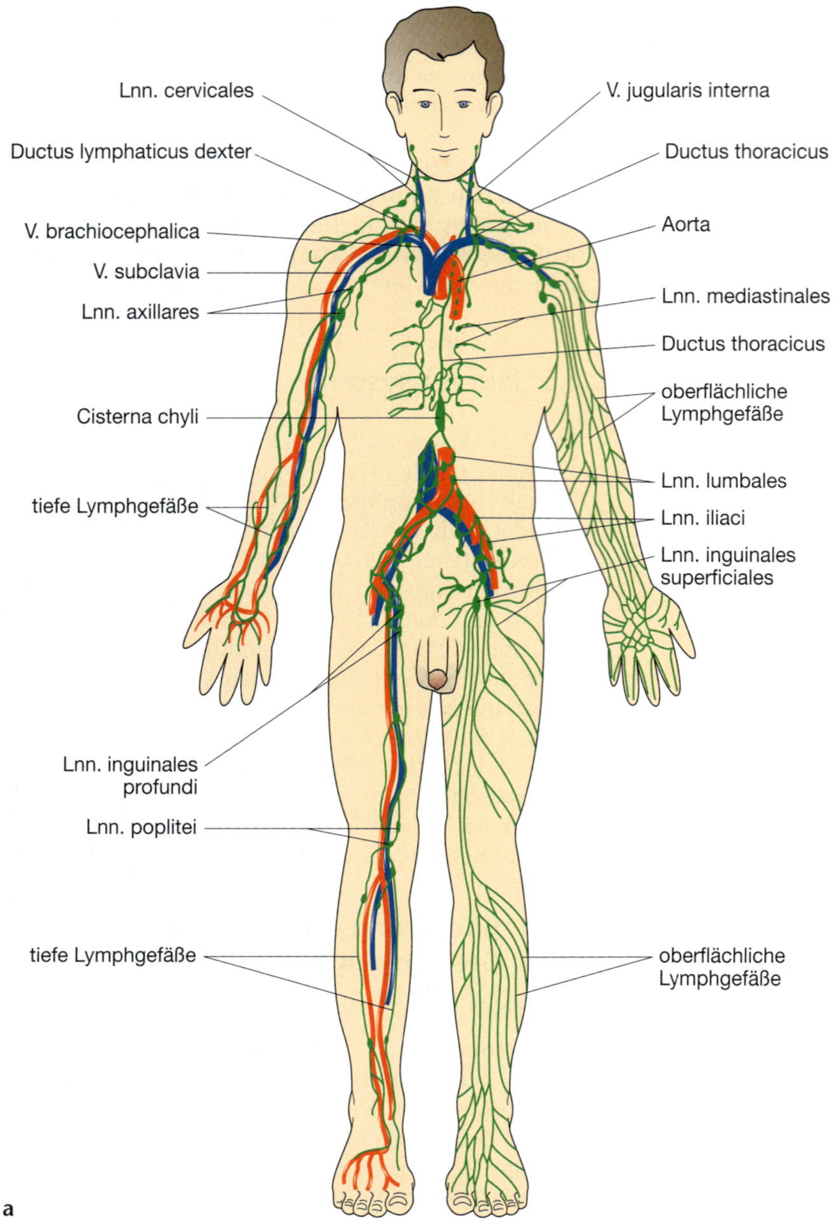

a

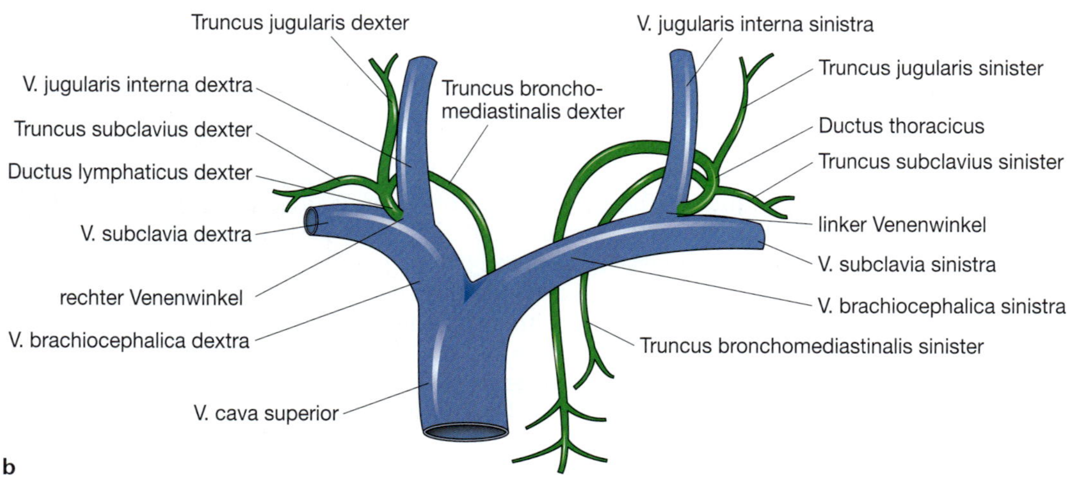

b

Abb. 1.15 Das Lymphgefäßsystem. a Übersicht (Lnn: Lymphonodi = Lymphknoten), **b** Einmündung der großen Lymphgefäße in die Venenwinkel.

Schutzvorrichtungen

Das ZNS wird von Liquor cerebrospinalis (↗ unten) und **Hirnhäuten** (**Meningen**) umgeben und geschützt. Direkt dem Hirn- und Rückenmarksgewebe aufliegend findet man die **Pia mater**, die zusammen mit der nach außen folgenden **Arachnoidea mater** (Spinnengewebshaut) die weiche Hirnhaut (**Leptomeninx**) bildet. Der Raum zwischen den beiden Schichten, der **Subarachnoidalraum**, ist mit **Liquor cerebrospinalis** (Gehirn-Rückenmarks-Flüssigkeit) gefüllt (↗ Abb. 1.16). Der Liquor dient dem zentralen Nervensystem als Schutzsystem, vergleichbar mit einem Wasserbett. Der Leptomeninx liegt außen die **Dura mater** (harte Hirnhaut, **Pachymeninx**) auf, die im Bereich des Gehirns als derbe, mechanisch widerstandsfähige Schutzschicht mit dem Periost des Schädels verschmolzen ist.

Peripheres Nervensystem

Gliederung

Das periphere Nervensystem umfasst (↗ Abb. 1.17)

- **12 paarige Hirnnerven,** die überwiegend aus den Hirnnervenkernen des Hirnstamms hervorgehen und untereinander kaum Fasern austauschen. Sie innervieren den Kopf (einschließlich der Sinnesorgane), Teile des Halses sowie mit dem 10. Hirnnerv (N. vagus) auch Brust- und Baucheingeweide.
- 31–33 **Spinalnerven**paare, die aus den Rückenmarksegmenten stammen. Man unterscheidet 8 Hals-, 12 Brust-, 5 Lenden-, 5 Kreuzbein- und 1–3 Steißbeinnerven. Jeder Spinalnerv spaltet sich kurz hinter seiner Ursprungsstelle in vier Äste auf (↗ unten). Anders als die Hirnnerven bilden die ventralen Äste zahlreicher Spinalnerven nach ihrem Austritt aus dem Rückenmark sog. **Plexus** (Geflechte).
- **periphere Nerven**. Sie gehen aus den Plexus hervor, enthalten also Faseranteile verschiedener Rückenmarksegmente. Sie innervieren u.a. die Extremitäten.

Hirnnerven (↗ Kap. 3.7)

Spinalnerven

Jeder Spinalnerv (**Truncus nervi spinalis**) entsteht durch die Vereinigung einer vorderen und einer hinteren Rückenmarkswurzel (↗ Abb. 1.18). Die **hintere Wurzel** (**Radix posterior**) führt **afferente Nervenfasern** aus der Körperperipherie, deren **Perikarya** in den **Spinalganglien** lokalisiert sind und deren Fasern in den Hinterhörnern des Rückenmarks aufsteigen. Bei den Spinalganglien handelt es sich um etwa 0,5 cm große Ansammlungen pseudounipolarer Nervenzellen, die innerhalb der Radices posteriores im Bereich der Foramina intervertebralia liegen. Die **vordere Wurzel** (**Radix anterior**) führt **efferente Fasern**, deren **Perikarya** in den **Vorder- und Seitenhörnern des Rückenmarks** lokalisiert sind. Kurz nach ihrer Entstehung spalten sich die Spinalnerven in vier Äste auf:

- Ramus (R.) anterior
- R. posterior
- R. meningeus
- R. communicans albus.

Die **Rami** (**Rr.**) **anteriores** bilden mit Ausnahme der thorakalen Äste untereinander Nervengeflechte (**Plexus**) aus, in denen sich Fasern verschiedener Spinalnerven vermischen und aus denen die peripheren Nerven hervorgehen. Diese versorgen die ventrolaterale Rumpfwand, den Hals und alle Extremitäten **motorisch** und **sensibel** (**gemischt-segmentale** = **periphere Innervation**).

Bei den **Rr. posteriores** kommt eine solche Plexusbildung nicht vor. Sie innervieren den Rücken und das Hinterhaupt streng segmental **motorisch** und **sensibel**.

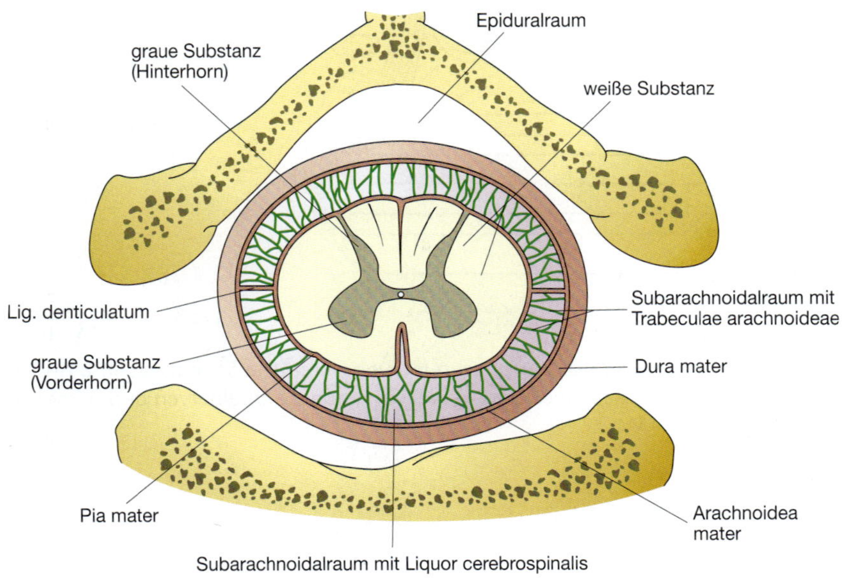

Abb. 1.16 Die Meningen am Beispiel des Rückenmarks (Querschnitt).

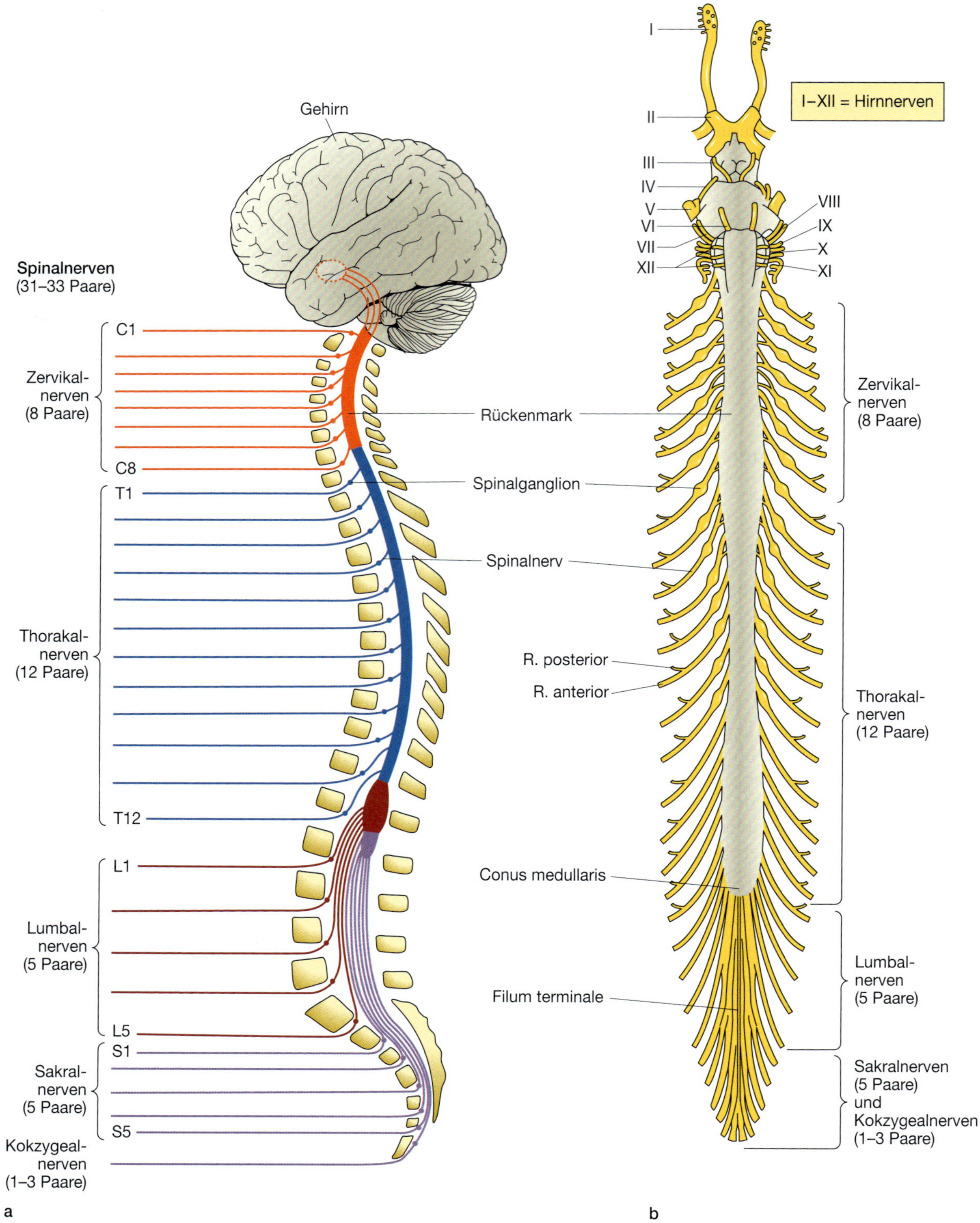

Abb. 1.17 Gliederung des peripheren Nervensystems. **a** Seitenansicht, **b** Ansicht von vorn. Rot: Zervikalnerven und -ganglien, blau: Thorakalnerven und -ganglien, braun: Lumbalnerven und -ganglien, lila: Sakral- und Kokzygealnerven und -ganglien.

Die **Rr. meningei** ziehen zurück durch die Foramina intervertebralia, teilen sich in mehrere auf- und absteigende Äste auf und versorgen die Rückenmarkshäute, das Periost und die Zwischenwirbelscheiben (Disci intervertebrales) **sensibel**.

Rr. communicantes stellen eine Verbindung zum autonomen Nervensystem dar. Ihre **Perikarya** liegen in den **Seitenhörnern des Rückenmarks** und gelangen über die vorderen Wurzeln in den Spinalnerv. Die weißen kommunizierenden Äste (**Rr. communicantes albi**) sind markscheidenreich und führen präganglionäre Fasern (↗ Kap. 1.5.2) zu autonomen Ganglien (z. B. im sympathischen Grenzstrang). Markscheidenarme Äste, die postganglionäre Fasern aus autonomen Ganglien zum Spinalnerv transportieren, nennt man **Rr. communicantes grisei**.

Merke

Nur die Rr. anteriores der zervikalen, lumbalen, sakralen und kokzygealen Spinalnerven bilden Plexus.

Jedes Spinalnervenpaar versorgt einen ganz bestimmten Hautbereich (**Dermatom**) und bestimmte Muskeln. Entsprechend der streng segmentalen Innervation der thorakalen Äste lassen sich die Versorgungsgebiete in diesem Bereich leicht ableiten (↗ Abb. 1.19). Im Bereich der Extremitäten ist die Zuordnung der Versorgungsgebiete zu Rückenmarksegmenten durch die Plexusbildung und die hieraus resultierende gemischte Innervation erschwert.

Klinik

Bei Sensibilitätsstörungen oder einer Lähmung im Bereich der Extremitäten lassen sich aus dem Verteilungsmuster der Störung Rückschlüsse auf ihre Lokalisation ziehen: Proximal der Plexus resultiert ein segmentales Verteilungsmuster, distal der Plexus ein gemischt-segmentales = peripheres Verteilungsmuster.

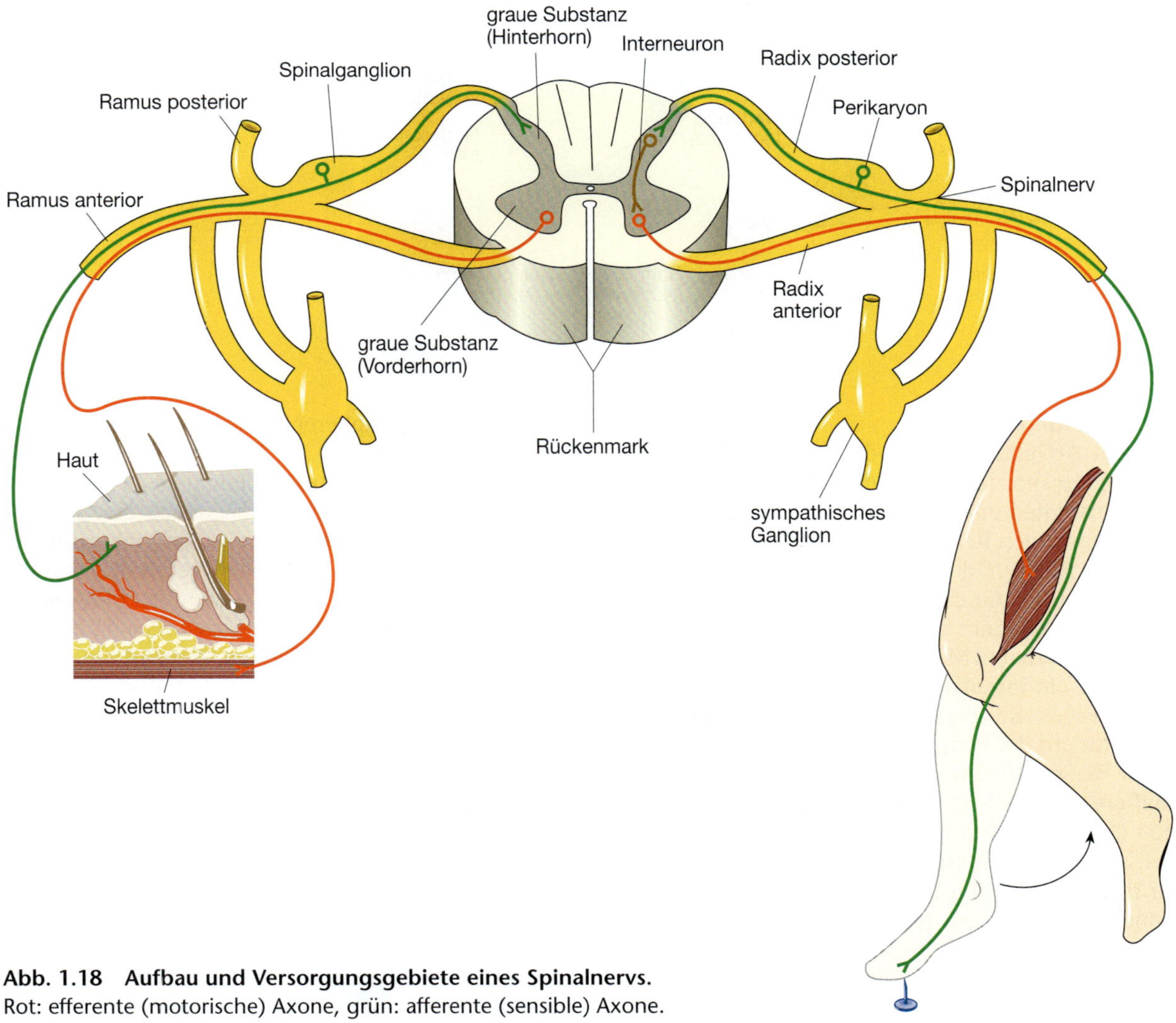

Abb. 1.18 Aufbau und Versorgungsgebiete eines Spinalnervs.
Rot: efferente (motorische) Axone, grün: afferente (sensible) Axone.

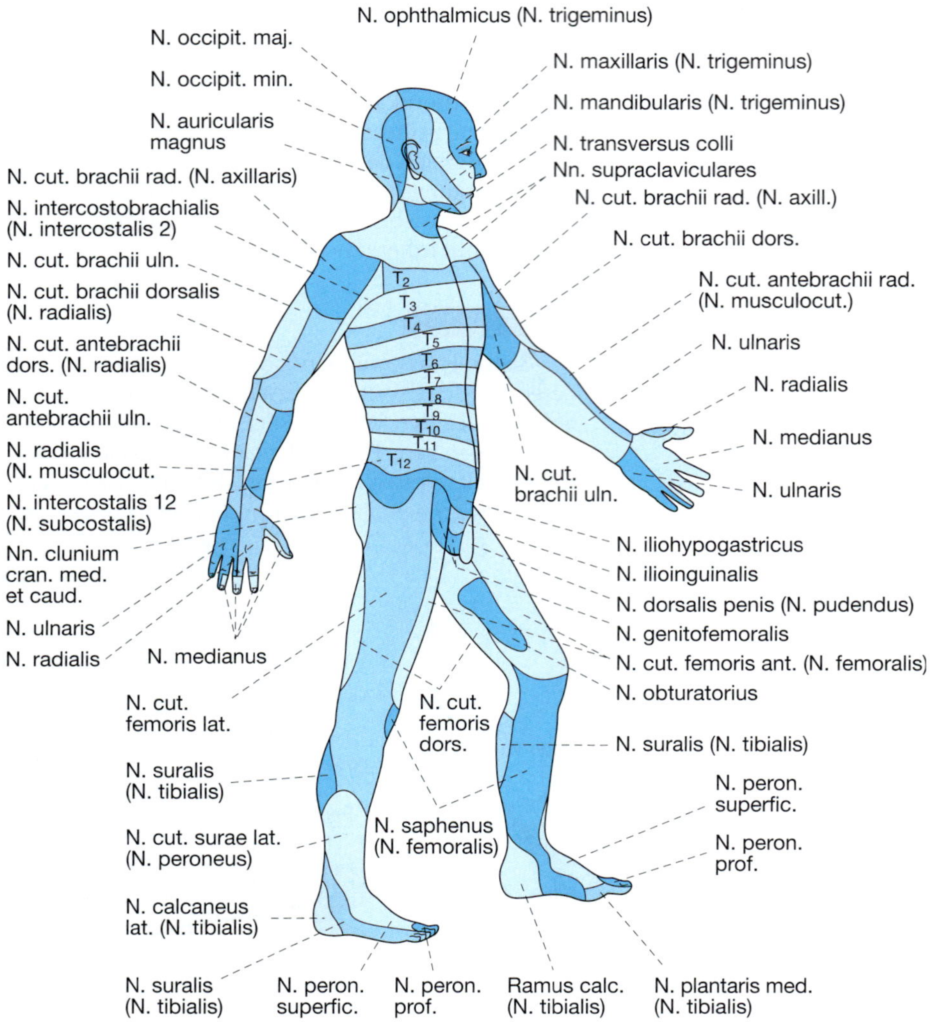

Abb. 1.19 Periphere und segmentale Innervation der Haut. (Aus [10])

Periphere Nerven

Faserqualitäten

Je nach Art und Richtung der in einer Nervenfaser (Axon) transportierten Impulse können verschiedene Faserqualitäten unterschieden werden. Efferente Fasern leiten einen Reiz aus dem ZNS in die Peripherie an einen Effektor, der diesen Reiz umsetzt. Ein klassisches Beispiel für einen Effektor ist der Skelettmuskel. Man bezeichnet die Reizleitung an einen willkürlich innervierbaren Muskel als **somatoefferent** (**somatomotorisch**, **motorisch**). In der umgekehrten Richtung werden Reize (z.B. Berührungen) von einem Rezeptor aus der Peripherie in das ZNS transportiert. Diese Faserqualität wird als **somatosensorisch** (**somatoafferent**, **sensibel**) bezeichnet. Beide beschriebenen Qualitäten sind typisch für das somatische Nervensystem. Nervenfasern, die Informationen aus bzw. zu den Eingeweiden transportieren und zum autonomen Nervensystem gehören, nennt man **viszeroefferent** (**viszeromotorisch**) bzw. **viszeroafferent** (**viszerosensorisch**). Periphere Nerven setzen sich fast immer aus verschiedenen Faserqualitäten zusammen.

Histologie

Die Histologie peripherer Nerven erinnert an die des Skelettmuskels (↗ Kap. 1.2.2). Jedes Axon ist von einer Hülle aus Schwann-Zellen, dem **Neurolemm**, umgeben. Dem Neurolemm liegt außen eine Schicht lockeren Bindegewebes an, die als **Endoneurium** bezeichnet wird. Größere Nervenfaserbündel werden von **Perineurium** umhüllt, das sich aus bindegewebigen Anteilen und mehreren Lagen flacher, epithelartiger Zellen (**Perineuralzellen**, **Neurothel**) zusammensetzt. Die Nervenfaserbündel sind voneinander durch kollagenes Bindegewebe, das **Epineurium**, getrennt, das auch den Nerv umgibt und ihn mit dem umliegenden Gewebe verbindet.

1.5.2 Gliederung nach funktionellen Gesichtspunkten

Somatisches Nervensystem

Das somatische Nervensystem innerviert die Skelettmuskulatur und nimmt Reize aus der Umgebung auf.

Abb. 1.19
Fortsetzung

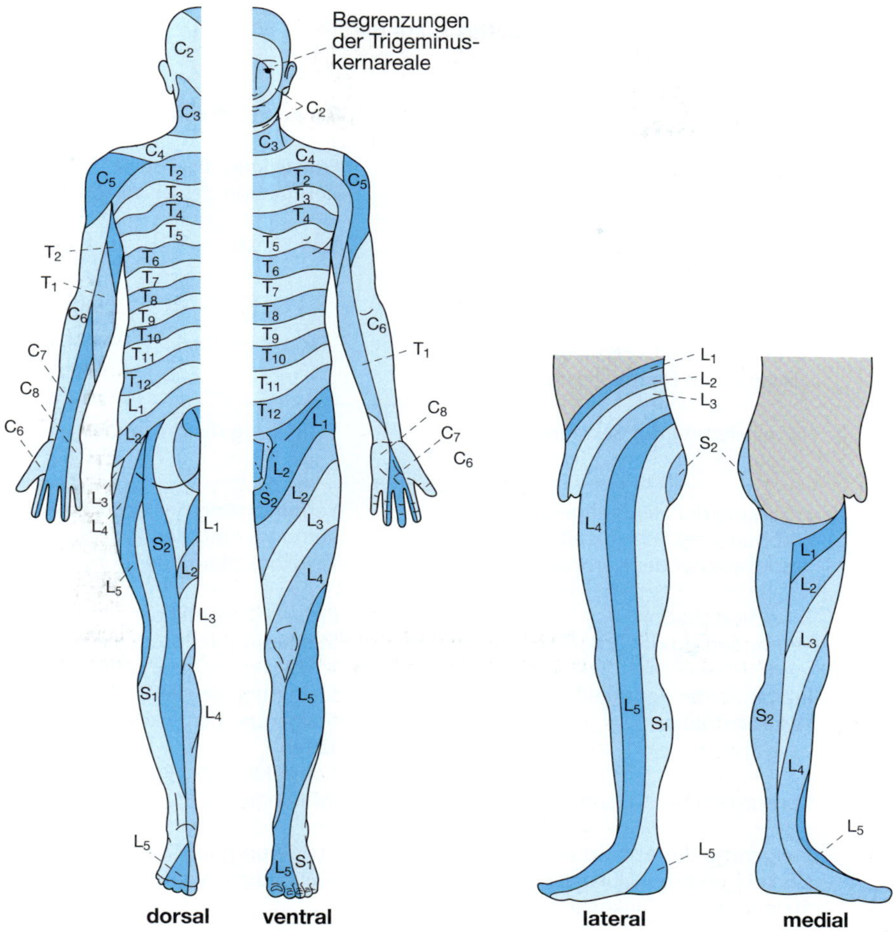

Hierzu zählen auch sämtliche Eindrücke, die über die Sinnesorgane wahrgenommen werden.

Vegetatives Nervensystem

Das vegetative Nervensystem innerviert Eingeweide, Drüsen, glatte Muskulatur, Knochenmark, Fett- und Bindegewebe sowie verwandte Strukturen. Es entzieht sich größtenteils der willkürlichen Beeinflussung.

Gliederung

Das vegetative Nervensystem gliedert sich in die beiden Gegenspieler Sympathikus und Parasympathikus. Dem **Sympathikus** schreibt man eine in erster Linie energiemobilisierende und aktivitätssteigernde Rolle zu, während der **Parasympathikus** eher für die Konservierung und Wiederherstellung von Körperenergie zuständig ist. Durch Aktivierung des Sympathikus kann es bei körperlicher Anspannung beispielsweise zu einer Beschleunigung des Herzschlags kommen. Der Parasympathikus bewirkt den gegenteiligen Effekt. Umgekehrt verhält es sich im Gastrointestinaltrakt: Hier bewirkt der Parasympathikus eine Aktivitätssteigerung, während der Sympathikus hemmende Funktionen übernimmt (↗ Tab. 1.2).

Im Unterschied zum somatischen Nervensystem, bei dem ZNS und Erfolgsorgan lediglich durch ein Neuron verbunden sind, stellen im vegetativen Nervensystem **zwei Neurone** die Verbindung zwischen ZNS und Erfolgsorgan her. Das Perikaryon des 2. Neurons ist in einem peripheren Ganglion, zumeist in direkter Nachbarschaft des Erfolgsorgans, lokalisiert. Die Fasern des 1. Neurons werden dementsprechend als **präganglionäre**, die des 2. Neurons als **postganglionäre Fasern** bezeichnet. Das Vorhandensein des 2. Neurons in der Peripherie vermittelt dem vegetativen Nervensystem seine „Autonomie". So können beispielsweise Kontraktionswellen im Darm ohne eine einzige Verbindung zum ZNS induziert werden.

Der **Neurotransmitter des Parasympathikus** ist **Acetylcholin**. Bei der Umschaltung vom 1. auf das 2. Neuron trifft Acetylcholin an der postsynaptischen

Tab. 1.2 Einfluss von Sympathikus und Parasympathikus auf die verschiedenen Organsysteme

Organ(-system)	Sympathikus	Parasympathikus
Augen	Weitstellung der Pupille	Engstellung der Pupille Kontraktion des M. ciliaris
Haut	Gänsehaut (durch Kontraktion der Mm. arrectores pilorum) Vasokonstriktion peripherer Blutgefäße Schwitzen (Steigerung der Sekretion der Schweißdrüsen) → Erniedrigung des galvanischen Hautwiderstands	kein Effekt
Speicheldrüsen, Tränendrüsen	Verminderung der Sekretion	Steigerung der Sekretion
Herz	Erhöhung der Herzfrequenz Erhöhung der Schlagkraft Vasodilatation der Koronararterien	Verminderung der Herzfrequenz Verminderung der Schlagkraft Vasokonstriktion der Koronararterien
Lunge	Bronchodilatation Verminderung der Bronchialschleimsekretion	Bronchokonstriktion Steigerung der Bronchialschleimsekretion
Magen-Darm-Trakt	Inhibition der Peristaltik Vasokonstriktion Kontraktion des M. sphincter ani internus	Steigerung der Peristaltik Steigerung der Sekretion von Verdauungssäften Kontraktion des Rektums Inhibition des M. sphincter ani internus
Leber und Gallenblase	Steigerung des Abbaus von Glykogen zu Glukose und des Glukoseumsatzes, Steigerung der Glukoneogenese	Steigerung der Glykogenspeicherung und -neubildung sowie der Sekretion von Galle
ableitende Harnwege	Vasokonstriktion → Verminderung der renalen Durchblutung und damit der Urinproduktion	Kontraktion des M. detrusor vesicae
Geschlechtsorgane	Ejakulation Vasokonstriktion (zum Erhalt der Erektion)	Vergrößerung der erektilen Strukturen der äußeren Geschlechtsorgane
Nebennierenmark	Sekretion von Adrenalin	kein Effekt

Membran auf nikotinerge, bei der Umschaltung auf das Erfolgsorgan auf muskarinerge Acteylcholinrezeptoren.

Der **Neurotransmitter des 1. (präganglionären) sympathischen Neurons** ist **Acetylcholin**. Die Reizübertragung auf das 2. Neuron erfolgt wie beim Parasympathikus über nikotinerge Acetylcholinrezeptoren. Neurotransmitter des **2. (postganglionären) sympathischen Neurons** ist in der Regel **Noradrenalin**. Eine Ausnahme bilden die postganglionären Fasern, die die Schweißdrüsen und die Mm. arrectores pilorum innervieren. Sie enthalten Acetylcholin. Es wirkt an den Schweißdrüsen bzw. Mm. arrectores pilorum auf muskarinerge Acetylcholinrezeptoren.

Die Perikarya der 1. Neurone des sympathischen und parasympathischen Nervensystems sind regional unterschiedlich verteilt. So liegen die Perikarya der 1. Neurone des Parasympathikus im Hirnstamm und im Sakralmark (**kraniosakral**), während die Perikarya der 1. Neurone des Sympathikus in den Seitenhörnern des **thorakolumbalen** Rückenmarks lokalisiert sind. Aus einem Rückenmarksegment gehen somit nie sympathische und parasympathische Nerven gleichzeitig hervor.

Die Fasern der 1. (präganglionären) Neurone ziehen zu den peripheren autonomen Ganglien, um hier auf postganglionäre Fasern umgeschaltet zu werden. Auch die autonomen Ganglien sind in Abhängigkeit von ihrer Zugehörigkeit zum sympathischen und parasympathischen Nervensystem unterschiedlich verteilt (↗ Abb. 1.20):

- **Die** 22–23 **Ganglien des Sympathikus** liegen in einer Kette angeordnet beidseits der Wirbelsäule (etwa auf Höhe der Rippenköpfchen). Diese Kette aus **paravertebralen Ganglien** wird in ihrer Gesamtheit als **Truncus sympathicus (Grenzstrang)** bezeichnet. Die paravertebralen Ganglien reichen von der Schädelbasis bis zum Steißbein, wo die beiden Grenzstränge im Ganglion impar konfluieren. Die Ganglien sind untereinander durch **Rr. interganglionares** verbunden. Im Bereich der Aorta und ihrer Wurzeln finden sich weitere, sog. **prävertebrale Ganglien (Ganglia coelica et mesenterica).** Die aus diesen Ganglien austretenden postganglionären Fasern bilden in der Adventitia der Gefäße Geflechte (Plexus, z. B. Plexus solaris = Solarplexus) und innervieren die Gefäßwände bzw. nutzen die Gefäße als Leitstrukturen zu anderen Zielorganen.
- **Parasympathikus:** Die präganglionären parasympathischen Fasern werden in den vier Kopfganglien (Details ↗ Kap. 3.7.8), in Ganglien des Bauch- und Beckenraums oder in den Erfolgsorganen selbst umgeschaltet (↗ Abb. 1.20).

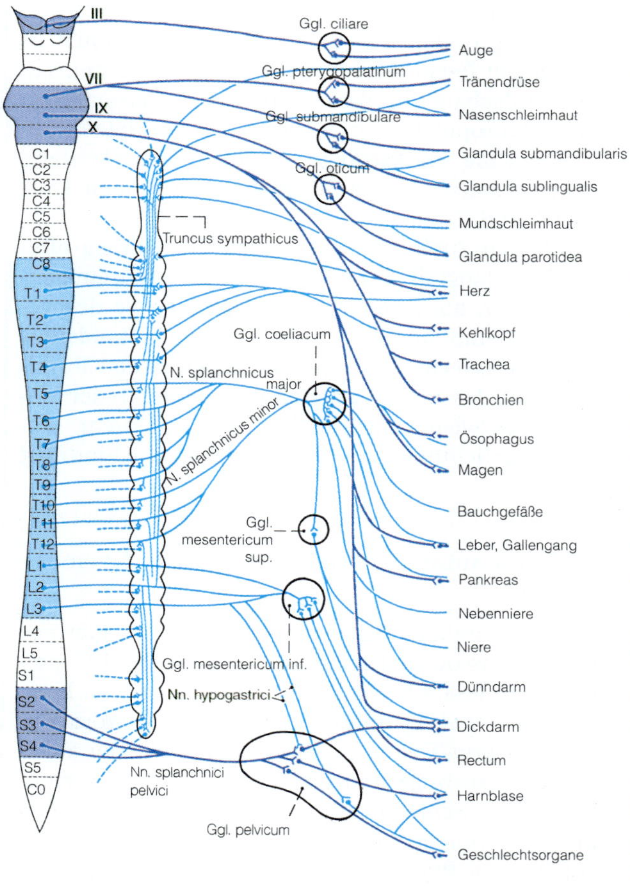

Abb. 1.20 Gliederung des vegetativen Nervensystems. Der Sympathikus ist blau, der Parasympathikus violett dargestellt. (Aus [6])

Merke

Die Perikarya der 1. afferenten Neurone des vegetativen Nervensystems liegen zusammen mit den Perikarya der afferenten Neurone des somatischen Nervensystems in den Spinalganglien der Spinalnerven. Eine Unterscheidung zwischen Parasympathikus und Sympathikus ist hier nicht möglich.

Das Nebennierenmark bezieht im vegetativen Nervensystem eine Sonderstellung, da es 2. sympathische Neurone enthält. Es ist somit ein „sympathisches Organ" und produziert auf Stimulation hin die Botenstoffe Adrenalin und Noradrenalin (Katecholamine).

1.6 Lymphatisches System

Das lymphatische System (= **Immunsystem**) ist ein komplexes System des Organismus zur Abwehr fremder Substanzen (Antigene) und zur Vernichtung fehlerhafter oder kranker Zellen. Neben einer Vielzahl verschiedener Zelltypen und Botenstoffe kann eine Reihe lymphatischer Organe unterschieden werden, in denen sich die Zellen der Immunabwehr treffen und ggf. eine Immunantwort initiieren. Des Weiteren dienen einige der lymphatischen Organe der immunologischen Prägung (Reifung) der Immunzellen.

1.6.1 Lymphatische Zellen und Komponenten der Immunantwort

Es lassen sich zwei Komponenten der Immunantwort unterscheiden, an denen unterschiedliche Zellen und Botenstoffe beteiligt sind: eine unspezifische, angeborene und eine spezifische, erworbene Komponente.

Die **unspezifische Komponente** wird in erster Linie durch **Granulozyten**, **Makrophagen** und das **Komplementsystem** vermittelt. Granulozyten und Makrophagen können durch die Sekretion hydrolytischer und bakterienwandzerstörender Enzyme sowie durch die Aufnahme körperfremder Partikel (= Phagozytose) Erreger und Zellen abtöten. Das Komplementsystem wird durch einen spezifischen Reiz kaskadenartig aktiviert und kann zur Zerstörung einer Zielzelle führen. Welche Partikel phagozytiert werden bzw. das Komplementsystem aktivieren, steht von Geburt an fest und bleibt im Laufe des Lebens unverändert.

Träger der **spezifischen Komponente** sind die **Lymphozyten**. Jeder Lymphozyt erwirbt im Zuge seiner Entstehung eine spezifische immunologische Prägung auf ein einziges Fremdeiweiß (**Antigen**), und zwar in Form eines spezifischen Antigenrezeptors. In Abhängigkeit des Prägungsortes werden **B**-Lymphozyten (**B**one marrow = Knochenmark) und **T**-Lymphozyten (**T**hymus) unterschieden. Diese zirkulieren im Blut und in den lymphatischen Organen (wo sie auch über längere Zeit ortsständig bleiben können), ständig auf der Suche nach ihrem Antigen. Sobald sie dieses gefunden haben, differenzieren und vermehren sich

- B-Lymphozyten zu Plasmazellen, die Antikörper produzieren und sezernieren,
- T-Lymphozyten zu zytotoxischen T-Zellen oder T-Helferzellen. Zytotoxische T-Zellen töten virusinfizierte Zellen oder Tumorzellen ab, T-Helferzellen modulieren die Immunantwort.

1.6.2 Lymphatische Organe

Organe, die an der immunologischen Prägung von Lymphozyten beteiligt sind, werden als **primäre** oder **zentrale lymphatische Organe** bezeichnet. Hierzu gehören der **Thymus**, das **Knochenmark** und die **fetale Leber**. Der Thymus (↗ Kap. 5.4) ist das primäre lymphatische Organ der T-Lymphozyten, die hier durch Interaktion mit den thymuseigenen epithelialen Retikulumzellen ihre Antigenrezeptoren erwerben und selektioniert werden. Auf diese Weise wird sichergestellt, dass keine autoreaktiven (gegen körpereigene Antigene gerichteten) T-Lymphozyten den Thymus verlassen. Das primäre lymphatische Organ der B-Lymphozyten ist das Knochenmark.

Die Organe, die von den Lymphozyten nach ihrer Reifung besiedelt werden, sind **sekundäre lymphatische Organe**. Hierzu zählen sämtliche **Lymphknoten**, die **Milz**, die **Tonsillen** sowie die **schleimhautassoziierten lymphatischen Gewebe** (**MALT** = Mucosa-associated lymphoid tissue). In den sekundären lymphatischen Organen treffen Lymphozyten auf antigenpräsentierende Zellen (z. B. die phagozytierenden dendritischen Zellen), die ihnen phagozytierte Fremdeiweiße auf ihrer Zelloberfläche präsentieren. Bei Antigenerkennung kommt es zur Proliferation und zur weiteren Differenzierung der meist in Lymphfollikeln angeordneten Lymphozyten und somit zur Induktion einer Immunantwort.

Lymphknoten

Überblick und Morphologie

Lymphknoten sind in den Verlauf des Lymphgefäßsystems zwischengeschaltete Organe der Immunabwehr. Im menschlichen Organismus gibt es ca. 300–700 Lymphknoten. Antigenpräsentierende Zellen wandern nach Antigenkontakt in die regionären Lymphknoten und präsentieren ihre Antigene den hier ansässigen Lymphozyten. Des Weiteren dienen die Lymphknoten als Filterstationen des Lymphsystems, in denen Partikel aus dem Lymphstrom entfernt, von Makrophagen phagozytiert und anschließend präsentiert werden können.

Lymphknoten sind bohnenförmig, ca. 1–25 mm groß und normalerweise weich. Die Konkavseite wird als **Hilum** bezeichnet. Hier treten Gefäße in den Lymphknoten ein und das ableitende Lymphgefäß aus.

> **Merke**
>
> Lymphknoten haben mehrere zuführende Lymphgefäße (Vasa afferentia), aber immer nur ein ableitendes Gefäß (Vas efferens).

Gliederung und Histologie

Lymphknoten sind von einer bindegewebigen Kapsel umgeben, von der aus Trabekel in das Organinnere ziehen und das Parenchym unvollständig unterteilen. Bereits in einer schwachen Vergrößerung lässt sich die Gliederung des Organs in die zelldichte Rinde (**Kortex**) und das aufgelockerte Mark (**Medulla**) erkennen. Im Kortex liegen Aggregate von B-Lymphozyten, die als **Lymphfollikel** bezeichnet werden und in denen nach Aktivierung (durch Antigenerkennung) eine Zellproliferation induziert werden kann (= **Sekundärfollikel**). Zwischen Kortex und Medulla ist der **Parakortex** lokalisiert, in dem in erster Linie T-Lymphozyten vorkommen. Diese sind im Gegensatz zu den B-Lymphozyten nicht ortsständig und gelangen durch die ebenfalls im Parakortex gelegenen postkapillären **hochendothelialen Venulen** wieder in die Zirkulation.

Das eigentliche Parenchym der Lymphknoten ist aus einem feinen Maschenwerk aus retikulären Fasern aufgebaut, in das Fibroblasten, Plasmazellen und Makrophagen eingelagert sind. Sie bilden zusammen die **Markstränge**, in denen sich aktivierte B-Lymphozyten zu antikörperproduzierenden Plasmazellen differenzieren.

Aus den zuführenden Lymphgefäßen (**Vasa afferentia**) gelangt die Lymphe in ein System zusammenhängender, dünnwandiger Sinusgefäße, die den gesamten Lymphknoten durchziehen: vom **Randsinus** über den **Intermediär**- und **Marksinus** in den **Terminalsinus**, der in das **Vas efferens** mündet. In der Medulla überwiegt anteilmäßig das Sinussystem, wodurch der lichtmikroskopisch aufgelockerte Eindruck entsteht.

Schleimhautassoziierte lymphatische Gewebe (MALT)

Das schleimhautassoziierte lymphatische Gewebe (Mucosa-associated lymphoid tissue = MALT) umfasst die Gesamtheit aller Ansammlungen von Lymphozyten und Lymphfollikeln in der Mukosa des Magen-Darm-Trakts, der Atemwege sowie der ableitenden Harnwege und dient dem Schutz der empfindlichen Schleimhäute. Insbesondere im Ileum kommen Aggregate von mehreren Lymphfollikeln vor, die als **Peyer-Plaques** bezeichnet werden und in der Lamina propria lokalisiert sind. Das sie bedeckende Schleimhautepithel besteht aus sog. **M-Zellen** (Microfold cells), die in den Organismus gelangte Antigene phagozytieren und in die Lymphfollikel weitertransportieren können. Neben den Follikeln kommen auch zahlreiche einzelne intraepitheliale oder in der Lamina propria gelegene Lymphozyten vor. Die im Rachenbereich lokalisierten **Tonsillen** (Mandeln, ↗ Kap. 4.2.5) gehören ebenfalls funktionell zum MALT. Sie vermitteln den ersten Kontakt zu Pathogenen, die über die Mund- und Nasenhöhle aufgenommen werden (ebenfalls über M-Zellen). Zusammen mit dem im seitlichen Rachen lokalisierten lymphatischen Gewebe, den **Seitensträngen**, bezeichnet man die Tonsillen als **lymphatischen (= Waldeyer-)Rachenring**.

1.7 Körperhöhlen

Im menschlichen Körper können drei große Höhlen unterschieden werden:

- **Brusthöhle (Cavitas thoracis):** enthält u.a. Herz, Lungen, Luftröhre, Speiseröhre und Thymus
- **Bauchhöhle** (**Cavitas abdominalis**): enthält u.a. Magen, Dünn- und Dickdarm, Leber, Bauchspeicheldrüse, Milz und Nieren
- **Beckenhöhle** (**Cavitas pelvis**): enthält u.a. Rektum, Harnblase und innere Geschlechtsorgane.

Die **Bauchhöhle** untergliedert sich weiter in den eigentlichen Hohlraum (**Cavitas peritonealis**) und einen mit Bindegewebe ausgefüllten Retroperitonealraum (**Spatium retroperitoneale**), in dem u.a. die Nieren, die Nebennieren und die großen abdominellen Leitungsbahnen lokalisiert sind. Die Bauchhöhle setzt sich ohne scharfe Grenzen an der **Linea terminalis** (↗ Kap. 2.4.1) in die Beckenhöhle fort.

Analog zum Retroperitonealraum lässt sich in der **Beckenhöhle** ein bindegewebiger **Subperitonealraum** (**Spatium extraperitoneale pelvis**) abgrenzen, der die Beckenorgane beherbergt und mit dem Spatium retroperitoneale in direkter Verbindung steht.

Innerhalb der Brust-, Bauch- und Beckenhöhle liegen die **serösen Höhlen** des Körpers. Hierzu zählen:

- die rechte und die linke **Brustfellhöhle (Cavitas pleuralis)**: enthalten die Lungen
- die **Herzbeutelhöhle (Cavitas pericardialis)**: enthält das Herz
- die **Bauchfellhöhle (Cavitas peritonealis)**: enthält u.a. Magen, Teile des Dünn- und Dickdarms, Leber und Milz.

Seröse Höhlen kommen immer an Stellen vor, an denen eine Verschieblichkeit der Eingeweide untereinander gewährleistet sein muss: In den Brustfellhöhlen dehnen sich die Lungen bei der Einatmung aus bzw. ziehen sich bei der Ausatmung zusammen, innerhalb des Herzbeutels schlägt das Herz, und in der Bauchfellhöhle muss die Nahrung durch den Verdauungstrakt mithilfe der Peristaltik weitertransportiert werden. In allen Fällen unterliegen die Eingeweide somit einer ständigen Bewegung.

Alle serösen Höhlen und die enthaltenen Organe sind mit einer **serösen Haut**, der **Tunica serosa** = **Serosa**, ausgekleidet. Sie besteht aus zwei bis drei Schichten:

- **Serosaepithel (Mesothel):** einschichtige, flache, mesenchymale Zellschicht
- **Lamina propria**: Bindegewebsschicht, die Nerven, Blut- und Lymphgefäße enthält
- **Tela subserosa:** fakultative Verschiebeschicht aus lockerem Bindegewebe.

In einer serösen Höhle finden sich stets zwei seröse Häute, sog. Serosablätter, die je nach Lokalisation unterschiedliche Zusatzbezeichnungen tragen: Die **Serosa visceralis** liegt den in der jeweiligen Höhle lokalisierten Organen direkt auf, während die **Serosa parietalis** die Höhlenwandung auskleidet. An den Berührungsstellen gehen die beiden Blätter ineinander über (= **Umschlagsfalten**). Zwischen den beiden Serosablättern befindet sich eine seröse Flüssigkeit. Auf diese Weise werden Gleitbewegungen der Organe ermöglicht. Die Serosablätter der verschiedenen serösen Höhlen sind durch Eigennamen gekennzeichnet:

- Brustfellhöhle: viszerale Serosa = Lungenfell = Pleura visceralis, parietale Serosa = Rippenfell = Pleura parietalis
- Herzbeutelhöhle: viszerale Serosa = Epikard, parietale Serosa = Perikard
- Bauchfellhöhle: viszerale Serosa = Peritoneum viscerale, parietale Serosa = Peritoneum parietale.

1.8 Haut und Hautanhangsgebilde

1.8.1 Haut

Überblick

Die Haut, im anatomischen Sprachgebrauch als Hautdecke (**Integumentum commune**) bezeichnet, ist das größte Organ des menschlichen Körpers. Sie besteht aus der **Haut** im engeren Sinne (**Kutis**) und der darunter liegenden **Unterhaut** (**Subkutis**). Die **Kutis** gliedert sich in **Epidermis** (**Oberhaut**) und **Dermis** (**Lederhaut**, **Corium**). Sie dient als schützende Bedeckung des Organismus und spielt eine wichtige Rolle in der Regulation des Temperatur-, Elektrolyt- und Wasserhaushalts. Des Weiteren hat sie immunologische Funktion und dient als Sinnesorgan. Die **Subkutis** besteht aus Binde- und Fettgewebe und verbindet die Kutis verschieblich mit ihrer Unterlage.

Gliederung

Epidermis

Die Epidermis besteht aus einem mehrschichtigen, verhornenden Plattenepithel und ist ektodermaler Herkunft. Man bezeichnet die Epithelzellen als **Ke-**

ratinozyten. Im Laufe ihrer etwa 30-tägigen Lebensdauer steigen sie von der untersten Schicht der Epidermis empor, um dann als Hornschuppen abgestoßen zu werden (Keratinisierung). Von unten nach oben unterscheidet man fünf Schichten der Epidermis (↗ Abb. 1.21):

- **Stratum basale:** teilungsaktive, hochprismatische Basalzellen, die einer Basalmembran aufliegen
- **Stratum spinosum:** flache Zellen, die durch die histologische Aufarbeitung stachelförmig erscheinen (Stachelzellschicht)
- **Stratum granulosum:** flache Zellen mit verschiedenen intrazytoplasmatischen Granula (Keratohyalingranula, Keratinosomen; Körnerzellschicht)
- **Stratum lucidum:** Grenzschicht zur Hornschicht, die sich an einigen Körperstellen (Fußsohle, Handinnenfläche) besonders hell und eosinophil anfärbt
- **Stratum corneum:** Hier gehen die Keratinozyten durch Apoptose zugrunde, und es verbleiben Hornschuppen. Zellkerne kommen nicht mehr vor. Durch die weiterhin bestehenden Zellkontakte fungiert diese Schicht als Säureschutzmantel der Haut und verhindert das Eindringen von Wasser.

Da auch im Stratum spinosum noch Mitosen vorkommen, fasst man es mit dem Stratum basale zum **Stratum germinativum** zusammen. Im Stratum germinativum entstehen durch Zellteilungen zwei Arten von Zellen: Die einen verlieren zugunsten einer weiteren Differenzierung die Fähigkeit zur erneuten Zellteilung, während die anderen ihre Teilungsfähigkeit behalten. Auf diese Weise wird die Regeneration sichergestellt. Man spricht von **differenzieller Zellteilung**. Gewebe mit dieser Eigenschaft bezeichnet man auch als **Blastem**.

Merke

Die Epidermis ist **avaskulär** und wird durch Diffusion aus Kapillaren der darunterliegenden Dermis versorgt.

Neben den Keratinozyten kommen in der Epidermis weitere Zellen vor (↗ Tab. 1.3). Im Stratum basale finden sich **Melanozyten**. Diese aus der Neuralleiste eingewanderten Zellen produzieren Melanin und beeinflussen hierdurch entscheidend die Pigmentierung der Haut. Eine vermehrte UV-Bestrahlung resultiert in einer Zunahme von Melanin in den Melanozyten. Die Zellzahl bleibt dabei gleich. Im Stratum spinosum kommen **Langerhans-Zellen** vor. Sie sind Teil des mononukleären Phagozytensystems (MPS) und dienen der Präsentation phagozytierter Antigene. **Merkel-Zellen** in Stratum basale und Stratum spinosum schließlich dienen als Mechanorezeptoren für den Tastsinn.

Dermis

Die Dermis besteht vorwiegend aus lockerem Bindegewebe und ist gut vaskularisiert. Sie lässt sich unterteilen in das epidermisnahe **Stratum papillare** und das der Subkutis aufliegende **Stratum reticulare**. Zu den Zelltypen und Strukturen, die in der Dermis vorkommen, ↗ Abbildung 1.21 und Tabelle 1.3.

Tab. 1.3 Die für die Schichten der Hautdecke charakteristischen Zelltypen

Schicht der Hautdecke	Zelltyp	Funktion
Epidermis	Keratinozyten (in allen Epidermisschichten)	
• Str. corneum		
• Str. lucidum		
• Str. granulosum	• Langerhans-Zellen	• Antigenpräsentation
• Str. spinosum	• Merkel-Zellen	• Druckrezeptoren
• Str. basale	• Melanozyten	• Pigmentierung
	• Merkel-Zellen	• Druckrezeptoren
Dermis	fixe Bindegewebszellen	
• Str. papillare	• Makrophagen	• unspezifische Abwehr
	• Lymphozyten	• spezifische Abwehr
	• Mastzellen	• allergische Reaktion
	• Sinneszellen: Krause-Endkolben	• Berührungsrezeptor
	• Sinneszellen: Meißner-Körperchen	• Berührungsrezeptor
• Str. reticulare	Sinneszellen:	
	• Vater-Pacini-Körperchen	• Vibrationsrezeptor
	• Ruffini-Körperchen	• Dehnungsrezeptor
Subkutis	• Binde- und Fettgewebszellen	
	• Vater-Pacini-Körperchen	• Vibrationsrezeptor

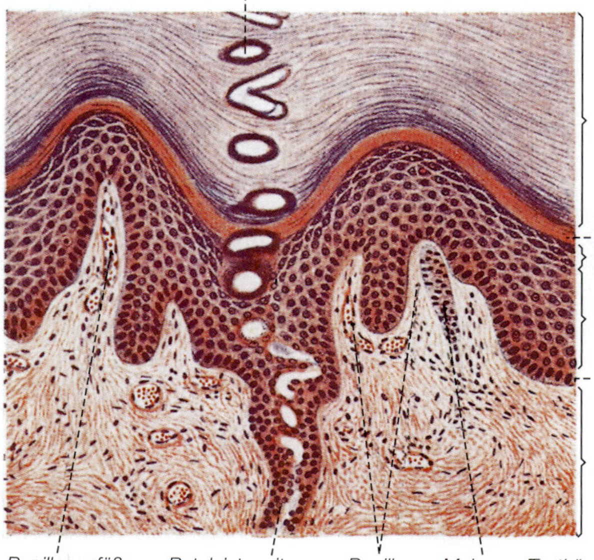

a

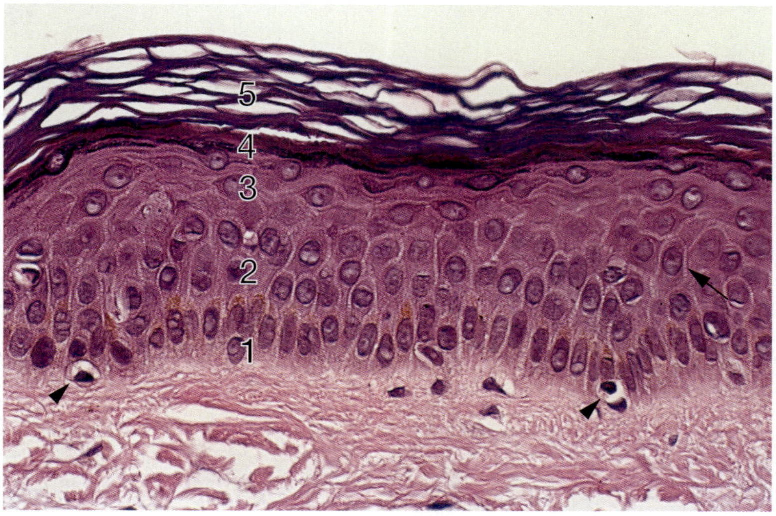

b

Abb. 1.21 Schichten der Hautdecke.
a Übersicht,
b Gliederung der Epidermis. (Aus [16])
1 Stratum basale;
2 Stratum spinosum;
3 Stratum granulosum
4 Stratum lucidum;
5 Stratum corneum;
► Melanozyten; —► feine Zytoplasmafortsätze mit Desmosomen.

1.8.2 Hautanhangsgebilde

Alle Hautanhangsgebilde leiten sich entwicklungsgeschichtlich von der Epidermis ab und wachsen in der Fetalzeit in das daruntergelegene Mesenchym ein. Es handelt sich somit um Differenzierungsprodukte der Oberhaut. Man unterscheidet:

- **Haare:** keratinhaltige, verhornende Fäden, die die Hautoberfläche überragen. Der sichtbare Haarschaft (Scapus pili) steckt schräg in einer Einstülpung der Epidermis (= Haartrichter) und mündet im dermal oder subkutan gelegenen Haarfollikel (Folliculus pili). Von hier aus erfolgt die Haarneubildung (ca. 15 cm pro Jahr). In unmittelbarer Nachbarschaft nahezu jedes Haares sind Talgdrüsen und ein vegetativ innervierter M. arrector pili ausgebildet. Letzterer kann durch Zug an der bindegewebigen Wurzelscheide (Teil des Haarfollikels) das Haar aufrichten (Gänsehaut). Bei der Geburt ist das Neugeborene von feinen Lanugohaaren (Flaumhaaren) bedeckt, die nach und nach durch Vellushaare (Wollhaare) und Terminalhaare ersetzt werden.
- **Nägel:** gewölbte Hornplatte (Unguis), die auf dem Nagelbett (Hyponychium) von Fingern und Zehen liegt. Proximal steckt die Nagelwurzel in der Nageltasche, in deren Tiefe die Nagelmatrix lokalisiert ist. Von hier aus erfolgt das Wachstum der Nagelplatte (ca. 1 mm pro Woche an den Fingern, 1 mm pro Monat an den Zehen). Proximal der Matrix liegt ein weißlicher, halbmondförmiger Bereich, die Lunula.

- **Drüsen:** Man unterscheidet Talg-, Schweiß- und Duftdrüsen.
  - **Talgdrüsen** liegen meist in der Nähe von Haarfollikeln und produzieren den u.a. aus Fettsäuren, Cholesterin und Triacylglycerinen bestehenden Talg. Er macht die Haut wasserabweisend und geschmeidig. Die Kontraktion der Mm. arrectores pilorum unterstützt die Austreibung des Talgs.
  - **Schweißdrüsen** sezernieren ein elektrolythaltiges Ultrafiltrat des Blutes, das im Wesentlichen aus Wasser, Natriumchlorid, Harnstoff, Ammoniak und Harnsäure besteht. Schwitzen dient der Thermoregulation (Kühlung der Haut) und ist an der Ausbildung des sauren Milieus des Säureschutzmantels beteiligt. Der pH-Wert von Schweiß beträgt ca. 4,5.
  - **Duftdrüsen** sind Sonderformen der Schweißdrüsen und kommen nur in bestimmten Körperregionen (u.a. axillär, perianal, perigenital) vor. Ihre funktionelle Bedeutung ist unklar (möglicherweise entwicklungsgeschichtliches Relikt).

2 Leibeswand

Daniel Baumhoer

Inhaltsverzeichnis

Lernziele

Die Leibeswand (= Rumpfwand) begrenzt die Körperhöhlen nach außen und dient u.a. dem Schutz der inneren Organe. Unterschieden werden die kranial gelegene **Brustwand** und die sich nach kaudal anschließende **Bauchwand**, die voneinander durch das **Zwerchfell** (= **Diaphragma**) getrennt werden. Neben einer Vielzahl verschiedener Muskelgruppen (Brust-, Bauch- und Rückenmuskulatur), der oberflächlichen Haut und ihrer Anhangsgebilde (z.B. **Brustdrüse**) sowie zahlreicher Leitungsbahnen haben die knöchernen Elemente (**Brustkorb**, **Wirbelsäule**, **Becken**) für die Stabilität, die Fortbewegung und die äußere Form des Körpers eine zentrale Bedeutung.

2.1 Brustwand

2.1.1 Überblick

Die Brustwand besteht aus Knochen, Muskeln (und ihren Faszien), Fett- und Bindegewebe, der Haut und den zwischen diesen Schichten verlaufenden Leitungsbahnen. Die Knochen – Brustbein, Rippen und Brustwirbelsäule – sind durch Gelenke und Bänder miteinander zum Brustkorb (**Thorax**) verbunden. Dieser enthält und schützt die beiden in den **Pleurahöhlen** gelegenen Lungen und den dazwischen liegenden Mittelfellraum (**Mediastinum**). Die zwischen den Rippen lokalisierten Muskeln dichten den Brustkorb luftdicht ab und bewirken zusammen mit dem Zwerchfell periodische Änderungen des Thoraxvolumens. Hierdurch können sich bei der Einatmung (**Inspiration**) die Lungen ausdehnen und bei der Ausatmung (**Exspiration**) wieder zusammenziehen. Es entstehen ein abwechselnder Über- (Inspiration) und Unterdruck (Exspiration). Diese wichtige atemmechanische Funktion kann die Brustwand nur aufgrund ihrer speziellen Bauart gewährleisten: Ein starrer Zylinder könnte den Atembewegungen nicht folgen, während eine rein muskuläre Wandung (wie z.B. bei der Bauchwand) bei der Ausatmung kollabieren würde. Der Thorax gleicht somit einem Käfig mit verstellbaren Stäben (Rippen), der sowohl Stabilität als auch Flexibilität ermöglicht.

2.1.2 Knöcherner Thorax

Überblick

Die knöchernen Elemente des Thorax sind das Brustbein (**Sternum**), die Rippen (**Costae**) und der Brustabschnitt der Wirbelsäule (**Columna vertebralis**, ↗ Kap. 2.5.1). Sie stehen miteinander in gelenkiger Verbindung (↗ Kap. 2.1.3).

Gliederung

Sternum

Das Sternum besteht aus dem **Manubrium sterni**, dem **Corpus sterni** und dem **Processus xiphoideus**. Beim Jugendlichen sind diese drei Abschnitte durch Faserknorpel getrennt (**Symphysis manubriosternalis**, **Symphysis xiphosternalis,** ↗ Abb. 2.1), der im Laufe des Lebens verknöchert.

Klinik

Das Sternum enthält rotes Knochenmark, das zu diagnostischen Zwecken punktiert werden kann **(Sternalpunktion).** Eine solche Untersuchung wird immer dann durchgeführt, wenn klinisch der Verdacht auf eine Erkrankung des blutbildenden Knochenmarks (z. B. Leukämie) besteht.

Rippen

Die Rippen bilden die Verbindung zwischen Sternum und Wirbelsäule. In der Regel finden sich 12 Rippenpaare. Die ersten sieben Rippenpaare erreichen unmittelbar das Brustbein und werden irreführenderweise als wahre Rippen (**Costae verae**) bezeichnet. Die restlichen Rippenpaare stehen nur indirekt bzw. gar nicht mit dem Sternum in Verbindung und werden daher als falsche Rippen (**Costae spuriae**) bezeichnet: Die 8.–10. Rippen sind über den knorpeligen Rippenbogen (**Arcus costalis**) noch indirekt mit dem Sternum verbunden. Die Rippen 11 und 12 enden dagegen frei in der Bauchmuskulatur (**Costae fluctuantes**).

Jede Rippe besteht aus Rippenknochen (**Costa**) und Rippenknorpel (**Cartilago costalis**). Am Rippenknochen lassen sich **Caput costae**, **Collum costae**, **Tuberculum costae**, **Angulus costae** und **Corpus costae** unterscheiden (↗ Abb. 2.2 a). Der Rippenknorpel vermittelt die Verbindung zum Brustbein. Die Grenze zwischen den beiden Rippenanteilen ist zumeist leicht verdickt und von außen tastbar.

Einige Rippen weisen regionale Besonderheiten auf. So ist die 1. Rippe von allen Costae verae am kürzesten, am breitesten und am stärksten gekrümmt. Auf ihrer Oberfläche hinterlassen die Schlüsselbeingefäße Impressionen (**Sulcus arteriae subclaviae** und **Sulcus venae subclaviae**), zwischen denen sich als Ansatzstelle des vorderen Skalenusmuskels das **Tuberculum musculi scaleni anterioris** erhebt (↗ Abb. 2.2 b). Auf der 2. Rippe ist die **Tuberositas musculi serrati anterioris** als Ansatzstelle des vorderen Sägemuskels lokalisiert. Die letzten beiden Rippen (11 und 12) zeichnen sich außer durch ihre kurze Form durch das Fehlen von Collum und Tuberculum costae aus.

Brustwirbelsäule (↗ Kap. 2.5)

Öffnungen

Der knöcherne Thorax weist nach kranial und kaudal Öffnungen auf, die als **Thoraxaperturen** bezeichnet werden. Die **Apertura thoracis superior** wird durch den 1. Brustwirbel, die ersten Rippen und das Manubrium sterni begrenzt. Die Grenze der **Apertura thoracis inferior** bilden der 12. Brustwirbel, die

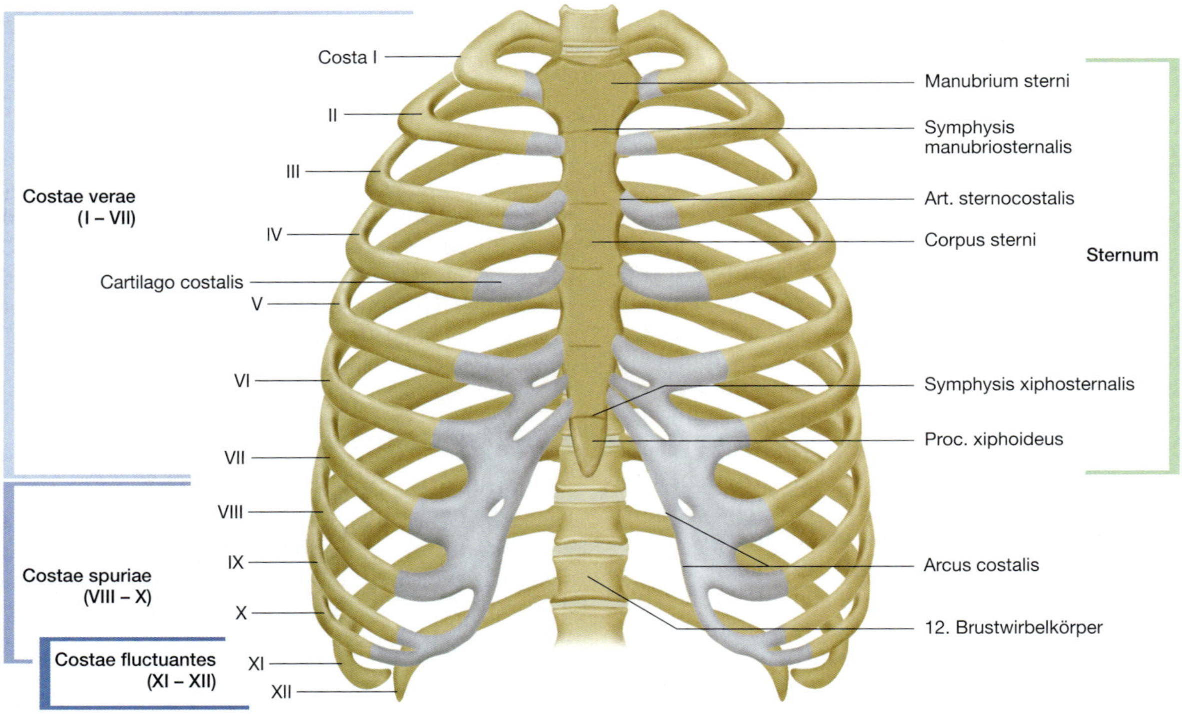

Abb. 2.1 Knöcherner Thorax von ventral.

Abb. 2.2 Rippenknochen. a 3. Rippe von kranial, **b** 1. Rippe von kranial. (Aus [15])

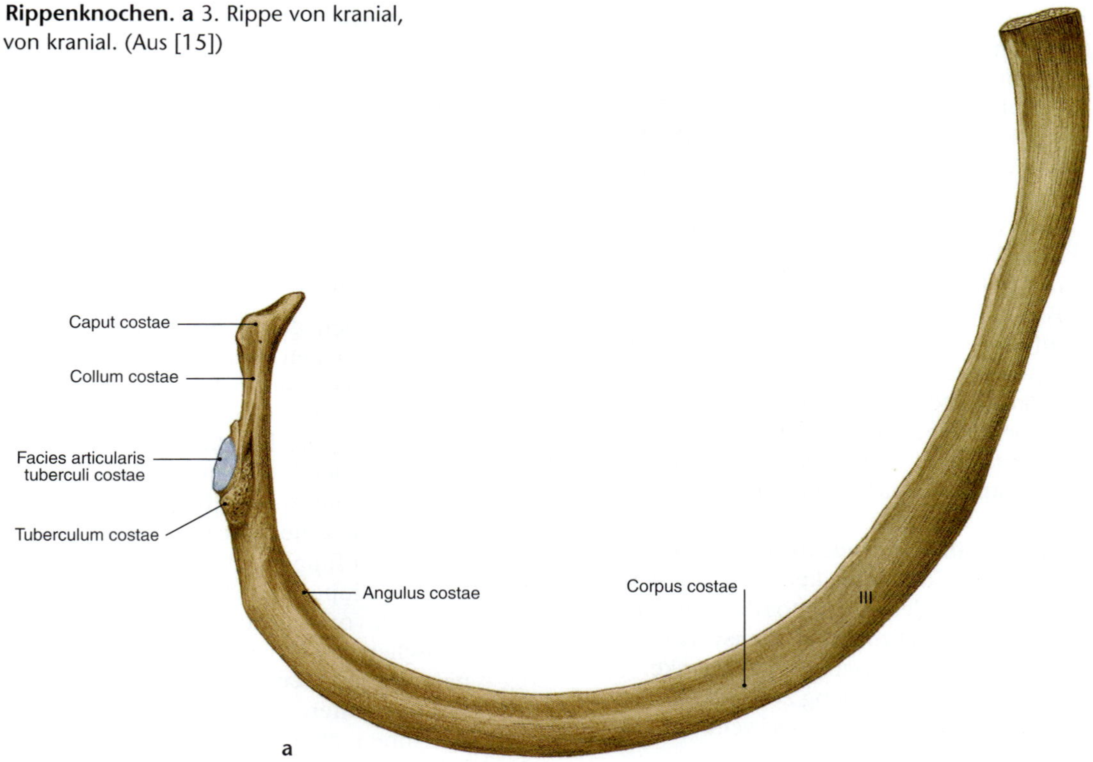

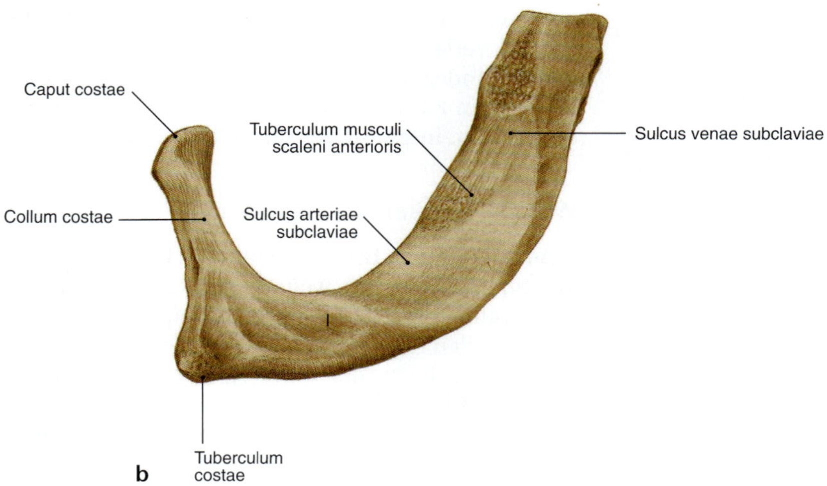

Rippen 10–12, die Rippenbögen und der Processus xiphoideus (↗ auch Abb. 2.1).

2.1.3 Gelenkverbindungen

Die Rippen sind ventral über die Articulationes sternocostales mit dem Brustbein und dorsal über die Articulationes costovertebrales mit der Wirbelsäule gelenkig verbunden.

Bei den **Articulationes sternocostales** (↗ Abb. 2.1) handelt es sich z. T. um Synchondrosen und z. T. um synoviale Gelenke. Von den Rippenknorpeln ausgehend, strahlen **Ligg. sternocostalia** auf die Vorderseite des Sternums und verdichten sich hier zu einer festen Bindegewebsplatte (**Membrana sterni**). In den Sternokostalgelenken verändern sich während der Ein- und Ausatmung die Winkel zwischen Rippen und Brustbein. Es resultiert ein Heben bzw. Senken der vorderen Rippenabschnitte. Ebenso wie kleinere Rotationen sind diese Bewegungen in erster Linie auf eine Verformbarkeit des Rippenknorpels zurückzuführen.

Die **Articulationes costovertebrales** sind zusammengesetzte Gelenke, da die Rippen an zwei verschiedenen Stellen mit den Wirbelkörpern artikulieren:

- In der **Articulatio capitis costae** (↗ Abb. 2.3a) stehen die Rippenköpfe mit den Wirbelkörpern in Verbindung. Bezüglich der Lage der Gelenkflächen bestehen regionale Unterschiede: Während der Kopf der 1., 11. und 12. Rippe mit der **Fovea costalis** des 1., 11. und 12. Brustwirbelkörpers artikuliert, stehen die restlichen Rippenköpfchen jeweils zwei benachbarten Wirbelkörpern gegenüber. Auf diese Weise artikuliert der Rippenkopf der 2. Rippe beispielsweise mit den Gelenkflächen des 1. und 2. Brustwirbelkörpers (**Foveae costales superior und inferior**) auf Höhe der dazwischen liegenden Bandscheibe (↗ Abb. 2.3b). Es handelt sich um Kugelgelenke. Bandverbindungen sowohl zur Zwischenwirbelscheibe – **Lig. capitis costae intraarticulare** – als auch zu den benachbarten Wirbelkörpern – **Lig. capitis costae radiatum** – stabilisieren das Gelenk.
- In der **Articulatio costotransversaria** (↗ Abb. 2.3a) stehen die Rippenhöcker – mit ihrem **Tuberculum costae** – mit dem korrespondierenden Brustwirbelquerfortsatz (**Processus transversus**) in Verbindung. Es handelt sich um Radgelenke.

Die gelenkige Verbindung zwischen Wirbelsäule und Rippen erfolgt also durch zwei verschiedene Gelenke.

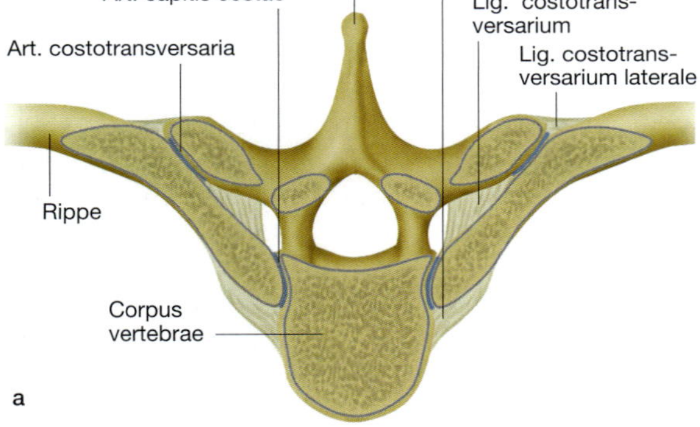

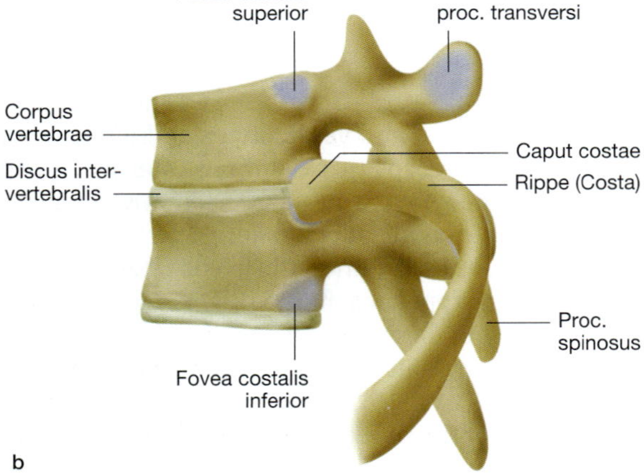

Abb. 2.3 Articulatio costovertebralis von kranial (a) und von lateral (b).

Hierbei schränken die Radgelenke den Bewegungsumfang auf Rotationsbewegungen ein, da sie die in den Kugelgelenken möglichen Bewegungen nicht umsetzen können. Die Rotationsachse verläuft vom Wirbelkörper aus durch den Rippenhals nach schräg hinten (↗ Abb. 2.4).

2.1.4 Weichteilstrukturen

Interkostalmuskulatur

Die zwischen den Rippen lokalisierten Zwischenrippenräume beherbergen die Interkostalmuskulatur (**Mm. intercostales**, ↗ Tab. 2.1), die den Thorax nach außen abdichtet. Unterschieden werden innere und äußere Interkostalmuskeln, deren Fasern rechtwinklig zueinander verlaufen und bei denen es sich entsprechend um Antagonisten handelt. Die Fasern der **Mm. intercostales externi** ziehen vom unteren Rand der oberen Rippe nach ventral zum oberen Rand der unteren Rippe (↗ Abb. 2.5a). Deshalb wirken diese Muskeln vorwiegend rippenhebend (inspiratorisch). Zwischen den Rippenknorpeln laufen sie in die aponeurotische **Membrana intercostalis externa** aus. Die **Mm. intercostales interni** (↗ Abb. 2.5a) wirken mit ihrem größten Teil exspiratorisch (rippensenkend) und sind im Bereich der dorsalen Rippenenden durch die sehnige **Membrana intercostalis interna** ersetzt. Durch die am unteren freien Rand der Rippen verlaufenden Interkostalgefäße und begleitendes Bindegewebe werden die inneren Interkostalmuskeln in zwei Schichten geteilt, wobei die innersten als **Mm. intercostales intimi** bezeichnet werden.

Weitere Muskeln der Brustwand

Dem knöchernen Brustkorb und der Interkostalmuskulatur liegen außen weitere Muskeln auf, die der Brustwand ihre äußere Form verleihen. Sie lassen sich einteilen in

- Muskeln, die an der Wirbelsäule entspringen und an den Rippen ansetzen: **Mm. serrati posteriores** (↗ Abb. 2.5c, Tab. 2.10) und **Mm. levatores costarum** (↗ Abb. 2.5c, Tab. 2.16). Während der M. serra-

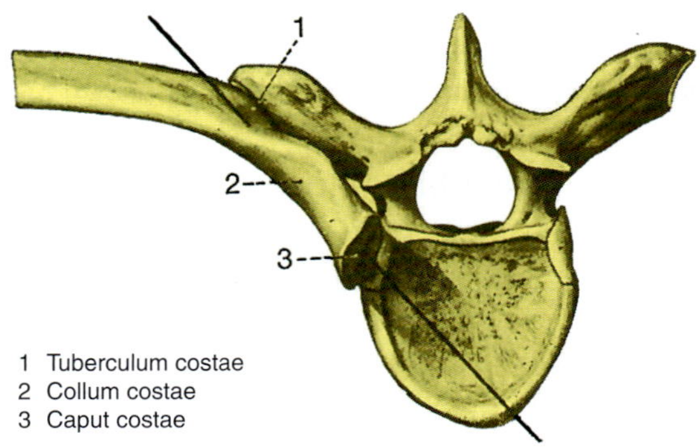

Abb. 2.4 Gelenkachse der Articulatio costovertebralis.

Tab. 2.1 Interkostalmuskeln (Mm. intercostales)

Muskel	Ursprung	Ansatz	Funktion	Innervation
Mm. intercostales externi	unterer Rippenrand	weiter ventral am oberen Rand der nächsttieferen Rippe	Abdichtung des Thorax Inspiration	Nn. thoracici (Rr. anteriores)
Mm. intercostales interni	oberer Rippenrand	weiter ventral am unteren Rand der nächsthöheren Rippe	Abdichtung des Thorax Exspiration (vorderer Anteil zwischen den Rippenknorpeln: Inspiration)	Nn. thoracici (Rr. anteriores)
Mm. subcostales (inkonstant) (↗ Abb. 2.5b)	dorsale Rippenfläche	dorsale Rippenfläche der übernächsten höheren Rippe	Verspannen des Thorax Exspiration	Nn. thoracici (Rr. anteriores)
M. transversus thoracis (inkonstant) (↗ Abb. 2.5b)	dorsale Fläche des Processus xiphoideus und des Sternums	dorsale Fläche des 2.–6. Rippenknorpels	Verspannen des Thorax Exspiration	Nn. thoracici (Rr. anteriores)

tus posterior inferior die Rippen vorwiegend senkt, heben die anderen Muskeln die Rippen.

- Muskeln, die vom Thorax zum Schultergürtel bzw. zum Oberarm ziehen: **M. subclavius** (Ansatz an der Klavikula, ↗ Tab. 7.4), **M. pectoralis minor** und **M. serratus anterior** (Ansatz an der Skapula, ↗ Tab. 7.4), **M. pectoralis major** (Ansatz am Oberarm, ↗ Tab. 7.6). Mit Ausnahme des (sehr kurzen) M. subclavius heben diese Muskeln die Rippen, wenn der Schultergürtel bzw. der Arm fixiert ist.

Da alle genannten Muskeln die Rippen heben oder senken und somit die Inspiration oder Exspiration unterstützen, bezeichnet man sie als **Atemhilfsmuskeln**. Weitere Atemhilfsmuskeln sind in Tabelle 2.4 (↗ Kap. 2.1.8) aufgeführt.

Brustkorbfaszien

Die Rippen und die Interkostalmuskeln werden auf ihrer inneren Oberfläche von der inneren Brustkorbfaszie (**Fascia endothoracica**) bedeckt. Sie besteht aus einer schmalen Schicht lockeren Bindegewebes, die das Epimysium der Interkostalmuskeln bildet und mit dem Periosteum bzw. dem Perichondrium der knöchernen und knorpeligen Brustkorbanteile in fester Verbindung steht. Ihre innere Oberfläche wird von parietaler Pleura bedeckt (↗ auch Kap. 5.5). Der an der Pleurakuppel liegende Teil der Fascia endothoracica wird als **Membrana suprapleuralis**, der dem Zwerchfell aufliegende Teil als **Fascia phrenicopleuralis** bezeichnet. In der Fascia endothoracica verlaufen, etwa fingerbreit vom Sternum entfernt, beidseits die **Aa. thoracicae internae** zusammen mit ein oder zwei Begleitvenen.

Analog zur inneren existiert auch eine äußere Brustkorbfaszie (**Fascia thoracica**), die das Periost der Rippen und die Interkostalmuskulatur von außen bedeckt.

Brustfaszien

Neben den beiden Brustkorbfaszien werden des Weiteren noch zwei Brustfaszien unterschieden. Die äußere Brustfaszie (**Fascia pectoralis**) liegt dem großen Brustmuskel (**M. pectoralis major**) auf und setzt sich in Hals-, Bauch- und Achselhöhlenfaszie fort, während die innere Brustfaszie (**Fascia clavipectoralis**) den kleinen Brustmuskel (**M. pectoralis minor**) umscheidet.

2.1.5 Leitungsbahnen

Arterien

Die Blutversorgung erfolgt wie die Innervation der Brustwand segmental. Die arteriellen Gefäße leiten sich aus der A. subclavia bzw. direkt aus der Brustaorta ab (↗ Abb. 2.6a) und stehen miteinander durch Anastomosen in Verbindung:

- Die **Aa. intercostales anteriores** gehen aus der **A. thoracica interna** hervor, die nach ihrer Abzweigung aus der A. subclavia auf die Rückseite des 1. Rippenknorpels gelangt und etwa 1 cm parasternal nach kaudal verläuft. Die vorderen Interkostalarterien verlaufen am unteren Rippenrand und anastomosieren mit den Aa. intercostales posteriores (↗ unten). In der Regel geben sie kleinere Kollateralgefäße ab, die am oberen Rippenrand

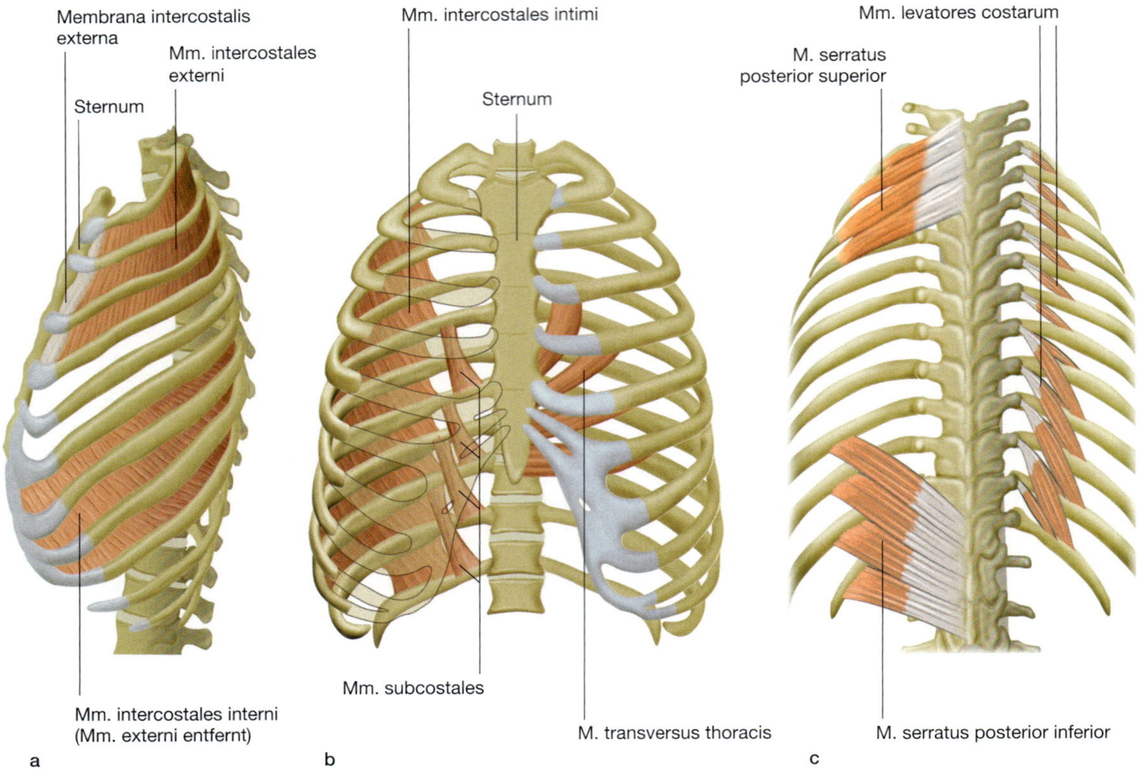

Abb. 2.5 Interkostalmuskulatur (**a** von lateral, **b** von ventral) und weitere an den Rippen ansetzende Muskeln (**c**, Ansicht von dorsal).

verlaufen. Die A. thoracica interna teilt sich in Höhe der 6.–7. Rippe in ihre Endäste – **A. musculophrenica** und **A. epigastrica superior** – auf. Weitere Äste sind **Rr. mediastinales**, **Rr. thymici**, **Rr. bronchiales**, **A. pericardiacophrenica** und **Rr. sternales**.

- **Aa. intercostales posteriores**: Die ersten beiden hinteren Interkostalarterien zweigen aus der A. intercostalis suprema (aus der A. subclavia, ↗ Kap. 4.1.5) ab, die restlichen aus der Brustaorta. Wie die Aa. intercostales anteriores verlaufen sie an der unteren Rippenseite, geben zumeist kleine Kollateralen ab, die an der Rippenoberseite verlaufen, und anastomosieren mit den Ästen aus der A. thoracica interna. Die 12. hintere Interkostalarterie verläuft nicht mehr in einem Zwischenrippenraum (weil keine Rippe mehr folgt) und wird entsprechend als **A. subcostalis** bezeichnet. Neben der arteriellen Versorgung der Brustwand geben die hinteren Interkostalarterien auch Äste zum **Rückenmark** ab.

Klinik

Bei der **Aortenisthmusstenose** liegt eine Verengung der Aorta am Übergang zwischen Aortenbogen und Aorta descendens vor, meist distal des Abgangs der linken A. subclavia. Es resultiert eine Unterversorgung der unteren Körperhälfte, die z. T. durch **Umgehungskreisläufe** (= Kollateralkreisläufe) kompensiert werden kann. So leiten die vorderen Interkostalarterien arterielles Blut über die hinteren Interkostalarterien in die Aorta distal der Stenose. Des Weiteren gelangt Blut über die Aa. epigastricae superiores und die sich anschließenden Aa. epigastricae inferiores in die Aa. iliacae externae und damit in die unteren Extremitäten. Klinisch kann eine Aortenisthmusstenose durch eine Blutdruckdifferenz zwischen den oberen und unteren Extremitäten diagnostiziert werden.

Venen und Lymphgefäße

Der **venöse Abfluss** erfolgt in Analogie zur arteriellen Versorgung (↗ Abb. 2.6b). So leiten die vorderen Interkostalvenen ihr Blut über zumeist zwei **Vv. thoracica internae** in die V. brachiocephalica. Die Vv. intercostales posteriores münden in die **V. azygos** und **V. hemiazygos** (↗ Kap. 5.7.2) bzw. – im Fall der 1. und 2. hinteren Interkostalvene – direkt in die V. brachiocephalica.

Die **Lymphgefäße** folgen den venösen Gefäßen und drainieren ihre Lymphe in die regionalen Lymphknotenstationen (**Lnn. axillares**, **Lnn. parasternales**, **Lnn. cervicales laterales**, ↗ auch Kap. 2.2).

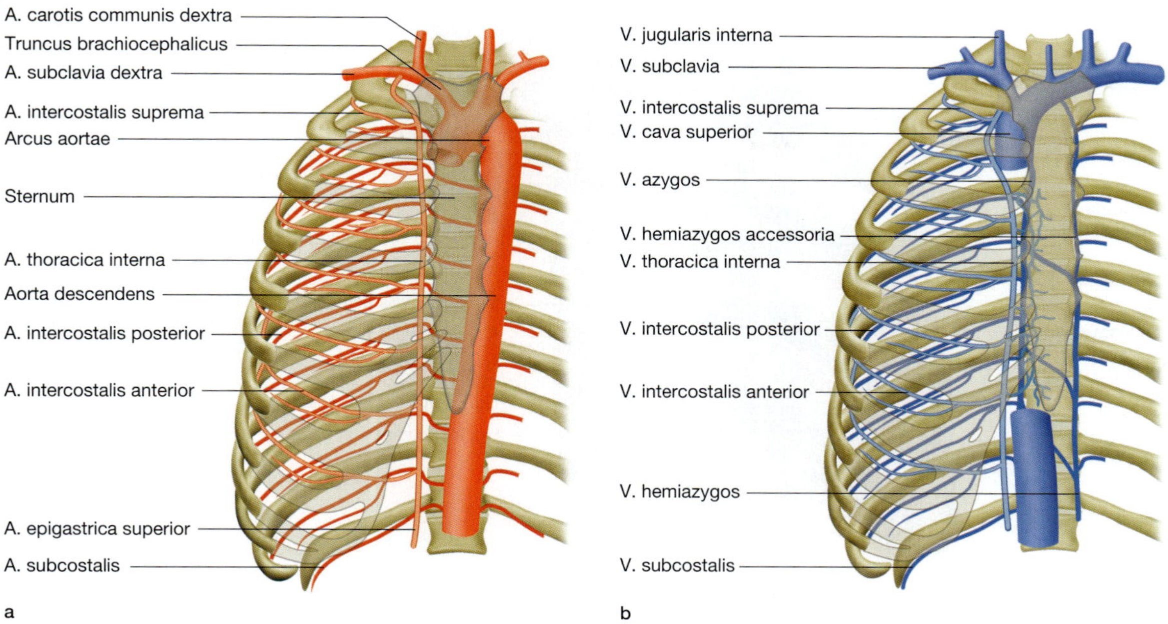

Abb. 2.6 Gefäßversorgung der Brustwand. a Arterien, **b** Venen.

Nerven

Die Innervation der Brustwand wird durch die 12 thorakalen Spinalnerven (**Nn. thoracici**) vermittelt. Nach ihrem Austritt aus dem Foramen intervertebrale geben sie, wie alle Spinalnerven, einen R. meningeus und einen R. communicans albus ab, um sich anschließend in einen vorderen und einen hinteren Ast (R. anterior, R. posterior) aufzuteilen. Die vorderen Äste der Nn. thoracici bilden keine Plexus aus, sondern verlaufen als segmentale **Nn. intercostales** (12. R. anterior = **N. subcostalis**) zusammen mit den Interkostalgefäßen am unteren Rippenrand. In Analogie zu den Gefäßen geben auch die Interkostalnerven Kollateralen ab, die am Rippenoberrand entlangziehen. In ihrem Verlauf geben die Rr. anteriores zwei Äste zur Haut ab (**Rr. cutanei anterior und lateralis pectoralis**) und versorgen die vordere und seitliche Brustwand sensorisch. Des Weiteren gewährleisten sie die (motorische) Innervation der Interkostalmuskulatur. Die Rr. posteriores dienen der Versorgung der Rückenmuskulatur und der Haut bis etwa zur hinteren Axillarlinie. (↗ Kap. 2.1.6)

Durch die segmentale Innervation der Nn. thoracici entstehen streifenförmige Hautareale, deren sensible Versorgung den einzelnen Rückenmarksegmenten zugeordnet werden kann. Man bezeichnet diese Areale als **Dermatome** (↗ Kap. 1.5.2). Die Muskelgruppen, die von einem Spinalnerv innerviert werden, nennt man **Myotome**.

Die Leitungsbahnen der Zwischenrippenräume verlaufen am Rippenunterrand in charakteristischer Reihenfolge (von oben nach unten, ↗ Abb. 2.7): V. intercostalis, A. intercostalis, N. intercostalis (Merke: **IVAN**).

Klinik

Bei **Pleurapunktionen** (z. B. zur Entlastung bei Pleuraergüssen) sollte immer in der hinteren Axillarlinie am oberen Rand der Rippen eingestochen werden, um die Leitungsbahnen nicht zu verletzen. Da kleinere Kollateralen auch am Rippenoberrand verlaufen, muss etwas kranial von ihnen punktiert werden (↗ Abb. 2.8).

2.1.6 Oberflächliche Topographie

Zur Orientierung und zur vereinfachten Beschreibung anatomischer bzw. pathologischer Zusammenhänge werden an der Brustwand charakteristische Linien definiert:

- **vordere Medianlinie:** verläuft mittig durch das Brustbein
- **Medioklavikularlinie:** verläuft beidseits mittig durch die Schlüsselbeine
- **vordere Axillarlinie:** entlang der vorderen Axillarfalte, die durch den Rand des M. pectoralis major aufgeworfen wird
- **mittlere Axillarlinie:** verläuft vom höchsten Punkt der Axilla parallel zur vorderen und hinteren Axillarlinie
- **hintere Axillarlinie:** entlang der hinteren Axillarfalte, die durch den M. latissimus dorsi und den M. teres major aufgeworfen wird
- **Skapularlinie:** verläuft vertikal durch den Angulus inferior scapulae
- **hintere Medianlinie:** verläuft mittig durch die Wirbelsäule (bzw. durch die Processus spinosi).

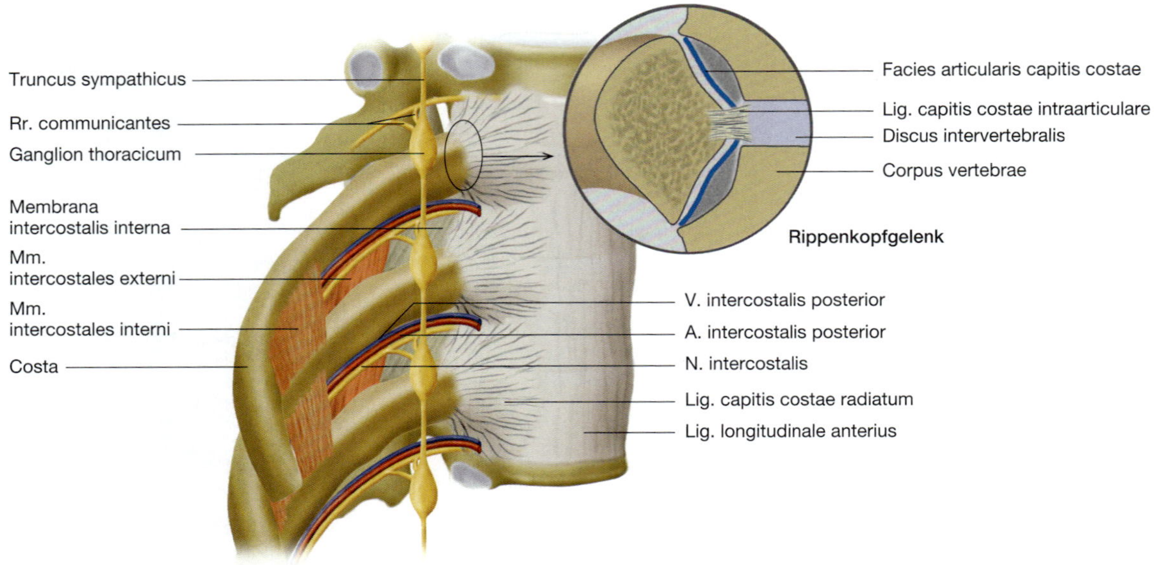

Abb. 2.7 Leitungsbahnen der Zwischenrippenräume.

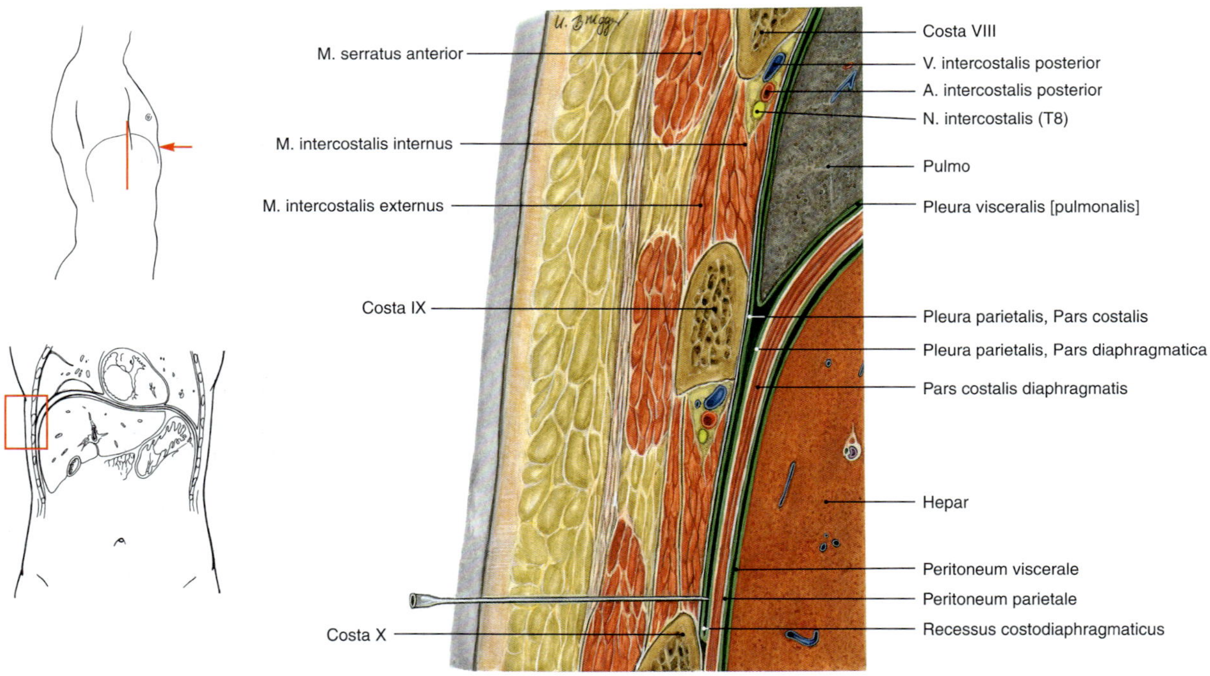

Abb. 2.8 Nadellage bei der Pleurapunktion. (Aus [15])

2.1.7 Zwerchfell (Diaphragma)

Das Zwerchfell trennt Brust- und Bauchhöhle voneinander und ist der wichtigste Atemmuskel des Menschen.

Gliederung

Von seinen Ursprüngen am Sternum (**Pars sternalis**), an den Rippen (**Pars costalis**) und an den Lendenwirbeln (**Pars lumbalis**) ziehen alle Muskelzüge zu einer zentral gelegenen, bohnenförmigen Sehnenplatte, die als **Centrum tendineum** bezeichnet wird (↗ Abb. 2.9, Tab. 2.2). Hierbei verlaufen die Muskelzüge nicht horizontal, sondern werden von den Abdominalorganen kuppelförmig in den Brustraum vorgewölbt. Zentral eingesenkt durch das Herz, können eine rechte und eine linke Zwerchfellkuppel voneinander unterschieden werden. Die rechte Kuppel steht aufgrund der Größe der Leber physiologischerweise höher.

Abb. 2.9 Zwerchfell.
a Übersicht von ventral (aus [5]),
b Übersicht von kaudal (aus [15]).

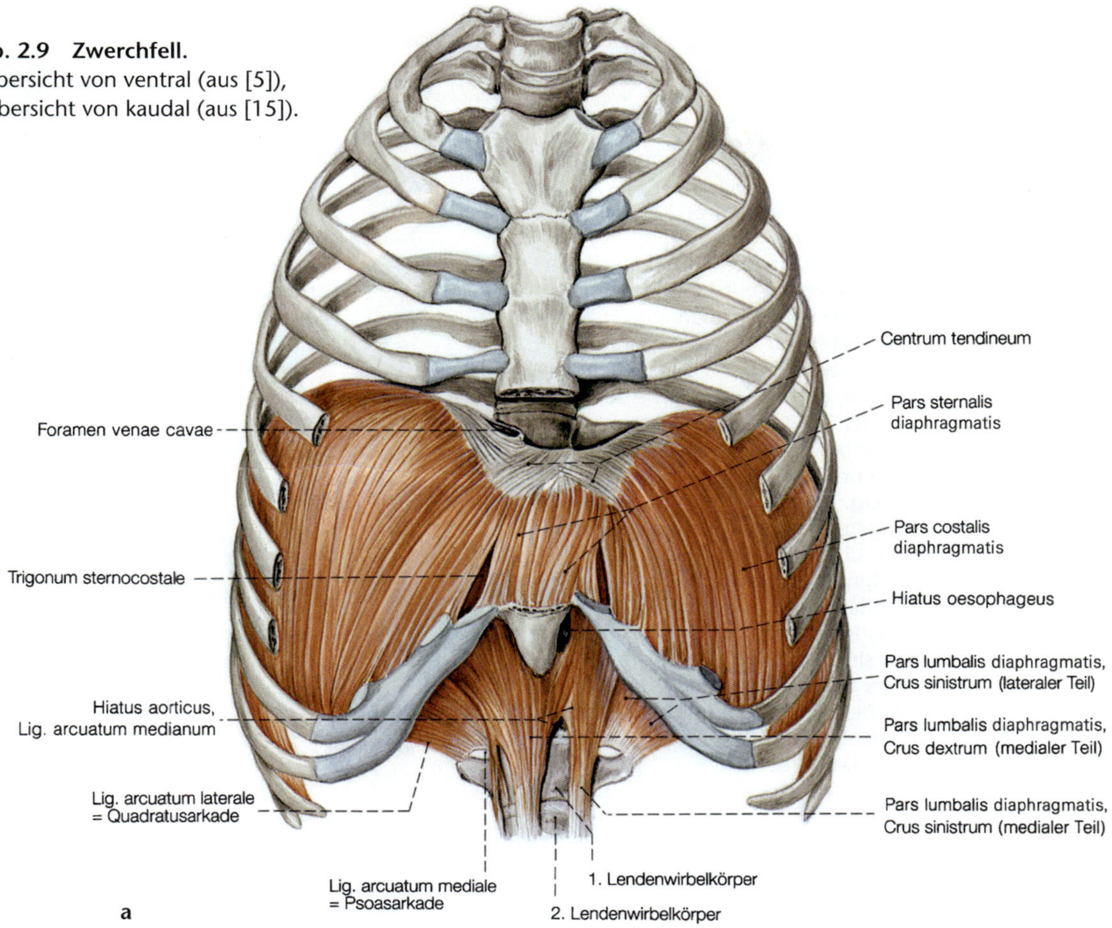

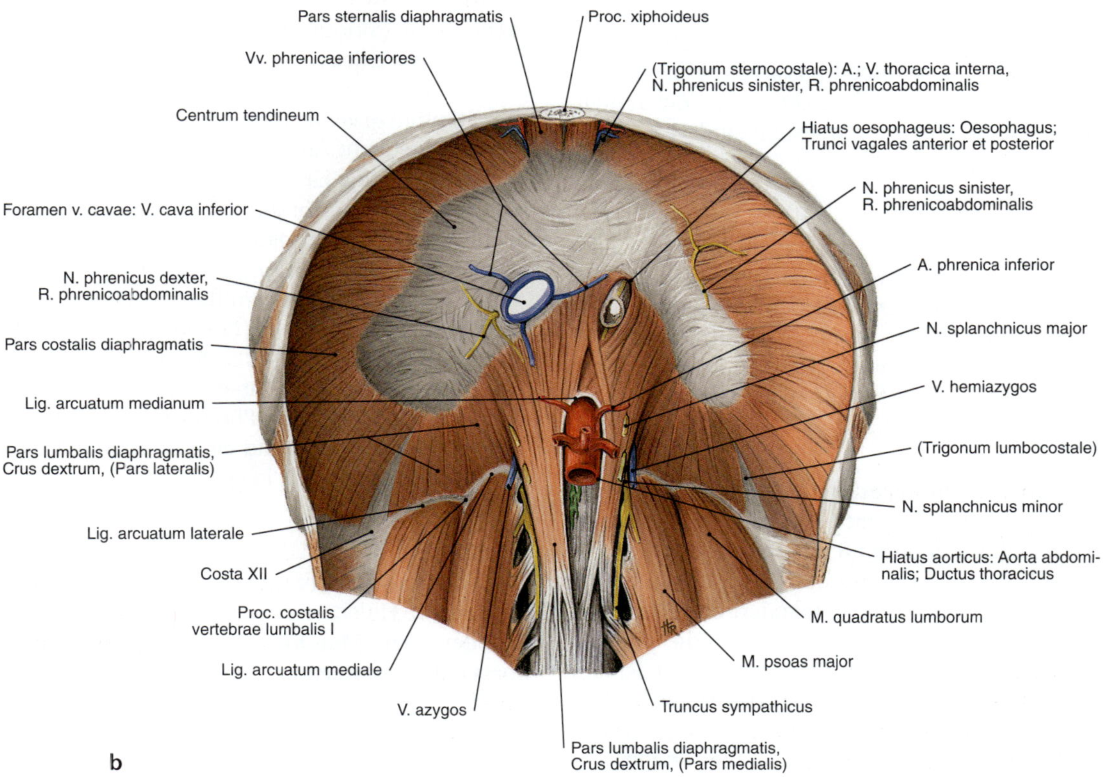

Tab. 2.2 Zwerchfell (Diaphragma)

Muskel	Ursprung	Ansatz	Funktion	Innervation
Diaphragma • **Pars sternalis** • **Pars costalis** • **Pars lumbalis**	Innenfläche des Processus xiphoideus Rektusscheide Innenfläche der Rippen 6–12 • **Crus dextrum:** – **Pars medialis:** Ventralflächen der Wirbelkörper L1–L4 und dazwischen liegende Bandscheiben – **Pars lateralis:** 1. **Lig. arcuatum mediale** = Sehnenbogen, der die Seitenfläche des LWK 1 oder 2 mit dessen Processus costalis verbindet und dabei den M. psoas überbrückt („Psoasarkade") 2. **Lig. arcuatum laterale:** Sehnenbogen, der den Processus costalis von L1 mit der Spitze der 12. Rippe verbindet und dabei den M. quadratus lumborum überbrückt („Quadratusarkade") • **Crus sinistrum:** – **Pars medialis:** Ventralflächen der Wirbelkörper L1–4 und dazwischen liegende Bandscheiben – **Pars lateralis:** 1. Lig. arcuatum mediale (↗ oben) 2. Lig. arcuatum laterale (↗ oben)	Centrum tendineum	schiebt die Baucheingeweide nach kaudal (Inspiration, wichtigster Atemmuskel) unterstützt die Bauchpresse	N. phrenicus (Plexus cervicalis)

Topographie

Sämtliche Leitungsbahnen, die vom Bauchraum in Richtung Thorax oder in umgekehrter Richtung ziehen, müssen das Zwerchfell passieren. Hierfür existiert eine Reihe von Öffnungen bzw. Zwerchfelllücken, die in Tabelle 2.3 dargestellt sind.

Klinik

Insbesondere der Hiatus oesophageus kann im Laufe des Lebens „lockerer" werden und somit ein Durchtreten des abdominellen Teils der Speiseröhre oder sogar des Magens in den Thorax erlauben. Man spricht von einem Eingeweidebruch (Hernie), in diesem Fall also von einer Zwerchfellhernie bzw. einer Hiatushernie (↗ auch Kap. 2.3.3).

Funktion und Innervation

Bei der Inspiration kommt es zu einer Kontraktion des Diaphragmas und damit zu einem Absenken der zentralen Sehnenplatte und der Zwerchfellkuppeln. In der folgenden Exspiration relaxiert das Diaphragma, und die Baucheingeweide schieben die Muskelanteile wieder nach oben. Das Zwerchfell ist der größte und wichtigste Atemmuskel des Menschen. Es wird durch den **N. phrenicus** aus dem Plexus cervicalis (Halsnervengeflecht, ↗ Kap. 4.1.5) innerviert.

Klinik

Schluckauf (Singultus) resultiert aus einer **Reizung des N. phrenicus** und wird durch kurze Muskelzuckungen des Zwerchfells bei plötzlichem Verschluss der Stimmritze verursacht.

Bei einseitigem **Ausfall des N. phrenicus** resultiert eine gleichseitige Lähmung (Parese) des Zwerchfells. Die Folge ist eine Störung der physiologischen Atemexkursion: Bei der Inspiration senkt sich die gesunde Zwerchfellkuppel und komprimiert dadurch die Abdominalorgane, die wiederum die gelähmte Zwerchfellkuppel nach oben drücken (Zwerchfellhochstand). Bei der Exspiration verhält es sich umgekehrt. Man bezeichnet diese gestörte Atemmechanik als paradoxe Atmung. Eine einseitige Phrenikusparese kann kompensiert werden, während eine beidseitige Lähmung die Atmung höchstgradig erschwert.

Embryologie

Das Zwerchfell entwickelt sich als **Septum transversum** im Halsbereich und verschmilzt später mit Anteilen der **Membrana pleuroperitonealis**, des **dorsalen Mesenteriums** sowie der **lateralen Rumpfwand**.

Tab. 2.3 Zwerchfelllücken

Name	Lokalisation	durchtretende Strukturen
Hiatus aorticus	Pars lumbalis, zwischen Crus dextrum und Crus sinistrum	Aorta Ductus thoracicus
Hiatus oesophageus	unmittelbar ventral des Hiatus aorticus; Ösophagus und Aorta werden von Muskelzügen in Form einer nach unten offenen 8 umgeben	Ösophagus Trunci vagales anterior und posterior (gehen aus dem rechten und linken N. vagus [X] hervor) R. phrenicoabdominalis des linken N. phrenicus
Foramen venae cavae	Centrum tendineum	V. cava inferior R. phrenicoabdominalis des rechten N. phrenicus
Trigonum sternocostale (Larrey-Spalte)	beidseits zwischen Pars sternalis und Pars costalis	A. und V. epigastrica superior (= Endäste der A. und V. thoracica interna); mit Bindegewebe ausgefüllt
Trigonum lumbocostale (Bochdalek-Dreieck)	beidseits zwischen Pars lumbalis und Pars costalis	– (mit Bindegewebe ausgefüllt)
ohne Namen	beidseits in der Pars lumbalis zwischen Pars medialis und Pars lateralis auf Höhe des 1. LWK	Nn. splanchnici major und minor V. azygos, V. hemiazygos
ohne Namen	beidseits in der Pars lumbalis zwischen Pars medialis und Pars lateralis auf Höhe des 2. LWK	Truncus sympathicus

Merke

Die entwicklungsgeschichtliche Herkunft eines Muskels lässt sich immer an seiner Innervation ableiten. Beim Zwerchfell handelt es sich somit um einen ausgewanderten Halsmuskel.

Klinik

Angeborene Zwerchfelldefekte können zur Verlagerung von Organen und Strukturen aus dem Bauchraum in den Thorax führen und hierdurch die Lungenentwicklung und -entfaltung behindern. Sie sind die häufigste Ursache einer **pulmonalen Hypoplasie** (Unterentwicklung der Lunge).

Bei fehlender Anlage des Zwerchfells ist ein Überleben nicht möglich. Neben den beschriebenen Auswirkungen auf die intrathorakal gelegenen Organe kann durch die fehlende Trennschicht zwischen Brust- und Bauchhöhle der für die Atmung wichtige Wechsel zwischen Über- und Unterdruck im Thorax nicht aufgebaut werden.

2.1.8 Atemmechanik

An den Atembewegungen sind zahlreiche Muskeln beteiligt, die man nach dem Ausmaß ihrer Beteiligung als Atemmuskeln oder Atemhilfsmuskeln bezeichnet. Als Atemmuskeln im engeren Sinne bezeichnet man das Zwerchfell (↗ Kap. 2.1.7), die Interkostalmuskeln (↗ Kap. 2.1.4) und die Mm. scaleni (↗ Kap. 4.1.3). Einen Überblick über die Atemhilfsmuskeln gibt Tabelle 2.4.

Die Atembewegungen sind das Ergebnis des Zusammenspiels vieler parallel ablaufender Muskelaktionen, die nur theoretisch isoliert betrachtet werden können. So lässt sich theoretisch die Bauch- bzw. Zwerchfellatmung von der Brust- bzw. Rippenatmung unterscheiden. Das Zwerchfell als wichtigster Atemmuskel des Menschen leistet bei regulärer Ruheatmung den größten Beitrag zur Atemarbeit. Ist die Bauchatmung jedoch eingeschränkt (z. B. durch enge Hosen, Schwangerschaft), kann die Rippenatmung (in erster Linie Interkostalmuskeln und Mm. scaleni) kompensatorisch überwiegen.

Das Zusammenspiel der Muskelaktionen bewirkt Änderungen des intrathorakalen Volumens und der thorakalen Durchmesser. So führt die Kontraktion des Zwerchfells bei der Inspiration zum Absenken der Zwerchfellkuppeln und so zu einer Zunahme des vertikalen Thoraxdurchmessers. Das Zusammenspiel der Interkostalmuskeln und der Bewegungen in den Sternokostal- und Kostovertebralgelenken hat eine Zunahme des transversalen und des anteroposterio-

Tab. 2.4 Atemhilfsmuskulatur

vorwiegend inspiratorisch	vorwiegend exspiratorisch
M. sternocleidomastoideus (↗ Tab. 4.2)	M. transversus thoracis (↗ Tab. 2.1)
Mm. scaleni (↗ Tab. 4.2)	Mm. subcostales (↗ Tab. 2.1)
M. pectoralis major (↗ Tab. 7.6)	M. latissimus dorsi (↗ Tab. 7.6)
M. pectoralis minor (↗ Tab. 7.4)	M. serratus posterior inferior (↗ Tab. 2.10)
M. serratus posterior superior (↗ Tab. 2.10)	M. quadratus lumborum (↗ Tab. 2.2)
M. erector spinae (↗ Tab. 2.11–2.16)	Bauchmuskulatur (↗ Tab. 2.5)

ren Thoraxdurchmessers zur Folge. Auf diese Weise kann sich die Lunge während der Inspiration ausdehnen und bei der Exspiration wieder retrahieren.

2.2 Mamma

Definition und Überblick

Als Mamma bezeichnet man die weibliche und im weiteren Sinne auch die rudimentäre männliche Brust. Sie setzt sich zusammen aus der **Brustdrüse** (**Gl. mammaria**) und dem sie umgebenden Fett- und Bindegewebe (**Stroma**).

Die Brustdrüsen werden zu den Hautdrüsen gezählt. Sie leiten sich von Epithelknospen ab, die während der Embryonalentwicklung aus den sog. Milchleisten hervorgehen. Bei der Geburt sind die Drüsenanlagen bei beiden Geschlechtern gleich entwickelt. Nur bei der Frau kommt es jedoch unter dem Einfluss der weiblichen Sexualhormone zur vollständigen Ausreifung der Drüse (sekundäres Geschlechtsmerkmal). Während der Schwangerschaft beginnt die Sekretion einer proteinreichen Flüssigkeit, die als **Kolostrum** (Vormilch) bezeichnet wird und wenige Tage nach der Geburt durch die „definitive" **Muttermilch** ersetzt wird. Diese protein-, fett- und laktasereiche Flüssigkeit enthält außerdem Lymphozyten und Monozyten, Antikörper, Mineralstoffe und fettlösliche Vitamine und dient der **Ernährung des Neugeborenen**.

Topographie

Die Brustdrüse liegt, eingebettet in ihr Stroma, auf der Fascia pectoralis (↗ Kap. 2.1.4) und somit im Subkutangewebe. Stroma bzw. Brustdrüse sind durch eine Schicht lockeren Bindegewebes, den **retromammären Raum**, verschieblich mit der Fascia pectoralis verbunden. Zusätzlich gewährleisten straffe Faserbündel zur Dermis und zur Faszie, die **Ligg. suspensoria mammaria**, eine stabile Befestigung der Drüse an der Brustwand. Zum größten Teil liegen die Mammae dem M. pectoralis major und dem M. serratus anterior auf. Sie erstrecken sich von der Parasternallinie (ein Fingerbreit lateral der vorderen Medianlinie) bis zur mittleren Axillarlinie bzw. von der 2. bis zur 6. Rippe.

Morphologie

Die Brustwarzen (**Papillae mammariae = Mamillen**) und der Warzenhof (**Areola mammae**) sind stärker pigmentiert als die angrenzende Haut. Im Bereich der Areola münden 10–15 apokrine **Gll. areolares**, die als kleine Höckerchen zu erkennen sind und die der Befeuchtung der Brustwarze dienen.

Histologie

Die Gl. mammaria besteht aus 15–20 tubuloalveolären Einzeldrüsen, die sich zur Brustwarze hin verjüngen und als Drüsenlappen (**Lobi**) bezeichnet werden.

Jede Einzeldrüse hat ein eigenes Ausführungsgangsystem aus Milchgängen (**Ductus lactiferi**), die kurz vor der Brustwarze zu einem Milchsäckchen (**Sinus lactiferus**) erweitert sind und über die **Ductus papillares** an der Oberfläche der Brustwarze münden. Das gesamte Ausführungsgangsystem wird durch iso- bis hochprismatische Epithelzellen und außen liegende kontraktile Myoepithelzellen ausgekleidet. Einzig die Ductus papillares weisen ein mehrschichtiges Plattenepithel auf.

Die eigentlichen Drüsenzellen sind durch bindegewebige Septen (**Septa interlobularia**) in Drüsenläppchen (**Lobuli**) untergliedert.

> **Merke**
>
> Ein Drüsenläppchen (Lobulus) besteht aus mehreren Drüsenendstücken (Azini) und wird zusammen mit dem terminalen Ausführungsgang als **terminale duktulolobuläre Einheit (TDLE)** bezeichnet.

In der ruhenden Mamma sind die Azini nur wenig entwickelt. Erst während der Schwangerschaft kommt es unter hormoneller Stimulation zur Aktivierung der im Bereich der Azini lokalisierten Proliferationsknospen und zur weiteren Verzweigung des Gangsystems. Die Azini bestehen nun aus einem einschichtigen isoprismatischen Epithel, das von Myoepithelzellen umgeben wird und in dem bereits Fetttröpfchen nachweisbar sind. Am Ende der Schwangerschaft liegen weit verzweigte Drüsenlappen vor, deren Azini gut entwickelt sind und aus hochprismatischem Epithel bestehen. Supranukleär liegen große Fettvakuolen, die apokrin sezerniert werden und zusammen mit den merokrin abgegebenen Proteinanteilen die Hauptbestandteile der Muttermilch bilden.

Klinik

Das **Mammakarzinom** ist der am häufigsten vorkommende bösartige Tumor bei Frauen in der westlichen Welt. Durchschnittlich erkrankt jede 8. Frau im Laufe ihres Lebens. Mammakarzinome entwickeln sich in der Regel aus dem Drüsenepithel der terminalen duktulolobulären Einheit und entstehen am häufigsten im oberen äußeren Quadranten der Brust.

Gefäßversorgung

Die **arterielle Versorgung** der Mamma erfolgt vor allem über die **Rr. mammarii mediales** – kleinere Äste der A. thoracica interna bzw. der vorderen Interkostalarterien – und die **Rr. mammarii laterales** aus der A. thoracica lateralis (einem Ast der A. axillaris, ↗ Abb. 2.10a). Zusätzliches sauerstoffreiches Blut kommt aus der Aorta (über die hinteren Interkostalarterien) und aus weiteren Abgängen der A. axillaris (**A. thoracoacromialis, A. thoracodorsalis**).

Der **venöse Abfluss** erfolgt weitestgehend parallel zu den Arterien über **gleichnamige Venen** (↗ Abb. 2.10b). Im Bereich der Areola ist ein subkutaner Plexus aus kleineren Arterien und Venen ausgebildet.

Die Kenntnis des **Lymphabflusses** der Mamma ist aufgrund der häufigen lymphogenen Metastasierung von Mammakarzinomen besonders relevant. Die Lymphe sammelt sich zunächst in einem oberflächlichen und einem tiefen Plexus, die miteinander in Verbindung stehen, um dann in nachgeschaltete Lymphknotenstationen weitergeleitet zu werden: Etwa 75 % der Lymphe werden über die axillären, der überwiegende restliche Anteil über die parasternalen Lymphknoten abgeleitet:

- **axilläre Lymphknoten:** Anhand des M. pectoralis minor werden drei Stockwerke von axillären Lymphknoten definiert: I = lateral, II = Bereich des M. pectoralis minor, III = medial (↗ Abb. 2.11). Als primäre Lymphknotenstation dienen vor allem die Lymphknoten des Stockwerks I. Von hier gelangt die Lymphe über Stockwerk II und III in die infra- und supraklavikulären Lymphknoten.
- **Parasternale Lymphknoten** leiten die Lymphe entlang den Vasa thoracica interna in den Ductus bronchomediastinalis oder direkt in den Ductus thoracicus. Es bestehen Verbindungen zur gegenüberliegenden Thoraxseite.

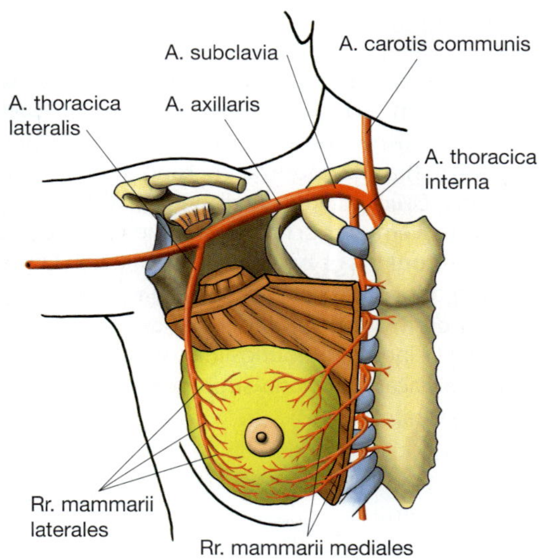

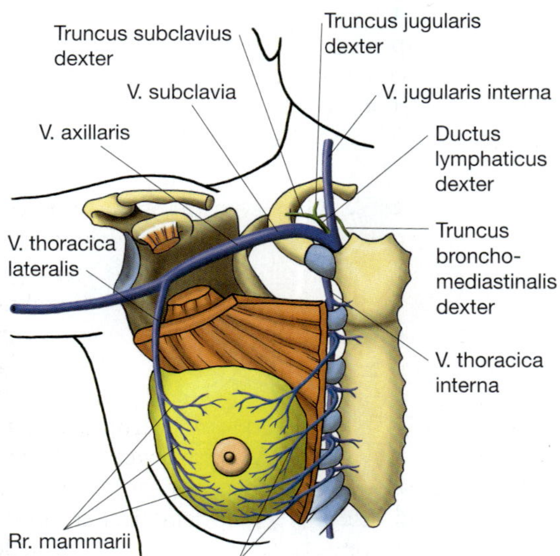

Abb. 2.10 Gefäßversorgung der Mamma. a Arterien, **b** Venen.

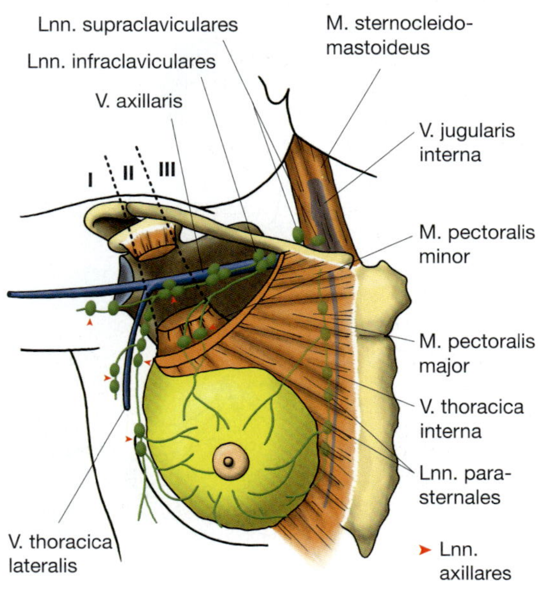

Abb. 2.11 Lymphknotenstationen der Mamma. I–III Stockwerke axillärer Lymphknoten: **I** lateral, **II** Bereich des M. pectoralis minor, **III** medial. (Modifiziert nach [6])

Innervation

Die sensorische und sympathische Innervation der Mamma wird über die **Rr. mammarii mediales** et **laterales** der 4.–6. Interkostalnerven gewährleistet.

2.3 Bauchwand

2.3.1 Überblick

Definition und Funktion

Als Bauchwand wird der Teil der Leibeswand bezeichnet, der sich zwischen dem Brustkorb und dem knöchernen Becken aufspannt und die inneren Organe des Bauchraums (= **Abdomen**) schützt.

Gliederung

Die Bauchwand besteht aus Muskeln (und ihren Faszien), Fett- und Bindegewebe, der äußeren Haut und den zwischen diesen Schichten verlaufenden Leitungsbahnen. Man spricht auch von der weichen Bauchwand, da sich an ihrer Bildung keine knöchernen Strukturen beteiligen.

Zur Erleichterung der Orientierung kann die Bauchwand bzw. die Bauchhöhle in neun Abschnitte unterteilt werden: Imaginäre horizontale Linien durch den tiefsten Punkt der 10. Rippen sowie durch den höchsten Punkt der beiden Darmbeinkämme (↗ Kap. 2.4) unterteilen die Bauchwand in ein oberes, ein mittleres und ein unteres Kompartiment, die durch die lateralen Ränder des M. rectus abdominis (↗ unten) weiter untergliedert werden in insgesamt **neun Regionen** (↗ Abb. 2.12a):

- **Regio abdominalis superior:**
  - median: Regio epigastrica (Epigastrium)
  - lateral: Regiones hypochondriacae dextra und sinistra
- **Regio abdominalis media:**
  - median: Regio umbilicalis (Mesogastrium)
  - lateral: Regiones laterales dextra und sinistra
- **Regio abdominalis inferior:**
  - median: Regio pubica (Hypogastrium)
  - lateral: Regiones inguinales dextra und sinistra.

Alternativ kann das Abdomen auch in **vier Quadranten** unterteilt werden. Hierbei bildet eine horizontale Linie durch den Bauchnabel (in etwa auf Höhe des 3. und 4. Lendenwirbels) die Grenze zwischen oberer und unterer Hälfte, die vordere Medianlinie die Grenze zwischen linker und rechter Seite. Der Nabel (**Umbilicus**) ist damit der Mittelpunkt der vier Quadranten (↗ Abb. 2.12b).

Klinik

Entzündungen in der Bauchhöhle äußern sich klinisch oft in diffusem, schwer zu lokalisierendem Bauchschmerz. Um eine Entzündung des Wurmfortsatzes **(Appendizitis)** zu diagnostizieren, kann das Aufsuchen bestimmter Druckpunkte nützlich sein, die bei einer Appendizitis vermehrt schmerzempfindlich sind. Der **McBurney-Punkt** liegt zwischen dem lateralen Drittelpunkt und der Mitte einer die Spina iliaca anterior superior mit dem Nabel verbindenden Linie. Der rechte Drittelpunkt einer Verbindungslinie zwischen den beiden Spinae iliacae anteriores superiores wird als **Lanz-Punkt** bezeichnet.

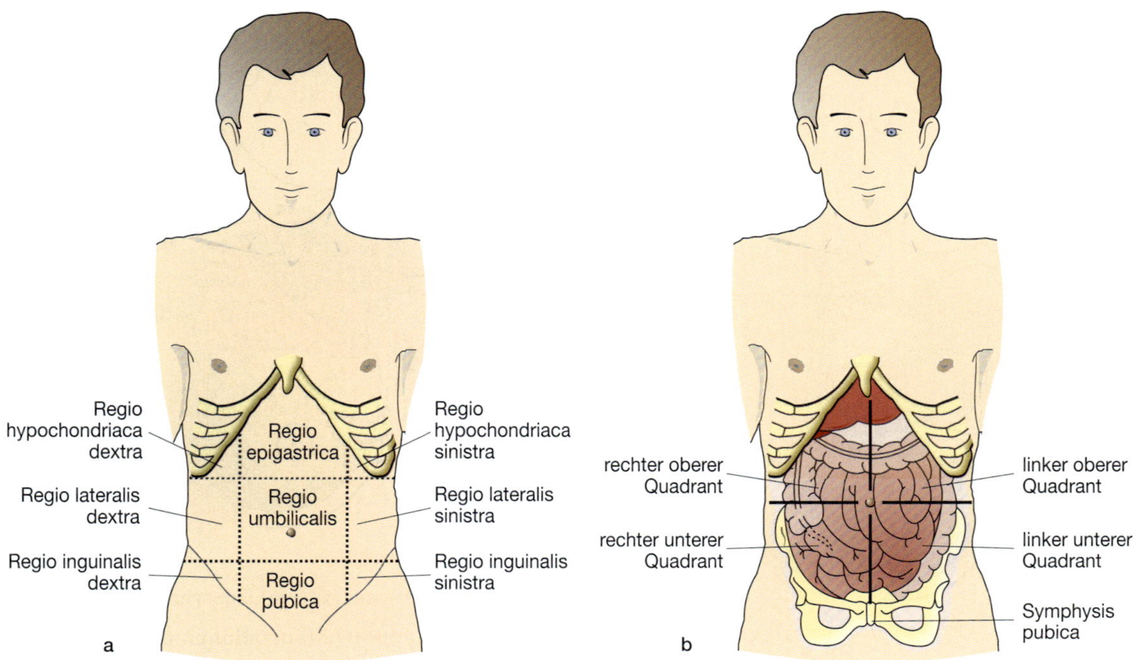

Abb. 2.12 Gliederung des Abdomens in Regionen (a) bzw. Quadranten (b).

2.3.2 Bauchmuskulatur und Faszien

Bauchmuskulatur

Die Bauchmuskeln (↗ Tab. 2.5) bilden Aponeurosen, die sich in der Mittellinie in einem etwa 1 cm breiten Streifen verflechten. Dieser wird als **Linea alba** bezeichnet und besteht aus horizontal verlaufenden Bindegewebsfasern. Die Linea alba reicht vom Processus xiphoideus bis zur Symphyse und bildet im Bereich des Nabels den **Anulus umbilicalis**. Die halbmondförmige Linie, in der die großen Bauchmuskeln in ihre Aponeurosen übergehen, nennt man **Linea semilunaris** (↗ Abb. 2.13).

Tab. 2.5 Bauchmuskeln (Mm. abdominis)

Muskel	Ursprung	Ansatz	Funktion	Innervation
M. obliquus externus abdominis	Außenfläche der 5.–12. Rippe	Crista iliaca (Labium externum); Lig. inguinale; Linea alba	Bauchpresse Neigung des Rumpfes nach vorn Heben des Beckens bei einseitiger Innervation Drehen des Thorax zur entgegengesetzten Seite	kaudale Interkostalnerven, N. iliohypogastricus, N. ilioinguinalis
M. obliquus internus abdominis	Crista iliaca (Linea intermedia), Fascia thoracolumbalis, Lig. inguinale	10.–12. Rippe, Linea alba	Bauchpresse Neigung des Rumpfes nach vorn Heben des Beckens bei einseitiger Innervation Drehen des Thorax zur gleichen Seite	kaudale Interkostalnerven, N. iliohypogastricus, N. ilioinguinalis
M. transversus abdominis	Crista iliaca (Labium internum), Innenfläche der 7.–12. Rippe, Fascia thoracolumbalis, Lig. inguinale	Linea alba	Spannung der Bauchwand Bauchpresse (wichtig für Stuhlgang, Erbrechen, Geburtswehen, forcierte Exspiration beim Husten)	kaudale Interkostalnerven, N. iliohypogastricus, N. ilioinguinalis, N. genitofemoralis
M. rectus abdominis	Außenfläche des , 5.–7. Rippenknorpels, Processus xiphoideus	Symphysis pubica	Bauchpresse beugt den Rumpf, indem sich Brustkorb und Becken einander annähern Exspiration (Bauchatmung)	mittlere und kaudale Interkostalnerven
M. pyramidalis	ventral vom Ansatz des M. rectus abdominis	Linea alba, kranial der Symphysis pubica	Spannung der Rektusscheide	kaudale Interkostalnerven
M. cremaster	aus kaudalen Fasern des M. obliquus internus abdominis und M. transversus abdominis	zieht mit dem Samenstrang zum Hoden und umgreift den Hoden	Hodenheber – zieht den Hoden und die Hodenhüllen nach oben	N. genitofemoralis (R. genitalis)
M. quadratus lumborum	Crista iliaca (Labium internum), Lig. iliolumbale	12. Rippe, 12. BWK, Processus costales L1–L4	senkt die 12. Rippe (Exspiration) Seitneigung der Wirbelsäule	Rr. musculares (Plexus lumbalis), N. subcostalis

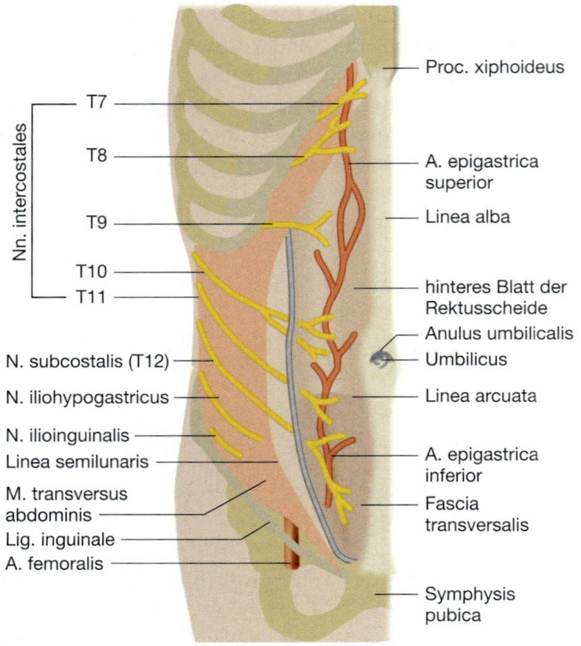

Abb. 2.13 Bauchmuskulatur und zugehörige Leitungsbahnen. Der M. rectus abdominis wurde entfernt, um die in der Rektusscheide verlaufenden Leitungsbahnen darzustellen.

Rektusscheide

Definition

Als Rektusscheide bezeichnet man die den M. rectus abdominis umgebenden Aponeurosen der beiden schrägen Bauchmuskeln (Mm. obliqui internus und externus abdominis) und des M. transversus abdominis.

Gliederung und Topographie

Es lassen sich ein **vorderes** und ein **hinteres Blatt** der Rektusscheide unterscheiden. In den Faserverlauf des M. rectus abdominis sind drei oder vier sehnenartige Intersectiones tendineae zwischengeschaltet, die mit dem vorderen Blatt fest verwachsen sind. Die Zusammensetzung der beiden Blätter der Rektusscheide weist regionale Unterschiede auf:

- Oberhalb des Nabels wird das vordere Blatt der Rektusscheide durch die Aponeurose des M. obliquus externus abdominis und die obere Hälfte der Aponeurose des M. obliquus internus abdominis gebildet. Das hintere Blatt besteht aus der unteren Hälfte der Aponeurose des M. obliquus internus abdominis und der Aponeurose des M. transversus abdominis (↗ Abb. 2.14). Die Aponeurose des M. obliquus internus abdominis teilt sich somit und umscheidet den M. rectus abdominis von beiden Seiten.
- Fingerbreit unterhalb des Nabels endet das hintere Blatt der Rektusscheide an der Linea arcuata (↗ Abb. 2.13 und 2.15). Unterhalb der Linea arcuata ist der M. rectus abdominis auf seiner Innenfläche nur noch von Peritoneum parietale und Fascia transversalis bedeckt (die fest miteinander verwachsen sind, ↗ unten), während das vordere Blatt der Rektusscheide aus den Aponeurosen aller drei beschriebenen Bauchmuskeln besteht.

Innerhalb der Rektusscheide finden sich folgende Strukturen:

- M. rectus abdominis
- M. pyramidalis
- A. und V. epigastrica superior und inferior (↗ Abb. 2.13)
- 7.–11. Interkostalnerv und N. subcostalis (↗ Abb. 2.13).

Merke

Innerhalb der Rektusscheide anastomosieren A. epigastrica superior und inferior miteinander. Auf diese Weise entsteht eine Verbindung zwischen dem Stromgebiet der A. subclavia und der A. iliaca externa (↗ oben).

Faszien

Die Faszienverhältnisse ähneln denen der Brustwand: Der äußeren Oberfläche der Bauchmuskeln liegt die **Fascia abdominalis superficialis** auf, die mit der Linea alba und dem Leistenband (Lig. inguinale,

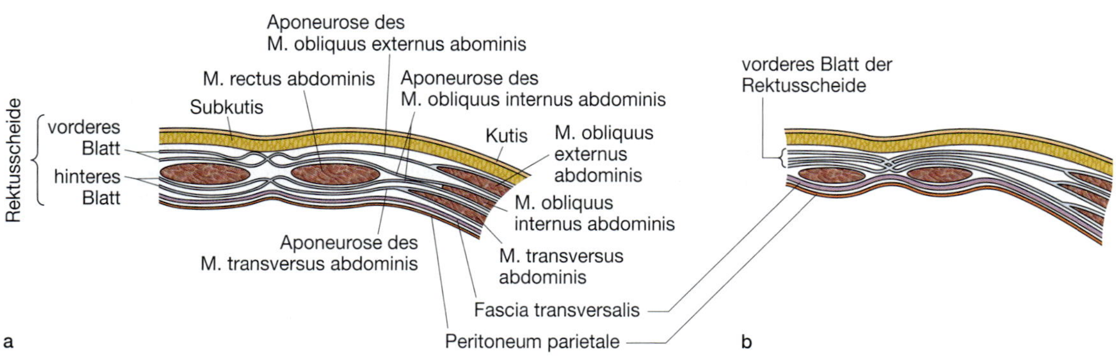

Abb. 2.14 Querschnitt durch die Rektusscheide
a) oberhalb und **b)** unterhalb der Linea arcuata. Die Linea arcuata ist in Abbildung 2.15 dargestellt.

↗ Abb. 2.13 und 2.16 und Kap. 2.3.4) fest verbunden ist. Beim **Mann** bildet die **Fascia abdominalis superficialis** zusammen mit der **Aponeurose des M. obliquus externus abdominis** die **Fascia spermatica externa** des Samenstrangs (↗ Kap. 6.11.1).

Die Innenfläche der Bauchmuskulatur ist von der **Fascia transversalis** bedeckt, auf der das mit ihr fest verbundene Peritoneum parietale liegt. Auch die Fascia transversalis ist mit der Linea alba und dem Leistenband verbunden. Beim **Mann** geht sie am **Angulus inguinalis profundus** (↗ Kap. 2.3.4) in die **Fascia spermatica interna** des Samenstrangs über (↗ Kap. 6.11.1).

2.3.3 Innere Oberfläche der Bauchwand

Die innere Oberfläche der anterolateralen Bauchwand wird in ihrem infraumbilikalen Anteil von fünf peritonealen Nabelfalten (Plicae) aufgeworfen (eine unpaare, zwei paarige), zwischen denen Gruben (Fossae) einsinken. Diese Plicae bzw. Fossae sind (↗ Abb. 2.15):

- **Plica umbilicalis mediana:** zieht vom Apex der Harnblase zum Nabel, enthält den Urachus (Rest des Urharnsacks), der sich zum Lig. umbilicale medianum zurückbildet
- **Plica umbilicalis medialis:** aufgeworfen durch die A. umbilicalis, deren Bauchwandabschnitt nach der Geburt zum Lig. umbilicale mediale verödet
- **Plica umbilicalis lateralis:** enthält die Vasa epigastrica inferiora, erreicht den Nabel nicht, da die Vasa epigastrica inferiora schon vorher in die Rektusscheide einziehen
- **Fossa inguinalis lateralis:** lateral der Plicae umbilicales laterales; hier liegt der Anulus inguinalis profundus; Lokalisation der **indirekten Leistenhernien** (↗ unten)
- **Fossa inguinalis medialis:** zwischen Plicae umbilicales medialis und lateralis; liegt auf Höhe des Anulus inguinalis superficialis; Lokalisation der **direkten Leistenhernien** (↗ unten)
- **Fossa supravesicalis:** zwischen Plicae umbilicalis mediana und Plica umbilicalis medialis.

2.3.4 Leistenregion und Leistenkanal

Leistenregion (Regio inguinalis)

Die Leistenregion wird wie folgt begrenzt:

- kranial durch eine Verbindungslinie zwischen den beiden Spinae iliacae anteriores superiores
- medial durch den lateralen Rand des M. rectus abdominis
- kaudal (auf Höhe der Leistenfurche) durch das Lig. inguinale.

Das **Lig. inguinale (Poupart-Band)** ist beidseits zwischen der Spina iliaca anterior superior und dem Tuberculum pubicum aufgespannt (↗ Abb. 2.16). Es bildet eine Übergangszone zwischen dem Unterrand der Aponeurose des M. obliquus externus abdominis

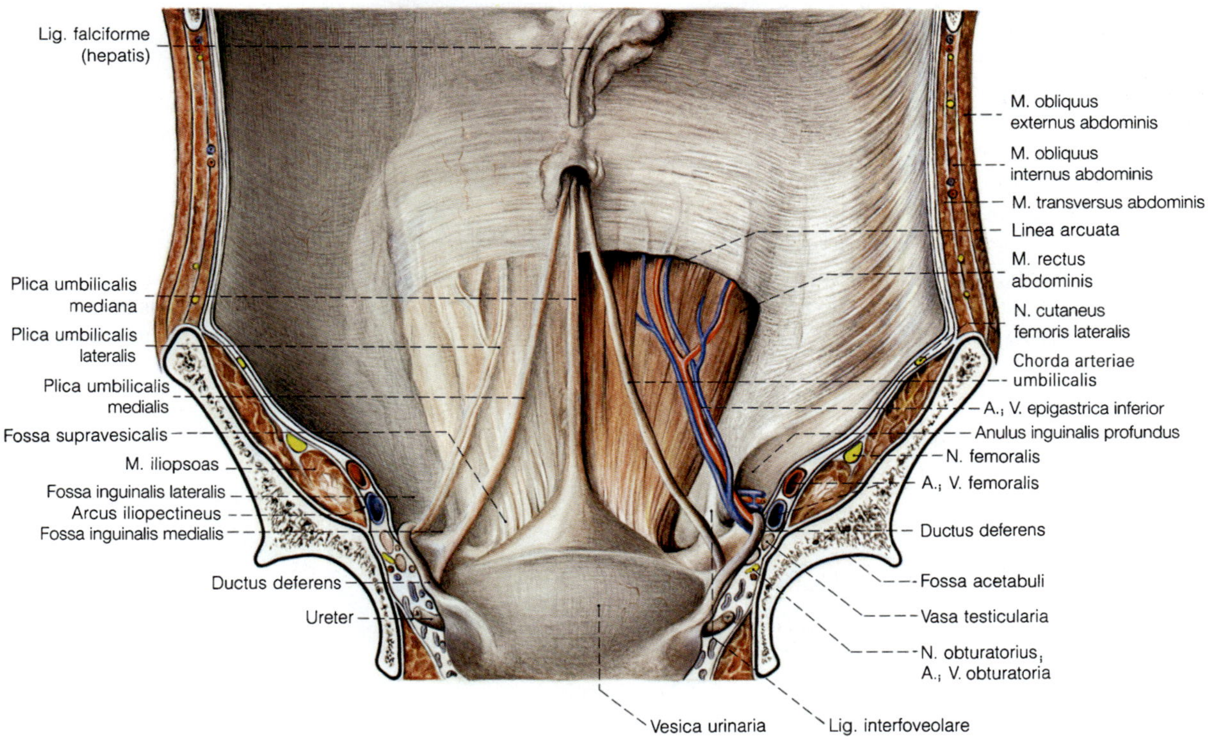

Abb. 2.15 Innenansicht der Bauchwand. In der rechten Bildhälfte sind Peritoneum und Fascia transversalis zur Darstellung des Lig. umbilicale mediale und der Vasa epigastrica inferiora entfernt. (Aus [5])

und der ebenfalls derben Fascia lata des Oberschenkels.

Der Raum zwischen Lig. inguinale und der vorderen Beckenknochenkontur wird durch die Faszie des M. iliopsoas (**Fascia iliaca**) in zwei Kammern unterteilt: **Lacuna vasorum** (medial) und **Lacuna musculorum** (lateral). Die Lacuna vasorum wird nach medial hin von sichelförmigen Faserzügen (**Lig. lacunare**) begrenzt, die ausgehend vom Leistenband zum Pecten ossis pubis verlaufen (↗ Abb. 2.16). Nach lateral setzen sich die Fasern des Lig. lacunare im **Lig. pectineum** fort und gehen schließlich in den **Arcus iliopectineus** über. Somit ist die Lacuna vasorum von einem vollständigen Faserring umgeben.

Zum Inhalt von Lacuna vasorum und Lacuna musculorum ↗ Tabelle 2.6.

Tab. 2.6 Inhalte der Kammern unterhalb des Leistenbandes

Lacuna vasorum	Lacuna musculorum
R. femoralis des N. genitofemoralis	N. femoralis
A. und V. femoralis	N. cutaneus femoris lateralis
Lymphgefäße	M. iliopsoas
Rosenmüller-Lymphknoten	

Leistenkanal (Canalis inguinalis)

Topographie

Der Leistenkanal durchsetzt die vordere Bauchwand **oberhalb** des Lig. inguinale. Den **Boden** stellen folglich das **Lig. inguinale** und das **Lig. reflexum** dar. Letzteres entsteht aus den kaudalen Fasern der Aponeurose des M. obliquus externus abdominis, die sich in Höhe des Lig. inguinale nach medial wenden und in Richtung Linea alba ziehen.

Das **Dach** des Leistenkanals wird vom kaudalen Rand der **Mm. obliquus internus abdominis und transversus abdominis** gebildet, die Faserbündel an den Samenstrang (Funiculus spermaticus) bzw. an das Lig. teres uteri (↗ unten) abgeben.

Die **vordere Wand** besteht aus der **Aponeurose des M. obliquus externus abdominis**, die **hintere Wand** wird von der **Fascia transversalis** und deren Verstärkungszügen gebildet.

Die **äußere Mündung**, **Anulus inguinalis superficialis**, liegt in der Sehnenplatte des M. obliquus

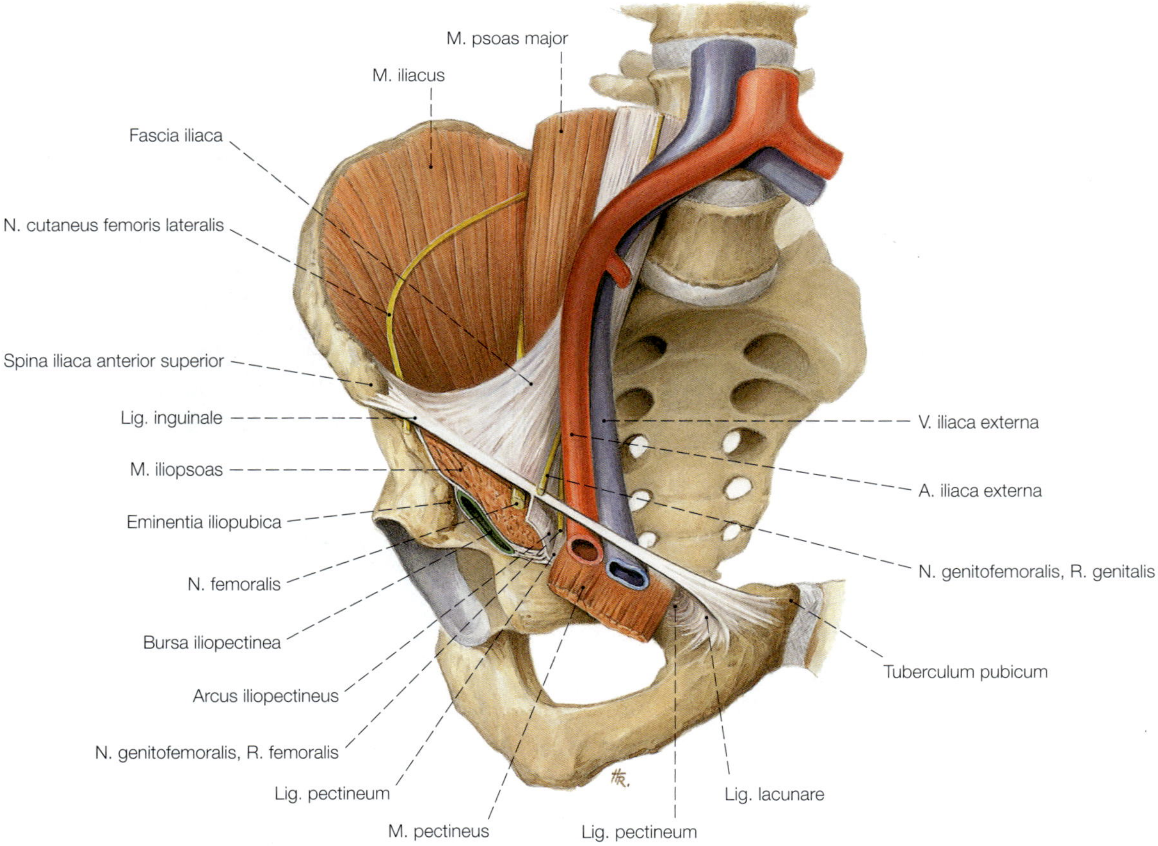

Abb. 2.16 Durchtrittsräume von der Bauchhöhle zum Oberschenkel. (Aus [5])

externus abdominis. Man bezeichnet die schräg auseinanderweichenden Sehnenfasern als **Crus mediale** und **Crus laterale**. Sie werden durch oben quer verlaufende **Fibrae intercrurales** zusammengehalten. Die **innere Mündung**, **Anulus inguinalis profundus**, wird abgesehen vom Peritoneum nur von der Fascia transversalis gebildet.

Den geschlechtsspezifischen Inhalt des Leistenkanals fasst Tabelle 2.7 zusammen.

Klinik

Eine intraabdominelle Druckerhöhung, wie sie z. B. bei der Bauchpresse vorkommt, drückt die Baucheingeweide gegen die Lücken der Bauchwand. Bei Überbeanspruchung können die Lücken nachgeben und damit zunächst dem Peritoneum, bei weiterer Ausdehnung auch Baucheingeweiden Durchlass gewähren. Man spricht von einem Eingeweidebruch = **Hernie.** Kennzeichnend für Hernien ist der folgende Aufbau: Bruchpforte, Bruchsack (Peritoneum und Faszien) und Bruchinhalt.

Der Durchtritt von Baucheingeweiden durch die Bauchwand ohne umhüllenden Bruchsack wird als **Prolaps** bezeichnet.

Als Beispiel für eine häufig vorkommende **Hernie** ist bereits die Hiatushernie (Bruchpforte: Hiatus oesophageus, Bruchsack: Peritoneum, Bruchinhalt: Magen) in Kapitel 2.1.7 beschrieben worden. Ebenfalls häufig kommen **Leistenhernien** vor, bei denen sich Bruchsack und -inhalt durch den äußeren Leistenring stülpen. Liegt die Bruchpforte in der Fossa inguinalis medialis (in etwa $^1/_3$ der Fälle), so spricht man von **direkten Leistenhernien,** da sie den kürzesten (direkten) Weg von der Bauchhöhle durch den äußeren Leistenring wählen. Direkte Leistenhernien sind immer erworben. Ist die Bruchpforte in der Fossa inguinalis lateralis lokalisiert (in ca. $^2/_3$ der Fälle), müssen Bruchsack und -inhalt durch den inneren Leistenring und **durch den Leistenkanal** gelangen, um am äußeren Leistenring wieder auszutreten. Aufgrund des längeren Weges spricht man von **indirekten Leistenhernien.** Sie können angeboren oder erworben sein. Angeborene Leistenhernien **(Hernia inguinalis lateralis congenita)** setzen einen offenen **Processus vaginalis peritonei** voraus, über den Darmschlingen in das Skrotum gelangen können (vgl. Kap. 6.11.1).

Treten Hernien **unterhalb des Leistenbandes** durch die Lacuna vasorum hindurch, so werden sie als **Schenkelhernien** bezeichnet.

2.3.5 Leitungsbahnen

Arterien und Venen

Die **arterielle Versorgung** der vorderen Bauchwand erfolgt durch die **A. epigastrica superior** (aus der A. thoracica interna) und die mit ihr anastomosierende **A. epigastrica inferior** (aus der A. iliaca externa).

Tab. 2.7 Inhalt des Leistenkanals

Mann	Frau
Funiculus spermaticus	Lig. teres uteri
N. ilioinguinalis	N. ilioinguinalis
R. genitalis des N. genitofemoralis	R. genitalis des N. genitofemoralis
	A. ligamenti teretis uteri (Ast der A. epigastrica inferior)

Beide Gefäße verlaufen in der Rektusscheide auf der Rückseite des M. rectus abdominis. Weitere Zuflüsse erhält die Bauchwand aus der **A. epigastrica superficialis** und der **A. circumflexa ilium superficialis** (beide aus der A. femoralis) sowie aus den **unteren Interkostalgefäßen**.

Der **venöse Abfluss** erfolgt zum größten Teil durch **gleichnamige Venen**.

Lymphgefäße

Die Lymphgefäße der Bauchwand leiten die Lymphe je nachdem, ob sie **oberhalb oder unterhalb des Nabels lokalisiert** sind, vorwiegend in die **axillären** oder in die **inguinalen Lymphknotenstationen**. Weniger oberflächlich gelegene Lymphgefäße stehen in direktem Kontakt mit den (parietalen) Lymphknotenstationen entlang den großen Blutgefäßstämmen (Vasa iliaca externa und communia, Aorta abdominalis).

Nerven

Die Innervation der Bauchwand wird in erster Linie durch die ventralen Äste der thorakalen Spinalnerven (**Nn. intercostales**) gewährleistet. Hierzu entsenden die Interkostalnerven zahlreiche Muskeläste, die zusammen mit Anteilen des **Plexus lumbosacralis** (↗ Kap. 8.4.1) die Bauchmuskulatur versorgen (↗ Tab. 2.5). Die sensible Innervation der Bauchwand erfolgt in Analogie zur Versorgung der Brustwand (↗ auch Kap. 2.1.4) durch vordere und seitliche Hautäste aus den unteren Interkostalnerven (**Rr. cutanei anteriores et laterales abdominales**). Im Bereich der Leistenregion gehen der vordere und der seitliche Hautast aus dem **N. iliohypogastricus** des Plexus lumbosacralis hervor.

2.4 Becken (Pelvis)

Das Becken besteht aus Knochen, die durch Gelenke und Bänder miteinander verbunden sind: Kreuzbein (**Os sacrum**) und Steißbein (**Os coccygis**) bilden zusammen mit den Hüftbeinen (**Ossa coxae**) den sog. Beckengürtel (**Cingulum membri inferioris**, ↗ Abb. 2.17). Hierfür stehen die Ossa coxae vorn über die **Symphysis pubica** und hinten mit dem Kreuzbein über die **Articulationes sacroiliacae** miteinander in gelenkiger Verbindung.

Das Becken schützt die Bauch- und Beckeneingeweide, dient bei der Frau zusätzlich als Geburtskanal und verbindet die unteren Extremitäten mit dem Rumpf.

2.4.1 Knöchernes Becken

Gliederung

Die Ossa coxae bestehen in der Kindheit noch aus drei durch Knorpelfugen verbundenen Einzelknochen, dem **Darmbein** (Os ilium), dem **Sitzbein** (Os ischii) und dem **Schambein** (Os pubis). Die Knorpelfugen treffen sich in der Hüftpfanne Y-förmig.

Folgende relevante Knochenpunkte können an den Ossa coxae unterschieden werden (↗ Abb. 2.17 und 2.18):

- **Os ilium:** Corpus ossis ilium, Ala ossis ilium, Linea arcuata, Facies auricularis, Tuberositas iliaca, Spinae iliacae posteriores superior et inferior, Crista iliaca, Spinae iliacae anteriores superior et inferior, Eminentia iliopubica
- **Os ischii**: Corpus ossis ischii, Ramus ossis ischii, Tuber ischiadicum, Spina ischiadica, Incisurae ischiadicae major et minor
- **Os pubis**: Corpus ossis pubis, Rami superior et inferior ossis pubis, Pecten ossis pubis, Tuberculum pubicum, Eminentia iliopubica.

Insgesamt kann das knöcherne Becken mit einem Trichter verglichen werden. Der große kegelförmige Anteil wird als großes Becken (**Pelvis major**), das sich anschließende Auslaufrohr als kleines Becken (**Pelvis minor**) bezeichnet. Der Übergang zwischen beiden Anteilen erfolgt an der **Linea terminalis**, die beidseits vom **Promontorium** zur Symphyse zieht (↗ Abb. 2.17). Diese **Apertura pelvis superior** oder Beckeneingangsebene (gemeint ist der Eingang in das kleine Becken) steht beim aufrechten Stand nicht horizontal, sondern ist um 50–70° nach unten gekippt (Beckeneingangswinkel, **Inclinatio pelvis**). Der Beckenausgang (**Apertura pelvis inferior**) wird hinten von der Steißbeinspitze, seitlich von den Sitzbeinhöckern (Tubera ischiadica) und vorn vom Unterrand der Schambeinfuge (Symphysis pubica) begrenzt.

Klinik

Bei der Vermessung des Beckens, die insbesondere bei der Berechnung des Geburtskanals in der gynäkologischen Diagnostik eine große Rolle spielt, werden zahlreiche schräge Durchmesser und Abstände zwischen unterschiedlichen Knochenpunkten des Beckens unterschieden (↗ Tab. 2.8).

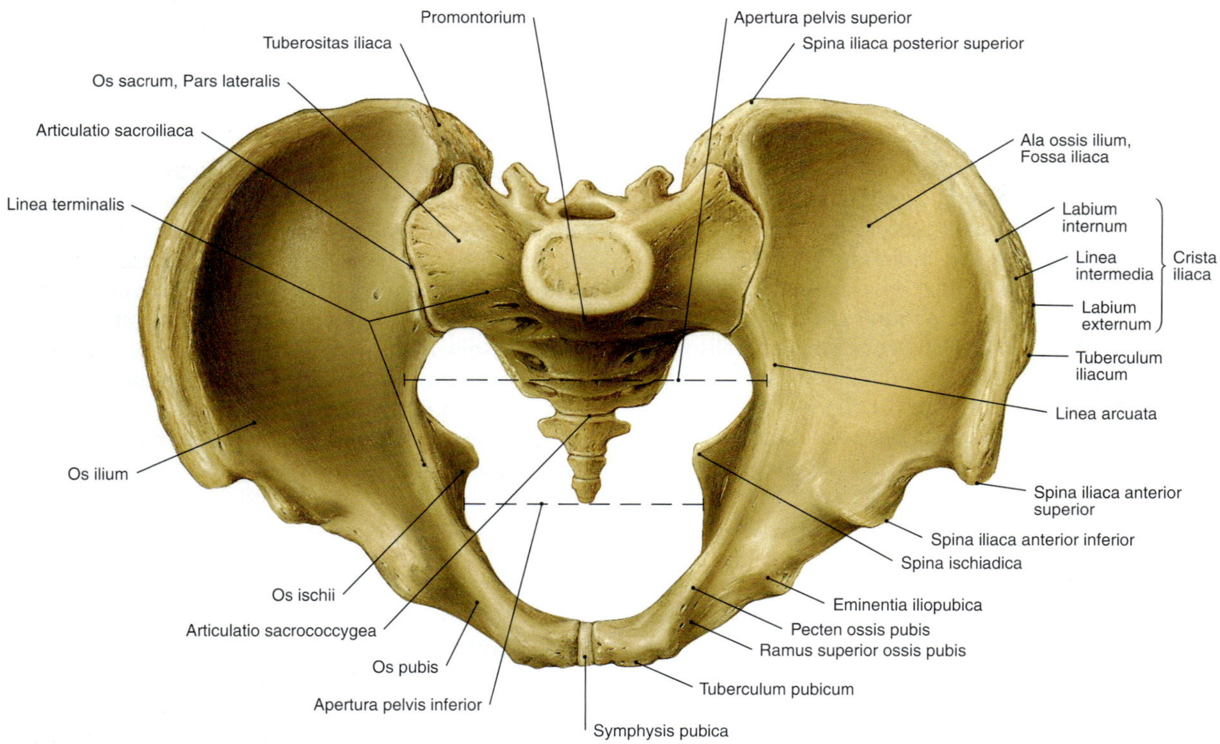

Abb. 2.17 Becken in der Übersicht. (Aus [15])

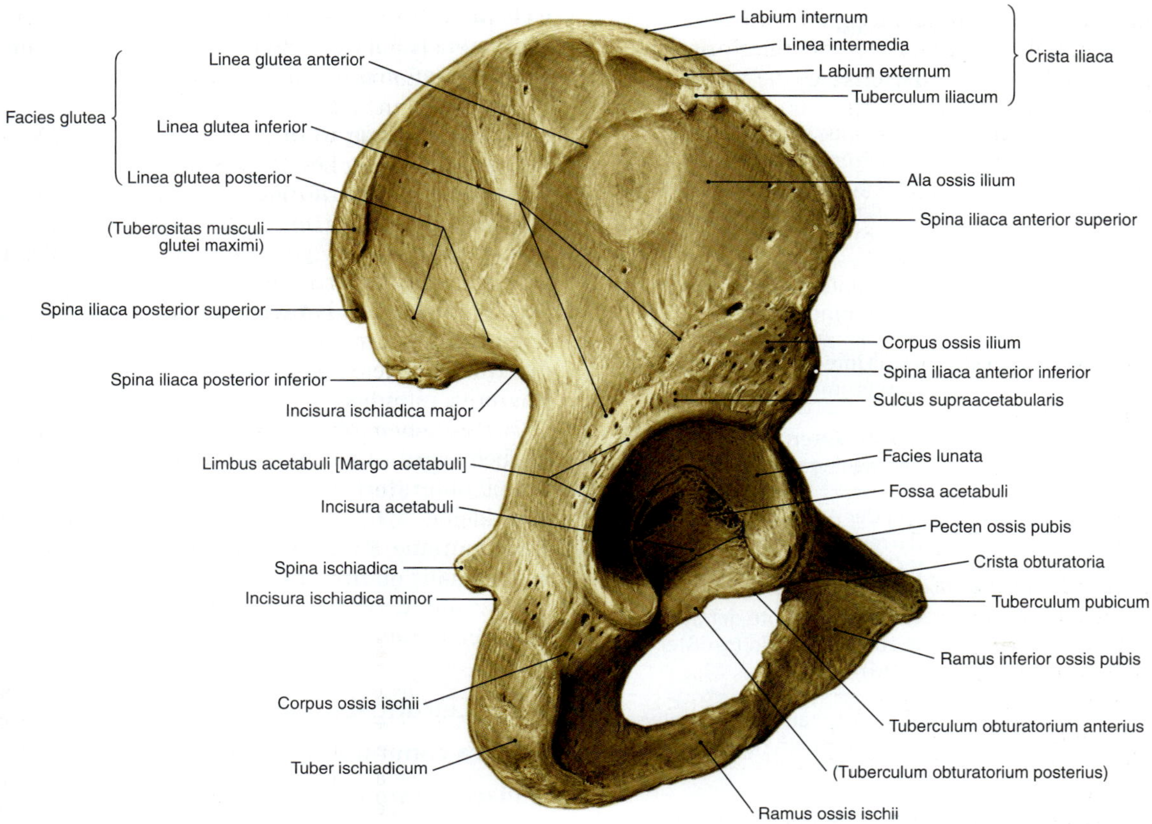

Abb. 2.18 Hüftbein von lateral dorsal. (Aus [15])

Merke

Während das Becken in der frühen Kindheit noch bei beiden Geschlechtern eine ungefähr gleiche Form hat, bilden sich im Laufe der Entwicklung geschlechtsspezifische Unterschiede aus. Im Vergleich zum männlichen Becken verfügt das weibliche Becken über

- weniger steil gestellte Darmbeine,
- ein flacheres Promontorium,
- einen größeren Schambeinwinkel,
- einen größeren Abstand der Sitzbeinhöcker (Tubera ischiadica) → stärker ausladende Incisurae ischiadicae majores mit Ellipsenform des Beckeneingangs.

Das männliche Becken ist also steiler und enger. Des Weiteren ragt beim Mann das Promontorium weiter hervor, wodurch die charakteristische Kartenherzform des männlichen Beckeneingangs resultiert.

2.4.2 Gelenk- und Bandverbindungen

Articulationes sacroiliacae

Die gelenkige Verbindung zwischen Kreuz- und Hüftbein erfolgt beidseits durch die **Articulationes sacroiliacae**. Es handelt sich um **Amphiarthrosen**, deren Bewegungsumfang durch kräftige Bandzüge (**Ligg. sacroiliaca anterius, interosseum** und **posterius**) stark eingeschränkt ist. Dennoch ist die verbleibende Beweglichkeit für die Elastizität des Beckenrings und für die Federung der Wirbelsäule wichtig.

Symphysis pubica

Die Symphysis pubica zeichnet sich durch einen aus Faserknorpel bestehenden **Discus interpubicus** aus, dem dünne Schichten hyalinen Knorpels aufliegen. Der hyaline Knorpel vermittelt eine starke Befestigung des Diskus an den Gelenkflächen und kann im Alter verknöchern. Im Diskus selbst kann es im Laufe des Lebens zu einer Spaltbildung kommen, wodurch eine **Cavitas symphysialis** entsteht. Stabilitätsunterstützend wirken das **Lig. pubicum superius** und das **Lig. arcuatum pubis**. Während der Schwangerschaft lockern sie sich unter hormonellem Einfluss und ermöglichen so ein Aufdehnen der Apertura pelvis inferior.

Bandverbindungen

Neben den Bandverbindungen zwischen Darmbein und Lendenwirbelsäule (**Lig. iliolumbale**) wird die Verbindung zwischen Wirbelsäule und Hüftbein noch durch kräftige Bänder zwischen Kreuzbein und Sitzbein gesichert (**Lig. sacrotuberale**, **Lig. sacrospinale**, ↗ Abb. 2.19). Letztere verschließen die **Incisura**

Tab. 2.8 Innere Beckenmaße

Beckenmaß	Erläuterung
Diameter anatomica	vom Oberrand der Symphyse zum Promontorium (entspricht dem größten sagittalen Durchmesser der Beckeneingangsebene)
Diameter conjugata (= Conjugata vera)	vom Hinterrand der Symphyse zum Promontorium
Diameter diagonalis	vom Unterrand der Symphyse zum Promontorium
Diameter transversa	größter Querdurchmesser des Beckeneingangs
Diameter obliqua (I und II)	von der Articulatio sacroiliaca (I = rechts, II = links) zur Eminentia iliopubica der Gegenseite
Diameter sagittalis der Beckenweite	von der Rückseite der Symphyse zum Kreuzbein (größter Abstand)
Diameter sagittalis der Beckenenge	vom Unterrand der Symphyse zum Kreuzbein (kleinster Abstand)
Diameter sagittalis des Beckenausgangs (= Conjugata recta)	vom Unterrand der Symphyse zur Steißbeinspitze (entspricht dem kleinsten Durchmesser der Beckenausgangsebene)

ischiadica auf beiden Seiten zu den Sitzbeinlöchern (**Foramina ischiadica majus et minus**). Das **Foramen ischiadicum majus** wird durch den M. piriformis (↗ Kap. 8.3.1, Tab. 8.8) weiter unterteilt in

- **Foramen suprapiriforme** mit dem Inhalt A. und V. glutea superior, N. gluteus superior
- **Foramen infrapiriforme** mit dem Inhalt A. und V. glutea inferior, A. und V. pudenda interna, N. ischiadicus, N. gluteus inferior, N. pudendus, N. cutaneus femoris posterior.

Das **Foramen ischiadicum minus** enthält A. und V. pudenda interna (rückläufige Schleife), N. pudendus (rückläufige Schleife) und die Sehne des M. obturatorius internus.

Das **Foramen obturatum** zwischen Scham- und Sitzbein wird durch eine sehnige Haut, die **Membrana obturatoria**, verschlossen. Kraniomedial ist eine kleine Aussparung lokalisiert, die durch eine Knochenrinne im Schambein (Sulcus obturatorius) zum **Canalis obturatorius** ergänzt wird. Hier passieren A. und V. obturatoria und N. obturatorius das Foramen obturatum.

2.4.3 Leitungsbahnen

A. iliaca communis (↗ Kap. 6.13.1)

V. iliaca communis (↗ Kap. 6.13.2)

Plexus lumbosacralis (↗ Kap. 8.4.1)

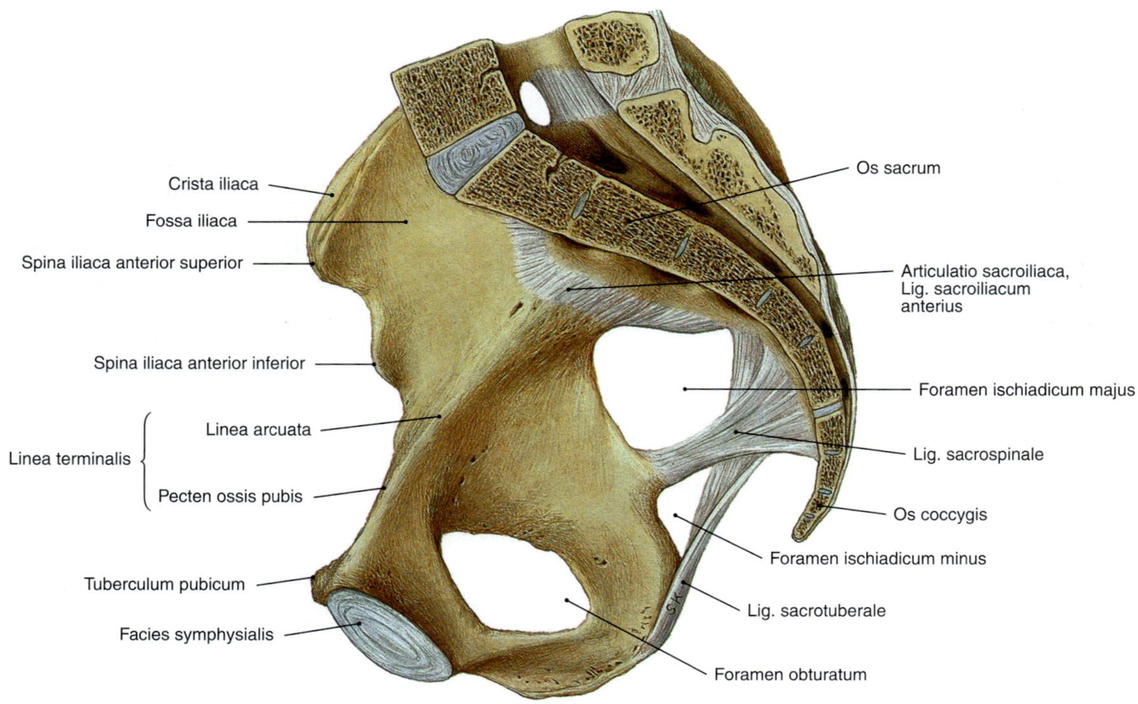

Abb. 2.19 Band- und Gelenkverbindungen des Beckens. Schnitt in der Medianlinie. (Aus [15])

2.5 Rücken und Wirbelsäule

Der Rücken (**Dorsum**) wird als eigene Region der Leibeswand betrachtet und reicht vom Hals unterhalb des Nackens bis zur Gesäßregion. Zentraler Bestandteil ist die Wirbelsäule, die das Rückenmark beherbergt und schützt und einen Großteil des Körpergewichts trägt. Zusammen mit der Rückenmuskulatur ermöglicht sie den aufrechten Stand und Gang sowie eine Vielzahl von Bewegungen.

2.5.1 Knöcherne Wirbelsäule

Die Wirbelsäule besteht aus (↗ Abb. 2.20a und b):
- 7 Halswirbeln (**Vertebrae cervicales**, **C1–7**)
- 12 Brustwirbeln (**Vertebrae thoracicae**, **T1–12**)
- 5 Lendenwirbeln (**Vertebrae lumbales**, **L1–5**)
- Zwischenwirbelscheiben (Bandscheiben, **Disci intervertebrales**, ↗ S. 57)
- dem Kreuzbein (**Os sacrum**) aus 5 verschmolzenen Wirbelanlagen (**S1–5**, ↗ S. 56)
- dem Steißbein (**Os coccygis**) aus 3–5 verschmolzenen Wirbelanlagen (**Co**, ↗ S. 56).

Insgesamt ist die Wirbelsäule doppelt S-förmig gekrümmt, wobei drei Krümmungsrichtungen unterschieden werden können (↗ Abb. 2.20c):
- **Lordose** (= vorn konvexe Krümmung): normal an Hals- und Lendenwirbelsäule
- **Kyphose** (= hinten konvexe Krümmung): normal an Brustwirbelsäule und Kreuzbein
- **Skoliose** (= seitliche Krümmung): immer anomal.

Hals-, Brust- und Lendenwirbel

Gliederung

Alle Wirbel zeigen einen einheitlichen Grundaufbau (↗ Abb. 2.21 und 2.22):
- Wirbelkörper (**Corpus vertebrae**) mit Deck- und Bodenplatte
- Wirbelbogen (**Arcus vertebrae**) aus der **Lamina arcus vertebrae**, die beidseits über einen Pedikel (**Pediculus arcus vertebrae**) mit dem Wirbelkörper verbunden ist. Von der Lamina gehen der Dornfortsatz (**Processus spinosus**), die Querfortsätze (**Processus transversi**) und die Gelenkfortsätze (**Processus articulares superiores und inferiores**) aus.
- Wirbelloch (**Foramen vertebrale**). Dieses wird durch die Gesamtheit der Wirbelsäule zum Wirbelkanal (**Canalis vertebralis**) ergänzt, der das Rückenmark beherbergt.

Form

Die Form der Wirbel weist regionale Unterschiede auf (↗ Abb. 2.21 und 2.22):
- **Halswirbel:** Die Endflächen der Halswirbelkörper 2–7 sind seitlich zu **Unci corporum** hochgezogen (↗ Abb. 2.21c und d), die mit benachbarten Wirbeln gelenkige Verbindungen eingehen (Unkovertebralgelenke). Die Processus transversi haben Löcher (**Foramina transversaria**), in denen die **A. vertebralis** in Richtung **Foramen magnum** zieht. Der Processus spinosus des 7. Halswirbels ist besonders lang und von außen gut zu tasten (**Vertebra prominens**).

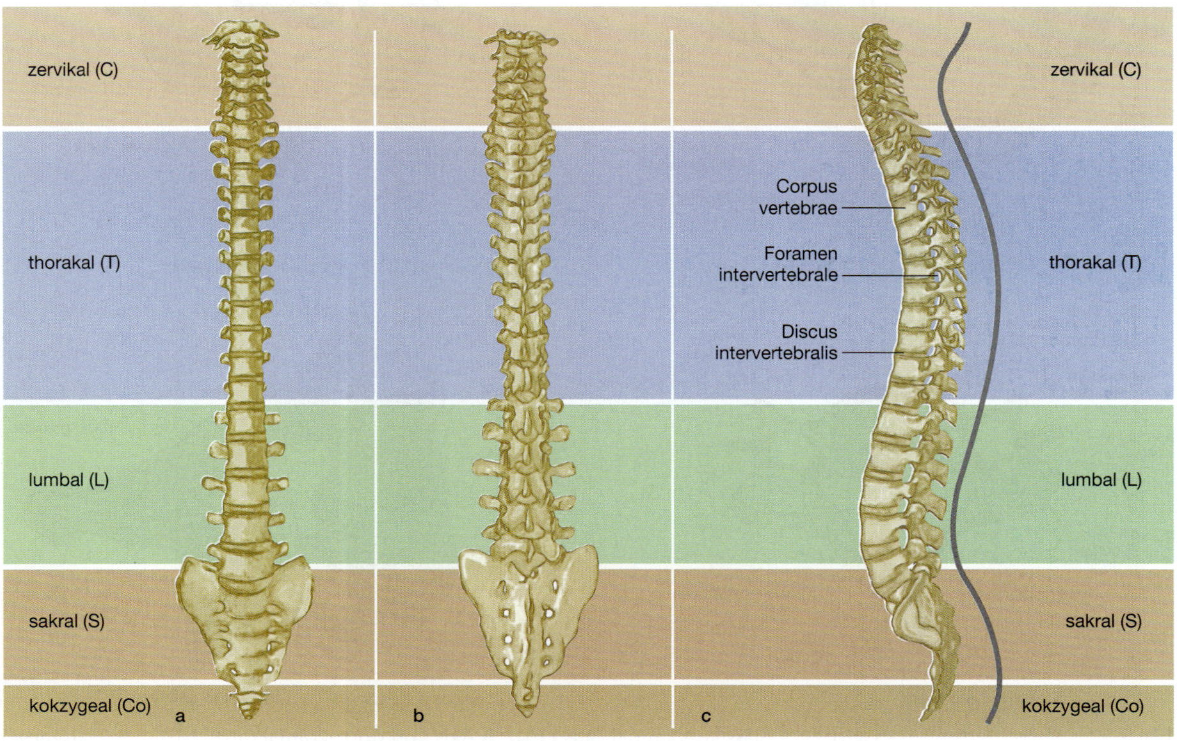

Abb. 2.20 Wirbelsäule. Übersicht von ventral **(a)**, dorsal **(b)** und lateral **(c)**.

Der 1. Halswirbel wird als **Atlas** bezeichnet und zeichnet sich durch das Fehlen von Wirbelkörper und Processus spinosus aus. Er gliedert sich in einen vorderen und einen hinteren Wirbelbogen (**Arcus anterior und posterior**) sowie Gelenkflächen für das Hinterhauptsbein (**Os occipitale**) und den 2. Halswirbel. Letzterer wird als **Axis** bezeichnet und weist einen aus dem Wirbelkörper hervorgehenden, nach oben weisenden Knochenstift (**Dens axis**) auf.

- **Brustwirbel:** Das Brustmark ist der dünnste Anteil des Rückenmarks. Entsprechend sind auch die Wirbellöcher in der Brustwirbelsäule am kleinsten. An den Wirbelkörpern und an den Querfortsätzen sind Gelenkflächen für die Rippen ausgebildet (↗ Kap. 2.1.3).
- **Lendenwirbel:** Die seitlichen Fortsätze sind Rippenrudimente, die als **Processus costales** bezeichnet werden. Von Klinikern werden sie häufig als die Querfortsätze der Lendenwirbel bezeichnet. Das eigentliche Korrelat der Processus transversi findet sich bei den Lendenwirbeln jedoch in Form der **Processus accessorii** wieder. Des Weiteren können **Processus mamillares** als kleine Muskelhöcker abgegrenzt werden.

Kreuz- und Steißbein

Das Kreuzbein (**Os sacrum**) entsteht durch das Verschmelzen von fünf Kreuzbeinwirbeln. Die Verschmelzungszonen der benachbarten Deckplatten erkennt man beim Erwachsenen noch als **Lineae transversae**. Auf der Rückseite erkennt man Knochenkämme (**Cristae sacrales**), die sich von den Wirbelfortsätzen ableiten. Hierbei werden die **Crista sacralis mediana** durch die Processus spinosi, die **Crista sacralis intermedia** durch die Gelenkfortsätze und die **Crista sacralis lateralis** durch die verschmolzenen Processus accessorii gebildet.

Das Steißbein (**Os coccygis**) entsteht aus 3–5 verkümmerten Steißbeinwirbeln.

2.5.2 Gelenk- und Bandverbindungen

Man unterscheidet Zwischenwirbel- und Kopfgelenke.

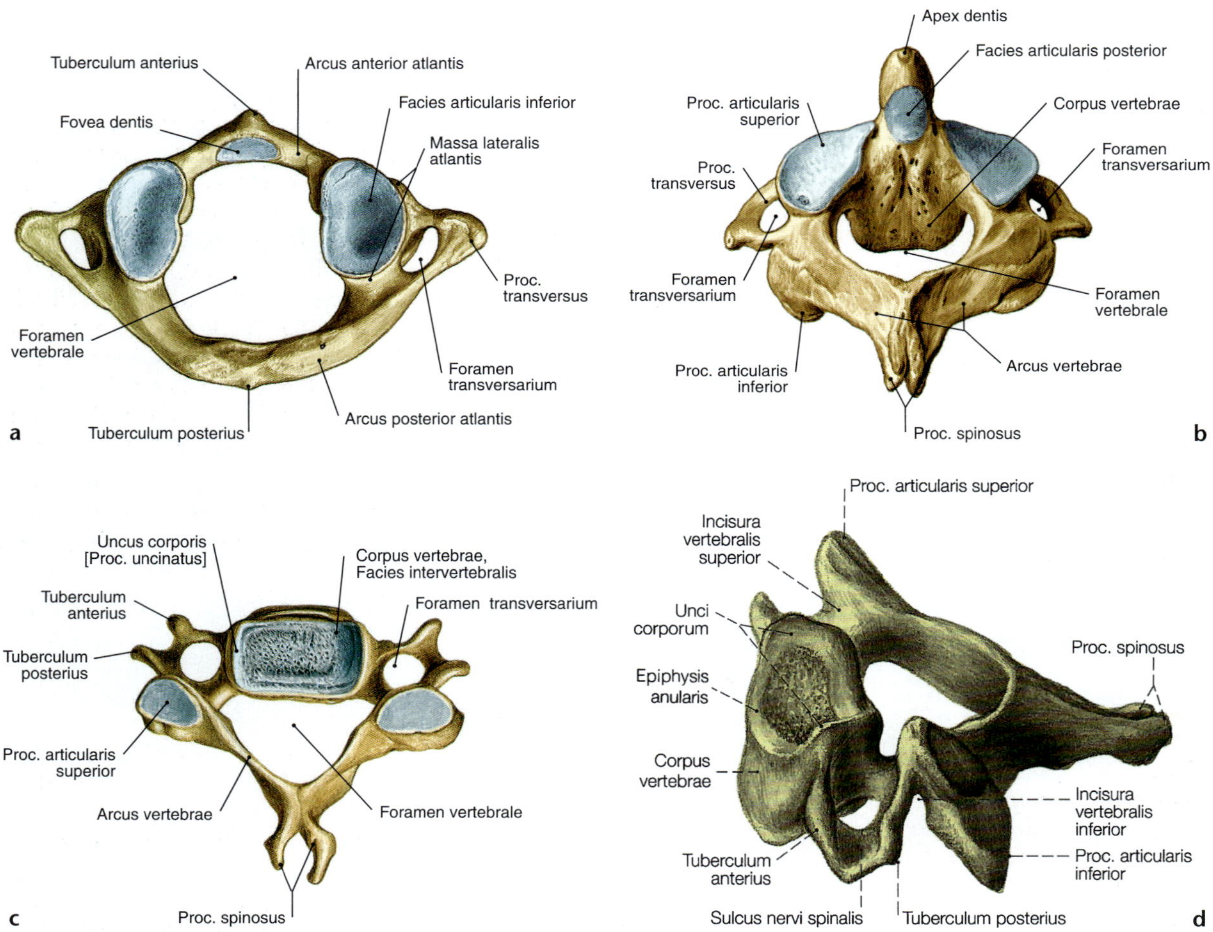

Abb. 2.21 Verschiedene Halswirbel. a Atlas von kaudal (aus [15]), **b** Axis von dorsokranial (aus [15]), **c** 5. Halswirbel von kranial (aus [15]), **d** 4. Halswirbel von schräg lateral (aus [5]).

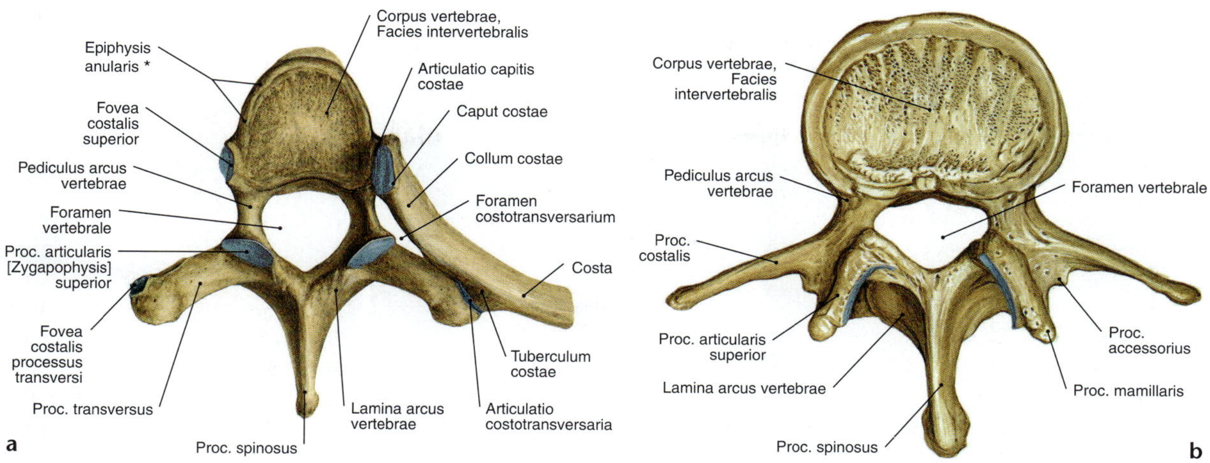

Abb. 2.22 Brust- **(a)** und Lendenwirbelkörper **(b)** von kranial. *wird auch als Randleiste bezeichnet. (Aus [15])

Zwischenwirbelgelenke

Zwischenwirbelscheiben

Die zwischen den Wirbelkörpern gelegenen Zwischenwirbelscheiben (**Disci intervertebrales**) übernehmen eine wichtige Federungsfunktion für die Wirbelsäule. Sie bestehen aus einem zentral gelegenen Gallertkern (**Nucleus pulposus**) und einem Faserknorpelring (**Anulus fibrosus,** Abb. 2.23a). Der Nucleus pulposus steht unter normalen Bedingungen unter Druck und versucht, die Wirbel auseinanderzutreiben. Gehindert wird er durch den Anulus fibrosus und die Bandverbindungen der Wirbelsäule. Die Keilform der Disci intervertebrales begünstigt die charakteristischen Wirbelsäulenkrümmungen.

Jeder Discus intervertebralis ist über eine dünne hyalinknorpelige Schicht mit der Grund- bzw. Deckplatte der benachbarten Wirbelkörper fest verwachsen (**Symphysis intervertebralis**). Die Zwischenwirbelscheiben sind ab dem 2. Lebensjahr gefäßfrei und werden mittels Diffusion ernährt.

Merke

Im Laufe des Tages kommt es aufgrund der steten Druckbeanspruchung der Disci intervertebrales durch den aufrechten Stand zum Abpressen geringer Flüssigkeitsmengen. Hierdurch kann die Körpergröße im Tagesverlauf um bis zu 3 cm abnehmen.

Klinik

Durch Abnutzung oder Überbelastung des Anulus fibrosus kann es zum **Bandscheibenvorfall (Bandscheibenprolaps)** kommen. Hierbei drängt sich der unter Druck stehende Nucleus pulposus durch den Faserring hindurch in den Wirbelkanal oder in das Foramen intervertebrale und kann das Rückenmark (medialer Bandscheibenvorfall) oder die Nervenwurzeln (lateraler Bandscheibenvorfall, ↗ Abb. 2.23b) komprimieren.

Zwischen benachbarten Wirbeln bilden sich durch die aufeinandertreffenden **Incisurae vertebrales superiores und inferiores** (↗ Abb. 2.21d) beidseits die Zwischenwirbellöcher (**Foramina intervertebralia**). Durch sie treten die segmental aus dem Rückenmark hervorgehenden Spinalnerven aus dem Wirbelkanal heraus.

Articulationes zygapophysiales

Die Wirbelbögen stehen untereinander über die Articulationes zygapophysiales in gelenkiger Verbindung, die von den Processus articulares superiores et inferiores benachbarter Wirbel gebildet werden. Es handelt sich um Diarthrosen mit annähernd planen Gelenkflächen (Articulationes planae, ↗ Kap. 1.3.2). Ihr Bewegungsumfang zeigt – bedingt durch unterschiedliche Stellungen der Processus articulares zueinander – regionale Unterschiede: Im Bereich der **Halswirbelsäule** sind die Processus articulares flach und fallen nach hinten ab, so dass vor allem Vor- und Rückneigungsbewegungen (**Inklination** bzw. **Reklination**) ermöglicht werden. Die Gelenkfortsätze der **Brust- und Lendenwirbelsäule** hingegen sind gekrümmt und begünstigen in erster Linie **Rotationsbewegungen**. Insgesamt ist der Bewegungsumfang der Articulationes zygapophysiales durch die angrenzenden Strukturen (Thorax) und durch die Zwischenwirbelscheiben stark eingeschränkt.

Bandverbindungen

An der Stabilität und Flexibilität der Wirbelsäule entscheidend beteiligt sind folgende Bänder (↗ Abb. 2.24 und 2.25):

- Die **Ligg. longitudinalia anterius und posterius** verbinden die Wirbelkörper untereinander und werden durch den Druck der Disci intervertebrales in Spannung gehalten. Auf diese Weise wird die Wirbelsäule zu einem elastischen Stab. Beide Bänder tragen zur Krümmung der Wirbelsäule bei.

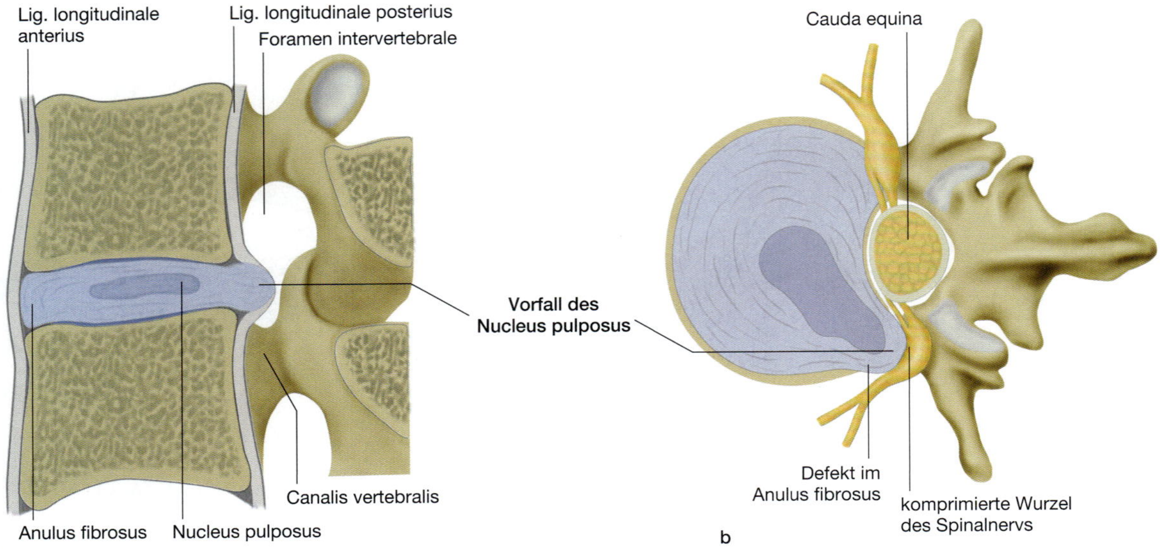

Abb. 2.23 Lateraler Bandscheibenvorfall mit Kompression der benachbarten Spinalnervenwurzel.

- **Ligg. flava** (von lat. flavus = gelb) spannen sich zwischen den Wirbelbögen aus. Ihre gelbliche Farbe resultiert aus einem hohen Anteil elastischer Fasern. Am kräftigsten sind sie im Bereich der Lendenwirbelsäule ausgebildet. Sie stehen unter Längsspannung und versuchen, die Wirbelsäule zu strecken.
- Das **Lig. supraspinale bzw.** die **Ligg. interspinalia** verbinden die Dornfortsätze. Das Lig. supraspinale kommt nur im Bereich der Brustwirbelsäule bis etwa zum 2. Lendenwirbel vor. Zwischen Vertebra prominens und Protuberantia occipitalis externa geht aus den Ligg. interspinalia das Nackenband (**Lig. nuchae**) hervor.
- **Ligg. intertransversaria** verbinden Processus transversi bzw. deren Analoga im Lendenwirbelsäulenbereich, die Processus accessorii.

Merke

Bei einer **Liquorpunktion** (z. B. zur Diagnose infektiöser Erkrankungen von Gehirn und Rückenmark) wird eine lange Punktionsnadel zwischen dem 3. und 4. bzw. zwischen dem 4. und 5. Lendenwirbelkörper eingestochen und bis in den Liquorraum vorgeschoben. Auf dieser Höhe liegt im Spinalkanal kein Rückenmark mehr, sondern nur noch die Cauda equina, die im Rahmen der Punktion nicht verletzt wird.

Die Wirbelkörper liegen im Inneren des Körpers, die Dornfortsätze außen. Das Lig. longitudinale anterius ist somit das am weitesten im Körperinneren gelegene Band von allen. Auch das Lig. longitudinale posterius liegt an der zum Körperinneren gerichteten Seite des Spinalkanals. Bei einer Liquorpunktion bleiben diese Schichten immer unverletzt!

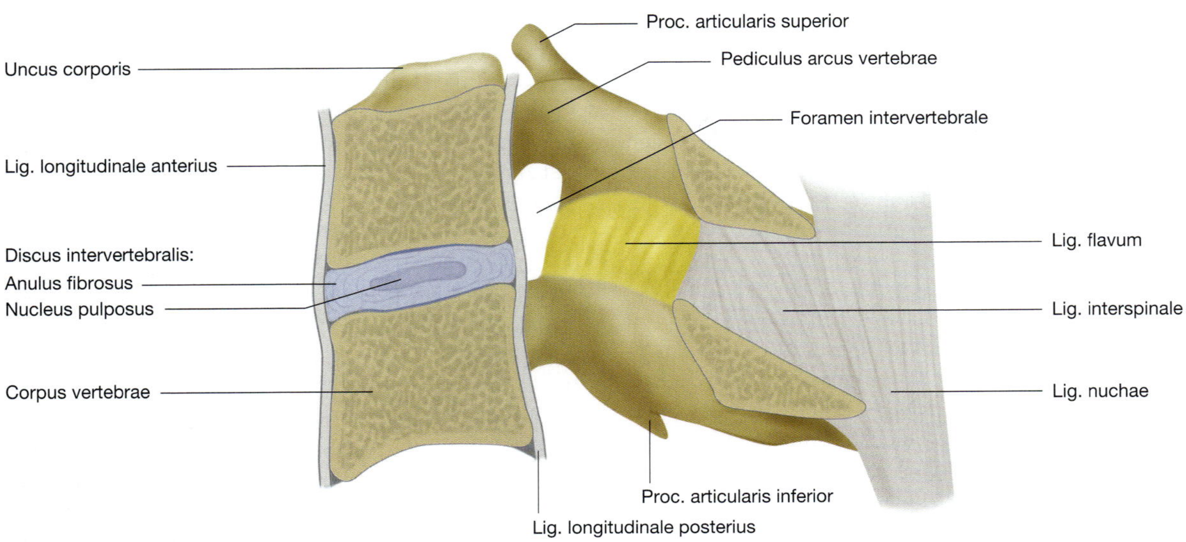

Abb. 2.24 Bandverbindungen im Halswirbelsäulenbereich. Schnitt in der Medianlinie. (Modifiziert nach [5])

Kopfgelenke

Gelenke

Die gelenkigen Verbindungen zwischen Os occipitale und Atlas sowie zwischen Atlas und Axis werden als **Kopfgelenke** bezeichnet.

Gliederung

Das **obere Kopfgelenk**, die **Articulatio atlantooccipitalis**, wird von den Gelenkfortsätzen von Os occipitale und Atlas gebildet. Es handelt sich um ein **Eigelenk**, das in erster Linie Vor-, Rück- und Seitneigungen erlaubt. Drehbewegungen sind aufgrund der gekrümmten Gelenkflächen nicht möglich.

Das **untere Kopfgelenk** besteht aus zwei Gelenken:

- Die **Articulatio atlantoaxialis lateralis** bezeichnet die Verbindung der Processus articulares von Atlas und Axis (↗ Abb. 2.27b). Das Gelenk ermöglicht aufgrund fast nur linienhafter Berührung der Gelenkfortsätze vorwiegend Vor- und Rückneigung.
- In der **Articulatio atlantoaxialis mediana** stehen Dens axis und Arcus anterior bzw. **Lig. transversum atlantis** des Atlas in Verbindung (↗ Abb. 2.26). Es handelt sich um ein **Rad-/Zapfengelenk**, das Drehbewegungen des Kopfes ermöglicht.

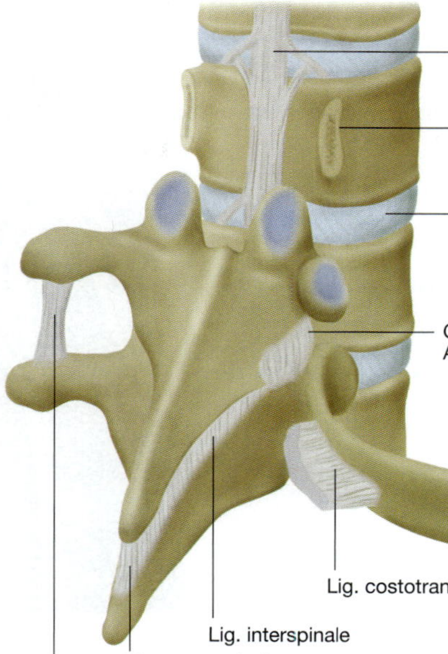

Abb. 2.25 Band- und Gelenkverbindungen der Brustwirbelsäule. Ansicht von dorsolateral.

Merke

Es liegen somit insgesamt fünf Diarthrosen vor (zwei paarige und eine unpaare). Einige Autoren unterteilen jedoch die Articulatio atlantoaxialis mediana in zwei Gelenke (↗ Abb. 2.26), da sowohl nach vorn (mit dem Arcus anterior) als auch nach hinten (mit dem Lig. transversum atlantis) gelenkiger Kontakt zum Dens axis besteht. Bei dieser Betrachtung würde man entsprechend sechs Diarthrosen unterscheiden.

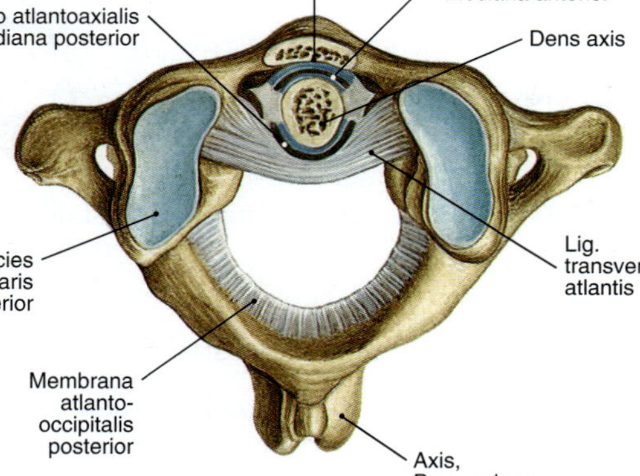

Abb. 2.26 Articulatio atlantoaxialis mediana von kranial. (Aus [15])

Bandverbindungen

Der Dens als Achse der Articulatio atlantoaxialis mediana ist durch mehrere Bandverbindungen gesichert (↗ Abb. 2.26 und 2.27):

- Besonders fest ist das innen überknorpelte **Lig. transversum atlantis**, das durch Längszüge, **Fasciculi longitudinales**, zum Kreuzband (**Lig. cruciforme atlantis**) ergänzt wird. Die Fasciculi longitudinales erreichen das Foramen magnum und gehen nach kaudal in die Fortsetzung des Lig. longitudinale posterius über.
- Das **Lig. apicis dentis** verbindet die Spitze des Dens mit dem vorderen Rand des Foramen magnum.
- **Ligg. alaria** (Flügelbänder; lat. ala = Flügel) ziehen von den Seiten des Dens zum Seitenrand des Foramen magnum und zu den Massae laterales.

Die Wirbelsäulenbänder setzen sich zwischen Atlas und Os occipitale wie folgt fort:

- Lig. longitudinale anterius: Membrana atlantooccipitalis anterior
- Lig. longitudinale posterius: Membrana tectoria
- Ligg. flava: Membrana atlantooccipitalis posterior.

Klinik

Das Lig. transversum atlantis verhindert, dass der Dens axis gegen das verlängerte Mark (= **Medulla oblongata)** gedrückt wird. Reißt das Band ein, kann sich der Dens in das Rückenmark einspießen und hier lebenswichtige Strukturen und Leitungsbahnen zerstören **(Genickbruch).**

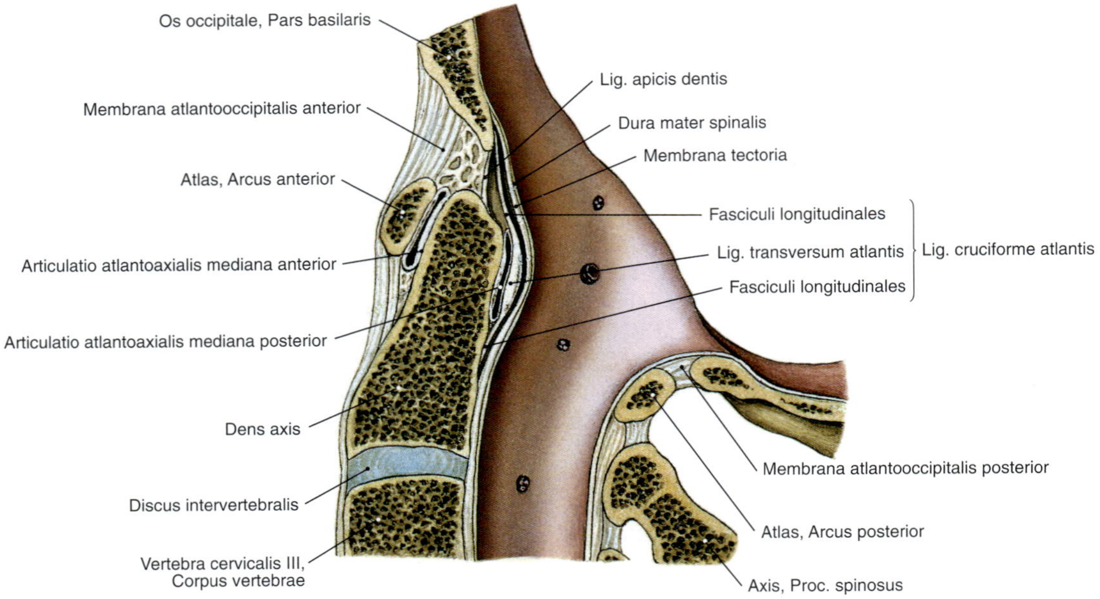

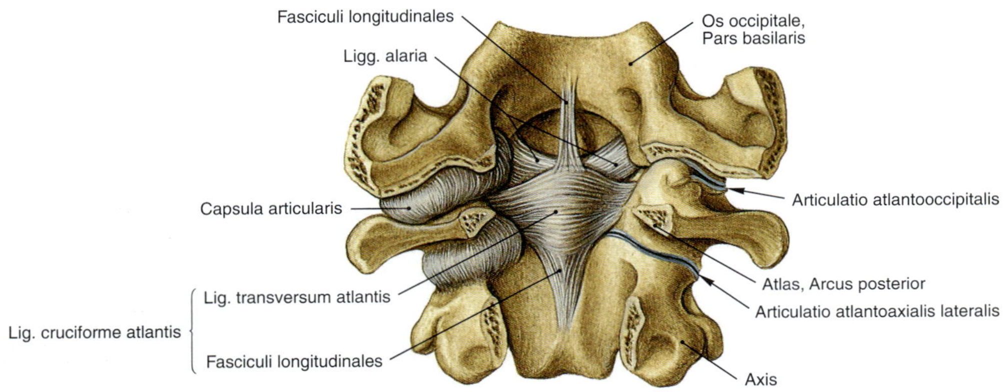

Abb. 2.27 Kopfgelenke und -bänder. **a** Schnitt in der Medianlinie, **b** Ansicht von dorsal. (Aus [15])

2.5.3 Rückenmuskulatur und Faszien

Die Rückenmuskeln (**Mm. dorsi**) werden nach ihrer Abstammung in **autochthone** (ortsständige) und **nichtautochthone** Muskelgruppen eingeteilt. Die Gruppenzugehörigkeit lässt sich anhand der Innervation der Muskeln ableiten. Des Weiteren können Muskelgruppen mit ähnlichem Faserverlauf und/oder ähnlicher Funktion bestimmten Untergruppen zugeordnet werden.

Nichtautochthone Rückenmuskulatur

Die Innervation der oberflächlichsten Muskelschicht erfolgt durch die **Rr. anteriores** der zugehörigen Spinalnerven (Ausnahme: M. trapezius, ↗ unten). Es handelt sich somit um von ventral eingewanderte Muskeln, die zur nichtautochthonen Rückenmuskulatur zählen. Man teilt sie wie folgt ein:

- **spinohumerale bzw. spinoskapuläre Muskulatur** (von der Wirbelsäule zum Arm bzw. zum Schultergürtel): M. trapezius, M. latissimus dorsi, Mm. rhomboidei major und minor, M. levator scapulae (↗ Tab. 2.9)
- **spinokostale Muskulatur** (von der Wirbelsäule zu den Rippen): Mm. serrati posteriores superior et inferior (↗ Tab. 2.10).

Klinik

Bei Lähmung der Mm. rhomboidei, des M. trapezius oder des M. serratus anterior steht der Margo medialis der Skapula flügelartig ab **(Scapula alata)**.

Autochthone Rückenmuskulatur

Die autochthone Rückenmuskulatur wird von den **Rr. posteriores** der zugehörigen Spinalnerven innerviert und liegt in zwei dicken Strängen links und rechts der Dornfortsätze der Wirbelsäule. In ihrer Gesamtheit bezeichnet man sie als **M. erector spinae**. Entsprechend der Innervation lassen sich ein tiefer

Tab. 2.9 Spinohumorale und spinoskapuläre Muskulatur

Muskel	Ursprung	Ansatz	Funktion	Innervation
M. trapezius				
• **Pars descendens**	Os occipitale zwischen Lineae nuchales superior und suprema; Protuberantia occipitalis externa, Processus spinosi C2–C6 über Lig. nuchae	akromiales Drittel der Klavikula	hebt den Schultergürtel dreht die Skapula (Elevation des Arms) dreht den Kopf zur Gegenseite	N. accessorius und Plexus cervicalis
• **Pars horizontalis (transversa)**	Processus spinosi C6–T3	Akromion	zieht die Skapula nach medial-dorsal	
• **Pars ascendens**	Processus spinosi T3–T12	Spina scapulae	dreht den Angulus inferior scapulae nach medial	
M. latissimus dorsi	Processus spinosi T7–L5 und Os sacrum über Fascia thoracolumbalis, Crista iliaca (Labium externum), 10.–12. Rippe, Angulus inferior scapulae	Crista tuberculi minoris (Labium mediale)	Adduktion, Retroversion und Innenrotation im Schultergelenk senkt den Schultergürtel zieht die Schulter nach hinten Exspiration (Husten)	N. thoracodorsalis (Plexus brachialis)
M. rhomboideus major	Processus spinosi T1–4	Margo medialis scapulae (kaudal der Spina scapulae)	zieht die Skapula zur Wirbelsäule bzw. nach kranial fixiert die Skapula am Rumpf	N. dorsalis scapulae (Plexus brachialis)
M. rhomboideus minor	Processus spinosi C6–7	Margo medialis scapulae (kaudal der Spina scapulae)	zieht die Skapula zur Wirbelsäule bzw. nach kranial fixiert die Skapula am Rumpf	N. dorsalis scapulae (Plexus brachialis)
M. levator scapulae	Tubercula posteriora C1–4	Angulus superior scapulae	Anheben des Schultergürtels wirkt mit an der Drehung des Angulus inferior scapulae nach medial	N. dorsalis scapulae (Plexus brachialis)

Tab. 2.10 Spinokostale Muskulatur (Mm. spinocostales)

Muskel	Ursprung	Ansatz	Funktion	Innervation
M. serratus posterior superior	Processus spinosi C6–T2	1.–4. Rippe	hebt die 1.–4. Rippe und unterstützt so die Inspiration	Rr. anteriores C6–T2
M. serratus posterior inferior	Processus spinosi T11–L2, Fascia thoracolumbalis	9.–12. Rippe	senkt die 9.–12. Rippe und unterstützt so die Exspiration kann durch Festhalten der kaudalen Rippen auch bei der Inspiration helfen	Rr. anteriores T11–L2

gelegener **medialer** Anteil (Innervation: mediale Äste der Rr. posteriores) und ein oberflächlicher **lateraler** Anteil (Innervation: laterale Äste der Rr. posteriores) unterscheiden (↗ Tab. 2.11–2.16):

- **medialer Trakt des M. erector spinae:**
  - **spinales System** (zwischen den Dornfortsätzen): Mm. interspinales, M. spinalis (↗ Abb. 2.28a)
  - **transversospinales System** (von den Quer- zu den Dornfortsätzen): Mm. rotatores, Mm. multifidi, M. semispinalis (↗ Abb. 2.28b)
- **lateraler Trakt des M. erector spinae:**
  - **sakrospinales System**: M. longissismus, M. iliocostalis (↗ Abb. 2.28a)
  - **spinotransversales System** (von den Dorn- zu den Querfortsätzen): Mm. splenii (↗ Abb. 2.28a)
  - **intertransversales System** (zwischen den Querfortsätzen): Mm. intertransversarii
  - **Mm. levatores costarum**.

Tab. 2.11 Medialer Trakt des M. erector spinae – spinales System

Muskel	Ursprung	Ansatz	Funktion	Innervation
M. spinalis				
M. spinalis thoracis	Processus spinosi T11–L2	Processus spinosi T3–9		
M. spinalis cervicis	Processus spinosi C6–T2	Processus spinosi C2–4		
M. spinalis capitis	Processus spinosi C6–T2	zwischen Lineae nuchales superior und inferior	Strecken der Wirbelsäule	mediale Äste der Rr. posteriores der Zervikal-, Thorakal- und Lumbalnerven
Mm. interspinales				
Mm. interspinales lumborum	Processus spinosi L2–5			
Mm. interspinales thoracis	Processus spinosi T2–3, T11–L1	nächsthöherer Processus transversus		
Mm. interspinales cervicis	Processus spinosi C2–T1			

Tab. 2.12 Medialer Trakt des M. erector spinae – transversospinales System

Muskel	Ursprung	Ansatz	Funktion	Innervation
M. semispinalis			Strecken der Wirbelsäule bei einseitiger Innervation Seitneigung und Drehen des Kopfes zur Gegenseite	
M. semispinalis thoracis	Processus transversi T7–12	Processus spinosi C6–T6		
M. semispinalis cervicis	Processus transversi T1–6	Processus spinosi C2–T6		
M. semispinalis capitis	Processus transversi C3–T6	zwischen Lineae nuchales superior und inferior		mediale Äste der Rr. posteriores der Zervikal-, Thorakal- und Lumbalnerven
Mm. multifidi	Os sacrum (Pars posterior), Fascia thoracolumbalis, Processus transversi C4–L5	Processus spinosi C2–L5 (überspringen 1–3 Wirbel)	Stabilisierung der Wirbelsäule bei einseitiger Innervation Seitneigung und Drehen der Wirbelsäule zur Gegenseite	
Mm. rotatores				
Mm. rotatores cervicis	Processus transversi C1–C7	Processus spinosi (Mm. rotatores breves verbinden benachbarte Wirbel, Mm. rotatores longi überspringen einen Wirbel)		
Mm. rotatores thoracis	Processus transversi T1–12			
Mm. rotatores lumborum	Processus transversi L1–5			

Tab. 2.13 Lateraler Trakt des M. erector spinae – sakrospinales System

Muskel	Ursprung	Ansatz	Funktion	Innervation
M. iliocostalis				
M. iliocostalis lumborum	Crista iliaca (Labium externum), Os sacrum (Facies dorsalis), Fascia thoracolumbalis	Anguli costarum 5–12		
M. iliocostalis thoracis	Anguli costarum 7–12	Anguli costarum 1–6	Seitwärtsneigung der Wirbelsäule bei beidseitiger Innervation Dorsalextension	laterale Äste der Rr. posteriores der Zervikal-, Thorakal- und Lumbalnerven
M. iliocostalis cervicis	Anguli costarum 3–6	Processus transversi C4–C6		
M. longissimus				
M. longissimus thoracis, Pars lumbalis	Os sacrum (Facies dorsalis), Crista iliaca	Processus costales und Processus accessorii L1–L5, Fascia thoracolumbalis		
M. longissimus thoracis	Processus spinosi T7–L5, Processus transversi T7–L2	Processus transversi T1–12, Anguli costarum 2–12		
M. longissimus cervicis	Processus transversi C5–T6	Processus transversi C2–C5		
M. longissimus capitis	Processus transversi C3–T3	Processus mastoideus		

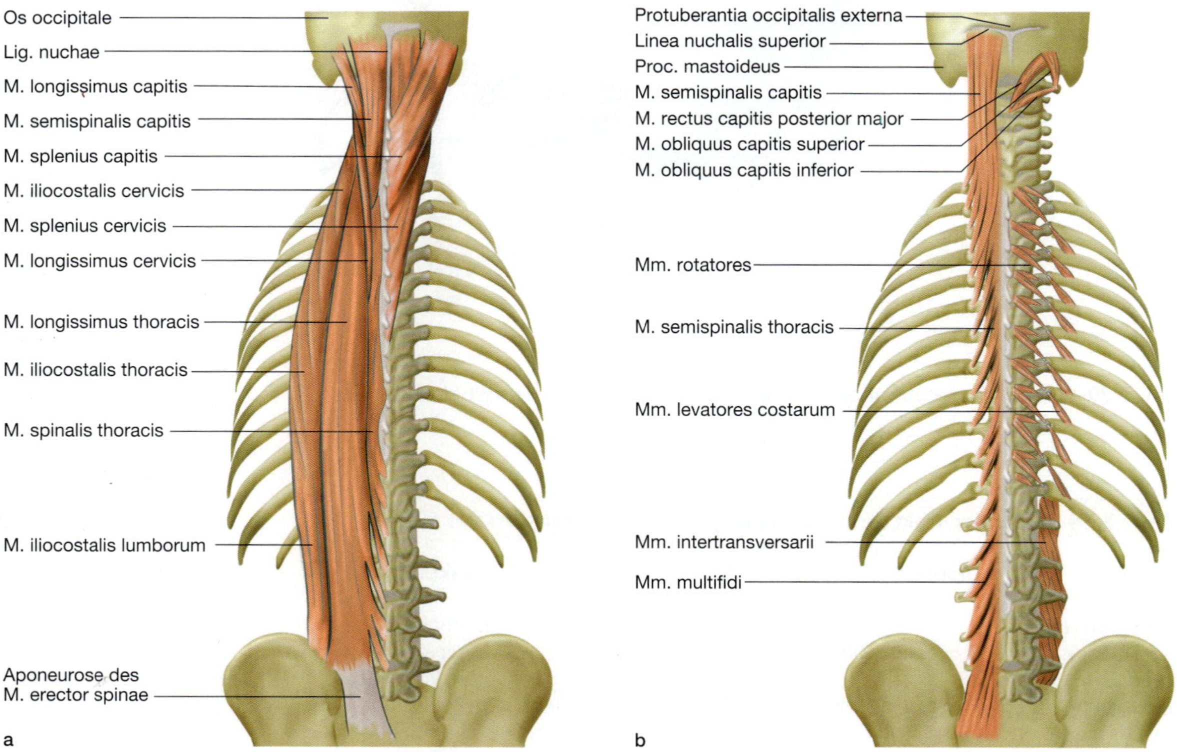

Abb. 2.28 Autochthone Rückenmuskulatur. **a** Anteile des spinalen, sakrospinalen und spinotransversalen Systems, **b** Anteile des transversospinalen Systems.

Fascia thoracolumbalis

Die beidseits neben der Wirbelsäule gelegenen Muskelschläuche des **M. erector spinae** werden von der derben **Fascia thoracolumbalis** umgeben. Auf diese Weise werden die Rinnen neben den Dornfortsätzen zu einem osteofibrösen Kanal ergänzt (↗ Abb. 2.29). Das oberflächliche Blatt (**Lamina superficialis**) der Fascia thoracolumbalis ist an den Processus spinosi der unteren Brust- und der gesamten Lendenwirbel sowie am Os sacrum befestigt. In der Tiefe liegt der M. erector spinae dem tiefen Blatt der Faszie (**Lamina profunda**) auf, das sich zwischen den Processus costales der Lendenwirbel, den letzten Rippen und der Crista iliaca ausspannt. Die besonders straffen Anteile des tiefen Faszienblatts, die die letzte Rippe und den ersten Lendenwirbel verbinden, werden auch als **Lig. lumbocostale** bezeichnet.

Kurze Nackenmuskeln (Mm. suboccipitales)

Die kurzen Nackenmuskeln (Mm. suboccipitales) spannen sich zwischen dem Hinterhaupt und den beiden obersten Halswirbeln auf. Analog zur Einteilung der autochthonen Rückenmuskeln unterscheidet man (↗ Tab. 2.17):

- **spinales System:** Mm. recti capitis posteriores major und minor
- **intertransversales System:** M. obliquus capitis superior, M. rectus capitis lateralis

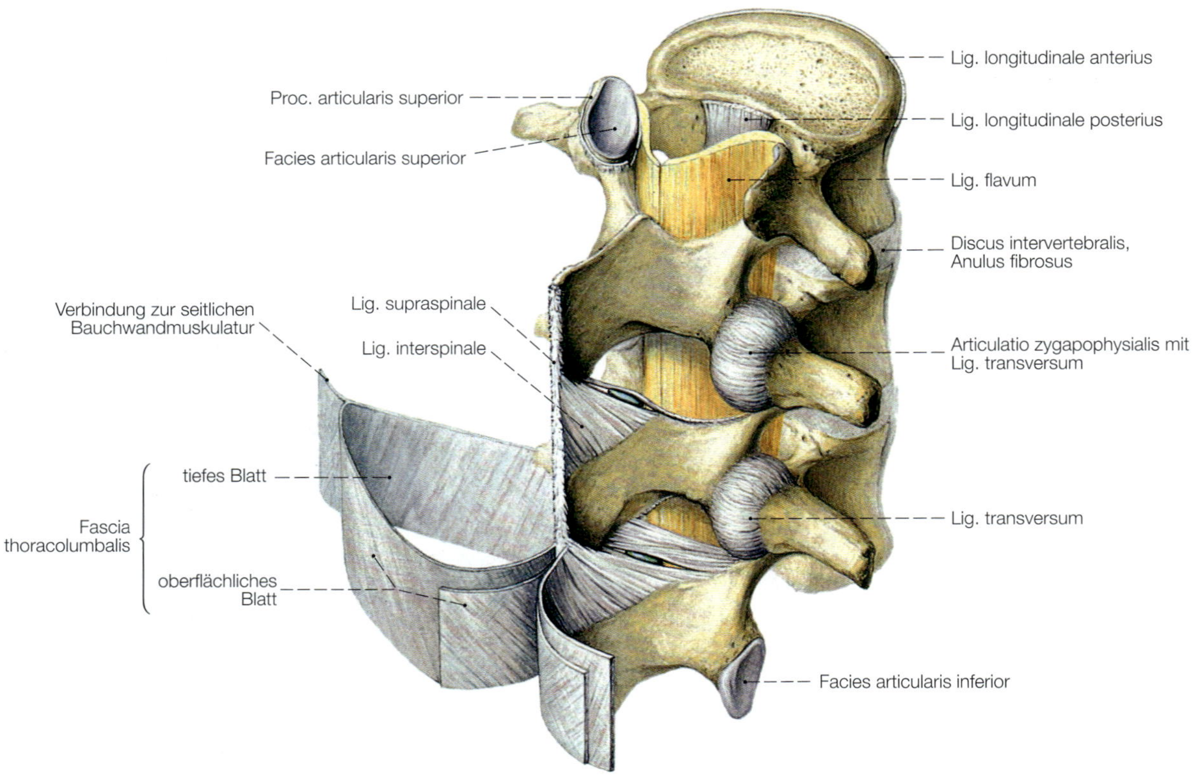

Abb. 2.29 Fascia thoracolumbalis und Bandapparat der Lendenwirbelsäule. (Aus [5])

Tab. 2.14 Lateraler Trakt des M. erector spinae – spinotransversales System

Muskel	Ursprung	Ansatz	Funktion	Innervation
M. splenius			bei beidseitiger Innervation Strecken der Wirbelsäule	laterale Äste der Rr. posteriores der Zervikalnerven
M. splenius cervicis	Processus spinosi T3–5	Tubercula posteriora C1–2		
M. splenius capitis	Processus spinosi C7–T3, Lig. nuchae	Processus mastoideus, Linea nuchalis superior	bei einseitiger Innervation Seitneigung und Drehen des Kopfes zur gleichen Seite	

Tab. 2.15 Lateraler Trakt des M. erector spinae – Intertransversales System

Muskel	Ursprung	Ansatz	Funktion	Innervation
Mm. intertransversarii			bei einseitiger Kontraktion Seitneigung bei beidseitiger Kontraktion Strecken der Wirbelsäule	laterale Äste der Rr. posteriores der Zervikal-, Thorakal- und Lumbalnerven
Mm. intertransversarii mediales lumborum[1]	Processus mamillares L1–4	nächsttieferer Processus transversus		
Mm. intertransversarii thoracis	Processus transversi T10–12	nächsttieferer Processus transversus		
Mm. intertransversarii posteriores mediales cervicis[2]	Tubercula posteriora C1–6	nächsttieferer Processus transversus		

[1] Der laterale Anteil dieser Muskeluntergruppe, die Mm. intertransversarii laterales lumborum, entspringt von den Processus costales L1–4 und setzt am nächsttieferen Processus transversus an. Er wird von ventralen Ästen (Rr. anteriores) der Spinalnerven innerviert und gehört somit nicht zur autochthonen Rückenmuskulatur (↗ obiger Text).

[2] Die Mm. intertransversarii posteriores laterales cervicis entspringen von den Tubercula posteriora C1–6, die Mm. intertransversarii anteriores cervicis von den Tubercula anteriora C1–6. Beide Muskeluntergruppen setzen am nächsttieferen Processus transversus an und werden von ventralen Ästen (Rr. anteriores) der Spinalnerven innerviert. Sie gehören somit ebenfalls nicht zur autochthonen Rückenmuskulatur.

Tab. 2.16 Lateraler Trakt des M. erector spinae – Mm. levatores costarum

Muskel	Ursprung	Ansatz	Funktion	Innervation
Mm. levatores costarum breves	Processus transversi C7–T11	nächsttiefere Rippe	in erster Linie Streckung, Seitneigung und Drehung der Wirbelsäule heben die Rippen und unterstützen so die Inspiration	laterale Äste der Rr. posteriores der Zervikal- und Thorakalnerven
Mm. levatores costarum longi	Processus transversi der oberen und unteren BWK (fehlen im mittleren Thorakalbereich)	übernächste tiefere Rippe		

Tab. 2.17 Kurze Nackenmuskeln (Mm. suboccipitales)

Muskel	Ursprung	Ansatz	Funktion	Innervation
M. rectus capitis posterior major	Processus spinosus C2	Linea nuchalis inferior	Dorsalflexion in den Kopfgelenken Drehen des Kopfes zur gleichen Seite	N. suboccipitalis (R. posterior von C1)
M. rectus capitis posterior minor	Tuberculum posterius C1	unterhalb der Linea nuchalis inferior	Dorsalflexion in den Kopfgelenken	
M. rectus capitis anterior	Massa lateralis C1	Pars basilaris (Os occipitale)	Kopfneigung nach vorn	Rr. anteriores aus C1 und C2
M. rectus capitis lateralis	Massa lateralis C1	Processus jugularis	Kopfseitneigung	
M. obliquus capitis superior	Massa lateralis C1	Linea nuchalis inferior	Kopfstrecker und -seitneiger	N. suboccipitalis (R. posterior von C1)
M. obliquus capitis inferior	Processus spinosus C2	Massa lateralis C1	Drehen des Kopfes zur gleichen Seite	

- **spinotransversales System:** M. obliquus capitis inferior.

Die Mm. suboccipitales werden mit Ausnahme der Mm. recti capitis anterior und lateralis (die vom ventralen Ast des 1. und 2. Zervikalnervs versorgt werden) alle durch den dorsalen Ast des 1. Zervikalnervs innerviert, der auch als **N. suboccipitalis** bezeichnet wird.

M. rectus capitis posterior major, M. obliquus capitis superior und M. obliquus capitis inferior begrenzen das **Trigonum suboccipitale**, das den N. suboccipitalis und die A. vertebralis enthält (↗ Abb. 2.30). Es wird vom M. semispinalis capitis bedeckt.

2.5.4 Leitungsbahnen

Aa. spinales, Plexus venosi (↗ Kap. 9.2)

A. vertebralis (↗ Kap. 9.3.1)

Spinalnerven (↗ Kap. 1.5.1)

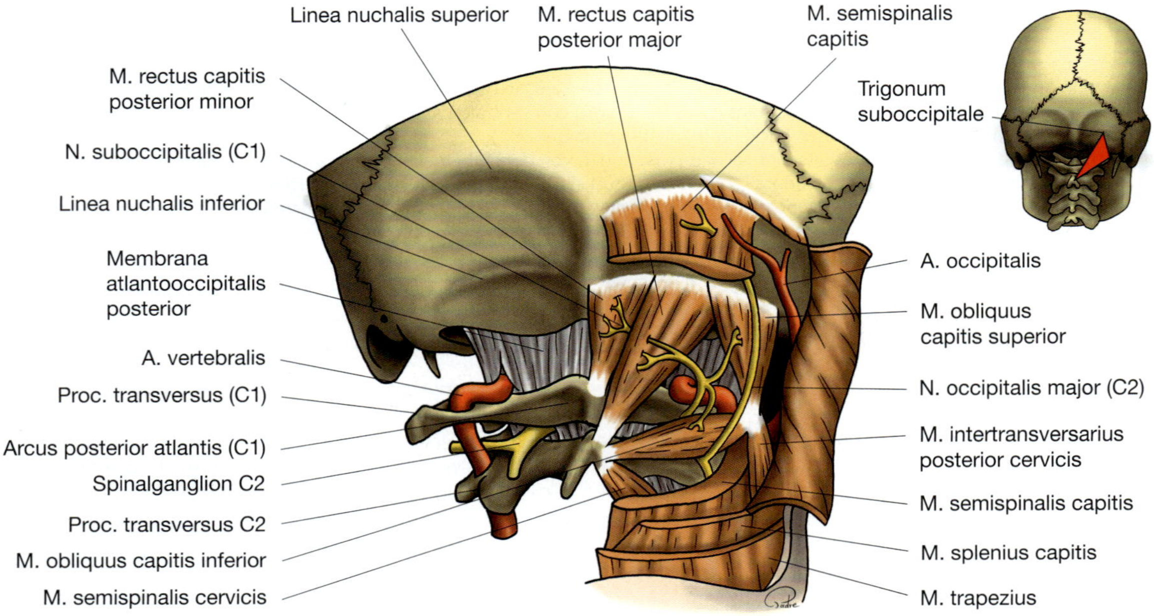

Abb. 2.30 Regio suboccipitalis.

3 Kopf

Ingo Steinbrück

Inhaltsverzeichnis

Lernziele

Der Kopf (**Caput**) befindet sich oberhalb des Halses und wird kaudal von der Schädelbasis und dem Unterkiefer begrenzt.

Er enthält neben dem **Gehirn** (↗ Kap. 9) die großen **Sinnesorgane** (Seh-, Riech-, Hör- und Gleichgewichtsorgan). Des Weiteren sind hier Teile des **Atem-** (Nasenhöhle) und **Verdauungstraktes** (Mundhöhle) sowie der Kauapparat lokalisiert. Mittels der **mimischen Muskulatur** und durch Teile des Sprechapparates ist der Kopf außerdem das wichtigste Instrument des menschlichen Ausdrucksvermögens.

Sein Aussehen wird im Wesentlichen durch den knöchernen Schädel (**Cranium**) determiniert, der das Gehirn und die o. g. Sinnesorgane umgibt und schützt.

3.1 Oberflächenanatomie

Der Kopf wird außen von Haut bedeckt, die durch Äste des N. trigeminus (↗ Kap. 3.7.5) sowie den N. occipitalis major (aus dem R. posterior C2) und N. occipitalis minor (aus den Rr. ventrales C2/3, Teil des Plexus cervicalis) sensorisch innerviert wird (↗ Abb. 3.1).

Das Oberflächenrelief von der Stirn über das Hinterhaupt bis zur Schädelbasis wird vom knöchernen Schädeldach bestimmt, an der Modellierung von Schläfe und Wange sind die Kaumuskeln beteiligt, im Bereich der Wange zusätzlich der Wangenfettpfropf.

Der Hirnschädel ist, abgesehen von der Stirn, zum Großteil von Terminalbehaarung (**Capilli**) bedeckt.

Beim Blick von vorn sieht man unterhalb der Augenbrauen die von den Augenlidern (**Palpebrae**) umgebene Lidspalte (**Rima palpebrarum**), die ventral den Augapfel (**Bulbus oculi**) bedeckt. Unterhalb der Lidspalte zieht eine kleine Furche, der **Sulcus infrapalpebralis**.

Mittig sieht man die Nase mit Nasenwurzel (**Radix nasi**), -rücken (**Dorsum nasi**) und -spitze (**Apex nasi**) sowie seitlich den beiden Nasenflügeln (**Alae nasi**), die die Nasenlöcher (**Nares**) umgeben.

Darunter öffnet sich die Mundspalte (**Rima oris**), die von den Lippen (**Labia oris**) begrenzt wird.

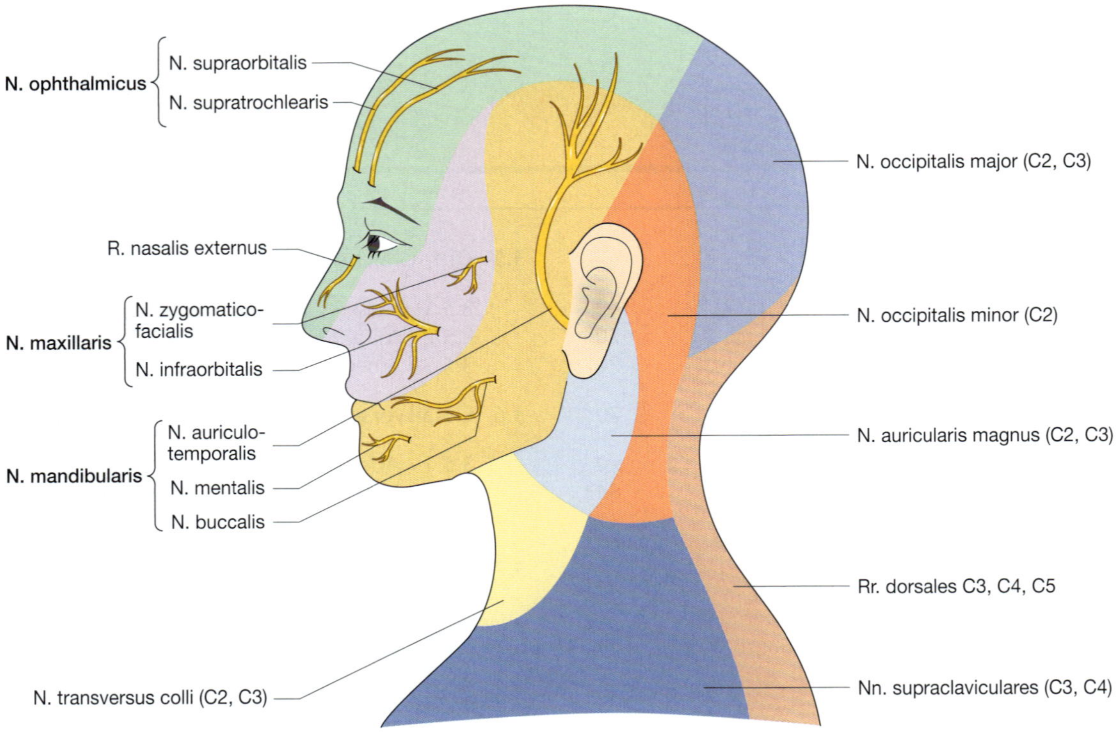

Abb. 3.1 Sensible Hautinnervation von Kopf und Hals.

Die Rinne zwischen Nase und Oberlippenmitte nennt man **Philtrum**.

Zwischen den Nasenflügeln und den seitlichen Rändern der Rima oris zieht die Nasolabialfalte (**Sulcus nasolabialis**).

Klinik

Bei einer **Fazialisparese** mit einseitiger Lähmung der mimischen Muskulatur beobachtet man ein Verstreichen der Nasolabialfalte.

Seitlich sieht man die Ohrmuschel, die den Schalltrichter um den äußeren Gehörgang herum bildet. Ventral der Ohrmuschel dehnt sich am Mandibularbogen die **Glandula parotidea** nach ventral und unten aus (↗ Abb. 3.2).

Im Weichteilmantel des Gesichts verlaufen verschiedene Leitungsbahnen (größtenteils in Abb. 3.2 dargestellt):

- **A. facialis:** Ast der A. carotis externa. Zunächst bedeckt vom Venter posterior des M. digastricus, dem M. stylohyoideus und der Glandula submandibularis, verläuft sie ventral des Ansatzes des M. masseter und der V. facialis über das Corpus mandibulae hinweg in das Gesicht, um dort diverse Äste abzugeben (↗ Kap. 3.6.1).
- **A. temporalis superficialis:** Endast der A. carotis externa, der zwischen Kiefergelenk und äußerem Gehörgang unterhalb der Parotis über die Jochbogenwurzel zieht, um sich dann auf der Fascia temporalis aufzuzweigen (↗ Kap. 3.6.1)
- **V. facialis:** Sie entsteht am medialen Augenwinkel als V. angularis und verläuft hinter der A. facialis nach dorsokaudal zum Mandibularand. Im Trigonum caroticum mündet sie in die V. jugularis interna (↗ Kap. 3.6.2).
- **V. retromandibularis:** Sie entsteht ventral der Ohrmuschel, verläuft, von der Glandula parotidea bedeckt, nach kaudal (↗ Abb. 3.25) und mündet in die Endstrecke der V. facialis (↗ Kap. 3.6.2).
- **N. facialis:** Nach dem Durchtritt an der Schädelbasis durch das **Foramen stylomastoideum** zieht er in die Glandula parotidea hinein, um sich im **Plexus intraparotideus** in seine Endäste zu verzweigen, mit denen er die Gesichtsmuskulatur innerviert (↗ Kap. 3.7.5).
- Endäste des **N. trigeminus: Nn. supraorbitalis** und **supratrochlearis** aus V1 ziehen durch das Foramen supraorbitale bzw. über den medialen oberen Orbitarand zu Stirnhaut, Oberlid und medialem Augenwinkel, der **N. infraorbitalis** aus V2 zieht durch das **Foramen infraorbitale** in das Hautareal zwischen Unterlid und Oberlippe und der **N. mentalis** (aus V3) durch das **Foramen mentale** zur Kinnhaut (↗ Kap. 3.7.5).

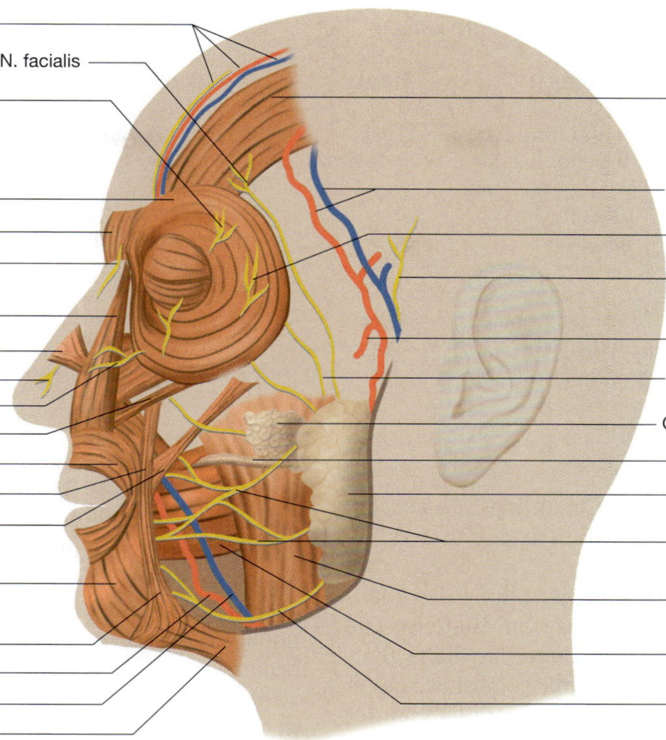

Abb. 3.2 Anatomische Strukturen im Weichteilgewebe des Gesichts und mimische Muskulatur.

Klinik

Die Austrittspunkte der Trigeminusäste werden als **Trigeminusdruckpunkte** bezeichnet. Diese können bei intrakranieller Drucksteigerung, Trigeminusneuralgie oder bei einer Entzündung der Nasennebenhöhlen druckschmerzhaft sein.

Gut zu tasten sind der Puls der A. facialis am Unterkieferrand vor dem M. masseter sowie der Puls der A. temporalis superficialis direkt vor dem Ohr in Höhe des Jochbogens.

Klinik

Bei der **Arteriitis temporalis** (Morbus Horton, Riesenzellarteriitis) ist die A. temporalis superficialis druckschmerzhaft verhärtet. Der Patient empfindet einen dumpf stechenden temporofrontalen Schmerz. Es handelt sich um einen entzündlichen Autoimmunprozess, der mit einer rheumatologischen Erkrankung, der Polymyalgia rheumatica, vergesellschaftet sein kann.

Von außen **tastbare Knochenpunkte** sind die Protuberantia occipitalis externa, der Processus mastoideus, der Orbitarand, der Arcus zygomaticus, die Protuberantia mentalis und der Angulus mandibulae. Bei Einführung des Fingers in den äußeren Gehörgang kann man beim Zubeißen unterhalb der vorderen Wand den Processus condylaris mandibulae (↗ Abb. 3.3) tasten.

3.1.1 Kopfschwarte

Im Bereich des Hirnschädels wird der Weichteilmantel des Kopfes von der Kopfschwarte gebildet. Diese besteht aus einer Sehnenplatte, der **Galea aponeurotica** (Aponeurosis epicranialis, Sehnenhaube), die sich von vorn nach hinten über das gesamte knöcherne Schädeldach spannt und unverschieblich an der Kopfhaut fixiert ist.

Klinik

Durch die feste Verbindung zwischen Kopfhaut und Galea aponeurotica klaffen die Wundränder bei oberflächlichen Schnittwunden der Kopfschwarte nur wenig. Ist die Galea aponeurotica vollständig durchtrennt, klaffen die Wunden weit, so dass sich Blutungen und Infektionen unterhalb der Sehnenhaube im subaponeurotischen Spalt leicht ausbreiten können.

In die Galea aponeurotica strahlen von vorn, von hinten und von den Schläfen die Sehnenhaubenmuskeln (**M. epicranius**) ein, die in Tabelle 3.1 zusammengefasst sind.

Tab. 3.1 Sehnenhaubenmuskeln (M. epicranius)

Muskel	Ursprung	Ansatz	Funktion	Innervation
M. occipitofrontalis • **Venter frontalis** • **Venter occipitalis**	• Venter frontalis: Augenbrauenhaut • Venter occipitalis: Linea nuchalis suprema	Galea aponeurotica	Vor- und Zurückbewegung der Galea aponeurotica Der Venter frontalis runzelt zusätzlich die Stirn	• Venter frontalis: Rr. temporales des N. facialis (VII) • Venter occipitalis: R. occipitalis des N. auricularis posterior
M. temporoparietalis	Fascia temporalis superficialis	Galea aponeurotica	Seitwärtsbewegung der Galea aponeurotica	Rr. temporales des N. facialis (VII)

3.1.2 Kopffaszien

Im Kopfbereich unterscheidet man folgende Faszien (die von ihnen umhüllten Strukturen sind in Abb. 3.2 und Abb. 3.16 dargestellt):

- **Fascia parotidea:** bildet die Umhüllung der Glandula parotidea und besteht aus zwei Blättern: Die Lamina superficialis setzt das oberflächliche Blatt der Halsfaszie fort, die Lamina profunda spaltet sich dorsokaudal der Glandula parotidea von der Lamina superficialis ab.
- **Fascia masseterica:** ventrale Fortsetzung der Fascia parotidea, die außen den M. masseter bedeckt und am Jochbogen fixiert ist. Am Mandibulaunterrand geht sie in das oberflächliche Blatt der Halsfaszie über, von dem sich ein Faszienblatt abspaltet, das die Unterfläche des M. pterygoideus medialis bedeckt. So entsteht eine nach dorsokranial offene Faszientasche. Diese Faszientasche schafft eine Verbindung zur Loge des M. temporalis.

Klinik

Ein eitriger Abszess in der Temporalisloge kann sich gut nach kaudal in die Wangengegend und vor den M. masseter ausbreiten.

- **Fascia temporalis:** bedeckt den M. temporalis. Sie entspringt an der Linea temporalis superior und setzt mit einer Lamina superficialis an der Außenseite, mit einer Lamina profunda an der Innenseite des Jochbogens an. Zwischen den Laminae liegt ein Fettkörper.
- **Fascia buccopharyngea:** bedeckt den hinteren Teil des M. buccinator und geht in die Raphe pterygomandibularis und in die Faszie der Schlundschnürer über.

3.1.3 Mimische Muskulatur

Funktion

Die mimischen Muskeln (↗ Abb. 3.2, Tab. 3.2 [bitte nicht in allen Einzelheiten auswendig lernen!]) sind um die verschiedenen Kopföffnungen (Lid- und Mundspalte, Nasen- und Ohröffnung) angeordnet und dienen primär dem Öffnen und Verschließen bzw. Verstellen dieser Öffnungen. Beim Menschen haben sie zusätzlich die Funktion übernommen, den Gesichtsausdruck zu bestimmen. Der M. buccinator spielt ferner eine bedeutende Rolle beim Kauakt, indem er den Bissen zwischen die Zahnreihen befördert.

Die mimischen Muskeln besitzen – abgesehen vom M. buccinator – keine Faszien, haben ihren Ursprung meistens von knöchernen Schädelstrukturen (↗ Abb. 3.3) und setzen in der Haut an.

Embryologie

Die mimische Muskulatur entsteht aus dem **Mesenchymgewebe des 2. Kiemenbogens**, das in die Gesichtsfortsätze einwächst.

Innervation

Entsprechend ihrer Entstehung aus dem 2. Kiemenbogen werden alle mimischen Muskeln motorisch von Ästen des 2. Kiemenbogennervs, des **N. facialis** (VII), innerviert.

3.2 Schädel

3.2.1 Knöcherner Schädel

Gliederung

Man unterscheidet einen Hirnschädel (**Neurocranium**), der die Schädelhöhle (Cavitas cranii) umschließt, und einen Gesichtsschädel (**Viscerocranium**), der die Augenhöhle (Orbita), Nasenhöhle (Cavitas nasi) und Mundhöhle (Cavitas oris) umgibt (↗ Abb. 3.3).

Embryologie

Merke

Im Bereich des Schädels kommen zwei Arten der Verknöcherung (Ossifikation) vor:

- **desmale (direkte) Ossifikation:** Verknöcherung direkt aus dem Mesenchym ohne Knorpelzwischenstadium; findet sich am **Schädeldach** (Os frontale,

Os parietale sowie Teile der Ossa sphenoidale, temporale und occipitale) und am **Os mandibulare** (nach Rückbildung des Meckel-Knorpels)
- **chondrale (indirekte) Ossifikation:** sekundäre Verknöcherung eines vorgebildeten „Knorpelmodells"; betrifft die **Schädelbasis.**

Schädelknochen, die durch desmale Ossifikation entstehen, durchlaufen folglich zwei Entwicklungsstadien:
- **Desmocranium** (mesenchymales Stadium): Das **Mesenchym**, das das Neuralrohr umgibt, entwickelt sich in der 5. Woche zur **Meninx primitiva** (primitive Hirnhaut). Diese lässt sich unterteilen in eine Innenschicht, aus der Pia und Arachnoidea entstehen, und eine Außenschicht, aus der die Dura und der Großteil der Schädelknochen hervorgehen. Die Schädelbasis ist in diesem Stadium eine mesenchymale Platte, die sich vom Hinterhaupt bis zu den Augenbechern erstreckt.
- **Osteocranium** (Stadium der Verknöcherung): Die Schädelanlagen der Schädelbasis (im Bereich u. a. von Hinterhaupt, Hypophyse und Orbitadach), der Nasen- und Ohrumscheidung und der Meckel-Knorpel im 1. Schlundbogen des Unterkiefers durchlaufen nach dem Desmocranium zusätzlich das **Chondrocranium** (knorpeliges Stadium). Die Verknöcherung der Schädelbasis beginnt in der 7. Embryonalwoche in sog. Knochenkernen.

Merke

Das Schädeldach bleibt knorpelfrei.

Hirnschädel

Der Hirnschädel besteht aus dem Schädeldach (**Calvaria**, Kalotte) und der Schädelbasis (**Basis cranii**).

Schädeldach (Calvaria, Kalotte)

Gliederung

Das Schädeldach setzt sich aus folgenden **Knochen** zusammen (↗ Abb. 3.3):
- **Os parietale** (Scheitelbein): der einzige Knochen, der allein dem Schädeldach zugehörig ist
- **Squama frontalis:** Stirnschuppe des Os frontale
- **Pars squamosa ossis temporalis:** Schläfenbeinschuppe, die die von außen sichtbare Fossa temporalis bildet. Kaudal davon befindet sich die Fossa infratemporalis.
- **Squama occipitalis:** Okzipitalschuppe
- **Ala major ossis sphenoidalis** (↗ Abb. 3.7): großer Keilbeinflügel.

Zwischen diesen Knochenplatten liegen die Schädelnähte (**Suturen**, ↗ Abb. 3.4), die beim Fetus durch ihre bindegewebige Struktur eine Verformung des Schädels während des Geburtsvorgangs zulassen und im Laufe des Lebens verknöchern:
- **Sutura frontalis** (Stirnnaht): zwischen den Ossa frontalia, ossifiziert in den ersten 2 Lebensjahren, so dass schließlich eine Stirnschuppe entsteht
- **Sutura coronalis** (Kranznaht): zwischen Squama frontalis und Os parietale beidseits
- **Sutura sagittalis** (Pfeilnaht): zwischen den Ossa parietalia
- **Sutura lambdoidea** (Lambdanaht): zwischen Os occipitale und Os parietale beidseits
- **Sutura squamosa** (Schuppennaht): zwischen Os parietale und Os temporale beidseits.

Beim Neugeborenen existieren mehrere größere, von Bindegewebe überdeckte Lücken zwischen den Knochenplatten des Schädeldachs, die im Laufe der Zeit verknöchern, die sog. **Fontanellen** (↗ Abb. 3.4):
- **Fonticulus anterior** (große Fontanelle): unpaar und rautenförmig an der Vereinigungsstelle von Kranz-, Pfeil- und Stirnnaht. Verschluss im 2. Lebensjahr
- **Fonticulus posterior** (kleine Fontanelle): unpaar und dreieckig an der Vereinigungsstelle von Pfeil- und Lambdanaht. Verschluss im 3. Lebensmonat
- **Fonticulus anterolateralis** [sphenoidalis]: paarige vordere Seitenfontanelle zwischen Squama frontalis, Os parietale und Ala major ossis sphenoidalis
- **Fonticulus posterolateralis** [mastoideus]: paarige hintere Seitenfontanelle zwischen Os parietale und Processus mastoideus der Squama occipitalis.

Klinik

Die Fontanellen spielen eine große Rolle bei der Beurteilung der Kindslage während des Geburtsvorgangs. Bei der vaginalen Untersuchung ist die Position der beiden großen Fontanellen und der Pfeilnaht wichtig.

Histologie

Die Knochen des Schädeldachs weisen eine **5-Schichtung** auf (von außen nach innen):
- **Pericranium** [Periosteum externum cranii]: bedeckt als Knochenhaut die äußere Oberfläche und ist bindegewebig an den Schädelnähten fixiert
- **Lamina externa:** äußere kompakte Rindenschicht des Schädelknochens
- **Diploë:** mittleres, knöchernes Hohlraumsystem der Schädelkalotte, das die **Vv. diploicae** enthält. Diese ziehen durch Schädellöcher von innen in die Diploë hinein und bilden dort ein ausgedehntes Venennetz, das durch entsprechende Durchblutungsregulation das Gehirn vor Überwärmung bzw. Unterkühlung bewahren soll. Sie münden u. a. in die **Vv. emissariae**, über die das Blut durch verschiedene Schädellöcher (↗ Tab. 3.3) nach außen abgeleitet wird. Des Weiteren fließt Diploëvenenblut in verschiedene venöse Plexus ab, die in den entsprechenden Knochenkanälen/-löchern verlaufen: Plexus venosus foraminis ovalis, Plexus venosus caroticus internus und Plexus venosus canalis nervi hypoglossi.

Tab. 3.2 Mimische Muskulatur

Muskel	Ursprung	Ansatz	Funktion	Innervation
M. corrugator supercilii	Glabella und Margo supraorbitalis des Os frontale	Haut der Augenbrauen, Galea aponeurotica	wölbt die Augenbrauen vor legt die Stirn in vertikale Falten, so dass ein gespannter bis drohender Gesichtsausdruck entsteht	Rr. temporales des N. facialis (VII)
M. orbicularis oculi (Partes orbitalis, palpebralis und lacrimalis)	Pars nasalis des Os frontale, Processus zygomaticus und frontalis der Maxilla, Os lacrimale, Saccus lacrimalis	Ligg. palpebralia mediale und laterale	Lidöffnung und Lidschluss Verteilung der Tränenflüssigkeit über den Bulbus oculi Zukneifen der Augen	Rr. temporales und zygomatici des N. facialis (VII)
M. depressor supercilii	Glabella und Margo supraorbitalis des Os frontale	Haut der Augenbrauen	zieht die Augenbrauen nach kaudal	
M. procerus	Os nasale, Sehne des M. nasalis	Haut der Glabella	zieht die Haut der Stirn nach kaudal legt die Nasenwurzel in Querfalten, so dass ein gespannter bis drohender Gesichtsausdruck entsteht	
M. levator labii superioris alaeque nasi	Processus frontalis der Maxilla	Haut der Oberlippen und Nasenflügel	Hebung der Nasenflügel und Vergrößerung der Nasenlöcher	Rr. zygomatici des N. facialis (VII)
M. nasalis • **Pars alaris** • **Pars transversa**	Fossa canina und Rand der Apertura piriformis der Maxilla	• Pars alaris: ipsilateraler Nasenflügel • Pars transversa: kontralateraler Nasenflügel (die Pars transversa zieht über den Nasenrücken)	zieht die Nasenflügel nach laterokaudal Die Pars alaris vertieft die Nasenflügelfurche, die Pars transversa senkt die Nasenspitze	Rr. zygomatici und buccales des N. facialis (VII)
M. depressor septi nasi (= Abspaltung vom M. orbicularis oris)	Pars nasalis des Os frontale, Processus zygomaticus und frontalis der Maxilla, Os lacrimale, Saccus lacrimalis	Haut der Nasenscheidewand	Senkung von Nasenscheidewandknorpel und Nasenspitze	
M. buccinator	hufeisenförmig vom Processus alveolaris der Maxilla, der Raphe pterygomandibularis sowie dem Processus coronoideus der Mandibula (innen) und der Pars alveolaris der Mandibula (außen)	Mundwinkel	zieht die Wange an die Zähne und beim Kauakt den Bissen zwischen die Zahnreihen drückt bei aufgeblasenen Wangen Luft aus den Wangen („Trompetermuskel")	
M. levator anguli oris	Fossa canina der Maxilla	Mundwinkelhaut	hebt die Mundwinkel	

Fortsetzung ▶

Tab. 3.2 *Fortsetzung*

Muskel	Ursprung	Ansatz	Funktion	Innervation
M. levator labii superioris	Margo infraorbitalis der Maxilla, Os zygomaticum	Haut der Oberlippe und z. T. der Wange	Hinaufziehen der Oberlippe, dabei Vertiefung und Biegung der Nasolabialfalte nach lateral und oben (Bitterkeit, Traurigkeit) Gemeinsam mit dem M. depressor labii inferioris verformt der Muskel die Mundöffnung rechteckig (s. weinende kleine Kinder)	Rr. zygomatici des N. facialis (VII)
M. zygomaticus minor	Os zygomaticum	Haut der Oberlippe	Hinaufziehen der Oberlippe nach lateral mit Entblößung des Eckzahns (Lachen) Stauchung der Jochbeinhaut („Krähenfüße")	
M. zygomaticus major	Os zygomaticum	Mundwinkelhaut	Hinaufziehen der Oberlippe nach lateral S-förmige Biegung der Nasolabialfalte (Lachen)	
M. orbicularis oris • **Pars labialis** • **Pars marginalis**	Maxilla und Mandibula im Bereich des Schneidezahns, Mundwinkel	• Pars labialis: in der Haut der kontralateralen Ober- und Unterlippe • Pars marginalis: in der Haut unterhalb des Lippenrots	Lippenschluss Mundspaltenverkürzung Stülpung der Lippen nach vorn („Kussmund") oder nach innen („verbissene Wut")	Rr. buccales des N. facialis (VII)
M. depressor anguli oris	Unterrand der Mandibula	Mundwinkelhaut, Einstrahlung in den M. orbicularis oris der Oberlippe	Hinunterziehen des Mundwinkels Verlängerung der Nasolabialfurche (Bitterkeit)	
M. transversus menti	verbindet die medialen Randfasern des M. depressor anguli oris unterhalb des Kinns		verursacht die Unterkinnfurche	
M. risorius (= Abspaltung von Randfasern des M. depressor anguli oris)	Mundwinkel	Wangenhaut, Fascia masseterica	Verbreiterung der Mundspalte, verursacht die Lachgrübchen	
M. depressor labii inferioris	Unterrand der Mandibula	Unterlippe	Hinunterziehen und Ausstülpung der Unterlippe	R. marginalis mandibularis des N. facialis (VII)
M. mentalis	Juga alveolaria 1–3 der Mandibula	Kinnhaut	Hochziehen der Kinnhaut („Schnute ziehen") Einziehung des Kinngrübchens	

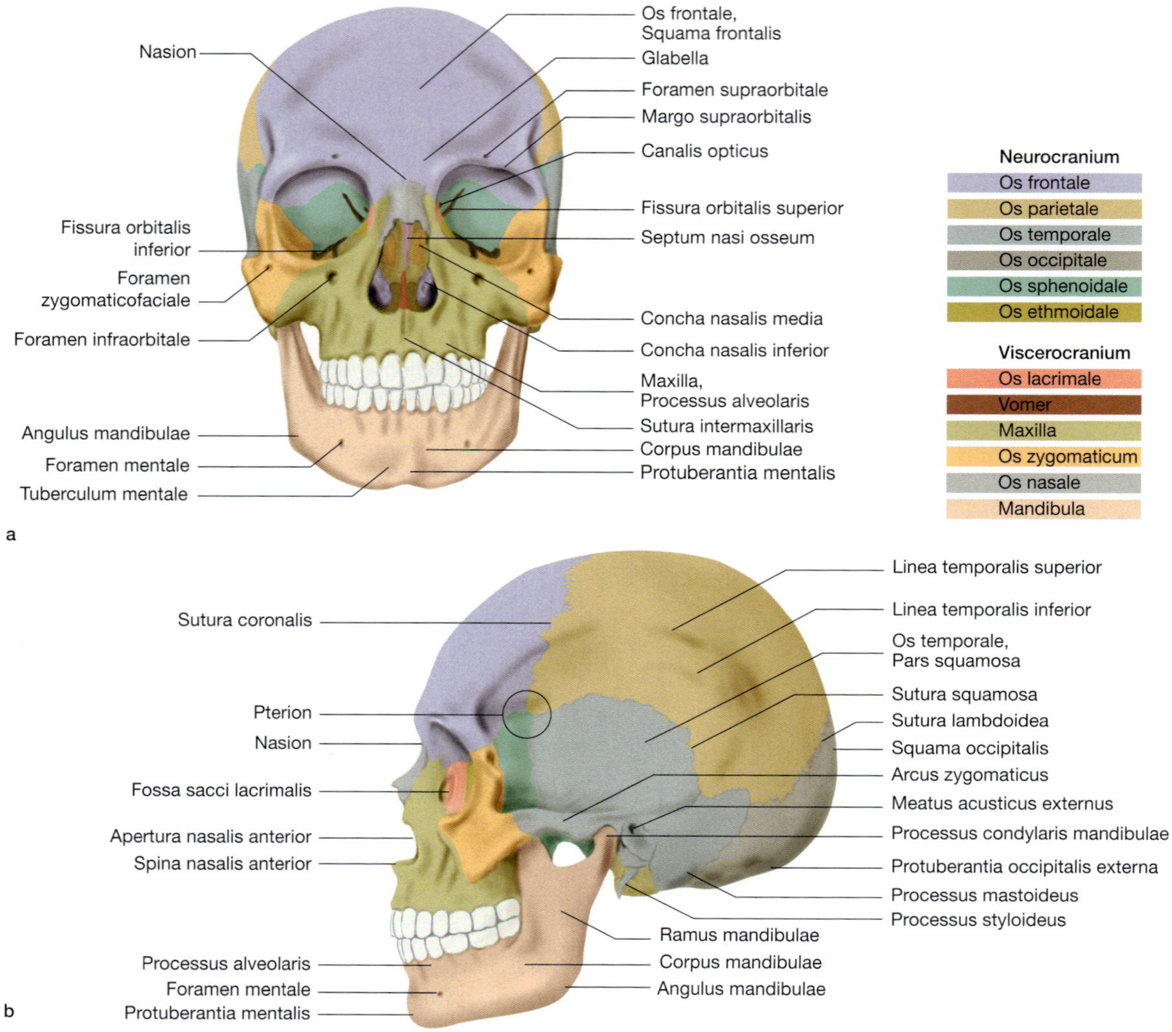

Abb. 3.3 Knöcherner Schädel. a Frontalansicht, **b** Lateralansicht.

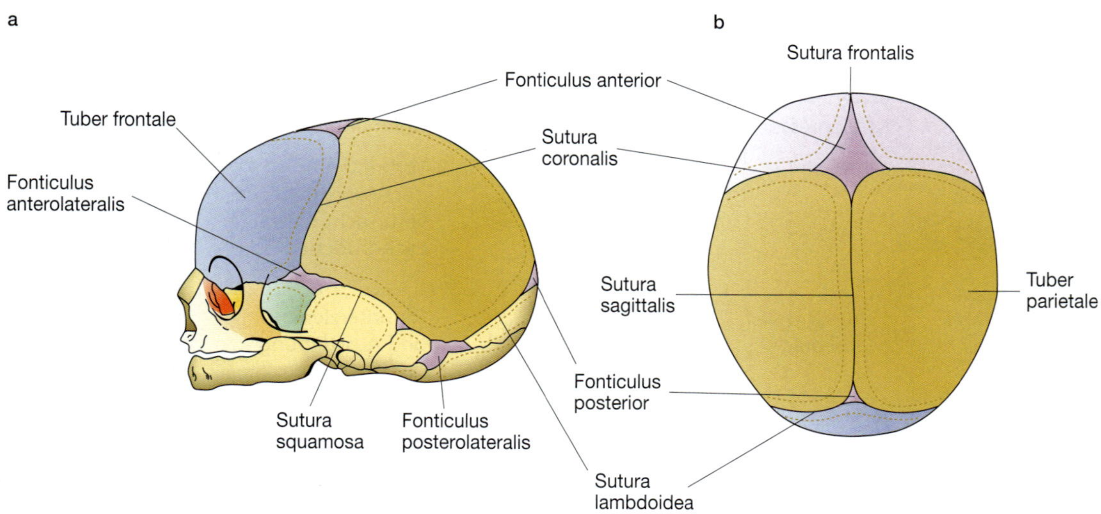

Abb. 3.4 Schädel eines Neugeborenen, Fontanellen. Ansicht von lateral **(a)** und oben **(b)**.

Tab. 3.3 Abflusswege der großen Vv. emissariae

Schädelloch	Lokalisation
Foramen parietale	Os parietale lateral der Sutura sagittalis
Foramen mastoideum	am Processus mastoideus (↗ Abb. 3.8)
Canalis condylaris	dorsal der Hinterhaupts-kondylen (↗ Abb. 3.8)

Klinik

Bei Verschluss intrakranieller venöser Sinus können die Diploëvenen als Kollateralen für den venösen Blutabfluss dienen. Auf der anderen Seite können Erreger (z. B. aus extrakraniellen Abszessen) über diese Blutleiter ins Schädelinnere gelangen und dort schwere Entzündungen, z. B. der Hirnhaut (Meningitis), auslösen.

- **Lamina interna:** innere kompakte Rindenschicht
- **Dura mater cranialis:** entspricht dem inneren Periost.

Schädelbasis (Basis cranii)

Gliederung

An der Bildung der Schädelbasis sind fünf Knochen beteiligt (↗ Abb. 3.5):

- **Os frontale** (Stirnbein): unpaar (ursprünglich paarig angelegt) mit folgenden wichtigen Teilen (↗ Abb. 3.6):
  - **Squama frontalis:** Stirnschuppe, die zum Schädeldach gezählt wird
  - **Facies temporalis:** äußerer Schläfenteil mit dem Processus zygomaticus
  - **Facies interna:** Innenfläche mit dem Foramen caecum
  - **Pars obitalis:** Augenhöhlendach
  - **Sinus frontalis:** Stirnhöhle (paarig, ↗ Kap. 3.3.3)
- **Os ethmoidale** (Siebbein): unpaar angelegt. Beim Blick auf die innere Schädelbasis sieht man folgende Bestandteile (↗ Abb. 3.5):
  - die mediane **Crista galli** (vorderer Anheftungspunkt der Falx cerebri)
  - die sich beidseits lateral an die Crista galli anschließende **Lamina cribrosa** (Siebplatte), durch deren ca. 40 Löcher die Fila olfactoria des I. Hirnnervs (N. olfactorius) in die Nasenhöhle ziehen.

  Das Siebbein enthält außerdem
  - die **Lamina perpendicularis**: schließt sich kaudal der Crista galli an und bildet einen Teil der Nasenscheidewand
  - den **Labyrinthus ethmoidalis** (Siebbeinlabyrinth): enthält die Siebbeinzellen und die beiden Conchae nasales superiores (↗ Abb. 3.28)
- **Os sphenoidale** (Keilbein): unpaar und von wespenartiger Gestalt mit folgenden Bestandteilen (↗ Abb. 3.7):
  - **Corpus** (Körper): Mittelteil, dem sich beidseits spiegelbildlich die Flügel anschließen. Als wichtige Strukturen seien hier genannt: die **Sella turcica** (Türkensattel) mit der **Fossa hypophysialis** (Hypophysengrube) und dem **Dorsum sellae** (Sattellehne, ↗ Abb. 3.5) sowie die sich darunter erstreckenden paarigen (!) **Sinus sphenoidales** (Keilbeinhöhlen, ↗ Kap. 3.3.3) mit dem Septum sinuum sphenoidalium als Scheidewand.
  - **Ala minor** (kleiner Flügel): paarig, enthält den Canalis opticus und wird durch die **Fissura orbitalis superior** getrennt von der
  - **Ala major** (großer Flügel): paarig, enthält die **Foramina rotundum**, **ovale** und **spinosum** und beteiligt sich mit seinem lateralen Anteil am Schädeldach
  - **Processus pterygoideus** (Flügelfortsatz): begrenzt auf der Schädelaußenseite mit seinen **Laminae lateralis** und **medialis** die **Fossa pterygoidea** und ist Ursprung der **Mm. pterygoidei** (↗ Kap. 3.2.2).
- **Os occipitale** (Hinterhauptsbein): unpaar mit folgenden wichtigen Strukturen (↗ Abb. 3.8):
  - **Foramen magnum:** das große Loch der Schädelbasis, durch das das Rückenmark in den Schädel zieht
  - **Condylus occipitalis:** auf der Schädelaußenseite beidseits lateral des Foramen occipitale. Die beiden Kondylen bilden die kranialen Gelenkflächen des **Atlantookzipitalgelenks**. Außerdem werden sie durchzogen vom **Canalis nervi hypoglossi**.
  - **Protuberantia occipitalis externa:** äußerer medianer Knochenvorsprung
  - **Sulci sinus sigmoidei** und **transversi:** in der Innenfläche gelegene Rinnen, die durch die entsprechenden Blutleiter hervorgerufen werden (↗ Abb. 3.5)
  - **Squama occipitalis:** Hinterhauptsschuppe, die sich an der Bildung des Schädeldachs beteiligt
- **Os temporale** (Schläfenbein, ↗ Abb. 3.9): paarig, lässt sich untergliedern in
  - **Pars squamosa:** Die Schläfenschuppe ist Teil des Schädeldachs und enthält als wichtige Strukturen den **Processus zygomaticus** (Jochfortsatz), der den Großteil des **Arcus zygomaticus** (Jochbogen) ausmacht, sowie die Pfanne des Kiefergelenks **(Fossa mandibularis)**.
  - **Pars tympanica:** bildet die knöcherne Wand des äußeren Gehörgangs (Meatus acusticus externus)
  - **Pars petrosa** (Felsenbein): enthält im **knöchernen Labyrinth** (Labyrinthus osseus) das Hör- und Gleichgewichtsorgan (↗ Kap. 3.5.3) und in der **Cavitas tympani** (Paukenhöhle) die Gehörknöchelchen (↗ Kap. 3.5.2). Weitere wichtige Strukturen sind der **Processus mastoideus** (Warzen-

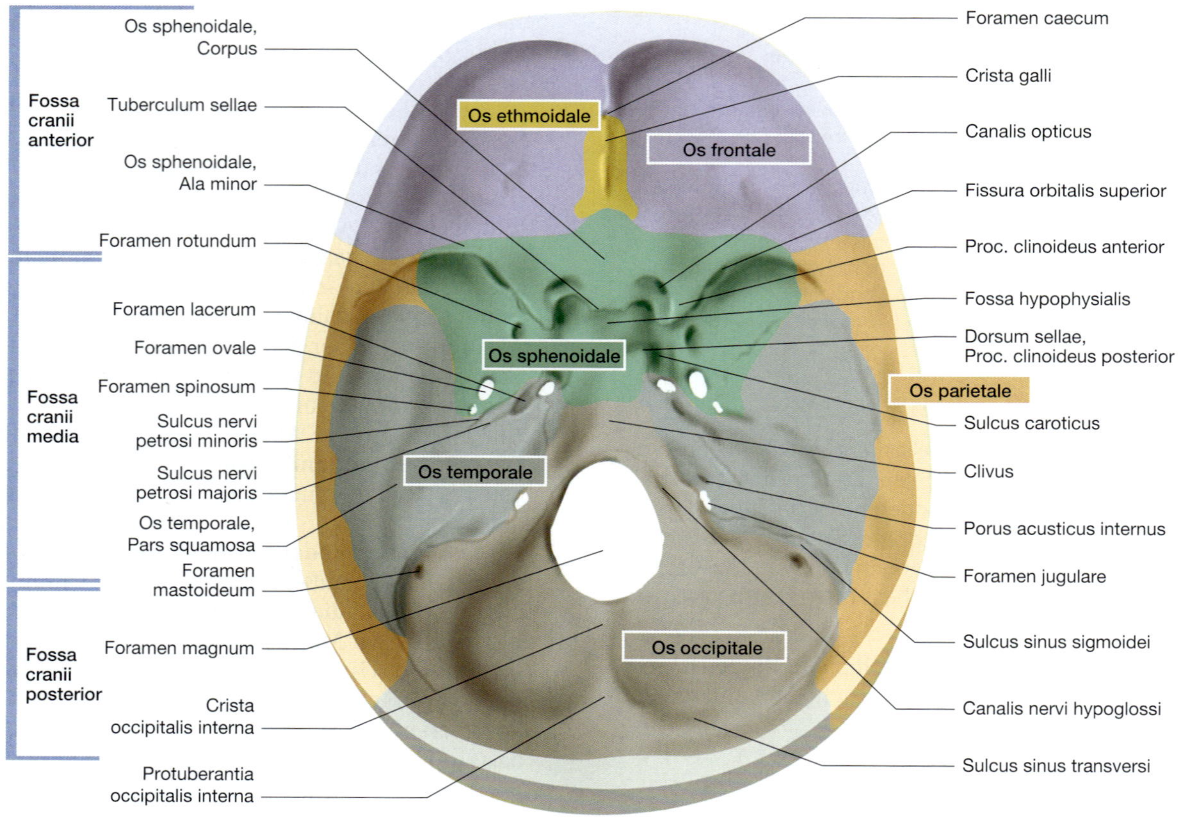

Abb. 3.5 Schädelbasis, Innenansicht. (Modifiziert nach [14])

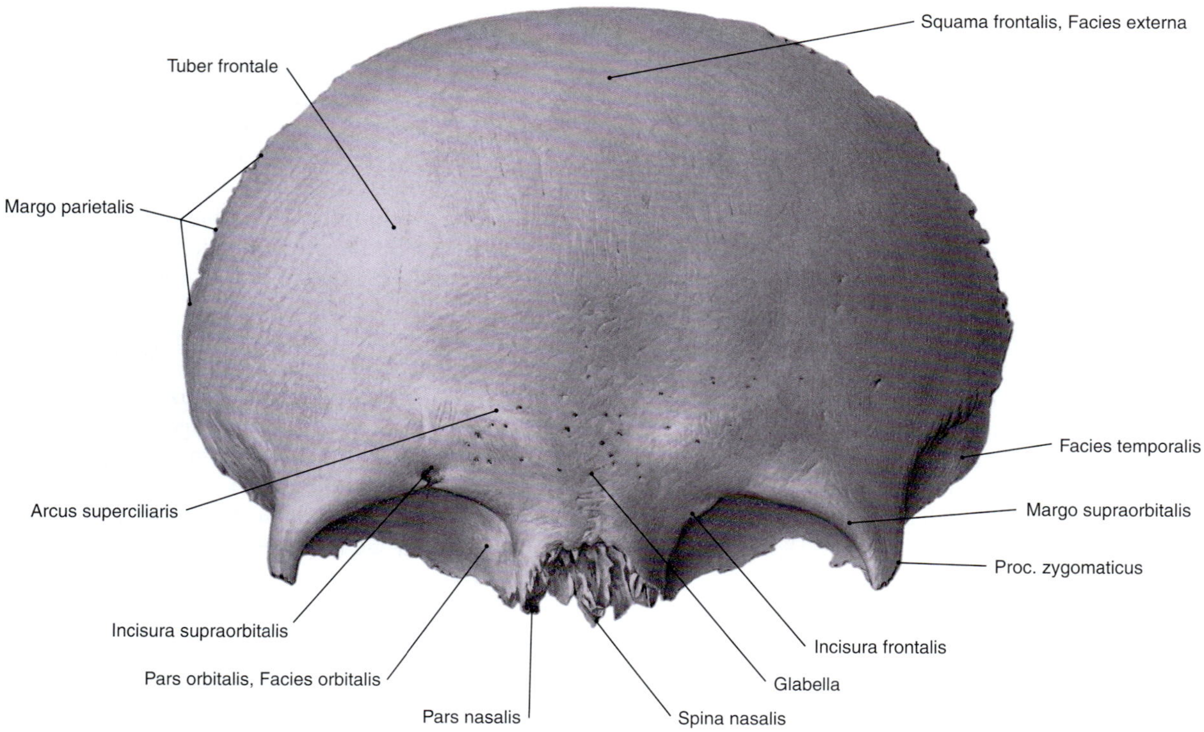

Abb. 3.6 Os frontale, Ansicht von vorn. (Aus [14])

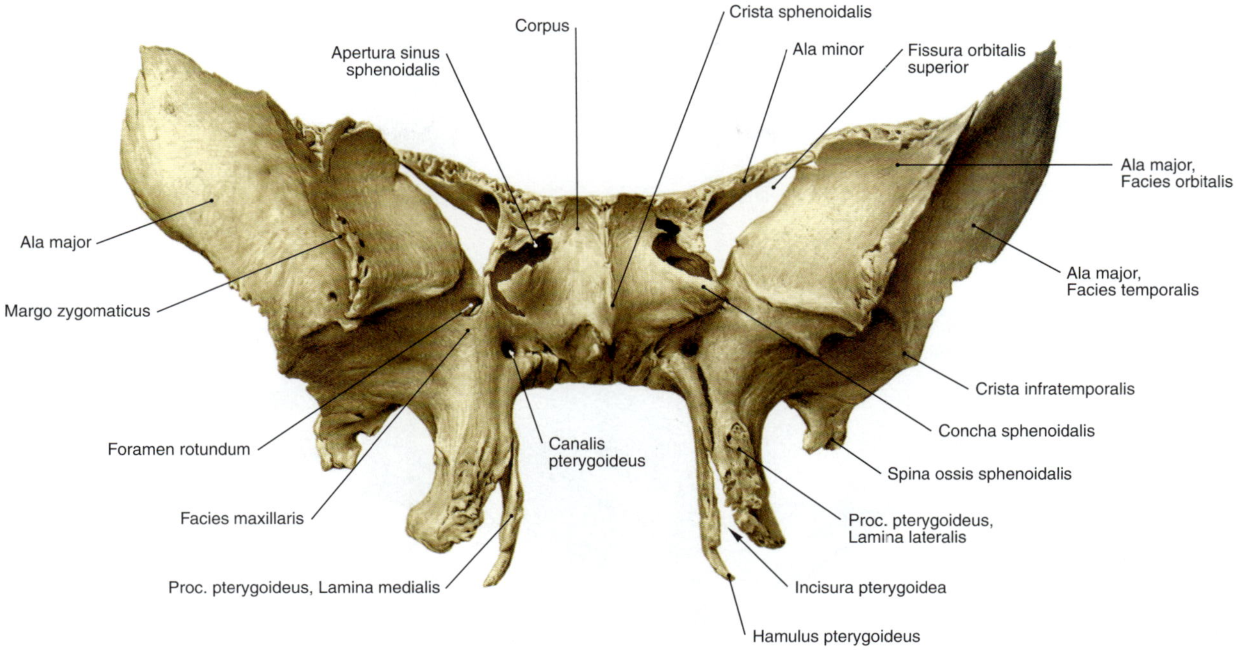

Abb. 3.7 Os sphenoidale, Ansicht von hinten. (Aus [14])

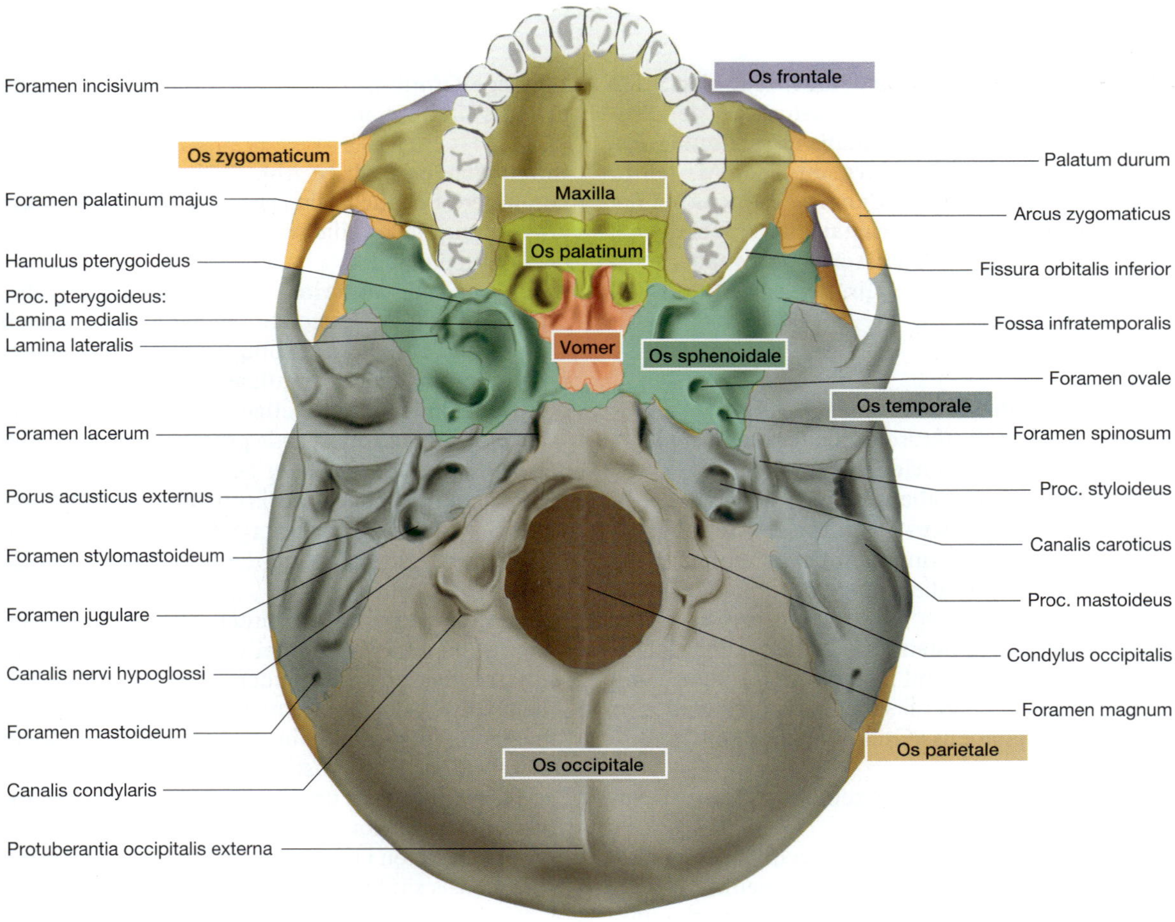

Abb. 3.8 Schädelbasis, Außenansicht. (Modifiziert nach [14])

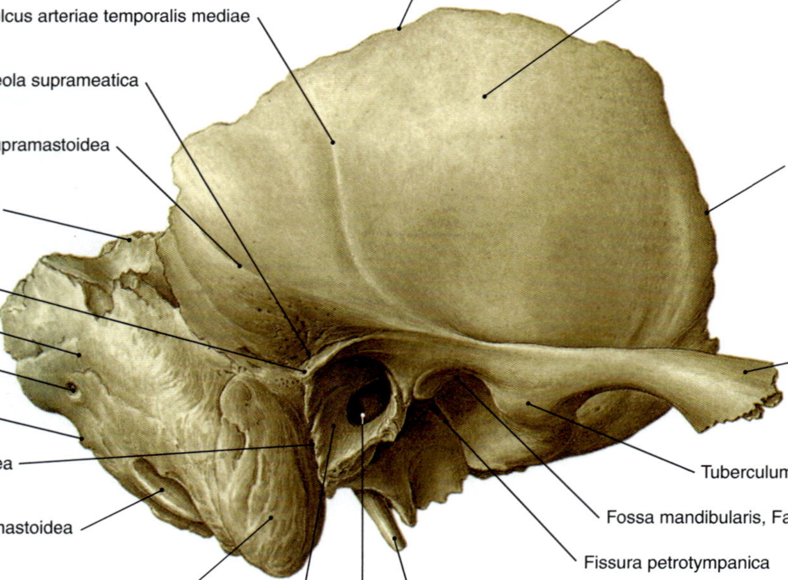

Abb. 3.9 Os temporale, Seitenansicht. (Aus [14])

fortsatz) an der lateralen Außenseite der Schädelbasis mit den Cellulae mastoideae, der **Processus styloideus**, der **Canalis musculotubarius**, in dem die Tuba auditiva und der M. tensor tympani verlaufen, der **Canalis caroticus** mit der A. carotis interna, der **Canalis nervi facialis** mit dem gleichnamigen Nerv sowie der **Meatus acusticus internus** mit den Hirnnerven VII und VIII und der A. labyrinthi.

Topographie

Äußere Schädelbasis (↗ Abb. 3.8)

Es gibt unzählige Strukturen, Löcher und Kanäle im Bereich der äußeren Schädelbasis.

Die wichtigsten **Knochenfortsätze** sind:

- **Processus zygomaticus** (Jochfortsatz): wird gebildet von der Maxilla und dem Os temporale, nach dorsal Übergang in die Kiefergelenkpfanne (Fossa mandibularis)
- **Processus pterygoideus** (Flügelfortsatz): gehört zum Os shenoidale und begrenzt mit seinen Laminae medialis und lateralis die Fossa pterygoidea
- **Processus styloideus** (Griffelfortsatz) am Os temporale
- **Processus mastoideus** (Warzenfortsatz) am Os temporale
- **Condylus occipitalis:** zum Os occipitale zählende Gelenkfläche des Atlantookzipitalgelenks
- **Protuberantia occipitalis externa** (Hinterhauptshöcker): median am Os occipitale lokalisiert.

Wichtige **Öffnungen** im Bereich der äußeren Schädelbasis sind u. a. in Tabelle 3.4 aufgelistet.

Innere Schädelbasis (↗ Abb. 3.5)

Die innere Schädelbasis lässt sich in **drei Schädelgruben** unterteilen, die wie Treppenstufen von vorn nach hinten abfallen:

- **Fossa cranii anterior** (vordere Schädelgrube): reicht bis zu den Hinterkanten der beiden Alae minores und enthält den Lobus frontalis des Gehirns
- **Fossa cranii media** (mittlere Schädelgrube): wird dorsal vom **Dorsum sellae** und von den beiden Margines superiores partis petrosae begrenzt. Man erkennt die Abdrücke der Nn. petrosi (**Sulcus nervorum petrosorum majoris** und **minoris**). Die mittlere Schädelgrube beherbergt die Hypophyse in der **Fossa hypophysialis** und die Lobi temporales des Gehirns.
- **Fossa cranii posterior** (hintere Schädelgrube) mit den **Sulci sinus sigmoidei** und **transversi** als Abdrücke der entsprechenden venösen Sinus und dem **Clivus**, der vom Dorsum sellae zum Foramen magnum abfällt. Die hintere Schädelgrube umgibt Cerebellum und Hirnstamm.

Die Hirnwindungen drücken sich in Form sog. **Impressiones gyrorum** im Knochen ab.

Die wichtigsten Öffnungen und Kanäle der inneren Schädelbasis sind in Tabelle 3.4 zusammengefasst.

Tab. 3.4 Öffnungen und Kanäle der Schädelbasis

Öffnung/Kanal	Lage	Verbindung	Inhalt
Lamina cribrosa	Os ethmoidale	vordere Schädelgrube ↓ Nasenhöhle	• N. olfactorius (I) • A./V./N. ethmoidalis anterior (N. aus V1)
Canalis opticus	Os sphenoidale	mittlere Schädelgrube ↓ Orbita	• N. opticus (II) • A. ophthalmica
Fissura orbitalis superior	zwischen Ala major und Ala minor ossis sphenoidalis	mittlere Schädelgrube ↓ Orbita	• N. oculomotorius (III) • N. trochlearis (IV) • Nn. lacrimalis, frontalis und nasociliaris (aus V1) • N. abducens (VI) • V. ophthalmica superior
Fissura orbitalis inferior (nur von außen zu sehen, verschlossen durch Bindegewebe und den M. orbitalis)	zwischen Ala major ossis sphenoidalis und Maxilla	Fossae infratemporalis und pterygopalatina ↓ Orbita	• A./V./N. infraorbitalis (N. aus V2) • N. zygomaticus (aus V2) • V. ophthalmica inferior
Foramen rotundum	Basis der Ala major ossis sphenoidalis	mittlere Schädelgrube ↓ Fossa pterygopalatina	N. maxillaris (V2)
Foramen lacerum (von Knorpel verschlossen)	zwischen Hinterrand der Ala major ossis sphenoidalis und Basis der Felsenbeinpyramide	mittlere Schädelgrube ↓ Canalis pterygoideus	
Canalis pterygoideus	in der Wurzel des Processus pterygoideus des Os sphenoidale	Foramen lacerum ↓ Fossa pterygopalatina	N. canalis pterygoidei (aus N. petrosus major und N. petrosus profundus)
Hiatus canalis nervi petrosi majoris	Os temporale	Canalis facials ↓ Sulcus nervi petrosi majoris	N. petrosus major (aus VII)
Hiatus canalis nervi petrosi minoris	Os temporale	Canalis facialis ↓ Sulcus nervi petrosi minoris	• N. petrosus minor (aus N. tympanicus) • A. tympanica superior
Foramen ovale	Basis der Ala major ossis sphenoidalis	mittlere Schädelgrube ↓ Fossa infratemporalis	• N. mandibularis (V3) • A. meningea accessoria
Foramen spinosum	Hinterrand der Ala major ossis sphenoidalis	mittlere Schädelgrube ↓ Fossa infratemporalis	• A. meningea media • R. meningeus (aus N. mandibularis)
Canalis caroticus	Spitze der Felsenbeinpyramide	Apertura externa canalis carotici an der Schädelaußenseite ↓ Apertura interna in der Spitze der Felsenbeinpyramide	• A. carotis interna • Plexus caroticus • Plexus venosus caroticus internus

Fortsetzung ▶

Tab. 3.4 *Fortsetzung*

Öffnung/Kanal	Lage	Verbindung	Inhalt
Canaliculi carotici tympanici	im Os temporale in der Wand des Canalis caroticus	Canalis caroticus ↓ Cavum tympani	Nn. caroticotympanici (sympathische Fasern aus Plexus caroticus internus)
Porus acusticus internus (→ Meatus acusticus internus)	auf der Innenseite des Os temporale	hintere Schädelgrube ↓ Innenohr	• N. facialis (VII) • N. vestibulocochlearis (VIII) • A./V. labyrinthi
Foramen jugulare	zwischen Pars petrosa und Os occipitale	hintere Schädelgrube ↓ Spatium lateropharyngeum	vordere kleine Öffnung: • N. glossopharyngeus (IX) • Sinus petrosus inferior hintere große Öffnung: • N. vagus (X) • N. accessorius (XI) • V. jugularis interna • A. meningea posterior
Canaliculus mastoideus	im Os temporale	Fossa jugularis (auf der Schädelaußenseite) ↓ Meatus acusticus externus	R. auricularis des N. vagus
Canaliculus tympanicus	im Os temporale	Fossula petrosa (auf der Schädelaußenseite) ↓ Paukenhöhle	• N. tympanicus (aus N. glossopharyngeus) • A. tympanica inferior
Canalis musculotubarius	im Os temporale	Pharynx ↓ Paukenhöhle	• Tuba auditiva • M. tensor tympani
Foramen stylomastoideum	zwischen Processus stylomastoideus und Processus mastoideus auf der Außenseite des Os temporale	Öffnung des Canalis nervi facialis	• N. facialis (VII) • A. stylomastoidea
Meatus acusticus externus	an der Außenseite des Os temporale hinter dem Kiefergelenk	Außenwelt ↓ Trommelfell	
Foramen magnum	median im Os occipitale	hintere Schädelgrube ↓ Wirbelkanal	• Medulla oblongata • Radix spinalis des N. accessorius • Aa. vertebrales • Aa. spinales posteriores • V. spinalis
Canalis nervi hypoglossi	im Os occipitale am Fuß des Condylus occipitalis	hintere Schädelgrube ↓ äußere Schädelbasis	N. hypoglossus (XII)
Canalis condylaris	im Os occipitale dorsal des Condylus occipitalis	hintere Schädelgrube ↓ äußere Schädelbasis	V. emissaria

Gesichtsschädel

Gliederung

An der Bildung des Gesichtsschädels beteiligen sich insgesamt acht Knochen (↗ Abb. 3.3):

- **Maxilla** (Oberkiefer): lässt sich unterteilen in (↗ Abb. 3.3 und 3.10)
  - **Corpus maxillae:** enthält die beiden Kieferhöhlen **(Sinus maxillares)**, die durch den Hiatus maxillaris mit der Nasenhöhle in Verbindung stehen, und das **Foramen infraorbitale**, durch das der N. infraorbitalis aus V2 zur Oberkieferhaut zieht
  - **Processus frontalis** (Stirnfortsatz): steht in Verbindung mit dem Os frontale
  - **Processus zygomaticus** (Jochfortsatz): bildet gemeinsam mit dem Os zygomaticum den Arcus zygomaticus
  - **Processus palatinus** (Gaumenfortsatz): bildet den vorderen Anteil des knöchernen Gaumens
  - **Processus alveolaris** (Alveolarfortsatz): enthält die Zahnfächer (**Alveoli dentales**), die die Zähne enthalten. Die vorgewölbten vorderen Ränder der Zahnfächer heißen Juga alveolaria.
- **Mandibula** (Unterkiefer) mit folgender Gliederung (↗ Abb. 3.3 und 3.11):
  - **Corpus mandibulae:** unpaarer horizontaler Anteil mit dem medianen Kinnvorsprung (Protuberantia mentalis), der Pars alveolaris mit den Alveoli dentales und dem Foramen mentale (Austrittspunkt des N. mentalis aus V3, ↗ Kap. 3.7.5). Am Kieferwinkel (Angulus mandibulae) geht das Corpus rechts und links über in den
  - **Ramus mandibulae:** vertikaler Anteil mit dem **Foramen mandibulae** auf der Innenseite, das den Eintrittspunkt des N. alveolaris inferior (begleitet von der A. alveolaris inferior) in den **Canalis mandibulae** markiert. Der Nerv gibt dort Rr. dentales und Rr. gingivales inferiores an Zähne und Zahnfleisch des Unterkiefers ab und verlässt dann als N. mentalis durch das gleichnamige Loch den Knochenkanal. Weitere wichtige Strukturen am kranialen Ende des Ramus mandibulae sind der **Processus coronoideus** (Kronenfortsatz), die **Incisura mandibulae** und der **Processus condylaris** (Gelenkfortsatz) mandibulae, der die Kiefergelenkfläche bildet.
- **Os palatinum** (Gaumenbein), das sich aus zwei Platten zusammensetzt (↗ Abb. 3.12):
  - **Lamina horizontalis:** bildet den hinteren Anteil des knöchernen Gaumens (Palatum osseum) und wird vom **Foramen palatinum majus** und von den **Foramina palatina minora** durchbohrt, durch die die gleichnamigen Nerven aus V2 zum Gaumen ziehen
  - **Lamina perpendicularis:** verläuft in vertikaler Richtung nach kranial und beteiligt sich an der Bildung der medialen Begrenzung des Sinus maxillaris (Processus maxillaris), des Orbitabodens (Processus orbitalis) und der Wand der Fossa pterygopalatina (Processus pyramidalis).
- **Os zygomaticum** (Jochbein): begrenzt im vorderen Bereich seitlich die Orbita und ist mit den Processus zygomatici von Maxilla, Os frontale und temporale verbunden (↗ Abb. 3.3)
- **Os nasale** (Nasenbein): bildet den ossären Teil des Nasenrückens (↗ Abb. 3.3)
- **Os lacrimale** (Tränenbein): zwischen Maxilla und Lamina cribrosa in der medialen Orbitawand (↗ Abb. 3.3)
- **Concha nasalis inferior:** Knochen der unteren Nasenmuschel (↗ Abb. 3.3, ↗ Kap. 3.3.2)

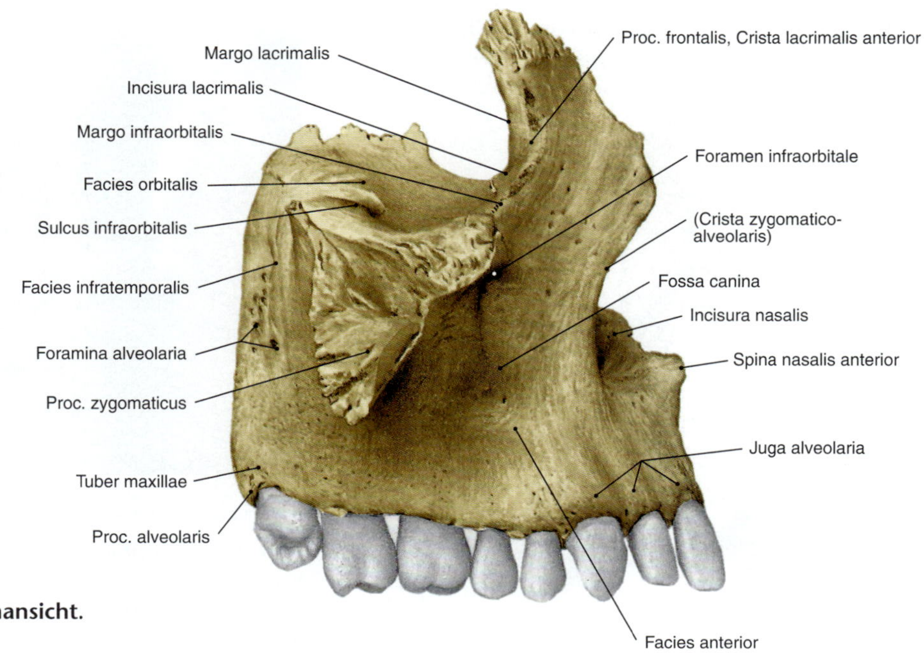

Abb. 3.10 Maxilla, Seitenansicht.
(Aus [14])

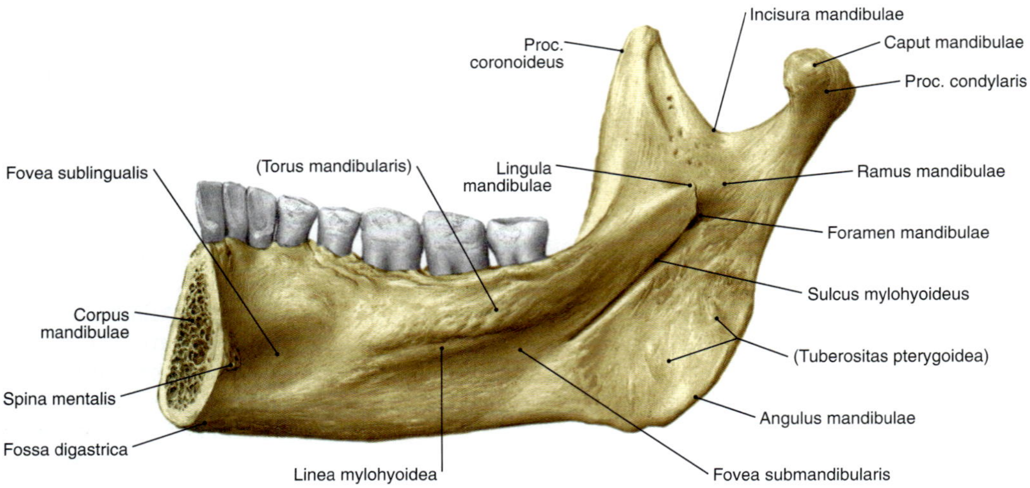

Abb. 3.11 Mandibula, rechte Hälfte, Medialansicht. (Aus [14])

- **Vomer** (Pflugscharbein): dorsaler Anteil der Nasenscheidewand (↗ Abb. 3.3).

Embryologie

Ab der 4. Woche entwickeln sich um die ektodermale Mundbucht herum ein unpaarer und zwei paarige Gesichtsfortsätze:

- Im unteren Bereich des **Stirnnasenwulstes** (Prominentia frontonasalis) bilden sich Ende der 4. Woche zwei Riechplakoden, die sich zu den Riechgruben vertiefen. Diese werden von einem medialen und einem lateralen Nasenwulst begrenzt (↗ Abb. 3.13). Die lateralen Nasenwülste entwickeln sich zu den Nasenflügeln, die medialen Nasenwülste u. a. zum knorpeligen Teil der Nasenscheidewand. Aus dem oberen Anteil des Stirnnasenwulstes gehen Stirn, Nasenrücken und Nasenspitze hervor.
- Die paarigen **Oberkieferwülste** (Prominentiae maxillares, ↗ Abb. 3.13) gehen vom 1. Kiemenbogen aus. Sie wachsen rasch aufeinander zu und verschmelzen mit den medialen Nasenwülsten, die median das Zwischenkiefersegment der Oberkiefers bilden. Aus diesem entwickeln sich Philtrum, Oberkiefermittelabschnitt und primärer Gaumen. Die lateralen Anteile der Oberkieferwülste werden zu Oberlippe und sekundärem Gaumen; ferner entstehen aus ihnen durch Verschmelzung mit den kaudal gelegenen Unterkieferwülsten (↗ unten) die Wangen. Aus der schmalen Rinne zwischen Oberkieferwulst und lateralem Nasenwulst (Sulcus nasolacrimalis) geht später der Ductus nasolacrimalis hervor.
- Die paarigen **Unterkieferwülste** (Prominentiae mandibulares, ↗ Abb. 3.13) gehen aus dem 1. Kiemenbogen hervor. Sie verschmelzen median miteinander und bilden so den unteren Gesichtsanteil.

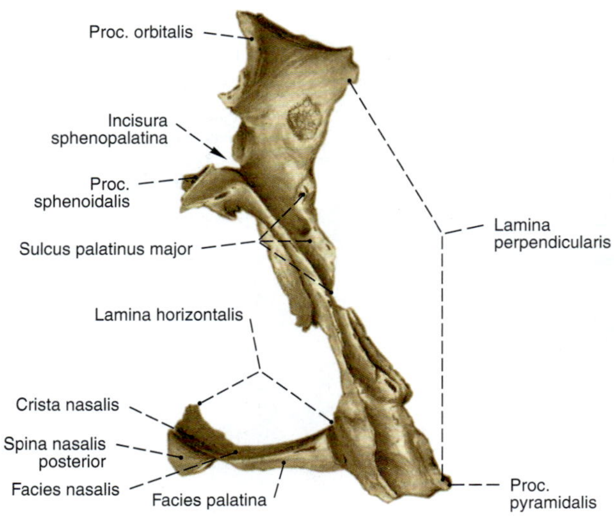

Abb. 3.12 Os palatinum, Ansicht von hinten. (Aus [13])

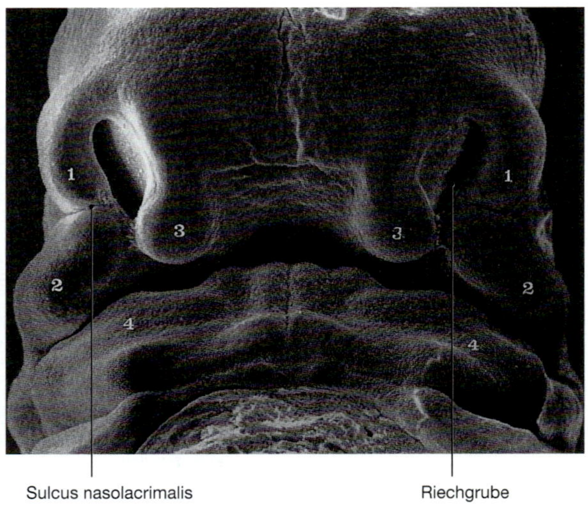

Abb. 3.13 Frontalansicht des Gesichts eines menschlichen Embryos (Beginn der 6. Woche). 1 Lateraler Nasenwulst, **2** Oberkieferwulst, **3** medialer Nasenwulst, **4** Unterkieferwulst. (Aus [8])

Topographie

Die Knochen des Gesichtsschädels bilden auf dessen Außenfläche zwei Gruben: die Fossa infratemporalis und die Fossa pterygopalatina. Durch mehrere Öffnungen ziehen von hier zahlreiche Leitungsbahnen in die Schädelhöhlen.

Fossa infratemporalis (Unterschläfengrube)

Die Fossa infratemporalis stellt die kaudale Fortsetzung der Fossa temporalis dar. Sie wird erst nach Entfernung des Arcus zygomaticus und des kranialen Teils der Mandibula und nach Zurückschlagen der Mm. temporalis und masseter sichtbar.

Begrenzt wird sie lateral vom Ramus mandibulae, medial von der Lamina lateralis des Processus pterygoideus, vorn von der Facies infratemporalis maxillae und oben von der Ala major ossis sphenoidalis (↗ Abb. 3.8 und 3.14).

Sie enthält die Mm. pterygoidei (↗ Tab. 3.7), die **A. maxillaris**, den venösen Plexus pterygoideus sowie den **N. mandibularis** (V3), der sich hier aufzweigt (↗ Kap. 3.7.5). Durch verschiedene Öffnungen ziehen Gefäße und Nerven in unterschiedliche Schädelhöhlen (↗ Tab. 3.5).

Fossa pterygopalatina (Flügelgaumengrube)

Die Fossa pterygopalatina liegt in der Tiefe zwischen Maxilla (vorn), Lamina perpendicularis des Os palatinum (medial) und Processus pterygoideus (hinten, ↗ Abb. 3.14). Durch unterschiedliche Öffnungen steht sie mit verschiedenen Schädelhöhlen in Verbindung (↗ Tab. 3.6).

Sie enthält das parasympathische **Ganglion pterygopalatinum**. Hier liegen die Perikarya postganglionärer parasympathischer Fasern, die zu den Tränendrüsen und den kleinen Drüsen der Nase und des

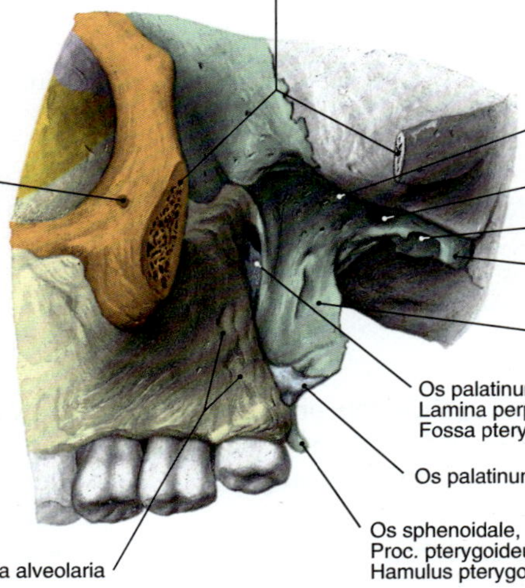

Abb. 3.14 Fossa infratemporalis und Fossa pterygopalatina nach Entfernung des Arcus zygomaticus. (Aus [14])

Tab. 3.5 Schädelöffnungen in der Fossa infratemporalis

Schädelöffnung	Lokalisation	Verbindung zu	Inhalt
Fissura orbitalis inferior	zwischen Maxilla und Ala major ossis sphenoidalis	Orbita	• A./V./N. infraorbitalis (N. aus V2) • N. zygomaticus (aus V2) • V. ophthalmica inferior
Foramen ovale	Basis der Ala major ossis sphenoidalis	Fossa cranii media	• N. mandibularis (V3) • A. meningea accessoria
Foramen spinosum	Ala major ossis sphenoidalis	Fossa cranii media	• A. meningea media • R. meningeus der A. mandibularis
Fissura pterygomaxillaris	zwischen Maxilla und Ala major ossis sphenoidalis	Fossa pterygopalatina	• A. maxillaris • Aa./Nn. alveolares (Nn. aus N. infraorbitalis)

Tab. 3.6 Schädelöffnungen in der Fossa pterygopalatina

Schädelöffnung	Lokalisation	Verbindung zu	Inhalt
Foramen rotundum	Wurzel der Ala major ossis sphenoidalis	Fossa cranii media	N. maxillaris (V2)
Canalis pterygoideus	Os sphenoidale	Außenseite der Schädelbasis	A. und N. canalis pterygoidei (N. aus N. petrosus major und N. petrosus profundus)
Fissura orbitalis inferior	zwischen Maxilla und Ala major ossis sphenoidalis	Orbita	• A./V./N. infraorbitalis (N. aus V2) • N. zygomaticus (aus V2) • V. ophthalmica inferior
Foramen sphenopalatinum	zwischen Os sphenoidale und Os palatinum	Nasenhöhle	• Rr. nasales posteriores superiores (aus V2) • A. sphenopalatina
Canalis palatinus major	zwischen Maxilla und Os palatinum	Mundhöhle	• N. palatinus major (aus V2) • A. palatina major
Foramina palatina minora	Os palatinum	Mundhöhle	• Nn. palatini minores (aus V2) • Aa. palatinae minores
Fissura pterygomaxillaris	zwischen Maxilla und Ala major ossis sphenoidalis	Fossa infratemporalis	• A. maxillaris • Aa./Nn. alveolares (Nn. aus N. infraorbitalis)

Gaumens ziehen. Die zugehörigen präganglionären sekretorischen Fasern ziehen mit dem N. facialis zum Ganglion und werden hier auf postganglionäre Fasern umgeschaltet.

Des Weiteren zweigen sich in der Fossa pterygopalatina der **N. maxillaris** (V2) und die **A. maxillaris** auf.

3.2.2 Kiefergelenk und Kauapparat

Kiefergelenk (Articulatio temporo mandibularis)

Wie der lateinische Name suggeriert, wird das Kiefergelenk von Os temporale und Mandibula (nicht Maxilla!) gebildet.

Embryologie

Aus dem 1. Kiemenbogen wird eine Knorpelspange angelegt, die als **Meckel-Knorpel** bezeichnet wird. Diese teilt sich in einen dorsalen (Palatoquadratum) und einen ventralen (Mandibulare) Abschnitt. In dem Bereich, wo sich beide Spangenteile berühren, findet eine Verknöcherung statt. Hier artikulieren das sog. Quadratum (kranial) und das Articulare (kaudal) miteinander und bilden auf diese Weise das **primäre Kiefergelenk**. Der Meckel-Knorpel wird jedoch im Verlauf wieder zurückgebildet, und aus einem Deckknochen lateral davon entsteht die eigentliche Mandibula. Durch Anlagerung an die Pars squamosa des Os temporale entsteht das **sekundäre Kiefergelenk**, das aus diesem Grunde auch als Anlagerungsgelenk bezeichnet wird.

Histologie

Merke

Die Gelenkflächen sind nicht, wie die meisten Gelenke des menschlichen Körpers, von hyalinem Knorpel überzogen, sondern, wie z.B. das Sternoklavikulargelenk, von Faserknorpel.

Gliederung

Im Kiefergelenk artikulieren folgende Knochenstrukturen (↗ Abb. 3.15a und b):

- **Fossa mandibularis:** befindet sich am Processus zygomaticus der Pars squamosa des Os temporale und bildet die **Gelenkpfanne**. Diese wird nach ventral vom Tuberculum articulare begrenzt und ist (nur!) im vorderen Bereich von Faserknorpel überzogen. Der hintere Teil der Fossa liegt extrakapsulär und ist von Bindegewebe umschlossen.
- **Caput mandibulae:** befindet sich kranial am Processus condylaris mandibulae und bildet den **Ge-**

lenkkopf. Dieser gleicht einem vertikalen Kegel. Der kleine Krümmungsradius ermöglicht ein Gleiten in der Gelenkpfanne nach ventral und dorsal.

Zwischen Gelenkkopf und Gelenkpfanne befindet sich eine bikonkave Gelenkscheibe (**Discus articularis**, ↗ Abb. 3.15a und b), die aus Faserknorpel besteht und die Gelenkhöhle in zwei Gelenkkammern unterteilt.

Ventral, dorsal und lateral geht die Gelenkscheibe über in die Gelenkkapsel (**Capsula articularis**), die von der Fissura petrotympanica nach vorn bis zum vollständig in die Gelenkhöhle einbezogenen Tuberculum articulare reicht. Die elastischen Bindegewebsfasern der (vor allem ventral) schlaffen Kapsel ermöglichen eine ausgiebige Beweglichkeit. Stabilität wird durch zwei straffe Bandzüge (**Ligg. mediale** und **laterale**) erreicht.

Zwei weitere Bänder, die nicht zur Gelenkkapsel gehören, sind wichtig für die Funktion des Kiefergelenks (↗ Abb. 3.15c und d):

- **Lig. stylomandibulare:** zieht vom Processus styloideus zum Angulus mandibulae
- **Lig. sphenomandibulare:** verläuft ventral des Lig. stylomandibulare vom Os sphenoidale zu seinem breiten Ansatzpunkt an der Unterkieferinnenseite an der Lingula mandibulae kranial des Foramen mandibulae.

Als weitere sehnige Struktur existiert noch die **Raphe pterygomandibularis**, die vom Hamulus pterygoideus zur Mandibula (Areal dorsal des 3. Molaren) zieht und als Ursprung des M. buccinator dient.

Funktion

Die Kiefergelenke wirken stets zusammen; ihr Zusammenspiel ermöglicht das Öffnen und Schließen des Mundes, das Vor- und Zurückschieben des Unterkiefers sowie Mahlbewegungen. Im Einzelnen sind folgende Bewegungen möglich:

- **Scharnierbewegung** um eine vertikale Achse: Durch die Befestigung am Lig. sphenomandibulare gleitet der Unterkiefer bei der Mundöffnung nach ventral und beim Mundschluss nach dorsal (Dreh-Gleit-Bewegung), wodurch die Lokalisation der vertikalen Achse nicht feststeht. Man kann die Drehachse näherungsweise durch die beiden Foramina mandibularia legen.

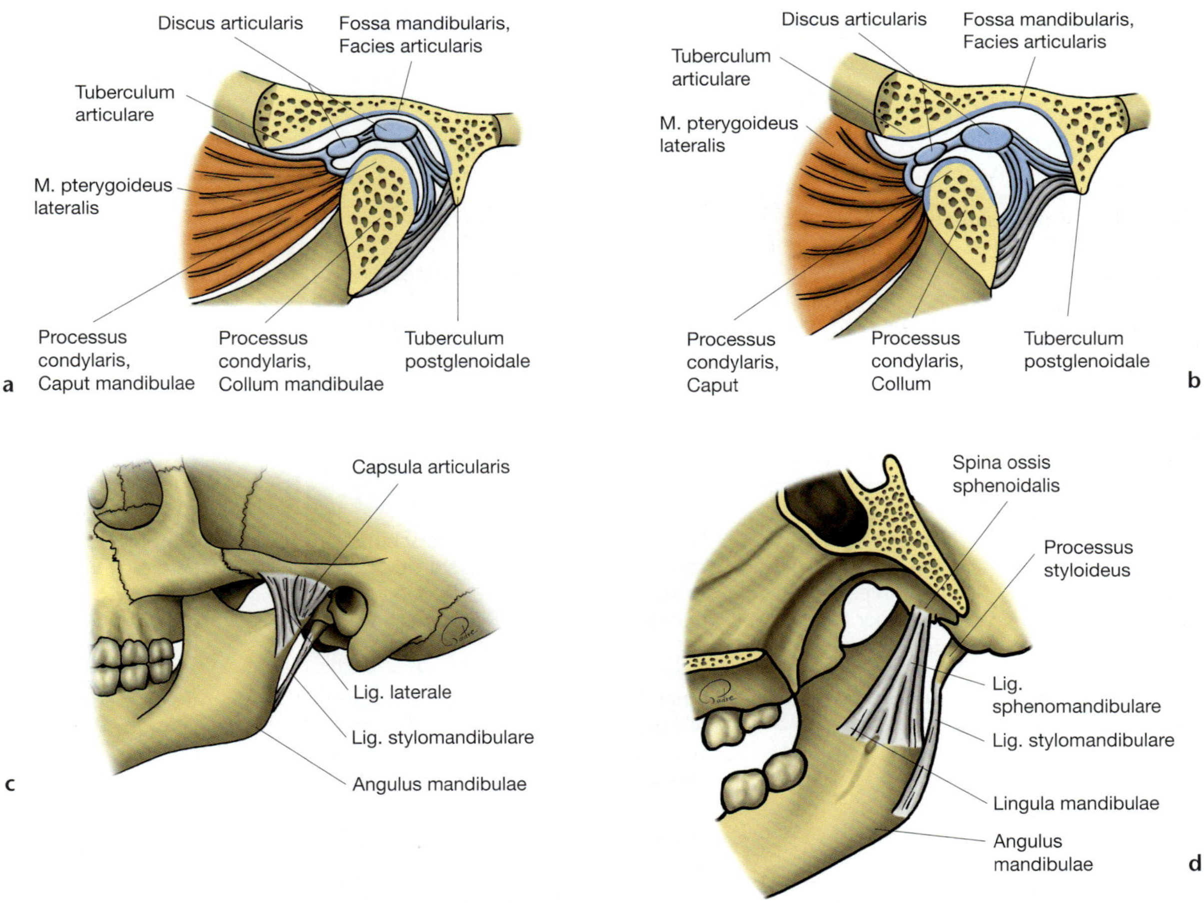

Abb. 3.15 Kiefergelenk. a und b Stellung von Gelenkkopf und Gelenkpfanne bei geschlossenem Mund **(a)** und bei geöffnetem Mund **(b)**. **c und d** Bandverbindungen des Kiefergelenks von lateral **(c)** und von medial **(d)**.

Merke

Aufgrund der Form der Gelenkflächen und der Bandstrukturen ist im Kiefergelenk **keine reine Scharnierbewegung** um eine feststehende vertikale Achse möglich. Es handelt sich stets um eine **Dreh-Gleit-Bewegung**.

- **Gleitbewegung** des Caput mandibulae entlang der Fossa mandibularis (bis zu 1,5 cm) während der Mundöffnung: Hierbei handelt es sich um eine reine Gleitbewegung.
- **Mahlbewegung:** Während das eine Caput mandibulae entlang der Fossa mandibularis nach vorn gleitet (Balanceseite), bewegt sich das andere um eine vertikale Achse in Form einer Drehbewegung (Arbeitsseite). Dadurch, dass sich die Kiefergelenke ständig in der kombinierten Dreh- und Gleitbewegung abwechseln, entsteht eine Mahlbewegung.

Klinik

Bei exzessiver Mundöffnung kann es passieren, dass das Caput mandibulae vor das Tuberculum articulare rutscht und sich dort verhakt (**Kiefersperre**). Der Mund kann nicht mehr geschlossen werden. Um die Kiefersperre zu beseitigen, besteht neben einer beherzten Ohrfeige (für den behandelnden Arzt obsolet) die Möglichkeit, die Daumen rechts und links auf die Unterkiefer-Zahnreihe des Betroffenen zu legen und kräftig nach unten zu drücken. Da der Kiefer beim Einrenken mit einer Kraft von 500 N, d. h. einer Gewichtskraft von 50 kg zusammenschlagen kann, sollte man die Daumen vorher umwickeln (z. B. mit Mullbinden).

Kaumuskulatur

Gliederung

Der Mensch besitzt an jedem Kiefergelenk vier Kaumuskeln (↗ Tab. 3.7, Abb. 3.16):

- **M. masseter:** schließt den Kiefer und wird von der Fascia masseterica überdeckt, die sich in die Fasciae temporalis und parotidea fortsetzt (↗ Kap. 3.1.2)
- **M. temporalis** (Schläfenmuskel): stärkster Kaumuskel; schließt den Kiefer und zieht die Mandibula bei Mahlbewegungen nach hinten (Antagonist des M. pterygoideus lateralis). Bedeckt wird er von der Fascia temporalis (Lamina profunda).
- **M. pterygoideus medialis** (innerer Flügelmuskel): schließt den Kiefer und umgibt, gemeinsam mit dem M. masseter, schlaufenförmig den Angulus mandibulae
- **M. pterygoideus lateralis** (äußerer Flügelmuskel): Der zweiköpfige Muskel öffnet den Kiefer und zieht die Mandibula bei Mahlbewegungen nach vorn (Antagonist des M. temporalis).

Tab. 3.7 Kaumuskulatur

Muskel	Ursprung	Ansatz	Funktion	Innervation
M. masseter • **Pars superficialis** • **Pars profunda**	Arcus zygomaticus: • Pars superficialis: Unterrand der ventralen $^2/_3$ • Pars profunda: Innenfläche des dorsalen Drittels	Angulus mandibulae (Tuberositas masseterica)	Kieferschluss Die Pars superficialis zieht die Mandibula etwas nach ventral	N. massetericus (aus V3)
M. temporalis	Fossa temporalis kaudal der Linea temporalis inferior, tiefes Blatt der Fascia temporalis	Processus coronoideus, Crista temporalis mandibulae	Kieferschluss zieht den Unterkiefer bei Mahlbewegungen nach dorsal	Nn. temporales profundi (aus V3)
M. pterygoideus medialis	Fossa pterygoidea	Innenseite des Angulus mandibulae, Tuberositas pterygoidea	Kieferschluss	N. pterygoideus medialis (aus V3)
M. pterygoideus lateralis	zweiköpfig an der Lamina lateralis processus pterygoidei und der Ala major ossis sphenoidalis	Processus condylaris mandibulae, Fovea pterygoidea, Discus articularis	Kieferöffnung zieht Mandibula bei Mahlbewegungen nach ventral und medial	N. pterygoideus lateralis (aus V3)

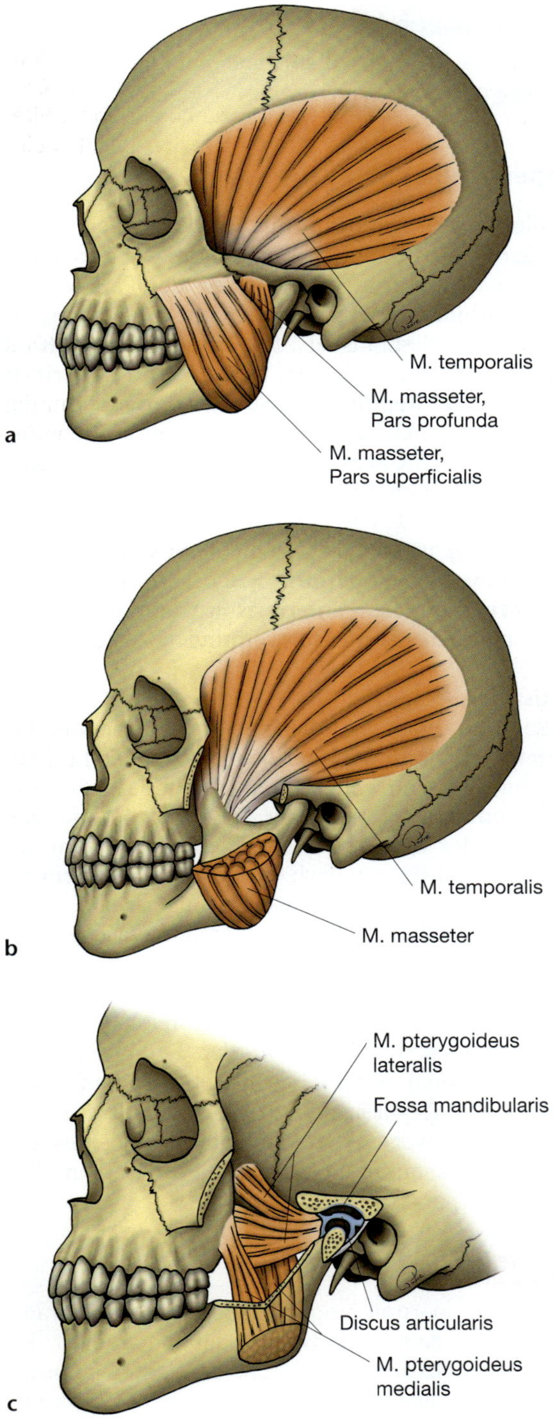

Abb. 3.16 Kaumuskulatur. a oberflächliche Schicht, **b** Situs nach Abtragung des M. masseter, **c** tiefe Schicht.

Durch die eng beieinanderliegenden Ursprünge der Mm. pterygoidei und die weit auseinanderliegenden Ansätze entsteht eine dreieckige Lücke zwischen beiden Muskeln, die als Durchtrittspunkt der A. maxillaris, des N. alveolaris inferior und des N. lingualis fungiert.

Funktion

Merke

Hinsichtlich der Funktion der Kaumuskulatur lässt sich Folgendes zusammenfassen: Als Kieferschließer dienen M. masseter, M. temporalis und M. pterygoideus medialis. Kieferöffner ist der M. pterygoideus lateralis, der dabei von den Zungenbein- und Nackenmuskeln sowie der Schwerkraft unterstützt wird. Die Mahlbewegung entsteht durch ein Zusammenwirken von M. pterygoideus lateralis und M. temporalis.

Embryologie

Die Kaumuskeln leiten sich aus dem **Mesenchym des 1. Kiemenbogens** ab.

Innervation

Entsprechend ihrer Entstehung aus dem 1. Kiemenbogen werden sämtliche Kaumuskeln motorisch durch Äste des **N. mandibularis** (V3) versorgt (↗ Tab. 3.7).

Klinik

Ein wichtiger Muskeleigenreflex zur Prüfung der Funktion des V. Hirnnervs ist der **Masseterreflex**, bei dem der Untersucher einen Finger auf den halb geöffneten Unterkiefer des Patienten legt und anschließend einen leichten Schlag mit dem Reflexhammer auf den Finger ausübt. Physiologischerweise folgt darauf ein unwillkürlicher Mundschluss.

Kauakt

Der Kauakt gliedert sich in drei Schritte:

- Der erste Schritt ist die **Kieferöffnung** durch Hinunterziehen des Unterkiefers. Hierzu müssen der M. pterygoideus lateralis und die Mundbodenmuskulatur (↗ Tab. 3.12) kontrahieren. Bei gierigen Essern erfolgt zusätzlich ein Anheben des Oberkiefers durch Kontraktion der Nackenmuskulatur.
- Zum **Abbeißen** kontrahieren die drei Kieferschließer. Die oberen und unteren Schneidezähne legen sich wie die Klingen einer Schere übereinander, und das Bissstück wird abgetrennt.
- Im letzten Schritt wird das **Bissstück schluckfähig gemacht**: Die Muskeln von Zunge, Lippen und Wangen (M. buccinator) befördern den Bissen zwischen die Zahnreihen und halten ihn hier. M. pterygoideus lateralis und M. temporalis sorgen gemeinsam für eine Mahlbewegung im Kiefergelenk, wodurch der Bissen zwischen oberen und unteren Mahlzähnen zerrieben und zerkleinert wird.

3.3 Verdauungstrakt und Atemwege

3.3.1 Mundhöhle (Cavitas oris)

Überblick, Gliederung und Histologie

Die Mundhöhle ist der erste Abschnitt des Verdauungstraktes. Hier wird die Speise durch das Zusammenspiel der Zähne und der Kau-, Zungen-, Lippen- und Wangenmuskulatur zerkleinert (↗ Kap. 3.2.2, Kauakt) und mit dem Sekret der Speicheldrüsen gemischt. Letzteres macht den Bissen schlüpfrig, so dass er geschluckt werden kann, daut einige Bestandteile der Nahrung an und dient der Selbstreinigung der Mundhöhle. Die Geschmacksrezeptoren in der Zunge überprüfen während des Kauaktes die Genießbarkeit der Speise.

Die Mundhöhle erstreckt sich zwischen der Mundspalte (**Rima oris**) und der Schlundenge (**Isthmus faucium**), die in den Rachen mündet. Das Dach der Mundhöhle ist der Gaumen (**Palatum**), ihre seitliche Begrenzung stellen die Wangen (**Buccae**) dar. Sie lässt sich in drei Abschnitte unterteilen:

- Der Raum zwischen Wangen bzw. Lippen (Labia) und den Zähnen wird als **Mundhöhlenvorhof (Vestibulum oris)** bezeichnet.
- Hinter den Zahnreihen liegt die **eigentliche Mundhöhle (Cavitas oris propria)**, in der die Zunge lokalisiert ist.
- Den Abschluss der Mundhöhle bildet die **Schlundenge (Isthmus faucium)**, die durch den paarigen vorderen Schlundbogen (**Arcus palatoglossus**) hervorgerufen wird. Dieser entsteht durch die Vorwölbung des M. palatoglossus. Kraniale Begrenzung der Schlundenge ist das Gaumensegel (**Velum palatinum**) mit dem Zäpfchen (**Uvula**), kaudale Begrenzung ist die Zunge (**Lingua**).

Die Mundhöhle ist (außer im Bereich der Zähne) mit **Mundschleimhaut** ausgekleidet. Diese besteht aus

- **mehrschichtig unverhorntem Plattenepithel**, das ca. alle 8–10 Tage erneuert wird und Melanozyten enthält. An mechanisch beanspruchten Stellen kann es zu leichten Verhornungen kommen.

Klinik

Stärkere Verhornungen der Mundschleimhaut werden als weiße Areale (**Leukoplakie**) sichtbar und sind stets abklärungsbedürftig, da sie maligne entarten können (Präkanzerose).

- **Lamina propria:** meist papillenartig mit der Epithelschicht verzahntes Bindegewebe, in dem die Endaufzweigungen von Leitungsbahnen und im Bereich von Lippen und Wangen einige kleine Speicheldrüsen liegen.

Unter der Mundschleimhaut befindet sich die bindegewebige **Tela submucosa**, die Leitungsbahnen und im Bereich von Lippen und Wangen zahlreiche kleine Speicheldrüsen enthält.

Merke

Anders als im Rumpfdarm fehlt im Kopfdarm eine Lamina muscularis mucosae.

Lippen (Labia)

Gliederung, Funktion und Topographie

Bei den Lippen handelt es sich um zwei Weichteilfalten, deren zentrales Gerüst von der Pars labialis des **M. orbicularis oris** gebildet wird. Dieser fungiert als Mundschließmuskel. Die Mundöffnung wird durch Kontraktion des **M. levator labii superioris** und des **M. depressor labii inferioris** vermittelt (↗ Kap. 3.1.3). Die Lippenmuskeln sind für den flüssigkeits- und gasdichten Verschluss der Mundhöhle und für die Sprachproduktion von entscheidender Bedeutung.

Jede Lippe ist median durch eine Schleimhautfalte (**Frenulum labii superioris** = Oberlippenbändchen bzw. **Frenulum labii inferioris** = Unterlippenbändchen) mit dem Zahnfleisch verbunden.

Histologie

Außen und innen sind die Lippen von einem **mehrschichtigen Plattenepithel** bedeckt. Dieser Epithelüberzug lässt sich weiter untergliedern in

- **Pars cutanea:** Sie ist an der Außenseite kranial und kaudal des Lippenrots lokalisiert und besteht aus **mehrschichtig** schwach **verhorntem Plattenepithel** mit Haaren, Schweiß- und Talgdrüsen.
- **Pars intermedia:** Übergangsbereich zwischen Außen- und Innenseite aus **mehrschichtig unverhorntem Plattenepithel**. Er enthält das eigentliche **Lippenrot**, das durch die zahlreichen durchscheinenden Kapillaren in der Lamina propria hervorgerufen wird. Hier findet man außerdem vereinzelt Talgdrüsen und viele sensible Nervenfasern, weswegen die Pars intermedia eines der berührungsempfindlichsten Areale des menschlichen Körpers ist.

Klinik

Wenn die Sauerstoffsättigung in den Kapillaren herabgesetzt ist, dann verfärbt sich das Blut dunkel. Es kommt zur bläulichen Verfärbung der Haut (**Zyanose**), die sich vor allem an den Lippen bemerkbar macht. Die **zentrale Zyanose** entsteht durch unzureichende Sauerstoffsättigung des gesamten Blutes, z. B. bei Herzfehlern mit Rechts-links-Shunt. Die **periphere Zyanose** ist durch eine vermehrte periphere O_2-Ausschöpfung bedingt, z. B. als Folge einer Herzinsuffizienz, einer lokalen Gefäßverengung durch Kälte oder einer chronischen Arterienverengung (Arteriosklerose).

- **Pars mucosa:** Sie ist an der Innenseite der Lippen lokalisiert und besteht aus **mehrschichtig unverhorntem Plattenepithel**. In der untergelagerten Lamina propria, vor allem aber in der Tela submucosa befinden sich muköse Speicheldrüsen (**Glandulae labiales**).

Gefäßversorgung und Innervation

Die arterielle Blutversorgung der Lippen übernehmen Äste der **A. facialis** (↗ Kap. 3.6.1).

Die Oberlippe wird sensorisch durch den **N. maxillaris** (V2) innerviert, die Unterlippe durch den **N. mandibularis** (V3). Die motorische Innervation erfolgt durch den **N. facialis**.

Wangen (Buccae)

Die Wangen bilden die seitliche Begrenzung der Mundhöhle. Sie sind außen von Epidermis bedeckt. Darunter folgt der Wangenfettpfropf (**Corpus adiposum buccae**). Er liegt auf dem Wangenmuskel (**M. buccinator**), der beim Kauakt den Bissen zwischen die Zahnreihen befördert und ihn hier hält. Innen folgen die Tela submucosa mit zahlreichen kleinen seromukösen Speicheldrüsen (**Glandulae buccales**) und die Mundschleimhaut.

Zähne (Dentes)

Überblick und Funktion

Die Zähne stecken in den knöchernen Zahnfächern (Alveoli dentales = Alveolen) der Alveolarfortsätze, d.h. des Processus alveolaris maxillae und der Pars alveolaris des Corpus mandibulae. Sie sind von spezialisierter Mundschleimhaut, dem Zahnfleisch (Gingiva), umgeben. Vor dem Zahnwechsel besitzt der Mensch 20, danach 32 Zähne. Sie bestehen aus Zahnhartsubstanzen (Schmelz, Dentin, Zement) und Bindegewebe (Zahnpulpa = Zahnmark). Während Schmelz und Dentin für die Funktion der Zähne – die Zerkleinerung der Nahrung – ausschlaggebend sind, verankert Zement den Zahn in der Alveole. Die Zahnpulpa dient der Versorgung des Zahns. Die verschiedenen Zähne nehmen im Rahmen der Nahrungszerkleinerung unterschiedliche Aufgaben wahr, was sich in ihren morphologischen Besonderheiten widerspiegelt. So dienen die Frontzähne z.B. dem Abbeißen, während mit den Backenzähnen die Nahrung zermahlen wird.

Morphologie

Jeder Zahn besitzt folgenden Grundaufbau (↗ Abb. 3.17):

- **Corona dentis** (Zahnkrone): So bezeichnet der Kliniker den das Zahnfleisch überragenden, d.h. den sichtbaren Abschnitt des Zahns, der Anatom den von Schmelz überzogenen Zahnabschnitt.
- **Cervix dentis** (Zahnhals): Anheftungsstelle des Zahns am Zahnfleisch
- **Radix dentis** (Zahnwurzel): So bezeichnet der Kliniker den von der Alveole bedeckten und damit unsichtbaren Abschnitt des Zahns, der Anatom den von Zement überzogenen basalen Zahnabschnitt.
- **Cavitas dentis** [pulparis] (Pulpahöhle): enthält die bindegewebige **Pulpa dentis** (Zahnpulpa, Zahnmark), füllt die Radix und Cervix dentis innen aus und reicht kranial bis in die Corona dentis. An der Zahnwurzelspitze (**Apex dentis**) öffnet sie sich mit dem **Foramen apicis dentis** zur Alveole hin. Durch dieses Loch gelangen Nerven und Gefäße in den Zahn.

Über die bindegewebige Wurzelhaut (**Periodontium = Desmodont**) ist der Zahn federnd in der knöchernen Alveole aufgehängt. Zwischen Wurzelhaut und Zahn befindet sich Zement.

Merke

Alveolarknochen, Wurzelhaut und Zement werden unter dem Begriff **Zahnhalteapparat (Parodontium)** zusammengefasst. Manchmal wird auch das Zahnfleisch dem Zahnhalteapparat zugeordnet.

Klinik

In der Zahnheilkunde benutzt man zur Beschreibung pathologischer Veränderungen folgende **Lokalisationsbegriffe** für die Flächen der Zahnkrone:

- Facies vestibularis/labialis/buccalis: Außenseite
- Facies lingualis/palatinalis: Innenseite
- Facies occlusalis: Kaufläche
- Facies approximalis: Berührungsfläche zu den Nachbarzähnen
  - Facies mesialis: Berührungsfläche zum vorderen Nachbarzahn
  - Facies distalis: Berührungsfläche zum hinteren Nachbarzahn.

Gliederung

Das **bleibende Gebiss** besteht aus **32 Zähnen**, jeweils 16 in Ober- und Unterkiefer. In jeder Kieferhälfte befinden sich also acht spiegelbildlich angeordnete Zähne (↗ Abb. 3.18):

- zwei Schneidezähne (**Dentes incisivi** I und II): einwurzelig. Scherenartig ineinandergreifende, scharfkantige Kontaktflächen ermöglichen das Abbeißen eines Bissstückes.
- ein Eckzahn (**Dens caninus**): einwurzelig, im Kronenbereich spitz zulaufend und bei Raubtieren zum Halten der Beute besonders stark ausgebildet
- zwei vordere Backenzähne (**Dentes premolares** I und II): einwurzelig (in 50% der Fälle ist der Dens premolaris II im Oberkiefer zweiwurzelig), zeichnen sich durch breite Kontaktflächen und eine zweihöckrige Krone aus
- drei Mahlzähne (**Dentes molares** I–III): im Unterkiefer zweiwurzelig, im Oberkiefer dreiwurzelig; dienen mit ihren breiten, vierhöckrigen Kauflächen dem Zermahlen der Nahrung. Die 3. Molaren werden auch Weisheitszähne genannt.

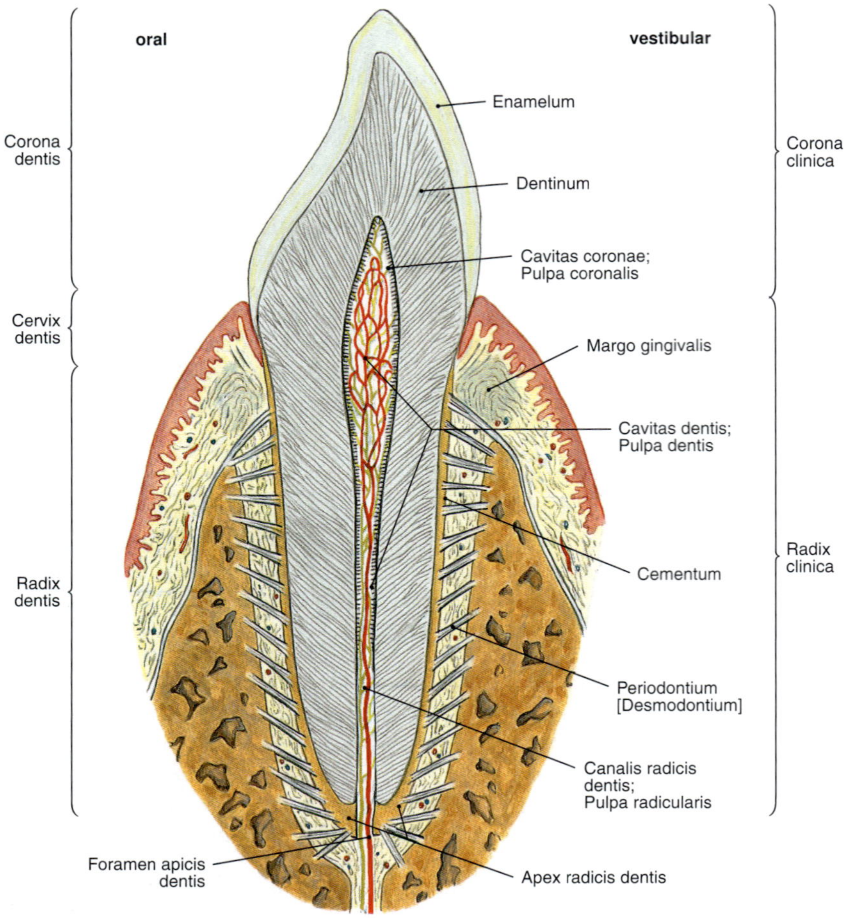

Abb. 3.17 Schneidezahn. Längsschnitt mit Alveole und Zahnhalteapparat. (Aus [14])

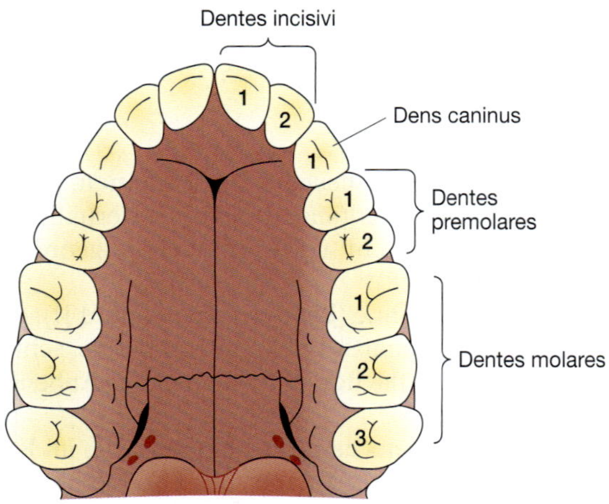

Abb. 3.18 Die Zähne des Unterkiefers.

Die anatomische Zahnformel für die Zähne des bleibenden Gebisses lautet also für jede Kieferhälfte 2–1–2–3. Im klinischen Alltag wird jedoch die **internationale Zahnformel** verwendet (↗ Tab. 3.8): Von der Mitte ausgehend werden die Zähne einer Kieferhälfte mit den Ziffern 1–8 belegt. Um nun die einzelnen Zähne jeder Ober- und Unterkieferhälfte unterscheiden zu können, wird den Ziffern 1–8 bei den Zähnen des rechten Oberkiefers die Zahl 1 vorangestellt, bei denen des linken Oberkiefers eine 2, bei denen des linken Unterkiefers eine 3 und bei denen des rechten Unterkiefers eine 4.

Das **Milchgebiss** besteht aus **4 × 5 Milchzähnen** (**Dentes decidui**): pro Ober- bzw. Unterkieferhälfte zwei Schneidezähne, ein Eckzahn sowie zwei „Milchmolaren" (2–1–2). Die Nummerierung nach der internationalen Zahnformel folgt demselben Prinzip wie beim bleibenden Gebiss (↗ Tab. 3.9).

Topographie

Das Ineinandergreifen der Zahnflächen von Ober- und Unterkiefer beim Biss wird als **Artikulation** bezeichnet. Da die Oberkieferzähne gegenüber den Unterkieferzähnen um eine halbe Zahnbreite nach distal verschoben sind, artikulieren beim Kauakt (fast) immer drei Zähne miteinander: **zwei Hauptantagonisten**, d. h. die gleichnamigen Zähne aus Ober- und Unterkiefer, und **ein Nebenantagonist**. Die Dentes incisivi I des Unterkiefers und die Dentes molares III des Oberkiefers haben keinen Nebenantagonisten.

Die Zahnreihen des Ober- und Unterkiefers bilden den oberen und unteren Zahnbogen (**Arcus dentales**

Tab. 3.8 Internationale Zahnformel für das bleibende Gebiss

rechter Oberkiefer								linker Oberkiefer							
18	17	16	15	14	13	12	11	21	22	23	24	25	26	27	28
48	47	46	45	44	43	42	41	31	32	33	34	35	36	37	38
rechter Unterkiefer								linker Unterkiefer							

Tab. 3.9 Internationale Zahnformel für das Milchgebiss

rechter Oberkiefer					linker Oberkiefer				
55	54	53	52	51	61	62	63	64	65
85	84	83	82	81	71	72	73	74	75
rechter Unterkiefer					linker Unterkiefer				

superior und **inferior**). Da der obere, elliptisch geformte Arcus dentalis einen etwas weiteren Bogen macht als der eher parabelförmige untere, überragt er diesen mit seinen Zahnkronen seitlich ein wenig.

Die Stellung beider Zahnreihen zueinander beim Kieferschluss nennt man **Okklusion**. Diese verläuft meistens in einer zum Unterkiefer hin konvexen Kurve (Spee-Kurve), deren gedachte Fortsetzung das Mandibulaköpfchen schneidet.

Bei regelrechter Anatomie des Kiefers (**Eugnathie**) liegen die oberen Frontzähne scherenartig vor den unteren. Diese **eugnathe Verzahnung** bezeichnet man als **Psalidodontie** (Überbiss = Vorbiss = Scherenbiss). Jede Anomalie der Kieferanatomie (**Dysgnathie**) führt zu **dysgnather Verzahnung**, z. B. zu

- **Labidodontie** (Kopfbiss = Zangenbiss): Die oberen und unteren Frontzähne stehen mit ihren Okklusionsflächen zangenartig aufeinander.
- **Deckbiss:** Die Oberkiefer-Frontzähne überdecken die Unterkiefer-Frontzähne in der Schlussbissstellung vollständig.

Anomalien der Kieferanatomie werden, wenn sie den Oberkiefer betreffen, als „-gnathie" bezeichnet, wenn der Unterkiefer betroffen ist, als „-genie". Man unterscheidet folgende **Formen der Dysgnathie**:

- **Prognathie** (Rückbiss): Überentwicklung des Oberkiefers, so dass die oberen Schneidezähne vorstehen und der Betroffene ein fliehendes Kinn hat
- **Progenie** (Überbiss): Vorlage des Unterkiefers, bei der die unteren Schneidezähne vor den oberen liegen
- **offener Biss:** Die Zähne von Ober- und Unterkiefer haben z. T. keinen Kontakt zueinander.
- **Kreuzbiss:** Auf einer Seite stehen die Ober- und auf der anderen die Unterkieferzähne vor.

Histologie

Im Folgenden sind zunächst die Komponenten des Zahns, dann die des Zahnhalteapparates dargestellt.

Zahngewebe

Schmelz (Substantia adamantina, Enamelum) bildet im Bereich der Zahnkrone die äußerste Zahnschicht (↗ Abb. 3.17). Er besteht zu 97 % aus anorganischen Verbindungen (Kalzium, Phosphor und Fluor in Form von Hydroxylapatit) und stellt somit das härteste Gewebe des Körpers dar. Schmelzmatrixproteine bilden den organischen Anteil. Die Schmelzstruktur wird durch radiär verlaufende **Schmelzprismen** determiniert, die (nur!) während der Embryonalentwicklung von den **Ameloblasten** (Adamantoblasten) gebildet werden. Auf mikroskopischen Präparaten erkennt man im Schmelz verschiedene Linien (Retzius-Streifen, Schreger-Hunter-Streifen). Der Schmelz ist nicht regenerierbar und wird im Alter spröde.

Klinik

Bei der **Karies** („Zahnfäule") geht der Schmelz durch Säuren, die von Bakterien der Mundflora aus Kohlenhydraten gebildet werden, irreversibel zugrunde.

Unter dem Schmelz findet sich **Dentin (Substantia eburnea, Dentinum, Zahnbein)**. Es umschließt die Pulpahöhle und ist die Hauptkomponente des Zahns. Dentin besteht zu 70 % aus anorganischen Verbindungen, ist also härter als normaler Knochen, ansonsten aber mit ihm vergleichbar. Den organischen Anteil bilden Kollagenfasern (Typ I) und verschiedene Matrixproteine. An der Grenze zur Pulpahöhle erkennt man palisadenförmig angeordnete **Odon-**

toblasten. Sie synthetisieren Dentin, vor allem während der Embryonalentwicklung. Sie besitzen apikale Fortsätze (Tomes-Fasern), die in radiär angeordneten **Dentinkanälchen** nach außen ziehen. Diese Kanälchen rufen die radiäre Streifung des Dentins hervor. Blutgefäße fehlen hier.

Die **Zahnpulpa** (das Zahnmark) in der Pulpahöhle (Cavitas dentis) ist lockeres, gallertiges Bindegewebe aus elastischen und kollagenen Fasern (Typ I und II), Fibrozyten (Pulpozyten) und Immunzellen. Hier verlaufen die den Zahn versorgenden Leitungsbahnen: ein subodontoblastischer Kapillarplexus, Venen, autonome und sensible Nervenfasern (**Raschkow-Plexus**) und Lymphgefäße, die über das Foramen apicis dentis von basal in die Pulpahöhle gelangen.

Gewebe des Zahnhalteapparates

Zum Zahnhalteapparat werden stets Alveolarknochen, Wurzelhaut und Zement gezählt, manchmal auch das Zahnfleisch.

Der **Alveolarknochen** (Os alveolare) besteht aus kompaktem Knochengewebe, das zahlreiche Öffnungen für Gefäße und Nerven besitzt.

Die **Wurzelhaut** (Desmodont) sorgt zusammen mit dem Zement (↗ unten) für die Befestigung des Dentins im Alveolarknochen. Die Wurzelhaut besteht aus kollagenen Fasern, die radiär und tangential angeordnet sind und in Alveolarknochen und Zement inserieren (**Sharpey-Fasern**). Auf diese Weise ist die Zahnwurzel beweglich im Alveolarknochen aufgehängt. In der Wurzelhaut kommen kollagene und elastische Fasern, Gefäße und Nerven vor.

Das **Zement (Substantia ossea, Cementum)** verbindet das Dentin im Wurzelbereich mit dem Alveolarknochen. Es besteht zu 65% aus anorganischen Anteilen (Hydroxylapatit). Die organischen Bestandteile sind Kollagen Typ I und Matrixproteine. An der Grenze zum Alveolarknochen befindet sich eine unvollständige Zellschicht aus **Zementoblasten**, die lebenslang Zement bilden.

Das **Zahnfleisch** (Gingiva) überspannt die Processus alveolares von Maxilla und Mandibula und füllt in Form papillenartiger Verdickungen (Papillae gingivales) die Lücken zwischen benachbarten Zähnen, wodurch das Festsetzen von Nahrungsresten erschwert wird. Im Bereich des Zahnhalses ist das Zahnfleisch am Zahn fixiert (Pars fixa), der Zahnfleischanteil oberhalb des Zahnhalses wird als Pars libera bezeichnet. Die Vertiefung zwischen Pars libera und Zahn wird Sulcus gingivalis genannt. Zahnfleisch ist spezialisierte, drüsenfreie Mundschleimhaut und besteht aus einem **mehrschichtigen Plattenepithel**, das im Bereich der **Pars libera leicht verhornt**, im Bereich der Pars fixa unverhornt ist, und einer derben kollagenen **Lamina propria**. Letztere fixiert das Epithel unverschieblich am Knochen. Eine Tunica submucosa fehlt.

Embryologie

Der **Zahnschmelz** entwickelt sich aus dem **Ektoderm**. **Dentin**, **Pulpa** und **Zement** sind **ektomesodermaler Herkunft** (Neuralleiste). Der Alveolarknochen entsteht aus dem Kopfmesoderm.

Jeder Zahn entsteht aus einer Zahnanlage. Die Zahnentwicklung verläuft in Stadien, die jedoch nicht von allen Zahnanlagen zur gleichen Zeit durchlaufen werden:

- **Leistenstadium** (ab 4. SSW): Das Oberflächenektoderm der Mundbucht (Stomadeum) verdickt sich zur **Zahnleiste** und wächst dort, wo die einzelnen Zähne entstehen sollen, senkrecht in die Tiefe (↗ Abb. 3.19a).
- **Knospen- und Kappenstadium** (ab 6. SSW): Die Zahnleiste verdickt sich in der Tiefe knospenartig. Das umgebende Mesenchym proliferiert zur **Zahnpapille** und stülpt die Knospe ein, so dass eine sog. **Schmelzkappe** entsteht (↗ Abb. 3.19b). Ab der 10. SSW entwickelt sich oberhalb der Schmelzkappe eine weitere kleine Ausstülpung aus der Zahnleiste, die **Ersatzzahnleiste** als Anlage für die sich später entwickelnden bleibenden Zähne (↗ Abb. 3.19c).
- **Glockenstadium** (ab 10. SSW): Aus der Schmelzkappe entwickelt sich die **Schmelzglocke**, deren dünne Verbindung zum Mundhöhlenepithel (↗ Abb. 3.19c) sich zu sog. Serres-Körpern (↗ Abb. 3.20) auflöst. An der Konvexität der Schmelzglocke erkennt man das einschichtig isoprismatische **äußere Schmelzepithel**, an ihrer konkaven Seite das einschichtig hochprismatische **innere Schmelzepithel**, das sich zu den **Ameloblasten** differenziert. Im späteren Apexbereich gehen beide Epithelschichten ineinander über (**Hertwig-Epithelscheide**). Zwischen innerem und äußerem Schmelzepithel befindet sich die **Schmelzpulpa** aus sternförmigen, retikulär angeordneten Zellen. Die von der Konkavität der Schmelzglocke apikal umschlossene mesenchymale Zahnpapille bildet eine dem inneren Schmelzepithel anliegende hochprismatische Zellschicht aus **Odontoblasten**. Umgeben wird die Schmelzglocke von dem mesenchymalen **Zahnsäckchen**.
- **Dentin- und Schmelzbildung** (ab 13. SSW): Die Odontoblasten sondern Dentin in Richtung Schmelzglocke ab und bilden Fortsätze aus (Tomes-Fasern), die in den entstehenden Dentinkanälchen eingemauert werden. Die Ameloblasten sezernieren parallel dazu den Schmelz in Richtung Odontoblasten ab. Die Schmelzpulpa wird dabei langsam zurückgebildet. Die später sichtbaren verschiedenen Streifen im Schmelz kommen durch schlangenförmige ameloblastische Wanderbewegungen sowie die in rhythmischen Schüben verlaufende Schmelzmineralisation zustande. Kurz vor dem Zahndurchbruch bilden die Ameloblasten ein organisches Schmelzoberhäutchen (Cuticula dentis), das nach dem Zahndurchbruch verschwindet.

Merke

Odontoblasten bilden Dentin, Ameloblasten bilden Schmelz.

- **Bildung der Zahnwurzel und des Zahnhalteapparates:** Basal kommen die mesenchymalen Zellen des Zahnsäckchens in Kontakt mit dem von den Odontoblasten gebildeten Wurzeldentin und differenzieren sich zu Zementoblasten, die im Zahnhalsbereich mit der Bildung des Zements beginnen. Die weiter außen gelegenen Schichten des Zahnsäckchens entwickeln sich zum Faserapparat der Wurzelhaut.

Zahndurchbruch und Zahnwechsel

Durch die allmähliche Größenzunahme des Kiefers im Laufe des menschlichen Wachstums brechen immer nur so viele Zähne durch, wie es die jeweilige Größe des Kiefers zulässt (das Kleinkind hat 20, das Schulkind 24, der Jugendliche nach der Pubertät 28 und der Erwachsene 32 Zähne). Die 20 Milchzähne sind bereits beim Neugeborenen vollständig angelegt, befinden sich jedoch noch innerhalb des Kieferknochens. Nach 6–9 Monaten bricht der erste Milchschneidezahn durch, gefolgt von den Zähnen 2 (8.–12. Monat), 4 (12.–16. Monat), 3 (16.–20. Monat) und 5 (20.–30. Monat). Da die 20 Milchzähne nach dem Durchbruch nicht mehr weiterwachsen, werden sie im Kindesalter durch die größeren, bleibenden Zähne ersetzt: Der Durchbruch des ersten Zahns (Zahn 6) erfolgt im 6. Lebensjahr, weswegen dieser auch als „Sechsjahresmolar" bezeichnet wird. Im Oberkiefer folgen die Zähne 1, 2, 4, 5, 3 und im Unterkiefer 1, 2, 3, 4, 5. Zahn 7 bricht während der Pubertät durch, Zahn 8 („Weisheitszahn") schließlich beim Erwachsenen.

Gefäßversorgung

Die **arterielle Blutversorgung** der Zähne erfolgt über Äste der **A. maxillaris** aus der **A. carotis externa**:

- **Aa. alveolares superiores anteriores** (aus der A. infraorbitalis): ziehen zu den Zähnen der vorderen Maxilla
- **A. alveolaris superior posterior:** zieht zu den Zähnen im hinteren Maxillarbereich
- **A. alveolaris inferior:** verläuft im Canalis mandibulae und gibt Rr. dentales zu den Zähnen des Unterkiefers ab.

Das **venöse Blut** wird in den **Plexus pterygoideus** abgeleitet.

Der **Lymphabfluss** erfolgt über die **Lnn. submentales** und **submandibulares**.

Innervation

Sensibel werden die Zähne über Äste des **N. trigeminus** (V) versorgt:

- **N. maxillaris** (V2): gibt in der Fossa pterygopalatina den **N. infraorbitalis** ab, von dem wiederum die **Nn. alveolares superiores** abzweigen. Diese bilden im Oberkiefer den Plexus dentalis superior, aus dem **Rr. dentales superiores** zu den Zähnen und **Rr. gingivales superiores** zum bukkalen Zahn-

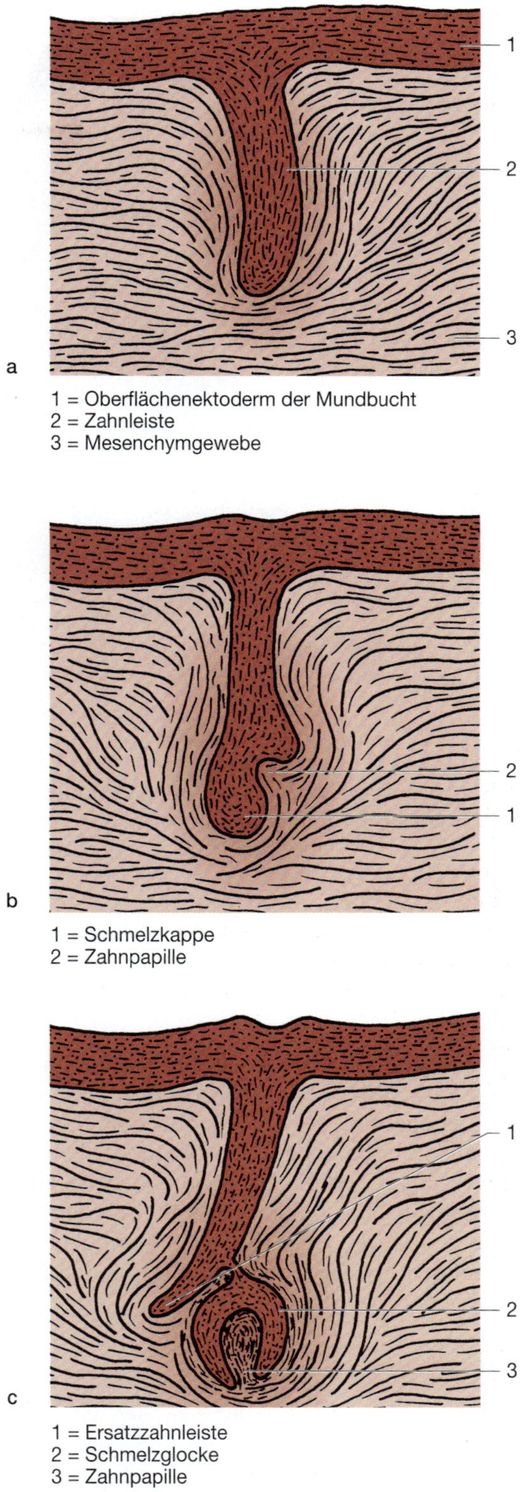

Abb. 3.19 Zahnentwicklung. **a** Leistenstadium, **b** frühes Kappenstadium, **c** frühes Glockenstadium. (Aus [4])

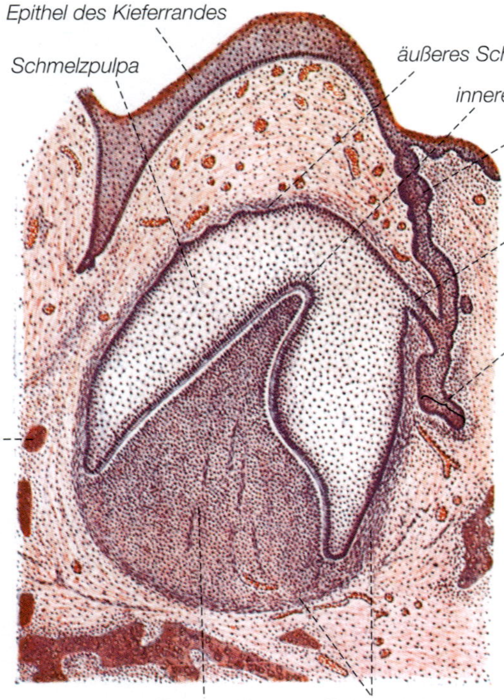

Abb. 3.20 Schmelzorgan. (Aus [16])

fleisch der Maxilla ziehen. (Das palatinale Zahnfleisch wird über den N. palatinus major versorgt!)

Klinik

Zur **Betäubung eines Oberkiefer-Zahns** umspritzt man die betreffende Zahnwurzel mit einem Lokalanästhetikum.

- **N. mandibularis** (V3): gibt in der Fossa infratemporalis den **N. alveolaris inferior** ab, der im Canalis mandibulae verläuft und dort den Plexus dentalis inferior bildet. Über **Rr. dentales inferiores** versorgt dieser die Zähne und über **Rr. gingivales inferiores** das bukkale Zahnfleisch der Mandibula (außer im Bereich des 2. Prämolaren und 1. Molaren, wo das Zahnfleisch durch den N. buccalis versorgt wird).

Klinik

Im **Unterkieferbereich** kann man den kompletten N. alveolaris inferior mittels **Leitungsanästhesie** ausschalten. Dabei wird das Kinn mitbetäubt, da sich der N. alveolaris inferior in den N. mentalis fortsetzt, welcher wiederum die Haut im Bereich des Unterkiefers sensibel versorgt. Darüber hinaus kann der benachbart verlaufende N. lingualis dabei außer Gefecht gesetzt werden, wodurch die Zunge halbseitig gefühllos wird. Dieses kann beabsichtigt sein, da auch der N. lingualis Teile des Zahnfleischs sensibel versorgt.

Zunge (Lingua)

Überblick und Funktion

Die Zunge ist ein mit Schleimhaut überzogener, im Mundboden verankerter Muskelkomplex. Die Muskulatur ist wichtig beim **Kauen**, **Schlucken** und **Sprechen**, bei pflanzenfressenden Tieren auch zum Aufgreifen der Nahrung. Die Schleimhaut enthält Mechano- und Geschmacksrezeptoren, die die Zunge zu einem **Tast- und Geschmacksorgan** machen, sowie lymphatisches Gewebe, weshalb die Zunge auch eine **Abwehrfunktion** besitzt.

Morphologie

Beim Herausstrecken der Zunge erkennt man den Zungenrücken (**Dorsum linguae**, ↗ Abb. 3.21), der vorn durch die Zungenspitze (**Apex linguae**) und seitlich durch den Zungenrand (**Margo linguae**) begrenzt wird.

Auf dem **Dorsum linguae** erkennt man die mediane Zungenrinne (**Sulcus medianus linguae**) sowie beidseits davon auf dem gesamten Zungenrücken verteilt kleinere Zungenpapillen (**Papillae filiformes** = Fadenpapillen, ↗ unten). Im hinteren Bereich des Dorsum linguae erkennt man 6–12 Wallpapillen (**Papillae vallatae**), die V-förmig angeordnet sind und dorsal vom ebenfalls V-förmigen **Sulcus terminalis linguae** flankiert werden, der Grenzlinie zwischen Zungenkörper (Corpus) und Zungenwurzel (Radix). Im Sulcus terminalis linguae befindet sich an der Spitze des „V" ein blind endendes Loch, das **Foramen caecum linguae**, ein Überbleibsel des embryonalen Ductus thyroglossus, aus dem sich die Schild-

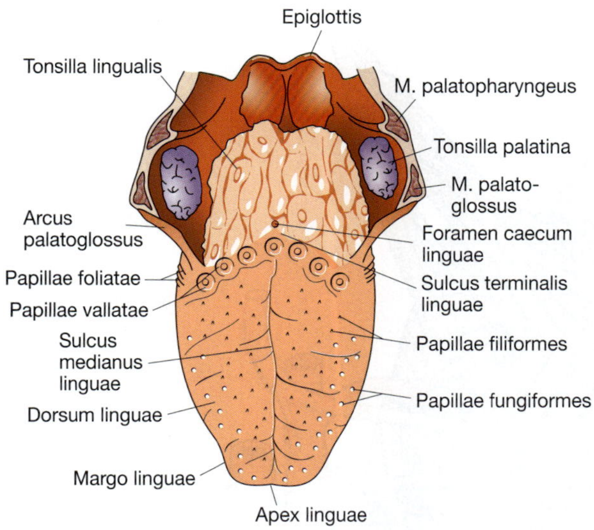

Abb. 3.21 Zunge, Ansicht von oben.

drüse entwickelt (↗ Kap. 4.3). Dorsal des Sulcus terminalis, d. h. an der Zungenwurzel (dem Zungengrund), befinden sich Schleimhauterhebungen, die **Zungenbälge**. Sie bilden zusammen die Zungen(grund)mandel (**Tonsilla lingualis**).

An der Zungenunterseite (**Facies inferior linguae**) sieht man das mediane Zungenbändchen (**Frenulum linguae**), das ventral zwischen den beiden **Carunculae sublinguales** endet, den Mündungen der Ausführungsgänge der Glandulae lingualis und submandibularis. V-förmig vom Apex ausgehend erkennt man außerdem eine beidseitige Schleimhautfalte, die **Plica fimbriata**.

Histologie

An ihrer Oberfläche ist die Zunge von einem **mehrschichtig unverhornten Plattenepithel** bedeckt. Die darunterliegende **Lamina propria** ist papillenartig mit der Epithelschicht verzahnt und im Bereich des Zungenrückens zu einer derben Bindegewebsplatte (**Aponeurosis linguae**, ↗ Abb. 3.24) verdichtet. Auf dem Zungenrücken und am Zungenrand sind Epithel und Lamina propria zu **Zungenpapillen** aufgeworfen, die in ihrer Gesamtheit das **Tast- und Geschmacksorgan** bilden (↗ unten). Im Bereich der Zungenwurzel ist die Schleimhaut zu **Zungenbälgen** aufgeworfen. In diesen ist das Epithel mit Lymphozyten durchsetzt und kann Krypten bilden, und in der Lamina propria finden sich Lymphfollikel. Die Zungenbälge werden als **Tonsilla lingualis** zusammengefasst. Unter der Schleimhaut liegen die mukösen **Glandulae linguales posteriores**.

Das innere Gerüst der Zunge ist durch geflechtartiges **kollagenes Bindegewebe** charakterisiert, das vertikal, transversal und longitudinal von **Muskelfasern** durchzogen wird. Im vorderen Bereich liegen zwischen den Muskelzellen die seromukösen **Glandulae linguales anteriores** (Blandin-Nuhn-Drüse).

Außerdem wird die Zunge von zahlreichen Nerven und Gefäßen durchzogen und enthält Fettzellen.

Gefäßversorgung

Arteriell wird die Zunge über die **A. lingualis** versorgt. Dieser Ast der A. carotis externa verläuft medial des M. hyoglossus (lateral verläuft der N. hypoglossus) zur Zunge und gibt folgende, miteinander anastomosierende Äste ab (↗ Abb. 3.22):

- **A. sublingualis** zum Mundboden
- **Rr. dorsales linguae** zum Zungenrücken
- **A. profunda linguae** zur Versorgung des Zungeninneren bis zur Zungenspitze.

Außerdem existieren Anastomosen mit der A. facialis und der A. pharyngea ascendens.

Der venöse Abfluss erfolgt über die **V. lingualis** in die **V. jugularis interna**.

Die Lymphe der Zunge gelangt in folgende **regionäre Lymphknoten**:

- **Lnn. submentales**: Drainage der Zungenspitze
- **Lnn. submandibulares**: Drainage der Zungenmitte und des Zungenrandes
- **Lnn. cervicales laterales profundi**: Drainage der Zungenwurzel.

Klinik

Durch Anastomosen der Nodi lymphoidei beider Zungenseiten metastasieren Karzinome der Zunge häufig zuerst in die Lymphknoten der gesunden Seite.

Innervation

↗ Abschnitte „Zungenpapillen" und „Zungenmuskulatur".

Zungenpapillen

Gliederung

Man unterscheidet beim Menschen vier Arten von Zungenpapillen (↗ Abb. 3.21):

- **Papillae filiformes** (Fadenpapillen) sind über den gesamten Zungenrücken verteilt. Sie besitzen einen verhornten Zipfel und verleihen dem Zungenrücken dadurch sein samtartiges Aussehen. Sie enthalten Mechanorezeptoren und freie Nervenendigungen, die der Tastempfindung dienen.
- **Papillae fungiformes** (Pilzpapillen) sind an Zungenspitze und Zungenrand lokalisiert und makroskopisch als kleine rote Pünktchen sichtbar. Sie enthalten Geschmacksknospen, Thermo- und Mechanorezeptoren.
- **Papillae foliatae** (Blattpapillen) liegen am hinteren Zungenrand und besitzen bei jungen Menschen Geschmacksknospen (diese fehlen bei alten Menschen).
- **Papillae vallatae:** Die 6–12 Wallpapillen liegen ventral des Sulcus terminalis linguae. Sie haben einen Durchmesser von 1–3 mm und eine Höhe von 1 mm. Jede Papille ist von einem Graben umgeben,

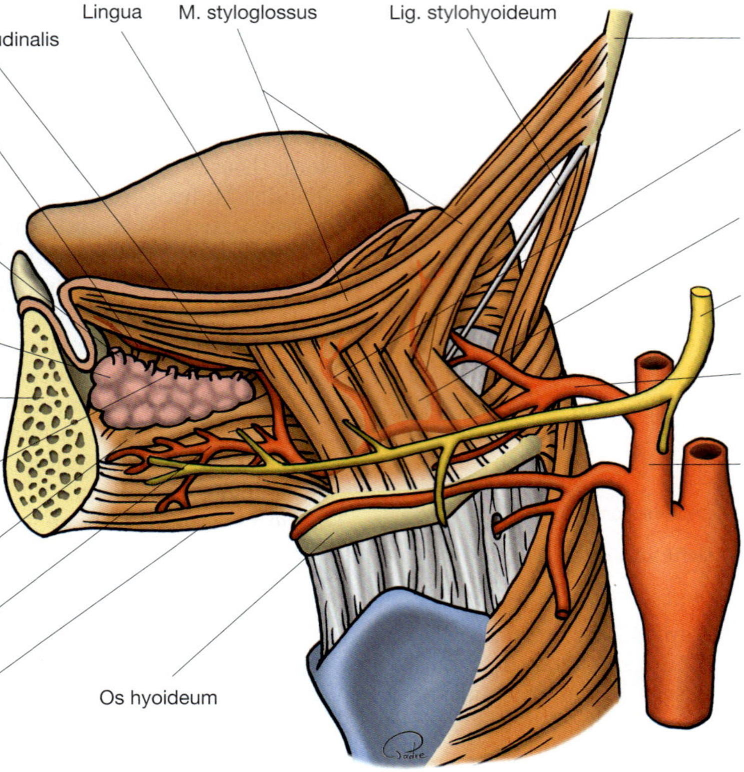

Abb. 3.22 Arterielle Blutversorgung der Zunge und Zungenmuskeln.

in dessen Wand ca. 250 **Geschmacksknospen** liegen, die die Geschmacksqualität „bitter" vermitteln. In der Tiefe des Wallgrabens befinden sich seröse sog. **Von-Ebner-Spüldrüsen** (Glandulae gustatoriae), deren Sekret den Wallgraben von bereits geschmeckten Geschmacksstoffen befreit.

Innervation (↗ Abb. 3.23)

Die sensible Innervation, d.h. die **Berührungsempfindung**, wird durch drei Hirnnerven vermittelt:

- **N. lingualis** (aus V3): Zungenunterseite und Zungenrücken bis zu den Papillae vallatae
- **N. glossopharyngeus** (IX): Papillae vallatae und Zungenwurzel
- **N. vagus** (X): Areal im Bereich der Epiglottis.

Für die sensorische Innervation, d.h. für die **Geschmacksempfindung**, sind verantwortlich:

- **Chorda tympani** (aus dem N. intermediofacialis [VII]): führt afferente Fasern aus den Papillae fungiformes und foliatae, deren Perikarya im Ganglion geniculi lokalisiert sind
- **N. glossopharyngeus** (IX): führt afferente Fasern aus den Papillae vallatae. Die Perikarya dieser Fasern befinden sich in den Ganglia superius und inferius nervi glossopharyngei.
- **N. vagus** (X): innerviert die Zungenwurzel.

Die 1. Neurone der Geschmacksafferenzen enden in den Nuclei tractus solitarii im Boden der Rautengrube (↗ Kap. 3.7.2).

Geschmacksknospen (Caliculi gustatorii)

Topographie

Der Mensch besitzt ca. 5000–10 000 Geschmacksknospen (im Alter nimmt ihre Zahl ab) – Rezeptoren, die in ihrer Gesamtheit das Geschmacksorgan ausmachen. Sie sind endoepithelial vor allem auf den Zungenpapillen (mit Ausnahme der Papillae filiformes), aber auch am weichen Gaumen, am Kehlkopfeingang und im Bereich der oberen Ösophagusenge lokalisiert.

Merke

Man nimmt an, dass jede Geschmacksknospe auf eine der **vier Geschmacksqualitäten** spezialisiert ist und nur in bestimmten Zungenbereichen vorkommt, weswegen man die unterschiedlichen Geschmacksqualitäten in speziellen Arealen der Zunge wahrnimmt:

- **süß** an der Zungenspitze
- **sauer** am Zungenrand
- **salzig** an Zungenspitze und Zungenrand
- **bitter** im Bereich der Papillae vallatae (vor dem Sulcus terminalis auf dem Zungenrücken).

Histologie

Die Geschmacksknospen gleichen einer Zwiebel, die apikal eine kleine Öffnung besitzt (**Porus gustatorius**), an der die Geschmacksstoffe wahrgenommen

Abb. 3.23 **Innervation der Zunge.**

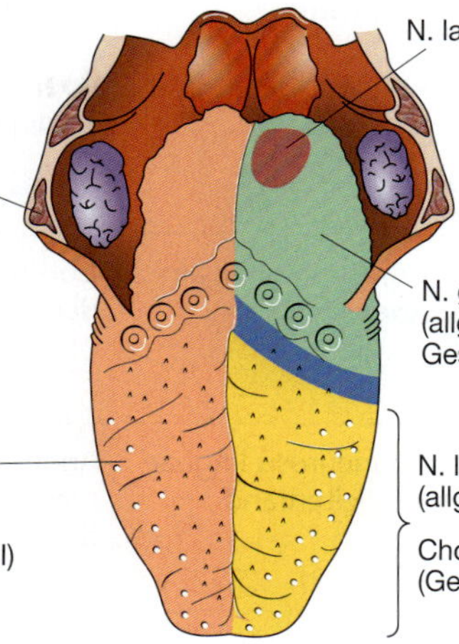

werden. Jede Geschmacksknospe setzt sich aus 20–30 Zellen zusammen:

- **Sinneszellen** mikrovillibesetzte sekundäre Sinneszellen (Typ I–III), an deren Basalmembran Dendriten andocken, die den Reiz weiterleiten
- **Basalzellen** teilungsfähige Ersatzzellen für die Sinneszellen, die im Laufe ihrer Entwicklung auch als sog. **Stützzellen** fungieren können.

Zungenmuskulatur (Mm. linguae)

Gliederung

Für die außergewöhnliche Beweglichkeit der Zunge sind verschiedene Muskeln verantwortlich. Einige von ihnen entspringen an Bindegewebe der Zunge – zum Großteil an der Bindegewebsplatte unter der Schleimhaut des Zungenrückens (**Aponeurosis linguae**) – und setzen hier an anderer Stelle an oder strahlen in das mediane longitudinale Bindegewebsseptum der Zunge (**Septum linguae**) ein (sog. Binnenmuskeln). Andere entspringen von Knochenvorsprüngen und strahlen zum Großteil in die Aponeurosis linguae ein (sog. Außenmuskeln).

Binnenmuskeln (↗ Abb. 3.24)

Die Faserrichtung der vier Binnenmuskeln geht durch alle drei Dimensionen des Raumes (↗ Tab. 3.10), wodurch die äußerst variable Eigenverformbarkeit der Zunge zustande kommt:

- **M. longitudinalis superior:** longitudinal verlaufende, einheitliche Muskelschicht unterhalb der Aponeurosis linguae

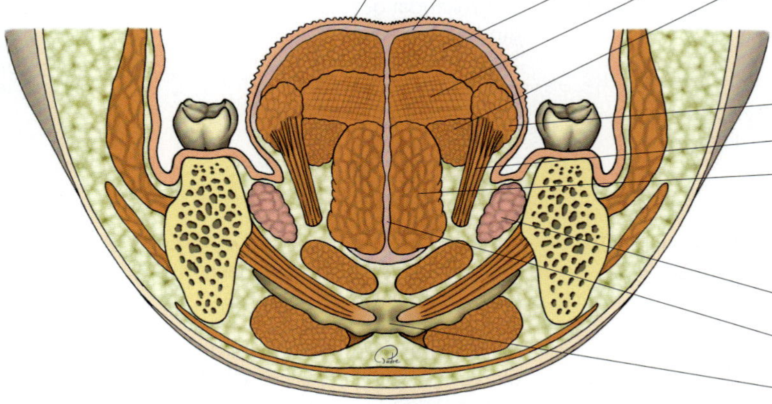

Abb. 3.24 **Zungenmuskulatur, Frontalschnitt durch die Zunge.**

Tab. 3.10 Binnenmuskeln der Zunge

Muskel	Ursprung	Ansatz	Funktion	Innervation
M. longitudinalis superior	Aponeurosis linguae am Apex	Aponeurosis linguae an der Radix	Verkürzung und Verbreiterung der Zunge Hebung der Zungenspitze	N. hypoglossus (XII)
M. longitudinalis inferior	Corpus linguae am Apex	Corpus linguae an der Radix	Verkürzung und Verbreiterung der Zunge Senkung der Zungenspitze	
M. transversus linguae	Aponeurosis linguae am Seitenrand	Aponeurosis linguae am gegenüberliegenden Seitenrand, Septum linguae	Verschmälerung und Verlängerung der Zunge	
M. verticalis linguae	Aponeurosis linguae	Facies inferior linguae	Abflachung und Verlängerung der Zunge	

- **M. longitudinalis inferior:** paarige, longitudinal zwischen den Mm. genio- und hyoglossus von der Zungenwurzel zur Zungenspitze verlaufende Muskelfasern
- **M. transversus linguae:** vom Zungenrand zum Septum linguae und zum anderen Zungenrand verlaufend
- **M. verticalis linguae:** verläuft zwischen Aponeurosis und Facies inferior linguae.

Eine Abflachung und Verlängerung der Zunge kommen durch Kontraktion der transversalen und vertikalen Binnenmuskeln zustande, eine Verkürzung und Verdickung nach oben durch Verkürzung der longitudinalen und transversalen Muskelfasern. Um die Zunge breit, niedrig und kurz werden zu lassen, müssen die longitudinalen und vertikalen Muskelfasern kontrahieren.

Außenmuskeln

Man unterscheidet drei paarige Außenmuskeln (↗ Abb. 3.22 und 3.24, Tab. 3.11):
- **M. genioglossus** (Kinn-Zungen-Muskel)
- **M. hyoglossus** (Zungenbein-Zungen-Muskel)
- **M. styloglossus** (Griffelfortsatz-Zungen-Muskel).

Funktion

Die Zungenmuskeln sind unverzichtbar beim **Kauakt** (schieben den Bissen zwischen die Zahnreihen),

Tab. 3.11 Außenmuskeln der Zunge

Muskel	Ursprung	Ansatz	Funktion	Innervation
M. genioglossus	Mandibula (Spina mentalis superior)	Aponeurosis linguae, Os hyoideum und Epiglottis	Bei Kontraktion beider Mm. genioglossi wird die Zunge nach ventrokaudal gezogen, die Epiglottis nach ventral Senkung der Zungenspitze	N. hypoglossus (XII)
M. hyoglossus	Corpus ossis hyoidei, Cornu majus ossis hyoidei	Aponeurosis linguae	zieht die Zunge nach dorsokaudal Senkung des Zungenrandes	
M. styloglossus	Processus styloideus	Margo lateralis linguae	Bei Kontraktion beider Mm. styloglossi werden die Zunge nach dorsokranial gezogen und die Zungenspitze gehoben Bei einseitiger Kontraktion wird die Zunge nach lateral zur selben Seite gezogen	

bei **Mischbewegungen**, beim **Schlucken** (Einleitung des Schluckaktes durch Leitung des Bissens in den Rachen), beim **Saugen** und beim **Sprechen**.

Innervation

Sämtliche Zungenmuskeln werden vom **N. hypoglossus** (XII) innerviert.

Klinik

Bei einer einseitigen **Hypoglossuslähmung** weicht die Zunge beim Herausstrecken zur gelähmten Seite ab, da die gelähmte Zungenseite „in der Mundhöhle zurückbleibt", während der nicht gelähmte M. genioglossus die gesunde Zungenseite nach draußen zieht.

Mundboden

Der Mundboden bildet die kaudale Begrenzung der Mundhöhle. Er setzt sich zusammen aus

- Mundschleimhaut
- der Glandula sublingualis und dem sie umgebenden fettreichen Bindegewebe
- Mundbodenmuskulatur.

Mundschleimhaut

↗ Abschnitt „Überblick, Gliederung und Histologie" (der Mundhöhle).

Glandula sublingualis

↗ Abschnitt „Mundspeicheldrüsen".

Mundbodenmuskulatur

Gliederung

Der muskulöse Mundboden wird von drei der vier oberen Zungenbeinmuskeln gebildet (↗ Tab. 3.12 und Abb. 3.25):

- M. mylohyoideus
- M. geniohyoideus
- M. digastricus.

Funktion

Die oberen Zungenbeinmuskeln können den Spannungszustand des Mundbodens variieren und, in Zusammenarbeit mit der infrahyalen Muskulatur, die Lage des Zungenbeins kontrollieren. Beim Schluckakt ziehen sie es nach vorn und oben. Außerdem kann die Mundbodenmuskulatur die Kieferöffnung unterstützen.

Zur Funktion der einzelnen Muskeln ↗ Tabelle 3.12.

Topographie (↗ Abb. 3.25)

Oberhalb des muskulösen Mundbodens befindet sich fettreiches Bindegewebe, in dem sich die **Glandula sublingualis** befindet.

Über den Hinterrand des M. mylohyoideus hinweg zieht der **Ductus submandibularis** über den gesamten muskulösen Mundboden hinweg nach vorn bis zur Caruncula sublingualis.

Der **N. lingualis** verläuft vom Ramus mandibulae aus nach medial und unterkreuzt dabei in Höhe des 3. Molaren den Ductus submandibularis, um dann von unten in die Zungenschleimhaut zu ziehen. Auf seinem Weg gibt er folgende Äste ab:

Tab. 3.12 Der muskulöse Mundboden

Muskel	Ursprung	Ansatz	Funktion	Innervation
M. mylohyoideus	Linea mylohyoidea an der Innenseite der Mandibula	Die Mm. mylohyoidei vereinigen sich zur medianen Raphe mylohyoidea, die am Corpus ossis hyoidei ansetzt	zieht das Zungenbein nach vorn oben Widerlager für die Zunge beim Schluckakt	N. mylohyoideus (aus V3)
M. geniohyoideus	Spina mentalis	Corpus ossis hyoidei	zieht das Zungenbein nach vorn oben	Rr. anteriores C1–2 über N. hypoglossus
M. digastricus • **Venter anterior** • **Venter posterior**	Der Venter posterior entspringt an der Incisura mastoidea ossis temporalis und geht in eine Zwischensehne über, die kranial am Os hyoideum über einen Sehnenstreifen befestigt ist und in den Venter anterior übergeht	mit dem Venter anterior an der Fossa digastrica an der Innenseite der Mandibula	Anhebung des Zungenbeins	• Venter posterior: N. facialis • Venter anterior: N. mylohyoideus (aus V3)

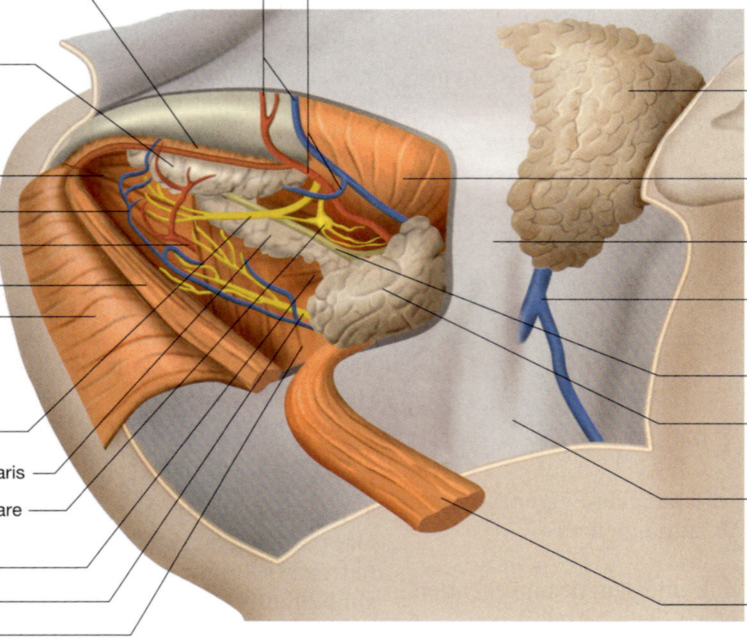

Abb. 3.25 Topographie des muskulösen Mundbodens nach Durchtrennung von M. mylohyoideus und Venter anterior musculi digastrici. (Modifiziert nach [14])

- **Rr. ganglionares** zum Ganglion submandibulare, das sich in Höhe des Hinterrandes des M. mylohyoideus finden lässt
- **N. sublingualis:** entspringt im Bereich der Glandula sublingualis und zieht zur Schleimhaut im Bereich der Zungenspitze bzw. des Areals hinter den unteren Schneidezähnen.

Unterhalb des Ductus submandibularis verläuft der **N. hypoglossus** (begleitet von der V. comitans nervi hypoglossi) lateral des M. hyoglossus zur Zungenmuskulatur. Die **A. lingualis** zieht medial des Nervs zur Zunge.

Gaumen (Palatum)

Morphologie

Das Mundhöhlendach wird Gaumen genannt. Es ist von Mundschleimhaut überzogen, die bei der Ansicht von unten verschiedene Fältelungen aufwirft: Median zwischen den Frontzähnen befindet sich die **Papilla incisiva**, die sich in die **Raphe palati** fortsetzt. Die Raphe palati endet am Hinterrand des Gaumens in der **Uvula palatina** (Gaumenzäpfchen). Bei Kindern fallen außerdem im vorderen Bereich die **Plicae palatinae transversae** auf. Der hintere Bereich des Gaumens ist durch Löcher gekennzeichnet, die die Ausführungsgänge der mukösen **Glandulae palatinae** markieren.

Embryologie

Der Gaumen entwickelt sich ab der 5. Woche. Zunächst entsteht der **primäre Gaumen**, indem sich das Zwischenkiefersegment (der untere Anteil des Stirn-Nasen-Wulstes, der zwischen den beiden Oberkieferwülsten liegt) keilförmig verdickt und desmal verknöchert. Der primäre Gaumen entspricht beim Gaumen des Erwachsenen dem Bereich des Oberkiefers, der die oberen Schneidezähne trägt und bis zum Foramen incisivum (↗ Abb. 3.8) reicht. Der **sekundäre Gaumen** entsteht, indem von den Oberkieferwülsten zwei Gaumenfortsätze (Processus palatini laterales) nach medial vorwachsen und miteinander, mit dem primären Gaumen und mit dem Nasenseptum verschmelzen (9.–12. Woche). Die Verschmelzungslinie der Gaumenfortsätze ist später an der Raphe palati erkennbar. Der vordere Anteil des sekundären Gaumens verknöchert (ausgehend vom Oberkiefer).

Klinik

Durch unzureichende Verschmelzung von Stirn-Nasen-Wulst und Oberkieferwülsten bzw. Gaumenfortsätzen können **Lippen-** bzw. **Gaumenspalten** entstehen:

- **schräge Gesichtsspalte** zwischen lateralem Nasenwulst und Oberkieferwulst

- **laterale Lippenspalte** zwischen medialem Nasenwulst und Oberkieferwulst. Wenn zusätzlich ein Spalt in der Tiefe des medialen Nasenwulstes hinzukommt, entsteht eine **Lippen-Kiefer-Spalte** („vollständige Hasenscharte").
- **mediane Lippenspalte** zwischen den beiden medialen Nasenwülsten
- **quere Gesichtsspalte** zwischen Ober- und Unterkieferwulst.

Gliederung

Der Gaumen lässt sich folgendermaßen unterteilen:

- **harter Gaumen (Palatum durum):** Dieser vordere, durch eine Knochenplatte (**Palatum osseum**) versteifte Abschnitt des Gaumens setzt sich aus zwei paarigen Knochenteilen zusammen (↗ Abb. 3.8):
  - **Processus palatinus maxillae:** wird vorn median vom Foramen incisivum durchbohrt (Durchtrittsstelle des N. palatinus longus) und reicht nach hinten bis zum 7. Zahn
  - **Lamina horizontalis ossis palatini:** bildet ein kleines Areal im Bereich des 8. Zahns und wird lateral vom **Foramen palatinum majus** (Durchtrittsstelle von A. palatina major und N. palatinus major) und von den **Foramina palatina minora** (Durchtrittsstellen der Nn. palatini minores) durchbohrt.

  Durch zwei Suturen (**Suturae palatinae mediana** und **transversa**) zwischen den beiden paarigen Knochen wird der harte Gaumen in insgesamt vier Quadranten unterteilt.
- **weicher Gaumen (Palatum molle):** Dieser hintere Gaumenbereich gliedert sich in das Gaumensegel (**Velum palatinum**) – eine Bindegewebsplatte (**Aponeurosis palatina**) – und das Gaumenzäpfchen (**Uvula**), das vom dorsalen Rand der Bindegewebsplatte herabhängt. In die Aponeurose strahlen die paarigen Mm. tensor und levator veli palatini, palatoglossus und palatopharyngeus ein, und der kleine unpaare M. uvulae zieht von der Aponeurose nach dorsal in das Gaumenzäpfchen (↗ Tab. 3.13).

Funktion

Während der harte Gaumen lediglich als Trennwand zwischen Nasen- und Mundhöhle fungiert, hat der weiche Gaumen noch einige differenziertere Funktionen:

- **Schluckakt:** Abschneiden des Bissens durch Kontraktion des M. palatoglossus und Abdichtung des Nasenrachenraums durch Kontraktion des M. levator veli palatini (und M. constrictor pharyngis)

Tab. 3.13 Muskulatur des weichen Gaumens

Muskel	Ursprung	Ansatz	Funktion	Innervation
M. tensor veli palatini	Lamina medialis des Processus pterygoideus, Ala major ossis sphenoidalis, Lamina membranacea der Tuba auditiva	Aponeurosis palatina	Anspannung des Gaumensegels Öffnung der Tuba auditiva	N. mandibularis (V3)
M. levator veli palatini	Unterfläche der Pars petrosa ossis temporalis, Cartilago tubae auditivae	Aponeurosis palatina	Anspannung und Anhebung des Gaumensegels Öffnung der Tuba auditiva Verschluss des Nasenrachenraums beim Schluckakt	Plexus pharyngeus (N. glossopharyngeus [IX] und v. a. N. vagus [X])
M. palatoglossus	Fasern aus dem M. transversus linguae	Aponeurosis palatina	Absenkung des Gaumensegels Verschluss der Schlundenge zum Abtrennen des Bissens beim Schluckakt	N. glossopharyngeus (IX)
M. palatopharyngeus	dorsale Pharynxwand, Cartilago thyroidea	Aponeurosis palatina	Absenkung des Gaumensegels Anhebung des Pharynx	N. glossopharyngeus (IX)
M. uvulae	Aponeurosis palatina	Schleimhaut der Gaumenzäpfchenspitze	Verkürzung des Zäpfchens	Plexus pharyngeus (N. glossopharyngeus [IX] und v. a. N. vagus [X])

- **Druckausgleich im Mittelohr:** Öffnung der Tuba auditiva durch Kontraktion der Mm. tensor und levator veli palatini.

Histologie

Die der Mundhöhle zugewandte Seite des Gaumens ist bedeckt von **Mundschleimhaut**, die im Bereich des Palatum durum fest mit dem Knochen verwachsen ist und deren mehrschichtiges Plattenepithel verhornt sein kann. Auf der Unterseite des Palatum molle (**Facies oropharyngea**) enthält die Mundschleimhaut reichlich muköse Drüsen. Die Oberseite des Palatum molle (**Facies nasopharyngea**) ist bedeckt von **Schleimhaut des Respirationstraktes**, weist also mehrreihiges Flimmerepithel auf.

Gefäßversorgung

Der Gaumen wird über einen Ast der **A. maxillaris** mit sauerstoffreichem Blut versorgt:

- **A. palatina descendens** (↗ auch Abb. 3.48): zieht aus der Fossa pterygopalatina durch den Canalis palatinus major und gibt folgende Äste ab (↗ Abb. 3.26):
  - **Aa. palatinae minores**, die durch die Foramina palatina minora zum weichen Gaumen gelangen.
  - **A. palatina major**, die durch das Foramen palatinum majus nach vorn zum harten Gaumen verläuft.
- **A. sphenopalatina** (↗ Abb. 3.26 und 3.48): zieht durch das Foramen sphenopalatinum in die hintere Nasenhöhle und anastomosiert nach Abgabe von Ästen zur Schleimhaut der Nasenhöhle und der Nasennebenhöhlen über die A. nasopalatina im Canalis incisivus mit der A. palatina major.

Innervation

Zur motorischen Innervation der Muskulatur des weichen Gaumens ↗ Tabelle 3.13.

Sensorisch wird der Gaumen durch Äste des **N. maxillaris** (V2) innerviert: Aus diesem ziehen afferente Fasern mit den **Rr. ganglionares** in die Fossa pterygopalatina, wo sie durch das parasympathische **Ganglion pterygopalatinum** hindurchtreten, um dann den Gaumen mit mehreren Ästen zu innervieren (↗ Abb. 3.26):

- **N. nasopalatinus longus: Rr. nasales posteriores superiores mediales** ziehen durch das Foramen sphenopalatinum in die Nasenhöhle. Von dort ziehen sie nach Abgabe von Nn. nasopalatini breves mit einem langen Endast, dem N. nasopalatinus longus, durch den Canalis incisivus zur **vorderen Gaumenschleimhaut**.
- **N. palatinus major:** tritt in den **Canalis palatinus major** ein und zieht nach Abgabe von Rr. nasales posteriores inferiores durch das **Foramen palatinum majus**, um anschließend den Hauptteil der **Schleimhaut des harten Gaumens** sensibel zu innervieren
- **Nn. palatini minores:** ziehen durch die **Canaliculi palatini minores** und das **Foramen palatinum minus** zur **Schleimhaut des weichen Gaumens** und geben Rr. tonsillares zur Tonsilla palatina ab.

Mundspeicheldrüsen

Die Mundspeicheldrüsen produzieren täglich etwa 1,5 l Mundspeichel (**Saliva**). Die Sekretion wird durch Geruchs- und Geschmackswahrnehmungen sowie Kaubewegungen reflektorisch stimuliert. Der Mundspeichel hat die Aufgabe, Nahrung zu verdünnen, gleitfähig zu machen und Stärke zu spalten.

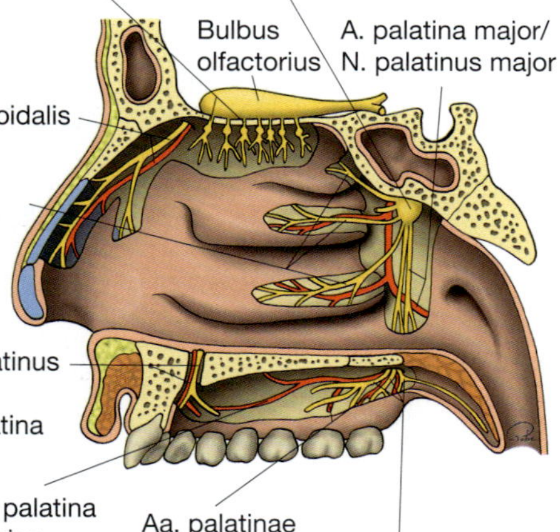

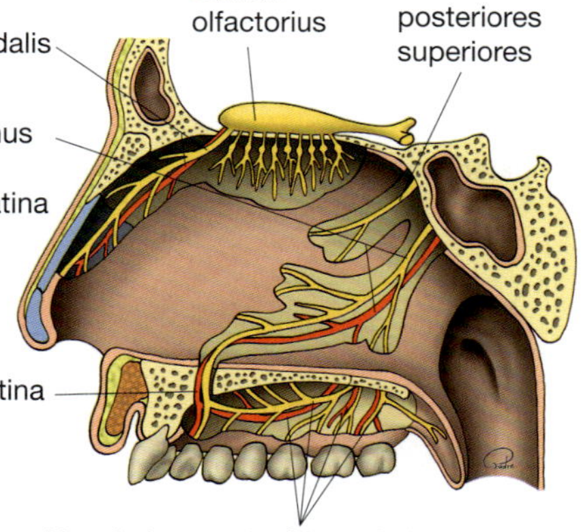

Abb. 3.26 Gefäßversorgung und Innervation von Gaumen und Nasenschleimhaut. a laterale Nasenwand, **b** Nasenseptum.

Neben zahlreichen kleinen Speicheldrüsen, die in der gesamten Mundschleimhaut verteilt sind, gibt es drei große Mundspeicheldrüsen (↗ Abb. 3.25):

- **Glandula parotidea:** rein serös
- **Glandula sublingualis:** mukoserös
- **Glandula submandibularis:** seromukös.

Merke

Die Glandula submandibularis ist seromukös, die Glandula sublingualis mukoserös (umgekehrt), und die Glandula parotidea eine rein seröse Drüse.

Glandula parotidea (Parotis, Ohrspeicheldrüse)

Embryologie

Die Glandula parotidea und ihr Ausführungsgang entwickeln sich aus dem ektodermalen Stomatodeum.

Topographie

Die größte der Mundspeicheldrüsen (Gewicht ca. 25 g) wird von einer Faszie (**Fascia parotidea**, ↗ Kap. 3.1.2) umhüllt. Sie dehnt sich auf dem hinteren Teil des M. masseter aus, zwischen Ramus mandibulae, den sie hinten hakenförmig umgreift, Processus zygomaticus, äußerem Gehörgang und Processus mastoideus. Kaudal reicht sie bis zu den Muskeln am Processus styloideus.

Neben der A. carotis externa verzweigt sich in ihr der N. facialis im **Plexus intraparotideus**, jedoch ohne die Parotis dabei zu innervieren (!). Außerdem wird sie von der **V. retromandibularis** durchkreuzt. Anhand dieser beiden anatomischen Strukturen lässt sich die Glandula parotidea unscharf in eine **Pars superficialis** und eine **Pars profunda** unterteilen.

Ihr Ausführungsgang, der stecknadeldicke **Ductus parotideus**, entspringt vorn kranial aus der Drüse und verläuft parallel zum Jochbogen über eine Strecke von ca. 4 cm nach anterior zum Vorderrand des M. masseter (↗ Abb. 3.2). Um diesen biegt er herum, durchbohrt den M. buccinator und mündet schließlich an der **Papilla ductus parotidei** im Bereich des 2. Molaren in das Vestibulum oris.

Klinik

Bei Anspannung des Masseters ist der Ausführungsgang leicht an der Muskelvorderkante zu tasten.

Histologie

Von der bindegewebigen Kapsel ausgehend ziehen **Septen** in das Organinnere, in denen Gefäße, Nerven, Fett- und Plasmazellen (produzieren Speichel-IgA) sowie Lymphozyten zu finden sind.

Der drüsige Anteil besteht aus **rein serösen Endstücken**, **Schaltstücken**, **Streifenstücken** und **interlobulären Ausführungsgängen** aus ein- bis zweireihigem hochprismatischem Epithel. In den Streifenstücken wird der Elektrolytgehalt des Speichels durch Reabsorption von Na^+, Cl^- und Sekretion von K^+, Jodid und HCO_3^- reguliert. Dadurch sinkt die Osmolarität des Speichels, und er wird ein wenig alkalisiert.

Merke

Im mikroskopischen Präparat kann man die drei großen serösen Drüsen des menschlichen Körpers an dem Vorhandensein von Schalt- und Streifenstücken unterscheiden: Bei der Glandula parotidea sieht man Schalt- und Streifenstücke, im Pankreas nur Schaltstücke und in der Tränendrüse weder Schalt- noch Streifen-, sondern lediglich Endstücke.

Innervation

Die Glandula parotidea wird durch den Parasympathikus stimuliert: Die Perikarya des 1. Neurons liegen im **Nucleus salivatorius inferior** im Hirnstamm, den sie mit dem **N. glossopharyngeus** (IX) verlassen. Im Foramen jugulare gibt der N. glossopharyngeus den **N. tympanicus** ab, der neben den parasympathischen Fasern für die Glandula parotidea auch sensible Fasern für die Paukenhöhlenwand und die Ohrtrompete enthält. Er zieht durch den **Canaliculus tympanicus** in die Paukenhöhle, wo er sich in der medialen Wand im **Plexus tympanicus** verzweigt. Aus dem Plexus tympanicus zweigt der **N. petrosus minor** ab. Er führt ausschließlich präganglionäre parasympathische Fasern und zieht über den Hiatus nervi petrosi minoris durch die **Fissura sphenopetrosa** (oder das Foramen lacerum) zum **Ganglion oticum**. Dort erfolgt die Umschaltung auf die postganglionären parasympathischen Fasern, die mit einem R. communicans zum **N. auriculotemporalis** (aus V3) und mit diesem zur **Parotis** gelangen (↗ Kap. 3.7.5).

Glandula sublingualis

Topographie

Die 5 g schwere, längliche Drüse ist zwischen Mandibula und Zungenmuskulatur auf dem M. mylohyoideus lokalisiert (↗ Abb. 3.25) und wölbt die Plica sublingualis im Mundboden vor. Sie setzt sich aus einer großen und 5–12 kleinen Drüsen zusammen, die alle unterschiedliche Ausführungsgänge besitzen (↗ Abb. 3.22):

- **Ductus sublingualis major:** mündet gemeinsam mit dem Ausführungsgang der Glandula submandibularis vorn auf der **Caruncula sublingualis** in das Vestibulum oris
- **Ductus sublinguales minores:** gehen vom Oberrand der Drüse aus und münden nach kurzem Verlauf der Reihe nach auf der **Plica sublingualis** in das Vestibulum oris.

Medial der Glandula sublingualis verlaufen der Ductus submandibularis und der N. lingualis nach vorn.

Histologie

Die mukoseröse Drüse enthält fast keine Schalt- und Streifenstücke. Man sieht seröse Halbmonde (Von-Ebner-Halbmonde), die den mukösen Azini aufsitzen.

Innervation

Die parasympathische Stimulation der Sekretionsaktivität erfolgt über Fasern des **N. facialis** (VII). Die präganglionären parasympathischen Neurone haben ihre Perikarya im **Nucleus salivatorius superior** im Pons. Die Axone ziehen im **N. facialis** durch den Meatus acusticus internus und den Canalis nervi facialis, wo sie den Nerv mit der **Chorda tympani** verlassen. Die Chorda tympani gelangt durch die Paukenhöhle und die Fissura petrotympanica (oder sphenopetrosa) in die **Fossa infratemporalis**. Hier schließen sich die präganglionären parasympathischen Fasern für die Glandulae sublingualis und submandibularis dem **N. lingualis** (aus V3) an. Am Hinterrand des M. mylohyoideus verlassen sie ihn wieder, um zum **Ganglion submandibulare** zu gelangen. Hier erfolgt die Umschaltung auf die postganglionären parasympathischen Neurone, deren Perikarya das Ganglion enthält.

Glandula submandibularis

Topographie

Die 10–15 g schwere Drüse liegt im **Trigonum submandibulare** medial des Corpus mandibulae unterhalb des M. digastricus und M. mylohyoideus in einer Faszienloge der oberflächlichen Halsfaszie. Auch die A. facialis verläuft in dieser Loge. Die Drüse biegt um den Hinterrand des M. mylohyoideus herum und läuft dann auf diesem ein Stück weit nach vorn.

Medial der Glandula submandibularis verlaufen der N. hypoglossus (XII) und der M. hyoglossus. Medial des Muskels zieht außerdem die A. lingualis nach vorn (↗ Abb. 3.25).

Der **Ductus submandibularis** entspringt kaudal des M. mylohyoideus aus der Drüse und verläuft zunächst nach dorsal. Am Hinterrand des M. mylohyoideus biegt er auf die Oberseite um und zieht anschließend auf dem Muskel medial der Glandula sublingualis (↗ Abb. 3.25) nach vorn zur **Caruncula sublingualis**, wo er gemeinsam mit dem Ductus sublingualis major in das Vestibulum oris mündet.

Histologie

Es handelt sich um eine seromuköse Drüse, die alle Ausführungsganganteile enthält, jedoch weniger Schalt- und Streifenstücke als die Glandula parotidea. Außerdem erkennt man seröse Halbmonde (↗ Abb. 3.27).

Innervation

Die parasympathische Stimulation der Sekretionsaktivität erfolgt über Fasern des **N. facialis** (VII) (↗ Glandula sublingualis).

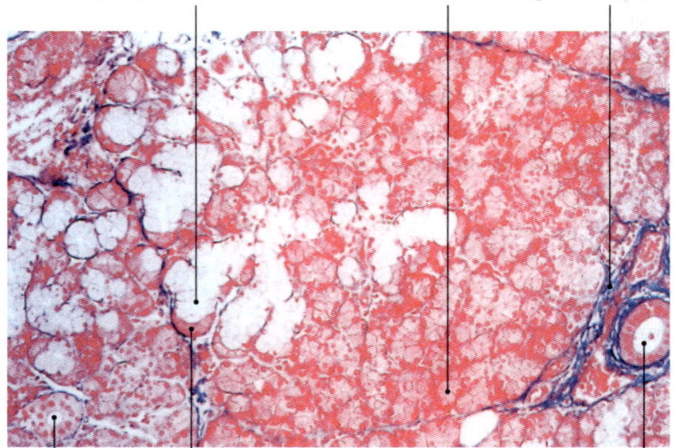

Abb. 3.27 Histologischer Schnitt durch die Glandula submandibularis. (Aus [8])

3.3.2 Äußere Nase (Nasus externus) und Nasenhöhle (Cavitas nasi)

Funktion

Die Nase gehört zum Respirationstrakt. Sie hat mehrere Funktionen:

- **Vorbereitung der Atemluft:** Diese wird bei der Passage durch die Nase mit Hilfe der Flimmerhärchen des Epithels gereinigt, durch Drüsensekret angefeuchtet und durch Abstrahlen von Wärme von den blutgefüllten venösen Plexus der Nasenschleimhaut erwärmt.
- **Riechorgan**
- Die Nase ist Teil des Resonanzkörpers bei der **Lautbildung**.

Embryologie

Die Nasenhöhlen entstehen aus den **Riechgruben** (↗ Kap. 3.2.1, Gesichtsschädel), die in dorsokaudaler Richtung vorwachsen und von der Mundhöhle zunächst durch die **Membrana buccopharyngea** getrennt sind. Nach Einreißen dieser Membran kommunizieren die Nasenhöhlen hinter dem primären Gaumen über die primären Choanen mit der Mundhöhle. Die lateralen Gaumenfortsätze wachsen nach medial vor und verschmelzen miteinander, mit dem primären Gaumen und mit dem Nasenseptum, so dass zwei getrennte Nasenhöhlen und eine Mundhöhle entstehen (↗ Kap. 3.3.1). Die Choanen werden dabei nach hinten verschoben und öffnen sich in den Rachen. An den lateralen Nasenhöhlenwänden entstehen längliche Wülste, aus denen sich die drei Nasenmuscheln bilden. Das Ektoderm im Dach differenziert sich zum Riechepithel.

Gliederung

Der von außen sichtbare Teil der Nase besteht zum größten Teil aus hyalinem Knorpel (**Cartilagines nasi**):

- **Cartilago alaris major:** bildet die Umgrenzung des Nasenlochs und lässt sich in ein Crus mediale und ein Crus laterale unterteilen
- **Cartilagines alares minores:** kleine Knorpelstückchen in den Nasenflügeln
- **Cartilago septi nasi:** bildet den vorderen Teil der Nasenscheidewand und modelliert mit dem **Processus lateralis** den unteren Teil des Nasenrückens.

An den Nasenknorpel schließt sich das eigentliche **Nasenskelett** an, das die Nasenhöhle umgibt und deren Form determiniert (↗ Abb. 3.28):

- **Septum nasi osseum:** setzt die knorpelige Nasenscheidewand innen fort und wird von zwei Knochen gebildet:
  - **Lamina perpendicularis** des Os ethmoidale (kranial)
  - **Vomer** (kaudal)
- **Os nasale:** setzt den Processus lateralis kranial fort und bildet den oberen Abschnitt des Nasenrückens und den vorderen Abschnitt des Daches der Nasenhöhle
- **Lamina cribrosa** des Os ethmoidale: Dach der Nasenhöhle

Klinik

Oberhalb der Lamina cribrosa befindet sich die vordere Schädelgrube mit dem äußeren Liquorraum. Bei Schädelbasisbrüchen kann es zur Sekretion von Liquor durch die Nase kommen (**Rhinoliquorrhö**).

- **Palatum osseum** aus dem Processus palatinus der Maxilla und der Lamina horizontalis des Os palatinum (↗ Kap. 3.3.1)
- Facies nasalis der **Maxilla**, **Lamina perpendicularis** des **Os palatinum**, Os lacrimale, **Conchae nasales superior** und **media** des Os ethmoidale sowie **Concha nasalis inferior:** Seitenwand der Nasenhöhle.

Topographie

Durch das Nasenloch gelangt man zunächst in den Nasenvorhof (**Vestibulum nasi**).

Medial beginnt hier die Nasenscheidewand (**Septum nasi**), die die paarigen Nasenhöhlen voneinander trennt und sich unterteilen lässt in die vordere **Pars cartilaginea** und die hintere **Pars ossea** (↗ oben). Vom Nasenvorhof gelangt man in die eigentliche Nasenhöhle (**Cavitas nasi**), die im Frontalschnitt einem spitzwinkligen Dreieck gleicht.

An der lateralen Nasenwand werfen sich übereinander die **drei Nasenmuscheln** (Conchae nasales) auf, dünne Knochenplatten, die wie nach unten gerichtete Haken in die Nasenhöhle hineinragen (↗ Abb. 3.28):

- **Concha nasalis inferior:** eigenständiger Knochen, Beginn am hinteren Rand des Nasenvorhofs
- **Concha nasalis media:** gehört zum Os ethmoidale, Beginn 1,5 cm dorsokranial der Concha nasalis inferior
- **Concha nasalis superior:** gehört zum Os ethmoidale und beginnt 1,5 cm dorsokranial der mittleren Nasenmuschel.

Durch die Conchae nasales wird die laterale Wand in drei Nasengänge unterteilt:

- **Meatus nasi inferior** (unterer Nasengang): unterhalb der Concha nasalis inferior. Hier befindet sich die Mündung des Ductus nasolacrimalis (↗ Kap. 3.4.2).
- **Meatus nasi medius** (mittlerer Nasengang): zwischen Conchae nasales inferior und media. Die Sinus maxillaris und frontalis sowie die Cellulae ethmoidales anteriores münden hier im **Hiatus semilunaris** in die Nasenhöhle (↗ Kap. 3.3.3).
- **Meatus nasi superior** (oberer Nasengang): zwischen Conchae nasales media und superior, Mündung der Cellulae ethmoidales posteriores in die Nasenhöhle (↗ Kap. 3.3.3).

Der Raum kranial der Concha nasalis superior wird als **Recessus sphenoethmoidalis** bezeichnet. Hier münden die Sinus sphenoidalis in die Cavitas nasi (↗ Kap. 3.3.3).

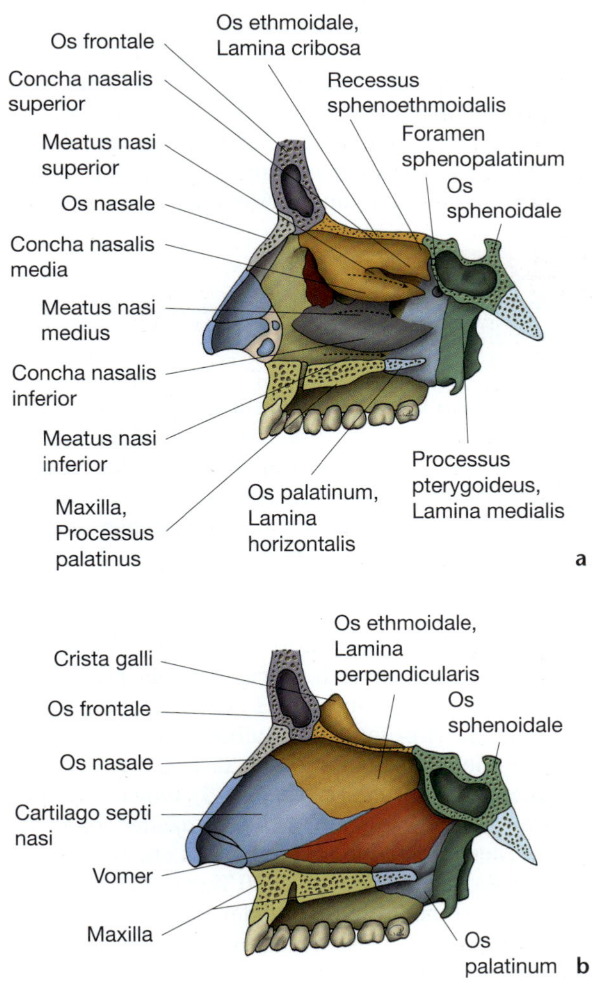

Abb. 3.28 Nasenhöhle, Nasenseptum und laterale Nasenwand. **a** laterale Nasenwand, **b** Nasenseptum.

Dorsal reichen die drei Nasenmuscheln bis zur Vorderwand des Sinus sphenoidalis. Dort vereinigen sich die drei Nasengänge zum **Meatus nasopharyngeus** (Nasenrachengang). Die Nasenhöhle endet an der Apertura nasalis posterior (**Choana**, ↗ Abb. 4.10). Hier beginnt der Nasopharynx.

Histologie

Die Nasenhöhle ist von Schleimhaut überzogen, die je nach Region unterschiedlich aufgebaut ist:

- In der **Regio cutanea**, dorsal der Nasenlöcher im Vestibulum nasi lokalisiert, findet sich **mehrschichtig unverhorntes Plattenepithel**, das mit Terminalhaaren (Vibrissae) besetzt ist und endoepitheliale apokrine Schweiß- und Talgdrüsen besitzt.
- Die **Regio respiratoria** nimmt fast die gesamte Nasenhaupthöhle ein. Sie ist mit einem **mehrreihigen Flimmerepithel** ausgekleidet, das reich an Becherzellen ist und mehrzellige endo-/epitheliale Schleimdrüsen enthält. Die Kinozilien befördern eingedrungenen Schmutz in Richtung der Choanen. Das Epithel ist über eine bindegewebige **Lamina propria** fest mit dem Knochen verwachsen. Diese ist reich an verzweigten seromukösen Schleimdrüsen (**Glandulae nasales**), die der Anfeuchtung der Atemluft dienen. Außerdem findet man hier neben lymphatischen Zellen und Nervenfasern einen venösen Schwellkörper, der vor allem im Bereich der Choanen stark ausgebildet ist (**Plexus cavernosus conchae**) und mit Blut aufgefüllt werden kann, um die Atemluft zu erwärmen.

Klinik

Beim **Schnupfen** schwillt der Plexus cavernosus conchae stark an.

- Die **Regio olfactoria** ist ein kleines Areal im Bereich der Lamina cribrosa, das sich nach kaudal bis auf die Concha nasalis superior und den gegenüberliegenden Bereich der Nasenscheidewand ausdehnt. Sie besteht aus einem **mehrreihigen Epithel ohne Kinozilien**, in dem man folgende Zellarten findet:
  - **Riechzellen:** bipolare Nervenzellen, die apikal verdickt sind und dort 10–20 Riechhärchen besitzen, an die sich Duftstoffe anlagern. Basal besitzen sie ein markloses Axon, das durch die Lamina cribrosa in den Bulbus olfactorius zieht, wo die Umschaltung auf das 2. Neuron der Riechbahn erfolgt (↗ Kap. 3.7.3). Obwohl es sich bei den Riechzellen um Nervenzellen handelt, werden sie laufend erneuert (die Lebensdauer einer Riechzelle beträgt ca 60 Tage). Im Laufe des Lebens nimmt die Anzahl der Riechzellen ab.
  - **Stützzellen:** zwischen den einzelnen Riechzellen
  - **Basalzellen:** Ersatzzellen für Riech- und Stützzellen.

Des Weiteren findet man im Epithel der Regio olfactoria seröse tubuloalveoläre Drüsen (**Glandulae olfactoriae**, Bowman-Drüsen), die in die Lamina propria hinabreichen und (analog zu den Von-Ebner-Spüldrüsen der Wallpapillen) die Riechzellen von bereits wahrgenommenen Geruchsstoffen freispülen.

Gefäßversorgung

Arterien

Das sauerstoffreiche Blut für die Nasenhöhle stammt aus der

- **A. ophthalmica** (aus der A. carotis interna): Sie gibt folgende Äste ab:
  - **A. ethmoidalis posterior:** zieht durch das Foramen ethmoidale posterius zur Wand der hinteren Siebbeinzellen und zum dorsokranialen Teil der Nasenhöhle
  - **A. ethmoidalis anterior:** zieht durch das Foramen ethmoidale anterius in die vordere Schädelgrube und dann durch die Lamina cribrosa in die Nasenhöhle. Sie versorgt deren ventrokranialen Anteil (↗ Abb. 3.26).
- **A. maxillaris** (aus der A. carotis externa): gibt die **A. sphenopalatina** ab, die durch das Foramen sphenopalatinum in die Nasenhöhle zieht und deren dorsokaudalen Anteil versorgt (↗ Abb. 3.26).

Venen

Das venöse Blut hat mehrere Abflusswege:

- Vv. maxillares
- V. ophthalmica superior, über die es in den Sinus cavernosus gelangt
- V. facialis.

Klinik

Durch das Ausdrücken eines Nasenpickels können Bakterien in die venösen Hirnsinus gelangen und dort Entzündungen verursachen.

Lymphgefäße

Die Lymphgefäße führen die Lymphe der Nasenhöhle hauptsächlich in die tiefen Halslymphknoten (vor allem **Lnn. retropharyngei**) sowie in die **Lnn. submandibulares**.

Innervation

Sensible und sensorische Innervation

Die sensible Innervation der Nasenschleimhaut erfolgt über zwei Nerven:

- **N. ophthalmicus** (V1): gibt den **N. nasociliaris** ab, aus dem sich der **N. ethmoidalis anterior** abzweigt und mit der gleichnamigen Arterie zunächst in die vordere Schädelgrube und dann durch die Lamina cribrosa in die Nasenhöhle zieht (↗ Abb. 3.26). Dort teilt er sich auf in **Rr. nasales interni mediales**, die die vordere Nasenscheidewand innervieren, und **Rr. nasales interni laterales**, die die

vorderen Abschnitte der lateralen Wand der Nasenhöhle versorgen.
- **N. maxillaris** (V2): In der Fossa pterygopalatina verlassen die **Rr. nasales posteriores superiores** den Nerv und passieren das Foramen sphenopalatinum, um mit medialen und lateralen Ästen die Schleimhaut im hinteren oberen Bereich der Nasenhöhle sensibel zu versorgen (↗ Abb. 3.26). Ein langer Endast der medialen Portion zieht als **N. nasopalatinus longus** durch den Canalis incisivus in die Mundhöhle und innerviert dort die vordere Gaumenschleimhaut. Der hintere untere Teil der Nasenschleimhaut wird durch den **N. palatinus major** versorgt, der in der Fossa pterygopalatina den N. maxillaris verlässt und über den Canalis palatinus major in die Nasenhöhle gelangt. Dort gibt er die **Rr. nasales posteriores inferiores** ab.

Die Regio olfactoria wird sensorisch durch spezielle Riech(sinnes)zellen versorgt (↗ oben).

Vegetative Innervation

Der Parasympathikus stimuliert die Sekretion der Drüsen der Nasenschleimhaut und relaxiert die Gefäßmuskulatur, so dass sich die venösen Plexus füllen. Der Sympathikus hingegen führt zur Kontraktion der Gefäßmuskulatur.

Die vegetative Innervation der Drüsen wird durch zwei Nerven bewerkstelligt:
- **N. petrosus major** (↗ Abb. 3.29): Dieser Ast des N. facialis führt präganglionäre **parasympathische Fasern**. Ihr Perikaryon liegt im **Nucleus salivatorius superior**. Von dort gelangen sie mit dem **N. facialis** zum **Ganglion geniculi** im Felsenbein, wo der N. petrosus major abzweigt. Durch den Hiatus canalis nervi petrosi majoris zieht er anschließend zum Foramen lacerum, in dem er sich mit dem N. petrosus profundus zum **N. canalis pterygoidei** vereinigt. Mit diesem Nerv gelangen die präganglionären parasympathischen Fasern in die Fossa pterygopalatina, wo im **Ganglion pterygopalatinum** (↗ Abb. 3.29) die Umschaltung auf das postganglionäre Neuron erfolgt. Die postganglionären parasympathischen Fasern ziehen gemeinsam mit den sensiblen Fasern in die Nasenhöhle.
- **N. petrosus profundus:** Er führt präganglionäre **sympathische Fasern**. Ihr Perikaryon liegt in den **Seitenhörnern der Rückenmarksegmente T1–3**. Von dort gelangen sie über den **Truncus sympathicus** in das **Ganglion cervicale superius**, in dem die Umschaltung auf die postganglionären sympathischen Fasern erfolgt. Diese ziehen im **Plexus caroticus internus** in das Schädelinnere und mit dem **N. petrosus profundus** zum Foramen lacerum, wo die Vereinigung mit dem N. petrosus major zum **N. canalis pterygoidei** erfolgt. Der weitere Verlauf ist analog zu den parasympathischen Fasern, wobei die sympathischen Fasern im Ganglion pterygopalatinum nicht verschaltet werden.

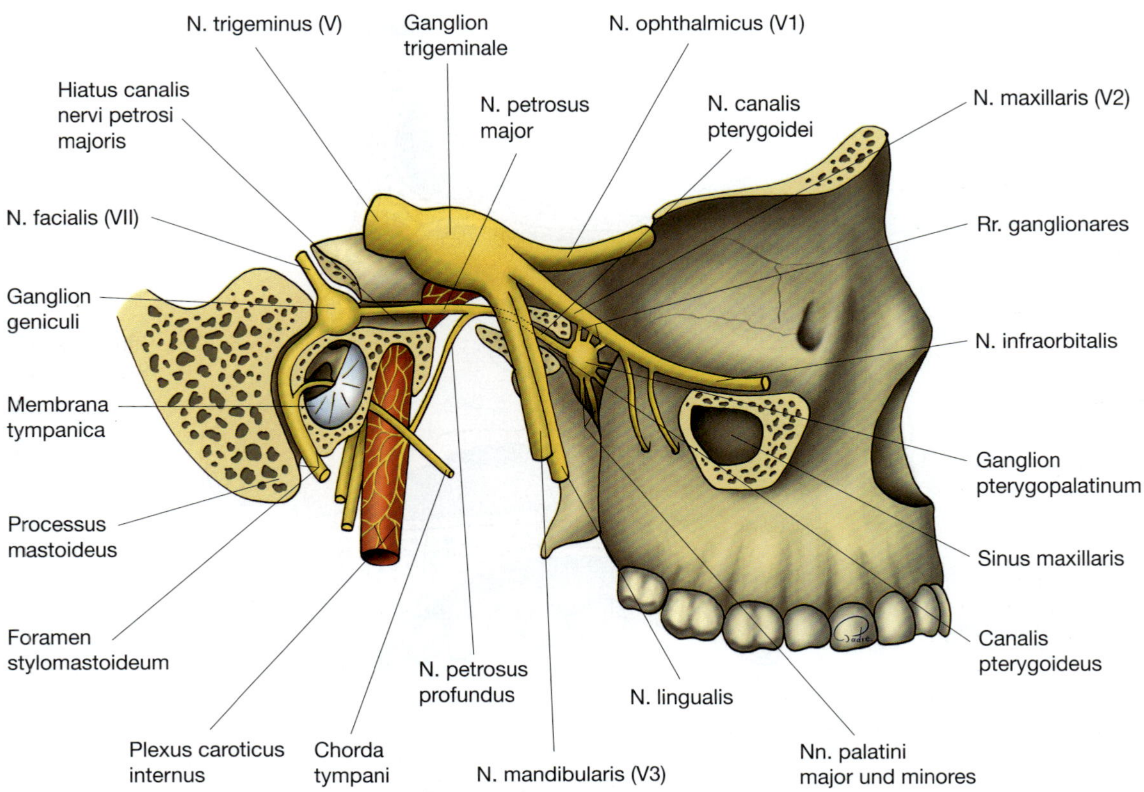

Abb. 3.29 N. petrosus major und N. petrosus profundus.

3.3.3 Nasennebenhöhlen (Sinus paranasales)

Überblick und Funktion

Die Nasennebenhöhlen sind pneumatische, d. h. luftgefüllte Räume, die sich in unmittelbarer Nachbarschaft zur Nasenhöhle befinden und in diese einmünden. Sie sind Teil des Resonanzkörpers bei der **Lautbildung**, dienen der **Oberflächenvergrößerung der Nasenschleimhaut** und reduzieren das Gewicht des Schädels.

Embryologie

Die ersten Sinus paranasales entwickeln sich erst am Schluss der Fetalperiode aus kleinen Epithelausstülpungen der Nasenschleimhaut. Bei der Geburt sind lediglich kleine Kieferhöhlen sowie vordere und hintere Siebbeinzellen vorhanden. Die anderen Nasennebenhöhlen werden erst im Laufe der Kindeit ausgebildet.

Gliederung

Es gibt vier paarige Nasennebenhöhlen, die, da sie sich unabhängig voneinander entwickeln, häufig sehr asymmetrisch sind:

- **Sinus maxillaris** (Kieferhöhle): Diese größte Nasennebenhöhle höhlt innen fast die gesamte Maxilla lateral der Nasenhöhle aus und reicht häufig bis in die Processus alveolaris und palatinus hinunter. Die Öffnung zur Nasenhöhle befindet sich in der medialen Wand des Sinus maxillaris ziemlich weit kranial. Nach Mündung in das **Infundibulum ethmoidale** (Siebbeintrichter) öffnet sich der Sinus maxillaris im **Hiatus semilunaris** in den Meatus nasi medius (↗ Abb. 3.30).

Klinik

Eine **Kieferhöhlenvereiterung (Sinusitis maxillaris)** ist häufig sehr langwierig, da sich das Sekret aufgrund der anatomischen Gegebenheiten schlecht in die Nasenhöhle entleeren kann.

- **Sinus frontalis** (Stirnhöhle): Er ist oberhalb des vorderen Nasenhöhlen- und Orbitadachs lokalisiert und mündet wie der Sinus maxillaris über das Infundibulum ethmoidale im Hiatus semilunaris in den Meatus nasi medius (↗ Abb. 3.30).

Klinik

Obwohl sich der Ausführungsgang im Boden der Stirnhöhle befindet, kann es bei **Stirnhöhlenvereiterung (Sinusitis frontalis)** aufgrund des kleinen Ganggdurchmessers zu langwierigem Sekretverhalt kommen.

- **Cellulae ethmoidales** (Siebbeinzellen = Siebbeinlabyrinth, **Labyrinthus ethmoidalis**): Dies sind zahlreiche kleine Höhlen, die zwischen Orbita und

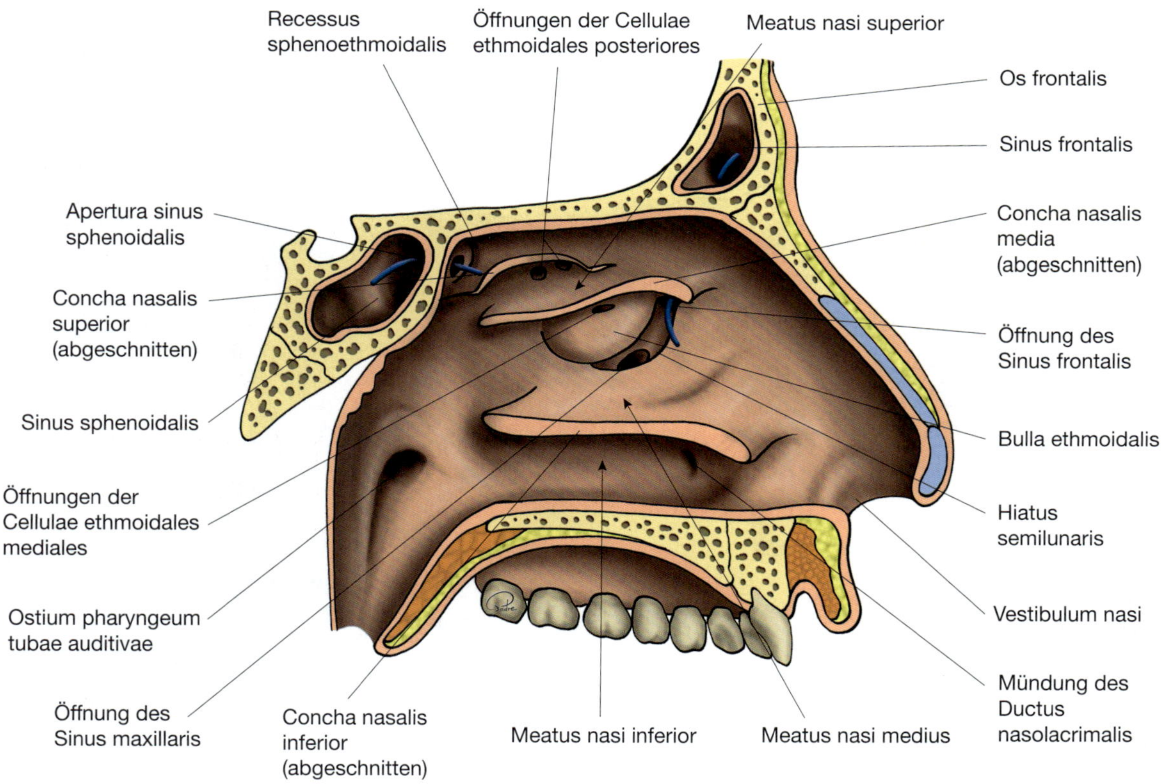

Abb. 3.30 Nasennebenhöhlen.

seitlicher Nasenwand (oberhalb des Sinus maxillaris) lokalisiert sind. Während die Cellulae ethmoidales anteriores und mediales über mehrere Öffnungen im Hiatus semilunaris in den Meatus nasi medius münden, öffnen sich die Cellulae ethmoidales posteriores in den Meatus nasi superior (↗ Abb. 3.30).

- **Sinus sphenoidalis** (Keilbeinhöhle): Der Sinus sphenoidalis befindet sich dorsal der Cellulae ethmoidales in der Hinterwand der Nasenhöhle (↗ Abb. 3.30) und liegt direkt unterhalb der Sella turcica mit der Hypophyse (↗ Abb. 9.15). Er mündet über die **Apertura sinus sphenoidalis** in den Recessus sphenoethmoidalis der Nasenhöhle (↗ Abb. 3.30).

Klinik

Eine Möglichkeit, bei einer **Hypophysenoperation** Zugang zur Hypophyse zu erlangen, ist der transnasale Weg durch die Sinus sphenoidales hindurch.

Topographie

Die wichtigsten topographischen Beziehungen der Nasennebenhöhlen sind in Tabelle 3.14 zusammengefasst.

Klinik

Durch die vielfältigen Nachbarschaftsbeziehungen kann es bei **Vereiterung der Nasennebenhöhlen** zu verschiedene **Komplikationen** kommen: Durchbruch der eitrigen Entzündung in die Orbita (**Orbitalphlegmone**), Entzündung des Sehnervs (**Neuritis optica**) mit Erblindungsgefahr, Hirnhautentzündung (**Meningitis**) oder Verschleppung von Erregern in den Sinus cavernosus mit **Sinusvenenthrombose** und **Sepsis.** Umgekehrt kann die Vereiterung einer Zahnwurzel auf den Sinus maxillaris übergreifen.

Tab. 3.14 Nasennebenhöhlen und benachbarte Strukturen

Nasennebenhöhle	angrenzende Strukturen
Sinus maxillaris	• Orbitaboden mit Canalis infraorbitalis (kranial) • Vorderwand der Fossa pterygopalatina (dorsal) • Zähne (kaudal)
Sinus frontalis	• Boden der vorderen Schädelgrube (kranial) • Orbitadach (kaudal)
Cellulae ethmoidales	• Boden der vorderen Schädelgrube (kranial) • mediale Orbitawand (lateral) • Nasenhöhle (kaudal)
Sinus sphenoidalis	• Hypophyse (kranial) • Sinus cavernosus (lateral) • Nasenrachenraum (kaudal)

Histologie

Ausgekleidet sind die Nasennebenhöhlen mit dünnem **respiratorischen Epithel**, das über eine Lamina propria mit dem Knochen verwachsen ist. Die Anzahl an Becherzellen und Schleimdrüsen ist geringer als in der Nasenhöhle.

3.4 Augenhöhle und Auge

3.4.1 Augenhöhle (Orbita)

Die Augenhöhle (Orbita) ist ein paariger Hohlraum, der den Augapfel beherbergt.

Gliederung

An der Bildung der Orbitawände beteiligen sich folgende Knochen (↗ Abb. 3.3):

- **Os frontale** (Dach)
- **Os lacrimale** (mediale Wand)
- Lamina orbitalis des **Os ethmoidale** (mediale Wand)
- **Maxilla** (Boden)
- **Os palatinum** (Boden)
- **Os zygomaticum** (Boden und laterale Wand)
- **Os sphenoidale** mit den Facies orbitales von **Ala minor** (laterale Wand) und **Ala major** (Dach).

Am Augenhöhleneingang (**Aditus orbitalis**) unterscheidet man einen oberen und einen unteren Rand (**Margines supra-** und **infraorbitalis**).

Durch zahlreiche Öffnungen gelangen verschiedene Strukturen in die Augenhöhle hinein bzw. aus ihr heraus (↗ Tab. 3.15, Abb. 3.31). Über den medialen Margo superior hinweg treten außerdem die Nn. supra- und infratrochlearis durch den Aditus orbitalis zur Stirnhaut.

Vorn wird die Orbita vom bindegewebigen **Septum orbitale** verschlossen. Das Septum besitzt einen waagerechten Schlitz, dem außen zwei Weichteilfalten (Augenlider, Palpebrae) aufliegen.

Innen ist die Orbita von einer **bindegewebigen Knochenhaut** (**Periorbita**) ausgekleidet, die im Canalis opticus in die Durascheide des Sehnervs und vorn in das Septum orbitale übergeht. Die Periorbita überzieht die Fissura orbitalis inferior. An dieser Stelle sind Muskelfasern (**M. orbitalis**) in das Bindegewebe eingeflochten.

Topographie

Die Orbita besitzt diverse topographische Beziehungen (↗ Tab. 3.16).

Tab. 3.15 Schädelöffnungen im Bereich der Orbita

Öffnung/Kanal	Lokalisation	Verbindung zu	Inhalt
Canalis opticus	Os sphenoidale	mittlerer Schädelgrube	• N. opticus (II) • A. ophthalmica
Canalis nasolacrimalis	Fossa sacci lacrimalis (gebildet von Os lacrimale und Processus frontalis maxillae)	Meatus nasi inferior	Ductus nasolacrimalis
Canalis infraorbitalis	Maxilla	Schädelaußenseite kaudal des Margo infraorbitalis	A. infraorbitalis und N. infraorbitalis (aus V2)
Fissura orbitalis superior	zwischen Ala major und Ala minor ossis sphenoidalis	mittlerer Schädelgrube	• N. oculomotorius (III) • N. trochlearis (IV) • N. lacrimalis, N. frontalis und N. nasociliaris (alle aus V1) • N. abducens (VI) • V. ophthalmica superior
Fissura orbitalis inferior (verschlossen durch Bindegewebe und den M. orbitalis)	zwischen Ala major ossis sphenoidalis und Maxilla	Fossa infratemporalis und Fossa pterygopalatina	• A. und V. infraorbitalis, N. infraorbitalis (aus V2) • N. zygomaticus (aus V2) • V. ophthalmica inferior
Foramen supraorbitale	Os frontale	Schädelaußenseite kranial des Margo supraorbitalis	N. supraorbitalis lateralis
Foramen frontale	Os frontale	Schädelaußenseite kranial des Margo supraorbitalis	N. supraorbitalis medialis
Foramen ethmoidale anterius	zwischen Os frontale und Os ethmoidale	vorderer Schädelgrube	A.ethmoidalis anterior und N. ethmoidalis anterior
Foramen ethmoidale posterius	zwischen Os frontale und Os ethmoidale	Cellulae ethmoidales	A. ethmoidalis posterior und N. ethmoidalis posterior
Foramen zygomatico-orbitale	Os zygomaticum	Foramen zygomatico-temporale und zygomatico-faciale	• N. zygomaticotemporalis • N. zygomaticofacialis

Tab. 3.16 Topographische Beziehungen der Orbita

Orbitawand	angrenzende Strukturen
Dach	vordere Schädelgrube
mediale Wand	Cellulae ethmoidales
Boden	Sinus maxillaris, Fossa infratemporalis
laterale Wand	Fossa temporalis mit dem M. temporalis
dorsale Wand	mittlere Schädelgrube

Klinik

Bei einem Faustschlag auf das Auge kann es zu einer sog. **Blow-out-Fraktur** kommen, bei der der Orbitaboden in den Sinus maxillaris einbricht. Die Folgen sind eine Gesichtsasymmetrie und Augenmotilitätsstörungen, weswegen der Orbitaboden operativ rekonstruiert werden muss.

Den größten Teil der Orbita nimmt der Augapfel (**Bulbus oculi**) ein. Umhüllt wird er von der bindegewebigen Augapfelscheide (**Vagina bulbi**), von der er durch den dünnen Episkleralraum (**Spatium episclerale**) getrennt ist. Auf die Vagina bulbi folgt außen der Augenhöhlenfettkörper (**Corpus adiposum orbi-**

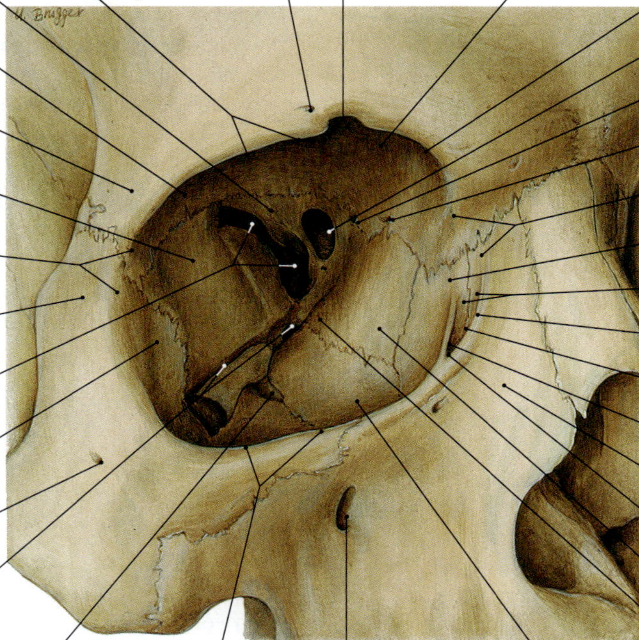

Abb. 3.31 Orbita, Ansicht von schräg lateral. * Diese Stellen können als Foramina oder Incisurae ausgebildet sein. (Aus [14])

tae), in den die sechs äußeren **Augenmuskeln**, der **M. levator palpebrae superioris**, die **Hirnnerven II**, **III**, **IV**, **V1** und **VI**, das **Ganglion ciliare**, die **A. ophthalmica** sowie die **Vv. ophthalmicae superior** und **inferior** eingebettet sind.

3.4.2 Auge

Das paarig angelegte Auge stellt das Sehorgan dar. Es umfasst

- die Augenlider,
- die Bindehaut,
- den Augapfel,
- die Tränendrüse und die ableitenden Tränenwege.

Augenlider (Palpebrae)

Funktion

Die Augenlider (**Palpebrae superior** und **inferior**) dienen dem Licht- und Blendschutz, verhindern ein Austrocknen der Hornhaut durch Verteilung der Tränenflüssigkeit bei jedem Lidschlag und bilden einen mechanischen Schutz vor Fremdkörpern.

Gliederung

Die Augenlider umgeben die Lidspalte (**Rima palpebrarum**), die sich vom inneren zum äußeren Augenwinkel (**Anguli oculi medialis** und **lateralis**) erstreckt. Die mediale und laterale Verbindung der Augenlider werden als **Commissurae medialis** und **lateralis palpebrarum** bezeichnet. Das kleine Häutchen am Angulus medialis nennt man **Plica semilunaris conjunctivae**. Bei Kindern, Asiaten und Patienten mit Down-Syndrom existiert noch eine Augenfalte, die vom medialen Oberlidrand sichelförmig über den inneren Augenwinkel zieht und Plica palpebronasalis (Epikanthus) genannt wird.

Die Augenlider sind seitlich über die **Ligg. palpebralia mediale** und **laterale** an der Orbitawand fixiert.

Histologie

Jedes Augenlid ist außen (d. h. auf seiner **Facies anterior**) mit mehrschichtig verhorntem Plattenepithel (**Epidermis**) bedeckt, unter dem sich lockeres Bindegewebe (**Dermis**) befindet. Unter der Dermis liegen die quergestreiften Muskelfasern des **M. orbicularis oculi**. Unterhalb dieser Muskelschicht befindet sich „das Gerüst" des Augenlids, die bindegewebige Lidplatte (**Tarsus** superior bzw. inferior). Sie besteht aus kollagenen und elastischen Fasern und enthält ca. 30 lang gestreckte holokrine Drüsen (**Glandulae tarsales**, Meibom-Drüsen), die ihr talgähnliches Sekret an der hinteren Lidkante sezernieren. In die Lidplatte strahlt der glatte M. tarsalis superior (Oberlid) bzw. inferior (Unterlid) ein. Unter der Lidplatte folgt eine Schicht lockeren Bindegewebes. Sie verbindet die Lidplatte fest mit dem mehrschichtig unverhornten

Konjunktivalepithel, das die dem Augapfel zugewandte Seite des Augenlids (**Facies posterior palpebrae**) bedeckt.

Die Lidunterkante hat einen rechteckigen Querschnitt, so dass man eine vordere und hintere Lidkante (**Limbi anterior** und **posterior** palpebrae) unterscheiden kann. Zwischen den Lidkanten verlassen die Wimpern in 3–4 Reihen das Augenlid.

Gefäßversorgung

Die Augenlider werden durch die **Aa. palpebrales** mit sauerstoffreichem Blut versorgt. Diese gehen in der Orbita von der A. ophthalmica, einem Ast der A. carotis interna, ab.

Lidmuskeln

Die Lidbewegungen werden durch insgesamt vier Muskeln koordiniert (↗ Tab. 3.17). Beim M. orbicularis oculi und M. levator palpebrae superioris handelt es sich um quergestreifte, bei den Mm. tarsales superior und inferior um glatte Muskeln.

Klinik

Bei einer Lähmung des N. facialis (**Fazialisparese**) kann das Auge durch Ausfall des M. orbicularis oculi nicht mehr geschlossen werden. Es droht ein Austrocknen der Hornhaut.

Bei einer Lähmung des N. oculomotorius (**Okulomotoriusparese**) kann das Lid nicht mehr ausreichend gehoben werden.

Bei einer **Sympathikuslähmung** hängt das Oberlid herunter (Ptosis). Wenn außerdem eine Pupillenverengung (Miosis) und ein Zurücksinken des Augapfels in die Orbita (Enophthalmus) vorliegen, nennt man das **Horner-Syndrom**. Den Einfluss des Sympathikus auf die Augenöffnung kann man bei sich selbst beobachten: Wenn man müde wird, der Parasympathikotonus also überwiegt, dann „fallen einem die Augen zu".

Liddrüsen

Es gibt drei verschiedene Drüsenarten in den Augenlidern:

- **Glandulae tarsales** (Meibom-Drüsen): etwa 30 lang gestreckte, spalierartig über den gesamten Tarsus verteilte Talgdrüsen zur Einfettung des Lidrandes

Klinik

Wird der Ausführungsgang einer Meibom-Drüse verlegt, resultiert ein schmerzloses Knötchen im Lidbereich, das als Hagelkorn (**Chalazion**) bezeichnet wird.

- **Glandulae ciliares** (Moll-Drüsen): apokrine Schweißdrüsen im Bereich der Wimpern
- **Glandulae sebaceae** (Zeis-Drüsen): an den Haarbälgen der Wimpern lokalisierte Talgdrüsen, deren Sekret der Einfettung der Lider dient.

Klinik

Bei einer eitrigen Entzündung der Moll- oder Zeis-Drüsen entsteht ein schmerzhafter Knoten im Lidbereich, den man Gerstenkorn (**Hordeolum**) nennt.

Tab. 3.17 Lidmuskeln

Lidmuskel	Ursprung	Ansatz	Funktion	Innervation
M. orbicularis oculi (Partes orbitalis, palpebralis und lacrimalis)	Pars nasalis des Os frontale, Processus zygomaticus und frontalis der Maxilla, Os lacrimale, Saccus lacrimalis	Ligg. palpebralia mediale und laterale	Lidöffnung und Lidschluss Verteilung der Tränenflüssigkeit über den Bulbus oculi Zukneifen der Augen	Rr. temporales und zygomatici aus dem N. facialis (VII)
M. levator palpebrae superioris	Ala minor ossis sphenoidalis	mit der tiefen Schicht am Tarsus superior, mit der oberflächlichen Schicht an der vorderen Lidhaut	Lidhebung „Auspressen" der Tränendrüse	R. superior des N. oculomotorius (III)
M. tarsalis superior	Faszie des M. levator palpebrae superioris, Vagina bulbi	Oberrand des Tarsus superior	Lidhebung	sympathische Fasern (Perikarya des 1. Neurons in den Seitenhörnern von C8–T2, Perikarya des 2. Neurons im Ganglion cervicale superius)
M. tarsalis inferior	Fornix conjunctivae inferior	Unterrand des Tarsus inferior	Lidhebung (!)	

Bindehaut (Tunica conjunctiva)

Gliederung

Die Bindehaut ist eine durchsichtige Schleimhaut, die von der Lidhinterfläche ausgeht (**Tunica conjunctiva palpebrarum**) und kranial bzw. kaudal in den Fornias conjunctivae superior und inferior auf den Augapfel umschlägt, den sie bis zur Hornhaut hin bedeckt (**Tunica conjunctiva bulbi**).

Die Tasche, die kranial und kaudal im Bereich der Umschlagfalte gebildet wird, wird als Bindehautsack (**Saccus conjunctivalis**) bezeichnet.

Histologie

Die Bindehaut besteht aus

- Epithel: Im Bereich der Tunica conjunctiva palpebrarum findet sich mehrschichtig unverhorntes Plattenepithel, im Bereich der Tunica conjunctiva bulbi mehrschichtig hochprismatisches Epithel mit vielen Becherzellen.
- einer lymphozytenreichen Bindegewebsschicht zwischen den beiden Epithelschichten.

Klinik

Allergische Reaktionen, Fremdkörper, Verätzung, UV-Licht, Viren, Bakterien oder Chlamydien können eine Bindehautentzündung (**Konjunktivitis**) hervorrufen, die mit Schwellung, Rötung, ausgiebigem Tränenfluss und Erweiterung der Bindehautgefäße (konjunktivale Injektion) einhergeht. Außerdem sind die Betroffenen lichtscheu und leiden evtl. unter Lidkrämpfen (Blepharospasmen).

Gefäßversorgung

Die A. ophthalmica aus der A. carotis interna gibt in der Orbita die **Aa. conjunctivales** zur Bindehaut ab.

Innervation

Die reichhaltige **sensible Innervation** der Bindehaut erfolgt über Äste des N. trigeminus (V):

- Nn. frontalis, lacrimalis und nasociliaris aus dem **N. ophthalmicus** (V1)
- N. infraorbitalis aus dem **N. maxillaris** (V2).

Augapfel (Bulbus oculi)

Gliederung

Augapfelwand

Von seiner Entwicklungsgeschichte her ist der Augapfel Teil des Gehirns. In Analogie zu den Hirnhäuten besteht die Wand des Augapfels aus drei Schichten (↗ Abb. 3.32):

- äußere Augenhaut (**Tunica fibrosa bulbi**): sorgt für die Festigkeit des Augapfels und besteht aus
  - **Sclera** (Sklera = Lederhaut): das „Weiße" im Auge, geht ventral am **Sulcus sclerae** über in die
  - **Cornea** (Kornea = Hornhaut): ist durchsichtig und bedeckt das vordere Sechstel des Augapfels.

  Die Übergangszone zwischen Kornea und Sklera heißt **Limbus corneae**.
- mittlere Augenhaut (**Tunica vasculosa bulbi**): lässt sich in folgende Abschnitte untergliedern:
  - **Iris** (Regenbogenhaut): ragt im ventralen Bereich in den Innenraum des Augapfels hinein und umgibt mit ihrem freien Rand das Sehloch (**Pupilla** = Pupille). Die Iris enthält glatte Muskulatur, die die Pupille verengt (M. sphincter pupillae) bzw. erweitert (M. dilatator pupillae). Sie wirkt somit wie die Blende eines Photoapparates.
  - **Corpus ciliare** (Ziliarkörper, Strahlenkörper): setzt die Iris seitlich fort. Der Ziliarkörper ist der Produktionsort des Kammerwassers (↗ unten) und der Ursprungsort der Zonulafasern, an denen die Augenlinse aufgehängt ist. Außerdem enthält er den M. ciliaris, der für die Formveränderung der Augenlinse und damit für die Änderung ihrer Brechkraft zuständig ist. Nach dorsal reicht der Ziliarkörper bis zur **Ora serrata**, wo er übergeht in die
  - **Choroidea** (Aderhaut): liegt innen der Sklera an und ist sehr gefäßreich. Die Gefäße versorgen einen Teil der Retina (↗ Abschnitt „Histologie") und führen die bei der Photorezeption entstandene Wärme ab.
- innere Augenhaut (**Tunica interna/sensoria bulbi, Retina** = Netzhaut): Die Retina gliedert sich in einen kleinen lichtunempfindlichen Anteil (**Pars caeca**), der Iris und Ziliarkörper innen überzieht, und den lichtempfindlichen Hauptanteil (**Pars optica**). Die Pars optica lässt sich weiter unterteilen in
  - eine äußere **Pars pigmentosa** (Pigmentepithel): absorbiert u.a. Streulicht (↗ Abschnitt „Histologie", Retina),
  - eine innere **Pars nervosa**: Hier befinden sich u.a. die primären Sinneszellen (Photorezeptoren) und die Nervenzellen, die die Signale von den Photorezeptoren weiterleiten (z.B. Ganglienzellen).

Bei Betrachtung des **Augenhintergrundes** in einer Augenspiegelung (**Ophthalmoskopie**) sieht man auf der roten Netzhaut eine helle Scheibe, die den Austrittspunkt des N. opticus und den Eintrittspunkt retinaler Gefäße markiert (Discus nervi optici, **Sehnervenpapille**). An dieser Stelle gibt es keine Sinneszellen, weswegen sie auch als **blinder Fleck** bezeichnet wird. Von diesem Punkt aus zweigen sich die Äste der A. und V. centralis retinae auf. Lateral der Sehnervenpapille ist ein vermehrt pigmentiertes, gelbliches Areal auszumachen (↗ Abb. 3.33), das darum auch gelber Fleck (**Macula lutea**) genannt wird und den Punkt des schärfsten Sehens markiert. Auf diese Stelle fällt das Licht bei Fixation eines Gegenstandes. Die apikalen Schichten der Retina einschließlich Nervenzellkörper der Ganglienzellschicht (↗ unten) weichen an dieser gefäßfreien Stelle seitlich aus, weswegen eine

Grube (**Fovea centralis**) in der Netzhaut entsteht. Hier gibt es nur Zapfen (Sinneszellen für das Farbensehen), die jedoch sehr zahlreich sind, was die gute Auflösung bedingt.

Merke

Der Grund, warum man in der Nacht nicht besonders scharf sieht und nicht gut fixieren kann, ist darin zu sehen, dass die Zapfen bei schlechten Lichtverhältnissen nicht erregt werden, sondern lediglich die Stäbchen (Sinneszellen für das Schwarz-Weiß-Sehen). Diese sind jedoch in der Fovea centralis nicht vorhanden.

Innenraum des Augapfels

Im Innenraum des Augapfels befindet sich die Augenlinse (**Lens**). Sie ist dorsal der Iris lokalisiert und über die **Zonulafasern** am Ziliarkörper aufgehängt. Iris und Augenlinse gliedern den Innenraum des Augapfels in drei Abschnitte:

- vordere Augenkammer (**Camera anterior**): zwischen Kornea und Iris
- hintere Augenkammer (**Camera posterior**): zwischen Iris, Corpus ciliare und Augenlinse
- **Camera postrema** [vitrea]: dorsal der Augenlinse.

Die vordere und die hintere Augenkammer werden von einer klaren Flüssigkeit durchspült, dem Kammerwasser (**Humor aquosus**). Dieses wird vom Epithel des Corpus ciliare sezerniert und zum größten Teil im **Angulus iridocornealis** (Kammerwinkel, zwischen Iris und Kornea in der vorderen Augenkammer) wieder resorbiert. Hier befindet sich ein trabekuläres Netzwerk (**Reticulum trabeculae**), über dessen Zwischenräume (**Spatia anguli iridocornealis**, Fontana-Raum) das Kammerwasser in den sog. **Schlemm-Kanal** (Sinus venosus sclerae) abfließen kann. Von dort wird es in intra- und episklerale Venen aufgenommen.

Klinik

Durch eine Abflussstörung im Angulus iridocornealis kann der Augeninnendruck (physiologisch bei 2 kPa bzw. 15 mmHg) stark ansteigen. Dieses Krankheitsbild wird als **Glaukom** („grüner Star") bezeichnet. Bei leichter Druckerhöhung klagen die Betroffenen über Nebelsehen, Kopfschmerzen und Augenbrennen. Im Glaukomanfall steigt der Augeninnendruck akut an. Es kommt zu heftigsten Kopfschmerzen, und durch Druck auf die Retina droht die Erblindung. Therapeutisch verabreicht man lokal ein Parasympathomimetikum (in Form von Augentropfen). Dieses verengt die Pupille, wodurch der Kammerwinkel erweitert und der Abfluss des Kammerwassers erleichtert werden.

Die Camera postrema wird vom Glaskörper (**Corpus vitreum**) ausgefüllt. Dies ist ein zu 99 % aus Wasser bestehender Gelkörper, der außerdem Hyaluronsäure und Kollagen (Typ II und XI) enthält.

Embryologie

Am Ende der 3. Entwicklungswoche stülpt sich das Neuralrohr im Bereich des sich entwickelnden Dienzephalons auf beiden Seiten zur **Augengrube** aus, die sich in der 4. Woche zum **Augenbläschen** auswächst. Das Augenbläschen wächst in Richtung des Ektoderms vor. Die Verbindung nach innen zum Neuralrohr bzw. Dienzephalon wird durch den **Augenstiel** aufrechterhalten. In der 5. Woche stülpt sich der dem Ektoderm zugewandte Teil des Bläschens in den unteren ein, so dass der doppelwandige, nach vorn offene **Augenbecher** entsteht. Den Übergangsbereich zwischen äußerer und innerer Augenbecherwand markiert die spätere Ora serrata. Der Augenbecher weist vorn unten eine Spalte (**Augenbecherspalte**) auf, die sich nach innen in den Augenstiel fortsetzt.

Aus der **Wand des Augenbechers** entstehen die **Irismuskulatur** und die **Pars optica retinae**: Die äußere Wand des Augenbechers entwickelt sich zu Irismuskulatur, Pars pigmentosa retinae und der Pigmentepithelschicht des Ziliarkörpers, die innere Wand entwickelt sich zu Pars nervosa retinae und unpigmentierter Ziliarkörperepithelschicht. Aus der Pars nervosa retinae sprossen die Axone der Ganglienzellen im Augenstiel in Richtung Dienzephalon.

Aus dem **Oberflächenektoderm**, das den vorderen Teil des Augenbläschens bzw. Augenbechers bedeckt, entstehen das **vordere Kornealepithel** und die **Augenlinse**. Bei Letzterer verdickt sich das an das Augenbläschen grenzende Ektoderm zur **Linsenplakode**, die sich in der 5. Woche – analog zum Augenbläschen – zur **Linsengrube** einstülpt. Ebenfalls in der 5. Woche schnürt sich die Linsengrube vom Ektoderm ab, so dass das **Linsenbläschen** entsteht. Die hochprismatischen Zellen der hinteren Linsenbläschenwand entwickeln sich nach Verlust des Zellkerns zu Linsenfasern (**Fibrae lentis**) und füllen das Innere des Linsenbläschens aus. Beim Neugeborenen gehen sie von einem vorderen dreistrahligen Linsenstern im Übergangsbereich von der Vorder- zur Hinterfläche (Linsenäquator) aus und enden am hinteren Linsenstern.

Vom **Mesenchym** leiten sich die übrigen Komponenten des Augapfels her, nämlich

- die **äußere Augenhaut** mit Ausnahme des vorderen Kornealepithels (↗ oben),
- die **mittlere Augenhaut** mit Ausnahme der Irismuskulatur (↗ oben). Die Pupille ist bis zum 8. Schwangerschaftsmonat noch durch die sog. Pupillenmembran (**Membrana pupillae**) verschlossen.
- der **Glaskörper:** Er leitet sich von Mesenchym her, das durch die Augenbecherspalte in das Innere der Augenbechers vorwächst. Er wird zunächst durch die **A. hyaloidea** versorgt, die sich später zurückbildet. Als Rest bleibt die A. centralis retinae erhalten.

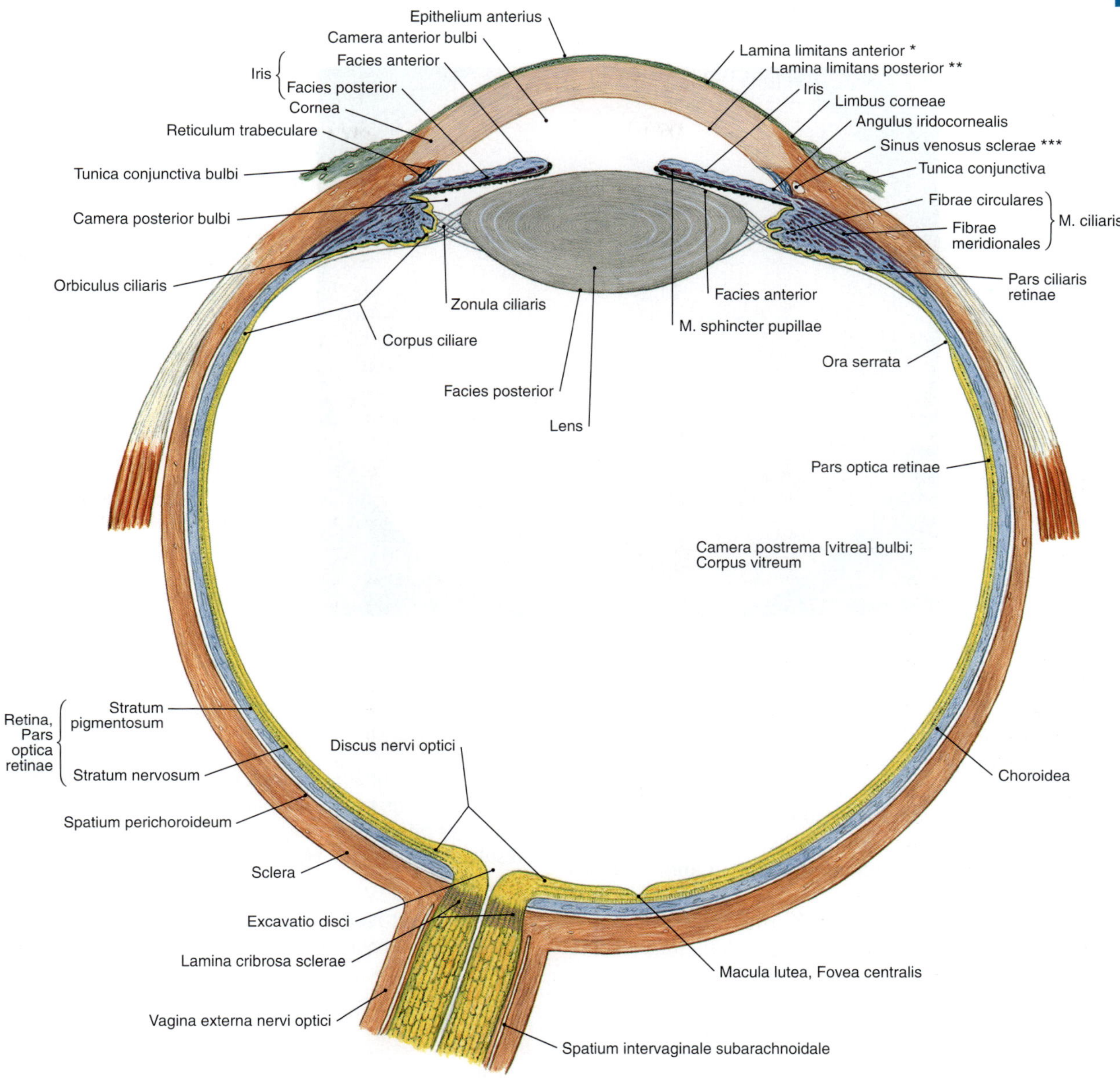

Abb. 3.32 Augapfel, Sagittalschnitt. * Klinisch: Bowman-Membran; ** Klinisch: Descemet-Membran; *** Klinisch: Schlemm-Kanal. (Aus [14])

Klinik

Von der A. hyaloidea kann manchmal außerdem eine kleine zentrale Verdichtung im Glaskörper übrig bleiben.

Die **vordere Augenkammer** entsteht aus einem Spaltraum, der sich zwischen Kornea und Pupillenmembran bzw. Iris auftut. Dieser Spaltraum erweitert sich im 7. Monat hinter der Iris zur **hinteren Augenkammer**.

Merke

Der Augapfel entwickelt sich aus folgenden embryonalen Geweben:

- **Neuralrohr:** innere Augenhaut
- **Oberflächenektoderm:** Linse, vorderes Kornealepithel
- **Mesenchym:** Glaskörper, mittlere und äußere Augenhaut.

Histologie

Sklera

Die 0,5 mm breite Sklera lässt sich in drei Schichten unterteilen:

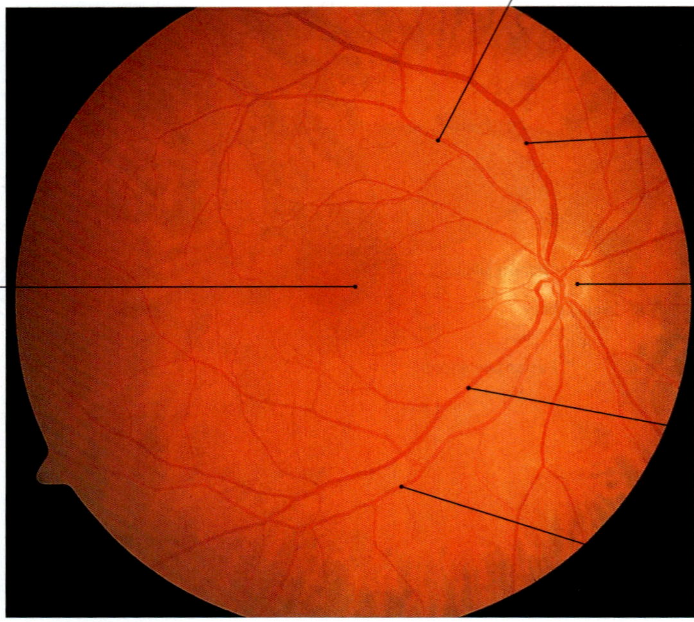

Abb. 3.33 Augenhintergrund, ophthalmoskopisches Bild. (Aus [14])

- Außen liegt die **Lamina episcleralis** aus lockerem, gefäßhaltigen Bindegewebe.
- Die mittlere Schicht, die **Substantia propria**, ist reich an kollagenen Fasern (straffes Bindegewebe), die der Sklera ihe weiße Farbe verleihen.
- Innen liegt die pigmenthaltige **Lamina fusca sclerae**.

Nahe dem Übergang in die Kornea (Sulcus sclerae) liegt der **Sinus venosus sclerae** (Schlemm-Kanal), über den das Kammerwasser abfließt.

Am Durchtrittspunkt des N. opticus ist die Sklera siebartig durchlöchert (**Lamina cribrosa sclerae**), und die Lamina episcleralis setzt sich in die äußere Sehnervenhülle (↗ Kap. 3.7.3) fort.

Kornea

Die durchsichtige, uhrglasförmige Kornea ist 0,7 mm dick und setzt sich aus fünf Schichten zusammen:

- **vorderes Kornealepithel** (Epithelium anterius): mehrschichtig unverhorntes Plattenepithel mit Mikrovilli. Dies ist die Grenzfläche des optischen Apparates mit der größten Brechkraft.
- **Bowman-Membran** (Lamina limitans anterior)
- **Substantia propria** (Stroma) aus parallel verlaufenden Kollagenfasern (Typ I) und fibrozytenartigen Zellen (Keratozyten)
- **Descemet-Membran** (Lamina limitans posterior)
- **hinteres Kornealepithel**: einschichtiges Plattenepithel.

Die Hornhaut hat den gleichen Brechungsindex wie das Kammerwasser.

Klinik

Wenn die Hornhaut austrocknet (z. B. infolge fehlenden Lidschlags bei Fazialisparese oder während einer Narkose) oder das hintere Kornealepithel einreißt, so resultiert daraus eine **Hornhauttrübung.**

Die Hornhaut ist **gefäßfrei** und wird durch Osmose aus der Tränenflüssigkeit und dem Kammerwasser ernährt.

Klinik

Da Blutgefäße in der Hornhaut fehlen, ist bei einer Hornhauttransplantation (**Keratoplastik**) die Gefahr einer Abstoßung gering.

Bei einer Hornhautentzündung (**Keratitis**) oder nach Verletzung können Gefäße in die Hornhaut einsprießen und Sehstörungen verursachen.

Die sensible Innervation erfolgt über Nervenfasern aus dem **N. nasociliaris** (aus V1).

Choroidea

Die Choroidea besteht aus lockerem, gefäßreichem Bindegewebe. Von außen nach innen lassen sich folgende Schichten unterscheiden:

- **Lamina vasculosa**: enthält größere Blutgefäße. Die Arteriolen sind Äste der Aa. ciliares longae und breves (↗ Kap. 3.6.1).
- **Lamina choroidocapillaris**: Hier bilden die kapillären Äste der Gefäße der Lamina vasculosa ein

dichtes Netz. Die weitlumigen, stark fenestrierten Kapillaren versorgen die Pars caeca retinae und (per diffusionem) den äußeren Teil der Pars optica retinae.
- **Lamina basalis** (Bruch-Membran): Basalmembran des Pigmentepithels der Retina. Die Lamina basalis wird dennoch der Choroidea zugerechnet.

Die Grenze zur Sklera bildet eine pigmentreiche Bindegewebsschicht, das **Spatium perichoroideum**.

Corpus ciliare

Man unterscheidet zwei Anteile:
- **Pars plana** (Orbiculus ciliaris): liegt dem Glaskörper an und beginnt dorsal an der Ora serrata
- **Pars plicata** (Corona ciliaris): bildet die laterale Begrenzung der hinteren Augenkammer und besitzt 75 Ziliarfortsätze (**Processus ciliares**), an denen die Zonulafasern der Augenlinse (**Fibrae zonulares**) befestigt sind (↗ Abb. 3.34). Die Einfaltungen zwischen den Ziliarfortsätzen werden als Plicae circulares bezeichnet.

Im Längsschnitt kann man folgende Schichtung erkennen:
- **Ziliarkörperepithel:** gehört eigentlich zur Pars caeca retinae (Pars ciliaris retinae, ↗ Abb. 3.32). Es ist zweischichtig hochprismatisch, wobei sich beide Zellschichten mit ihren apikalen Seiten (!) berühren (↗ Abb. 3.34), und die dem Stroma zugewandte Schicht ist reich an Pigmentzellen. Das Ziliarkörperepithel produziert das Kammerwasser.
- **Stroma:** gefäßreiches Bindegewebe mit Melanozyten und zahlreichen sympathischen und parasympathischen Nervenfasern (die Perikarya liegen im Ganglion cervicale superius bzw. im Ganglion oticum).
- **Muskelschicht:** Der **M. ciliaris** hat seinen Ursprung am Limbus corneae und strahlt mit seinen zirkulär und längs verlaufenden Muskelfasern in den Ziliarkörper und die Lamina basalis der Choroidea (Bruch-Membran) ein. Bei **Kontraktion** des M. ciliaris entspannen sich die Zonulafasern, so dass die Augenlinse aufgrund ihrer Elastizität Kugelform annimmt (**Nahakkommodation**). Bei **Erschlaffung** des M. ciliaris führt die Rückstellkraft der elastischen Systeme der Aderhaut zur Abflachung (Zunahme des Längsdurchmessers) der Linse (**Fernakkommodation**).

Der M. ciliaris wird durch parasympathische Fasern aus dem **N. oculomotorius** (III) innerviert.

Klinik

Im Alter nimmt die Elastizität der Linse ab, so dass sie sich bei Erschlaffung der Zonulafasern nicht mehr abrunden kann. Eine Nahakkommodation ist nicht mehr möglich. Man bezeichnet dies als Altersweitsichtigkeit (**Presbyopie**).

Iris

Die vordere Irisfläche wird von mesothelartigen Zellen bedeckt, unter denen Fibroblasten und Melanozyten liegen.

Das Irisstroma besteht aus einem gefäßreichen lockeren Bindegewebe, in dem die glatten Muskelfasern der Mm. sphincter und dilatator pupillae verlaufen (↗ Tab. 3.18, Abb. 3.32).

Die hintere Irisfläche besteht aus dem gleichen zweischichtig hochprismatischen Epithel wie der Ziliarkörper und wird zur Pars caeca retinae gezählt (Pars iridica retinae). Es ist stark pigmentiert.

Klinik

Eine blaue **Augenfarbe** kommt durch das Durchscheinen des pigmentierten hinteren Irisepithels zustande. Wenn auch das Stroma pigmentiert ist, dann folgt daraus eine grüne oder braune Augenfarbe.

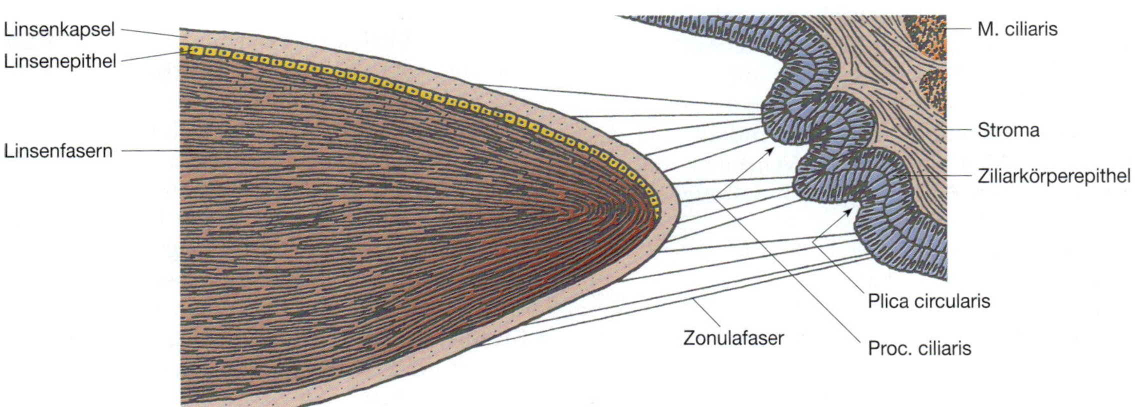

Abb. 3.34 Ziliarkörper und Augenlinse, Sagittalschnitt. (Aus [4])

Tab. 3.18 Pupillenmuskeln

Muskel	Faserverlauf	Funktion	Innervation
M. sphincter pupillae	ringförmig um die Pupille herum	Pupillenverengung (Miosis)	parasympathische Fasern, die im N. oculomotorius (III) verlaufen und deren Perikarya im Ganglion ciliare liegen
M. dilatator pupillae	radspeichenartig von der Pupille nach außen	Pupillenerweiterung (Mydriasis)	sympathische Fasern, deren Perikarya im Ganglion cervicale superius liegen

Klinik

Um eine Augenspiegelung (**Ophthalmoskopie**) durchführen zu können, träufelt der Augenarzt ein Parasympatholytikum (z. B. Atropin) in die Augen, um den M. sphincter pupillae zu lähmen und so die Pupille zu erweitern. Parasympatholytika lähmen aber auch den M. ciliaris und verhindern so die Nahakkommodation. Aus diesem Grunde kann man nach einem Augenarztbesuch mehrere Stunden lang keine Zeitung lesen!

Bei Lichteinfall in das Auge verengt sich die Pupille (**Pupillenreflex**). Der afferente Schenkel des Reflexbogens ist der N. opticus, der efferente Schenkel der N. oculomotorius. Fällt Licht nur in ein Auge, verengt sich auch die Pupille des anderen (**konsensueller Pupillenreflex**). Dies liegt daran, dass einige Fasern des Tractus opticus an den Nuclei pretectales enden und auf den ipsi- und kontralateralen Okulomotoriuskern projizieren (↗ Kap. 9.4.1).

Retina

Die **Pars caeca retinae** besteht aus zweischichtig hochprismatischem Epithel, dessen Zellschichten sich mit ihren apikalen Seiten (!) berühren (↗ Abb. 3.34). Die untere Schicht ist reich an Pigmentzellen.

Die **Pars optica retinae** lässt sich grob in zwei Schichten gliedern (↗ Abb. 3.35):

- Das äußere (an die Choroidea grenzende) **Stratum pigmentosum** besteht aus einschichtig isoprismatischem Pigmentepithel. Dieses vermittelt den transzellulären Stoffaustausch zwischen Choroidea und Retina, phagozytiert abgenutzte Außengliedabschnitte der Photorezeptoren und absorbiert Streulicht.
- Das innere **Stratum nervosum** enthält u. a. die Photorezeptoren und die Nervenzellen, die die Signale von den Photorezeptoren weiterleiten.

Klinik

Stratum pigmentosum und Stratum nervosum sind nur an zwei Stellen fest miteinander verhaftet: an der Ora serrata (Übergangsbereich zwischen äußerer und innerer Augenbecherwand, ↗ Embryologie) und an der Sehnervenpapille. Ansonsten werden die Netzhautblätter durch den Augeninnendruck über den Glaskörper aneinandergepresst. Wenn der Augeninnendruck absinkt, z. B. durch Glaskörperschrumpfung, kann es zu einem Netzhautriss kommen, durch den Flüssigkeit zwischen die beiden Natzhautblätter gelangt. Daraus folgt eine Ablösung des Stratum nervosum vom Stratum pigmentosum (**Netzhautablösung, Ablatio retinae**). Der Netzhautriss macht sich beim Betroffenen durch Lichtblitze oder einen Schwarm schwarzer Punkte bemerkbar. Die Netzhautablösung wird anschließend als Schatten im Gesichtsfeld wahrgenommen. Werden die beiden Retinaschichten nicht innerhalb weniger Tage mit Hilfe eines Lasers miteinander „verklebt", droht die Erblindung.

Das **Stratum nervosum** besteht aus neun Schichten.

- **Stratum neuroepitheliale:** Diese an das Pigmentepithel grenzende Schicht enthält die lichtempfindlichen Fortsätze (Außenglieder) der **Stäbchen** (Sinneszellen für das Schwarz-Weiß-Sehen) und der **Zapfen** (Sinneszellen für das Farbensehen), wobei Letztere hauptsächlich in der **Fovea centralis** vorkommen. Das Licht erreicht die lichtempfindlichen Außenglieder der Photorezeptoren also erst nach Durchtritt durch die folgenden Schichten:
- **Stratum limitans externum:** Diese Grenzlinie kommt durch Adhäsionsverbindungen (Zonulae adhaerentes) zwischen den Photorezeptoren und Müller-Zellen (pyramidenförmige, die Photorezeptoren umscheidende Gliazellen) zustande.
- **Stratum nucleare externum** (äußere Körnerschicht): enthält die kernhaltigen Innenglieder der Stäbchen und Zapfen
- **Stratum plexiforme externum** (äußere plexiforme Schicht): enthält die Fortsätze der Photorezeptoren, die mit Bipolarzellen und Horizontalzellen Synapsen bilden. Bipolarzellen leiten die Signale der Photorezeptoren an Ganglienzellen weiter, Horizontalzellen verbinden Photorezeptoren untereinander (sind also Interneurone).
- **Stratum nucleare internum** (innere Körnerschicht): enthält die Perikarya von Horizontalzellen, Bipolarzellen, amakrinen Zellen (Interneurone, die bipolare und Ganglienzellen verbinden) und Müller-Zellen

- **Stratum plexiforme internum** (innere plexiforme Schicht): enthält die Fortsätze von Bipolarzellen, amakrinen Zellen und Ganglienzellen. In dieser Schicht finden sich also zahlreiche Synapsen.
- **Stratum ganglionare** (Ganglienzellschicht): enthält die Perikarya der multipolaren Ganglienzellen, deren Axone im N. opticus zum Gehirn ziehen
- **Stratum neurofibrorum** (Nervenfaserschicht): enthält die Axone der Ganglienzellen. Diese sind, solange sie im Augapfel verlaufen, noch nicht myelinisiert (erst nach dem Durchtritt durch die Sklera im N. opticus).
- **Stratum limitans internum**: Die schmale Grenzschicht zum Glaskörper bilden Adhäsionsverbindungen (Zonulae adhaerentes) zwischen Müller-Zellen.

Merke

Die Stäbchen und Zapfen bilden das 1. Neuron, die Bipolarzellen das 2. Neuron und die Ganglienzellen das 3. Neuron der Sehbahn (↗ Kap. 9.4.1).

Die inneren Schichten des Stratum nervosum werden bis inklusive Stratum nucleare internum durch Kapillaren versorgt, die Äste der A. centralis retinae (↗ Kap. 3.6.1) sind und in diesen Schichten ein weit verzweigtes Netzwerk bilden. Das Blut in den Kapillaren scheint durch die transparente Retina und lässt diese bei der Augenspiegelung rot erscheinen. Die apikalen Schichten des Stratum nervosum werden durch Diffusion aus der Choroidea versorgt.

Klinik

Da die **A. centralis retinae** eine Endarterie ist, d.h. keine Kollateralen existieren, resultiert aus einem **Verschluss** dieses Gefäßes Blindheit.

Die häufigste Erblindungsursache in Mitteleuropa ist jedoch die **diabetische Retinopathie.** Die diabetische Stoffwechsellage zieht Veränderungen der retinalen Kapillarwände nach sich (Verdickung der Basalmembran, Gefäßaussackungen = Mikroaneurysmen), die zu Kapillarverschlüssen führen. Die Sauerstoffunterversorgung regt die Bildung neuer Kapillaren in der Retina an. Da diese brüchige Wände haben, kommt es zu intraretinalen Einblutungen mit Erblindung.

Augenlinse

Die bikonvexe Augenlinse weist drei Schichten auf (↗ Abb. 3.34):

- Linsenkapsel (**Capsula lentis**) aus Kollagenfasern, Proteoglykanen und Glykoproteinen. In die Kapsel inserieren die Zonulafasern, an denen die Linse aufgehängt ist.
- Subkapsuläres Epithel (**Epithelium lentis**) aus einschichtig isoprismatischen Zellen bedeckt die Linsenvorderfläche. Bis zum 30. Lebensjahr produzieren diese Zellen Linsenfasern.

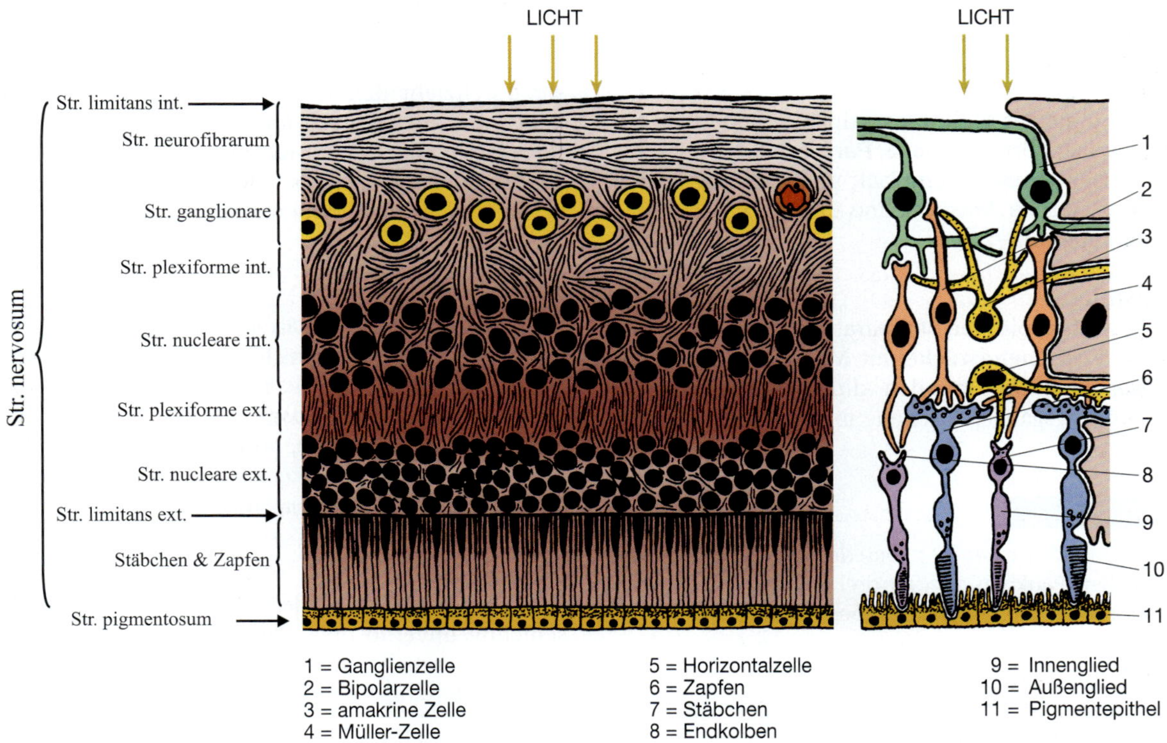

Abb. 3.35 Schichten der Pars optica retinae. (Aus [4])

- Linsenfasern (**Fibrae lentis**): hexagonal-prismatische Zellen, die ihren Zellkern verloren haben und organellenarm sind. Sie füllen das Innere der Linse (Linsenkern) aus.

Klinik

Die Linsenfasern können degenerieren, Vakuolen ausbilden und dann zerfallen, wodurch es zu einer Linsentrübung (**Katarakt**, „grauer Star") kommt.

Gefäßversorgung

Der Augapfel wird durch **Äste der A. ophthalmica** (einem Ast der A. carotis interna) mit sauerstoffreichem Blut versorgt (↗ Kap. 3.6.1).

Tränendrüse (Glandula lacrimalis) und tränenableitendes System

Tränendrüse (Glandula lacrimalis)

Funktion

Die paarige Tränendrüse ist der Hauptproduzent der **Tränenflüssigkeit** (Hauptproduzent, da in der Oberlidbindehaut kleine Nebentränendrüsen [**Glandulae lacrimales accessoriae**] verstreut liegen). Sie produziert täglich 0,5 l dieser kochsalzhaltigen Flüssigkeit, die der Reinigung des Bindehautsacks sowie der Befeuchtung und dem Ausgleich von Unebenheiten der Hornhautoberfläche dient.

Topographie

Die Glandula lacrimalis ist in der laterokranialen Orbita lokalisiert. Ihre 10–12 Ausführungsgänge (**Ductuli excretorii**) münden von lateral in den oberen Bindehautsack (Saccus conjunctivalis superior) ein (↗ Abb. 3.36).

Die Sehne des M. levator palpebrae superioris teilt den Drüsenkörper in eine **Pars orbitalis** zwischen Muskelsehne und Orbitadach und eine **Pars palpebralis** zwischen Muskelsehne und Saccus conjunctivalis superior.

Histologie

Im mikroskopischen Präparat erkennt man **rein seröse Drüsenendstücke** mit Myoepithelzellen. Die Drüsenendstücke münden direkt in interlobuläre Ausführungsgänge; Streifen- und Schaltstücke fehlen.

Merke

Die Tränendrüse gehört neben der Glandula parotidea und dem Pankreas zu den drei großen rein serösen Drüsen des menschlichen Körpers.

Gefäßversorgung

Die arterielle Blutversorgung erfolgt über die **A. lacrimalis** aus der A. ophthalmica (einem Ast der A. carotis interna).

Innervation

Die Tränensekretion wird **parasympathisch** stimuliert. Die Perikarya der präganglionären parasympathischen Fasern befinden sich im **Nucleus salivatorius superior** im Pons. Von dort ziehen die präganglionären Fasern im Intermediusanteil des **N. facialis** (VII) in den Canalis facialis, wo sie in Höhe des Ganglion geniculi mit dem **N. petrosus major** den Nervenstamm verlassen. Dieser zieht im Hiatus canalis nervi petrosi majoris zum Foramen lacerum, in dem er sich mit dem N. petrosus profundus zum **N. canalis pterygoidei** vereinigt (↗ Abb. 3.29). Durch den Kanal gelangen die Fasern in die Fossa pterygopalatina, wo sie im **Ganglion pterygopalatinum** auf die postganglionären Fasern umgeschaltet werden. Diese ziehen mit dem **N. zygomaticus** (aus V2) durch die Fissura orbitalis inferior in die Augenhöhle und verlassen dort den Nerv wieder, um im **N. lacrimalis** (aus V1) zur **Tränendrüse** zu gelangen.

Tränenableitendes System

Topographie (↗ Abb. 3.36)

Von der Bindehaut und der Hornhaut gelangt die Tränenflüssigkeit in den unteren Bindehautsack und von hier aus in den Tränensee (**Lacus lacrimalis**) im Bereich des inneren Augenwinkels. In diesem befinden sich die als Puncta lacrimalia sichtbaren Öffnungen der beiden hakenförmigen Tränenröhrchen (**Canaliculi lacrimales**). Diese ziehen nach medial und münden in den Tränensack (**Saccus lacrimalis**), der sich in der Fossa sacci lacrimalis in der medialen Orbitawand befindet und vom Lig. palpebrale mediale bedeckt wird. Der Tränensack setzt sich in den Tränennasengang (**Ductus nasolacrimalis**) fort. Dieser durchzieht den knöchernen Canalis nasolacrimalis von kranial nach kaudal und mündet an der Plica lacrimalis (Hasner-Klappe) in die laterale Wand des unteren Nasengangs (**Meatus nasi inferior**). Er verbindet also die Orbita mit der Nasenhöhle.

Klinik

Die Plica lacrimalis wird als Membran angelegt. Wird diese Hasner-Membran nicht kanalisiert, ist die Mündung des Ductus nasolacrimalis bei der Geburt verschlossen (**Dakryostenose**). Im inneren Lidwinkel sammelt sich Schleim an, und die Tränen laufen über die Wangen ab. Die Dakryostenose wird durch Sondierung des Ductus nasolacrimalis behoben.

Histologie

Die Canaliculi lacrimales sind von einem mehrschichtig unverhornten Plattenepithel ausgekleidet, Saccus lacrimalis und Ductus nasolacrimalis von einem zweireihig hochprismatischen Epithel.

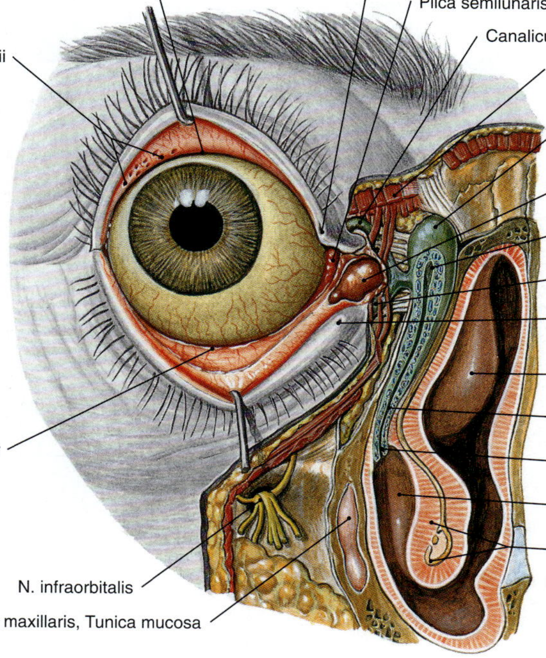

Abb. 3.36 Tränenableitendes System. (Aus [14])

3.4.3 Äußere Augenmuskeln (Mm. externi bulbi oculi)

Überblick

Der Augapfel wird durch sechs verschiedene äußere Augenmuskeln bewegt: die vier geraden Augenmuskeln **Mm. recti superior, inferior, medialis** und **lateralis** und die zwei schrägen Augenmuskeln **Mm. obliqui superior** und **inferior** (↗ Abb. 3.37).

Topographie

Gemeinsamer **Ursprung** der **Mm. recti** und des **M. obliquus superior** ist der **Anulus tendineus communis** (↗ Abb. 3.37). Dieser Sehnenring umgibt den N. opticus im Bereich des Canalis opticus und wird vom N. oculomotorius (III), N. abducens (VI), N. nasociliaris aus V1 und von der A. ophthalmica durchquert (↗ Abb. 3.38).

Der **M. obliquus inferior** hat seinen Ursprung an der **medialen Orbitawand** nahe der Fossa sacci lacrimalis.

Ansatzpunkte aller äußeren Augenmuskeln sind unterschiedliche Areale der **Sklera** (↗ Abb. 3.37):

- Die vier Mm. recti verlaufen kegelförmig den Augapfel umgebend nach vorn und setzen ventral des Bulbusäquators an der Sklera an.
- Der M. obliquus superior verläuft medial dem „Muskelkegel“ anliegend nach vorn bis zum medialen Orbitarand. Dort zieht er durch eine knorpelige Bindegewebsschlaufe (**Trochlea**) hindurch, wobei er eine Biegung um ca. 100 Grad macht. Anschließend läuft er in dorsolateraler Richtung zurück zum Augapfel und setzt hinter dem Äquator an der Sklera an.
- Der M. obliquus inferior zieht von der ventromedialen Orbitawand nach laterodorsal zum Augapfel und hat seinen Ansatz auf dessen Unterseite hinter dem Äquator.

Funktion

Die Zugrichtung der einzelnen äußeren Augenmuskeln kann man sich aus ihrem Verlauf herleiten:

- **M. rectus superior, inferior, medialis bzw. lateralis:** Die Mm. recti setzen, von hinten kommend, vor dem Äquator des Augapfels an. Deshalb drehen sie den Augapfel in die Richtung, die ihr Name anzeigt: nach oben bzw. unten, zur Mitte bzw. zur Seite. Da sich der Anulus tendineus nicht genau in der Sagittalachse der Orbita befindet, sondern etwas medial davon, drehen M. rectus superior und M. rectus inferior den Augapfel auch ein bisschen nach medial.
- **M. obliquus superior bzw. inferior**: Da diese Muskeln von vorn kommend hinter dem Äquator ansetzen, korrelieren Zugrichtung und Namensgebung invers: Der M. obliquus superior dreht den Augapfel nach unten, der M. obliquus inferior dreht ihn nach oben. Beide Muskeln treten von medial an den Augapfel heran und drehen ihn deshalb auch ein bisschen nach lateral.

Da die Bewegungsmöglichkeiten des Augapfels denen eines Kugelgelenkes gleichen, sind außerdem noch Rotationsbewegungen möglich. Somit rollen die Muskeln, die von medial kommen und oben am

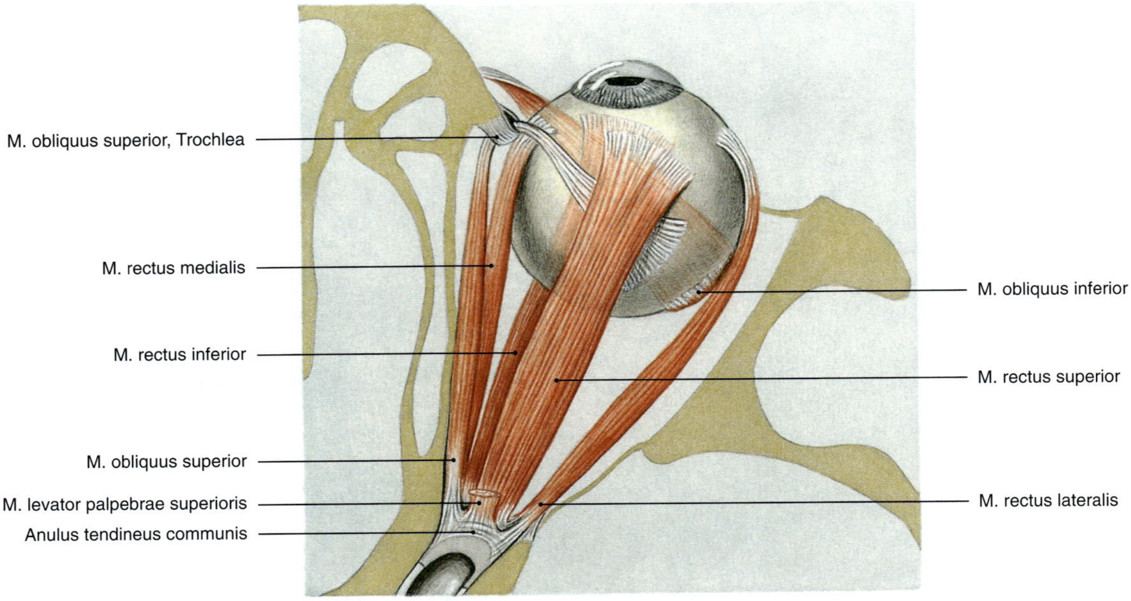

Abb. 3.37 Äußere Augenmuskeln, Ansicht von oben. (Aus [14])

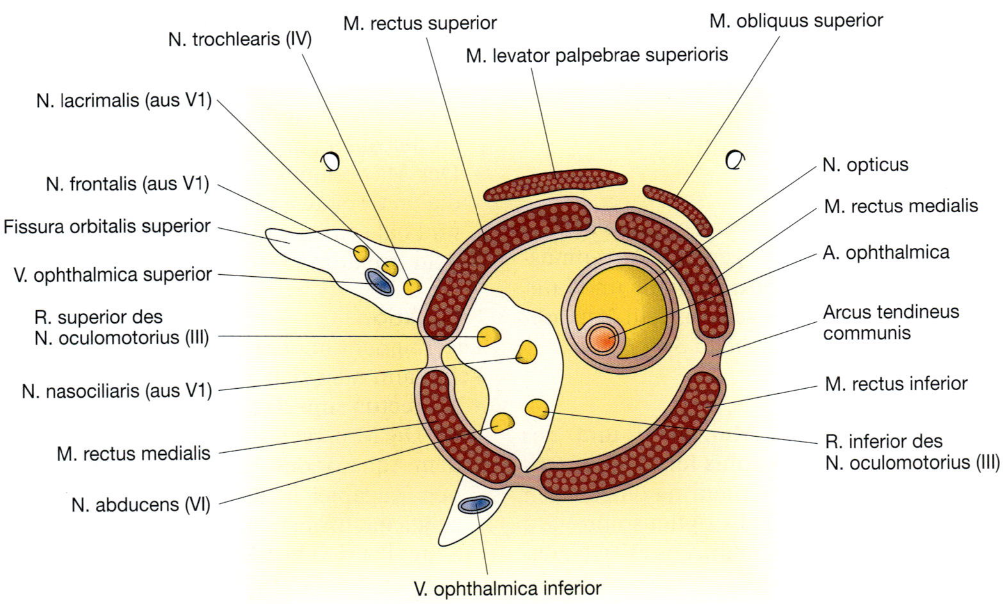

Abb. 3.38 Anulus tendineus communis, Querschnitt.

Bulbus ansetzen (M. obliquus superior und M. rectus superior), diesen ein wenig nach innen. Analog verursacht die Kontraktion der von medial kommenden und unten am Augapfel ansetzenden Muskeln (M. obliquus inferior und M. rectus inferior) eine Rotation nach außen.

Eine Zusammenfassung von Ursprung, Ansatz, Innervation und Funktion der einzelnen Muskeln, die in Testaten übrigens äußerst gern abgefragt werden, gibt Tabelle 3.19.

Merke

Zusammenfassend werden die einzelnen **Bulbusbewegungen** durch folgende Muskeln generiert:
- **Blickhebung**: M. rectus superior und M. obliquus inferior
- **Blicksenkung**: M. rectus inferior und M. obliquus superior
- **Abduktion**: M. rectus lateralis, Mm. obliqui superior und inferior

- **Adduktion**: Mm. recti medialis, superior und inferior
- **Außenrotation**: M. obliquus inferior, M. rectus inferior
- **Innenrotation**: M. obliquus superior, M. rectus superior.

Klinik

Bei **Lähmung eines äußeren Augenmuskels** treten Doppelbilder auf, sobald der gelähmte Muskel kontrahieren müsste. Sie sind am ausgeprägtesten bei Blick in die Richtung, in die der Muskel den Bulbus im Normalfall zieht.

Die **Lähmung des N. abducens** ist die häufigste Augenmuskellähmung, sie tritt z.B. bei Schädelbasisbrüchen auf. Das betroffene Auge kann nicht mehr abduziert werden, es schielt bei Geradeausblick nach innen.

Die **Lähmung des N. trochlearis** zieht einen Ausfall des M. obliquus superior nach sich. Das betroffene Auge steht etwas höher als das nicht betroffene. Um Doppelbilder zu vermeiden (die beim Blick nach unten und innen besonders ausgeprägt sind), nimmt der Patient eine Schonhaltung ein: Er senkt den Kopf, und neigt und wendet ihn zur gesunden Seite (**okulärer Schiefhals**).

Eine **Lähmung des N. oculomotorius** betrifft nicht nur den Großteil der äußeren Augenmuskeln, sondern auch die beiden inneren Augenmuskeln M. ciliaris und M. sphincter pupillae sowie den M. levator palpebrae superioris: Der Bulbus weicht nach außen und unten ab (durch Zug des M. rectus lateralis und des M. obliquus superior), das Oberlid hängt herab (**Ptosis**), und die Pupille ist weit gestellt (**Mydriasis**).

Gefäßversorgung

Die äußeren Augenmuskeln werden über **Aa. musculares** aus der **A. ophthalmica** (Ast der A. carotis interna) mit sauerstoffreichem Blut versorgt.

Innervation

↗ Tabelle 3.19.

3.5 Ohr, Gleichgewichts- und Hörorgan

Das paarig angelegte Ohr enthält das Organum vestibulocochleare, das Gleichgewichts- und Hörorgan. Das Ohr ist somit Sitz zweier Wahrnehmungssysteme.

Tab. 3.19 Äußere Augenmuskeln

Muskel	Ursprung	Ansatz	Funktion	Innervation
M. rectus superior	Anulus tendineus communis	oben an der Sklera vor dem Bulbusäquator	Drehung des Bulbus nach oben und innen Innenrotation	R. superior des N. oculomotorius (III)
M. rectus inferior	Anulus tendineus communis	unten an der Sklera vor dem Bulbusäquator	Drehung des Bulbus nach unten und innen Außenrotation	R. inferior des N. oculomotorius (III)
M. rectus medialis	Anulus tendineus communis	medial an der Sklera vor dem Bulbusäquator	Drehung des Bulbus nach innen (Adduktion)	R. inferior des N. oculomotorius (III)
M. rectus lateralis	Anulus tendineus communis, Lacertus musculi recti lateralis der Ala major ossis sphenoidalis	lateral an der Sklera vor dem Bulbusäquator	Drehung des Bulbus nach außen (Abduktion)	N. abducens (VI)
M. obliquus superior	Anulus tendineus communis	Der Muskel zieht über die Trochlea hinweg und setzt am medialen Orbitarand oben lateral an der Sklera hinter dem Bulbusäquator an	Drehung des Bulbus nach unten und außen Innenrotation	N. trochlearis (IV)
M. obliquus inferior	lateral des Sulcus lacrimalis an der medialen unteren Orbitawand	unten lateral an der Sklera hinter dem Bulbusäquator	Drehung des Bulbus nach oben und außen Außenrotation	R. inferior des N. oculomotorius (III)

Gliederung

Das Ohr lässt sich unterteilen in (↗ Abb. 3.39)

- äußeres Ohr (**Auris externa**): besteht aus der Ohrmuschel (Auricula) und dem äußeren Gehörgang (Meatus acusticus externus) und fungiert als Schalltrichter
- Mittelohr (**Auris media**): setzt sich zusammen aus dem Trommelfell (Membrana tympanica), den Gehörknöchelchen (Ossicula auditus: Hammer [Malleus], Amboss [Incus] und Steigbügel [Stapes]) und den zugehörigen Muskeln (M. tensor tympani und M. stapedius), der Paukenhöhle (Cavitas tympani) und der Ohrtrompete (Tuba auditiva [auditoria]). Es dient der Schallverstärkung.
- Innenohr (**Auris interna**): ein System aus Kanälen und darin enthaltenen Membranschläuchen im Felsenbein, die das Gleichgewichts- und Hörorgan (Organum vestibulocochleare) enthalten. Das häutige Labyrinth füllt das knöcherne nicht völlig aus, sondern lässt den sog. Perilymphraum frei.

Embryologie

Auf beiden Seiten des Rhombenzephalons verdickt sich das **Ektoderm** Ende der 3. Woche zur **Ohrplakode**, die sich zur Ohrgrube (**Fovea otica**) einsenkt und dann als Ohrbläschen (**Vesicula otica**) Ende der 4. Woche vom Ektoderm abschnürt (↗ Abb. 3.40). Aus dem ektodermalen Ohrbläschen entsteht das häutige Labyrinth. Das umgebende **Mesoderm** verdichtet sich über ein Knorpelzwischenstadium zum knöchernen Labyrinth.

Das Mittelohr entwickelt sich aus dem **entodermalen** Vorderdarm: Dort stülpt sich die 1. **Schlundtasche** nach außen aus. Aus ihr entstehen die Paukenhöhlenschleimhaut, die Cellulae mastoideae und die Tuba auditiva. Am embryonalen **Oberflächenektoderm** senkt sich an gleicher Stelle die 1. **Schlundfurche** ein, aus der sich der Meatus acusticus externus entwickelt. Schlundtasche und Schlundfurche wachsen aufeinander zu (↗ Abb. 3.41). Dort, wo sie verschmelzen, entsteht das Trommelfell. Dieses hat deshalb zwei Epithelien: ein inneres Epithel, das entodermaler Herkunft ist, und ein äußeres, das ektodermaler Herkunft ist. Dem Oberflächenektoderm entstammt außerdem das Epithel der Ohrmuschel.

Die vorderen bzw. hinteren Begrenzungsränder der 1. Schlundtasche werden als **1. bzw. 2. Schlundbogen** bezeichnet. Das Mesenchym des 1. Schlundbogens wird zu Hammer, Amboss und M. tensor tympani, das Mesenchym des 2. Schlundbogens zu Steigbügel und M. stapedius. Die Schleimhaut der Schlundtasche überzieht im weiteren Verlauf auch die Gehörknöchelchen. Aus dem Mesenchym der ersten beiden Schlundbögen gehen außerdem die bindegewebigen und die knorpeligen Anteile der Ohrmuschel hervor.

Zusammenfassend kann man also sagen, dass sich das Ohr aus allen **drei Keimblättern** entwickelt:

- **Entoderm:** Paukenhöhlenschleimhaut, Tuba auditiva und Cellulae mastoideae (1. Schlundtasche)
- **Mesoderm:** alle knöchernen, knorpeligen, muskulären und bindegewebigen Anteile einschließlich Gehörknöchelchen (Schlundbögen)

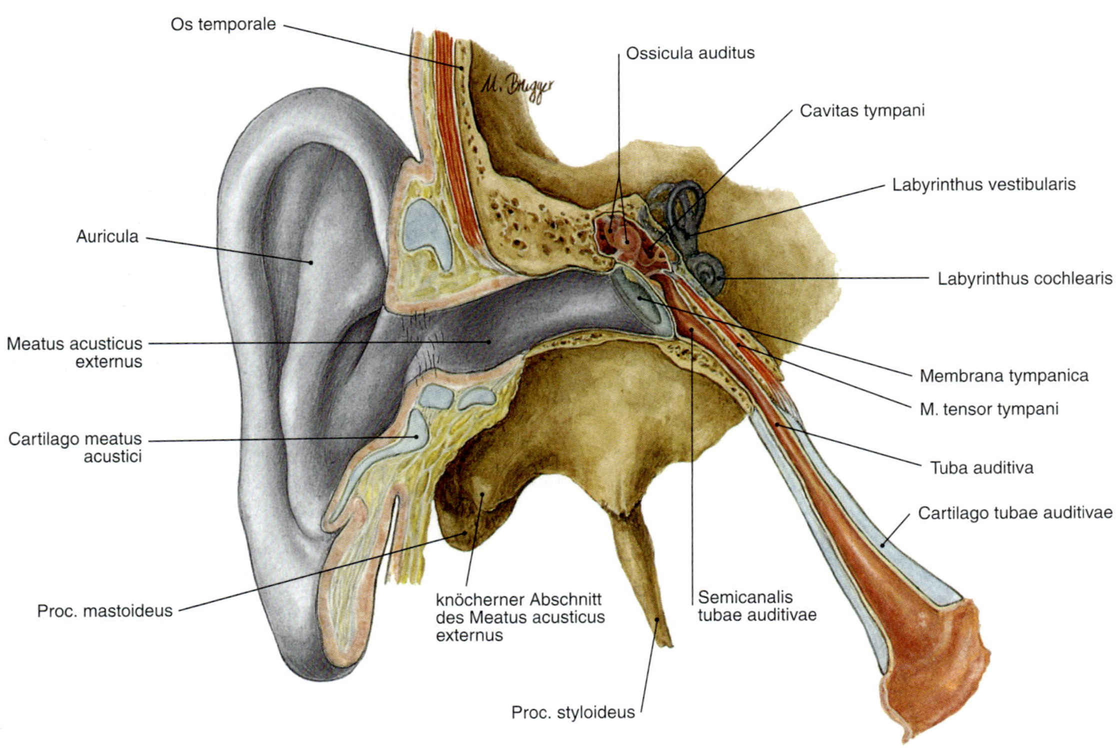

Abb. 3.39 Frontalschnitt durch äußeres Ohr, Mittelohr und Ohrtrompete, Ansicht von vorn. (Aus [14])

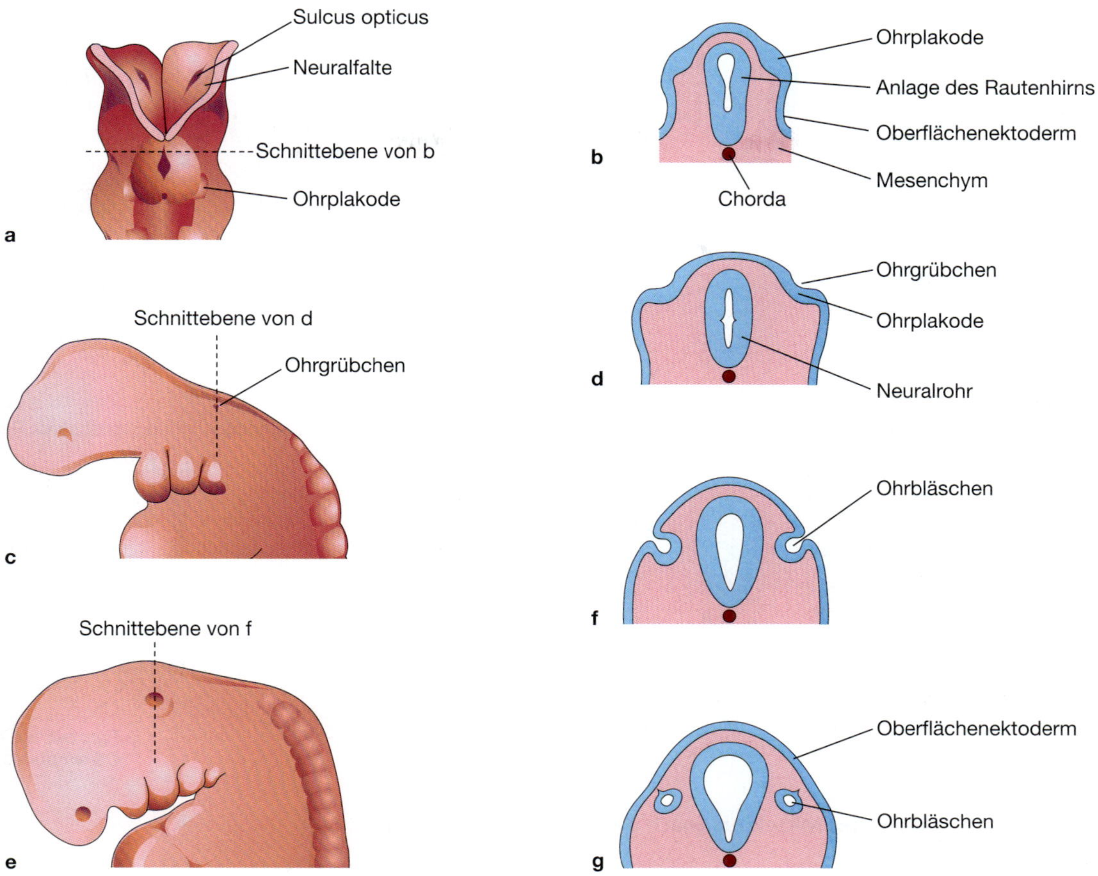

Abb. 3.40 Entwicklung des Innenohrs. a Kopfende eines Embryos (22. Tag) mit der Ohrplakode (Dorsalansicht); **b, d, f, g** weitere Stadien der Ohrbläschenentwicklung; **c** und **e:** Seitenansicht der embryonalen Kopfregion (**c**: 24. Tag, **e**: 28. Tag). (Aus [12])

- **Ektoderm:** häutiges Labyrinth des Organum vestibulocochleare (Ohrbläschen), Meatus acusticus externus (Schlundfurche) und Epithel der Ohrmuschel (Ohrhöcker).

3.5.1 Äußeres Ohr (Auris externa)

Ohrmuschel (Auricula)

Morphologie

An der Ohrmuschel kann man über 40 Strukturen unterscheiden, die jedoch keine größere anatomische Bedeutung besitzen. Die wichtigsten sind:

- **Helix:** der Randwulst der Ohrmuschel
- **Antihelix:** der im Zentrum der Ohrmuschel verlaufende Wulst
- **Tragus:** der dreieckige Wulst medial des äußeren Gehörgangs
- **Antitragus:** der längliche, horizontal verlaufende Wulst kaudal des äußeren Gehörgangs
- **Cavitas conchae:** Einsenkung hinter dem Tragus, die den Eingang zum äußeren Gehörgang (Meatus acusticus externus) markiert
- **Lobulus auriculae:** Ohrläppchen.

Histologie

Die Ohrmuschel besitzt ein **elastisches Knorpelskelett** mit Perichondrium, das von Epidermis mit Lanugohaaren, Schweiß- und Talgdrüsen überzogen ist. Im Bereich des Ohrläppchens gibt es keinen Knorpel, sondern eine fettreiche Subkutis.

Zwischen Epidermis und Knorpelskelett erstrecken sich die kleinen **quergestreiften Ohrmuskeln** (Mm. helicis major und minor, M. tragicus und M. antitragicus), die zur mimischen Muskulatur gezählt werden.

Innervation

Die **sensible Innervation** der Ohrmuschel erfolgt über den R. anterior (Vorderfläche) und den R. posterior (Hinterfläche) des **N. auricularis magnus** (C2/3, ➚ Abb. 3.1).

Für die **motorische Innervation** (Ohrmuskeln) ist der R. auricularis des **N. auricularis posterior** (aus VII) zuständig.

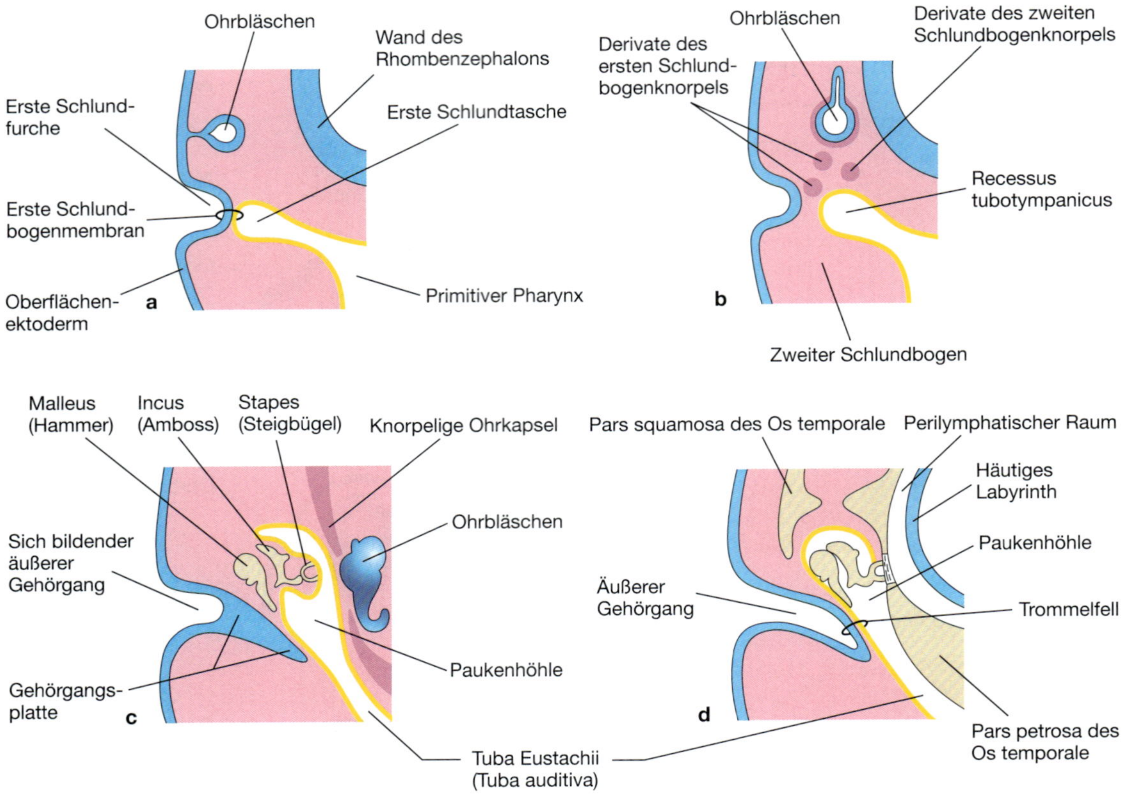

Abb. 3.41 Entwicklung des Mittelohrs (nach der 5. Woche). (Aus [12])

Äußerer Gehörgang (Meatus acusticus externus)

Der äußere Gehörgang bildet das Verbindungsrohr zwischen Ohrmuschel und Trommelfell (↗ Abb. 3.39), d. h. zwischen Außenwelt und Mittelohr. Er ist 3–4 cm lang und hat einen Durchmesser von 5–10 mm.

Gliederung

Anhand der Wandbeschaffenheit lassen sich zwei Gangabschnitte unterscheiden: Die äußeren zwei Drittel des Gangs besitzen eine elastische knorpelige Wand (**Cartilago meatus acustici**). Das innere Drittel hat eine knöchernde Wand, die vom Os temporale gebildet wird: Die **Pars squamosa** bildet das Dach, die **Pars tympanica** die übrigen Wandabschnitte. Zwischen knorpeligem und knöchernem Abschnitt macht der transversal verlaufende Gang einen kleinen Knick nach unten.

Histologie

Ausgekleidet ist der Meatus acusticus externus von einem **mehrschichtig verhornten Plattenepithel** mit Haaren (**Tragi**), die das Eindringen von Fremdkörpern verhindern sollen. Zwischen Epithelschicht und knorpeliger bzw. knöcherner Wand befindet sich eine dünne Lamina propria, die modifizierte **Schweißdrüsen**, **Talgdrüsen** und tubuläre Ohrenschmalzdrüsen (**Glandulae ceruminosae**) enthält. Letztere sezernieren apokrin ein gelbliches Sekret, das jedoch nur einen kleinen Teil des Ohrenschmalzes (**Cerumen**) ausmacht. Hauptbestandteil des Ohrenschmalzes ist das Sekret der Talgdrüsen. Weitere Bestandteile sind abgeschilferte Epithelzellen und in den Gehörgang eingedrungener Staub.

Topographie

Der äußere Gehörgang hat vielfältige topographische Beziehungen:

- **Vorderwand:** Kiefergelenk
- **Hinterwand:** Processus mastoideus
- **Boden:** Glandula parotidea mit N. facialis
- **Dach:** mittlere Schädelgrube
- **mediale Wand** (Trommelfell): Paukenhöhle.

Innervation

Die **sensible Innervation** erfolgt über zwei Nerven:

- **N. auriculotemporalis** (aus V3): Dach, Vorderwand, Trommelfellaußenseite
- **N. vagus:** Boden, Hinterwand.

Klinik

Die sensible Innervation durch den N. vagus ist der Grund dafür, dass bei der Säuberung des äußeren Gehörgangs mit einem Q-Tip ein Hustenreiz ausgelöst werden kann.

3.5.2 Mittelohr (Auris media)

Trommelfell (Membrana tympanica)

Das Trommelfell trennt den äußeren Gehörgang von der Paukenhöhle (↗ Abb. 3.39). Die ovale, nach außen und hinten geneigte Membran ist mittels eines Ringes aus Faserknorpel (**Anulus fibrocartilagineus**, ↗ Abb. 3.42) in der knöchernen Wand des äußeren Gehörgangs verankert. Sie ist 0,1 mm dick und hat einen Durchmesser von 8–10 mm.

Topographie

Die Innenseite des Trommelfells ist fest mit dem Hammerstiel (Manubrium mallei) verwachsen. Deshalb sieht man bei Aufsicht auf das Trommelfell von außen im Rahmen der Ohrspiegelung (Otoskopie) die vertikal verlaufende **Stria mallearis**, die am sog. Trommelfellnabel (**Umbo membranae tympanicae**) endet und das Trommelfell dort trichterförmig etwas nach innen zieht (↗ Abb. 3.42). Der Processus lateralis des Hammers wölbt das Trommelfell nach außen vor (**Prominentia mallearis**). Außerdem wirft der Hammer zwei Falten auf (**Plica mallearis anterior** bzw. **posterior**, ↗ Abb. 3.42).

Gliederung

Am Trommelfell lassen sich zwei Abschnitte unterscheiden:
- Die **Pars tensa** ist kaudal der Plicae malleares lokalisiert und besteht aus straffem Bindegewebe.
- Die **Pars flaccida** (Shrapnell-Membran) ist kranial der Plicae malleares lokalisiert und markiert die laterale Begrenzung des Recessus membranae tympanicae (= Prussak-Raum). Sie besteht aus lockerem Bindegewebe.

Klinik

Die Pars flaccida ist der dünnste Teil des Trommelfells und deshalb der bevorzugte Locus einer spontanen Perforation bei einer eitrigen Mittelohrentzündung (**Otitis media**).

Histologie

Das Trommelfell ist dreischichtig. Von außen nach innen lassen sich unterscheiden:
- **Stratum cutaneum:** mehrschichtiges, wenig verhorntes Gehörgangsepithel
- **Stratum fibrosum:** derbe Bindegewebsplatte
- **Stratum mucosum:** einschichtig isoprismatisches Bürstensaumepithel.

Funktion

Das Trommelfell überträgt die Schallwellen vom äußeren Gehörgang auf die Gehörknöchelchen im Mittelohr.

Innervation

Das Trommelfell wird **sensibel innerviert**: auf der Gehörgangsseite durch den **N. auriculotemporalis** (aus V3), auf der Paukenhöhlenseite durch den N. tympanicus aus dem **N. glossopharyngeus**.

Paukenhöhle (Cavitas tympani)

Als Paukenhöhle wird der 3–6 mm breite Raum zwischen Trommelfell und Innenohr bezeichnet. Er enthält die Gehörknöchelchen und ist über die Tuba auditiva mit der Nasenhöhle verbunden (↗ Abb. 3.39).

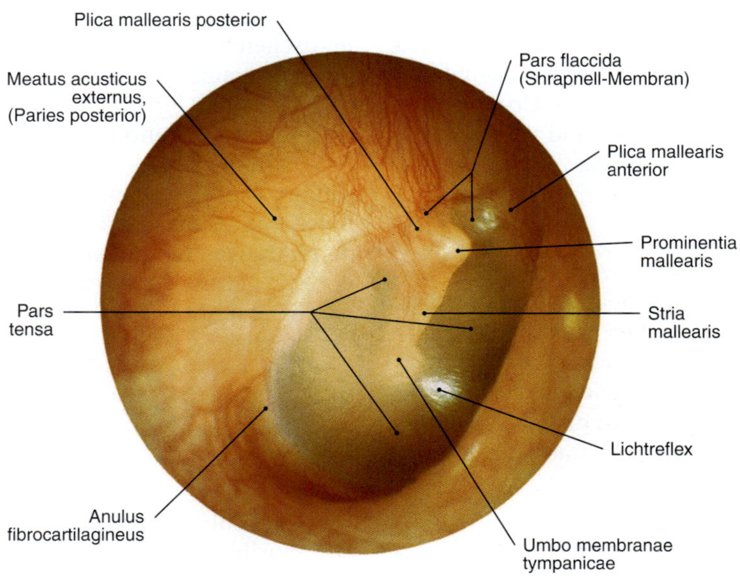

Abb. 3.42 Trommelfell, Ohrspiegelbild. (Aus [14])

Topographie

Die Paukenhöhle hat sechs Wände, die nach den angrenzenden Strukturen benannt sind und klinische Bedeutung hinsichtlich der Ausbreitung von Mittelohrentzündungen haben:

- **Paries membranaceus:** laterale Wand, wird durch das Trommelfell gebildet
- **Paries tegmentalis:** Dach, grenzt an die mittlere Schädelgrube
- **Paries jugularis:** Boden, grenzt an die Fossa jugularis, in der die V. jugularis interna ihren Anfang nimmt
- **Paries caroticus:** Vorderwand, grenzt an den Canalis caroticus. Im kranialen Bereich liegt das **Ostium tympanicum tubae auditivae**, die Mündung der Ohrtrompete in die Paukenhöhle.
- **Paries mastoideus:** Hinterwand, enthält die Cellulae mastoideae
- **Paries labyrinthicus:** mediale Wand. Hinter ihr liegt das Innenohr (Labyrinth), mit dem die Paukenhöhle über zwei Öffnungen in Verbindung steht:
  - **ovales Fenster (Fenestra vestibuli):** Diese kraniale Öffnung ist durch den Steigbügel – die Steigbügelplatte – verschlossen.
  - **rundes Fenster (Fenestra cochleae):** Diese kaudale Öffnung ist durch die Membrana tympanica secundaria verschlossen.

  Zwischen ovalem und rundem Fenster wölbt ein Teil des Labyrinths, die basale Schneckenwindung, die mediale Wand zum sog. **Promontorium** vor.

  Oberhalb des ovalen Fensters ruft der laterale Bogengang die Prominentia canalis semicircularis lateralis hervor.

  In der medialen Wand verläuft außerdem der N. facialis im **Canalis nervi facialis**. Dieser wölbt die mediale Wand zur horizontal verlaufenden Prominentia canalis facialis vor. Anschließend zieht der Nerv in vertikaler Richtung nach unten zum Foramen stylomastoideum. Er gibt auf seinem Weg den N. stapedius zum M. stapedius und die **Chorda tympani** ab. Diese verläuft in einer Schleimhautfalte zwischen Collum mallei und Crus longum incudis durch die Paukenhöhle und verlässt diese durch die Fissura sphenopetrosa.

Klinik

Wegen der Nähe der Paukenhöhle zur inneren Schädelbasis kann eine Mittelohrentzündung (**Otitis media**) leicht eine Meningitis verursachen oder über die V. jugularis interna septische Komplikationen hervorrufen. Auch ein Übergreifen der Entzündung auf das Innenohr (Labyrinthitis), die Cellulae mastoideae (Mastoiditis) oder den N. facialis (→ Fazialisparese) sind möglich.

Gliederung

Die Paukenhöhle kann abhängig von der Lage zum Trommelfell in drei Stockwerke gegliedert werden:

- Das **Hypotympanon** liegt kaudal von Trommelfell und Ostium tympanicum tubae auditivae.
- Das **Mesotympanon** erstreckt sich in Trommelfellhöhe. Es enthält den **Recessus membranae tympanicae** (Prussak-Raum), der sich zwischen der Pars flaccida und dem Hammerkopf bzw. -hals ausdehnt.
- Das **Epitympanon (Recessus epitympanicus)** befindet sich kranial des Trommelfells (↗ Abb. 3.43). Es steht dorsal über eine Engstelle (**Aditus ad antrum**) mit dem **Antrum mastoideum** in Verbindung, in das die Warzenfortsatzzellen (**Cellulae mastoideae**) von unten einmünden. Dies sind kleine pneumatisierte und von Schleimhaut ausgekleidete Hohlräume, die sich nach der Geburt entwickeln und im Bereich der äußeren Schädelbasis vom Processus mastoideus begrenzt werden. Im Bereich der inneren Schädelbasis bestehen enge topographische Beziehungen zum Sinus sigmoideus.

Klinik

Erfasst eine Otitis media die Cellulae mastoideae, kommt es zur **Mastoiditis.** Von hier aus kann sich die Entzündung ausbreiten auf die Weichteile hinter und vor dem Ohr, den M. sternocleidomastoideus (Ansatz am Processus mastoideus), das Innenohr, den Sinus sigmoideus, die Meningen und den N. facialis (der Fazialiskanal zieht unterhalb des Aditus ad antrum durch den Knochen). Da der Aditus ad antrum kranial der Cellulae mastoideae lokalisiert und zudem häufig durch eine Schleimhautschwellung verlegt ist, fließt das entzündliche Sekret schlecht ab. Aus diesem Grunde muss der Entzündungsherd oftmals operativ beseitigt werden (Mastoidektomie).

Histologie

Die Wände der Paukenhöhle sind, wie auch die Gehörknöchelchen, von einem **einschichtig hochprismatischen Flimmerepithel** mit Becherzellen bedeckt, unter dem eine schmale Lamina propria liegt.

Gefäßversorgung

Sauerstoffreiches Blut wird über **Aa. tympanicae** zugeführt. Diese gehen zum einen aus Ästen der A. carotis externa (**A. maxillaris, A. auricularis posterior** und **A. pharyngea ascendens**) hervor, zum anderen aus der Pars petrosa der **A. carotis interna** (↗ Kap. 3.6.1).

Sauerstoffarmes Blut fließt über die **V. retromandibularis** ab.

Die Lymphe aus der Paukenhöhle gelangt in die **Lnn. parotidei** superficiales und profundi sowie in die **Lnn. mastoidei**.

Innervation

Die Paukenhöhle ist äußerst schmerzempfindlich. Die sensiblen Fasern stammen aus dem **N. glossopharyngeus** und erreichen die Paukenhöhle mit dem **N. tympanicus** (↗ Kap. 3.7.5).

Gehörknöchelchen und zugehörige Muskeln

Gehörknöchelchen (Ossicula auditus)

Funktion

Die drei Gehörknöchelchen Hammer (Malleus), Amboss (Incus) und Steigbügel (Stapes) sind mittels Bandstrukturen in der Paukenhöhle aufgehängt und **übertragen**, unterstützt durch zwei Muskeln (M. tensor tympani und M. stapedius), die **Schallwellen** vom Trommelfell auf das ovale Fenster (Fenestra vestibuli) und das Hörorgan. Dabei werden die Schallwellen in Druckwellen umgewandelt und um das 22fache **verstärkt**.

Gliederung (↗ Abb. 3.43)

Der **Hammer (Malleus)** besteht aus Kopf (**Caput mallei**), Hals (**Collum mallei**) und Stiel (**Manubrium mallei**) sowie zwei Fortsätzen, dem **Processus anterior** (nach ventrokaudal gerichtet) und dem **Processus lateralis**. Der Stiel ist mit dem Trommelfell verwachsen und Ansatzpunkt des M. tensor tympani (↗ Tab. 3.20). Der Kopf ist im Recessus epitympanicus lokalisiert und besitzt eine überknorpelte Facies articularis für die gelenkige Verbindung mit dem Amboss.

Der **Amboss (Incus)** setzt sich zusammen aus dem Körper (**Corpus incudis**) und zwei Schenkeln, dem

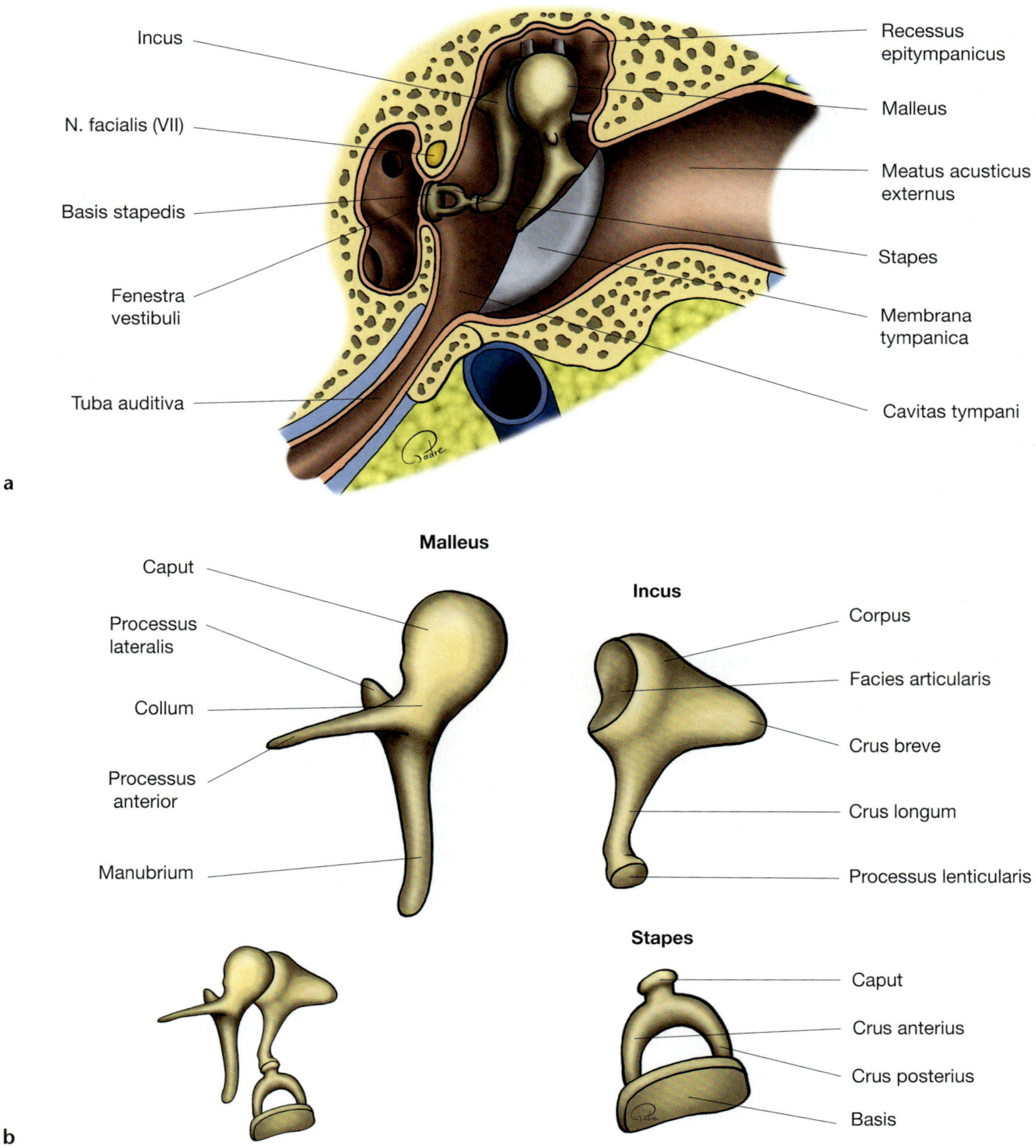

Abb. 3.43 Paukenhöhle (a) und Gehörknöchelchen (b).

Crus breve (horizontal nach dorsal gerichtet) und dem **Crus longum**, das nach dorsokaudal verläuft. Der Körper des Amboss besitzt eine sattelförmige Facies articularis für die gelenkige Verbindung mit dem Hammer (**Articulatio incudomallearis**). Das Crus longum endet mit dem **Processus lenticularis**, der mit dem Steigbügel gelenkig verbunden ist.

Merke

Es gibt insgesamt zwei Sattelgelenke im menschlichen Körper: das Daumengrundgelenk und die Articulatio incudomallearis!

Der **Steigbügel** (Stapes) besteht aus einem Kopf (**Caput stapedis**) und zwei Schenkeln (**Crus anterius** und **Crus posterius stapedis**), die über die **Basis stapedis** miteinander verbunden sind. Die Basis stapedis ist über das **Lig. anulare stapediale** syndesmotisch im ovalen Fenster fixiert. Der Kopf des Steigbügels besitzt eine Gelenkfläche für die gelenkige Verbindung mit dem Amboss (**Articulatio incudostapedialis**) und ist Ansatzpunkt des M. stapedius (↗ Tab. 3.20).

Klinik

Das Lig. anulare stapediale kann im Rahmen einer **Otosklerose** verkalken, wodurch es zur Schwerhörigkeit kommt.

Muskeln der Gehörknöchelchen (Mm. ossiculorum auditus)

Funktion

Die Muskeln der Gehörknöchelchen regulieren die Schallübertragung auf das Innenohr (↗ Tab. 3.20).

Topographie

Der M. tensor tympani verläuft gemeinsam mit der Tuba auditiva in einem Knochenkanal, dem **Canalis musculotubarius** (↗ Abb. 3.39). Dieser wird durch das Septum canalis musculi tubarii in zwei Stockwerke eingeteilt, den **Semicanalis musculi tensoris tympani** (kranial) und den **Semicanalis tubae auditivae** (kaudal).

Klinik

Ist bei einer **Fazialislähmung** der N. stapedius mitbetroffen, d.h. der M. stapedius gelähmt, ist die Hörempfindung aufgrund mangelnder Dämpfung der Schwingungen überlaut (**Hyperakusis**).

Ohrtrompete (Tuba auditiva [auditoria])

Funktion und Topographie

Die Ohrtrompete (Eustachio-Röhre, Tuba Eustachii) ist ein ca. 4 cm langer Verbindungskanal zwischen Paukenhöhle und Nasenrachenraum, der dem **Druckausgleich** dient. Zur optimalen Schallleitung muss in der Paukenhöhle der gleiche Luftdruck herrschen wie im äußeren Gehörgang (vgl. die Höreinbußen nach dem Start in einem Flugzeug).

Die Ohrtrompete beginnt am **Ostium tympanicum tubae auditivae** in der Vorderwand der Paukenhöhle (Paries caroticus) und mündet am **Ostium pharyngeum tubae auditivae** im Pharynx. Sie verläuft von laterodorsokranial nach medioventrokaudal.

Geöffnet wird sie am Ostium pharyngeum durch Kontraktion der Mm. tensor und levator veli palatini beim Schlucken.

Tab. 3.20 Muskeln der Gehörknöchelchen

Muskel	Ursprung	Ansatz	Funktion	Innervation
M. tensor tympani	Cartilago tubae auditivae, Wand des Semicanalis musculi tensoris tympani. Die Sehne des M. tensor tympani tritt am Processus cochleariformis in die Paukenhöhle ein und knickt dabei nach unten ab (↗ Abb. 3.39)	Manubrium mallei	Anspannung des Trommelfells durch Zug am Manubrium mallei → Versteifung der Gehörknöchelchenkette → verbesserte Übertragung hoher Tonfrequenzen	N. musculi tensoris tympani aus dem N. mandibularis (V3)
M. stapedius	Hohlraum der Eminentia pyramidalis am Felsenbein	Caput stapedis	Dämpfung der Schwingungen am ovalen Fenster durch Verkantung des Steigbügels → Dämpfung lauter Geräusche	R. stapedius des N. facialis (VII)

Gliederung

Man unterscheidet zwei Abschnitte (↗ Abb. 3.39):

- **Pars ossea:** Der paukenhöhlennahe Abschnitt liegt in einem dreieckigen Knochenkanal (**Semicanalis tubae auditivae** des Canalis musculotubarius) in der Pars petrosa ossis temporalis.
- **Pars cartilaginea:** Im pharynxnahen Abschnitt ist die Ohrtrompete von einer nach laterodorsal offenen Rinne aus elastischem Knorpel umgeben (**Cartilago tubae auditivae**), die durch eine Bindegewebsmembran (**Lamina membranacea**) zum Rohr vervollständigt wird. Medial grenzt sie an den Canalis caroticus.

Histologie

Die Ohrtrompete ist wie die Paukenhöhle von einem **einschichtig hochprismatischen Flimmerepithel** mit Becherzellen ausgekleidet.

3.5.3 Innenohr (Auris interna)

Das Innenohr ist ein System aus Kanälen in der Pars petrosa ossis temporalis und darin enthaltenen Membranschläuchen. Wegen der Ähnlichkeit des Kanalsystems mit einem Irrgarten wird das Innenohr auch als **Labyrinth** bezeichnet. Die Membranschläuche fungieren als kombiniertes Gleichgewichts- und Hörorgan (**Organum vestibulocochleare).**

Gliederung

Wie oben beschrieben, unterscheidet man

- ein von kompakten knöchernen Wänden umschlossenes **Kanalsystem**, das **knöcherne Labyrinth (Labyrinthus osseus),**

sowie

- ein darin enthaltenes **System von Membranschläuchen**, das **häutige Labyrinth (Labyrinthus membranaceus)**. Dieses ist mit einer kaliumreichen, natriumarmen Flüssigkeit, der **Endolymphe**, gefüllt und wird dementsprechend auch als **endolymphatischer Raum** bezeichnet.

Die Membranschläuche füllen das knöcherne Labyrinth nicht völlig aus, sondern lassen den sog. **perilymphatischen Raum** frei. Dieser ist mit einer Flüssigkeit – **Perilymphe** – gefüllt, die in ihrer Zusammensetzung dem Liquor cerebrospinalis ähnelt, allerdings einen höheren Proteingehalt besitzt.

Knöchernes Labyrinth

Das knöcherne Labyrinth gliedert sich in

- das **Vestibulum** (Vorhof, ↗ Abb. 3.44),
- drei knöcherne Bogengänge (**Canales semicirculares ossei**, ↗ Abb. 3.44),
- die knöcherne Schnecke (**Cochlea**, ↗ Abb. 3.44),
- den inneren Gehörgang (**Meatus acusticus internus**).

Das **Vestibulum** ist der Ausgangspunkt für die knöchernen Bogengänge und die Kochlea. Es ist über das (durch den Steigbügel verschlossene) ovale Fenster (**Fenestra vestibuli**) mit der Paukenhöhle verbunden.

Die **Kochlea** besteht aus dem Schneckenkanal (**Canalis spiralis cochleae**), der in anderthalb Windungen um seine Achse, die Schneckenspindel (**Modiolus cochleae**), gewickelt ist. Im Modiolus befindet sich das Ganglion spirale mit den Perikarya der bipolaren Nervenzellen, die die Impulse der Hörsinneszellen weiterleiten. Vom Modiolus springt die **Lamina spiralis ossea** in den Schneckenkanal vor. An ihr sind Teile des häutigen Labyrinths, die Reissner- und die Basilarmembran (↗ Abschnitt „Hörorgan"), befestigt.

Der innere Gehörgang (**Meatus acusticus internus**) beginnt am Porus acusticus internus in der hinteren Schädelgrube und endet nach horizontalem Verlauf durch das Felsenbein an einer löchrigen Knochenplatte. In dem 1 cm langen Gang verlaufen der N. facialis (VII), der N. vestibulocochlearis (VIII) und die A. und Vv. labyrinthi. Im Boden des inneren Gehörgangs befindet sich das Ganglion vestibulare mit den Perikarya der Nervenzellen, die die Impulse der Gleichgewichtssinneszellen weiterleiten.

Häutiges Labyrinth

Nach der Funktion des häutigen Labyrinths lassen sich ein Labyrinthus vestibularis und ein Labyrinthus cochlearis unterscheiden. Zum **Labyrinthus vestibularis** zählen (↗ Abschnitt „Gleichgewichtsorgan")

- die im Vestibulum lokalisierten Strukturen Sacculus und Utriculus (↗ Abb. 3.44) und der sie verbindende Ductus utriculosaccularis,
- drei Bogengänge (↗ Abb. 3.44),
- der Ductus endolymphaticus.

Das **Labyrinthus cochlearis** wird vom Ductus cochlearis (↗ Abschnitt „Hörorgan") gebildet.

Topographie

Das Labyrinth grenzt an die mediale Paukenhöhlenwand (↗ Abb. 3.44): Die Bogengänge sind dem Recessus epitympanicus und dem Antrum mastoideum benachbart. Das ovale und das runde Fenster bilden die (verschlossenen) Verbindungen zwischen Labyrinth und Paukenhöhle. Zwischen ovalem und rundem Fenster wölbt die basale Schneckenwindung die mediale Paukenhöhlenwand zum Promontorium vor.

Gefäßversorgung und Innervation

Das Labyrinth wird durch die **A. labyrinthi**, einen Ast der A. cerebelli inferior anterior, mit Blut versorgt. Die A. cerebelli inferior anterior ist der 1. Ast der **A. basilaris** (die durch Vereinigung der beiden Aa. vertebrales entsteht).

Die sensorische Innervation des Labyrinths übernimmt der **N. vestibulocochlearis** (VIII).

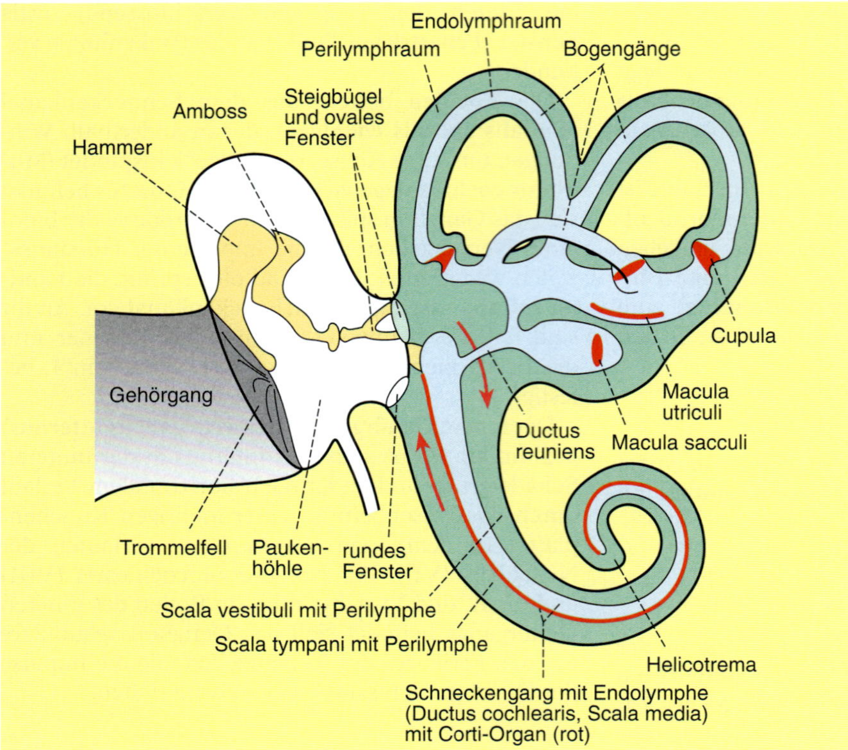

Abb. 3.44 Innenohr. (Aus [7])

Gleichgewichtsorgan (Organum vestibulare)

Funktion und Gliederung

Das Gleichgewichtsorgan dient der Wahrnehmung von Bewegungen des Körpers und der Körperstellung im Raum. Es setzt sich aus folgenden, allesamt von Endolymphe durchströmten Strukturen des häutigen Labyrinths zusammen:

- **Sacculus** (vorderes Vorhofsäckchen) und **Utriculus** (hinteres Vorhofsäckchen) mit den Sinnesfeldern zur Wahrnehmung von Linearbeschleunigungen (Maculae staticae). Der Utriculus befindet sich an der Basis der drei Bogengänge, der Sacculus zwischen Utriculus und Kochlea (↗ Abb. 3.44). Der Sacculus steht mit dem Utriculus über den **Ductus utriculosaccularis**, mit der Kochlea über den **Ductus reuniens** in Verbindung.
- drei Bogengängen (**Ductus semicirculares anterior**, **posterior** und **lateralis**), jeder in einer Ebene des Raums (↗ Abb. 3.44). Jeder Bogengang weist eine ampulläre Erweiterung (**Ampulla membranacea**) auf, in der das Sinnesfeld für die Wahrnehmung von Drehbeschleunigungen (Crista ampullaris) für die jeweilige Raumebene lokalisiert ist. Die Bogengänge gehen mit jeweils zwei Schenkeln aus dem Utriculus hervor, wobei die Ductus semicirculares anterior und posterior einen gemeinsamen Schenkel besitzen und somit nur fünf Schenkel aus dem Utriculus entspringen.
- **Ductus endolymphaticus:** verläuft in einem knöchernen Kanal (**Aqueductus vestibuli**) vom Ductus utriculosaccularis zur Rückseite der Felsenbeinpyramide, wo er blind mit dem **Saccus endolymphaticus** im Epiduralraum endet.

Histologie

Im Gleichgewichtsorgan gibt es zwei verschiedene Sinnesfelder (↗ Abb. 3.45):

- **Maculae staticae:** Lokalisation im **Sacculus** und **Utriculus**. Sie haben folgenden Aufbau:
  - hochprismatische **Stützzellen**
  - **Sinneszellen** (Haarzellen): spezialisierte hochprismatische Epithelzellen (Typ-I- und Typ-II-Sinneszellen) mit einem randständigen Kinozilium und ca. 80 Stereozilien, die hineinragen in die
  - **Otholithenmembran:** flache gelatinöse, glykoproteinreiche Deckschicht mit eingelagerten Kalziumkarbonatkristallen (**Otolithen**), die den Sinnes- und Stützzellen aufliegt. Sie besitzt eine größere Dichte als die umgebende Endolymphe. Bei einer **Linearbeschleunigung** knicken die Härchen auf den Sinneszellen aufgrund der Trägheit der Otolithenmembran ab.
- **Cristae ampullares**: Lokalisation in der **Ampulle** der Bogengänge. Sie funktionieren nach einem ähnlichen Prinzip wie die Maculae staticae und enthalten die gleichen Sinneszellen. Statt einer Otolithenmembran besitzen sie jedoch apikal eine konisch geformte, aus Glykoproteinen bestehende **Cupula**, die in die Bogengänge quer zur Längsachse hineinreicht. Bei **Drehbewegungen** knickt sie durch den entstehenden Flüssigkeitsstrom in

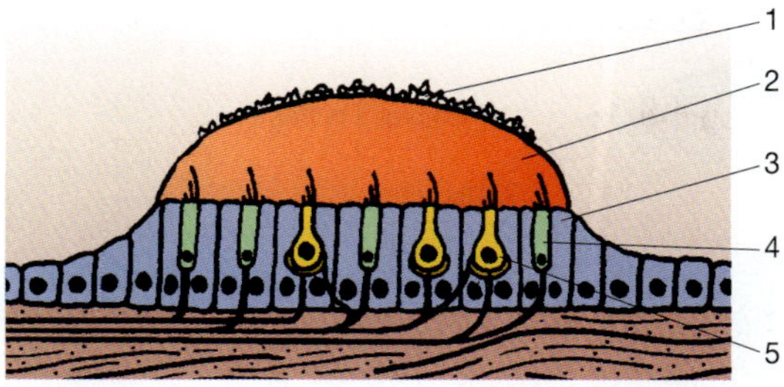

1 = Otolithen
2 = Otolithenmembran
3 = Stützzelle
4 = Sinneszelle Typ I
5 = Sinneszelle Typ II

Abb. 3.45 Macula statica. (Aus [4])

den Bogengängen ab und stimuliert so die Sinneszellen. Da sie das gleiche spezifische Gewicht hat wie die Endolymphe, nimmt sie keine Linearbeschleunigungen wahr.

Hörorgan (Organum spirale, Corti-Organ)

Gliederung und Histologie

Gliederung des Schneckenkanals

Der Schneckenkanal wird durch die Reissner-Membran und die Basilarmembran in drei Räume unterteilt (↗ Abb. 3.44), die im Querschnitt übereinander stehen (↗ Abb. 3.46):

- Die **Scala vestibuli** (Vorhoftreppe) erstreckt sich zwischen der knöchernen Wand des Schneckenkanals und der Reissner-Membran (Membrana vestibuli). Sie verläuft vom Vestibulum zur Schneckenspitze und geht dort am sog. Helicotrema in die Scala tympani (↗ unten) über. Die Scala vestibuli ist wie die Scala tympani mit einschichtigem Plattenepithel ausgekleidet (dieses bedeckt auch die Reissner-Membran) und mit **Perilymphe** gefüllt.
- Der **Ductus cochlearis** befindet sich zwischen Reissner- und Basilarmembran. Er ist Teil des häutigen Labyrinths und als solcher mit **Endolymphe** gefüllt. Er verläuft vom Vestibulum zur Schneckenspitze, wo er blind endet. An seiner Basis ist er über den Ductus reuniens mit dem Sacculus verbunden. Der Boden des Ductus cochlearis, die Basilarmembran (Lamina basilaris), trägt das **Hörorgan** (Corti-Organ). Am Sulcus spiralis externus geht die Basilarmembran über in die laterale (knöcherne) Wand, die mit einem mehrschichtigen prismatischen Epithel ausgekleidet ist, der blutgefäßreichen **Stria vascularis**. Die Zellen der Stria vascularis **produzieren** mithilfe aktiver Transportprozesse (Na^+-Rückresorption, K^+-Sekretion) die **Endolymphe**. Die Reissner-Membran ist auch im Ductus cochlearis mit einschichtigem Plattenepithel bedeckt.
- Die **Scala tympani** (Paukentreppe) erstreckt sich zwischen der Basilarmembran und der knöchernen Wand des Schneckenkanals. Sie verläuft vom Helicotrema in der Schneckenspitze zum runden Fenster (Fenestra cochleae) in der medialen Paukenhöhlenwand, wo sie an der Membrana tympanica secundaria endet. Sie besitzt die gleiche Wandauskleidung wie die Scala vestibuli und ist wie diese mit **Perilymphe** gefüllt.

Corti-Organ (Organum spirale)

Das Corti-Organ ist eine Ansammlung von Zellen auf der Basilarmembran, die von einer gallertigen Membran (Membrana tectoria) überspannt wird. Es erstreckt sich über die gesamte Länge des Ductus cochlearis (↗ Abb. 3.44) und gliedert sich in Sinneszellen (die Haarzellen) und Stützzellen. Von medial nach lateral erkennt man folgende Zellen und Tunnel (↗ Abb. 3.46):

- **Innere Grenzzellen** begrenzen das Corti-Organ medial und kleiden den **Sulcus spiralis internus** aus.
- **innere Phalagealzellen:** hochprismatische Zellen, die in einer apikalen kelchförmigen Ausbuchtung die **inneren Haarzellen** tragen. Die inneren Haarzellen besitzen apikal ca. 100 Stereozilien und werden von afferenten bipolaren Nervenzellen innerviert.
- **innere** und **äußere Pfeilerzellen:** schlanke Zellen, die sich apikal aneinanderlehnen und so den **inneren Tunnel** (**Cuniculus internus**, Corti-Kanal) begrenzen
- **äußere Phalangealzellen:** mehrere Reihen hochprismatischer Zellen, die apikal in einer kelchförmigen Ausbuchtung die stereozilienbesetzten **äußeren Haarzellen** tragen. Diese werden von kleineren bipolaren oder pseudounipolaren afferenten Nervenzellen innerviert. Zwischen äußeren Phalangealzellen und äußeren Pfeilerzellen befindet sich der **mittlere Tunnel** (**Cuniculus medialis**, Nuël-Raum).
- **äußere Grenzzellen** (Hensen-Zellen): begrenzen das Corti-Organ lateral. Zwischen ihnen und den äußeren Phalangealzellen ist der **äußere Tunnel (Cuniculus externus)** lokalisiert.
- **äußere Stützzellen** (Claudius-Zellen): isoprismatische Zellen, die den Boden des Sulcus spiralis externus auskleiden.

Den Stereozilien der Haarzellen liegt die 100–200 µm dicke und aus gallertigem Bindegewebe bestehende **Membrana tectoria** auf, die medial vom Limbus laminae spiralis entspringt.

Funktion

Schallwellen werden über das Trommelfell und die Gehörknöchelchen (Malleus → Incus → Stapes) auf das ovale Fenster (Fenestra vestibuli) übertragen. Auf diese Weise werden in der Perilymphe der Scala ves-

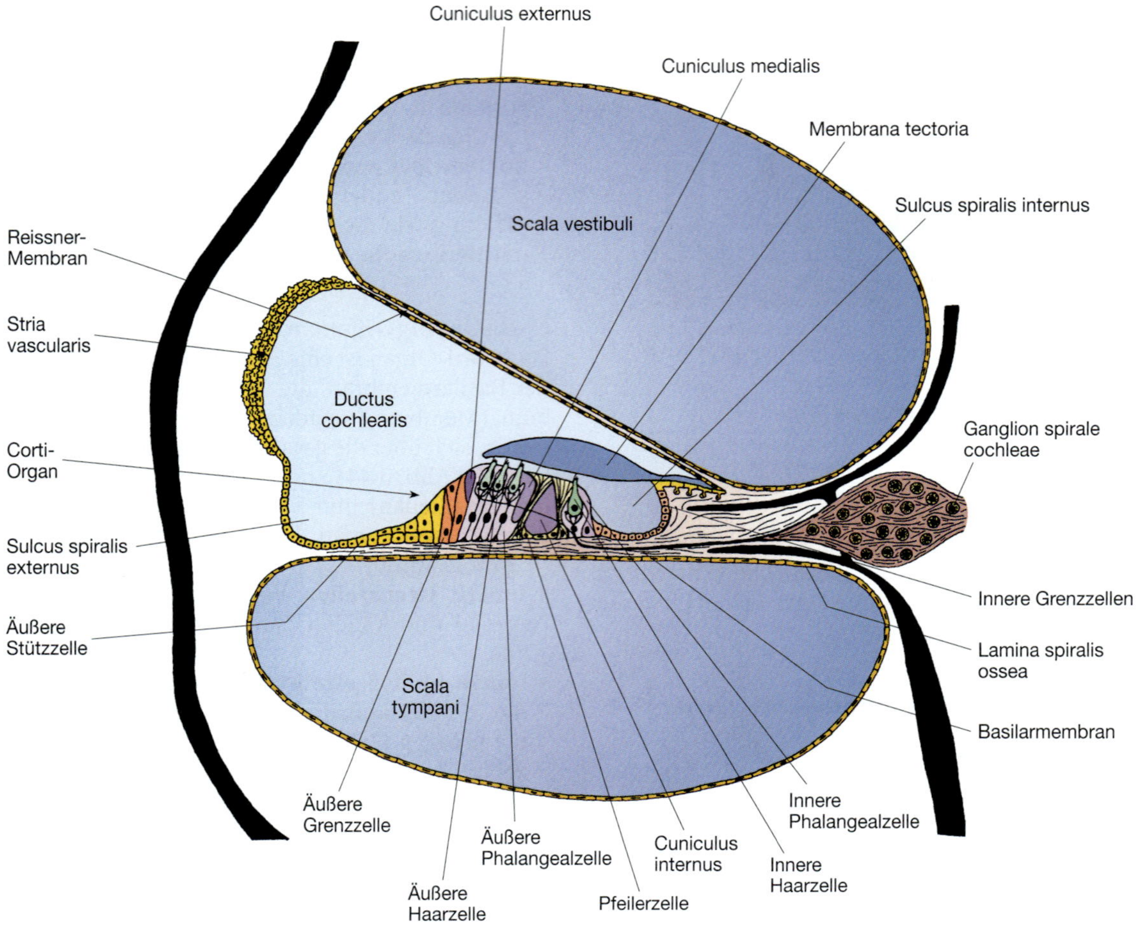

Abb. 3.46 Cochlea und Corti-Organ. (Aus [4])

tibuli Druckwellen erzeugt, die sich auf die Basilarmembran, nicht jedoch auf die Membrana tectoria übertragen. Dadurch werden die Stereozilien der Haarzellen im Corti-Organ gegenüber der Membrana tectoria abgeknickt. Durch eine Abknickung zur Lamina spiralis hin werden die Haarzellen erregt.

Verschiedene Tonhöhen bzw. Tonfrequenzen sind wahrnehmbar, weil die Basilarmembran in ihrem Verlauf zum Helicotrema hin an Steifigkeit abnimmt. Deswegen liegen die Amplitudenmaxima für verschiedene Frequenzen an unterschiedlichen Stellen der Kochlea: Hohe Töne werden im Anfangsbereich, tiefe Töne in Helicotremanähe wahrgenommen.

Die Wanderdruckwellen laufen anschließend durch die Scala tympani zum runden Fenster, wo ein Druckausgleich stattfindet.

3.6 Gefäßversorgung

3.6.1 Arterien

Die arterielle Blutversorung des Kopfes erfolgt über Äste der A. carotis externa (Gesicht, Ohr, Mundhöhle, Nasen- und Nasennebenhöhlen), der A. carotis interna (Großhirn, Orbita, Stirn, Nasen- und Nasennebenhöhlen) sowie der A. vertebralis (Hirnstamm, Kleinhirn, Innenohr und Okzipitalpol des Großhirns).

A. carotis externa

Verlauf

Die A. carotis externa entsteht in Höhe der Prominentia laryngea an der Bifurcatio carotidis, der Teilungsstelle der A. carotis communis in A. carotis externa und A. carotis interna. Sie zieht aus dem **Trigonum caroticum** in die **Fossa retromandibularis** und wird dabei vom M. stylohyoideus und vom Venter posterior des M. digastricus bedeckt. Kranial des Zungenbeins unterkreuzt sie den N. hypoglossus. Sie verläuft durch das Drüsengewebe der **Glandula parotidea** nach kranial und teilt sich innerhalb der Parotisloge auf Höhe des Collum mandibulae in ihre Endäste (A. temporalis superficialis und A. maxillaris).

Äste

Auf ihrem Weg gibt die A. carotis externa folgende Äste ab (↗ Abb. 3.47):

- **A. thyroidea superior:** Dieser erste vordere Ast zieht in einem Bogen nach kaudal zur Schilddrüse und gibt dabei mehrere Äste ab:
  - **R. infrahyoideus** zum Zungenbeinkörper
  - **R. sternocleidomastoideus** zum M. sternocleidomastoideus
  - **R. cricothyroideus** zum M. cricothyroideus und zur ventralen Schleimhaut der Cavitas infraglottica, anastomosiert mit dem gegenseitigen R. cricothyroideus
  - **Rr. glandulares** anterior, lateralis und posterior zur Schilddrüse
- **A. lingualis:** Dieser zweite vordere Ast dringt hinter dem Cornu majus des Zungenbeins, bedeckt vom M. hyoglossus, von hinten in die Zunge ein (↗ Abb. 3.22), um dann im Bereich der Zungenunterfläche nach vorn zur Zungenspitze zu verlaufen. Die A. lingualis gibt folgende Äste ab:
  - **R. suprahyoideus:** verläuft ventral des Corpus hyoidei, anastomosiert mit dem R. infrahyoideus, der A. thyroidea superior und dem gegenseitigen R. suprahyoideus
  - **A. sublingualis:** entspringt im Bereich des Vorderrandes des M. hyoglossus und zieht zwischen M. mylohyoideus und Glandula sublingualis nach ventral; versorgt die Glandula sublingualis und das Zahnfleisch
  - **Rr. dorsales linguae:** versorgen Zungengrund und Zungenrücken
  - **A. profunda linguae:** Endast, zieht zwischen M. genioglossus und M. longitudinalis inferior zur Zungenspitze
- **A. facialis:** Dieser dritte vordere Ast zieht, zunächst bedeckt vom Venter posterior des M. digastricus, dem M. stylohyoideus und der Glandula submandibularis, ventral des Masseteransatzes und der V. facialis über das Corpus mandibulae hinweg in das Gesicht (↗ Abb. 3.2) und versorgt dort die mimischen Muskeln. Auf ihrem Weg gibt die A. facialis folgende Äste ab (größtenteils in Abb. 3.47 dargestellt):
  - **A. palatina ascendens:** verläuft zwischen M. styloglossus und M. stylopharyngeus nach kranial, versorgt Gaumenbögen, Gaumenmandel und Gaumensegel
  - **R. tonsillaris:** zieht durch die Pharynxwand und versorgt Gaumenmandel und Zungengrund
  - **Rr. glandulares:** versorgen die Glandula submandibularis
  - **A. submentalis:** zieht unterhalb des M. mylohyoideus, den sie versorgt, zum Kinn, bildet Anastomosen mit der A. sublingualis und der A. labialis inferior
  - **A. labialis inferior:** versorgt die Unterlippe, bildet Anastomosen mit der gegenseitigen gleichnamigen Arterie, der A. submentalis und der A. mentalis
  - **A. labialis superior:** versorgt die Oberlippe, gibt den **R. septum nasi** zum Nasenseptum ab; anastomosiert mit der A. transversa faciei, der A. infraorbitalis, dem R. lateralis nasi und der gleichnamigen Arterie der Gegenseite
  - **R. lateralis nasi:** versorgt Nasenseitenfläche und Nasenrücken, anastomosiert mit der A. labialis superior und A. dorsalis nasi
  - **A. angularis:** Endast, der die **A. dorsalis nasi** abgibt und zum medialen Augenwinkel zieht; bildet Anastomosen mit dem R. lateralis nasi und und der A. ophthalmica
- **A. pharyngea ascendens:** einziger medialer Ast, der kranial der A. thyroidea superior entspringt. Die A. pharyngea ascendens zieht zwischen lateraler Rachenwand und M. stylohyoideus nach kranial und gibt dabei folgende Äste ab:
  - **Rr. pharyngeales** zu Rachen, Rachenmandel und Ohrtrompete
  - **A. tympanica inferior:** zieht mit dem N. tympanicus durch den Canalis tympanicus zur medialen Paukenhöhlenwand
  - **A. meningea posterior:** Endast, verläuft lateral der A. carotis interna und anschließend durch das Foramen jugulare in die hintere Schädelgrube und versorgt Dura mater und Diploë
- **A. occipitalis:** Dieser erste dorsale Ast verläuft kaudal des Venter posterior musculi digastrici, dann medial des Processus mastoideus und bedeckt vom M. splenius und M. longissimus capitis zum Hinterkopf. Dort durchbohrt die A. occipitalis den M. trapezius und zieht weiter über den Hinterkopf hinweg nach oben. Sie gibt folgende Äste ab:
  - **R. mastoideus:** zieht durch das Foramen mastoideum und versorgt Cellulae mastoideae, Dura mater und Diploë der hinteren Schädelgrube
  - **R. auricularis** zur Ohrmuschelhinterfläche
  - **Rr. sternocleidomastoidei** zum M. sternocleidomastoideus
  - **R. meningeus** (inkonstant): zieht durch das Foramen parietale und versorgt Dura mater und Diploë der hinteren Schädelgrube
  - **R. descendens:** zieht unterhalb des M. splenius capitis, den er versorgt, nach kaudal
  - **Rr. occipitales:** versorgen den okzipitalen Teil der Kopfschwarte
- **A. auricularis posterior:** Dieser zweite dorsale Ast verläuft zwischen Glandula parotidea und Processus mastoideus sowie M. stylohyoideus zur Ohrmuschel und gibt dabei folgende Äste ab:
  - **Rr. musculares** zu Muskeln, die ihren Ursprung an dem Processus mastoideus und styloideus haben
  - **R. parotideus** zur Glandula parotidea
  - **A. stylomastoidea:** verläuft mit dem N. facialis durch den Canalis facialis und versorgt Mittelohr, Innenohr sowie die Dura mater im Bereich des Hiatus canalis nervi petrosi majoris. Im Canalis facialis gibt sie die **A. tympanica posterior**

ab, die gemeinsam mit der Chorda tympani durch die Paukenhöhle zieht und **Rr. mastoidei** zu den Cellulae mastoideae und einen **R. stapedius** zum M. stapedius abgibt.
- **R. auricularis** zur Ohrmuschelvorderfläche und zu den äußeren Ohrmuskeln
- **R. occipitalis:** anastomosiert mit der A. occipitalis auf dem Processus mastoideus

- **A. temporalis superficialis:** Endast, zieht zwischen Kiefergelenk und äußerem Gehörgang – bedeckt von der Glandula parotidea – über die Jochbogenwurzel (↗ Abb. 3.2), um sich dann auf der Fascia temporalis aufzuzweigen. Sie gibt folgende Äste ab (größtenteils in Abb. 3.47 dargestellt):
  - **Rr. parotidei:** versorgen die Glandula parotidea
  - **Rr. auriculares anteriores** zur Ohrmuschel und zum äußeren Gehörgang
  - **A. zygomaticoorbitalis:** zieht kranial des Processus zygomaticus zum seitlichen Augenwinkel
  - **A. temporalis media:** durchbohrt kranial des Processus zygomaticus die Fascia temporalis und versorgt den M. temporalis
  - **R. frontalis:** Endast, verläuft nach ventrokranial zum vorderen Bereich der Kopfschwarte; anastomosiert mit dem R. frontalis der Gegenseite sowie der A. supraorbitalis und der A. supratrochlearis aus der A. carotis interna
  - **R. parietalis:** zweiter Endast, zieht schräg nach hinten oben über die Schläfe und versorgt den mittleren Bereich der Kopfschwarte; bildet Anastomosen mit dem R. parietalis der Gegenseite, der A. auricularis posterior und der A. occipitalis
- **A. maxillaris:** Endast. Die A. maxillaris entspringt in der Parotisloge (↗ Abb. 3.48) und verläuft zunächst dorsal des Ramus mandibulae, anschließend zwischen den Kaumuskeln hindurch, bevor sie sich in der Fossa pterygopalatina hinter dem Tuber maxillae aufzweigt. Entsprechend unterscheidet man drei Abschnitte.

  Vom **retromandibulären Abschnitt** gehen folgende Äste ab:
  - **A. auricularis profunda:** versorgt Kiefergelenk, äußeren Gehörgang, Trommelfell und Paukenhöhlenschleimhaut
  - **A. tympanica anterior:** begleitet die Chorda tympani durch die Fissura petrotympanica in die Paukenhöhle
  - **A. alveolaris inferior:** gibt den **R. mylohyoideus** zum M. mylohyoideus ab und tritt in den Canalis mandibulae ein, wo sie **Rr. dentales** und **peridentales** zu Unterkieferzähnen und Zahnhalteapparat abgibt. Als **A. mentalis** tritt sie dann durch das Foramen mentale zur Kinnhaut und Unterlippe.
  - **A. meningea media:** zieht durch das Foramen spinosum in die mittlere Schädelgrube. Dort gibt sie den **R. petrosus** zum Felsenbein und die **A. tympanica superior** zur Paukenhöhle ab. Anschließend teilt sie sich in einen **R. frontalis**, der Dura mater und Knochen in der vorderen Schädelgrube sowie die Orbita (R. orbitalis) versorgt, und einen **R. parietalis**, der zu Dura und Knochen im Bereich von Os temporale und occipitale zieht.
  - **A. pterygomeningea:** versorgt extrakraniell die Mm. pterygoidei, den M. tensor veli palatini, die Ala major ossis sphenoidalis, den Processus pterygoideus und die Tuba auditiva. Anschließend zieht sie durch das Foramen ovale in den Schädel und gibt Äste zum Ganglion trigeminale und zur Dura ab.

  Vom **intermuskulären Abschnitt** der A. maxillaris gehen ab:
  - **A. masseterica:** zieht durch die Incisura mandibulae zum M. masseter
  - **Rr. pterygoidei** zu den Mm. pterygoidei
  - **Aa. temporales profundae anterior** und **posterior:** ziehen in die Fossa temporalis und versorgen tiefe Abschnitte des M. temporalis
  - **A. buccalis:** verläuft auf dem M. buccinator nach ventrokaudal und zweigt sich in der Wangenschleimhaut auf; anastomosiert mit der A. facialis

  In der **Fossa pterygopalatina** zweigen von der A. maxillaris ab:
  - **A. alveolaris superior posterior:** zieht mit mehreren Ästen nach lateral zur Facies infratemporalis hinter den Jochbogen und gelangt durch die Foramina alveolaria in die Maxilla. Dort gibt sie **Rr. dentales** und **peridentales** zu Molaren und Prämolaren des Oberkiefers, zum Zahnhalteapparat sowie zur Schleimhaut des Sinus maxillaris ab.
  - **A. infraorbitalis:** zieht durch die Fissura orbitalis inferior in die Orbita, wo sie in den Sulcus bzw. Canalis infraorbitalis eintritt. Dort gibt sie **Aa. alveolares superiores anteriores** ab, die mit **Rr. dentales** und **peridentales** die vorderen Oberkieferzähne und den Zahnhalteapparat versorgen.
  - **A. palatina descendens:** verläuft durch den Canalis palatinus major und gibt folgende Äste ab: **Aa. palatinae minores**, die durch die Foramina palatina minora zum weichen Gaumen gelangen, und die **A. palatina major**, die durch das Foramen palatinum majus nach vorn zum harten Gaumen zieht
  - **A. sphenopalatina:** gelangt durch das Foramen sphenopalatinum in die hintere Nasenhöhle (↗ Abb. 3.26). Dort teilt sie sich auf in **Aa. nasales posteriores laterales**, die einen Großteil der Schleimhaut der Nasenhöhle und Nasennebenhöhlen versorgen, und **Rr. septales posteriores** zum Nasenseptum, die über die A. nasopalatina im Canalis incisivus mit der A. palatina major anastomosieren.
  - **A. canalis pterygoidei:** zieht durch den Canalis pterygoideus zur Tuba auditiva und gibt den **R. pharyngeus** zur oberen Rachenschleimhaut ab.

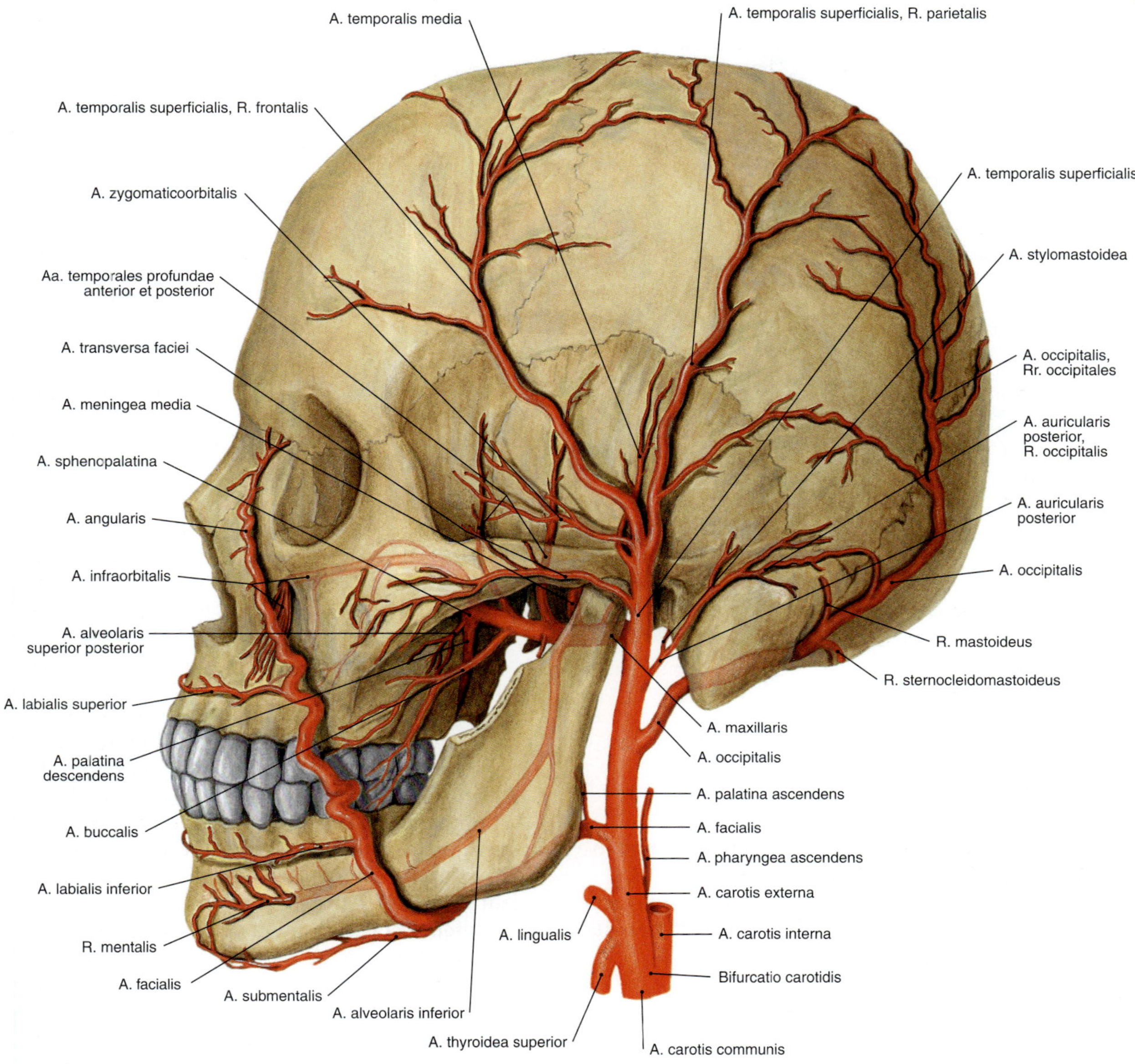

Abb. 3.47 Äste der A. carotis externa. (Aus [14])

> **Merke**
>
> Berühmter Merkspruch für die Astfolge der A. carotis externa: **Th**eo (A. thyroidea superior) **Ling**en (A. lingualis) **fa**briziert (A. facialis) **pha**ntastische (A. pharyngea ascendens) **O**chsenschwanzsuppe (A. occipitalis) **au**s (A. auricularis posterior) **t**oten (A. temporalis superficialis) **M**äusen (A. maxillaris).

A. carotis interna

Verlauf

Die A. carotis interna geht an der Bifurcatio carotidis – in Höhe der Prominentia laryngea – aus der A. carotis communis hervor. Im Halsbereich (**Pars cervicalis**) zieht sie der Rachenwand benachbart nach kranial, ohne Äste abzugeben. Durch den Canalis caroticus (der in der Felsenbeinpyramide liegt, daher die Abschnittsbezeichnung **Pars petrosa**) gelangt sie in das Schädelinnere (zur Spitze der Felsenbeinpyramide). Anschließend verläuft sie durch den Sinus cavernosus (**Pars cavernosa**), wobei sie einen S-förmigen Bogen beschreibt, der auch als Karotissiphon bezeichnet wird. Dort zweigen kleinere Äste zu den Meningen und der Hypophyse ab. Nach Austritt aus dem Sinus cavernosus tritt die A. carotis interna durch die Dura und gibt in ihrem intrazerebralen Abschnitt (**Pars cerebralis**) die **A. ophthalmica**, **A. communicans posterior** und **A. chorioidea anterior** ab. Anschließend teilt sie sich in ihre Endäste, die **A. cerebri anterior** und die **A. cerebri media** (↗ Kap. 9.2.1).

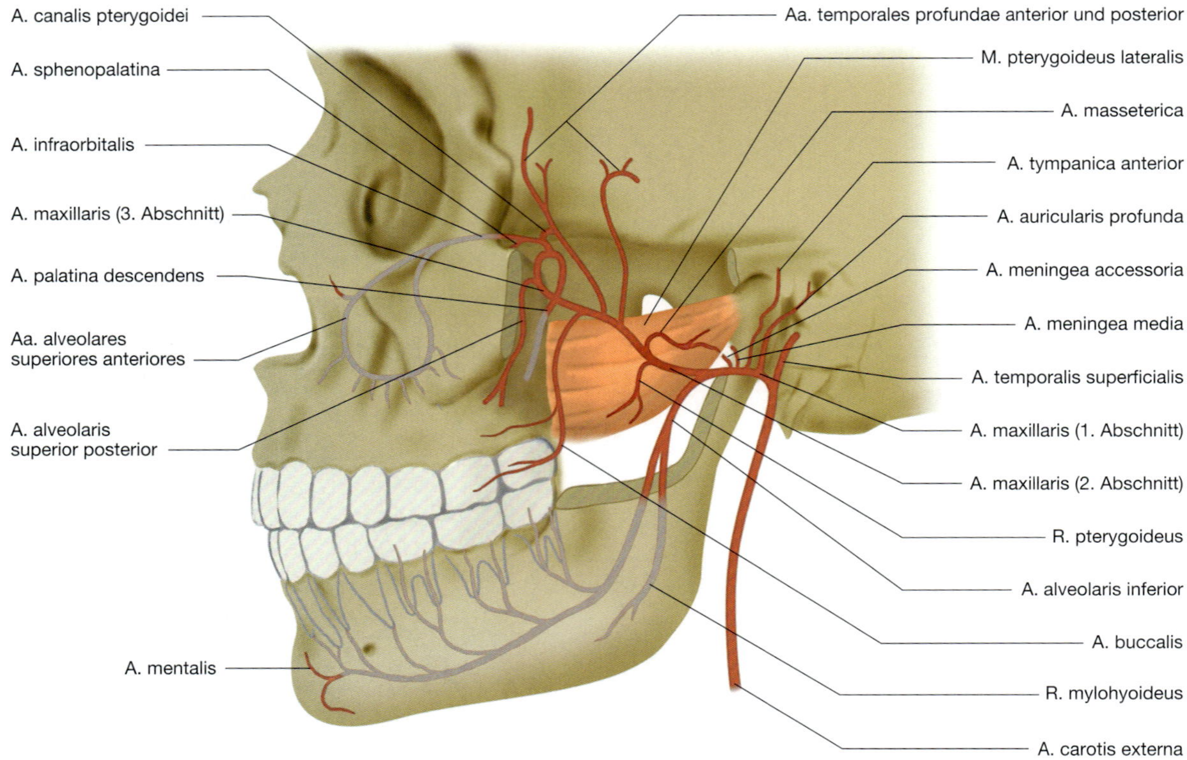

Abb. 3.48 Äste der A. maxillaris.

Äste

Pars petrosa

- **Aa. caroticotympanicae:** versorgen die Paukenhöhle
- **R. pterygoideus** (inkonstant): zieht durch den Canalis pterygoideus und anastomosiert mit der A. palatina major.

Pars cavernosa

- **R. basalis tentorii:** zieht über die Oberkante der Felsenbeinpyramide hinweg zum Tentorium cerebelli
- **R. marginalis tentorii** zum Tentorium cerebelli
- **R. meningeus:** zieht über die Ala minor ossis sphenoidalis hinweg und versorgt Dura mater und Knochen der vorderen Schädelgrube
- **R. sinus cavernosi:** versorgt die Wand des Sinus cavernosus
- **A. hypophysialis inferior** zur Hypophyse
- **R. ganglionis trigeminalis:** versorgt das Ganglion trigeminale
- **Rr. nervorum** zum N. trigeminus und N. trochlearis.

Pars cerebralis

- **A. hypophysialis superior:** versorgt den ventralen Hypothalamus, das Infundibulum und den Hypophysenstiel und gibt einen langen Ast ab, der ventral des Hypophysenstiels verläuft und durch die Adenohypophyse hindurch den Kapillarplexus in der Pars intermedia mit Blut versorgt
- **R. clivi** zum Clivus
- **A. ophthalmica:** entspringt am Übergang der Pars cavernosa in die Pars cerebralis und verläuft kaudal des N. opticus durch den Canalis opticus. Dann zieht sie zur medialen Orbitawand und kaudal des M. obliquus superior mit dem N. nasociliaris zum medialen Augenwinkel. Sie gibt mehrere Äste ab:
  - **A. centralis retinae:** tritt von laterokaudal in den N. opticus ein und versorgt die Retina
  - **Aa. ciliares posteriores breves:** ziehen an der Austrittsstelle des N. opticus durch die Sklera in den Augapfel und versorgen Choroidea, Ziliarkörper und Circulus arteriosus iridis major
  - **Aa. ciliares posteriores longae** (medialis und lateralis): treten von hinten durch die Sklera, um zwischen ihr und der Choroidea zum Ziliarkörper und zum Circulus arteriosus iridis major zu ziehen
  - **Aa. musculares:** versorgen die äußeren Augenmuskeln und geben **Aa. ciliares anteriores** (zu Sklera, Choroidea, Ziliarkörper und Circulus arteriosus iridis major), **Aa. episclerales** (zur Oberfläche der Sklera) sowie **Aa. conjunctivales anteriores** (zur Konjunktiva) ab
  - **A. lacrimalis:** zieht mit dem N. lacrimalis oberhalb des M. rectus lateralis zur Tränendrüse. Dabei gibt sie folgende Äste ab: den **R. meningeus recurrens** (verläuft durch die Fissura orbitalis superior zurück in die Schädelhöhle und anastomosiert mit der A. meningea media), die **Rr. zy-**

gomatici (gelangen über das Foramen zygomaticotemporale und das Foramen zygomaticofaciale in die Fossa temporalis und zum Processus zygomaticus) und die **Aa. palpebrales laterales** (Endäste, die das seitliche Ober- und Unterlid mit Blut versorgen).
  - **A. supraorbitalis:** verläuft zwischen Orbitadach und M. levator palpebrae superioris und zieht durch das Foramen supraorbitale zu Stirnhaut und Stirnmuskulatur. Dabei gibt sie den **R. diploicus** zum Os frontale und Sinus frontalis ab.
  - **A. ethmoidalis posterior:** verläuft kranial des M. obliquus superior und durch das Foramen ethmoidale posterius zur Schleimhaut der hinteren Cellulae ethmoidales
  - **A. ethmoidalis anterior:** zieht mit dem N. ethmoidalis anterior durch das Foramen ethmoidale anterius und versorgt dabei die Schleimhaut von Cellulae ethmoidales anteriores und mediales und Sinus frontalis. Anschließend zieht sie durch die vordere Schädelgrube unter der Dura hindurch (hier gibt sie den **R. meningeus anterior** zur benachbarten Schleimhaut ab) zur Lamina cribrosa, durch die sie in die Nasenhöhle absteigt. Dort teilt sie sich in mehrere Endäste: **Rr. septales anteriores** zur vorderen Nasenscheidewand, **Rr. nasales anteriores laterales** zum vorderen Abschnitt der lateralen Nasenhöhlenwand und einen **R. nasalis externus**, der über den Sulcus ethmoidalis zum Nasenrücken gelangt.
  - **Aa. palpebrales mediales:** ziehen von der Trochlea des M. obliquus superior dorsal des Tränensacks nach kaudal in das Ober- und Unterlid und geben **Aa. conjunctivales posteriores** zur Bindehaut ab. Sie anastomosieren über die **Arcus palpebrales** superior und inferior mit den Aa. palpebrales laterales.
  - **A. supratrochlearis:** Dieser Endast zieht medial der A. supraorbitalis über den Margo orbitalis superior zu Stirnhaut und Stirnmuskulatur.
  - **A. dorsalis nasi:** Dieser Endast zieht zwischen Lig. palpebrale mediale und Trochlea aus der Orbita, gibt einen **R. saccus lacrimalis** ab, durchbohrt den M. orbicularis oculi und zieht zum Nasenrücken. Er anastomosiert mit der A. angularis.
- **A. communicans posterior:** verbindet den vorderen und den hinteren Abschnitt des Circulus Willisii und gibt mehrere Äste ab (R. chiasmaticus, R. nervi oculomotorii, R. thalamicus, R. hypothalamicus und R. caudae nuclei caudati)
- **A. choroidea anterior:** versorgt den Plexus choroideus (Rr. choroidei ventriculorum lateralis und tertii) und das untere Horn des Seitenventrikels sowie mit mehreren Ästen verschiedene Hirnstrukturen (Rr. substantiae perforatae anteriores, Rr. tractus optici, Rr. corporis geniculati lateralis, Rr. capsulae internae, Rr. globi pallidi, Rr. caudae nuclei caudati, Rr. tuberis cinerei, Rr. nucleorum hypothalamicorum, Rr. substantiae nigrae, Rr. nuclei rubris und Rr. corporis amygdaloidei)
- **A. cerebri anterior** zur Mantelkante (↗ Kap. 9.2.1)
- **A cerebri media:** versorgt den Frontal-, Temporal- und Parietallappen mit Ausnahme der Mantelkante (↗ Kap. 9.2.1).

3.6.2 Venen

Das sauerstoffarme Blut aus Kopf und Gehirn fließt über die Vv. jugulares interna und externa ab.

V. jugularis interna

Verlauf

Als Fortsetzung des Sinus sigmoideus beginnt sie mit dem Bulbus superior venae jugularis im hinteren Fach des Foramen jugulare. Sie zieht dann medial des Processus styloideus und des N. accessorius, von der Glandula parotidea und dem M. sternocleidomastoideus bedeckt, nach kaudal und wird dabei vom Venter posterior musculi digastrici und vom Venter superior musculi hyoidei überkreuzt. Anschließend zieht sie in der Gefäßnervenscheide nach kaudal. Dabei liegt sie erst hinter, dann seitlich der A. carotis interna und schließlich ventrolateral der A. carotis communis. Hinter der Articulatio sternoclavicularis erweitert sie sich zum Bulbus inferior venae jugularis und vereinigt sich im Venenwinkel mit der V. subclavia zur V. brachiocephalica.

Klinik

Zur Platzierung eines **zentralen Venenkatheters (ZVK)** in der V. jugularis interna tastet man die A. carotis interna in Schildknorpelhöhe und sticht die Kanüle 1 cm lateral parallel zur A. carotis in einem Winkel von 30 Grad ein. Dabei können folgende Komplikationen auftreten:
- Punktion der A. carotis interna: Sie kann durch die Einblutung in die Gefäßnervenscheide zur Kompression und Verlegung derTrachea führen.
- Verletzung von N. phrenicus (→ einseitiger Zwerchfellhochstand), N. vagus oder Truncus sympathicus (→ Horner-Syndrom)
- Punktion von Ductus thoracicus bzw. lymphaticus dexter
- Pneumothorax durch Verletzung der Pleurakuppel.

Zuflüsse

Auf ihrem Weg nimmt die V. jugularis interna folgende Venen auf:
- **Sinus sigmoideus** mit Blut aus den Hirnsinus (↗ Kap. 9.2.1)
- **Plexus venosus canalis nervi hypoglossi**
- **V. aqueductus cochleae** aus dem Canaliculus cochleae

- **Vv. pharyngeae** (↗ Abb. 3.49): führen Blut aus dem Plexus pharyngeus der Rachenwand
- **V. facialis** (↗ Abb. 3.49): entsteht am medialen Augenwinkel als **V. angularis** und anastomosiert dort mit der V. ophthalmica superior.

Klinik

Über diese Anastomose können Bakterien, z. B. beim Ausdrücken eines Pickels, in das Schädelinnere gelangen und eine septische **Sinusthrombose** auslösen.

Anschließend verläuft sie dorsal der A. facialis über das Gesicht zum Mandibularand und mündet im Trigonum caroticum in die V. jugularis interna. Sie erhält folgende Zuflüsse:
  - **Vv. supratrochleares** und **supraorbitalis** aus dem Stirnbereich
  - **Vv. palpebrales superiores** und **inferiores** aus dem Ober- und Unterlid
  - **Vv. nasales externae** von der Nasenaußenseite
  - **Vv. labiales superior** und **inferiores** aus den Lippen
  - **V. profunda faciei** aus dem Plexus pterygoideus
  - **Rr. parotidei** aus der Ohrspeicheldrüse
  - **V. palatina externa** aus Pharynxwand und Tonsilla palatina
  - **V. submentalis** aus dem Mundbodenbereich
  - **V. retromandibularis:** entsteht ventral der Ohrmuschel und wird von der Gl. parotidea bedeckt, zieht nach kaudal und mündet in die Endstrecke der V. facialis. Sie erhält Zuflüsse aus den **Vv. temporales superficiales** (aus der Kopfschwarte), der **V. temporalis media** (aus dem M. temporalis), **V. transversa faciei** (verläuft kaudal des Proc. zygomaticus) und den **Vv. maxillares**. Letztere führen Blut aus dem **Plexus pterygoideus**, der wiederum aus den Vv. meningeae mediae, Vv. temporales profundae, der V. canalis pterygoidei, dem Plexus venosus foraminis ovalis, Plexus venosus caroticus internus, den Vv. auriculares anteriores, Vv. parotideae, Vv. articulares, Vv. tympanicae und der V. stylomastoidea gespeist wird.
  - **V. lingualis:** führt Blut aus der Zunge (V. comitans nervi hypoglossi, V. sublingualis, Vv. dorsales linguae und V. profunda linguae)
- **V. laryngea superior** aus dem oberen Larynxbereich
- **V. sternocleidomastoidea** aus dem M. sternocleidomastoideus
- **Vv. thyroideae superior** und **mediae** aus der Schilddrüse.

V. jugularis externa

Verlauf

Die V. jugularis externa verläuft zwischen Platysma und äußerem Halsfaszienblatt auf dem M. sternocleidomastoideus nach kaudal und mündet in die V. subclavia.

Zuflüsse

Die V. jugularis externa wird gespeist aus folgenden Venen (größtenteils in Abb. 3.49 dargestellt):
- **V. occipitalis:** Endast aus der okzipitalen Kopfschwarte mit Zuflüssen aus der V. diploica occipitalis und den Vv. emissariae mastoidea und occipitalis
- **V. auricularis posterior:** Endast aus dem Hautareal hinter dem Ohr mit Zuflüssen aus der V. diploica temporalis posterior
- **V. jugularis anterior:** Sie entsteht durch Zusammenfluss von Hautvenen des Mundbodens auf Höhe des Zungenbeins (↗ Abb. 4.7), zieht von hier aus auf dem M. sternothyroideus, bedeckt vom M. sternocleidomastoideus, nach kaudal und mündet in die V. jugularis externa oder direkt in den Venenwinkel. Häufig besteht in der Drosselgrube eine Verbindung zur Vene der Gegenseite (**Arcus venosus jugularis**).
- **V. suprascapularis**
- **Vv. transversae cervicis**.

3.6.3 Lymphgefäße

Die Lymphe aus dem Kopfbereich wird in folgende tiefe Halslymphknoten abgeleitet:
- **Lnn. cervicales laterales profundi superiores:** erhalten Zuflüsse aus
  - Lnn. occipitales mit Lymphe aus der Okzipital- und Parietalregion
  - Lnn. mastoidei mit Lymphe aus der Parietalregion
  - Lnn. retropharyngeales mit Lymphe aus Pharynx, Tuba auditiva, Cavitas tympani, Tonsilla palatina und Zunge
- **Lnn. cervicales anteriores profundi** mit Zuflüssen aus
  - Lnn. parotidei profundi (Lnn. preauriculares, infraauriculares und infraglandulares) mit Lymphe aus den Lnn. parotidei superficiales der seitlichen Gesichtsregion sowie aus Orbita, Nase und Cavitas tympani
  - Lnn. faciales (Ln. buccinatorius, Ln. nasolabialis, Ln. malaris und Ln. mandibularis) aus der vorderen Gesichtsregion.

3.7 Hirnnerven

3.7.1 Überblick

Die alten Anatomen nannten die 12 Nerven, die direkt aus dem Gehirn austreten, Nervi craniales und nummerierten sie der Reihe nach von rostral nach kaudal durch (↗ Abb. 3.50):

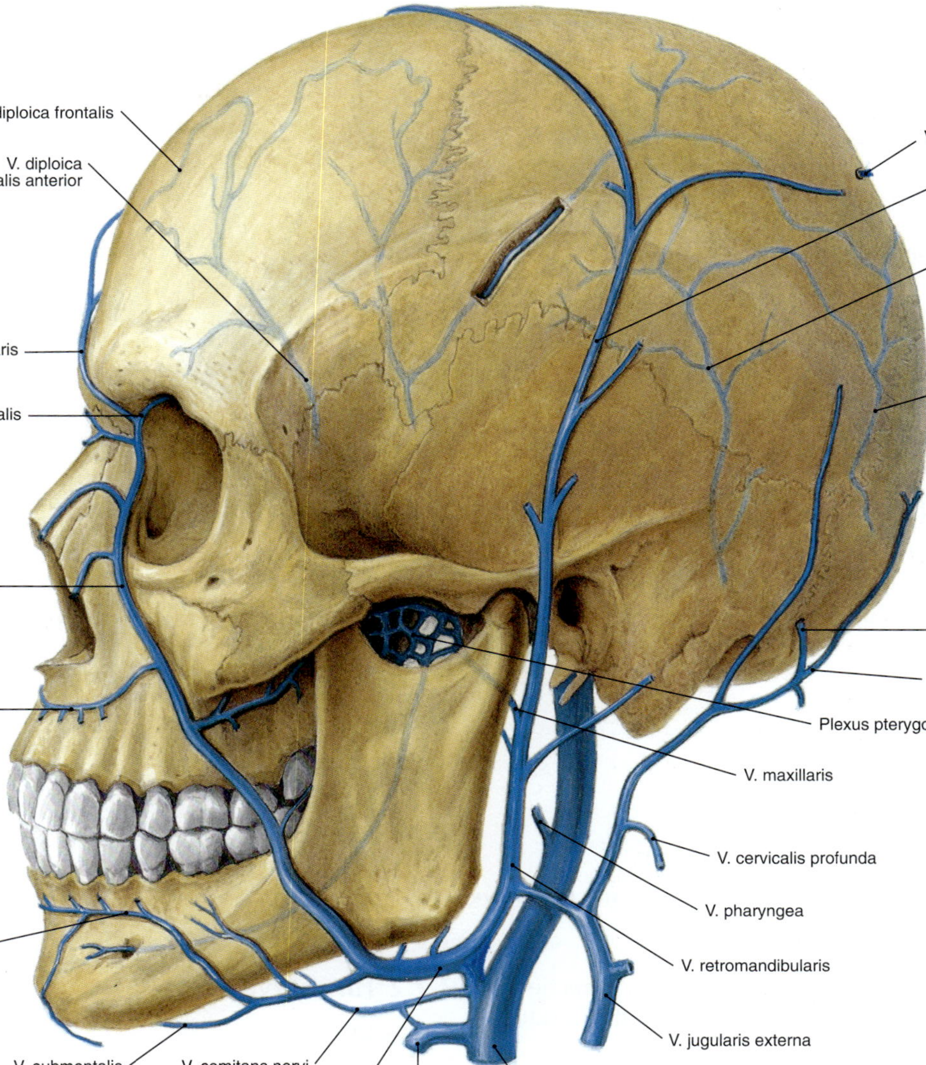

Abb. 3.49 Äste der Vv. jugulares externa und interna. (Aus [14])

- N. olfactorius (I, in Abb. 3.50 nicht dargestellt)
- N. opticus (II, in Abb. 3.50 nicht dargestellt [die Abb. zeigt die Fortsetzung des N. opticus, den Tractus opticus])
- N. oculomotorius (III)
- N. trochlearis (IV)
- N. trigeminus (V)
- N. abducens (VI)
- N. facialis (VII)
- N. vestibulocochlearis (VIII)
- N. glossopharyngeus (IX)
- N. vagus (X)
- N. accessorius (XI)
- N. hypoglossus (XII).

Sinnvoller als diese topographische ist jedoch folgende auf Funktion und Aufbau bezogene Einteilung:

- Sinnesnerven (I, II, VIII)
- Augenmuskelnerven (III, IV, VI)
- Viszeralnerven (V, VII, IX, X, XI)
- primärer Spinalnerv (XII).

Merke

Die ersten beiden Hirnnerven, N. olfactorius und N. opticus, sind nicht im eigentlichen Sinne Nerven, sondern vorgezogene Hirnteile.

Die übrigen Hirnnerven bestehen, wie andere periphere Nerven auch, aus afferenten (sensiblen) und efferenten (motorischen) Fasern. Diese lassen sich weiter unterteilen in somatische Fasern (stammen aus bzw. innervieren Haut oder Skelettmuskulatur)

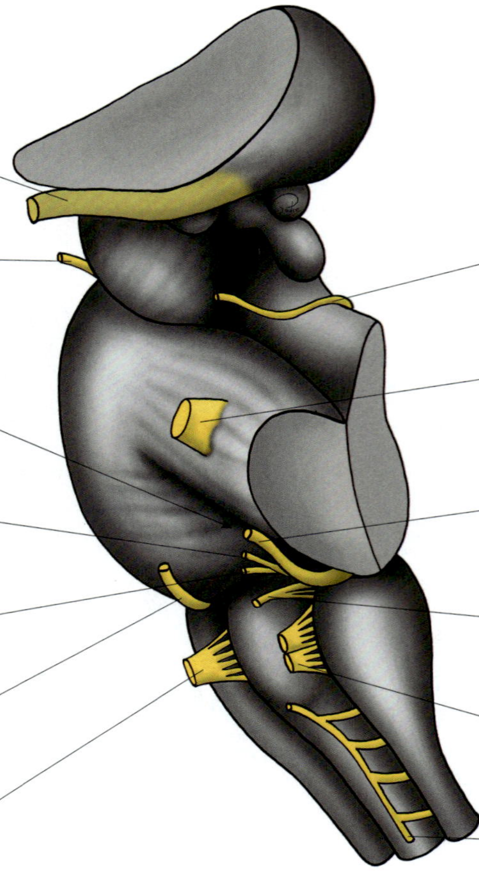

Abb. 3.50 Lateralansicht des Hirnstamms mit Hirnnerven.

und viszerale Fasern (stammen aus bzw. innervieren Schleimhaut, Eingeweide- oder Gesichtsmuskulatur).

Während die efferenten somatischen Fasern einer willkürlichen Steuerung unterliegen, werden die viszeralen efferenten Fasern über den Sympathikus und den Parasympathikus unwillkürlich bzw. autonom gesteuert.

Bei den viszeroefferenten (autonomen) Efferenzen unterscheidet man von den allgemein viszeralen die sog. speziell viszeralen Fasern zur Gesichts- und Schlundmuskulatur: Diese entstammt eigentlich dem Kopfdarm und wird somit durch das viszerale Nervensystem innerviert. Zusätzlich gibt es jedoch eine Willkürinnervation dieser Muskeln, so dass wir die Mimik und das Schlucken willentlich beeinflussen können.

Afferente Fasern werden analog zu den efferenten Fasern eingeteilt in allgemein somatoafferente bzw. allgemein viszeroafferente Fasern und speziell somatoafferente bzw. speziell viszeroafferente Fasern (↗ Tab. 3.21). Die speziell somatoafferenten und die speziell viszeroafferenten Fasern werden auch als sensorische Fasern zusammengefasst. Viszerale Afferenzen gelangen im Gegensatz zu den somatischen meistens nicht in das Bewusstsein.

3.7.2 Hirnnervenkerne

Überblick

Die Hirnnerven besitzen Kerngebiete, die im Tegmentum des gesamten Hirnstamms vom Mesenzephalon bis zur Medulla oblongata angesiedelt sind (↗ Abb. 3.51). Man unterscheidet zwei Arten von Hirnnervenkernen:

- Nuclei (Ncll.) originis (Ursprungskerne)
- Ncll. terminationis (Endkerne).

Die Ncll. originis enthalten die Zellkerne efferenter (motorischer) Neurone. In den Ncll. terminationis liegen die Zellkerne des 2. Neurons einer afferenten Bahn. An diesen Nuclei enden also afferente (sensible) Fasern, die Information von Rezeptoren in der Peripherie transportieren. Die Ncll. originis liegen zentral und werden von den Ncll. terminationis flankiert (↗ Abb. 3.51).

Gliederung

Tabelle 3.22 zeigt eine Einteilung der Hirnnervenkerne nach der Faserqualität der zugehörigen Neurone. Dargestellt sind auch das Innervationsgebiet bzw. die Herkunft der zugehörigen Neurone und die Lokalisation jedes Kerngebiets.

Tab. 3.21 Faserqualitäten von Nerven

Faserqualität	Innervationsgebiet der Faser	Eigenschaften der Faser
somatoefferent (somatomotorisch)	Skelettmuskulatur	willkürlich steuerbar
allgemein somatoafferent (allgemein somatosensibel)	Haut, Schleimhäute an den Körperöffnungen, Muskelspindeln	Die transportierte Information wird je nach Innervationsgebiet bewusst wahrgenommen oder bleibt unbewusst
speziell somatoafferent (speziell somatosensibel)	Netzhaut, Innenohr	Die transportierte Information wird bewusst wahrgenommen
allgemein viszeroefferent (allgemein viszeromotorisch)	glatte Gefäß-, Eingeweide- und Herzmuskulatur, Drüsen	nicht willkürlich steuerbar (autonom)
speziell viszeroefferent (speziell viszeromotorisch)	Gesichts-, Kau-, Kehlkopf-, Schlund- und z. T. Halsmuskulatur	willkürlich steuerbar und autonom
allgemein viszeroafferent (allgemein viszerosensibel)	Eingeweide, Blutgefäße	Die transportierte Information gelangt nicht in das Bewusstsein
speziell viszeroafferent (speziell viszerosensibel)	Riechschleimhaut, Geschmacksknospen	Die transportierte Information wird bewusst wahrgenommen

3.7.3 Sinnesnerven

N. olfactorius (I)

Funktion

Der N. olfactorius ist der Riechnerv.

Verlauf

Der N. olfactorius besteht aus rein sensorischen Nervenfasern. Die marklosen Axone gehören zu primären Sinneszellen in der Riechschleimhaut und ziehen in 15–20 Faserbündeln (**Fila olfactoria**) durch die **Lamina cribrosa** des Siebbeins. Wegen seiner Zusammensetzung aus Faserbündeln wird der N. olfactorius häufig in den Plural gesetzt (Nn. olfactorii). Die Fila olfactoria treten durch die Dura und enden im **Bulbus olfactorius**, einem vorgelagerten Teil des Telenzephalons. Dort werden sie auf das 2. Neuron verschaltet, weswegen man den Bulbus auch als das Kerngebiet (Ncl. terminationis) des I. Hirnnervs bzw. als primäres Riechzentrum bezeichnen kann. Die Axone des 2. Neurons bilden den lang gezogenen **Tractus olfactorius**, der die olfaktorischen Signale an die sekundären Riechzentren in Trigonum olfactorium und der Substantia perforata anterior (beide neben dem Chiasma opticum) weiterleitet. Höhere olfaktorische Zentren befinden sich im Hippocampus (Paläokortex) und im medialen Corpus amygdaloideum, die beide zum limbischen System gehören. Letzteres fungierte ursprünglich als Riechhirn, wurde im Laufe der menschlichen Entwicklungsgeschichte jedoch zum „Gefühlszentrum".

Die olfaktorischen Afferenzen passieren nicht den Thalamus und kreuzen auch nicht zur Gegenseite.

Klinik

Bei Schädelbasisbrüchen mit Verletzung der Lamina cribrosa und der Fila olfactoria kann es zu Riechstörungen im Sinne einer **Hyposmie** (herabgesetztes Riechvermögen) oder **Anosmie** (kompletter Ausfall des Riechvermögens) kommen. Zusätzlich zu Hyp- oder Anosmie leidet der Betroffene unter **Geschmacksstörungen**, da die Fähigkeit, Aromen wahrzunehmen, eingeschränkt ist.

N. opticus (II)

Funktion

Der II. Hirnnerv ist der Sehnerv. Genau genommen handelt es sich nicht um einen peripheren Nerv, sondern um eine Assoziationsbahn, da die Retina, von der der N. opticus seinen Ursprung nimmt, ein vorgelagerter Teil des Dienzephalons ist.

Verlauf (↗ Abb. 9.33)

Der N. opticus enthält die Axone der Ganglienzellen der **Retina**, d. h. des 3. Neurons der Sehbahn (↗ Kap. 3.4.2, Augapfel). Die Axone sind ab der Durchtrittsstelle durch die Sklera (= Austrittsstelle aus dem Augapfel) myelinisiert. Ebenfalls ab hier ist der N. opticus von einer Hülle aus den drei Hirnhäuten umgeben. Der N. opticus verläuft durch die **Augenhöhle** und den **Canalis opticus** zum **Chiasma opticum**. Dort kreuzen die Fasern, die aus der medialen (nasalen) Hälfte der Retina stammen, zur Gegenseite und verlaufen mit den Fasern aus der lateralen (temporalen) Retinahälfte der Gegenseite im **Tractus opticus** zum

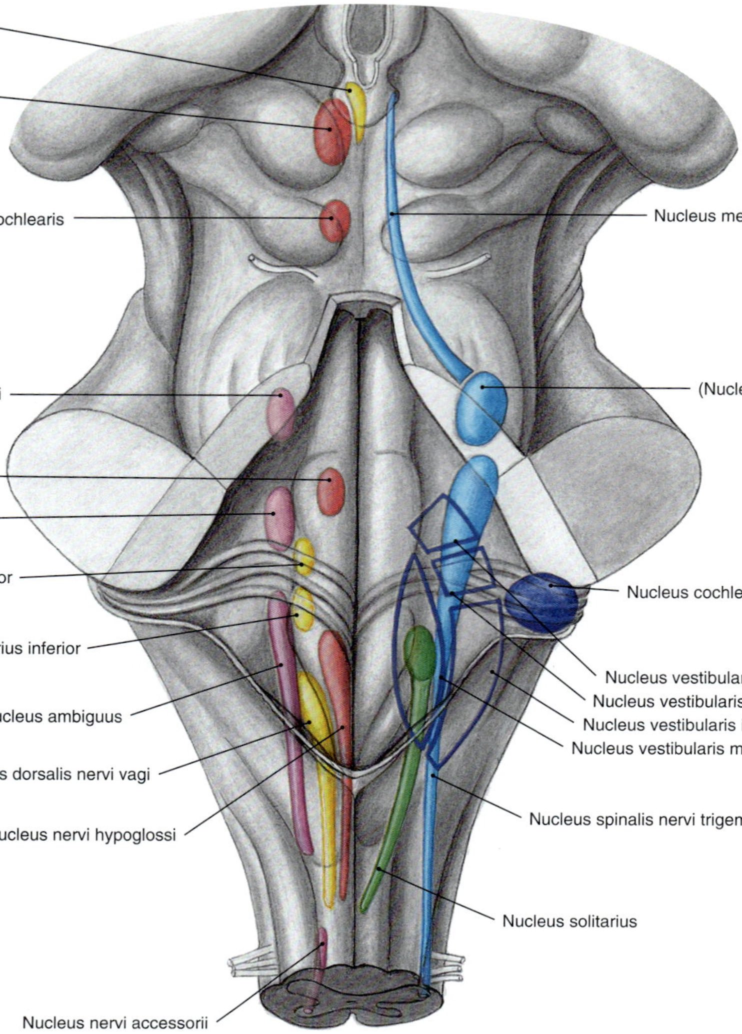

Abb. 3.51 Lokalisation der Hirnnervenkerne in Hirnstamm und oberem Zervikalmark, Dorsalansicht. (Aus [14])
* Klinisch: Nucleus sensorius principalis nervi trigemini.

Corpus geniculatum laterale. Jeder Tractus opticus enthält also die Fasern der ipsilateralen temporalen Retinahälfte und der kontralateralen nasalen Retinahälfte. Vom Corpus geniculatum laterale gelangen die Afferenzen über die **Sehstrahlung** zur **Sehrinde** im Okzipitallappen (↗ Kap. 9.4.1).

Klinik

Die Gesichtsfeldausfälle bei **Schädigungen im Verlauf der Sehbahn** sind in Kapitel 9.4.1 besprochen.

Der N. opticus ist häufig der Ort der Erstmanifestation der **multiplen Sklerose** (MS). Bei der MS werden die Markscheiden zentraler Nervenfasern zerstört, wodurch die Weiterleitung der Signale beeinträchtigt ist. Als Erstsymptom treten häufig Nebelsehen und Schleier vor den Augen auf. Im Verlauf kann es zur Blindheit kommen.

N. vestibulocochlearis (VIII)

Funktion

Der rein sensorische N. vestibulocochlearis ist der Hör- und Gleichgewichtsnerv, über den auditorische Reize sowie Informationen über die Lage des Körpers im Raum und über Körperbewegungen nach zentral weitergeleitet werden. Er besteht aus zwei Anteilen: dem **N. vestibularis** (Gleichgewichtsnerv) und dem **N. cochlearis** (Hörnerv).

Verlauf

- **N. vestibularis:** Der Gleichgewichtsnerv besteht aus den zentralen Fortsätzen der bipolaren Ganglienzellen, deren periphere Fortsätze Synapsen mit den Sinneszellen der Crista ampullares (in den Bogengängen) und der Maculae staticae (in Utriculus bzw. Sacculus) bilden und deren Perikarya im Ganglion vestibulare (im Boden des Meatus acusticus internus) liegen. Er leitet die Informationen

Tab. 3.22 Hirnnervenkerne

Faserqualität der zugehörigen Neurone	Hirnnervenkern(e)	Innervationsgebiet (bei Ncll. originis) bzw. Afferenzen (bei. Ncll. terminationis)	Lokalisation des Kerngebiets
somatoefferent (somatomotorisch)	Ncl. nervi oculomotorii	Augenmuskulatur	medial mesenzephal
	Ncl. nervi trochlearis	Augenmuskulatur	medial mesenzephal
	Ncl. nervi abducentis	Augenmuskulatur	rhombenzephal
	Ncl. nervi hypoglossi	Schlundmuskulatur	myelenzephal paramedian
allgemein viszeroefferent (allgemein viszeromotorisch)	Ncl. accessorius nervi oculomotorii (Ncl. Edinger-Westphal)	M. sphincter pupillae und M. ciliaris	medial mesenzephal (rostralster Kern)
	Ncl. salivatorius superior	Glandula parotidea	rhombenzephal
	Ncl. salivatorius inferior	übrige Speicheldrüsen	myelenzephal
	Ncl. dorsalis nervi vagi	Eingeweide	myelenzephal
speziell viszeroefferent (speziell viszeromotorisch)	Ncl. motorius nervi trigemini	Kaumuskulatur	rhombenzephal
	Ncl. nervi facialis	mimische Muskulatur	rhombenzephal
	Ncl. ambiguus	Schlundmuskulatur	myelenzephal
	Ncl. nervi accessorii	M. trapezius und M. sternocleidomastoideus	Vorderhorn des Zervikalmarks C1–5
viszeroafferent (viszerosensibel)	Ncl. tractus solitarii mit Ncl. gustatorius	in den Nn. craniales VII, IX und X verlaufende allgemein viszeroafferente (sensible) oder speziell viszeroafferente (= Geschmacks-)Fasern	myelenzephal und rhombenzephal (lateral der motorischen Kerngebiete)
somatoafferent (somatosensibel)	Ncl. nervi trigemini (bestehend aus Ncl. mesencephalicus, Ncl. pontinus und Ncl. spinalis nervi trigemini)	im N. trigeminus (V) verlaufende allgemein somatoafferente Fasern (sensible Fasern aus dem Gesicht)	mesenzephal, rhombenzephal, myelenzephal und Zervikalmark (lateral der motorischen Kerngebiete)
	Ncll. vestibulares (superior, medius, inferior, lateralis)	in der der Pars vestibularis des N. vestibulocochlearis (VIII) verlaufende speziell somatoafferente Fasern (Gleichgewichtssinn)	rhombenzephal (am weitesten lateral gelegene Kerngebiete)
	Ncll. cochleares (ventralis, dorsalis)	in der der Pars cochlearis des N. vestibulocochlearis (VIII) verlaufende speziell somatoafferente Fasern (Gehör)	rhombenzephal und myelenzephal (am weitesten lateral gelegene Kerngebiete)

der Gleichgewichtssinneszellen an die vier Vestibulariskerne im Hirnstamm weiter.

- **N. cochlearis:** Der Hörnerv besteht aus den zentralen Fortsätzen der bipolaren Ganglienzellen, deren periphere Fortsätze Synapsen mit den Haarzellen des Corti-Organs bilden und deren Perikarya im Ganglion cochleare (spirale; in der Achse des Schneckenkanals, dem Modiolus cochleae) liegen. Er leitet die akustischen Informationen an die Kochleariskerne im Hirnstamm weiter.

Der N. vestibularis und der N. cochlearis vereinigen sich im **Meatus acusticus internus** des Felsenbeins zum N. vestibulocochlearis, der hier durch die Dura tritt. Durch den Porus acusticus internus gelangt er in die hintere Schädelgrube, um dann kaudolateral des N. facialis im **Kleinhirnbrückenwinkel** in den Hirnstamm einzutreten (↗ Abb. 3.50).

Klinik

Der N. vestibulocochlearis kann in seinem Verlauf im Meatus acusticus internus oder auf dem Weg vom Porus acusticus internus zum Kleinhirnbrückenwinkel geschädigt werden. Dabei wird aufgrund der engen Nachbarschaft häufig auch der N. facialis in Mitleidenschaft gezogen. Bei Schädigung des N. cochlearis kommt es zu **Schwerhörigkeit** bis hin zur **Taubheit.** Aus einer akuten Schädigung des N. vestibularis resultieren **Schwindel, Übelkeit, Nystagmus** (abhängig von der Blickrichtung) und eine **Fallneigung zur erkrankten Seite.** Eine subakute (längere Zeit andauernde) Schädigung des Nervs ruft hingegen meist nur geringe oder keine Symptome hervor, da die Informationen aus dem kontralateralen Vestibularorgan ausreichend sind und das Gehirn „lernt", mit diesen auszukommen.

3.7.4 Augenmuskelnerven

N. oculomotorius (III)

Funktion

Der N. oculomotorius führt somatomotorische Fasern

- zu den meisten quergestreiften (= äußeren) Augenmuskeln. Lediglich den M. obliquus superior und den M. rectus lateralis innerviert er nicht.
- zum M. levator palpebrae superioris (Lidheber).

Darüber hinaus führt der Nerv viszeromotorische, präganglionäre parasympathische Fasern aus dem Ncl. Edinger-Westphal, die den M. sphincter pupillae (Pupillenverengung) und den M. ciliaris (Akkommodation) innervieren.

Verlauf

Der III. Hirnnerv hat seine Kerngebiete im Tegmentum mesencephali und tritt aus der **Fossa interpeduncularis** des Mittelhirns aus. Durch die Dura tritt er am Rand des Dorsum sellae. Anschließend verläuft er in der **Wand des Sinus cavernosus**, um dann durch die **Fissura orbitalis superior** (und den Arcus tendineus) in die Augenhöhle zu ziehen. Dort spaltet er sich auf in einen R. superior und einen R. inferior. Der R. superior innerviert den M. rectus superior und den M. levator palpebrae superioris. Der R. inferior gibt die präganglionären parasympathischen Fasern aus dem Ncl. Edinger-Westphal an das Ganglion ciliare ab, wo die Umschaltung auf die postganglionären Fasern erfolgt, und zieht anschließend zum M. sphincter pupillae und M. ciliaris. Mit seinem Endast innerviert er die Mm. recti medialis und inferior sowie den M. obliquus inferior.

Klinik

Bei einer **Schädigung des N. oculomotorius** treten folgende Symptome auf: Da am betroffenen Auge nur noch der M. rectus lateralis und der M. obliquus superior funktionstüchtig sind, blickt dieses **Auge nach lateral und unten.** Beim Geradeausblick klagt der Patient über **Doppelbilder**, die schräg übereinanderstehen und beim Blick in Richtung der noch funktionstüchtigen Muskeln (nach außen unten) am geringsten ausgeprägt sind. Aufgrund der Lähmung des M. levator palpebrae superioris hängt das Oberlid des betroffenen Auges herunter (**Ptosis**). Die Pupille ist weit gestellt (**Mydriasis**) und der **Pupillenreflex gestört** (Ausfall des M. sphincter pupillae). Aufgrund der Lähmung des M. ciliaris ist die **Nahakkommodation gestört.**

N. trochlearis (IV)

Funktion

Der N. trochlearis führt somatomotorische Fasern zum **M. obliquus superior**. Er verdankt seinen Namen der knorpeligen Trochlea, die dieser Muskel als Hypomochlion benutzt. Der Muskel zieht das Auge nach lateral und unten bei gleichzeitiger Einwärtsrollung.

Verlauf

Der N. trochlearis tritt als einziger Hirnnerv **dorsal aus dem Hirnstamm** aus, und zwar unterhalb der Vierhügelplatte (↗ Abb. 3.50). Er zieht dann um die Crura cerebri herum nach ventral bis zur Sella turcica, wo er durch die Dura tritt, um anschließend durch die **Seitenwand des Sinus cavernosus** und die **Fissura orbitalis superior** in die Augenhöhle zu gelangen.

Der N. trochlearis ist der Hirnnerv mit dem längsten intraduralen Verlauf.

Klinik

Eine **Schädigung des N. trochlearis** kann man an folgenden Symptomen erkennen: Das betroffene **Auge** steht in Zugrichtung der noch funktionstüchtigen Augenmuskeln leicht **nach medial und oben.** Der Bulbus ist durch den Ausfall der innenrotatorischen Wirkkomponente des M. obliquus superior **auswärts gerollt.** Dies ist von außen zwar nicht direkt sichtbar, zeigt sich jedoch indirekt an der kompensatorischen **Schiefhaltung des Kopfes**, die dazu dient, die schräg und verdreht übereinanderstehenden Doppelbilder auszugleichen. Besonders ausgeprägt sind die Doppelbilder beim Blick nach medial unten.

N. abducens (VI)

Funktion

Der VI. Hirnnerv führt somatomotorische Fasern zum **M. rectus lateralis**, der für die Abduktion des Auges zuständig ist.

Verlauf

Der N. abducens tritt zwischen Pons und Pyramide aus dem Hirnstamm aus (↗ Abb. 3.50), läuft auf dem Clivus nach oben und durchstößt die Dura. Anschließend zieht er, der A. carotis interna benachbart, durch den **Sinus cavernosus** und die **Fissura orbitalis superior** in die Augenhöhle.

Der N. abducens ist der Nerv mit dem längsten extraduralen Verlauf.

Klinik

Der N. abducens ist besonders vulnerabel. Dies hat zwei Gründe: Zum einen kann er im Verlauf seines langen Weges entlang der Schädelbasis bei einem Schädelbasisbruch oder einer basalen Hirnhautentzündung geschädigt werden. Zum anderen zieht er als einziger Hirnnerv mitten durch das Lumen des Sinus cavernosus und ist somit bei pathologischen Prozessen in diesem Bereich besonders häufig betroffen. Bei einer **Schädigung** blickt das **Auge nach medial**. Es kommt zu **nebeneinanderstehenden Doppelbildern**, die beim Blick nach lateral (in Wirkungsrichtung des ausgefallenen Muskels) besonders ausgeprägt sind.

3.7.5 Viszeralnerven

N. trigeminus (V)

Funktion

Der N. trigeminus ist ein gemischter Nerv. Er führt allgemein somatoafferente (sensible) und speziell viszeroefferente Fasern. Außerdem enthalten einige Endäste allgemein viszeroefferente (parasympathische) Fasern aus dem Ganglion pterygopalatinum, die für die Tränendrüsensekretion verantwortlich sind.

Die **sensiblen Fasern** (**Portio major** nervi trigemini) leiten Informationen von Rezeptoren aus dem gesamten **Gesicht** sowie der **Mund- und Nasenschleimhaut** und den **Hirnhäuten** nach zentral weiter.

Die speziell viszeroefferenten Fasern (**Portio minor**) innervieren die **Kaumuskulatur**, den **M. mylohyoideus**, den **Venter anterior musculi digastrici**, den **M. tensor veli palatini** und den **M. tensor tympani**.

Verlauf

Der V. Hirnnerv verlässt den Hirnstamm lateral des Pons (↗ Abb. 3.50) und zieht über die Kante der Felsenbeinpyramide nach ventral. Auf der Vorderfläche der Felsenbeinpyramide (am Boden der mittleren Schädelgrube) bildet er das Ganglion trigeminale (Gasseri). Dieses enthält die Perikarya der bipolaren Neurone, deren periphere Fortsätze den größten Teil der Portio major ausmachen, und entspricht somit einem Spinalganglion. Es wird von einer großen Duratasche umschlossen. Direkt hinter dem Ganglion trigeminale teilt sich der N. trigeminus in drei Nerven (daher auch der Name Trigeminus = „Drillingsnerv"; ↗ Abb. 3.52):

- N. ophthalmicus (V1)
- N. maxillaris (V2)
- N. mandibularis (V3).

Klinik

Hinsichtlich des weiteren Verlaufs der drei Trigeminusäste kann man sich zunächst folgende gemeinsame Eigenschaften merken: Alle drei Nerven geben jeweils einen Ast zur sensiblen Innervation der Hirnhäute ab, verlassen den Schädel (durch drei verschiedene Löcher) und gabeln sich schließlich in jeweils drei sensible Äste auf, wobei V3 noch einen motorischen Ast zur Kaumuskulatur abgibt.

N. ophthalmicus (V1)

Funktion

Der N. ophthalmicus führt sensible Fasern aus Orbita und Auge, Stirnhaut (↗ Abb. 3.1), Siebbeinzellen, Keilbeinhöhle und Nasenscheidewand. Diese Fasern gehören zu bipolaren Neuronen, die ihre Perikarya im Ganglion trigeminale haben.

Verlauf

Vom Vorderrand des Ganglion trigeminale verläuft der N. ophthalmicus in der lateralen **Wand des Sinus cavernosus** nach ventral. Er gibt den R. meningeus recurrens (**R. tentorius**) zu den Hirnhäuten ab und zieht dann durch die **Fissura orbitalis superior** in die Augenhöhle, wo er sich aufzweigt in den **N. frontalis**, **N. nasociliaris** und den **N. lacrimalis** (↗ Abb. 3.52).

N. frontalis

Der N. frontalis zieht im Orbitadach nach ventral und zweigt sich in den **N. supraorbitalis** und den **N. supratrochlearis** auf. Der N. supraorbitalis zieht durch das Foramen supraorbitale zur Stirnhaut, der N. supratrochlearis versorgt mediales Oberlid und medialen Augenwinkel.

N. nasociliaris

Der N. nasociliaris zieht zur medialen Orbitawand, gibt verschiedene Äste zur sensiblen Versorgung von Bulbus und Kornea (u.a. zum Ganglion ciliare) sowie die **Nn. ethmoidales posterior** und **anterior** zu Siebbeinzellen, Keilbeinhöhle und Nasenscheidewand ab, um schließlich mit seinem Endast am medialen Augenwinkel aus der Orbita zu treten und Konjunktiva und Nasenrücken sensibel zu versorgen.

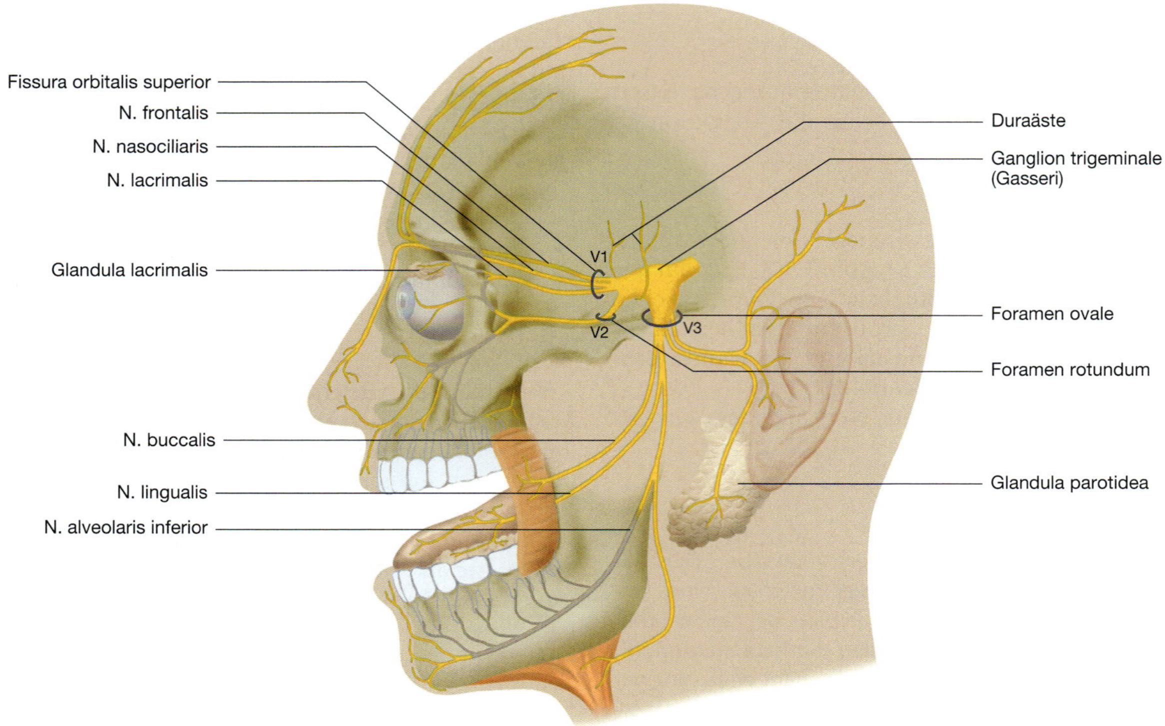

Abb. 3.52 N. trigeminus (V).

N. lacrimalis

Der N. lacrimalis verläuft nach laterokranial zur Tränendrüse. Dabei nimmt er einen **R. communicans** vom N. zygomaticus auf. Mit diesem erhält er postganglionäre parasympathische Fasern aus dem Ganglion pterygopalatinum, die für die Tränendrüse bestimmt sind. Diese vegetativen Fasern gibt er an entsprechender Stelle wieder ab und versorgt schließlich das Hautareal am lateralen Augenwinkel, das laterale Oberlid und die Konjunktiva.

N. maxillaris (V2)

Funktion

Der N. maxillaris führt allgemein somatoafferente Fasern aus

- der Gesichtshaut: Es handelt sich um den Bereich zwischen Auge und Lippen und den vorderen Schläfenbereich (↗ Abb. 3.1).
- der Schleimhaut von Nasenhöhle und Gaumen, knöchernem Oberkiefer und Oberkieferzähnen.

Die zu diesen Axonen gehörigen Perikarya befinden sich im Ganglion trigeminale.

Verlauf

Vom Vorderrand des Ganglion trigeminale verläuft der N. maxillaris in der basolateralen Wand des Sinus cavernosus nach vorn, gibt einen R. meningeus ab, zieht durch das Foramen rotundum in die Fossa pterygopalatina und teilt sich dort in seine drei Endäste auf: Rr. ganglionares, N. zygomaticus und N. infraorbitalis (↗ Abb. 3.53).

Rr. ganglionares

Sie ziehen durch das parasympathische **Ganglion pterygopalatinum** (ohne Verschaltung!) und versorgen die Schleimhaut der Nasenmuscheln und hinteren Siebbeinzellen und mit den **Nn. palatini major** und **minores** die Gaumenschleimhaut.

N. zygomaticus

Der N. zygomaticus zieht nach Aufnahme postganglionärer parasympathischer Fasern aus dem Ganglion pterygopalatinum durch die **Fissura orbitalis inferior** in die Orbita. Dort gibt er die parasympathischen Fasern über den **R. communicans** an den N. lacrimalis ab. Mit diesem gelangen sie zur Tränendrüse und innervieren diese sekretorisch. Der N. zygomaticus durchbohrt das Jochbein und tritt in die **Fossa temporalis**, wo er die Haut des vorderen Schläfenbereichs sensibel versorgt.

N. infraorbitalis

Der N. infraorbitalis zieht durch die **Fissura orbitalis inferior** in die Orbita und tritt am Orbitaboden in den **Canalis infraorbitalis** ein. Er gibt sensible Fasern zum Sinus maxillaris und **Nn. alveolares superiores** zu den Oberkieferzähnen ab. Durch das **Foramen infraorbitale** erreicht er schließlich die Außenseite des Schädels und innerviert dort sensibel das Hautareal zwischen Unterlid und Oberlippe.

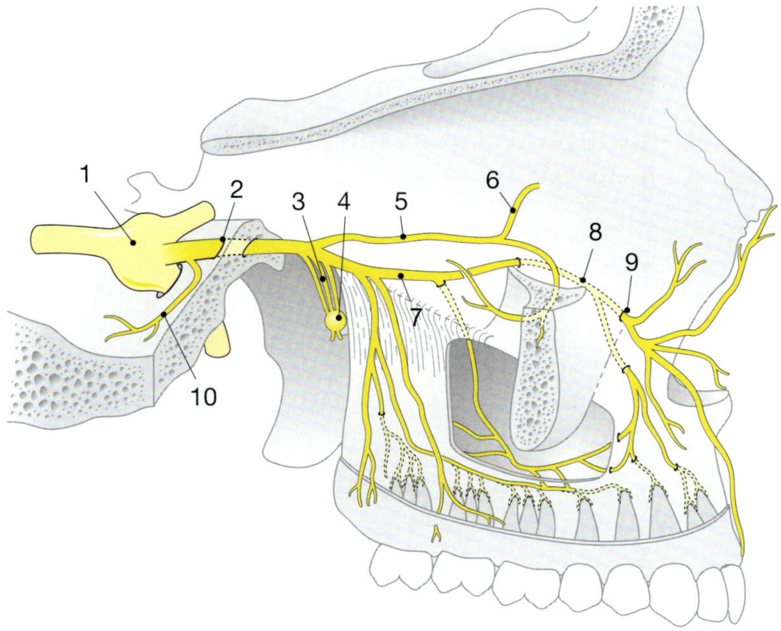

Abb. 3.53 N. maxillaris (V2).
1 Ganglion trigeminale, **2** Foramen rotundum, **3** Rr. ganglionares, **4** Ganglion pterygopalatinum, **5** N. zygomaticus, **6** R. communicans, **7** N. infraorbitalis, **8** Canalis infraorbitalis, **9** Foramen infraorbitale, **10** Fissura orbitalis inferior. (Aus [17])

N. mandibularis (V3)

Funktion

Der N. mandibularis führt allgemein somatoafferente Fasern aus

- der Gesichtshaut, und zwar vom Kinn bis zur Schläfe (↗ Abb. 3.1),
- den vorderen zwei Dritteln der Zunge und des Unterkiefers (Schleimhaut und Zähne).

Die zu diesen Axonen gehörigen Perikarya befinden sich im Ganglion trigeminale.

Somatomotorische Fasern innervieren die gesamte Kaumuskulatur (M. masseter, M. temporalis, Mm. pterygoidei), Muskeln des Mundbodens (M. mylohyoideus, Venter anterior musculi digastrici) und des weichen Gaumens (M. tensor veli palatini) sowie den M. tensor tympani.

Verlauf

Vom Vorderrand des Ganglion trigeminale zieht der N. mandibularis durch das Foramen ovale in die Fossa infratemporalis. Nach Abgabe des R. meningeus, der (mit der A. meningea media zusammen) durch das Foramen spinosum zurück in das Schädelinnere zieht, zweigt sich der Nerv in seine Endäste auf: N. auriculotemporalis, N. buccalis, N. alveolaris inferior und N. lingualis (↗ Abb. 3.54) sowie die motorischen Äste N. massetericus (zum M. masseter), Nn. temporales profundi (zum M. temporalis), N. pterygoideus medialis und N. pterygoideus lateralis (zu den gleichnamigen Muskeln), N. mylohyoideus (zu M. mylohyoideus und Venter anterior musculi digastrici). Zu den motorischen Ästen zählen auch diejenigen zum M. tensor veli palatini und M. tensor tympani.

N. auriculotemporalis

Der N. auriculotemporalis umschlingt mit zwei Wurzeln die A. meningea media und nimmt postganglionäre parasympathische Fasern aus dem Ganglion oticum auf. Dann zieht er nach kranial **durch die Glandula parotidea** hindurch, an die er die parasympathischen Fasern abgibt, und innerviert schließlich sensibel das Hautareal der Schläfe und der vorderen Ohrmuschelfläche (↗ Abb. 3.1).

N. buccalis

Der dünne N. buccalis durchbohrt den M. buccinator und innerviert sensibel Wangenschleimhaut und angrenzendes Zahnfleisch des Unterkiefers im Bereich der Prämolaren und des 1. Molaren.

N. alveolaris inferior

Der N. alveolaris inferior verläuft **zwischen den Mm. pterygoidei** nach kaudal, anschließend durch das **Foramen mandibulae** in den **Canalis mandibulae**, wo er sensible Fasern zu den Zähnen des Unterkiefers und zum Zahnfleisch abgibt. Durch das **Foramen mentale** verlässt er als **N. mentalis** die Mandibula und versorgt sensibel die Haut am Kinn.

N. lingualis

Der N. lingualis nimmt präganglionäre parasympathische Fasern sowie Geschmacksfasern aus der Chorda tympani des N. facialis auf und zieht mit dem N. alveolaris inferior **zwischen den Mm. pterygoidei** zum **Zungengrund**. Dort gibt er die parasympathischen Fasern an das Ganglion submandibulare ab. Er versorgt neben dem Zahnfleisch des Unterkiefers und der Schleimhaut des Mundbodens die vorderen zwei Drittel der Zunge, und zwar mit allgemein so-

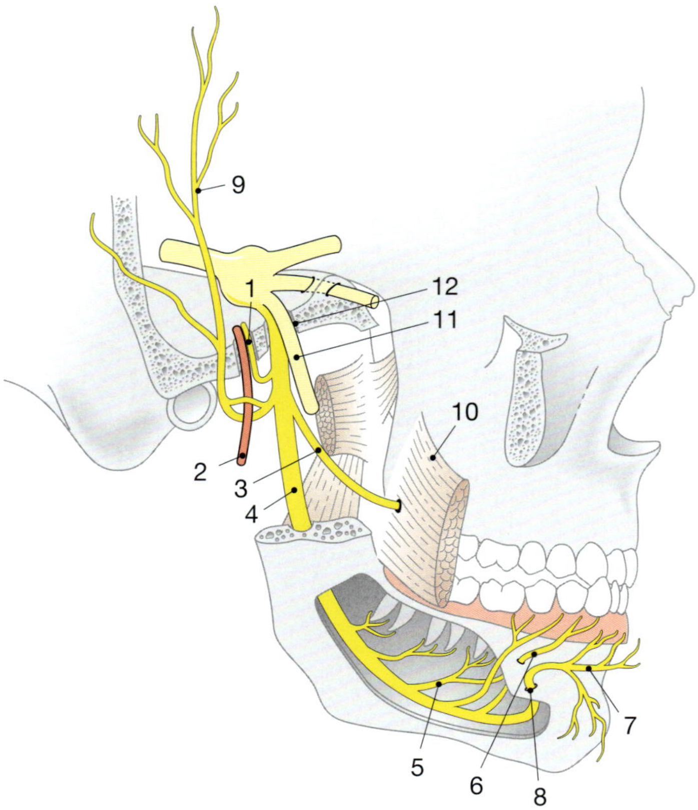

Abb. 3.54 N. mandibularis (V3). **1** R. meningeus, **2** A. meningea media, **3** N. buccalis, **4** N. alveolaris inferior im Canalis mandibulae, **5** und **6** sensible Fasern zu Zähnen und Zahnfleisch, **7** N. mentalis, **8** Foramen mentale, **9** N. auriculotemporalis, **10** M. buccinator, **11** N. lingualis, **12** Foramen ovale. (Aus [17])

matoafferenten (eigenen) Fasern und mit den speziell viszeroafferenten Fasern aus der Chorda tympani (Geschmacksafferenzen).

Zusammenfassung (↗ Tab. 3.23)

Klinik

Bei der **Trigeminusneuralgie** („Tic douloureux") klagt der Patient spontan oder nach Reizung sog. Triggerzonen über blitzartig einschießende, brennende Schmerzen im Innervationsbereich eines Trigeminusastes, die Sekunden bis Minuten anhalten. Gleichzeitig kontrahiert die mimische Muskulatur in dem betroffenen Areal. Anschließend kommt es zu vegetativen Reizerscheinungen wie Hautrötung und Sekretion der Tränen-, Nasen- oder Speicheldrüsen. Ursächlich werden neben abnormen Nebenschlüssen im peripheren Nerv (sog. Ephapsen) arteriosklerotisch elongierte, ektatische, den Nerv komprimierende Hirnbasisarterien (A. cerebelli superior) angeschuldigt. Wie bei erhöhtem Hirndruck, Meningitis und eitriger Entzündung der Nasennebenhöhlen ist auch bei der Trigeminusneuralgie eine Schmerzempfindlichkeit der Trigeminusdruckpunkte (Foramina supra- und infraorbitale, Foramen mentale) zu beobachten. Deswegen gehört der Daumendruck auf diese Nervenaustrittspunkte zu jeder neurologischen Untersuchung.

Während ein kompletter Ausfall des N. trigeminus extrem selten ist, kann es z. B. durch eine fehlerhafte Lokalanästhesie des Zahnarztes zur Schädigung einzelner Äste kommen. Dann resultiert ein Sensibilitätsausfall im Innervationsgebiet des betroffenen Astes. Eine Verletzung der motorischen Trigeminusanteile führt zu Schwäche der Kaumuskulatur. Bei Kieferöffnung weicht der Unterkiefer zur betroffenen Seite ab, weil der M. pterygoideus lateralis der gesunden Seite den Unterkiefer nach medial, d. h. zur betroffenen Seite hin zieht.

N. facialis (VII)

Funktion

Der N. facialis besteht aus zwei Anteilen, dem eigentlichen Fazialisnerv und dem dünneren N. intermedius.

Der **Fazialisnerv** führt speziell viszeroefferente Fasern und innerviert die gesamte **mimische Muskulatur**, den **M. stapedius** und den **Venter posterior musculi digastrici**.

Der **N. intermedius** führt speziell viszeroafferente Fasern – **Geschmacksfasern – aus den vorderen zwei Dritteln der Zunge** und (wahrscheinlich) allgemein somatoafferente Fasern aus der Paukenhöhle und der Ohrtrompete. Außerdem führt er viszeroefferente parasympathische Fasern, die zu **Glandulae sublingualis**, **submandibularis** und **lacrimalis** ziehen.

Tab. 3.23 Verzweigung des N. trigeminus mit Verlauf, Innervationsgebiet und Faserqualität der Äste

Äste und Verlauf		Innervationsgebiet, aufgeschlüsselt nach Faserqualität	
		sensibel	**motorisch**
N. ophthalmicus (V1) Sinus-cavernosus-Wand ↓ Fissura orbitalis superior ↓ Orbita	**N. frontalis** ↓ Foramen supraorbitale (als N. supraorbitalis)	Stirn, mediales Oberlid, medialer Augenwinkel	–
	N. nasociliaris	Augapfel (Kornea), Schleimhaut von Siebbeinzellen, Keilbeinhöhle und Nasenscheidewand, medialer Augenwinkel	–
	N. lacrimalis	laterales Oberlid, lateraler Augenwinkel	Glandula lacrimalis (postganglionäre parasympathische Fasern; die präganglionären Fasern stammen aus VII)
N. maxillaris (V2) Sinus-cavernosus-Wand ↓ Foramen rotundum ↓ Fossa pterygopalatina	**Rr. ganglionares**	Schleimhaut von Nasenmuscheln, hinteren Siebbeinzellen und Gaumen	–
	N. zygomaticus Fissura orbitalis inf. ↓ Fossa temporalis	Schläfenhaut	Glandula lacrimalis (postganglionäre parasympathische Fasern; die präganglionären Fasern stammen aus VII)
	N. infraorbitalis Fissura orbitalis inf. ↓ Canalis infraorbitalis ↓ Foramen infraorbitale	Haut zwischen Unterlid und Oberlippe, Schleimhaut des Sinus maxillaris, Oberkieferzähne	–
N. mandibularis (V3) Sinus-cavernosus-Wand ↓ Foramen ovale ↓ Fossa infratemporalis	**N. auriculotemporalis**	Schläfenhaut	Glandula parotidea (postganglionäre parasympathische Fasern; die präganglionären Fasern stammen aus IX)
	N. buccalis	Wangenschleimhaut, angrenzendes Zahnfleisch des Unterkiefers	–
	N. alveolaris inferior Foramen mandibulae ↓ Canalis mandibulae ↓ Foramen mentale	Kinnhaut, Zähne und Zahnfleisch des Unterkiefers	–
	N. lingualis	vordere 2/3 der Zunge sensibel und speziell viszeroafferent (die Geschmacksfasern stammen aus VII)	Glandula submandibularis und Glandula sublingualis (präganglionäre parasympathische Fasern, stammen aus VII)
	motorische Äste	–	M. masseter M. temporalis Mm. pterygoidei M. mylohyoideus Venter anterior musculi digastrici M. tensor veli palatini M. tensor tympani

Verlauf

Der eigentliche N. facialis und der N. intermedius entspringen separat im **Kleinhirnbrückenwinkel** (↗ Abb. 3.50) aus dem Hirnstamm und ziehen gemeinsam mit dem N. vestibulocochlearis durch den **Porus acusticus internus** in den **Meatus acusticus internus**.

Klinik

Im Kleinhirnbrückenwinkel kann aus den Schwann-Zellen des N. vestibulocochlearis ein **Akustikusneurinom** entstehen. Erstsymptom dieses gutartigen Tumors kann wegen der topographischen Beziehungen zum N. facialis eine Fazialisparese sein.

Erst im Meatus acusticus internus erfolgt der Duradurchtritt. Anschließend treten die beiden Anteile des N. facialis in den **Canalis facialis** ein und vereinigen sich hier zu einem gemeinsamen Nervenstamm (N. intermediofacialis), der zunächst in lateral-anteriorer Richtung, dann nach einer rechtwinkligen Kurve in lateral-posteriorer Richtung durch das Felsenbein verläuft.

Merke

Die rechtwinklige Kurve wird als **äußeres Fazialisknie** (Geniculum nervi facialis) bezeichnet. Hier liegt das **Ganglion geniculi**, das die Perikarya der Geschmacksfasern (und wahrscheinlich auch sensibler Fasern aus der Paukenhöhlen- und der Ohrtrompetenschleimhaut) enthält. Das **innere Fazialisknie** (Fazialishöcker) befindet sich am Boden der Rautengrube und wird durch Fasern des N. facialis gebildet, die um den Ncl. nervi abducentis herum verlaufen.

Verlauf der im Canalis facialis abzweigenden Äste (↗ Abb. 3.55)

Während des Verlaufs durch den Canalis facialis verlässt als 1. Ast der **N. petrosus major**, die erste „Intermediusportion", in Höhe des Ganglion geniculi den Nervenstamm. Er führt präganglionäre parasympathische Fasern, die die Tränendrüsensekretion stimulieren, sowie Geschmacksfasern für die Gaumenschleimhaut. Er zieht zunächst durch den **Hiatus canalis nervi petrosi majoris**, dann über das **Foramen lacerum**, in dem er sich mit dem N. petrosus profundus zum **N. canalis pterygoidei** vereinigt. Dieser gelangt durch den **Canalis pterygoideus** in die **Fossa pterygopalatina** (↗ Abb. 3.29). Dort erreichen die präganglionären parasympathischen Fasern das **Ganglion pterygopalatinum**, wo die Umschaltung auf postganglionäre parasympathische Fasern erfolgt. Diese gelangen mit dem N. zygomaticus (aus V2) und dem N. lacrimalis (aus V1) zur Tränendrüse.

Als 2. Ast verlässt der motorische **N. stapedius** im unteren Teil des Canalis facialis den Nervenstamm und zieht in die Paukenhöhle zum M. stapedius.

Kurz vor dem Ende des Canalis facialis verlässt die **Chorda tympani**, die zweite und letzte „Intermediusportion", den Nervenstamm. Sie führt präganglionäre parasympathische Fasern für die Glandulae sublingualis und submandibularis sowie Geschmacksfasern für die vorderen zwei Drittel der Zunge. Sie zieht retrograd durch einen eigenen Knochenkanal in die **Paukenhöhle**, die sie zwischen Hammer und Ambossstiel passiert. Durch die **Fissura sphenopetrosa** (oder die Fissura petrotympanica) gelangt sie in die **Fossa infratemporalis** an der Außenseite der Schädelbasis. Dort schließt sie sich dem **N. lingualis** (aus V3) an. Mit diesem gelangen die **präganglionären parasympathischen Fasern** zum **Ganglion submandibulare**, wo die Umschaltung auf postganglionäre Fasern erfolgt. Die **Geschmacksfasern** ziehen mit dem N. lingualis weiter zu den **vorderen zwei Dritteln der Zunge**.

Verlauf des N. facialis nach Abgang der Intermediusanteile (↗ Abb. 3.55)

Der N. facialis verlässt den Schädel durch das **Foramen stylomastoideum** und zieht zur **Glandula parotidea**. Er gibt den N. auricularis posterior (zu den Ohrmuskeln und zum Venter occipitalis des M. occipitofrontalis) sowie Äste an den Venter posterior musculi digastrici und den M. stylohyoideus ab. Dann tritt er von retromandibulär in die Glandula parotidea ein, um sich im **Plexus intraparotideus** in seine Endäste zur mimischen Muskulatur (einschließlich Platysma) zu verzweigen: Rr. temporales, Rr. zygomatici, Rr. buccales, R. marginalis mandibularis und R. colli. Des Weiteren gibt er noch einige somatoafferente Fasern aus dem sensiblen Trigeminuskern zur Innervation eines kleinen Hautareals an der Ohrmuschel ab.

Merke

Der N. facialis zieht zwar in die Glandula parotidea und verzweigt sich in ihr, er innerviert sie jedoch nicht. Die Parotissekretion wird über parasympathische Fasern gesteuert. Die präganglionären parasympathischen Fasern verlaufen im N. glossopharyngeus, die postganglionären Fasern ziehen vom Ganglion oticum mit dem N. auriculotemporalis (aus V3) zur Glandula parotidea (↗ Tab. 3.23).

Zusammenfassung (↗ Tab. 3.24)

Klinik

Eine Schädigung des N. facialis (**Fazialisparese**) kann vielfältige Ursachen haben: Hirnhautentzündung, Borreliose, Zoster oticus, Schädelbasisbruch, Mittelohrentzündung, Hirnstammtumor, bösartiger Parotistumor (gutartige Parotistumoren verursachen keine Lähmung!). Am häufigsten ist jedoch die sog. idiopathische (ätiologisch ungeklärte) Fazialisparese.

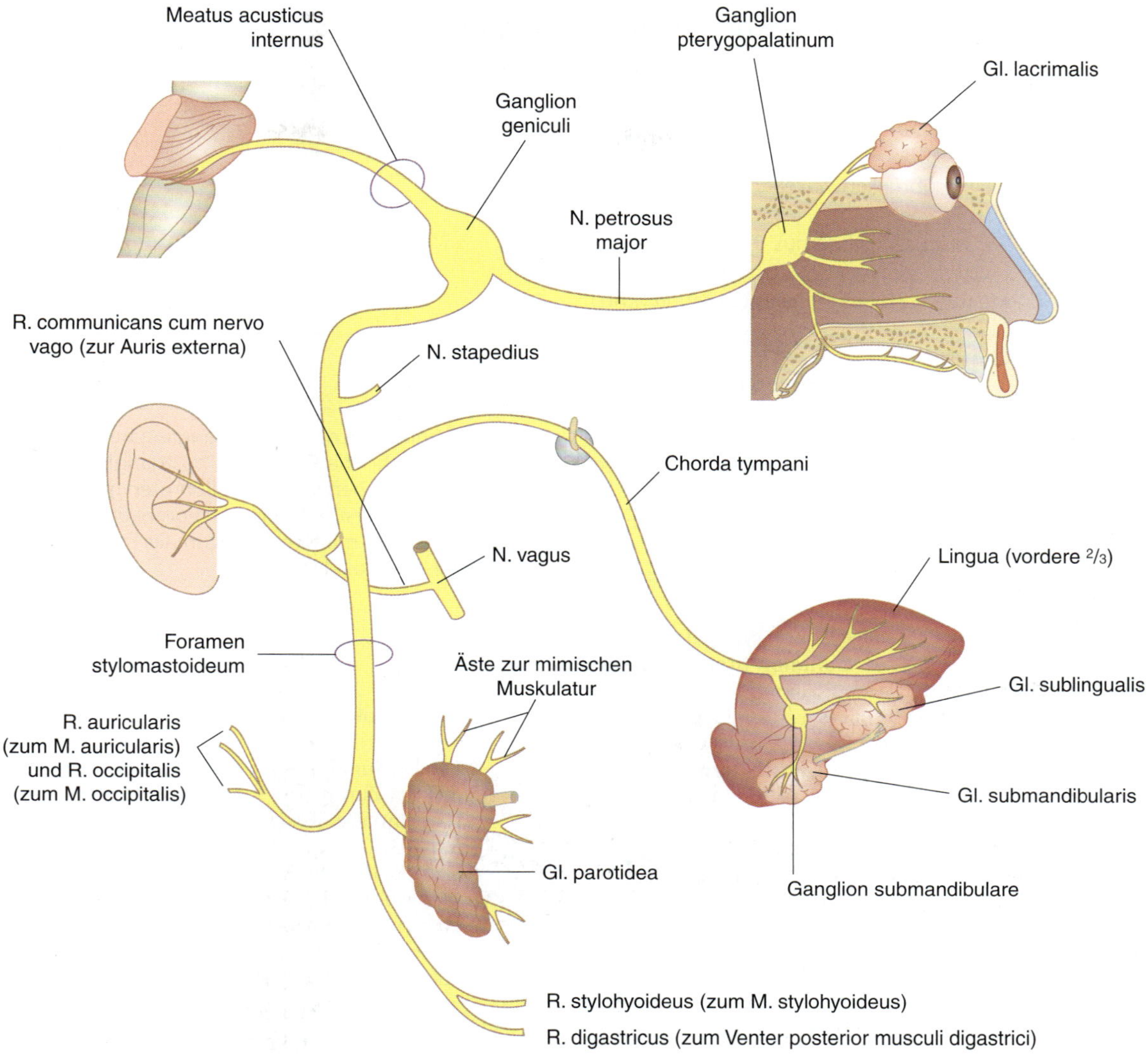

Abb. 3.55 N. facialis (VII). (Aus [9])

Die Lokalisation der Schädigung lässt sich aus den Symptomen ableiten:

- Parotis: schlaffe Lähmung der gleichseitigen mimischen Muskulatur (Mundwinkel hängt herab, Nasolabialfalte und Stirnfalten sind verstrichen, Augenbrennen aufgrund von Austrocknung der Horn- und Bindehaut bei mangelndem Lidschluss)
- Canalis facialis vor Abgang der Chorda tympani: zusätzlich gleichseitiger Verlust der Geschmacksempfindung in den vorderen zwei Dritteln der Zunge und Mundtrockenheit
- Canalis facialis vor Abgang des M. stapedius: zusätzlich Hyperakusis (Schallüberempfindlichkeit) durch Ausfall des M. stapedius auf der betroffenen Seite
- Canalis facialis vor Abgang des N. petrosus major: zusätzlich Ausfall der gleichseitigen Tränensekretion (Augenbrennen durch Austrocknung der Horn- und Bindehaut)
- Meatus acusticus internus: meist zusätzlich gleichseitige Hör- und Gleichgewichtsstörungen, da in der Regel auch der N. vestibulocochlearis geschädigt ist
- Läsion weiter zentral (zentrale Fazialisparese): Lähmung der mimischen Muskulatur der Gegenseite, da die kortikonukleären Fasern zur Gegenseite kreuzen. Bei Läsionen des Motorkortex oder der kortikonukleären Bahnen sind Lidschluss und Stirnmuskulatur nicht betroffen, da das Kerngebiet des Stirnastes vom gleich- und vom gegenseitigen Kortex innerviert wird. Fordert man also den Patienten auf, die Stirn zu runzeln, ist dies bei der zentralen Fazialisparese möglich, bei der peripheren Fazialisparese (Läsion des Hirnnervenkerns oder des peripheren Nervs) jedoch nicht.

Bei Mittelohrentzündungen kann man einen isolierten Ausfall der Chorda tympani beobachten. Dann treten Mundtrockenheit und ein Ausfall der Geschmacksempfindung auf, die mimische Muskulatur ist jedoch funktionsfähig.

Tab. 3.24 Äste des N. facialis mit Verlauf und Innervationsgebiet

Äste und Verlauf		Innervationsgebiet
N. facialis	**N. intermedius**	
Kleinhirnbrückenwinkel ↓ Porus acusticus internus ↓ Meatus acusticus internus (Duradurchtritt) ↓ Canalis facialis	 **Ganglion geniculi**	
	→ **N. petrosus major** Hiatus canalis n. petrosi majoris ↓ Foramen lacerum (kein Durchtritt) ↓ Canalis pterygoideus ↓ Fossa pterygopalatina **Ganglion pterygopalatinum**	Glandula lacrimalis (präganglionäre parasympathische Fasern; die postganglionären Fasern ziehen vom Ganglion pterygopalatinum zuerst mit dem N. zygomaticus [aus V2], dann mit dem N. lacrimalis [aus V1] zur Glandula lacrimalis)
→ **N. stapedius**		M. stapedius
	→ **Chorda tympani** Cavitas tympani ↓ Fissura sphenopetrosa (oder Fissura petrotympanica) ↓ Fossa infratemporalis	Papillae fungiformes und foliatae der vorderen 2/3 der Zunge (die speziell viszeroafferenten [Geschmacks-]Fasern verlaufen im N. lingualis [aus V3]), Glandulae submandibularis und sublingualis (präganglionäre parasympathische Fasern, ziehen mit dem N. lingualis [aus V3] zum Ganglion submandibulare, dort Umschaltung auf postganglionäre Fasern)
↓ Foramen stylomastoideum		
→ **R. auricularis posterior**		M. auricularis Venter occipitalis musculi occipitofrontalis
→ **R. digastricus**		Venter posterior musculi digastrici
→ **R. stylohyoideus**		M. stylohyoideus
↓ **Plexus intraparotideus**		
→ **Rr. temporales**		mimische Muskulatur von Stirn, Schläfe, Augenlidern
→ **Rr. zygomatici**		mimische Muskulatur an Jochbogen und Unterlidern
→ **Rr. buccales**		Wangenmuskeln, Muskeln um Mund und Nasenlöcher
→ **R. marginalis mandibularis**		Muskeln der Unterlippe und des Kinns
→ **R. colli**		Platysma

N. glossopharyngeus (IX)

Funktion

Der N. glossopharyngeus führt Fasern folgender Qualitäten:

- **speziell viszeroefferente Fasern** (Ncl. originis [↗ Kap. 3.7.2]: Ncl. ambiguus), die mit ebensolchen Fasern aus dem N. vagus und der Radix cranialis des N. accessorius die **Schlundmuskulatur** (M. stylopharyngeus, M. constrictor pharyngis) und mit Fasern aus dem N. vagus den **M. levator veli palatini** innervieren. Der N. glossopharyngeus spielt also eine wichtige Rolle beim Schluckvorgang (Verschluss von Epipharynx gegen Mesopharynx) und bei der Sprachproduktion.
- **allgemein somatoafferente Fasern** aus dem **hinteren Zungendrittel** (Ncl. terminationis [↗ Kap. 3.7.2]: Ncl. spinalis nervi trigemini) und **speziell viszeroafferente (Geschmacks-)Fasern** aus den Papillae vallatae des **hinteren Zungendrittels** (Ncl. terminationis: Ncl. tractus solitarii)
- **allgemein viszeroefferente Fasern**, die die **Glandula parotidea** innervieren (Ncl. originis: Ncl. salivatorius inferior)
- **allgemein viszeroafferente Fasern**, die Pressorezeptoren (Blutdruckmessung) im **Sinus caroticus** und Chemorezeptoren (CO_2- und O_2-Messung) im **Glomus caroticum** innervieren (Ncl. terminationis: Ncl. tractus solitarii). Die Chemorezeptoren spielen eine bedeutende Rolle in der zentralen Atem- und Kreislaufregulation.

Merke

Aus dem Namen „Glossopharyngeus" kann man die beiden Hauptinnervationsgebiete des IX. Hirnnervs ableiten: glosso = Zunge (Geschmack/Sensibilität im hinteren Zungendrittel) und Pharynx = Schlund (Muskulatur/Sensibilität).

Verlauf

Der IX. Hirnnerv entspringt dorsal der Olive im **Sulcus posterolateralis** aus dem Hirnstamm (↗ Abb. 3.50) und zieht durch das **Foramen jugulare** an die Außenseite der Schädelbasis. Während des Durchtritts durch das Foramen jugulare bildet der Nerv das sensible **Ganglion superius** und darunter in der Fossa petrosa das größere, ebenfalls sensible **Ganglion inferius** (↗ Abb. 3.56).

Unterhalb des Ganglion inferius zweigt als 1. Ast der **N. tympanicus** ab (↗ Abb. 3.56). Dieser enthält Fasern für die sensible Innervation von Paukenhöhlenwand und Ohrtrompete sowie präganglionäre

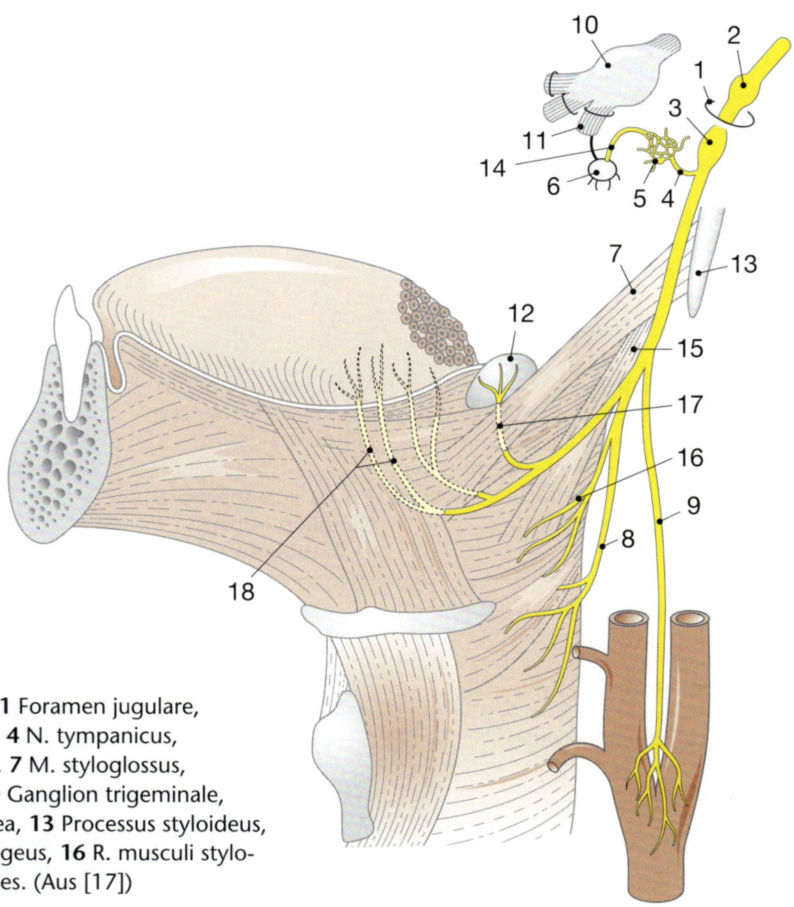

Abb. 3.56 N. glossopharyngeus (IX). **1** Foramen jugulare, **2** Ganglion superius, **3** Ganglion inferius, **4** N. tympanicus, **5** Plexus tympanicus, **6** Ganglion oticum, **7** M. styloglossus, **8** Rr. pharyngeales, **9** R. sinus carotici, **10** Ganglion trigeminale, **11** N. mandibularis, **12** Tonsilla pharyngea, **13** Processus styloideus, **14** N. petrosus minor, **15** M. stylopharyngeus, **16** R. musculi stylopharyngei, **17** R. tonsillaris, **18** Rr. linguales. (Aus [17])

parasympathische Fasern für die Parotissekretion. Er zieht durch den **Canaliculus tympanicus** in die Paukenhöhle und bildet in der Schleimhaut der medialen Paukenhöhlenwand mit postganglionären sympathischen Fasern den **Plexus tympanicus**. Die sympathischen Fasern stammen aus dem Plexus caroticus internus und verlaufen in den Nn. caroticotympanici. Aus dem Plexus tympanicus gehen folgende Äste hervor:

- **N. petrosus minor:** führt präganglionäre parasympathische Fasern. Er zieht durch den Hiatus nervi petrosi minoris und die **Fissura sphenopetrosa** (oder das Foramen lacerum) zum **Ganglion oticum**. Dort erfolgt die Umschaltung auf die postganglionären parasympathischen Fasern, die mit einem R. communicans zum **N. auriculotemporalis** (aus V3) und mit diesem zur **Glandula parotidea** gelangen.
- **R. tubarius:** innerviert sensibel die Schleimhaut der Tuba auditiva.

Der Stamm des N. glossopharyngeus zieht bogenförmig zwischen dem M. stylopharyngeus, den er innerviert, und dem M. styloglossus hindurch zur Zungenwurzel. Auf dem Weg dorthin gibt er folgende (größtenteils in Abb. 3.56 dargestellte) Äste ab bzw. nimmt sie auf:

- **R. communicans cum ramo auriculari nervi vagi:** Verbindung zwischen Ganglion inferius und R. auricularis nervi vagi
- **R. sinus carotici:** führt Afferenzen aus dem Sinus caroticus und dem Glomus caroticum, unterhält Verbindungen zum sympathischen Ganglion cervicale superius und zum N. vagus
- **Rr. pharyngeales:** führen afferente und efferente Fasern aus dem bzw. zum Rachen und bilden mit sympathischen Fasern und Fasern des N. vagus den **Plexus pharyngeus**
- **R. musculi stylopharyngei** zum M. stylopharyngeus
- **Rr. tonsillares:** führen sensible Fasern aus der Schleimhaut im Bereich der Gaumenmandel
- **Rr. linguales** (Endäste): führen die Geschmacksfasern aus den Papillae vallatae.

Zusammenfassung (↗ Tab. 3.25)

Klinik

Eine isolierte **Schädigung des N. glossopharyngeus** ist selten. Zumeist sind der N. vagus und der N. accessorius mitbetroffen, da die drei Nerven gemeinsam durch das Foramen jugulare ziehen und an dieser Stelle durch Schädelbasisbrüche oder Tumoren geschädigt werden können. Symptome einer Schädigung des N. glossopharyngeus sind eine herabgesetzte Berührungsempfindung im oberen Rachenbereich und ein Ausfall der Geschmacksempfindung im hinteren Zungendrittel – d. h. vor allem der Geschmacksqualität bitter – auf der betroffenen Seite. Die Sprache ist

Tab. 3.25 Äste des N. glossopharyngeus mit Verlauf und Innervationsgebiet

Äste des N. glossopharyngeus mit Verlauf		Innervationsgebiet
N. tympanicus Ursprung unterhalb des Ganglion inferius in Fossa petrosa ↓ Canalicus tympanicus ↓		Schleimhaut der Paukenhöhle
Plexus tympanicus (gemeinsam mit Nn. caroticotympanici, die vom Plexus caroticus internus [innerviert A. carotis interna, im Canalis caroticus] über Canaliculi tympanici in die Paukenhöhle ziehen)	→ **N. petrosus minor** Hiatus und Sinus nervi petrosi minoris ↓ Fissura sphenopetrosa **Ganglion oticum**	Glandula parotidea (präganglionäre parasympathische Fasern; die postganglionären Fasern ziehen vom Ganglion oticum im N. auriculotemporalis [aus V3] zur Glandula parotidea)
	→ **R. tubarius**	Schleimhaut der Tuba auditiva
R. sinus carotici		Rezeptoren im Sinus caroticus und Glomus caroticum (Kreislauf- und Atemregulation)
Rr. pharyngeales		Schlundmuskulatur
R. musculi stylopharyngei		M. stylopharyngeus
Rr. tonsillares		Schleimhaut im Bereich der Gaumenmandel
Rr. linguales		Papillae vallatae (Geschmack im hinteren Zungendrittel)

näselnd. Beim Trinken läuft dem Patienten die Flüssigkeit aus der Nase. Bei der klinischen Untersuchung ist der Würgreflex nicht auslösbar, und das Gaumenzäpfchen weicht beim „A-Sagen" zur gesunden Seite ab.

N. vagus (X)

Funktion

Aus dem Namen Vagus, „der Herumschweifende", wird bereits das riesige Innervationsgebiet des X. Hirnnervs deutlich, das bis hinab in den Bauchraum reicht. Er führt Fasern folgender Qualitäten:

- **speziell viszeroefferente Fasern** (Ncl. originis [↗ Kap. 3.7.2]: Ncl. ambiguus), die die **Kehlkopfmuskulatur** und, gemeinsam mit Fasern des N. glossopharyngeus und der Radix cranialis nervi accessorii, die **Schlundmuskulatur** innervieren
- **allgemein somatoafferente Fasern** aus dem **Kehlkopf**, einem Teil der Ohrmuschel sowie Boden und Hinterwand des äußeren Gehörgangs (Ncl. terminationis [↗ Kap. 3.7.2]: Ncl. spinalis nervi trigemini)
- **speziell viszeroafferente Fasern**, die **Geschmacksknospen** im Bereich von Pharynx und Epiglottis innervieren (Ncl. terminationis: Ncl. tractus solitarii)
- **allgemein viszeroafferente Fasern**, die die **Eingeweide** vom Hals bis zur linken Kolonflexur (Cannon-Böhm-Punkt) innervieren (Ncl. terminationis: Ncl. tractus solitarii). Sie entspringen z. B. an Dehnungsrezeptoren der Lunge (**Atemregulation**), des Herzens und des Aortenbogens (**Wandspannung**).
- **allgemein viszeroefferente** (parasympathische) **Fasern**, die die glatte Muskulatur und Drüsen der **Eingeweide** vom Hals bis zur linken Kolonflexur innervieren (Ncl. originis: Ncl. dorsalis nervi vagi). Der N. vagus ist damit die größte efferente Leitungsbahn des Parasympathikus mit folgenden Effekten:
  - Verlangsamung der Herzfrequenz und der Vorhof-Kammer-Überleitungszeit (keine Beeinflussung der Kontraktilität!)
  - Bronchokonstriktion und Stimulation der Sekretion der Bronchialdrüsen
  - Steigerung der Peristaltik und der Drüsensekretion im Gastrointestinaltrakt.

Verlauf

Der N. vagus verlässt die Medulla oblongata dorsal des Pons und kaudal des IX. Hirnnervs im **Sulcus posterolateralis** (↗ Abb. 3.50) und den Schädel durch das **Foramen jugulare**. Beim Durchtritt durch das Foramen jugulare bildet er wie der N. glossopharyngeus zwei Ganglien: das kleinere somatosensible **Ganglion superius** und darunter das viszerosensible **Ganglion inferius**.

Um den Verlauf des N. vagus übersichtlich darzustellen, bietet es sich an, den Nerv in einen Kopf-, einen Hals-, einen Brust- und einen Bauchabschnitt zu untergliedern.

Kopfabschnitt

Noch vor Erreichen des Ganglion superius gibt der N. vagus einen kleinen **R. meningeus** zur sensiblen Innervation der Hirnhaut im Bereich der hinteren Schädelgrube ab (↗ Abb. 3.57).

Im Bereich des Ganglion superius gibt er den **R. auricularis** ab. Dieser zieht durch den **Canaliculus mastoideus** und die **Fissura tympanomastoidea** zum äußeren Gehörgang und zur vorderen Ohrmuschel.

Halsabschnitt

Nach Verlassen des Schädels zieht der N. vagus im **Gefäßnervenstrang** mit der A. carotis interna (weiter kaudal mit der A. carotis communis) und der V. jugularis interna nach kaudal. Auf seinem Weg zur oberen Thoraxapertur gibt er mehrere Äste ab:

- **R. pharyngeus:** Er führt sensible und motorische Fasern. Letztere stammen aus der Radix cranialis nervi accessorii, die im N. vagus aufgeht (↗ Abb. 3.57). Sensible und motorische Fasern bilden gemeinsam mit Fasern des N. glossopharyngeus und sympathischen Fasern den **Plexus pharyngeus** zur Innervation der Schleimhaut und der Muskulatur des Rachens.
- **N. laryngeus superior:** führt sensible und motorische Fasern. Er verlässt den Nervenstamm am Ganglion inferius und zieht zwischen A. carotis interna und Pharynxwand zum Kehlkopf. Dort zweigt er sich auf in einen motorischen **R. externus**, der den **M. cricothyroideus** innerviert, und einen **R. internus**, der die **Schleimhaut des Kehlkopfes oberhalb der Stimmritze** innerviert. Der N. laryngeus superior ist mit dem N. laryngeus inferior (↗ unten) durch einen R. communicans verbunden.
- **Rr. cardiaci cervicales superiores und inferiores:** präganglionäre parasympathische Fasern, die zu **Plexus cardiacus** und den **Ganglia cardiaca** ziehen. Dort werden sie auf postganglionäre Fasern umgeschaltet, die die Herzvorhöfe bis zum AV-Knoten (nicht die Herzkammern!) versorgen. Dabei innervieren Fasern aus dem rechten N. vagus den Sinusknoten, Fasern aus dem linken N. vagus den AV-Knoten.
- **N. laryngeus recurrens:** führt sensible und motorische Fasern. Er verlässt den N. vagus beim Eintritt in die obere Thoraxapertur, tritt von vorn an den Aortenbogen (links) bzw. die A. subclavia (rechts) heran, zieht um das Gefäß herum nach hinten und zwischen Trachea und Ösophagus nach oben zum Kehlkopf zurück. Dort innerviert sein Endast, der **N. laryngeus inferior**, die **Schleimhaut unterhalb der Stimmlippen** sowie sämtliche **Kehlkopfmuskeln mit Ausnahme des M. cricothyroideus**.

Brustabschnitt

Der N. vagus tritt rechts zwischen A. subclavia und V. brachiocephalica, links zwischen Aortenbogen und V. brachiocephalica durch die obere Thoraxapertur und zieht im hinteren Mediastinum paraösophageal hinter dem Lungenhilus vorbei in Richtung Zwerchfell. Die beiden Nn. vagi bilden zusammen den **Plexus oesophageus**. Kurz vor dem Zwerchfelldurchtritt gehen aus dem Plexus der **Truncus vagalis anterior** mit Fasern aus dem linken N. vagus und der **Truncus vagalis posterior** mit Fasern aus dem rechten N. vagus hervor.

Merke

Dass aus dem linken N. vagus der Truncus vagalis anterior und aus dem rechten N. vagus der Truncus vagalis posterior hervorgeht, ist durch die longitudinale Magendrehung (um 90 Grad im Uhrzeigersinn) während der Embryonalentwicklung erklärbar.

Folgende Äste gibt der N. vagus auf seinem Weg durch den Thorax ab:
- **Rr. cardiaci thoracici** mit präganglionären parasympathischen Fasern zum **Plexus cardiacus**
- **Rr. oesophagei** zur Innervation der glatten Muskulatur (efferent) und der Schleimhaut (efferent und afferent) des Ösophagus
- **Rr. bronchiales** zur glatten Muskulatur (efferent) und den Schleimhaut (efferent und afferent) der Bronchien.

Bauchabschnitt

Die Trunci vagales treten durch den **Hiatus oesophageus** in den Bauchraum und verzweigen sich dort.

Aus dem **Truncus vagalis anterior** gehen folgende Äste hervor:
- **Rr. gastrici anteriores** zur Innervation der Magenvorderfläche und der kleinen Kurvatur
- **Rr. hepatici** ziehen in die Leberpforte (↗ Abb. 3.57) und bilden dort den **Plexus hepaticus**, aus dem ein **R. pyloricus** zum Magenpförtner abzweigt.

Der **Truncus vagalis posterior** gibt folgende Äste ab:
- **Rr. gastrici posteriores** zur Innervation der Magenrückfläche
- **Rr. coeliaci**, die zum **Plexus coeliacus** ziehen (↗ Abb. 3.57)
- **Rr. renales**, die den **Plexus renalis** an der A. renalis bilden.

Das Innervationsgebiet des N. vagus reicht kaudal über das Colon ascendens und das Colon transversum bis zum Cannon-Böhm-Punkt kurz vor der linken Kolonflexur. Ab dem linksseitigen Kolon bis in das Becken hinunter übernimmt der sakrale Parasympathikus die Innervation.

Zusammenfassung (↗ Tab. 3.26)

Klinik

Eine komplette **Vaguslähmung** ist sehr selten, dann jedoch meistens im Foramen jugulare durch Schädelbasisbrüche oder Tumoren bedingt (Nn. IX und XI zumeist mitbetroffen). Das **Leitsymptom** einer Vagusschädigung ist die **Heiserkeit** aufgrund der einseitigen Stimmbandlähmung. Bei beidseitigem Ausfall des N. laryngeus recurrens kann es zu Atemnot kommen, da die Stimmritze nicht mehr ausreichend geöffnet werden kann. In seltenen Fällen resultieren aus einer Vagusschädigung auch Herzrhythmusstörungen: Bei Ausfall des linken Vagus kommt es zu Tachykardie (Wegfall der frequenzreduzierenden parasympathischen Impulse zum Sinusknoten), bei Schädigung des rechten Vagus zu Tachyarrhythmie (Wegfall der die Überleitung verzögernden parasympathischen Impulse zum AV-Knoten). Die übrigen Symptome einer Vagusschädigung ähneln denen der Glossopharyngeusparese: Schluckstörung, Lähmung der Uvula mit Abweichen zur gesunden Seite beim A-Sagen und näselnde Aussprache.

N. accessorius (XI)

Funktion

Der N. accessorius führt
- **speziell viszeroefferente Fasern zur Pharynxmuskulatur** (Ncl. originis: Ncl. ambiguus). Sie bilden die Radix cranialis nervi accessorii und schließen sich dem N. vagus an (↗ Abb. 3.57).
- **speziell viszeroefferente Fasern zu M. sternocleidomastoideus** (Neigung des Kopfes zur ipsi- und Drehung des Kopfes zur kontralateralen Seite) und **M. trapezius** (Skapulafixierung, Elevation des Armes über 90 Grad). Ursprungskern dieser Fasern ist der Ncl. nervi accessorii im zervikalen Rückenmark. Sie bilden die Radix spinalis nervi accessorii.

Verlauf

Die **Radix cranialis** tritt dorsal der Olive, kaudal des N. vagus im **Sulcus posterolateralis** (↗ Abb. 3.50) aus der Medulla oblongata aus.

Die Fasern der **Radix spinalis** treten zwischen Vorder- und Hinterhorn aus dem zervikalen Rückenmark aus und vereinigen sich zu einem Faserbündel, das durch das **Foramen magnum** in die hintere Schädelhöhle zieht (↗ Abb. 3.58). Dort vereinigt es sich mit der **Radix cranialis** zum N. accessorius. Die Fasern der Radix cranialis schließen sich kurz darauf dem N. vagus an. Der weitere Weg des N. accessorius geht durch das **Foramen jugulare**, über den **Atlasquerfortsatz** in das **laterale Halsdreieck** und hinab zum M. sternocleidomastoideus und zum M. trapezius.

Klinik

Der **N. accessorius** wird meist nicht im Foramen jugulare, sondern im lateralen Halsdreieck **geschädigt**, z. B. bei HNO-Operationen oder Lymphknotenentfernung. Durch den Ausfall des ipsilateralen M. sternocleidomastoideus hat der kontralaterale Muskel keinen Gegenspieler, so dass eine **Schiefhaltung des Kopfes zur kontralateralen** und eine **Drehung des Kopfes zur ipsilateralen Seite** resultieren. Wegen des Ausfalls des M. trapezius steht das Schulterblatt ab (**Scapula alata**), der Patient kann die **Schulter nicht hochziehen** und den **Arm nicht über 90 Grad anheben**.

3.7.6 Primärer Spinalnerv (N. hypoglossus, XII)

Funktion

Der N. hypoglossus führt ausschließlich somatomotorische Fasern (Ncl. originis: Ncl. nervi hypoglossi), die die **gesamte Zungenmuskulatur** innervieren. Er ist somit essenziell für das Sprechen und Schlucken.

Verlauf

Der XII. Hirnnerv tritt, wie es sich für einen motorischen Spinalnerv gehört, im **Sulcus anterolateralis** aus dem Hirnstamm aus (↗ Abb. 3.50) und zieht über

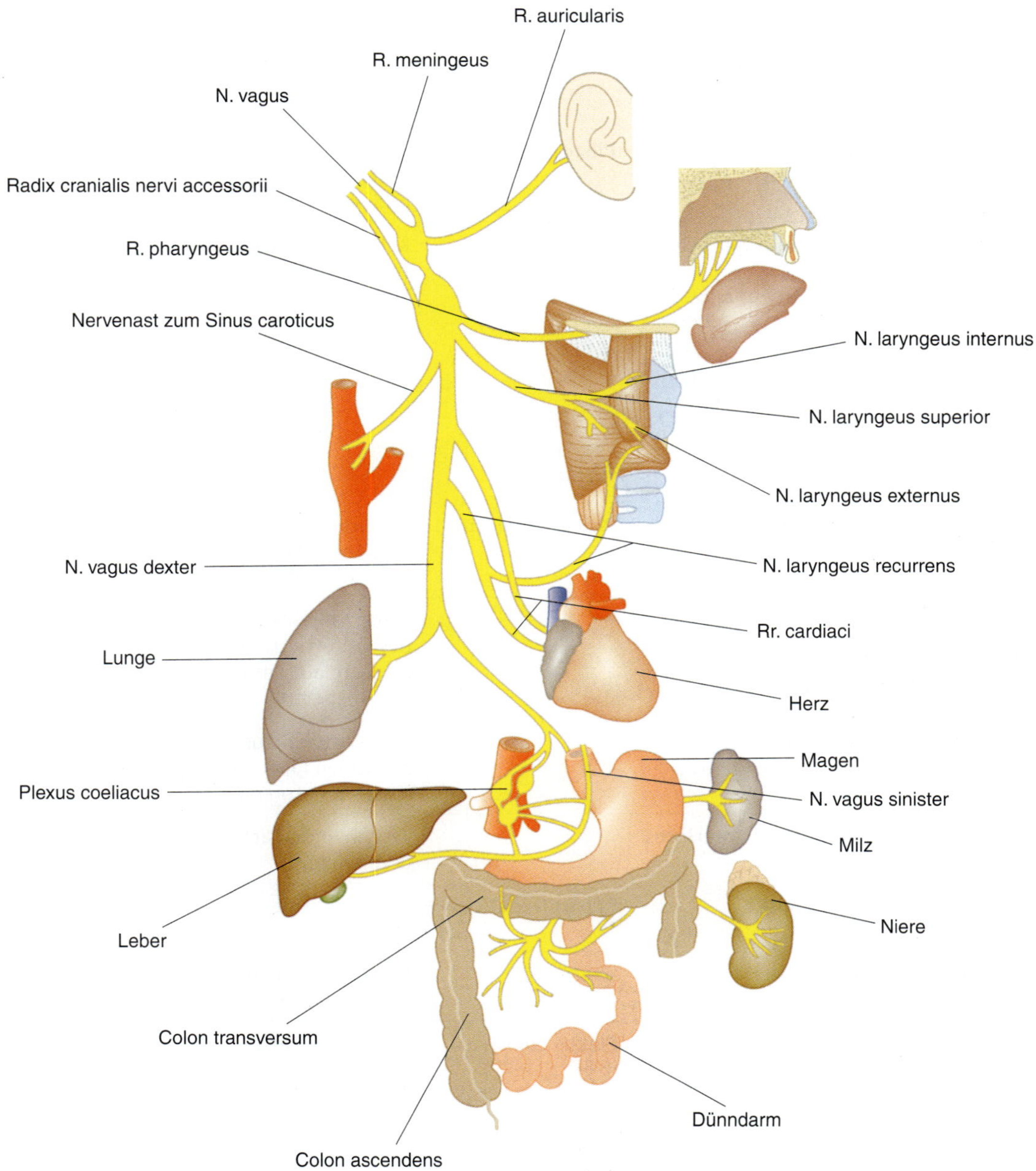

Abb. 3.57 N. vagus (X). (Aus [9])

Tab. 3.26 Verlauf und Verzweigung des N. vagus mit Innervationsgebiet und Faserqualität der Äste

Verlauf und Äste			Innervationsgebiet (Faserqualität)
N. vagus Foramen jugulare ↓ Gefäßnervenstrang	→ **R. meningeus**		Meningen (allgemein somatoafferent)
	→ **R. auricularis** Canalis mastoideus ↓ Fissura tympanomastoidea		Boden und Hinterwand des äußeren Gehörgangs und Teil der vorderen Ohrmuschel (allgemein somatoafferent)
	→ **R. pharyngeus** →	**Plexus pharyngeus**	Pharynx (somatoefferent und allgemein somatoafferent, zusammen mit N. IX), Geschmacksrezeptoren an der Epiglottis (speziell viszeroafferent)
↓	→ **N. laryngeus superior** zwischen A. carotis interna und Pharynx ↓ Kehlkopf	**R. externus**	M. cricothyroideus (somatoefferent)
		R. internus	Schleimhaut oberhalb der Stimmritze (allgemein somatoafferent)
	→ **Rr. cardiaci cervicales**	**Plexus cardiacus**	Herzvorhof, Dehnungsrezeptoren von Herz und Aortenbogen (allgemein viszeroafferent und -efferent)
hinteres Mediastinum (paraösophageal)	→ **N. laryngeus recurrens** links um Aortenbogen, rechts um A. subclavia ↓ zwischen Trachea und Ösophagus nach kranial ↓ Kehlkopf		Kehlkopfmuskeln außer M. cricothyroideus (somatoefferent), Schleimhaut unterhalb der Stimmritze (allgemein somatoafferent)
	Rr. cardiaci thoracici	**Plexus cardiacus**	Herzvorhof, Dehnungsrezeptoren von Herz und Aortenbogen (allgemein viszeroafferent und -efferent)
	Rr. oesophagei		glatte Muskulatur und Schleimhautdrüsen des Ösophagus (allgemein viszeroefferent), Schleimhaut des Ösophagus (allgemein viszeroafferent)
	Rr. bronchiales		glatte Muskulatur und Schleimhautdrüsen der Bronchien (allgemein viszeroefferent), Dehnungsrezeptoren (allgemein viszeroafferent)
Truncus vagalis anterior Hiatus oesophageus	**Rr. gastrici anteriores**		Magenvorderfläche (allgemein viszeroefferent und -afferent)
	Rr. hepatici	**Plexus hepaticus**	Leber (allgemein viszeroefferent und -afferent)
Truncus vagalis posterior Hiatus oesophageus	**Rr. gastrici posteriores**		Magenrückfläche (allgemein viszeroefferent und -afferent)
	Rr. coeliaci	**Plexus coeliacus**	Baucheingeweide bis linke Kolonflexur (allgemein viszeroefferent und -afferent)
	Rr. renales	**Plexus renalis**	Nieren (allgemein viszeroefferent und -afferent)

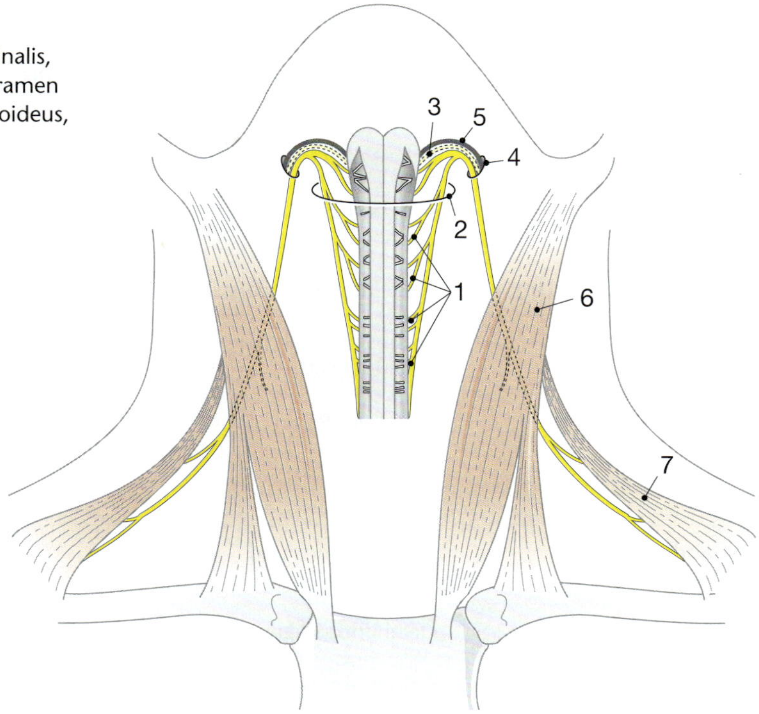

Abb. 3.58 N. accessorius (XI). 1 Radix spinalis, **2** Foramen magnum, **3** Radix cranialis, **4** Foramen jugulare, **5** N. vagus, **6** M. sternocleidomastoideus, **7** M. trapezius. (Aus [17])

den Rand des Foramen magnum hinweg durch den **Canalis nervi hypoglossi** auf die Außenseite der Schädelbasis. Er verläuft dorsal des N. vagus bogenförmig zwischen A. carotis interna und V. jugularis interna hindurch, dann über die A. carotis externa hinweg und seitlich des M. hyoglossus zum Zungengrund.

Klinik

Eine **Schädigung des N. hypoglossus** äußert sich durch eine **verwaschene Sprache** sowie ausgeprägte **Schluckstörungen.** Beim Herausstrecken der **Zunge** weicht diese **zur erkrankten Seite** ab, da die gelähmte Zungenseite „in der Mundhöhle zurückbleibt", während der nicht gelähmte M. genioglossus die gesunde Zungenseite nach draußen zieht.

3.7.7 Austrittsstellen der Hirnnerven aus Gehirn, Dura und Schädelbasis

Eine Zusammenfassung der oft gefragten Austrittsstellen der Hirnnerven aus Gehirn, Dura und Schädelbasis gibt Tabelle 3.27.

3.7.8 Parasympathische Kopfganglien

Im Kopfbereich unterscheidet man vier vegetative Ganglien (↗ Abb. 3.59):

- Ganglion ciliare
- Ganglion pterygopalatinum
- Ganglion submandibulare
- Ganglion oticum.

In allen werden parasympathische Fasern vom 1. auf das 2. Neuron umgeschaltet, enthalten also die **Perikarya der 2. parasympathischen Neurone**. Die vegetativen Ganglien sind durch ihren Reichtum an multipolaren Nervenzellen gekennzeichnet.

Jedes Ganglion hat zusätzlich zu der parasympathischen Wurzel (den in das Ganglion eintretenden präganglionären parasympathischen Fasern) noch eine sympathische und eine sensible Wurzel, deren Fasern jedoch lediglich durch das Ganglion hindurchziehen (keine Umschaltung!). Durch das Ganglion oticum ziehen außerdem motorische Fasern.

Ganglion ciliare

Lokalisation

Das Ganglion ciliare befindet sich in der **Orbita** hinter dem Bulbus und lateral des N. opticus.

Gliederung

Das Ganglion ciliare besitzt **drei Wurzeln**:

- **Radix parasympathica** [oculomotoria] (Rr. nervi oculomotorii ad ganglion ciliare) vom N. oculomotorius
- **Radix sympathica** aus dem Plexus caroticus internus
- **Radix sensoria** [nasociliaria] (R. communicans nervi nasociliaris cum ganglio ciliare) vom N. nasociliaris (aus V1).

Funktion

Im Ganglion ciliare bilden präganglionäre parasympathische Fasern aus dem **N. oculomotorius** Synap-

Tab. 3.27 Austrittsstellen der Hirnnerven aus Gehirn, Dura und Schädelbasis

Hirnnerv	Hirnaustritt	Duraaustritt	Durchtritt durch die Schädelbasis
N. olfactorius (I)	Bulbus olfactorius	Lamina cribrosa	
N. opticus (II)	– (gehört zum ZNS)	– (komplett von Dura umhüllt)	Canalis opticus
N. oculomotorius (III)	Fossa interpeduncularis	Rand des Dorsum sellae	Fissura orbitalis superior
N. trochlearis (IV)	dorsal unterhalb der Vierhügelplatte	Sella turcica	Fissura orbitalis superior
N. trigeminus (V)	lateral des Pons	Oberkante der Felsenbeinpyramide	• V1: Fissura orbitalis superior • V2: Foramen rotundum • V3: Foramen ovale
N. abducens (VI)	zwischen Pons und Pyramide	Clivus	Fissura orbitalis superior
N. facialis (VII)	Kleinhirnbrückenwinkel	Meatus acusticus internus	Porus acusticus internus
N. vestibulocochlearis (VIII)	Kleinhirnbrückenwinkel	Meatus acusticus internus	Porus acusticus internus
N. glossopharyngeus (IX)	Sulcus posterolateralis	Foramen jugulare	
N. vagus (X)	Sulcus posterolateralis	Foramen jugulare	
N. accessorius (XI)	Sulcus posterolateralis	Foramen jugulare	
N. hypoglossus (XII)	Sulcus anterolateralis	Canalis nervi hypoglossi	

sen mit postganglionären Neuronen, deren Perikarya sich hier befinden. Die postganglionären Fasern ziehen zu den **inneren Augenmuskeln** (M. ciliaris, M. sphincter pupillae).

Außerdem ziehen folgende Fasern ohne Umschaltung durch das Ganglion:

- postganglionäre sympathische Fasern aus dem Halsgrenzstrang und dem Plexus caroticus internus zum M. dilatator pupillae
- sensible Fasern aus dem N. nasociliaris (aus V1) zur Horn- und Bindehaut.

Klinik

Das Ganglion ciliare kann durch Tumoren in der Orbita geschädigt werden. Dann ist die Pupille des betroffenen Auges vollkommen reaktionslos und die Berührungsempfindung an Binde- und Hornhaut aufgehoben. Der Kornealreflex ist nicht auslösbar.

Ganglion pterygopalatinum

Lokalisation

Das Ganglion liegt in der Fossa pterygopalatina.

Funktion

Im Ganglion pterygopalatinum bilden präganglionäre parasympathische Fasern aus dem **N. petrosus major** (aus dem Intermediusanteil des N. facialis [VII]) Synapsen mit postganglionären Neuronen, deren Perikarya sich hier befinden. Die postganglionären Fasern ziehen im N. zygomaticus (aus V2) zur **Tränendrüse** und stimulieren diese.

Außerdem ziehen folgende Fasern ohne Umschaltung durch das Ganglion:

- postganglionäre sympathische Fasern, die aus dem Halsgrenzstrang stammen und zunächst im Plexus caroticus internus, dann im N. petrosus profundus zum Ganglion gelangen
- sensible Fasern aus V2 (Rr. ganglionares), die die Schleimhaut der Nasenmuscheln und hinteren Siebbeinzellen und die Gaumenschleimhaut innervieren.

Ganglion submandibulare

Lokalisation

Das Ganglion liegt oberhalb der Glandula submandibularis.

■ **Funktion**

Hier erfolgt die Umschaltung von präganglionären parasympathischen Fasern aus der **Chorda tympani** (aus dem Intermediusanteil des N. facialis [VII]), die gemeinsam mit sensiblen Fasern im N. lingualis (aus V3) zum Ganglion gelangen, auf postganglionäre parasympathische Fasern. Diese innervieren die **Glandulae submandibularis und sublingualis**.

Folgende Fasern ziehen ohne Umschaltung durch das Ganglion:

- postganglionäre sympathische Fasern, die wie beim Ganglion pterygopalatinum aus dem Halsgrenzstrang stammen. Sie gelangen über den Plexus caroticus externus zum Ganglion.
- sensible Fasern aus dem N. lingualis (aus V3), die die Mundschleimhaut innervieren.

Ganglion oticum

■ **Lokalisation**

Das Ganglion liegt in der Fossa infratemporalis unterhalb des Foramen ovale.

■ **Funktion**

Im Ganglion oticum bilden präganglionäre parasympathische Fasern aus dem N. glossopharyngeus, die über den **N. tympanicus** und den **N. petrosus minor** zum Ganglion gelangen, Synapsen mit postganglionären parasympathischen Fasern. Diese ziehen im N. auriculotemporalis (aus V3) zur **Glandula parotidea** und stimulieren diese.

Folgende Fasern ziehen ohne Umschaltung durch das Ganglion:

- postganglionäre sympathische Fasern, die aus dem Ganglion cervicale superius stammen. Sie gelangen über den Plexus caroticus externus zum Ganglion.
- sensible Fasern aus dem N. mandibularis (V3)
- motorische Fasern aus dem N. mandibularis (V3), die den M. tensor veli palatini und M. tensor tympani innervieren.

Zusammenfassung

Tabelle 3.28 zeigt die Lokalisation und die Wurzeln der parasympathischen Kopfganglien.

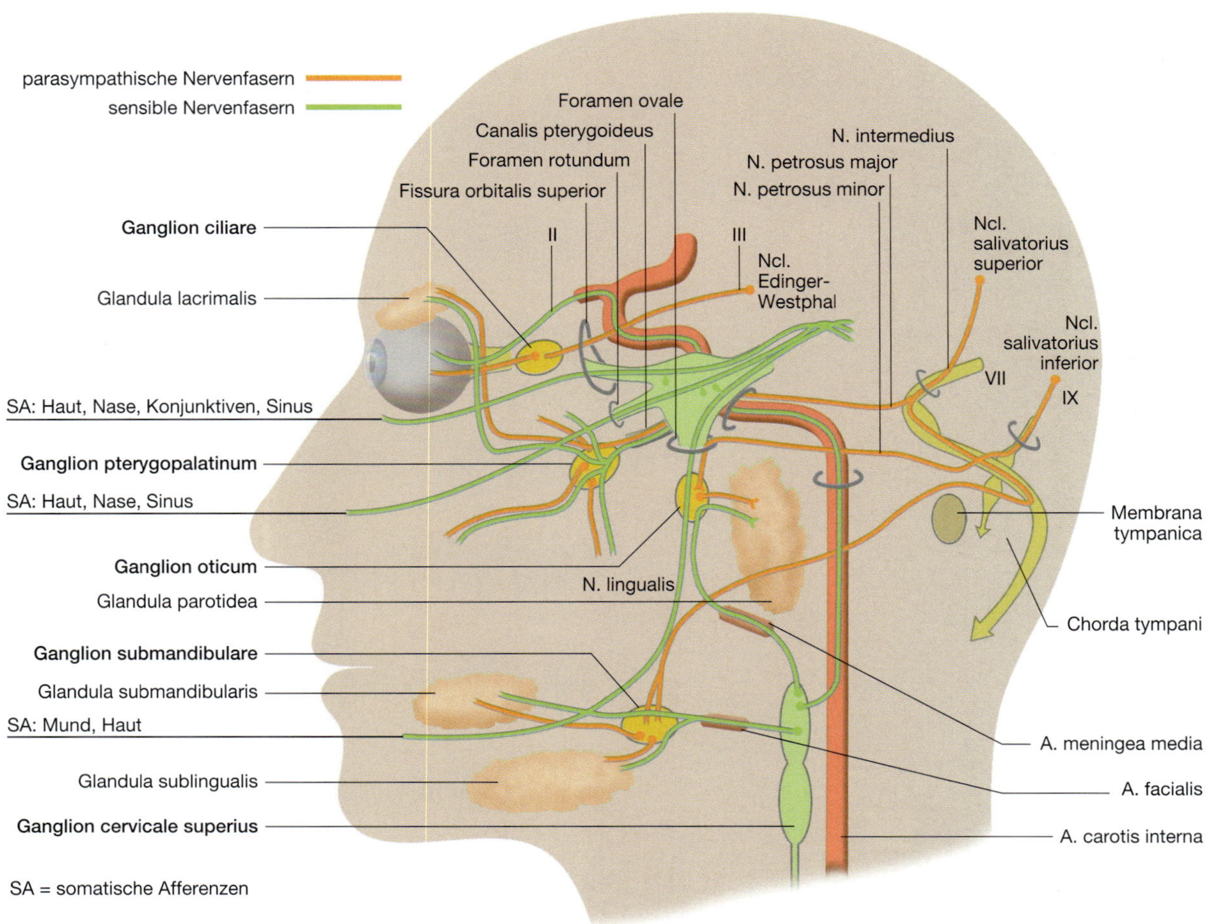

Abb. 3.59 Parasympathische Kopfganglien.

Tab. 3.28 Parasympathische Kopfganglien

Ganglion	Lokalisation	Wurzeln
Ganglion ciliare	Orbita	• parasympathisch: N. oculomotorius • sympathisch: Plexus caroticus internus • sensibel: N. nasociliaris
Ganglion pterygopalatinum	Fossa pterygopalatina	• parasympathisch: N. petrosus major (VII) • sympathisch: N. petrosus profundus (Plexus caroticus internus) • sensibel: Rr. ganglionares (V2)
Ganglion submandibulare	oberhalb der Glandula submandibularis	• parasympathisch: Chorda tympani (VII) • sympathisch: Plexus caroticus externus • sensibel: N. lingualis (V3)
Ganglion oticum	Fossa infratemporalis	• parasympathisch: N. petrosus minor (IX) • sympathisch: Plexus caroticus externus • sensibel: N. mandibularis (V3) • motorisch: N. mandibularis (V3)

4 Hals

Daniel Baumhoer

Inhaltsverzeichnis

Lernziele

Der Hals verbindet den Kopf mit dem Rumpf und enthält neben Knochen, Muskeln, Gefäßen und Nerven auch den Rachen und die Speiseröhre (**Pharynx**, **Ösophagus**) sowie den Kehlkopf und die Luftröhre (**Larynx**, **Trachea**) als wichtige Verbindungssegmente des Speise- und Luftwegs. Des Weiteren sind im Hals mit der Schilddrüse und den Nebenschilddrüsen (**Glandula thyroidea**, **Glandulae parathyroideae**) wichtige endokrine Organe lokalisiert.

4.1 Die Halsregion (Regio colli)

4.1.1 Gliederung

Der Hals wird durch zwei definierte Linien nach kranial und kaudal begrenzt. Zum Kopf hin verläuft die Grenze beidseits vom Unterrand der Mandibula über den Processus mastoideus (Os temporale) und die Linea nuchalis superior zur Protuberantia occipitalis externa (Os occipitale). Die Grenze zum Rumpf hin stellt eine Verbindungslinie dar, die beidseits von der Incisura jugularis (Manubrium sterni) über die Klavikula und das Akromion bis zum Dornfortsatz des 7. Halswirbels (Vertebra prominens) zieht.

Nach topographischen Gesichtspunkten kann die Regio colli in vier Abschnitte unterteilt werden:

- Regio cervicalis anterior
- Regio sternocleidomastoidea
- Regio cervicalis lateralis
- Regio cervicalis posterior.

Regio cervicalis anterior

Diese auch als vorderes Halsdreieck (**Trigonum cervicale anterius**) bezeichnete Region wird nach kranial durch die Mandibula, nach lateral und kaudal durch die beiden Mm. sternocleidomastoidei begrenzt (↗ Abb. 4.1). Sie lässt sich weiter untergliedern in vier kleinere Dreiecke:

- Trigonum submandibulare
- Trigonum caroticum
- Trigonum submentale (Regio suprahyoidea)
- Trigonum musculare (Regio colli anterior).

Trigonum submandibulare

Das paarige Trigonum submandibulare wird begrenzt

- kranial durch die Mandibula,
- dorsal durch den Venter posterior des M. digastricus und den M. stylohyoideus,
- ventral durch den Venter anterior des M. digastricus,
- medial durch den M. mylohyoideus,
- kaudal durch das Os hyoideum.

Das Dreieck wird fast vollständig von der namensgebenden Glandula submandibularis ausgefüllt. In ihrer Nachbarschaft und am unteren Rand des Unterkiefers liegen regionäre Lymphknoten. Zahlreiche wichtige Leitungsbahnen kreuzen das Trigonum, u. a. der **N. hypoglossus (XII)**, die **A. und V. facialis** und die **A. lingualis**.

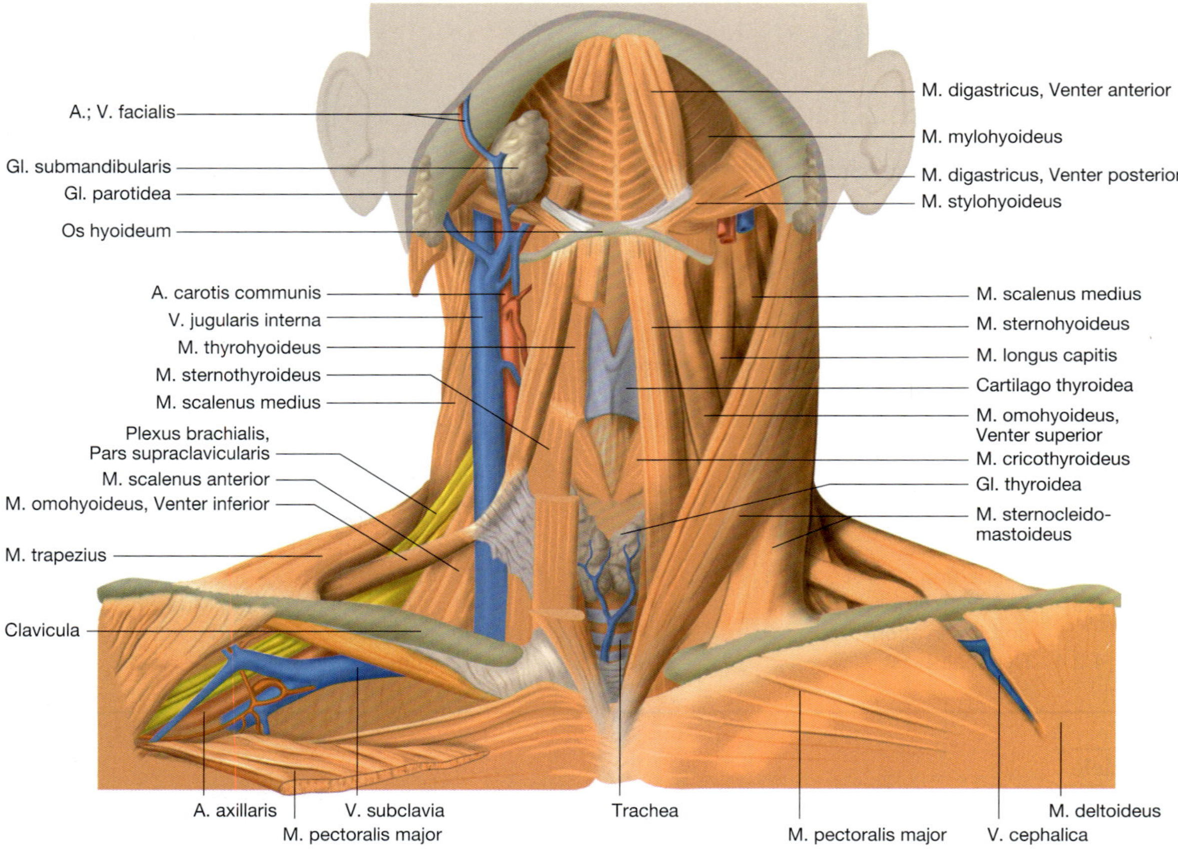

Abb. 4.1 Regio cervicalis anterior. (Modifiziert nach [14])

Trigonum caroticum

Das paarige Trigonum caroticum wird begrenzt (↗ Abb. 4.2)

- kranial durch den Venter posterior des M. digastricus,
- dorsal durch den vorderen Rand des M. sternocleidomastoideus,
- ventral durch den Venter superior des M. omohyoideus.

Im Trigonum caroticum liegen die namensgebenden Halsschlagadern (**A. carotis communis dextra bzw. sinistra**), die sich etwa auf Höhe des Schildknorpels (Cartilago thyroidea) bzw. des 4. Brustwirbelkörpers in die innere und die äußere Kopfschlagader (**A. carotis interna bzw. externa**) teilen (**Bifurcatio carotidis**). Durch das Trigonum caroticum ziehen der **N. glossopharyngeus (IX)**, der **N. vagus (X)**, der **N. accessorius (XI)**, der **N. hypoglossus (XII)** sowie die **Vv. jugulares interna** und **externa**.

Trigonum submentale (Regio suprahyoidea)

Das unpaare Halsdreieck wird begrenzt

- kranial durch die Mandibula,
- lateral jeweils durch den Venter anterior des M. digastricus,
- kaudal durch das Os hyoideum.

Neben regionären Lymphknoten sind hier zahlreiche kleinere Venen enthalten, die auf Höhe des Zungenbeins zu einer rechten und linken **V. jugularis anterior** konfluieren.

Trigonum musculare (Regio colli anterior)

Beidseits begrenzt durch den Venter superior des M. omohyoideus, durch den Vorderrand des M. sternocleidomastoideus und durch die Mittellinie des Halses, entspricht dieses Dreieck der Ausdehnung der unteren Zungenbeinmuskulatur. Aufgrund der in der Tiefe verlaufenden Trachea spricht man auch vom **Trigonum omotracheale**. Nach kaudal grenzt das Trigonum an die Drosselgrube (**Fossa jugularis**), die zwischen den beiden Schlüsselbeinen liegt.

Regio sternocleidomastoidea

Die Regio sternocleidomastoidea umfasst den Bereich des gleichnamigen Muskels. Unter dem M. sternocleidomastoideus zieht beidseits die **Vagina carotica** (↗ unten) nach kranial in das Trigonum caroticum. Den Bereich zwischen den beiden Ansatzstellen des Muskels an der Klavikula bezeichnet man als **Fossa supraclavicularis minor**.

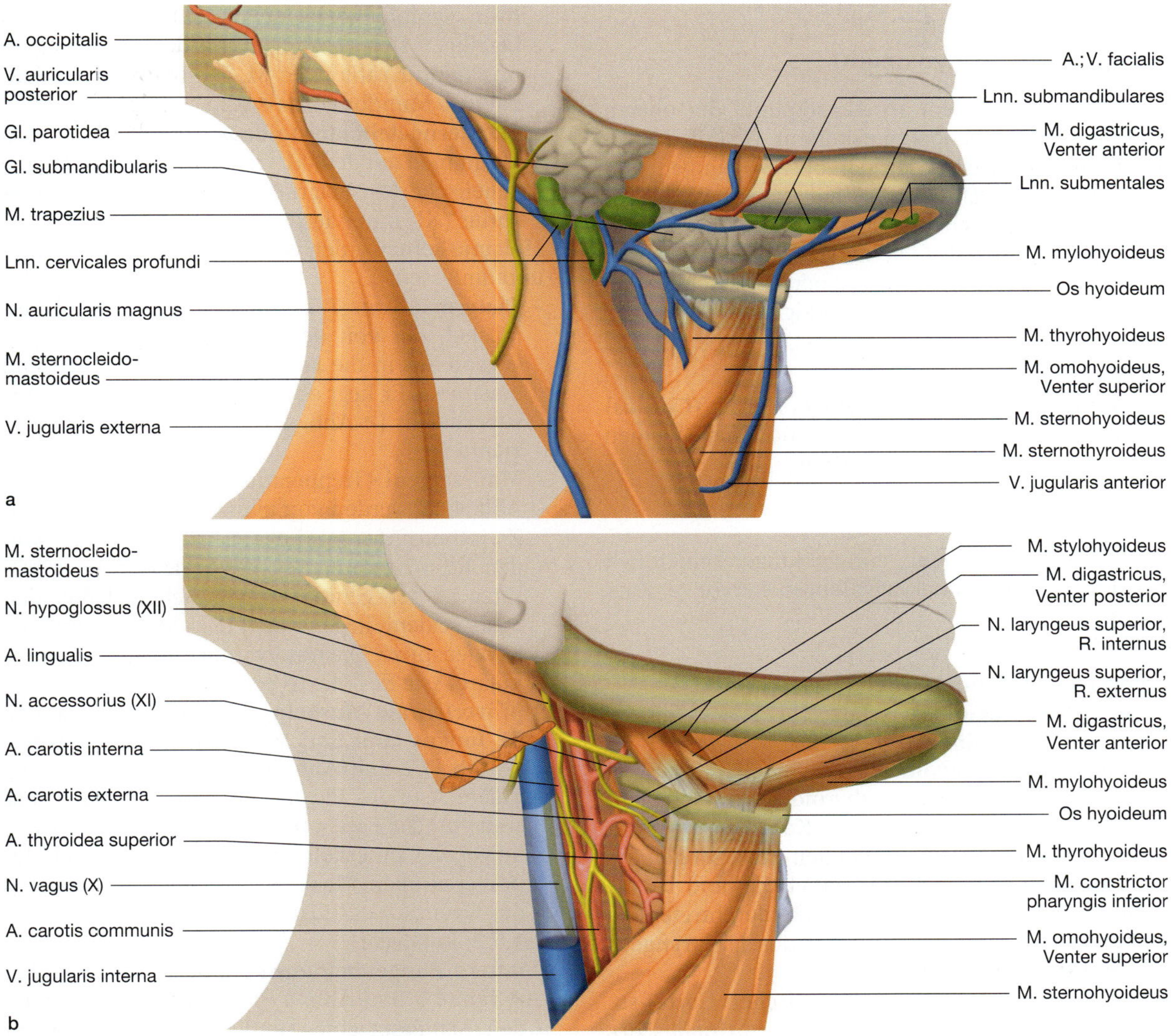

Abb. 4.2 Trigonum caroticum. a Ansicht von lateral nach Entfernung der oberflächlichen und mittleren Halsfaszie, **b** Ansicht von lateral nach weitgehender Entfernung des M. sternocleidomastoideus.

Regio cervicalis lateralis

Die Regio cervicalis lateralis liegt zwischen dem hinteren Rand des M. sternocleidomastoideus und dem vorderen Rand des M. trapezius. Da sich die beiden Muskeln an ihrem Ansatz an der Schädelbasis berühren, bilden sie die Spitze eines Dreiecks, dessen Basis von der Klavikula gebildet wird. Man bezeichnet die seitliche Halsregion daher auch als **Trigonum colli laterale**. Alternativ hierzu, und um dem vorderen Halsdreieck ein hinteres entgegenzusetzen, ist auch **Trigonum cervicale posterius** als Bezeichnung gebräuchlich. Ähnlich wie das vordere kann auch das hintere/laterale Halsdreieck weiter untergliedert werden. Der durch das Dreieck verlaufende Venter inferior des M. omohyoideus unterteilt es in das kaudal gelegene **Trigonum omoclaviculare** (Synonym: **Fossa supraclavicularis major**) und das kranial gelegene **Trigonum occipitale** (↗ Abb. 2.1). In Letzterem verläuft der **N. accessorius (XI)** auf seinem Weg zum M. trapezius.

Regio cervicalis posterior

Die Regio cervicalis posterior umfasst den Bereich hinter dem Vorderrand des M. trapezius. Hier verlaufen u.a. der **N. occipitalis major**, der **N. occipitalis minor**, der **N. occipitalis tertius**, der **N. suboccipitalis** sowie die **A.** und **V. occipitalis**.

4.1.2 Knochen

Das Halsskelett besteht aus 7 Halswirbeln (↗ Kap. 2.5.1), dem Zungenbein (**Os hyoideum**), dem Manubrium sterni (↗ Kap. 2.1.2) und den Schlüsselbeinen (**Claviculae**).

Halswirbel (↗ Kap. 2.5.1)

Zungenbein (Os hyoideum)

Das Zungenbein dient als Ansatzpunkt der oberen und unteren Zungenbeinmuskulatur. Beim Schluckakt ist es durch den Zug der oberen Zungenbeinmuskeln am Verschluss des Kehlkopfes beteiligt. Es ist der einzige Knochen im menschlichen Körper, der nicht durch synoviale Gelenke oder Nähte mit anderen Knochen verbunden ist, sondern ausschließlich durch Bänder und Muskeln befestigt ist.

Gliederung

Das Zungenbein besteht aus einem Körper (**Corpus**) sowie beidseits je einem großen und einem kleinen Horn (**Cornu majus**, **Cornu minus**).

Embryologie

Das Zungenbein geht entwicklungsgeschichtlich aus dem 3. und 4. Pharyngealbogen hervor (↗ Kap. 4.2.6).

Bandverbindungen

- **Lig. stylohyoideum:** zwischen Processus styloideus (Os temporale) und Cornu minus
- **Membrana thyrohyoidea:** zwischen Schildknorpel des Kehlkopfs (Cartilago thyroidea) und Zungenbeinkörper. Hierdurch ist der Kehlkopf am Zungenbein aufgehängt und folgt den Bewegungen des Os hyoideum passiv. Am seitlichen Rand ist die Membrana thyrohyoidea für die durchtretenden oberen Kehlkopfgefäße und für den **N. laryngeus superior** unterbrochen.
- **Lig. thyrohyoideum laterale:** zwischen Cornu superius des Schildknorpels und Cornu majus des Zungenbeins (= äußere Anteile der Membrana thyrohyoidea). Im Verlauf ist der Weizenkornknorpel (= Cartilago triticea) eingelagert.
- **Lig. thyrohyoideum medianum:** zwischen Incisura thyroidea superior des Schildknorpels und Zungenbeinkörper (= zentraler Anteil der Membrana thyrohyoidea).

Manubrium sterni (↗ Kap. 2.1.2)

Clavicula (↗ Kap. 7.1.1)

4.1.3 Muskeln

Die Muskulatur der Halsregion lässt sich nach ihrer Innervation in zwei Gruppen einteilen:

- **Kopfmuskeln:** werden von Hirnnerven versorgt und umfassen:
  - **obere Zungenbeinmuskeln** (**Mm. suprahyoidei**, ↗ Tab. 4.1 und Abb. 4.3): werden vom N. mandibularis, einem Ast des N. trigeminus (V), vom N. facialis (VII) und vom N. hypoglossus (XII) versorgt. Drei der vier suprahyalen Muskeln (Mm. geniohyoideus, mylohyoideus, digastricus) beteiligen sich zusammen mit dem zur Zungenmuskulatur zählenden M. genioglossus am Aufbau des Mundbodens (↗ Kap. 3.3.1).
  - **M. sternocleidomastoideus** (↗ Tab. 4.2): wird zusammen mit dem M. trapezius, mit dem er eine genetische Muskelgruppe bildet, vom N. accessorius (XI) innerviert
- **Halsmuskeln:** werden von Zervikalnerven versorgt und umfassen:
  - **Platysma:** vom 7. Hirnnerv innervierter Hautmuskel, der von der Mandibula und Wangengegend aus in die Haut der oberen Brustgegend einstrahlt. Er liegt oberhalb der Fascia cervicalis superficialis (↗ Abb. 4.5, Kap. 4.1.4) und ist faszienfrei.
  - **Mm. scaleni** (Treppenmuskeln, ↗ Tab. 4.2 und Abb. 4.4): werden von manchen Autoren zu den Zwischenrippenmuskeln gezählt, da sie von den Rippenrudimenten der Halswirbelquerfortsätze zu den echten Rippen ziehen. Unter den Mm. scaleni liegen die Pleurakuppel und die Lungenspitze. Die Innervation erfolgt durch muskuläre Äste des Plexus cervicalis.
  - **prävertebrale Muskeln**, d.h. **M. longus capitis**, **M. longus colli** und **M. rectus capitis anterior** (↗ Tab. 4.2 und Abb. 4.4): werden durch muskuläre Äste des Plexus cervicalis innerviert und sind von der Fascia prevertebralis (↗ Kap. 4.1.4) umgeben. Innerhalb der Faszie – ventral der prävertebralen Muskeln – ist auch der Halsteil des Grenzstrangs (Truncus sympathicus, ↗ Kap. 1.5.2) lokalisiert.
  - **untere Zungenbeinmuskeln** (**Mm. infrahyoidei**, ↗ Tab. 4.3 und Abb. 4.3): ziehen vom Sternum, den Schlüsselbeinen und den Schulterblättern aus zum Zungenbein. Sie werden durch die Ansa cervicalis des Plexus cervicalis innerviert.
  - **Nackenmuskeln:** Der M. trapezius (oberflächlich), die autochthonen Rückenmuskeln und die Mm. suboccipitales (tief) werden in Kapitel 2.5.3 dargestellt. Sie werden durch den N. accessorius (XI) und die Rr. posteriores der Spinalnerven innerviert. Eine Ausnahme bilden die Mm. recti capitis anterior und lateralis, die von den Rr. anteriores der oberen beiden Zervikalnerven versorgt werden.

Merke

Zwischen M. scalenus anterior und medius liegt ein Spalt, durch den das Armnervengeflecht (Plexus brachialis, ↗ Kap. 7.4) zusammen mit der A. subclavia hindurchtritt. Man bezeichnet diesen Spalt als **Skalenuslücke**. Die V. subclavia verläuft vor dem M. scalenus anterior und hinter dem klavikulären Ursprung des M. sternocleidomastoideus. Dieser Spalt wird z.T. als vordere Skalenuslücke bezeichnet und somit von der eigentlichen (hinteren) Lücke abgegrenzt.

Tab. 4.1 Obere Zungenbeinmuskulatur (Mm. suprahyoidei)

Muskel	Ursprung	Ansatz	Funktion	Innervation
M. digastricus • **Venter anterior** • **Venter posterior**	Der Venter posterior entspringt an der Incisura mastoidea des Os temporale und geht über eine Zwischensehne, die am Cornu minus des Os hyoideum über einen Sehnenstreifen befestigt ist, in den Venter anterior über	mit dem Venter anterior an der Fossa digastrica an der Innenseite der Mandibula (↗ Abb. 4.3)	zieht das Zungenbein beim Schluckakt nach vorn oben Widerlager für die Zunge beim Schluckakt	• Venter anterior: N. mylohyoideus (N. mandibularis, V3) • Venter posterior: R. digastricus (N. facialis, VII)
M. stylohyoideus	Processus styloideus des Os temporale	Seitenrand des Corpus ossis hyoidei mit zwei Teilzügen, die die Zwischensehne des M. digastricus umgreifen	zieht das Zungenbein beim Schluckakt nach hinten oben	R. stylohyoideus (N. facialis, VII)
M. mylohyoideus	Linea mylohyoidea an der Innenseite der Mandibula (↗ Abb. 3.25)	Beide Mm. mylohyoidei bilden eine den Ramus mandibulae ausfüllende Platte und vereinigen sich zur medianen Raphe mylohyoidea, die am Corpus ossis hyoidei ansetzt	zieht das Zungenbein beim Schluckakt nach vorn oben und bildet dadurch ein Widerlager für die Zunge hebt Mundboden und Zunge senkt den Unterkiefer	N. mylohyoideus (N. mandibularis, V3)
M. geniohyoideus	Spina mentalis der Mandibula	Corpus ossis hyoidei	zieht das Zungenbein beim Schluckakt nach vorn oben (Faserverlauf parallel zum Venter anterior des M. digastricus)	Plexus cervicalis (über den N. hypoglossus, XII)

Die wichtigsten Muskeln für die Bewegungen von Kopf und Hals sind in Tabelle 4.4 zusammengestellt.

4.1.4 Halsfaszien und Verschiebeschichten

Im Halses können drei Faszien unterschieden werden (↗ Abb. 4.5):

- Fascia cervicalis superficialis (oberflächliches Blatt der Halsfaszie)
- Fascia pretrachealis (mittleres Blatt der Halsfaszie)
- Fascia prevertebralis (tiefes Blatt der Halsfaszie).

Fascia cervicalis superficialis

Die Fascia cervicalis superficialis ist Teil der allgemeinen Körperfaszie und grenzt das Unterhautfett-

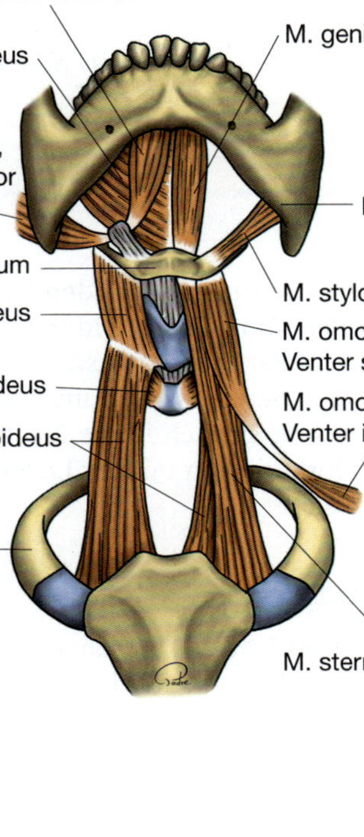

Abb. 4.3 Zungenbeinmuskeln. ▶

Tab. 4.2 Halsmuskeln (Mm. colli)

Muskel	Ursprung	Ansatz	Funktion	Innervation
M. sternocleidomastoideus				
• **Caput sternale**	Manubrium sterni	Processus mastoideus, Linea nuchalis superior	bei einseitiger Innervation Drehung des Kopfes zur Gegenseite und Neigung zur gleichen Seite bei beidseitiger Innervation Heben der Claviculae sichert den Kopf gegen Zurücksinken (Kopfhalter)	N. accessorius (XI), Äste aus dem Plexus cervicalis
• **Caput claviculare**	Extremitas sternalis claviculae			
M. longus colli				
• **Pars recta**	HWK 5–7 und BWK 1–3	HWK 2–4	bei einseitiger Innervation Drehung und Neigung des Kopfes zur gleichen Seite bei beidseitiger Innervation Beugung des Kopfes nach vorn	Plexus cervicalis (direkte Äste)
• **Pars obliqua superior**	Tubercula anteriora HWK 3–5	Tuberculum anterius des Atlas		
• **Pars obliqua inferior**	BWK 1–3	Processus transversi C5–6		
M. longus capitis	Processus transversi HWK 3–6	Pars basilaris des Os occipitale		Plexus cervicalis (direkte Äste)
M. rectus capitis anterior	ventrale Seite der Massa lateralis des Atlas	Pars basilaris des Os occipitale		Plexus cervicalis (direkte Äste)
M. scalenus anterior	Tubercula anteriora HWK 3–6	1. Rippe (Tuberculum musculi scaleni anterioris)	hebt die 1. Rippe (Inspiration) Neigung des Kopfes zur gleichen Seite Beugung des Kopfes nach vorn	Plexus cervicalis und Plexus brachialis (direkte Äste)
M. scalenus medius	Tubercula anteriora HWK 1–7	1. Rippe (dorsal des Sulcus arteriae subclaviae)	hebt die 1. Rippe (Inspiration) Neigung des Kopfes zur gleichen Seite	Plexus cervicalis und Plexus brachialis (direkte Äste)
M. scalenus posterior	Tubercula posteriora HWK 4–7	2. Rippe	hebt die 2. Rippe (Inspiration) Neigung des Kopfes zur gleichen Seite	Plexus cervicalis und Plexus brachialis (direkte Äste)

gewebe von den darunterliegenden Halsmuskeln ab. Im Bereich der Mm. sternocleidomastoidei und des M. trapezius spaltet sich die Faszie, so dass die Muskeln von beiden Seiten aus von ihr umgeben werden. Nach hinten setzt sie sich in die Nackenfaszie (**Fascia nuchae**) fort, die hier mit der Lederhaut (Dermis) verwachsen ist.

Fascia pretrachealis

Die Fascia pretrachealis umscheidet die infrahyale Muskulatur (↗ Kap. 4.1.3) und endet seitlich beidseits an den Mm. omohyoidei. Insgesamt hat sie eine dreieckige Form, deren stumpfe Spitze am Zungenbein (Os hyoideum) und deren breite Basis am Brustbein und am Hinterrand der Schlüsselbeine liegt. Zusätzlich ist die Fascia pretrachealis mit der **Vagina carotica** verbunden, einer bindegewebigen Hülle, die den Gefäß-Nerven-Strang aus N. vagus (X), V. jugularis interna und A. carotis communis (bzw. A. carotis interna) umgibt. Durch Kontraktion der Mm. omohyoidei wird die Fascia pretrachealis und damit auch die Vagina carotica gespannt, so dass die V. jugularis interna bei Unterdruck nicht kollabieren kann.

Tab. 4.3 Untere Zungenbeinmuskulatur (Mm. infrahyoidei)

Muskel	Ursprung	Ansatz	Funktion	Innervation
M. sternohyoideus	Manubrium sterni; sternales Ende der Klavikula	Os hyoideum	stellen das Zungenbein fest ziehen das Zungenbein zum Sternum dienen als Hilfsmuskeln beim Schluckakt Die Mm. omohyoidei spannen Fascia pretrachealis und Vagina carotica	Ansa cervicalis (Plexus cervicalis)
M. sternothyroideus	Manubrium sterni, 1. Rippe	Linea obliqua der Cartilago thyroidea		
M. thyrohyoideus	Linea obliqua der Cartilago thyroidea	Os hyoideum		
M. omohyoideus	Margo superior scapulae (über eine Zwischensehne mit Fascia pretrachealis verbunden)	Os hyoideum		

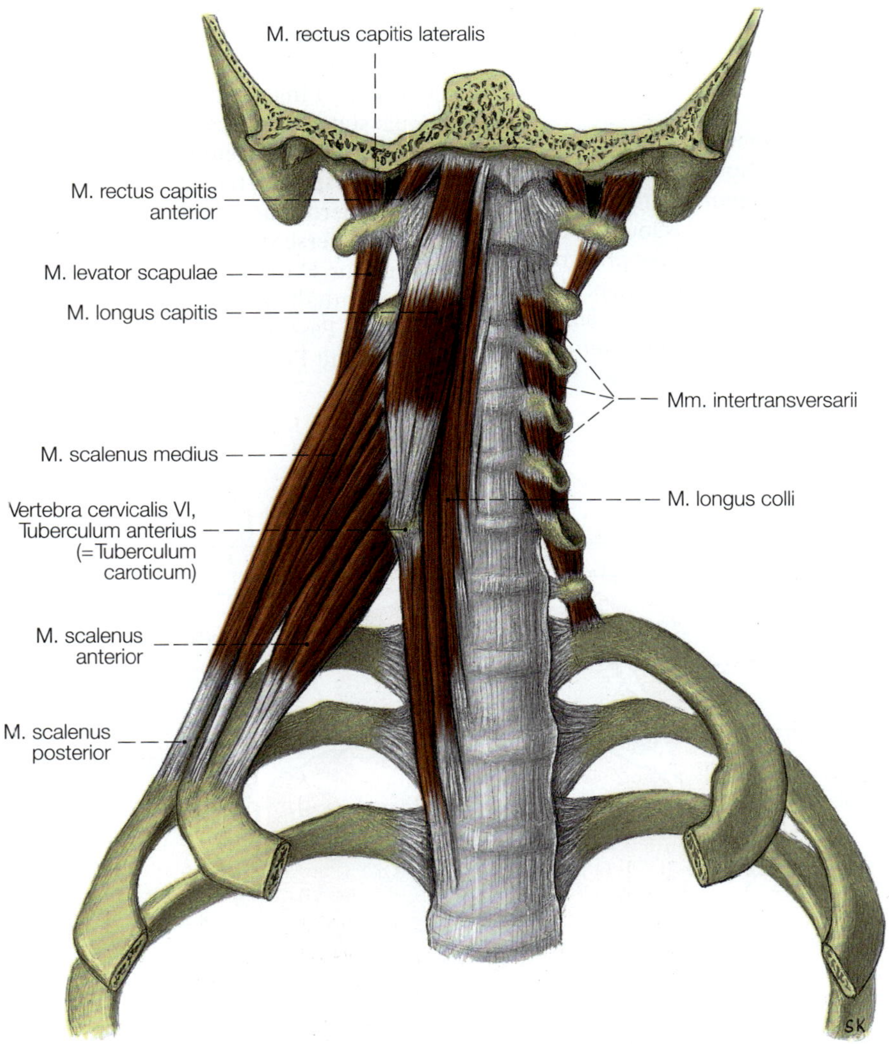

Abb. 4.4 Skalenus- und prävertebrale Muskeln (Mm. intertransversarii ↗ Kap. 2.5.3). (Aus [5])

Tab. 4.4 Die wichtigsten Muskeln der Kopf- und Halsbewegungen

Seitneigung	M. sternocleidomastoideus Mm. scaleni M. rectus capitis lateralis schräg verlaufende Nackenmuskeln
Drehung	M. sternocleidomastoideus M. longus capitis und M. longus colli Mm. scaleni M. splenius capitis und M. splenius cervicis Mm. obliqui capitis superior und inferior
Rückneigung	M. sternocleidomastoideus M. trapezius Nackenmuskeln
Vorneigung	Mm. scaleni M. rectus capitis anterior M. longus capitis und M. longus colli Mm. infrahyoidei und suprahyoidei

Merke

Man bezeichnet den Bindegewebsraum seitlich des Eingeweiderohrs, in dem die Vagina carotica lokalisiert ist, als **Spatium lateropharyngeum**. Er reicht von der Schädelbasis bis in das hintere Mediastinum und enthält zahlreiche Leitungsbahnen: N. glossopharyngeus (IX), N. vagus (X), N. accessorius (XI), N. hypoglossus (XII), N. lingualis, N. alveolaris inferior, N. auriculotemporalis, Chorda tympani, V. jugularis interna und A. carotis communis (bzw. A. carotis interna).

Fascia prevertebralis

Die Fascia prevertebralis liegt vor der Wirbelsäule (befestigt am Lig. longitudinale anterius, ↗ Kap. 2.5.2) und bedeckt die tiefen Hals- und Nackenmuskeln (vorn Mm. longi colli und capitis, seitlich Mm. scaleni und M. levator scapulae, hinten autochthone Nackenmuskeln). Unter dem M. trapezius sind Fascia prevertebralis und Fascia cervicalis superficialis (umscheidet den M. trapezius) miteinander verschmolzen (↗ Abb. 4.5).

Platysma (↗ Kap. 4.1.3)

Das Eingeweiderohr

Der eigentliche Eingeweideraum des Halses, der Trachea (↗ Kap. 5.2), Ösophagus (↗ Kap. 5.3) und Schilddrüse mit Epithelkörperchen (↗ Kap. 4.3) beherbergt, liegt zwischen der Fascia pretrachealis und der Fascia prevertebralis und wird seitlich durch die Fascia cervicalis superficialis und die Vagina carotica begrenzt. Innerhalb dieses Raumes sind Verschiebungen möglich, die ein Auf- und Abgleiten der Halseingeweide beispielsweise beim Schluckakt erlauben. Die stärksten Verschiebungen finden zwischen dem Eingeweiderohr und der Fascia prevertebralis statt. Man bezeichnet diesen Raum als **Spatium retropharyngeum** oder als **retroviszeralen Verschiebespalt**. Analog hierzu liegt zwischen dem Eingeweiderohr und der Fascia pretrachealis ein **präviszeraler Verschiebespalt**, der neben der infrahyalen Muskulatur Fettgewebe und verschiebliches Bindegewebe enthält. Zwischen Fascia cervicalis superficialis und Fascia pretrachealis liegt schließlich das vor allem mit Fettgewebe gefüllte **Spatium suprasternale**.

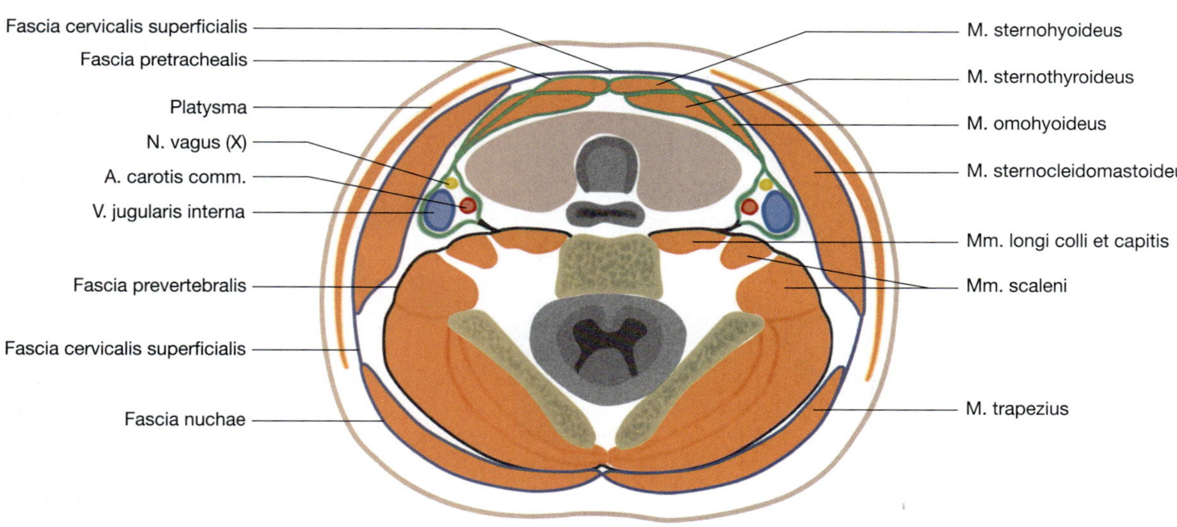

Abb. 4.5 Halsfaszien. (Aus [5])

4.1.5 Leitungsbahnen

Arterien

Die den Hals versorgenden Arterien, die **A. carotis communis** und die **A. subclavia**, gehen beidseits aus dem **Aortenbogen** hervor: Rechts entspringen sie in Form eines gemeinsamen Stammes (**Truncus brachiocephalicus**) aus der Aorta, links zweigen sie direkt aus der Aorta ab (↗ Abb. 4.6a). Bei etwa 10% der Menschen kommt zusätzlich eine **A. thyroidea ima** vor, die aus dem Aortenbogen oder aus dem Truncus brachiocephalicus hervorgeht.

A. subclavia

Verlauf

Die A. subclavia biegt beidseits über die Pleurakuppel hinweg, zieht zusammen mit dem Plexus brachialis durch die Skalenuslücke (zwischen Mm. scaleni anterior und medius) und hinterlässt auf der 1. Rippe einen Sulcus (Sulcus arteriae subclaviae). Im weiteren Verlauf zieht sie zwischen Schlüsselbein und 1. Rippe hindurch zur Achselhöhle und wird je nach Lokalisation als A. axillaris, A. brachialis oder A. ulnaris (nach Abgabe der A. radialis) bezeichnet (↗ Kap. 7.5.1).

Äste (↗ Abb. 4.6b)

- **A. vertebralis:** zieht ab dem 6. Halswirbel in den Foramina transversaria der Halswirbelquerfortsätze nach kranial, durchbricht die Membrana atlantooccipitalis posterior und zieht **dorsal** der Massa lateralis des Atlas durch das Foramen magnum in die hintere Schädelgrube. Auf dem Clivus vereinigen sich linke und rechte A. vertebralis zur **A. basilaris**, die die Blutversorgung von Medulla oblongata, Pons, Kleinhirn, Mittelhirn, Innenohr und Okzipitallappen gewährleistet. Die A. vertebralis beteiligt sich weiter mit einem kleinen Ast an der Versorgung der Nackenmuskulatur.
- **A. thoracica interna:** gelangt zur Rückseite des 1. Rippenknorpels, läuft etwa 1 cm parasternal nach kaudal und teilt sich in Höhe der 6.–7. Rippe in die Endäste (**A. musculophrenica**, **A. epigastrica superior**) auf. Hierbei versorgt die A. musculophrenica den 7.–10. Interkostalraum, durchbricht das Zwerchfell und endet im letzten Zwischenrippenraum. Die A. epigastrica superior steht in Verbindung mit der A. epigastrica inferior aus der A. iliaca externa und stellt einen potentiellen Kollateralkreislauf zur Aorta dar (↗ Kap. 2.1.5, Kap. 6.13.1). Weitere Abgänge: Rr. mediastinales, Rr. thymici, Rr. bronchiales, A. pericardiacophrenica, Rr. sternales und Rr. intercostales anteriores.
- **Truncus thyrocervicalis:** kurzer Stamm, der sich verzweigt in:
  - **A. thyroidea inferior:** steigt gerade empor und knickt in Höhe des 6. Halswirbels ab, um von dorsal her die Schilddrüse zu erreichen. In ihrem Verlauf gibt sie **Rr. pharyngeales**, **Rr. oesophageales**, **Rr. glandulares**, **Rr. tracheales**, die **A. cervicalis ascendens** und die **A. laryngea inferior** ab.
  - **A. transversa colli** (= **cervicis**): verzweigt sich in **R. profundus** (= **A. dorsalis scapulae**) und **R. superficialis** und versorgt u. a. die Halsmuskulatur
  - **A. suprascapularis:** zieht am Schlüsselbein zur Fossa supraspinata und anastomosiert mit Ästen der A. axillaris (potentieller Umgehungskreislauf!)
- **Truncus costocervicalis:** verzweigt sich in **A. intercostalis suprema**, die die ersten beiden Interkostalräume versorgt, und **A. cervicalis profunda**. Letztere zieht als kleiner Ast in die tiefe Nackenmuskulatur.

Klinik

Bei einer Stenose der A. subclavia oder des Truncus brachiocephalicus proximal des Abgangs der A. vertebralis kann es zum sog. **Subclavian-Steal-Phänomen** kommen. Hierbei ändert sich die Flussrichtung des Blutes in der A. vertebralis, so dass diese als Umgehungskreislauf genutzt werden kann. Sauerstoffreiches Blut gelang über die A. vertebralis oder die A. carotis interna der Gegenseite in den Circulus arteriosus cerebri und von hier über die A. vertebralis der betroffenen Seite in die entsprechend unterversorgte obere Extremität. Betroffene Patienten erleiden insbesondere bei vermehrter Armarbeit eine intermittierende Sauerstoffunterversorgung des Gehirns, die sich z. B. in Form von Schwindelattacken, Sehstörungen oder kurzem Bewusstseinsverlust (= Synkope) manifestieren kann.

A. carotis communis

Verlauf und Topographie

Die A. carotis communis verläuft zusammen mit dem N. vagus (X) und der V. jugularis interna in der **Vagina carotica** (↗ Kap. 4.1.4) und teilt sich an der Karotisbifurkation in Höhe des 4. Halswirbels in einen inneren und einen äußeren Ast auf. Im Bereich der Teilungsstelle ist das Gefäß zum **Sinus caroticus** erweitert (↗ Abb. 4.6c), in dem Pressorezeptoren zur Blutdruckmessung ausgebildet sind. Ein Anstieg des arteriellen Blutdrucks wird über den N. glossopharyngeus (IX) in das Kreislaufzentrum der Medulla oblongata übertragen und resultiert in der Aktivierung blutdrucksenkender Mechanismen (Aktivierung des Parasympathikus, Hemmung des Sympathikus). Ebenfalls im Bereich der Karotisbifurkation liegt dem Gefäß das wenige Millimeter große **Glomus caroticum** an (↗ Abb. 4.6c), das zur Gruppe der **Paraganglien** gehört. Es enthält Chemorezeptoren, die durch einen Abfall des Sauerstoffpartialdrucks (pO_2) bzw. durch einen Anstieg des Kohlendioxidpartialdrucks (pCO_2) im Blut stimuliert werden und über den N. glossopharyngeus und die Medulla oblongata

(Ncl. tractus solitarii) das Atemzentrum anregen. Auch im Bereich des Aortenbogens kommt ein solches Paraganglion vor (Glomus aorticum), dessen afferente Fasern im N. vagus (X) verlaufen.

Äste

- **A. carotis interna:** verläuft ohne Abgabe eines weiteren Astes (**Erkennungsmerkmal!**) zur Schädelbasis und durch den **Canalis caroticus** in das Schädelinnere. Hier speist sie den **Circulus arteriosus cerebri** und versorgt große Teile des Gehirns (↗ Kap. 9.3.1).
- **A. carotis externa:** versorgt das Gesicht und den oberen Halsbereich. Hierfür gelangt sie hinter den Unterkiefer, gibt unter dem Kieferköpfchen mehrere Äste ab und teilt sich medial des Kiefergelenks in ihre beiden Endäste (**A. temporalis superficialis**, **A. maxillaris**) auf. Zu den abzweigenden Arterien zählen **A. thyroidea superior** (hieraus entspringt die **A. laryngea superior**), **A. lingualis**, **A. facialis**, **A. pharyngea ascendens**, **R. sternocleidomastoideus**, **A. occipitalis** und **A. auricularis posterior** (↗ Abb. 4.6b).

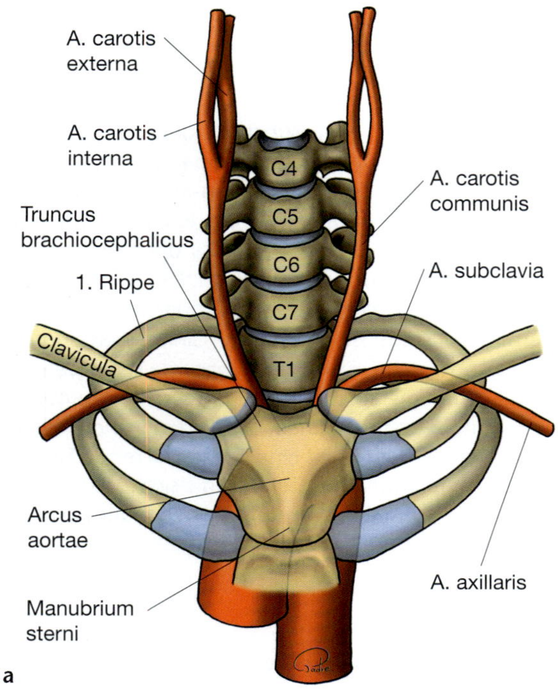

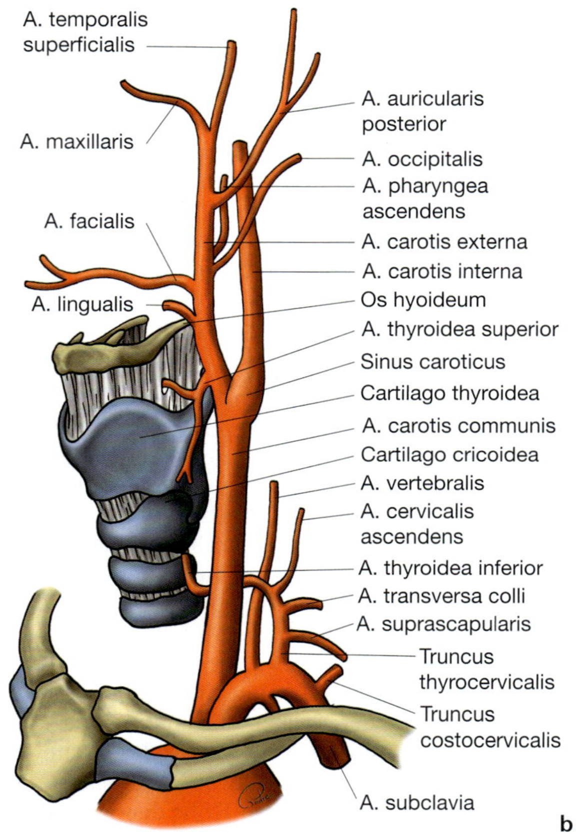

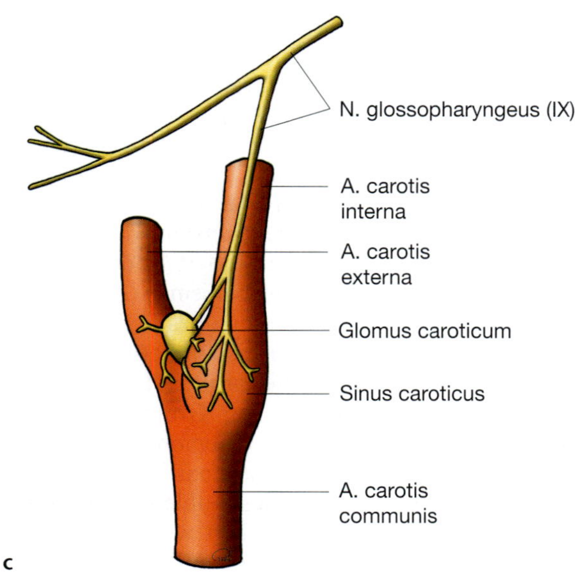

Abb. 4.6 Den Hals versorgende Arterien. a Aa. subclaviae und Aa. carotides von ventral, **b** Äste der A. subclavia und der A. carotis externa von lateral, **c** Bifurcatio carotidis und Glomus caroticum.

Merke

Merksatz für die Astfolge der A. carotis externa: **Th**eo (A. thyroidea superior) **Ling**en (A. lingualis) **fa**briziert (A. facialis) **pha**ntastische (A. pharyngea ascendens) **O**chsenschwanzsuppe (A. occipitalis) **aus** (A. auricularis posterior) **t**oten (A. temporalis superficialis) **M**äusen (A. maxillaris).

Venen

Der venöse Abfluss der Kopf- und Halsregion erfolgt vorwiegend über die Vv. jugulares interna, externa und anterior, die untereinander in Verbindung stehen und alle in das Stromgebiet der V. cava superior münden. Hierfür vereinigen sich V. jugularis interna und V. subclavia beidseits im Venenwinkel zur V. brachiocephalica, die direkt der V. cava superior vorgeschaltet ist (↗ auch Kap. 5.7.2).

V. jugularis interna (innere Drosselvene)

Die V. jugularis interna entsteht am Foramen jugulare der Schädelbasis und ist in ihrem Anfangsbereich zum **Bulbus superior venae jugularis** erweitert. In ihrem weiteren Verlauf schließt sie sich der A. carotis interna bzw. communis an und verläuft in der Vagina carotica (↗ auch Kap. 4.1.4) zum Venenwinkel. Insgesamt transportiert die V. jugularis interna nahezu das gesamte venöse Blut aus dem Gehirn, dem oberflächlichen und tiefen Gesichtsbereich sowie von Strukturen aus der Halsregion (u. a. über **V. laryngea superior**, **Vv. thyroideae superior und media**, **Vv. pharyngeae**). Zusammen mit der V. subclavia zählt die V. jugularis interna zum tiefen Venensystem, das dem oberflächlichen Netz der Hautvenen (u.a. Vv. jugulares externa und anterior) gegenübergestellt wird.

Klinik

Die V. jugularis interna eignet sich gut zur Platzierung eines **zentralen Venenkatheters (ZVK).** Durch die kurze Distanz zum Herzen gelangen Medikamente schnell und sicher in die Zirkulation. Des Weiteren können aufgrund des großen Gefäßdurchmessers auch größere Volumina verabreicht werden als durch periphere Zugänge.

V. jugularis externa (äußere Drosselvene)

Die V. jugularis externa entsteht hinter der Ohrmuschel durch die Vereinigung der **V. occipitalis** und der **V. auricularis posterior** und zieht quer über den M. sternocleidomastoideus nach kaudal (↗ Abb. 4.7). In diesem Bereich ist sie nur vom Platysma bedeckt und kann daher durch die Haut sichtbar sein. Kurz vor dem Schlüsselbein durchbricht die V. jugularis externa die Halsfaszie und mündet in die V. jugularis

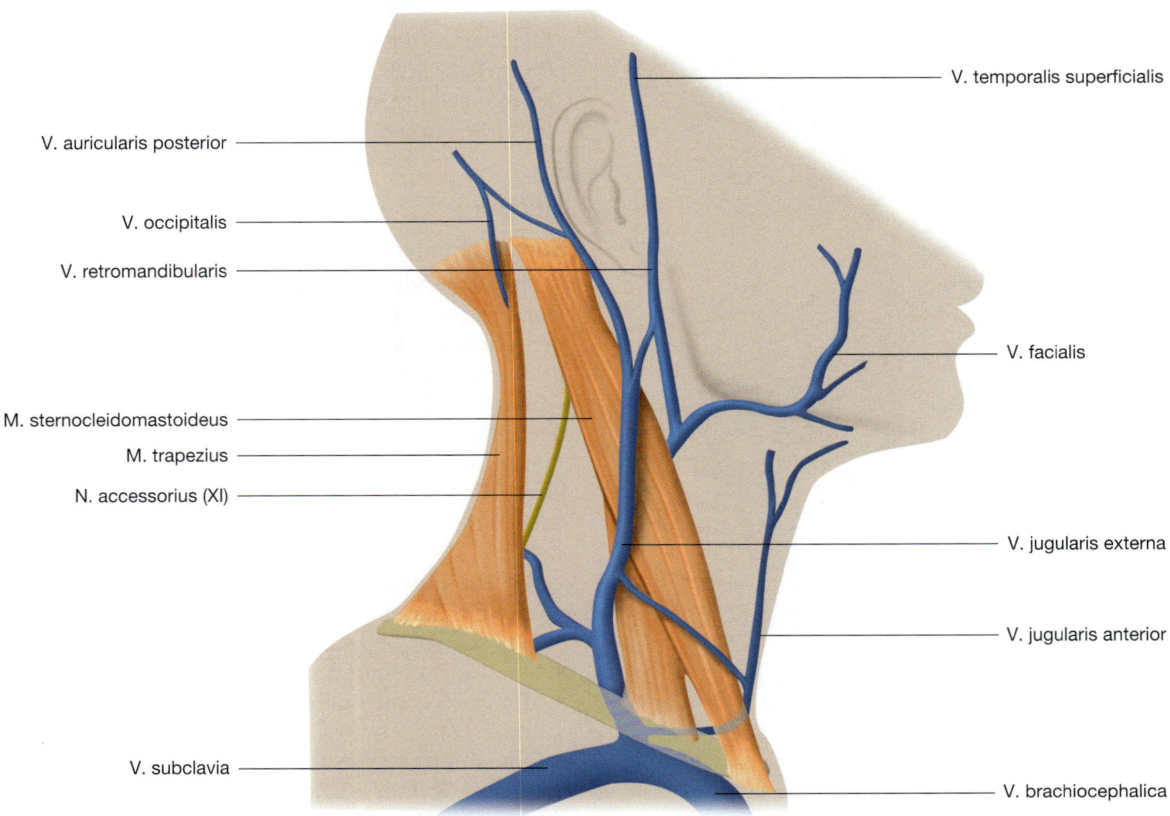

Abb. 4.7 Die oberflächlichen Venen der Halsregion.

interna. In ihrem Verlauf erhält sie Zufluss aus zahlreichen Venen der Hals- und Schultermuskulatur.

V. jugularis anterior (vordere Drosselvene)

Die V. jugularis anterior, meist deutlich schwächer ausgebildet als die V. jugularis externa, entsteht im Bereich des Zungenbeins (↗ Abb. 4.7) und zieht von hier aus auf dem M. sternothyroideus nach kaudal. Häufig besteht eine Verbindung zur Vene der Gegenseite (**Arcus venosus jugularis**). Die V. jugularis anterior mündet in die V. jugularis externa oder direkt in den Venenwinkel.

V. subclavia

Die V. subclavia setzt den Verlauf der V. axillaris fort und zieht unterhalb von Klavikula und M. subclavius nach medial. In diesem Abschnitt ist sie mit der gemeinsamen Faszie des M. pectoralis minor und des M. subclavius, der **Fascia clavipectoralis**, verwachsen. Im Gegensatz zur gleichnamigen Arterie zieht die V. subclavia **über** den M. scalenus anterior und über die 1. Rippe, um von hier in den Thoraxraum zu gelangen und in den Venenwinkel einzumünden (↗ Abb. 5.5). Sie leitet das venöse Blut aus der oberen Extremität und aus dem Schultergürtel (↗ Kap. 7.5.2), wobei die den arteriellen Abzweigungen entsprechenden Äste (u. a. **V. thyroidea inferior**, **Vv. thoracicae internae**) zumeist direkt in die V. brachiocephalica münden.

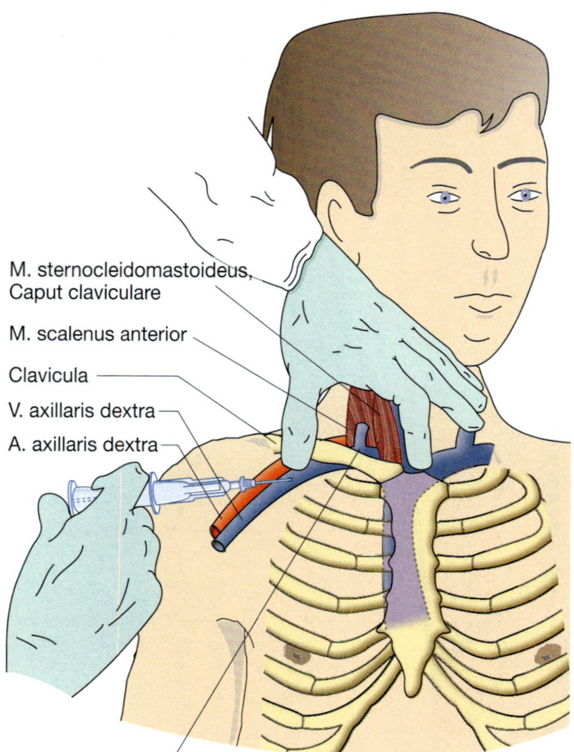

Abb. 4.8 Punktionsort zur Einführung eines zentralen Venenkatheters in die V. subclavia.

Klinik

Auch in die V. subclavia können zentrale Venenkatheter eingebracht werden (dicht unterhalb des Schlüsselbeins in der Medioklavikularlinie, ↗ Abb. 4.8).

Lymphgefäße

Die Lymphgefäße der Halsregion drainieren in zahlreiche regionäre Lymphknotenstationen, die nach ihrer Lokalisation und Drainageregion benannt sind. Zu diesen rund 300 Lymphknoten zählen u. a. Lnn. cervicales profundi bzw. superficiales, Lnn. submandibulares, Lnn. submentales, Lnn. faciales, Lnn. retropharyngeales, Lnn. prepharyngeales und Lnn. supraclaviculares.

Die **Lnn. cervicales profundi** bilden mit 20–30 Lymphknoten entlang der V. jugularis interna einen Hauptabflussweg der Lymphe aus dem Hals- und Kopfbereich und sind den meisten anderen regionären Lymphknoten nachgeschaltet. Sie leiten ihre Lymphe über die **Plexus jugulares superficialis** und **profundus** in den Truncus jugularis und von hier in den Venenwinkel (↗ Abb. 1.15).

Die **Lnn. supraclaviculares** zählen zwar zu den Halslymphknoten, stehen jedoch zusätzlich mit zahlreichen anderen Lymphabflusswegen in Verbindung, z. B. aus der Axilla, aus der Brustregion und aus dem Mediastinum.

Merke

Metastasen bösartiger Tumoren aus dem Magen-Darm-Trakt können zum Anschwellen der supraklavikulären Lymphknoten führen und hierdurch diagnostische Bedeutung gewinnen (sog. **Virchow-Drüse**).

Nerven

Somatische Nerven

Plexus cervicalis

Der Plexus cervicalis wird aus den **ventralen Ästen der obersten vier Spinalnerven (C1–C4)** gebildet und versorgt motorisch und sensibel die Halsregion (↗ Kap. 1.5.2). Er liegt seitlich der Halswirbelsäule in der Tiefe unter dem M. sternocleidomastoideus.

Man unterscheidet **motorische Äste** (**Rr. musculares**), den **N. phrenicus**, der sowohl motorische als auch sensorische Fasern führt, sowie **sensorische Äste**.

Die **Rr. musculares** innervieren zahlreiche Halsmuskeln. Hierzu zählen:

- Mm. scaleni (↗ Tab. 4.2)
- Mm. longi colli und capitis (↗ Tab. 4.2)
- Mm. recti capitis anterior und lateralis (↗ Tab. 4.2 und 2.17)
- Mm. intertransversarii anteriores und posteriores cervicis (↗ Tab. 2.15).

Fasern aus C1 und C2 bilden die **Radix superior**, die sich dem N. hypoglossus (XII) anschließt und sich mit der **Radix inferior** aus C2 und C3 zur **Ansa cervicalis** (= Halsschlinge) ergänzt. Die Ansa cervicalis innerviert die infrahyale Muskulatur (↗ Tab. 4.3).

Der **N. phrenicus** entsteht durch das Zusammenfließen tiefer Äste aus C3–C5 (vor allem aus C4) und innerviert das Zwerchfell motorisch, die Pleura parietalis (Partes mediastinalis und diaphragmatica), das Perikard und das Peritoneum sensorisch. Er verläuft an der Vorderfläche des M. scalenus anterior und gelangt zwischen A. und V. subclavia vor der Pleurakuppel in den Thoraxraum. Der rechte N. phrenicus zieht lateral der V. cava superior zwischen fibrösem Perikard und Pleura parietalis (Pars mediastinalis) zum Zwerchfell, das er ventral vom Foramen venae cavae inferioris erreicht. Der linke N. phrenicus biegt um die Herzspitze und hat daher einen etwas längeren Weg. Er erreicht das Zwerchfell weiter ventral und lateral als der rechte und durchsetzt es bereits in dessen muskulärem Anteil. Auf beiden Seiten wird der Nerv von der **A. pericardiacophrenica**, einem Ast der A. thoracica interna, begleitet.

Merke

Die Nn. phrenici verlaufen beidseits ventral des Hilum pulmonis.

Klinik

Die Nn. phrenici bilden die einzige motorische Versorgung des Zwerchfells. Bei einseitigem Ausfall resultiert ein gleichseitiger Zwerchfellhochstand, der zur Beeinträchtigung der Atmung führt (↗ Kap. 2.1.7).

Mit den Nn. phrenici gelangen afferente Impulse aus der Bauchhöhle (insbesondere vom peritonealen Überzug der Leber und der Gallenblase) in das Zervikalmark. Entzündungen in der Umgebung der Phrenikusaufzweigungen, z. B. eine akute Cholezystitis (= Gallenblasenentzündung), können deshalb zu Schmerzempfindungen im Schulterbereich (in den Dermatomen des N. phrenicus, C3–C5) führen (↗ Abb. 1.19).

Die **sensorischen**, der Hautinnervation dienenden **Äste** des Plexus cervicalis treten am Hinterrand des M. sternocleidomastoideus im Bereich des **Punctum nervosum** hervor (↗ Abb. 4.9). Von hier strahlen sie unter Durchbrechung der Fascia cervicalis superficialis nach oben, vorn, hinten und unten fächerförmig aus. Sie verlaufen subkutan. Man unterscheidet folgende Äste:

- **N. occipitalis minor** (C2): verläuft am Hinterrand des M. sternocleidomastoideus kranialwärts und versorgt die Haut der lateralen Hinterhauptsgegend
- **N. auricularis magnus** (C2 + C3): überkreuzt kranialwärts ziehend den M. sternocleidomastoideus und innerviert die Haut vor und hinter dem Ohr
- **N. transversus colli** (C2 + C3): überquert den M. sternocleidomastoideus in medialer Richtung und versorgt die vordere Halshaut ober- und unterhalb des Zungenbeins. Eine Anastomose mit dem das Platysma versorgenden Ast des N. facialis (VII) (R. colli nervi facialis) wurde früher als **Ansa cervicalis superficialis** bezeichnet.
- **Nn. supraclaviculares** (C3 + C4): verlaufen fächerförmig abwärts und innervieren die vordere Schulter- und Brusthaut.

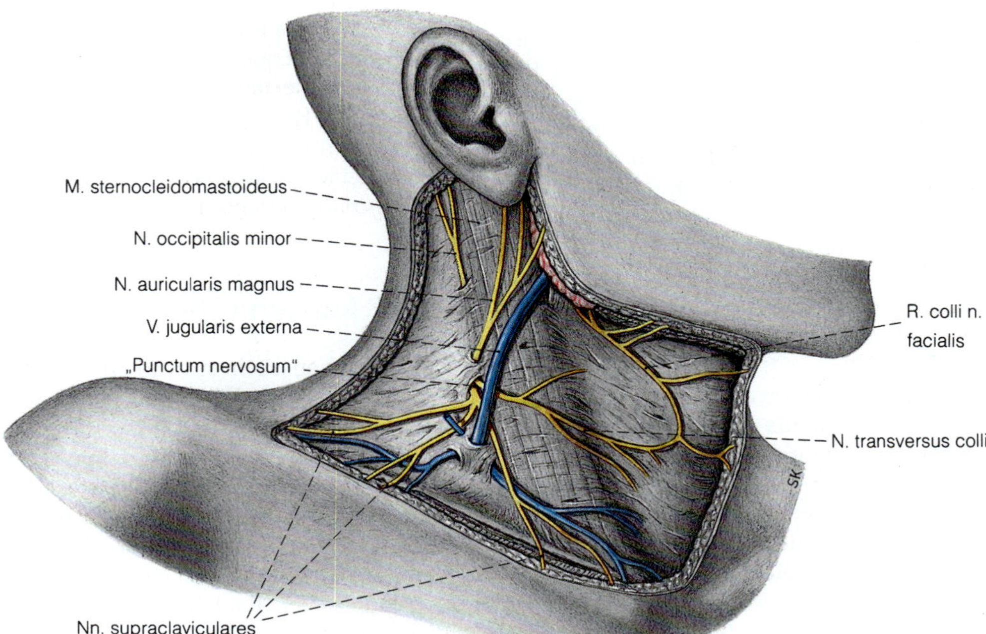

Abb. 4.9 Punctum nervosum des Plexus cervicalis. (Aus [6])

Dorsale Äste der Zervikalnerven

Im Halsbereich werden die Rr. posteriores der ersten drei Spinalnerven mit Eigennamen belegt. Man unterscheidet:

- **N. suboccipitalis (C1):** Dieser rein motorische Ast verlässt den Wirbelkanal zwischen Os occipitale und Atlas und innerviert vom Trigonum suboccipitale aus die kurzen tiefen Nackenmuskeln (Mm. suboccipitales, ↗ Tab. 2.17 [Kap. 2.5.3]).
- **N. occipitalis major (C2):** tritt zwischen Atlas und Axis aus dem Wirbelkanal, gelangt in das Trigonum suboccipitale und versorgt sensibel die Haut am Hinterkopf bis zum Scheitel. Mit einem dünnen Ast beteiligt er sich an der Innervation der Mm. semispinalis, longissimus und splenius capitis.
- **N. occipitalis tertius (C3):** dient der sensiblen Innervation der medialen Nackenhaut. Ein dünner Muskelast strahlt in den M. semispinalis capitis.
- **Rr. posteriores (C4–C8):** innervieren mit medialen und lateralen Ästen die in ihrem Bereich liegende autochthone Rückenmuskulatur (↗ Kap. 2.5.3) und die darübergelegene Haut segmental.

Merke

Der N. occipitalis major entspricht dem dorsalen Ast aus C2. Der N. occipitalis minor dagegen ist ein sensibler Hautnerv aus dem Plexus cervicalis.

Vegetative Nerven

Die **parasympathische Innervation** der Halsorgane erfolgt durch den **N. vagus**, der in der Vagina carotica seitlich des Eingeweiderohrs, d. h. im Spatium lateropharyngeum absteigt. In seinem zervikalen Abschnitt gibt er folgende Äste ab:

- **R. pharyngeus:** bildet zusammen mit Ästen des N. glossopharyngeus (IX) und mit sympathischen Fasern den **Plexus pharyngeus**, der den Rachen motorisch und sensibel innerviert
- **N. laryngeus superior:** teilt sich in einen motorischen (R. externus) und einen sensiblen Ast (R. internus). Der R. externus innerviert den M. cricothyroideus und den M. constrictor pharyngis inferior, der R. internus die Schleimhaut oberhalb der Stimmritze (↗ Kap. 4.4.5).
- **Rr. cardiaci cervicales superiores et inferiores:** beteiligen sich an der Bildung des **Plexus cardiacus** (↗ Kap. 5.6.10).

Die **sympathische Innervation** der Halsorgane erfolgt durch den **Truncus sympathicus**, der im Halsbereich der prävertebralen Muskulatur aufliegt und vom tiefen Blatt der Halsfaszie eingeschlossen wird (↗ Kap. 4.1.4). In seinem Verlauf können in der Regel ein oberes, ein mittleres und ein unteres Halsganglion (**Ganglia cervicalia superius**, **medium** und **inferius**) unterschieden werden, wobei das untere häufig mit dem ersten Brustganglion zum **Ganglion cervicothoracicum** (**Gangion stellatum**) verschmolzen ist. Das Ganglion cervicale superius ist das größte der drei Ganglien (bis zu 3 cm lang) und liegt auf den Querfortsätzen des 2. und 3. Halswirbels. Auf Höhe des 6. Halswirbels folgt das mittlere Ganglion und im Bereich des 1. Rippenköpfchens schließlich das untere Halsganglion. Die Halsganglien stehen untereinander durch **Rr. interganglionares** und über **Rr. communicantes** mit den Spinalnerven in Verbindung. Des Weiteren geben sie folgende Äste ab:

- kleinere Äste zur Bildung des **Plexus caroticus communis**, **Plexus caroticus externus** und **Plexus caroticus internus**, die die gleichnamigen Gefäße umspinnen und die Gefäßmuskulatur innervieren. Über die A. carotis interna gelangen sympathische Fasern in das Schädelinnere und versorgen u. a. den Weitstellmuskel der Pupille (M. dilatator pupillae).
- Aus jedem Halsganglion geht ein **N. cardiacus cervicalis** (**superior**, **medius**, **inferior**) hervor, der sich zusammen mit parasympathischen Fasern an der Bildung des **Plexus cardiacus** beteiligt (↗ Kap. 5.6.10).

Klinik

Im Ganglion stellatum werden, wie in den anderen Halsganglien, sympathische Fasern von prä- auf postganglionär umgeschaltet. Andere sympathische Fasern passieren das Ganglion, um die weiter oben gelegenen Halsganglien zu erreichen. **Raumforderungen oder Entzündungen im Bereich des Ganglion stellatum oder distal davon** führen ebenso wie die Blockade des Ganglions mittels Lokalanästhetikum (**Stellatumblockade**, z. B. zur Therapie von Phantom-Armschmerz oder Armschmerzen nach Gürtelrose) zum Ausfall sämtlicher verschalteter und durchziehender Fasern. Betroffen sind die sympathischen Fasern zum Auge (**Horner-Trias**: Miosis durch Ausfall des M. dilatator pupillae, Ptosis durch Ausfall des M. tarsalis, Enophthalmus durch Ausfall des M. orbitalis), zum Herzen (u. a. fehlender Stimulus zur Steigerung der Herzfrequenz) sowie zu den Schweißdrüsen und den Blutgefäßen der oberen Extremität. Der Erfolg einer Stellatumblockade lässt sich ohne weitere Hilfsmittel anhand der Horner-Trias überprüfen.

4.2 Rachen (Pharynx)

Der Rachen ist ein etwa 13 cm langer fibromuskulärer Schlauch, der sich von der Schädelbasis bis zum Eingang des Ösophagus erstreckt. Er bildet den **Übergang zwischen Mund und Speiseröhre sowie zwischen Nase und Luftröhre** (via Kehlkopf). Hier kreuzen sich also der **Verdauungstrakt** und die **Atemwege**. Die Rachenmuskulatur sorgt beim **Schluckakt** dafür, dass der Speisebrei nicht in die Atemwege gelangt. Der Rachen besitzt darüber hinaus **Abwehrfunktion**, denn am Racheneingang findet sich an zahlreichen Stellen **schleimhautassoziiertes lymphatisches Gewebe** (Mucosa-associated lymphoid tissue = MALT), der sog. **lymphatische oder Waldeyer-Rachenring**, der den ersten Kontakt zwischen Speisebrei bzw. Atemluft und dem Abwehrsystem des Organismus vermittelt.

4.2.1 Topographie

Das **kraniale Ende** des Rachens liegt im Bereich der **Schädelbasis**. Das **kaudale Ende** projiziert sich in etwa auf den unteren Rand des **Ringknorpels** bzw. auf den unteren Rand des 6. Halswirbels.

Der Rachen **grenzt an**
- die **Choanen**, die „Tore“ zu den Nasenhöhlen (↗ Kap. 3.3.2; Eintrittspforte des Luftwegs),
- die **Schlundenge (Isthmus faucium):** Die dorsale Begrenzung der Mundhöhle (Eintrittspforte des Speisewegs) wird gebildet
  - lateral durch die beiden **Schlundbögen** (Arcus palatoglossus, Arcus palatopharyngeus), die beidseits durch die Mm. palatoglossus und palatopharyngeus aufgeworfen werden. Zwischen den Schlundbögen befindet sich auf jeder Seite eine Tonsillarbucht (Fossa tonsillaris) mit Gaumenmandel (Tonsilla palatina).
  - kranial durch das **Gaumensegel** (Velum palatinum) mit dem **Zäpfchen** (Uvula),
  - kaudal durch die **Zunge**.
- den **Kehlkopf** (Larynx)
- die **Speiseröhre** (Ösophagus).

4.2.2 Gliederung

Etagengliederung

Der Rachen wird in drei unscharf voneinander getrennte Etagen unterteilt (↗ Abb. 4.10a):
- Epipharynx = Pars nasalis pharyngis = Nasopharynx
- Mesopharynx = Pars oralis pharyngis = Oropharynx
- Hypopharynx = Pars laryngea pharyngis.

Epipharynx

Der Epipharynx stellt die Fortsetzung der oberen Luftwege dar. Er beginnt an den Choanen und reicht hinab bis zum weichen Gaumen mit dem Gaumensegel (↗ Abb. 4.10a und b). Nach oben wird er unter der Schädelbasis durch das Rachengewölbe (**Fornix pharyngis**), seitlich und hinten von der Rachenwand begrenzt. In der Kuppel des Rachengewölbes liegt die unpaare Rachenmandel (**Tonsilla pharyngea**), die sich am Aufbau des lymphatischen Rachenrings beteiligt (↗ Kap. 4.2.5). Etwa 1–2 cm hinter dem Ende der unteren Nasenmuschel liegt die Öffnung der Ohrtrompete (**Ostium pharyngeum tubae auditivae**), die den Mittelohrraum mit dem Epipharynx verbindet und dadurch die Belüftung des Mittelohrs und den Druckausgleich zum freien Schwingen des Trommelfells gewährleistet. Die Begrenzung des Ostiums erfolgt nach unten durch den vom M. levator veli palatini (↗ Kap. 3.3.1, Tab. 3.13) aufgeworfenen Levatorwulst (**Torus levatorius**) sowie nach oben und hinten durch den stark vorspringenden Tubenknorpelwulst (**Torus tubarius**). Dorsal des Torus tubarius liegt der nach posterolateral weisende und blind endende **Recessus pharyngeus**. Nach kaudal schließt sich die durch den M. salpingopharyngeus (↗ Tab. 4.5) aufgeworfene **Plica salpingopharyngea** an, die bis in den Oropharynx herabreicht und hier langsam verstreicht.

Klinik

Im Bereich der Plica salpingopharyngea kommt reichlich lymphatisches Gewebe vor, das in seiner Gesamtheit als **Seitenstrang** bezeichnet wird. Eine Halsentzündung, die auf die Seitenstränge übergreift, bezeichnet man als **Seitenstrangangina.** Es resultiert eine Schwellung und somit eine Einengung des Rachenraums, die zu schmerzhaften Schluckbeschwerden führen kann (Angina = Enge, Beklemmung, vgl. Angina pectoris [↗ Kap. 5.6.8]).

Mesopharynx

Der Mesopharynx reicht vom weichen Gaumen bis zur **Plica pharyngoepiglottica** bzw. bis zum Kehldeckel (Epiglottis) und stellt die Verbindung zur Schlundenge und zur Mundhöhle dar. Vom Zungengrund, der Bestandteil der vorderen Mesopharynxwand ist, ziehen die **Plica glossoepiglottica mediana** (unpaar) und die **Plicae glossoepiglotticae laterales** zur Epiglottis. Dazwischen senken sich zwei Gruben ein, die als **Valleculae epiglotticae** bezeichnet werden.

Hypopharynx

Der Hypopharynx beginnt am Rande der Epiglottis und stellt die Verbindung des Rachenraums mit Ösophagus und Trachea her. Der Speisebrei gelangt rechts und links der in den Rachen hineinreichenden Epiglottis durch den paarigen **Recessus piriformis** in den Ösophagus (Hauptspeiseweg). Im Recessus piriformis wirft der N. laryngeus superior (aus dem N. vagus [X], ↗ Kap. 4.4.5), der in der Submukosa verläuft, die **Plica nervi laryngei superioris** auf. Der Eingang in den Kehlkopf (**Aditus laryngis**) wird durch die Epiglottis und die beiden **Plicae aryepiglotticae** begrenzt.

Wandbau

Während die **Schleimhaut** des Epipharynx noch respiratorisches Flimmerepithel mit Becherzellen und seromuköse Glandulae pharyngeales aufweist, sind für die kaudal folgenden Rachenabschnitte mehrschichtiges, unverhorntes Plattenepithel und rein muköse Drüsen charakteristisch. Eine Tunica muscularis mucosae fehlt im gesamten Rachenbereich; an ihrer Stelle findet sich eine elastische Grenzschicht.

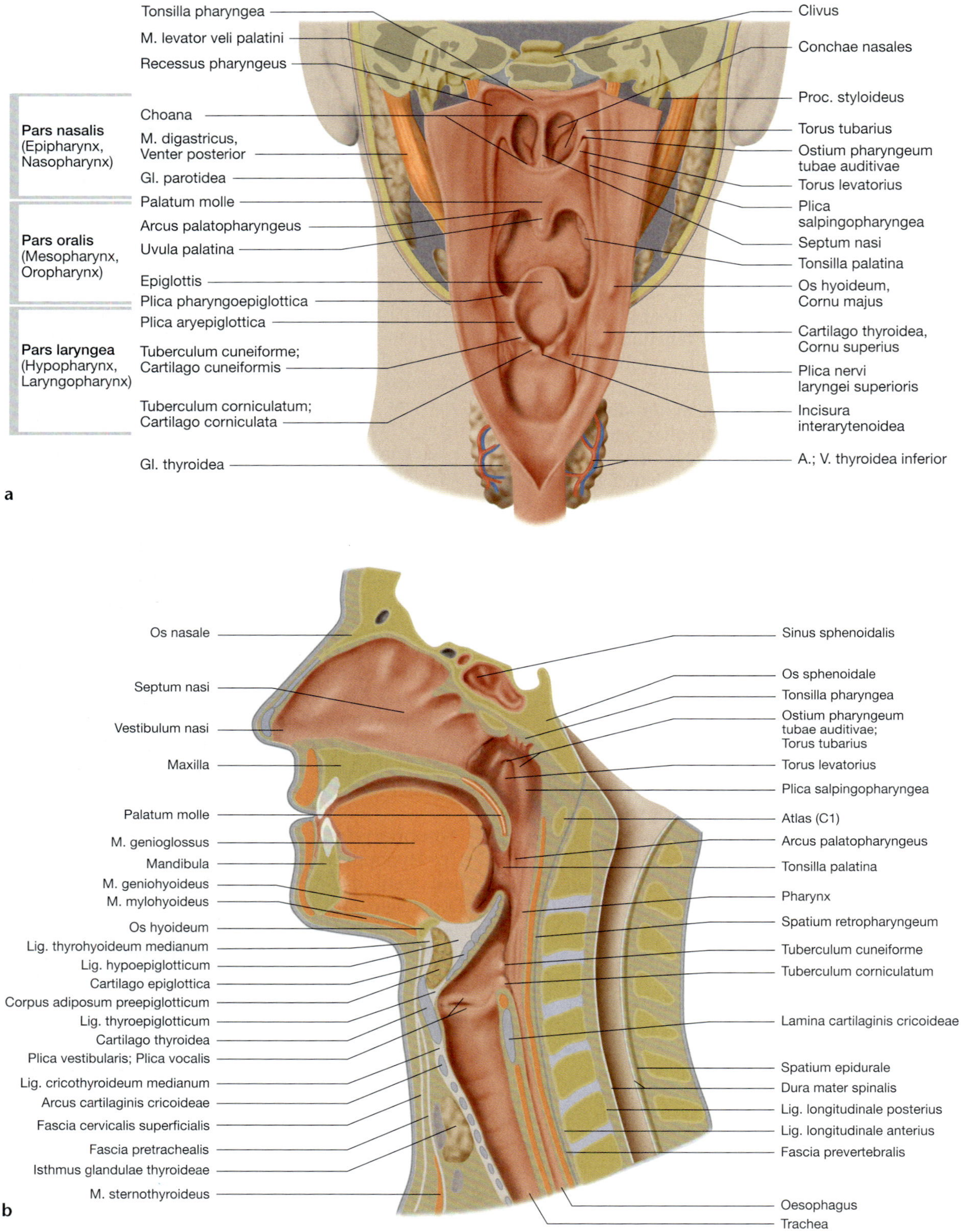

Abb. 4.10 Gliederung des Rachens. **a** Ansicht von dorsal, **b** Ansicht von lateral. (Modifiziert nach [14])

Die **Tela submucosa** ist im Epipharynx besonders stark ausgebildet. Im Hypopharynx enthält sie ein reich verzweigtes Venennetz (**Plexus pharyngeus**).

Der Tela submucosa liegt außen die **Rachenmuskulatur** an. Diese gliedert sich in

- eine äußere, vorwiegend zirkulär verlaufende Muskelschicht (**Schlundschnürer**, **Mm. constrictores pharyngis**), bei der ein oberer, mittlerer und unterer Anteil unterschieden werden können (↗ Abb. 4.11 und Tab. 4.5). Alle Anteile setzen an einem an der Rachenhinterwand lokalisierten medianen Sehnenstreifen, der **Raphe pharyngis**, an. Die Muskelfasern sind dachziegelartig übereinander angeordnet und verengen bei ihrer Kontraktion das Rachenlumen.
- eine innere, längs verlaufende Muskelschicht (**Schlundheber**, **Mm. levatores pharnygis**), bestehend aus den **Mm. stylopharyngeus**, **palatopharyngeus** und **salpingopharyngeus** (↗ Abb. 4.11 und Tab. 4.5).

Die Muskelschicht **fehlt** im obersten Abschnitt des Epipharynx auf einer Länge von etwa 1 cm und ist hier durch eine derbe Faszie, die **Fascia pharyngobasilaris**, ersetzt. Diese vermittelt die Befestigung des Rachens an der Schädelbasis.

Merke

Der Rachen ist der einzige Bereich des Gastrointestinaltraktes, in dem die längs verlaufenden Muskelfasern innen liegen und die Ringmuskulatur außen liegt. Im restlichen Verdauungstrakt sind die Muskelschichten umgekehrt angeordnet.

Als äußerste Wandschicht folgt eine feine **Tunica adventitia**. Sie grenzt die Rachenwand gegen die benachbarten bindegewebigen Spalträume (Spatia latero- und retropharyngeum, ↗ Kap. 4.1.4) ab.

4.2.3 Gefäßversorgung und Innervation

Die Blutversorgung des Rachens erfolgt durch **Äste oder Astabgänge der A. carotis externa** (A. pharyngea ascendens, A. palatina ascendens aus der A. facialis, A. palatina descendens aus der A. maxillaris, A. laryngea superior aus der A. thyroidea superior). Das venöse Blut wird über gleichnamige Venen in die **V. jugularis interna** weitergeleitet. Zusätzlich speisen die Rachenvenen im Hypopharynx einen submukösen Venenplexus (Plexus pharyngeus), mit dessen

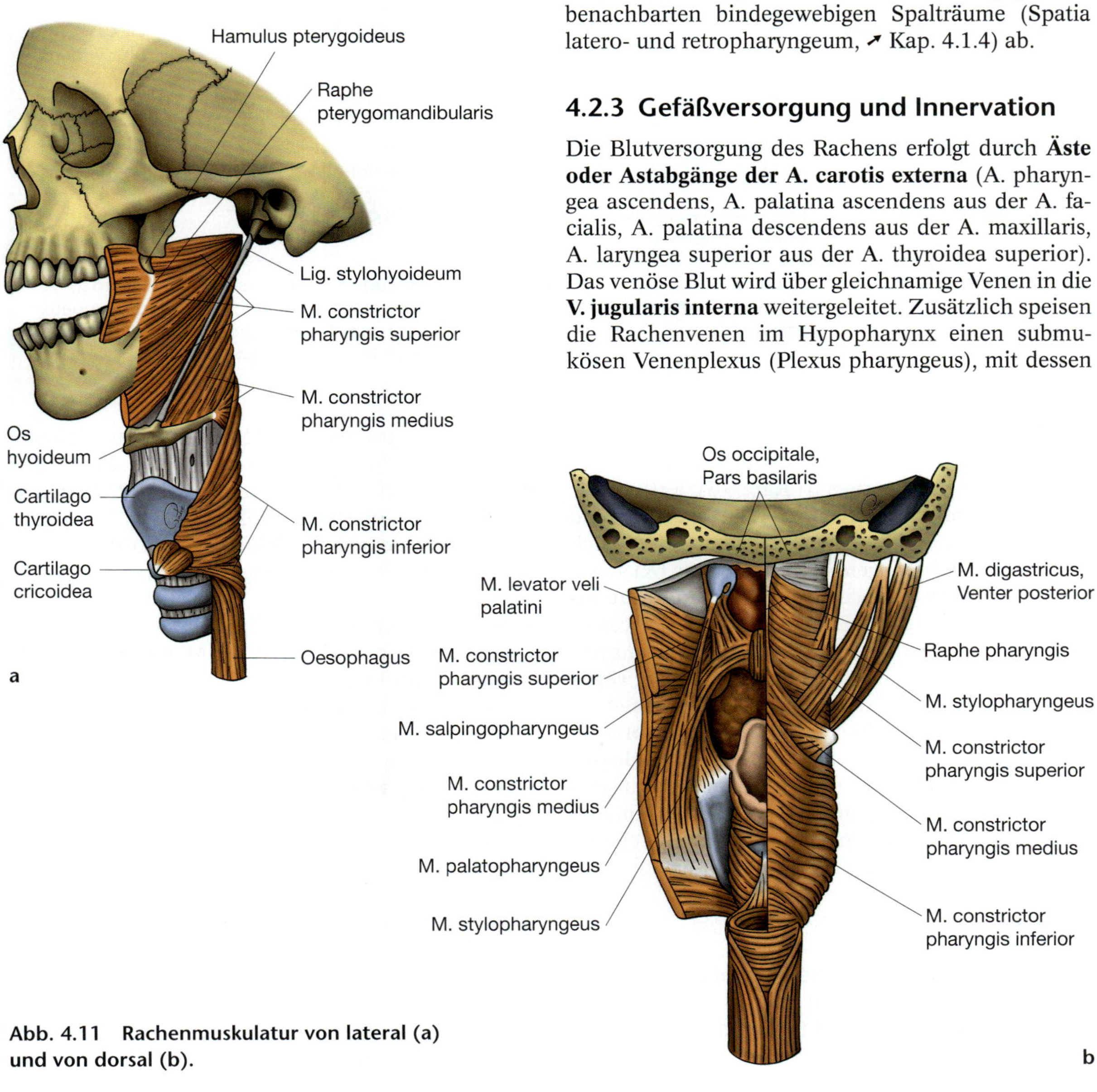

Abb. 4.11 Rachenmuskulatur von lateral (a) und von dorsal (b).

Tab. 4.5 Rachenmuskeln (Mm. pharyngis)

Muskel	Ursprung	Ansatz	Funktion	Innervation
M. constrictor pharyngis superior • **Pars pterygopharyngea** • **Pars buccopharyngea** • **Pars mylopharyngea** • **Pars glossopharyngea**	 Hamulus pterygoideus Raphe pterygomandibularis Linea mylohyoidea der Mandibula M. transversus linguae	Raphe pharyngis	verengt den Epipharynx dichtet zusammen mit dem M. levator veli palatini den Epipharynx beim Schluckakt ab und ermöglicht die Phonation (Stimmbildung) hoher Töne sowie bestimmter Laute (z. B. g, k, ch)	Plexus pharyngeus
M. constrictor pharyngis medius • **Pars chondropharyngea** • **Pars ceratopharyngea**	 Cornu minus des Os hyoideum Cornu majus des Os hyoideum	Raphe pharyngis	verengt den Mesopharynx	Plexus pharyngeus
M. constrictor pharyngis inferior • **Pars thyropharyngea** • **Pars cricopharyngea**	 Cartilago thyroidea Cartilago cricoidea	Raphe pharyngis	verengt den Hypopharynx	Plexus pharyngeus
M. salpingopharyngeus	Cartilago tubae auditivae	laterale Pharynxwand	hebt den Rachen Tubenöffner	Plexus pharyngeus
M. stylopharyngeus	Processus styloideus des Os temporale	laterale Pharynxwand	hebt den Rachen	N. glossopharyngeus
M. palatopharyngeus	Aponeurosis palatina, Hamulus pterygoideus	seitliche und dorsale Pharynxwand, Cartilago thyroidea	verengt den Isthmus faucium senkt das Gaumensegel hebt Pharynx und Larynx an	Plexus pharyngeus

Hilfe ein gasdichter Verschluss des Lumens ermöglicht wird. Ein vergleichbares Bauprinzip findet sich auch im Bereich des Afters (↗ Kap. 6.3).

Die Innervation des Rachens erfolgt vorwiegend durch den **Plexus pharyngeus**, an dessen Aufbau sich die **Nn. glossopharyngeus (IX) und vagus (X)** sowie **sympathische Fasern** beteiligen. Die **motorische Innervation** wird in erster Linie durch den N. accessorius vermittelt: Die Fasern der Radix cranialis nervi accessorii verlaufen im **R. pharyngeus des N. vagus** und versorgen alle Rachenmuskeln mit Ausnahme des M. stylopharyngeus (↗ Tab. 4.5). Die **sensorische Innervation** erfolgt **größtenteils** durch den **N. glossopharyngeus**, wobei die oberen Anteile des Nasopharynx noch vom N. maxillaris (V2), die unteren Anteile des Hypopharynx vom N. vagus versorgt werden.

4.2.4 Der Schluckakt

Beim Schluckakt wirken die Muskeln von Mundboden, Zunge, Gaumen und Rachen so zusammen, dass der Speisebrei in den Ösophagus und nicht in die Atemwege gelangt.

Zunächst wird der in der Mundhöhle zerkleinerte Speisebrei zur Schlundenge transportiert. Dieser Teil des Schluckakts ist als Einziger willentlich steuerbar. Die nun folgenden Prozesse laufen unwillkürlich ab (Schluckreflex): Beim Durchtritt des Speisebreis durch die Schlundenge kontrahieren gleichzeitig

- der **M. levator veli palatini**, wodurch das Gaumensegel angehoben wird, und der **M. constrictor pharyngis superior**. Letzterer wölbt sich als sog. Passavant-Ringwulst dem angehobenen Gaumensegel entgegen. Auf diese Weise wird das **Eindringen von Speisebrei in den Epipharynx verhindert**.
- der **M. thyrohyoideus**, wodurch der Kehlkopf zum Zungenbein gezogen wird. Infolgedessen wird ein hinter der Membrana thyrohyoidea lokalisierter Fettkörper (Corpus adiposum preepiglotticum) komprimiert. Dadurch wird der Kehldeckel nach unten gedrückt und damit der **Eingang in den Kehlkopf verschlossen** (↗ Abb. 4.12).
- die **Mm. thyroarytenoidei und arytenoidei** (↗ Kap. 4.4.4), so dass sich die **Stimmritze schließt**.

Das Zusammenspiel von Zungen-, Gaumen- und Rachenmuskulatur schiebt den Bissen nun durch die

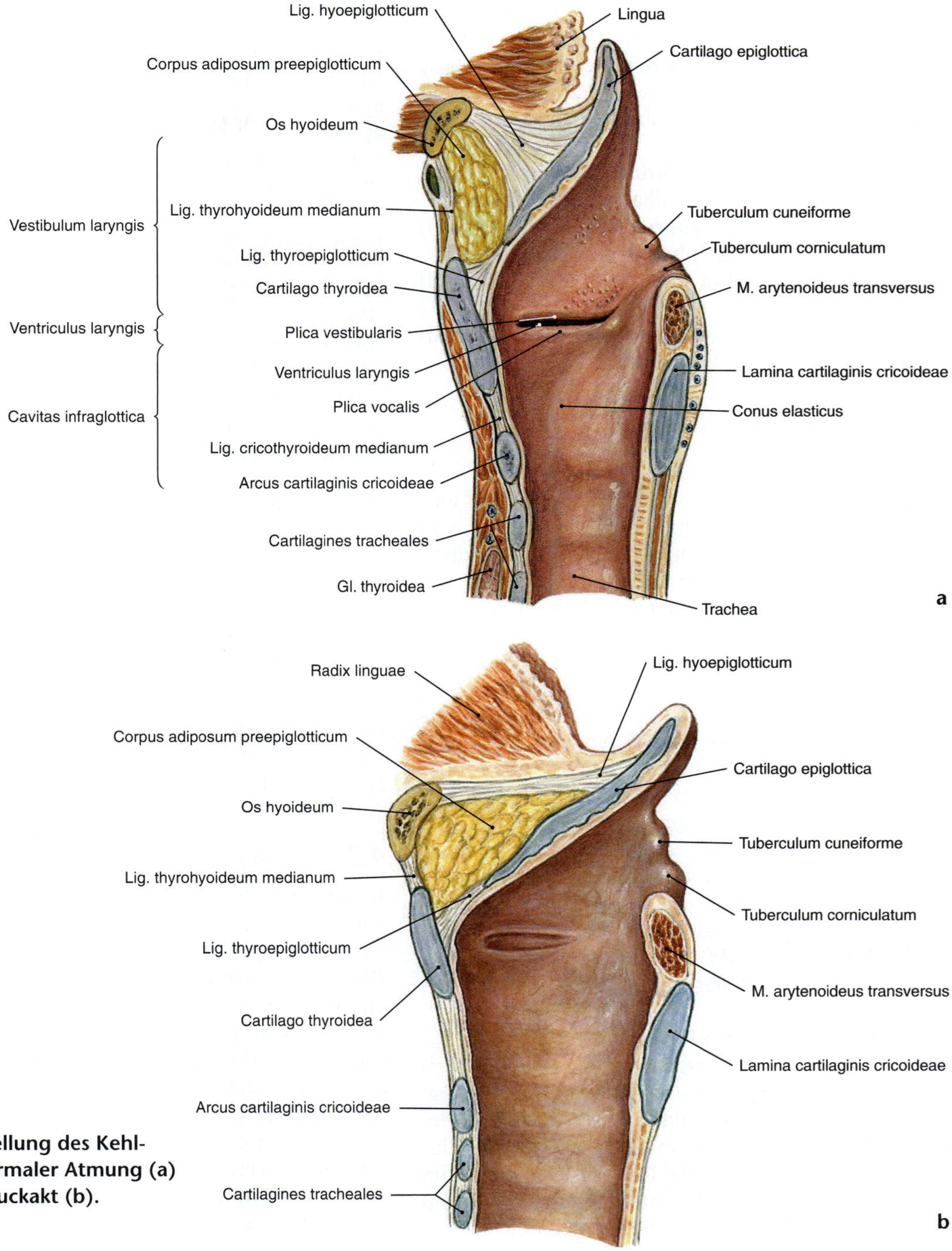

Abb. 4.12 Stellung des Kehldeckels bei normaler Atmung (a) und beim Schluckakt (b). (Aus [14])

Recessus piriformes in den Ösophagus, wo er in peristaltischen Wellen in den Magen weitertransportiert wird.

Droht der Bissen beim Durchtritt durch die Schlundenge zu groß zu werden, so kontrahiert der M. palatoglossus und verschließt die Schlundenge.

Durch Kontraktion des M. salpingopharyngeus öffnet sich die Tuba auditiva, so dass es zum Druckausgleich mit dem Mittelohr kommt.

An der afferenten Bahn des Schluckreflexes beteiligen sich **N. glossopharyngeus (IX)** und **N. vagus (X)**, an der efferenten Bahn **N. trigeminus (V)**, **N. accessorius (XI)**, **N. hypoglossus (XII)** und **Plexus cervicalis**.

4.2.5 Lymphatischer (Waldeyer-) Rachenring

Große Anteile des lymphatischen Rachenrings liegen in Form **kleinerer Ansammlungen von Lymphozyten und Lymphfollikeln im Bereich der Schleimhaut oder direkt darunter** (z. B. die Seitenstränge). An bestimmten Stellen jedoch kommen charakteristische Anhäufungen von lymphatischem Gewebe vor, die als **Tonsillen** (Mandeln) bezeichnet werden. Diese zeigen – abgesehen von kleineren regionalen Unterschieden – einen einheitlichen Aufbau. Man unterscheidet:

- die paarige **Tonsilla palatina** (Gaumenmandel), beidseits in der Fossa tonsillaris der Schlundenge
- die unpaare **Tonsilla pharyngea** (Rachenmandel) im Bereich des Fornix pharyngis
- die unpaare **Tonsilla lingualis** (Zungen[grund] mandel)
- die paarige **Tonsilla tubaria** (Tubenmandel), beidseits im Bereich der Tuba auditiva.

Tonsillae palatinae

Histologie

Die Oberfläche der beiden Gaumenmandeln ist entsprechend der Auskleidung der Mundhöhle von mehrschichtigem, unverhorntem Plattenepithel überzogen. Von hier aus ziehen zahlreiche Krypten in das Organinnere, deren Epithelauskleidung in der Tiefe zunehmend lückenhaft wird. Auf diese Weise gelangen aufgenommene Antigene in engen Kontakt mit den in der Tonsille lokalisierten Lymphozyten (z. T. über sog. M-Zellen, ↗ Kap. 1.6.2) und können eine Immunreaktion auslösen. Im Kryptenlumen findet man häufig Überreste abgestorbener Zellen oder Speisereste, die als Tonsillarpfröpfe die Krypten verstopfen können. Das eigentliche Parenchym der Gaumenmandeln besteht aus einem Netzwerk an fibroblastischen Retikulumzellen, in das proliferierende B-Lymphozyten (→ Sekundärfollikel), T-Lymphozyten (→ T-Zell-Regionen = interfollikuläre Zonen), Makrophagen, Plasmazellen und interdigitierende dendritische Zellen eingelagert sind.

Gefäßversorgung und Innervation

Die Gaumenmandeln werden durch zahlreiche kleinere Äste der umgebenden Arterien mit Blut versorgt (Rr. tonsillares aus Aa. palatina ascendens und descendens, A. pharyngea ascendens). Das venöse Blut gelangt in die V. jugularis interna. Der regionäre Lymphknoten, der bei Entzündungen anschwillt und in der Regel gut tastbar ist, liegt unter dem Kieferwinkel im Bereich der V. jugularis interna. Die sensorische Innervation erfolgt durch den N. glossopharyngeus (IX).

> **Klinik**
>
> Die etwa mandelgroße Tonsilla palatina liegt in einer bindegewebigen Kapsel, die mit der Rachenwand verbunden ist. Muss das Organ operativ entfernt werden (z. B. bei chronischen Entzündungen = chronische Tonsillitis), kann es aus dieser Kapsel herausgeschält werden, ohne dass es dabei zu Verletzungen der Rachenwand kommt.

Tonsilla pharyngea

Entsprechend der Epithelauskleidung der Umgebung ist die Rachenmandel von respiratorischem Flimmerepithel bedeckt (z. T. mit kleineren Inseln aus Plattenepithel). Im Gegensatz zu den Gaumenmandeln kommen anstelle von Krypten Falten und seichte Buchten vor.

> **Klinik**
>
> Eine starke Vergrößerung der Rachenmandel kann zur Verlegung der Choanen und somit zur Aufhebung der Nasenatmung führen. Die Betroffenen atmen durch den Mund, haben eine nasal klingende Stimme und ein eingeschränktes bis aufgehobenes Geruchsempfinden. Man bezeichnet dieses Krankheitsbild als **„adenoide Vegetationen"** (bzw. als **„Polypen"**). Die Therapie besteht in der operativen Verkleinerung der Rachenmandel.

Tonsilla lingualis

Die Schleimhaut der Zungenwurzel (= Zungengrund) ist zu Zungenbälgen aufgeworfen, die unter dem Begriff Zungen(grund)mandel zusammengefasst werden. Das mehrschichtige, unverhornte Plattenepithel der Zungenbälge ist mit Lymphozyten durchsetzt und kann Krypten bilden; Papillen fehlen hier. In der Lamina propria finden sich Lymphfollikel.

4.2.6 Embryologie

In einem frühen Entwicklungsstadium (4.–5. Entwicklungswoche) werden beim Menschen auf beiden Seiten des primitiven Rachens fünf **mesodermale Pharyngealbögen** (**Schlundbögen**, Kiemenbögen, Arcus pharyngeales) angelegt. Zwischen den Bögen stülpen sich von außen die **ektodermalen Pharyngealfurchen** (**Schlundfurchen**, Sulci pharyngeales) und von innen die **entodermalen Pharyngealtaschen** (**Schlundtaschen**, Sacci pharyngeales) ein. Bei Fischen reißen die Membranen zwischen den Furchen und Taschen ein und es entstehen die definitiven Kiemen. Beim Menschen entstehen die Schlundbögen als Kerne mesenchymalen Gewebes, die von außen mit Oberflächenektoderm und von innen durch entodermales Epithel bedeckt werden. Aus dem Mesoderm der Schlundbögen gehen u. a. Gesichts- und Halsmuskeln hervor, die jeweils von ihrem eigenen „Schlundbogennerv" innerviert werden. Des Weiteren bildet jeder Schlundbogen seine eigene Arterie aus, wobei sich die Arterien der ersten beiden Schlundbögen wieder zurückbilden. Im Einzelnen gehen folgende Strukturen aus der primitiven Rachenanlage hervor:

- **1. Schlundbogen** (Mandibularbogen): N. mandibularis (V3), Kaumuskulatur, M. mylohyoideus, Venter anterior des M. digastricus, M. tensor veli

palatini, M. tensor tympani, Maxilla, Mandibula, Malleus, Incus
- **2. Schlundbogen** (Hyoidbogen): N. facialis (VII), M. stapedius, M. stylohyoideus, mimische Muskulatur, Venter posterior des M. digastricus, Stapes, Processus styloideus (Os temporale), Cornu minus und oberer Teil des Os hyoideum, Lig. stylohyoideum
- **3. Schlundbogen:** N. glossopharyngeus, unterer Teil der A. carotis interna, M. stylopharyngeus, Mm. constrictores pharyngis superior et medius (nur teilweise), Cornu majus und unterer Teil des Os hyoideum
- **4. Schlundbogen:** N. laryngeus superior (aus X), Aortenbogen (links) bzw. Teil der A. subclavia (rechts), untere Rachenmuskulatur (teilweise), oberer Teil der Cartilago thyroidea, Cartilago cuneiformis
- **5. Schlundbogen:** N. laryngeus recurrens (aus X), N. accessorius (XI), Aa. pulmonales, Ductus arteriosus Botalli, Kehlkopfmuskulatur, M. trapezius, M. sternocleidomastoideus, unterer Teil der Cartilago thyroidea, Cartilago cricoidea, Cartilago arytenoidea, Cartilago corniculata
- **1. Schlundtasche:** primäre Paukenhöhlen, Tuba auditiva
- **2. Schlundtasche:** Fossa tonsillaris, Teile der Tonsilla palatina
- **3. Schlundtasche:** Glandula parathyroidea inferior, Thymus-Hauptanlage
- **4. Schlundtasche:** Glandula parathyroidea superior, Thymus-Nebenanlage
- **5. Schlundtasche:** Ultimobranchialkörper (Zellen werden später in die Schilddrüse aufgenommen und bilden die Kalzitonin produzierenden C-Zellen)
- **Schlundfurchen:** Nur die erste der insgesamt vier Furchen trägt zu den Organanlagen des Embryos bei, indem sie den äußeren Gehörgang ausbildet und sich an der Bildung des Trommelfells beteiligt (↗ Kap. 3.5). Die anderen Furchen werden zurückgebildet.

4.3 Schilddrüse (Gl. thyroidea) und Nebenschilddrüsen (Gll. parathyroideae)

Die **Schilddrüse** liegt unterhalb des Kehlkopfs lateral und ventral der Trachea. Sie ist die größte endokrine Drüse des menschlichen Körpers. Ihre Produkte sind die Hormone **Thyroxin** (Tetrajodthyronin, T_4), **Trijodthyronin** (T_3) und **Kalzitonin**.

Die vier weizenkorngroßen **Nebenschilddrüsen** (= **Epithelkörperchen,** Gesamtgewicht 25–50 mg) liegen in unmittelbarer Nachbarschaft der Schilddrüse und produzieren das Hormon **Parathormon**.

Embryologie

Die **Schilddrüse** entwickelt sich aus dem Epithel des Mundbodens: An der Grenze zwischen der 1. und 2. Schlundtasche (↗ Kap. 4.2.6) erscheint eine epitheliale Aussprossung, die sich zu einem „Führungsstiel", dem **Ductus thyroglossus**, weiterentwickelt. Aus dem kaudalen Ende des Ductus geht zunächst die zweilappige Schilddrüsenanlage, aus dem mittleren Anteil später der Isthmus hervor, der die beiden fertig ausgebildeten Lappen verbindet. Die zweilappige Drüsenanlage lagert sich im Laufe der weiteren Entwicklung zunehmend an die Trachea an. Hier angelangt, bildet sich der Ductus thyroglossus zurück. Sein Ursprung an der Zunge bleibt als **Foramen caecum linguae** zeitlebens sichtbar.

Klinik

Bei unvollständiger oder ausbleibender Rückbildung des Ductus thyroglossus kann Schilddrüsengewebe als **Lobus pyramidalis** zurückbleiben (bei ca. 30–50% aller Menschen), der vom Isthmus ausgehend nach oben zieht. Alternativ können auch einzelne Gewebefragmente, sog. **akzessorische Schilddrüsen**, überbleiben.

Im Laufe der weiteren Entwicklung lagern sich die aus der 3. und 4. Schlundtasche hervorgehenden **Nebenschilddrüsen** sowie der aus der 5. Schlundtasche hervorgehende Ultimobranchialkörper an die Schilddrüse an. Der Ultimobranchialkörper wird von Schilddrüsengewebe umwachsen und so in die Schilddrüse integriert.

Gliederung und Topographie

Schilddrüse

Die Schilddrüse besteht aus den beiden Schilddrüsenlappen (**Lobi dexter et sinister**), die anterolateral der Trachea aufliegen, und dem schmalen **Isthmus**, der die Lappen etwa auf Höhe der 2.–3. trachealen Knorpelspange verbindet (↗ Abb. 4.13). Sie projiziert sich in etwa auf Höhe des 5. Hals- bis 1. Brustwirbelkörpers auf die Wirbelsäule. Die beiden Lappen sind unter den Mm. sternothyroidei und sternohyoidei verborgen. Der untere Lappenpol reicht meist nur kurz bis unter den Isthmus und liegt physiologischerweise stets kranial der oberen Thoraxapertur. Der obere Lappenpol erreicht den Schildknorpel des Kehlkopfs. Umgeben wird die Schilddrüse von einer zweiblättrigen bindegewebigen Kapsel (**Capsula fibrosa**). Ihr äußeres Blatt ist fest mit dem Ringknorpel des Kehlkopfs und mit der Trachea verbunden, so dass die Schilddrüse den Bewegungen von Kehlkopf und Trachea passiv folgt (z.B. beim Schluckakt). Das innere Blatt bildet Septen, die das Schilddrüsenparenchym in Läppchen unterteilen. Das Volumen des Schilddrüsenparenchyms beträgt beim Mann durchschnittlich 25 ml, bei der Frau 18 ml.

Nebenschilddrüsen

Die Nebenschilddrüsen liegen zwischen den beiden Blättern der Capsula fibrosa der Schilddrüse – die beiden oberen meist auf mittlerer Höhe der Schilddrüsenlappen, die unteren jeweils am unteren Lappenpol. Ihre Lokalisation ist jedoch interindividuell sehr variabel.

Der in direkter Nachbarschaft von Schilddrüse und Nebenschilddrüsen verlaufende N. laryngeus recurrens (aus X) liegt außerhalb der Capsula fibrosa.

Klinik

Bei Schilddrüsenoperationen müssen von ventral her zunächst die Fascia pretrachealis und anschließend die Capsula fibrosa eröffnet werden. Chirurgen bezeichnen die beiden durch den präviszeralen Verschiebespalt getrennten Schichten daher auch als äußere Kapsel (Fascia praetrachealis) bzw. innere Kapsel (Capsula fibrosa) der Schilddrüse.

Histologie und Funktion

Schilddrüse

Das Schilddrüsenparenchym ist in Läppchen gegliedert und besteht aus einem blut- und lymphgefäßreichen Bindegewebe (Stroma), in das die rundlichen Schilddrüsenfollikel eingebettet sind. In den **Follikelepithelzellen** (Thyreozyten) werden die Schilddrüsenhormone **Thyroxin** (T_4) und **Trijodthyronin** (T_3) zunächst als inaktive Vorstufen **synthetisiert**. Diese werden in Form des Glykoproteins **Thyreoglobulin** (= Prohormon) **extrazellulär** im Follikelinneren **gespeichert**. Das histologische Korrelat des Thyreoglobulins ist das homogene, eosinophile **Kolloid** im Follikelinneren. Die Freisetzung der Hormone setzt eine erneute Aufnahme des Prohormons in die Follikelepithelzellen voraus (durch Pinozytose), der ein vollständiger **proteolytischer Abbau des Thyreoglobulins** folgt. Es resultiert die **Freisetzung von T_3 und T_4**, die anschließend in das Blutplasma abgegeben werden.

Merke

Die Höhe des Follikelepithels variiert in Abhängigkeit vom Funktionszustand der Zellen. Hormonproduzierende Zellen sind iso- bis hochprismatisch, während sekretspeichernde Schilddrüsenfollikel plattes Epithel aufweisen. Auch während der Hormonfreisetzung nehmen die Follikelepithelien wieder eine hochprismatische Form an.

T_3 und T_4 fördern den Grundumsatz, den Gesamtstoffwechsel sowie Wachstum und Entwicklung. Ihre Freisetzung wird über den Hypothalamus-Hypophysen-Regelkreis gesteuert. So führt das im Hypothalamus gebildete **TRH** (Thyreotropin-releasing-Hormon) zur Freisetzung von **TSH** (thyroideastimulierendes Hormon) aus dem Hypophysenvorderlappen und hierdurch zur Stimulation der T_3- und T_4-Freisetzung.

Im Stroma und zwischen den Follikelepithelzellen liegen größere Zellen (einzeln oder in kleinen Gruppen) mit hellem Zytoplasma, die als **C-Zellen** (**parafollikuläre Zellen**) bezeichnet werden und **Kalzitonin** produzieren. Sie leiten sich aus dem Ultimobranchialkörper ab, der aus der 5. Schlundtasche hervorgeht (↗ Kap. 4.2.6) und im Laufe der Entwicklung in die Schilddrüse integriert wird. Kalzitonin fördert den Kalziumeinbau in den Knochen und da-

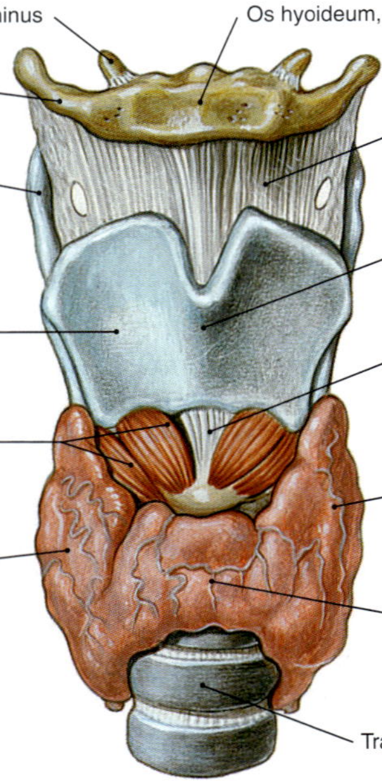

Abb. 4.13 Form und Lage der Schilddrüse. (Aus [14])

mit dessen Mineralisierung und stimuliert die renale Ausscheidung von Kalzium und Phosphat. Es ist der Gegenspieler des Parathormons (↗ unten). Seine **Freisetzung** erfolgt wie die des Parathormons **unabhängig von TRH und TSH**.

Nebenschilddrüsen

Die Nebenschilddrüsen weisen ähnlich wie die Schilddrüse eine bindegewebige Kapsel auf, von der aus feine Septen in das Innere des Organs ziehen und das Parenchym in Läppchen untergliedern. In den Läppchen liegen strangförmig angeordnete epitheliale Zellen, wobei Hauptzellen und oxyphile Zellen unterschieden werden können.

Die **Hauptzellen** sezernieren **Parathormon** und sind je nach Aktivitätsgrad eher dunkel (sekretorisch aktiv) oder hell (sekretorisch wenig aktiv). Parathormon stimuliert Osteoklasten und hierdurch die Freisetzung von Kalzium aus dem Knochen. Außerdem fördert es direkt die renale Rückresorption von Kalzium sowie die renale Ausscheidung von Phosphat und indirekt die Resorption von Kalzium aus dem Darm.

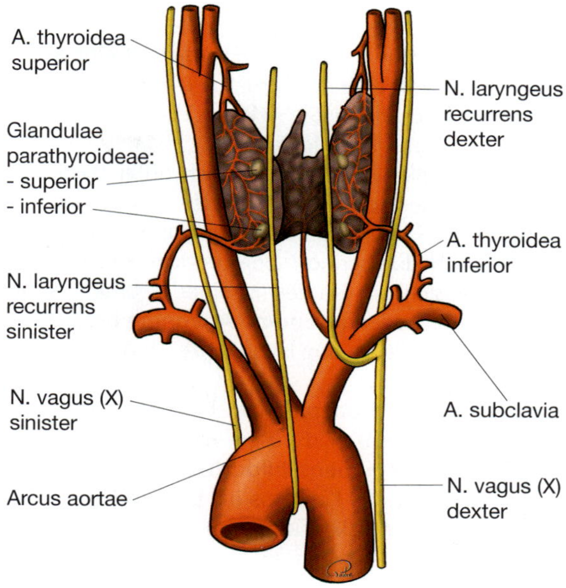

Abb. 4.14 Gefäßversorgung der Schilddrüse und Topographie der Nebenschilddrüsen, von dorsal.

Merke

Parathormon stellt Kalzium parat. Die Hormonsekretion erfolgt nicht über übergeordnete Releasing-Hormone, sondern wird durch die Plasmakalziumkonzentration gesteuert. Die Hauptzellen enthalten Kalziumrezeptoren, die bei Aktivierung durch Kalziumionen die Parathormonsekretion hemmen.

Über die Funktion der **oxyphilen Zellen** ist noch wenig bekannt. Sie machen etwa 3% der vorkommenden Zellen aus, weisen eine polygonale Form auf und sind größer als die Hauptzellen. Mit zunehmendem Lebensalter nimmt ihre Zahl zu.

Gefäßversorgung

Die arterielle Blutversorgung der **Schilddrüse** erfolgt beidseits durch die **A. thyroidea superior** (aus der A. carotis externa) und die **A. thyroidea inferior** (aus dem Truncus thyrocervicalis der A. subclavia ↗ Abb. 4.14). Bei rund 10% der Menschen ist zusätzlich noch eine A. thyroidea ima ausgebildet, die direkt aus dem Truncus brachiocephalicus oder dem Aortenbogen emporsteigt. Die Arterien verzweigen sich im Inneren der Drüse und verbinden sich netzartig, wobei die Äste der oberen Schilddrüsenarterie vorwiegend die Organvorderseite und die Äste der unteren Schilddrüsenarterie die Organrückseite versorgen.

Das venöse Blut fließt über die oberen, mittleren und unteren Schilddrüsenvenen ab. Hierbei leiten die Vv. thyroideae superiores und mediae ihr Blut beidseits in die V. jugularis interna, die Vv. thyroideae inferiores hingegen drainieren das Blut über ein vor der Trachea gelegenes Venengeflecht (**Plexus thyroideus impar**) zumeist in die linke V. brachiocephalica.

Die arterielle und venöse Versorgung der **Nebenschilddrüsen** erfolgt über die Schilddrüsengefäße.

Innervation

Die sympathische Innervation der **Schilddrüse** und der **Nebenschilddrüsen** erfolgt in erster Linie durch die Halsganglien des Grenzstranges. Kleinere Abzweigungen der Nn. laryngei des N. vagus (X) vermitteln die parasympathische Versorgung.

Klinik

Eine Überfunktion der Schilddrüse wird als **Hyperthyreose** bezeichnet. Klinisch fallen die Patienten durch Schweißneigung und Wärmeintoleranz, Gewichtsverlust (höherer Grundumsatz), Herzrasen, Durchfall, Zittern, Unruhe und Nervosität auf. Im Gegensatz hierzu kommt es im Rahmen einer **Hypothyreose** (Schilddrüsenunterfunktion) zu Kälteintoleranz, Gewichtszunahme, Verstopfung, teigiger Haut, struppigen Haaren, Depression und Antriebsarmut.

Eine bereits bei Geburt bestehende und nicht therapierte Hypothyreose führt zum Krankheitsbild des **Kretinismus**. Hierbei ist insbesondere die geistige, aber auch die körperliche Entwicklung stark beeinträchtigt.

Die Schilddrüse benötigt für ihre Hormonsynthese Jod, das mit der Nahrung zugeführt werden muss. Steht dem Körper nicht genügend Jod und somit nicht genügend Hormon zur Verfügung (zahlreiche Regionen in Deutschland haben jodarmes Trinkwasser, sind also Jodmangelgebiete), versucht die Schilddrüse, diesen Missstand durch eine Vermehrung der hormonbildenden Zellen (**Hyperplasie**) auszugleichen. Die Schilddrüse vergrößert sich (**Jodmangelstruma**) und kann je nach Schweregrad durch die obere Thoraxapertur nach kaudal wachsen. Es resultiert eine Kompression der umgebenden Strukturen, die zu Atemnot und Schluckstörungen führen kann. Therapie der Wahl ist die Substitution von Jodid.

Einzelne Zellgruppen können sich unter bestimmten Umständen der Kontrolle des Hypothalamus-Hypophysen-Regelkreises entziehen und dann kontinuierlich Schilddrüsenhormone produzieren. Zumeist handelt es sich um Knoten in einer Struma, die als **heiße Knoten** oder **autonome Adenome** bezeichnet werden. Es resultiert eine Hyperthyreose (hyperthyreote Struma).

Bei Schilddrüsenoperationen besteht immer die Gefahr, die Nebenschilddrüsen versehentlich mit zu resezieren. **Ohne Nebenschilddrüsen** kommt es rasch zu einem Abfall des Kalziums im Blut und zum Auftreten schwerer Muskelzuckungen und -krämpfe (**Tetanie**).

4.4 Kehlkopf (Larynx)

4.4.1 Überblick

Der Kehlkopf ist ein Teil der **Atemwege** und leitet die Atemluft aus dem Rachen in die Luftröhre. Des Weiteren ist er das zentrale Organ der **Stimmbildung (Phonation)**. Für beide Funktionen spielen die elastischen **Stimmbänder** eine entscheidende Rolle. Sie spannen sich im Binnenraum des Kehlkopfs zwischen den Anteilen des knorpeligen Kehlkopfskeletts aus und begrenzen zwischen sich die Stimmritze, den Durchgang für die Atemluft. Die Stellung der Stimmbänder zueinander wird durch Muskeln und nichtelastische Bänder reguliert, die am Kehlkopfskelett ansetzen. Bei **geöffneter Stimmritze** dient der Kehlkopf als **Atemweg**, bei **nahezu geschlossener Stimmritze** der **Phonation**. In letzterem Fall liegen die Stimmbänder parallel und eng beeinander und werden durch den exspiratorischen Luftstrom in Schwingungen versetzt. Der **vollständige Stimmritzenschluss** spielt eine entscheidende Rolle beim **Schluckakt** (zusammen mit dem Kehldeckel verhindert er das Eindringen von Speisebrei in die Atemwege), beim **Pressen**, **Husten** und **Niesen**. Beim Pressen erfolgt der Stimmritzenschluss nach maximaler Inspiration und ermöglicht eine starke Zunahme des intrathorakalen und intraabdominellen Drucks. Beim Husten und Niesen wird die Stimmritze in der Exspirationsphase schnell geöffnet, so dass die Luft unter hohem Druck nach außen entweicht und Partikel in den Atemwegen mitreißt.

Der Kehlkopf liegt unterhalb des Zungenbeins und ragt mit seinem oberen Anteil, dem Kehldeckel, in den Hypopharynx. Sein unterer, an die Trachea grenzender Anteil ist vorn und seitlich von Schilddrüsengewebe bedeckt (↗ Abb. 4.13). Beim Erwachsenen projiziert sich der Kehlkopf in etwa auf den 3.–6. Halswirbelkörper; im Alter kann er absinken.

4.4.2 Knorpelskelett

Das knorpelige Kehlkopfskelett besteht im Wesentlichen aus vier größeren, durch Gelenke und Bänder verbundenen Knorpeln:

- Schildknorpel (**Cartilago thyroidea**, unpaar, ↗ Abb. 4.15a)
- Ringknorpel (**Cartilago cricoidea**, unpaar, ↗ Abb. 4.15a)
- Kehldeckel (Cartilago epiglottica, **Epiglottis**, unpaar, ↗ Abb. 4.15b)
- Stellknorpel (Gießbeckenknorpel, **Cartilago arytenoidea**, paarig, ↗ Abb. 4.15b).

Der Schildknorpel (**Cartilago thyroidea**) setzt sich aus den beiden Schildknorpelplatten (**Laminae**) zusammen, die ventral verschmolzen sind und die **Prominentia laryngea** bilden (**Adamsapfel**). Oberhalb der Prominentia weichen die Platten V-förmig auseinander, wodurch die **Incisura thyroidea superior** entsteht. An den Innenflächen der Schildknorpelplatten sind die Stimmbänder befestigt. Dorsal weist jede Schildknorpelplatte ein oberes und unteres Horn (**Cornu superius**, **Cornu inferius**) auf. Die beiden unteren Hörner stehen mit dem Ringknorpel in gelenkiger Verbindung (↗ unten).

Der Ringknorpel (**Cartilago cricoidea**) ist der einzige Knorpel, der die Luftwege vollständig umschließt. Er weist die Form eines Siegelrings auf, wobei das „Siegel" nach dorsal zeigt und als **Lamina cartilaginis cricoideae** bezeichnet wird. Nach ventral schließt sich der „Ring" (**Arcus cartilaginis cricoideae**) an, der nur etwa 1/3 der Höhe der Lamina erreicht. Insgesamt ist der Ringknorpel zwar kleiner, dafür aber dicker und stabiler als der Schildknorpel.

Der Kehldeckel (**Epiglottis**) hat die Form eines Fahrradsattels. Sein Stiel wird als **Petiolus epiglottidis** bezeichnet.

Die Stellknorpel (**Cartilagines arytenoideae**) haben die Form einer 3-seitigen Pyramide und sitzen mit ihrer Basis beidseits der Lamina des Ringknorpels auf. Am nach ventral zeigenden **Processus vocalis** ist das dorsale Ende des Stimmbandes (= **Lig. vocale**) befestigt, während der nach lateral weisende **Processus muscularis** als Ansatzpunkt zahlreicher Kehlkopfmuskeln dient (↗ unten).

Neben den großen Knorpeln des Kehlkopfskeletts können noch weitere kleinere, überwiegend paarig angelegte Knorpel unterschieden werden:

- Die paarigen Spitzenknorpel (Santorini-Knorpel, **Cartilagines corniculatae**) liegen auf der Spitze der Stellknorpel und werfen das gleichnamige Knötchen (**Tuberculum corniculatum**) in der Plica arytenoidea auf (↗ Abb. 4.15b).
- Die paarigen Kegelknorpel (Wrisberg-Knorpel, **Cartilagines cuneiformes**) liegen seitlich der Spitzenknorpel und bilden den Kern des gleichnami-

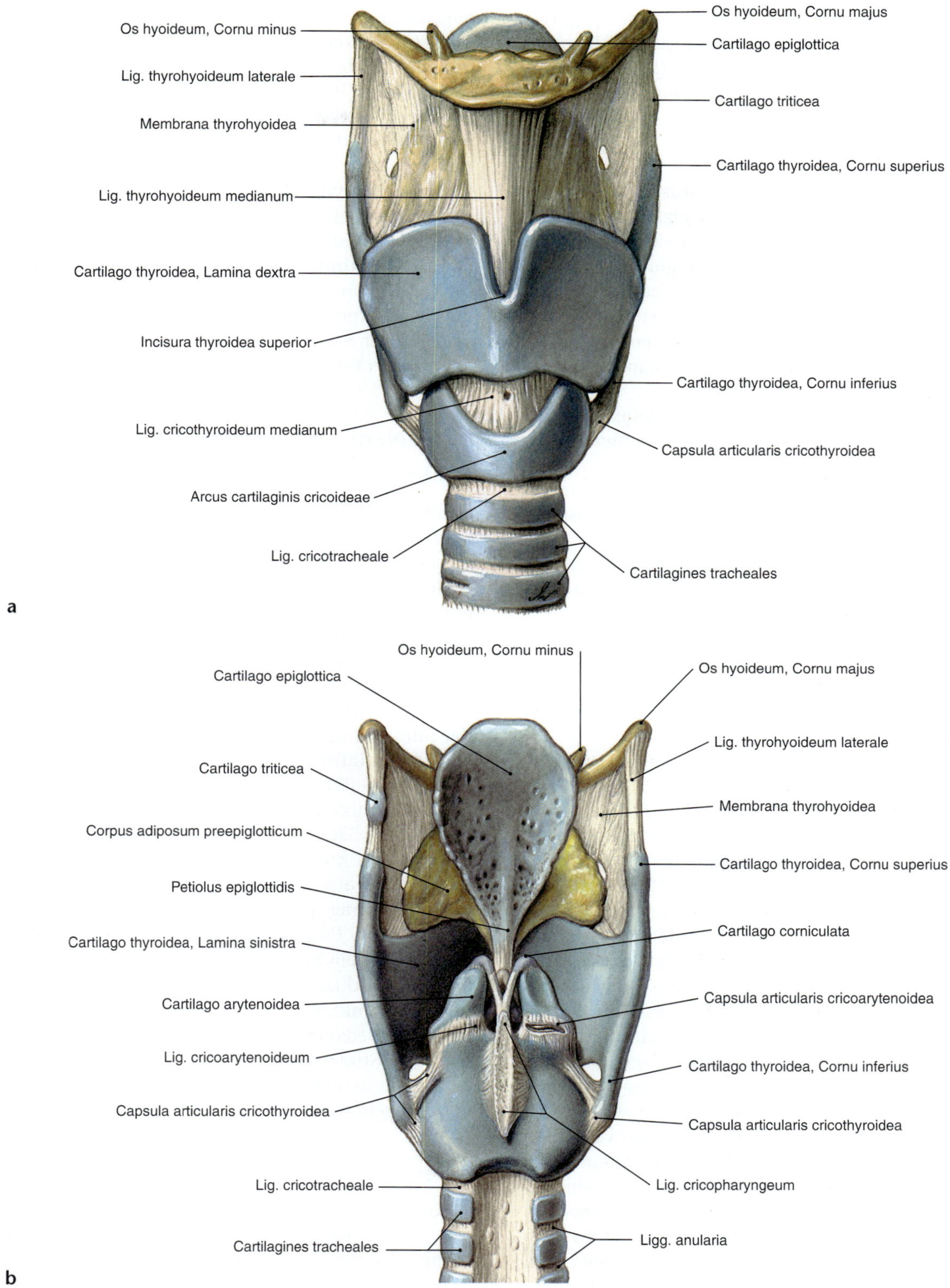

Abb. 4.15 Kehlkopf und Zungenbein von ventral (a) und von dorsal (b). (Aus [14])

gen Höckerchens (**Tuberculum cuneiforme**) in der Plica arytenoidea.

- Die paarigen Weizenkornknorpel (**Cartilagines triticeae**) liegen jeweils oberhalb des Cornu superius des Schildknorpels im Lig. thyrohyoideum laterale (↗ Abb. 4.15a und b).
- Die Sesamknorpel (**Cartilagines sesamoideae**) variieren in Anzahl und Lokalisation.

Während der Schild- und Ringknorpel sowie größtenteils auch die Stellknorpel aus hyalinem Knorpel bestehen, sind die Epiglottis und die kleineren Knorpel aus elastischem Knorpelgewebe aufgebaut.

4.4.3 Innenrelief

Der Eingang in den Kehlkopf (**Aditus laryngis**) wird durch den unpaaren Kehldeckel (**Epiglottis**) gebildet, der schräg in den Hypopharynx hineinragt und von dem aus beidseits die **Plicae aryepiglotticae** zu den Stellknorpeln (**Cartilagines arytenoideae**) absteigen. Im Verlauf jeder Plica finden sich zwei Höcker, die **Tubercula cuneiforme** (lateral) und **corniculatum** (medial), aufgeworfen durch die gleichnamigen Knorpel (↗ Abb. 4.16b).

Der **Binnenraum des Kehlkopfs** (**Cavitas laryngis**) wird durch zwei paarig angelegte Schleimhautfalten unterteilt:

- Die kranial gelegenen **Plicae vestibulares** (Taschenfalten) begrenzen zwischen sich die **Rima vestibularis**.
- Die kaudal gelegenen **Plicae vocales** (Stimmfalten, Stimmlippen) umgeben die Stimmritze (**Rima glottidis** = **Rima vocalis**). Diese ist in Respirationsstellung geöffnet, in Phonationsstellung nahezu geschlossen, beim Schluckakt, Husten, Niesen oder Pressen vorübergehend komplett verschlossen.

Die beiden Engstellen gliedern den Kehlkopf in drei Stockwerke (↗ Abb. 4.16a):

- **Vestibulum laryngis** (Vorhof): oberhalb der Taschenfalten
- **Ventriculus laryngis (Cavitas laryngea intermedia = Glottis):** zwischen Taschen- und Stimmfalten seitlich erweiterte, flache Schleimhauttasche
- **Cavitas infraglottica:** unterhalb der Stimmfalten.

Ausschlaggebend für das Innenrelief und die Gliederung des Kehlkopfs ist die unter der Schleimhaut lokalisierte **Membrana fibroelastica laryngis**, die die elastischen Ringbänder zwischen den Trachealknorpeln (Ligg. anularia) nach kranial fortsetzt. Im Bereich der **Cavitas infraglottica** wird sie als **Conus elasticus** (**Membrana cricovocalis**) bezeichnet. Das untere Ende des Conus elasticus entspringt von der Innenseite des Ringknorpels (↗ Abb. 4.16b). Die Stimmbänder (**Ligg. vocalia**) sind das verstärkte obere Ende des Konus. Sie bilden zusammen mit dem medialen Anteil des M. thyroarytenoideus (M. vocalis, ↗ unten) und der über ihnen liegenden Schleimhaut die Stimmfalten. Im Bereich des **Vestibulum laryngis** bezeichnet man die Membrana fibroelastica als **Membrana quadrangularis**. Ihr freier oberer Rand bildet den Kern der Plica aryepiglottica, ihr verstärkter freier unterer Rand bildet das **Lig. vestibulare** (↗ Abb. 4.16b), das jeweils eine Taschenfalte aufwirft.

Die **Schleimhaut** des Kehlkopfs ist regional unterschiedlich aufgebaut:

- Der **Kehldeckel** ist an seiner oralen, der Zunge zugewandten Seite von mehrschichtigem, unverhorntem Plattenepithel bedeckt, während auf der aboralen Seite mehrreihiges Flimmerepithel und seromuköse Glandulae epiglotticae vorkommen.
- Im Bereich des **Vestibulum laryngis** und der **Cavitas infraglottica** besteht die Schleimhaut aus mehrreihigem Flimmerepithel und seromukösen Glandulae laryngeales. Insbesondere bei Kindern kommen subepitheliale Ansammlungen von lymphatischem Gewebe vor.
- Die beiden **Stimmfalten** sind mit mehrschichtigem, unverhorntem Plattenepithel bedeckt, das z.T. auch verhornen kann. Durch die häufigen Formwechsel der Stimmritze sind sie einer starken mechanischen Belastung ausgesetzt.

4.4.4 Gelenke, Bänder und Muskeln

Gelenke

Gelenkverbindungen bestehen zwischen Ring- und Schildknorpel sowie zwischen Ring- und Stellknorpel:

- In der **Articulatio cricothyroidea** artikuliert jeweils ein unteres Horn des Schildknorpels mit einer Seitenfläche des Ringknorpels (↗ Abb. 4.15a). Es handelt sich um ein Scharniergelenk. Kippbewegungen des Ringknorpels gegen den Schildknorpel ermöglichen eine Regulation von Spannung und Länge der Stimmbänder.
- Die **Articulatio cricoarytenoidea** verbindet die Basis der Stellknorpel mit dem Oberrand der Lamina cartilaginis cricoideae (↗ Abb. 4.15b und 4.17). Die Gelenkflächen sind ellipsoid gekrümmt: am Ringknorpel konvex, am Stellknorpel konkav. Es handelt sich also um ein Eigelenk. Die Hauptachse verläuft schräg (von dorsal innen nach ventral außen). Die Processus vocales der Stellknorpel können durch Scharnier- und Drehbewegungen entweder abduziert und angehoben oder adduziert und abgesenkt werden. Durch die Kombination der verschiedenen Bewegungsmöglichkeiten können die Stimmbänder dicht beieinander liegen (Phonationsstellung) oder maximal voneinander entfernt sein (tiefe Inspiration).

Bänder

Die Kehlkopfknorpel sind durch zahlreiche – elastische und nichtelastische – Bänder untereinander und mit benachbarten Strukturen verbunden.

Stimmbänder (Ligg. vocalia)

Die Stimmbänder sind die einzigen elastischen Bänder des Kehlkopfs. Sie spannen sich zwischen dem Schildknorpel und den Processus vocales der Stellknorpel auf (↗ Abb. 4.17) und dienen der **Phonation**. Da die Stimmbänder an den Processus vocales ansetzen, die zwischen ihnen liegende Stimmritze jedoch

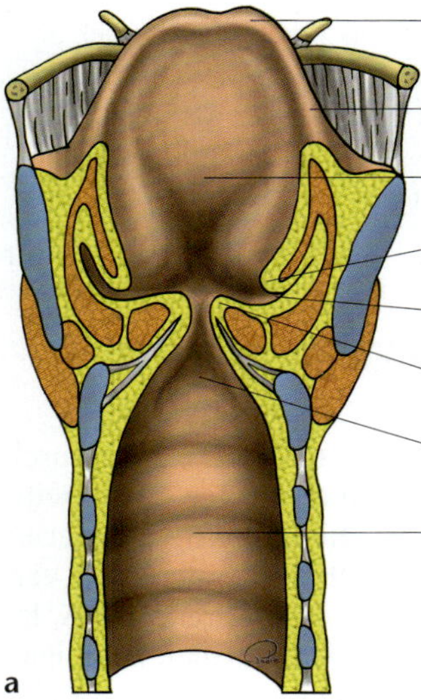

Abb. 4.16 Kehlkopfbinnenraum in der Ansicht von hinten. **a** Frontalschnitt in Höhe der Taschen- und Stimmfalten, **b** Frontalschnitt in Höhe der Lamina cartilaginis cricoideae.

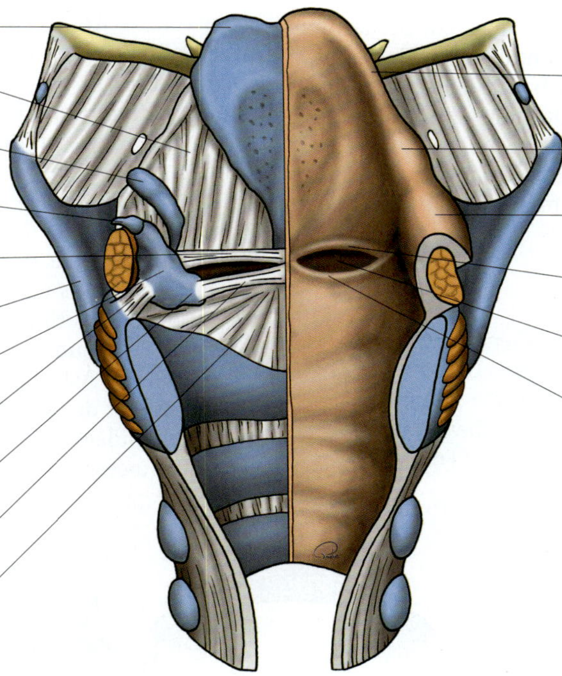

auch den Bereich zwischen den Stellknorpeln umfasst, lassen sich an der Stimmritze (**Rima glottidis**) eine **Pars intermembranacea** (zwischen den Stimmbändern) und eine **Pars intercartilaginea** (zwischen den Stellknorpeln) unterscheiden.

Weitere Bänder

Die zwischen dem Ring- und den Stellknorpeln verlaufenden **Ligg. cricoarytenoidea** (↗ Abb. 4.15b) bestimmen bei Erschlaffung der am Stellknorpel ansetzenden Muskeln, d. h. **in Ruhestellung**, zusammen **mit den Stimmbändern die Weite der Stimmritze**. In Ruhestellung hat die Stimmritze eine dreieckige Form.

Die **folgenden Bänder** dienen als **Aufhängeapparat** des Kehlkopfs:

- Die **Membrana thyrohyoidea** verbindet den Schildknorpel mit dem Zungenbein. Deshalb heben alle das Zungenbein hebenden Muskeln auch den Kehlkopf an (wichtig beim Schluckakt). Die Membrana thyrohyoidea ist medial zum **Lig. thyrohyoideum medianum**, lateral beidseits zum **Lig. thyrohyoideum laterale** verstärkt (↗ Abb. 4.15; Letzteres enthält jeweils einen Weizenkornknorpel).
- Das **Lig. cricothyroideum medianum** verbindet den Ringknorpel mit dem Schildknorpel (↗ Abb. 4.15a),
- das **Lig. cricotracheale** verbindet Ringknorpel und Trachea (↗ Abb. 4.15a). Durch diese Verbindung kann der Kehlkopf nicht nur durch die Zungenbeinsenker, sondern auch durch die Ösophagus- und Trachealmuskulatur abgesenkt werden.

- Das **Lig. thyroepiglotticum** verbindet Schildknorpel und Kehldeckel (↗ Abb. 4.17),
- das **Lig. hyoepiglotticum** verbindet Zungenbein und Kehldeckel.

Klinik

Bösartige Tumoren des Kehlkopfs entstehen am häufigsten direkt auf den Stimmbändern (Glottiskarzinom). Es handelt sich fast ausschließlich um Plattenepithelkarzinome, die zunächst die Stimmbänder zerstören und anschließend in die umgebenden Wandanteile und Nachbarorgane einwachsen. Betroffene Patienten bemerken als erstes Symptom der Erkrankung häufig eine anhaltende Heiserkeit.

Muskeln

Die meisten Muskeln des Kehlkopfs verändern entweder die Position der Stimmbänder bzw. Stellknorpel oder die Spannung der Stimmbänder. Positionsänderungen der Stimmbänder bzw. Stellknorpel führen zum Schluss oder zur Öffnung von Teilen der Stimmritze oder der gesamten Stimmritze (↗ Tab. 4.6). Spannungsänderungen der Stimmbänder beeinflussen die Frequenz der Stimmbandschwingungen bei der Phonation.

Merke

Wiederholtes Öffnen und Schließen der Stimmritze während der Exspiration gliedern den Luftstrom in einzelne Druckstöße. Diese versetzen die Stimmbänder, die zur **Phonation** parallel und nah beieinander positioniert sind, in Schwingungen, deren Frequenz von der Länge und der Spannung der Stimmbänder abhängt. Die resultierenden Laute werden durch Epipharynx, Mundhöhle und Nasennebenhöhlen (zusammengefasst als sog. Ansatzrohr) moduliert und als Sprachlaut mit individueller Ausprägung („Klangfarbe") wahrgenommen.

4.4.5 Gefäßversorgung und Innervation

Gefäßversorgung

Die arterielle Versorgung des Kehlkopfs erfolgt durch die **Aa. laryngeae superior und inferior**, die miteinander Anastomosen bilden. Die A. laryngea superior durchbricht die Membrana thyrohyoidea und versorgt die oberen Kehlkopfanteile, während die A. laryngea inferior zusammen mit dem gleichnamigen Nerv zwischen Schild- und Ringknorpel in den Kehlkopf eindringt und dessen unteren Anteile versorgt.

Der venöse Abfluss erfolgt über **gleichnamige**, die Arterien begleitende **Venen**. Die obere Kehlkopfvene leitet ihr Blut in die obere Schilddrüsenvene, während die untere Kehlkopfvene in die mittlere Schilddrüsenvene bzw. in den Plexus thyroideus impar mündet.

Innervation

Sowohl die sensible als auch die motorische Innervation des Kehlkopfs wird durch Äste des **N. vagus (X)** gewährleistet. Hierfür teilt sich der **N. laryngeus superior** im Trigonum caroticum in einen inneren und einen äußeren Ast auf. Der **R. internus** durchbricht zusammen mit der A. laryngea superior die Membrana thyrohyoidea (↗ Abb. 4.18), gelangt in den Bereich des Recessus piriformis, wo er in der Schleim-

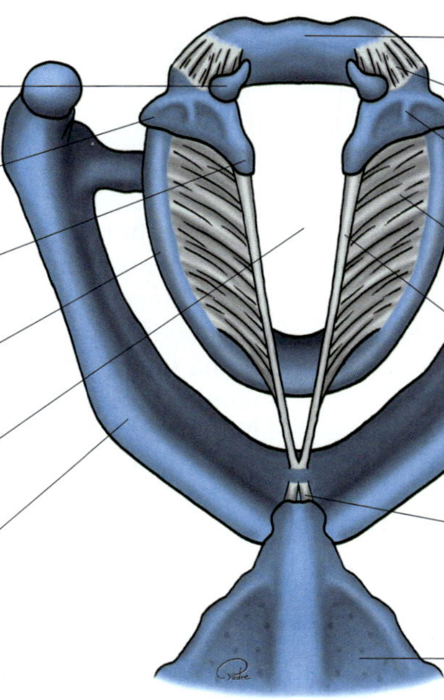

Abb. 4.17 Knorpel und Bänder des Kehlkopfs von oben.

Tab. 4.6 Kehlkopfmuskulatur (Mm. laryngis)

Muskel	Ursprung	Ansatz	Funktion	Innervation
M. cricothyroideus	Außenfläche des Arcus cartilaginis cricoideae	unterer Rand und unteres Horn der Cartilago thyroidea	Spannen der Stimmbänder	N. laryngeus superior
M. cricoarytenoideus posterior (M. posticus)	Hinterfläche der Lamina cartilaginis cricoideae	Processus muscularis der gleichseitigen Cartilago arytenoidea	Erweiterung der Stimmritze (→ einziger Muskel!)	N. laryngeus inferior
M. cricoarytenoideus lateralis	oberer Rand des seitlichen Teils des Arcus cartilaginis cricoideae	Processus muscularis der gleichseitigen Cartilago arytenoidea	Verschluss der Pars intermembranacea der Stimmritze	N. laryngeus inferior
M. arytenoideus transversus (unpaar)	laterale Kante und hintere Fläche der Cartilago arytenoidea	laterale Kante und hintere Fläche der kontralateralen Cartilago arytenoidea	Verschluss der Pars intercartilaginea der Stimmritze	N. laryngeus inferior
M. arytenoideus obliquus	hintere Fläche der Cartilago arytenoidea	Spitze und Hinterfläche des Processus muscularis der kontralateralen Cartilago arytenoidea	Verschluss der Pars intercartilaginea der Stimmritze zieht die Cartilagines arytenoideae nach medial	N. laryngeus inferior
• **Pars aryepiglottica**	Spitze der Cartilago arytenoidea	lateraler Rand der Epiglottis		
M. thyroarytenoideus				
• **Pars lateralis**	Innenfläche der Lamina cartilaginis thyroideae (= der Schildknorpelplatte)	Processus muscularis und vordere Fläche der Cartilago arytenoidea	Verschluss der Pars intermembranacea der Stimmritze	N. laryngeus inferior
• **Pars vocalis (M. vocalis)**	Innenfläche der Lamina cartilaginis thyroideae	Processus vocalis der Cartilago arytenoidea		
• **Pars thyroepiglottica** (Fortsetzung der Pars lateralis)	Innenfläche der Lamina cartilaginis thyroideae	lateraler Rand der Epiglottis		

haut eine Falte aufwirft (**Plica nervi laryngei superioris**), und versorgt anschließend die Schleimhaut der oberen Kehlkopfanteile bis einschließlich der Stimmfalten sensorisch. Über einen **R. communicans** steht der R. internus mit dem **N. laryngeus recurrens** in Verbindung. Der **R. externus** des N. laryngeus superior innerviert als einzigen Kehlkopfmuskel den M. cricothyroideus. Die unteren Kehlkopfabschnitte und alle anderen Kehlkopfmuskeln werden vom **N. laryngeus inferior** versorgt. Hierbei handelt es sich um den Endast des **N. laryngeus recurrens**, der sich nach seinem Abgang aus dem Brustteil des N. vagus (X) rechts um die A. subclavia und links um den Aortenbogen schlingt, um anschließend zwischen Ösophagus und Trachea wieder zum Kehlkopf emporzusteigen (↗ Abb. 4.18).

Klinik

Durch seine unmittelbare Nähe zu den beiden Schilddrüsenlappen kann der N. laryngeus recurrens bei Schilddrüsenoperationen leicht verletzt werden. Bei vollständiger Lähmung fallen alle Kehlkopfmuskeln mit Ausnahme des M. cricothyroideus aus, so dass die Stimmritze in Neutralstellung verbleibt und das betroffene Stimmband nur noch minimal angespannt werden kann. Die zur Phonation notwendige enge Parallelstellung der Stimmbänder ist nicht mehr möglich, und es resultiert Heiserkeit. Des Weiteren kann die Stimmritze nicht mehr aktiv geöffnet werden (Ausfall des M. cricoarytenoideus posterior), so dasses bei körperlicher Anstrengung zu Atemnot kommen kann.

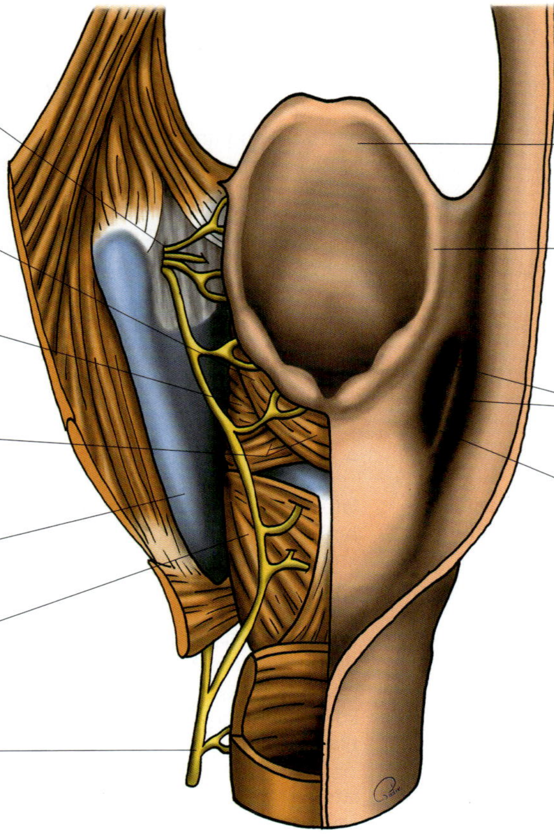

Abb. 4.18 Innervation des Kehlkopfs (Ansicht von hinten).

5 Brusteingeweide

Daniel Baumhoer

Inhaltsverzeichnis

Lernziele

Als Brusteingeweide bezeichnet man die in der Thoraxhöhle lokalisierten Organe, nämlich Trachea, Ösophagus, Thymus, Lungen und Herz. Ihre Lagebeziehungen zueinander ergeben sich aus der Gliederung der Thoraxhöhle, die nachfolgend dargestellt wird.

5.1 Gliederung der Thoraxhöhle (Cavitas thoracis)

Die Thoraxhöhle besteht aus den beiden Pleurahöhlen (Brustfellhöhlen), die die Lungen enthalten, und dem dazwischen liegenden Mediastinum (Mittelfellraum).

5.1.1 Pleurahöhlen (Cavitates pleurales)

Überblick

Die Pleurahöhlen füllen den größten Teil des Brustkorbs aus und sind durch das zentral lokalisierte Mediastinum vollständig voneinander getrennt. Sie enthalten die Lungen und sind von einer serösen Haut (Serosa), der Pleura parietalis, ausgekleidet (↗ auch Kap. 1.7). Auch den Lungen liegt eine Serosa auf (Pleura visceralis). Zwischen den beiden Pleurablättern befindet sich ein schmaler Spalt (der Pleuraspalt), der eine proteinhaltige, seröse Flüssigkeit enthält (auf jeder Seite ca. 5 ml). Die Pleuraflüssigkeit ist ein Transsudat, das vorwiegend aus den Blutgefäßen der Pleura parietalis stammt und von dieser auch wieder resorbiert wird. Die Flüssigkeit hat mehrere Funktionen. Sie ermöglicht

1. ein reibungsloses Gleiten der Pleurablätter aufeinander,
2. ein Aneinanderhaften der Pleurablätter durch adhäsive Kräfte, wie bei zwei aufeinanderliegenden Glasplatten, zwischen denen sich ein schmaler Flüssigkeitsfilm befindet: Man kann die Glasplatten zwar verschieben, aber nur schwer voneinander trennen. Die adhäsiven Kräfte des Flüssigkeitsfilms spielen eine wichtige Rolle, denn ohne sie würden die elastischen Fasern des Lungengerüsts die Lungen zusammenziehen, d.h. kollabieren lassen.

Klinik

Dringt infolge einer Verletzung der Brustwand Luft in den Pleuraspalt ein, wirkt dem elastischen Lungenzug keine adhäsive Kraft mehr entgegen, und die Lunge kollabiert (**Pneumothorax**).

Die Pleurablätter

Topographie

Die Pleura parietalis kann entsprechend den Strukturen, denen sie aufliegt, in eine **Pars costalis**, **Pars mediastinalis** und **Pars diaphragmatica** gegliedert werden. Hierbei liegt die Pars costalis direkt der inneren Brustkorbfaszie (**Fascia endothoracica**, ↗ Kap. 2.1.4) an. Im Bereich der Pleurakuppeln (= **Cupulae pleurae**), die die obere Thoraxapertur um 2–3 cm überragen, grenzt sie an die **Membrana suprapleuralis** (= Teil der Fascia endothoracica).

Um sich die räumlichen Beziehungen zwischen viszeraler und parietaler Pleura zu verdeutlichen, kann man sich einen wenig gefüllten Luftballon vorstellen, der von einer Faust eingedellt wird. Die der Faust anliegende innere Schicht des Ballons entspricht der direkt der Lunge aufliegenden viszeralen Pleura, die freie äußere Schicht des Ballons der die Pleurahöhle auskleidenden parietalen Pleura und die Luft im Ballon dem Pleuraspalt (↗ Abb. 5.1). An der Stelle, an der sich beide Pleurablätter treffen, liegt die Umschlagsfalte der beiden Pleurablätter. Sie befindet sich an der dem Mediastinum zugewandten Seite der Lungen am Lungenhilus (↗ auch Kap. 5.5.3).

Histologie

Die Pleurablätter bestehen aus drei Schichten:

- Mesothel: einschichtige, flache, mesenchymale Zellschicht
- Lamina propria: Bindegewebe mit Blut- und Lymphgefäßen und Nerven
- Tela subserosa: Verschiebeschicht aus lockerem Bindegewebe.

Reserveräume der Pleurahöhlen

Die Pleurahöhlen werden von den Lungen nicht vollständig ausgefüllt und enthalten daher Reserveräume

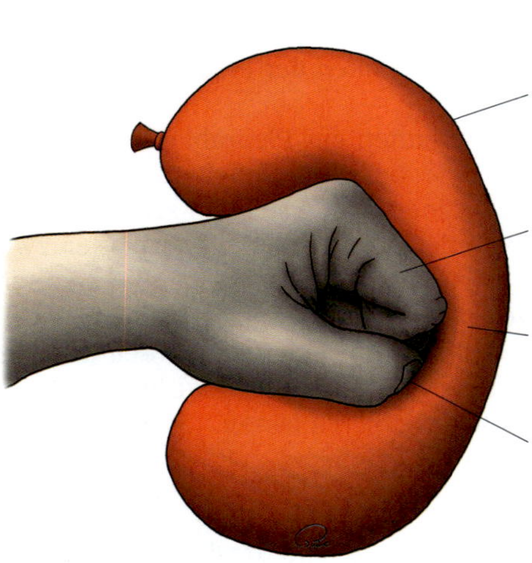

Abb. 5.1 Räumliche Beziehungen zwischen Lunge, viszeraler und parietaler Pleura am Beispiel einer Faust, die einen Luftballon eindrückt.

(**Recessus**), in die hinein sich die Lungen bei tiefer Inspiration ausdehnen können. Die Pleurahöhlen bzw. die Lungen projizieren sich in etwa wie folgt auf die Brustwand (↗ Abb. 5.2):

- Sternum: Pleuragrenze = 6. Rippe, Lungengrenze = 6. Rippe
- Medioklavikularlinie: Pleuragrenze = 7. Rippe, Lungengrenze = 6. Rippe
- mittlere Axillarlinie: Pleuragrenze = 9. Rippe, Lungengrenze = 8. Rippe
- Paravertebrallinie: Pleuragrenze = 12. Rippe, Lungengrenze = 11. Rippe.

Die Reserveräume der Pleurahöhlen sind immer an den Stellen lokalisiert, an denen die verschiedenen Anteile der Pleura parietalis aufeinandertreffen (↗ Abb. 5.2):

- **Recessus costomediastinalis:** zwischen Rippen und Mediastinum
- **Recessus costodiaphragmaticus:** zwischen Rippen und Zwerchfell.

Der linke Recessus costomediastinalis ist breiter und größer als der rechte, weil die linke Lunge durch die Incisura cardiaca (↗ Kap. 5.5.3) weniger Raum in Anspruch nimmt als die rechte. In die beiden Pleurakuppeln können sich die Lungen auch bei maximaler Inspiration nur in sehr begrenztem Umfang ausdehnen, weil die unter der Pleura parietalis gelegene Membrana suprapleuralis mit der 1. Rippe, mit der Klavikula und mit dem tiefen Blatt der Halsfaszie (Fascia prevertebralis) fest verwachsen ist.

Merke

Der Recessus costodiaphragmaticus ist der tiefste Punkt der Pleurahöhle.

5.1.2 Mittelfellraum (Mediastinum)

Überblick

Zwischen den beiden Pleurahöhlen liegt der Mittelfellraum, der sich von der Wirbelsäule bis zur ventralen Thoraxwand erstreckt und von der oberen Thoraxapertur (Apertura thoracis superior) bis hinab zum Zwerchfell reicht. Er enthält Trachea und Ösophagus (d.h. die Fortsetzung des Eingeweiderohrs, das im Halsbereich zwischen Fascia pretrachealis und Fascia prevertebralis lokalisiert ist [↗ Kap. 4.1.4]), Thymus, Herz und zahlreiche Leitungsbahnen. Alle diese Organe und Leitungsbahnen sind umgeben von lockerem, z.T. fettreichem Bindegewebe, das Volumenänderungen (z.B. den Weitertransport des Speisebreis im Ösophagus, Pulsation der großen Arterien) und Bewegungen der benachbarten Organe (Atemexkursion von knöchernem Thorax und Zwerchfell, Herzschlag) ermöglicht und gewährleistet. Die seitliche Begrenzung des Mediastinums bildet die parietale Pleura (Pars mediastinalis).

Abb. 5.2 Projektion der Pleurahöhlen und Lungen auf die Brustwand in der Ansicht von ventral (a), dorsal (b) und lateral (c).

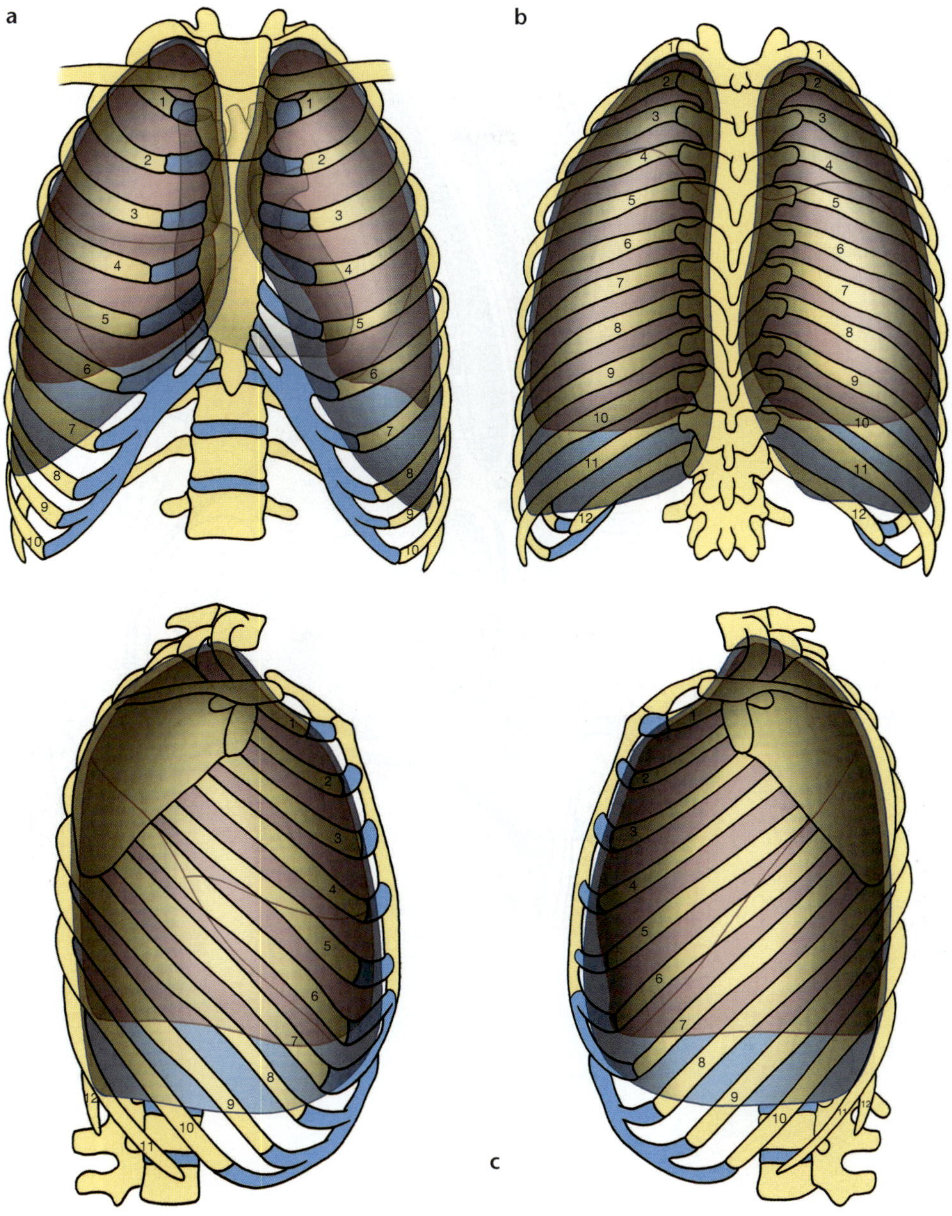

Gliederung

Das Mediastinum lässt sich in einen oberen und einen unteren Anteil gliedern. Die Grenze zwischen Mediastina superius und inferius bildet eine horizontale, direkt oberhalb des Herzens lokalisierte gedachte Ebene, die sich zwischen dem Angulus sterni (zwischen Manubrium und Corpus sterni) und der gemeinsamen Zwischenwirbelscheibe des 4. und 5. Brustwirbelkörpers aufspannt (↗ Abb. 5.3).

Mediastinum superius

Das obere Mediastinum enthält:

- Trachea, Ösophagus, Thymus
- Nn. vagi (X), Nn. phrenici, Nn. laryngei recurrentes
- Aorta ascendens, Arcus aortae mit Abgängen (mit Truncus brachiocephalicus)
- V. cava superior, Vv. brachiocephalicae
- Ductus thoracicus.

Mediastinum inferius

Das untere Mediastinum lässt sich in ein vorderes, ein mittleres und ein hinteres Kompartiment unterteilen. Diese Gliederung resultiert aus der zentralen Position des Herzens (↗ Abb. 5.3). Den spaltförmigen Bindegewebsraum zwischen Herzvorderseite und ventraler Thoraxwand bezeichnet man als **Mediastinum anterius**, den vom Herzen eingenommenen Raum als **Mediastinum medium** und den Spaltraum zwischen Herzhinterseite und Wirbelsäule als **Mediastinum posterius**. Folgende Strukturen und Leitungsbahnen sind in den einzelnen Kompartimenten zu finden:

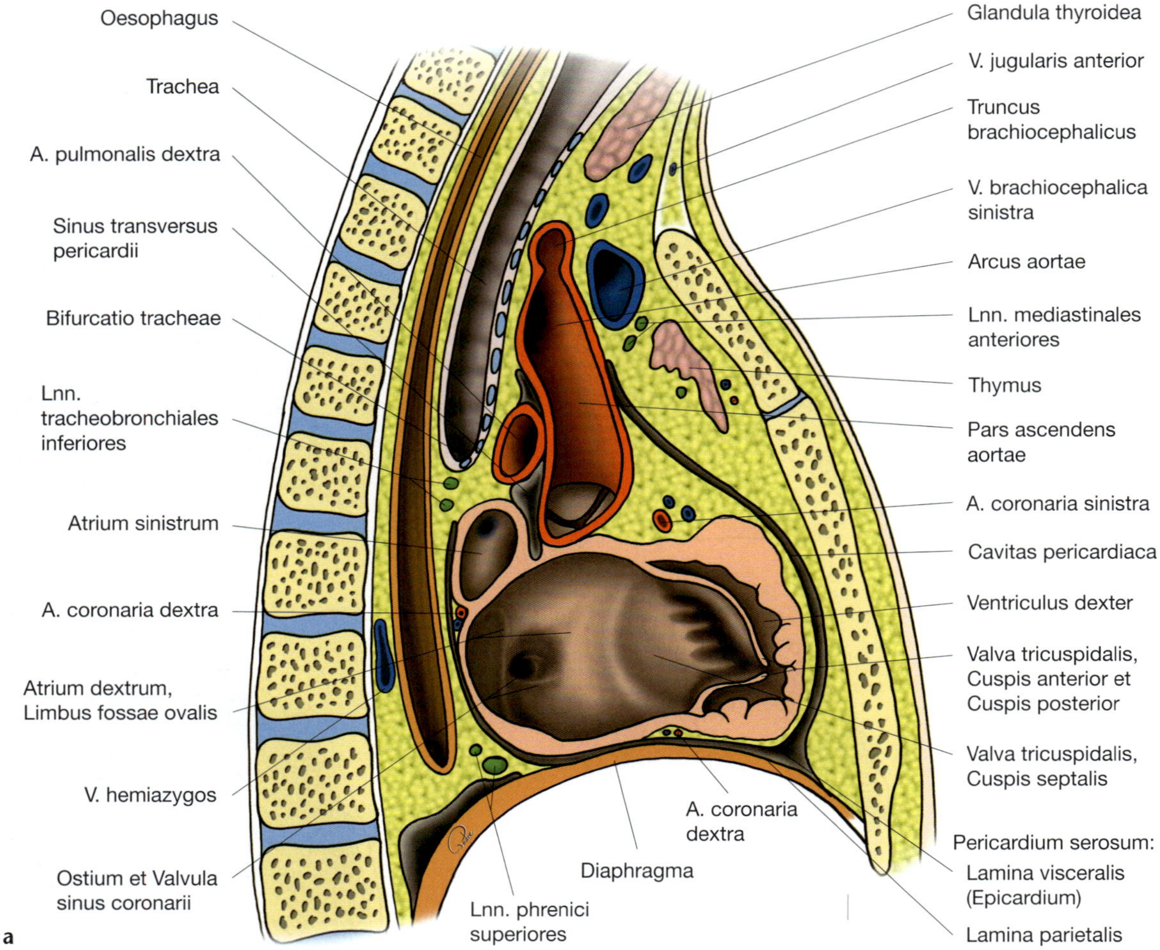

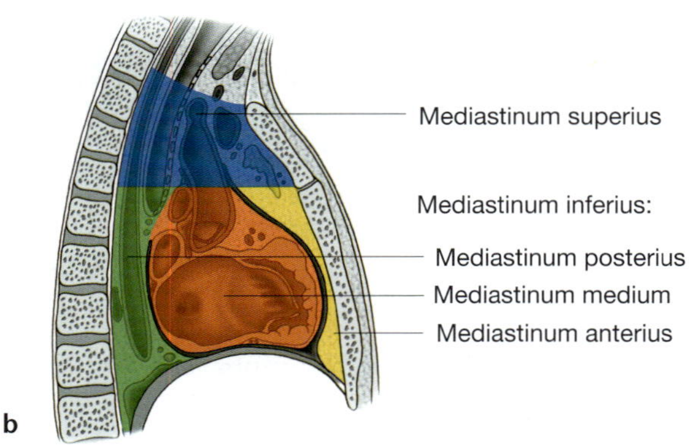

Abb. 5.3
Mediastinum, Mediansagittalschnitt. a Übersicht, **b** Gliederung des Mediastinum.

- **Mediastinum anterius:** Lymphgefäße und Lymphknoten
- **Mediastinum medium:** Herz und Herzbeutel, Nn. phrenici, Truncus pulmonalis, Vv. cavae superior und inferior, V. azygos, Vv. pulmonales, Vasa pericardiacophrenica
- **Mediastinum posterius:** Ösophagus, Nn. vagi (X), Nn. splanchnici major und minor, Truncus sympathicus, Aorta thoracica, V. azygos, V. hemiazygos, Ductus thoracicus.

Klinik

Der Aufbau des Mediastinums aus lockerem Bindegewebe und den darin eingehüllten Leitungsbahnen und Organen ermöglicht eine Untersuchung der Region mit optischen Instrumenten. So wird bei der **Mediastinoskopie** ein Untersuchungsinstrument in die Fossa jugularis eingeführt und von hier aus hinter dem Sternum in die Tiefe vorgeschoben. Auf diese Weise können Gewebeproben (z. B. von vergrößerten Lymphknoten) entnommen werden, ohne dass der Thorax eröffnet werden muss.

5.2 Luftröhre (Trachea)

Überblick und Funktion

Die Trachea ist ein elastisches Rohr, das den Kehlkopf mit den beiden Hauptbronchien der Lunge verbindet. Sie ist 10–12 cm lang und hat einen Durchmesser von 16–18 mm. In ihrer Wand kommen 16–20 Knorpelspangen (**Cartilagines tracheales**) vor, die bei der Ausatmung und dem hierbei entstehenden Unterdruck ein Kollabieren der Trachealwand und somit einen Lichtungsverschluss verhindern. Die letzte Knorpelspange weist einen halbmondförmigen, in das Lumen vorspringenden Sporn (**Carina tracheae**) auf, der die Aufteilung in die beiden Hauptbronchien einleitet. Die Knorpelspangen sind untereinander durch elastische Bandverbindungen (**Ligg. anularia**) verbunden, die eine Längenänderung der Trachea z. B. im Rahmen des Schluckakts (Zungenbein und Kehlkopf ziehen die Trachea nach oben) oder bei der Inspiration (die Lungen ziehen bei ihrer Entfaltung die Trachea nach unten) ermöglichen. Auch der Lumendurchmesser der Trachea ist variabel, da ihre Rückwand von glatter Muskulatur (**M. trachealis**) gebildet wird.

Topographie

Das kraniale Ende der Trachea liegt unterhalb des Ringknorpels und projiziert sich in Abhängigkeit vom Lebensalter auf den 4.–7. Halswirbel. Die Aufzweigung in die beiden Hauptbronchien (**Bifurcatio tracheae**) liegt auf Höhe des 4. und 5. Brustwirbels bzw. auf Höhe des Angulus sterni (↗ Abb. 5.3). Mit ihrer Rückwand grenzt die Trachea direkt an den Ösophagus und folgt wie dieser dem Verlauf der Wirbelsäule. In einer Rinne zwischen Trachea und Ösophagus verläuft der **N. laryngeus recurrens** zurück zum Kehlkopf, nachdem er sich rechts um die A. subclavia und links um den Aortenbogen geschlungen hat. Im Halsbereich legt sich die Schilddrüse von ventral hufeisenförmig um die Trachea herum (↗ Kap. 4.3). Weiter kaudal ist der Thymus bzw. der Thymusrest lokalisiert (↗ Abb. 5.3).

Merke

Der rechte Hauptbronchus ist entwicklungsgeschichtlich steiler angelegt als der linke. Verschluckte (= aspirierte) Fremdkörper gelangen daher bevorzugt in den rechten Hauptbronchus und von hier aus in den rechten Unterlappenbronchus.

Histologie

Die Trachealwand besteht aus drei Schichten:
- Tunica mucosa = Schleimhaut (Epithel und Lamina propria)
- Tunica fibromusculocartilaginea
- Tunica adventitia.

Kennzeichnend für die **Tunica mucosa** ist respiratorisches Epithel, d. h. mehrreihiges Flimmerepithel mit zahlreichen Becherzellen und eingestreuten neuroendokrinen Zellen (basale Sekretgranula!). Im lockeren Bindegewebe der Lamina propria liegen die seromukösen Glandulae tracheales, deren Sekret die Atemluft anfeuchtet und so ein Austrocknen und Einreißen der luftleitenden Strukturen verhindert. Die Kinozilien des Epithels transportieren das Sekret und mit ihm Staub- und Schmutzpartikel nach oral (**mukoziliäre Clearance**).

Die **Tunica fibromusculocartilaginea** enthält die hyalinen Knorpelspangen. In ihrem dorsalen Anteil ist der Knorpel durch glatte Muskulatur ersetzt, die in ihrer Gesamtheit als **M. trachealis** bezeichnet wird. Den knorpelfreien Anteil der Tunica fibromusculocartilaginea bezeichnet man auch als **Paries membranaceus**.

Die **Tunica adventitia** besteht aus lockerem Bindegewebe und dient der Verankerung der Trachea im mediastinalen Bindegewebe.

Gefäßversorgung und Innervation

Die arterielle Blutversorgung der Trachea erfolgt vorwiegend über direkte Äste (**Rr. tracheales**) aus der **A. thyroidea inferior** und der **A. thoracica interna**. Zusätzlich kommen im Bereich der Bifurcatio tracheae Anastomosen mit den direkt aus der Aorta abzweigenden **Rr. bronchiales** (= Vasa privata der Lungen) vor. Das venöse Blut fließt über die **V. thyroidea inferior** (in den Plexus thyroideus impar und von hier meist in die linke V. brachiocephalica) sowie über **Vv. oesophageales** (in die Vv. brachiocephalicae, azygos und hemiazygos) ab.

Die sensorische Innervation der Luftröhre erfolgt über die **Rr. tracheales** des **N. vagus** (X) und seiner Äste (v. a. N. laryngeus recurrens).

5.3 Speiseröhre (Oesophagus)

Funktion und Topographie

Der Ösophagus ist ein ca. 25 cm langer elastischer und muskulöser Schlauch, der den Rachen mit dem Magen verbindet und dem Transport des Speisebreis dient. Er beginnt auf Höhe des Ringknorpels (6.–7. Halswirbel) und zieht durch das obere und das untere hintere Mediastinum (hier in unmittelbarer Nachbarschaft zum linken Vorhof des Herzens). Es folgen die Passage durch das Zwerchfell im Hiatus oesophageus und die Mündung in die Kardia des Magens auf Höhe des 10.–11. Brustwirbels.

Merke

Von der Zahnreihe bis zum Mageneingang muss eine Magensonde oder ein Endoskop etwa 40 cm zurücklegen.

Gliederung

Die Speiseröhre gliedert sich in eine **Pars cervicalis**, eine **Pars thoracica** und eine **Pars abdominalis**.

Klinik

Die Pars thoracica grenzt an den linken Vorhof (↗ oben). Deshalb kann eine Vergrößerung des linken Vorhofs erstmals durch Schluckstörungen auffallen.

Die Nähe der Pars thoracica zum linken Vorhof wird auch diagnostisch genutzt: Bei der Schluckechokardiographie (TEE = Transesophageal echocardiography) wird ein Schallkopf in den Ösophagus eingeführt, um von hier aus die Herzbinnenräume und den Klappenapparat darzustellen. Die Beurteilbarkeit ist besser als bei der konventionellen transthorakalen Echokardiographie.

Im Verlauf des Ösophagus werden drei charakteristische Engstellen (**Angustiae**) unterschieden (↗ Abb. 5.4a):

- **Angustia cricoidea** (obere Enge, Ösophagusmund): In Höhe der Unterkante des Ringknorpels (und damit in Höhe des 6.–7. Halswirbels, im Bereich der Pars cervicalis) bilden zirkuläre Muskelfasern des Ösophagus zusammen mit dem unteren Schlundschnürer (M. constrictor pharyngis inferior, Pars cricopharyngea, ↗ Tab. 4.5) einen Sphinktermechanismus. Diese **engste Stelle** des Ösophagus kann nur von Instrumenten mit einem maximalen Durchmesser von 14–15 mm passiert werden.
- **Angustia aortica** (mittlere Enge): entsteht durch die Anlagerung des Aortenbogens an den Ösophagus (etwa auf Höhe des 4. und 5. Brustwirbels) und liegt somit im Bereich der Pars thoracica
- **Angustia diaphragmatica** (untere Enge): entsteht beim Durchtritt des Ösophagus durch den Hiatus oesophageus (etwa in Höhe des 10. Brustwirbels) und liegt somit am Übergang zwischen Pars thoracica und Pars abdominalis. Oberhalb dieser Enge (= **Ampulla epiphrenica**) ist der Ösophagus besonders erweiterungsfähig, so dass der Speisebrei für kurze Zeit zwischengelagert werden kann.

Klinik

Am Übergang zwischen Pharynx- und Ösophagusmuskulatur befindet sich an der Rückwand des Ösophagus ein muskelschwaches Dreieck (**Killian-Dreieck**). An diesem Locus minoris resistentiae können sich Schleimhautaussackungen entwickeln, die als **Pulsionsdivertikel** bezeichnet werden und Faustgröße erreichen können.

Der Ösophagus ist bei seinem Durchtritt durch den Hiatus oesophageus nicht fest und unbeweglich, sondern durch elastische und kollagene Fasern locker und verschieblich befestigt (↗ Abb. 5.4b). Man bezeichnet diese Fasern in ihrer Gesamtheit als **Lig. phrenicooesophageale**.

Merke

Im Bereich der unteren Enge ist das Lumen des Ösophagus physiologischerweise nur während des Schluckakts geöffnet. Für seinen Verschluss sorgen der Druckgradient, der zwischen Thorax und Abdomen besteht, sowie die schraubenförmig angeordnete Muskulatur des Ösophagus.

Klinik

Die lockere Aufhängung des Ösophagus im Hiatus oesophageus erklärt die häufig auftretenden Verschiebungen von Speiseröhren- und Magenanteilen durch die Zwerchfelllücke in den Brustkorb. Es handelt sich um sog. Eingeweidebrüche (**Hernien**), in diesem Fall also um **Hiatushernien**. Bei Betroffenen kommt es gehäuft zum Übertritt von Magensäure in die Speiseröhre, was sich klinisch als Sodbrennen manifestieren kann (**Refluxsymptomatik**).

Histologie

Die Wand des Ösophagus zeigt den für den gesamten Magen-Darm-Trakt typischen Aufbau: Sie gliedert sich von innen nach außen in

- **Tunica mucosa** (Schleimhaut):
  - **Epithel:** Im Unterschied zum gesamten restlichen Verdauungstrakt handelt es sich beim Epithel des Ösophagus um mehrschichtiges, unverhorntes Plattenepithel.
  - **Lamina propria mucosae:** lockeres, gefäßreiches Bindegewebe
  - **Lamina muscularis mucosae:** eine Schicht glatter Muskulatur, die für die Eigenbeweglichkeit der Schleimhaut verantwortlich ist und die Grenzschicht zur Tunica submucosa bildet
- **Tunica submucosa:** lockeres Bindegewebe, das die **mukösen Glandulae oesophageae**, Gefäße und den **Plexus submucosus** enthält. Letzterer gehört zum enterischen (darmeigenen, intramural lokalisierten) Nervensystem und innerviert die Lamina muscularis mucosae und die Ösophagusdrüsen. Das enterische Nervensystem kann die Sekretion der Drüsen des Verdauungstraktes und dessen Motilität eigenständig regulieren, steht aber unter der Kontrolle von Sympathikus und Parasympathikus.
- **Tunica muscularis:** gliedert sich in eine innere Ringmuskelschicht und eine äußere Längsmuskelschicht. Zwischen den beiden Muskelschichten erstreckt sich der **Plexus myentericus**, der wie der Plexus submucosus zum enterischen Nervensystem gehört und die Tunica muscularis innerviert. Bemerkenswerterweise bestehen das obere Viertel der Tunica muscularis aus quergestreifter Muskulatur (Anteile des M. constrictor pharyngis), das 2. Viertel aus glatter und quergestreifter und die unteren beiden Viertel ausschließlich aus glatter Muskulatur. Die Tunica muscularis generiert peristaltische

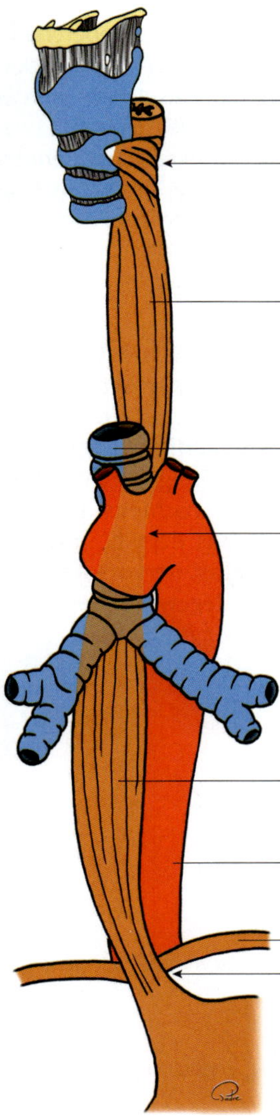

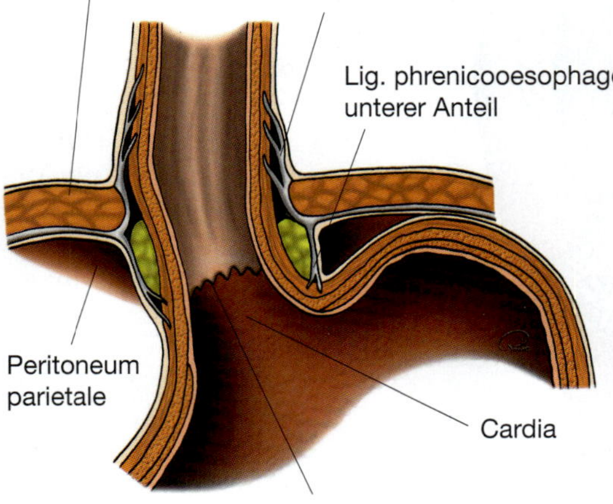

Abb. 5.4 Ösophagus. **a** Engstellen, **b** Aufhängung des Ösophagus im Hiatus oesophageus.

Wellen, die die Speisebestandteile in Richtung Magen weitertransportieren.

- **Tunica adventitia** (Pars cervicalis und Pars thoracica oesophagi) **bzw. Tunica serosa** (Pars abdominalis oesophagi): In den beiden oberen Ösophagusabschnitten vermittelt eine Tunica adventitia aus lockerem Bindegewebe die Organbegrenzung nach außen und geht fließend in das mediastinale Bindegewebe über. Die Tunica serosa der Pars abdominalis besteht wie alle serösen Häute aus einer einschichtigen, flachen, mesenchymalen Zellschicht mit darunterliegendem lockerem Bindegewebe. Das Bindegewebe der Tunica adventitia bzw. serosa enthält Gefäße, sympathische Fasern und den **Plexus oesophageus**, der aus Fasern beider Nn. vagi (X) hervorgeht. Die sympathischen und die parasympathischen Fasern beeinflussen gemeinsam den Plexus submucosus und den Plexus myentericus des Ösophagus.

Klinik

Der Bereich, in dem das (makroskopisch weißliche) Plattenepithel in das (makroskopisch rötliche) Zylinderepithel des Magens übergeht (**gastroösophagealer Übergangsbereich**), imponiert endoskopisch als **Z-Linie** (↗ Abb. 5.4b). Kommt es durch eine Beeinträchtigung der Schließfunktion des distalen Ösophagus zu einem chronischen Rückfluss von Magensäure in den Ösophagus (**Refluxkrankheit**), kann das ortsständige Plattenepithel durch das magensaftresistentere Zylinderepithel mit Becherzellen ersetzt werden (**intestinale Metaplasie**). Makroskopisch verschiebt sich hierdurch die Z-Linie. Bei Patienten mit einer intestinalen Metaplasie des Ösophagus (**Barrett-Ösophagus**) ist das Risiko, an einem Ösophaguskarzinom zu erkranken, erhöht.

Gefäßversorgung und Innervation

Die arterielle Versorgung des Ösophagus erfolgt durch direkte Äste (**Rr. oesophageales**) aus der A. thyroidea inferior, der Aorta, den Interkostalarterien, der A. gastrica sinistra und der A. phrenica inferior sinistra. Insgesamt wird der Ösophagus nicht so stark durchblutet wie der übrige Gastrointestinaltrakt, da hier noch keine Resorption von Nahrungsbestandteilen stattfindet. Das sauerstoffarme Blut fließt über die **Vv. oesophageae** in die Vv. brachiocephalicae, V. azygos und V. hemiazygos, d.h. letztlich in die V. cava superior.

Klinik

Die Vv. oesophageae anastomosieren mit der V. gastrica dextra und den Vv. gastricae breves, die direkt bzw. indirekt (über die V. splenica) in die Pfortader (V. portae) münden (↗ Kap. 6.3.1). Die Vv. oesophageae stellen also eine Verbindung zwischen der V. cava (superior) und der V. portae her (**portokavale**

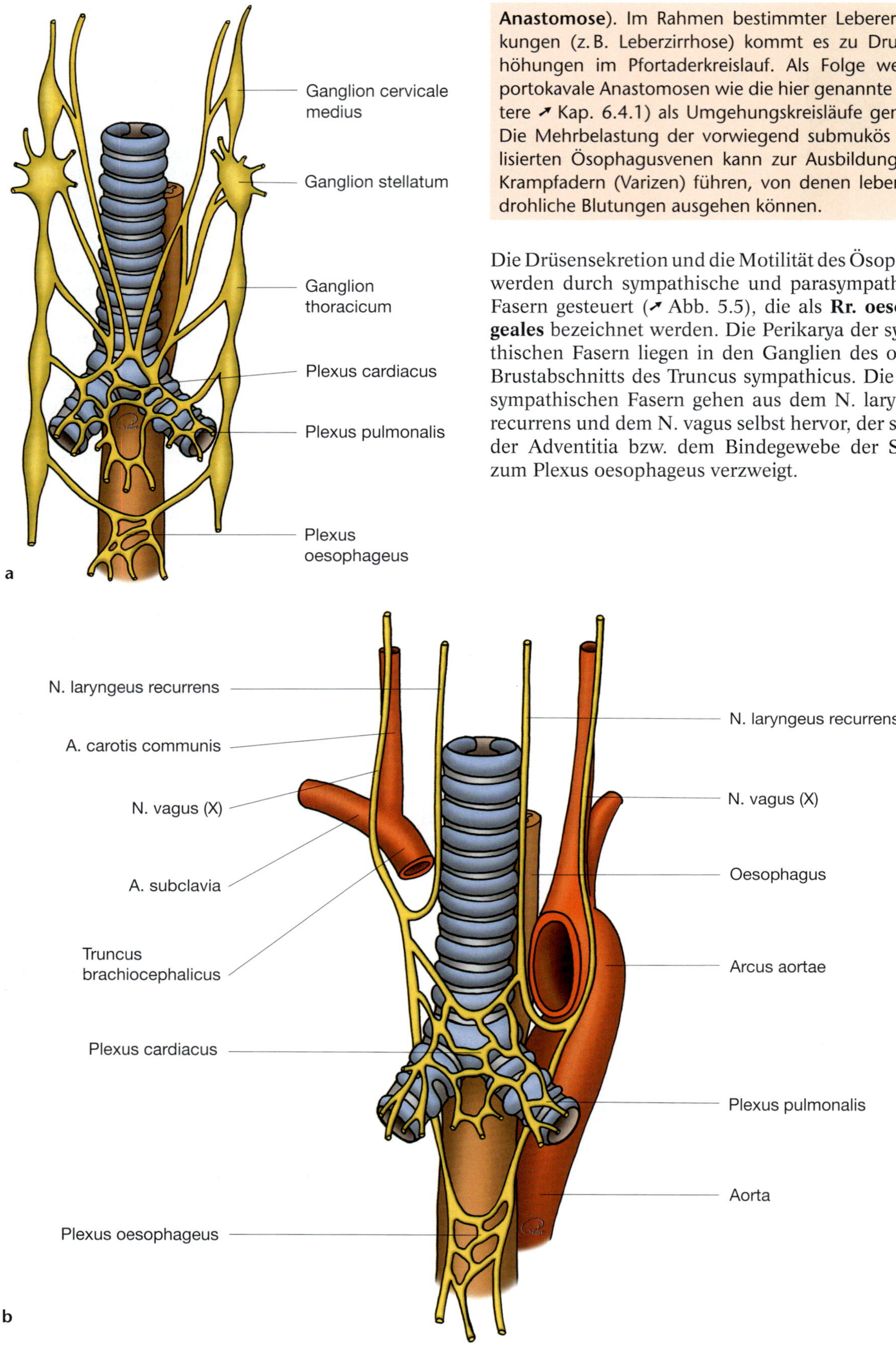

Abb. 5.5 Sympathische (a) und parasympathische (b) Innervation des Ösophagus.

Anastomose). Im Rahmen bestimmter Lebererkrankungen (z.B. Leberzirrhose) kommt es zu Druckerhöhungen im Pfortaderkreislauf. Als Folge werden portokavale Anastomosen wie die hier genannte (weitere ↗ Kap. 6.4.1) als Umgehungskreisläufe genutzt. Die Mehrbelastung der vorwiegend submukös lokalisierten Ösophagusvenen kann zur Ausbildung von Krampfadern (Varizen) führen, von denen lebensbedrohliche Blutungen ausgehen können.

Die Drüsensekretion und die Motilität des Ösophagus werden durch sympathische und parasympathische Fasern gesteuert (↗ Abb. 5.5), die als **Rr. oesophageales** bezeichnet werden. Die Perikarya der sympathischen Fasern liegen in den Ganglien des oberen Brustabschnitts des Truncus sympathicus. Die parasympathischen Fasern gehen aus dem N. laryngeus recurrens und dem N. vagus selbst hervor, der sich in der Adventitia bzw. dem Bindegewebe der Serosa zum Plexus oesophageus verzweigt.

5.4 Thymus

Überblick

Der Thymus (Bries) zählt zusammen mit dem Knochenmark und der fetalen Leber zu den **primären** (= **zentralen**) lymphatischen Organen, die sich durch ihre gemeinsame Fähigkeit zur Bildung und immunologischen Prägung von Lymphozyten auszeichnen (↗ Kap. 1.6.2). Durch Interaktion mit den epithelialen Retikulumzellen im Thymus erwerben die aus dem Knochenmark stammenden T-Lymphozyten, die Träger der zellulären Immunantwort, ihre Antigenrezeptoren und werden selektioniert. Auf diese Weise wird sichergestellt, dass keine autoreaktiven (gegen körpereigene Antigene gerichteten) T-Lymphozyten den Thymus verlassen.

Embryologie

Der Thymus geht aus der 3. und 4. Schlundtasche hervor (↗ Kap. 4.2.6) und ist bereits nach der 15.–17. Entwicklungswoche weitgehend in Thymusmark und -rinde (Medulla und Cortex thymi) gegliedert und differenziert. Hierdurch unterscheidet sich der Thymus von den anderen (sekundären) lymphatischen Organen, deren Differenzierung erst nach der Geburt abgeschlossen ist. Im Laufe der ersten Lebensjahre wächst das Organ, um im Kleinkindalter seine größte relative Ausdehnung (im Verhältnis zur Körpergröße) zu erreichen. Bis zur Pubertät behält er dann seine absolute Größe bei und bildet sich im Anschluss wieder zurück (postpubertäre **Involution**). Hierbei werden große Teile funktionellen Thymusgewebes durch Fettgewebe ersetzt, wodurch der Thymusrest- bzw. Thymusfettkörper entsteht. Bis zum Lebensende bleibt jedoch immer ein Anteil funktionellen Gewebes erhalten.

Topographie

Der Thymus liegt im oberen bzw. im unteren vorderen Mediastinum direkt hinter dem Brustbein (= retrosternal) und gliedert sich in zwei Lappen meist ungleicher Größe. Mit seiner Rückfläche grenzt er an die großen Gefäße (Aortenbogen, V. cava superior, Vv. brachiocephalicae) und seitlich an die Pleura mediastinalis (Teil der Pleura parietalis, ↗ Kap. 5.1.1). Insgesamt erstreckt sich der Thymus in etwa vom oberen Rand des Sternums bis zur 4. Rippe.

Histologie

Der kindliche Thymus ist von einer dünnen Organkapsel umgeben und wird durch bindegewebige, gefäßführende Septen in **Läppchen** (Lobuli) gegliedert. In den einzelnen Läppchen kann eine zelldichtere, randständige Rinde (Cortex thymi) von einem aufgelockerten, zentralen Mark (Medulla thymi) unterschieden werden. In Abhängigkeit vom Lebensalter enthalten die Läppchen außerdem unterschiedlich große Fettgewebsanteile.

Auf zellulärer Ebene dominieren epitheliale Retikulumzellen, T-Lymphozyten und Makrophagen. Die **epithelialen Retikulumzellen** weisen lange Zellfortsätze auf, mit denen sie untereinander ein netzartiges Maschenwerk ausbilden (in der Rinde dichter als im Mark). Da sie die T-Lymphozyten während ihrer immunologischen Prägung unterstützen und vor fremden Antigenen schützen, werden sie auch als **Ammenzellen** bezeichnet. Die **T-Lymphozyten** gelangen nach ihrer Entstehung im Knochenmark zunächst in die Thymusrinde, anschließend in das Thymusmark. Sie erfahren hier ihre immunologische Prägung, werden tolerant gegenüber körpereigenen Peptiden (Selbsttoleranz) und gelangen im Anschluss in die Zirkulation. Fehler in der immunologischen Prägung führen zur Apoptose der T-Lymphozyten und zur anschließenden Phagozytose durch **Makrophagen**.

Histologisches Charakteristikum des Thymus sind Ansammlungen zwiebelschalenartig übereinandergeschichteter Epithelzellen im Thymusmark. Die Funktion dieser **Hassall-Körperchen** (Corpuscula thymica) ist noch immer unbekannt.

Gefäßversorgung und Innervation

Die arterielle Versorgung des Thymus erfolgt durch kleinere Äste benachbarter Gefäße (A. thoracica interna, A. thyroidea inferior). Bei ihrer Aufzweigung in der Thymusrinde werden die Kapillaren von einer dünnen Epithelzellschicht vom übrigen Gewebe getrennt, die man als **Blut-Thymus-Schranke** bezeichnet. Nach Meinung zahlreicher Autoren dient sie als Schutzvorrichtung für die reifenden T-Zellen vor fremden Antigenen. In den letzten Jahren ist die funktionelle Bedeutung der Schranke jedoch zunehmend bezweifelt worden. Das venöse Blut aus dem Thymus wird in die größeren Venen der Umgebung abgeleitet (V. brachiocephalica, V. thoracica interna, V. thyroidea inferior).

Der Thymus weist keine afferenten Lymphgefäße auf, leitet aber Lymphe aus dem Thymusmark in die mediastinalen Lymphknoten.

Sympathische und parasympathische Fasern (aus dem Grenzstrang bzw. dem N. vagus [X]) gelangen über die Septen in das Thymusparenchym.

5.5 Lunge (Pulmo)

5.5.1 Überblick

Die Lungen dienen der Sauerstoffversorgung des Organismus, indem sie den Gasaustausch zwischen Außenluft und Blut ermöglichen. Durch ihren weit verzweigten Bronchialbaum, der die Atemluft in insgesamt 300–400 Millionen Lungenbläschen (= **Alveolen**) leitet, entsteht eine 70–140 m^2 große Austauschfläche, die nur durch eine weniger als 1 µm dicke Schicht von dem ebenso verzweigten Gefäßbaum der Lunge getrennt wird (= Blut-Luft-Schranke). Mittels Diffusion gelangen Sauerstoff in den Alveolen aus der Atemluft in das Blut (Oxygenierung des Blutes) und Kohlendioxid aus dem Blut in die Atemluft.

Das „verbrauchte", sauerstoffarme Blut aus dem Organismus wird über die Venen des großen Körperkreislaufs in die rechte Herzkammer und von hier durch die Aa. pulmonales (führen vom Herzen weg, daher „Arterien") in die Lungen transportiert. Das sauerstoffreiche Blut aus den Lungen gelangt durch die Lungenvenen in den linken Vorhof (die Gefäße führen zum Herzen hin, daher „Venen") und von hier in die linke Herzkammer, die es in den Körperkreislauf auswirft. Die rechte Herzkammer und der linke Vorhof gehören zusammen mit den Gefäßen, die sie mit der Lunge verbinden (einschließlich ihrer Äste in der Lunge), zum **Lungenkreislauf** (= **kleiner Kreislauf**, ↗ Abb. 5.8) des Körpers.

5.5.2 Entwicklung

Embryonalperiode

Die Lungen sind entodermalen Ursprungs und leiten sich von der **Lungenknospe** ab. Diese entwickelt sich im Lauf der 3. Entwicklungswoche aus der primitiven Trachea und teilt sich bald in eine linke und rechte Knospe auf. Schon früh ist die rechte Knospe etwas größer und knickt stärker nach kaudal ab als die linke, was sich später im steileren Verlauf des rechten Hauptbronchus widerspiegelt. Bis zur 8. Entwicklungswoche und damit bis zum Ende der Embryonalperiode entwickeln sich Haupt-, Lappen- und Segmentbronchien.

Fetalperiode

Pseudoglanduläre Periode

In der 5. Entwicklungswoche und somit noch in der Embryonalperiode beginnt die pseudoglanduläre Periode der Lungenentwicklung, deren Bezeichnung sich von der morphologischen Ähnlichkeit der Lungenknospe mit einer exokrinen Drüse ableitet. Im Laufe der folgenden 12 Wochen entwickeln sich sämtliche Anlagen des luftleitenden Bronchialsystems bis zu den **Bronchioli terminales**. Somit sind mit dem Übergang in die folgende, kanalikuläre Periode noch keine am Gasaustausch teilnehmenden Strukturen ausgebildet.

Kanalikuläre Periode

Aus den terminalen Bronchiolen sprossen in den folgenden Wochen durch dichotome Aufzweigung (Aufzweigung eines Asts in zwei Äste) bis zu 10 weitere Aufteilungsgenerationen aus, die später den Gasaustausch gewährleisten. Zunächst entstehen die **Bronchioli respiratorii** und die **Ductus alveolares** als kleine Kanälchen, die für diese ca. von der 13. bis zur 26. Entwicklungswoche andauernde Periode namensgebend sind.

Merke

Alle Aufzweigungen des Bronchialbaums, die von einem Bronchiolus terminalis abzweigen, werden als **Azinus** bezeichnet.

Alveoläre Periode

Diese letzte Periode der Lungenentwicklung zeichnet sich durch die vollständige Ausreifung des Bronchialbaums, d. h. durch die Entwicklung der Lungenbläschen (**Alveolen**) aus und beginnt etwa in der 23.–24. Entwicklungswoche. Das die Alveolen auskleidende Epithel differenziert sich in **Typ-I-** und **Typ-II-Pneumozyten**. Letztere produzieren das zur Reduktion der Oberflächenspannung notwendige Surfactant.

Klinik

Zeitgleich zur gesamten Entwicklung des Bronchialbaums verzweigen sich im dazwischen liegenden Mesenchym Kapillarnetze, aus denen das Gefäßsystem der Lunge hervorgeht. Etwa ab der 28. Entwicklungswoche sind Bronchial- und Gefäßbaum so weit entwickelt, dass die Lungen bei einer frühzeitig einzuleitenden Geburt den Gasaustausch übernehmen können. Durch intensivmedizinische Verfahren kann bereits bis zu 4 Wochen früher ein Überleben des Neugeborenen erzielt werden. Vor der 24. Entwicklungswoche, d. h. vor Beginn der alveolären Phase lässt die mangelnde Differenzierung der für den Gasaustausch verantwortlichen Strukturen eine physiologische Lungenfunktion noch nicht zu. Ein Überleben außerhalb des Mutterleibes ist daher unmöglich.

Geburt und postnatale Periode

Während der gesamten Embryonal- und Fetalperiode ist der Bronchialbaum mit Flüssigkeit gefüllt. Erst während des Geburtsvorgangs wird ein großer Teil dieser Flüssigkeit durch Mund und Nase ausgestoßen. Der Rest wird nach dem 1. Atemzug, der zur Entfaltung der Lungen führt, durch das Alveolarepithel resorbiert (innerhalb der ersten Lebensstunden). Die postnatale Periode der Lungenentwicklung zeichnet sich insbesondere durch weiteres Wachstum und weitere Verzweigung des gasaustauschenden Bronchialbaums aus und dauert in etwa bis zum 8. Lebensjahr.

Klinik

Um bei einem toten Säugling zu überprüfen, ob er bereits als Totgeburt zur Welt kam oder für kurze Zeit überlebt hat, kann die **Schwimmprobe** der Lungen durchgeführt werden (rechtsmedizinische Fragestellung). Sind die Lungen noch mit Flüssigkeit gefüllt, wurden also zuvor nicht belüftet, so gehen sie unter (= Totgeburt). Schwimmen sie hingegen im Wasser, so spricht das für eine Lebendgeburt.

5.5.3 Topographie und Gliederung

Überblick

Die Lungen liegen in den Pleurahöhlen links und rechts des Mediastinums und füllen diese bei maximaler Einatmung vollständig aus. Sie haben insofern keine Eigenform, sondern nutzen den Platz im Brustkorb, der nicht von den anderen hier lokalisierten Organen ausgefüllt wird. Jede Lunge ähnelt einem Kegel, dessen abgerundete Spitze (**Apex pulmonis**) die obere Thoraxapertur übersteigt und dessen konkave Basis den konvexen Zwerchfellkuppeln aufsitzt. Umhüllt wird jede Lunge von der **Pleura visceralis**, die nur durch einen kapillären, flüssigkeitsgefüllten Spalt von der **Pleura parietalis** der Brustkorbwandung getrennt ist. Hierdurch wird das Gleiten der viszeralen auf der parietalen Pleura gewährleistet, das für die Volumenänderungen der Lungen während der Ein- und Ausatmung von entscheidender Bedeutung ist (↗ Kap. 5.1.1). Bei vollständiger Exspiration verfügen die Lungen über ein Volumen von ca. **2–3 l**, das bei maximaler Inspiration auf **5–8 l** ansteigt. Jede Lunge wiegt ca. **400 g** und ist von weicher, schwammartiger Beschaffenheit. Die umliegenden Leitungsbahnen hinterlassen Abdrücke auf der Lungenoberfläche (↗ Abb. 5.6).

Die Außenflächen der Lunge

Die Lungenaußenflächen werden nach den angrenzenden Strukturen benannt. So unterscheidet man **Facies costalis**, **Facies diaphragmatica** und **Facies mediastinalis**. Letztere grenzt dorsal an die Wirbelsäule (**Pars vertebralis**) und weiter ventral an das Mediastinum (**Pars mediastinalis**). Im zentralen Abschnitt der Facies mediastinalis befindet sich auf Höhe des 5. Brustwirbelkörpers der **Lungenhilus (Hilum pulmonis)**. Nur in diesem Bereich treten luftleitende Strukturen bzw. Leitungsbahnen in die Lunge ein bzw. aus ihr aus (↗ Abb. 5.6):

- **eintretende luftleitende Strukturen bzw. Leitungsbahnen:** Hauptbronchus (Bronchus principalis), A. pulmonalis, arterielle Rr. bronchiales, Nerven
- **austretende Leitungsbahnen:** Vv. pulmonales, venöse Rr. bronchiales, Lymphgefäße.

Man fasst die ein- bzw. austretenden Strukturen auch unter dem Begriff „Lungenwurzel" (**Radix pulmonis**) zusammen. Im Bereich des Lungenhilus treffen viszerale und parietale Pleura aufeinander und gehen ineinander über. Man bezeichnet diese Umschlagsfalte der Pleurablätter auch als **Mesopneumonium**, da sie die Verankerung und Befestigung der Lungen am Mediastinum vermittelt (analog zu den Mesenterien, die den Dünndarm an der hinteren Bauchwand befestigen). Der untere Anteil des Mesopneumoniums zieht als **Lig. pulmonale** vom Hilum zum Zwerchfell (↗ Abb. 5.6) und enthält einzelne Lymphgefäße.

Merke

Die Gefäße der Lungenwurzeln treten in charakteristischer Position in die Lunge ein bzw. aus ihr aus. So liegen die Lungenvenen in der Regel kaudal von Hauptbronchus und A. pulmonalis. Des Weiteren ist der Hauptbronchus für gewöhnlich dorsal der A. pulmonalis positioniert. In der rechten Lunge liegt der Hauptbronchus jedoch über der A. pulmonalis, während es sich in der linken Lunge umgekehrt verhält (↗ Abb. 5.6). Die restlichen kleineren Leitungsbahnen der Lungenwurzeln liegen zwischen den großen Ästen.

Bei der äußeren Betrachtung der Lungen fällt weiter auf, dass sich die rechte Lunge in drei, die linke Lunge in zwei Abschnitte (**Lappen** = **Lobi**) gliedert. Zwischen den Lappen sind Spalten (**Fissurae interlobares**) ausgebildet, die als Gleit- und Verschiebeschichten während der Atmung dienen. Beidseits kommt eine schräg verlaufende **Fissura obliqua**, in der rechten Lunge zusätzlich noch eine **Fissura horizontalis** vor. Es resultiert folgende Gliederung (↗ Abb. 5.6):

- **rechte Lunge:** Die Fissura horizontalis trennt Ober- und Mittellappen, die Fissura obliqua trennt Mittel- und Unterlappen.
- **linke Lunge:** Die Fissura obliqua trennt Ober- und Unterlappen.

Die linke Lunge ist um ca. 10 % kleiner als die rechte, weil im linken Hemithorax aufgrund des hier gelegenen Herzens weniger Platz zur Verfügung steht. Das Herz buchtet beide Facies mediastinales, am stärksten jedoch die linke Facies mediastinalis zur Herzbucht (**Impressio cardiaca**) aus und verursacht eine Einziehung der linken Lungenvorderkante zwischen Facies costalis und Facies mediastinalis (**Incisura cardiaca pulmonis sinistri**). Hieraus resultiert eine zipfelartige Ausziehung des linken Oberlappens, die als **Lingula pulmonis sinistri** bezeichnet wird. Der linke Oberlappen entspricht dem rechten Ober- und Mittellappen, ist aber durch die Herzbucht insgesamt kleiner.

Die bronchoarterielle Einheit

Die Aufzweigungen des Bronchialbaums definieren die weitere Lungengliederung (↗ Abb. 5.7):

- **rechte Lunge:** 1 Hauptbronchus → 3 Lappenbronchien → 10 Segmentbronchien (3 im Ober-, 2 im Mittel- und 5 im Unterlappen)
- **linke Lunge:** 1 Hauptbronchus → 2 Lappenbronchien → 9–10 Segmentbronchien (5 im Ober- und 4–5 im Unterlappen).

Die keilförmigen Lungensegmente (**Segmenta bronchopulmonalia**) sind untereinander durch Bindegewebssepten getrennt, in denen die Äste der Lungenvenen verlaufen. Die Äste der Pulmonalarterie hingegen verlaufen unmittelbar neben den Ästen des Bronchialbaums durch das Zentrum der Segmente (= **bronchoarterielle Einheit**).

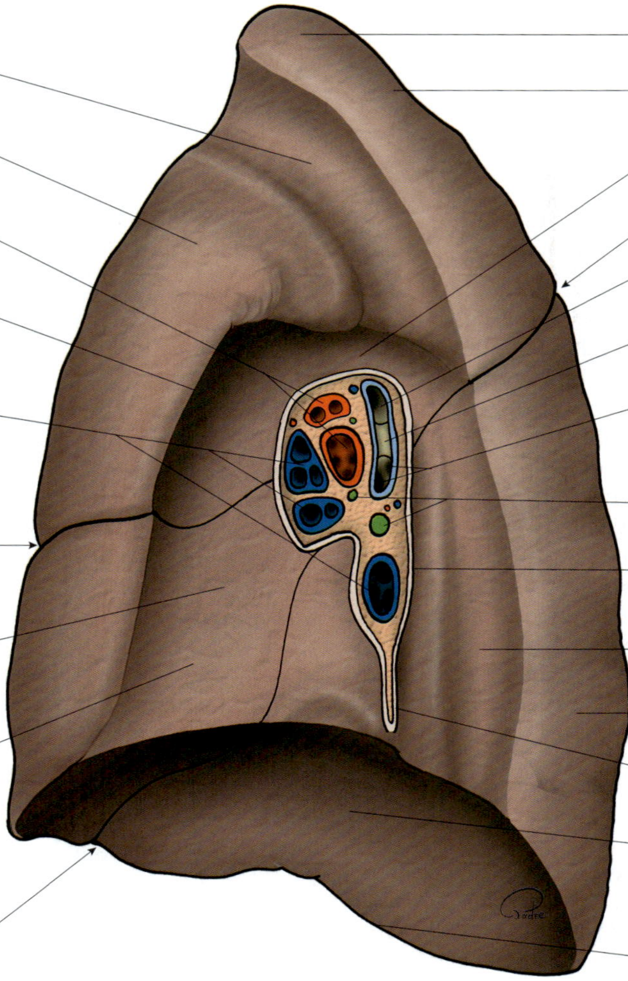

Abb. 5.6 Facies mediastinalis der Lungen mit Lungenhilus. a Rechte Lunge. (Modifiziert nach [15])

Durch weitere Aufzweigung der Segmentbronchien entstehen nach mehreren Teilungsgenerationen die **Bronchioli**, deren Wandung keine Knorpelanteile mehr enthält. Sie versorgen zusammen mit den Aufzweigungen der Pulmonalarterie die Lungenläppchen (**Lobuli pulmonales**), die durch Bindegewebssepten (unvollständig) voneinander getrennt werden. Auf der Facies costalis der Lunge ist diese Läppchengliederung makroskopisch gut nachvollziehbar, da sich hier polygonale Felder mit einer Kantenlänge von 0,5–2 cm demarkieren. Im Laufe des Lebens werden die Läppchen immer deutlicher sichtbar, weil sich im dazwischen liegenden Bindegewebe mit Rußpartikeln gefüllte Makrophagen absetzen.

Der Bronchialbaum

Das Bronchialsystem der Lungen ist baumartig verzweigt und kann nach funktionellen Gesichtspunkten in einen gasleitenden (konduktiven) und einen gasaustauschenden Abschnitt aufgeteilt werden.

Gasleitender Bronchialbaum

Der Bronchialbaum beginnt mit der Aufzweigung der Trachea auf Höhe des 4. Brustwirbels in einen linken und einen rechten Hauptbronchus (**Bronchus principalis**). Der rechte Hauptbronchus hat einen größeren Durchmesser als der linke, ist kürzer und stärker nach kaudal gerichtet. Verschluckte (= aspirierte) Speisebestandteile gelangen daher eher in den rechten als in den linken Hauptbronchus. Im Anschluss an die Hauptbronchien folgen die Lappenbronchien (**Bronchi lobares**), wobei die Unterlappenbronchien beidseits die Richtung der Hauptbronchien fortsetzen. Durch weitere dichotome Verzweigung entstehen Segmentbronchien (**Bronchi segmentales**), kleinere Bronchien, Bronchiolen (**Bronchioli**) und terminale Bronchiolen (**Bronchioli terminales**). Letztere entsprechen in etwa der 16. Teilungsgeneration und sind die letzten ausschließlich an der Gasleitung beteiligten Strukturen.

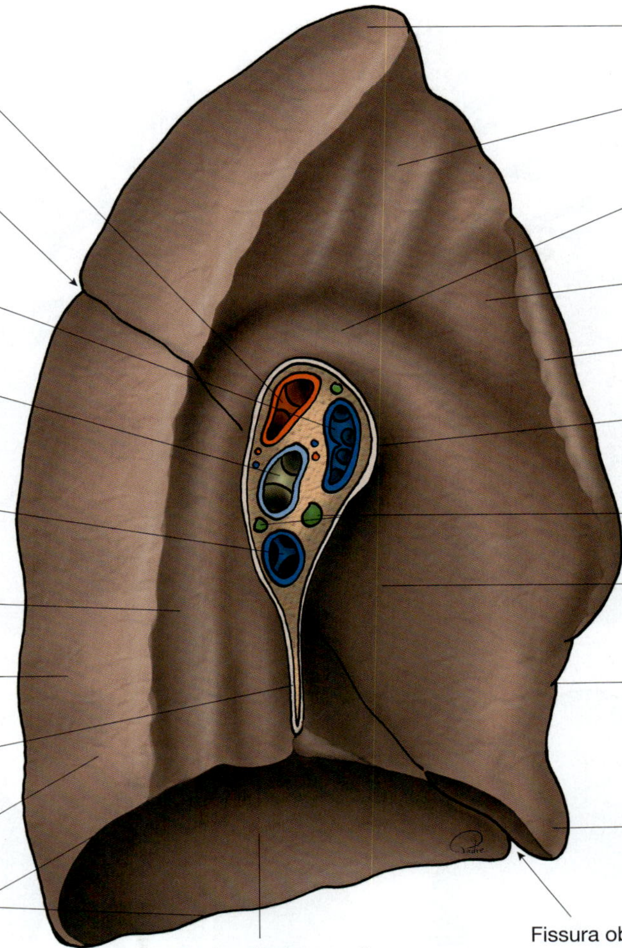

Abb. 5.6 *Fortsetzung.* **b** Linke Lunge.

Histologie

Der Wandbau der großen Bronchien gleicht weitgehend dem der Trachea. So besteht die **Tunica mucosa** aus einem becherzellreichen, mehrreihigen, **respiratorischen Flimmerepithel** mit vereinzelten neuroendokrinen Zellen und einer **Lamina propria** aus lockerem Bindegewebe mit zahlreichen elastischen Fasern. In der Lamina propria liegen die seromukösen **Glandulae bronchiales**, die den Bronchialschleim produzieren und hierdurch eine Befeuchtung der Atemluft sowie den Abtransport von Stoffen nach oral gewährleisten (**mukoziliäre Clearance**, ↗ auch Kap. 5.2). Nach außen folgt die **Tunica fibromusculocartilaginea**, die zirkulär um das Lumen angeordnete Platten oder Stückchen **hyalinen Knorpels** (in kleineren Bronchien **elastischer Knorpel**) und **glatte Muskulatur** enthält. Im Gegensatz zur Trachea ist die glatte Muskulatur jedoch nicht zwischen den Knorpelanteilen, sondern als kontinuierliche Schicht innerhalb des knorpeligen Skeletts gelegen. Die **Tunica adventitia** enthält lockeres Bindegewebe, in dem die Vasa privata der Lunge (Rr. bronchiales) sowie vegetative Nervenfasern lokalisiert sind.

Am Wandbau der **Bronchioli** beteiligen sich **weder Knorpel noch Drüsen**. In der Regel kommen auch keine Becherzellen vor, sondern sekretorische **Clara-Zellen**, die einen dünnen Schleimfilm zum Schutz des respiratorischen Epithels produzieren. Das Epithel ist einschichtig und meist isoprismatisch.

Klinik

Bei einer chronischen Entzündung der Bronchien (**chronische Bronchitis**), die gehäuft bei Rauchern auftritt, kommt es zu charakteristischen Veränderungen der Bronchialwand. Hierbei steht die Vermehrung (= Hyperplasie) von Becherzellen und Glandulae bronchiales im Vordergrund. Des Weiteren kommt es zur Hyperplasie und Hypertrophie (= Größenzunahme) der zirkulär angeordneten glatten Muskelzellen. Makroskopisch resultiert hieraus eine Querriffelung der Bronchien.

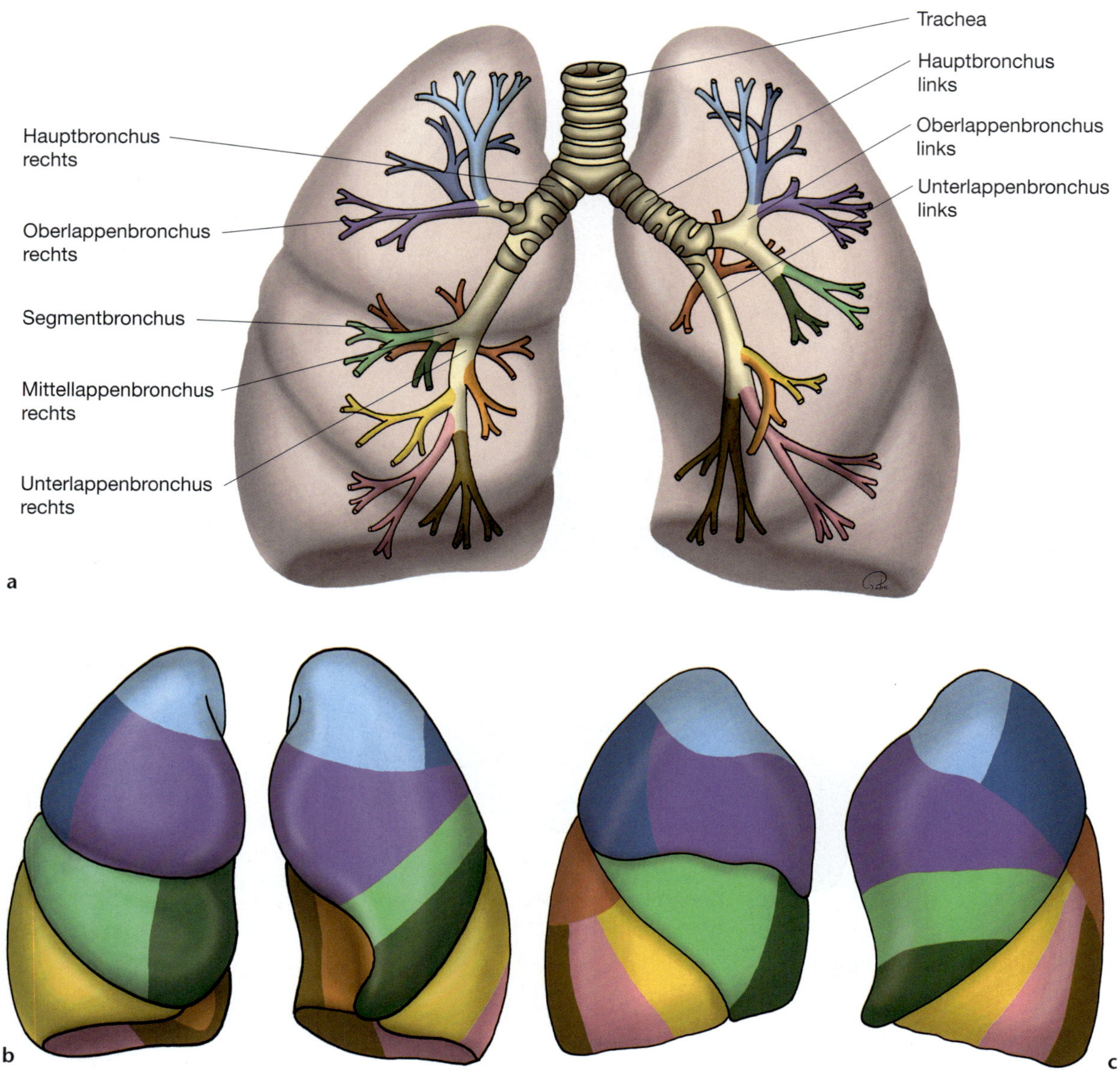

Abb. 5.7 Topographie und Nomenklatur des Bronchialbaums (a) und der Lungensegmente (b–d). b Ansicht der Lungen von ventral, **c** Ansicht von lateral.

Gasaustauschender Bronchialbaum

Auf die Bronchioli terminales folgen die **Bronchioli respiratorii**. Sie stellen die Überleitung in den gasaustauschenden Bronchialbaum dar und zeichnen sich durch einen mittleren Durchmesser von ca. 0,4 mm aus. Von den Bronchioli respiratorii entspringen **Ductus alveolares**, die entweder in einzelne Lungenbläschen (**Alveolen**) oder in Gruppen von Alveolen (**Sacculi alveolares**) münden. Den Eingang in einen Sacculus alveolaris bezeichnet man als **Atrium alveolarium**. Ein **Azinus** beschreibt alle von einem terminalen Bronchiolus ausgehenden Strukturen des Bronchialbaums und beinhaltet ca. 1500–4000 Alveolen.

Histologie

Der Wandaufbau der **Bronchioli respiratorii** ähnelt dem der Bronchioli terminales. Das Epithel wird flacher und büßt seine Kinozilien ein. Clara-Zellen kommen nur noch vereinzelt vor.

Die **Alveolen** entsprechen in etwa der 24. Teilungsgeneration des Bronchialbaums und vermitteln die **Blut-Luft-Schranke**, an der der Gasaustausch durch Diffusion stattfindet. Ausgekleidet werden die Alveolen von flachen **Alveolarepithelzellen vom Typ I**, die einer **Basalmembran** aufliegen. Benachbarte Alveolen sind durch **Interalveolarsepten** voneinander getrennt. Letztere enthalten neben einer schmalen Schicht lockeren Bindegewebes (= interstitielles Bindegewebe) das alveoläre Kapillarnetz. An den Stellen, an denen die Alveolen direkt an Kapillaren

Abb. 5.7 *Fortsetzung.*
d Ansicht von medial.

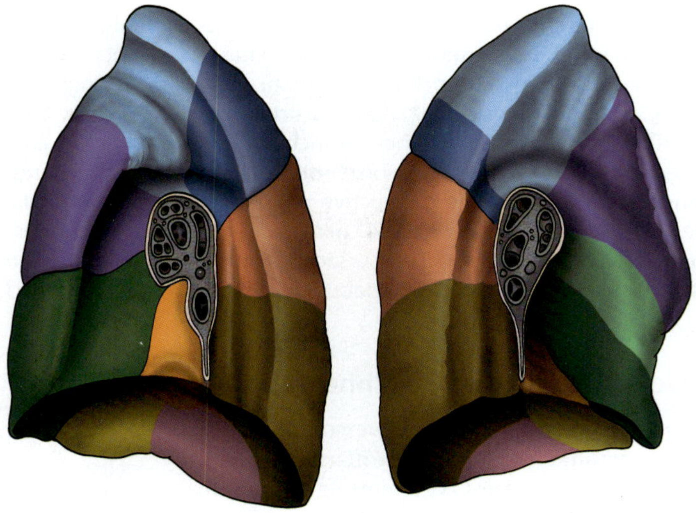

Rechte Lunge	Linke Lunge	
Oberlappen	Oberlappen	
○ Segmentum apicale	○ Segmentum apicale	häufig zum Segmentum apicoposterius verschmolzen
● Segmentum posterius	● Segmentum posterius	
● Segmentum anterius	● Segmentum anterius	
Mittellappen	● Segmentum lingulare superius	Lingula pulmonis
● Segmentum laterale	● Segmentum lingulare inferius	
● Segmentum mediale		
Unterlappen	Unterlappen	
● Segmentum superius	● Segmentum superius	
● Segmentum basale anterius	● Segmentum basale anterius	häufig zum Segmentum basale anteromediale verschmolzen
● Segmentum basale mediale	● Segmentum basale mediale	
● Segmentum basale laterale	● Segmentum basale laterale	
● Segmentum basale posterius	● Segmentum basale posterius	

angrenzen, sind die Basalmembranen des Alveolarepithels und des Gefäßendothels miteinander verschmolzen. Es resultiert somit eine äußerst dünne Diffusionsbarriere von nur 0,2–0,4 µm Dicke.

Des Weiteren beteiligen sich am Aufbau der Alveolen die Surfactant produzierenden Typ-II-Alveolarepithelzellen sowie Alveolarmakrophagen. **Typ-II-Alveolarepithelzellen** kommen vorwiegend in kleinen Gruppen in den Ecken sich kreuzender Alveolarsepten vor. Im Gegensatz zu den Typ-I-Alveolarepithelzellen können sich Typ-II-Zellen teilen und anschließend in Typ-I-Zellen umwandeln. Das von den Typ-II-Zellen sezernierte **Surfactant** ist ein Komplex aus Phospholipiden, Proteinen und Glykosaminoglykanen. Es benetzt die Alveolaroberfläche als dünne Schicht und reduziert so die Oberflächenspannung. Auf diese Weise wird ein Kollaps der Alveolen verhindert. **Alveolarmakrophagen** sind Bestandteil des alveolären Abwehrsystems.

Merke

An den dünnsten Stellen besteht die Blut-Luft-Schranke nur aus den flachen Alveolarepithelien, einer verschmolzenen Basalmembran und aus dem flachen Gefäßendothel.

Lymphkapillaren sind erst in den Bronchioli respiratorii ausgebildet, fehlen also in den Alveolarsepten.

Klinik

Bei verschiedenen Lungenerkrankungen kann es zu einer Zunahme von Bindegewebe in den Interalveolarsepten kommen (**Lungenfibrose**). Es resultiert eine Verbreiterung der Blut-Luft-Schranke und damit eine Herabsetzung der Effektivität des Gasaustauschs.

Chronische Entzündungen des Bronchialbaums (chronische Bronchitis) können zu einer (zunächst regionalen) Zerstörung des Lungenparenchyms distal der Bronchioli terminales führen. Dieses Krankheitsbild wird als **Lungenemphysem** bezeichnet und führt, wie auch die chronische Bronchitis per se, zu einer Erhöhung des Atemwegswiderstands (Obstruktion). Die Kombination von chronischer Bronchitis und Lungenemphysem wird als **chronisch-obstruktive Lungenerkrankung** (Chronic obstructive pulmonary disease, COPD) bezeichnet. Die COPD gilt in Amerika mittlerweile als vierthäufigste Todesursache. Hauptverantwortlich ist chronischer Nikotinabusus.

5.5.4 Gefäßversorgung und Innervation

Die Lunge hat eine doppelte Gefäßversorgung:

- Die **Aa. pulmonales** leiten sauerstoffarmes Blut aus dem rechten Herzen zur Oxygenierung in die Lungen (➚ Abb. 5.8). Diese Gefäße und ihre Äste bezeichnet man als **Vasa publica** der Lungen.
- Die **Rr. bronchiales** der Aorta, die das Lungengewebe mit Sauerstoff versorgen, bezeichnet man als **Vasa privata** der Lungen.

Vasa publica der Lungen

Die Vasa publica gehören zum kleinen Kreislauf (Lungenkreislauf) bzw. zum Niederdrucksystem des Organismus (Mitteldruck etwa 13 mmHg). Nach ihrem Abgang aus der **A. pulmonalis** verlaufen die **Pulmonalarterienäste** in direkter Nachbarschaft zu den Bronchien bzw. zu den Bronchiolen (bronchoarterielle Einheit, ➚ Abb. 5.8) durch das Zentrum der Lungenlappen, -segmente und -läppchen. Erst distal der Bronchioli respiratorii bilden die Bronchialbaum- und Pulmonalarterienäste keine Einheit mehr: Die aus den Ästen der A. pulmonalis hervorgehenden Kapillaren verlaufen dann in den Interalveolarsepten und beteiligen sich an der Bildung der Blut-Luft-Schranke. Während die ersten Aufzweigungen der Pulmonalarterie noch Arterien elastischen Typs sind, zeigen die weiter distal lokalisierten Äste den Wandbau einer Arterie vom muskulären Typ (➚ Kap. 1.4.1). In den Kapillaren findet die Oxygenierung statt. Das sauerstoffreiche Blut fließt in postkapilläre Venulen, die in kleine Venen münden. Aus diesen gelangt das Blut in immer größere Venen, die im Bindegewebe zwischen den Lungenläppchen, -segmenten und -lappen liegen, und schließlich links und rechts in je zwei **Vv. pulmonales**, die das Blut in den linken Vorhof leiten. Die Vv. pulmonales und ihre Zuflüsse gehören wie die Aa. pulmonales und ihre Äste zum Lungenkreislauf (➚ Abb. 5.8).

Klinik

Der Verschluss eines Pulmonalarterienastes durch ein verschlepptes Blutgerinnsel (= Embolus) wird als **Lungenembolie** bezeichnet. Häufige Ursachen sind Thrombosen in den Bein- oder Beckenvenen, die u. a. infolge längerer Bettlägerigkeit (z. B. postoperativ) entstehen. Löst sich der Thrombus von seinem Ursprungsort, gelangt er mit dem Blut durch das venöse System des großen Kreislaufs in das rechte Herz und von hier aus in die Pulmonalarterie. Je nach Größe des Embolus resultiert ein Verschluss eines entsprechend großen Pulmonalarterienastes und hierdurch eine Erhöhung des Gefäßwiderstands (= Anstieg des pulmonalarteriellen Drucks). Mit steigendem pulmonalarteriellem Druck wächst der Widerstand, gegen den das rechte Herz anpumpt. Während kleinere Lungenembolien sogar asymptomatisch verlaufen können, kann es durch Verschlüsse größerer Pulmonalarterienäste zu einem akuten Rechtsherzversagen kommen. Dieses tritt ein, wenn die Zunahme des pulmonalarteriellen Drucks die Kompensationsmöglichkeiten des rechten Herzens übersteigt.

Vasa privata der Lungen

Aus der Aorta und aus der 3. und/oder 4. Interkostalarterie entspringen pro Lunge 1–3 **arterielle Rr. bronchiales**, die im peribronchialen Gewebe verlaufen. Hier versorgen sie die Pulmonalarterienäste und den Bronchialbaum bis zur Aufzweigung in die Bronchioli terminales. Die Bronchioli respiratorii und die folgenden Strukturen des Lungenparenchyms werden durch die Vasa publica mitversorgt. Im Anschluss an das von den Rr. bronchiales gespeiste Kapillarnetz folgen die **venösen Rr. bronchiales**, die in die V. azygos bzw. hemiazygos und z. T. auch in die Vv. pulmonales münden.

Lymphgefäße

Die Lymphdrainage der Lungen erfolgt über zwei verschiedene Netzwerke. Das eine Netz folgt dem Verlauf der Bronchien und befindet sich im peribronchialen Gewebe. Das zweite Netz ist wie die Äste der Vv. pulmonales in den interlobulären und intersegmentalen Bindegewebssepten lokalisiert. Beide Netzwerke transportieren die Lymphe in Richtung Lungenhilum, um sie anschließend in die **Trunci bronchomediastinales dexter** und **sinister** abzuleiten. Auf dem Weg zum Lungenhilus durchströmt die Lymphe verschiedene Lymphknotenstationen. Hierzu zählen die **Lnn. intrapulmonales, Lnn. bronchopulmonales, Lnn. tracheobronchiales superior et inferior** und die **Lnn. paratracheales**.

Innervation

Die vegetative Innervation der Lungen erfolgt über parasympathische Fasern aus Ästen des N. vagus (N. laryngeus recurrens, Rr. bronchiales) und über sympathische Fasern (Rr. bronchiales), deren Perikarya in den oberen Brustganglien des Grenzstranges liegen. Parasympathische und sympathische Fasern

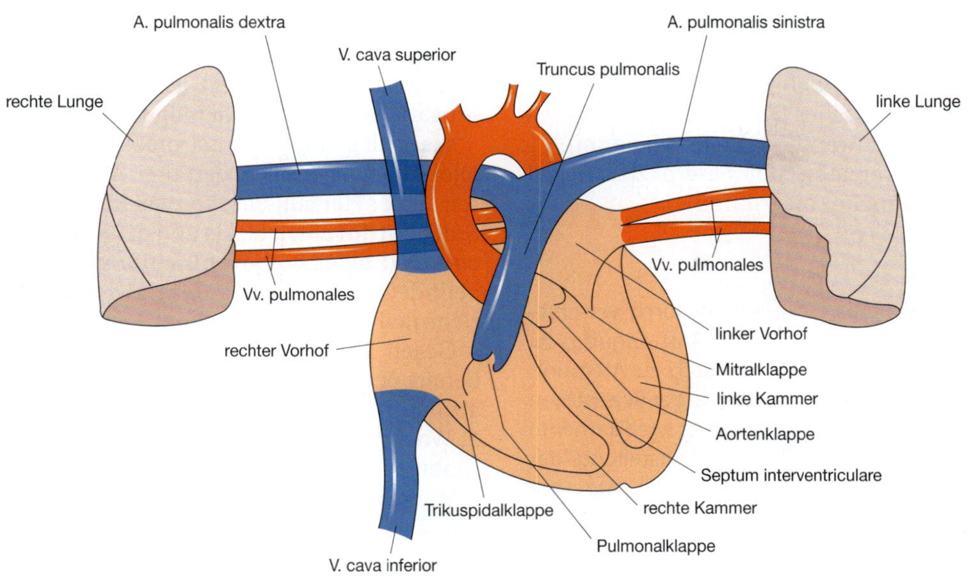

a

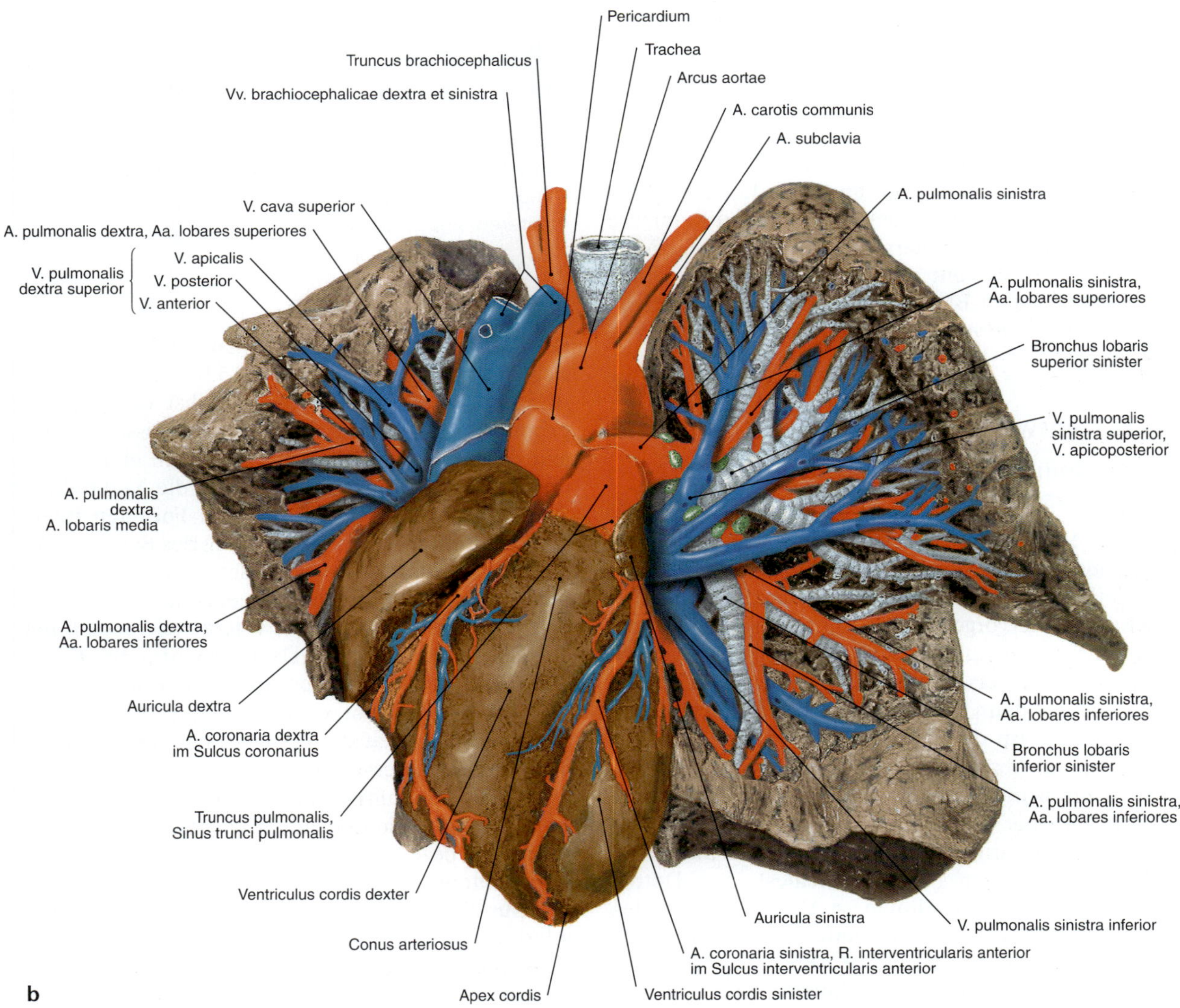

b

Abb. 5.8 Lungenkreislauf. **a** Übersicht (modifiziert nach [11]), **b** anatomisches Präparat mit Darstellung der Vasa publica der Lungen (aus [15]).

bilden gemeinsam einen **Plexus pulmonalis**, der entlang den Bronchien verläuft und sich an der Eng- und Weitstellung der Bronchien beteiligt. So führt die Aktivierung sympathischer Fasern zu einer Erweiterung der Bronchienwand (Bronchodilatation), die Aktivierung parasympathischer Fasern zum gegenteiligen Effekt (Bronchokonstriktion).

Klinik

Beim **Asthma bronchiale** kommt es durch verschiedene Stimuli (z. B. Allergene, Kälte, Anstrengung) zu einer Bronchokonstriktion und dadurch zu Atemnot. Die Stimulation sympathischer adrenerger Rezeptoren (v. a. β_2-Rezeptoren) mittels bestimmter Medikamente (= Sympathomimetika) kann eine Weitstellung der Bronchien induzieren und dadurch die Atemnot lindern.

5.6 Herz (Cor)

Das Herz ist ein muskuläres Pumporgan, das durch rhythmische Kontraktionen die Blutzirkulation im Organismus antreibt und aufrechterhält. Gegliedert ist es in eine linke und eine rechte Hälfte, die jeweils aus einem Vorhof (**Atrium**) und einer Kammer (**Ventriculus**) besteht. Zwischen Vorhöfen und Kammern sowie zwischen Kammern und ableitenden Gefäßen liegen die insgesamt vier Herzklappen, die einen unidirektionalen Blutfluss gewährleisten und einen Rückfluss in die vorgeschalteten Kompartimente verhindern.

5.6.1 Entwicklung

Entstehung des Herzschlauchs bzw. der Herzschleife

In der Mitte der 3. Entwicklungswoche entsteht im Mesoderm die **primäre Perikardhöhle**, aus der der endothelial ausgekleidete **Herzschlauch (Endokardschlauch)** hervorgeht. Er ist umgeben von weiteren mesodermalen Anteilen, aus denen später **Myokard** und **Epikard** hervorgehen. Der Herzschlauch faltet sich erst U-, dann S-förmig, wodurch die **Herzschleife** entsteht. An dieser lassen sich von kaudal nach kranial drei Abschnitte unterscheiden (↗ Abb. 5.9a):

- **Atrium primitivum:** Hier mündet der **Sinus venosus**, der über seine beiden Sinushörner das Blut aus den drei paarigen Venen des Embryos aufnimmt: den Nabelvenen (**Vv. umbilicales**), den Dottersackvenen (**Vv. vitellinae**, ↗ Abb. 5.9b) und den Kardinalvenen (**Vv. cardinales**, Endabschnitte = Vv. cardinales communes [↗ Abb. 5.9b]). Das Atrium primitivum stellt die Einstrombahn des embryonalen Herzens dar.
- **Ventriculus primitivus** (Austreibungsbahn)
- **Conus arteriosus (Bulbus cordis):** Er leitet das Blut in den **Truncus arteriosus** weiter. Dieser mündet in den **Saccus aorticus**, aus dem später der Aortenbogen entsteht und der in die zunächst noch paarig angelegte Aorta mündet. Der Conus arteriosus stellt somit die Ausstrombahn des Herzens dar.

Die Grenze zwischen den drei Abschnitten markieren an der Herzaußenseite zwei Einschnürungen, der **Sulcus atrioventricularis** und der **Sulcus conoventricularis (Sulcus bulboventricularis)**. Im Herzinneren befindet sich an der Grenze zwischen Atrium und Ventrikel der **Atrioventrikularkanal** (↗ Abb. 5.9c).

Gegen Ende der 4. Entwicklungswoche können bereits peristaltische Wellen vom Sinus venosus zum Truncus arteriosus beobachtet werden, und ab der 5. Woche existiert ein wirksamer Blutkreislauf im Embryo.

Wachstumsprozesse im Bereich des Ventrikels führen dazu, dass das Atrium primitivum schließlich dorsal des Ventrikels und des Conus arteriosus zu liegen kommt (↗ Abb. 5.9c und d).

Merke

Aus den spezialisierten Herzmuskelzellen im Wandbereich des Sinus venosus geht das Erregungsbildungs- und -leitungssystem des Herzens hervor. Im Laufe der weiteren Entwicklung verschieben sich die Anteile des Sinus venosus in den rechten Vorhof und bilden den späteren Sinusknoten.

Entstehung der Vorhöfe

Die Ränder des Atrioventrikularkanals verdicken sich zu Endokardkissen (↗ Abb. 5.9c). Vom hinteren Abschnitt des „Atriumdachs“ wächst das **Septum primum** nach kaudal auf die Endokardkissen zu und teilt das Atrium primitivum dadurch in eine rechte und eine linke Hälfte. Kurz bevor die Verbindung zwischen den beiden Hälften, das **Foramen interatriale primum**, durch Vereinigung des Septums mit den Endokardkissen verschlossen zu werden droht, reißt das Septum primum in seinem oberen Abschnitt ein, wodurch das **Foramen interatriale secundum** entsteht. Wiederum vom „Dach“ des Atriums wächst nun rechts vom Septum primum eine weitere Scheidewand, das **Septum secundum**, nach kaudal vor. Sie verkleinert zwar das Foramen interatriale secundum, verschließt es jedoch nicht. Die von Septum primum und Septum secundum gebildete Verbindung zwischen linkem und rechtem Vorhof wird als **Foramen ovale** bezeichnet.

Im weiteren Verlauf gehen aus Anteilen des **Sinus venosus** die beiden **Hohlvenen** (Vv. cavae superior et inferior) und der **Sinus coronarius** hervor. Die Mündungen der Hohlvenen und der Lungenvenen werden in den rechten bzw. linken Vorhof miteinbezogen.

Die Vorhofseptierung findet zeitgleich mit der Ventrikelseptierung in der 5.–7. Embryonalwoche statt.

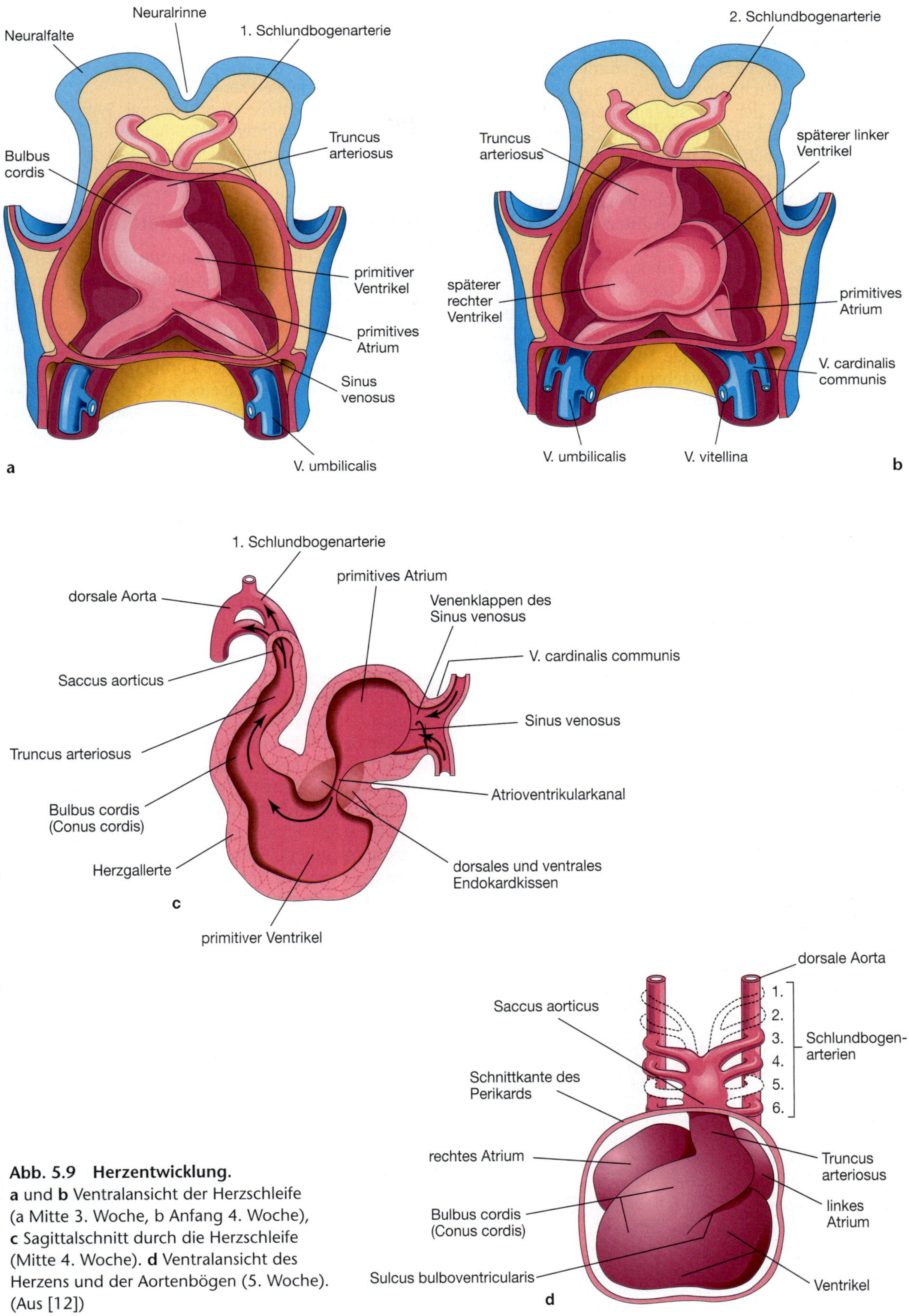

Abb. 5.9 Herzentwicklung.
a und **b** Ventralansicht der Herzschleife (a Mitte 3. Woche, b Anfang 4. Woche), **c** Sagittalschnitt durch die Herzschleife (Mitte 4. Woche). **d** Ventralansicht des Herzens und der Aortenbögen (5. Woche). (Aus [12])

Entstehung der Kammern

Die beiden Kammern entstehen nicht wie die Vorhöfe durch einfache Septierung, sondern gehen u. a. aufgrund von Wachstumsprozessen aus unterschiedlichen Anteilen der Herzschleife hervor: Der linke Ventrikel entsteht in erster Linie aus dem Ventriculus primitivus, der rechte Ventrikel geht überwiegend aus dem Conus arteriosus hervor (↗ unten).

In der 6. Entwicklungswoche wächst das aus Muskelzellen bestehende **Septum interventriculare** von der Herzspitze nach kranial auf die Endokardkissen zu. Es erreicht sie jedoch nicht, sondern lässt das **Foramen interventriculare** offen.

Auch vom Conus und vom Truncus arteriosus aus wachsen paarige, an der Grenze von Conus zu Truncus ineinander übergehende Bindegewebswülste in das Lumen vor und verwachsen unter einer schraubigen Drehung miteinander zum spiralförmigen **Septum aorticopulmonale**. Dadurch entstehen aus Conus und Truncus arteriosus zwei getrennte, umeinander geschlungene Gefäßstämme, die spätere Aorta und der spätere Truncus pulmonalis, wobei der Conus arteriosus größtenteils in die Wand des rechten Ventrikels miteinbezogen wird. Anschließend verschmelzen Anteile des Septum aorticopulmonale mit dem Septum interventriculare, wodurch in der 7. Woche das Foramen interventriculare verschlossen wird. Das Septum interventriculare gliedert sich folglich in einen muskulösen und einen aus dem Septum aorticopulmonale hervorgehenden membranösen Anteil.

Entstehung des Klappenapparates

Aus den Endokardkissen gehen die Segelklappen hervor. Die Taschenklappen entstehen aus Bindegewebswülsten, die am Übergang zwischen dem Truncus arteriosus und den beiden Ventrikeln entstehen.

Klinik

Prinzipiell können in jedem Stadium der Herzentwicklung und in jedem Bereich des Herzens Fehlbildungen entstehen. Der häufigste angeborene Herzfehler ist der isolierte **Ventrikelseptumdefekt**. Meist ist er durch fehlende Verschmelzung von Septum aorticopulmonale und Septum interventriculare bedingt, liegt also subaortal. Postnatal fließt aufgrund des Druckgradienten zwischen linkem und rechtem Ventrikel Blut vom linken in den rechten Ventrikel (Links-rechts-Shunt, Shunt = Kurzschlussverbindung). Bei mittelgroßen und großen Defekten ist die Blutmenge so groß, dass es zu einer Volumenbelastung des rechten Ventrikels, der Pulmonalarterien und des linken Vorhofs kommt.

Auch der **Vorhofseptumdefekt** ist eine häufige angeborene Herzfehlbildung. Er ist meist durch eine Entwicklungshemmung des Septum secundum bedingt und führt wie der Ventrikelseptumdefekt zu einem Links-rechts-Shunt, der je nach Defektgröße in einer Volumenbelastung des rechten Vorhofs, des rechten Ventrikels, der Pulmonalarterien und des linken Vorhofs resultieren kann.

Je nach Defektgröße und klinischer Symptomatik müssen beide genannten Fehlbildungen unterschiedlich eilig operativ korrigiert werden.

5.6.2 Fetaler und adulter Blutkreislauf

Während der Keim im Uterus heranreift, erfolgen die Oxygenierung des kindlichen Blutes und die Versorgung mit Nährstoffen durch den Organismus der Mutter. Der Stoffaustausch wird durch Diffusion und aktive Transportmechanismen vermittelt und findet in der Plazenta statt, in der kindliches und mütterliches Blut nur noch durch eine 4–5 µm dicke passive Filtermembran (Plazentaschranke) voneinander getrennt sind. Aufgrund der besonderen Kreislaufsituation sind im fetalen Blutkreislauf drei Kurzschlussverbindungen ausgebildet (**Ductus venosus**, **offenes Foramen ovale** und **Ductus arteriosus [Botalli]**), die sich nach der Geburt verschließen und hierdurch die Umschaltung in den adulten Kreislauf einleiten.

Kurzschlussverbindungen des fetalen Blutkreislaufs

Das in der Plazenta mit Sauerstoff und Nährstoffen angereicherte Blut gelangt über die Nabelvene (V. umbilicalis) zur Leberpforte und mündet in die Pfortader (V. portae). Im adulten Kreislauf leitet die V. portae das Blut der unpaaren Bauchorgane in das Kapillarbett der Leber und führt es damit der Entgiftung und Verstoffwechselung zu. Eine Leberpassage des sauerstoff- und nährstoffreichen Nabelvenenblutes wäre jedoch ineffektiv. Deshalb gelangen der größte Anteil des Blutes über den **Ductus venosus** aus der Pfortader direkt in die V. cava inferior und nur ein kleinerer Anteil in die Leber (↗ Abb. 5.10). In der V. cava inferior vermischt sich das sauerstoffreiche Nabelvenenblut mit dem sauerstoffarmen Blut des großen Kreislaufs. Im rechten Vorhof vermischt sich das Blut weiter mit sauerstoffarmen Blut aus der V. cava superior. Der größte Teil des sauerstoffhaltigen Mischbluts aus der V. cava inferior wird jedoch mithilfe einer leitschienenartigen Falte der V. cava inferior (Valvula venae cavae inferioris) durch das **Foramen ovale** im Vorhofseptum in den linken Vorhof geleitet. Dieser Vorgang wird auch dadurch unterstützt, dass im rechten Vorhof ein höherer Druck herrscht als im linken. Das verbleibende Blut, das aus dem rechten Vorhof in die rechte Kammer gelangt, stammt somit hauptsächlich aus der V. cava superior und wird in den Truncus pulmonalis ausgeworfen. Da die Lungen noch nicht belüftet sind und ihre Oxygenierungsfunktion folglich nicht erfüllen können, wäre die Weiterleitung von Blut durch den Truncus

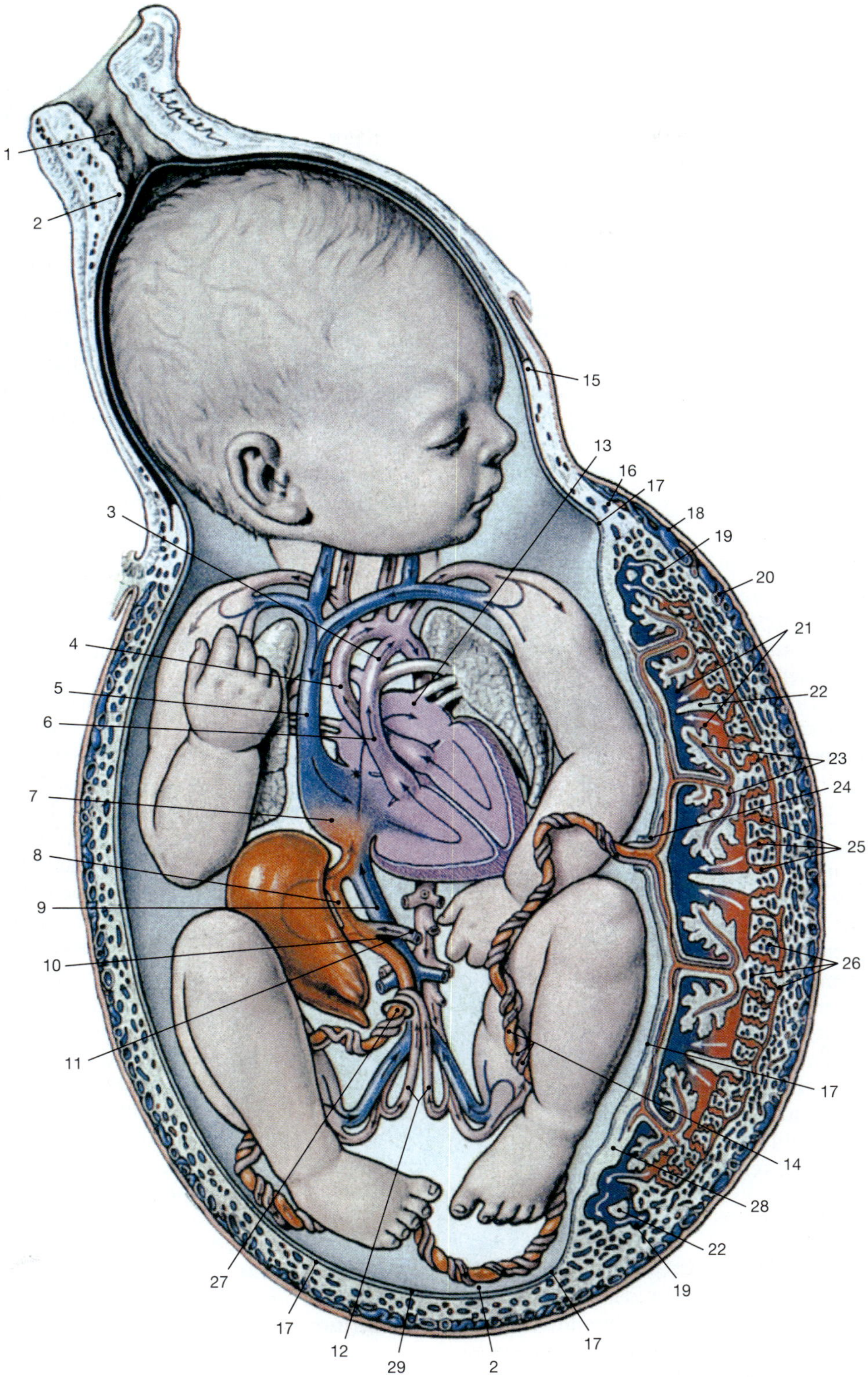

Abb. 5.10 Fetaler Blutkreislauf. Sauerstoffreiches Blut ist rot, sauerstoffarmes Blut blau, Mischblut violett dargestellt. **1** Canalis cervicis uteri, **2** Cavitas amniotica, **3** Ductus arteriosus, **4** Arcus aortae, **5** V. cava superior, **6** Truncus pulmonalis, **7** Atrium dextrum, **8** Ductus venosus, **9** V. cava inferior, **10** V. umbilicalis, **11** V. portae hepatis, **12** Aa. umbilicales, **13** Atrium sinistrum, **14** Funiculus umbilicalis, **15** Ostium uteri, **16** Isthmus uteri, **17** Amnion, **18** Tunica serosa, **19** Sinus marginalis, **20** Plexus venosus uterinus, **21** Spatium intervillosum, **22** Septum, **23** Villi liberi, **24** Fixio centralis, **25** Aa. spirales, **26** Decidua, **27** Anulus umbilicalis, **28** Chorion frondosum, **29** Chorion laeve. (Aus [21])

pulmonalis in die Lunge unsinnig. Das Blut gelangt daher durch den **Ductus arteriosus (Ductus arteriosus Botalli)** aus dem Truncus pulmonalis direkt in die Aorta.

Umstellung nach der Geburt

Nach der Geburt wird die Nabelschnur abgebunden und durchtrennt. Die Lungen entfalten sich durch die ersten Atemzüge und öffnen hierdurch den Lungenkreislauf. Sauerstoffreiches Blut gelangt nun aus dem Lungenkreislauf über die Lungenvenen in den linken Vorhof und führt zu einem linksatrialen Druckanstieg. Durch den erhöhten Druck wird das Septum primum gegen das Septum secundum gedrückt und das **Foramen ovale** somit funktionell **verschlossen**. Später verwachsen die beiden Septen in der Regel miteinander, so dass das Foramen permanent verschlossen bleibt.

Klinik

Bei etwa 15–20% aller Menschen verwachsen Septum primum und Septum secundum nicht vollständig miteinander, so dass das Foramen ovale am Herzpräparat sondiert werden kann. Da die Septen jedoch aufgrund des Druckgradienten aufeinandergepresst werden, ist ein hämodynamisch relevanter Links-rechts-Shunt die Ausnahme.

Aus dem geöffneten Lungenkreislauf resultiert außerdem ein Druckabfall im Truncus pulmonalis, der zu einer Strömungsumkehr im Ductus arteriosus führt. Das Blut fließt jetzt aus der Aorta in den Truncus pulmonalis. Die Kombination aus Strömungsumkehr und verändertem Sauerstoffgehalt des Blutes setzt einen Mechanismus in Gang, der zur Kontraktion und zum späteren **Verschluss des Ductus arteriosus** führt. Der obliterierte Ductus arteriosus bleibt zeitlebens residuell als Lig. arteriosum (↗ Abb. 5.20) zurück. Auch die **Nabelvene** und der **Ductus venosus schließen sich** und bilden sich zurück. Als Rest der Nabelvene verbleibt das Lig. teres hepatis, als Rest des Ductus das Lig. venosum (↗ Kap. 6.4.1).

Klinik

Bei Frühgeborenen und nach postpartaler Hypoxie beobachtet man vermehrt, dass der Verschluss des Ductus arteriosus ausbleibt (**persistierender Ductus arteriosus**). Durch die postpartalen Druckverhältnisse resultiert ein Links-rechts-Shunt mit gesteigerter Volumenbelastung des Lungenkreislaufs und des linken Herzens. Therapeutisch stehen Medikamente (Prostaglandininhibitoren) sowie operative und herzkathetergesteuerte Verfahren zur Verfügung. Da der Ductus außerhalb der perikardialen Umschlagfalte liegt (↗ Abb. 5.20), kann eine Operation ohne Eröffnung der Perikards durchgeführt werden.

5.6.3 Histologie

Der histologische Aufbau der Herzwand ähnelt der Wandschichtung von Gefäßen. Unterschieden werden von innen nach außen Endokard, Myokard und Epikard.

Endokard

Das Endokard (Herzinnenhaut) entspricht der **Intima** der Gefäßwand und besteht aus einem **Endothel** (= einschichtige, flache, mesenchymale Zellschicht auf einer Basalmembran) und darunterliegendem Bindegewebe (**Tela subendocardialis**). In den Vorhöfen ist das Endokard stärker ausgebildet als in den Kammern. Im Bereich der Herzklappen findet sich ein Kern straffen Bindegewebes, der sich vom Herzskelett (↗ Kap. 5.6.5) ableitet und von Endothel überzogen ist. Man bezeichnet die Herzklappen daher auch als Endokardduplikaturen.

Myokard

Das Myokard ist eine spezialisierte Form quergestreifter Muskulatur und entspricht der **Media** der Gefäßwand. Die Herzmuskelzellen (**Kardiomyozyten**, **Herzmuskelfasern**) sind untereinander durch sog. **Glanzstreifen** (**Disci intercalares**) verbunden und vernetzt, an deren Aufbau sich u. a. **Maculae adhaerentes** und **Gap junctions** beteiligen. Diese ermöglichen einen Ionentransport und damit eine elektrische Kopplung zwischen den Zellen, so dass die im Erregungsbildungs- und -leitungssystem entstandenen Impulse weitergeleitet werden können. Zwischen den einzelnen Herzmuskelzellen verlaufen feine Kapillaren, wobei auf eine Zelle ungefähr eine Kapillare kommt. Eine Hypertrophie (= Volumenzunahme) von Herzmuskelzellen ist prinzipiell möglich, eine Steigerung der Blutversorgung jedoch nicht (↗ Kap. 5.6.5). Man unterscheidet verschiedene Subtypen von Herzmuskelzellen:

- die für die Herzkontraktion zuständigen Zellen (= **Arbeitsmyokard**)
- die Zellen des **Erregungsbildungs- und -leitungssystems** (↗ Kap. 5.6.6)
- Herzmuskelzellen, die Hormone produzieren (**myoendokrine Zellen**). Letztere liegen insbesondere im Vorhofmyokard und bilden u. a. das **atriale natriuretische Peptid (ANP)**.

Merke

ANP wird bei vermehrter Dehnung (= erhöhter Füllung) der Vorhöfe ausgeschüttet und stimuliert die Flüssigkeitsausscheidung durch die Nieren (= Diurese). Es resultiert eine Volumenreduktion im Flüssigkeitshaushalt und dadurch eine Blutdrucksenkung. Merke: volles Herz = volle Blase.

Epikard

Das dem Myokard aufliegende Epikard gehört bereits zum Herzbeutel, dem Perikard (↗ Kap. 5.6.10). Es entspricht der **Lamina visceralis pericardii** und besteht aus drei Schichten:

- **Mesothel:** einschichtige, flache, mesenchymale Zellschicht auf einer Basalmembran (= Serosadeckepithel)
- **Lamina propria:** lockeres Bindegewebe
- **Tela subserosa:** Binde- und Fettgewebe (subepikardiales Fettgewebe). In dieser Schicht verlaufen u. a. die das Herz versorgenden Koronararterien (↗ Kap. 5.6.8).

5.6.4 Morphologie und Topographie

Überblick

Das Herz hat keine eigentliche „Herzform", sondern ähnelt am ehesten einem Kegel (↗ Abb. 5.11). Hierbei zeigt die Spitze des Kegels (= **Herzspitze**, **Apex cordis**) nach links unten vorn, während die Kegelbasis (= **Herzbasis**, **Basis cordis**) rechts oben hinten liegt. Die Längsachse des Herzens verläuft also nicht senkrecht, sondern um etwa 45 Grad gegen die Frontal-, Sagittal- und Horizontalebene geneigt.

Bei der äußeren Betrachtung des Herzens können mehrere, nach den angrenzenden Strukturen benannte **Herzflächen** (Facies sternocostalis, diaphragmatica und pulmonalis) sowie folgende, größtenteils in Abbildung 5.8b gezeigte Strukturen unterschieden werden:

- **Herzkranzfurche (Sulcus coronarius)** an der Grenze zwischen Vorhöfen und Kammern. Hier liegen die Hauptstämme der das Herz versorgenden Arterien und Venen (↗ Kap. 5.6.8).
- **Herzohren (Auriculae dextra und sinistra):** Ausstülpungen des rechten und linken Vorhofs
- **Zwischenkammerfurchen (Sulci interventriculares anterior und posterior)** an der Grenze zwischen den beiden Kammern auf der Vorder- und Rückseite des Herzens. Hier verlaufen wichtige Äste der das Herz versorgenden Gefäße (↗ Kap. 5.6.8).

Die Herzohren spielen zusammen mit den Vorhöfen, den Kammern und den herznahen Gefäßen eine große Rolle in der Beurteilung von Thoraxübersichtsaufnahmen, da sie den Herzschatten begrenzen (↗ S. 219).

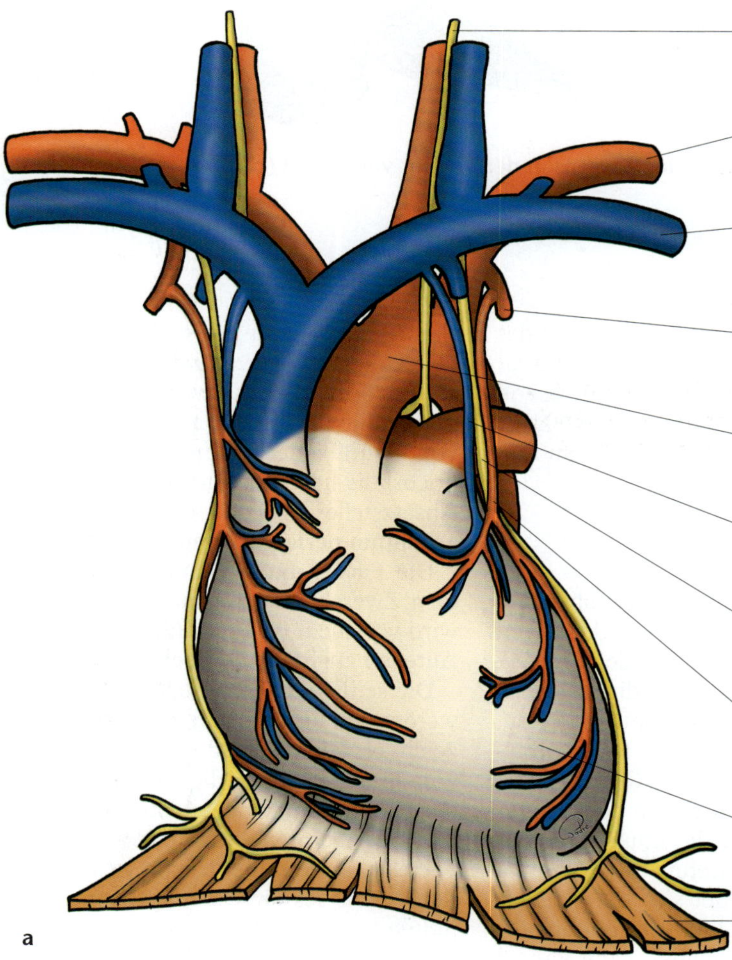

Abb. 5.11 Topographie des Herzens in der Ansicht von ventral (a).

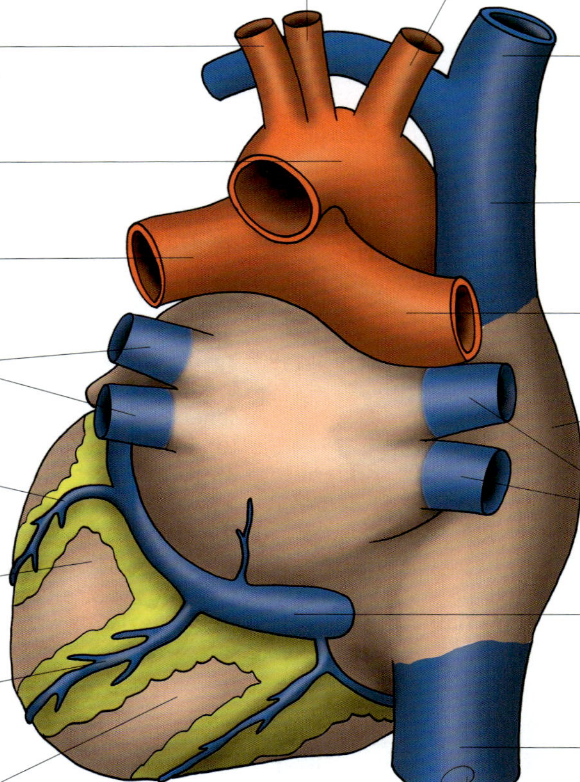

Abb. 5.11 *Fortsetzung.* **Topographie des Herzens in der Ansicht von dorsal (b).**

Herzspitze

Die Herzspitze wird vom inferolateralen Anteil des linken Ventrikels gebildet. Sie ist gewöhnlich hinter dem 5. Zwischenrippenraum lokalisiert, ca. 9 cm von der Medianebene entfernt. An diesem Punkt kann der sog. **Herzspitzenstoß** getastet oder mit dem Stethoskop abgehört (auskultiert) werden.

Herzbasis

Die Basis cordis liegt der Herzspitze gegenüber und wird in erster Linie vom linken Vorhof, zu kleineren Anteilen auch vom rechten Vorhof gebildet. Sie liegt im hinteren Anteil des Mediastinum medium (mittleres Kompartiment des unteren Mediastinums, ↗ Kap. 5.1.2) und projiziert sich auf den 6.–9. Brustwirbelkörper. Von der Brustwirbelsäule ist die Herzbasis außer durch das Perikard nur durch die Leitstrukturen des hinteren Kompartiments des unteren Mediastinums (Aorta, Ösophagus) getrennt. Nach kranial reicht sie bis zu der Stelle, an der sich der Truncus pulmonalis in die rechte und linke A. pulmonalis aufteilt (Bifurcatio trunci pulmonalis), nach kaudal bis zum Sulcus coronarius.

Herzflächen

Bei der Betrachtung des noch im Brustkorb liegenden Herzens von ventral sieht man auf die **Facies sternocostalis**. Diese wird zum größten Teil durch den rechten Ventrikel gebildet und ist überwiegend von Pleura bedeckt. Ein kleiner Teil der Facies sternocostalis liegt dem Brustbein und der knorpeligen Ansatzstelle der 4.–7. Rippe direkt an und wird als **Trigonum pericardiacum** bezeichnet.

Die **Facies diaphragmatica** ist die dorsokaudale, dem Zwerchfell anliegende Fläche des Herzens. Sie wird vor allem von der linken Kammer, zu kleineren Anteilen auch von der rechten Kammer gebildet.

Die seitlich an die Lungen angrenzenden Flächen werden als linke und rechte **Facies pulmonalis** bezeichnet. Hierbei wird die rechte Facies pulmonalis vom rechten Vorhof, die linke Facies pulmonalis von der linken Kammer gebildet (↗ Abb. 5.8b).

Einige Autoren beschreiben zusätzlich noch die **Facies posterior**, die den am weitesten dorsal liegenden Anteil des Herzens repräsentiert. Sie wird vom linken Vorhof gebildet.

Randbildende Strukturen des Herzschattens im Thoraxröntgenbild

Bei der Beurteilung von Röntgenbildern des Thorax im sagittalen Strahlengang (posteroanteriore Aufnahmen [„p. a.“]) müssen die randbildenden Strukturen des Herzschattens (= Mittelschattens) anatomisch zugeordnet werden. Nur so können pathologische Befunde den richtigen Anteilen der Herzsilhouette zugeordnet werden. Folgende Strukturen sind in der Ventralansicht des Herzens randbildend:

- rechter Herzrand: rechter Vorhof, obere und untere Hohlvene
- linker Herzrand: linke Kammer, linker Vorhof, linkes Herzohr, Truncus pulmonalis, Arcus aortae.

Merke

Der rechte Ventrikel ist in der Ventralansicht des Herzens nicht randbildend.

Man bezeichnet die venösen Zuflüsse des Herzens, die vertikal verlaufenden Hohlvenen und die horizontal verlaufenden Lungenvenen, zusammenfassend als **Venenstern** des Herzens.

5.6.5 Gliederung

Das Herz lässt sich in eine rechte und eine linke Hälfte unterteilen. Jede Hälfte besteht aus einem Vorhof (**Atrium**) und einer Kammer (**Ventriculus**), die wiederum untereinander durch eine dünne Vorhofscheidewand bzw. eine dicke Kammerscheidewand getrennt sind. Zwischen Vorhöfen und und Kammern befindet sich Bindegewebe, das sog. Herzskelett, in das die Herzklappen eingebettet sind.

Rechter Vorhof (Atrium dextrum)

Der rechte Vorhof liegt zwischen der oberen und unteren Hohlvene und weist eine zipfelförmige Aussackung, das rechte Herzohr (**Auricula dextra**), auf. Diese konisch zulaufende muskuläre Tasche füllt sich während der Kammerkontraktion mit Blut und füllt hierdurch den durch das Tieferrutschen der Kammerbasis entstehenden Platz aus.

Morphologisch können im rechten Vorhof zwei Anteile unterschieden werden, die entwicklungsgeschichtlich aus unterschiedlichen Strukturen hervorgehen.

- **Vorhofsinus (Sinus venarum cavarum):** glattwandiger Anteil zwischen den beiden Hohlvenen, der sich vom Sinus venosus ableitet (↗ Kap. 5.6.1)
- **eigentlicher Vorhof:** übrige Anteile, die durch in das Lumen vorspringende Muskelzüge (**Mm. pectinati**) gekennzeichnet sind und sich vom Atrium primitivum ableiten (↗ Kap. 5.6.1). Hierzu gehört auch das rechte Herzohr.

Den Übergang zwischen den beiden Anteilen bildet die **Crista terminalis**, der auf der Außenfläche der **Sulcus terminalis** entspricht.

Die Trennwand zwischen rechtem und linkem Vorhof, das **Septum interatriale**, weist keine Muskelzüge auf und ist glattwandig. In ihrem dorsalen Abschnitt befindet sich die **Fossa ovalis**, ein Überbleibsel des Foramen ovale, mit ihrem niedrigen Randwulst (**Limbus fossae ovalis**). Bei 15–20% aller Menschen kann in der Fossa ovalis eine Öffnung zum linken Vorhof sondiert werden, durch die jedoch in der Regel kein Blut fließt.

Da die Vorhöfe und Kammern nicht streng symmetrisch ausgerichtet sind, grenzt ein kleiner Abschnitt des rechten Vorhofs an die linke Kammer. Dieser Abschnitt wird als **Septum atrioventriculare** bezeichnet.

In den rechten Vorhof münden:

- die obere Hohlvene
- die untere Hohlvene (mit der **Valvula venae cavae inferioris [Eustachii]**, einer sichelförmigen Falte),
- der Sinus coronarius (mit der **Valvula sinus coronarii [Thebesii]**, einer sichelförmigen Falte),
- zahlreiche kleinere Herzvenen (**Vv. cardiacae cordis minimae**; die Einmündungsstellen sind nur nadelstichgroß).

Rechte Kammer (Ventriculus dexter)

Das Blut aus dem rechten Vorhof gelangt durch die Trikuspidalklappe (**Valva tricuspidalis**, ↗ unten) bzw. durch das **Ostium atrioventriculare dextrum** in die rechte Kammer. Morphologisch können hier zwei unterschiedliche Anteile unterschieden werden (↗ Abb. 5.12):

- Die **Einstrombahn** zeichnet sich durch in das Lumen ragende Muskelzüge aus, die als **Trabeculae carneae** bezeichnet werden. Frei aus der Wand erheben sich insgesamt drei Papillarmuskeln (**Mm. papillares anterior**, **posterior und septalis**), die jeweils an den Sehnenfäden (Chordae tendinae) eines Klappensegels inserieren und ein Rückschlagen der Segel während der Kammerkontraktion verhindern. Auf diese Weise gelangt während der Systole kein Blut zurück in den Vorhof. Ein prominenter Muskelbalken, der vom Septum interventriculare aus zum vorderen Papillarmuskel zieht, wird als **Trabecula septomarginalis (Moderatorband)** bezeichnet und wurde schon von Leonardo da Vinci beschrieben. Er enthält den rechten Kammerschenkel des herzeigenen Erregungsbildungs- und -leitungssystems (↗ Kap. 5.6.6).
- Die **Ausstrombahn** leitet sich entwicklungsgeschichtlich vom Conus arteriosus ab und ist daher weitgehend glattwandig. Sie wird durch einen kräftigen sichelförmigen Muskelstrang (**Crista supraventricularis**) von der Einstrombahn getrennt.

Die Ein- und Ausstrombahn beschreiben eine V-förmige Schleife im rechten Ventrikel, um das Blut schließlich über die Pulmonalklappe (**Valva trunci pulmonalis**, ↗ unten) bzw. das **Ostium trunci pulmonalis** in den Truncus pulmonalis weiterzuleiten.

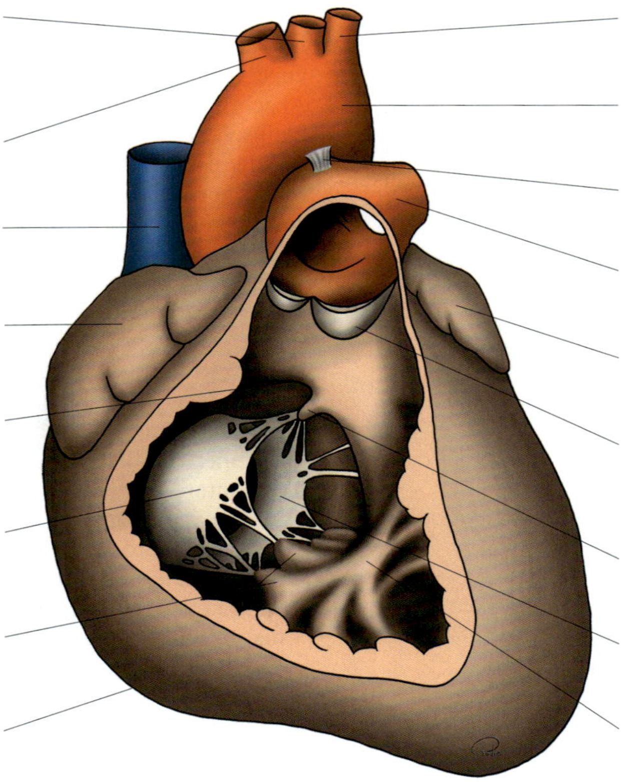

Abb. 5.12 Einblick in den ventrolateral eröffneten rechten Ventrikel. (Aus [6])

Linker Vorhof (Atrium sinistrum)

Dem linken Vorhof leiten in der Regel vier Lungenvenen (je zwei **Vv. pulmonales superiores und inferiores**) sauerstoffreiches Blut zu. Seine Innenfläche ist größtenteils glattwandig und enthält nur im Bereich des linken Herzohrs in das Lumen ragende Muskelkämme (**Mm. pectinati**). Ähnlich wie beim rechten Vorhof leitet sich der glattwandige Anteil von den zuführenden Lungenvenen ab, und es münden zahlreiche **Vv. cardiacae cordis minimae** ein. Im Bereich der Verwachsungsstelle von Septum primum und Septum secundum kann ein sichelförmiger Rand erkennbar sein, die **Valvula foraminis ovalis**.

Linke Kammer (Ventriculus sinister)

Das Blut aus dem linken Vorhof gelangt durch die Mitralklappe (**Valva atrioventricularis sinistra**, ↗ unten) bzw. durch das **Ostium atrioventriculare sinistrum** in die linke Kammer. In Analogie zur rechten Kammer können zwei morphologisch unterschiedliche Anteile unterschieden werden (↗ Abb. 5.13):

- Die **Einstrombahn** weist zahlreiche in das Lumen vorspringende Muskelzüge (**Trabeculae carneae**) und zwei Papillarmuskeln (**Mm. papillares anterior und posterior**) auf, die wiederum mit ihren Chordae tendinae am vorderen und hinteren Mitralklappensegel inserieren.
- Die **Ausstrombahn** ist glattwandig. Ihre kraniale Grenze bildet die Aortenklappe (Valva aortae, ↗ unten).

Direkt oberhalb der Aortenklappe ist die Aortenwand zu drei Sinus ausgeweitet. Aus dem rechten und linken Aortensinus entspringen die rechte und linke Koronararterie (↗ Kap. 5.6.8). Aus dem posterioren (nichtkoronaren) Sinus geht kein Gefäß hervor.

Kammerscheidewand (Septum interventriculare)

Das Septum interventriculare besteht aus zwei Anteilen mit unterschiedlicher Entwicklungsgeschichte (↗ Kap. 5.6.1). Den größten Teil bildet das muskuläre Septum (**Pars muscularis**), dessen Wanddicke der des linken Ventrikels vergleichbar ist. Das membranöse Septum (**Pars membranacea**) hingegen, ein kleines Areal direkt unterhalb der Vorhof-Kammer-Ebene, ist in etwa so dünn wie das Vorhofseptum.

Klinik

Zahlreiche Veränderungen im Kreislaufsystem können zu einer Mehrbelastung des Herzens führen (z. B. hoher Blutdruck, Klappenstenose oder -insuffizienz). Das Myokard reagiert auf solche Veränderungen mit Hypertrophie, d. h. einer Größenzunahme der Herzmuskelzellen (mit konsekutiver Zunahme des Herzge-

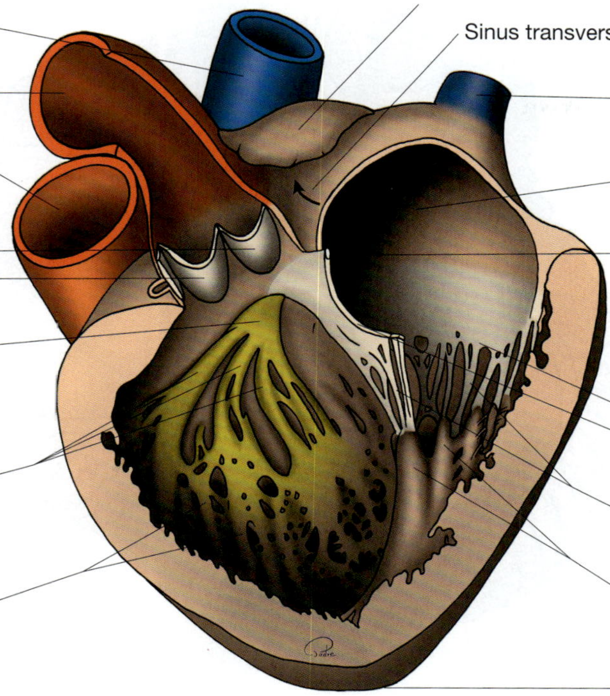

Abb. 5.13 Einblick von links ventrolateral in die Ein- und Ausflussbahn des linken Ventrikels. (Aus [6])

wichts). Übersteigt die Wanddicke der linken Kammer 12 mm bzw. die Wanddicke der rechten Kammer 3 mm (Merke: 1-2-3), spricht man von einer links- bzw. rechtsventrikulären **(Myokard-)Hypertrophie**. Hierdurch kann initial eine Leistungssteigerung der Herzmuskulatur erzielt werden. Da das Ausmaß des Kapillarnetzes im Myokard jedoch nicht proportional zur Myokardhypertrophie zunimmt, sondern gleich bleibt, sind der Effektivitätssteigerung Grenzen gesetzt. Eine zunehmende Myokardhypertrophie führt daher zur **Herzinsuffizienz**.

Merke

Als grobe Faustregel (im wahrsten Sinne des Wortes) kann gelten, dass das Herz in etwa so groß sein sollte wie die Faust seines „Trägers". Das Herzgewicht sollte 1/200 des Körpergewichts nicht übersteigen (gilt nur bei Normalgewichtigen!).

Herzskelett und Klappenapparat

Herzskelett

Vorhof- und Kammermyokard gehen nicht nahtlos ineinander über, sondern sind durch Bindegewebe vollständig voneinander getrennt. Dieses Bindegewebe wird bei Mensch und Tier als **Herzskelett** bezeichnet, weil es bei manchen Tieren durch Knorpel oder Knochen ersetzt ist. Etwa auf Höhe der Vorhof-Kammer-Grenze bildet das Herzskelett vier Faserringe, die die vier **Herzklappen** umschließen (↗ Abb. 5.14). In den Winkeln zwischen der Aorten- und der Mitralklappe liegen zwei fibröse Dreiecke (**Trigona fibrosum dextrum und sinistrum**), wobei durch eine Öffnung im Trigonum fibrosum dextrum das Atrioventrikularbündel zieht, eine Komponente des Erregungsbildungs- und -leitungssystems des Herzens. Hierdurch wird eine Übertragung der Vorhoferregung auf das Kammermyokard ermöglicht (↗ Kap. 5.6.6).

Da das Herzskelett und alle vier Klappen annähernd in einer Ebene liegen, spricht man von der **Ventilebene** des Herzens.

Segelklappen (Valvae cuspidales)

Als Segelklappen bezeichnet man die Klappen an der Vorhof-Kammer-Grenze (**Valvae atrioventriculares**), weil sie aus segelförmigen Bindegewebszipfeln, den sog. Klappensegeln (**Cuspides**), bestehen. Diese Bindegewebszipfel sind mit Endokard überzogen, nicht vaskularisiert und an ihrer Basis mit den Anuli fibrosi verwachsen. An den freien Enden sind fadenförmige, verzweigte Sehnenfäden (**Chordae tendineae**) befestigt, die mit den aus der Kammerwand entspringenden Papillarmuskeln in Verbindung stehen. Die Kontraktion der Papillarmuskeln im Rahmen der Kammerkontraktion führt zur Anspannung der Chordae tendineae und verhindert so ein Rückschlagen

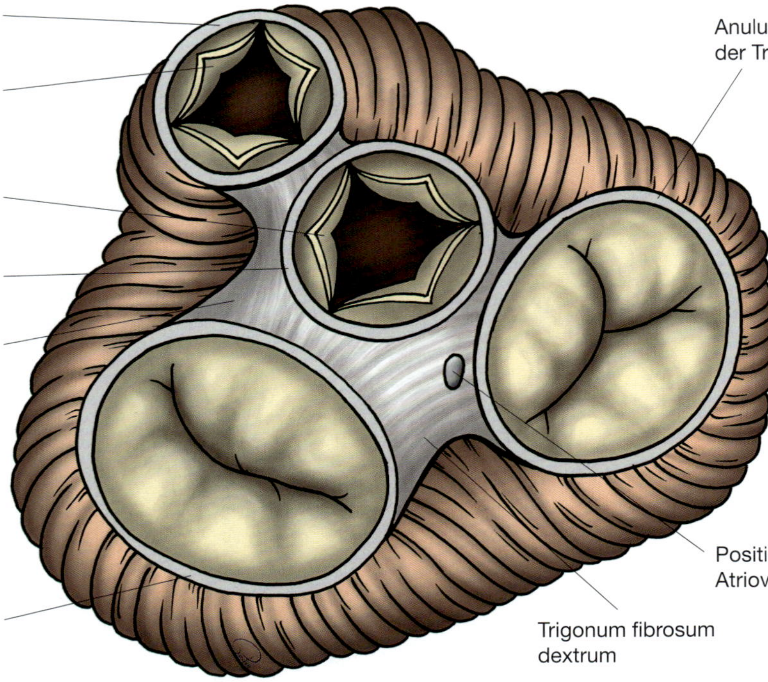

Abb. 5.14 Das Herzskelett.

der Klappensegel in den Vorhof (↗ Abb. 5.15a) und damit einen Rückfluss von Blut aus der Kammer in den Vorhof. Die rechtsventrikulären Papillarmuskeln sind im Vergleich zu den linksventrikulären deutlich schwächer ausgebildet.

Zwischen linkem Vorhof und linker Kammer ist die **Mitralklappe (Valva mitralis, Valva bicuspidalis, Valva atrioventricularis sinistra)** lokalisiert. Ihr Name leitet sich von ihrer Ähnlichkeit mit der zweizipfligen Bischofsmütze (Mitra) ab. Man unterscheidet ein vorderes und ein hinteres Klappensegel (**Cuspides anterior und posterior**), die mit dem vorderen bzw. hinteren Papillarmuskel des linken Ventrikels in Verbindung stehen. Das vordere Segel geht direkt in die Aortenwand über und wird auch als Aortensegel der Mitralklappe bezeichnet. Es ist das kräftigste Klappensegel des Herzens und trennt Ein- und Ausstrombahn des linken Ventrikels.

Die **Trikuspidalklappe (Valva tricuspidalis, Valva atrioventricularis dextra)** weist drei Segel auf (**Cuspides anterior, posterior und septalis**), die jeweils mit einem der drei gleichnamigen Papillarmuskeln der rechten Kammer verbunden sind. Z. T. entspringen die Chordae tendineae jedoch auch direkt aus der Kammermuskulatur.

Taschenklappen (Valvae semilunares)

Als Taschenklappen bezeichnet man die Klappen an der Grenze zwischen rechtem bzw. linkem Ventrikel und Truncus pulmonalis bzw. Aorta (**Valva trunci pulmonalis und Valva aortae**), weil sie aus je drei Taschen bestehen. Die Außenwand jeder Tasche wird durch die Gefäßwand gebildet. Die Innenwand bildet ein Bindegewebszipfel, der unten und seitlich an der Gefäßwand fixiert ist und oben einen halbmondförmigen freien Rand (**Lunula**) mit einem Knötchen (**Nodulus**) in der Mitte aufweist (↗ Abb. 5.15b). Die Form des freien Randes hat den Taschen den Namen **Valvulae semilunares (Semilunarklappen)** eingebracht. Nach der Kammerkontraktion füllt sich jede Tasche mit Blut, wodurch die Lunulae – unterstützt durch die Noduli – aneinandergedrückt werden. So wird ein Rückfluss von Blut in die Kammer verhindert (↗ Abb. 5.15c). Wie bei den Segelklappen sind die Bindegewebszipfel mit Endokard überzogen und nicht vaskularisiert.

Im Bereich jeder Tasche ist die Gefäßwand leicht ausgebuchtet. Man bezeichnet diese Gefäßwandausbuchtungen als Sinus. Im Bereich der Aortenklappe unterscheidet man einen linken, einen rechten und einen hinteren **Sinus aortae** (↗ Abb. 5.15b). Aus dem linken bzw. rechten Sinus entspringt die linke bzw. rechte Koronararterie (↗ Kap. 5.6.8). Aus den drei **Sinus trunci pulmonalis** (linker, rechter und vorderer Sinus) entspringen keine Arterien.

Merke

Man bezeichnet die Segelklappen als aktiven Spannungsapparat, da ihr Verschluss während der Kammerkontraktion durch die Papillarmuskeln unterstützt wird. Im Gegensatz hierzu bilden die Taschenklappen einen passiven Spannungsapparat. Die Klappenöffnung erfolgt in beiden Fällen passiv durch die Druckunterschiede im Rahmen der Herzaktion. Die Papillarmuskeln dienen nicht der Öffnung der Segelklappen!

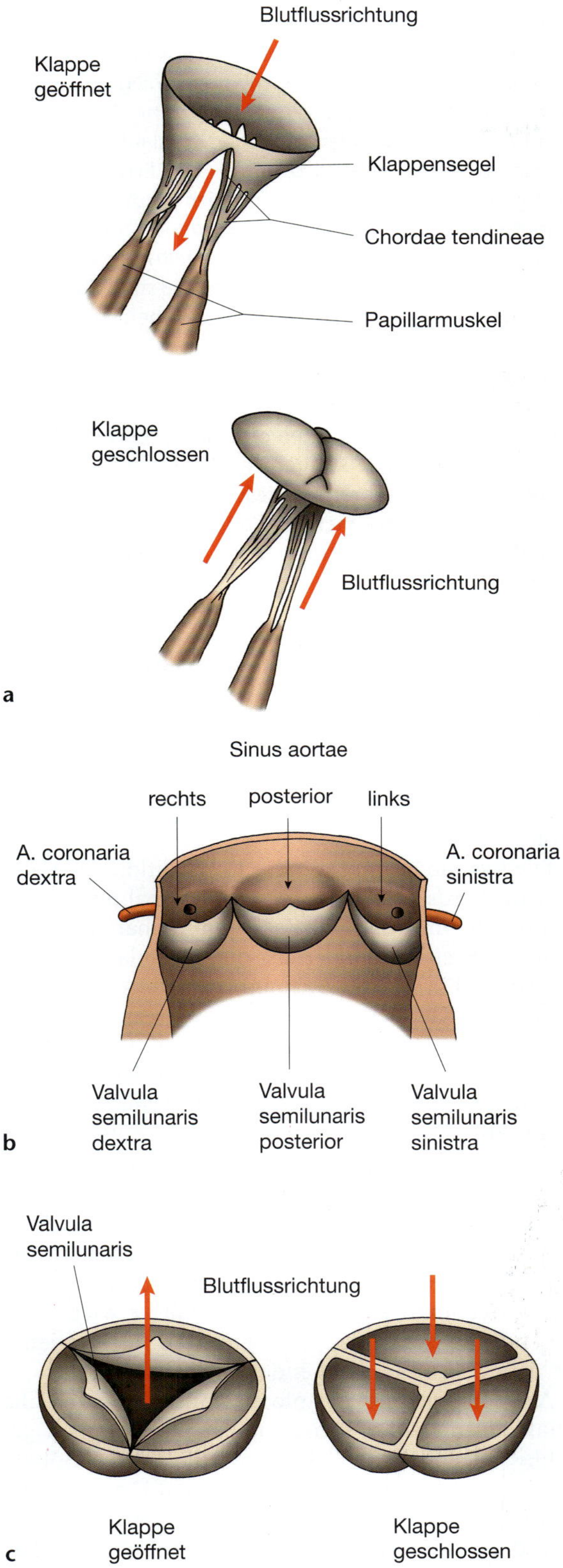

Abb. 5.15 Segel- und Taschenklappen. a Verschlussmechanismus der Segelklappen am Beispiel der Mitralklappe, **b** Detailansicht einer Taschenklappe: die Aortenklappe mit den Sinus aortae, **c** Verschlussmechanismus der Taschenklappen.

Klinik

Durch den Verschluss einer Koronararterie (↗ Kap. 5.6.8) kann es u. a. zum Untergang (= Nekrose) von Herzmuskelzellen in einem Papillarmuskel kommen. Sind ausreichend viele Zellen betroffen, kann der Muskel reißen (**Papillarmuskelabriss**), was zu einer sofortigen Insuffizienz der betroffenen Segelklappe führt. In der Regel wird ein solcher Abriss nicht überlebt.

5.6.6 Erregungsbildungs- und Erregungsleitungssystem

Funktion

Da der kontinuierliche Herzschlag für die Aufrechterhaltung des Kreislaufs unentbehrlich ist, verfügt das Herz über ein eigenes Erregungsbildungs- und -leitungssystem. Dieses ist jedoch nicht aus Nervenfasern, sondern aus **spezialisierten Herzmuskelzellen** aufgebaut, die mit einer bestimmten Frequenz **spontan depolarisieren**. Zytologisches Kennzeichen ist in erster Linie ihr hoher Gehalt an **Glykogen**; im histologischen Präparat sind sie nur schwer von den regulären Herzmuskelzellen (= **Arbeitsmyokard**) zu unterscheiden, wirken jedoch insgesamt blasser. Zwischen allen Herzmuskelzellen des Vorhof- bzw. des Kammermyokards (egal, ob spezialisiert oder zum Arbeitsmyokard gehörend) befinden sich Glanzstreifen (**Disci intercalares**), in denen Gap junctions als elektrische Synapsen dienen. Mittels dieser Glanzstreifen breitet sich jede spontane Depolarisation im gesamten Myokard aus. Als Folge schlägt das Herz autonom (**myogen-automatische Herztätigkeit**), die Herzfrequenz kann jedoch vom Nervensystem beeinflusst werden (z. B. Erhöhung der Herzfrequenz bei körperlicher oder psychischer Anstrengung).

Aufbau

Das Erregungsbildungs- und -leitungssystem des Herzens besteht aus (↗ Abb. 5.16)
- dem Sinusknoten,
- dem Atrioventrikularknoten,
- dem Atrioventrikularbündel,
- dem linken und dem rechten Kammerschenkel, ihren Ästen und deren Endaufzweigungen, den Purkinje-Fasern.

Der **Sinusknoten (Nodus sinuatrialis)** liegt subepikardial im rechten Vorhof, zwischen der Einmündungsstelle der V. cava superior und der Öffnung des rechten Herzohrs. Er ist weder makroskopisch sichtbar noch tastbar. Seine spezialisierten Herzmuskelzellen depolarisieren durchschnittlich 70-mal pro Minute spontan. Diese Depolarisationsfrequenz ist höher als die der anderen Bestandteile des Erregungsbildungs- und -leitungssystems, weshalb der Sinusknoten auch als **primärer Schrittmacher** des Herzens bezeichnet wird.

Von den Zellen des Sinusknotens aus breitet sich die Depolarisation in weniger als 0,1 Sekunden im Arbeitsmyokard beider Vorhöfe aus und gelangt zum **Atrioventrikularknoten (AV-Knoten, Nodus atrioventricularis)**. Dieser liegt subendokardial im unteren Abschnitt des Vorhofseptums, zwischen der Einmündung des Sinus coronarius und der Trikuspidalklappe. Er verzögert die Weiterleitung der Depolarisation um etwa 0,1 Sekunden. Auf diese Weise wird sichergestellt, dass die Kammerkontraktion erst nach vollständiger Füllung beider Kammern ausgelöst wird. Die Zellen des AV-Knotens depolarisieren mit einer Frequenz von etwa 40 pro Minute spontan. Da die Depolarisationsfrequenz des Sinusknotens höher ist und die Frequenz des AV-Knotens überlagert, spielt dies unter normalen Umständen keine Rolle. Fällt der Sinusknoten jedoch aus, so übernimmt der AV-Knoten die Schrittmacherfunktion und wird deshalb auch als **sekundärer Schrittmacher** des Herzens bezeichnet.

Vorhof- und Kammermyokard sind durch Bindegewebe (Herzskelett, ↗ Kap. 5.6.5) vollständig voneinander getrennt. Die einzige Verbindung stellt das **Atrioventrikularbündel (His-Bündel, Fasciculus atrioventricularis)** dar, das vom AV-Knoten ausgeht und durch eine Öffnung im Trigonum fibrosum dextrum in das Kammerseptum zieht. Am Ende des membranösen Septumanteils teilt es sich in einen **linken** und einen **rechten Kammerschenkel (Tawara-Schenkel, Crus sinistrum und Crus dextrum)** auf. Diese verlaufen auf der links- bzw. rechtsventrikulären Seite des muskulären Septums in Richtung Herzspitze und verzweigen sich im Kammermyokard bis in ihre Endäste (**Purkinje-Fasern**), die die Erregung (Depolarisation) schließlich vollständig verteilen. Der linke Kammerschenkel teilt sich in der Regel in zwei Äste (Rami cruris sinistri anterior und posterior), über die die beiden Papillarmuskeln, das muskuläre Septum und das Arbeitsmyokard der linken Kammer erregt werden. Der rechte Kammerschenkel teilt sich in mehrere Äste; einer davon verläuft in der Trabecula septomarginalis (Moderatorband, von Leonardo da Vinci beschrieben) zum vorderen Papillarmuskel der Trikuspidalklappe und zum benachbarten Myokard.

Auch die Zellen des Atrioventrikularbündels und der Kammerschenkel (einschließlich ihrer Äste und der Purkinje-Fasern) sind zur spontanen Depolarisation fähig; bei Ausfall des Sinus- und des AV-Knotens fungieren sie als tertiäre Schrittmacher des Herzens.

Klinik

Herzrhythmusstörungen können Störungen der Erregungsbildung oder der Erregungsleitung zur Ursache haben. **Störungen der Erregungsbildung** führen zu Extraschlägen (Extrasystolen) oder zum Aussetzen einzelner Schläge. Hierdurch kann ein harmloses und vorübergehendes „Herzstolpern" oder eine lebensbedrohliche Situation entstehen. Beim Kammerflimmern z. B. kontrahiert das Kammermyokard völlig unkoordiniert. Das Herz kann infolgedessen seine Pumpfunktion nicht mehr erfüllen, und der Kreislauf bricht zusammen. Beispiele für **Störungen der Erregungsleitung** sind der sinuatriale Block, der atrioventrikuläre Block und der Schenkelblock, bei denen an entsprechender Lokalisation die Erregungsleitung verzögert oder unterbrochen ist. Je nachdem, wie stark die Herzfrequenz aufgrund des Blocks sinkt, können auch diese Rhythmusstörungen völlig asymptomatisch sein oder zu Schwindel und Bewusstlosigkeit führen.

Eine wichtige Ursache von Herzrhythmusstörungen ist eine Sauerstoffunterversorgung (Ischämie) der Herzmuskelzellen, z. B. durch Verschluss einer Koronararterie bzw. eines ihrer Äste (Myokardinfakt). Tatsächlich versterben die meisten Patienten mit Myokardinfarkten nicht am Pumpversagen, sondern an Rhythmusstörungen.

5.6.7 Herzaktion und Herzauskultation

Herzaktion (Herzzyklus)

Als Herzaktion (Herzzyklus) bezeichnet man den Zeitraum von einer Ventrikelkontraktion zur nächsten. Man unterscheidet zwischen Systole und Diastole.

Die **Systole** beginnt mit der Kontraktion des Kammermyokards, die zu einer Druckzunahme in den Ventrikeln und dadurch fast unmittelbar nach Beginn der Systole zum Schluss der Segelklappen führt (↗ Abb. 5.17a). In der **Anspannungsphase** der Systole sind alle Klappen geschlossen. Erst wenn der intraventrikuläre Druck den Druck in den abführenden Gefäßen übersteigt, öffnen sich die beiden Taschenklappen (passiv), und die **Austreibungsphase** beginnt (↗ Abb. 5.17b). Hierbei sinkt die Ventilebene des Herzens ab und nähert sich der Herzspitze. Auf diese Weise wird nicht nur das Blut aus den Kammern in die abführenden Gefäße ausgeworfen, sondern gleichzeitig Blut aus den herznahen Venen in die Vorhöfe angesaugt. Nachdem der Ventrikeldruck einen Maximalwert erreicht hat, fällt er wieder ab, und die Taschenklappen schließen sich wieder (↗ Abb. 5.17c). Hiermit endet die Systole.

Ähnlich wie die Systole beginnt also auch die **Diastole** mit einer Phase, in der alle Klappen geschlossen sind, der sog. **Entspannungsphase**. Sobald der intraventrikuläre Druck unter den Druck in den Vorhöfen fällt, öffnen sich die Segelklappen (passiv), und die **Füllungsphase** beginnt (↗ Abb. 5.17d). Die Herzkammern füllen sich mit Blut – unterstützt durch die Vorhofkontraktion in der späten Füllungsphase (↗ Abb. 5.17e) –, und die Herzaktion beginnt von Neuem.

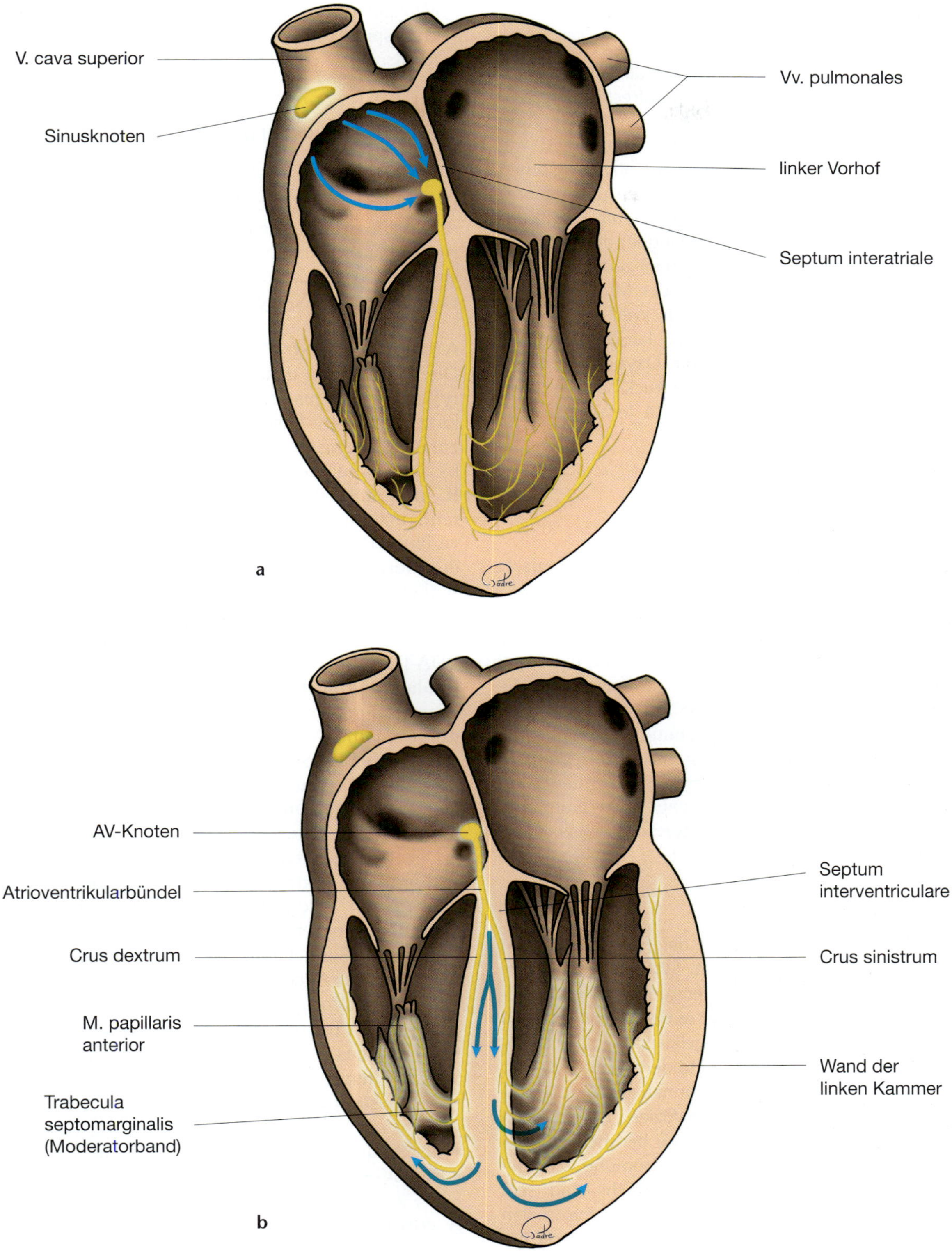

Abb. 5.16 Das Erregungsbildungs- und -leitungssystem des Herzens. **a** Vorhöfe, **b** Ventrikel.

Klinik

Bei einem Herzstillstand ermöglicht es die **Herzdruckmassage**, die Blutzirkulation im Organismus wiederherzustellen und einige Zeit lang aufrechtzuerhalten. Hierfür wird das Sternum kräftig eingedrückt und dadurch das darunterliegende Herz komprimiert. Auf diese Weise werden in Analogie zur physiologischen Herzaktion arterielles Blut ausgeworfen und venöses Blut angesaugt. Da ein Herzstillstand zum Funktionsverlust des Gehirns (Sauerstoffmangel!) und damit zu Atemlähmung führt, muss der Patient zudem beatmet werden: Eine Mund-zu-Mund- oder Mund-zu-Nase-Beatmung, die im rhythmischen Wechsel mit der Herzdruckmassage stattfindet (= **kardiopulmonale Reanimation**), gewährleistet die Oxygenierung des Blutes. Die Effektivität der Herzdruckmassage kann durch das Tasten des Leistenpulses (A. femoralis) überprüft werden.

Herzauskultation

Herztöne

Bei der Herzaktion entstehen zwei physiologische Herztöne, die mit einem Stethoskop abgehört (= auskultiert) werden können. Der dumpfe und länger anhaltende **1. Herzton** entspricht der Anspannung der Kammermuskulatur und dem Schluss der Segelklappen. Er repräsentiert somit die beginnende Systole. Der kürzere und hellere **2. Herzton** entsteht durch das Zuschlagen der Taschenklappen am Ende der Systole und signalisiert somit den Beginn der Diastole. Gelegentlich kann man das Schließen der Pulmonal- und Aortenklappe getrennt voneinander auskultieren (**gespaltener 2. Herzton**). Dies hat in der Regel keinen Krankheitswert.

Klinik

Pathologische Veränderungen der Herztöne werden als **Herzgeräusche** bezeichnet. Systolische, also zwischen dem 1. und dem 2. Herzton auftretende Geräusche deuten auf eine Stenose der Taschenklappen oder eine Insuffizienz der Segelklappen hin. Diastolische, d. h. zwischen dem 2. und dem 1. Herzton auftretende Geräusche hingegen können auf eine Stenose der Segelklappen oder eine Insuffizienz der Taschenklappen hinweisen. Herzgeräusche beruhen weitestgehend auf Turbulenzen der Blutströmung. Zur genauen Beurteilung eines Herzgeräuschs sind sein Zeitpunkt, Charakter sowie der Ort seiner maximalen Stärke (= Punctum maximum) wichtig. Letzterer befindet sich normalerweise an den Auskultationsstelle der betroffenen Herzklappe.

Auskulationsstellen der Herzklappen

- Aortenklappe: 2. Interkostalraum parasternal rechts
- Pulmonalklappe: 2. Interkostalraum parasternal links
- Mitralklappe: 5. Interkostalraum parasternal links
- Trikuspidalklappe: 5. Interkostalraum parasternal rechts.

5.6.8 Gefäßversorgung

Arterien

Die Blutversorgung des Herzens erfolgt über die beiden **Aa. coronariae cordis**, die direkt oberhalb der Aortenklappe aus dem linken und rechten Aortensinus hervorgehen und deren Hauptstämme im **Sulcus coronarius** (Namensgebung!) verlaufen.

A. coronaria dextra

Die A. coronaria dextra (RCA [Right coronary artery]) entspringt aus dem rechten Aortensinus und gibt kurz nach ihrem Ursprung einen **R. nodi sinuatrialis** zur Versorgung des Sinusknotens ab (↗ Abb. 5.18a, b). In ihrem weiteren Verlauf entsendet sie den **R. marginalis dexter** (RMD), der am rechten Herzrand (marginal = randständig) in Richtung Herzspitze verläuft. Dem Sulcus coronarius auf die Rückseite des Herzens folgend, gibt die rechte Koronararterie schließlich den **R. nodi atrioventricularis** zur Versorgung des AV-Knotens ab, bevor sie sich in ihre beiden Endäste, den **R. interventricularis posterior** (**RIVP**, PDA [Posterior descending artery]) und den **R. posterolateralis dexter** (**RPLD**, ↗ Abb. 5.18b) aufteilt. Diese Teilungsstelle wird klinisch auch als **Crux cordis** bezeichnet (↗ Abb. 5.18b).

Der **RIVP** versorgt Anteile beider Ventrikel und des Septums und anastomosiert im Bereich der Herzspitze mit dem R. interventricularis anterior der linken Koronararterie.

Der **RPLD** setzt den Verlauf des Hauptstamms der A. coronaria dextra im Sulcus coronarius fort und versorgt die linksventrikuläre Hinter- und Seitenwand (Namensgebung!).

Folgende Bereiche des Herzens werden typischerweise von der A. coronaria dextra versorgt:

- der rechte Vorhof
- der größte Teil des rechten Ventrikels
- Anteile des linken Ventrikels (vor allem Hinter- und Seitenwand [= Facies diaphragmatica])
- das posteriore Drittel des Septum interventriculare
- der Sinusknoten (bei ca. 60 % aller Menschen)
- der AV-Knoten (bei ca. 80 % aller Menschen).

A. coronaria sinistra

Die A. coronaria sinistra (LCA [Left coronary artery]) entspringt aus dem linken Aortensinus. Ihr Hauptstamm verläuft zwischen dem linken Herzohr und dem Truncus pulmonalis im Sulcus coronarius und teilt sich bereits nach etwa 1 cm in den **R. interventricularis anterior** (**RIVA**, LAD [Left anterior descending]) und den **R. circumflexus (RCX)** (↗ Abb. 5.18a).

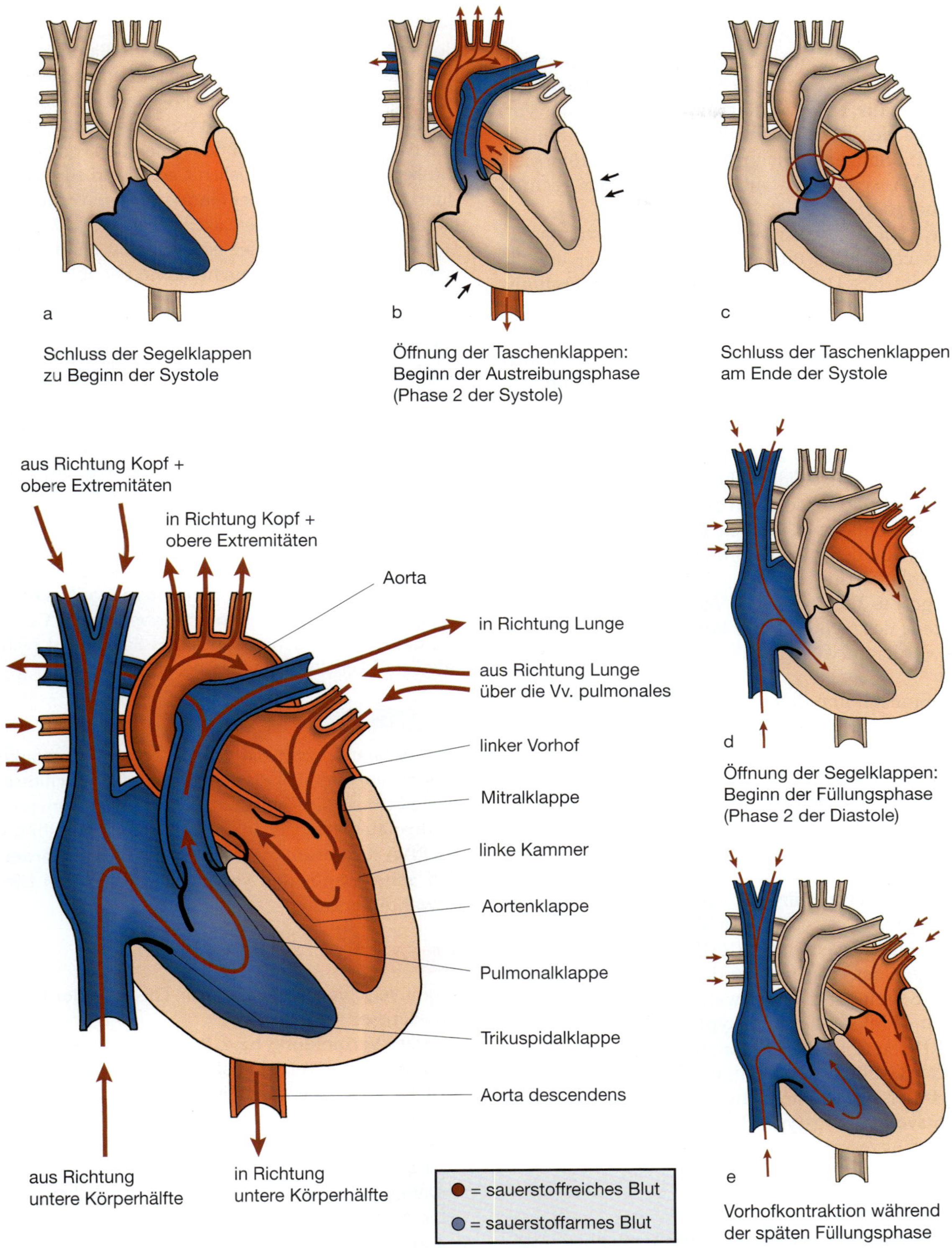

Abb. 5.17 Die Herzaktion. **a** Schluss der Segelklappen zu Beginn der Systole, **b** Öffnung der Taschenklappen: Beginn der Austreibungsphase (Phase 2 der Systole), **c** Schluss der Taschenklappen am Ende der Systole, **d** Öffnung der Segelklappen: Beginn der Füllungsphase (Phase 2 der Diastole), **e** Vorhofkontraktion während der späten Füllungsphase.

Der **RIVA** verläuft im Sulcus interventricularis anterior und versorgt Anteile beider Ventrikel sowie den größten Teil des Septum interventriculare. In der Regel gibt er einen (oder mehrere) **R. diagonalis** (= **R. lateralis, R. anterolateralis**) ab, der auf der Vorderwand des linken Ventrikels parallel zu ihm absteigt. Im Spitzenbereich des Herzens anastomosiert der RIVA schließlich mit dem RIVP der rechten Koronararterie.

Der **RCX** folgt dem Verlauf des Hauptstamms im Sulcus coronarius und gibt, kurz bevor er auf die Rückseite des Herzens gelangt, den **R. marginalis sinister (RMS)** ab, der am linken Herzrand in Richtung Herzspitze zieht. Der Endast des RCX wird auch als **R. posterolateralis sinister (RPLS)** bezeichnet und versorgt die linksventrikuläre Hinter- und Seitenwand. Hier treffen sich die Versorgungsgebiete der linken und rechten Koronararterie (vgl. RPLS und RPLD, ➚ Abb. 5.18b).

In etwa 40 % der Fälle geht der R. nodi sinuatrialis nicht aus der RCA, sondern aus dem RCX ab.

Zusammenfassend werden folgende Bereiche des Herzens von der linken Koronararterie versorgt:

- der linke Vorhof
- der größte Teil des linken Ventrikels
- Anteile des rechten Ventrikels
- die vorderen zwei Drittel des Septum interventriculare
- der Sinusknoten (bei ca. 40 % aller Menschen)
- der AV-Knoten (bei ca. 20 % aller Menschen).

Versorgungstypen

Variationen im Verlauf der Koronararterien, ihrer jeweiligen Abgänge und Versorgungsgebiete sind häufig. In der Regel übernehmen RCA und LCA zu ungefähr gleichen Anteilen die Blutversorgung des Herzens (**intermediärer = ausgeglichener Versorgungstyp**). Bei ca. 15 % aller Menschen ist der RCX mit seinen Abzweigungen (RMS und RPLS) so kräftig ausgebildet, dass nahezu die gesamte linksventrikuläre Seiten- und Hinterwand durch ihn versorgt werden (**Linksversorgungstyp**). In anderen Fällen sind RIVP und RPLD stärker ausgebildet und versorgen den Großteil des Septum interventriculare und der Hinter- und Seitenwand des linken Ventrikels (**Rechtsversorgungstyp**). Bei ca. 4 % aller Menschen kommen akzessorische Koronararterien vor.

Merke

Die aus den Koronararterien hervorgehenden Äste sind funktionelle Endarterien, d. h., ihr Versorgungsgebiet wird nicht von anderen Ästen mitversorgt. Anastomosen kommen zwar vor (z. B. zwischen RIVA und RIVP) und scheinen bei einer langsam fortschreitenden Verengung der Koronararterien (Koronarsklerose, ➚ unten) auch funktionell bedeutsam zu sein, reichen aber in keinem Fall aus, um einen akuten Astverschluss zu kompensieren.

Klinik

Hoher Blutdruck, Nikotinabusus, hohe Blutfette (Hypercholesterinämie), Diabetes mellitus und genetische Faktoren sind unabhängige Risikofaktoren für die Entwicklung einer Atherosklerose. Hierbei kommt es durch Lipidablagerungen und Proliferation von glatten Muskelzellen in der arteriellen Gefäßwand zur Ausbildung **atherosklerotischer Plaques**, die im Verlauf von Jahren bis Jahrzehnten verkalken („Gefäßverkalkung"). Sie engen das Gefäßlumen ein (= Stenose) und führen zu einer verminderten Durchblutung der abhängigen Gewebe. Neben den großen Arterien des Organismus (z. B. Aorta, Aa. carotides communes, Aa. renales) sind besonders häufig die Koronararterien von dieser Erkrankung betroffen. Man spricht in diesem Fall von einer **Koronarsklerose** bzw. vom Vorliegen einer **koronaren Herzkrankheit (KHK).** Spätestens wenn mehr als 75 % des Lumens eines Koronargefäßes verschlossen (= stenosiert) sind, kann es vor allem bei körperlicher Belastung (höherer Sauerstoffbedarf des Myokards!) zu Schmerzen in der Brust kommen. Man bezeichnet dieses Symptom als **Angina pectoris** (AP, lat. Brustenge). Ein Verschluss einer Koronararterie führt zum **Herzinfarkt**, der zum Untergang (**Nekrose**) des von der entsprechenden Arterie versorgten Gewebes führt. Eine Regeneration dieses Bereichs ist nicht möglich. Es entsteht eine Narbe.

Merke

Die Lokalisation und das Ausmaß eines Herzinfarkts hängen von der Lokalisation des Gefäßverschlusses ab. Lässt man die – relativ häufigen – Variationen im Koronararterienverlauf außer Acht, führen Verschlüsse des **RIVA** zu **Septum-**, Verschlüsse des **RCX** zu **Vorder- und Seitenwand-** und Verschlüsse der **RCA** zu **Hinterwandinfarkten.**

Klinik

Es gibt verschiedene Ansätze zur **Therapie der Koronarsklerose:**

- **strikte Vermeidung bzw. Beseitigung von Risikofaktoren:** u. a. Verzicht auf Nikotin, cholesterinarme Diät, medikamentöse Einstellung von Bluthochdruck und Diabetes mellitus
- **interventionelle Methoden:** Bei der Koronarangiographie (Herzkatheteruntersuchung) wird ein Katheter über die A. femoralis oder die A. brachialis bis zu den Sinus aortae geführt und Kontrastmittel appliziert. Auf diese Weise können der Verlauf und eventuelle Stenosen der Koronararterien genau dargestellt werden. Zusätzlich besteht die Möglichkeit, Stenosen mit einem Ballonkatheter aufzudehnen (**perkutane transluminale koronare Angioplastie, PTCA**) oder im stenosierten Bereich eine zumeist aus Edelstahl bestehende Gefäßstütze (einen **Stent**) zu implantieren. Heutzutage werden Herzkatheteruntersuchungen häufig ambulant durchgeführt.

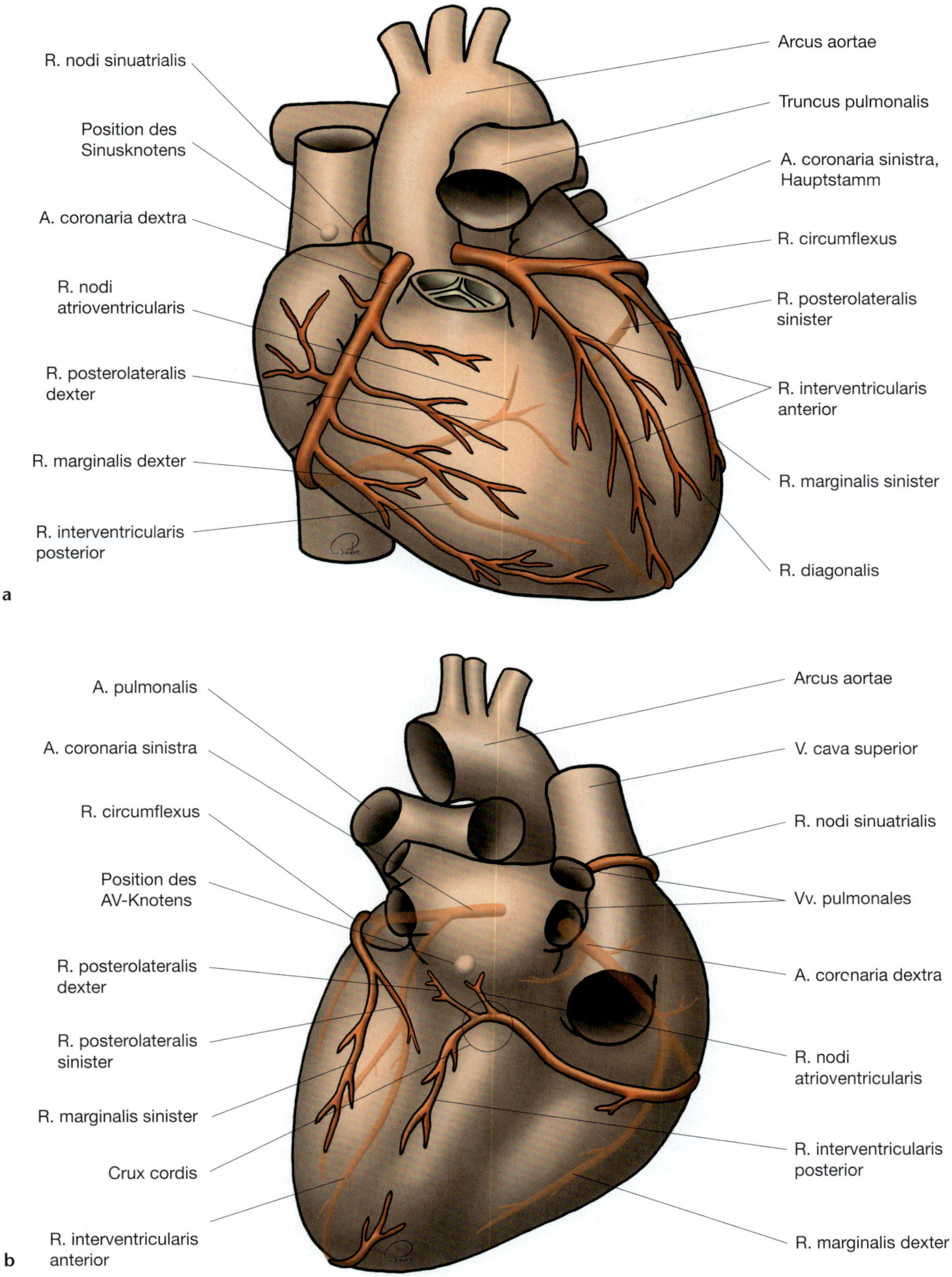

Abb. 5.18 Arterielle Versorgung des Herzens von ventral (a) und von dorsal (b).

- **operative Methoden:** Können eine oder mehrere symptomatische Stenosen mit den beschriebenen Verfahren nicht mehr adäquat therapiert werden, kann eine **Bypassoperation** in Erwägung gezogen werden. Beim **aortokoronaren Venenbypass (ACVB)** werden ein Stück Vene (häufig aus dem Unterschenkel) entnommen und eines der Venenenden an die Aorta ascendens, das andere an die verengte Koronararterie – distal der Stenose – angeschlossen. Auf diese Weise wird die Stenose überbrückt. Alternativ oder zusätzlich kann die in räumlicher Nähe verlaufende A. thoracica interna (im klinischen Sprachgebrauch als A. mammaria interna bezeichnet) auf die betroffene Koronararterie (distal der Stenose) aufgenäht werden (**Mammaria-Bypass**). Das Blut gelangt nun über den Aortenbogen, die A. subclavia und die A. thoracica interna in die Koronararterie.

Venen

Das venöse Blut des Herzens fließt zum größten Teil über den **Sinus coronarius** ab, der auf der Rückseite des Herzens im Sulcus coronarius verläuft (↗ Abb. 5.19a). In ihn mündet die **V. cardiaca magna**, die zuvor die **V. interventricularis anterior** (↗ Abb. 5.19b) und die **V. marginalis sinistra** (↗ Abb. 5.19a) von der Herzvorderseite bzw. vom linken Herzrand aufgenommen hat. Auch die **V. cardiaca media** (= **V. interventricularis posterior**), die **Vv. ventriculi sinistri posteriores**, die **V. obliqua atrii sinistri** sowie die **V. cardiaca parva** leiten ihr Blut in den Sinus coronarius, bevor dieser in den rechten Vorhof mündet. Der Sinus coronarius transportiert etwa zwei Drittel des venösen Blutes des Herzens. Das restliche Drittel fließt über transmurale und endomurale Gefäße (Vv. ventriculi dextri anteriores, Vv. atriales, Vv. cardiacae minimae) direkt in die Herzkammern bzw. Vorhöfe.

Lymphgefäße

Lymphgefäße kommen in allen Wandschichten des Herzens vor. Der Lymphabfluss erfolgt über größere Kollektoren, die aus subepikardialen lymphatischen Plexus hervorgehen und im Sulcus coronarius dem Verlauf der Koronararterien folgen. Die Gefäße anastomosieren miteinander und steigen schließlich zwischen Truncus pulmonalis und linkem Vorhof empor, um die perikardiale Umschlagsfalte zu durchbrechen. Sie drainieren die Lymphe in die vorderen mediastinalen und tracheobronchialen Lymphknoten.

5.6.9 Innervation

Funktion der Herznerven

Auch wenn das Herz durch die Eigenständigkeit des Erregungsbildungs- und -leitungssystems (↗ Kap. 5.6.6) eine basale Blutzirkulation generieren und aufrechterhalten kann, muss die Pumpleistung des Herzens den wechselnden Bedürfnissen des Organismus angepasst werden können. Diese Anpassung vermittelt das vegetative (autonome) Nervensystem. Unter dem Einfluss des **Sympathikus** kommt es zu einer Zunahme der Herzfrequenz (**positive Chronotropie**), der Erregungsleitungsgeschwindigkeit (**positive Dromotropie**), der Pumpkraft des Herzens (**positive Inotropie**) und der elektrischen Erregbarkeit des Myokards (**positive Bathmotropie**). Weiterhin resultiert eine Dilatation der Koronararterien (indirekte Wirkung durch Hemmung der Vasokonstriktion) und somit eine **Mehrdurchblutung des Myokards**. Die Aktivierung des **Parasympathikus** vermittelt den **entgegengesetzten Effekt** (negative Chronotropie, Dromotropie bzw. Bathmotropie, Konstriktion der Koronararterien). Die Pumpkraft wird jedoch kaum beeinflusst.

Merke

Kommt es durch eine vermehrte Impulsrate des Sinusknotens, durch gesteigerte Aktivität des Sympathikus oder durch verminderte Aktivität des Parasympathikus zu einer Zunahme der Herzfrequenz auf über 100/min, so spricht man von einer **Tachykardie.** Eine Herzfrequenz unter 60/min (z. B. als Folge einer gesteigerten Aktivität des Parasympathikus) bezeichnet man als **Bradykardie.** Erfolgen die Herzaktionen nicht mehr in rhythmischer Abfolge, so liegt eine **Arrhythmie** vor.

Klinik

Sympathikuseffekte am Herzen werden durch Aktivierung adrenerger (vor allem β_1-)Rezeptoren auf den Herzmuskelzellen vermittelt. Bei symptomatischer Koronarsklerose (Angina pectoris oder Myokardinfarkt) können durch die Blockade dieser Rezeptoren der sympathikusinduzierte Anstieg der Herzfrequenz und der Kontraktionskraft bei körperlicher Belastung unterbunden und so der Sauerstoffverbrauch des Myokards gesenkt werden. Auf diese Weise lässt sich die Letalität bei einem akuten Myokardinfarkt senken.

Efferente vegetative Innervation

Die oben beschriebenen vegetativen Effekte werden durch efferente sympathische und parasympathische **Neurone** vermittelt. Diese lassen sich jeweils in präganglionäre und postganglionäre Neurone gliedern.

Die Perikarya der präganglionären **sympathischen Neurone** liegen in den Seitenhörnern der thorakalen Rückenmarksegmente T1–4. Ihre Axone verlaufen zum Halsgrenzstrang (Ganglia cervicalia superius, medius und inferius) und werden hier auf postganglionäre sympathische Neurone umgeschaltet (**Nn. cardiaci cervicales superior**, **medius und inferior**). Diese ziehen zum **Plexus cardiacus**, einem Geflecht aus

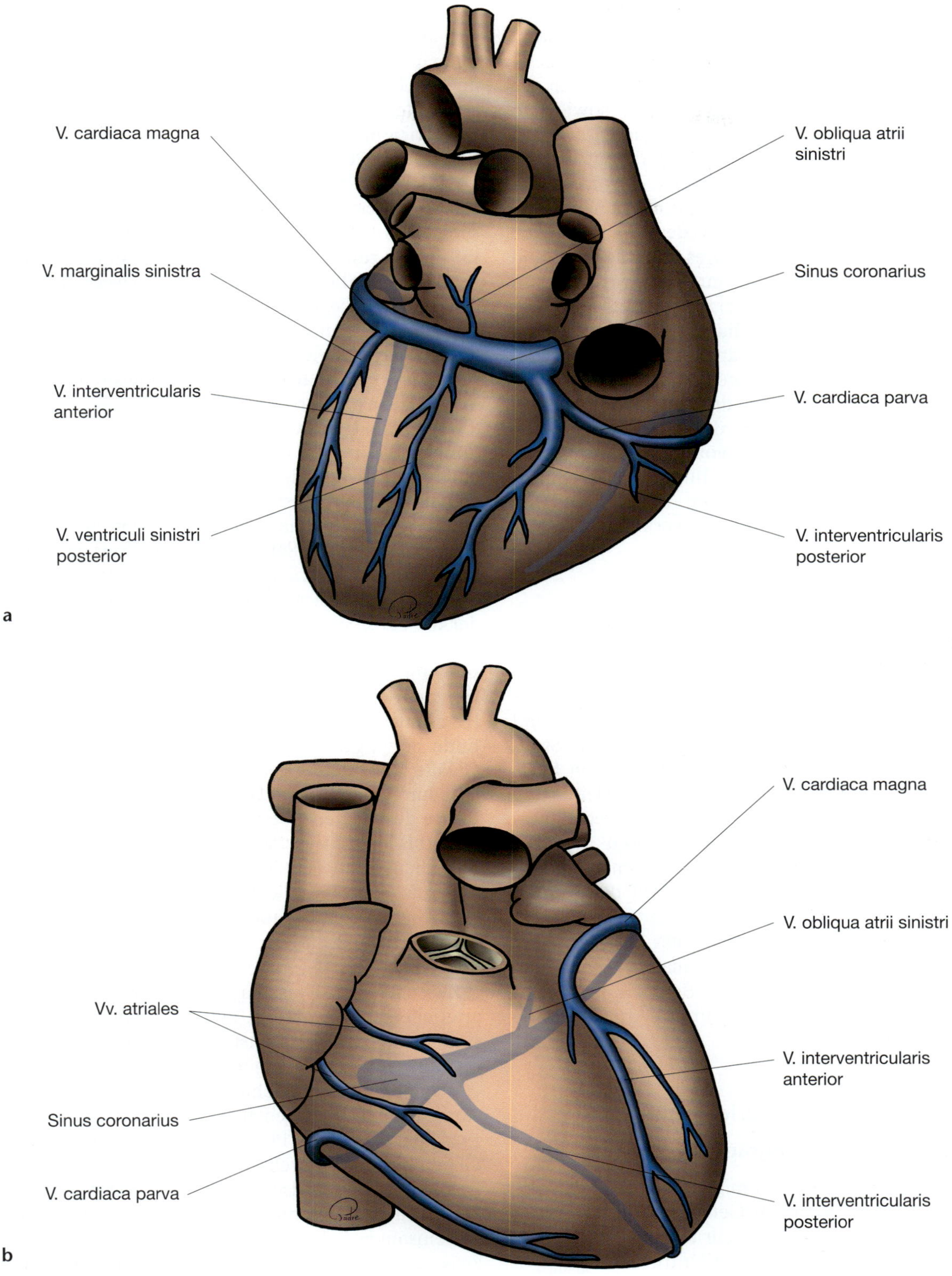

Abb. 5.19 Venöse Versorgung des Herzens von dorsal (a) und von ventral (b).

sympathischen und parasympathischen Fasern, das zwischen der Bifurcatio tracheae und der Aorta ascendens liegt und sich auf die Herzwand erstreckt. Postganglionäre sympathische Fasern begleiten die Koronararterien und innervieren diese sowie den Sinusknoten, den AV-Knoten, Purkinje-Fasern und das Arbeitsmyokard von Vorhöfen und Ventrikeln.

Die Perikarya der präganglionären **parasympathischen Neurone** liegen im Ncl. dorsalis nervi vagi. Ihre Axone verlaufen mit **Ästen des N. vagus** – den **Rr. cardiaci cervicales superiores und inferiores** und den **Rr. cardiaci thoracici** – zum **Plexus cardiacus**. In den Plexusanteil, der dem Herzen aufliegt, sind parasympathische **Ganglia cardiaca** eingestreut. In den subepikardial gelegenen Ganglien erfolgt die Umschaltung auf postganglionäre parasympathische Fasern. Diese Fasern begleiten die Koronararterien und innervieren sie sowie u. a. den Sinusknoten, den AV-Knoten und das Arbeitsmyokard der Vorhöfe und Ventrikel. Parasympathische Impulse zum Sinusknoten werden über den rechten, Impulse zum AV-Knoten über den linken N. vagus vermittelt.

Afferente vegetative Innervation

Das Herz ist berührungs-, verletzungs-, kälte- und hitzeunempfindlich. Afferente Fasern leiten jedoch z. B. die Informationen von **Dehnungsrezeptoren in Vorhöfen und Ventrikeln** über **Äste des N. vagus** nach zentral. Eine Sauerstoffunterversorgung und die damit verbundene Ansammlung anaerober Stoffwechselprodukte führen zur Stimulation von **herzmuskeleigenen Schmerzrezeptoren**. Diese leiten ihre Impulse über sympathische Fasern des vegetativen Nervensystems und deren Anastomosen mit afferenten Nerven des somatischen Nervensystems in das Zervikal- und Thorakalmark. Auf diese Weise wird der Schmerz auf Nerven projiziert, die auch der Schmerzempfindung oberflächlicher Körperpartien dienen. Zur typischen Symptomatik bei akutem Herzinfarkt zählt daher starker Schmerz in der linken Brust, ausstrahlend in den linken Arm und in die linke Schulter (**Head-Zone**).

5.6.10 Herzbeutel (Pericardium)

Gliederung und Topographie

Das Herz liegt zusammen mit den Wurzeln der großen zu- und abführenden Gefäße in einem serösen Beutel, der außen von straffem Bindegewebe umgeben wird: dem Herzbeutel (Perikard).

Der äußere, bindegewebige Anteil des Herzbeutels (**Pericardium fibrosum**) ist u. a. mit dem Centrum tendineum des Zwerchfells, mit der Tunica adventitia der großen zu- und abführenden Gefäße, mit der hinteren Fläche des Sternums (über Ligg. sternopericardiaca) sowie über die Membrana bronchopericardiaca mit der Bifurcatio tracheae verbunden. Die Bewegungen der umliegenden Organe übertragen sich also auf den Herzbeutel. Zwischen dem Pericardium fibrosum und der sich nach außen anschließenden parietalen Pleura (Pars mediastinalis) verläuft auf beiden Seiten der **N. phrenicus** in Begleitung der A. pericardiacophrenica zum Zwerchfell (↗ Abb. 5.11a und 5.20).

Die innere Schicht des Perikards (**Pericardium serosum**) besteht aus zwei serösen Häuten, die eine seröse Höhle für das Herz bilden: Die **Lamina parietalis pericardii serosi** liegt dem Pericardium fibrosum innen an (↗ Abb. 5.20), die **Lamina visceralis pericardii serosi** liegt dem Myokard auf und wird als **Epikard** bezeichnet. Zwischen diesen beiden Serosablättern liegt ein mit seröser Flüssigkeit gefüllter Spalt (**Cavitas pericardiaca**), der das reibungsfreie Gleiten des Herzens im Herzbeutel ermöglicht.

Man kann den Herzbeutel (wie auch die Pleurahöhlen, ↗ Kap. 5.1.1) mit einem wenig gefüllten Luftballon vergleichen, den man von außen mit der Faust eindellt. Die der Faust anliegende Wand des Ballons entspricht der Lamina visceralis des Perikards = dem Epikard, die freie äußere Wand des Ballons der Lamina parietalis des Perikards und die Luft im Ballon der Cavitas pericardiaca (↗ Abb. 5.1). An der Stelle, an der die Faust sich in den Ballon bohrt, gehen viszerales und parietales Blatt ineinander über, es handelt sich um die (perikardiale) Umschlagsfalte. Da das Herz entwicklungsgeschichtlich jedoch aus einem Herzschlauch mit einem zu- und einem abführenden Ende hervorgeht, weisen die zu- und abführenden Gefäße voneinander **getrennte Umschlagsfalten** auf. Hierdurch umgibt eine Umschlagsfalte die **arterielle Pforte** des Herzens, bestehend aus der Aorta ascendens (bis kurz vor Abzweigung des Truncus brachiocephalicus) und dem Truncus pulmonalis (bis kurz vor Aufzweigung in die beiden Lungenarterien). Die Umschlagsfalte der **venösen Pforte** umgibt die beiden Hohlvenen und die vier Lungenvenen (↗ Abb. 5.20 und 5.21).

Zwischen den Umschlagsfalten der venösen und arteriellen Pforte besteht keine Verbindung. Somit sind die arteriellen Hauptstämme auf der einen Seite und die venösen Blutleiter auf der anderen Seite von einer getrennten Schicht Lamina visceralis pericardii (Epikard) umgeben. Das bedeutet, dass man zwischen den beiden Pforten am eröffneten Herzbeutel den Finger hindurchschieben kann (↗ Abb. 5.22). Das könnte man zwischen der Aorta ascendens und dem Truncus pulmonalis nicht, da ja beide von einer gemeinsamen Schicht umgeben werden. Der Raum zwischen den beiden Pforten wird als **Sinus transversus pericardii** bezeichnet. Zwischen den linken und rechten Lungenvenen kann man den Finger auch nicht hindurchschieben, da alle zuführenden Venen des Herzens von einer gemeinsamen Schicht viszeralen Perikards umgeben werden. Hier bildet sich ein Blindsack (↗ Abb. 5.20 und 5.21), der als **Sinus obliquus pericardii** bezeichnet wird.

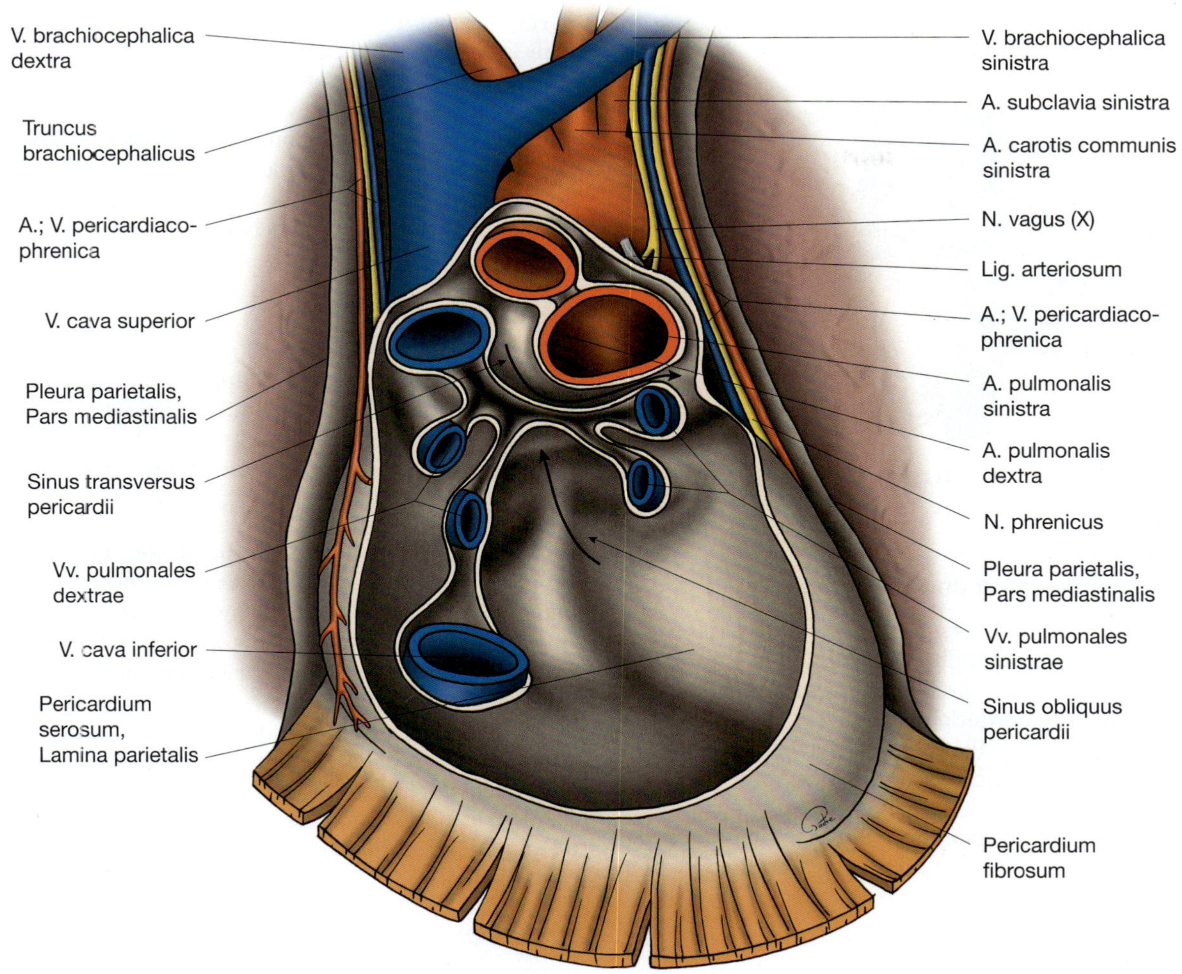

Abb. 5.20 Topographie des Herzbeutels, Ansicht nach Herausnahme des Herzens.

Die ursprünglich getrennten arteriellen und venösen Enden werden durch die Faltung des Herzschlauchs zur Herzschleife einander angenähert und bilden zwischen sich den Sinus transversus pericardii.

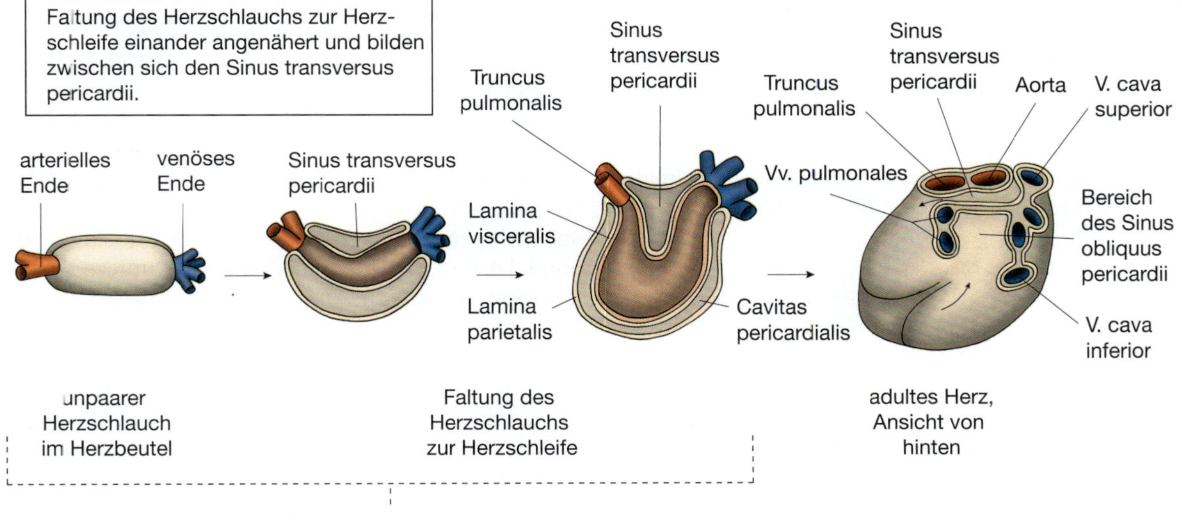

Abb. 5.21 Entwicklung des Herzens und der perikardialen Umschlagsfalten.

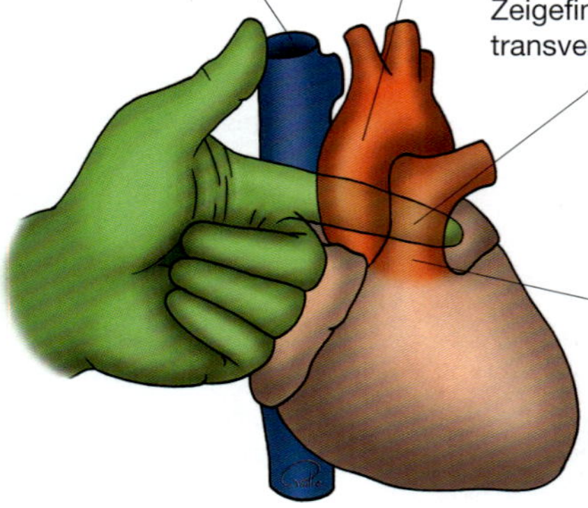

Abb. 5.22 Sinus transversus pericardii.

Gefäßversorgung und Innervation

Die arterielle Blutversorgung des Perikards erfolgt über die A. musculophrenica (aus der A. thoracica interna) sowie über direkte Äste der thorakalen Aorta und der Koronararterien.

Das venöse Blut fließt durch kleinere Venen in die Vv. brachiocephalicae bzw. die Vv. thoracicae internae.

Die nervöse Versorgung übernehmen Äste der Nn. phrenici, der Nn. vagi und des Truncus sympathicus.

5.7 Leitungsbahnen der Thoraxhöhle

5.7.1 Arterien

Truncus pulmonalis

Der Truncus pulmonalis entspringt aus der rechten Herzkammer und teilt sich unterhalb des Aortenbogens in die linke und rechte Pulmonalarterie auf (Bifurcatio trunci pulmonalis). Er gehört ebenso wie die Pulmonalarterien und ihre Äste zum Lungenkreislauf (= kleiner Kreislauf, ➚ Abb. 5.8a). Nahe der Bifurkation zieht der obliterierte Ductus arteriosus (Botalli) als Lig. arteriosum von der A. pulmonalis sinistra zum Arcus aortae (➚ Abb. 5.20).

Aorta

Überblick

Die Aorta entspringt aus der linken Herzkammer und steigt als **Aorta ascendens** mit leichter Neigung nach rechts empor. Etwa auf Höhe des 2. Rippenansatzes geht sie in den Aortenbogen (**Arcus aortae**) über, an den sich wiederum die Aorta descendens anschließt. Der Übergang vom Aortenbogen zur Aorta descendens ist gekennzeichnet durch eine (normalerweise geringgradige) Verjüngung, die als **Isthmus aortae** bezeichnet wird. Die **Aorta descendens** verläuft links paravertebral nach kaudal, tritt im Hiatus aorticus durch das Zwerchfell und teilt sich in etwa auf Höhe des 4. Lendenwirbelkörpers in eine linke und rechte A. iliaca communis (**Bifurcatio aortae**). Der Abschnitt vom Isthmus aortae bis zum Hiatus aorticus wird als **Pars thoracica**, der folgende Abschnitt als **Pars abdominalis** bezeichnet (Letzterer ist in Kap. 6.13.1 beschrieben).

Äste (➚ Abb. 5.23)

▪ Aorta ascendens

Direkt oberhalb der Aortenklappe ist die Wand der Aorta ascendens zu drei Sinus ausgeweitet. Aus dem rechten und linken Aortensinus entspringen die **rechte und linke Koronararterie** (➚ Kap. 5.6.8).

▪ Arcus aortae

Aus dem Aortenbogen gehen die großen arteriellen Gefäße von Hals und Kopf sowie der oberen Extremität hervor. Zunächst entspringen **A. subclavia** und **A. carotis communis** rechts aus einem gemeinsamen, etwa 2–3 cm langen Stamm (**Truncus brachiocephalicus**). Es folgen A. carotis communis und A. subclavia links, die direkt aus der Aorta abzweigen. In etwa 10 % der Fälle kommt zwischen den beiden Karotiden noch eine A. thyroidea ima vor, die zur Schilddrüse aufsteigt. Die Äste der Karotiden sind in Kapitel 3.6.1, die der A. subclavia in Kapitel 4.1.5 beschrieben.

Merke

Im Aortenbogen liegen Pressorezeptoren, die durch eine Dehnung der Gefäßwand stimuliert werden. Die Signale werden über den N. vagus in dessen viszerosensiblen Kern, den Ncl. tractus solitarii, und von hier aus in das Kreislaufzentrum der Medulla oblongata weitergeleitet.

▪ Pars thoracica der Aorta descendens

Aus der Pars thoracica der Aorta descendens gehen zahlreiche kleinere Gefäße hervor. Man unterscheidet parietale und viszerale Äste:

Parietale Äste sind die **Aa. intercostales posteriores**: 10 Arterien auf jeder Thoraxseite, die den 3.–11. Zwischenrippenraum (der 1. und der 2. Zwischenrippenraum werden über die A. subclavia versorgt [➚ Kap. 4.1.5]) und den Raum unterhalb der 12. Rippe versorgen. Die 10. hintere Interkostalarterie wird entsprechend als **A. subcostalis** bezeichnet. Sie anastomosiert mit Ästen der A. musculophrenica (die aus der A. thoracica interna abgeht). Die Aa. intercostales posteriores verlaufen an den Rippenunterseiten, „eingebettet" zwischen einer kranial gelegenen Vene und einem kaudal gelegenen Nerv (➚ Kap. 2.1.5, Merke: **IVAN** = Vene – Arterie – Nerv). Abzweigende Äste beteiligen sich u. a. an der Blutversorgung des Rückenmarks und der autochthonen

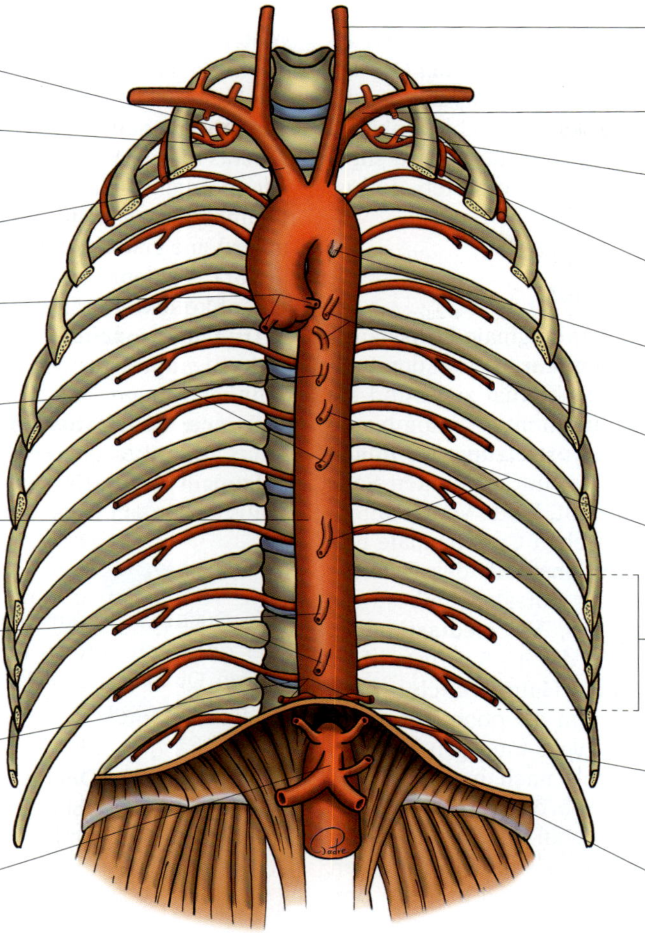

Abb. 5.23 Äste der Aorta ascendens, des Aortenbogens und der Pars thoracica der Aorta descendens.

Rückenmuskulatur (= **R. dorsalis**). Des Weiteren bestehen Anastomosen mit den Aa. intercostales anteriores, die aus der A. thoracica interna hervorgehen (potentieller Kollateralkreislauf).

Viszerale Äste sind die **Rr. bronchiales** (Vasa privata der Lunge), **Rr. oesphageales**, **Rr. mediastinales** und die **Aa. phrenicae superiores**.

Klinik

Pleurapunktionen werden aufgrund des Verlaufs der Leitungsbahnen im Brustkorb immer in direkter Nähe des oberen Rippenrandes durchgeführt (zumeist in der mittleren oder hinteren Axillarlinie, ↗ Kap. 2.1.5).

Der Aortenisthmus ist physiologischerweise nur während der Fetalperiode eine Engstelle und erweitert sich nach dem Verschluss des Ductus arteriosus. Bleibt diese Erweiterung aus (= **Aortenisthmusstenose**), so gelangt zu wenig Blut in die untere Körperhälfte. Es resultiert eine messbare Blutdruckdifferenz zwischen der oberen und der unteren Extremität. Potentielle Kollateralkreisläufe werden genutzt, z. B. A. subclavia → A. thoracica interna → A. epigastrica superior → A. epigastrica inferior → A. iliaca externa, wodurch sich die beteiligten Gefäße erweitern. Im Röntgenbild können sich die erweiterten Gefäße als Impressionen an den Rippen darstellen.

5.7.2 Venen

Vv. pulmonales

In der Regel gehen aus jedem Lungenhilus zwei Vv. pulmonales hervor, die unterhalb der Aa. pulmonales horizontal verlaufend in den linken Vorhof einmünden. Sie bilden die Querschenkel des Venenkreuzes, das durch die vertikal verlaufenden Hohlvenen vervollständigt wird. Die Vv. pulmonales und ihre Zuflüsse gehören wie die Aa. pulmonales und ihre Äste zum Lungenkreislauf (↗ Abb. 5.8a).

V. cava superior (obere Hohlvene)

Die obere Hohlvene sammelt das venöse Blut von Kopf, Hals, oberer Extremität und Brustwand und leitet es in den rechten Vorhof. Der Hauptstamm entsteht hinter dem 1. rechten Rippenknorpel durch

Vereinigung der beiden **Vv. brachiocephalicae**, die ihrerseits durch die Vereinigung von **V. jugularis interna** und **V. subclavia** im sog. Venenwinkel (↗ Abb. 5.24) entstehen. Aufgrund der Dextroposition der oberen Hohlvene ist die linke V. brachiocephalica länger als die rechte. Insgesamt ist die V. cava superior etwa 5–8 cm lang und erhält direkten Zufluss nur aus der **V. azygos**.

V. azygos und V. hemiazygos

Die **V. azygos** ist die supradiaphragmale **Fortsetzung der rechten V. lumbalis ascendens**, die auf den Lendenwirbelquerfortsätzen nach kranial zieht und die segmentalen **Vv. lumbales** aufnimmt. Analog hierzu stellt die **V. hemiazygos** die **Fortsetzung der linken V. lumbalis ascendens** dar, die auf der linken Seite paravertebral nach kranial zieht. Beide Venen durchbrechen das Zwerchfell zwischen Crus mediale und Crus laterale und sammeln oberhalb des Zwerchfells das venöse Blut aus der dorsalen Leibeswand (**Vv. intercostales posteriores**, **Vv. mediastinales**). Die V. azygos zieht in Höhe des 4.–5. Brustwirbels bogenförmig über den rechten Hauptbronchus nach ventral, um dann von dorsal in die obere Hohlvene einzumünden. Die V. hemiazygos hingegen biegt auf Höhe des 10.–7. Brustwirbels nach rechts ab und mündet in die V. azygos (↗ Abb. 5.24).

Das venöse Blut aus den oberen Interkostalräumen leitet neben der V. intercostalis suprema (drainiert 1. und 2. Interkostalraum und mündet in die V. brachiocephalica) häufig eine **V. hemiazygos accessoria**. Letztere mündet entweder direkt in die V. azygos (↗ Abb. 5.24) oder zuvor in den Hauptstamm der V. hemiazygos. Sie kann zudem Anastomosen mit der linken V. brachiocephalica bilden.

Merke

Im Fall einer Stenose der V. cava inferior kann Blut aus den Vv. iliacae communes über Anastomosen in die V. azygos und V. hemiazygos gelangen. Dieser Umgehungskreislauf beschreibt somit eine Verbindung zwischen der unteren und oberen Hohlvene (**kavokavale Anastomose**).

5.7.3 Lymphgefäße (einschließlich regionärer Lymphknoten)

Ductus thoracicus (Milchbrustgang)

Der Ductus thoracicus entsteht infradiaphragmal durch die Vereinigung sämtlicher Lymphgefäße der unteren Körperhälfte, wobei die Vereinigungsstelle meist zur **Cisterna chyli** erweitert ist. Er zieht zusammen mit der Aorta durch den Hiatus aorticus des Zwerchfells und verläuft rechts von ihr dorsal des Ösophagus im hinteren Mediastinum nach kranial. Im Bereich der oberen Thoraxapertur wendet sich der Ductus thoracicus nach links und mündet von hinten in den linken Venenwinkel (Vereinigung von V. subclavia sinistra und V. jugularis interna sinistra, ↗ Abb. 5.24). Im Mündungsbereich schützt eine Klappe vor dem Übertreten venösen Blutes in den Ductus thoracicus. Beim Verstorbenen schließt diese Klappe nicht mehr vollständig, so dass Blut in den Lymphleiter gelangt und die Unterscheidung von einer Vene erschweren kann.

Kurz vor dem Venenwinkel münden folgende drei Lymphkollektoren in den Ductus thoracicus:

- **Truncus bronchomediastinalis sinister:** transportiert Lymphe aus der linken Thoraxhälfte und der linken Lunge
- **Truncus subclavius sinister:** transportiert Lymphe aus der linken oberen Extremität
- **Truncus jugularis sinister:** transportiert Lymphe aus der linken Hals- und Kopfhälfte.

Merke

Der Ductus thoracicus transportiert also die Lymphe der gesamten unteren Körperhälfte und des oberen linken Quadranten (= ¾ der insgesamt anfallenden Lymphflüssigkeit).

Insgesamt ist der Ductus thoracicus etwa 40 cm lang, hat den Durchmesser einer mittleren Hautvene und leitet bis zu 4 l Lymphe am Tag.

Klinik

Der Ductus thoracicus verläuft in enger räumlicher Beziehung zu den beiden Pleurahöhlen und dem Perikard. Wird er beschädigt (z. B. durch Operation oder Trauma), kann sich Lymphflüssigkeit in diese Höhlen ergießen (**Chylothorax** [tritt rechts häufiger als links auf] bzw. **Chyloperikard** [Chylus = Darmlymphe]) und zur Kompression der in den Höhlen lokalisierten Organe führen.

Ductus lymphaticus dexter

Der Ductus lymphaticus dexter entsteht durch den Zusammenfluss von **Truncus bronchomediastinalis dexter**, **Truncus subclavius dexter** und **Truncus jugularis dexter** und mündet in den rechten Venenwinkel (↗ Abb. 5.24). Der nur etwa 1 cm lange Lymphleiter sammelt die Lymphflüssigkeit aus dem oberen rechten Körperquadranten.

Regionäre Lymphknoten

In Abhängigkeit von ihrem Zuflussgebiet können parietale und viszerale Lymphknoten unterschieden werden. Zu den **parietalen Lymphknoten** gehören die **Nll. parasternales** (entlang den Vasa thoracica interna) und die **Nll. intercostales** (im Bereich der Rippenköpfchen). Zu den **viszeralen Lymphknoten** zählen:

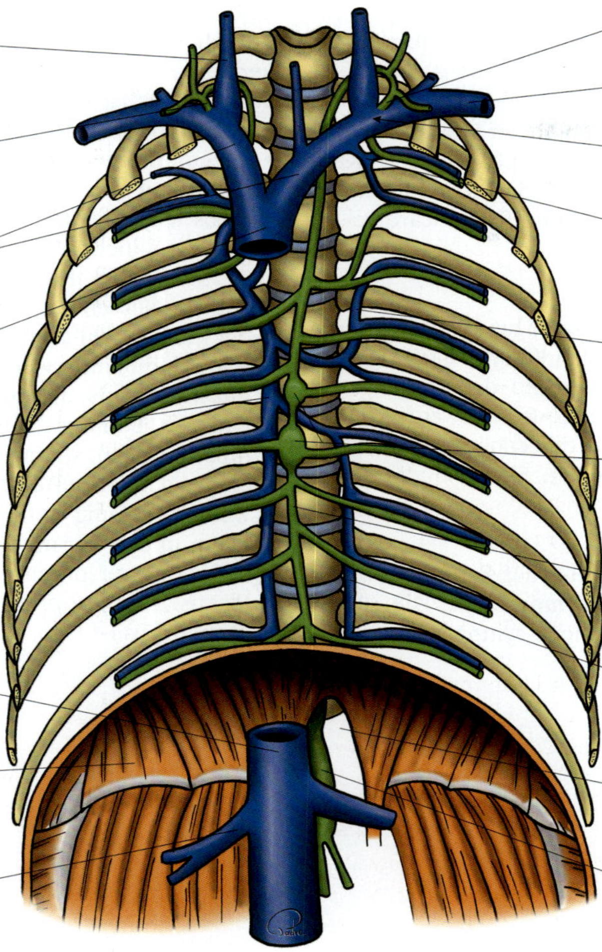

Abb. 5.24 V. azygos, V. hemiazygos und Ductus thoracicus.

- **Lymphknoten des hinteren Mediastinums:** Die Lnn. bronchopulmonales, Lnn. tracheobronchiales und Lnn. paratracheales sammeln Lymphe aus Pleura, Lunge, Perikard, Herz und Ösophagus.
- **Lymphknoten des vorderen Mediastinums:** Die Lnn. phrenici und Lnn. pericardiaci sammeln Lymphe aus Pleura, Lunge, Perikard, Herz, Zwerchfell und Thymus.

Zwischen den einzelnen Lymphknoten kommen variabel ausgebildete Vernetzungen vor (auch zwischen parietalen und viszeralen Lymphknoten und solchen der Gegenseite).

5.7.4 Nerven

Somatische Nerven

Spinalnerven (Nn. thoracici) ↗ Kapitel 2.1.5

Nn. phrenici ↗ Kapitel 4.1.5

Vegetative Nerven

Die **parasympathische Innervation** der Brusteingeweide erfolgt durch den **N. vagus**. Der X. Hirnnerv gelangt nach Passage der oberen Thoraxapertur rechts vor die A. subclavia, links vor den Aortenbogen, um anschließend hinter dem Hilum pulmonis zum Ösophagus abzusteigen. In der Adventitia des Ösophagus bildet sich aus den beiden Vagusnerven der **Plexus oesophageus**. Aus ihm gehen ein vorderer und ein hinterer Vagusstamm zur Innervation der Baucheingeweide hervor. Aufgrund der entwicklungsgeschichtlich bedingten Magendrehung setzen der **Truncus vagalis anterior** die Richtung des linken und der **Truncus vagalis posterior** die des rechten N. vagus fort. Durch Faseraustausch im Plexus oesophageus führen die Trunci jedoch Fasern beider Vagusnerven. Sie verlaufen zusammen mit dem Ösophagus durch den Hiatus oesophageus des Zwerchfells und verzweigen sich an der Vorder- und Hinterfläche des Magens (↗ Kap. 6.13.5).

Der N. vagus gibt in seinem Brustteil folgende Äste ab:

- **N. laryngeus recurrens:** schlingt sich rechts um die A. subclavia, links um den Aortenbogen lateral des Lig. arteriosum, um im Anschluss zwischen Ösophagus und Trachea zum Kehlkopf aufzusteigen. Mit seinem Endast, dem **N. laryngeus inferior**, innerviert er sämtliche Kehlkopfmuskeln mit Ausnahme des M. cricothyroideus (vgl. Kap. 4.4.5).

- **Äste zur Versorgung benachbarter Organe:** Rr. tracheales (↗ Kap. 5.2), Rr. oesophageales (↗ Kap. 5.3), Rr. bronchiales (↗ Kap. 5.5.4) sowie Rr. cardiaci thoracici (↗ Kap. 5.6.9) und Rr. pericardiaci.

Klinik

Der N. laryngeus recurrens kann bei einem **Aortenaneurysma**, einer irreversiblen Wandaussackung der Aorta mit Rupturgefahr, zwischen der Aortenwand und dem Lig. arteriosum eingeklemmt werden. Dies beeinträchtigt die Funktion der Kehlkopfmuskulatur und äußert sich als Heiserkeit. Sie kann das erste Symptom der Erkrankung sein.

Die **sympathische Innervation** der Brusteingeweide erfolgt durch den **Truncus sympathicus**. Die 10–13 **Ganglia thoracica** des Truncus sympathicus liegen beidseits der Wirbelsäule etwa auf Höhe der Rippenköpfchen und sind durch **Rr. interganglionares** verbunden. Dieser thorakale Abschnitt des Truncus sympathicus ist von Pleura parietalis (Pars costalis) bedeckt. Er gibt folgende Äste ab:

- **Rr. communicantes:** ziehen zu den Spinalnerven
- **Nn. splanchnici major und minor:** Der N. splanchnicus major geht aus den Ganglia thoracica 5–9, der N. splanchnicus minor aus den Ganglia 10 und 11 hervor. In ihrem weiteren Verlauf treten die beiden Nerven durch eine unbenannte Öffnung der Pars lumbalis des Zwerchfells hindurch. In der Bauchhöhle innervieren sie große Teile des Gastrointestinaltrakts, der exokrinen Drüsen (Leber, Gallenblase, Pankreas) und die Nieren. Größtenteils führen die Nn. splanchnici präganglionäre Fasern, die in den prävertebralen Ganglien umgeschaltet werden. Häufig verbinden sich Nn. splanchnici major und minor miteinander.
- Äste zur Versorgung benachbarter Organe und Plexus: Rr. oesophageales (↗ Kap. 5.3) und Rr. bronchiales (↗ Kap. 5.5.4).

6 Bauch- und Beckeneingeweide

Ingo Steinbrück

Inhaltsverzeichnis

6.1 Allgemeine Embryologie des Darmrohrs

Überblick

Das primitive Darmrohr entsteht in der 4. Embryonalwoche aus dem dorsal gelegenen **Entoderm** durch Abfaltung der Keimscheibe vom Dottersack. Aus dem Entoderm entwickelt sich später das Darmepithel einschließlich Drüsen. Muskulatur, Bindegewebe und Peritoneum des Magen-Darm-Trakts gehen aus dem viszeralen Blatt der mesodermalen Seitenplatten hervor.

Gliederung

Durch Einstülpungen des Ektoderms zum Entodermschlauch des primitiven Darmrohrs hin entstehen kranial die Mundbucht (**Stomadeum**) und kaudal die Analgrube (**Proktodeum**). Der primitive Darm lässt sich in 3 Abschnitte untergliedern, einen **Vorder-**, **Mittel-** und **Enddarm**.

Merke

Aus der Entstehung der Organe aus den 3 Darmabschnitten kann man sich die Blutversorgung und die parasympathische Innervation herleiten: So kann man jedem Darmabschnitt eine Arterie zuordnen. Die parasympathische Versorgung erfolgt im Vorder- und Mitteldarm über den N. vagus und im Enddarm über den sakralen Parasympathikus (↗ Tab. 6.1).

Das primitive Darmrohr ist durch eine bindegewebige Platte ventral und dorsal mit der Bauchwand verbun-

Tab. 6.1 Primitive Darmabschnitte mit Abkömmlingen, Blutversorgung und Innervation

Darm-abschnitt	Organe	Blut-versorgung	Innervation
Vorderdarm (Preenteron)	• Pharynx • untere Luftwege • Ösophagus • Magen • Duodenum proximal der Papilla major • Leber, Pankreas, Gallenblase und -wege	Truncus coeliacus	N. vagus
Mitteldarm (Mesenteron)	• Duodenum distal der Papilla major • Jejunum und Ileum • Zäkum, Appendix vermiformis • Colon ascendens • proximale 2 Drittel des Colon transversum (bis zum Cannon-Böhm-Punkt)	A. mesenterica superior	
Enddarm (Metenteron)	• distales Drittel des Colon transversum (ab Cannon-Böhm-Punkt) • Cola descendens und sigmoideum • Rektum • proximale 2 Drittel des Analkanals • Harnblasenepithel und Urethra	A. mesenterica inferior	Nn. pelvini aus dem Plexus pudendus

den (↗ Abb. 6.1), ventral zunächst durch das mesodermale **Septum transversum**, aus dem (neben einem Teil des Zwerchfells) das **ventrale Mesenterium** des Darmrohrs entsteht (↗ Kap. 6.2).

Merke

Sämtliche Bandstrukturen im Bauchraum lassen sich aus dem ventralen und dorsalen Mesenterium des primitiven Darmrohrs herleiten, in das sekundär die übrigen Bauchorgane einwachsen und durch Rotationsvorgänge und Verlagerungen verschiedene ligamentäre Strukturen entstehen lassen.

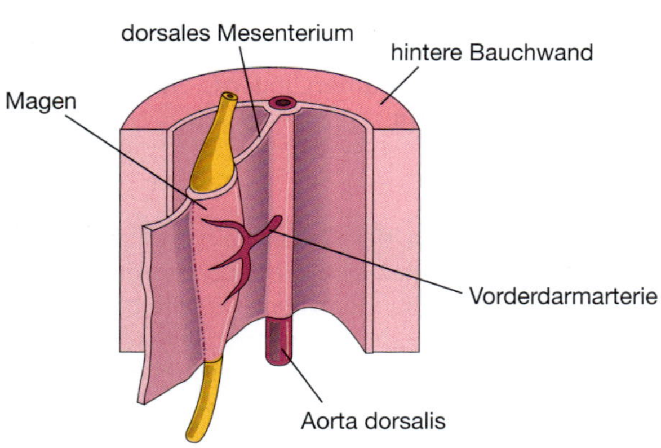

Abb. 6.1 Verbindung des primitiven Darmrohrs mit der Bauchwand, Magenregion eines 28 Tage alten Embryos von ventrolateral. (Aus [12])

In den unterschiedlichen Darmteilen entwickeln sich das ventrale und dorsale Mesenterium unterschiedlich. Darauf wird in den einzelnen Kapiteln eingegangen.

6.2 Peritoneum und Peritonealverhältnisse

Definition

Das Peritoneum (Bauchfell) ist eine seröse Haut, die innen die Bauchfellhöhle (Peritonealhöhle, **Cavitas peritonealis**) auskleidet. Die Peritonealhöhle wird kranial vom Zwerchfell und kaudal vom Becken und von der Beckenbodenmuskulatur begrenzt.

Außerdem überzieht das Bauchfell wie ein Handschuh die intraperitonealen Organe und fixiert sie über Verbindungsstücke („Mesos“) an der Bauchwand (↗ Abb. 6.2).

Funktion

Das Bauchfell schließt die Peritonealhöhle gegen die Außenwelt ab und dient durch ihre glatte Oberfläche der möglichst reibungsfreien Verschieblichkeit der inneren Organe. Dabei hilft ein Flüssigkeitsfilm, den das Peritoneum mittels Transsudation (nichtentzündliche Absonderung von Flüssigkeit, im Gegensatz zum entzündlich bedingten Exsudat) aus seinen Blutgefäßen produziert. Außerdem ist es zur Resorption fähig.

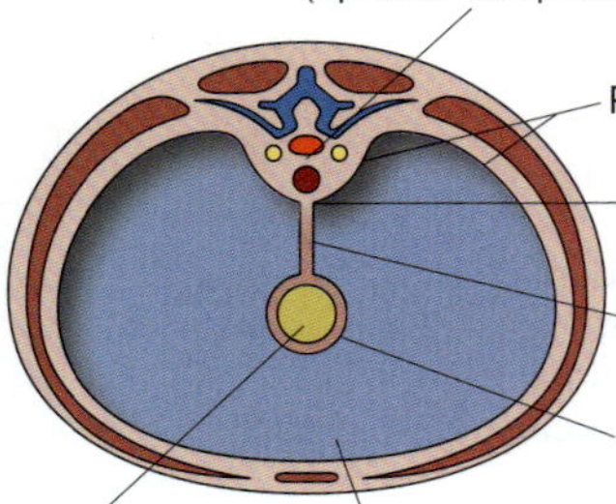

Abb. 6.2 Peritonealverhältnisse, Querschnitt durch das Abdomen (schematisch).

Klinik

Die Fähigkeit des Bauchfells zur Transsudation und Resorption macht man sich bei der **kontinuierlichen ambulanten Peritonealdialyse (CAPD)** zunutze: Bei Patienten mit chronischem Nierenversagen wird eine Blutwäsche über das Peritoneum durchgeführt, indem man über einen Verweilkatheter 2 Liter einer Spüllösung in die Bauchhöhle instilliert. Entlang einem osmotischen Gradienten erfolgt ein kontinuierlicher Flüssigkeits- und Stoffaustausch zwischen Kapillar- und Peritonealraum über das Peritoneum als semipermeable Membran. Die Spülflüssigkeit muss dabei 4-mal täglich gewechselt werden.

Die pathologische Ansammlung von Flüssigkeit in der Bauchhöhle wird als **Aszites** bezeichnet. Mögliche Ursachen sind das vermehrte Abpressen des Transsudates in die Bauchhöhle, z. B., wenn eine Leberzirrhose zur portalvenösen Hypertonie und damit zum erhöhten hydrostatischen Druck führt oder wenn der herabgesetzte Serumalbuminspiegel bei Unterernährung den kolloidosmotischen Druck vermindert. Aszites kann jedoch auch durch eine Exsudation entstehen, die bei entzündlichen (Peritonitis) oder malignen (Peritonealinfiltration bei Tumoren = Peritonealkarzinose) Erkrankungen des Peritoneums vorkommt. Wenn bei einem Patienten ein Aszites auffällt, ist es darum hilfreich, eine diagnostische Aszitespunktion durchzuführen, anschließend das Albumin in Blutserum und Aszites zu bestimmen und den Serum-Aszites-Albumin-Gradienten (= Serumalbuminkonzentration – Aszitesalbuminkonzentration) zu errechnen. Ist dieser kleiner als 1,1 g/dl, so handelt es sich um ein Exsudat, ist er größer, um ein Transsudat.

Gliederung

Man unterscheidet 2 Peritonealblätter, die über die „Mesos“ der einzelnen Organe ineinander übergehen (↗ Abb. 6.2):

- **Peritoneum parietale:** innen der Bauchwand anliegend
- **Peritoneum viscerale:** die intraperitonealen Organe umhüllend.

Die „Mesos“ sind beidseits von Serosa überzogene Bindegewebsplatten (Bauchfellduplikaturen), über die Blut-, Lymph- und Nervengefäße zu den einzelnen Organen gelangen. Obwohl die einzelnen intraperitonealen Organe über die „Mesos“ mit der Bauchwand verbunden sind, handelt es sich im eigentlichen Sinne nicht um Aufhängevorrichtungen! Die Serosa der „Mesos“ wird zum viszeralen Peritoneum gerechnet.

Histologie

Das Peritoneum besteht (wie alle serösen Häute) aus 2–3 Schichten:

- **Serosaepithel** aus einschichtigem Plattenepithel (Mesothel)
- **Lamina propria:** Bindegewebsschicht, die Nerven, Blut- und Lymphgefäße enthält
- **Tela subserosa:** fakultative lockere bindegewebige Verschiebeschicht, die Organe mit häufigen Größenänderungen (z. B. Harnblase) überdeckt und in die Fett eingelagert werden kann.

Während die Serosa parietalis von vielen sensiblen Nervenfasern durchzogen wird, fehlt bei der Serosa visceralis häufig eine sensible Innervation.

Klinik

Die Verteilung der sensiblen Nervenfasern auf die Peritonea parietale und viscerale könnte eine Erklärung für die ausgiebige **Schmerzempfindlichkeit des parietalen Peritoneums** im Gegensatz zur häufig kaum vorhandenen Schmerzwahrnehmung am viszeralen Peritoneum der intraperitonealen Organe sein.

Topographie

Neben der von Peritoneum ausgekleideten Cavitas peritonealis, die die intraperitonealen Organe enthält, gibt es den sog. **Retroperitonealraum** (Spatium retroperitoneale), der neben einigen Organen vor allem die großen Leitungsbahnen des Bauchraums enthält.

Je nach Ausmaß des Peritonealüberzugs unterscheidet man bei den Bauchorganen die in ↗ Tabelle 6.2 zusammengefassten Lagen:

Merke

Die Begriffe retro- und extraperitoneal werden von einigen Autoren synonym benutzt.

Klinik

Die intra- und retroperitoneale Lage der jeweiligen Organe haben vor allem für Chirurgen klinische Relevanz, da der **Zugangsweg** zu intraperitonealen Organen von ventral erfolgt, zu retroperitonealen Organen z. T. auch von dorsal.

Tab. 6.2 Lagebeziehungen der Bauchorgane zum Peritoneum

Lage	Definition	Organe
intraperitoneal	Organ von Peritoneum viscerale umhüllt und über ein „Meso" mit der Bauchwand verbunden	• Leber und Gallenblase • Magen • Pars superior duodeni • Jejunum und Ileum • Zäkum und Appendix • Colon transversum und sigmoideum • Milz • Ovar • Tuba uterina • Corpus uteri
retroperitoneal	Organ auf der Vorderseite von Peritoneum parietale bedeckt	
– primär retroperitoneal	liegen von Anfang an retroperitoneal	• Nieren und Harnleiter • Nebennieren • Harnblase
– sekundär retroperitoneal	liegen ursprünglich intraperitoneal und werden während der Embryonalentwicklung nach retroperitoneal verlagert	• Partes descendens/horizontalis/ascendens duodeni • Pankreas • Cola ascendens und descendens
extraperitoneal	keine Berührung des Peritoneums	• Prostata

Der Eingeweideraum der Bauchhöhle (Peritonealhöhle + Retro-/Extraperitonealraum) lässt sich von kranial nach kaudal in 3 Stockwerke untergliedern:

- **Oberbauch** (Pars supracolica): vom Diaphragma bis zum Mesocolon transversum (in Höhe des LWK 2), enthält Magen, Duodenum, Leber, Gallenwege, Pankreas, Milz und Nieren
- **Unterbauch** (Pars infracolica): Bereich vom Mesocolon transversum bis zum Beckeneingang, enthält Jejunum, Ileum und Kolon (ohne Rektum)
- **Becken:** vom Beckeneingang bis zum Beckenboden, enthält Harnblase, Rektum und innere Geschlechtsorgane.

Embryologie

Das Peritoneum entsteht aus dem **Seitenplattenmesoderm,** das mit einem parietalen und einem viszeralen Blatt die primitive Leibeshöhle (Zölom) auskleidet. Die zunächst einheitliche Leibeshöhle wird ventral durch eine mesodermale Platte, das sog. **Septum transversum,** und dorsal durch die Membrana pleuroperitonealis in eine Brust- und eine Bauchhöhle geteilt.

Im Bauchraum wird das mesenchymale Gewebe des Seitenplattenmesoderms, das das primitive Darmrohr umscheidet, durch die sich rasch vergrößernde primitive Leibeshöhle ventral und dorsal des Darms zu einer medianen, beidseits von Zölomwand bedeckten Bindegewebsplatte zusammengedrängt, in der Blut- und Lymphgefäße sowie Nerven verlaufen, dem sog. **Mesenterium** (Gekröse; ↗ Abb. 6.3).

- **Mesenterium ventrale primitivum** (primitives vorderes Gekröse): Verbindung zwischen Vorderdarm und ventraler Bauchwand (Mesooesophageum, Mesogastrium und Mesoduodenum ventrale). Ausdehnung nach kaudal bis zum oberen Duodenum, da weiter unten der Mitteldarm eine breite Verbindung mit dem Dottersack hat. Aus dem Mesogastrium und Mesoduodenum ventrale wird später das Omentum minus.
- **Mesenterium dorsale primitivum** (primitives hinteres Gekröse): verbindet Vorder-, Mittel- und Enddarm mit der hinteren Bauchwand. Folgende Strukturen entstehen aus dem dorsalen Mesenterium:
  - Omentum majus
  - Mesojejunum und Mesoileum
  - Mesoappendix
  - Mesocola transversum und sigmoideum.

Das hintere Gekröse der übrigen Darmabschnitte verschmilzt während der Embryonalentwicklung mit der hinteren Bauchwand und wird zurückgebildet. Einen Überblick über die primitiven Mesenterien und ihre Abkömmlinge ist ↗ Tabelle 6.3 zu entnehmen.

Merke

Alle Bauchorgane, die ein „Meso" besitzen, liegen intraperitoneal, und alle intraperitoneal gelegenen Organe besitzen ein „Meso"!

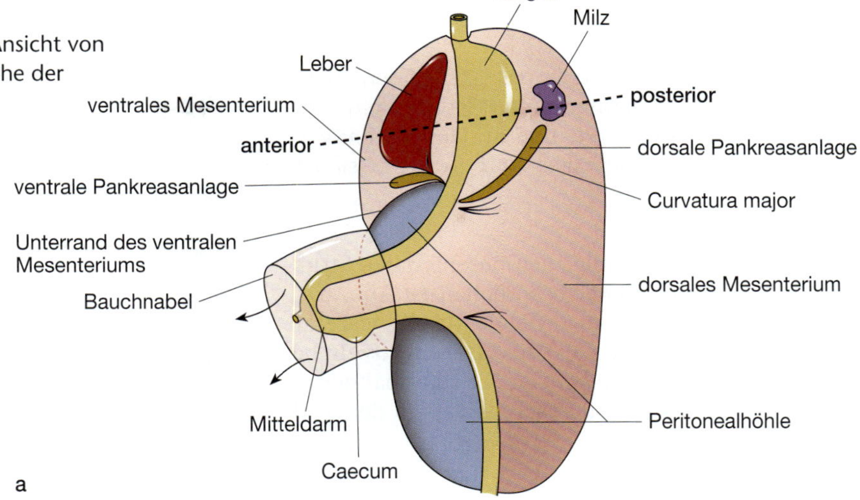

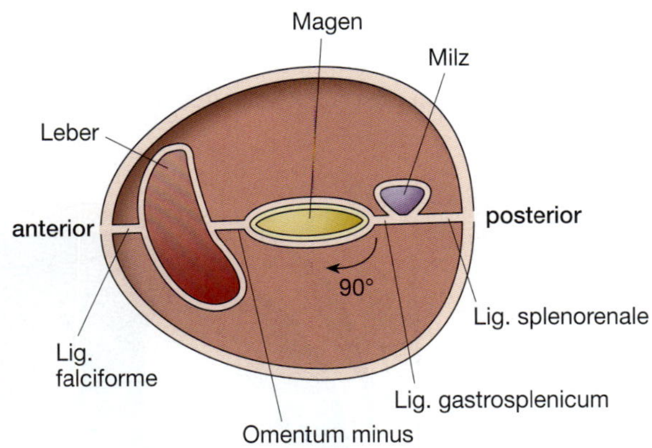

Abb. 6.3 Mesenteria ventrale und dorsale primitiva sowie deren Abkömmlinge (schematisch). **a** Ansicht von ventrolateral. **b** Querschnitt in Höhe der gestrichelten Linie in a.

Tab. 6.3 Mesenterien und ihre Abkömmlinge

ventrale und dorsale primitive Mesenterien		Abkömmlinge
Mesenterium ventrale primitivum	Mesogastrium ventrale	Omentum minus: • Lig. hepatogastricum • Lig. hepatoduodenale • Lig. gastrophrenicum
	Mesoduodenum ventrale	• Ligg. falciforme hepatis und teres hepatis • Ligg. triangularia dextrum und sinistrum • Lig. hepatorenale
Mesenterium dorsale primitivum	Mesogastrium dorsale	• Omentum majus – Lig. gastrocolicum – Lig. gastrosplenicum – Lig. phrenicolienale – Lig. phrenicocolicum • Mesojejunum und Mesoileum • Mesoappendix • Mesocolon transversum • Mesocolon sigmoideum

6.2.1 Mesenterien

Merke

Im engeren Sinne bezeichnet das Wort Mesenterium lediglich das Dünndarmgekröse (Mesojejunum und -ileum), im weiteren Sinne und im Plural gebraucht werden darunter alle ventralen und dorsalen Gekröse subsumiert.

Nachfolgend werden einige der mesenterialen Strukturen etwas ausführlicher besprochen (↗ Abb. 6.4). Die Umschlagstellen vom parietalen in das viszerale peritoneale Blatt werden als **Mesenterialwurzeln** bezeichnet. Über sie gelangen die Leitungsbahnen in das jeweilige „Meso" und anschließend zu den Zielorganen.

Mesojejunum und -ileum

Definition

Als Mesojejunum wird das Dünndarmgekröse des Jejunums, als Mesoileum das Gekröse des Ileums bezeichnet.

Topographie

Die Wurzeln des Dünndarmgekröses (**Radix mesenterii**) befinden sich an der hinteren Bauchwand und ziehen von der Flexura duodenojejunalis schräg nach kaudolateral zur Flexura ileocolica ventral des rechten Ileosakralgelenks. Dabei überkreuzt das „Meso" die Pars horizontalis des Duodenums.

Durch das Mesojejunum und -ileum ziehen die A. und V. mesenterica superior, die sich in die Aa. und Vv. jejunales und ileales verzweigen und Jejunum und Ileum versorgen.

Mesocolon transversum

Definition

Das Mesocolon transversum ist das „Meso" des Colon transversum.

Topographie

Die Wurzel befindet sich an der hinteren Bauchwand und zieht von der rechten Niere transversal über die Pars descendens duodeni und das Pankreas hinweg zur linken Niere und Milz. Ventral reicht das Meso-

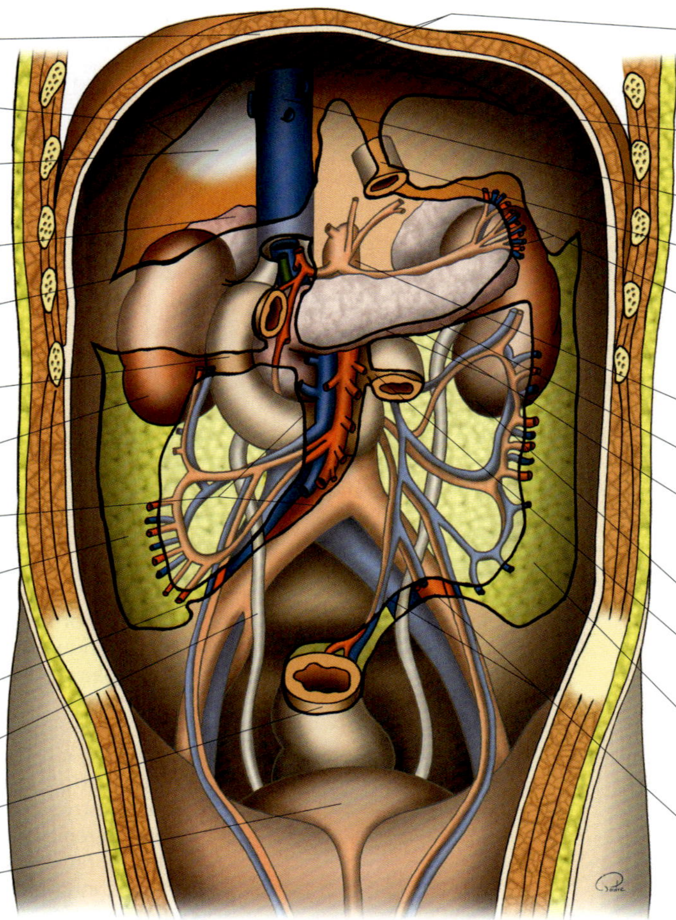

Abb. 6.4 Peritoneum der hinteren Bauchwand nach Entfernung der intraperitonealen Organe sowie der Cola ascendens und descendens.

colon transversum von der rechten bis zur linken Kolonflexur.

Im Mesocolon transversum verläuft die A. colica media, ein Ast der A. mesenterica superior.

Mesocolon sigmoideum

Definition

Als Mesocolon sigmoideum wird das „Meso" des Colon sigmoideum bezeichnet.

Topographie

Die Wurzel des Mesocolon sigmoideum verläuft S-förmig an der hinteren Bauchwand von der linken Darmbeinschaufel nach medial zum Promontorium.

Im Mesocolon sigmoideum verlaufen Äste der A. mesenterica inferior.

Merke

Gefäße in den „Mesos":
- A. und V. mesenterica superior → Mesojejunum und -ileum
- A. colica media → Mesocolon transversum
- Äste der A. mesenterica inferior → Mesocolon sigmoideum.

Omentum minus (kleines Netz)

Definition

Das Omentum minus ist eine netzartige Bandstruktur, die die Leber mit dem Magen und dem Duodenum verbindet (↗ Abb. 6.5).

Gliederung

Das Omentum minus setzt sich im Wesentlichen aus 2 Bändern zusammen:
- Lig. hepatogastricum
- Lig. hepatoduodenale.

Man kann auch das schmale Lig. gastrophrenicum dazuzählen, das den Magen kranial am Zwerchfell fixiert.

Embryologie

Das kleine Netz entsteht aus dem primitiven Mesenterium (Mesogastrium + Mesoduodenum) ventrale.

Topographie

Das kleine Netz zieht von der kleinen Magenkurvatur (Curvatura minor) und dem Anfangsteil des Duodenums zur Leberpforte (Porta hepatis) und der Fissura ligamenti venosi auf der Leberrückseite.

Das **Lig. hepatogastricum** bildet den Hauptteil der ventralen Wand der Bursa omentalis. Es enthält keine größeren Gefäße.

Das **Lig. hepatoduodenale** befindet sich im lateralen Teil des kleinen Netzes und bildet die Vorderwand des Foramen omentale (Foramen epiploicum Winslowi), durch das man von ventral in die Bursa omentalis gelangt. Das Lig. hepatoduodenale enthält wichtige Leitungsbahnen (von ventral nach dorsal, ↗ Abb. 6.6):
- Ductus choledochus (Gallengang)
- A. hepatica propria
- V. portae hepatis (Pfortader).

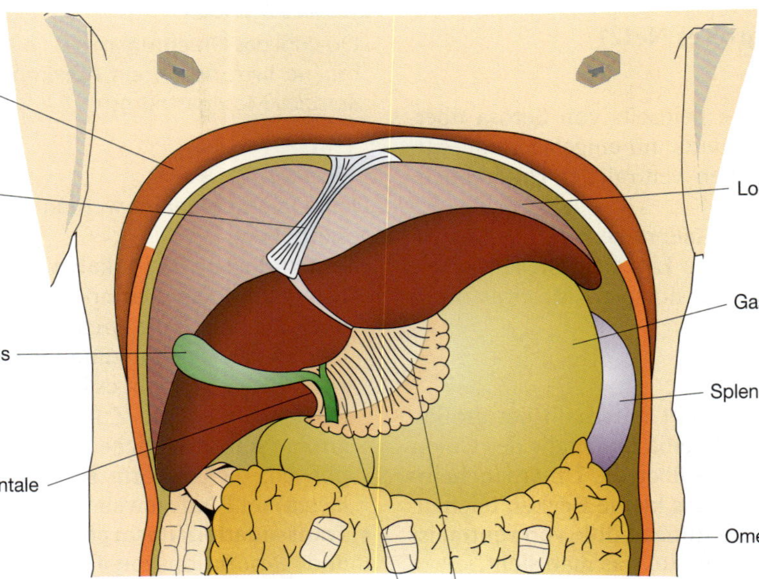

Abb. 6.5 Leber, Magen und Omentum minus, Ansicht von ventral.

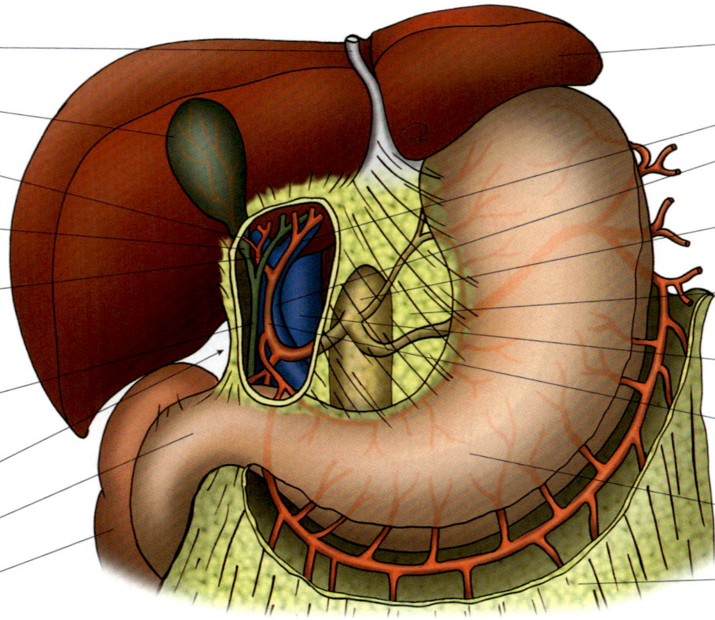

Abb. 6.6 Leitungsbahnen im Lig. hepatoduodenale sind von ventral nach dorsal der Ductus choledochus, die A. hepatica propria und die V. portae hepatis.

Klinik

Während der Chirurg das **Lig. hepatogastricum** getrost durchschneiden kann, um einen Zugang zu den Organen dorsal der Bursa omentalis zu schaffen, sollte er auf jeden Fall darauf achten, das **Lig. hepatoduodenale** zu schonen, da hier die wichtigen Leitungsbahnen zur Leber verlaufen.

Omentum majus (großes Netz)

Definition

Das große Netz ist eine beidseits von Serosa überzogene Bindegewebsschürze mit eingelagertem Fettgewebe und Immunzellen ventral der Unterbauchorgane.

Viele Autoren zählen außerdem das Lig. gastrocolicum und z.T. auch das Lig. gastrolienale sowie andere Abkömmlinge des dorsalen Mesogastriums zum großen Netz.

Topographie

Das große Netz hängt direkt unterhalb der großen Magenkurvatur von der Taenia omentalis des Colon transversum schürzenartig über die Unterbaucheingeweide und kann bis in das kleine Becken reichen. Bei der Eröffnung der Peritonealhöhle von ventral ist das Omentum majus das Erste, was man sieht.

Embryologie

Das Omentum majus entsteht aus dem primitiven Mesogastrium dorsale durch eine mesenchymale Aussackung am Rand der großen Magenkurvatur, die dorsal mit der Bursa omentalis kommuniziert (Recessus inferior bursae omentalis) und schürzenartig über Colon transversum und Darmschlingen wächst. Der Recessus obliteriert, und das hintere Blatt des großen Netzes verklebt mit dem Mesocolon transversum, wodurch das Lig. gastrocolicum entsteht (↗ Abb. 6.7).

Merke

Obwohl das Omentum majus ventral der Unterbauchorgane liegt, ist es ein Abkömmling des primitiven *dorsalen* Mesogastriums!

Funktion

Dem Omentum majus werden folgende Aufgaben zugeschrieben:

- **Infektabwehr:** Bei lokalen Entzündungen des Peritoneums oder Darmperforationen kann es sich über das betroffene Areal legen und dieses abdichten, so dass der Entzündungsprozess eingedämmt wird. Dabei verklebt es irreversibel mit dem betroffenen Wandbezirk. Zu diesem Zweck enthält das große Netz zahlreiche Lymphozyten und Makrophagen, die in Form sog. **Milchflecken** (Macula lactea) im Bindegewebe verteilt sind.
- **Transsudation/Resorption:** Durch Transsudations- und Resorptionsvorgänge wird (u.a.) über das große Netz das Flüssigkeitsgleichgewicht in der Peritonealhöhle aufrechterhalten.
- **Fettdepot:** Durch seine Fähigkeit zur Fettspeicherung kann das große Netz mehrere Zentimeter dick werden.

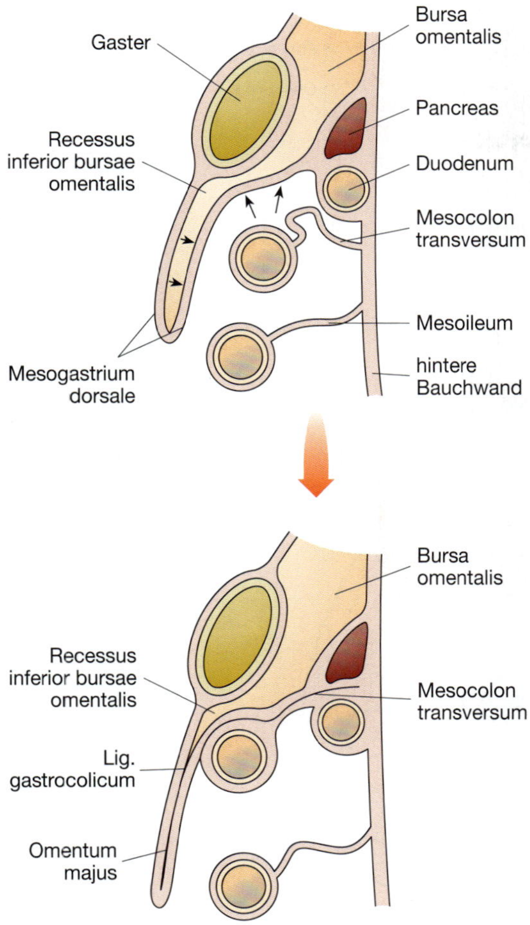

Abb. 6.7 Entwicklung des Omentum majus, Sagittalschnitt durch Magen, Pankreas, Dick- und Dünndarm (schematisch).

Klinik

Die ausgeprägte **Resorptionsfähigkeit des Omentum majus** kann bei eitrigen Abszedierungen im Bauchraum dazu führen, dass Bakterientoxine aufgenommen werden und ein septischer Schock entsteht.

Merke

Der **„Bierbauch"** ist nicht hauptsächlich durch die Vermehrung des Unterhautfettgewebes bedingt. Einen weitaus größeren Anteil daran hat die Fetteinlagerung in das große Netz!

Gefäßversorgung

Arteriell wird das Omentum majus über Rr. omentales der an der großen Magenkurvatur entlanglaufenden **A. gastroomentalis** [gastroepiploica] aus dem Truncus-coeliacus-Stromgebiet versorgt. Der venöse Abfluss ist über die **Vv. gastroomentales** in die Pfortader gewährleistet.

Ein dichtes Netzwerk von Lymphkapillaren durchzieht das große Netz und vereinigt sich an der großen Kurvatur zu größeren Lymphbahnen. Das Omentum majus enthält jedoch keine Lymphknoten.

Innervation

Die Blutgefäße werden von sympathischen und parasympathischen Nervenfasern begleitet. Es gibt kaum viszeroafferente Nervenfasern im großen Netz, wodurch sich die geringe Schmerzempfindlichkeit erklärt.

6.2.2 Blindsäcke

Durch die o. g. Mesenterien, Bandstrukturen und die intra- und retroperitonealen Organe entstehen im Bauchraum verschiedene taschenartige Ausstülpungen, sog. Recessus, Blindsäcke oder Bauchfelltaschen, die bei der Ausbreitung von Entzündungen, eitrigen Abszedierungen, intraperitonealen Herniationen und bei der Auswahl von chirurgischen Zugangswegen eine große Rolle spielen.

Es gibt folgende größere Recessus (↗ Abb. 6.8):

- **Bursa omentalis:** dorsal von kleinem Netz und Magen
- Recessus subphrenicus zwischen Zwerchfell und Leber
- **Excavatio vesicouterina** zwischen Harnblase und Uterus bei der Frau
- **Excavatio rectouterina** („Douglas-Raum") zwischen Uterus und Rektum bei der Frau
- **Excavatio rectovesicalis** zwischen Harnblase und Rektum beim Mann
- Recessus duodenalis superior unterhalb der von der V. mesenterica inferior aufgeworfenen Plica duodenalis superior am duodenojejunalen Übergang
- Recessus duodenalis inferior unterhalb der Plica duodenalis inferior am duodenojejunalen Übergang
- Recessus ileocaecales superior und inferior kranial und kaudal der Ileozäkalmündung
- Recessus retrocaecalis zwischen Zäkum und dorsaler Bauchwand.

Klinik

In der Bursa omentalis und im Recessus duodenalis superior können sich intraperitoneale Strukturen wie Dünndarmschlingen einklemmen und zu einer **inneren Hernie** mit Darmverschluss (Ileus) führen. Eine Einklemmung im Recessus duodenalis superior wird als **Treitz-Hernie** bezeichnet.

Die Bursa omentalis und der Douglas-Raum werden nachfolgend ausführlicher besprochen.

Bursa omentalis (Netzbeutel)

Definition

Die Bursa omentalis ist der Spaltraum dorsal von Magen und Omentum minus.

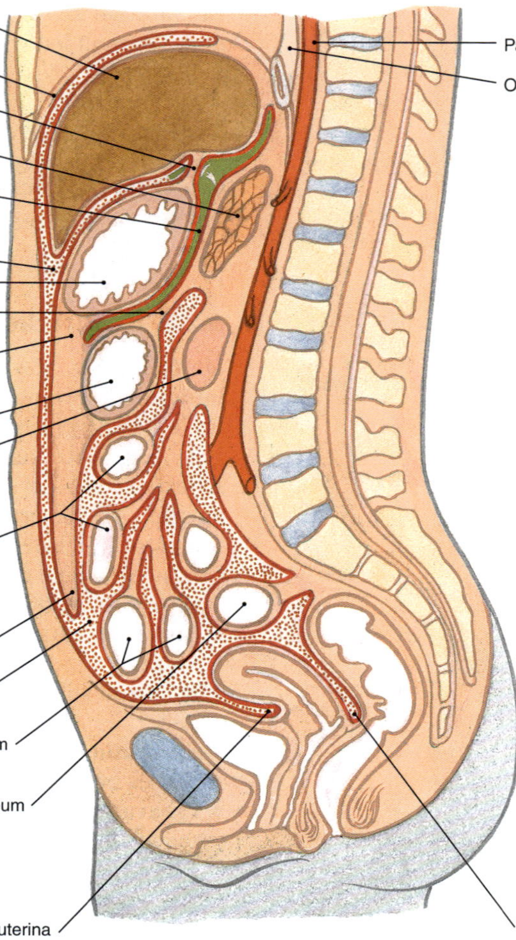

Abb. 6.8 Recessus der Bauchhöhle, Sagittalschnitt durch das weibliche Abdomen und Becken.
Die Bursa omentalis steht über das Foramen omentale mit der übrigen Bauchhöhle in Verbindung.
*Klinische Bezeichnung = Douglas-Raum. (Aus [15])

Topographie

Die Bursa omentalis ist rechtskaudal über den freien Rand des Omentum minus, das **Foramen omentale** (epiploicum Winslowi, ↗ Abb. 6.6), mit der freien Bauchhöhle verbunden.

Durch das Foramen omentale gelangt man in das **Vestibulum,** von dem aus sich der Recessus superior omentalis zwischen V. cava und Ösophagus schiebt. Das Vestibulum wird begrenzt vom Omentum minus und vom Lobus caudatus der Leber (vorn), vom Pankreas (unten) sowie von der V. cava und der Aorta (hinten).

Über den Isthmus, der durch die Plica gastropancreatica eingeengt wird, gelangt man in den **Hauptraum,** von dem aus sich der Recessus inferior omentalis nach kaudal zwischen Magen und Mesocolon transversum ausdehnt. Während der Embryonalentwicklung reicht der Recessus inferior zeitweise zwischen die beiden Blätter des Omentum majus hinab (↗ Abb. 6.7). Seitlich befindet sich außerdem noch ein Recessus splenicus, der bis zum Hilum lienale reicht.

Die begrenzenden Strukturen sind in ↗ Tabelle 6.4 zusammengefasst. An der Rückwand werfen die Aa. hepatica propria und gastrica sinistra die Plica gastropancreatica auf.

Funktion

Die größte Bauchfelltasche dient als Verschiebespalt für den Magen.

Embryologie

Im Mesenchym des primitiven dorsalen Mesogastriums entwickeln sich Spalten, die auf beiden Seiten zu jeweils einem Recessus pneumatoentericus zusammenfließen. Der linke Recessus bildet sich vollständig zurück. Nach Abgrenzung des Brustraums vom Bauchraum durch das Zusammenwachsen der Zwerchfellanlagen entsteht aus dem kaudalen Rest des rechten Recessus pneumatoentericus die Bursa omentalis. Der Recessus pneumatoentericus ist an seinem mediolateralen Rand zur Peritonealhöhle offen. Aus dieser Öffnung wird später das Foramen omentale.

Tab. 6.4 Begrenzende Strukturen der Bursa omentalis

	Begrenzung
Dach	Lobus caudatus der Leber
ventral	• Omentum minus • Magen
dorsal	Peritoneum parietale der dorsalen Bauchwand, das folgende Strukturen überzieht: • Pankreas • oberer linker Nierenpol • linke Nebenniere • kranialer Teil der Aorta abdominalis
Boden	Mesocolon transversum und Lig. gastrocolicum
links	Milz mit den Ligg. gastrosplenicum und gastrophrenicum
rechts	• Lig. coronarium hepatis • V. cava inferior

Durch die embryonale Magendrehung um 90° im Uhrzeigersinn (↗ Kap. 6.3.1) wird das dorsale Mesogastrium seitlich ausgezogen und gibt der Bursa omentalis damit ihre endgültige Form.

Excavatio rectouterina (Douglas-Raum)

Zwischen Uterus und Rektum gelegen ist der nach dem Anatom und Gynäkologen James Douglas (1675–1742) benannte Recessus der tiefste Punkt der Peritonealhöhle (↗ Abb. 6.8).

Klinik

In dieser Bauchfelltasche sammeln sich aufgrund ihrer Lokalisation bevorzugt intraperitoneale Ergüsse, Blutungen und Eiter (**Douglas-Abszess**). Ein Douglas-Abszess kann z. B. im Rahmen einer Appendizitis entstehen. Bei der rektalen Untersuchung kann der Untersucher durch Druck mit dem Finger auf die ventrale Darmwand den charakteristischen **Douglas-Schmerz** auslösen. Bei unklaren Raumforderungen im Douglas-Raum oder Verdacht auf eine Extrauteringravidität ist ferner eine transrektale oder transvaginale Punktion des Douglas-Raums (**Douglas-Punktion**) möglich.

6.3 Organe des Magen-Darm-Kanals

Der Magen-Darm-Kanal lässt sich im Abdominalbereich von proximal an in mehrere Abschnitte unterteilen:

- Magen (Gaster, ↗ auch Abb. 6.5)
- Dünndarm
  - Duodenum (Zwölffingerdarm, ↗ auch Abb. 6.4)
  - Jejunum und Ileum (↗ Abb. 6.16: Kontrastmitteldarstellung der Dünndarmschlingen)
- Dickdarm (↗ Abb. 6.18: Kolon)
  - Caecum (Zäkum, Zökum = Blinddarm) mit Appendix vermiformis (Wurmfortsatz)
  - Colon (Kolon = Grimmdarm, bestehend aus Cola ascendens, transversum, descendens und sigmoideum)
  - Rectum (Rektum = Mastdarm)
  - Canalis analis (Analkanal).

6.3.1 Magen (Gaster, Ventriculus)

Embryologie

Der Magen entsteht aus einer Aussackung im kaudalen Bereich des Vorderdarms, die sich schnell vergrößert, wobei der dorsale Abschnitt schneller wächst als der ventrale und sich zu einer großen konvexen Krümmung (Curvatura major) ausbuchtet (↗ Abb. 6.9a). Anschließend rotiert der Magen im Uhrzeigersinn in seiner Längsachse um 90°, so dass die ventrale Magenwand (später Curvatura minor) nach rechts und die dorsale Magenwand (Curvatura major) nach links verlagert werden (↗ Abb. 6.9b). Durch weiteres Wachstum treten die kraniale Magenregion nach kaudal und links und die kaudale Magenregion nach kranial und rechts, weswegen die Längsachse des Magens schließlich quer zur Längsachse des Körpers verläuft.

Merke

Durch die **Magenrotation** erklärt sich, dass der linke N. vagus die Magenvorder- und der rechte N. vagus die Magenhinterwand versorgen.

Ventral und dorsal ist der Magen über ein Mesenterium mit der Bauchwand verbunden, das Mesogastrium ventrale und Mesogastrium dorsale. Durch die Magendrehung zieht sich das dorsale Mesogastrium aus und wird nach links verlagert. Aus dem **Mesogastrium ventrale** entsteht das Omentum minus (Ligg. hepatogastricum + hepatoduodenale + gastrophrenicum) und aus dem **Mesogastrium dorsale** das Omentum majus sowie die Ligg. gastrocolicum, gastrosplenicum [gastrolienale], phrenicosplenicum und phrenicocolicum.

Topographie

Der Magen befindet sich im linken Oberbauch. Aufgrund seiner **intraperitonealen Lage** wird er beidseits von Peritoneum viscerale überzogen und ist an der kleinen Kurvatur über das Omentum minus (Abkömmling des ventralen Mesogastriums) mit der Leberpforte verbunden (↗ Abb. 6.5).

Die große Kurvatur ist durch folgende, dem dorsalen Mesogastrium entstammende Ligamente mit

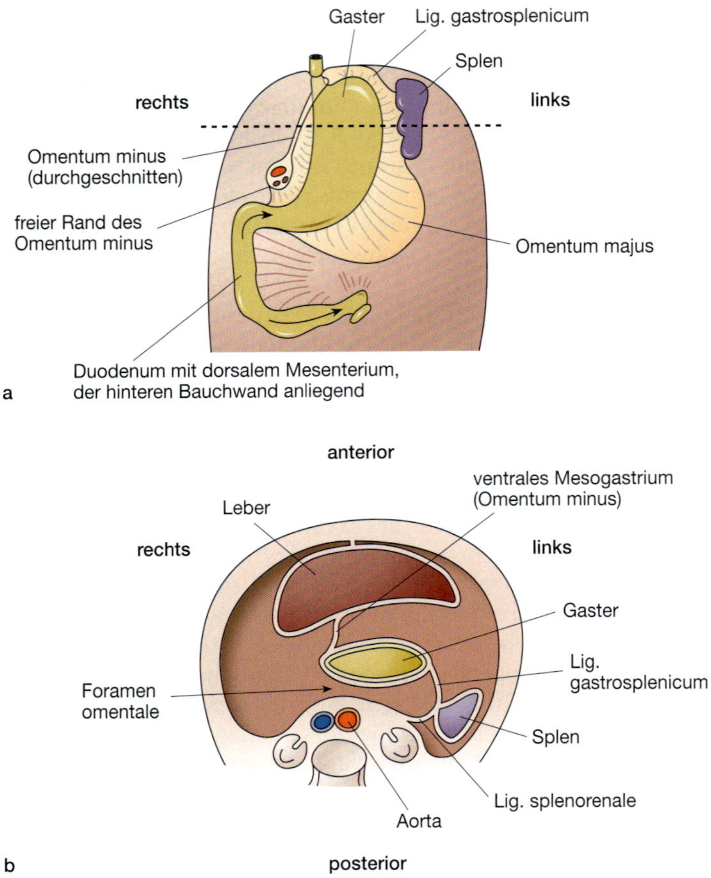

Abb. 6.9 Entwicklung des Magens.
a Ansicht von vorn. **b** Querschnitt in Höhe der gestrichelten Linie in a.

benachbarten Strukturen (Querkolon, Milz und Zwerchfell) verbunden:

- **Omentum majus:** ↗ Kapitel 6.2.1
- **Lig. gastrocolicum:** zieht von der großen Kurvatur zur Taenia omentalis des Colon transversum (↗ Abb. 6.7)
- **Lig. gastrosplenicum:** linkslaterale Fortsetzung des Lig. gastrocolicum (↗ Abb. 6.9)
- **Lig. gastrophrenicum.**

Anterior und kranial wird der Magen je nach Lebergröße vom linken Leberlappen bedeckt. Die dorsale Magenwand bildet neben dem Omentum minus die vordere Begrenzung der Bursa omentalis und überdeckt den retroperitoneal gelegenen Pankreasschwanz und den oberen linken Nierenpol sowie die linke Nebenniere. Der Pylorus verläuft vor der Pars superior duodeni und manchmal auch vor der Pars ascendens duodeni, der Magenfundus liegt unterhalb des rechten Zwerchfellbuckels. Laterodorsal der großen Kurvatur findet man die Milz, kaudal das Colon transversum. Der Magen projiziert sich medial zwischen den beiden unteren Rippenbögen auf die Bauchwand.

Morphologie und Gliederung

Der Magen ist ein schlauchartiges Gebilde, das durch seine sichelartige Krümmung 2 **Kurvaturen** aufweist (↗ Abb. 6.10):

- **Curvatura minor** (kleine Kurvatur): konkaver Bogen, der kranial rechtsseitig der Einmündungsstelle des Ösophagus beginnt
- **Curvatura major** (große Kurvatur): konvexer Bogen auf der gegenüberliegenden Seite.

Des Weiteren unterscheidet man eine Vorder- (**Paries anterior**) und eine Hinterwand (**Paries posterior**).

Insgesamt lässt sich der Magen in 4 Abschnitte einteilen (↗ Abb. 6.10):

- **Kardia** (Pars cardiaca): Mageneingang, Einmündungsstelle des Ösophagus am Ostium cardiacum
- **Fundus gastricus** (Fornix gastricus): linksseitig und kranial der Kardia gelegene Magenkuppel, von der sie durch die Incisura cardiaca (His-Winkel) abgegrenzt wird
- **Corpus gastricum:** der Magenkörper, der distal durch die an der Curvatura minor gelegene Incisura angularis von der Pars pylorica abgegrenzt ist
- **Pars pylorica:** Der Pförtnerabschnitt bildet den Übergang vom Magen zum Dünndarm und lässt sich wiederum in 3 Abschnitte unterteilen, das **Antrum,** gefolgt vom 2–3 cm langen Pförtnerkanal (**Canalis pyloricus**), der am eigentlichen Magenpförtner (**Pylorus**) endet. Über das Ostium pyloricum, das durch den M. sphincter pyloricus gebildet wird, gelangt man schließlich in das Duodenum.

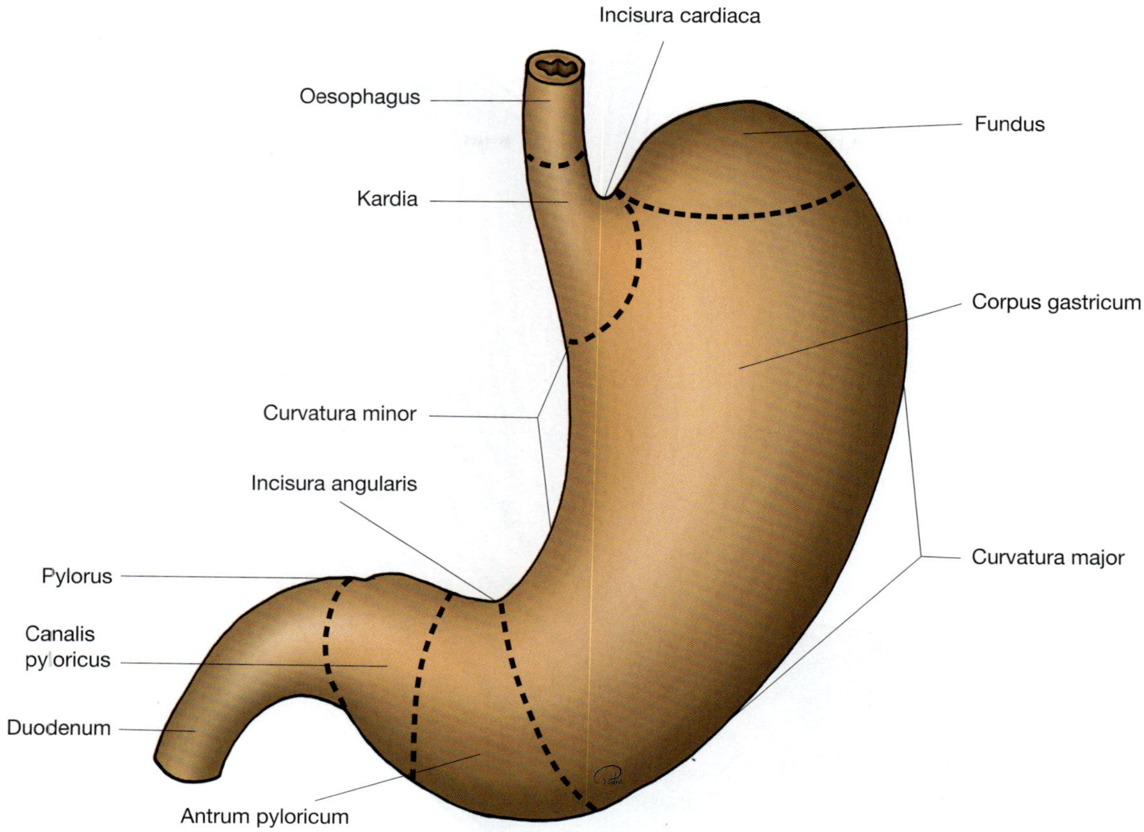

Abb. 6.10 Magen, Morphologie und Gliederung. a Abschnitte des Magens, Ansicht von ventral auf die Magenvorderwand.

Merke

Da der Fundus der höchstgelegene Punkt des Magens ist, sammelt sich hier im Stehen die Luft. Dies zeigt sich im Röntgenbild an der unterhalb der linken Zwerchfellkuppel sichtbaren **„Magenblase"**.

Man kann verschiedene **„Magenformen"** unterscheiden: Die „Hakenform" mit einem rechtwinklig abgewinkelten Pylorus ist am häufigsten. Bei Schlankwüchsigen findet man häufig einen „Langmagen", manchmal mit einer mittleren Einziehung („Sanduhrmagen"), während kleinwüchsige Menschen häufig einen queren Magenverlauf aufweisen („Stierhornmagen").

Auf der **Mageninnenseite** erkennt man mit bloßem Auge die Magenschleimhautfalten (**Plicae gastricae**), die an der kleinen Kurvatur hauptsächlich in longitudinaler Richtung verlaufen und dort die sog. Magenstraße bilden. An der großen Kurvatur verlaufen die Reservefalten in allen Richtungen.

Mit Hilfe einer Lupe kann man auf der Magenschleimhaut als Flachrelief die 1–6 mm durchmessenden Magenfelder (**Areae gastricae**) entdecken, in die die Magengrübchen (**Foveolae gastricae**) münden. Letztere sind jedoch nur mit dem Mikroskop zu erkennen.

Histologie

Schichten der Magenwand

Die Magenwand besteht aus folgenden Schichten:

- **Tunica mucosa** mit
  - Oberflächenepithel aus einer einschichtigen hochprismatischen, schleimproduzierenden Zellschicht, die sich an den Foveolae gastricae in die schlauchartigen Magendrüsen fortsetzt
  - Lamina propria aus retikulärem Bindegewebe, das die Magendrüsen umgibt und Lymphozyten, Plasmazellen und Mastzellen sowie parasympathische Axone (2. Neuron) enthält
  - Lamina muscularis mucosae aus glatten Muskelzellen, die der „Feineinstellung" der Schleimhaut (z. B. dem Ausweichen vor Grätenspitzen) dient
- **Tela submucosa:** Verschiebeschicht aus lockerem Bindegewebe mit Lymphfollikeln und Plexus submucosi
- **Tunica muscularis:** glatte Muskulatur mit 3-schichtigem Aufbau (von innen nach außen):
  - Fibrae obliquae: schräg verlaufende Muskelfasern (fehlen an der Curvatura minor)
  - Ringmuskelschicht (Stratum circulare), am Pylorus zum M. sphincter pyloricus verdickt
  - Längsmuskelschicht (Stratum longitudinale), Fortsetzung der ösophagealen Muskulatur
- **Tunica serosa** (Peritoneum viscerale).

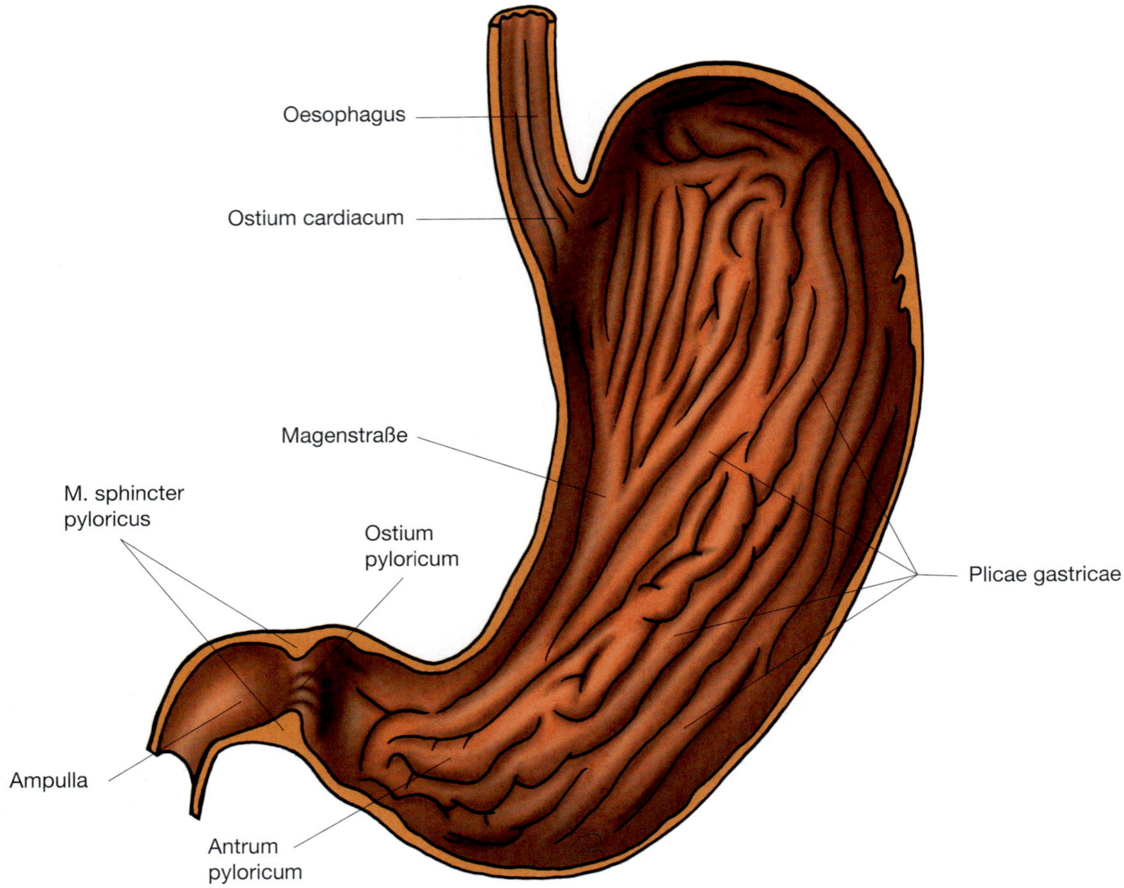

Abb. 6.10 ***Fortsetzung.*** **b** Magenhinterwand mit Schleimhautfalten, Ansicht von ventral nach Entfernung der Magenvorderwand.

Zwischen Ring- und Längsmuskelschicht liegt der Plexus myentericus.

Magendrüsen (Glandulae gastricae propriae)

Im **Fundus- und Korpusbereich** findet man die Magendrüsen, die 3 verschiedene Zellarten enthalten:

- **Hauptzellen:** Sie befinden sich hauptsächlich im Bereich des Drüsengrundes und produzieren Pepsinogen I + II, (Lipase und Renin). Hauptzellen werden durch den Parasympathikus und Gastrin stimuliert. Sie enthalten viel RER und Sekretgranula.
- **Belegzellen** (Parietalzellen): Die eosinophilen Zellen bilden mithilfe ihrer apikalen Protonenpumpen (H^+/K^+-ATPase) Salzsäure (Stimulation durch den Parasympathikus) sowie Histamin und Gastrin (Inhibition durch Somatostatin, Prostaglandin und GIP). Außerdem produzieren sie den Intrinsic-Faktor (s. u.). Sie sind reich an Mitochondrien und besitzen eine Carboanhydratase. Im inaktiven Zustand fallen tubulovesikuläre Strukturen auf, die bei Stimulation zu intrazellulären Canaliculi fusionieren und durch Oberflächenvergrößerung eine Rolle bei der Salzsäuresekretion spielen.
- **Nebenzellen** (Drüsenhalszellen): Sie produzieren einen leicht sauren, mukösen Schleim und Bikarbonat.

Die Magendrüsen im Bereich von **Kardia und Pylorus** enthalten hauptsächlich **schleimproduzierende Zellen,** die elektronenmikroskopisch den Nebenzellen entsprechen und auch das antibakterielle Lysozym sezernieren. Des Weiteren existieren **enteroendokrine Zellen,** von denen besonders die vor allem im Pylorusbereich vorkommenden gastrinproduzierenden **G-Zellen** erwähnenswert sind. Sie fallen histologisch durch ihre basale Körnung auf. Belegzellen sind im Bereich des Pylorus selten, Hauptzellen kommen dort gar nicht vor.

Funktion

Der Magen dient als **Nahrungsspeicher** und kann die Nahrung in kleinen Portionen an den Dünndarm abgeben (s. o.). Somit ist es möglich, wenige, große Mahlzeiten zu sich zu nehmen, die dann kontinuierlich verdaut werden. Der im Magen angedaute Nahrungsbrei (Chymus) wird dabei von links nach rechts geschichtet. Die Magenstraße bleibt durchgängig für Flüssigkeiten. Im Magen wird der Nahrungsbrei außerdem **desinfiziert:** Die von den Belegzellen gebildete Salzsäure wirkt (wie das Lysozym) bakterizid. Damit die Säure nicht die Magenwand angreift, schützt sich diese mit einer bikarbonathaltigen Schleimschicht, die von den Nebenzellen sezerniert wird.

Klinik

Wenn das Gleichgewicht zwischen Salzsäure- und Schleimproduktion im Magen zugunsten der Säure gestört ist (Hyperazidität, z. B. durch Aspirineinnahme oder Alkohol [Typ-C-Gastritis wie *c*hemische Noxe]), wird die Magenwand angedaut, und es kann sich eine Entzündung (**erosive Gastritis**) und/oder ein Magengeschwür (**Ulcus ventriculi**) entwickeln. Die häufigste Ursache für eine erosive Gastritis oder ein Ulcus ventriculi bzw. duodeni ist jedoch das Bakterium Helicobacter pylori (Typ-*B*-Gastritis wie *B*akterien).

Der Magen leistet einen ersten Beitrag zur **Verdauung:** Das von den Hauptzellen produzierte Pepsinogen wird im sauren Milieu des Magens zu **Pepsin** umgewandelt. Dieses ist in der Lage, Eiweißkörper zu spalten und so Muskel- und Bindegewebsstrukturen abzubauen. Des Weiteren bilden die Hauptzellen eine **Magenlipase,** die bei der Fettverdauung eine Rolle spielt. Wichtig ist außerdem ein von den Parietalzellen gebildetes Glykoprotein, der **Intrinsic-Faktor,** der im Duodenum Vitamin B_{12} (= Extrinsic-Faktor) bindet und auf diese Weise die Aufnahme des Vitamins im terminalen Ileum ermöglicht.

Klinik

Wenn nach einer Magen-OP oder infolge einer chronisch-atrophischen Gastritis, die durch Autoantikörper gegen Parietalzellen (oder Intrinsic-Faktor) verursacht wird (Typ-*A*-Gastritis wie *a*utoimmun), kein Intrinsic-Faktor mehr gebildet wird, kommt es zum **Vitamin-B_{12}-Mangel** mit Blutbildungsstörungen (perniziöse Anämie) und einer Hinterstrangdegeneration im Rückenmark (funikuläre Spinalerkrankung).

Durch die Magenperistaltik wird der Speisebrei **mechanisch aufbereitet,** d. h., die Bestandteile des Chymus werden zerkleinert und durchmischt. Die komplexe Motorik lässt sich in 2 Abschnitte unterteilen:

- **oraler Abschnitt** (Kardia, Fundus und obere 2 Drittel des Korpus): Ein Dauertonus ermöglicht im Kardiabereich einen Verschluss des Ostium cardiacum gegen den Ösophagus (ein richtiger Sphinktermuskel fehlt hier, obwohl in der Klinik immer vom „unteren Ösophagussphinkter" die Rede ist!). Eine Öffnung erfolgt durch die propulsive Ösophagusperistaltik beim Schluckakt sowie in gelegentlichen kurzen Episoden außerhalb des Schluckaktes („transient sphincter relaxations"), vor allem postprandial zur Selbstreinigung der Speiseröhre. Im restlichen oralen Abschnitt herrscht ein von der Magenfüllung abhängiger variabler Ruhetonus, der auch Mischbewegungen ermöglicht.
- **aboraler Abschnitt** (unteres Drittel des Korpus und Pylorus): Durch peristaltische Kontraktionswellen von ca. 20 Sekunden Dauer wird der Speisebrei in Richtung Pylorus geschoben. Gesteuert werden diese Wellen von interstitiellen Schrittmacherzellen (Cajal-Zellen), die durch den N. vagus, Gastrin und die Magendehnung stimuliert werden. Der Chymus wird in kleinen Portionen propulsiv durch das Ostium pyloricum in das Duodenum befördert. Ein Teil des Speisebreis schwappt wieder zurück (Retropulsion), was der Durchmischung und Zerkleinerung dient.

Klinik

Sodbrennen entsteht durch das Zurückschwappen von saurem Mageninhalt in die distale Speiseröhre infolge eines unzureichenden Verschlusses des Ostium cardiacum. Durch Reizung der Schleimhaut kann es dabei zu Entzündungen (**Refluxösophagitis**) kommen.

Beim **Erbrechen** kontrahieren Zwerchfell und Bauchmuskeln, der funktionelle Verschluss des Magenmundes erschlafft, und der Mageninhalt wird durch den Ösophagus in retrograder Richtung nach draußen befördert.

Bei der **angeborenen Pylorusstenose** kommt es durch eine Verdickung des M. sphincter pyloricus in der 3.–4. Lebenswoche zu schwallartigem Erbrechen und Gedeihstörungen. Therapie der Wahl ist eine Längsspaltung der Ringmuskulatur (Pylorotomie). Eine Pylorusstenose kann jedoch auch bei Erwachsenen sekundär z. B. aufgrund von Vernarbungen nach einem Ulkusleiden entstehen.

Die seltenen gastrointestinalen **Stromatumoren (GIST)** sind mesenchymale Tumoren, die hauptsächlich in Magen und Dünndarm vorkommen. Man nimmt an, dass sie ihren Ursprung von den Cajal-Zellen nehmen.

Eine weitere Aufgabe des Magens ist die **Hormonproduktion:** Die zum APUD-System zählenden endokrinen G-Zellen in der Pars pylorica produzieren das Peptidhormon Gastrin, das an das Blut abgegeben wird und die Freisetzung von Histamin, Pepsinogen und Salzsäure stimuliert.

Klinik

Es gibt gastrinproduzierende Tumoren des Pankreas, die zu einer Überstimulation der gastralen Salzsäureproduktion führen und durch Magenulzera auffällig werden (**Zollinger-Ellison-Syndrom**).

Gefäßversorgung

Arterien

Die arterielle Versorgung des Magens (↗ Abb. 6.11) erfolgt über den unpaaren **Truncus coeliacus,** der kaudal des diaphragmalen Hiatus aorticus aus der Aorta abdominalis entspringt und sich in 3 Äste aufteilt (von links nach rechts):

- **A. gastrica sinistra:** Die linke Magenarterie zieht an der Einmündungsstelle des Ösophagus von kranial zur kleinen Kurvatur und verläuft im Omentum minus, wo sie mit der A. gastrica dextra anastomosiert (s. u.).
- **A. splenica** [lienalis]: Die Milzarterie zieht nach links und gibt die **A. gastrica posterior** zum Paries posterior und die **Aa. gastricae breves** ab, die im Ligg. gastrosplenicum und phrenicosplenicum zum Fundus ziehen. Schließlich zweigt sich aus der A. splenica die **A. gastroomentalis sinistra** ab, die über das Lig. gastrosplenicum zur Curvatura major gelangt, an der sie im Lig. gastrocolicum in Richtung Pylorus zieht und mit der A. gastroomentalis dextra anastomosiert.
- **A. hepatica communis:** Die Leberarterie bildet zusammen mit der A. gastrica sinistra die Plica gastropancreatica auf der Rückseite der Bursa omentalis und teilt sich auf in die A. hepatica propria und die A. gastroduodenalis. Die A. hepatica propria gibt die **A. gastrica dextra** ab, die im Omentum minus verläuft und, vom distalen Ende der kleinen Kurvatur kommend, mit der A. gastrica sinistra anastomosiert. Die A. gastroduodenalis teilt sich auf in die A. pancreaticoduodenalis superior und die **A. gastroomentalis dextra,** welche distal zur großen Kurvatur zieht und dort im Lig. gastrocolicum mit der A. gastroomentalis sinistra anastomosiert.

Merke

Somit wird der Magen arteriell aus **2 Aortenbögen** versorgt, die an der kleinen und der großen Kurvatur verlaufen: An der Curvatura minor wird dieser Bogen von der A. gastrica dextra (aus der A. hepatica propria) und der A. gastrica sinistra (direkt aus dem Truncus coeliacus) gebildet und an der Curvatura major von der A. gastroomentalis dextra (aus der A. gastroduodenalis) und der A. gastroomentalis sinistra (aus der A. splenica).

Venen

Das venöse Blut wird analog zu den Arterien über 2 Venenbögen an der kleinen und großen Kurvatur in das Pfortaderstromgebiet abgeleitet:

- **Vv. gastricae sinistra und dextra:** an der Curvatura minor, Mündung direkt in die Pfortader
- **V. gastroomentalis sinistra:** an der Curvatura major, Abfluss über die V. splenica in die V. portae
- **V. gastroomentalis dextra:** an der großen Kurvatur,

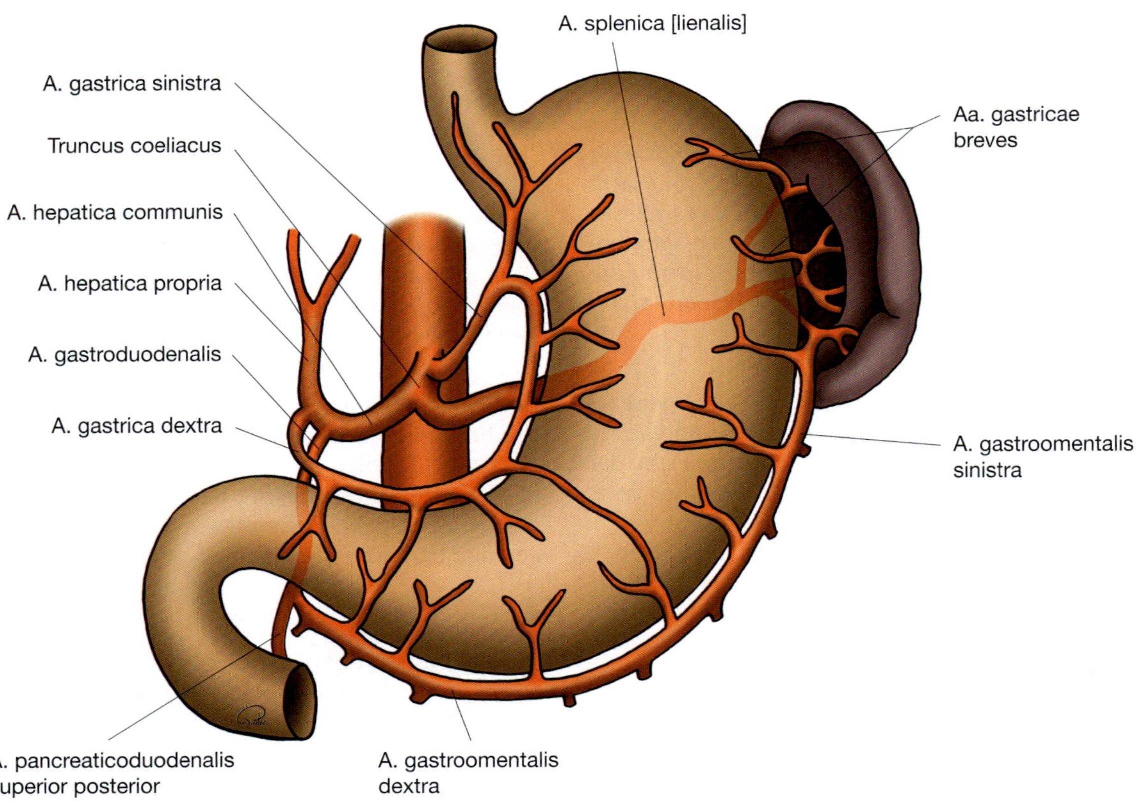

Abb. 6.11 Arterielle Gefäßversorgung des Magens. (Modifiziert nach [15])

Abfluss über in die V. mesenterica superior in die Pfortader
- **Vv. gastricae breves** am Paries posterior, Abfluss über die V. splenica in die V. portae.

Lymphknoten

Die Lymphbahnen verlaufen mit den Venen. Der Abfluss aus den mukösen und submukösen Lymphgefäßplexus erfolgt über 3 Abflussgebiete:

- **Kardia, Curvatura minor:** Die Lymphe wird über Lnn. gastrici sinistri und dextri und den variablen Anulus lymphaticus cardiae in die Lnn. coeliaci abgeleitet.
- **Linker Teil des Fundus und oberes Drittel des Korpus** (oberer linker Quadrant): Die Lymphe fließt u.a. über die Lnn. gastroomentales sinistri in die Lnn. splenici [lienales].
- **Untere 2 Drittel des Korpus und Pylorus:** Über die Lnn. gastroomentales dextri und Lnn. pylorici (sub-/supra-/retropylorici) fließt die Lymphe zunächst in die Lnn. hepatici (im Lig. hepatoduodenale) und anschließend in die Lnn. coeliaci. Ein Teil der Lymphe aus den Curvatura-major-Lymphknoten wird zusätzlich in die Lnn. mesenterici an der Einmündungsstelle der V. gastroomentalis dextra in die V. mesenterica superior abgeleitet.

Klinik

Metastasen des **Magenkarzinoms** breiten sich u.a. entlang diesen Lymphbahnen aus, so dass ihre Kenntnis in der Tumorchirurgie bedeutend ist: Bei der Operation des Magenkarzinoms muss einerseits der Magen (fast) vollständig entfernt werden (Gastrektomie), andererseits müssen aber auch die regionären Lymphknoten reseziert werden. Im Spätstadium ist manchmal ein linksseitiger, supraklavikulärer(!), metastatisch vergrößerter Lymphknoten zu tasten, der sog. **Virchow-Lymphknoten.** Weitere metastatische Ausbreitungswege des Magenkarzinoms sind über den Blutweg sowie Abtropfmetastasen in das Ovar (sog. **Krukenberg-Tumor**).

Klinik

Zur Gastrektomie, die heute infolge der Fortschritte in der medikamentösen Ulkustherapie fast ausschließlich zur operativen Therapie von Magentumoren indiziert ist, stehen 2 Standardverfahren zur Verfügung:

- **Billroth-I-Operation:** distale Zweidrittelresektion des Magens, anschließend Anastomosierung des Restmagens mit dem Duodenum (Gastroduodenostomie)
- **Billroth-II-Operation:** distale Zweidrittelresektion des Magens, anschließend Verschluss des abgesetzten Duodenums und End-zu-Seit-Verbindung des Restmagens mit dem Jejunum (Gastrojejunostomie), so dass ein blind verschlossener Duodenalstumpf entsteht.

Innervation

Sympathikus

Die sympathische Innervation erfolgt über Fasern des **Plexus coeliacus,** die entlang den Blutgefäßen den Magen erreichen. Die Perikarya der präganglionären Fasern liegen im Cornu laterale des Rückenmarks (T5–T9) und gelangen über den Grenzstrang und die Nn. splanchnici in das Ganglion coeliacum, wo sie auf das postganglionäre Neuron umgeschaltet werden.

Der Sympathikus wirkt hemmend auf Magenmotorik und Sekretion. Der M. sphincter pyloricus wird (wie alle gastrointestinalen Schließmuskeln) durch den Sympathikus aktiviert.

Außerdem enthält der N. splanchnicus major sensorische afferente Nervenfasern aus der Magenschleimhaut.

Parasympathikus

Efferente Nervenfasern, die die glatte Muskulatur, die Sekretion von Salzsäure und Pepsin und die Durchblutung stimulieren, gelangen mit den parasympathischen **Trunci vagales anterior** und **posterior** zum Magen:

- Der Truncus vagalis anterior geht aus dem linken N. vagus hervor und zweigt sich in die Rr. gastrici anteriores auf, die den Paries anterior innervieren.
- Der Truncus vagalis posterior enthält Fasern aus dem rechten Vagusnerv und versorgt mit Rr. gastrici posteriores die Magenrückseite.

Klinik

Rezidivierende Ulcera duodeni wurden – bevor die medikamentöse Behandlung ihren heutigen Stand erreicht hatte – u.a. auch operativ behandelt: Bei dieser heute sehr seltenen Operation kappt man den Vagusnerv (**Vagotomie**), um die parasympathische Säurestimulation auszuschalten. Damit kann die basale Säuresekretion der Belegzellen um 60% gesenkt werden. Es gibt mehrere Möglichkeiten:

- selektive proximale Vagotomie (SPV), bei der lediglich Fundus und Korpus denerviert werden
- selektive totale Vagotomie (STV) mit Durchtrennung sämtlicher gastraler Vagusfasern unter Schonung der extragastralen Äste
- trunkuläre Vagotomie (TV) mit Durchtrennung der Trunci vagales, wodurch
  - auch die extragastralen Äste zu Leber, Pankreas und Darm lahmgelegt werden mit ausgeprägten Nebenwirkungen wie Gallensteinen, Diarrhö und exokriner Pankreasinsuffizienz.
  - der Sympathikotonus am Pylorus überwiegt, so dass der M. sphincter pyloricus eng gestellt wird, weswegen dieses Verfahren mit einer operativen Erweiterung des Pyloruskanals (Pyloroplastik) kombiniert werden muss.

6.3.2 Dünndarm (Intestinum tenue)

Überblick

Der Dünndarm ist ein 3–5 Meter langer Schlauch, der oral durch den Pylorus und aboral durch die Valva ileocaecalis (**Bauhin-Klappe**) begrenzt wird. Er lässt sich in 3 Abschnitte untergliedern:

- Duodenum (Zwölffingerdarm)
- Jejunum (Leerdarm)
- Ileum (Krummdarm).

Der Name „Zwölffingerdarm" geht übrigens auf Herophilus (335–280 v. Chr.) zurück, der diesen Darmteil als 12 fingerbreiten Fortsatz des Magens beschrieb.

Die Hauptaufgabe des Dünndarms ist die Aufnahme von Nährstoffen.

Embryologie

Duodenum

Das Duodenum entsteht aus dem kaudalsten Teil des Vorder- und dem kranialsten Teil des Mitteldarms (↗ Abb. 6.12). Daher wird der Zwölffingerdarm kranial aus Ästen des Truncus coeliacus und kaudal aus der A. mesenterica superior versorgt (↗ Tab. 6.1).

Durch kräftiges Längenwachstum bildet der kaudale Vorderdarm eine nach ventral gerichtete C-förmige Schleife, die sich infolge der Magenrotation nach rechts dreht und gegen die dorsale Bauchwand gepresst wird (↗ Abb. 6.9). Das **dorsale duodenale Mesenterium** verklebt mit dem hinteren Peritoneum und bildet sich zurück, so dass das Duodenum schließlich eine sekundär retroperitoneale Lage einnimmt.

Das **ventrale Mesenterium** wird kranial ebenfalls fast vollständig zurückgebildet. Der kaudale Teil wird später zum Lig. hepatoduodenale (↗ Kap. 6.4 und Abb. 6.26).

Jejunum, Ileum, Zäkum, Cola ascendens und transversum

Unteres Duodenum, Jejunum, Ileum, Zäkum (Caecum, Colon caecalis), Appendix vermiformis, Colon ascendens und die proximalen 2 Drittel des Colon transversum sind Abkömmlinge des Mitteldarms, weswegen ihre Entwicklung gemeinsam dargestellt wird (↗ Abb. 6.12).

Das zunächst ziemlich kurze dorsale Mesenterium des Mitteldarms verlängert sich, während sich die große Verbindung zwischen Mitteldarm und Dottersack (Saccus vitellinus) zum Dottergang (**Ductus omphaloentericus,** Ductus vitellinus) verengt. Anschließend kommt es zu einem ziemlich starken Längenwachstum des mittleren Darmabschnitts. Man kann im weiteren Verlauf folgende Phasen unterscheiden:

- **1. Phase: physiologischer Nabelbruch** (6. Woche): Durch die Verlängerung des Mitteldarms entwickelt sich die U-förmige Nabelschleife. Wegen des Platzmangels in der Bauchhöhle durch die sich parallel entwickelnde Leber und die Nieren wird diese mit dem Ductus omphaloentericus als Leitstruktur in den Nabelstrang verlagert. Dieser Prozess wird als physiologischer Nabelbruch bezeichnet. Die Nabelschleife lässt sich in 2 Schenkel unterteilen. Als Trennlinie fungiert dabei der an der Basis des „U" liegende Ductus omphaloen-

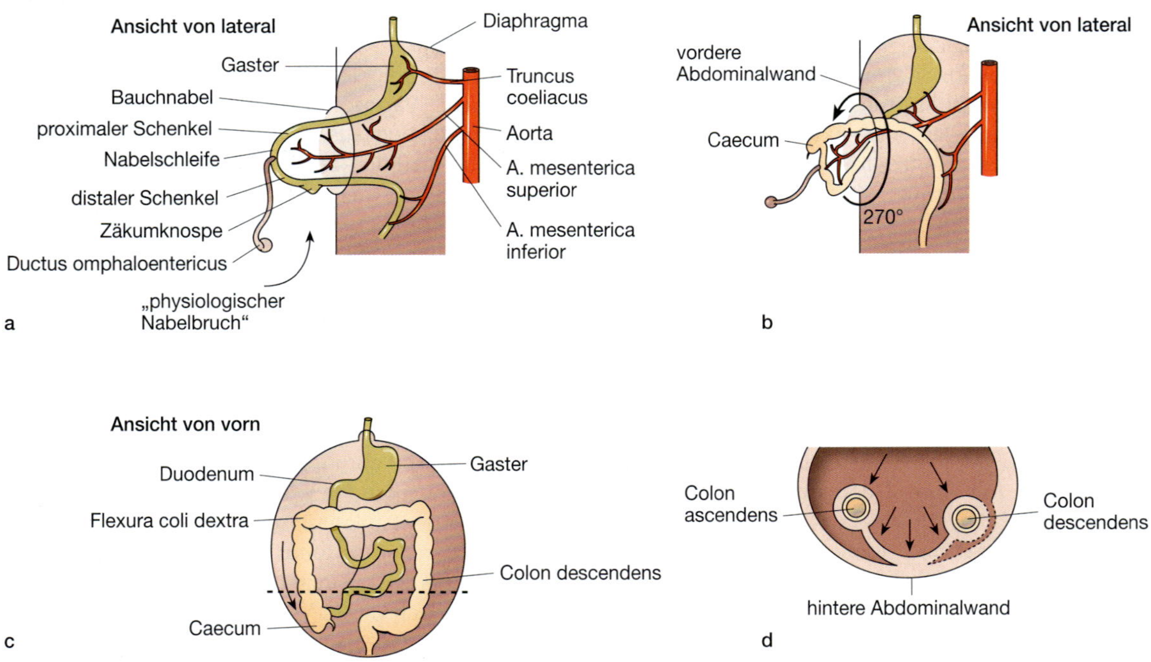

Abb. 6.12 Entwicklung des Mitteldarms. **a** Ansicht von lateral. **b** Ansicht von lateral. **c** Ansicht von vorn. **d** Querschnitt in Höhe der gestrichelten Linie in c.

tericus: Kranial davon befindet sich der **proximale** oder absteigende Schenkel, kaudal der **distale** bzw. aufsteigende **Schenkel.** Der proximale Schenkel wächst deutlich schneller als der distale und bildet die Dünndarmschlingen aus. Aus dem distalen Schenkel entwickelt sich die Zäkumknospe, aus der später auch die Appendix vermiformis hervorgeht. Innerhalb des Nabelstrangs rotiert die Nabelschleife um 90° gegen den Uhrzeigersinn (von vorn betrachtet) um die Achse der A. mesenterica superior, wodurch der proximale Schenkel nach rechts und der distale nach links verlagert werden.

- **2. Phase: Rückbildung des physiologischen Nabelbruchs** (10. Woche): Der Mitteldarm wird zurück in die Bauchhöhle verlagert. Dabei kommt es zu einer erneuten Rotation um 180° gegen den Uhrzeigersinn. Somit beträgt die Gesamtrotation des Mitteldarms während der Embryonalentwicklung 270°, wodurch der ehemals distale Schenkel (jetzt Colon caecalis und Appendix vermiformis) in den rechten Oberbauch verlagert wird.
- **3. Phase: peritoneale Mitteldarmfixation:** Durch Wachstum des Kolonteils distal der Zäkumknospe nach kaudal entstehen die rechte Kolonflexur und das Colon ascendens. Zäkum und **Appendix** vermiformis deszendieren dabei vom rechten Ober- in den Unterbauch. Bei diesen Wachstumsvorgängen kann die Appendix hinter das Zäkum, Kolon oder nach kaudal in das Becken verlagert werden, wodurch sich die interindividuell äußerst unterschiedliche Lage der Appendix (retrozäkal, retrokolisch, pelvin) erklären lässt. Meist liegt *er* durch asymmetrisches postpartales Wachstum des Colon caecalis schließlich medial des Zäkums. Das **Colon ascendens** wird (wie das Colon descendens) gegen die hintere Peritonealwand gepresst, so dass das dorsale Mesenterium mit dem Peritoneum verschmilzt und sich zurückbildet. Auf diese Weise nimmt das Colon ascendens eine sekundär retroperitoneale Lage ein. Das zunächst median gelegene dorsale Mesenterium von Jejunum und Ileum wird durch die Darmrotation um die darin verlaufende A. mesenterica superior gedreht. Nach Rückbildung des Ascendens-Mesos geht die Anheftungslinie des dorsalen Dünndarmmesos von der Flexura duodenojejunalis schräg nach kaudolateral zur Flexura ileocolica (↗ Abb. 6.4).

Merke

Die Gesamtrotation des Mitteldarms während der Embryonalentwicklung beträgt 270°, 90° beim physiologischen Nabelbruch, 180° bei der Rückbildung des Nabelbruchs.

Klinik

Durch Störungen bei der Rotation oder Fixation des Mitteldarms kann es zu unterschiedlichen Fehlbildungen kommen: Eine **Omphalozele** entsteht durch unvollständige Rückbildung des physiologischen Nabelbruchs in der 10. Woche, so dass Teile des Dünndarms außerhalb des Bauchraums verbleiben. Der Bruchsack besteht dabei aus dem Amnionepithel des Nabelstrangs. Davon zu unterscheiden ist der **Nabelbruch,** bei dem zwar der Dünndarm korrekt in den Bauchraum rückverlagert wurde, der anschließende Nabelverschluss jedoch unvollständig ist und über diese Bruchpforte später Peritonealinhalt (Omentum oder Darmschlingen) erneut aus der Bauchhöhle austreten kann. Der Bruchsack wird hierbei nicht von Amnionepithel, sondern von Haut, subkutanem Gewebe und Peritoneum gebildet.

Die häufigste Fehlbildung des Magen-Darm-Trakts ist das **Meckel-Divertikel,** das bei 2–4% aller Erwachsenen vorkommt (↗ Abb. 6.13). Diese 3–6 cm lange Aussackung des Ileums – ca. 40–50 cm proximal des ileozäkalen Übergangs an der gegenüberliegenden Seite des Mesenterialansatzes – ist ein Überbleibsel des proximalen Ductus omphaloentericus. Klinisch relevant ist es deshalb, da es bei Entzündungen Symptome einer Appendizitis imitieren kann. Außerdem enthält es manchmal Magenschleimhaut (oder Pankreasgewebe) und verursacht durch Säuresekretion Ulzerationen im Dünndarm.

Gliederung

Duodenum

Das Duodenum ist ein ca. 30 cm langes C-förmiges Rohr, das am Pylorus beginnt und an der **Flexura duodenojejunalis** in das Jejunum übergeht.

Man unterscheidet 4 Abschnitte (↗ Abb. 6.14):

- **Pars superior:** kranial und intraperitoneal gelegen, schließt sich mit der faltenlosen Ampulla (klinisch: Bulbus) an den Pylorus des Magens an
- **Pars descendens:** retroperitoneal gelegener absteigender Teil, der sich zwischen den Flexurae duodeni superior und inferior erstreckt

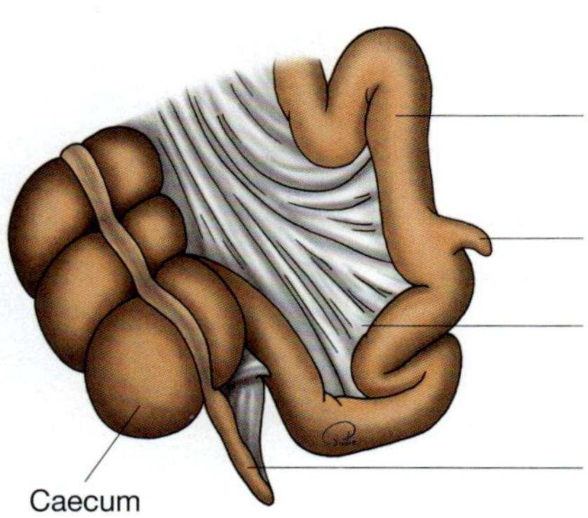

Abb. 6.13 Meckel-Divertikel.

- **Pars horizontalis** [inferior]: inferior und retroperitoneal gelegen
- **Pars ascendens:** Der aufsteigende Teil liegt retroperitoneal und endet an der Flexura duodenojejunalis, dem Verbindungsstück zum intraperitoneal gelegenen Jejunum.

Merke

In der Pars descendens mündet an der ca. 9 cm vom Pylorus entfernten **Papilla duodeni major** (Vateri, klinisch: Vater'sche Papille) der Gallengang (Ductus choledochus). 2 cm magenwärts der Vater'schen Papille findet man die **Papilla duodeni minor** (Santorini), die Mündung des variablen akzessorischen Pankreasgangs (↗ Abb. 6.14).

Jejunum und Ileum

Diese beiden Dünndarmabschnitte erstrecken sich von der Flexura duodenojejunalis bis zur Valva ileocaecalis (Bauhin-Klappe, Ostium ileale), die die Grenze zum Dickdarm (Colon) markiert und den bakteriell besiedelten Koloninhalt am Rückfluss in den weitgehend keimfreien Dünndarm hindert.

Klinik

Das terminale Ileum ist eine bevorzugte Lokalisation für die Manifestation der chronisch-entzündlichen Darmerkrankung **Morbus Crohn,** die darum auch Ileitis terminalis genannt wird. Diese in Schüben verlaufende entzündliche Autoimmunerkrankung kann jedoch auch in allen anderen Abschnitten des Magen-Darm-Trakts (von der Mundhöhle bis zum After) in diskontinuierlichen entzündlichen Läsionen („skip lesions") vorkommen und wird durch das Auftreten von Durchfällen und Abdominalschmerzen auffällig. Im Verlauf dieser Erkrankung kommt es durch den alle Wandschichten betreffenden (transmuralen) chronischen Entzündungsprozess zu Kurzschlussverbindungen (Fisteln) zwischen benachbarten Darmschlingen, Hohlorganen oder der Haut, Verengungen (Stenosen) und Vernarbungen (Strikturen). Endoskopisch sieht man scharf begrenzte Ulzerationen und das sog. Pflastersteinrelief. Im Gegensatz zum Morbus Crohn bleibt die andere chronisch-entzündliche Darmerkrankung, die **Colitis ulcerosa,** auf den Dickdarm beschränkt. Das terminale Ileum ist im Sinne einer „backwash ileitis" nur äußerst selten befallen. Die ebenfalls in Schüben verlaufende Autoimmunerkrankung beginnt stets im Rektum und setzt sich kontinuierlich nach proximal fort. Die Patienten beklagen blutig-schleimige Durchfälle. Die Entzündungsreaktion bleibt jedoch auf die Schleimhaut begrenzt, weswegen Fisteln und Abszesse hier nicht typisch sind. Als Komplikationen kann es jedoch zur Darmperforation oder infolge entzündlichen Befalls der intestinalen Nervenplexus zum toxischen Megakolon kommen. Das Risiko, sekundär an einem Kolonkarzinom zu erkranken, liegt bei Befall des gesamten Dickdarms (Pankolitis) nach 20 Jahren bei 50%. Beide Erkrankungen werden medikamentös immunsuppressiv behandelt. Beim Morbus Crohn werden aufgrund o.g. Komplikationen bei 80% der Betroffenen zusätzlich operative Maßnahmen notwendig. Bei einer therapierefraktären Colitis ulcerosa oder schwerwiegenden Komplikationen kann als Ultima Ratio das komplette Kolon operativ entfernt werden (Kolektomie), was aufgrund des ausschließlichen Kolonbefalls zur Heilung der intestinalen Manifestationen führt.

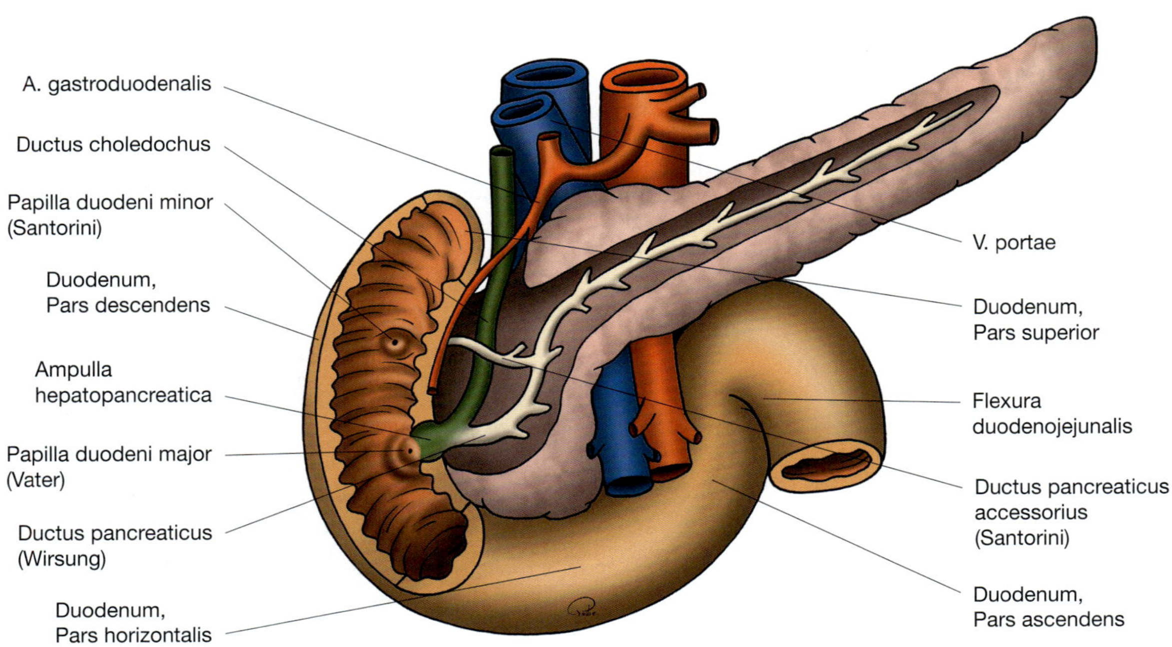

Abb. 6.14 Mündung des Gallen- und Pankreasgangsystems in die Pars descendens duodeni.

Der Übergang vom Leer- in den Krummdarm ist fließend, weswegen man in Ermangelung einer genauen Grenze die oralen 2 Fünftel zum Jejunum und die distalen 3 Fünftel zum Ileum zählt.

Topographie

Duodenum

Abgesehen von seinem Anfangsteil (Ampulla) liegt das Duodenum **sekundär retroperitoneal,** wird also ventral vom parietalen Peritoneum überzogen (↗ Abb. 6.4). Von der Ampulla geht als Abkömmling des Mesoduodenum ventrale und Bestandteil des Omentum minus das **Lig. hepatoduodenale** zur Leber (↗ Abb. 6.6).

Die **Pars superior** liegt ventral des Pankreaskopfes und wird ihrerseits ventral vom hepatischen Lobus quadratus überdeckt. Unterkreuzt wird sie von der A. gastroduodenalis.

Bei einem tiefen Duodenalgeschwür (**Ulcus duodeni**) kann die A. gastroduodenalis arrodiert werden. Dies führt zu lebensbedrohlichen Blutungen.

In seinem weiteren Verlauf umgreift das Duodenum C-förmig lateral das Caput pancreatis (↗ Abb. 6.15). Die obere **Pars descendens** wird an ihrer Vorderwand manchmal von der Gallenblase berührt. Lateral des absteigenden Duodenums befindet sich der mediale Rand der rechten Niere. Die V. cava verläuft medial parallel zur Pars descendens und unterkreuzt die Partes superior und horizontalis.

Klinik

Bei Gallenblasenentzündungen kann die Gallenblasen- mit der Duodenalwand verkleben. Dadurch kann eine Kurzschlussverbindung (Fistel) entstehen, über die große Gallensteine aus der Gallenblase in den Dünndarm gelangen und einen Darmverschluss verursachen können (**Gallensteinileus**).

Ventral der unteren duodenalen Anteile verläuft quer das an seinem Meso fixierte Colon transversum. Am Übergang der **Pars horizontalis** zur **Pars ascendens**

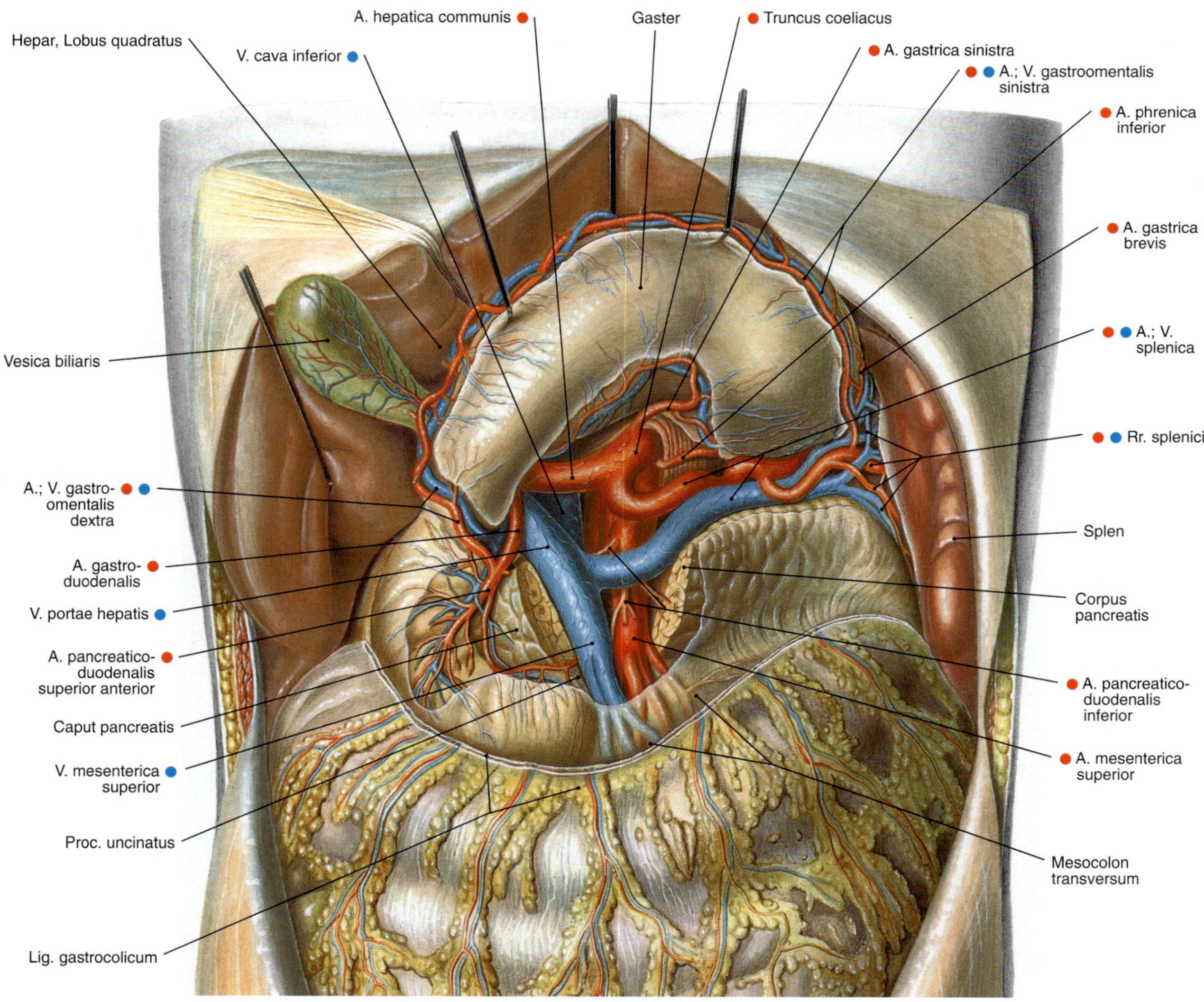

Abb. 6.15 Duodenum, Pankreas und benachbarte Strukturen. (Aus [15])

überkreuzen die A. und V. mesenterica superior (nachdem sie vorher das Pankreas unterkreuzt haben) das Duodenum. An dieser Stelle befindet sich auch der kraniale Anheftungspunkt der Radix mesenterii. Ventral der Pars ascendens findet man den Pylorus, dorsal die Aorta.

Die Pars horizontalis, die Pars ascendens und die Flexura duodenojejunalis sind durch ein Bindegewebs-Muskel-Band mit der Abzweigungsstelle der A. mesenterica superior aus der Aorta verbunden: das kollagene **Lig. suspensorium** duodeni und der **M. suspensorius duodeni** (Treitz-Muskel) aus glatten Muskelzellen, die in das Stratum longitudinale der duodenalen Tunica muscularis einstrahlen. Ein quergestreiftes Muskelfaserbündel strahlt außerdem vom Crus mediale des Zwerchfells in den M. suspensorius ein. Insgesamt ist das Duodenum deshalb trotz seiner retroperitonealen Lage ein wenig beweglich.

Jejunum und Ileum

Jejunum und Ileum liegen **intraperitoneal** und sind über ein 10–20 cm breites Mesenterium (Gekröse) mit der hinteren Bauchwand verbunden (↗ Abb. 6.8). Das Gekröse geht von einer 15–20 cm langen Gekrösewurzel (**Radix mesenterii**) aus und fächert sich dann in Richtung Dünndarmschlingen auf über 2 Meter auf. Der Anheftungspunkt der Gekrösewurzel an der hinteren Bauchwand beginnt links ventral der Pars horizontalis/ascendens duodeni (Höhe LWK 2), verläuft – den rechten Ureter und den M. psoas major überkreuzend – schräg nach rechts unten und endet in Höhe der Aufzweigungsstelle der rechten A. iliaca communis (↗ Abb. 6.4).

Die **Dünndarmschlingen** erstrecken sich in zufälliger Windungsform über den gesamten Unterbauch kaudal des Mesocolon transversum bis in das kleine Becken hinunter, ventral bedeckt vom großen Netz. Sie sind in diesem Bereich transkutan auskultierbar und palpierbar. Die Schlingen, die zum Jejunum zählen, befinden sich tendenziell eher links und oben, die ilealen Darmschlingen eher rechts und unten (↗ Abb. 6.16).

Klinik

Eine genaue, intraoperative Zuordnung einzelner Darmschlingen zu Jejunum oder Ileum ist häufig schwierig und gelingt nur durch Orientierung an der Flexura duodenojejunalis oder dem Zäkum, von der bzw. dem sich der Chirurg anschließend in Richtung Dünndarmkonvolut bis zu der fraglichen Darmschlinge vortasten muss.

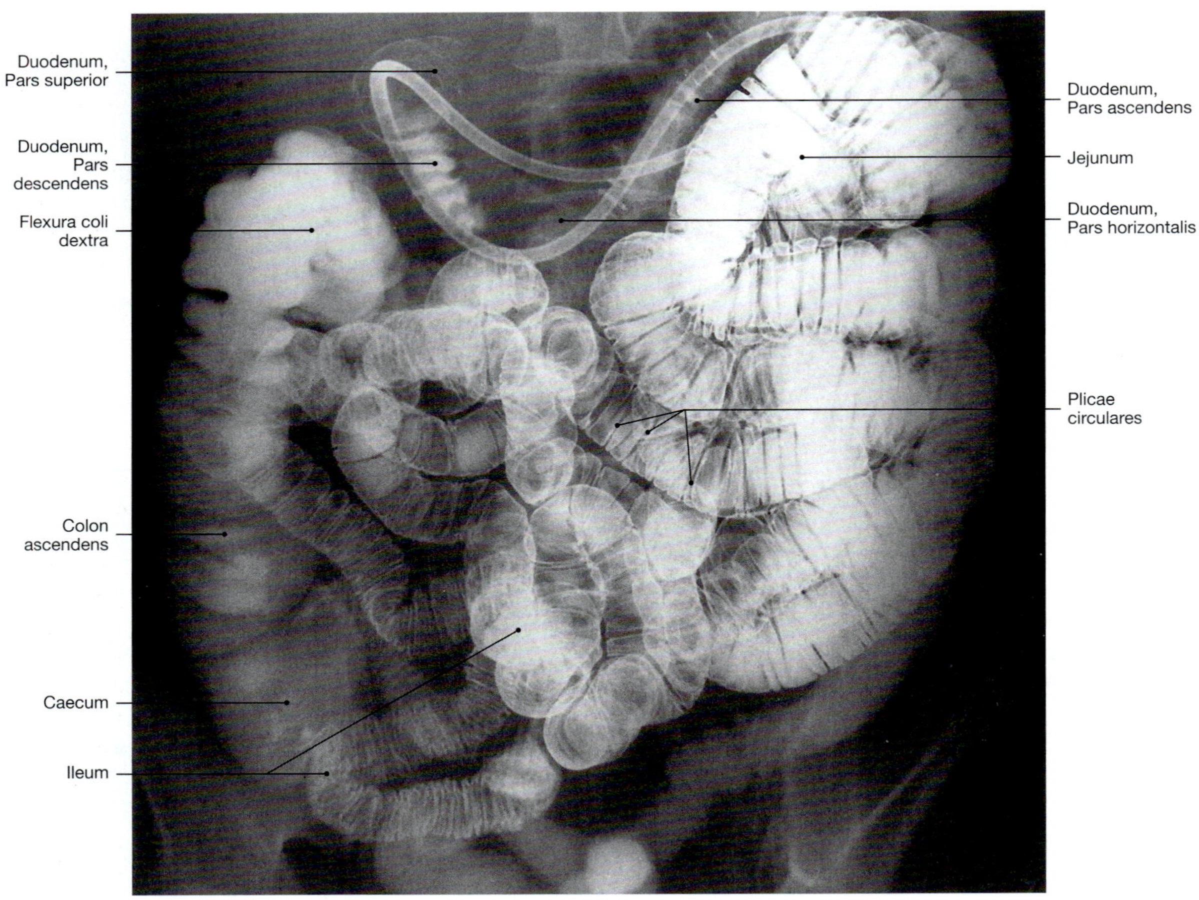

Abb. 6.16 Kontrastmitteldarstellung der Dünndarmschlingen. (Aus [18])

Histologie

Die Wand des Dünndarms entspricht der Wandschichtung des gesamten Gastrointestinaltrakts:

- **Tunica mucosa,** bestehend aus:
  - Schleimhaut aus einschichtigem hochprismatischem Epithel
  - Lamina propria mucosae aus retikulärem Bindegewebe mit Blut- und Lymphgefäßen sowie Lymphfollikeln
  - Lamina muscularis mucosae: wichtig für die Feineinstellung der Schleimhaut zum Selbstschutz (z. B. gegen das Aufspießen durch Knochensplitter)
- **Tunica submucosa** aus lockerem, gefäßreichem Bindegewebe mit Lymphfollikeln und dem Plexus submucosus. Sie enthält (nur!) im Duodenum die **Brunner-Drüsen** (↗ Abb. 6.17).
- **Tunica muscularis:** besteht aus 2 Schichten, zwischen denen sich der Plexus myentericus befindet, und ist wichtig für Mischbewegungen des Speisebreis:
  - Ringmuskelschicht (Stratum circulare): innen, für Segmentierungsbewegungen
  - Längsmuskelschicht (Stratum longitudinale): außen, für Pendelbewegungen
- **Tunica serosa/adventitia:** je nach peritonealer Lage aus Bindegewebe oder Serosa.

Zur **Vergrößerung der Resorptionsfläche** ist die Dünndarmwand folgendermaßen gefaltet:

- **Kerckring-Falten** (Plicae circulares): 1 cm hohe Schleimhautfalten aus Mukosa und Submukosa, die bereits makroskopisch zu erkennen sind und an Anzahl und Höhe in Richtung Ileum abnehmen (↗ Abb. 6.16).
- **Zotten** (Villi intestinales, ↗ Abb. 6.17): 0,5–1,5 mm große Aufwerfungen aus Epithel und Lamina propria mucosae mit einer Dichte von 20–40 pro mm^2, von deren Basis aus sich die Dünndarmdrüsen (**Lieberkühn-Krypten,** Glandulae intestinales) in die Tiefe erstrecken. Dadurch vergrößert sich die Dünndarmoberfläche auf 5–10 m^2. In den Krypten werden die Darmepithelzellen ständig erneuert. Von dort aus wandern sie zur Zottenspitze. Die Zotten enthalten neben glatten Muskelzellen für die „Zottenpumpe" (s. u.) jeweils ein zentrales Lymphgefäß („Chylusgefäß") für die Fettresorption.
- **Bürstensaum** (Mikrovilli): 1 µm lange Ausstülpungen der apikalen Enterozytenmembran (ca. 3000 pro Zelle) mit einer weiteren Oberflächenvergrößerung auf ca. 100 m^2.

Die Gesamtoberfläche des Dünndarms wird durch diese Faltungen um das bis zu 250fache vergrößert, wobei diese Zahl lediglich als grober Richtwert zu verstehen ist, da es bei verschiedenen Autoren äußerst unterschiedliche Angaben über die Gesamtoberfläche des Dünndarms gibt.

In den Plicae circulares ist die Tunica muscularis nicht mit aufgeworfen, wodurch sie sich von den Plicae semicirculares des Dickdarms unterscheiden!

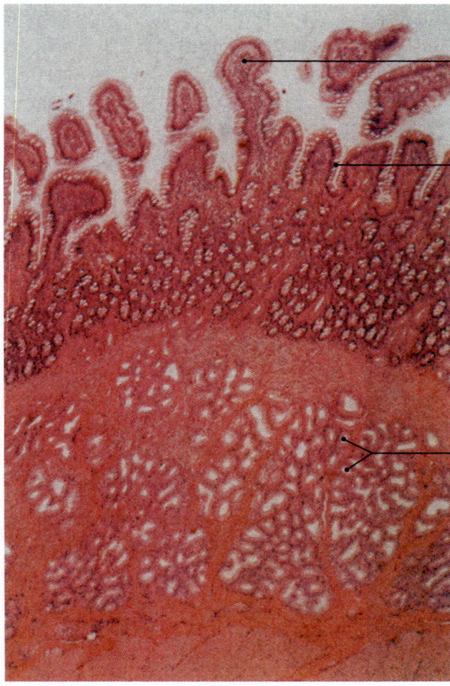

Abb. 6.17 Duodenum, histologischer Schnitt. (Aus [8])

Klinik

Bei der einheimischen **Sprue (Zöliakie)** besteht eine erblich bedingte Überempfindlichkeit gegen das Weizenkleberprotein Gluten, wodurch es zu einer Reduktion der Zotten im proximalen Dünndarm kommt. Auffällig wird diese Erkrankung, die sich vor allem in der Kindheit manifestiert, durch die Folgen verminderter Nährstoffaufnahme: breiig-voluminöse Stühle, Windabgänge, Gewichtsverlust, Schwäche und Eisenmangelanämie. Die Therapie ist eine lebenslange glutenfreie Diät.

Schleimhaut

Folgende Zellarten findet man in dem einschichtigen Dünndarmepithel:

- **Enterozyten** (Saumzellen): Ihre Hauptaufgaben sind die Resorption von Kohlenhydraten (mittels Na^+-Kotransport und erleichterter Diffusion), von Aminosäuren (durch einen Na^+- und H^+-Kotransport) und von Lipiden sowie die Exozytose Letzterer in Form von Chylomikronen. Sie besitzen apikal Mikrovilli und zahlreiche Enzyme zur membrangebundenen Verdauung. Verbunden sind sie durch Zonulae adhaerentes und occludentes.
- **Becherzellen** sind PAS-(Perjodsäure-Schiff-Reaktion-)positive Zellen, die einen als Gleitfilm dienenden Schleim sezernieren. Ihre Anzahl nimmt in Richtung Ileum zu.
- **Endokrine Zellen** gehören zum APUD-System und kommen im gesamten Magen-Darm-Trakt mit Schwerpunkt im Dünndarm vor. Sie liegen einzeln

in der Schleimhaut und geben ihre basal gelegenen Sekretgranula an das Gefäßsystem ab. Ihre Sekretionsprodukte beteiligen sich an der Steuerung der Magen- (durch Gastrin) und der Pankreassekretion (durch Sekretin und Cholezystokinin) sowie der Gallenblasenkontraktion (durch Cholezystokinin).
- **Paneth-Körnerzellen** sitzen in der Tiefe der Krypten, sind zur Phagozytose fähig und dienen so der unspezifischen Abwehr und Entgiftung. Ihre Anzahl nimmt in Richtung Ileum zu.
- **Dendritische Zellen** endozytieren Antigene und präsentieren sie auf ihrer Zelloberfläche den Lymphozyten.
- **M-Zellen** (membranöse Zellen) gehören zum darmassoziierten lymphatischen System und befinden sich in der Schleimhaut über Lymphfollikeln und Peyer-Plaques (s. u.). Sie besitzen apikale Mikrofalten und können Antigene endozytieren und präsentieren.
- **Intraepitheliale Lymphozyten** (vor allem T-Lymphozyten) dienen der spezifischen Abwehr und bilden sog. Solitärfollikel (Noduli lymphoidei solitarii).

Klinik

Von den enterochromaffinen Zellen des APUD-Systems geht ein semimaligner, d. h. verdrängend und nichtinfiltrativ wachsender Tumor, das sog. **Karzinoid** aus. Es kommt am häufigsten in Appendix vermiformis, Ileum und Rektum sowie extraintestinal in der Lunge vor und produziert vasoaktive Substanzen (Serotonin, Katecholamine, Bradykinin, Histamin und Prostaglandine), die die typische Klinik aus Flush, Diarrhöen und Bauchschmerzen verursachen. Da die vasoaktiven Substanzen normalerweise bei der Leberpassage eliminiert werden, werden intestinale Karzinoide erst nach einer extraintestinalen Metastasierung symptomatisch.

Lamina propria mucosae

Neben retikulärem Bindegewebe kann die Lamina propria mucosae in unterschiedlichen Abschnitten des Dünndarms **Peyer-Plaques** (Noduli lymphoidei aggregati) enthalten. Dies sind Ansammlungen aus 10–50 Lymphfollikeln, die vor allem in der Lamina propria mucosae (aber auch in der Tunica submucosa) liegen und hauptsächlich in Ileum und Appendix vermiformis vorkommen. Im Ileum liegen sie meist gegenüber dem Mesenterialansatz.

Merke

Im terminalen Ileum sind die Peyer-Plaques häufig beim Blick auf die Schleimhaut mit bloßem Auge als Ansammlung kleiner Wärzchen zu erkennen und dienen somit als Erkennungsmerkmal.

Funktion

Der Dünndarm hat folgende Aufgaben:
- Aufspaltung von Nahrungsbestandteilen zu resorbierbaren Molekülen
- Resorption und Abtransport der resorbierten Moleküle zu den Organen
- Transport nicht resorbierbarer Chymusbestandteile in Richtung Dickdarm
- Immunabwehr.

Aufspaltung und Resorption

Der saure Chymus tritt in kleinen Portionen in das Duodenum über und wird dort durch einen isoosmotischen Flüssigkeitsstrom aus der Darmwand sowie die Pankreas- und Galleflüssigkeit auf das 3- bis 4fache verdünnt. Durch das alkalische Sekret der duodenalen Brunner-Drüsen und die bikarbonatreiche Pankreasflüssigkeit wird der Magensaft neutralisiert, so dass die Pankreasenzyme optimal wirken können. Bereits im Duodenum beginnt die Resorption von Nährstoffen und Vitaminen und ist nach dem ersten Meter Jejunum weitgehend abgeschlossen (der restliche Dünndarm besitzt hauptsächlich Reservekapazität bei Zufuhr großer Nahrungsmengen):
- Etwa 9 Liter **Wasser** werden täglich im Dünndarm resorbiert: 2 Liter aufgenommene Flüssigkeit, 1 Liter Speicheldrüsensekret, 2 Liter Magensaft, 2–3 Liter Pankreas- und Gallensekret sowie 2–3 Liter im Darm an den Chymus abgegebene Flüssigkeit, die wieder aufgenommen wird. Als treibende Kraft dieser ausgiebigen Resorptionsfähigkeit fungiert die basolaterale **Na^+-K^+-ATPase,** die auch bei der Aufnahme von Elektrolyten eine große Rolle spielt.
- Das wichtigste **Kohlenhydrat** ist die Stärke (Amylase), die bereits in der Mundhöhle durch die Speichelamylase aufgespalten wird. Die Aufspaltungsvorgänge werden durch die Pankreasamylase und membranständige Glukosidasen im Dünndarm fortgesetzt, bis einzelne Glukosemoleküle entstehen. Diese können durch die natriumabhängigen Transportsysteme der Mikrovillimembran aufgenommen werden. Der Milchzucker (Laktose) wird durch das membranständige Enzym Laktase gespalten, der Rohrzucker (Saccharose) durch die Sukrase.
- **Proteine** werden durch die Pepsine des Magensaftes, die Pankreasproteasen (Trypsin und Chymotrypsin) und membranständige Aminopeptidasen und Dipeptidasen gespalten, so dass Aminosäuren, Di- und Tripeptide entstehen. Diese werden anschließend mittels eines natriumabhängigen Kotransports resorbiert.
- **Fette** werden im Duodenum durch die konjugierten Gallensäuren und Phospholipide der Gallenflüssigkeit in kleine Fetttröpfchen (sog. Mizellen) zerlegt und dann durch Pankreaslipasen gespalten. Cholesterolester werden durch die Cholesterolesterase des Pankreassekrets in Cholesterol und Fettsäuren zerlegt. Diese werden in die Enterozyten

aufgenommen und zum GER transportiert. Dort werden sie wieder zu Trigylzeriden und Cholesterolestern zusammengebaut und mit sog. Apoproteinen in Chylomikronen verpackt. Die Chylomikronen werden durch Exozytose in das basolaterale Interstitium abgegeben und gelangen über das Lymphsystem in den Ductus thoracicus. Von dort werden sie über den Blutkreislauf zu den Zielorganen transportiert.

Klinik

Aus einem primären (= angeborenen) oder sekundären (= erworbenen) Laktasemangel resultiert eine **Laktoseintoleranz**, d. h., der Milchzucker kann nicht aufgespalten werden. Durch intraluminale Vergärung der nicht resorbierten Laktose kommt es nach dem Genuss von milchhaltigen Nahrungsmitteln zu Durchfall, Darmkrämpfen (Tenesmen) und Windabgängen (Flatulenz).

Beim **Morbus Whipple** sind Fettstühle (Steatorrhö) typisch, die dadurch zustande kommen, dass die mesenterialen Lymphgefäße und -knoten durch das Bakterium Tropheryma whippelii und Entzündungszellen verstopft werden.

Von klinischer Bedeutung ist außerdem die Resorption von Vitamin B_{12}: Dieses wird an den im Magen gebildeten Intrinsic-Faktor gebunden und im terminalen Ileum aufgenommen. Bei chronisch-atrophischer Gastritis (↗ Kap. 6.3.1) oder entzündlichen Erkrankungen des terminalen Ileums wie dem Morbus Crohn bzw. Zustand nach Resektion des terminalen Ileums kommt es zum **Vitamin-B_{12}-Mangel** mit einer hyperchromen makrozytären Anämie und neurologischen Ausfällen.

Transport und Motorik

Mischbewegungen (= Pendel- und Segmentierungsbewegungen) treten vorwiegend in der Verdauungsphase (digestive Phase) auf, peristaltische Wellen befördern den Speisebrei in Richtung Dickdarm. Außerdem gibt es die „Zottenpumpe“, bestehend aus glatten Muskelzellen, die das zentrale Chylusgefäß und die Kapillaren der Zotte auspressen.

Immunabwehr

Der Abwehr der vielen potentiellen Antigene im Darm dienen intraepitheliale Lymphozyten und Plasmazellen (produzieren IgA, das auf der Zelloberfläche der Darmepithelien exprimiert wird), die Noduli lymphoidei solitarii und die Peyer-Plaques. Etwa 3 Viertel aller immunglobulinproduzierenden Zellen des Körpers befinden sich in der Darmwand.

Merke

Die Peyer-Plaques, die Solitärfollikel, die diffus verteilten lymphatischen Zellen und lymphozytenreichen Zotten werden unter dem Begriff **mukosaassoziiertes lymphatisches Gewebe (MALT)** bzw. Gut-associated lymphoid tissue (GALT) zusammengefasst. Das MALT ist in unterschiedlichem Ausmaß im gesamten Darm zu finden.

Klinik

Aus dem mukosaassoziierten lymphatischen Gewebe kann sich ein bösartiges Lymphom entwickeln, ein sog. **MALT-Lymphom.** Dieses entsteht jedoch in den meisten Fällen nicht im Dünndarm, sondern im Magen, wo normalerweise kein MALT zu finden ist. Klinisch auffällig wird es darum meist durch Oberbauchschmerzen, Übelkeit, Erbrechen, Appetitlosigkeit und Gewichtsverlust.

Gefäßversorgung

Duodenum

Die **arterielle Gefäßversorgung** erfolgt über Äste des Truncus coeliacus und der A. mesenterica superior (↗ Abb. 6.15):

- Aus dem **Truncus coeliacus** entspringt die A. hepatica communis. Aus ihr geht die A. gastroduodenalis hervor, die sich in die A. gastroomentalis dextra und die A. pancreaticoduodenalis superior aufteilt. Letztere versorgt mit den Rr. anterior und posterior Duodenum und Pankreaskopf.
- Kaudal entspringt aus der **A. mesenterica superior** die A. pancreaticoduodenalis inferior, die mit ihrem anterioren und posterioren Ast mit dem entsprechenden Ramus der A. pancreaticoduodenalis superior anastomosiert.

Das **venöse Blut** wird über die V. mesenterica superior (und z. T. direkt) in die Pfortader abgeleitet.

Jejunum und Ileum

Das **arterielle Blut** stammt aus den Aa. jejunales und ileales, die allesamt Äste der A. mesenterica superior sind und in ausgiebig anastomosierenden Gefäßarkaden im Dünndarmgekröse verlaufen. Man unterscheidet primäre, sekundäre und tertiäre Arkaden.

Der **venöse Abfluss** erfolgt über die Arkadenvenen in die V. mesenterica superior, die sich mit der V. splenica zur V. portae vereinigt.

Klinik

Durch die ausgiebigen Anastomosen kommt es beim Verschluss mittelgroßer Dünndarmgefäße nicht zu Durchblutungsstörungen. Ein akuter Verschluss der A. mesenterica superior oder inferior kann jedoch zu einem **Mesenterialinfarkt** führen, der durch Darmverschluss (Ileus) oder Bauchfellentzündung (Peritonitis) zum Tode führen kann. Bei chronischen Durchblutungsstörungen der Darmarterien durch Arteriosklerose kommt es klassischerweise nach Nahrungsaufnahme zu kolikartigen Bauchschmerzen (**Angina abdominalis**).

Regionäre Lymphknoten

Duodenum

Die Lymphe aus dem **oberen Duodenum** wird über die Lnn. pylorici und pancreaticoduodenales superiores in die Lnn. hepatici und preaortici (coeliaci) abgeleitet. Der Lymphabfluss aus dem **unteren Duodenum** erfolgt über die Lnn. pancreaticoduodenales inferiores, pancreatici inferiores und die oberen mesenterialen Lymphknoten.

Jejunum und Ileum

Die 100–200 mesenterialen Lymphknoten bilden die größte Lymphknotenansammlung im menschlichen Körper. Aus den Lnn. juxtaintestinales, die mit den Gefäßarkaden verlaufen, gelangt die Lymphe über die Lnn. mesenterici superiores in die Lnn. mesenterici superiores centrales. Über den Truncus intestinalis wird die Lymphe dann in den linken Truncus lumbalis und die Cysterna chyli geleitet.

Innervation

Die efferente und afferente Versorgung erfolgt parasympathisch aus dem N. vagus und sympathisch aus den Nn. splanchnici T5–T12 über die Plexus coeliacus und mesentericus superior. Die einzelnen Nervenstränge verlaufen mit den Arkadengefäßen.

6.3.3 Dickdarm (Intestinum crassum)

Überblick

Der ca. 1,5 Meter lange Dickdarm erstreckt sich von der Bauhin-Klappe bis zum Anus. Hauptaufgabe ist die Eindickung des Speisebreis durch aktive Resorption von etwa 1,5 Litern Wasser und Salzen. Gleichzeitig wird dem Dickdarminhalt (Faeces) Schleim zugesetzt, um ihn gleitfähig zu machen. Außerdem werden unverdauliche Speisereste von anaeroben Bakterien in Gärungs- und Fäulnisprozessen zersetzt.

Der Dickdarm lässt sich folgendermaßen unterteilen (↗ Abb. 6.18):

- Caecum (Zäkum = Colon caecalis = Blinddarm) mit Appendix vermiformis (Wurmfortsatz)
- Colon (Kolon = Grimmdarm):
  - Colon ascendens
  - Colon transversum
  - Colon descendens
  - Colon sigmoideum (Sigma)
- Rectum (Rektum = Mastdarm)
- Canalis analis (Analkanal).

Embryologie

Zäkum, Appendix vermiformis, Colon ascendens und proximale 2 Drittel des Colon transversum

Die Embryogenese dieser dem Mitteldarm entstammenden Darmteile ist zum besseren Verständnis in Kapitel 6.3.2 abgehandelt.

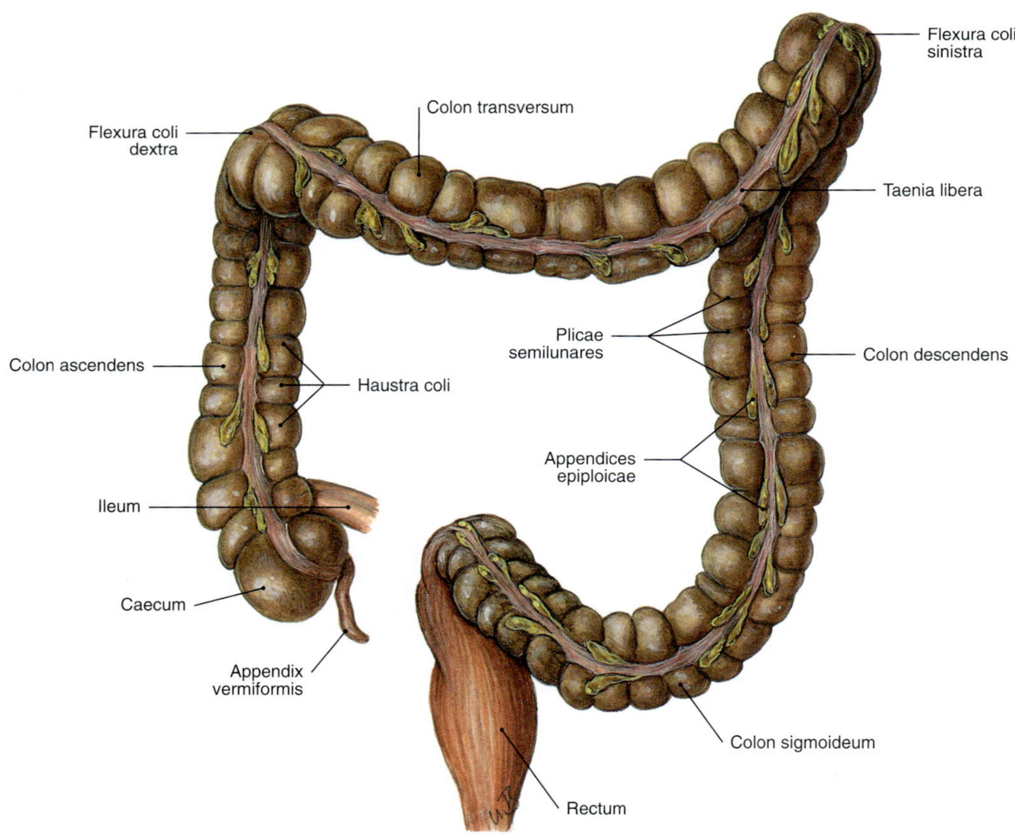

Abb. 6.18 Kolon. (Aus [15])

Distales Drittel des Colon transversum, Colon descendens, Sigma, Rektum und Analkanal

Aus dem Enddarm entstehen das distale Drittel des Colon transversum, Colon descendens, Colon sigmoideum (Sigma), Rektum, der kraniale Teil des Analkanals und kaudale Abschnitte des Urogenitalsystems (↗ Abb. 6.19).

Das dorsale Mesenterium des **Colon descendens** verklebt (wie das Colon ascendens) mit der dorsalen Bauchwand und bildet sich zurück, so dass das Colon descendens eine sekundär retroperitoneale Lage einnimmt. Das sigmoidale Mesenterium verkürzt sich.

Der **Enddarm** erweitert sich kaudal zur sog. **Kloake** und endet mit einer Membran, die innen aus dem

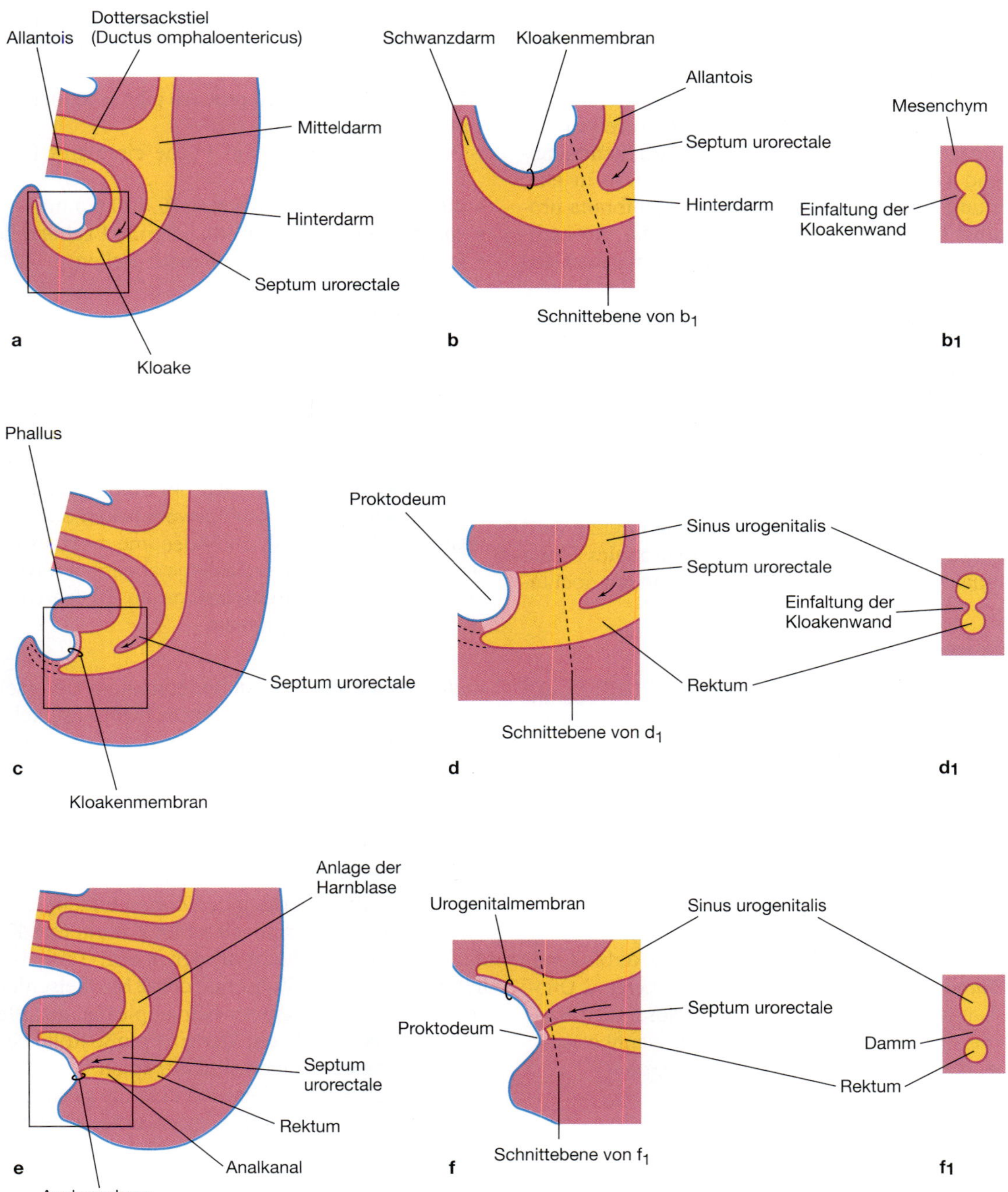

Abb. 6.19 Embryologie von Rektum, Analkanal und den kaudalen Abschnitten des Urogenitalsystems.
a, c, e Ansicht von links in der 4., 6. und 7. Entwicklungswoche. **b, d, f** Vergrößerte Darstellung der Kloake aus a, c und e. **b_1, d_1, f_1** Querschnitte durch die Kloake in Höhe der in b, d und f eingezeichneten Schnittebenen. Der (in b noch dargestellte) postanale oder Schwanzdarm bildet sich zurück und ist verschwunden, wenn sich das Rektum (wie in c und d dargestellt) als dorsaler Anteil der Kloake ausbildet. (Aus [12])

Entoderm der Kloake und außen aus dem Ektoderm des Proktodeums besteht. In die Kloake münden ventral ein Divertikel des Dottersacks (Allantois) und beidseits lateral die Wolff-(Urnieren-)Gänge (↗ Abb. 6.42).

Die Kloake wird durch das mesenchymale **Septum urorectale,** das zwischen Allantois und dorsaler Enddarmwand in Richtung Kloakenmembran vorwächst, in 2 Teile untergliedert. Gleichzeitig faltet sich die Kloakenwand beidseits seitlich ein. Diese Falten wachsen aufeinander zu, so dass aus der Kloake 2 voneinander getrennte Gänge entstehen: dorsal das Rektum sowie der obere Analkanal und ventral der Sinus urogenitalis. Das Septum urorectale erreicht gegen Ende der 6. Woche die Kloakenmembran und verschmilzt mit ihr, so dass diese in eine Anal- und eine Urogenitalmembran (Membrana urogenitalis) untergliedert werden kann. Die Verwachsungsstelle mit dem Septum urorectale markiert das primitive Perineum. Aus dem Sphinkter der Kloake entwickeln sich ventral des Septum urogenitale die Mm. transversus perinei superficialis, bulbospongiosus und ischiocavernosus und das Septum urogenitale.

Das Mesenchym um die Analmembran herum proliferiert und bildet die **Analgrube.** Am Ende der 8. Woche reißt die Analmembran. Während die oberen 2 Drittel des Analkanals (ca. 2,5 cm) aus dem Enddarm entstehen, entwickelt sich das untere Drittel aus der Analgrube (ca. 1,3 cm). Die Grenze wird später vom distalen Ende der Columnae anales (Zona columnaris) markiert (nicht von der Linea anocutanea!).

Merke

Aus der Embryologie erklärt sich, warum die oberen 2 Drittel des Analkanals arteriell von der A. rectalis superior (aus der A. mesenterica inferior) und nerval vom vegetativen Nervensystem versorgt werden, das untere Drittel jedoch über die A. pudenda und die Aa. rectales inferiores sowie von den Rr. rectales inferiores des N. pudendus.

Klinik

Wichtig sind diese Zusammenhänge in Verbindung mit **Tumoren des Analkanals:** In den oberen 2 Dritteln handelt es sich meist um schmerzlose Adenokarzinome, im unteren Drittel um Plattenepithelkarzinome, die durch Schmerzen auffällig werden.

Klinik

Es gibt verschiedene anorektale Fehlbildungen, die auf Störungen der Kloakendifferenzierung zurückzuführen sind, z. B. ein Fehlen der Analöffnung durch eine hohe oder tiefe **Analatresie** bzw. **Rektumatresie.** Häufig sind diese Fehlbildungen mit Kurzschlussverbindungen (Fisteln) zur Dammregion, zur Vulva oder zur Urethra kombiniert. Sie müssen operativ beseitigt werden.

Topographie

Zäkum, Appendix vermiformis, Cola transversum, sigmoideum und Rektum haben eine intraperitoneale Lage, Cola ascendens und descendens liegen sekundär retroperitoneal und der Analkanal extraperitoneal.

Histologie

Der Wandbau (außer im Analkanal) entspricht prinzipiell dem des Dünndarms (↗ Kap. 6.3.2) und besteht aus Mukosa, Submukosa, Muskularis und Serosa.

Bezüglich der **Tunica mucosa** gibt es jedoch einige Unterschiede:

- Fehlen von Zotten und Plicae circulares (↗ Abb. 6.20)
- dichtere und tiefere Krypten (0,4–0,6 mm)
- zahlreichere schleimproduzierende Becherzellen
- fast vollständig fehlende Paneth-Zellen.

Klinik

Aus der Tunica mucosa des Kolons heraus bilden sich bevorzugt gutartige Schleimhautpolypen, sog. **Adenome,** die sekundär entarten und sich so zu **Kolonkarzinomen** entwickeln können. Da Kolonkarzinome erst spät klinisch auffällig werden, z. B. durch Leistungsschwäche, Anämie, Blut im Stuhl (Hämatochezie), Änderungen der Stuhlgewohnheiten oder einen Darmverschluss (Ileus), und Adenome meistens leicht endoskopisch mit einer Schlinge abgetragen werden können, wird zur Krebsvorsorge ab 50 Jahren eine Darmspiegelung empfohlen.

In der **Tunica submucosa** findet man im Unterschied zum Dünndarm nur vereinzelt Lymphfollikel und kaum Peyer-Plaques, außer in der Appendix vermiformis. In der Submukosa verläuft außerdem ein Plexus aus multipolaren Nervenzellen, der **Plexus submucosus** (Meissner). Von diesem gehen Nervenfasern aus, die in der Tunica mucosa einen periglandulären Plexus im Bereich der Krypten sowie einen villösen Plexus innerhalb der Zotten bilden.

In der **Tunica muscularis** ist im Zäkum und Kolon die Longitudinalschicht an den 3 sog. Tänien streifenförmig verdickt. Zwischen den 2 Muskelschichten erstreckt sich ein weiterer Nervenplexus, der **Plexus myentericus** (Auerbach), der eine große Rolle bei der Erschlaffung der Ringmuskulatur spielt.

Beide Plexus erstrecken sich über die gesamte Länge des Rumpfdarms und werden unter dem Begriff **enterisches Nervensystem** zusammengefasst. Dieses wird autonom durch den N. vagus (Parasympathikus) und die Nn. splanchnici (Sympathikus) versorgt. Neben glatten Muskelzellen werden Dehnungs- und Chemorezeptoren sowie sekretorische Zellen innerviert und eine koordinierte Peristaltik und Sekretionsaktivität gewährleistet.

Klinik

Beim **Morbus Hirschsprung** fehlt der Plexus myentericus in einem bestimmten Darmsegment (am häufigsten im Rektosigmoid) mit der Folge einer spastischen Dauerkontraktion in diesem Abschnitt. Proximal dieser Engstelle erweitert sich der Darm massiv (Megakolon). Auffällig wird diese sich meist im Neugeborenenalter manifestierende Erkrankung durch ein aufgetriebenes Abdomen und Verstopfung (Obstipation) bis hin zum Darmverschluss (Ileus). Durch bakterielle Durchwanderung kann es zur lebensbedrohlichen Bauchfellentzündung (Peritonitis) kommen. Die Therapie besteht in der Resektion des betroffenen Darmabschnitts.

Zäkum und Kolon

Morphologie

Drei Merkmale zeichnen die Wand von Zäkum und Kolon aus und dienen somit als makroskopische Unterscheidungsmerkmale zwischen Dick- und Dünndarm (↗ Abb. 6.18):

- **Tänien:** Die Längsmuskelschicht ist in Form von 3 Streifen verdickt: Von vorn sieht man die Taenia libera, während die anderen beiden Tänien der hinteren Bauchwand zugekehrt sind. Im Bereich des Colon transversum ist eine dieser beiden Tänien Ansatzpunkt des Mesocolon transversum und wird darum in diesem Bereich als Taenia mesocolica bezeichnet. An der anderen Tänie setzt das Omentum majus an und wird darum Taenia omentalis genannt. Durch Kontraktion der Tänien verkürzt sich der Dickdarm und befördert auf diese Weise den Darminhalt nach distal.
- **Haustren** und **Plicae semilunares:** In querer Richtung wird die Wand des Dickdarms durch Kontraktionen der Ringmuskelschicht in Form sog. Plicae semilunares eingeschnürt, so dass Haustren als rechteckige Ausbuchtungen (von Tänien und Plicae semilunares begrenzt) entstehen. Die Plicae semilunares entstehen dort, wo die gleichmäßig ausgebildete Ringmuskelschicht gerade kontrahiert. Ihre Funktion besteht in der Durchmischung und dem Weitertransport des Darminhalts.
- **Appendices omentales** (epiploicae): subseröse lappenförmige Fettgewebsanhängsel, die im Colon transversum in einer und im Colon ascendens und Colon descendens in 2 Reihen stehen und neben ihrer Funktion als Fettspeicher die Beweglichkeit des Darms erleichtern. Zäkum, Appendix vermiformis und Rektum besitzen keine Appendices omentales.

Topographie

Zäkum und Appendix vermiformis

Das terminale Ileum mündet im rechten Unterbauch mit der **Valva ileocaecalis** (Bauhin-Klappe) in die mediale Wand des Dickdarms ein. Die Bauhin-Klappe besteht aus einem waagerechten Schlitz (Ostium ileale), der von 2 Lippen flankiert wird und lateral in eine Schleimhautfalte (Frenulum ostii ilealis) übergeht.

Als **Zäkum** (Blinddarm) wird der ca. 7 cm lange, kaudal der Bauhin-Klappe gelegene Teil des Dickdarms bezeichnet. Er liegt intraperitoneal im rechten Unterbauch in der Fossa iliaca. Von medial mündet der etwa 10 cm lange und 6 mm dicke Wurmfortsatz (Appendix vermiformis) mit seinem engen Lumen in den Blinddarm ein. Außen konvergieren die 3 Tänien zu einer einheitlichen Längsmuskelschicht, die den Wurmfortsatz bedeckt. Das kurze Gekröse des Appendix wird als Mesoappendix bezeichnet (↗ Abb. 6.20).

Klinik

Bei der **Appendizitis** (die im Volksmund irrigerweise als Blinddarmentzündung bezeichnet wird, aber eigentlich eine „Wurmfortsatzentzündung" ist) kann sich die entzündete Wand der Appendix nicht ausreichend erweitern. Es kommt zum Blutstau, zur Sauerstoffunterversorgung (Ischämie) und schließlich zur Ruptur, die durch Entstehung einer Bauchfellentzündung (Peritonitis) lebensbedrohlich sein kann. Dies ist auch der Grund, warum eine akute Appendizitis eine absolute OP-Indikation darstellt. Klinisch auffällig wird sie durch Fieber, Abdominalschmerzen, Durchfall, Übelkeit und Erbrechen. Klassischerweise induziert der Untersucher einen starken Schmerz, wenn er auf den sog. McBurney-Punkt drückt, der an der Grenze zwischen dem lateralen Drittel und den medialen 2 Dritteln einer gedachten Linie zwischen rechter Spina iliaca anterior superior und Nabel liegt. Durch die variable Lage der Appendix kann sich der Schmerz jedoch auch auf andere Stellen projizieren.

Colon ascendens

Kranial der Bauhin-Klappe setzt sich das Zäkum in das **retroperitoneal** gelegene Colon ascendens fort, das am unteren rechten Nierenpol an der Flexura coli dextra endet (↗ Abb. 6.18). Diese grenzt an die Unterfläche des rechten Leberlappens und buchtet dort die Impressio colica ein.

Colon transversum

Es folgt das **intraperitoneale** Colon transversum, das nach links bis zur linken Flexur verläuft. Rechts wird es von der Leber überlagert und berührt die Gallenblase. Der mittlere Abschnitt projiziert sich (je nach Magenfüllung) oberhalb des Nabels, kann aber auch tief in den Unterbauch herabhängen.

Die Anheftungslinie des **Mesocolon transversum** an der hinteren Peritonealwand geht von der rechten Niere über die Pars descendens duodeni und das Pankreas hinweg nach links zur Niere und zum Milzhilum (↗ Abb. 6.4).

Die Flexura coli sinistra liegt höher als die rechte

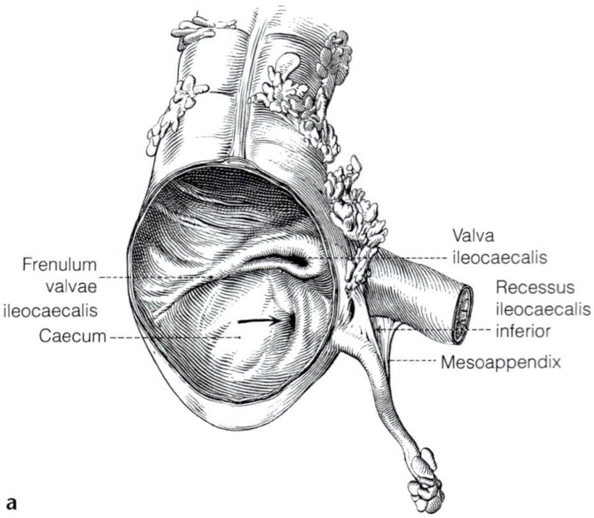

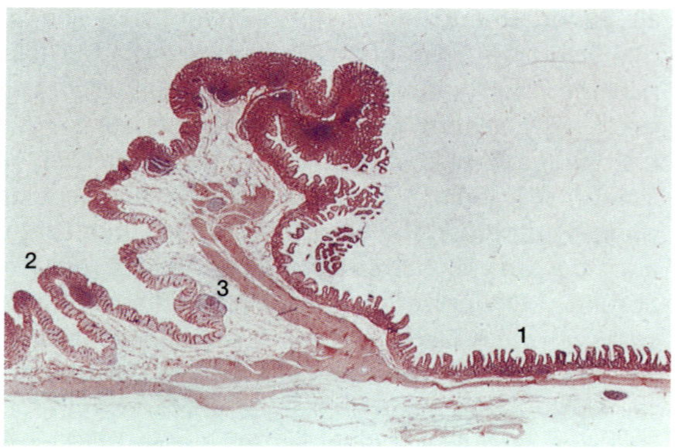

Abb. 6.20 Zäkum und Appendix vermiformis.
a Zäkum mit Valva ileocaecalis und Appendix vermiformis. **b** Histologischer Schnitt durch die Valva ileocaecalis; 1 = Ileum mit Zotten, 2 = Dickdarmschleimhaut ohne Zotten, 3 = verdickte Abzweigung der Tunica muscularis; HE-Färbung, Vergrößerung 5fach. (Aus [5])

Flexur und ist über das **Lig. phrenicocolicum** an der dorsalen Peritonealwand fixiert. Das Ligament bildet den Boden der Milznische.

Colon descendens

Das Colon descendens zieht in **retroperitonealer Lage** lateral der linken Niere nach kaudal.

Colon sigmoideum

In einer S-förmigen Kurve verläuft das **intraperitoneale** Colon sigmoideum im linken Unterbauch. Die Anheftungslinie des **Mesosigmoideum** an der hinteren Peritonealwand beginnt in der linken Fossa iliaca und verläuft zunächst nach medial und kranial über Ureter und Vasa iliaca hinweg, um dann in einem scharfen Winkel nach medial und kaudal zu ziehen und in Höhe des 2.–3. Sakralwirbels zu enden (↗ Abb. 6.4).

Klinik

Das Sigma ist die bevorzugte Lokalisation für die Ausbildung von Aussackungen der Darmwand, sog. Divertikeln, die bei älteren Menschen durch chronische Druckerhöhungen (durch Pressen beim Stuhlgang) entstehen und meist asymptomatisch bleiben (Divertikulose, ↗ Abb. 6.21). Wenn sich diese Divertikel aber entzünden (**Divertikulitis**), kommt es zu ziehenden linksseitigen Unterbauchschmerzen und Fieber, weswegen die Divertikulitis auch manchmal als „Linksappendizitis" bezeichnet wird. Therapie ist neben Nahrungskarenz eine Breitbandantibiose und bei rezidivierendem Verlauf oder Komplikationen (Perforation, Abszess) eine partielle Darmresektion.

Gefäßversorgung

Zäkum und Appendix vermiformis

Der „ileokolische Winkel" wird **arteriell** über die A. ileocolica (Ast der A. mesenterica superior) versorgt. Diese gibt folgende Äste ab (↗ Abb. 6.22):

- R. ilealis: versorgt das terminale Ileum und anastomosiert mit der unteren A. ilealis
- R. colicus: verläuft zum Colon ascendens und anastomosiert mit der A. colica dextra
- Aa. caecales anterior und posterior: versorgen das Zäkum
- A. appendicularis: verläuft in der Mesoappendix zum Wurmfortsatz (↗ Abb. 6.20).

Das **venöse Blut** wird über die V. ileocolica und die V. mesenterica superior in die Pfortader abgeleitet.

Colon ascendens und proximale 2 Drittel des Colon transversum

Die **arterielle Blutversorgung** des Kolons bis zum Cannon-Böhm-Punkt (s. o.) erfolgt über 2 Äste der A. mesenterica superior (↗ Abb. 6.22):

- A. colica dextra: versorgt das Colon ascendens und anastomosiert mit dem R. colicus und der A. colica media

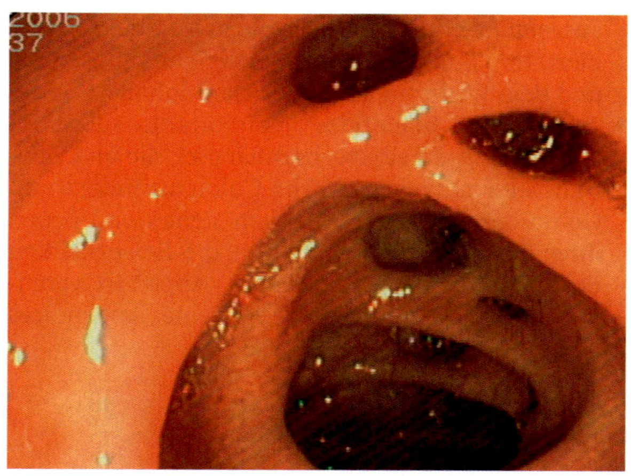

Abb. 6.21 Koloskopisches Bild von Kolondivertikeln. (Aus [1])

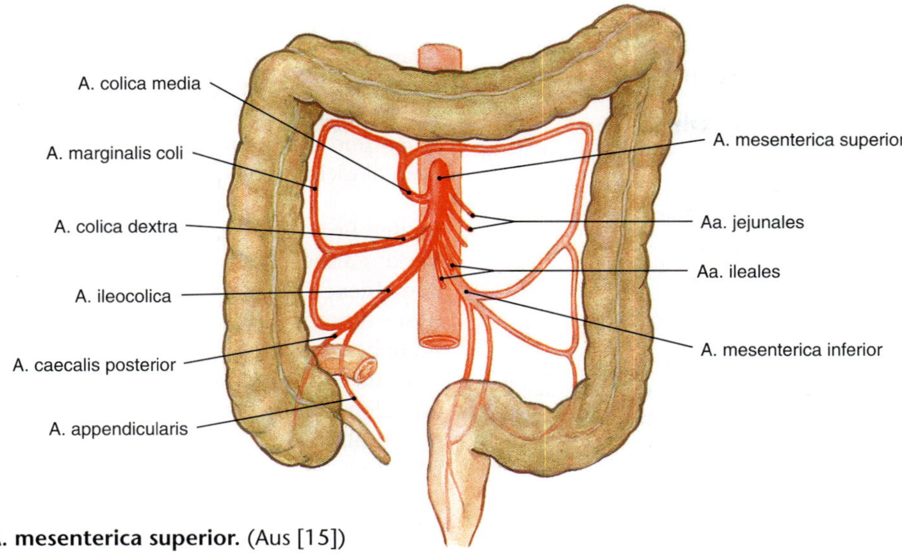

Abb. 6.22 A. mesenterica superior. (Aus [15])

- A. colica media: versorgt die proximalen 2 Drittel des Colon transversum bis zum Cannon-Böhm-Punkt und anastomosiert mit der A. colica dextra und dem R. ascendens der A. colica sinistra (sog. Riolan-Anastomose).

Das **venöse Blut** fließt über die Vv. colicae dextra und media in die V. mesenterica superior zur Pfortader ab.

Distales Drittel des Colon transversum, Colon descendens, Sigma und Rektum

Die **arterielle Blutversorgung** erfolgt über Äste der A. mesenterica inferior (↗ Abb. 6.23):

- A. colica sinistra: versorgt distales Colon transversum und Colon descendens und verzweigt sich dabei in eine A. ascendens, die eine Anastomose mit der A. colica media bildet, und eine A. descendens, die mit der A. sigmoidea anastomosiert
- A. sigmoidea: Versorgung des Sigmas, Anastomosen mit der A. descendens und der A. rectalis superior
- A. rectalis superior: versorgt das obere Rektum und anastomosiert mit der A. sigmoidea und der A. rectalis inferior aus dem Stromgebiet der A. iliaca interna.

Das **venöse Blut** fließt über die V. mesenterica inferior in die V. splenica zur Pfortader ab.

Regionäre Lymphknoten

Zäkum, Colon ascendens und Colon transversum

Zäkum und Appendix vermiformis werden über die **Lnn. ileocolici,** die entlang der gleichnamigen Arterie verlaufen, drainiert, Cola ascendens und transversum über epiploische und parakolische Lymphknoten in die **Lnn. mesocolici** entlang den Aa. colicae dextra und media.

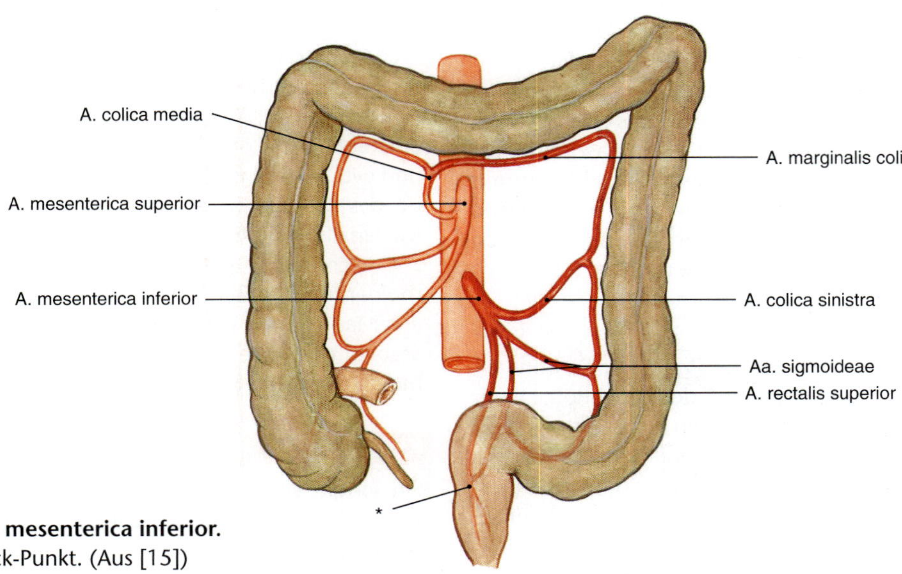

Abb. 6.23 A. mesenterica inferior. Klinisch: Sudeck-Punkt. (Aus [15])

Gemeinsame Endstrecke sind die **Lnn. mesenterici superiores,** die in den Truncus intestinalis und schließlich in die Cisterna chyli münden.

Colon descendens und Colon sigmoideum
Die Lymphe aus Cola descendens und sigmoideum wird über epiploische und parakolische Lymphknoten in die **Lnn. inferiores** abgeleitet, die mit der A. mesenterica inferior verlaufen.

Innervation

Zäkum, Appendix vermiformis, Colon ascendens und proximale 2 Drittel des Colon transversum
Die nervale Versorgung erfolgt sympathisch über Fasern der Nn. splanchnici und parasympathisch über den N. vagus, die im Plexus mesentericus superior mit den Gefäßen zur Darmwand ziehen.

Distales Drittel des Colon transversum, Colon descendens, Sigma und Rektum
Ab dem Cannon-Böhm-Punkt wird die parasympathische nervale Versorgung nicht mehr über den N. vagus gewährleistet, sondern aus dem sakralen Parasympathikus, der seine Perikarya in den Segmenten S2–S5 hat und über die Nn. splanchnici pelvici zum Plexus mesentericus inferior zieht. Vom Plexus mesentericus inferior ziehen die parasympathischen gemeinsam mit den sympathischen Fasern entlang den Arterien zur Darmwand.

Rektum und Canalis analis

Morphologie und Topographie

Rektum
Das ca. 12 cm lange Rektum schließt sich in Höhe des 2.–3. Sakralwirbels kaudal an das Sigma an (↗ Abb. 6.18). Als sog. **Rectum fixum** kann es extraperitoneal oder als **Rectum mobile** retro- oder intraperitoneal liegen. Dem Kreuzbein angeschmiegt, macht es in seinem sagittalen Verlauf mit seiner **Flexura sacralis** eine Biegung nach ventrokaudal und biegt in Höhe des Perineums in der **Flexura anorectalis** [perinealis] wieder nach dorsokaudal.

Nur kranial ist es vorn und lateral von Peritoneum überzogen. Bevor die Flexura anorectalis erreicht wird, schlägt es bei Männern auf die Harnblase bzw. bei Frauen auf den Uterus über. Dieser Umschlagspunkt wird als **Excavatio rectovesicalis** bzw. **rectouterina** (klin. **Douglas-Raum**) bezeichnet und markiert den tiefsten Punkt der Peritonealhöhle (↗ Abb. 6.8).

Klinik

Weil der Douglas-Raum tiefster Punkt der Peritonealhöhle ist, ist er „Schlammfang" der Bauchhöhle und somit die bevorzugte Lokalisation intraabdominaler Abszesse, z. B. bei einer generalisierten Peritonitis, einer Sigmadivertikulitis, einer Adnexitis oder einer Appendizitis. Bei einer Appendizitis oder Divertikulitis ist die **rektale Untersuchung** obligat, da man bei digitaler Palpation der Rektumvorderwand den sog. Douglas-Schmerz auslösen kann. Neben der Excavatio rectovesicalis bzw. rectouterina sind bei der rektalen Untersuchung außerdem die Prostata, die Samenbläschen und der äußere Muttermund tastbar und können hinsichtlich ihrer Oberfläche beurteilt werden.

In der Frontalebene macht das Rektum in seinem Verlauf 3 Biegungen, wie man innen an 3 Querfalten, den **Plicae transversae recti,** sehen kann. Die kräftigste dieser Querfalten wird auch als **Kohlrausch-Falte** bezeichnet. Sie befindet sich ca. 6 cm oberhalb des Anus dorsal und rechts und kann bei der rektalen digitalen Untersuchung getastet werden. Unterhalb der Kohlrausch-Falte befindet sich die **Ampulla recti** (↗ Abb. 6.24).

Im Rektum fehlen Tänien, Haustren und Appendices omentales. Äußerlich zeichnet es sich durch eine durchgehende Längsmuskelschicht aus.

Canalis analis
An das Rektum schließt sich nach der Flexura anorectalis der 3–4 cm lange, in dorsokaudaler Richtung verlaufende Analkanal an (↗ Abb. 6.24). Dieser Übergang wird innen durch die gewellte **Junctio anorectalis** markiert, wo das hochprismatische Zylinderepithel des Rektums vom mehrschichtigen unverhornten Plattenepithel des Analkanals abgelöst wird. Kaudal von dieser Linie befinden sich die 8–10 **Columnae anales,** Schleimhautaufwerfungen, die säulenartig nach distal Richtung Rektum zeigen und durch unterlagerte glatte Muskelzüge vom M. sphincter ani internus verursacht werden.

Im Bereich der Columnae anales befindet sich in der Analwand ein aus der A. rectalis superior gespeister Schwellkörper (**Corpus cavernosum recti**), der eine wichtige Rolle in der Feinkontinenz für Gas und flüssigen Stuhl spielt. Diese Zone wurde früher als Zona haemorrhoidalis bezeichnet.

Klinik

Wenn sich das Corpus cavernosum recti durch chronische Druckerhöhung (z. B. bei chronischer Verstopfung) erweitert, können sog. **innere Hämorrhoiden** entstehen, die durch Juckreiz, Brennen, Blutungen und evtl. Inkontinenz auffällig werden. Normalerweise ist das Corpus cavernosum durch Muskelzug des M. canalis analis fest mit der Analkanalwand verwachsen. Wenn diese Verbindung reißt, fallen die Hämorrhoiden nach außen vor (Prolaps). Neben konservativen Maßnahmen wie Sitzbädern kommen in späteren Stadien operative Wege wie Verödung oder Gummibandligatur zum Einsatz.

Klinik

Ein longitudinaler Schleimhauteinriss der Analkanalschleimhaut ist äußerst schmerzhaft und wird als **Analfissur** bezeichnet.

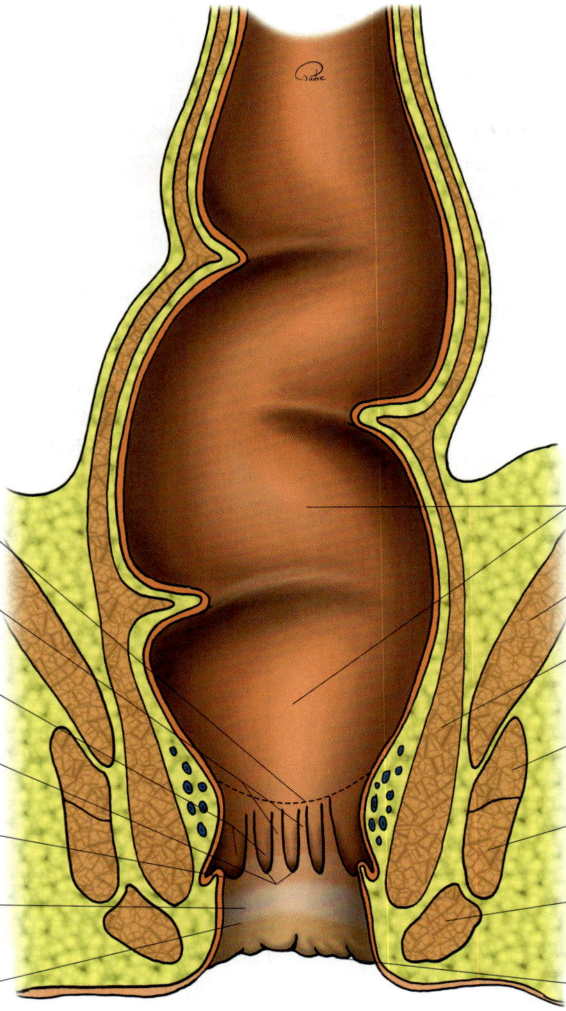

Abb. 6.24 Rektum, Canalis analis, Sphinktersystem.

An der Basis der Columnae anales befinden sich segelartige Falten, die sog. **Valvulae anales,** die den Eingang in die Analkrypten (Sinus anales, **Morgagni-Taschen**) markieren. In der Tiefe der Analsinus liegen häufig Proktodealdrüsen (Glandulae anales). Auf Höhe der Valvulae anales liegt die gewellte **Linea pectinata,** obere Begrenzung der ca. 1 cm langen **Zona alba** (Pecten analis), einer extrem schmerzempfindlichen Übergangszone zwischen Schleimhaut und äußerer Haut, die an der **Linea anocutanea** beginnt.

Klinik

Die Proktodealdrüsen sind häufig Ausgangspunkt von Kurzschlussverbindungen vom Analkanal zur Haut (**Analfisteln**).

Sphinktersystem

Zur Kontinenzerhaltung und kontrollierten Defäkation existiert im distalen Rektum und Analkanal ein komplizierter Verschlussmechanismus, der den Darm gegen die Außenwelt abdichtet. Er besteht neben dem Corpus cavernosum recti aus glatter Muskulatur, die die Fortsetzung der rektalen Muskelzellschichten darstellt, sowie aus quergestreiften Muskeln der Beckenbodenmuskulatur (↗ Abb. 6.24):

Glatte Muskeln

- **M. canalis analis:** setzt die rektale Lamina muscularis mucosae zwischen Schleimhaut und Corpus cavernosum fort und reicht bis zur Linea pectinata
- **M. sphincter ani internus:** Fortsetzung der rektalen Tunica-muscularis-Ringmuskelschicht, unterlagert die kranialen 2 Drittel des Canalis analis und ist distal der Linea pectinata mit der Haut verwachsen. Der innere Analsphinkter ist der Hauptmuskel für die Kontinenzerhaltung und befindet sich (außer bei der Defäkation) in Dauerkontraktion. Er wird sympathisch und parasympathisch innerviert.
- **M. corrugator ani:** Fortsetzung der rektalen Tunica-muscularis-Längsmuskelschicht, verläuft zwischen Mm. sphincteres ani internus und externus;

strahlt mit seinen glatten Muskelfasern in die perianale Haut ein, zieht diese bei Kontraktion in den Analkanal hinein und runzelt die Analhaut.

Quergestreifte Muskeln

- **M. sphincter ani externus:** Er umschließt wie eine Klemme zylinderförmig den gesamten Analkanal und lässt sich weiter unterteilen in die Mm. sphincteres ani externi subcutaneus, superficialis und profundus. Sein Ursprung liegt dorsal am Lig. anococcygeum, sein Ansatz ventral am Centrum tendineum. Er wird über den N. pudendus aus dem Plexus lumbosacralis (S2–S4) innerviert.
- **M. puborectalis:** Kranial des M. sphincter ani externus umgreifen der linke und rechte M. puborectalis schlingenförmig den Analkanal und drücken diesen bei Kontraktion zusammen und gegen das Centrum tendineum. Als Bestandteil des M. levator ani wird er auch als „Levatortor" für den Darm bezeichnet. Für die Kontinenz spielt er eine wichtige Rolle, Innervation durch Fasern aus S4, die direkt oder über den N. pudendus zum Muskel gelangen.

Durch Reizung der Zona alba und Dehnung des Analkanals wird eine reflektorische Sphinkter- und Beckenbodenmuskelkontraktion verursacht. Die Dehnung der Rektumampulle fungiert als Defäkationsreiz. Die Defäkation wird parasympathisch stimuliert.

Klinik

Eine **Stuhlinkontinenz** kann verschiedene Ursachen haben: Neben Fehlbildungen des Anorektums können neurogene Störungen (Querschnittslähmung oberhalb von L1, Bandscheibenvorfall, Conus-Cauda-Syndrom oder hirnorganische Syndrome) oder eine Zerstörung bzw. Insuffizienz des muskulären Kontinenzorgans z. B. durch einen Tumor, Fisteln beim Morbus Crohn, Anal-/Rektumprolaps oder eine altersbedingte Muskelschwäche (Altersinkontinenz) ursächlich sein.

Gefäßversorgung

Das **Rektum** wird über 3 Arterien versorgt (↗ Abb. 6.25):

- **A. rectalis superior** aus der A. mesenterica inferior: anastomosiert über die A. colica ima mit der A. colica sinistra und speist das Corpus cavernosum recti
- **A. rectalis media** aus der A. iliaca interna
- **A. rectalis inferior** aus der A. pudenda interna, Versorgung unterhalb des Beckenbodens.

Die arterielle Blutversorgung des **Analkanals** erfolgt über die Aa. rectales media und inferior.

Klinik

Bei Unterbindung der A. rectalis superior während Bauch-OPs ist die Blutversorgung des Rektums über die A. colica ima, sowie die Aa. rectales media und inferior weiterhin gewährleistet.

Der **venöse Abfluss** geht über den Plexus venosus rectalis (der die Vv. rectales superior, media und inferiores verbindet) in die Vv. mesenterica inferior und die V. iliaca interna.

Klinik

Den venösen Abfluss der Rektalvenen in die V. iliaca interna und damit in die V. cava inferior macht man sich bei der **rektalen Applikation von Pharmaka** (Zäpfchen) zunutze, da diese unter Umgehung der Leberpassage direkt über den großen Kreislauf an ihre Zielorte gelangen.

In den perianalen Venen des Plexus venosus rectalis können sich durch Erhöhung der Bauchpresse oder langes Sitzen **perianale Thrombosen** bilden, die als schmerzhafte, livide verfärbte, pralle Knötchen an der Anokutanlinie auftreten. Diese werden irrigerweise manchmal auch als äußere Hämorrhoiden bezeichnet.

Regionäre Lymphknoten

Rektum und oberer Analkanal bis zur Linea pectinata werden über die Lnn. rectales superiores in die Lnn. mesenterici inferiores drainiert. Der Lymphabfluss aus dem **distalen Analkanal** erfolgt über die Lnn. inguinales superficiales.

Innervation

Die **sympathische Innervation** läuft über den lumbalen und sakralen Grenzstrang und die Plexus hypogastrici superior und inferior. Die **parasympathischen Fasern** stammen aus dem sakralen Parasympathikus (S2–S4) und gelangen über die Nn. splanchnici pelvici (Radix parasympathica) und den Plexus hypogastricus inferior zum Rektum.

Ampulläre **Viszeroafferenzen** verlaufen auch in den o. g. Nervengeflechten. **Somatoafferenzen** aus der Analhaut gelangen über den N. pudendus zum Sakralmark.

Die **quergestreiften Muskeln** des Analkanals werden ebenfalls durch den N. pudendus innerviert.

6.4 Leber, Gallenblase und Gallenwege

Überblick

Die ca. 1,5 kg schwere **Leber** ist das größte innere Organ und die größte Drüse des menschlichen Körpers. Sie nimmt eine zentrale Rolle im Stoffwechsel ein und hat eine Vielzahl von Funktionen: Synthese von Gallenflüssigkeit, Gerinnungsproteinen und Cholesterin, Speicherung von Glykogen, Abbau, Entgiftung und z. T. Ausscheidung verschiedener Stoffe über die Galle.

Die **Gallenflüssigkeit** wird über die intra- in die extrahepatischen Gallenwege geleitet und in der Gal-

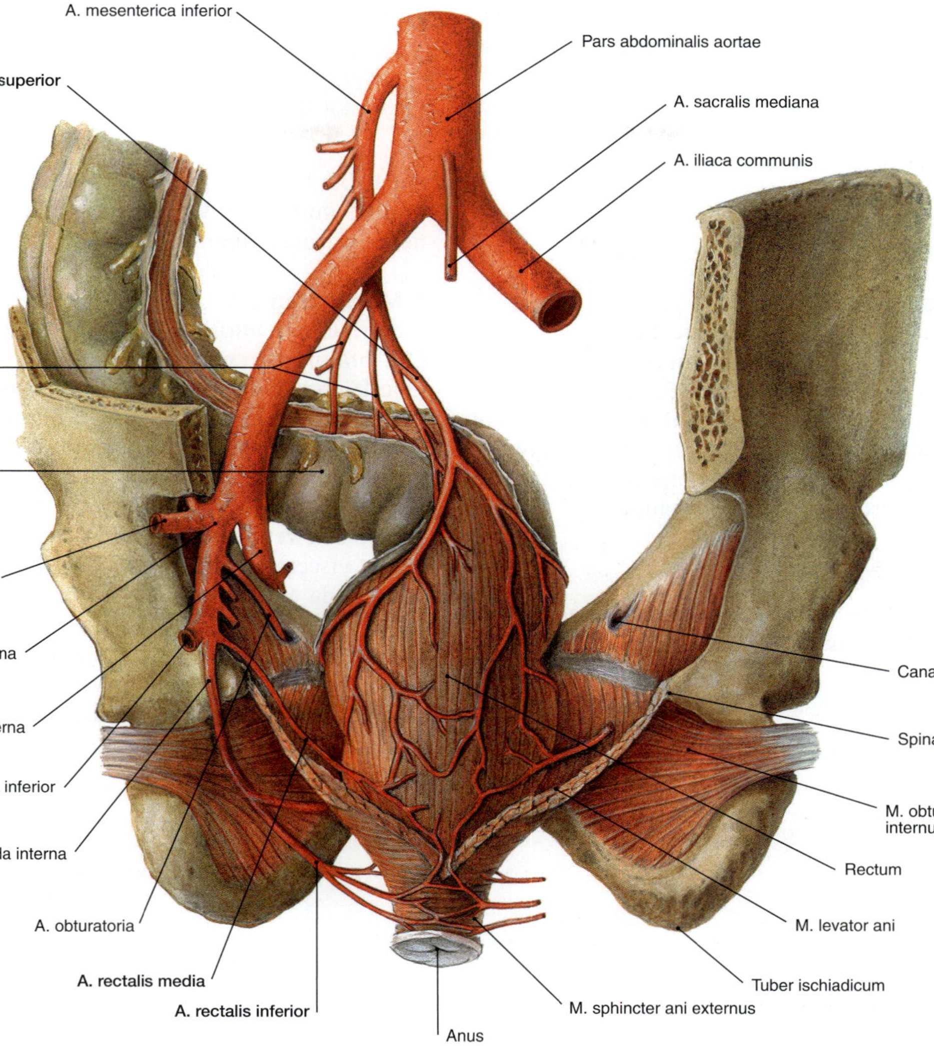

Abb. 6.25 Arterielle Gefäßversorgung von Rektum und Analkanal. (Aus [15])

lenblase gespeichert. Dort wird sie eingedickt und bei Bedarf an den Darm abgegeben. Die Galle dient neben der Ausscheidung von Abbauprodukten der Fettverdauung.

Embryologie

Zu Beginn der 4. Embryonalwoche entstehen Leber, Gallenblase und Gallenwege (↗ Abb. 6.26):

Zunächst wächst im distalen Abschnitt des Vorderdarms die epitheliale **Leberknospe** nach ventral in das mesodermale Septum transversum ein.

Während ihres weiteren Wachstums spaltet sie sich in 2 Teile:

- **Leberanlage:** Aus ihr entstehen die Hepatozyten. Die Sinusoide entstehen aus den Umbilikal- und Dottersackvenen, die im Septum transversum verlaufen und durch die einwachsende Leberanlage eröffnet werden. Das hepatische Bindegewebe, die Kupffer-Sternzellen und das blutbildende Gewebe entstehen aus dem Septum transversum und sind damit mesenchymaler Herkunft. Im weiteren Verlauf entstehen 2 Leberlappen, deren linker sich in die Lobi quadratus und caudatus teilt. Ab der 6. Woche bis zum Ende der Schwangerschaft findet hier die **Hämatopoese** statt. Die Gallebildung beginnt in der 12. Woche. Die Verbindung zwischen Leberanlage und Darmrohr wird zum Ductus hepaticus bzw. Ductus choledochus.
- **Gallenblasenanlage:** Sie wächst kaudal der Leberanlage. Aus dem Stiel entsteht der Ductus cysticus.

Aus dem **ventralen Mesenterium** des Darmrohrs entwickeln sich durch Einwachsen der Leber (↗ Abb. 6.3) schließlich 3 Bänder bzw. Membranen (↗ Abb. 6.5):

- **Omentum minus:** dorsal der Leber gelegen, bestehend aus dem Lig. hepatogastricum und dem Lig. hepatoduodenale, das die Leber mit dem Magen bzw. Duodenum verbindet

- **Lig. falciforme hepatis:** verbindet die Leber ventral mit der Bauchwand; im freien Unterrand verläuft die V. umbilicalis
- **Mesohepaticum ventrale:** kranial des Lig. falciforme gelegen, verbindet es die Leber mit der Bauchwand und dem Diaphragma.

6.4.1 Leber (Hepar)

Topographie

Die Leber befindet sich in der rechten Regio hypochondriaca und schmiegt sich von unten an die rechte Zwerchfellkuppel an (↗ Abb. 6.5). Ihr Unterrand verläuft direkt unterhalb des Rippenbogens von lateral nach mediokranial bis zur Medioklavikularlinie und dann weiter in das Epigastrium. Bei Einatmung wandert die Leber nach kaudal.

Klinik

Bei normaler Organgröße ist der untere Leberrand bei der Palpation der Bauchdecken meist nicht zu tasten. Falls dies doch der Fall ist, so kann es auf eine Vergrößerung des Organs hindeuten (muss aber nicht!).

Aufgrund ihrer Lage nahe dem Peritoneum parietale der Bauchwand ist die Leber einer transkutanen Leberpunktion zu diagnostischen oder therapeutischen Zwecken leicht zugänglich.

Die Leber hat eine größtenteils **intraperitoneale Lage** und ist (außer an der Area nuda, s. u.) von Peritoneum viscerale überzogen.

Morphologie

Oberflächenstruktur

Die braunrote Leber besitzt eine spiegelnd glatte Oberfläche und ist von brüchiger Konsistenz. Mit ihrer konvexen kranioventralen Oberfläche liegt sie dem Zwerchfell an, weswegen diese auch als **Facies diaphragmatica** bezeichnet wird (↗ Abb. 6.27). Kranial ist die Leber an der sog. **Area nuda** fest mit dem Zwerchfell verwachsen – und hier nicht von Peritoneum viscerale überzogen. Die Begrenzungen der Area nuda sind somit Umschlagspunkte vom viszeralen in das parietale Blatt und werden in ein **Lig. triangulare dextrum** und ein **Lig. triangulare sinistrum** unterteilt. Insgesamt werden die Umschlagspunkte auch als **Lig. coronarium** bezeichnet.

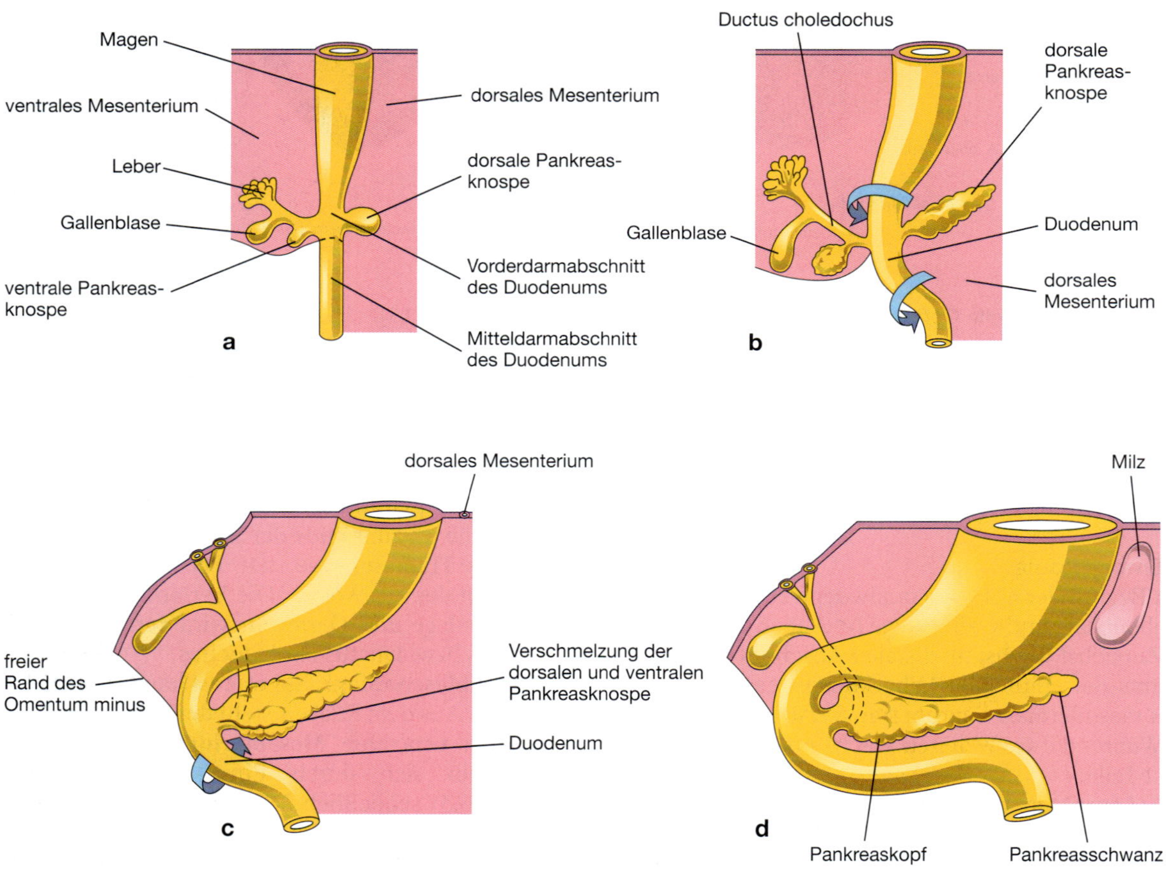

Abb. 6.26 Entwicklung von Leber, Gallenblase, Gallenwegen und Pankreas. a Entwicklung von Leber, Gallenblase und Pankreas in der 5. Woche. **b, c** Durch die Rotation der Duodenalschlinge gelangen die ventrale Pankreasanlage und die Mündungsstelle des Ductus choledochus nach dorsal. **d** Weitere Entwicklung bis zur 8. Woche. (Aus [12])

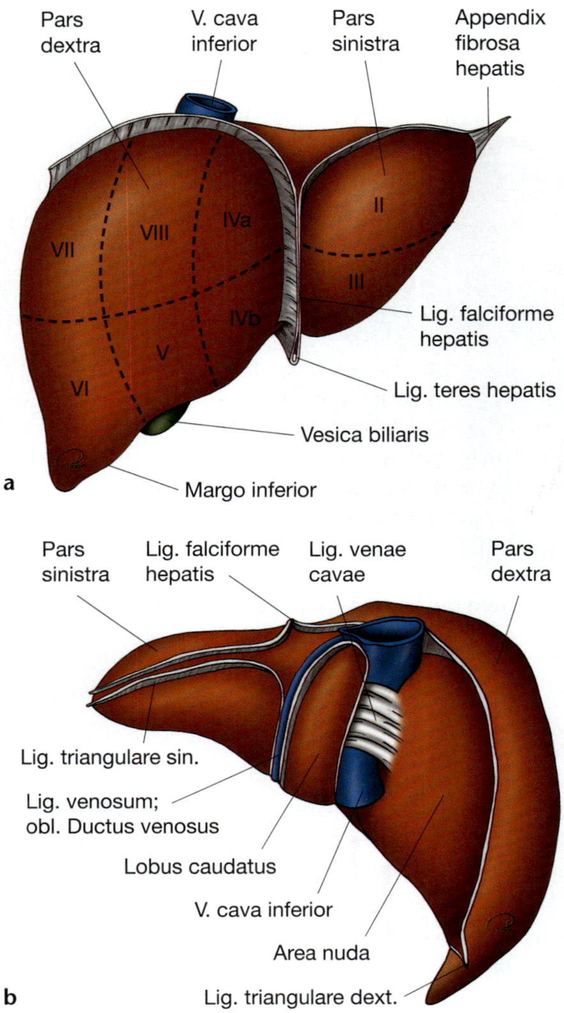

Abb. 6.27 Leber. Die römischen Zahlen bezeichnen die Lebersegmente, deren Grenzen durch gestrichelte Linien angedeutet sind. a Ansicht von ventral (Facies diaphragmatica). **b** Ansicht von dorsokranial. (Modifiziert nach [5]).

Durch das **Lig. falciforme,** eine Bauchfellduplikatur aus dem Mesogastrium ventrale, die longitudinal über die Facies diaphragmatica läuft und kranial in das Lig. coronarium übergeht, wird die Leber anatomisch in eine **Pars dextra** und eine **Pars sinistra** unterteilt.

Am unteren Leberrand (**Margo inferior**) schlägt die Leberoberfläche mit einem scharfen Knick auf die dorsale Leberseite um. Diese ist den Baucheingeweiden zugewandt und wird deshalb auch **Facies visceralis** genannt (↗ Abb. 6.28): Man erkennt verschiedene Eindellungen (Impressiones), die durch die benachbarten Organe hervorgerufen werden und deren Namen tragen: **Impressiones suprarenalis, renalis, duodenalis, colica, oesophageal** und **gastrica.**

Dort, wo das Lig. falciforme auf den unteren Leberrand trifft, befindet sich die **Incisura ligamenti teretis.** An dieser Stelle zieht von kaudal als Überbleibsel der obliterierten Nabelvene das **Lig. teres hepatis** auf die Facies visceralis, wo es in der longitudinalen **Fissura ligamenti teretis** zur Leberpforte zieht. Diese setzt sich fort in der **Fissura ligamenti venosi,** in der der obliterierte Ductus venosus (Lig. venosum) verläuft. Von dieser Fissur aus zieht das **Lig. hepatogastricum** zum Magen. Fissurae ligamenti teretis und ligamenti venosi werden auch unter dem Begriff **Fissura umbilicalis** bzw. **linke Leberspalte** subsumiert.

Als weitere sagittale Nische auf der Leberrückseite findet man lateral der Fissura ligamenti teretis das Gallenblasenbett (**Fossa vesicae biliaris**), dem kranial eine tiefe Rinne folgt, in der die V. cava inferior von der Leber zum Herzen verläuft, der **Sulcus venae cavae.** Fossa vesicae biliaris und Sulcus venae cavae werden auch unter dem Begriff **Fissura portalis principalis** bzw. **Leberhauptspalte** zusammengefasst.

Dorsal wird die untere Hohlvene häufig von einem quer verlaufenden Band (**Lig. venae cavae**) im Sulcus fixiert.

Merke

Die früher gebräuchliche, sich an morphologischen Kriterien orientierende Einteilung in einen rechten und linken Leberlappen mit dem Lig. falciforme als Begrenzung ist zugunsten einer neuen klinischen Definition verlassen worden, die sich an der Gefäßversorgung orientiert. Nach der Terminologia Anatomica von 1998 werden der Leberteil lateral der Fossa vesicae biliaris bzw. des Sulcus venae cavae heute als Pars dextra und der mediale Teil als Pars sinistra bezeichnet.

Leberpforte

Die Leberpforte (**Porta hepatis**) ist als quer verlaufende Struktur median zwischen Lig. teres hepatis/venosum und Fossa vesicae biliaris/Sulcus venae cavae lokalisiert und wird von den beiden Blättern des Omentum minus umgeben. Sie ist die Eintritts-/Austrittsstelle der 3 wichtigsten Leitungsbahnen der Leber (von links nach rechts, ↗ Abb. 6.6):

- **A. hepatica:** versorgt die Leber mit Sauerstoff und verzweigt sich intrahepatisch in die Aa. interlobares und interlobulares (= Vasa privata der Leber)
- **V. portae (Pfortader):** enthält venöses, nährstoffreiches Blut aus den unpaaren Bauchorganen und verzweigt sich in Vv. interlobares und interlobulares (= Vasa publica der Leber)
- **Ductus hepatici dexter** und **sinister,** die sich extrahepatisch zum **Ductus hepaticus communis** vereinigen und die Galle aus der Leber ableiten.

Von der Leberpforte aus verlaufen die 3 Leitungsbahnen extrahepatisch im Randbereich des Lig. hepatoduodenale nach kaudal. Des Weiteren treten verschiedene Nerven- und Lymphgefäße an der Porta hepatis in die Leber ein bzw. aus ihr aus.

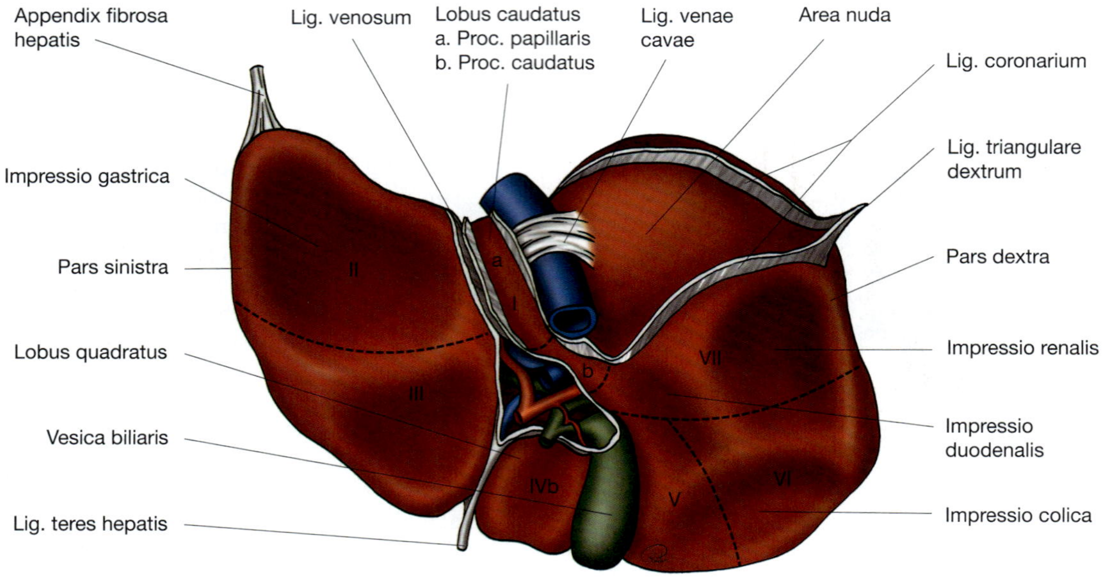

Abb. 6.28 Leber, Facies visceralis. Die römischen Zahlen bezeichnen die Lebersegmente, deren Grenzen durch gestrichelte Linien angedeutet sind. (Modifiziert nach [5])

Gliederung

Leberlappen

Makroskopisch bilden die Leberhauptspalte, die linke Leberspalte und die Leberpforte auf der Leberrückseite ein „H", das die **4 Leberlappen** begrenzt (↗ Abb. 6.28):

- **Lobus dexter:** lateral der Fissura portalis principalis
- **Lobus sinister:** medial der linken Leberspalte
- **Lobus quadratus:** zwischen Leberpforte, Gallenblasenbett und Lig. teres hepatis
- **Lobus caudatus:** zwischen Leberpforte, Sulcus venae cavae und Lig. venosum; weitere Unterteilung in einen Processus papillaris und einen Processus caudatus (zwischen Leberpforte und Sulcus venae cavae).

Klinik

In der **Oberbauchsonographie** wird der Lobus caudatus bei der Untersuchung der Leber ausgemessen. Ist er vergrößert, kann dies auf eine Leberzirrhose hinweisen.

Lebersegmente

Pfortader, A. hepatica und Gallengänge („Trias") verzweigen sich gemeinsam in der Leber zunächst in eine rechte und eine linke Gruppe, so dass eine Gliederung in einen funktionellen rechten und linken Leberteil möglich wird, mit der Fissura portalis principalis als Grenze.

Klinik

Die „Kava-Gallenblasen-Ebene" (und nicht das Lig. falciforme!) markiert die Grenze des funktionellen rechten und linken Leberteils (Partes dextra und sinistra), an der bei **Leberlappenresektionen** reseziert wird.

Dem weiteren Verzweigungsmuster der „Trias" folgend, lässt sich die Leber in 8 Segmente unterteilen (↗ Tab. 6.5, ↗ Abb. 6.29).

Klinik

Die Kenntnis der Lebersegmente ist wichtig in der Sonographie zur genauen Lokalisation pathologischer Veränderungen (z. B. Rundherde).

Die Lebervenen, die in die V. cava inferior münden, verlaufen in den Randbereichen der einzelnen Segmente.

Histologie

Läppchenstruktur

Umgeben ist die Leber von einer derben Bindegewebskapsel (**Glisson-Kapsel**), von der Trabekel in das Organinnere ziehen und das Leberparenchym in von Bindegewebsstraßen begrenzte polygonale klassische Leberläppchen (**Lobuli hepatis**) unterteilen.

Klinik

Bei stumpfen Bauchtraumen (vor allem im Rahmen von Polytraumata) können durch Zerreißung intrahepatischer Gefäße **subkapsuläre Leberhämatome** entstehen.

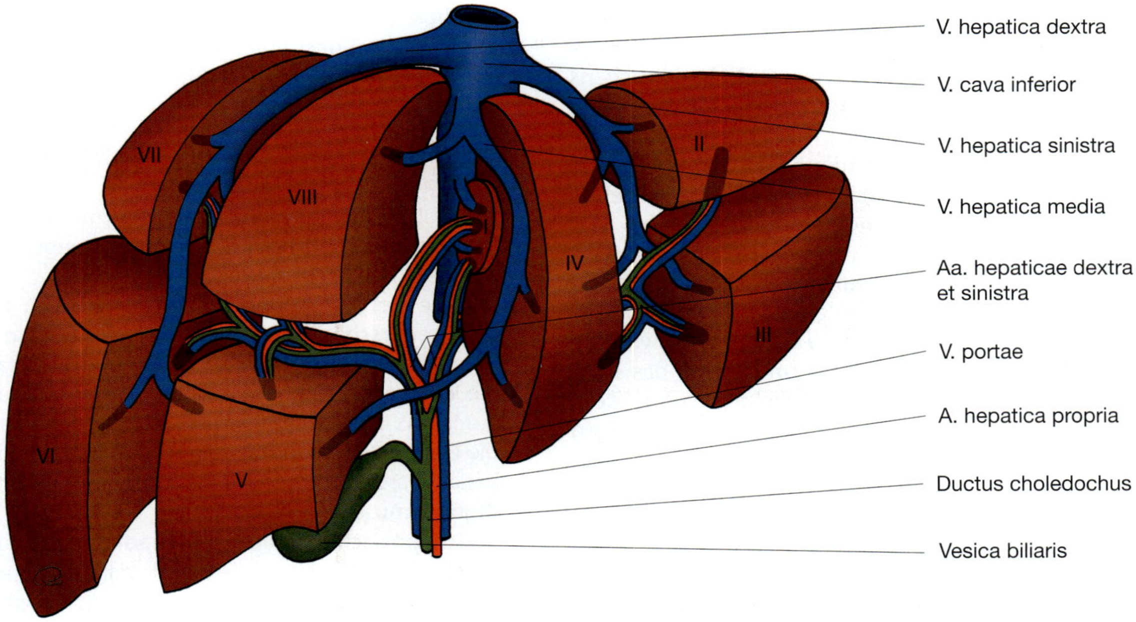

Abb. 6.29 Lebersegmente I–VIII.

Tab. 6.5 Lebersegmente

Lebersegment	Name	Lokalisation
I	Lobus caudatus	zwischen linker Leberspalte, Leberhauptspalte und Leberpforte, kaudal und dorsal
II	Segmentum laterale superius	lateral der linken Leberspalte, kranial
III	Segmentum laterale inferius	lateral der linken Leberspalte, kaudal
IVa	Segmentum mediale superius	zwischen linker Leberspalte, Leberhauptspalte und Leberpforte, kranial und ventral
IVb	Segmentum mediale inferius	zwischen linker Leberspalte, Leberhauptspalte und Leberpforte, kaudal
V	Segmentum anterius inferius	lateral der Leberhauptspalte, kaudal
VI	Segmentum posterius inferius	lateral der Leberhauptspalte, kaudal
VII	Segmentum posterius superius	lateral der Leberhauptspalte, kranial
VIII	Segmentum anterius superius	lateral der Leberhauptspalte, kranial und ventral

An den Eckpunkten der polygonalen Leberläppchen sind die retikulären Bindgewebsstränge zu **Periportalfeldern** erweitert. Jedes Periportalfeld enthält eine Arterie (Ast der A. interlobularis), eine Vene (Ast der V. interlobularis) und 2 Gallenkanälchen (Ductus biliferi interlobulares). Dieses Triplett wird als **Glisson-Trias** bezeichnet.

Die Struktur des klassischen Leberläppchens (**Zentralvenenläppchen**) ist durch balkenförmig und radspeichenartig von peripher nach zentral angeordnete Hepatozyten charakterisiert. Zwischen diesen Leberzellbalken verlaufen als Endgefäße der Glisson-Leberarterien und -venen die **Sinusoide.**

Zwischen benachbarten, durch Tight junctions (Zonulae occludentes) undurchlässig verbundenen Hepatozyten innerhalb eines Leberzellbalkens existiert (ohne Zwischenschaltung einer Epithelzellschicht) ein longitudinaler Spaltraum, der interzelluläre Gallengang (Gallenkapillare). Dieser mündet in die periportalen Gallenkanälchen.

Im Zentrum jedes klassischen Leberläppchens befindet sich eine **Zentralvene** (V. centralis, ↗ Abb. 6.30).

Neben dem Zentralvenenläppchen kann man das Leberparenchym nach verschiedenen funktionellen Gesichtspunkten auch anders einteilen (↗ Tab. 6.6 und Abb. 6.30):

- **Portalläppchen:** Zusammenfassung der Parenchymabschnitte, die von einem Pfortader- bzw. Interlobularast der Glisson-Trias versorgt werden. Somit liegt bei dieser Betrachtungsweise das Periportalfeld zentral, und die 3 benachbarten Zentralvenen bilden die Eckpunkte des dreieckigen Läppchens.
- **Leberazinus:** Bei dieser Betrachtungsweise wird der Sauerstoffversorgung des Leberparenchyms Rechnung getragen: Im Zentrum steht der Bereich, der am besten mit Sauerstoff versorgt wird, nämlich das Areal zwischen 2 Interlobulararterienästen, also zwischen 2 Periportalfeldern (Zone 1). In Richtung der beiden benachbarten Zentralarterien nimmt der Sauerstoffgehalt des Blutes kontinuierlich ab (Zone 2 + 3). Somit hat ein Leberazinus etwa die Form eines Parallelogramms, dessen Eckpunkte von 2 Periportalfeldern und 2 Zentralvenen markiert werden.

Klinik

Je nach Einteilung des Leberparenchyms sind verschiedene histomorphologische Schädigungsmuster der Leber zu erklären:

- Mithilfe des Portalläppchens kann man sich **toxische Leberschädigungen** (z. B. durch Medikamente) erklären: Die Noxen erreichen über die Pfortader die Leber und dringen von den Periportalfeldern aus in das Leberparenchym ein. Somit gehen zuerst die Leberzellen zugrunde, die den Periportalfeldern benachbart sind. Es resultiert ein **periportales Schädigungsmuster.**
- Bei **hypoxischen Leberzellschädigungen,** z. B. durch Rechtsherzinsuffizienz, ist das Verständnis des Leberazinus wichtig: Hierbei gehen zuerst die Hepatozyten zugrunde, deren Sauerstoffversorgung am schlechtesten ist. Es resultiert ein **läppchenzentrales Schädigungsmuster.**

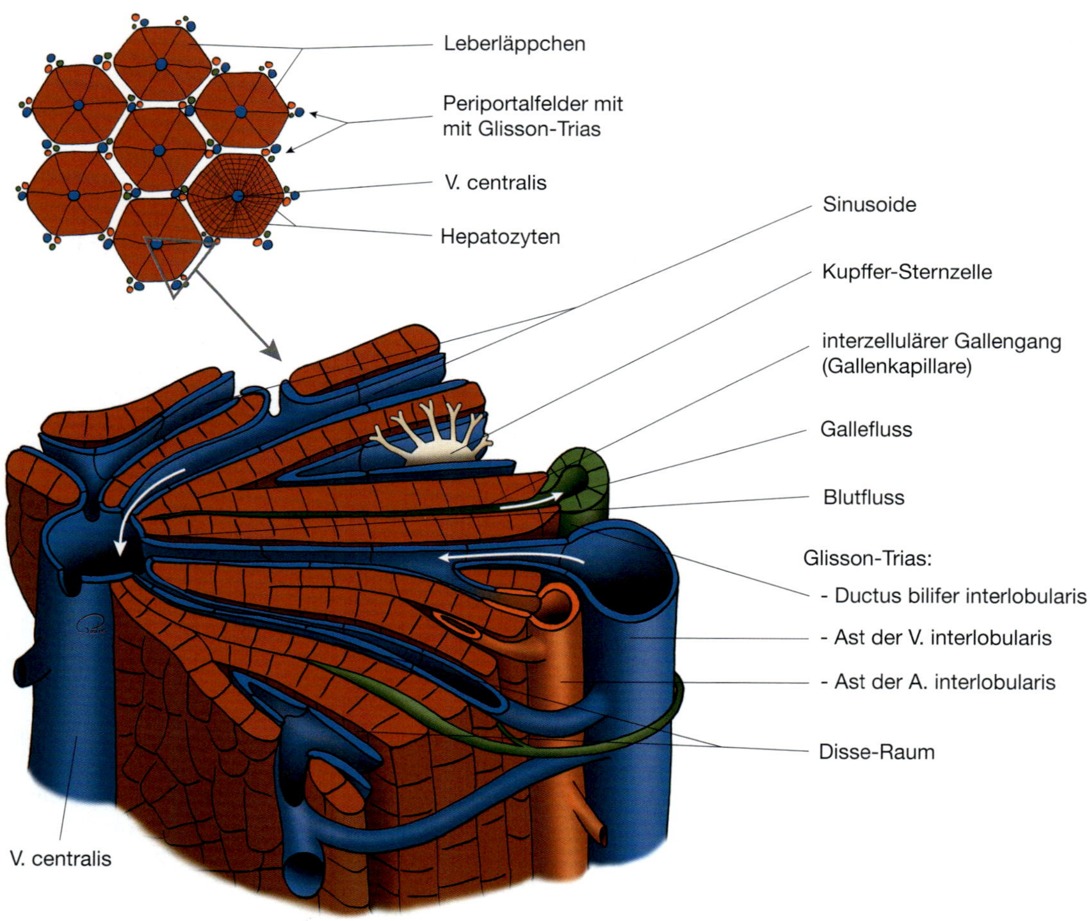

Abb. 6.30 Feinbau der Leberläppchen. Die Galle fließt von den Hepatozyten durch die Gallenkapillaren zu den Ductus biliferi interlobulares, also entgegengesetzt zum Blutfluss.

Tab. 6.6 Einteilungsformen des Leberparenchyms

Einteilung	Zentrum	Peripherie
Zentralvenenläppchen	Zentralvene	Periportalfeld
Portalvenenläppchen	Ast der V. interlobularis	3 benachbarte Zentralvenen
Leberazinus	Areal zwischen 2 Interlobulararterienästen	2 benachbarte Zentralvenen

Leberpassage des Blutes

Das Blut aus A. hepatica (sauerstoffreich) und Pfortader (nährstoffreich, sauerstoffarm) gelangt in das Periportalfeld. Von dort aus wird das Blut aus beiden Gefäßen in die Lebersinusoide geleitet, die damit Mischblut aus arteriellem und venösem, nährstoffreichem Blut enthalten (↗ Abb. 6.30). Das Mischblut fließt in Richtung Zentralvene und gibt während der Passage des Leberläppchens zum einen Sauerstoff ab und tauscht zum anderen Nährstoffe mit den Hepatozyten aus. Über die Zentralvene wird das Blut schließlich der V. cava inferior und dem Körperkreislauf zugeleitet.

Leberpassage der Gallenflüssigkeit

Die Gallenflüssigkeit fließt in den interzellulären Gallengängen in entgegengesetzter Richtung des Blutstroms von zentral nach peripher in die Gallengänge der Periportalfelder und von dort aus weiter in den Ductus hepaticus (↗ Abb. 6.30).

Zellarten

- **Hepatozyten:** Die mikrovillibesetzten Leberzellen sind für den Großteil der Leberfunktionen zuständig und enthalten zu diesem Zwecke reichlich Mitochondrien, ein gut ausgebildetes raues und glattes endoplasmatisches Retikulum und den Golgi-Apparat sowie zahlreiche Lysosomen, Lipidtropfen und Glykogenfelder. 25 % der Hepatozyten sind zweikernig.
- **Kupffer-Sternzellen:** Bei den Kupffer-Sternzellen handelt es sich um lysosomenreiche Abkömmlinge von Monozyten. Sie sind zur Phagozytose fähig und somit der unspezifischen Abwehr sowie dem Abräumen von eisenhaltigen Erythrozytenbruchstücken dienlich. Man findet sie zwischen den Endothelzellen der Sinusoide (↗ Abb. 6.30).
- **Ito-Zellen:** Sie sind zwischen Sinusoiden und Hepatozytenbalken im sog. Disse-Raum lokalisiert (↗ Abb. 6.30). Ito-Zellen enthalten große Lipidvakuolen, speichern Vitamin A und können sich in myofibroblastenartige Zellen umwandeln.

Klinik

Durch entzündliche oder toxische Einflüsse (z. B. Alkohol) gehen Hepatozyten zugrunde. Über das Zwischenstadium einer vermehrten Fetteinlagerung in die Leber kommt es zu einem reaktiven bindegewebigen Umbau mit vollständiger Zerstörung der Leberarchitektur (**Leberzirrhose**) und zunehmendem Funktionsverlust (s. u.). Den Ito-Zellen wird bei der vermehrten Kollagensynthese in diesem Zusammenhang eine wichtige Rolle zugeschrieben.

Funktion

Die Leber ist das größte Stoffwechselorgan des Körpers und hat vielfältige Aufgaben:

- **Kohlenhydratstoffwechsel:** Glykogensynthese, Glykogenolyse, Glukoneogenese, Umwandlung von Laktose, Sorbit und Xylit in Glukose
- **Proteinstoffwechsel:** Bildung fast aller Plasmaproteine (u. a. Albumin, Transport-, Akute-Phase-Proteine sowie Gerinnungsfaktoren) außer γ-Globuline im RER der Hepatozyten und Abgabe in den Disse-Raum, Abbau von Proteinen unter Bildung von Ammoniak
- **Fettstoffwechsel:** Bildung und Abbau freier Fettsäuren, Synthese von Cholesterin, Phospholipiden und Lipoproteinen (VLDL und HDL)
- **Speicherung** von
  - Glukose in Form von Glykogen
  - Fetten als Triglyzeride
  - Vitaminen (A, D, E, B_{12})
- **Biotransformation** und damit Entgiftung von Fremdstoffen wie Alkohol oder Medikamenten im GER, Aktivierung von Hormonen (z. B. Schilddrüsenhormone) oder Inaktivierung (z. B. Glukagon oder Steroidhormone)
- **Synthese von Harnstoff:** Umwandlung des beim Abbau von Proteinen produzierten Ammoniaks in Harnstoff, der über die Niere ausgeschieden werden kann (die Harnstoffbildung ist pH-abhängig und greift somit in die Säure-Basen-Regulation ein)
- **Ausscheidung** „gallepflichtiger Stoffe" (glukuronidiertes Bilirubin, Gallensäuren, Cholesterin, Phospholipide, Hormone, Pharmaka)
- **Verdauungsfunktion** durch die von der Leber sezernierten Gallensäuren, die eine bedeutende Rolle bei der Fettverdauung spielen
- **immunologische Funktion** über die vielen Makrophagen (Kupffer-Sternzellen), die der unspezifischen Abwehr dienen.

Klinik

Die Folgen einer **Leberzirrhose** lassen sich mit dem Verlust der Leberfunktionen und der Zunahme des intrahepatischen Gefäßwiderstandes im Pfortadersystem erklären:

- **Ikterus:** Durch unzureichende Bilirubinausscheidung nimmt Bilirubin im Blut zu, und die Haut wird gelblich verfärbt und juckt.

- **Aszites:** Durch Albuminmangel in den Blutgefäßen (und den damit erniedrigten kolloidosmotischen intravasalen Druck) sowie durch Zunahme des Portalgefäßwiderstandes (portale Hypertonie) im Zuge der Zerstörung der intrahepatischen Gefäßstruktur wird literweise Flüssigkeit in den Peritonealraum abgepresst.
- **vermehrte Blutungsneigung:** Die mangelnde Bildung von Gerinnungsfaktoren führt zu Hautblutungen (Ekchymosen).
- **Ösophagusvarizenblutungen:** Da die Passage des portalvenösen Blutes durch die Leber erschwert ist, nimmt es andere Wege (sog. portokavale Anastomosen, s. u.), um zur unteren Hohlvene zu gelangen, u. a. über die Vv. oesophageae, die durch den vermehrten Blutfluss platzen können. In Verbindung mit der vermehrten Blutungsneigung führt dies zu lebensgefährlichen Blutungen (Sterblichkeit 30–50%).
- **Splenomegalie:** Durch die portale Hypertonie staut sich Blut zurück in die Milz. Das Organ wird dadurch größer, und es werden vermehrt Thrombozyten abgebaut.
- **hepatische Enzephalopathie:** Die Akkumulation von Ammoniak aus dem Eiweißstoffwechsel durch verminderte Harnstoffbildung wirkt neurotoxisch. Die Betroffenen zeigen Verhaltens- und Bewusstseinsstörungen bis hin zum Koma.
- **hormonelle Störungen:** Mögliche Auswirkungen sind Potenzstörungen, Hodenatrophie, Gynäkomastie, Verlust der männlichen Sekundärbehaarung (↗ Abb. 6.32), Menstruationsstörungen.

Gefäßversorgung

Arterieller und venöser Zufluss

Die Leber erhält Blut über 2 große Gefäße:

- **A. hepatica propria:** Als Vas privatum versorgt sie die Leber mit sauerstoffreichem Blut. Sie entstammt der A. hepatica communis, einem Ast des Truncus coeliacus (↗ Abb. 6.11). Die A. hepatica propria verläuft im Lig. hepatoduodenale, gibt die **A. gastrica dextra** ab und verzweigt sich in der Leberpforte in einen **R. dexter** und einen **R. sinister.** Der R. dexter gibt vor dem Eintritt in die Leber noch die A. cystica ab.
- **V. portae:** Als Vas publicum führt sie der Leber nährstoffreiches, sauerstoffarmes Blut aus den unpaaren Bauchorganen (Dünn- und Dickdarm, Magen, Pankreas, Milz) zu. Die Pfortader wird aus **3 Hauptzuflüssen** gespeist (↗ Abb. 6.31):
  - **V. mesenterica superior:** erhält über die Vv. jejunales und ileales, die V. ileocolica sowie die Vv. colicae dextra und media Zuflüsse aus Dünn- und Dickdarm sowie über die V. gastroomentalis dextra, Vv. pancreaticoduodenales und Vv. pancreaticae Blut aus Magen, Duodenum und Pankreas
  - **V. splenica:** führt Blut aus der Milz und erhält über die Vv. gastricae breves und gastroomentalis sinistra Zuflüsse aus dem Magen und über die Vv. pancreaticae aus dem Pankreas
  - **V. mesenterica inferior** (mündet meist zuvor in die V. splenica): erhält über die V. colica sinistra, die Vv. sigmoideae und die V. rectalis superior Blut aus dem Dickdarm.

Nach Vereinigung der V. mesenterica superior und der V. splenica zur V. portae dorsal des Pankreaskopfes (Höhe LWK 2) verläuft diese im Lig. hepatoduodenale zur Leberpforte und nimmt dabei die **Vv. gastricae dextra** und **sinistra** auf. In der Leberpforte teilt sie sich in einen rechten und einen linken Hauptast. In den linken Ast münden vor Eintritt in die Leber noch die **Vv. paraumbilicales** und in den rechten die **V. cystica.**

Merke

Die Pfortader nimmt das **Blut aus den unpaaren Bauchorganen** auf. Das Blut aus den paarigen Bauchorganen fließt in die V. cava inferior. Ausnahmen: Rektum und Analkanal, die über den Plexus rectalis sowohl in das Pfortadersystem als auch in die V. cava inferior drainiert werden, sowie die Geschlechtsorgane, deren venöses Blut in die untere Hohlvene abfließt.

Venöser Abfluss

Nach der Passage der Leberläppchen wird das Blut in den Vv. centrales gesammelt, die sich zu sublobulären Venen, dann zu Vv. hepaticae und schließlich zu 3 großen Lebervenen zusammenschließen, der **Vv. hepaticae dextra, intermedia** und **sinistra.** Diese leiten das Blut der V. cava inferior zu.

Klinik

Portokavale Anastomosen sind Verbindungen zwischen Pfortader und Hohlvenensystem, mit denen die Leberpassage umgangen werden kann (gerne gefragt!). Sie haben klinische Relevanz bei Erhöhung des Strömungswiderstandes in der Leber (portale Hypertonie), z. B. im Rahmen einer Leberzirrhose. Es gibt 4 portokavale Anastomosen (↗ Tab. 6.7).

Lymphgefäße

Die Lymphdrainage wird über 2 Lymphgefäßnetze sichergestellt:

- **subperitoneales Netz:** Ein Großteil der Facies diaphragmatica und des Lobus caudatus wird in Lnn. mediastinales drainiert, die Lymphe aus dem ventralen linken Leberlappen wird in Lnn. pancreatici und cardiaci abgeleitet, die Facies visceralis und die Gallenblase werden in Lnn. hepatici und coeliaci drainiert.
- **intraparenchymatöses Netz:** Lymphbahnen, die Pfortader- und A.-hepatica-Äste begleiten, werden in die Lnn. hepatici abgeleitet, V.-hepatica-Begleitbahnen in Lnn. mediastinales.

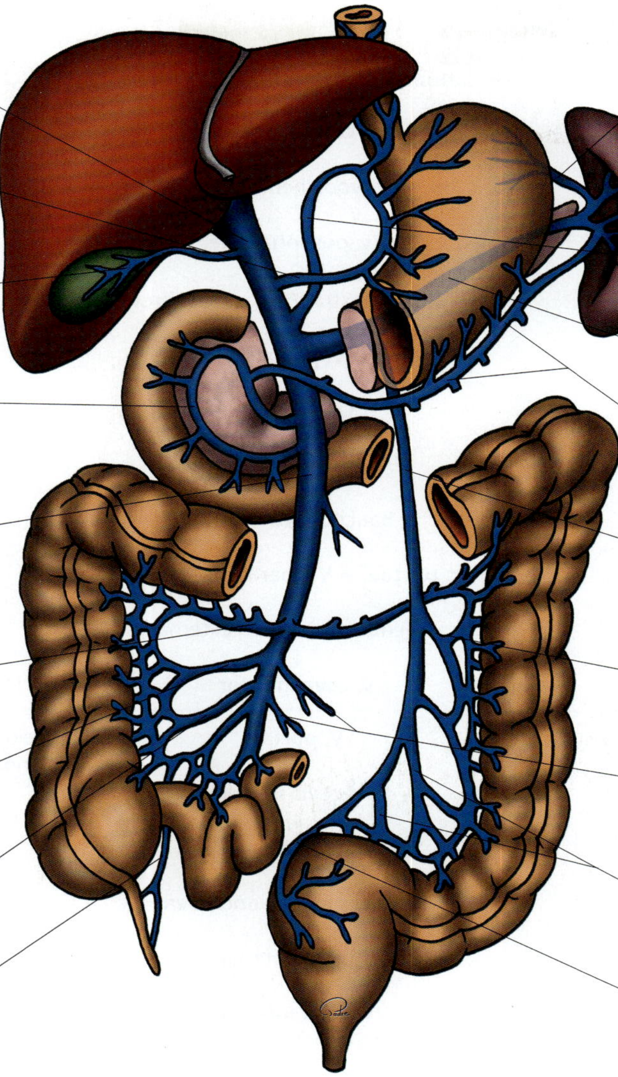

Abb. 6.31 Zuflüsse zur Pfortader.

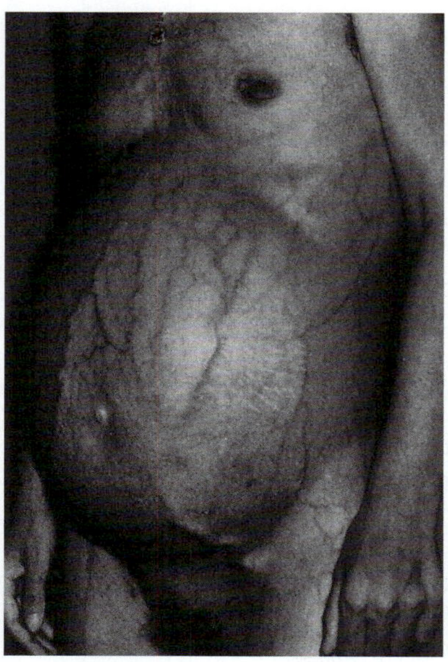

Abb. 6.32 „Medusenhaupt" bei Leberzirrhose. (Aus [8])

Innervation

Autonome Nervenfasern verlaufen entlang der A. hepatica zur Leber. Die **sympathische Innervation** erfolgt über Fasern aus dem Plexus coeliacus, die an der A. hepatica den Plexus hepaticus bilden. Die **parasympathischen Fasern** stammen aus dem Truncus vagalis anterior und gelangen über den Ramus hepaticus zur Leber. Leberkapsel und Lig. falciforme hepatis werden sensibel über Rr. phrenicoabdominales aus dem N. phrenicus dexter versorgt.

6.4.2 Gallenblase und extrahepatische Gallenwege

Topographie

Extrahepatische Gallenwege

Die interlobulären Gallengänge laufen mit den Ästen der A. hepatica und der Pfortader und vereinigen sich zu einem **Ductus hepaticus dexter** und einem **Duc-**

Tab. 6.7 Portokavale Anastomosen

Anastomose	Anatomie	klinisches Erscheinungsbild
zwischen Pfortader, Ösophagusvenen und V. cava superior	**V. cava superior** ↑ V. azygos/hemiazygos ↑ **Vv. oesophageae** ↑ V. gastrica dextra/Vv. gastricae breves ↑ **V. portae**	Erweiterung der Ösophagusvenen (Ösophagusvarizen), Komplikation bei Ruptur: lebensgefährliche Blutungen
zwischen Pfortader, Vv. paraumbilicales und V. cava superior/inferior	**V. cava superior** ↑ V. axillaris/V. subclavia ↑ Bauchdeckenvenen ↑ **V. portae → Vv. paraumbilicales** ↓ V. femoralis/V. iliaca externa ↓ **V. cava inferior**	Erweiterung der Bauchdeckenvenen (Medusenhaupt, ↗ Abb. 6.32)
zwischen Pfortader, Plexus venosus rectalis und V. cava inferior	**V. portae** ↓ V. rectalis superior ↓ **Plexus venosus rectalis** ↓ Vv. rectales medial und inferior ↓ V. iliaca interna ↓ **V. cava inferior**	Erweiterung der Rektalvenen (Hämorrhoiden)
zwischen Pfortader, Lumbalvenen und V. cava inferior	**V. portae** ↓ Venen der sekundär retroperitonealen Darmabschnitte ↓ **Vv. lumbales ascendentes** ↓ **V. cava inferior**	Flüssigkeitsaustritt in die Bauchhöhle (Aszites)

tus hepaticus sinister. In der Leberpforte fließen diese zum **Ductus hepaticus communis** zusammen, der den Beginn der extrahepatischen Gallengänge markiert (↗ Abb. 6.33 und 6.34).

Noch in der Nähe der Leberpforte vereinigt sich der ca. 4 cm lange Ductus hepaticus communis mit dem aus der Gallenblase stammenden **Ductus cysticus** zum **Ductus choledochus.** Dieser nimmt auf einer Gesamtlänge von ca. 6 cm folgenden Verlauf (↗ Abb. 6.14):

- **Pars supraduodenalis:** Verlauf im Randbezirk des Lig. hepaticoduodenale ventral/rechtsseitig der Pfortader
- **Pars retroduodenalis:** dorsal des Duodenums, der Pfortader benachbart
- **Pars pancreatica:** durch den Pankreaskopf hindurch
- **Pars intraduodenalis:** bohrt sich durch die Hinterwand der Pars descendens duodeni.

Kurz vor Einmündung des Gallengangs in den Dünndarm an der **Papilla duodeni major** (Vater-Papille) vereinigt sich der Ductus choledochus meist mit dem Ausführungsgang des Pankreas (Ductus pancreaticus) zur Ampulla hepatopancreatica. Hier befinden sich 2 Schließmuskeln, die den Galleabfluss in den Dünndarm regulieren (↗ Abb. 6.33):

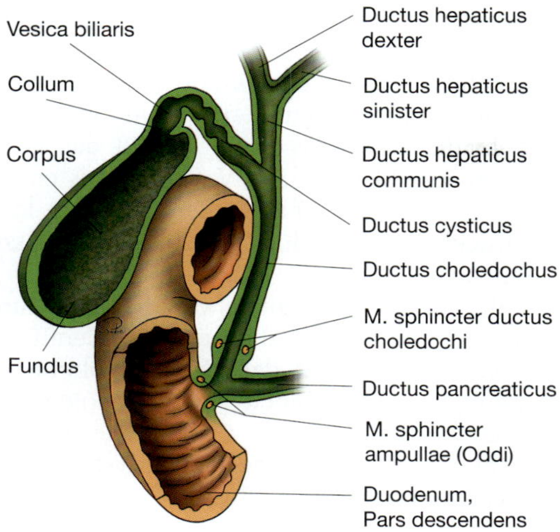

Abb. 6.33 Gallenblase (bestehend aus Collum, Corpus und Fundus) und extrahepatische Gallenwege.

- **M. sphincter ductus choledochi:** vor dem Zusammenschluss des Gallengangs mit dem Pankreasgang
- **M. sphincter ampullae** (Oddi): direkt an der Ampulle.

Merke

Die Anatomie der Gallenwege ist variabel. So können z. B. der Ductus cysticus auch in den Ductus hepaticus dexter oder die Ductus hepaticus dexter und sinister separat in das Duodenum münden.

Gallenblase (Vesica biliaris)

In der **Fossa vesicae biliaris** kaudal an der Facies visceralis der Leber lokalisiert, trennt die Gallenblase den Lobus hepaticus dexter vom Lobus quadratus. Sie überragt den unteren Leberrand und projiziert sich medial der rechten Medioklavikularlinie am unteren Rippenbogen auf die Bauchwand. Über den Ductus cysticus ist sie mit dem Gallengang verbunden. Sie hat topographische Beziehungen zur Leber, zum Duodenum und zur Flexura coli dextra.

Morphologie und Gliederung

Gallenwege

Während die Wand in dem Ductus hepaticus und choledochus glatt ist, ist die Schleimhaut im Ductus cysticus zu schraubigen Falten aufgeworfen, sog. **Plicae spirales** (Heister) cystici (↗ Abb. 6.33).

Gallenblase

Die Gallenblase (**Vesica biliaris**) ist ein ca. 8 cm langer und 3–4 cm dicker Sack und lässt sich makroskopisch in folgende Teile gliedern:

- Fundus: blindes Ende
- Corpus: Hauptstück
- Collum: Halsteil.

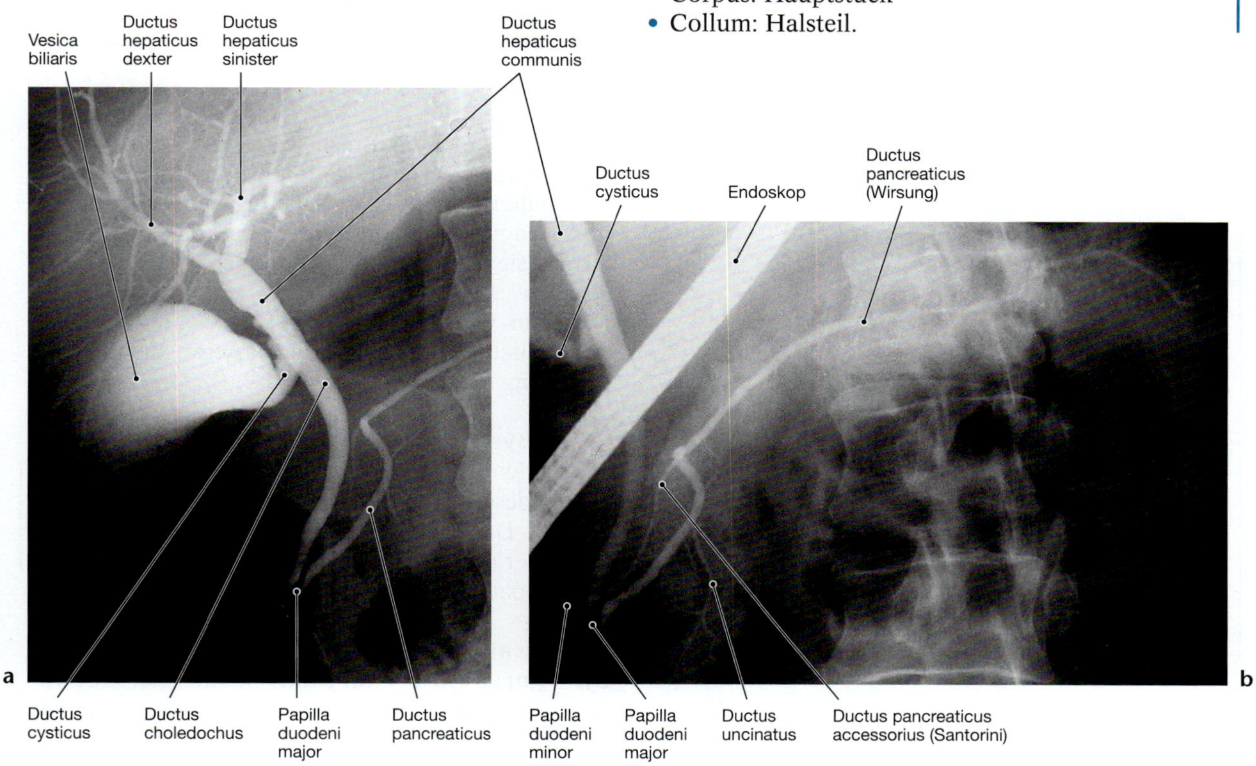

Abb. 6.34 Darstellung des Gallen- und Pankreasgangsystems in einer endoskopischen retrograden Cholangiopankreatikographie (= ERCP). (Aus [1])

Die 0,3–0,4 mm dicke Wand ist zu Schleimhautfalten aufgeworfen, die je nach Füllungszustand in ihrer Höhe variieren.

Histologie

Gallenwege

Die extrahepatischen Gallengänge besitzen eine ca. 0,4 mm dicke Wand:

- Tunica mucosa mit hochprismatischem Bürstensaumepithel und bindegewebiger Lamina propria
- Tunica fibromuscularis: Bindegewebsschicht mit glatten Muskelzügen
- Tunica adventitia.

Gallenblase

Die 0,3–0,4 mm dicke Wand weist eine ähnliche Struktur auf wie die extrahepatischen Gallenwege (von innen nach außen):

- **Tunica mucosa:**
  - Schleimhaut mit einschichtigem hochprismatischem Bürstensaumepithel, das neben der Sekretion von Muzinen auch der Resorption von NaCl und H_2O und somit der Eindickung der Galle dient
  - Lamina propria: lockere Bindegewebsschicht, in die muköse Drüsen eingelagert sind
- **Tunica muscularis** mit spiralförmig verlaufenden, sich überkreuzenden glatten Muskelzügen, mit denen die Gallenblase kontrahiert (die Muskelschicht ist unregelmäßig ausgebildet, eine Einteilung in eine äußere Längs- und innere Ringmuskelschicht wie im Verdauungskanal ist hier nicht möglich)
- **Tunica adventitia** (mit der Leberkapsel verwachsene Bindegewebsschicht) bzw. **Tunica serosa** (viszerale Peritonealschicht an der freien Oberfläche der Gallenblase, unterlagert von einer bindegewebigen Tela subserosa).

Klinik

Die Tunica mucosa der Gallenblase ist zu Cryptae tunicae mucosae (Rokitansky-Aschoff-Krypten) aufgeworfen, in denen Bakterien siedeln und eine Gallenblasenentzündung (**Cholezystitis**) verursachen können.

In der Tunica adventitia existieren manchmal akzessorische Gallengänge, die von der Gallenblasenwand direkt in die Leber ziehen (**Luschka-Gallengänge**). Nach einer Gallenblasenentfernung (Cholezystektomie) kann es dort zur Leckage kommen, so dass Galle in die Bauchhöhle gelangt und eine Bauchfellentzündung verursacht.

Funktion

Die Gallenblase hat die Funktion der Speicherung und Eindickung der dünnflüssigen Lebergalle und die bedarfsweise Abgabe in den Dünndarm. Die Leber produziert täglich 500–1800 ml Galle und gibt diese an die extrahepatischen Gallenwege weiter. Wenn die Sphinktermuskeln an der Mündung des Ductus choledochus in das Duodenum geschlossen sind, staut sich die Gallenflüssigkeit und gelangt retrograd in die Gallenblase, wo sie auf das 5- bis 10fache eingedickt wird. Die Vesica biliaris enthält normalerweise ca. 40–70 ml Gallenflüssigkeit, kann unter Druckbelastung jedoch bis zu 200 ml Flüssigkeit aufnehmen.

Nach der Nahrungsaufnahme wird die Leber durch das Hormon Sekretin zur Abgabe von Gallenflüssigkeit stimuliert, während das Cholezystokinin die Erschlaffung des M. sphincter ductus choledochus und eine Kontraktion der Gallenblase bewirkt. Außerdem hat das autonome Nervensystem Anteil an der Regulierung des Galleflusses.

Klinik

Durch ein Missverhältnis der verschiedenen Gallebestandteile (z. B. ein relatives Überwiegen von Cholesterin) kommt es zur Bildung von „Steinen" in der Gallenblase (**Cholezystolithiasis**). Gelangen einer oder mehrere dieser Steine in das galleableitende System (**Choledocholithiasis**), entstehen kolikartige Bauchschmerzen und ein Aufstau von Gallenflüssigkeit (Cholestase) mit Ikterus und u. U. einer Gallengangsentzündung (**Cholangitis**). Therapeutisch kann man den Gallengang in einer endoskopischen retrograden Cholangiopankreatikographie (**ERCP**) darstellen, die Papilla Vateri mit einem Nadelmesser erweitern (Papillotomie) und anschließend mit einem sog. Dormia-Korb im Gallengang lokalisierte Konkremente auf endoskopischem Wege extrahieren.

Die in den Dünndarm abgegebenen Gallensäuren werden nach Dekonjugation durch Bakterien im terminalen Ileum fast vollständig wieder resorbiert und gelangen über die Pfortader zurück zur Leber, aus der sie wieder an die ableitenden Gallenwege abgegeben wird. Durch diesen **enterohepatischen Kreislauf** werden von den 2–5 g Gallensäuren im menschlichen Körper nur täglich etwa 0,5 g ausgeschieden.

Gefäßversorgung

Die Gallenblase wird arteriell über die **A. cystica** versorgt. Diese entstammt dem R. dexter der A. hepatica propria. Das venöse Blut wird über die **V. portae** in die Leber geleitet. Die Lymphdrainage erfolgt in die Lnn. hepatici.

Innervation

Die sympathische und parasympathische Innervation erfolgt über Fasern aus dem **Plexus hepaticus,** mit denen auch afferente Schmerzfasern zu Gallenblase und Gallenwegen gelangen.

6.5 Pankreas

Überblick

Die ca. 18 cm lange und 100 g schwere Bauchspeicheldrüse ist die wichtigste Verdauungsdrüse des menschlichen Körpers. Sie lässt sich untergliedern in einen exokrinen Drüsenteil, in dem fast alle Enzyme für die Verdauung im Dünndarm gebildet werden, und einen endokrinen Teil, in dem verschiedene Hormone wie Insulin und Glukagon synthetisiert und in das Blut sezerniert werden.

Embryologie

Das Pankreas entsteht aus 2 Anlagen (↗ Abb. 6.26): Aus dem distalen Abschnitt des Vorderdarms wachsen eine **ventrale** und eine **dorsale entodermale Pankreasknospe** in das ventrale bzw. dorsale Mesenterium hinein. Die ventrale Pankreasknospe wächst nahe der Einmündungsstelle des Gallengangs. Aus ihr entsteht der kaudale Teil des Pankreaskopfes einschließlich des Processus uncinatus. Durch die Duodenaldrehung nach rechts gelangt die ventrale Pankreasknospe mit diesem zusammen nach dorsal und vereinigt sich dort mit der größeren dorsalen Pankreasknospe. Der größte Teil des Pankreas geht aus der dorsalen Anlage hervor.

Nach der Vereinigung beider Knospen verbindet sich der Ausführungsgang der ventralen Pankreasknospe mit dem distalen Abschnitt der dorsalen Knospe zum **Ductus pancreaticus major** (Ductus Wirsungianus). Der proximale Gangabschnitt der dorsalen Pankreasanlage mündet als **Ductus pancreaticus accessorius** etwas oberhalb des Ductus Wirsungianus in das Duodenum (↗ Abb. 6.14).

Klinik

Eine seltene Anomalie ist das **Pancreas anulare,** bei dem Pankreasgewebe ringförmig das Duodenum ummauert und dieses einengt. Es kommt vermutlich dadurch zustande, dass 2 ventrale Pankreasknospen ventral und dorsal um das Duodenum herumwachsen und sich dann mit der dorsalen Anlage vereinigen. Klinisch kommt es bei den Betroffenen meist schon im Kleinkindalter zu galligem Erbrechen und zum Darmverschluss.

Durch die Rotationsvorgänge des Magen-Darm-Trakts wird das Pankreas gemeinsam mit dem Duodenum nach rechts an das dorsale Peritoneum gepresst, so dass es damit verschmilzt und eine sekundär retroperitoneale Lage einnimmt.

Topographie

Das Pankreas liegt **sekundär retroperitoneal** und bildet die Hinterwand der Bursa omentalis. Somit sind die Hinterwand (Facies posterior) mit der Bauchwand verwachsen und die Vorderwand (Facies anterior) von Peritoneum parietale überzogen. Vom Unterrand der Bauchspeicheldrüse geht die Radix mesocolica aus, in der sich das Mesocolon transversum mit dem Boden der Bursa omentalis vereinigt (↗ Abb. 6.8). Die topographischen Beziehungen des Pankreas sind in ↗ Tabelle 6.8 zusammengefasst.

Gliederung

Das Pankreas lässt sich in folgende Abschnitte unterteilen (↗ Abb. 6.35):

- **Caput pancreatis** (Kopf): Es ist in die duodenale C-Schlinge eingebettet und nimmt einen sichelförmigen Verlauf mit einem kaudalen, hakenförmigen Fortsatz, dem **Processus uncinatus**. A. und V. mesenterica superior treten, nachdem sie zunächst dorsal des Pankreaskörpers verlaufen sind, an der **Incisura pancreatis** nach ventral und ziehen über den Processus uncinatus hinweg weiter nach kaudal.
- **Corpus pancreatis** (Körper): Das in Höhe des 1. oder 2. Lendenwirbels lokalisierte Corpus pancreatis beginnt an der Incisura pancreatis und zieht nach links über die Wirbelsäule und die Aorta hinweg, wo es zum Tuber omentale vorgebuckelt wird.
- **Cauda pancreatis** (Schwanz): Der Pankreasschwanz zieht nach links bis zum Milzhilum.

Das Pankreas besitzt einen 3–5 mm dicken Hauptausführungsgang, den **Ductus pancreaticus** (Wirsungianus), der das gesamte Organ vom Schwanz bis

Tab. 6.8 Lagebeziehungen des Pankreas

benachbarte Struktur	Verlauf/Lokalisation
Duodenum	umfasst C-förmig den Pankreaskopf
A./V. mesenterica superior	unterhalb des Pankreaskopfes
Ductus choledochus	durch den Pankreaskopf hindurch
A./V. splenica	am Pankreasoberrand
V. mesenterica inferior	unterhalb des Pankreaskopfes
Mesocolon transversum	am ventralen Pankreasrand
Magen	ventral
Dünndarmschlingen	Pankreasunterfläche
linke Niere und Nebenniere	unterhalb des Pankreasschwanzes
Milz	unterhalb des Pankreasschwanzes

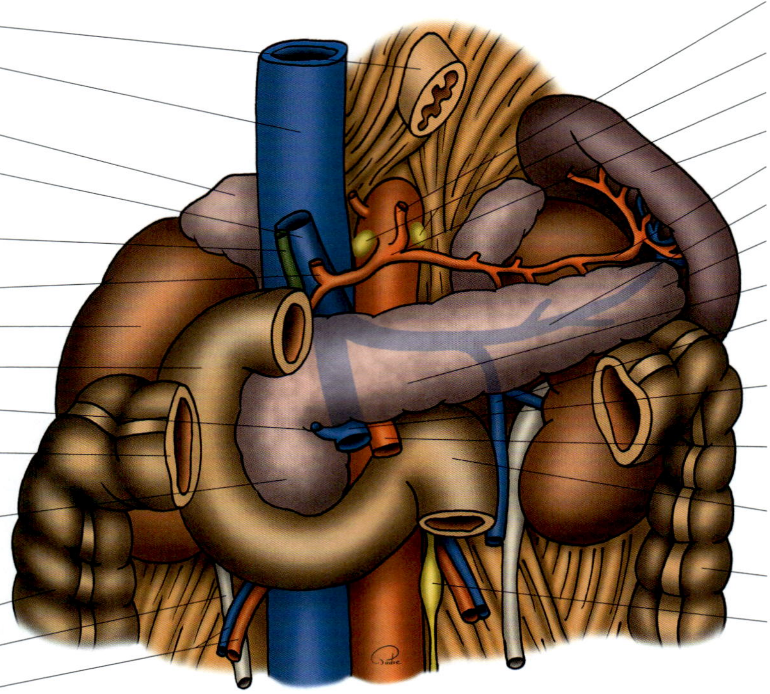

Abb. 6.35 Topographische Beziehungen des Pankreas, Ansicht von vorn.

zum Kopf durchzieht und meist gemeinsam mit dem Ductus choledochus an der Papilla duodeni major in das Duodenum mündet.

In 65 % der Fälle existiert als Überbleibsel des Ausführungsgangs der dorsalen Pankreasanlage zudem ein akzessorischer Pankreasgang, der **Ductus pancreaticus accessorius** (Santorini), dessen Mündung sich an der 2 cm kranial der Major-Papille gelegenen Papilla duodeni minor befindet (↗ Abb. 6.14).

Klinik

Fehlt der Ductus pancreaticus accessorius, kann das Pankreassekret bei Verlegung der Ampulle durch einen Gallenstein nicht abfließen, wodurch es zum Rückstau mit einer Entzündung der Bauchspeicheldrüse (**akute Pankreatitis**) kommt (s. u.). Somit sind Patienten mit fehlendem akzessorischem Pankreasgang anfälliger für die Entwicklung von Bauchspeicheldrüsenentzündungen.

Histologie

Das Pankreas ist von einer bindegewebigen Organkapsel umgeben, von der aus Septen in das Innere ziehen und das Organ in Läppchen unterteilen. Das Parenchym besteht aus Drüsenendstücken und Schaltstücken (exokrines Pankreas) sowie unregelmäßig verteilten Langerhans-Inseln (endokrines Pankreas).

Exokrines Pankreas

Es handelt sich um eine zusammengesetzte, rein seröse Drüse, die im histologischen Bild reich an Schaltstücken ist. Im Gegensatz zu den Speicheldrüsen fehlen Streifenstücke. Die Drüsenendstücke (Azini) enthalten 2 Zellarten:

- **seröse,** pyramidenförmige **Drüsenzellen (Azinuszellen):** Sie produzieren die pankreatischen Proenzyme und Enzyme, u. a. Amylase, Lipase, Trypsinogen, Chymotrypsinogen und Elastase. Wegen ihres Reichtums an ribosomenreichem RER sind sie basal stark basophil gefärbt. Sie sind untereinander durch Gap junctions verbunden. Stimuliert wird die Sekretion durch das in der Duodenalschleimhaut gebildete Cholezystokinin und vagales Acetylcholin.
- **zentroazinäre Zellen:** Diese hellen Zellen produzieren zusammen mit den Zellen der Drüsenschaltstücke ein seröses, bikarbonatreiches Sekret, das den sauren Magensaft im Duodenum neutralisiert. Stimuliert werden die zentroazinären Zellen durch das in der Duodenalschleimhaut produzierte Sekretin.

Endokrines Pankreas

Unregelmäßig in den Läppchen verteilt liegen vor allem im Pankreasschwanz ca. 1–2 Millionen **Langerhans-Inseln,** Ansammlungen verschiedener epithelialer Zellen, die Hormone produzieren (↗ Tab. 6.9). Das Insulin der B-Zellen wird in Sekretgranula gespeichert. Die Langerhans-Inseln werden von vielen Kapillaren mit einem sinusoid-Lückenhaften Epithel durchzogen, in die die Hormone bei Bedarf abgegeben werden.

Tab. 6.9 Zellen der Langerhans-Inseln und von ihnen produzierte Hormone

Zellgruppe	Hormon	Funktion
B-Zellen	Insulin	Senkung des Blutzuckerspiegels, Umwandlung von Glukose in Glykogen in der Leber
A-Zellen	Glukagon	Erhöhung des Blutzuckerspiegels, Umwandlung von Glykogen in Glukose in der Leber
D-Zellen	Somatostatin	Hemmung der Insulin- und Glukagonsekretion sowie der Motilität im Gastrointestinaltrakt
PP-Zellen	pankreatisches Polypeptid	Hemmung der exokrinen Pankreassekretion

Funktion

Exokrines Pankreas

Als wichtigste Verdauungsdrüse des menschlichen Körpers produziert die Bauchspeicheldrüse täglich 1,5–2 Liter Pankreassekret, das etwa 25 verschiedene Verdauungsenzyme enthält (↗ Tab. 6.10).

Nach der Nahrungsaufnahme sezernieren duodenale I-Zellen **Cholezystokinin,** das (neben dem N. vagus) die Enzymsekretion aus den Azinuszellen stimuliert. Das Pankreas gibt dabei seine Enzyme größtenteils in Form von inaktiven Vorstufen (**Zymogene**) an den Dünndarm ab. Die Enterokinase der Bürstensaummembran wandelt das pankreatische Trypsinogen zu Trypsin um. Dieses wiederum aktiviert die anderen Verdauungsenzyme.

Eine weitere Funktion des exokrinen Pankreas besteht in der **Neutralisation des sauren Magenbreis** im Dünndarm mittels des bikarbonatreichen Sekretes aus den zentroazinären Zellen. Diese werden durch Sekretin stimuliert.

Tab. 6.10 Pankreasenzyme und ihre Funktion

Pankreasenzyme	Funktion
Proteasen (z. B. Trypsin, Chymotrypsin, Elastase)	Aufspaltung von Eiweißen
Glykosidasen (α-Amylase)	Aufspaltung von Kohlenhydraten
Lipasen (z. B. Lipase, Cholesterolesterase, Phospholipase A)	Aufspaltung von Fetten
Nukleasen (Ribonuklease, Desoxyribonuklease)	Aufspaltung von RNA und DNA

Klinik

Eine Selbstandauung des Pankreas durch seine eigenen Enzyme kann zu einer lebensgefährlichen Bauchspeicheldrüsenentzündung (**akute Pankreatitis**) führen. Die häufigsten Ursachen hierfür sind Gallensteine, die die Ampulle verlegen und einen Rückstau von Gallen- und Pankreassekret bewirken, und Alkohol. Die Betroffenen klagen über heftigste, gürtelförmige Oberbauchschmerzen. Erkennbar ist die akute Pankreatitis außerdem an erhöhten Lipase- und Amylasespiegeln im Blut. Bei fortschreitenden bzw. rezidivierenden Entzündungen (**chronische Pankreatitis**) resultieren irreversible Organschäden mit Kalkeinlagerungen in das Organ und der Ausbildung zystischer Strukturen (Pseudozysten). Im Verlauf kann ein kompletter Funktionsverlust des Pankreas auftreten.

Endokrines Pankreas

Im Inselorgan werden wichtige Hormone produziert (↗ Tab. 6.9), wobei vor allem das Insulin von klinischer Bedeutung ist.

Klinik

Beim **Diabetes mellitus Typ 1** werden Autoantikörper gegen die B-Zellen gebildet, die dadurch zerstört werden. Die Insulinproduktion sistiert, und der Blutzuckerspiegel steigt an. Die Glukose wird über den Urin ausgeschieden (Glukosurie) und „zieht" dabei Wasser mit sich, so dass die Patienten mehr als 4 Liter Wasser pro Tag über den Urin ausscheiden (Polyurie). Der Wasserverlust wird von den Betroffenen durch exzessives Trinken ausgeglichen (Polydipsie). Durch den Kalorienverlust über den Harn klagen sie außerdem über eine Gewichtsabnahme und Heißhunger. Die Patienten müssen lebenslang mit Insulin behandelt werden, um den Blutzuckerspiegel in physiologischen Grenzen zu halten und neben akuten lebensgefährlichen Komplikationen wie dem hyperglykämischen Koma Spätschäden an Niere (diabetische Glomerulosklerose mit Niereninsuffizienz), Netzhaut (diabetische Retinopathie mit Erblindung), Nerven (diabetische Polyneuropathie) und Gefäßsystem (koronare Herzerkrankung) zu verhindern.

Gefäßversorgung

Arterien

Der **Pankreaskopf** wird gemeinsam mit dem Duodenum über einen Gefäßkranz versorgt, der aus folgenden Arterien gespeist wird (↗ Abb. 6.36):

- Rr. anterior und posterior der **A. pancreaticoduodenalis superior** aus der A. gastroduodenalis
- Rr. anterior und posterior der **A. pancreaticoduodenalis inferior** aus der A. mesenterica superior.

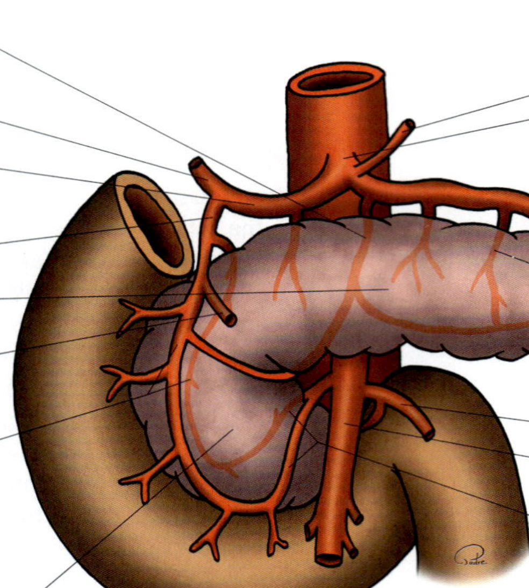

Abb. 6.36 Arterielle Gefäßversorgung des Pankreas.

Pankreaskörper und **-schwanz** werden durch Äste der **A. splenica** mit arteriellem Blut versorgt:

- Rr. pancreatici
- A. pancreatica dorsalis
- A. pancreatica inferior: stammt aus der A. pancreatica dorsalis, durchzieht kaudal parallel zur A. splenica das Pankreas und steht häufig über eine A. pancreatica transversa mit den Aa. pancreaticoduodenales in Verbindung.

Intrapankreatisch geht der Arterienverlauf über das Kapillarbett der Langerhans-Inseln in die perilobulären Kapillaren.

Venen

Der venöse Abfluss erfolgt über **Vv. pancreaticae,** die in die V. splenica und die V. mesenterica superior münden, sowie über **Vv. pancreaticoduodenales** in die obere Mesenterialvene.

Lymphgefäße

Die Lymphe aus dem **Pankreaskopf** wird über die Lnn. pancreaticoduodenales anteriores und posteriores (Verlauf mit den Arterien) in die Lnn. hepatici und mesenterici superiores geleitet.

Das **Corpus** wird über die Lnn. pancreatici superiores entlang der Milzarterie und die Lnn. pancreatici inferiores entlang dem kaudalen Pankreasrand in Truncus-coeliacus- und A.-mesenterica-superior-Lymphknoten drainiert.

Der Lymphe aus der **Cauda** wird außerdem in splenische, mesokolische und Kardialymphknoten geleitet.

Innervation

Der Plexus pancreaticus geht aus dem Plexus coeliacus hervor und enthält sympathische und parasympathische Nervenfasern. Außerdem treten Nervenfasern direkt aus dem gastralen N. vagus in die Bauchspeicheldrüse ein. Der Sympathikus stimuliert die Glukagon-, der Parasympathikus die Insulinbildung sowie die exokrine Pankreassekretion.

6.6 Milz (Splen, Lien)

Überblick

Die Milz ist das größte lymphatische Organ des menschlichen Körpers und wird täglich von ca. 250 Litern Blut durchströmt. Sie hat eine zentrale Funktion in der Immunabwehr von Krankheitserregern im Blut. Außerdem werden in der Milz überalterte Erythrozyten abgebaut.

Embryologie

Die Milz entsteht aus einer **mesenchymalen Verdichtung** zwischen beiden Blättern des dorsalen Mesogastriums (↗ Abb. 6.3). Zunächst ist sie in Milzläppchen gegliedert, die sich jedoch bis zur Geburt zurückbilden. Die in der ausgebildeten Milz erkennbaren Vorwölbungen am oberen Rand sind Überreste davon.

Durch die Entstehung der Milz im dorsalen Magen-Meso wird dieses unterteilt in ein

- **Lig. gastrosplenicum** [gastrolienale] zwischen Magen und Milzhilum und ein
- **Lig. splenorenale** [lienorenale] + **Lig. phrenicosplenicum** [phrenicolienale] zwischen Milzhilum und Niere bzw. Zwerchfell (↗ Abb. 6.9).

Topographie

Die Milz liegt **intraperitoneal** in der linken Regio hypochondriaca dorsal des Magens kaudal dem Zwerchfell an und folgt mit ihrer Längsachse im Liegen dem Verlauf der 10. Rippe (↗ Abb. 6.35). Dort ist sie im Bereich der hinteren Axillarlinie manchmal von außen tastbar. Sie beteiligt sich an der linken Begrenzung der Bursa omentalis. Benachbart liegen kaudal die Flexura coli sinistra, die Vorderfläche und der äußere Rand der linken Niere, medial der Pankreasschwanz sowie oberhalb des Zwerchfells der linke Lungenunterlappen. Mit ihrem Unterrand liegt sie in der Milznische, die vom Lig. phrenicocolicum gebildet wird.

Klinik

Die Milz ist atemverschieblich und kann, wenn sie vergrößert ist (**Splenomegalie**), bei tiefer Inspiration in der linken Regio hypochondriaca getastet werden.

Morphologie

Die Milz wird als „4711"-Organ bezeichnet, da sie normalerweise etwa 4 cm dick, 7 cm breit und 11 cm lang ist. Sie ist etwa 150–200 g schwer. Man unterscheidet einen eingekerbten oberen und einen stumpfen unteren Rand (**Margines superior** und **inferior**) sowie einen vorderen und hinteren Pol (**Extremitates anterior** und **posterior**). Ähnlich wie die Leber wird die Milz in 2 Flächen unterteilt:

- **Facies diaphragmatica** (Zwerchfellfläche): konvex
- **Facies visceralis** (Eingeweidefläche, ↗ Abb. 6.37): konkav mit Oberflächenimpressionen durch die Nachbarorgane:
  - Facies gastrica
  - Facies renalis
  - Facies colica.

An der Grenze zwischen Facies gastrica und renalis befindet sich das **Milzhilum** (Milzhilus, Hilum splenicum [lienale]), wo die Äste der A. und V. splenica in die Milz ein- bzw. aus ihr heraustreten.

Klinik

Es kann bei unterschiedlichen Erkrankungen zu einer Vergrößerung der Milz (**Splenomegalie**) kommen:

- Leberzirrhose: bei portalem Hochdruck durch Blutrückstau in die Milzvene
- Pfeiffer-Drüsenfieber („kissing disease", Synonym: Mononuklease): Viruserkrankung bei jungen Menschen
- Leukämien, Morbus Hodgkin
- Sepsis
- Malaria
- Milzzysten durch Hundebandwürmer (Echinokokken).

Histologie

Unterhalb einer Tunica serosa ist die Milz von einer straffen bindegewebigen Kapsel umgeben, aus der Trabekel in das Organinnere ziehen. An den Trabekeln ist das bindegewebige, retikuläre Maschenwerk (Milzstränge) der Milzpulpa „aufgehängt". In den Trabekeln verlaufen die Balken- bzw. Trabekelarterien und -venen.

Bei einem Längsschnitt durch die Milz sieht man unterschiedlich gefärbte parenchymatöse Areale (↗ Abb. 6.38):

- **rote Pulpa:** In den Milzsträngen liegen (zum venösen Schenkel zählende) Sinusoide. Sie sind mit stabförmigen Endothelzellen ausgekleidet, zwischen denen schlitzförmige Lücken bestehen. Die rote Farbe kommt von ihrem Erythrozytenreichtum.

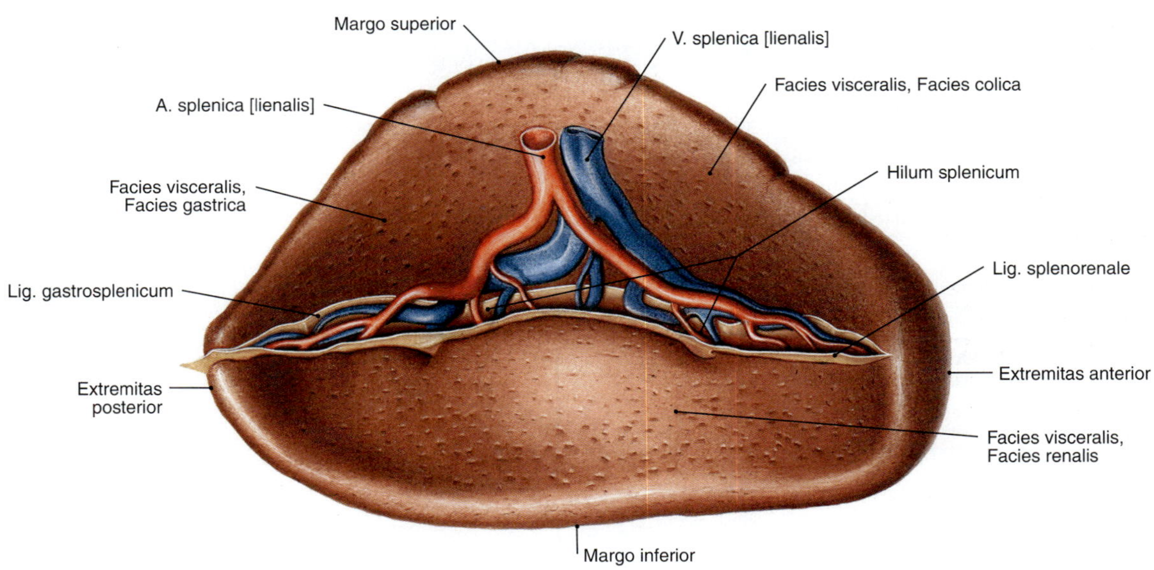

Abb. 6.37 Milz, Facies visceralis. (Aus [15])

- **weiße Pulpa:** stecknadelkopfgroße weiße Knötchen im Milzparenchym aus lymphatischen Zellen. Man unterscheidet 2 wichtige Strukturen:
  - **PALS** (periarterioläre lymphatische Scheide): um sog. Zentralarterien herum gruppierte T-Lymphozyten
  - **Milzknötchen** (Malpighi-Körperchen): kugelförmige, meist seitlich der PALS lokalisierte Lymphfollikel aus B-Lymphozyten.

An der Grenze zwischen weißer und roter Pulpa befindet sich die **Marginalzone.** In dieser verlaufen kapilläre Marginalsinus, aus denen B- und T-Lymphozyten aus dem Blutkreislauf in die weiße Pulpa wandern können. Außerdem findet man hier viele Makrophagen, die mit dem Blut angeschwemmte Antigene phagozytieren und den Lymphozyten präsentieren.

Klinik

Ein tückisches Krankheitsbild ist die **zweizeitige Milzruptur,** die nach stumpfen Bauchtraumen auftreten kann: Zunächst entsteht ein subkapsuläres Milzhämatom mit intakter Organkapsel. Wird der Druck durch das Hämatom stärker, kann die Milzkapsel nach einem stunden- bis tagelangen symptomfreien Intervall plötzlich rupturieren und eine lebensgefährliche Blutung verursachen.

Zum Verständnis der Funktionsweise der Milz ist es unabdingbar, sich die intrasplenische Gefäßaufzweigung vor Augen zu führen (↗ Abb. 6.39 und 6.40):

Das Blut aus der A. splenica wird über die Trabekel- in die Pulpaarterien geleitet. Von den Endkapillaren aus fließt ein Teil des Blutes direkt in die Milzsinus („**geschlossene Strombahn**"). Der größte Teil des Blutes scheint jedoch zunächst zwischen das retikuläre Maschenwerk der Milzstränge geleitet zu werden und fließt erst dann in die Sinus ab („**offene Strombahn**"). Anschließend wird das Blut über Pulpa- und Trabekelvenen in die V. splenica geleitet.

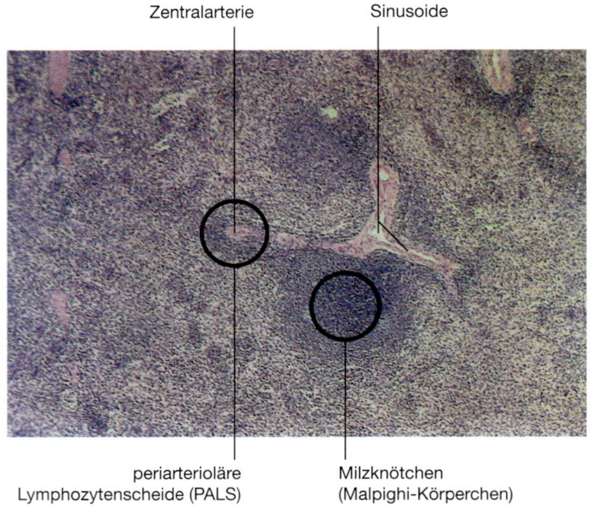

Abb. 6.38 Milz, histologischer Schnitt. (Aus [8])

Funktion

Im Wesentlichen erfüllt die Milz 2 Funktionen:

- **Erythrozyten-** und **Thrombozytenabbau** (rote Pulpa): Die Erythrozyten müssen sich zwischen dem Netzwerk aus Milzsträngen und den Endothelzel-

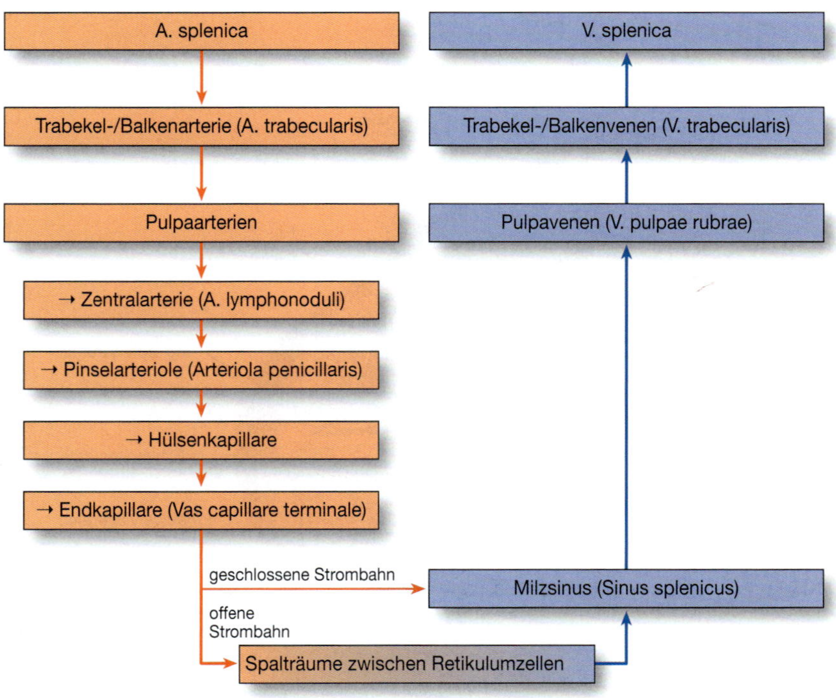

Abb. 6.39 Intrasplenische Gefäßaufzweigung (Schema).

Abb. 6.40 Intrasplenische Gefäßaufzweigung. (Aus [4])

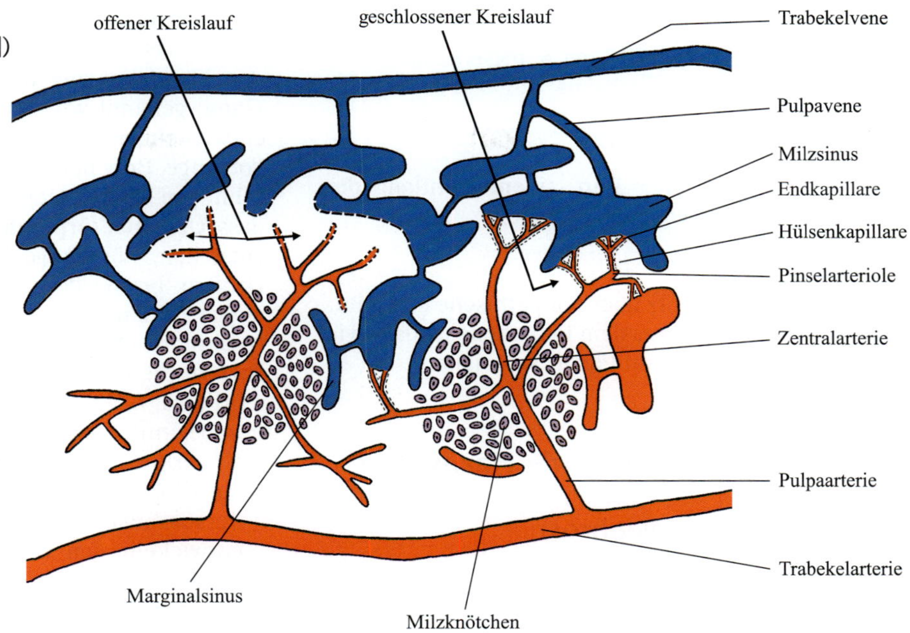

len der Milzsinus hindurchzwängen. Alte Erythrozyten sind weniger verformbar, bleiben im retikulären Netz hängen und werden von Makrophagen phagozytiert. Das Eisen wird in Form von Hämosiderin gespeichert. Auch Thrombozyten werden in der Milz sequestriert.

- **immunologische Funktion** (weiße Pulpa): Durch ihren Reichtum an Lymphozyten (20-mal mehr als in sämtlichen Lymphknoten zusammen) und ihre Einschaltung in den Blutkreislauf hat die Milz eine zentrale Bedeutung in der spezifischen Abwehr von Krankheitserregern in der Blutbahn. Die vor allem in den Marginalzonen lokalisierten Makrophagen phaygozytieren Antigene aus dem Blut und präsentieren diese den Lymphozyten auf ihrer Oberfläche, um deren Antikörperbildung anzuregen.

Klinik

Bei der autosomal-dominant vererbten Kugelzellanämie (**Sphärozytose**) haben die Erythrozyten eine Kugelform, wodurch sie im Maschenwerk der Milz hängen bleiben und vermehrt abgebaut werden. Außerdem verfügen sie über eine verminderte osmotische Resistenz. Insgesamt resultiert daraus eine Reduktion der roten Blutkörperchen im peripheren Blut (Anämie). Neben einer Milzvergrößerung (Splenomegalie) kommt es durch vermehrt anfallendes Bilirubin aus den abgebauten Erythrozyten zu einer Gelbfärbung der Haut (Ikterus) und der Ausbildung von Pigment-Gallensteinen. Therapie der Wahl ist eine Entfernung der Milz (Splenektomie).

Eine Komplikation während der ersten 2–3 Wochen nach Splenektomie ist eine Thrombose durch die vermehrte Anzahl von Thrombozyten im Blut (Thrombozytose).

Klinik

Nach einer Splenektomie sind vor allem jugendliche Patienten vermehrt infektgefährdet. Die schwerste Form einer solchen Infektion ist die meist tödliche „overwhelming postsplenectomy infection" (**OPSI**) durch eine Pneumokokkensepsis. Um dieser vorzubeugen, müssen Patienten vor Splenektomie und 5–10 Jahre danach aktiv gegen Pneumokokken und Haemophilus influenzae geimpft werden oder eine lebenslange Penicillinprophylaxe erhalten. Eine Splenektomie bei Kindern < 5 Jahren ist wegen der Infektgefährdung sogar kontraindiziert.

Während der Fetalzeit findet in der Milz (wie in der Leber) außerdem zeitweise Blutbildung (Hämatopoese) statt.

Gefäßversorgung

Die arterielle Blutversorgung erfolgt über die **A. splenica** aus dem Truncus coeliacus, die gemeinsam mit der V. splenica parallel zum Pankreasoberrand nach links zum Milzhilum zieht (↗ Abb. 6.36). Auf ihrem Weg zur Milz gibt die Arterie mehrere Äste zu Magen und Pankreas ab.

Der venöse Abfluss geht über die **V. splenica,** die sich (nach Aufnahme von Magen- und Pankreasvenen sowie der V. mesenterica inferior) mit der V. mesenterica superior zur Pfortader vereinigt (↗ Abb. 6.31).

Merke

Somit ist die V. splenica am venösen Abfluss aus Magen, Pankreas und dem Gebiet der V. mesenterica inferior (Kolon distal des Cannon-Böhm-Punktes und oberes Rektum) beteiligt, jedoch nicht am Abfluss aus dem Versorgungsgebiet der A. mesenterica superior (Dünndarm, Kolon proximal des Cannon-Böhm-Punktes).

Die Lymphe wird über **Lnn. splenici** entlang der A. splenica in Lnn. coeliaci abgeleitet.

Innervation

Innerviert wird die Milz über sympathische und parasympathische Fasern aus dem Plexus coeliacus sowie viszerosensible Fasern im Plexus splenicus.

6.7 Niere und ableitende Harnwege

6.7.1 Niere (Ren, Nephros)

Überblick

Die paarigen Nieren halten die Homöostase der Körperflüssigkeiten konstant, indem sie über Ausscheidungs- und Resorptionsvorgänge Flüssigkeitsmenge, Osmolarität, pH-Wert und Elektrolyte im physiologischen Gleichgewicht halten. Außerdem werden über die Nieren Stoffwechselendprodukte in Form von Harnstoff sowie Fremdstoffe (z. B. Medikamente) ausgeschieden. Des Weiteren bilden die Nieren Hormone (Renin-Angiotensin-System, Erythropoetin), die eine Rolle in der Blutdruckregulierung und Blutbildung spielen, und synthetisieren Vitamin D_3.

Der Harn, der in der Niere gebildet wird, wird aus den Kelchen des Nierenbeckens über die ableitenden Harnwege (Ureter, Harnblase, Urethra) aus dem Körper geleitet.

Embryologie

Das uropoetische System (Nieren und ableitende Harnwege) entwickelt sich aus den **mesodermalen Ursegmentstielen** (Nephrotome), die nach ventral wandern und sich dort zu den 2 mesonephrogenen Gewebssträngen vereinigen. Aus diesen entwickeln sich Harnkanälchen und Nierentubuli. Die **nephrogenen Gewebsstränge** wölben sich in Form von 2 longitudinalen Urogenitalfalten in das intraembryonale Zölom vor (↗ Abb. 6.41).

Während der Embryonalzeit entwickeln sich nacheinander **3 Nierengenerationen** (↗ Abb. 6.42):

- **Vorniere** (Pronephros): Die Vorniere entwickelt sich Anfang der 4. Woche in den Halssegmenten und bleibt rudimentär und funktionslos. Kaudal wächst der **Vornierengang** aus und mündet in die Kloake. Der Vornierengang bleibt erhalten und wird zum Urnierengang, während sich die Vorniere wieder vollständig zurückbildet.
- **Urniere** (Mesonephros): Die Urniere entsteht Ende der 4. Woche kaudal der rückgebildeten Vorniere. Das mesonephrogene Gewebe bildet dabei Nierenbläschen aus, die sich durch ausgiebiges Längenwachstum zu Urnierenkanälchen auswachsen. Lateral verschmelzen die Urnierenkanälchen mit dem Vornierengang, der jetzt Urnierengang (**Wolff-Gang**) genannt wird. Aus den Urnierenkanälchen entwickeln sich durch entsprechende Wachstumsvorgänge Bowman-Kapseln, in die sich Kapillarschlingen als Glomerulusschlingen einstülpen, so dass **Urnierenkörperchen** (Malpighi-Körperchen) entstehen. Für einige Wochen funktioniert diese Urniere, bis sie degeneriert. Der Wolff-Gang und einige Urnierenkanälchen bleiben erhalten.
- **Nachniere** (Metanephros): Anfang der 5. Woche beginnt die Entwicklung der bleibenden Nachniere, die ca. 6 Wochen später mit der Harnproduktion beginnt. Sie entsteht aus 2 Anlagen:
  - Ureterknospe: Kurz vor seiner Einmündung in die Kloake sprosst aus dem Urnierengang nach dorsokranial die Ureterknospe aus. Aus dieser entwickeln sich Ureter, Nierenbecken, Nierenkelche und Sammelrohre.
  - metanephrogenes Gewebe: Dieses Gewebe umgibt kappenartig die Ureterknospe. Jedes blind endende Sammelrohr induziert hier die Bildung eines Nierenkörperchens (mit Bowman-Kapsel und Glomerulus) und Nierenkanälchens, das durch weiteres Wachstum die Tubuli bildet.

Zusammenfassend kann man also sagen, dass der harnbildende Tubulusapparat aus dem metanephrogenen Gewebe und das Sammelrohr-, Nierenbecken- und Nierenkelchsystem sowie der Ureter aus der Ureterknospe entstehen. Die Nachnieren werden zunächst im kleinen Becken angelegt, machen jedoch im Laufe ihrer Entwicklung durch das embryonale Längenwachstum einen **Aszensus** durch, bis sie Ende der 9. Woche ihre endgültige Lage erreichen. Während des Aszensus werden die Nieren aus den jeweils benachbarten Gefäßen versorgt (zunächst aus der A. sacralis media und A. iliaca communis). Wenn sie ihre endgültige Lage erreicht haben, erfolgt die Blutversorgung durch die Aa. renales aus der Aorta abdominalis.

Merke

Die Entwicklung der Nachniere beginnt Anfang der 5. Woche, sie erreicht ihre endgültige Lage Ende der 9. Woche und beginnt mit der Harnproduktion etwa in der 11. Woche.

Klinik

Hinsichtlich Lage und Form gibt es verschiedene **Anomalien der Nieren:**

- Beckenniere: Die betroffene Niere bleibt durch unzureichenden Aszensus im Becken.
- Wanderniere: Die betroffene Niere tritt – aus ursprünglich normaler Lage – tiefer.
- Kuchenniere: Beide Nieren verschmelzen zu einer Masse (mit 2 Ureteren).

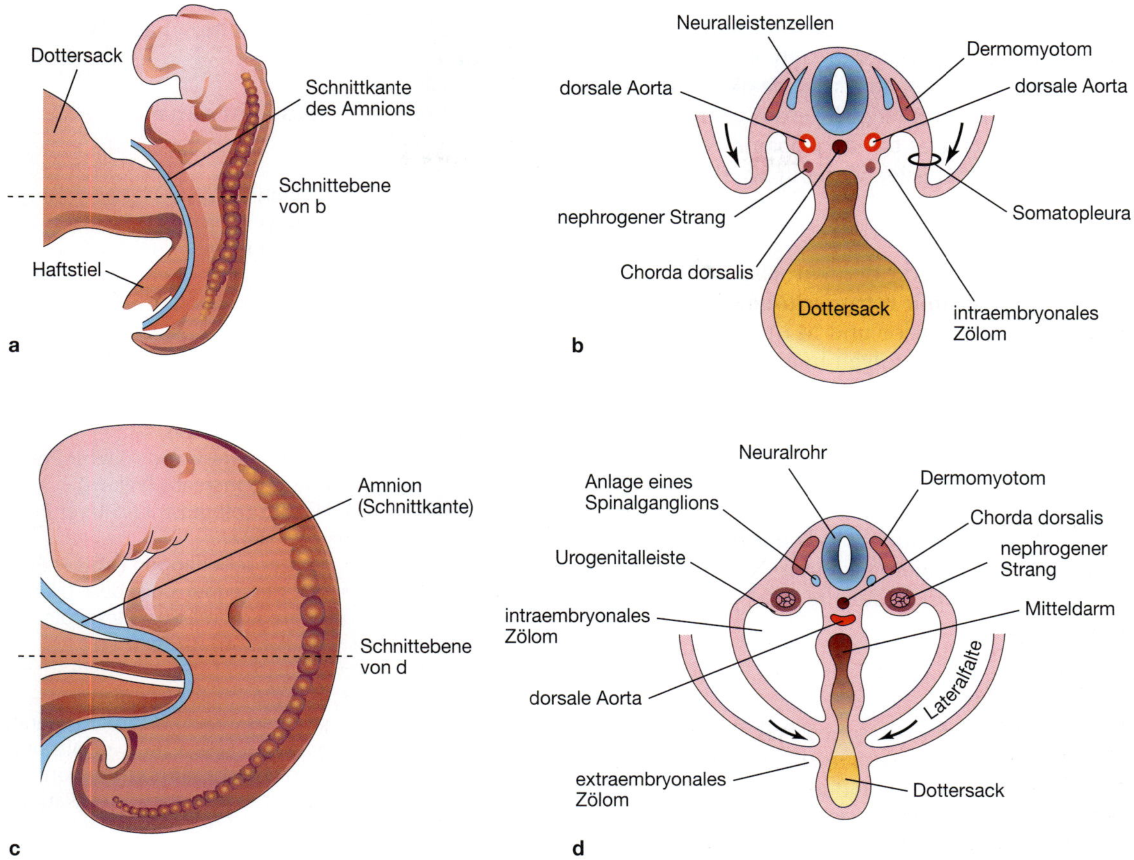

Abb. 6.41 Nephrotome. a Seitenansicht eines Embryos aus der 4. Woche (etwa 24 Tage alt). **b** Querschnitt durch den Embryo in a mit den nephrogenen Strängen beidseits der Wurzel des dorsalen Mesenteriums während der Abfaltung. **c** Seitenansicht eines Embryos am Ende der 4. Woche (etwa 26 Tage alt). **d** Querschnitt durch den Embryo in c mit den sich ventral annähernden Lateralfalten und den nun von der Wurzel des dorsalen Mesenteriums getrennt liegenden Urogenitalleisten (darin die nephrogenen Stränge). (Aus [12])

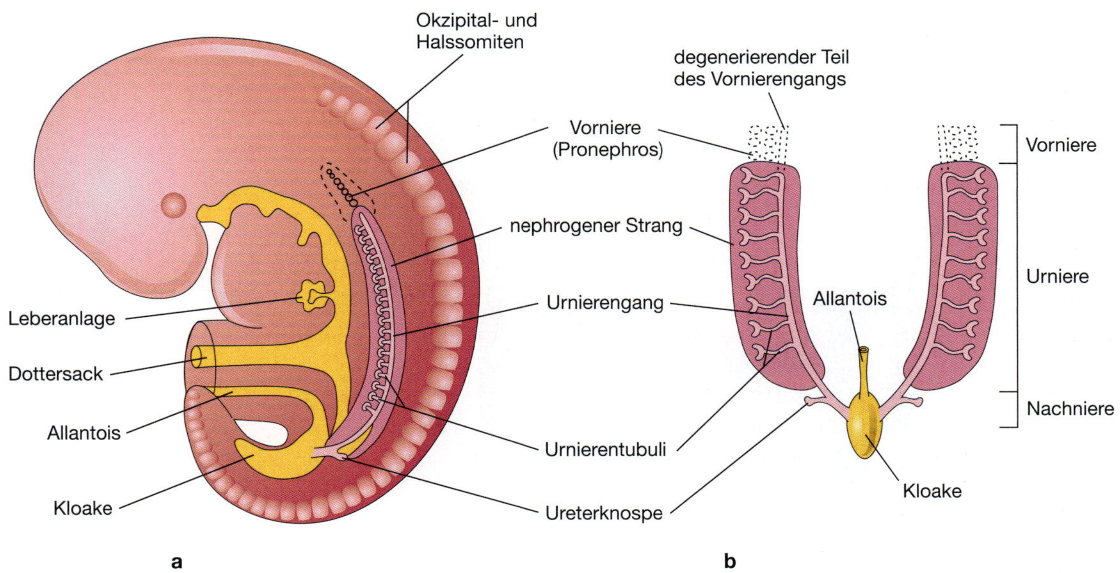

Abb. 6.42 Vorniere, Urniere, Nachniere (Schema) in einem Embryo aus der 5. Woche. a Seitenansicht. **b** Ventralansicht. Die Urnierenkanälchen sind zur besseren Darstellung nach lateral verlagert; ihre normale Lage ist in a dargestellt. (Aus [12])

- Hufeisenniere: Beide Nieren sind mit ihren unteren Polen zusammengewachsen und liegen meist in Höhe der unteren Lumbalwirbel, da die A. mesenterica inferior einen weiteren Aszensus verhindert.
- Des Weiteren gibt es das angeborene Fehlen einer Niere (**Nierenagenesie, Nierenaplasie**).

Topographie

Rechts und links lateral der Wirbelsäule liegen die paarigen Nieren **primär retroperitoneal** in der Rinne zwischen M. psoas major und M. quadratus lumborum. Ihre Längsachsen folgen in etwa dem M. psoas major, die Nierenhila zeigen nach medioventral.

Die linke Niere reicht etwa von der 11. Rippe bis zum Oberrand des 3. Lendenwirbels. Die rechte Niere ist etwas tiefer lokalisiert. Sie erstreckt sich von der 12. Rippe bis zum Unterrand des LWK 3. Beide Nieren sind atemverschieblich. Die topographischen Beziehungen der Nieren zu ihren Nachbarorganen sind vielfältig und in ↗ Tabelle 6.11 zusammengefasst.

Klinik

Die Nachbarschaft der Nn. subcostalis, iliohypogastricus und ilioinguinalis zur Niere erklärt den **ausstrahlenden Schmerz** bei Entzündungen der Niere (Glomerulonephritis, Pyelonephritis) oder Nierensteinen (Uro-/Nephrolithiasis): Durch Affektion dieser Nerven strahlt der Flankenschmerz häufig in die Leisten-, Hoden- bzw. Schamregion aus.

Die Nieren liegen gemeinsam mit den Nebennieren in einem Lager aus Fettgewebe (**Capsula adiposa**), das von einem Fasziensack (**Fascia renalis**) umschlossen wird (↗ Abb. 6.44). Dieser ist nach lateral

Tab. 6.11 Topographische Beziehungen der Niere

Lokalisation von der Niere	benachbarte Organe
kranial	• Zwerchfell, Sinus phrenicocostalis • Nebennieren
kaudal	Dünndarmschlingen
lateral	M. transversus abdominis
ventral (↗ Abb. 6.43)	linke Niere: • Milz (oberer Pol) • Magenhinterwand (oberer Pol) • Cauda pancreatis (Hilum) • Flexura coli sinistra (unterer Pol) rechte Niere: • rechter Leberlappen (oberer Pol) • Pars descendens duodeni (Hilum) • rechte Kolonflexur, Mesocolon transversum (unterer Pol)
dorsal	• M. psoas major (medial) • M. quadratus lumborum (lateral) zwischen Fascia transversalis und M. quadratus lumborum von medial schräg nach laterokaudal verlaufend (von oben nach unten, ↗ Abb. 6.50): • N. subcostalis • N. iliohypogastricus • N. ilioinguinalis

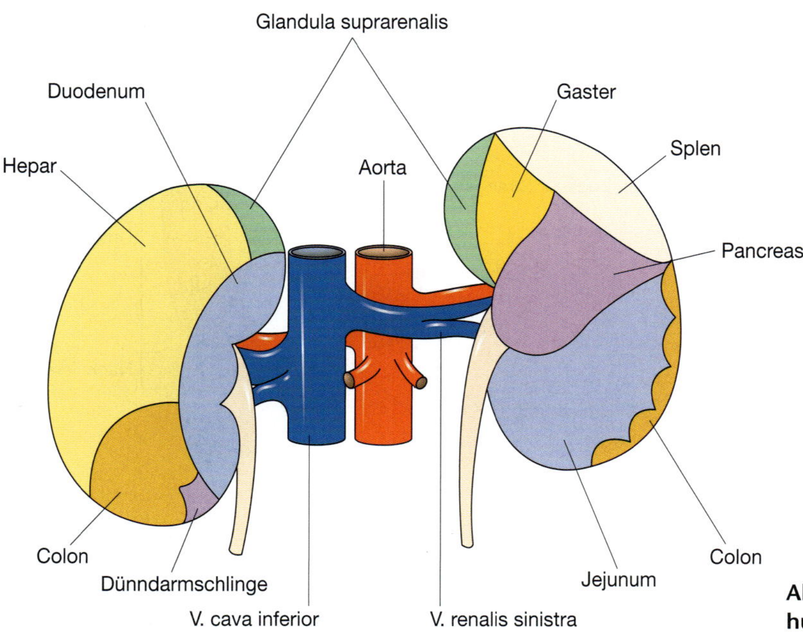

Abb. 6.43 Topographische Beziehungen der Nieren, Ventralansicht.

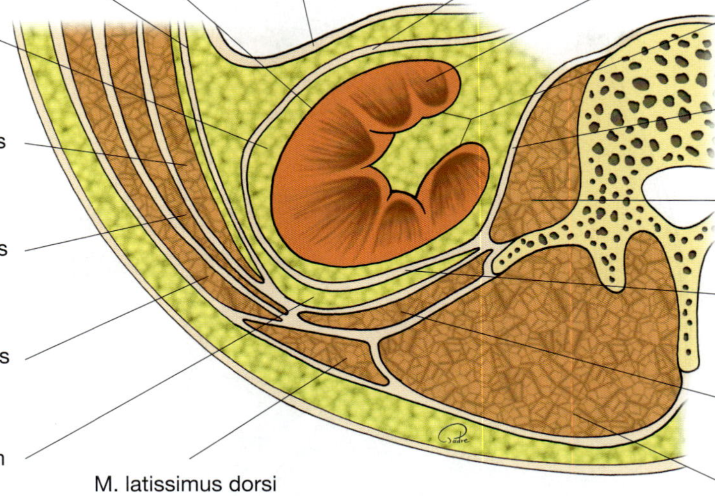

Abb. 6.44 Fascia renalis und ihre topographischen Beziehungen.

und oben geschlossen, nach medial und kaudal offen. Das vordere Blatt dieser Faszie liegt dem Peritoneum parietale der hinteren Bauchwand direkt an und vereinigt sich lateral mit der Fascia transversalis. Dorsal der Niere verläuft die Fascia transversalis auf dem M. quadratus lumborum. Zwischen dieser und der dorsalen Fascia renalis befindet sich eine zweite Fettschicht (Corpus adiposum pararenale). Weiter medial im Bereich des M. psoas major vereinigt sich die dorsale Fascia renalis wieder mit der Fascia transversalis.

Morphologie

Man unterscheidet bei der 120–200 g schweren Niere einen konvexen lateralen und einen konkaven medialen Rand (**Margines lateralis** und **medialis**), einen oberen und einen unteren Pol (**Extremitates superior** und **inferior**) sowie eine Vorder- und eine Hinterfläche (**Facies anterior** und **posterior**).

Merke

Ränder und Pole der Nieren dürfen nicht mit den Bezeichnungen bei der Milz verwechselt werden: Dort unterscheidet man einen oberen und unteren Rand (Margines superior und inferior) und einen vorderen und hinteren Pol (Extremitates anterior und posterior).

Am Margo medialis findet man das **Nierenhilum** (Hilum renale), durch das man in einen vollständig von Nierengewebe umschlossenen Raum gelangt, die Nierenbucht (**Sinus renalis**). Sie ist ausgefüllt von Fettgewebe und beherbergt das Nierenbecken (**Pelvis renalis**). Hier treten Blutgefäße, Nerven und der Ureter in die Niere ein bzw. aus ihr heraus.

Gliederung

Im Längsschnitt vom Margo lateralis zur Margo medialis sieht man 3 Anteile (↗ Abb. 6.45):

- Die **Nierenrinde** (Cortex renalis) ist eine körnige, 1 cm dicke äußere Schicht unterhalb der Nierenkapsel. Sie ragt mit säulenförmigen Ausläufern (**Columnae renales,** Markstrahlen, Bertin-Säulen) zwischen die Markpyramiden.
- Das **Nierenmark** (Medulla renalis) enthält 6–12 streifige Pyramiden (**Pyramides renales**), deren jeweilige Basis dem Kortex zugewandt ist und deren Spitze in Form einer Papille (**Papilla renalis**) in das Nierenbecken hineinragt. Verschiedene Papillen können auch miteinander verwachsen und werden dann als Crista renalis bezeichnet. Jede Papille besitzt 10–30 Papillengänge (**Ductus papillares**), über die der Harn in das Nierenbecken geleitet wird. Diese sind mit der Lupe zu erkennen und geben der Papillenoberfläche ein löchriges Aussehen (**Area cribrosa**). Die Niere lässt sich funktionell anhand der Markpyramiden mit dem zugehörigen Rindenareal in etwa 10 Nierenlappen (**Lobi renales**) unterteilen.
- Das **Nierenbecken** (Pelvis renalis) befindet sich im Sinus renalis. 1–3 Nierenpapillen werden von einem kleinen Nierenkelch (**Calix renalis minor**) umgeben. Die kleinen Nierenkelche vereinigen sich wiederum zu 2–3 großen Nierenkelchen (**Calices renales majores**), welche sich zum eigentlichen Nierenbecken zusammenschließen. Dieses geht anschließend in den Harnleiter über.

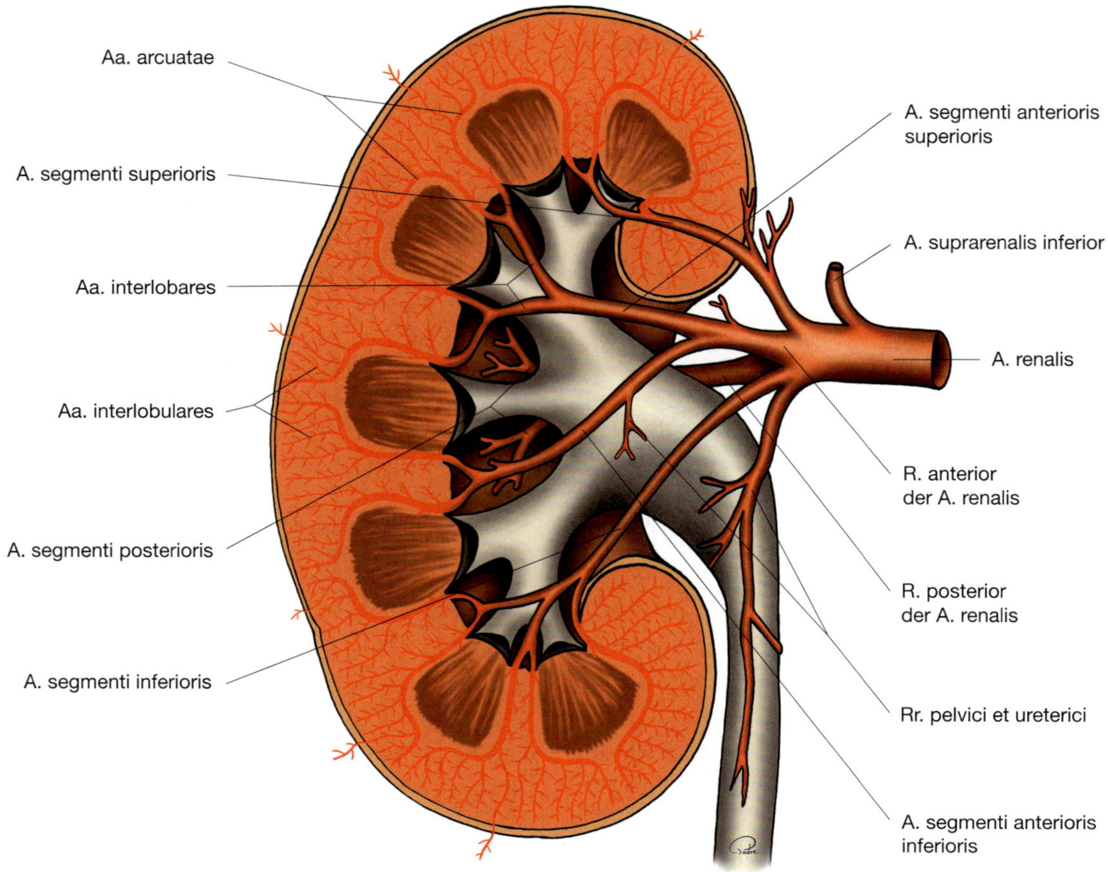

Abb. 6.45 Niere, Koronarschnitt. (Modifiziert nach [20])

Merke

Man unterscheidet je nach Ausprägung der verschiedenen Kelch- und Beckenanteile verschiedene **Nierenbeckenformen:**

- ampullärer Typ: kurze Nierenkelche, großes sackförmiges Nierenbecken
- dendritischer Typ: lange, astförmig verzweigte Calices renales, kaum ausgebildetes Nierenbecken.

Klinik

Die meist bakteriell verursachte Entzündung des Nierenbeckens (**Pyelonephritis**) entwickelt sich meist aus einem aufsteigenden Harnwegsinfekt. Es kommt zu Fieber und Schmerzen in der Flanke und beim Wasserlassen (Dysurie). Bei einer chronisch-rezidivierenden Pyelonephritis muss man nach primären Ursachen wie Harnabflussstörungen fahnden.

Histologie

Das mikroskopische Bild der Nierenrinde zeichnet sich durch Nierenkörperchen sowie Anschnitte der gewundenen Anteile des proximalen und distalen Tubulus und der Sammelrohre aus. Im Mark sieht man neben Sammelrohren die gestreckten Anteile des proximalen und distalen Tubulus.

Merke

Nierenkörperchen und dazugehöriges Tubulussystem werden unter dem Begriff **Nephron** subsumiert. Mehrere Nephrone münden in ein Sammelrohr. Die Niere besitzt ca. 2 Millionen Nephrone.

Nierenkörperchen

Das Nierenkörperchen (**Corpusculum renale,** Glomerulus, ➚ Abb. 6.46) ist ca. 0,2 mm groß und der Ort der Primärharnbildung. Es besteht aus einem Kapillarknäuel (**Glomerulus**), das von einer bindegewebigen, an der Innenseite von einschichtigem, plattem Epithel bedeckten Schale (**Bowman-Kapsel**) umhüllt wird.

Das **glomeruläre Kapillarknäuel** wird aus einem zuführenden arteriellen Gefäß (**Vas afferens**) gespeist. In der Wand des Vas afferens befinden sich myoepitheloide Zellen, die **Polkissen** genannt werden und als Bestandteile des juxtaglomerulären Apparats das Hormon Renin bilden. Die Wand des Kapillarknäuels besitzt eine Dreischichtung:

- fenestriertes Endothel ohne diaphragmalen Verschluss: durchlässig für Flüssigkeiten, nicht für Blutzellen
- Basalmembran: reich an Glykosaminoglykanen und eigentlicher Filter, durchlässig für kleine Moleküle (bis 65 000 Dalton).
- viszerales Glomerulusepithel aus **Podozyten,** die zwischen ihren füßchenartigen Fortsätzen Schlitze freilassen, die durch Schlitzmembranen überbrückt werden.

Zwischen den einzelnen Kapillarschlingen befinden sich als Stützzellen **Mesangiumzellen,** die zur Phagozytose fähig sind.

Das Blut wird über ein apikales **Vas efferens** wieder aus dem glomerulären Gefäßknäuel geleitet. Das Kapillarknäuel bildet den **Gefäßpol** des Nierenkörperchens, an dem der Primärharn als Ultrafiltrat des Blutes aus den Kapillaren in den Bowman-Raum (Lumen capsulae) gepresst wird. Der Bowman-Raum ist somit der **Harnpol** des Nierenkörperchens. Von hier geht das Tubulussystem aus, über das der Primärharn abgeleitet wird.

Klinik

Es gibt verschiedene **Erkrankungen des Glomerulus,** die entzündlicher (Glomerulonephritis) oder nichtentzündlicher Genese (diabetische Glomerulosklerose, Nierenamyloidose) sein können. Sie betreffen verschiedene Strukturen des Nierenkörperchens (Endothel, Basalmembran, Podozyten, Mesangiumzellen) durch Ablagerungen von Immunkomplexen, Autoantikörpern oder Amyloid mit Funktionseinschränkung. Hinsichtlich der Klinik unterscheidet man dabei 2 Syndrome:

- Das **nephrotische Syndrom** ist durch die Trias Ausscheidung von Proteinen über den Urin (Proteinurie), dadurch Verminderung von Proteinen im Blut (Hypoproteinämie) und kompensatorische Erhöhung der Lipoproteine (Hyperlipoproteinämie) gekennzeichnet. Es tritt z. B. bei diabetischer Glomerulosklerose, Nierenamyloidose, Minimal-Change-Glomerulonephritis, membranöser Glomerulonephritis und membranoproliferativer Glomerulonephritis auf.

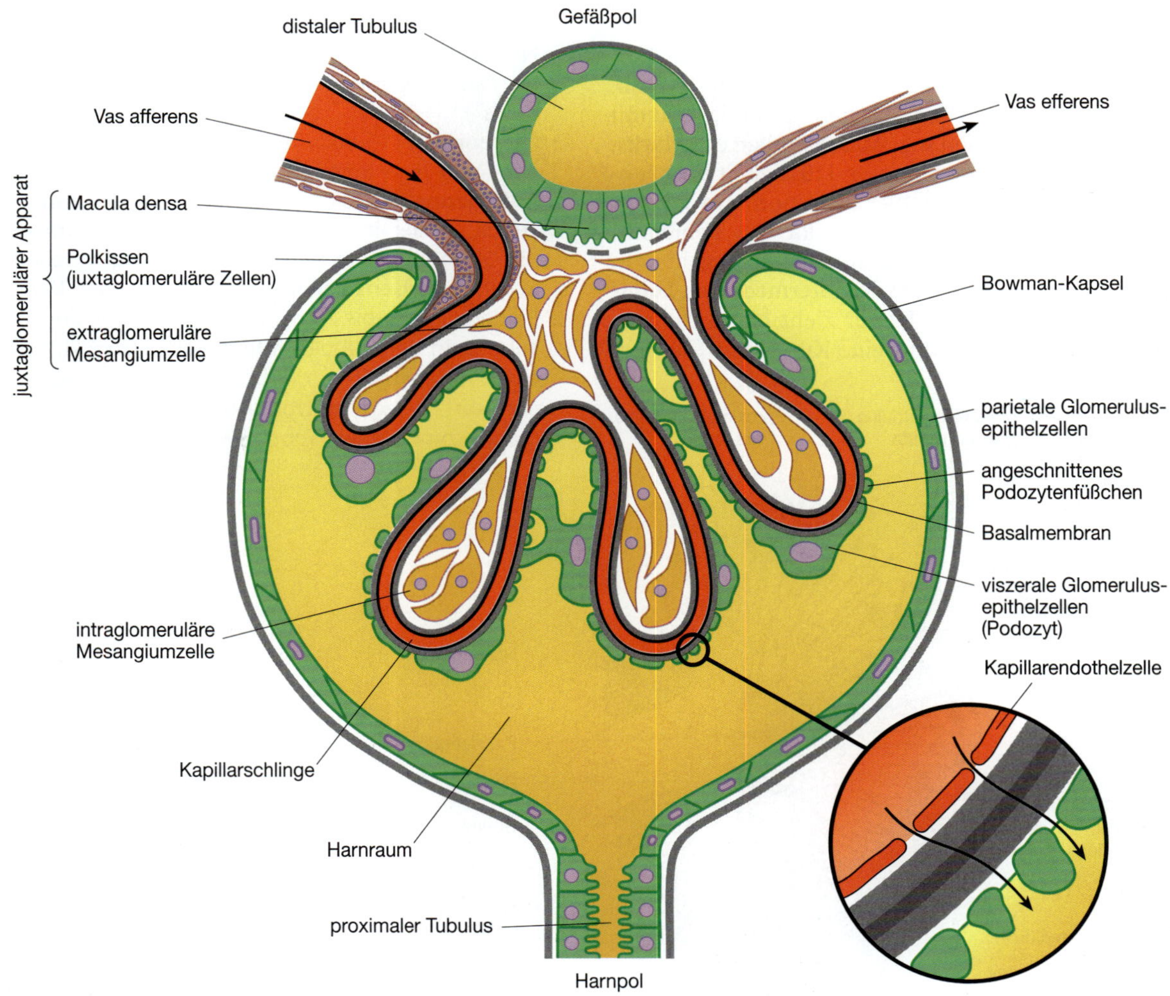

Abb. 6.46 Glomerulus, Schema. (Modifiziert nach [16])

- Das **nephritische Syndrom** ist ein hochakutes Krankheitsbild mit Flankenschmerzen und Ausscheidung von Blut und Proteinen über den Urin (Hämaturie, Proteinurie). Es tritt z. B. bei einer rapid progressiven Glomerulonephritis, einer mesangioproliferativen Glomerulonephritis sowie einer sekundären Glomerulonephritis bei rheumatologischen Systemerkrankungen auf.

Tubulussystem

Im Tubulussystem wird der größte Teil des in den Nierenkörperchen gebildeten Primärharns (170 l/d) mithilfe aktiver Transportmechanismen (u. a. Na^+-K^+-ATPase, Na^+-K^+-$2Cl^-$-Kotransporter) rückresorbiert, so dass am Schluss 1,5–2 Liter Endharn (Urin) entstehen.

Proximaler und distaler Tubulus besitzen jeweils einen gewundenen (Pars convoluta) und einen gestreckten Teil (Pars recta). Ihre Epithelzellen sind durch Tight junctions miteinander verbunden. Basal sind die Zellen durch laterale Fortsätze miteinander verzahnt. Durch längs angeordnete Mitochondrien in diesen Fortsätzen entsteht histologisch eine basale Streifung, die als basales Labyrinth bezeichnet wird.

Die Pars convoluta des **proximalen Tubulus** beginnt am Harnpol des Nierenkörperchens in der Rinde und bildet dort das sog. Rindenlabyrinth (↗ Abb. 6.47). Der proximale Tubulus zieht anschließend mit seiner Pars recta in den sog. Außenstreifen des Marks. Neben der Rückresorption von Flüssigkeit und Peptiden findet hier eine aktive Sekretion von körperfremden Stoffen (z. B. Xenobiotika wie Penicillin) statt. Am Übergang zum sog. Innenstreifen geht er in den absteigenden Schenkel des **intermediären Tubulus** über (↗ Abb. 6.47). Dieser zieht bis in die sog. Innenzone und macht dort eine Kurve von 180°, um anschließend mit seinem aufsteigenden Schenkel wieder in Richtung Rinde zu ziehen. Im Innenstreifen des Marks beginnt die Pars recta des **distalen Tubulus.** In der Rinde nimmt der distale Tubulus wieder einen gewundenen Verlauf (Pars convoluta) und tritt an den Gefäßpol des Nierenkörperchens heran (↗ Abb. 6.47). Mit modifizierten hochprismatischen Zellen (**Macula densa**) wird an dieser Stelle die Natriumkonzentration im Urin gemessen, was bei der Blutdruckregulierung durch den juxtaglomerulären Apparat eine Rolle spielt (s. u.). Anschließend mündet der distale Tubulus über ein **Verbindungsstück** mit mehreren anderen distalen Tubuli in ein **Sammelrohr,** das Hauptzellen und Schaltzellen enthält. Während die Hauptzellen unter dem Einfluss des hypophysären Hormons ADH (= antidiuretisches Hormon) durchlässig für Wasser sind, sind die Schaltzellen durch eine H^+-K^+-ATPase zum aktiven Protonentransport fähig. Die Sammelrohre laufen in das Mark und münden in das Nierenbecken.

Einen genaueren Überblick über das Tubulussystem gibt ↗ Tabelle 6.12.

Merke

Das Nierenparenchym weist folgende Gliederung auf:

- **Nierenrinde** (Cortex renalis) mit den Glomeruli und der Pars convoluta des proximalen und distalen Tubulus
- **Nierenmark** (Medulla renalis), das sich in eine Außen- und eine Innenzone unterteilen lässt: In der **Außenzone** verlaufen die proximalen und distalen Tubuli, in der **Innenzone** der Tubulus intermedius. Die Außenzone lässt sich weiter untergliedern in einen **Außenstreifen,** der sich von der Mark-Rinden-Grenze bis zum Übergang des proximalen Tubulus in den Tubulus intermedius erstreckt, und einen **Innenstreifen,** der bis zum weiter nierenbeckenwärts gelegenen Übergang vom Tubulus intermedius zum distalen Tubulus reicht.

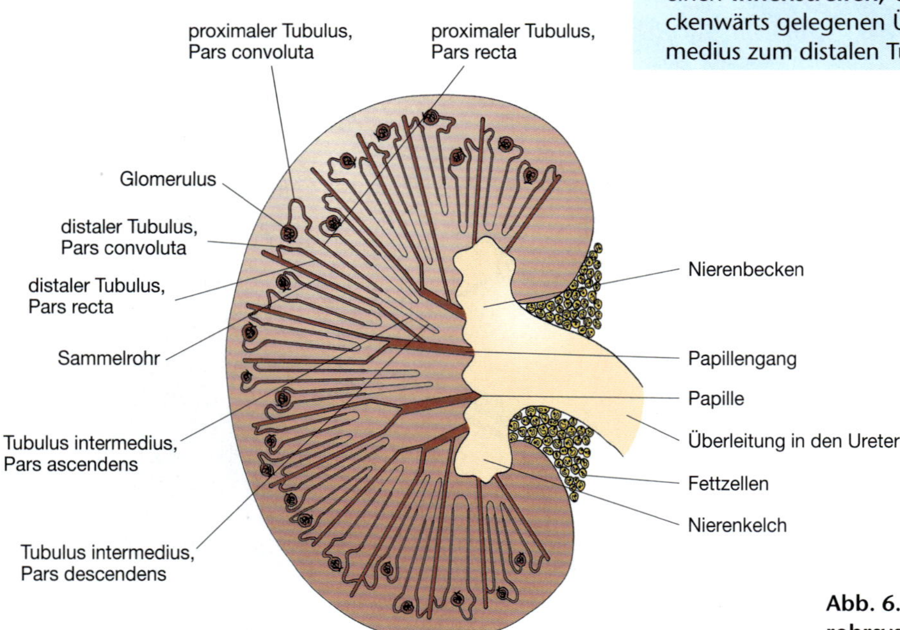

Abb. 6.47 Nephrone und Sammelrohrsystem, Schema. (Aus [4])

Tab. 6.12 Tubulussystem: Lokalisation, histologische Erkennungsmerkmale und Funktion

Tubulus		Lokalisation	Histologie	Funktion
proximaler Tubulus	Pars convoluta	Rinde	einschichtiges isoprismatisches Bürstensaumepithel, Tight junctions, basales Labyrinth	Rückresorption von 75% des Primärharns, treibende Kraft: basolaterale Na^+-K^+-ATPase
		↓		
	Pars recta	Rinde/Mark (Außenstreifen)		
			↓	
intermediärer Tubulus	Pars descendens	Mark (Innenstreifen/Innenzone)	plattes einschichtiges Epithel mit knopfartig in das Lumen vorspringenden Kernen, Tight junctions, basales Labyrinth	Harnkonzentrierung, Rückresorption von NaCl, treibende Kraft: basolateraler Na^+-K^+-$2Cl^-$-Kotransporter (Angriffspunkt des Diuretikums Furosemid)
		↓		
	Pars ascendens	Mark (Innenzone/Innenstreifen)		
			↓	
distaler Tubulus	Pars recta	Mark (Innen-/Außenstreifen)/Rinde	einschichtiges isoprismatisches Epithel ohne Bürstensaum, Tight junctions, basales Labyrinth	Rückresorption von Na^+, Sekretion von K^+ und H^+, besitzt Na^+-K^+-$2Cl^-$-Kotransporter, die Pars convoluta enthält die Macula densa
		↓		
	Pars convoluta	Rinde		
			↓	
Verbindungsstück (Tubulus conjugens)		Rinde	einschichtiges isoprismatisches Epithel	
			↓	
Sammelrohr (Tubulus colligens)		Rinde/Mark	einschichtiges isoprismatisches Epithel mit hellem Zytoplasma	Resorption von Wasser und Na^+ durch Osmose

Merke

Der intermediäre Tubulus und die Pars recta des proximalen und distalen Tubulus bilden die **Henle-Schleife** (Ansa nephroni).

Nierenbecken

Das Nierenbecken (Pelvis renalis) zählt funktionell bereits zu den ableitenden Harnwegen und hat wie diese einen histologischen Aufbau aus einer Tunica mucosa mit Übergangsepithelschleimhaut und bindegewebiger Lamina propria, einer Tunica muscularis und einer Tunica adventitia. Die Muskelschicht ist kräftig ausgebildet und über Muskel- und Bindegewebsstränge mit intrarenalen Venen an der Rinden-Mark-Grenze verbunden. Bei Kontraktion wird das Nierenbecken „gemolken".

Gefäßaufzweigungen in der Niere

Um die Funktionsweise der Niere nachvollziehen zu können, ist es sinnvoll, sich mit den intrarenalen Gefäßverzweigungen vertraut zu machen (↗ Abb. 6.48): Die A. renalis teilt sich in einen vorderen und hinteren Ast, aus denen 5 Segmentarterien entspringen (↗ Abb. 6.45). Die Aa. segmentales geben eine A. lobaris an jede Markpyramide ab (↗ Abb. 6.45). Aus diesen gehen die Aa. interlobares hervor, die im Nierenparenchym an der Pyramiden-Columnae-Grenze radiär Richtung Rinde ziehen. Die weitere Aufteilung geht über die Aa. arcuatae (ziehen an der Rinden-Mark-Grenze parallel zur Oberfläche) und Aa. interlobulares (gehen rechtwinklig aus den Aa. arcuatae ab und verlaufen radiär in der Rinde) zu den Glomeruli in die Arteriolen, die als Vasa afferentia in die Glomeruli eintreten, wo ihnen der Primärharn in Form eines Ultrafiltrats des Blutes entzogen wird. Als Vasa efferentia verlassen sie die Glomeruli wieder

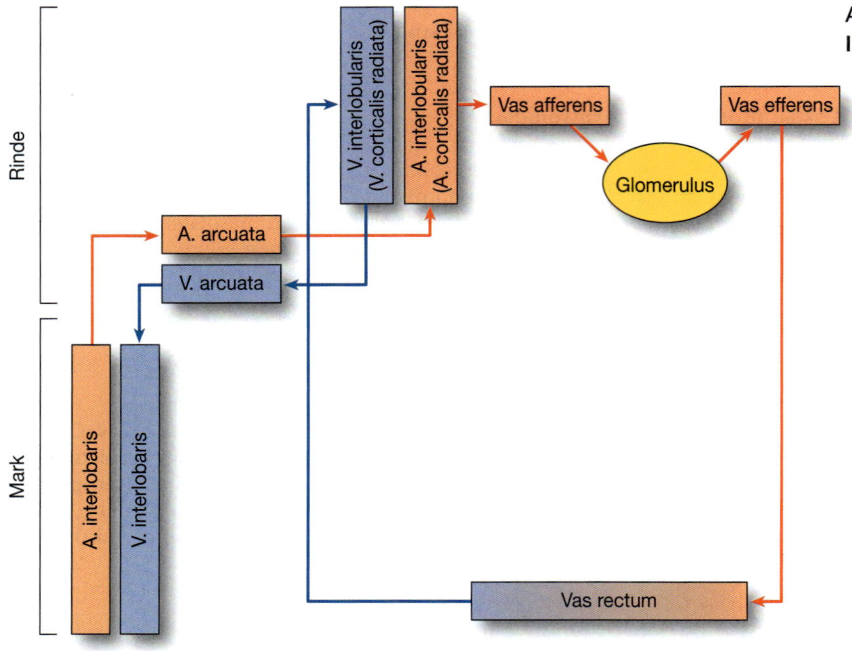

Abb. 6.48
Intrarenale Gefäßaufzweigung.

und begleiten in Form von peritubulären Kapillarnetzen die Tubuli in Richtung Mark, das sie mit sauerstoffreichem Blut versorgen, und wieder zurück, wobei sie die im Tubulussystem rückresorbierte Flüssigkeit wieder aufnehmen. Die aufsteigenden Vasa recta zählen schon zum venösen Stromgebiet. Diese fließen zu Venen zusammen, die mit den entsprechenden Arterien verlaufen.

Funktion

Die Niere hat folgende Hauptaufgaben:
- Regulierung des Flüssigkeits-, Elektrolyt- und Säure-Basen-Haushaltes
- Ausscheidung von Stoffwechselendprodukten (in Form von Harnstoff) und körperfremden Stoffen (z. B. Medikamente), vor allem im proximalen Tubulus durch aktive Sekretionsvorgänge.

Um diesen Aufgaben nachzukommen, wird die Niere täglich von ca. 1500 Litern Blut durchflossen, aus denen sie etwa 170 Liter Primärharn ultrafiltriert. Die Wände der glomerulären Kapillarknäuel sind durchlässig für Wasser, Elektrolyte und niedermolekulare Bestandteile wie Glukose, jedoch nicht für großmolekulare Eiweiße (Albumin, Transferrin) und korpuskuläre Blutbestandteile (Erythrozyten). Auf dem Weg durch das Tubulussystem wird der größte Teil des Primärharns (einschließlich Elektrolyten, Glukose und kleinmolekularer Proteine) wieder in das peritubuläre Kapillarnetz rückresorbiert, zum einen durch den osmotischen Gradienten zwischen Primärharn und dem nach der glomerulären Passage eingedickten Blut in den Vasa recta, verstärkt durch das Gegenstromprinzip in der Henle-Schleife, und zum anderen durch die aktiven Transportmechanismen des Tubulussystems wie die Na^+-K^+-ATPase und den Na^+-K^+-$2Cl^-$-Kotransporter.

Klinik

Der Nachweis kleinmolekularer **Proteine im Urin** deutet auf einen tubulären Schaden hin, da diese Proteine normalerweise uneingeschränkt glomerulär filtriert und anschließend im Tubulussystem rückresorbiert werden. Bei Nachweis von großmolekularem Eiweiß (Albumin) oder Erythrozyten im Urin muss man an einen glomerulären Schaden denken, da diese Stoffe normalerweise gar nicht glomerulär filtriert werden.

Die glomerulär filtrierte Glukose wird durch einen aktiven Transportmechanismus im distalen Tubulus rückresorbiert, so dass physiologischerweise keine Glukose im Harn enthalten ist. Bei der Zuckerkrankheit (Diabetes mellitus) können Blutzuckerwerte > 180 mg/dl entstehen, wodurch die Rückresorptionskapazität für Glukose („Nierenschwelle") überschritten wird und Glukose im Harn nachgewiesen werden kann (**Glukosurie**). Aus der wörtlichen Übersetzung von „Diabetes mellitus" = „honigsüßer Durchfluss" lässt sich ableiten, wie diese Krankheit im Altertum diagnostiziert wurde.

Beim sog. **Debré-Toni-Fanconi-Syndrom** kommt es durch einen proximalen Tubulusschaden zu einer vermehrten Ausscheidung von Glukose, Phosphat (Phosphaturie) und Aminosäuren (Hyperaminoazidurie) mit chronischer Azidose und Hypokaliämie. Aus dem renalen Phosphatverlust resultiert eine Entmineralisierung des Skeletts (Rachitis renalis) mit Spontanfrakturen.

Beim **akuten Nierenversagen** werden Glomerulus und Tubulussystem geschädigt, und die Harnausscheidung ist vermindert (Oligurie) oder sistiert (Anurie). Da sich die Glomeruli schneller regenerieren als das Tubulussystem, folgt anschließend eine Phase mit vermehrter Harnausscheidung von 4–5 l pro Tag (Polyurie), bis sich die Nierenfunktion schließlich wieder normalisiert.

Außerdem werden in der Niere Hormone (Renin, Erythropoetin) und Vitamin D synthetisiert:

Die Niere ist über den **juxtaglomerulären Apparat** und die Sekretion von **Renin** an der Regulierung des Blutdrucks beteiligt: Der juxtaglomeruläre Apparat setzt sich aus 3 Strukturen zusammen:

- Polkissen (juxtaglomeruläre Zellen): reninsezernierende Zellen in der Wand des Vas afferens
- Macula densa: modifizierte hochprismatische Zellen im distalen Tubulus, die die Na^+-Konzentration im tubulären Blut messen
- extraglomeruläre Mesangiumzellen: modifizierte glatte Muskelzellen, stehen über ihre Fortsätze mit der Macula densa in Verbindung.

Bei Blutdruckabfall oder verminderter Natriumkonzentration im distalen Tubulus wird von den juxtaglomerulären Zellen Renin ausgeschüttet. Das Renin wandelt das Plasmaglobulin Angiotensinogen in Angiotensin I um, das mittels des Angiotensin-converting-Enzyms (ACE) in die aktive Form Angiotensin II überführt wird. Dieses sorgt zum einen für eine periphere Gefäßverengung und induziert zum anderen die Aldosteronsekretion in der Nebenniere, woraus eine Natrium- und Wasserrückresorption resultiert. Insgesamt steigen dadurch der Blutdruck und die Natriumkonzentration (↗ Abb. 6.49).

Klinik

Bei der entweder arteriosklerotisch bedingten oder angeborenen Verengung einer Nierenarterie (**Nierenarterienstenose**) kommt es durch die herabgesetzte Nierendurchblutung reaktiv zur Reninsekretion aus den juxtaglomerulären Zellen (Goldblatt-Mechanismus). Dadurch wird das Renin-Angiotensin-Aldosteron-System aktiviert. Es resultiert ein renaler Bluthochdruck.

Erythropoetin wird wahrscheinlich durch die interstitiellen Bindegewebszellen der Nierenrinde gebildet. Es stimuliert die Erythrozytenproduktion im Knochenmark.

Klinik

Bei Nierenerkrankungen kann es zu einem Erythropoetinmangel kommen, woraus eine Blutarmut entsteht (**renale Anämie**). Diese wird mit synthetisch hergestelltem Erythropoetin behandelt, einem Medikament, das auch gern als Dopingmittel in Ausdauersportarten benutzt wird, um die Anzahl der Sauerstoffträger im Blut zu erhöhen.

Die Vorstufe des **Vitamin D** wird durch Hydroxylierung im proximalen Tubulus in das aktive Vitamin D überführt.

Klinik

Die **chronische Niereninsuffizienz** ist gekennzeichnet durch einen Verlust der exkretorischen und inkretorischen Nierenfunktionen. Während die inkretorischen Nierenfunktionen bei (noch) fehlender Transplantatniere medikamentös behandelt werden können (s.o.), stehen für die exkretorischen Funktionen verschiedene Nierenersatztherapien (z.B. Hämodialyse, kontinuierliche ambulante Peritonealdialyse [CAPD]) zur Verfügung.

Gefäßversorgung

Arterien

Die Nieren werden über die Aa. renales dextra und sinistra versorgt, die beide unterhalb des Abgangs der A. mesenterica superior rechtwinklig aus der Aorta abzweigen. Da die Aorta links der unteren Hohlvene

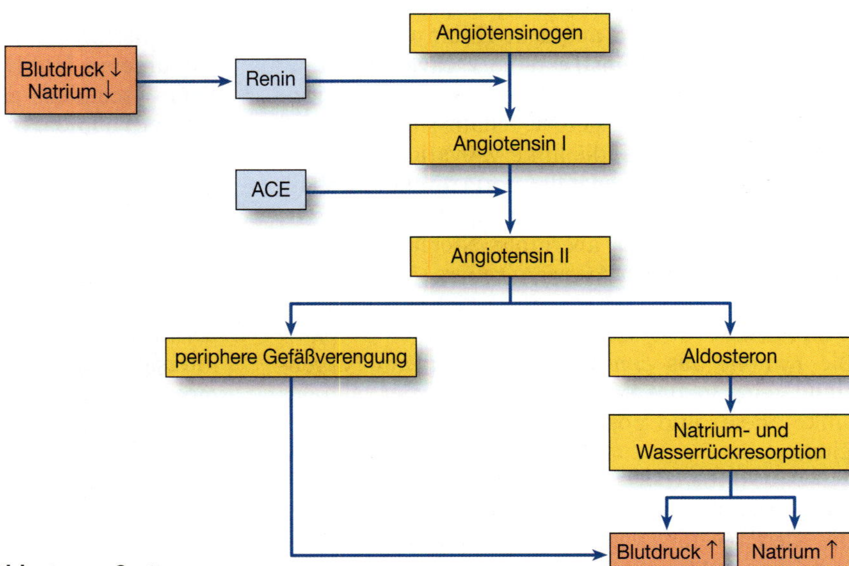

Abb. 6.49 Renin-Angiotensin-Aldosteron-System.

liegt, ist die **A. renalis dextra** länger. In ihrem Verlauf unterkreuzt sie die V. cava und verläuft hinter der V. renalis dextra dorsal des Caput pancreatis und des absteigenden Duodenums zum Nierenhilum. Die **A. renalis sinistra** verläuft (ebenfalls hinter der entsprechenden Vene) dorsal des Corpus pancreatis zum Hilum der linken Niere.

Kurz bevor die Nierenarterien das Nierenhilum erreichen, teilen sie sich in verschiedene Äste auf, wobei man **2 Aufteilungstypen** unterscheidet:

- **Typ 1:**
  - R. principalis anterior: versorgt die Nierenvorderseite (einschließlich Margo lateralis), den unteren Pol und Teile des oberen Pols
  - R. principalis posterior: versorgt die Nierenrückseite und Teile des oberen Pols
- **Typ 2:** zusätzlich zu den Ästen von Typ 1 existiert noch ein R. principalis inferior, der statt des R. principalis anterior den unteren Pol versorgt.

Die Grenzlinie, die das Versorgungsgebiet des vorderen von dem des hinteren R. principalis trennt, wird auch Brödel-Zondeck-Linie genannt. Die weitere Aufzweigung der Nierenarterien ist oben beschrieben.

Klinik

Durch den Aszensus sind die häufigen **Variationen der arteriellen Nierenversorgung** erklärt: So haben etwa 25% der Erwachsenen neben den 2 Aa. renales noch akzessorische Nierenarterien, die aus der Aorta oder anderen Arterien (auch der A. renalis selbst) entspringen können. Wenn diese Nierenarterien nicht in das Hilum, sondern direkt in das Nierenparenchym münden, werden sie als aberrante Nierenarterien bezeichnet. Bei Operationen kann man diese Endarterien leicht verletzen und einen Niereninfarkt im Versorgungsgebiet auslösen.

Venen

Das venöse Blut wird aus dem Hilum über die **Vv. renales dextra** und **sinistra** in die V. cava inferior geleitet. Die Venen verlaufen ventral der dazugehörigen Arterien. Die 3-mal längere V. renalis sinistra nimmt in ihrem Verlauf meist die linke V. ovarica bzw. testicularis auf und überkreuzt die Aorta direkt unterhalb des Abgangs der A. mesenterica superior.

Akzessorische oder aberrante Nierenvenen sind (im Gegensatz zu den Arterien) selten.

Lymphgefäße

Die Lymphe aus den Lymphstämmen am Nierenhilum wird in die Lnn. lumbales, aortici laterales (linke Niere) und postcavales (rechte Niere) abgeleitet.

Innervation

Die Nieren werden vegetativ aus dem an der A. renalis gelegenen Plexus renalis versorgt, wobei postganglionäre sympathische Fasern überwiegen und sich mit den Arterienästen intrarenal verzweigen. Sie versorgen die glatte Gefäßmuskulatur und den glomerulären Gefäßpol. Es existieren auch afferente Fasern, die wahrscheinlich von Mechanorezeptoren in den arteriellen Gefäßwänden ausgehen und mit den Nn. splanchnici in das Rückenmark ziehen.

6.7.2 Ableitende Harnwege und Harnblase (Vesica urinaria)

Harnleiter (Ureter)

Embryologie

Der Ureter entsteht aus der Ureterknospe, die dorsal aus dem Urnierengang aussprosst (↗ Abb. 6.42).

Klinik

Durch Spaltung der Ureterknospe kann es zu **Varietäten des Ureters** kommen:

- Ureter fissus (gespaltener Ureter): 2 Ureteren gehen kranial getrennt aus dem Nierenbecken hervor und vereinigen sich vor Erreichen der Harnblase.
- Ureter duplex (doppelter Ureter): 2 Ureteren entspringen kranial getrennt aus dem Nierenbecken und münden separat voneinander in die Harnblase, wobei der kranial entsprungene Ureter kaudal des anderen Ureters in die Harnblase eintritt (Meyer-Weigert-Regel).

Topographie und Gliederung

Der ca. 25–30 cm lange und 5 mm durchmessende Ureter verbindet das Nierenbecken mit der Harnblase. Er befindet sich **retroperitoneal** und nimmt folgenden Verlauf durch das Abdomen und das kleine Becken (↗ Abb. 6.4 und 6.50):

- **Pars abdominalis:** Auf dem M. psoas major verlaufend, wird der Ureter zunächst vom N. genitofemoralis unterkreuzt. Rechts verläuft er lateral parallel zur unteren Hohlvene und wird ventral von der Pars descendens duodeni bedeckt. Anschließend wird er von den Vasa testicularia bzw. ovarica, der A. colica dextra und ileocolica und schließlich von der Radix mesenterii überkreuzt. Vor dem Eintritt in das kleine Becken kreuzt er ventral die A. iliaca externa. Links wird der Ureter ebenfalls von den Vasa testicularia bzw. ovarica und anschließend von der A. mesenterica inferior oder colica sinistra überkreuzt, um dann im Recessus intersigmoideus dorsal der Radix mesenterii sigmoidei zu verlaufen. Über die Aufteilungsstelle der A. iliaca communis hinweg zieht der rechte Ureter in das kleine Becken.
- **Pars pelvica:** Hier verlaufen beide Ureteren zunächst ventral der A. iliaca interna. Der weitere Verlauf muss für Mann und Frau separat betrachtet werden:

- **Mann:** Der Ureter verläuft zunächst oberflächlich nach kaudal an der seitlichen Bauchwand und auf Höhe der Spina ischiadica nach medioventral zur Harnblase hin. Nach Überkreuzung durch den Ductus deferens mündet er in die dorsolaterale Harnblasenwand kranial/lateral der Samenbläschen.
- **Frau:** Zunächst verläuft der Ureter nach kaudal an der seitlichen Bauchwand durch die Fossa ovarica hindurch. Auf Höhe der Spina ischiadica zieht er nach medioventral in der Basis des Lig. latum uteri und wird dabei von der A. uterina überkreuzt. Anschließend verläuft er lateral der Pars supravaginalis des Gebärmutterhalses nach ventral zur Harnblase.

Der Ureterverlauf durch die Harnblasenwand wird auch als **Pars intramuralis** bezeichnet. Im Inneren der Harnblase bilden die 3–5 cm voneinander entfernten Uretermündungen (**Ostia ureteris**) die seitlichen Ecken des Harnblasendreiecks (Trigonum vesicae, ↗ Abb. 6.51).

Klinik

Der Ureter besitzt **3 physiologische Engen,** die dadurch klinisch bedeutsam sind, dass in ihnen bevorzugt Nierensteine stecken bleiben und eine Nierenkolik auslösen:
- Übergang von der Pelvis renalis in den Ureter
- Überkreuzungsstelle an der A. iliaca communis bzw. externa
- Durchtritt durch die Blasenwand.

Histologie

In Querschnitten fällt ein sternförmiges Lumen mit ca. 6 Schleimhautaufwerfungen auf. Die Wand besitzt folgende Schichtung:
- **Tunica mucosa:** Schleimhaut aus **Übergangsepithel** (4–6 Zellreihen) mit Crusta und z. T. mehrkernigen Deckzellen und einer Lamina propria aus elastischem Bindegewebe
- **Tunica muscularis** mit innerer Längs- und äußerer Ringmuskelschicht: In der Pars intramuralis ist

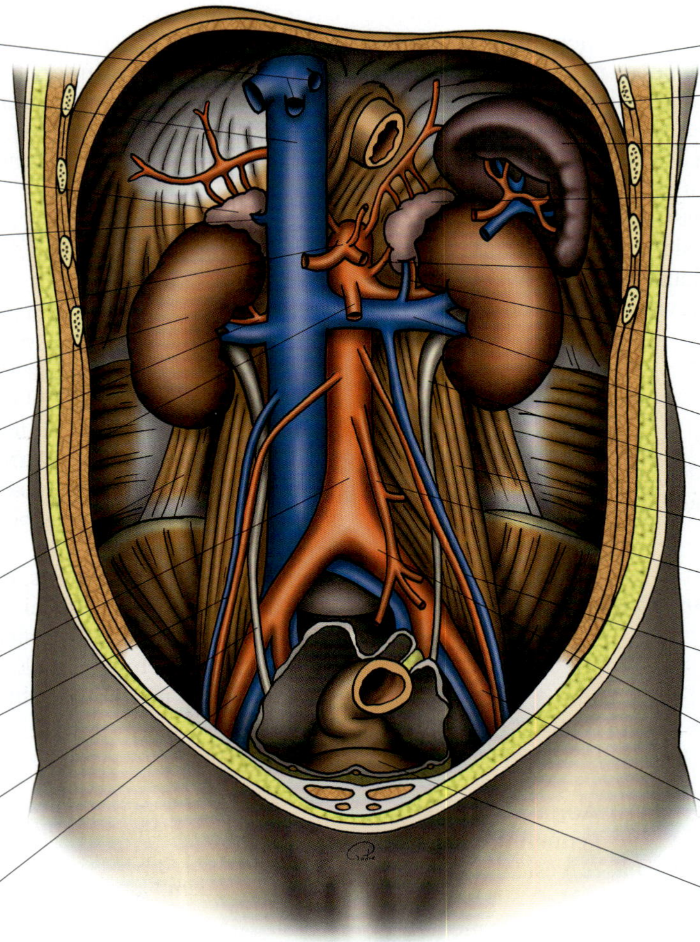

Abb. 6.50 Verlauf des Ureters, Ansicht von vorn nach Entfernung der intraabdominalen Organe und des Peritoneum parietale der hinteren Abdominalwand.

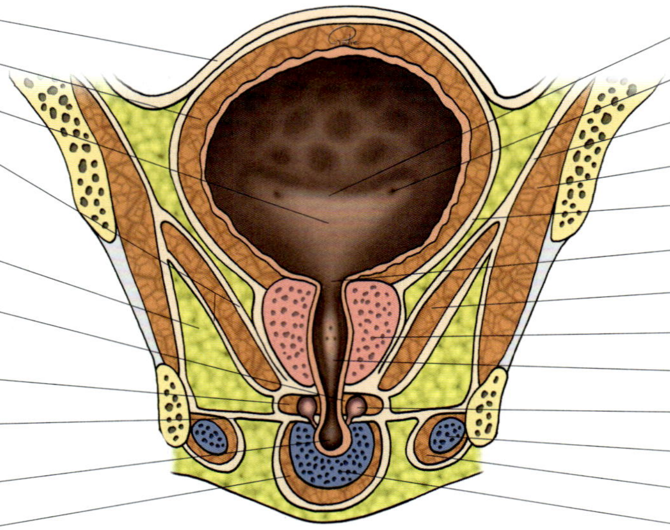

Abb. 6.51 Frontalschnitt durch die Harnblase und die Dammregion beim Mann.

die Ringmuskelschicht zurückgebildet, dafür gibt es eine äußere zweite Längsmuskelschicht mit Bindegewebszügen (fibromuskuläre **Waldeyer-Scheide**), die sich in die Muskelschicht des Trigonum vesicae fortsetzt. Regelmäßige peristaltische Wellen laufen 1- bis 4-mal pro Minute von der Pelvis renalis zur Harnblase. Die normalerweise geschlossenen Ostien öffnen sich kurz, wenn die Kontraktionswelle die intramuralen Längsmuskelzüge erreicht hat, und schließen sich wieder, wenn die Welle am Trigonum vesicae ankommt.

- **Tunica adventitia:** kollagene Bindegewebsscheide, in der sich Gefäße verzweigen, die den Ureter mit Blut versorgen.

Klinik

Um eine Verletzung der Blutgefäße und damit **Ureternekrosen** zu vermeiden, muss die Bindegewebsscheide des Ureters intraoperativ geschont werden.

Funktion

Der Ureter leitet den Harn vom Nierenbecken in die Harnblase.

Gefäßversorgung

In seinem Verlauf wird der Ureter über Äste von benachbarten **Arterien** mit sauerstoffreichem Blut versorgt:

- Pars abdominalis: A. renalis, Aorta abdominalis, A. testicularis/ovarica, A. iliaca communis
- Pars pelvica: A. iliaca interna, A. vesicalis inferior, A. uterina.

Der **venöse Abfluss** erfolgt über die V. testicularis, die V. iliaca interna und den Plexus vesicalis.

Die Lymphe wird in Nodi lymphoidei lumbales, iliacae communes, externi und interni abgeleitet.

Innervation

Die glatten Muskelzellen in der Nierenbecken- und Ureterwand werden parasympathisch aus dem Plexus uretericus über Fasern aus den Plexus renalis und aorticus abdominalis innerviert, die glatten Muskelzellen der Arterien sympathisch.

Außerdem existieren afferente Schmerzfasern, die in den Nn. splanchnici verlaufen.

Harnblase (Vesica urinaria)

Embryologie

Nach Teilung der entodermalen Kloake durch das Septum urorectale in den ventral gelegenen Sinus urogenitalis und das dorsale Rektum (↗ Kap. 6.3.3) entwickelt sich das Harnblasenendothel aus dem kranialen Abschnitt des entodermalen **Sinus urogenitalis** (↗ Abb. 6.19). Lamina propria, Tunica muscularis und Tunica serosa/adventitia der Harnblase gehen aus dem umgebenden viszeralen Blatt des **Mesoderms** hervor.

Die entodermale Allantois, die den Sinus urogenitalis kranial mit dem Nabel verbindet und in den Haftstiel eindringt, bildet sich zu einem dünnen Gang, dem **Urachus** zurück, der schließlich zum **Lig. umbilicale medianum** obliteriert.

Klinik

Wenn das Lumen des Urachus durchgängig bleibt, so resultiert daraus eine **Urachusfistel,** die sich zwischen Harnblase und Nabel erstreckt und durch einen Urinaustritt aus dem Nabel auffällig wird.

Bei Kleinkindern liegt die Vesica urinaria im Abdomen, tritt jedoch im Laufe der Zeit immer tiefer, bis sie nach der Pubertät ihre endgültige Lage einnimmt.

Gliederung

Die Harnblase ist bei zunehmender Füllung eiförmig. Sie lässt sich folgendermaßen unterteilen (von kranial nach kaudal):

- **Apex** vesicae (Blasenscheitel): Spitze der Harnblase, außen Ausgangspunkt des Lig. umbilicale medianum, von Peritoneum überzogen
- **Corpus** vesicae (Blasenkörper): Hauptteil der Harnblase
- **Fundus** vesicae (Blasengrund): Harnblasenboden, an dem die Ureteren einmünden
- **Collum** vesicae (Blasenhals): Übergang zur Urethra.

Die innere Schleimhautoberfläche ist faltig, außer in einem dreieckigen Bezirk an der dorsobasalen Harnblasenwand, dem **Trigonum vesicae.** Dieses spannt sich zwischen den 2 schlitzförmigen Einmündungsstellen der Ureteren (**Ostia ureteris**), die durch eine Falte (Plica interureterica) verbunden sind, und der kaudal gelegenen Einmündungsstelle der Harnröhre (**Ostium urethrae internum,** ↗ Abb. 6.51) aus. Beim Mann buckelt sich die unterhalb der Blase gelegene Prostata zwischen den beiden seitlichen Kanten des Trigonums als **Uvula vesicae** aus.

Klinik

Die rötliche Blasenschleimhaut ist im Bereich des Trigonum vesicae blasser gefärbt, was in der Blasenspiegelung (**Zystoskopie**) das Aufsuchen der Uretereinmündungen vereinfacht.

Topographie

Die Harnblase ist primär **retroperitoneal,** dorsal der Symphyse lokalisiert und basal vom paravesikalen Fettkörper umgeben (↗ Abb. 6.52).

Klinik

Bei zunehmender Füllung tritt die Blase über den Symphysenoberrand, was man sich bei der **Anlage eines suprapubischen Katheters** zunutze macht. Dabei wird bei gefüllter Blase 2 cm oberhalb der Symphyse ein Katheter durch die Bauchwand hindurch in die Blase eingeführt.

Zwischen Symphyse und Harnblase liegt das von lockerem Bindegewebe ausgefüllte **Spatium retropubicum.** Seitlich der Symphyse zieht eine Bandstruktur vom Os pubis zum Harnblasenhals (**Lig. pubovesicale** bei der Frau) bzw. Prostata (**Lig. puboprostaticum** beim Mann). Diese Bänder sind von glatten Muskelzellen durchzogen (M. pubovesicalis bzw. puboprostaticus), die in die Harnblasenmuskulatur einstrahlen und beim Verschluss des Harnblasenausgangs eine Rolle spielen. Seitlich wird die Harnblase von den Levatorschenkeln flankiert.

Oben im Bereich des Apex ist die Harnblase von Peritoneum bedeckt, das sich seitlich zur **Fossa paravesicalis** einsenkt. Dorsal der Harnblase schlägt es in einer Bauchfelltasche zum benachbarten Organ über, bei der Frau zum Uterus, weswegen die Umschlagstelle als **Excavatio vesicouterina** bezeichnet wird (↗ Abb. 6.52), beim Mann zum Rektum, weswegen sie **Excavatio rectovesicalis** heißt.

Hinsichtlich topographischer Beziehungen zu Nachbarorganen ergeben sich folgende Verhältnisse:

- **Mann:** Die Blasenunterfläche (Collum, ventraler Fundus) ist fest mit der Prostata verwachsen, medial der Uretereinmündung liegen die Bläschendrüsen. Noch weiter medial münden die Ampullae ductus deferentis in den dorsalen Fundusbereich. Das dreieckige Areal zwischen den beiden Ampullen grenzt an das Rektum (↗ Abb. 6.53).
- **Frau:** Dorsal befinden sich die Pars supravaginalis der Cervix uteri und die Vaginalvorderwand (↗ Abb. 6.52).

Histologie

Die Wandschichtung ähnelt dem Ureter:

- **Tunica mucosa** mit Schleimhaut aus Übergangsepithel und einer Lamina propria aus lockerem Bindegewebe
- **Tunica submucosa:** dünne Bindegewebsschicht, fehlt im Trigonum vesicae
- **Tunica muscularis** (M. detrusor vesicae): dreischichtig mit innerer Längs-, mittlerer Ring- und äußerer Längsmuskelschicht, im Trigonum vesicae zweischichtig mit innerer und äußerer Längsmuskelschicht (Fortsetzung der Längsmuskelzüge des Ureters); am Blasenausgang ziehen aus dorsalen Längsmuskelzügen 2 Schenkel vorn um das Ostium internum (**Detrusorschleife**) herum und bilden dort einen wichtigen Teil des Verschlussapparats
- **Tunica adventitia:** äußere Bindegewebsschicht.

Merke

Es existiert **kein echter Sphinktermuskel** am Blasenausgang! Der Verschlussapparat des Blasenausgangs wird aus 2 glatten Muskelschlingen gebildet, die aus den Längsmuskelschichten der Tunica muscularis stammen und das Ostium urethrae internum von ventral und dorsal umgreifen:

- Detrusorschleife
- korrespondierende Muskelschlingen von der Harnblasenvorderwand, in die Züge des M. pubovesicalis bzw. puboprostaticus einstrahlen.

Funktion

Die Harnblase ist das Sammelorgan für den bolusweise aus den Ureteren abgegebenen Harn und gibt diesen bei entsprechender Füllung – durch Kontraktion des M. detrusor vesicae – über die Harnröhre nach außen ab. Die Harnblase fasst ca. 500 cm^3, wobei bei einer Füllung von 300 cm^3 bereits ausgiebiger Harndrang besteht. Die Ureterostien sind durch den Blaseninnendruck normalerweise geschlossen.

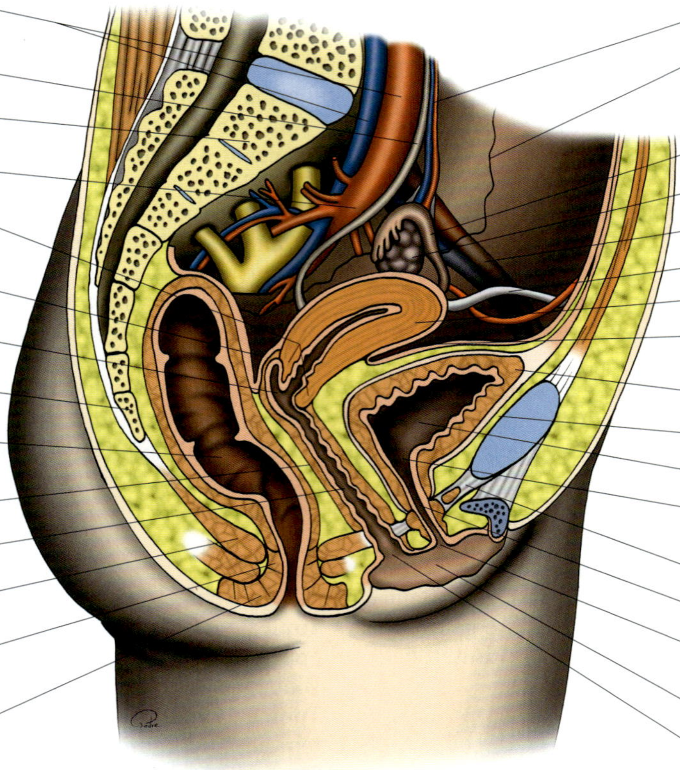

Abb. 6.52 Medianer Sagittalschnitt durch das weibliche Becken.

Klinik

Bei insuffizientem Verschluss der Ureterostien läuft Harn retrograd in die Harnleiter (vesikoureteraler Reflux) und verursacht im Laufe der Zeit Nierenschäden (**Refluxnephropathie**), die in eine terminale Niereninsuffizienz münden können.

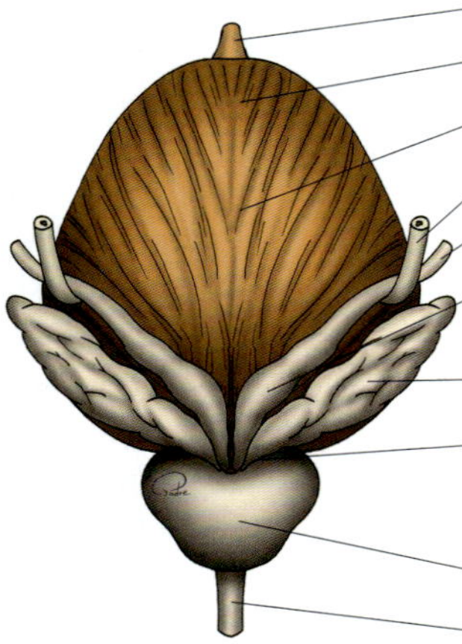

Abb. 6.53 Harnblase und benachbarte Strukturen beim Mann, Ansicht von hinten.

Gefäßversorgung

Die **arterielle Blutversorgung** erfolgt über 2 Arterien:

- A. vesicalis superior aus dem nicht obliterierten Teil der A. umbilicalis
- A. vesicalis inferior aus der Aa. iliaca interna.

Außerdem existieren Äste aus A. rectalis media, pudenda interna, obturatoria und uterina.

Das **venöse Blut** wird über den laterokaudal gelegenen Plexus vesicalis in die V. iliaca interna geleitet. Der Harnblasenplexus anastomosiert außerdem mit dem Plexus venosus prostaticus bzw. vaginalis.

Die **Lymphe** fließt in die Lnn. iliaci externi sowie inkonstant in die Lnn. iliaci interni und communes.

Innervation

Autonom wird die Harnblase über den Plexus vesicalis mit Fasern aus dem Plexus hypogastricus inferior innerviert. Parasympathische Fasern (aus S2–S4) innervieren den M. detrusor vesicae und sind für dessen Kontraktion verantwortlich. Sympathische Fasern (aus den Nn. splanchnici L1–L3) ziehen zur glatten Gefäßmuskulatur. Außerdem existieren viszeroafferente Nervenfasern, die zum einen zu freien Nervenendigungen in der Harnblasenwand ziehen sowie auf Dehnungsreize reagieren (→ Harndrang) und zum anderen Schmerzfasern, die bei Wandüberdehnung gereizt werden.

Harnröhre (Urethra)

Embryologie

Wie die Harnblase entstammt die Schleimhaut der Harnröhre dem **Sinus urogenitalis,** während sich Lamina propria und Tunica muscularis aus dem umgebenden **Mesenchym** entwickeln.

Gliederung

Die Harnröhre beginnt am Harnblasenboden dorsal der Symphyse am Ostium urethrae internum (↗ Abb. 6.54). Sie ist bei der Frau 3–5 cm und beim Mann 19–25 cm lang.

Klinik

Eine Harnblasenentzündung (**Zystitis**) ist bei Frauen häufiger als bei Männern – bedingt durch die kürzere Harnröhre, die für Bakterien eine leichter zu überwindende Barriere darstellt. Harnabflussstörungen kommen bei Frauen dagegen fast nie vor – bei Männern sind sie insbesondere im höheren Alter häufig.

Die Harnröhrenwand ist zu Längsfalten aufgeworfen, die sich zwischen Lakunen (**Lacunae urethrales**) vorbuchten, in denen sich die mukösen Glandulae urethrales (**Littré-Drüsen**) befinden. Diese produzieren ein Sekret, das die Harnröhrenschleimhaut feucht hält. Die weitere Anatomie ist bei Mann und Frau unterschiedlich:

Weibliche Harnröhre

Die weibliche Harnröhre verläuft nach ventrokaudal, oberhalb und parallel zur Vagina durch das Diaphragma urogenitale hindurch, bevor sie am schlitzförmigen **Ostium urethrae externum** in das Vestibulum vaginae mündet, ca. 2–3 cm dorsal der Glans clitoridis (↗ Abb. 6.52).

Männliche Harnröhre

Man unterscheidet folgende Anteile (von kranial nach kaudal, ↗ Abb. 6.54):

- **Pars intramuralis:** Dieses kurze Stück innerhalb der Harnblasenwand besitzt dorsal eine Längsfalte, die Crista urethralis.
- **Pars prostatica:** Sie verläuft über ca. 3,5 cm Länge von kranial nach ventrokaudal durch die Prostata hindurch. Dabei vergrößert sich ihr Querdurchmesser. Dorsal wirft sich die intramurale Crista urethralis zum Samenhügel (**Colliculus seminalis**) auf, auf dem die Mündungen der paarigen **Ductus ejaculatorii** sowie median der Utriculus prostaticus liegen, ein Rudiment der embryonalen Müller-Gänge ohne weitere Funktion. Beidseits lateral des Colliculus seminalis befinden sich die ca. 15–30 Mündungsstellen der Prostatadrüsen (**Ductuli prostatici**).
- **Pars membranacea:** Dies ist der 1–2 cm lange Durchtritt durch das Diaphragma urogenitale mit engem Lumen. In diesem Bereich befindet sich der **M. sphincter urethrae,** dessen quergestreifte Mus-

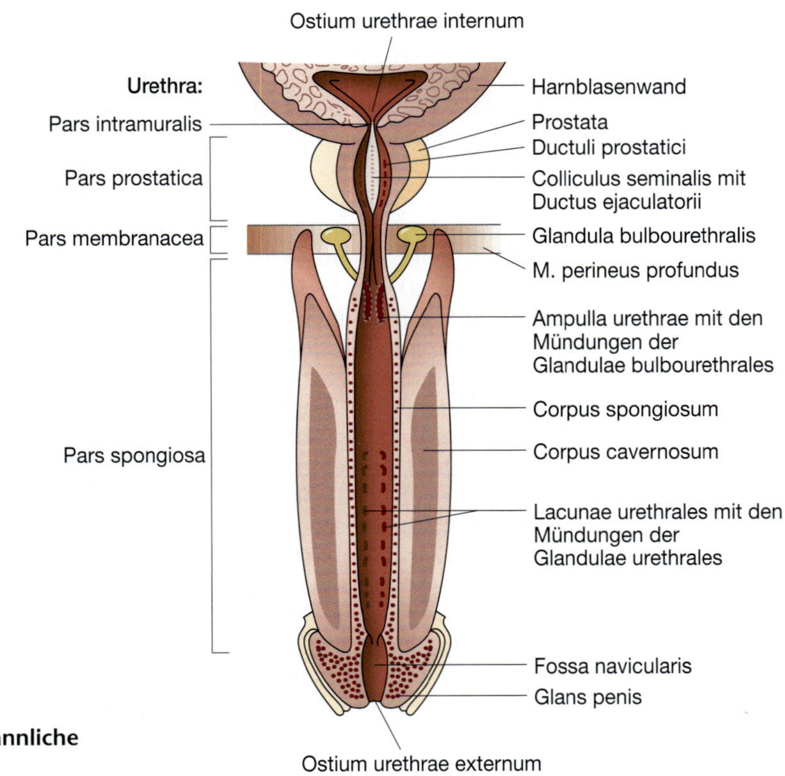

Abb. 6.54 Frontalschnitt durch die männliche Harnröhre.

kelzüge aus dem M. transversus perinei profundus hervorgehen und sich im Bereich des Diaphragma urogenitale zirkulär um die Harnröhre legen. Der Muskel dient dem willentlichen Harnröhrenverschluss.
- **Pars spongiosa:** In diesem 15 cm langen Abschnitt im Corpus spongiosum penis macht die Urethra zunächst eine Biegung nach ventral (Curvatura infrapubica), um sich dann im beweglichen Penisteil wieder nach dorsal zu wenden. In einer proximalen Erweiterung (Ampulla urethrae) sieht man dorsal die 2 Mündungen der Glandulae bulbourethrales (Cowper-Drüsen), die in der Beckenbodenmuskulatur liegen. In der Glans penis, kurz vor der schlitzförmigen äußeren Harnröhrenöffnung (**Ostium urethrae externum**), erweitert sich die Harnröhre zur Fossa navicularis.

Histologie
Die Wandschichten sind bei Mann und Frau identisch, jedoch unterscheidet sich vor allem die Schleimhaut in verschiedenen Bereichen der Harnröhre:
- **Tunica mucosa:** Die Schleimhaut besteht anfangs aus **Übergangsepithel,** das bei der Frau direkt in ein mehrschichtiges, unverhorntes Plattenepithel übergeht, beim Mann in der distalen Pars prostatica zunächst in ein mehrreihiges oder mehrschichtiges hochprismatisches Epithel und erst in der Fossa navicularis in ein mehrschichtiges, unverhorntes Plattenepithel.
- **Tunica submucosa:** Diese elastische Bindegewebsschicht enthält Lymphgefäße und bei der Frau einen schwammartigen venösen Plexus (Corpus spongiosum), der dem Harnröhrenverschluss dient.
- **Tunica muscularis:** Diese Schicht aus glatter innerer Längs- und äußerer Ringmuskelschicht setzt sich aus der Harnblase fort. Die zirkuläre Schicht spielt eine Rolle beim Harnblasenverschluss.

Funktion
Aufgabe der Harnröhre ist die Harnableitung von der Vesica urinaria nach außen, beim Mann zusätzlich auch die Ableitung des Samens (Harn-Samen-Röhre). Die Harnröhre spielt eine bedeutende Rolle beim Harnblasenverschluss und bei der **Miktion,** einen Vorgang, den man sich folgendermaßen vorstellt:

Durch den Ruhetonus der urethralen Ringmuskelschicht ist die Harnröhre normalerweise verschlossen. Beckenboden (Diaphragma urogenitale) und M. sphincter urethrae befinden sich ebenfalls in einer Dauerkontraktion. Bei Erschlaffung des Beckenbodens wird die Miktion durch ein Tiefertreten der Blase und eine trichterförmige Verlängerung des Ostiums eingeleitet, indem Urin in den Anfangsteil der Urethra gelangt. Jetzt kontrahiert der M. detrusor vesicae, die urethrale Ringmuskelschicht und der M. sphincter urethrae erschlaffen. Gegen Ende der Miktion kontrahieren das Diaphragma urogenitale und der M. sphincter urethrae erneut.

Klinik

Mithilfe des M. sphincter urethrae kann der Harn willentlich zurückgehalten werden, jedoch nur so lange, bis der Blasendruck zu stark wird. Bei Lähmung dieses Muskels resultiert deswegen auch bei normal innervierter übriger Harnblasen- und -röhrenmuskulatur eine **Harninkontinenz.**

Es gibt verschiedene Formen der Inkontinenz:
- Stressinkontinenz: unwillkürlicher Urinabgang z. B. beim Husten oder Lachen durch Beckenbodensenkung (z. B. bei Frauen nach der Geburt) und Erschlaffung des Beckenbodens
- Dranginkontinenz (Urge-Inkontinenz): Urinabgang durch unwillkürliche Detrusorkontraktionen bei nur minimal gefüllter Harnblase
- Überlaufinkontinenz: unwillkürlicher Urinabgang, wenn der Druck in der Blase den Druck des Verschlussapparats übersteigt, z. B. bei Abflussbehinderungen (Prostatavergrößerung oder Lähmung des M. sphincter urethrae).

Gefäßversorgung
Die Urethra wird **arteriell** über A.-iliaca-interna-Äste (Aa. vesicales superiores und inferiores) versorgt und beim Mann zusätzlich über die A. bulbi penis und A. urethralis aus der A. pudenda interna.

Das **venöse Blut** wird über den Plexus venosus vesicalis/vesicoprostaticus in die V. iliaca interna und aus dem Penis über Vv. circumflexae in die V. dorsalis penis geleitet, die ebenfalls in den Venenplexus mündet.

Der **Lymphabfluss** erfolgt in die Lnn. inguinales.

Innervation
Autonom wird die Harnröhre über den Plexus vesicalis innerviert, der postganglionäre Fasern aus dem Plexus hypogastricus erhält. Der proximale Anteil der Urethra ist beim Mann (im Gegensatz zur Frau) reich an sympathischen Fasern, was wohl daran liegt, dass bei der durch den Sympathikus bedingten Ejakulation die Harnröhre nach kranial verschlossen sein muss, damit das Sperma in die richtige Richtung geschossen wird. Der N. pudendus gewährleistet eine willkürliche motorische Innervation des M. sphincter urethrae.

6.8 Nebenniere (Glandula suprarenalis)

Überblick
Die paarigen Nebennieren verdanken ihren Namen der engen Lagebeziehung zu den Nieren, haben aber sonst nichts mit diesen zu tun. Die Nebennieren bestehen eigentlich aus 2 endokrinen Organen unterschiedlicher Herkunft und Funktion (Rinde und Mark), die aus unbekannten Gründen zusammengelagert sind.

Embryologie

Rinde und Mark entstehen aus unterschiedlichen Anlagen:

- Die **Rinde** ist mesodermaler Herkunft und entwickelt sich im Laufe der 6. Woche durch Proliferation des Zölomepithels im Bereich der hinteren Bauchwand. Sie wird während der Embryonal- und Fetalentwicklung relativ dick. Perinatal wird ein Teil der Rinde wieder zurückgebildet.
- Das **Mark** entstammt dem Neuroektoderm: Neuralleistenzellen treten während der Neuralrohrbildung aus diesem aus und bilden sympathische Ganglien, aus denen Zellen in der 7. Woche zur Nebennierenrinde wandern und sich dieser innen anlagern.

Merke

Nebenorgane des peripheren Nervensystems, die zu den endokrinen Drüsen gezählt werden, werden auch als **Paraganglien** bezeichnet. Neben dem Nebennierenmark (Paraganglion suprarenale) sind das das Paraganglion (Glomus) caroticum, das Paraganglion supracardiale (Glomus aorticum), die Paraganglia laryngeum, jugulare und tympanicum sowie beim Neugeborenen am Abgang der A. mesenterica inferior das Paraganglion aorticum abdominale (Zuckerkandl-Organ, Rückbildung bis zum 2. Lebensjahr).

Topographie

Die Nebennieren liegen primär **retroperitoneal** kappenförmig medial auf den oberen Nierenpolen im rechten und linken Oberbauch.

Merke

Die Nachbarschaft zur Niere ist eher zufällig: Bleibt der Aszensus der Niere aus (Beckenniere), so ist die Nebenniere trotzdem im Oberbauch zu finden.

Ventral sind die Nebennieren von parietalem Peritoneum überzogen, dorsal befindet sich das Zwerchfell. Die rechte Nebenniere hat ventral topographische Beziehung zur Leber, die linke zum Magen. Medial grenzen die Nebennieren an die V. cava (rechts) bzw. Aorta (links) sowie den 11. und 12. Brustwirbelkörper (↗ Abb. 6.35).

Morphologie

Das paarige, 5–15 g schwere Organ hat eine mehr oder weniger halbmondförmige Form mit Ausmaßen von ca. 5 × 3 × 1 cm und zeigt makroskopisch im Querschnitt eine gelbe Rinde und ein graues Mark.

Histologie

Umgeben ist das Organ von einer fibrösen Bindegewebskapsel.

Nebennierenrinde (NNR)

Histologisch sieht man miteinander anastomosierende Epithelstränge, die sich von außen nach innen in 3 Zonen unterteilen lassen:

- **Zona glomerulosa** mit knäuelartig angeordneten Drüsenzellen, die Mineralokortikoide (vor allem Aldosteron) bilden, diese (anders als andere neuroendokrine Zellen) jedoch nicht in Sekretgranula speichern
- **Zona fasciculata** mit säulenartig angeordneten Drüsenzellen, die Glukokortikoide (u. a. Kortison) produzieren
- **Zona reticularis** mit netzförmig angeordneten Drüsenzellen, die Geschlechtshormone (vor allem Androgene und Östrogene) sezernieren.

Die steroidproduzierenden Zellen sind reich an glattem ER und Mitochondrien vom Tubulustyp.

Nebennierenmark (NNM)

Das NNM besteht aus einem Schwammwerk **polygonaler chromaffiner Zellen,** die Katecholamine produzieren (80 % adrenalinproduzierende und 20 % noradrenalinproduzierende Zellen). Charakteristisch für das histologische Erscheinungsbild sind Sekretgranula, die die Katecholaminvorstufe Dopamin enthalten. Außerdem erkennt man sympathische präganglionäre (cholinerge) Nervenfasern, die mit ihren Synapsen an die NNM-Zellen herantreten und diese stimulieren.

Merke

Das **Nebennierenmark** gleicht einem sympathischen Ganglion, bei dem die chromaffinen Zellen das 2. Sympathikusneuron repräsentieren und wie diese Katecholamine produzieren und speichern. Sie besitzen jedoch keine Dendriten, sondern fungieren als Schnittstelle zwischen Nerven- und Hormonsystem, indem sie nach sympathischer Stimulation Katecholamine in das periphere Blut sezernieren.

Gefäßverzweigungen

Die Nebennierenarterien besitzen ein fenestriertes Endothel und speisen einen subkapsulären Plexus, aus dem Sinusoide durch die Rinde in das Mark laufen. Außerdem existieren Aa. perforantes, die ohne vorherige Aufzweigung in der Rinde direkt ins Mark ziehen.

Merke

Diese doppelte Gefäßversorgung ist wichtig, weil sonst die Sekretion der Markhormone nicht unabhängig von den vorher in der Rinde in das Blut abgegebenen Hormonen wäre (Umbau von Noradrenalin in Adrenalin wird von Glukokortikoiden gefördert).

Funktion

In der NNR werden ca. 50 verschiedene **Steroidhormone** produziert, die zu einer der folgenden Gruppen gehören:

- **Glukokortikoide** (z. B. Kortison, Hydrokortison): Ihre periphere Wirkungen sind u. a. die Bereitstellung von Energieträgern im Blut (Glukose, Fettsäuren), eine Entzündungshemmung und eine mineralokortikoide Wirkung. Die Steuerung erfolgt über das hypothalamische CRH und das hypophysäre ACTH.
- **Mineralokortikoide** (Aldosteron): Sie steigern die renale Wasser- und Natriumresorption sowie die Kaliumausscheidung und werden über das Renin-Angiotensin-System gesteuert (↗ Kap. 6.7.1).
- **17-Ketosteroide** (z. B. Androgene, Östrogene) dienen der Geschlechtsausdifferenzierung und werden z. T. über ACTH gesteuert.

Klinik

Bei Überproduktion und beim Mangel an verschiedenen Hormonen der Nebennierenrinde entstehen klinische Krankheitsbilder:

- Erhöhte Kortisolspiegel im Blut (Hyperkortisolismus) verursachen das sog. **Cushing-Syndrom,** das durch ein NNR-Adenom, iatrogen durch Medikamente oder durch hypothalamisch-hypophysäre Regulationsstörungen bedingt sein kann. Die Betroffenen beklagen eine Stammfettsucht mit Vollmondgesicht und Stiernacken, eine diabetische Stoffwechsellage, einen Bluthochdruck und eine Osteoporose.
- Eine Überproduktion von Aldosteron (Hyperaldosteroismus, **Conn-Syndrom**), z. B. durch ein Nebennierenadenom, bewirkt einen Bluthochdruck und eine Verminderung des Kaliumspiegels (Hypokaliämie).
- Eine vermehrte Androgensynthese (z. B. durch ein NNR-Adenom oder häufiger durch Glukokortikoidmangel mit sekundär vermehrter ACTH-Ausschüttung) führt zum **adrenogenitalen Syndrom,** das bei Jungen eine vorzeitige Geschlechtsreife mit Minderwuchs (Pubertas praecox) und bei Frauen eine Vermännlichung (Virilismus) mit Zunahme der Behaarung, einer tieferen Stimme, einem männlichen Körperbau und einem Sistieren der Regelblutung (Amenorrhö) verursacht.
- Die Zerstörung der gesamten NNR (z. B. durch Tuberkulose) führt zum **Morbus Addison,** der sich durch Symptome des Mangels an Kortison (Schwäche, Gewichtsverlust, Hypoglykämie), Aldosteron (Hypotonie, Hyperkaliämie) und Androgenen (Verlust der Schambehaarung) auszeichnet. Durch sekundär verstärkte ACTH-Ausschüttung mit Kosekretion von melanozytenstimulierendem Hormon wird außerdem eine Hyperpigmentation der Haut (Bronzediabetes) beobachtet.

Die im NNM produzierten und gespeicherten **Katecholamine** sind Stresshormone, die in entsprechenden Situationen sezerniert werden. Periphere Wirkungen sind u. a. Erhöhung von Herzfrequenz, Blutdruck und Blutzuckerspiegel.

Klinik

Ein katecholaminproduzierender Tumor (**Phäochromozytom**) verursacht krisenhafte Blutdruckanstiege mit Herzklopfen, Kopfschmerz, Schwindel und Erbrechen.

Gefäßversorgung

Die Nebennieren werden über folgende **Arterien** mit Blut versorgt:

- Aa. suprarenales superiores aus der A. phrenica inferior
- A. suprarenalis media aus der Aorta abdominalis
- A. suprarenalis inferior aus der A. renalis.

Das **venöse Blut** wird über die V. suprarenalis abgeleitet, die rechts direkt in die untere Hohlvene und links zunächst in die V. renalis mündet.

Die **Lymphe** wird in die Lnn. lumbales und phrenici inferiores drainiert.

Innervation

Sympathisch wird das NNM über präganglionäre Fasern aus den Nn. splanchnici innerviert, die die Nebenniere über den Plexus coeliacus und Plexus suprarenalis erreichen. Parasympathische Fasern aus dem Plexus suprarenalis entstammen dem Truncus vagalis posterior.

6.9 Projektionen von Bauchorganen auf die Bauchwand

Die Bauchorgane projizieren sich an verschiedenen Stellen auf die Bauchwand. Diese Projektionen sind in ↗ Tabelle 6.13 wiedergegeben.

6.10 Beckenraum, Beckenboden und Dammregion

6.10.1 Beckenraum (Cavitas pelvis)

Gliederung

Die Bauchhöhle geht am Beckeneingang (**Apertura pelvis superior**) in Höhe der Linea terminalis (= gedachte Linie zwischen Promontorium, Linea arcuata und Pecten ossis pubis am knöchernen Becken) in den Beckenraum (**Cavitas pelvis**) über. Dieser Raum wird durch das Peritoneum parietale und den kompliziert gebauten, aus Muskeln und Bindegewebe bestehenden Beckenboden (**Diaphragmata pelvis** und **urogenitale**) in 3 Stockwerke gegliedert (↗ Abb. 6.55):

Tab. 6.13 Projektionen von Bauchorganen auf die Bauchwand

Organ	Projektion auf die Bauchwand
Leber	• Oberrand: vom rechten 4. Interkostalraum bis zur Knorpel-Knochen-Grenze der 5. Rippe links • Unterrand: Verlauf in der mittleren Axillarlinie mit dem Rippenbogen, Unterkreuzung des Rippenbogens im Schnittpunkt der Medioklavikularlinie mit der 8. Rippe, anschließend Verlauf zum Rippenknorpel der 5. Rippe links
Gallenblasenfundus	Schnittpunkt des lateralen Randes des M. rectus abdominis rechts mit dem Rippenbogen
Magen	Dreieck zwischen beiden Rippenbögen und einer gedachten Linie zwischen den tiefsten Punkten der beiden 10. Rippen
Duodenum/ Pankreaskopf	im oberen rechten Feld von 2 durch den Nabel gelegten horizontalen und vertikalen Linien
Zäkum	kranial und etwas medial der Spina iliaca anterior superior rechts
Appendix vermiformis	zwischen lateralem und medialem Drittel auf einer Linie zwischen Spina iliaca anterior superior und Nabel (McBurney-Punkt), Spitze zwischen rechtem und mittlerem Drittel auf einer Linie zwischen beiden Darmbeinschaufeln (Lanz-Punkt)
Querkolon	vom Schnittpunkt des lateralen Randes des M. rectus abdominis rechts mit dem Rippenbogen bis zum linken Rippenbogen in einer gebogenen Linie, die bis zum Nabel hinunterreichen kann
Dünndarmkonvolut	zwischen Querkolon, den Spinae iliacae anteriores superiores und der Symphyse
Nieren	• oberer Pol: bis Oberrand 12. Brustwirbel • Hilum: 1. Lendenwirbelkörper • unterer Pol: bis 3. Lendenwirbelkörper
Milz	zwischen 9. und 11. Rippe in der linken Regio hypochondriaca, nicht unter dem Rippenbogen hervorragend, hinterer Pol medial ca. 4 cm lateral des Querfortsatzes des 10. Brustwirbels

- **Peritonealhöhle** (Cavitas peritonealis): Die Wände werden von Peritoneum parietale ausgekleidet. Die Beckenorgane wölben sich in die Peritonealhöhle vor und werden dort von Peritoneum urogenitale überzogen: Im männlichen Becken sind das Harnblase (Apex, Fundus und Corpus vesicae), Ureter, Kuppen der Vesiculae seminales, Ductus deferens (bis zur Ampulle) und Rektum, bei der Frau Harnblase (Apex und Fundus vesicae), Uterus (Corpus uteri), Tuba uterina, Ovar, hinteres Scheidengewölbe und Rektum. Vom Uterus zieht eine von Peritoneum überzogene frontale Bindegewebsfalte (**Lig. latum uteri**) beidseits zur lateralen Bauchwand. In ihrem oberen Rand verläuft die Tuba uterina. Es setzt sich zusammen aus dem Mesometrium, der Mesosalpinx und dem Mesovarium. Außerdem erkennt man eine Peritonealfalte, die vom Ovar zur seitlichen Beckenwand zieht (**Lig. suspensorium ovarii**). Zwischen den sich vorwölbenden Beckenorganen gibt es wichtige **Bauchfelltaschen:** beim Mann die Excavatio rectovesicalis, bei der Frau die Excavatio vesicouterina (zwischen Harnblase und Uterus) und die Excavatio rectouterina (zwischen Uterus und Rektum).
- **Subperitonealraum** (Spatium extraperitoneale pelvis): Binde- und Fettgewebsraum, der die Hauptanteile der Beckenorgane enthält (Harnblase, Rektum und innere Geschlechtsorgane außer Hoden, Nebenhoden und z. T. Ductus deferens beim Mann). Die Wände werden von der bindegewebigen **Fascia pelvis parietalis** ausgekleidet. Der Subperitonealraum geht kraniodorsal in den Retroperitonealraum und kaudal in den Bindegewebsraum der Dammregion unterhalb der Beckenbodenmuskulatur über. Durch die Organe und begrenzende Strukturen wird das Spatium extraperitoneale in verschiedene bindegewebige Räume unterteilt (↗ Tab. 6.14).
- **Fossa ischioanalis** (ischiorectalis): Bindegewebsraum, der durch einen Fettkörper (Corpus adiposum fossae ischioanalis) ausgefüllt und von den Vasa pudenda interna und dem N. pudendus durchzogen wird. Seine Begrenzungen sind:
  - kranial die untere Faszie des Diaphragma pelvis (M. levator ani)
  - kaudal das Diaphragma urogenitale (M. transversus perinei profundus, vorderes Drittel), die

Fascia perinei (mittleres Drittel) und das Lig. sacrotuberale (hinteres Drittel),
- lateral das Tuber ischiadicum und der M. obturatorius internus.

Tab. 6.14 Spalträume im Spatium extraperitoneale pelvis

Spaltraum	wichtige enthaltene Strukturen/Funktion
Spatium presacralis	Plexus venosus presacralis
Spatium perirectalis	beidseits von den großen Gefäß-Nerven-Straßen begrenzt
Spatium paravesicale	Verschiebeschicht um die Harnblase
Spatium retropubicum	durch Ligg. pubovesicalia/puboprostatica in eine obere und eine untere Abteilung gegliedert, in der unteren Abteilung verlaufen die Vv. dorsales clitoridis/penis
Parametrium	beidseits von Gefäß-Nerven-Straßen durchzogen

Klinik

In der **Geburtshilfe** wird das kleine Becken in 3 aufeinanderfolgende Räume unterteilt:
- Beckeneingangsraum: kranial begrenzt durch die Conjugata anatomica (= Verbindungslinie zwischen Symphysenoberkante und Promontorium) mit dem größten sagittalen Durchmesser des Geburtskanals und kaudal begrenzt durch die Conjugata vera [obstetrica] (= Verbindungslinie zwischen Symphysenrückfläche und Promontorium), die die engste Stelle des Geburtskanals markiert
- Beckenhöhle (Beckenmitte): zwischen Symphyse und Steißbein sowie lateral durch die Spinae ischiadicae begrenzt und von runder Form
- Beckenausgangsraum: enthält die Conjugata vera (= Verbindungslinie zwischen Symphysenunterkante und Steißbeinspitze), die den kleinsten Durchmesser des Beckenausgangs hat.

6.10.2 Beckenboden

Überblick

Die Apertura pelvis inferior wird durch mehrere Schichten aus Muskeln und Bindegewebe nach kaudal abgeschlossen, die in ihrer Gesamtheit als Beckenboden bezeichnet werden (↗ Tab. 6.15). Dieser setzt sich zusammen aus dem **Diaphragma pelvis** und – kaudal davon – dem **Diaphragma urogenitale.**

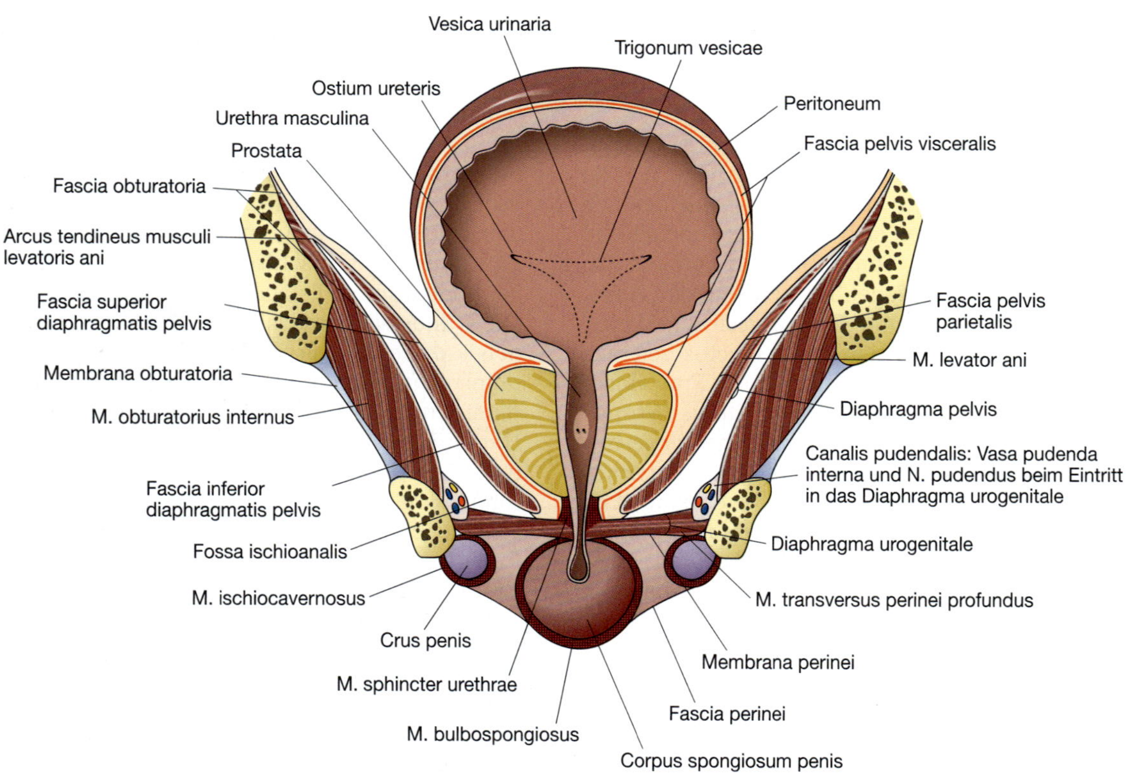

Abb. 6.55 Bindegewebsräume des männlichen kleinen Beckens, Frontalschnitt durch die Pars prostatica der Harnröhre, Ventralansicht. (Modifiziert nach [19])

Zwischen den Diaphragmen erstreckt sich die Fossa ischioanalis (↗ Abb. 6.55).

Diaphragma pelvis

Gliederung

Das Diaphragma pelvis ist eine Muskel-Sehnen-Platte, die von einer gedachten Linie ausgeht, welche vorn beidseits lateral der Symphyse am Ramus inferior ossis pubis beginnt und über die Fascia obturatoria, die Spina ischiadica und das Lig. sacrospinale an der seitlichen Beckenwand nach hinten zum 4. Sakralwirbel verläuft (↗ Abb. 6.56). Die Muskel-Sehnen-Platte verjüngt sich wie ein Trichter nach mediokaudal zum Darmrohr hin und umgreift dort mit einer Muskelschlinge von dorsal das Rektum. An der Ober- und Unterseite wird das Diaphragma pelvis von den Fasciae superior und inferior diaphragmatis pelvis umschieden (↗ Abb. 6.55). Es setzt sich auf beiden Seiten aus 2 Muskeln zusammen (↗ Abb. 6.56 und 6.57):

- **M. levator ani,** bestehend aus 3 Teilen:
  - **M. pubococcyeus:** Ursprung am R. superior ossis pubis, Ansatz am Os coccygis
  - **M. iliococcygeus** (Arcus tendineus musculi levatoris ani): Ursprung an der Faszie des M. obturatorius internus und Arcus tendineus fasciae pelvis, Ansatz am Os coccygis und Os sacrum
  - **M. puborectalis:** Ursprung am Os pubis, weiterer Verlauf in Form einer Muskelschlinge, die dorsal das Rektum an der Flexura anorectalis umfasst und Vereinigung mit dem gegenseitigen M. puborectalis in der Medianebene. Durchflechtung mit Fasern des M. sphincter ani externus
- **M. ischiococcygeus:** Ursprung an der Spina ischiadica und dem Lig. sacrospinale, Ansatz am Os coccygis.

Zwischen Symphyse und der Muskelschlinge, die dorsal das Rektum umgreift, hat die Muskel-Sehnen-Platte ein dreieckiges Loch, das **Levatortor** (Levatorschlitz, Hiatus urogenitalis + Hiatus analis) genannt wird und seitlich von den Rändern des M. puborectalis (**Levatorschenkel**) begrenzt wird. Das Levatortor ist der Durchtrittspunkt der Urethra, der Vagina und des Rektums.

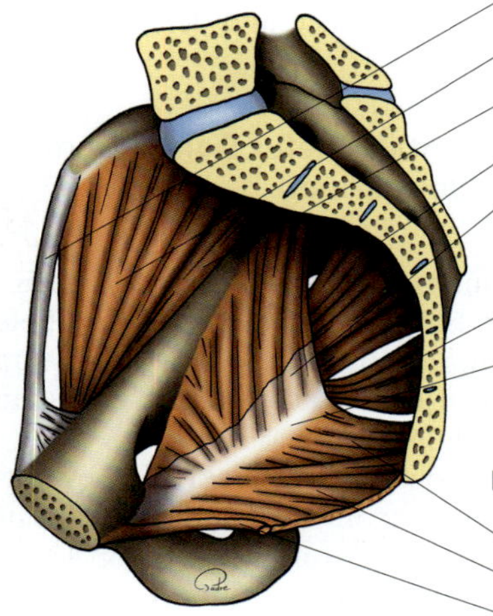

Abb. 6.56 Diaphragma pelvis, medianer Sagittalschnitt durch das Becken, Ansicht von medial.

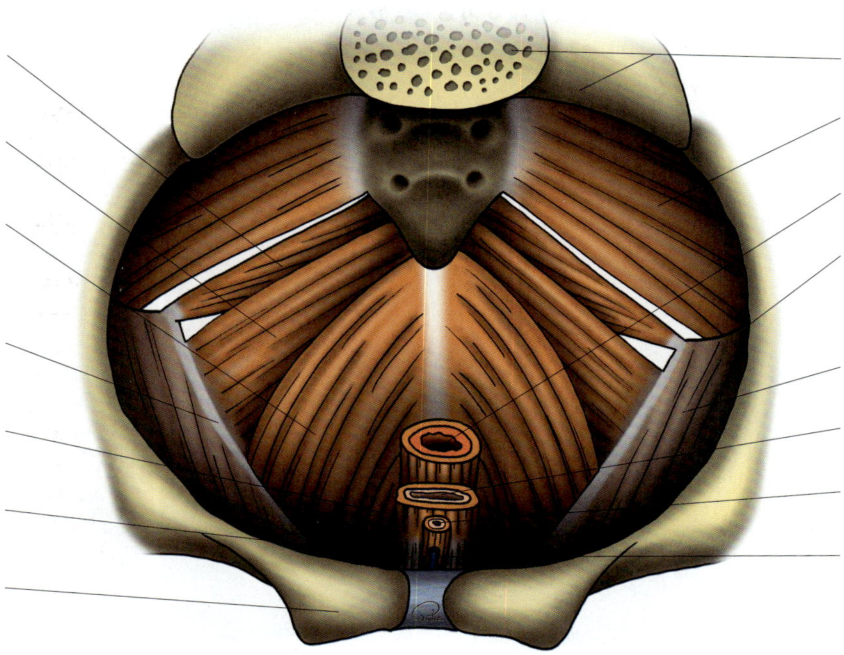

Abb. 6.57 Diaphragma pelvis, Ansicht von oben.

■ **Funktion**

Durch das Diaphragma pelvis werden die Beckenorgane in ihrer Lage gehalten. Vor allem der M. puborectalis ist wichtig für die **Stuhlkontinenz,** da er das Rektum bei Kontraktion nach vorn in der Flexura anorectalis [perinealis] abknickt. Bei der Defäkation entspannt sich der M. puborectalis, der Knick verwischt, und die Trichterform der Muskel-Sehnen-Platte nimmt zu. Auch Harn- und Geschlechtswege werden durch die Levatorschenkel (Ränder des M. puborectalis) komprimiert.

■ **Innervation**

Der M. levator ani wird über Nervenfasern aus dem Plexus sacralis (S3/S4) versorgt, wobei der M. puborectalis aus S4 über direkte Äste und den N. pudendus innerviert wird.

Diaphragma urogenitale, tiefer Dammraum (Spatium profundum perinei)

■ **Gliederung**

Zwischen den Rr. inferiores ossis pubis und den Rr. ossis ischii beider Seiten erstreckt sich der tiefe Dammraum (Spatium profundum perinei), der von einer Muskel-Sehnen-Platte ausgefüllt wird, dem Diaphragma urogenitale (➚ Abb. 6.55).

Das Diaphragma urogenitale schließt das Levatortor kaudal ab. Es besteht im dorsalen Bereich aus dem **M. transversus perinei profundus,** der an seiner Unterfläche von der **Membrana perinei** (Fascia inferior diaphragmatis urogenitalis) überzogen wird.

> **Merke**
>
> Bei der Frau ist der M. transversus perinei profundus nur rudimentär ausgebildet.

Am Vorderrand des M. transversus perinei profundus verstärkt sich die Membrana perinei zum **Lig. transversum perinei,** das zwischen Hiatus urogenitalis und Symphyse den ventralen Anteil des Diaphragma urogenitale bildet (➚ Abb. 6.58). Neben verschiedenen Leitungsbahnen beherbergt das Spatium profundum perinei die Glandulae bulbourethrales.

■ **Innervation**

Der M. transversus perinei profundus wird durch den N. pudendus innerviert.

6.10.3 Dammregion (Regio perinealis)

Das rautenförmige Areal zwischen Symphyse, Tuber ischiadicum beider Seiten und der Spitze des Os coccygis wird als Regio perinealis bezeichnet. Diese lässt sich in einen vorderen (Regio urogenitalis) und einen hinteren Bereich (Regio analis) gliedern mit dem Hinterrand des M. transversus perinei als Grenze (➚ Abb. 6.55 und 6.58):

- **Regio urogenitalis:** umschließt die äußeren Geschlechtsorgane und die Harnröhre und lässt sich weiter untergliedern in:
  - Spatium profundum perinei (tiefer Dammraum), mit dem Diaphragma urogenitale (s. o.), das zum Beckenboden gezählt wird

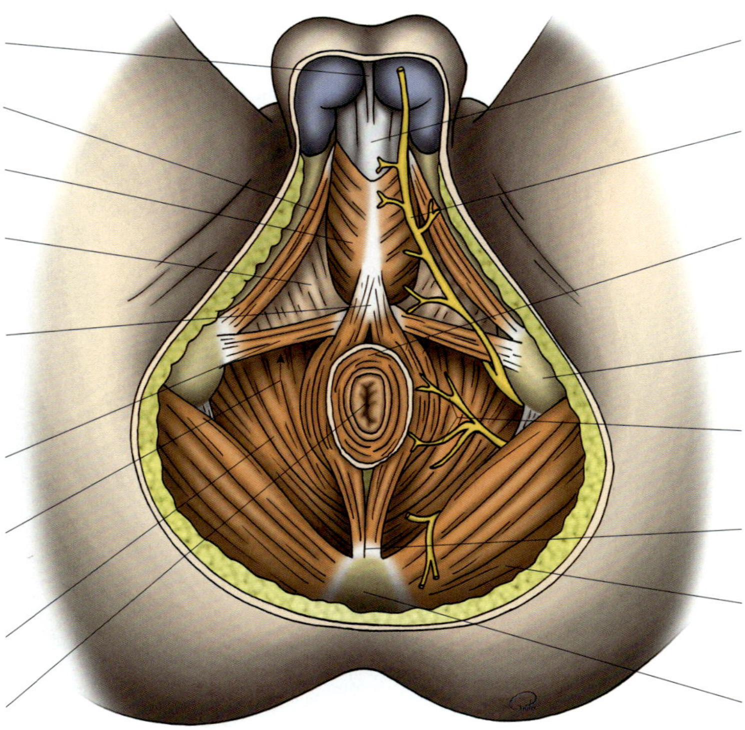

Abb. 6.58 Tiefer und oberflächlicher Dammraum des Mannes.

– Spatium superficiale perinei (oberflächlicher Dammraum): unterhalb der Membrana perinei und des Lig. transversum perinei (s. u.)
- **Regio analis:** um den Analkanal herum befindet sich ein Fettkörper (Corpus adiposum fossae ischioanalis), der sich nach kranioventral oberhalb des M. transversus perinei superficialis in die Fossa ischioanalis (s. o.) fortsetzt. Somit kann die Regio analis zu Letzterer gezählt werden (↗ Abb. 6.58).

Oberflächlicher Dammraum (Spatium superficiale perinei)

Gliederung

Der oberflächliche Dammraum wird von Muskeln, Schwellkörpern und den Leitungsbahnen für die äußeren Geschlechtsorgane durchzogen (↗ Abb. 6.55 und 6.58):

- **M. transversus perinei superficialis:** Ursprung am R. ossis ischii, Ansatz am Centrum perinei
- **Crus penis/clitoridis**
- **Schwellkörpermuskeln:**
  - **M. ischiocavernosus:** Ursprung am R. ossis ischii, Ansatz in der Tunica albuginea vom Crus penis/clitoridis
  - **M. bulbospongiosus:** Ursprung am Centrum perinei und an der Raphe penis beim Mann, Ansatz an der Fascia penis des Dorsum penis beim Mann, in der Klitoris bei der Frau.

Innervation

Die Muskeln des Dammraums werden vom N. pudendus innerviert.

6.11 Männliche Geschlechtsorgane

Zu den männlichen Geschlechtsorganen werden folgende Organe gezählt:

- Hoden (Testis): Bildung der Samenzellen und von Testosteron
- Nebenhoden (Epididymis): Speicherung der Samenzellen
- Hodensack (Scrotum): Umhüllung von Hoden und Nebenhoden
- Samenleiter (Ductus deferens): Ableitung des Samens
- akzessorische Geschlechtsdrüsen: Bläschendrüse (Glandula vesiculosa), Vorsteherdrüse (Prostata) und Cowper-Drüse (Glandula bulbourethralis): Bildung des Ejakulats
- männliches Glied (Penis).

6.11.1 Hoden, Nebenhoden, Samenleiter

Hoden (Testis)

Hodengewebe

Embryologie

Das chromosomale Geschlecht wird durch das Spermium determiniert, das entweder ein X- oder ein Y-Chromosom zum X-Chromosom der Eizelle beisteuert. Der durch die Befruchtung entstehende Geschlechtschromosomenkomplex bildet das gonadale Geschlecht. Trotzdem sind die Keimdrüsen beider Geschlechter bis zur 7. Embryonalwoche morphologisch nicht zu unterscheiden. Man nennt diese Entwicklungsperiode **Indifferenzstadium:** Anfang der

Tab. 6.15 Aufbau von Beckenhöhle, Beckenboden und Dammregion

Räume und Begrenzungsstrukturen		enthaltene Strukturen
Peritonealhöhle		Peritonealorgane
Peritoneum parietale		
subperitonealer Beckenraum		Beckenorgane
Diaphragma pelvis (M. levator ani und M. ischiococcygeus)		
Fossa ischioanalis		Corpus adiposum
Regio perinealis (Dammregion)	Regio urogenitalis	
	• Spatium perinei profundus (tiefer Dammraum)	• Diaphragma urogenitale (M. transversus perinei profundus, Lig. transversum perinei) • Glandulae bulbourethrales
	• Spatium perinei superficialis (oberflächlicher Dammraum)	• M. transversus perinei superficialis • Mm. ischiocavernosus und bulbospongiosus • Crus penis/clitoridis
	Regio analis	Corpus adiposum

4. Woche bilden sich im Entoderm von Dottersack und Allantoisstiel die Urgeschlechtszellen. Während der 5. Woche verdickt sich das Zölomepithel am medialen Rand der Urogenitalfalte zum Keimepithel, von dem fingerförmige Stränge in das umliegende Mesenchym wachsen und dort die primären Keimstränge bilden. Die Urgeschlechtszellen wandern im Dickdarmgekröse entlang der dorsalen Bauchwand zu den Keimsträngen, in die sie während der 6. Woche einwandern (↗ Abb. 6.59).

Die **Keimdrüsenanlage** hat jetzt ein Mark und eine Rinde. Während sich bei einem chromosomal weiblichen Embryo die Rinde in ein Ovar differenziert, degeneriert sie bei einem XY-Chromosomensatz, während das Mark sich ab der 7. Woche zur männlichen Keimdrüse weiterentwickelt:

Aus den **Keimsträngen** entwickeln sich Tubuli seminiferi und das Rete testis und aus dem umgebenden **Mesenchym** die Leydig-Zwischenzellen, die mit der Produktion von Testosteron und Geschlechtsganginduktoren beginnen. Diese induzieren die Entwicklung der Wolff-Gänge. Die Keimstränge lösen sich allmählich vom Keimepithel ab, und die wachsende Hodenanlage verliert ihre Verbindung zur degenerierenden Urniere.

Von dieser bleibt lediglich der kaudale Teil der Urogenitalfalte als Keimdrüsenleistenband erhalten, dessen mesenchymaler Anteil als **Gubernaculum testis** bezeichnet wird und durch die sich entwickelnde Bauchwand zu den Genitalwülsten zieht.

Entlang dem Gubernaculum wächst eine peritoneale Aussackung (**Processus vaginalis**), die sich durch die Bauchwand hindurch zum Hodensack ausstülpt. Die innere Öffnung an der Fascia transversalis markiert den Eingang zum Leistenkanal (Anulus inguinalis profundus), der Durchtritt nach außen am M. obliquus externus den Ausgang (Anulus inguinalis superficialis). Der Hoden wandert in der weiteren Entwicklung entlang der dorsalen Bauchwand nach kaudal (**Descensus testis**) und erreicht in der 28. Woche den Anulus inguinalis profundus, in den er, dem Processus vaginalis folgend, eintritt, um in der 32. Woche den Skrotalsack zu erreichen.

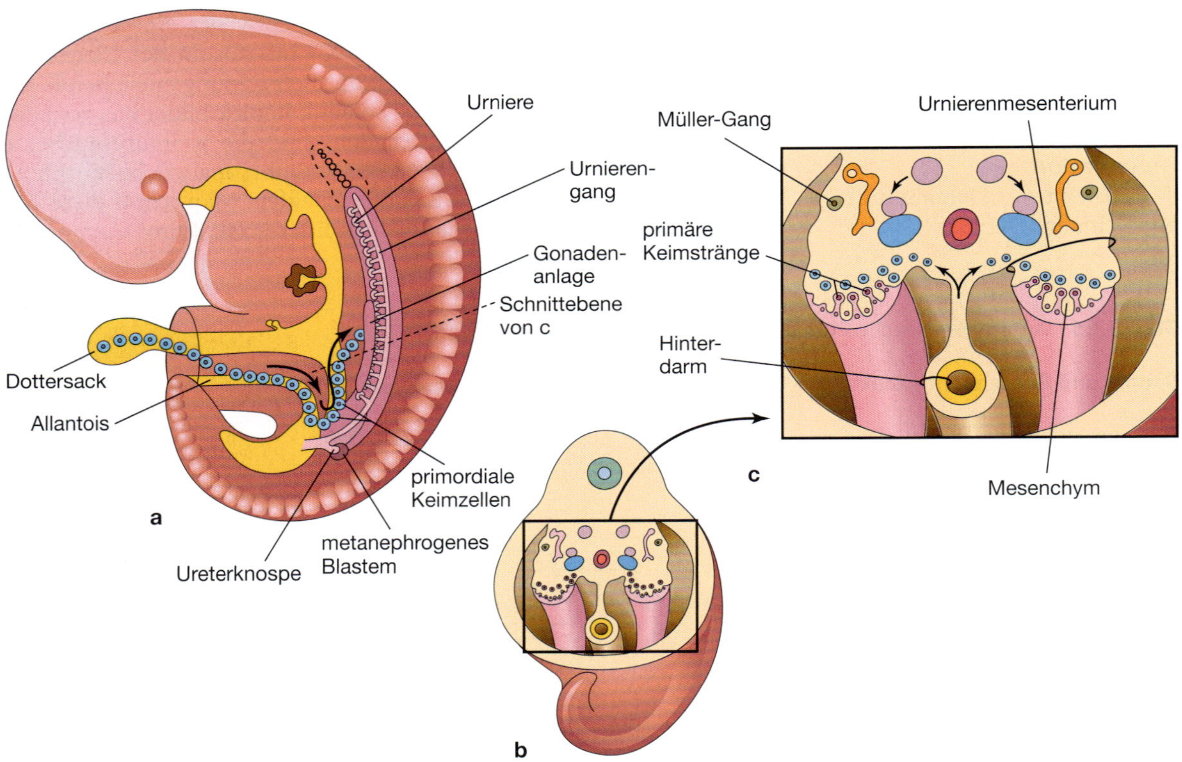

Abb. 6.59 Wanderung der Urgeschlechtszellen zu den Keimsträngen. a Darstellung des Migrationsweges der primordialen Keimzellen bei einem 5 Wochen alten Embryo vom Dottersack bis in die Genitalleisten. Wahrscheinlich werden nur die nach der Körperabfaltung bereits in der Nähe der Genitalleisten liegenden Keimzellen tatsächlich in die Gonade aufgenommen, die restlichen Keimzellen bleiben als ektope Keimzellen im Mesenchym liegen und werden schließlich resorbiert. **b** Dreidimensionale Darstellung der kaudalen Körperregion mit Hinterdarm und Genitalleiste eines 5 Wochen alten Embryos. **c** Ausschnitt aus b zur Veranschaulichung der Nebennierenanlagen, der sexuell indifferenten Gonade und des Migrationsweges der Urkeimzellen zwischen Hinterdarm und den sich entwickelnden Gonaden.
Im dorsolateralen Abschnitt der Urogenitalleiste sind auch der Wolff-Gang und der Müller-Gang dargestellt. (Aus [12])

Klinik

Bei etwa 3% der männlichen Neugeborenen verläuft die Wanderung des Hodens nicht regelrecht (**Maldescensus testis**), so dass dieser abdominal, inguinal, femoral oder als Gleithoden lokalisiert ist. Ursachen hierfür sind u. a. gonosomale Chromosomenveränderungen, mechanische Hindernisse oder eine gestörte Testosteronbildung. Häufig deszendiert der Hoden dann spontan während des 1. Lebensjahres. Unterbleibt dieser Deszensus länger als 2 Lebensjahre, kommt es durch die erhöhte Temperatur und Druckschäden zur Infertilität, und das Risiko, im Laufe des Lebens an Hodenkrebs zu erkranken, ist stark erhöht. Aus diesem Grunde muss ein Maldescensus testis, wenn er während des 1. Lebensjahres nicht spontan erfolgt, vor Ende des 2. Lebensjahres operiert werden.

Der Processus vaginalis obliteriert kranial in der weiteren Entwicklung.

Klinik

Unterbleibt die kraniale Obliteration des Processus vaginalis, so kann Peritonealhöhleninhalt (Omentum majus, Darmschlingen) durch den Leistenkanal in das Cavum serosum vorfallen (**indirekte Leistenhernie**).

Topographie

Die Hoden sind im Hodensack außerhalb des Körpers lokalisiert. Der linke Hoden hängt meist etwas tiefer als der rechte an Ductus deferens, Gefäßen und Nerven, die auch als Mesorchium bezeichnet werden. Sie entspringen dorsal aus dem Hoden und laufen im Samenstrang nach kranial (↗ Abb. 6.60).

Klinik

Eine plötzlich auftretende Verdrehung von Samenstrang und Hoden kann bei Säuglingen und Jugendlichen infolge einer abnormen Beweglichkeit auftreten und wird als Hodentorsion bezeichnet. Sie ist gekennzeichnet durch einen akut auftretenden Hodenschmerz, der in den Unterbauch ausstrahlt, mit Hodenschwellung und -rötung. Der Hoden ist druckschmerzhaft und verstärkt sich beim Anheben des Hodens (negatives Prehn-Zeichen). Eine Hodentorsion ist ein Notfall und muss innerhalb von 6 Stunden zumeist operativ beseitigt werden, um irreversible Schäden zu vermeiden.

Eine Hodenentzündung (**Orchitis**) geht ebenfalls mit starken Schmerzen einher. Zusätzlich beobachtet man hohes Fieber sowie eine Rötung und Schwellung der Skrotalhaut. Zumeist entsteht sie sekundär im Rahmen anderer Infektionserkrankungen, klassischerweise beim Mumps (Parotitis epidemica) des Erwachsenen, oder durch Übergreifen einer Nebenhodenentzündung (Epididymitis).

Am oberen Hodenpol sieht man manchmal einen wenige Millimeter großen Fortsatz (**Appendix testis**), der das blinde Ende des beim Mann rudimentären ehemaligen Müller-Gangs repräsentiert.

Histologie

Umgeben ist der Hoden von einer straffen, kollagenen Bindegewebskapsel (**Tunica albuginea**), aus der Septen (**Septula testis**) in das Organinnere ziehen und den Hoden in ca. 300 Läppchen (**Lobuli testis**) unterteilen. Jedes Läppchen enthält etwa 1–4 Samenkanälchen (**Tubuli seminiferi**), die jeweils etwa eine Länge von 30–70 cm aufweisen und aufgeknäuelt im

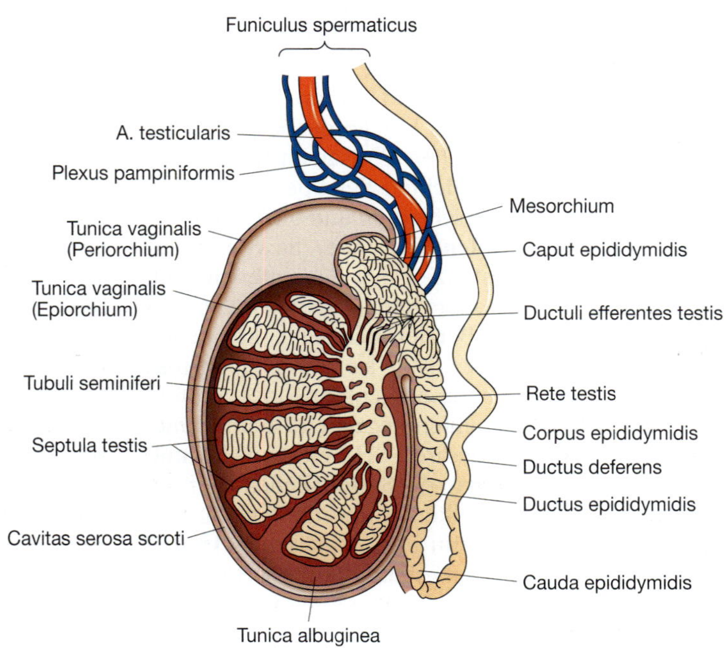

Abb. 6.60 Aufbau von Hoden und Nebenhoden, Schema.

Hodenparenchym liegen. Sie beginnen und enden im apikal gelegenen **Rete testis,** einem Hohlraumsystem, das von einschichtigem isoprismatischem Epithel ausgekleidet ist und in das Gangsystem des Nebenhodens mündet (↗ Abb. 6.60).

Tubuli seminiferi

Die Samenkanälchen bestehen im Querschnitt aus einer außen liegenden **Lamina limitans** (aus Kollagenfasern, Fibroblasten, Myofibroblasten und einer Basalmembran), der innen das **mehrschichtige Keimepithel** aufliegt. Dieses enthält folgende Zellen (von außen nach innen, ↗ Abb. 6.61):

- **Spermatogonien:** Bei Spermatogonien vom **Typ A** handelt es sich um die Ursprungszellen der Spermatozytogenese. Sie liegen der Lamina limitans direkt auf und teilen sich mitotisch zu Spermatogonien **Typ B**. Diese werden durch eine weitere Mitose zu
- **Spermatozyten** I. Ordnung, die nach der ersten meiotischen Reifeteilung zu Spermatozyten II. Ordnung werden. Diese durchlaufen die zweite meiotische Reifeteilung und werden zu
- **Spermatiden** mit einem haploiden Chromosomensatz, die sich schließlich zu Spermatozoen (**Spermien**) ausdifferenzieren. Diese besitzen einen Kopf mit Kappe (Akrosom), einen Hals und einen Schwanz mit Mittel-, Haupt- und Endstück.

Klinik

Die Spermatogonien sind die Ursprungszellen für den häufigsten Keimzelltumor des Hodens, das **Seminom,** das zwischen dem 30. und 50. Lebensjahr auftritt und aufgrund seiner Strahlensensibilität eine gute Prognose besitzt. Keimzelltumoren, wie z. B. das Teratom, der Dottersacktumor oder das Chorionkarzinom, können jedoch aus allen 3 Keimblättern entstehen.

Als Stützzellen und „Ammenzellen“des Keimepithels fungieren die **Sertoli-Zellen,** die mit ihrer Basis auf der Lamina limitans sitzen und mit ihren lamellenartigen Fortsätzen bis in das Lumen der Samenkanälchen reichen. Mit seitlichen Fortsätzen trennen sie die basalen Keimzellschichten der Spermatogonien von den Spermatozytenschichten und bilden auf diese Weise die **Blut-Hoden-Schranke,** die verhindert, dass schädliche Substanzen aus den interstitiellen Blutgefäßen die Spermatozyten, Spermatiden und Spermien im inneren Bereich der Samenkanälchen erreichen. Des Weiteren sind sie zur Phagozytose fähig und sezernieren androgenbindendes Protein und Inhibin, das über einen negativen Feedbackmechanismus die hypophysäre FSH-Sekretion hemmt. Histologisch erkennt man die Sertoli-Zellen an ihren großen, dreieckigen Zellkernen mit deutlichem Nukleolus (↗ Abb. 6.61). Im ausgewachsenen Hoden sind sie nicht mehr teilungsfähig. Stimuliert werden die Sertoli-Zellen durch das hypophysäre Hormon FSH (follikelstimulierendes Hormon).

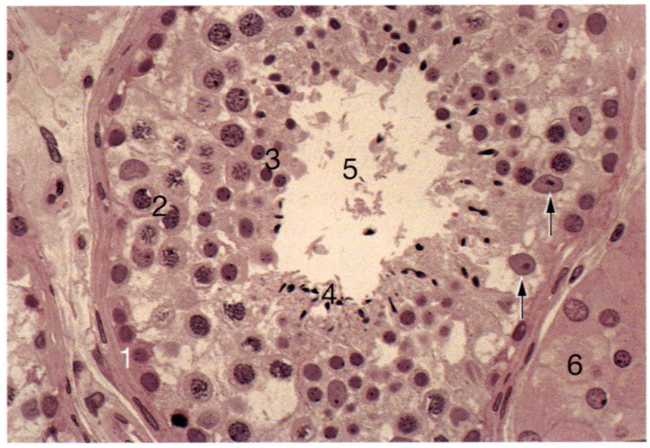

Abb. 6.61 Tubulus seminifer; 1 = deutlich erkennbare Spermatogonien, 2 = Spermatozyten I. Ordnung, 3 = frühe Spermatiden, 4 = späte Spermatiden, ↑ = Sertoli-Zellen, 5 = Lumen, 6 = Leydig-Zellen. Plastikschnitt; HE-Färbung, Vergr. 450-fach. (Aus [16])

Bindegewebe

Im Bindegewebe zwischen den Tubuli seminiferi befinden sich um die Kapillaren herum die **Leydig-Zwischenzellen,** die Testosteron produzieren und durch das hypophysäre Hormon LH (luteinisierendes Hormon) stimuliert werden. Sie sind reich an GER, Mitochondrien vom Tubulustyp und Lipidvakuolen. Ihre Testosteronproduktion beginnt bereits in der 9. Woche, was für die männliche Geschlechtsdifferenzierung essenziell ist.

Funktion

Aufgaben der Hoden sind die Produktion (Spermatozytogenese) und Reifung (Spermiogenese) der Samenzellen, die etwa 64 Tage benötigen, sowie die Bildung von männlichen Geschlechtshormonen (Testosteron).

Gefäßversorgung

Arteriell wird der Hoden durch die A. testicularis versorgt, die unterhalb der A. renalis aus der Bauchaorta entspringt und auf ihrem Weg durch das Retroperitoneum den M. psoas und den Ureter überkreuzt, bevor sie über den Leistenkanal und den Samenstrang zum Hoden gelangt (↗ Abb. 6.50). Den langen Verlauf der A. testicularis erklärt man sich durch die embryonale Hodenanlage im Abdomen: Bei seinem Deszensus in den Hodensack nimmt der Hoden sein Gefäß mit. Auf ihrem Weg anastomosiert die Hodenarterie mit der A. ductus deferentis, der A. cremasterica und dem Plexus pampiniformis.

Der **venöse Abfluss** erfolgt über den Plexus pampiniformis, der die A. testicularis umgibt und deren Verlauf er folgt (↗ Abb. 6.60). Im Abdomen vereinigen sich die Venenäste zur V. testicularis, die auf der rechten Seite in die V. cava inferior und links in die V. renalis sinistra mündet (↗ Abb. 6.50).

Zwischen A. testicularis und Plexus pampiniformis bestehen arteriovenöse Anastomosen, deren Durchmesser durch Muskelpolster in den Venenwänden kontrolliert werden kann und die dazu dienen, testosteronreiches Venenblut in die Arterien zu leiten.

Die **Lymphe** fließt in die retroperitoneal und paraaortal gelegenen Lnn. lumbales.

Klinik

Hodentumoren metastasieren zuerst in den Retroperitonealraum.

Innervation

Die autonome Innervation erfolgt hauptsächlich über postganglionäre sympathische Fasern, die aus den Plexus coeliacus, intermesentericus und renalis stammen und mit der A. testicularis zum Plexus testicularis ziehen. Die Fasern innervieren Hodenkapsel und -parenchym, Gefäßmuskulatur und Leydig-Zellen. Außerdem existieren afferente Schmerzfasern, die bei T10 in das Rückenmark münden.

Hodenhüllen und Hodensack

Embryologie

Das Skrotum entwickelt sich aus den Geschlechtswülsten (**Tubercula labioscrotalia**), die sich beidseits lateral der Kloakenmembran und der Geschlechtsfalten aufwerfen und später unter Androgeneinfluss median miteinander verwachsen.

Gliederung

Hoden und Nebenhoden sind von mehreren Hüllen umgeben (von innen nach außen, ↗ Abb. 6.62 und Tab. 6.16):

- Die **Tunica vaginalis testis** bedeckt Hoden und Nebenhoden und ist die Fortsetzung des Peritoneums. Sie entsteht aus dem Processus vaginalis peritonei, der mit dem Hoden in das Skrotum wandert und kranial verklebt. Die Tunica vaginalis testis lässt sich weiter unterteilen in:
  - Epiorchium: viszerales Blatt, Umschlag in das parietale Blatt am Abgang des Ductus deferens, der auch als Mesorchium bezeichnet wird
  - Cavitas serosa scroti: Spaltraum zwischen viszeralem und parietalem Blatt
  - Periorchium: parietales Blatt (↗ Abb. 6.60).
- Die **Fascia spermatica interna** setzt die Fascia transversalis der Bauchhöhle fort.
- Der **M. cremaster** (Hodenheber) umgibt netzförmig den Hoden als Abspaltung vom quergestreiften M. obliquus internus abdominis und kann den Hoden bei Kältereiz anheben.
- Die **Fascia spermatica externa** ist die Fortsetzung der Faszie des M. obliquus externus abdominis.
- Die Hüllen des Skrotums sind:
  - Tunica dartos: lockeres Bindegewebe mit Myofibroblasten und Muskelzellen; median zwischen den Testes existiert eine bindegewebige Scheidewand (Septum scroti)
  - Skrotalhaut: dünn, runzelig und stark pigmentiert mit Talg- und Schweißdrüsen; sie besitzt eine mediane Hautleiste (Raphe scroti), die sich in die Raphe perinei des Damms und in die Raphe penis fortsetzt.

Merke

Periorchium = **p**arietales Blatt der Tunica vaginalis testis.

Klinik

Durch gestörte Resorptionsvorgänge nach Traumen oder Entzündungen kann es zu einer Flüssigkeitsansammlung in der Cavitas serosa kommen (**Hydrocele testis**).

Klinik

Wenn man die Oberschenkelinnenseite bestreicht, kontrahiert reflektorisch der M. cremaster (**Kremasterreflex**). Mit diesem Reflex überprüft man die Funktion des N. genitofemoralis (R. femoralis ist afferenter Schenkel, R. genitalis efferenter Schenkel, Segmente L1 – L2).

Funktion

Hoden und Nebenhoden werden ursprünglich in der Bauchhöhle angelegt und während der Fetalentwicklung in den Hodensack ausgelagert (**Descensus testis**). Hier ist die Temperatur niedriger als im Abdomen und damit für die Spermiogenese ideal.

Tab. 6.16 Hodenhüllen und korrespondierende Strukturen der Bauchwand

Hodenhülle	Bauchwandstruktur
Tunica vaginalis testis	Peritoneum
Fascia spermatica interna	Fascia transversalis
M. cremaster	M. obliquus internus (und M. transversus) abdominis
Fascia cremasterica	Faszie des M. obliquus externus
Fascia spermatica externa	Fascia abdominis superficialis
Tunica dartos	Tela subcutanea
Cutis	Cutis

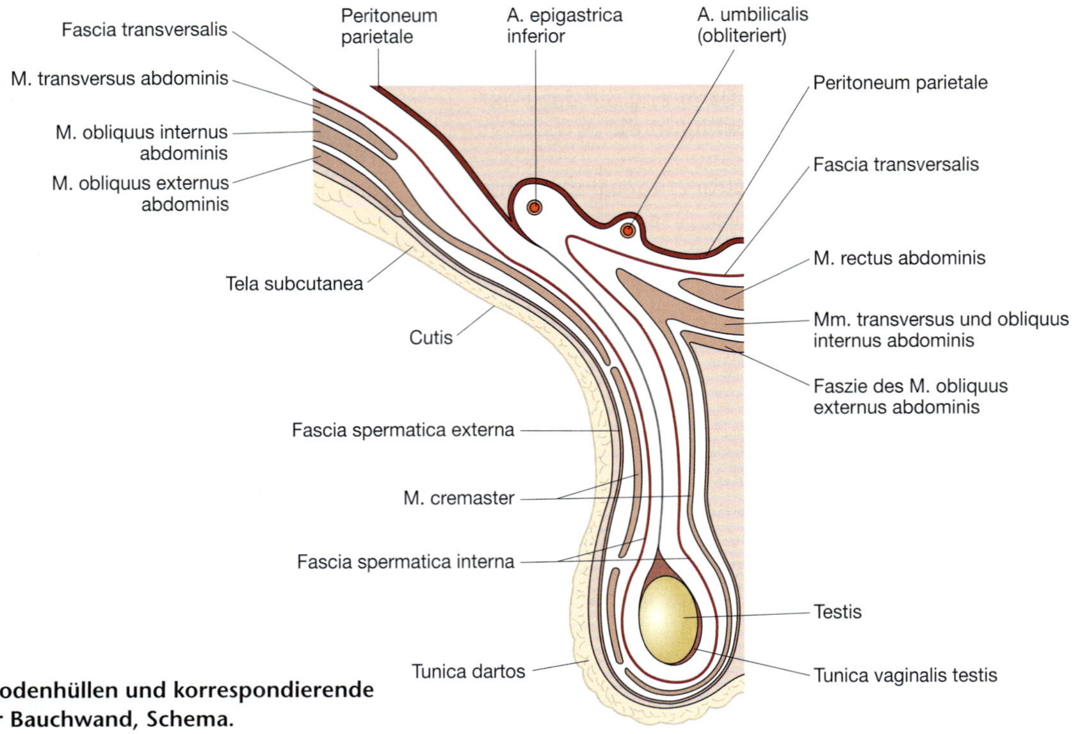

Abb. 6.62 Hodenhüllen und korrespondierende Schichten der Bauchwand, Schema.

Klinik

Unterbleibt der Descensus testis (**Kryptorchismus**) bis zum 2. Lebensjahr, so kommt es zur Zeugungsunfähigkeit (Infertilität) und zu erhöhter Entartungsgefahr des Hodens.

Gefäßversorgung

Arteriell werden die Hodenhüllen durch die A. cremasterica aus der A. epigastrica inferior mit Blut versorgt. Das Skrotum erhält arterielles Blut aus der A. pudenda interna.

Der **venöse Abfluss** erfolgt in die Vv. saphena magna, epigastrica inferior und pudenda interna.

Die **Lymphe** wird in die Lnn. inguinales abgeleitet.

Merke

Normalerweise besteht keine Verbindung zwischen den Lymphgefäßen des Hodens und der Hodenhüllen.

Innervation

Die Vorderseite der Hoden wird durch die Nn. scrotales anteriores aus dem N. ilioinguinalis und dem R. genitalis des N. genitofemoralis sensibel versorgt. Die Rückseite wird durch Nn. scrotales posteriores aus dem N. pudendus versorgt. Der M. cremaster wird durch den R. genitalis des N. genitofemoralis motorisch innerviert.

Nebenhoden (Epididymis)

Embryologie

Der proximale, der Hodenanlage benachbarte Teil der **Urnierenkanälchen** knäult sich auf und wird zu den Ductuli efferentes, während sie Anschluss zum Rete testis bekommen (↗ Abb. 6.59). Sie münden später in den Urnierengang (Wolff-Gang), aus dem u.a. der Ductus epididymidis entsteht.

Topographie

Über die Ligg. epididymidis superius und inferius ist der 6 cm lange und 5–10 mm dicke Nebenhoden lateral des Mesorchiums am Hoden fixiert und reicht vom kranialen bis zum kaudalen Hodenpol.

Gliederung

Man unterscheidet folgende Anteile (von kranial nach kaudal, ↗ Abb. 6.60):

- **Caput** epididymidis
- **Corpus** epididymidis
- **Cauda** epididymidis.

Am Caput sieht man manchmal einen wenige Millimeter großen bläschenartigen Fortsatz (**Appendix epididymidis**), der das blinde Ende des früheren Wolff-Gangs repräsentiert.

Histologie

Der Nebenhoden besitzt eine dünne Bindegewebskapsel (**Tunica albuginea**).

Im Caput befinden sich 8–12 gewundene Gänge (**Ductuli efferentes testis**) mit mehrreihigem, unterschiedlich hohem Epithel, die das Rete testis mit dem eigentlichen Nebenhodengang (**Ductus epididymidis**) verbinden. Dieser ist ca. 5–6 Meter lang und verläuft gewunden vom Caput Richtung Cauda. Er besitzt ein hochprismatisches, zweireihiges Epithel aus stereozilienbesetzten Hauptzellen, kleineren Basalzellen und hellen Zellen, die Vakuolen enthalten. Die Lichtung des Nebenhodengangs nimmt vom Caput bis zum Cauda-Übergang kontinuierlich ab, um sich dann wieder etwas zu erweitern.

Zwischen den Ganganschnitten sieht man eine bindegewebige **Lamina propria,** die glatte Muskelzellen enthält, welche bei der Ejakulation (und spontan) zum Weitertransport der Spermien kontrahieren.

Funktion

Als Verbindungsgang zwischen Hoden und Samenleiter findet im Nebenhoden zunächst die weitere Ausreifung der Samenzellen statt, die etwa 10–12 Tage dauert. Anschließend werden die befruchtungsfähigen Spermien gespeichert, um bei der Ejakulation in den Ductus deferens abgegeben zu werden. Der Nebenhoden sezerniert eine proteinreiche saure Flüssigkeit, die der Ernährung und Ausreifung der Spermien dient. Auch Resorptionsvorgänge und Phagozytose sind möglich.

Gefäßversorgung

Die **arterielle Blutversorgung** erfolgt über die A. testicularis. Das **venöse Blut** wird über den Plexus pampiniformis abgeleitet, die **Lymphe** in die Lnn. lumbales.

Innervation

Autonom werden die Nebenhoden fast ausschließlich über sympathische Nervenfasern aus den Plexus hypogastrici superior und inferior innerviert, die mit dem Ductus deferens den Nebenhoden erreichen. Afferente Schmerzfasern ziehen über die Plexus hypogastricus superior und aorticus in das Rückenmark (T11–T12).

Klinik

Eine Nebenhodenentzündung **(Epididymitis)** ist mit starken Schmerzen im Hoden verbunden, die in die Leiste und den Unterbauch ausstrahlen. Eine Anhebung des Hodens ist mit einer Schmerzabnahme verbunden (positives Prehn-Zeichen), im Gegensatz zur differentialdiagnostisch wichtigen Hodentorsion, bei der sich der Schmerz verstärkt (negatives Prehn-Zeichen).

Samenleiter (Ductus deferens)

Embryologie

Während des Indifferenzstadiums entwickeln sich die Urnierengänge (Wolff-Gänge), die von den Urnieren zum Sinus urogenitalis ziehen und in diesen beidseits einer Vorwölbung, die durch den darunterliegenden Uterovaginalkanal verursacht wird (Müller-Hügel), einmünden. Der Ductus deferens entsteht aus dem Urnierengang (**Wolff-Gang**).

Gliederung und Topographie

Der 35–40 cm lange und 3 mm durchmessende Samenleiter (Ductus deferens) schließt sich kranial an den Ductus epididymidis an und mündet in die Harnröhre. Man kann den Samenleiter in seinem Verlauf in mehrere Abschnitte unterteilen:

- **Pars epididymica:** Verlauf lateral des Nebenhodens von dessen Cauda aus nach kranial (↗ Abb. 6.60)
- **Pars funiculi spermatici:** Verlauf im Samenstrang (Funiculus spermaticus), der Verbindungsstruktur zwischen Hoden und Bauchhöhle (die Umhüllungen des Samenstrangs entsprechen denen des Hodens [Fascia spermatica interna, M. cremaster, Fascia spermatica externa, Skrotum mit Tunica dartos und Skrotalhaut]); neben dem Ductus deferens findet man im Samenstrang folgende Strukturen:
  - A. ductus deferentis: verläuft neben dem Ductus deferens
  - 2 Aa. testiculares
  - Plexus pampiniformis: Venenplexus, der die Aa. testiculares umscheidet und über die V. testicularis rechts in die Aorta und links in die V. renalis sinistra mündet
  - Lymphgefäße
  - vegetative Nervenfasern zur Innervation der Hodengefäße (marklos), des Interstitiums und der Tunica albuginea (markhaltig)
- **Pars inguinalis:** Abschnitt des Samenleiters durch den Leistenkanal hindurch
- **Pars pelvica:** Verlauf subperitoneal an der seitlichen Beckenwand entlang
- **Ampulla ductus deferentis:** Erweiterung des Lumens kurz vor Eintritt in die Prostata (↗ Abb. 6.53)
- **Ductus ejaculatorius:** nach Vereinigung mit den Ausführungsgängen der Samenbläschen Verlauf durch die Prostata hindurch und Mündung in die Harnröhre auf dem Colliculus seminalis (↗ Abb. 6.54).

Merke

Samen**leiter** (Ductus deferens) und Samen**strang** (Funiculus spermaticus) dürfen nicht verwechselt werden!

Klinik

Durch eine Abflussstörung der linken V. renalis kann es zum Blutrückstau und sekundär zu einer varikösen Erweiterung des linken Plexus pampiniformis kommen (**Varikozele**). Aus dem erhöhten Blutfluss und dem damit verbundenen Temperaturanstieg können bei den meist jungen Männern Störungen der Spermiogenese mit Infertilität resultieren. Die Behandlung besteht in einer hohen Ligatur der V. spermatica interna.

Histologie

Das Lumen des Samenleiters ist im Querschnitt sternförmig. Er weist folgende Wandschichtung auf:
- **Tunica mucosa** mit zweireihigem hochprismatischem Epithel und einer Lamina propria aus lockerem Bindegewebe
- **Tunica muscularis** aus einer inneren und äußeren Längs- und mittleren Ringmuskelschicht (fehlt im Ductus ejaculatorius), die sehr dick ist und bei der Ejakulation kontrahiert
- **Tunica adventitia:** Bindegewebsschicht, die Gefäße und Nerven enthält.

Funktion

Aufgaben des Samenleiters sind der Transport der Spermatozoen und die Ejakulation, zu deren Beginn die Tunica muscularis sympathikusvermittelt kontrahiert und sich der Ductus deferens verkürzt, damit anschließend mittels peristaltischer Kontraktionswellen das Ejakulat in die Harnröhre ausgestoßen werden kann.

Gefäßversorgung

Die **arterielle Blutversorgung** ist über die A. ductus deferentis aus der A. umbilicalis gewährleistet, die der Pars pelvica, der Ampulla und des Ductus ejaculatorius über Äste der A. testicularis.

Der **venöse Abfluss** erfolgt in den Plexus pampiniformis, der **Lymphabfluss** in die Lnn. lumbales.

6.11.2 Akzessorische Geschlechtsdrüsen

In die ableitenden Samenwege münden verschiedene Drüsen mit ihren Ausführungsgängen, deren Sekrete einen bedeutenden Anteil des Ejakulats ausmachen. Ihre Funktion steht unter dem Einfluss des Testosterons. Zu diesen akzessorischen Geschlechtsdrüsen gehören:
- Bläschendrüse (Glandula vesiculosa)
- Vorsteherdrüse (Prostata)
- Cowper-Drüse (Glandula bulbourethralis).

Bläschendrüse (Glandula vesiculosa, Vesicula seminalis, „Samenblase")

Embryologie

Die Bläschendrüsen entstehen aus lateralen Aussprossungen am Ende des **Wolff-Gangs.**

Topographie

Die paarigen Bläschendrüsen sind oval geformt (5 × 1 × 1 cm) und haben eine gebuckelte Oberfläche (↗ Abb. 6.53). Sie liegen dorsal des Harnblasenfundus laterokaudal der Ampulla ductus deferentis und grenzen mit ihrer dorsalen Oberfläche an das Rektum. Die Kuppen liegen in der Excavatio rectovesicalis und sind von Peritoneum bedeckt. Kaudal grenzen sie an die Prostata.

Der Ausführungsgang (Ductus excretorius) verlässt die Bläschendrüse kaudal und vereinigt sich mit dem Ductus deferens bei Eintritt in die Prostata zum Ductus ejaculatorius.

Histologie

Bei der Glandula vesiculosa handelt es sich um einen ca. **15 cm langen Drüsenschlauch,** der in mikroskopischen Präparaten aufgrund seiner starken Schlängelung mehrfach angeschnitten und von einer Bindegewebskapsel umgeben ist. Auffällig sind die ausgeprägten Schleimhautfalten, die von einem ein- bis mehrreihigen iso- bis hochprismatischen Epithel bedeckt sind. Darunter befinden sich eine mächtige Tunica muscularis und eine Bindegewebsschicht.

Funktion

Die Bläschendrüsen sezernieren eine alkalische, protein-, fruktose- und prostaglandinhaltige Flüssigkeit, die 70 % des Ejakulats ausmacht. Die Fruktose steigert dabei die Beweglichkeit der Spermien, die Prostaglandine stimulieren die glatten Muskelzellen im weiblichen Genitaltrakt.

Klinik

Ein erniedrigter Fruktosegehalt in der Samenflüssigkeit kann Ursache einer **Fertilitätsstörung** sein. Somit ist neben der Spermienanzahl und -beweglichkeit auch die Zusammensetzung der Samenflüssigkeit ein wichtiger Parameter für die Fertilität des Mannes.

Gefäßversorgung

Arteriell wird die Glandula vesiculosa über die A. vesicalis inferior, A. rectalis media und A. ductus deferentis versorgt.

Der **venöse Abfluss** erfolgt über den Plexus vesicoprostaticus, der **Lymphabfluss** in die Lnn. interni, externi und hypogastrici.

Innervation

Die Innervation der Glandula vesiculosa wird über autonome Nervenfasern aus den Plexus hypogastrici superior und inferior gewährleistet.

Vorsteherdrüse (Prostata)

Embryologie

Das Drüsenepithel der Prostata entsteht aus urethralen entodermalen Epithelaussprossungen, die in das umgebende Mesenchym einwachsen. Aus Letzterem entwickelt sich das Stroma.

Morphologie und Topographie

Die Prostata ist eine 20 g schwere, kastaniengroße Drüse, die kranial mit dem Harnblasenfundus verwachsen ist und kaudal mit ihrem **Apex** das Diaphragma urogenitale erreicht. Seitlich liegt sie beidseits dem M. levator ani an. Mit ihrer **Facies posterior** grenzt die Prostata an das Rektum, von dem sie durch eine kräftige bindegewebige Faszie (Fascia rectoprostatica, Denonvillier-Faszie) getrennt ist. Die Vorderseite (**Facies anterior**) ist über das **Lig. puboprostaticum** mit dem Os pubis verbunden.

Merke

Bei der **rektalen digitalen Untersuchung** ist die Prostata herzförmig unterhalb der vorderen Rektumwand zu tasten. Ein Prostatakarzinom ist an einer höckrigen unregelmäßigen Oberfläche erkennbar.

Die Prostata wird von 2 Gangsystemen durchsetzt:
- **Pars prostatica urethrae:** proximaler Teil der Harnröhre, in den die 15–30 prostatischen Ausführungsgänge (Ductuli prostatici) in der Umgebung des Colliculus seminalis einmünden
- **Ductus ejaculatorius:** Zusammenfluss von Ductus deferens und Ductus excretorius.

Die früher gebräuchliche Lappeneinteilung der Prostata (Lobi dexter, medius und sinister) ist weitgehend verlassen worden zugunsten einer sich an der Pathologie orientierenden Zoneneinteilung:
- periurethrale Zone: um die Harnröhre herum bis zum Colliculus seminalis
- Innenzone
- Außenzone.

Klinik

Bei der gutartigen Vergrößerung der Prostata (**Prostatahyperplasie, Prostataadenom**) ist die Innenzone betroffen mit Einengung der Urethra, weswegen die Patienten über Probleme beim Wasserlassen klagen. Ein bösartiger Prostatatumor (**Prostatakarzinom**) betrifft hingegen die Außenzone und wird darum erst spät durch Symptome wie Harnverhalt und Blut im Urin auffällig, ist jedoch bei einer rektalen Untersuchung gut zu tasten.

Histologie

Die Prostata ist von einer derben fibroelastischen **Bindegewebskapsel** umgeben und besteht aus 30–50 tubuloalveolären **Einzeldrüsen,** die sich durch ein einschichtig iso- bis mehrreihiges hochprismatisches Epithel auszeichnen und das Prostatasekret sezernieren. Außerdem gibt es **Basalzellen**, die sich zu sekretorischen Epithelzellen differenzieren können.

Häufig sieht man in den Drüsenlumina eingedicktes Sekret in Form sog. Prostatasteine. Zwischen den Drüsenschläuchen finden sich Bindegewebsstraßen mit zahlreichen glatten Muskelzellen.

Klinik

Die Drüsenzellen produzieren das prostataspezifische Antigen (**PSA**), das sich im Blut nachweisen lässt und bei einem Prostatakarzinom erhöht ist. Aus diesem Grunde dient PSA im klinischen Alltag als serologischer **Tumormarker.**

Funktion

Die Vorsteherdrüsen sezernieren das leicht saure Prostatasekret, das 20 % des Ejakulats ausmacht und eine Fülle von Bestandteilen enthält, z. B. saure Phosphatase, Zink, Prostaglandine (Stimulation der glatten Muskulatur im weiblichen Genitaltrakt) und Spermin (verantwortlich für die Ernährung der Spermien und für den Kastanienblütengeruch des Spermas).

Gefäßversorgung

Arteriell wird die Prostata über die A. pudenda interna (ventral) sowie über die Aa. rectalis media und vesicalis inferior (dorsal) mit Blut versorgt.

Das **venöse Blut** fließt über den Plexus vesicoprostaticus in die Vv. vesicales ab, die in die V. iliaca interna münden.

Die **Lymphe** wird in die Lnn. iliaci interni und externi drainiert.

Innervation

Der Plexus prostaticus erhält seine autonomen Fasern aus dem Plexus hypogastricus inferior, wobei die Sympathikusfasern (aus L1–L3 über die Nn. splanchnici lumbales) die glatte Muskulatur innervieren. Die parasympathischen Fasern stammen aus S2–S4 und verlaufen über die Nn. splanchnici pelvici. Außerdem kommen afferente Fasern vor.

Klinik

Nach Operationen der Prostata (radikale Prostatektomie, transurethrale Prostataresektion) kann es zur **erektilen Dysfunktion** kommen.

Cowper-Drüse (Glandula bulbourethralis)

Embryologie

Die Cowper-Drüse entsteht aus urethralen entodermalen Epithelaussprossungen.

Morphologie und Topographie

Die paarigen, erbsengroßen, tubuloalveolären, mukösen Drüsen liegen im M. perineus profundus dorsal der Harnröhre, in die sie mit ihren ca. 4 cm langen Ausführungsgängen im Bereich der proximalen Pars spongiosa einmünden (↗ Abb. 6.54).

Histologie

Kennzeichnend für die Glandula bulbourethralis sind tubulöse Drüsenlumina mit unregelmäßigem Epithel, die von glatten Muskelzellen umgeben sind.

■ **Funktion**
Das klare, schleimige Sekret wird bei sexueller Erregung abgegeben, um die Eichel für das Eindringen in die Vagina schlüpfrig zu machen.

6.11.3 Männliches Glied (Penis)

■ **Embryologie**
Bis zur 9. Woche entwickeln sich äußere männliche und weibliche Geschlechtsorgane gleich (**Indifferenzstadium,** ↗ Abb. 6.63a und b):

- In der **4. Woche** entstehen außen kranial der Kloakenmembran der Genitalhöcker (Tuberculum genitale) und beidseits lateral die Geschlechtsfalten (Plicae genitales), die seitlich von den Geschlechtswülsten (Tubercula labioscrotalia) flankiert werden. Aus dem Tuberculum genitale entsteht durch Längenwachstum der Phallus.
- Ende der **6. Woche** vereinigt sich innen das Septum urogenitale mit der Kloakenmembran und teilt so die Kloakenmembran in eine ventrale Membrana urogenitalis und eine dorsale Membrana analis (↗ Abb. 6.19). Beide Membranen rupturieren, so dass dorsal der Anus und ventral das Ostium urogenitale entstehen. Letzteres setzt sich in die Urethralrinne auf der Phallusunterseite fort.

Die **Androgenbildung im Hoden** verursacht die Maskulinisierung der Geschlechtsorgane (↗ Abb. 6.63c, e und g):

- Durch weiteres Längenwachstum differenziert sich der Phallus zum Penis.
- Die Plicae genitales, die die laterale Begrenzung der Urethralrinne bilden, ziehen sich ebenfalls in die Länge und verschmelzen zur Pars spongiosa urethrae, die innen vom Entoderm des Sinus urogenitalis ausgekleidet wird. Das Ostium urethrae externum verschiebt sich während der weiteren Entwicklung auf die Spitze der Glans, wobei das Epithel der distalen Pars spongiosa urethrae aus einer ektodermalen Zelleinsprossung (Lamella glandularis) der Glans entsteht.
- Corpora cavernosa und Corpus spongiosum entwickeln sich aus dem Phallusmesenchym.

Merke

Die Androgenbildung im Hoden verursacht die Maskulinisierung der Geschlechtsorgane.

Klinik

Individuen mit nicht eindeutig männlich oder weiblich differenzierten äußeren Geschlechtsorganen werden als Hermaphroditen oder Zwitter bezeichnet. Echte Hermaphroditen besitzen Hoden und Ovarien, Pseudohermaphroditen nur eines von beiden. Eine vermehrte Androgenbildung, z. B. beim autosomal-rezessiv vererbten, mit einer Nebennierenrindenhyperplasie einhergehenden adrenogenitalen Syndrom, führt bei weiblichen Individuen mit einem XX-Chromosomensatz zu einem **Pseudohermaphroditismus femininus** mit Maskulinisierung der äußeren Geschlechtsorgane bei normal ausgebildeten Ovarien.

Durch eine verminderte Menge an Androgenen kann es bei männlichen Individuen mit einem XY-Chromosomensatz zu einem **Pseudohermaphroditismus masculinus** mit einer verminderten Ausbildung der sekundären Geschlechtsmerkmale kommen, d. h. mit einem je nach Ausmaß des Androgenmangels rudimentär ausgebildeten Phallus und Hoden. Ein „echter" Hermaphroditismus (**Hermaphroditismus verus**) ist im Vergleich äußerst selten. Hierbei findet sich trotz XY- (80%) oder XX-Chromosomensatz (20%) in den Keimdrüsen sowohl ovarielles als auch testikuläres Gewebe, das jedoch nicht funktionsfähig ist. Das äußere Genitale ist zwitterartig, das weitere äußere Erscheinungsbild kann männlich oder weiblich sein. Das Leben eines solchen „Zwitters" wird literarisch auf anschauliche Weise in dem Roman „Middlesex" von Jeffrey Eugenides verarbeitet.

Klinik

Wenn die Urethralfalten nicht verschmelzen, befindet sich die äußere Harnröhrenöffnung statt auf der Glans auf der Unterseite des Penis (**Hypospadie**). Dies kommt durch ungenügende fetale Androgenbildung zustande. Der Penis ist bei den Betroffenen unterentwickelt und nach unten gekrümmt.

Eine andere Hemmungsfehlbildung ist die **Epispadie:** Hier befindet sich die Harnröhrenöffnung auf der Penisoberseite, und der Penis ist nach oben gekrümmt.

In der **12. Woche** wächst Epidermis vom distalen Penis über die Glans hinweg und überdeckt sie in der 14. Woche komplett. Von diesem Preputium bleibt später lediglich das Frenulum erhalten, der Rest löst sich auf. Die definitive Vorhaut (Preputium) bildet sich später aus einer über die Glans wachsenden Hautfalte.

■ **Morphologie**
Der sichtbare Teil des Penis hat im erschlafften Zustand eine Länge von etwa 10 cm, erweitert sich jedoch bei der Erektion bis auf 16 cm oder mehr. Der Durchmesser des Penisschafts beträgt im erigierten Zustand etwa 3–4 cm. Beim herabhängenden Penis blickt man von vorn auf den Gliedrücken (**Dorsum penis**). Die nach hinten gerichtete Seite wird als **Facies urethralis** bezeichnet. Median sieht man an der Verwachsungsstelle der Plicae genitales eine dünne Hautleiste, die longitudinal über den Schaft bis zum Skrotum zieht, die **Raphe penis** (↗ Abb. 6.63).

■ **Gliederung**
Das männliche Glied setzt sich aus folgenden Strukturen zusammen (↗ Abb. 6.64):

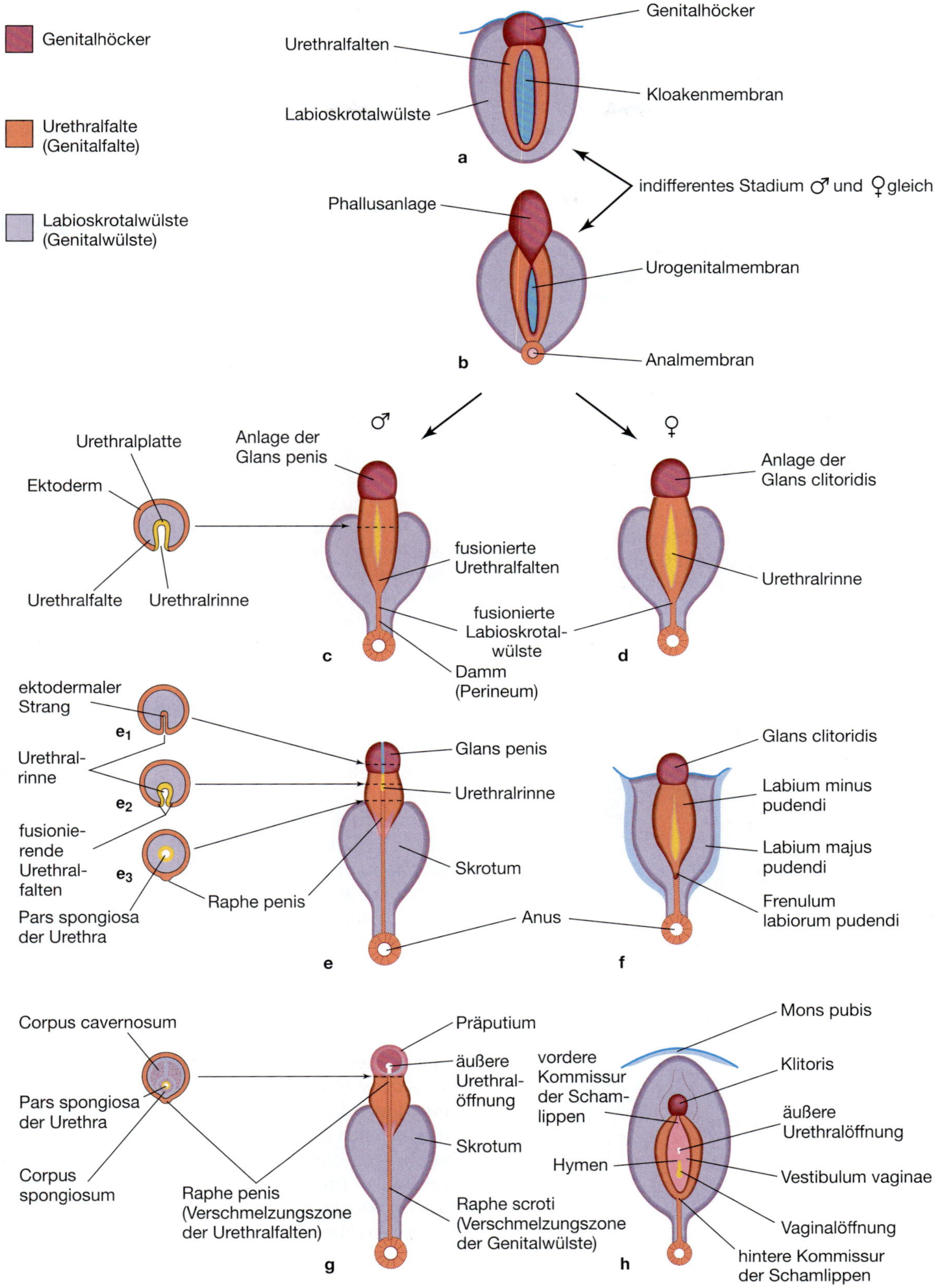

Abb. 6.63 Entwicklung der äußeren Geschlechtsorgane. a, b Schematische Darstellung des äußeren Genitales im indifferenten Stadium (4.–7. Woche). **c, e, g** Stadien der Entwicklung des äußeren Genitales bei 9, 11 und 12 Wochen alten männlichen Feten. Die schematischen Penisquerschnitte auf der linken Seite zeigen die Bildung der Pars spongiosa der Urethra. **d, f, h** Stadien der Entwicklung des äußeren Genitales bei 9, 11 und 12 Wochen alten weiblichen Feten. (Aus [12])

- **Corpora cavernosa penis:** Die paarigen Penisschwellkörper entspringen mit den Crura penis (Gliedschenkel) von den beiden unteren Schambeinästen. Die Crura penis werden von den Mm. ischiocavernosi umhüllt, bevor sie zum Penisschaft (Corpus penis) konvergieren. Im Schaftverlauf sind die Corpora cavernosa am Dorsum penis in der Medianebene miteinander verwachsen. Umgeben sind die Penisschwellkörper von der Fascia penis (Buck-Faszie).
- **Corpus spongiosum penis:** Das Corpus spongiosum entspringt mit einer kolbigen Auftreibung (Bulbus penis) zwischen den Crura penis und läuft dann – die Urethra umhüllend – in einer Rinne auf der Unterseite der Corpora cavernosa. Distal erweitert es sich zur konischen Eichel (Glans penis), auf der die Harnröhre mit ihrem schlitzförmigen äußeren Harnröhrenmund (Ostium urethrae externum) endet. Der Hinterrand der Glans penis wird als Corona glandis bezeichnet, der sich anschließende Schaftteil als Collum glandis.

Crura und Bulbus penis werden auch unter dem Begriff **Pars fixa** [perinealis] subsumiert, während der „freie" Penisteil aus Schaft und Glans als **Pars libera** [pendula] bezeichnet wird. Am Übergang der Pars fixa zur Pars libera fixieren oberflächlich das **Lig. fundiforme** und weiter in der Tiefe das **Lig. suspensorium penis** den Penis in der Mittellinie an der Symphyse und kranial an der Linea alba der vorderen Rumpfwand.

Im erschlafften Zustand wird die Glans penis von einer Hautduplikatur (Vorhaut, **Preputium**) bedeckt. Sie fungiert als Reservefalte, die bei der Erektion zurückgezogen wird. Das Preputium ist an der Unterseite durch ein kleines Band (**Frenulum preputii**) mit der Glans verbunden. In der Vorhauttasche zwischen Preputium und Glans bildet sich durch bakterielle Besiedelung abgeschilferter Epithelzellen eine weißgelbe, krümelige Masse mit charakteristischem Geruch, das **Smegma preputii,** das kanzerogen ist.

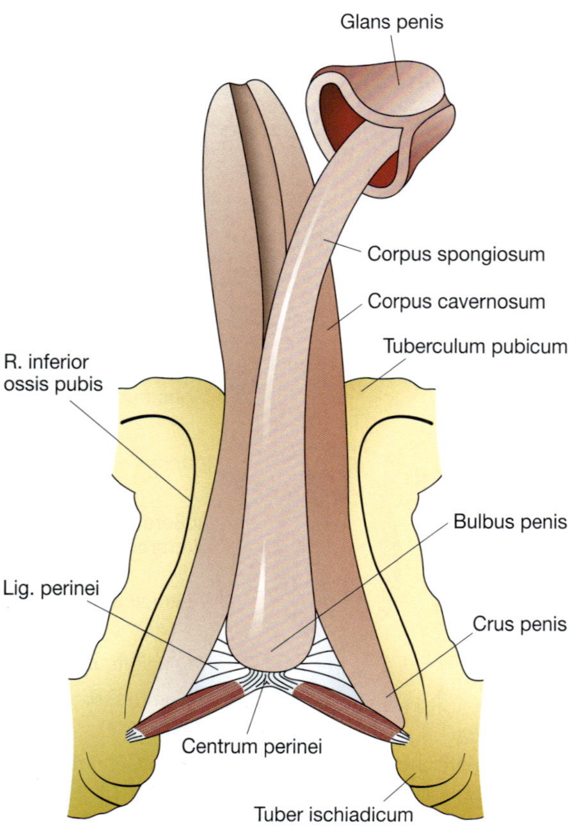

Abb. 6.64 Penis, Corpora spongiosum und cavernosum.

Klinik

Beim Säugling ist eine Verklebung von Glans und Preputium physiologisch. Sie löst sich normalerweise bis zum 4. Lebensjahr. Wenn diese Trennung unterbleibt oder die Vorhautöffnung zu eng ist (**Phimose**) und sie sich nicht über der Glans zurückziehen lässt, kommt es vermehrt zu Entzündungen der Eichel. Da außerdem die Vorhauttasche nicht gut vom Smegma befreit werden kann, erkranken die Betroffenen häufiger an einem **Peniskarzinom.** Es gibt Untersuchungen, die auch einen Zusammenhang zwischen Smegma und der Entstehung des Zervixkarzinoms nahelegen. Therapie der Wahl bei Patienten mit einer Vorhautverengung ist eine Beschneidung (**Zirkumzision**).

Histologie

Die äußere Penishaut, Vorhaut und Eichel sind von einem mehrschichtigen verhornten Plattenepithel bedeckt.

Im inneren Blatt der Vorhaut gibt es kleine Talgdrüsen (**Glandulae preputiales**). Die Fascia penis lässt sich unterteilen in ein tiefes Blatt (Fascia penis profunda), in dem auf der Dorsumseite die V. dorsalis penis profunda und die beiden Aa. dorsales penis verlaufen, und ein oberflächliches Blatt (Fascia penis superficialis), das von der V. dorsalis penis durchzogen wird (↗ Abb. 6.65).

Corpora cavernosa

Sie bestehen aus einem Schwammwerk endothelausgekleideter Hohlräume (**Cavernae corporum cavernosorum**), die von elastischen Fasern und glatten Muskelzellen (**Trabeculae corporum cavernosorum**) durchzogen und von einer straffen, dicken Bindegewebshülle (**Tunica albuginea corporum cavernosorum**) umkleidet werden. Median werden die Corpora cavernosa durch das bindegewebige **Septum pectiniforme penis** voneinander getrennt. Im Querschnitt sieht man im Zentrum jedes Corpus cavernosum den Anschnitt einer **A. profunda penis,** aus der die Rankenarterien (Aa. helicinae) in die Schwellkörper ziehen. Durch Erschlaffung subendothelialer glatter Muskelzellen in den Aa. helicinae füllen sie sich bei der Erektion mit Blut.

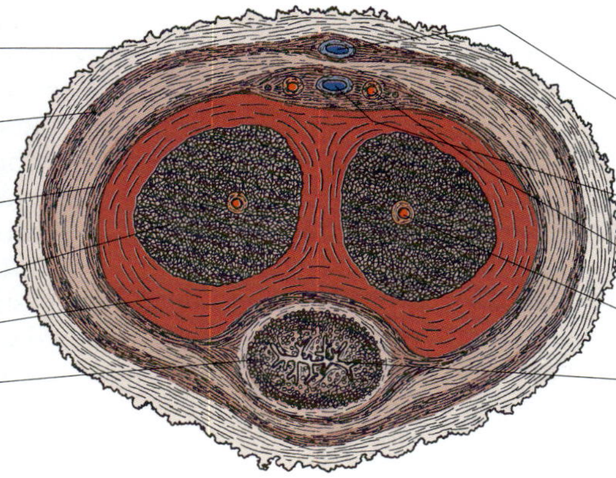

Abb. 6.65 Penisquerschnitt. (Aus [4])

Corpus spongiosum

Venöser Schwellkörper aus kavernenartig verschmolzenen Venen (**Cavernae corporis spongiosi**), der wie die Corpora cavernosa von Trabekeln (**Trabeculae corporis spongiosi**) durchzogen und von einer Bindegewebshülle (**Tunica albuginea corporis spongiosi**) umgeben ist. Zentral verläuft die Urethra.

Funktion

Der Penis ist das äußere Geschlechtsorgan des Mannes und dient dem Eindringen in die Vagina (Immissio penis). Die Prozesse, die dabei ablaufen, lassen sich in 3 Phasen unterteilen:

Erektion

Bei sexueller Erregung wird das **parasympathische Erektionszentrum** im Rückenmark (in Höhe S3) stimuliert. Die Corpora cavernosa füllen sich mit Blut, weil sich die Aa. helicinae öffnen und gleichzeitig der Abfluss durch venöse Endothelpolster verhindert wird. Die glatten Muskelzellen in den Corpora cavernosa kontrahieren und setzen das Blut unter einen Druck von ca. 1200 mmHg, was dem 10fachen des physiologischen Blutdrucks entspricht. Durch diese Mechanismen wird der Penis lang, dick, steif und hart. Die arterielle Blutversorgung des Gewebes bleibt dabei durch nicht bekannte Mechanismen unbeeinträchtigt. Auch das Corpus spongiosum und die Eichel werden mit Blut angefüllt, bleiben jedoch in ihrer Konsistenz weich.

Durch einen Reflexbogen, der von freien Nervenendigungen des Corpus cavernosum über den N. pudendus in das Rückenmark (S3) und über die Nn. splanchnici wieder zurück läuft, wird diese **Plateauphase** aufrechterhalten. Während dieser Phase füllen sich auch Prostata und Bläschendrüse vermehrt mit Blut, und die Glandulae bulbourethrales sondern ihr Sekret ab.

Emission

Bei weiter zunehmender sexueller Erregung wird das **sympathische Ejakulationszentrum** im Rückenmark (Höhe L3/4) stimuliert, was zu einer Sekretabgabe aus der Prostata sowie einer Samenemission aus dem Ductus deferens in die Ampulle und die proximale urethrale Pars spongiosa führt.

Ejakulation

Durch die Samenemission werden die Wand der Urethra und sekundär das sympathische Ejakulationszentrum gereizt und lösen so gemeinsam mit dem Orgasmus die Ejakulation aus: Der Harnblasenausgang wird dabei verschlossen. Ductus epididymidis, Ductus deferens, Vesiculae seminales, M. bulbospongiosus und M. ischiocavernosus ziehen sich zusammen und treiben den Samen mit mehreren rhythmischen Kontraktionen durch die Harnröhre.

Klinik

Bei insuffizientem Harnblasenverschluss während der Ejakulation, z. B. nach Rektumresektionen, kann es zu **retrograden Ejakulationen** in die Harnblase kommen.

Klinik

Als **Impotentia coeundi** bezeichnet man die Unfähigkeit des Mannes, den Beischlaf auf physiologische Weise durchzuführen, sei es durch eine Unmöglichkeit der Erektion (erektile Impotenz), durch das Unvermögen, einen Orgasmus zu erreichen (ejakulatorische Impotenz), oder weil der Zeitpunkt des Orgasmus nicht adäquat kontrolliert werden kann (Ejaculatio praecox oder retarda). Die Ursachen hierfür sind zumeist psychischer Natur. Eine **Impotentia generandi** ist im Gegensatz dazu als männliche Infertilität (z. B. durch angeborene chromosomale Störungen oder erworben nach Epididymitis oder durch Leistenhoden oder Varikozele) definiert.

Begleitet werden Orgasmus und Ejakulation von einem Anstieg des Blutdrucks, der Herz- und Atemfrequenz und der Schweißsekretion.

Nach Austreibung des Samens ebbt der Blutfluss durch die Aa. helicinae ab, das Blut aus den Schwellkörpern wird über die V. dorsalis penis abgeleitet, und der Penis erschlafft wieder.

Merke

Merkspruch für die autonome Innervation von Erektion und Ejakulation: to **p**oint (= Parasympathikus) und to **s**hoot (= Sympathikus).

Nach 5-tägiger sexueller Abstinenz beträgt das Ejakulatvolumen beim Samenerguss ca. 4 ml. Das Sperma besteht aus Samenzellen, den Sekreten der akzessorischen Geschlechtsdrüsen und abgeschilferten Zellen der Samenwege.

Gefäßversorgung

Die **arterielle Blutversorgung** erfolgt über mehrere Äste der Aa. pudendae internae dextra und sinistra:

- Aa. dorsales penis: Verlauf in der Fascia penis profunda beidseits lateral der V. dorsalis penis profunda, Versorgung von Penishaut, Preputium und Eichel
- Aa. profundae penis: Verlauf zentral durch die Corpora cavernosa (↗ Abb. 6.65), in die sie die Aa. helicinae abgeben
- A. bulbi penis: Versorgung von Corpus spongiosum und Urethra.

Das **venöse Blut** aus dem Inneren des Penis wird über Vv. circumflexae in die V. dorsalis penis geleitet, über die es in den Plexus venosus vesicoprostaticus gelangt. Das venöse Blut aus der Penishaut wird in die V. saphena magna geleitet.

Die **Lymphe** wird in die Lnn. inguinales abgeleitet.

Innervation

Die **vegetative Innervation** erfolgt aus dem Lumbal- (L3/4) und Sakralmark (S3, s. o.), die **sensorische Innervation** über den N. dorsalis penis aus dem N. pudendus.

6.12 Weibliche Geschlechtsorgane

Überblick

Die weiblichen Geschlechtsorgane lassen sich folgendermaßen unterteilen:

- **Organa genitalia feminina interna** (innere Genitalien):
  - Adnexe (Anhänge): Sie bestehen aus den Ovarien (Eierstöcken), in denen die Keimzellreifung und Bildung von Geschlechtshormonen stattfinden und den Tubae uterinae (Eileiter), dem Ort der Befruchtung.
  - Uterus (Gebärmutter): Ort der Embryonal- und Fetalentwicklung
  - Vagina (Scheide): Kohabitationsorgan, Geburtsweg, Abwehrfunktion
- **Organa genitalia feminina externa** (äußere Genitalien, Vulva, Pudendum femininum, weibliche Scham):
  - Mons pubis (Schamberg)
  - Labia majora pudendi (große Schamlippen): Verschluss des Schamspalts (Rima pudendi), Schutzfunktion
  - Labia minora pudendi (kleine Schamlippen): Verschluss des Scheidenvorhofs, Schutzfunktion
  - Clitoris (Kitzler): sexuelles Erregungsorgan
  - Vestibulum vaginae (Scheidenvorhof) mit den Glandulae vestibulares majores et minores (Scheidenvorhofdrüsen), deren Sekret der Abwehr von Krankheitserregern dient.

Als Grenze zwischen innerem und äußerem Genitale fungiert das Jungfernhäutchen (Hymen).

Embryologie

Männliche und weibliche Embryonen entwickeln sich im Indifferenzstadium zunächst identisch (↗ Abb. 6.63a und b), bevor unter Androgeneinfluss eine Maskulinisierung erfolgt (↗ Abb. 6.63c, e und g) oder unterbleibt (↗ Abb. 6.63d, f und h). Die embryonal angelegten Strukturen entwickeln sich je nach Geschlecht im weiteren Verlauf unterschiedlich. Eine Zusammenfassung über embryonale Anlagen und sich daraus entwickelnde männliche und weibliche Geschlechtsorgane gibt ↗ Tabelle 6.17.

6.12.1 Ovarium (Eierstock)

Embryologie

Anders als beim männlichen Embryo (↗ Kap. 6.11.1) degenerieren beim weiblichen Embryo die primären Keimstränge. Vom **Zölomepithel** aus wachsen in der frühen Fetalperiode die **sekundären Keimstränge** (Rindenstränge) in das Mesenchym darunter und vergrößern sich rasch. Sie enthalten die **Keimzellen** (Urgeschlechtszellen), die sich Anfang der 4. Woche im Entoderm von Dottersack und Allantoisstiel gebildet haben und im Dickdarmgekröse entlang der dorsalen Bauchwand zu den Keimsträngen gewandert sind (↗ Abb. 6.59).

Die sekundären Keimstränge zerfallen während der 16. Woche zu zahlreichen Keim- bzw. Eiballen. Jeder Keimballen besteht aus einer Oogonie (Urgeschlechtszelle) mit umgebender Follikelepithelzellschicht (aus Keimstrangzellen).

Durch mitotische Teilungen bilden sich zahlreiche **Oogonien** aus, von denen einige bis zur Geburt degenerieren. Während der Geburt enthalten beide Ovarien ca. 2 Millionen Oogonien. Diese entwickeln sich zu primären Oozyten und Primärfollikeln. Bis zur Pubertät werden nur einige davon zu Sekundärfollikeln.

Das **ovarielle Stroma** entwickelt sich aus dem umgebenden Mesenchym.

Tab. 6.17 Urogenitalanlagen und funktionell wichtige Abkömmlinge

Urogenitalanlage	männlicher Abkömmling	weiblicher Abkömmling
Keimdrüsenanlage • Rinde • Mark	Hoden: • Tubuli seminiferi • Rete testis	Ovar: • Follikel
Gubernaculum testis		Lig. ovarii proprium, Lig. teres uteri
Urnierenkanälchen	Ductuli efferentes	
Urnierengang (Wolff-Gang)	• Ductus epididymidis • Ductus deferens • Vesicula seminalis • Sammelrohre, Nierenbecken, Ureter	Sammelrohre, Nierenbecken, Ureter
Müller-Gang		• Tuba uterina • Uterus
Sinus urogenitalis	• Harnblase, Urethra • Prostata, Glandula bulbourethralis	• Harnblase, Urethra • Vagina • Urethral-, Paraurethral- und Bartholin-Drüsen
Müller-Hügel	Colliculus seminalis	Hymen
Phallus	Glans, Corpora cavernosa und Corpus spongiosum penis	Clitoris, Corpus spongiosum urethrae und Bulbus vestibuli
Geschlechtsfalten (Plicae genitales)	Pars spongiosa urethrae	Labia minora pudendi
Geschlechtswülste (Tubercula labioscrotalia)	Scrotum	Labia majora pudendi

Morphologie und Topographie

Die paarigen, mandelförmigen Ovarien haben eine Größe von 3 × 1,5 × 1 cm und sind etwa 10 g schwer. Sie liegen **intraperitoneal** in der Fossa ovarica direkt unterhalb der Aufzweigung der Aa. und Vv. iliacae communes in fast vertikaler longitudinaler Ausrichtung. Man unterscheidet folgende Anteile (↗ Abb. 6.66):

- **Facies medialis:** den Dünndarmschlingen anliegend
- **Facies lateralis:** wird in der Fossa ovarica von Ureter, A. umbilicalis sowie A. und N. obturatorius unterkreuzt
- **Extremitas tubaria:** lateraler oberer Pol, von dem das Lig. suspensorium ovarii zur lateralen Beckenwand zieht (im Ligament verlaufen die A. und V. ovarica, Nerven und Lymphgefäße, die in das lateral gelegene Hilum ovarii eintreten)
- **Extremitas uterina:** medialer unterer Pol, der über das Lig. ovarii proprium am Uterus fixiert ist
- **Margo mesovaricus:** vorderer Rand, der am Mesovar (Eierstockgekröse) befestigt ist, einer dorsalen Ausstülpung des Lig. latum uteri
- **Margo liber:** freier hinterer Rand.

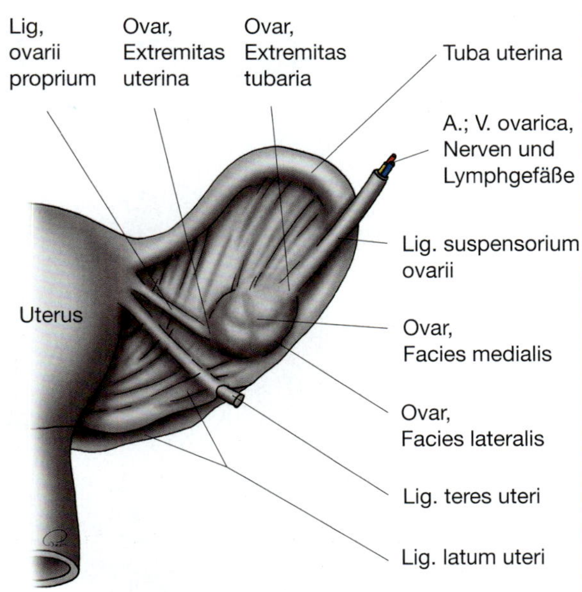

Abb. 6.66 Ovar und Uterus mit wichtigen Bandstrukturen, Ansicht von vorn.

Klinik

Bei ovariellen Entzündungen (**Oophoritis**) ist häufig der N. obturatorius betroffen, weswegen die Schmerzen in die Oberschenkelinnenfläche ausstrahlen können.

Merke

Lig. suspensorium ovarii und Lig. ovarii proprium enthalten glatte Muskelzellen, wodurch eine aktive Beweglichkeit des Ovars gewährleistet wird, die vor allem beim Eisprung eine Rolle spielt.

Histologie

Das Ovar weist folgende Schichtengliederung auf (von außen nach innen, ➚ Abb. 6.67):

- **Peritonealepithel** aus mikrovillibesetzten isoprismatischen Zellen, im Hilumbereich übergehend in eine
- **Tunica albuginea:** Kapsel aus straffem, kollagenem Bindegewebe
- **Cortex ovarii** (Rinde): aus spinozellulärem Bindegewebe (Stroma ovarii), in das die einzelnen Stadien der Follikelentwicklung eingebettet sind
- **Medulla ovarii** (Mark): lockeres Bindegewebsstroma, das Gefäße und Nerven enthält und sich in das Hilum fortsetzt sowie kleine, mit Flimmerepithel ausgekleidete Hohlräume (Rete ovarii) enthält, die Rudimente des Wolff-Gangs darstellen.

Merke

Die frühere, falsche Annahme, dass es sich bei der äußeren Epithelschicht um Urgeschlechtszellen handele, hat dieser auch den irrigen Namen **Keimepithel** eingebracht.

Follikelentwicklung

Ein Follikel ist definiert als Oozyte (Eizelle) mit umgebendem Follikelepithel. Im menschlichen Ovar kann man theoretisch alle Follikelstadien beobachten, wobei nur wenige Follikel das Endstadium der Entwicklung erreichen:

- **Primordialfollikel:** bestehen aus **primärer Oozyte** (die seit Ende der Embryonalzeit in der Prophase der 1. Reifeteilung verharrt) mit bläschenförmigem Kern und einem einschichtigen, flachen Follikelepithel
- **Primärfollikel:** bestehen aus primärer Oozyte, Zona pellucida (Glashaut, dicke Basalmembran, die sich zwischen primärer Oozyte und Epithel bildet) und einschichtigem, iso- bis hochprismatischem Follikelepithel

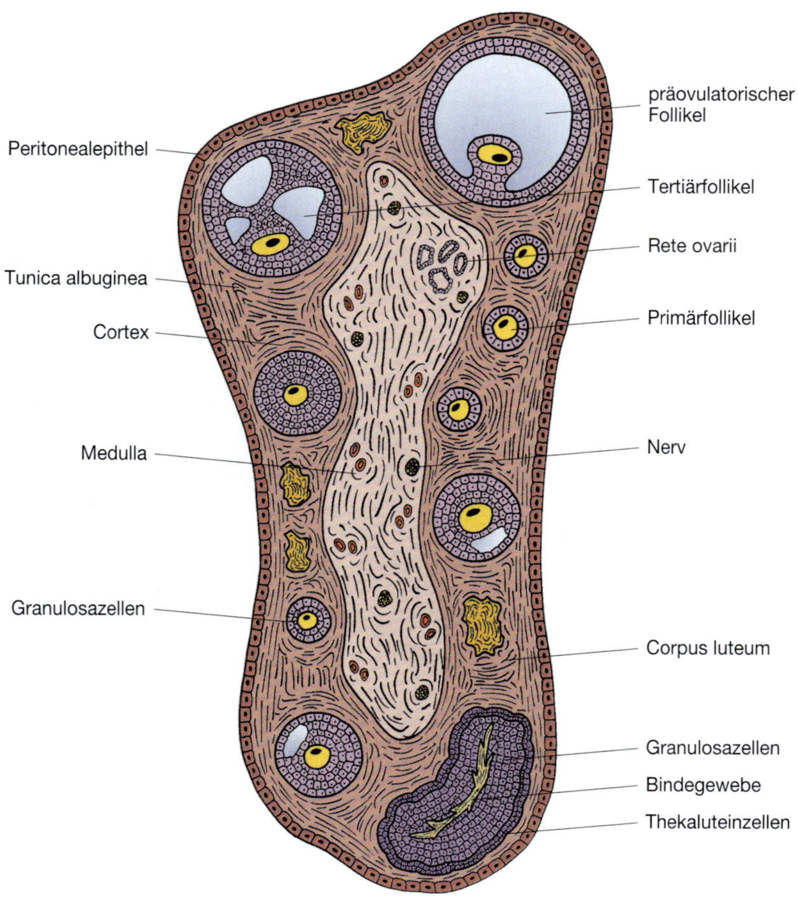

Abb. 6.67 Ovar mit Follikelstadien, Schema. (Aus [4])

- **Sekundärfollikel:** bestehen aus – deutlich größerer – primärer Oozyte, mehr- bis fünfschichtig hochprismatischem und granuliertem (Granulosazellen) Follikelepithel und Theca folliculi (Thekaorgan, Schicht aus fibroblastischen Stromazellen, liegt durch eine Basalmembran getrennt dem Follikelepithel auf); synthetisieren Östrogene und Progesteron
- **Tertiärfollikel** (Bläschenfollikel): 1 cm groß, bestehen aus Oozyte, jetzt 6- bis 12-schichtigem Follikelepithel aus flachen, sternförmigen Zellen, zwischen denen sich große Hohlräume (Follikelhöhlen) ausbilden, die mit Liquor folliculi gefüllt sind, und dem Thekaorgan, das jetzt zweischichtig ist (Theca interna aus spindelförmigen Zellen, die reich an tubulären Mitochondrien und GER sind und Östrogene synthetisieren, und Theca externa)
- **Graaf-Follikel:** 1,5–2,5 cm große reife, präovulatorische Follikel.

Im Graaf-Follikel vollendet die primäre Oozyte die 1. Reifeteilung, tritt in die 2. Reifeteilung ein und wird bis zur Befruchtung in der Metaphase arretiert. Sie wird jetzt als **sekundäre Oozyte** bezeichnet. Im Inneren des Follikels hat sich eine große Follikelhöhle (Antrum folliculi) gebildet. Die Oozyte befindet sich in einer hügeligen Vorwölbung aus Follikelepithelzellen (**Cumulus oophorus,** Eihügel), wird jedoch vollständig von mehreren Epithelschichten umgeben (Corona radiata).

Merke

In der Eizellentwicklung wird die 1. Reifeteilung am Übergang von der Embryonal- zur Fetalzeit begonnen, jedoch erst kurz vor dem Eisprung zwischen Pubertät und Menopause (!) beendet. Die 2. Reifeteilung beginnt während des Eisprungs und endet nach der Befruchtung.

Ovulation, Corpus luteum

Am 14. Tag des Menstruationszyklus wird unter dem Einfluss der Hormone LH und FSH sowie des abfallenden Östrogenspiegels eine lokale Ischämie des Ovars mit Diskontinuität des Oberflächenepithels ausgelöst. Gleichzeitig werden die Wand des Graaf-Follikels enzymatisch aufgelöst und die sekundäre Oozyte, von der Corona radiata umgeben, aus dem Ovar abgestoßen und von den Fimbrien der Tuba uterina aufgenommen (**Ovulation,** Eisprung). In der Tuba uterina muss die Oozyte in den folgenden 24 Stunden befruchtet werden, sonst geht das Ei zugrunde.

Nach der Ovulation kommt es zur Einblutung in die Follikelhöhle (**Corpus haemorrhagicum/rubrum**) mit Gefäßeinsprossung und bindegewebiger Organisation. Aus den Epithelzellen werden progesteronproduzierende Granulosaluteinzellen, die aufgrund ihrer Lipochromie gelb gefärbt sind und der entstehenden temporären Hormondrüse den Namen **Corpus luteum** (Gelbkörper) eingebracht haben. Die umgebende Theca produziert unter dem Einfluss von LH weiterhin aus hepatischem Cholesterin Progesteron und Östrogene. Das weitere Schicksal des Gelbkörpers hängt davon ab, ob es zur Schwangerschaft kommt oder nicht:

- Ohne Schwangerschaft nimmt die LH-Aktivität ab, die Menstruation setzt ein, und das Corpus luteum menstruationis degeneriert zum **Corpus cysticum** und vernarbt bindegewebig zum **Corpus albicans.**
- Im Fall einer Schwangerschaft erlischt die LH-Aktivität nicht, der Gelbkörper wird zum **Corpus luteum graviditatis** (Schwangerschaftsgelbkörper), das unter dem Einfluss des Plazentahormons hCG ca. 6 Monate erhalten bleibt und Progesteron und andere Schwangerschaftshormone synthetisiert. Später vernarbt es ebenfalls zum Corpus albicans.

Klinik

Am Ovar findet man häufig gutartige flüssigkeitsgefüllte Hohlräume **(Ovarialzysten)**, die häufig gestielt sind und mit akuten Bauchschmerzen klinisch auffällig werden, wenn es zu einer Stieldrehung kommt. Bei jungen Mädchen sind Stieldrehungen im Bereich des rechten Ovars deswegen die wichtigste Differentialdiagnose zur akuten Appendizitis.

Funktion

Die Ovarien haben die Aufgabe, Eizellen zu entwickeln und auszustoßen und weibliche Geschlechtshormone zu bilden (Östrogene, Gestagene). Dabei wird die ovarielle Funktion außerhalb der Schwangerschaft durch Hypophysenhormone reguliert, während der Schwangerschaft durch Plazentahormone.

Gefäßversorgung

Arteriell werden die Ovarien aus der paarigen A. ovarica versorgt, die in Höhe L2/3 beidseits aus der Bauchaorta entspringt, auf dem M. psoas major nach kaudal verläuft, den Ureter überkreuzt und schließlich im Lig. suspensorium ovarii zum Ovar gelangt. Über die Ovararkade anastomosiert sie mit dem R. ovaricus der A. uterina (↗ Abb. 6.68).

Das **venöse Blut** fließt beidseits über die V. ovarica rechts in die untere Hohlvene und links zunächst in die V. renalis.

Die **Lymphe** wird entlang den Aa. ovaricae in paraaortale lumbale Lymphknoten abgeleitet.

Innervation

Die Innervation wird über den Plexus ovaricus, der autonome (vor allem sympathische) und viszeroafferente Fasern aus dem Plexus mesentericus erhält, gewährleistet.

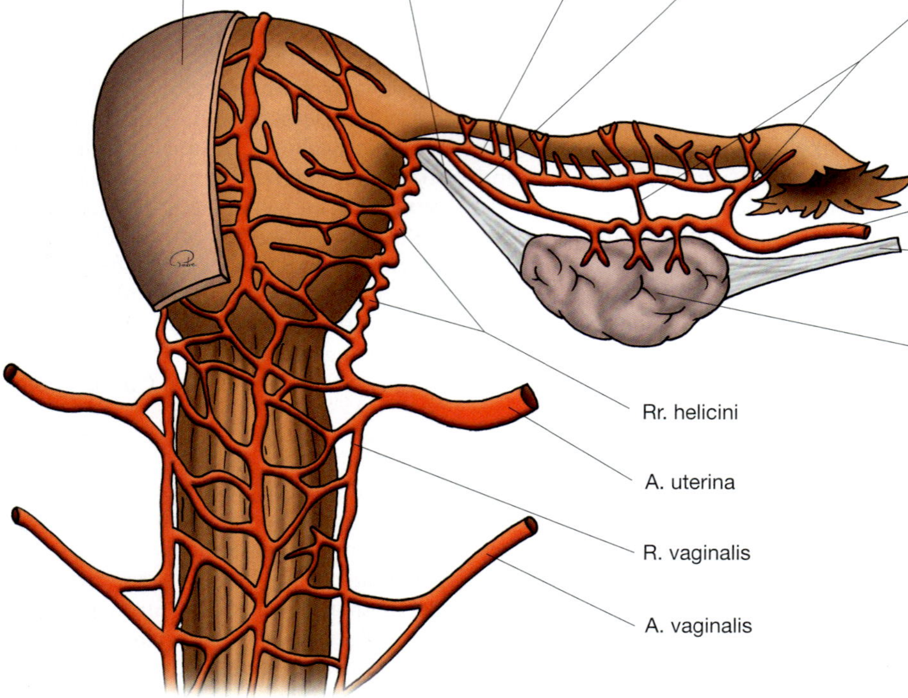

Abb. 6.68 Arterielle Blutversorgung von Ovar, Tuba uterina und Vagina.

6.12.2 Tuba uterina (Salpinx, Eileiter)

Embryologie

Während für die Entwicklung der männlichen Geschlechtswege der Urnierengang (Wolff-Gang) eine zentrale Rolle spielt, entstehen die weiblichen Geschlechtsgänge und -drüsen aus dem **Müller-Gang,** der beidseits lateral der Urniere aus einer Einstülpung des Zölomepithels entsteht. Die beiden Ränder der Einstülpung verwachsen, so dass ein Gang entsteht, dessen kraniales Ende trichterförmig erweitert und mit der Peritonealhöhle verbunden ist (↗ Abb. 6.69).

Die Müller-Gänge verlaufen zunächst beidseits lateral der Urnierengänge (Wolff-Gänge), überkreuzen diese distal, um sich dann median zum **Uterovaginalkanal** zu vereinigen, der die Hinterwand des Sinus urogenitalis etwas vorwölbt (**Müller-Hügel**). Die Wolff-Gänge münden beidseits des Müller-Hügels in den Sinus urogenitalis, degenerieren jedoch im Verlauf der weiteren Entwicklung des weiblichen Embryos. Aus dem proximalen Teil der Müller-Gänge vor der Vereinigung zum Uterovaginalkanal entsteht die Tuba uterina.

Topographie

Die Tuba uterina ist ein paarig angelegter, 10–14 cm langer Muskelschlauch, der von Endothel ausgekleidet ist. Er liegt **intraperitoneal** und erstreckt sich im freien Oberrand des Lig. latum von der Extremitas tubaria des Ovars bis zur lateralen Wand des Fundus uteri (↗ Abb. 6.66).

Gliederung

Man unterscheidet folgende Anteile (↗ Abb. 6.70):

- **Infundibulum** tubae uterinae (Tubentrichter): Dieser 1–2 cm lange trichterförmige Teil öffnet sich mit seinem **Ostium abdominale** tubae uterinae in das Abdomen und bedeckt mit seinen fransenartigen, 1,5 cm langen Fimbriae tubae einen Teil der ovariellen Oberfläche. Die längste dieser Fimbrien (3 cm) wird als Fimbria ovarica bezeichnet.
- **Ampulla** tubae uterinae (Ampulle): Sie verläuft über 7–8 cm bogenförmig und geschlängelt um das Ovar herum nach medial.
- **Isthmus** tubae uterinae: Die Tubenenge ist ein 3–6 cm langer gestreckter Tubenteil mit engem Lumen.
- **Pars uterina** tubae uterinae: Der intramurale Verlauf durch die Uteruswand endet mit dem **Ostium uterinum** tubae uterinae in die Cavitas uteri.

Über ihr Gekröse (**Mesosalpinx**) sind Ampulle und Isthmus mit dem Lig. latum und dem Lig. suspensorium ovarii verbunden, wodurch die Tuba uterina an der lateralen Beckenwand fixiert ist.

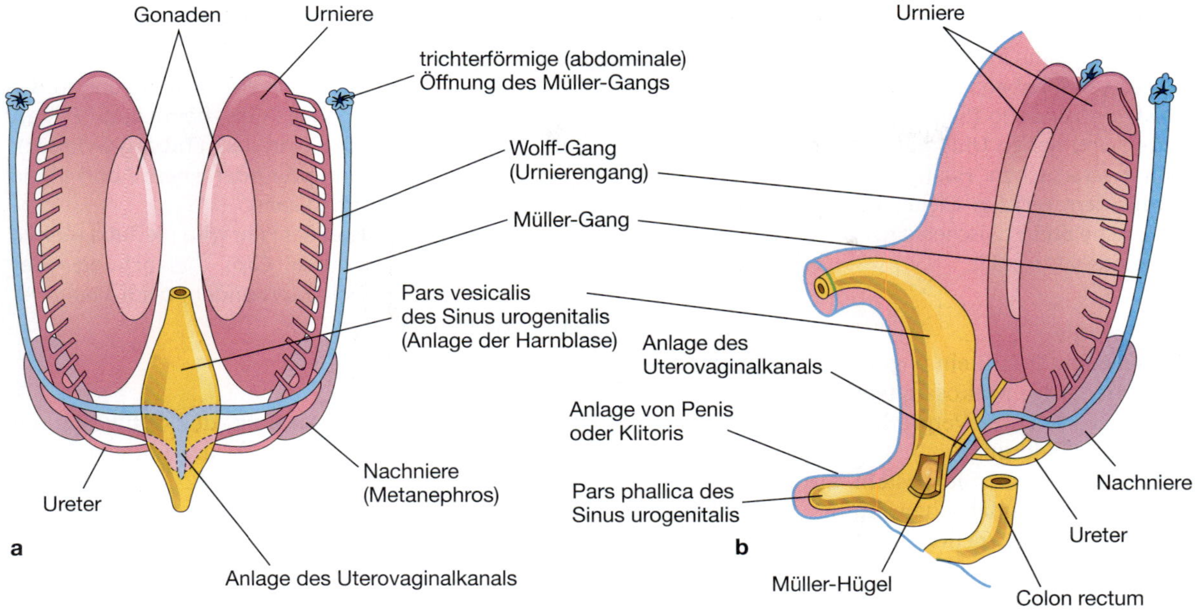

Abb. 6.69 Entwicklung der weiblichen Geschlechtswege aus dem Müller-Gang. a Schema der dorsalen Bauchwand bei einem 7 Wochen alten Embryo in der Ansicht von ventral. In diesem indifferenten Stadium der Geschlechtsentwicklung sind sowohl Wolff-Gänge als auch Müller-Gänge angelegt. **b** Lateralansicht eines 9 Wochen alten Embryos. An der hinteren Wand des Sinus urogenitalis hat sich eine Vorwölbung (Müller-Hügel) gebildet, aus der beim weiblichen Geschlecht das Hymen und beim männlichen Geschlecht der Colliculus seminalis entstehen. Der Colliculus ist der am weitesten vorragende Teil innerhalb einer Leiste an der Hinterwand der Pars prostatica der Urethra. (Aus [12])

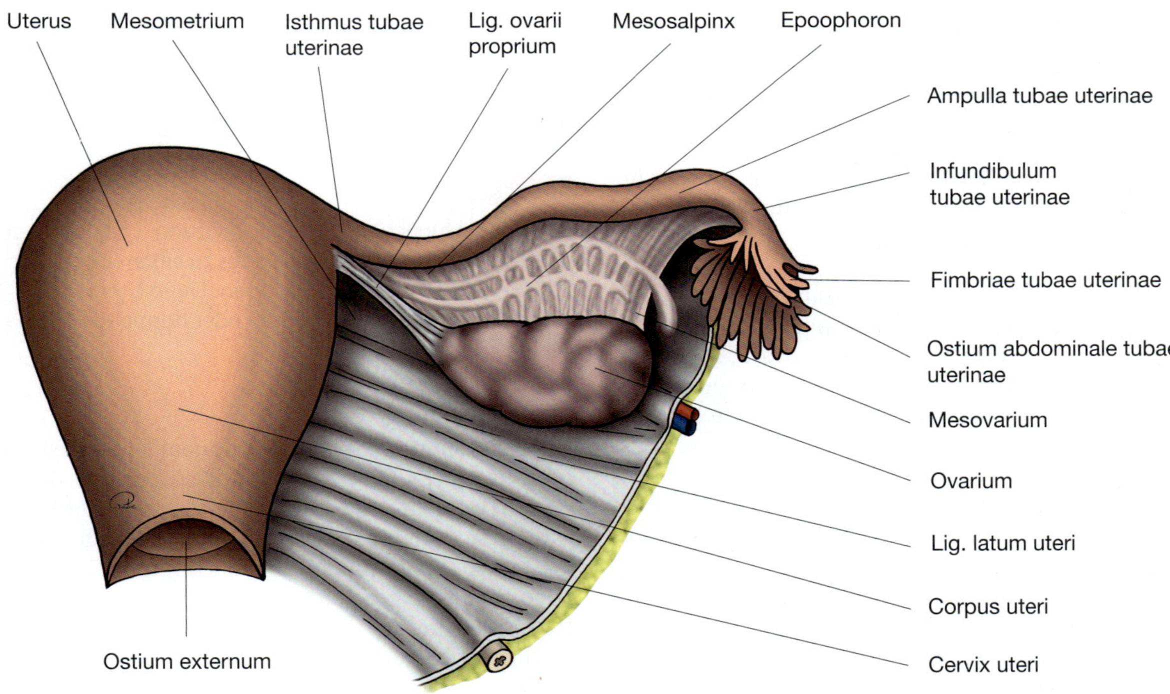

Abb. 6.70 Tuba uterina und Uterus mit Bandstrukturen, Ansicht von vorn.

Klinik

Der Eileiter kann im Isthmusbereich Kontakt zur Harnblasenwand haben. Aus diesem Grunde kann eine Eileiterentzündung (**Salpingitis**) die Harnblasenwand reizen und neben Unterbauchschmerzen auch Harndrang verursachen. Häufig liegt die Appendix vermiformis dem rechten Eileiter benachbart, so dass die Unterscheidung zwischen einer Appendizitis und einer Adnexitis schwerfällt.

Histologie

Im Querschnitt fällt ein enges Lumen auf, das durch bäumchenartige Mukosafalten (**Plicae uterinae**) verlegt ist. Bei höherer Vergrößerung erkennt man eine Schichtengliederung:

- **Tunica mucosa:** Sie besteht aus einschichtigem, meist hochprismatischem Epithel mit apikal kinozilienbesetzten Zellen (Zilienschlag dient dem Transport der Eizelle in Richtung Uterus) und sezernierenden Zellen, die Substanzen für die Ernährung von Eizellen und Spermien produzieren. Unterlagert ist die Epithelschicht von einer bindegewebigen **Lamina propria mucosae.**
- **Tunica muscularis:** Sie enthält 3 Systeme glatter Muskulatur, die fließend ineinander übergehen und aktive Tubenbewegungen zur Eiaufnahme sowie peristaltischen Kontraktionen zum Eitransport ausführen können:
  - autochthone Muskulatur: aus schraubig angeordneten Muskelzügen, die meist innen zirkulär und weiter außen longitudinal angeschnitten sind
  - perivaskuläre Muskulatur: umgibt größere Blutgefäße und geht in die autochthone Muskulatur über
  - subperitoneale Muskulatur
- **Tela subserosa:** bindegewebige Verschiebeschicht
- **Tunica serosa:** viszeraler Peritonealüberzug.

Funktion

Nach dem Eisprung nimmt die Tuba uterina die aus dem Ovar freigesetzte Eizelle auf. Mithilfe glatter Muskelzellen in Lig. suspensorium ovarii, Lig. latum uteri und den Fimbrien stülpt sich das Infundibulum aktiv über das Ovar und nimmt die Eizelle auf. Anschließend wird die Oozyte in Richtung Uterus transportiert, was etwa 2–3 Tage dauert. Währenddessen ist die Oozyte befruchtungsfähig, und die im Fall einer Befruchtung entstehende Zygote kann sich bis zum Morulastadium entwickeln.

Das Eileiterepithel produziert Sekrete, die der Ernährung des Keims dienen. Außerdem enthält das Sekret antibakterielle Substanzen, die ein Aufsteigen eventueller Uterusinfektionen über die Tube in das Peritoneum verhindern.

Klinik

Durch entzündliche Veränderungen, Fehlbildungen oder nach Operationen kann die Eiwanderung in der Tube verzögert sein und sich das befruchtete Ei statt im Uterus in der Tube einnisten (**Tubargravidität**), wodurch es zur Tubenruptur oder einem Abort in die Peritonealhöhle kommen kann.

Bei einer **Sterilisation** der Frau wird die Tuba uterina auf beiden Seiten durch Clips, Verkochung oder Verklebung irreversibel unterbunden, beim Mann der Ductus deferens.

Gefäßversorgung

Die **arterielle Blutversorgung** des Infundibulums wird über die Aa. ovaricae, die der übrigen Tubenanteile über den R. tubarius der A. uterina gewährleistet (↗ Abb. 6.68).

Der **venöse Abfluss** geht über den Plexus pampiniformis und den Plexus venosus uterinus.

Die **Lymphe** wird in Lnn. paraaortici abgeleitet.

Innervation

Die autonome (überwiegend sympathische) Innervation der proximalen Tubenanteile erfolgt über den Plexus uterovaginalis. Die distalen Abschnitte werden über den Plexus ovaricus innerviert.

6.12.3 Uterus (Gebärmutter)

Embryologie

Die Uterusschleimhaut entwickelt sich aus dem oberen Teil des Uterovaginalkanals, der aus der Verschmelzung der kaudalen Anteile der Müller-Gänge entsteht (↗ Abb. 6.69). Stroma und Muskulatur entstammen dem umgebenden Mesenchym.

Klinik

Durch unzureichende Verschmelzung der unteren Anteile der Müller-Gänge kann es zu einem doppelten Uterus (**Uterus duplex**) kommen. Diese Uterusfehlbildung kann mit einer einfachen oder doppelten Vagina vergesellschaftet sein.

Topographie

Die Gebärmutter liegt **intraperitoneal** im kleinen Becken zwischen Harnblase und Rektum, von denen sie durch 2 Peritonealtaschen getrennt ist, der Excavatio vesicouterina, die vor dem Uterus nach kaudal bis zum Isthmus hinunterreicht, und der Excavatio rectouterina, die an der Hinterfläche als **Douglas-Raum** den tiefsten Punkt der Peritonealhöhle markiert (↗ Abb. 6.8).

Normalerweise reicht der Uterus kranial bis zur Symphyse und kann sich im Verlauf einer Schwangerschaft bis zum Rippenbogen erweitern. Die Uterusposition (**Positio uteri**) wird anhand der Portiolage im Becken festgelegt, die normalerweise in der Mitte des Beckens auf Höhe der beiden Spinae ischiadicae liegt.

Klinik

Durch Schwächung der Beckenbodenmuskulatur (z.B. nach mehreren Geburten) kann der Uterus tiefertreten (**Descensus uteri**), was durch „Senkungsgefühl", Kreuzschmerzen, vaginale Infektionen, Restharnbildung in der Blase mit rezidivierenden Harnwegsinfekten und Inkontinenz Beschwerden machen kann. Die Maximalform des Descensus uteri ist der Gebärmuttervorfall (Prolaps uteri), bei dem die Portio durch die Vagina hindurch nach außen prolabiert.

Der Uterus wird durch 2 sog. **Mutterbänder** in seiner Lage fixiert:

- Das **Lig. latum uteri** (breites Mutterband, ↗ Abb. 6.70) zieht vom Uterus zur seitlichen Beckenwand und setzt sich aus 3 Organ-„Mesos" zusammen, dem Mesometrium (Gebärmuttergekröse), der Mesosalpinx (Eileitergekröse) und dem Mesovarium (Eierstockgekröse). Das breite Mutterband enthält Gefäße und Nerven sowie in der Tiefe den parametranen Halteapparat (s. o.). Häufig findet man als Überbleibsel der Urnierenkanälchen kleine Bläschen zwischen Tube und Ovar (Epoophoron) oder in der Nähe des Uterus (Paroophoron). Im dorsokranialen Rand verläuft die Tuba uterina, darunter das **Lig. ovarii proprium** und das Ovar. Der ventrokraniale Rand wird gebildet vom
- **Lig. teres uteri** (rundes Mutterband), das vom Tubenwinkel zur seitlichen Beckenwand sowie zu den großen Schamlippen zieht und so verläuft wie der Ductus deferens beim Mann (↗ Abb. 6.66).

Die Longitudinalachse der Zervix ist gegenüber der Longitudinalachse der Vagina, die nach dorsokranial gerichtet ist, um etwa 90° nach vorne gekippt (**Anteversio**). Das Corpus uteri ist im Isthmusbereich wiederum gegenüber der Zervix etwas nach vorn abgeknickt (**Anteflexio**) und steht fast horizontal zur longitudinalen Körperachse (↗ Abb. 6.52).

Merke

„**V**ersio" bezeichnet die Lagebeziehung zwischen Uterus und **V**agina.

Klinik

Bei retrovertiertem und/oder -flektiertem Uterus ist die Aufrichtung der Gebärmutter während der Schwangerschaft erschwert. Außerdem kann bei Retroversion die Empfängnis problematisch sein, da die Portio in Rückenlage nicht in den Samensee im hinteren Scheidengewölbe eintaucht.

Gliederung

Der Uterus ist (im nicht schwangeren Zustand) ein birnenförmiges, 5 cm breites und 7,5 cm langes muskuläres Hohlorgan. In der Schwangerschaft, nach vorausgegangenen Schwangerschaften und je nach Alter variieren Größe und Gewicht stark. Makroskopisch lässt sich der Uterus folgendermaßen untergliedern (von kaudal nach kranial, ↗ Abb. 6.71):

- Die **Cervix uteri** (Gebärmutterhals, Zervix) ist das untere Uterusdrittel, das den 2–3 cm langen Gebärmutterhalskanal (Canalis cervicis uteri) umscheidet. Man unterscheidet 2 Anteile:
  - Die **Portio vaginalis** ragt am äußeren Muttermund (Ostium uteri [externum]) in die Vagina vor. Der äußere Muttermund ist bei Nullipara (Nichtgebärenden) rund und bei Multipara (Mehrgebärenden) spaltförmig mit einer vorderen und hinteren Lippe (Labia anterius und posterius).
  - Die **Portio supravaginalis** ist im subperitonealen Bindegewebe (Paracervix) durch den parametranen Halteapparat verankert (ventral über das Lig. pubovesicale, dorsal über das Lig. rectouterinum [sacrouterinum]) und lateral über das Lig. cardinale (Ligg. transversa uteri), über das Gefäße und Nerven an den Uterus treten. Mit einer 0,5–1 cm langen Übergangszone (Isthmus, Gebärmutterenge), die bereits von Endometrium ausgekleidet ist, geht die Portio supravaginalis kranial in das Corpus uteri über und endet am inneren Muttermund (Ostium anatomicum uteri internum).
- Das **Corpus uteri** (Gebärmutterkörper, Korpus) macht die oberen 2 Drittel des Uterus aus, die die Gebärmutterkörperhöhle umgeben. Man kann verschiedene Strukturen unterscheiden:
  - Facies vesicalis [anterior]: Vorderseite, der Harnblase und den Dünndarmschlingen benachbart
  - Facies intestinalis [posterior]: dem Rektum zugewandte Hinterfläche
  - Margines uteri dexter und sinister: seitliche Ränder
  - **Fundus uteri** (Gebärmutterkuppe/-grund): Dach, das oberhalb der Eileitermündungen beginnt und topographische Beziehungen zum Sigma und zum Ileum hat.

Canalis cervicis uteri und Gebärmutterkörperhöhle werden unter dem Begriff Gebärmutterhöhle (**Cavitas uteri**) subsumiert.

Merke

Klinisch ist die Portio als der in die Vagina hineinragende Gebärmutterteil definiert.

Histologie

Die Gebärmutter weist folgende Schichtengliederung auf (↗ Abb. 6.72):

- Das **Endometrium** (= Tunica mucosa) besteht aus einem einschichtigen, hochprismatischen Bürstensaumepithel mit tubulären Uterusdrüsen (Gll. uterinae) sowie einer bindegewebigen Lamina propria mucosae, die sich weiter unterteilen lässt in

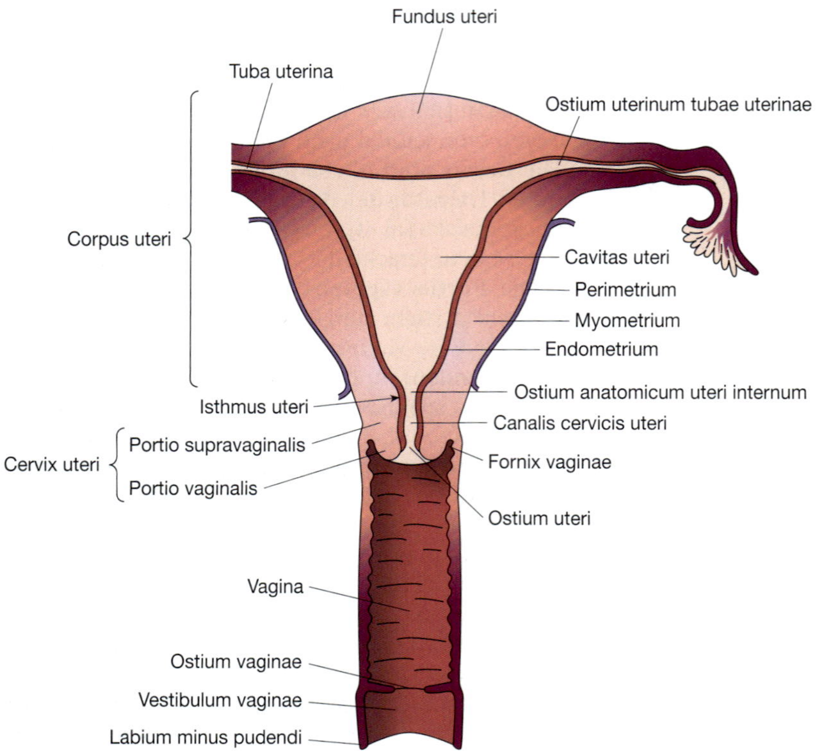

Abb. 6.71 Uterus und Vagina, Frontalschnitt.

  - **Stratum functionale** (Funktionalis) aus mesenchymalem Bindegewebe, in dem Spiralarterien, Lymphgefäße und Nerven verlaufen; es unterliegt zyklischen Veränderungen und wird während der Menstruation abgestoßen (s. u.).
  - **Stratum basale** (Basalis): aus straffem Bindegewebe, enthält Basalarterien, aus denen die Spiralarterien entspringen
- Das **Myometrium** (= Tunica muscularis) ist die mit bis zu 2 cm dickste Schicht der Uteruswand. Sie besteht aus einer äußeren und inneren muskelreichen Schicht mit schraubig angeordneten, meist longitudinal angeschnittenen glatten Muskelzellen, die eine lockere, gefäßreiche Bindegewebsschicht (Stratum vasculosum) umrahmen. Das Myometrium kontrahiert während der Menstruation (Abstoßung der Funktionalis), der Geburt und beim Orgasmus. Während der Schwangerschaft hypertrophiert es.
- Das **Perimetrium** (= Tunica serosa/adventitia) ist eine Bindegewebsschicht, die je nach Lokalisation von einem Peritonealepithel überzogen ist oder eine Adventitia ausbildet.

Klinik

Bei der **Endometriose** findet man endometriumähnliches Gewebe außerhalb des Uterus (z. B. in der Uterusmuskulatur, den Ovarien, im Douglas-Raum, in den Tuben, der Bauchdecke oder der Lunge). Die Ätiologie ist nicht bekannt. Man nimmt z. B. an, dass es sich entweder um eine Metaplasie embryonalen Zölomepithels oder eine Verschleppung menstruell abgestoßenen Endometriums handelt. Klinisch zeigen sich menstruationsabhängige Schmerzen an den betreffenden Lokalisationen. Therapie der Wahl ist eine operative Entfernung der Herde.

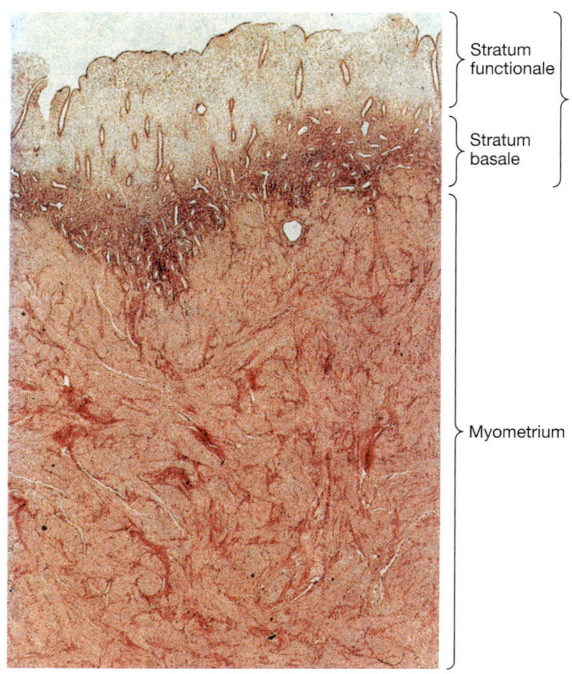

Abb. 6.72 Uteruswand in der Proliferationsphase, histologischer Schnitt. (Aus [8])

Das Zervixendometrium wird während der Menstruation nicht abgestoßen. Die Zervixdrüsen (**Glandulae cervicales**) produzieren einen mukösen, alkalischen Schleim, der am Ostium externum einen Schleimpfropf bildet. Dieser fungiert als antibakterielle Schutzbarriere am Eingang zum Uterus und ist je nach Zyklusphase unterschiedlich viskös: Während der Ovulation in Zyklusmitte nimmt die Viskosität ab und erleichtert so das Eindringen der Spermien in den Uterus.

Transformationszone

Im Bereich der Portio geht das hochprismatische Uterusepithel in der **Transformationszone** in das vaginale mehrschichtige, unverhornte Plattenepithel über. Die Grenze verschiebt sich unter Östrogeneinfluss nach außen, d. h., bei Mädchen vor der Pubertät und Frauen nach der Menopause befindet sich die Transformationszone intrazervikal.

Klinik

Die Transformationszone ist eine Prädilektionsstelle für maligne Entartungen und somit die bevorzugte Lokalisation des **Zervixkarzinoms,** einem der häufigsten Tumoren der Frau. Meist handelt es sich um Plattenepithelkarzinome, die über Zwischenstadien (Carcinoma in situ, intraepitheliale Neoplasie) entstehen. Um diese Veränderungen frühzeitig zu erkennen, gehören regelmäßige Zervixabstriche zur Krebsvorsorge. Diese werden nach einer bestimmten Methode angefärbt (Papanicolaou-Färbung) und die Zellen hinsichtlich krebsverdächtiger Veränderungen beurteilt. In Verdachtsfällen entnimmt man mit einer dicken Nadel eine Gewebeprobe aus der Zervix (Zervixbiopsie), entfernt ein kegelförmiges Stück des Zervixgewebes (Konisation) oder führt eine sog. Kürettage (Abrasio) durch, bei der unter Vollnarkose mit Küretten Zervix und Corpus uteri abradiert werden. Mit diesen Verfahren ist dann jeweils eine genauere Untersuchung möglich.

Zyklusveränderungen des Endometriums

In der **Proliferationsphase** (5.–14. Zyklustag) bauen sich die endometriale Schleimhaut und die Funktionalis, die während der Menstruation abgestoßen wurden, unter dem Einfluss von Östrogen aus den Drüsenstümpfen der Basalis wieder auf. Die Glandulae uterinae stellen sich schlauchförmig dar (↗ Abb. 6.72), aus den Basalarterien ziehen Spiralarterien in das Gewebe, und das Oberflächenepithel proliferiert.

Die **Sekretionsphase** (15.–24. Zyklustag) steht unter dem Einfluss von Progesteron, das nach dem Eisprung (in der Zyklusmitte, durch einen kurzen Anstieg von LH und FSH verursacht) vom Corpus luteum im Ovar produziert wird. Unter Progesteroneinfluss verdickt sich das Endometrium bis zu 8 mm, und die Gll. uterinae vergrößern sich und nehmen die klassische „Sägezahnform" an (↗ Abb. 6.73). Die Stromazellen der Lamina propria lagern Glykogen und Lipide ein. In der Funktionalis bilden sich ein apikales Stratum compactum mit Drüsenhälsen und ein basales Stratum spongiosum aus.

Die **ischämische Phase** (ab dem 25. Zyklustag) ist durch den Mangel an Progesteron gekennzeichnet: Nistet sich die Blastozyste nicht in das Endometrium ein, geht der Gelbkörper zugrunde, und die Progesteronproduktion verebbt. Durch Kontraktion endometrialer Gefäßwände kommt es dann zur lokalen Ischämie und Rückbildung des Endometriums.

In der **Desquamationsphase** (1.–4. Tag) hat der Progesteronmangel schließlich Schleimhautblutungen und einen enzymatischen Abbau der Funktionalis zur Folge, deren Reste durch Myometriumkontraktionen in der **Menstruationsblutung** abgestoßen werden (nicht in der Zervix!). Die Menstruationsblutung ist damit eine Hormonentzugsblutung durch Progesteronmangel.

Funktion

Der Uterus ist der Ort der Embryonal- und Fetalentwicklung und übernimmt somit Schutz- und Ernährungsfunktion der Leibesfrucht. Mithilfe seiner Muskelschicht sorgt er für die Austreibung während der Geburt. Außerdem gelangen die Spermien durch die Gebärmutter von der Vagina in den Eileiter.

Gefäßversorgung

Arterien

Die paarige A. uterina, ein Ast der A. iliaca interna, der durch die Basis des Lig. latum verläuft und in der Nähe der Zervix über den Ureter zieht, versorgt den Uterus mit sauerstoffreichem Blut.

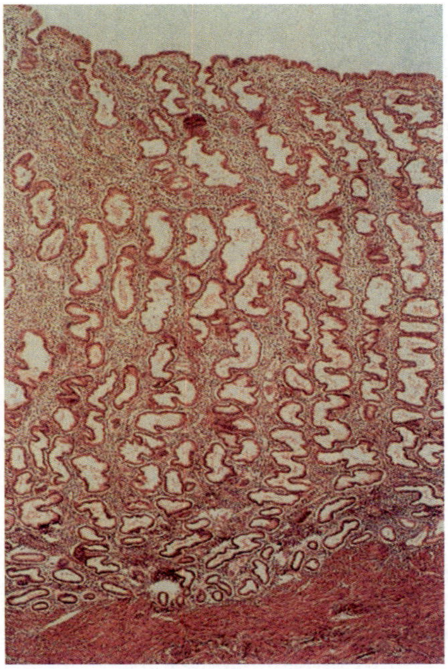

Abb. 6.73 Endometrium in der Sekretionsphase, histologischer Schnitt. (Aus [8])

Klinik

Intraoperativ besteht beim Unterbinden der A. uterina in Ureternähe die **Gefahr einer Harnleiterverletzung.**

Die A. uterina gibt die stark geschlängelten Rr. helicini ab, die entlang dem Margo uteri nach kranial zu den Tubenwinkeln ziehen, Anastomosen mit der Gegenseite ausbilden und sich in einen R. tubarius und einen R. ovaricus aufteilen. Der R. ovaricus anastomosiert mit der A. ovarica. Neben den Rr. helicini gibt die A. uterina die Rr. vaginales ab, die mit Ästen der A. vaginalis anastomosieren (↗ Abb. 6.68).

Klinik

Durch die vielfältigen Anastomosen ist die **operative Unterbindung der Aa. uterinae** möglich, ohne dass die Blutversorgung des Uterus darunter leidet.

Venen

Über die klappenlosen Vv. uterinae erfolgt der Blutabfluss in den Plexus venosus uterinus, der beidseits in die V. iliaca interna einmündet.

Lymphgefäße

Die Lymphe fließt über die Parametrien in regionäre Lymphknoten:

- aus der Zervix über das Lig. latum in Lnn. iliaci externi und entlang der A. uterina in die Lnn. iliaci interni
- aus dem Korpus zusätzlich entlang den Vasa ovarica in die Lnn. lumbales sowie über das Lig. teres uteri in die Lnn. inguinales superficiales.

Innervation

Der Plexus (Ganglion) uterovaginalis (**Frankenhäuser-Ganglion**) geht aus dem Plexus hypogastricus inferior hervor. Er erhält **sympathische Fasern** aus lumbosakralen Rückenmarkssegmenten, die ihn über Nn. hypogastrici und Ganglia sacralia erreichen, sowie **parasympathische Fasern,** die aus dem 2.–4. Sakralnerv stammen und über die Nn. splanchnici pelvici zum Plexus gelangen. Die sympathischen und parasympathischen Fasern sind größtenteils präganglionär und werden im Frankenhäuser-Ganglion auf das 2. Neuron umgeschaltet. Der Plexus uterovaginalis enthält außerdem **sensorische viszeroafferente Fasern,** die mit den Sympathikusästen zum thorakolumbalen Rückenmark (T12–L3) und über den Plexus sacralis in das Sakralmark ziehen.

6.12.4 Vagina (Scheide)

Embryologie

Aus dem Sinus urogenitalis wachsen 2 Epithelknospen aus und vereinigen sich mit dem kaudalen Ende des Uterovaginalkanals. Die Entodermzellen dieser Epithelknospen proliferieren zu einer Zellplatte, der Vaginalplatte, deren zentrale Zellen später zugrunde gehen, so dass ein Lumen entsteht. Somit entstehen das Vaginalepithel aus dem Sinus urogenitalis und die muskulären und bindegewebigen Wandschichten aus dem unteren Teil des Uterovaginalkanals, wobei einigen Autoren zufolge der obere Teil des Vaginalepithels aus dem Uterovaginalkanal und der untere Teil aus dem Sinus urogenitalis hervorgehen (↗ Abb. 6.69).

Bis kurz vor der Geburt ist die Vagina durch ein komplett verschlossenes Hymen (s. u.), das aus dem Müller-Hügel hervorgeht, vom Sinus urogenitalis getrennt. Später rupturiert das Hymen zentral und bleibt bis zur Defloration als mittig offene Membran stehen.

Morphologie und Topographie

Bei der Vagina handelt es sich um einen 8–12 cm langen, dorsoventral abgeflachten, dehnbaren, fibromuskulären Schlauch, der im kleinen Becken liegt, an der Vulva beginnt und kranial blind unterhalb des Uterus endet. Sie verläuft bei der stehenden Frau in einem 45°-Winkel zur Horizontalen in dorsokranialer Richtung (↗ Abb. 6.52).

Das kaudale Ende wird vom Jungfernhäutchen (**Hymen**) gebildet, einem dünnen Häutchen mit einer ursprünglich 1–2 cm großen Öffnung, das bei der Entjungferung (Defloration) und während der ersten Geburt einreißt und fortan nur in Resten (**Carunculae hymenales**) bestehen bleibt.

Klinik

Es gibt verschiedene angeborene **Formanomalien des Hymens:**

- Hymen cribriforme: siebartig durchlöchertes Hymen
- Hymen imperforatus (Hymenalatresie): komplett verschlossenes Hymen.

Die Hymenalatresie führt zu Unterbauchschmerzen während der Menstruation, bei der die Menstruationsblutung ausbleibt (Molimina menstrualia), und einem Blutrückstau in Vagina (Hämatokolpos), Uterus (Hämatometra) und in die Tuben hinauf (Hämatosalpinx). Therapeutisch ist eine Querspaltung des Hymens notwendig.

Der relativ enge Vaginaleingang wird als **Introitus vaginae** (Ostium) bezeichnet. Anschließend tritt die Vagina durch den Hiatus urogenitalis (Levatortor), der auch als **Levatorschwelle** bezeichnet wird. Weil Vorder- und Hinterwand (**Paries anterior und posterior**) der Vagina aneinanderliegen und sich die Vagina seitlich im weiteren Verlauf erweitert, ist im Querschnitt ein „H" sichtbar. Ventral hat die Vagina topographische Beziehungen zur Harnröhre und -blase, dorsal zum Analkanal und Rektum, von dem sie durch die bindegewebige Fascia rectovaginalis getrennt ist.

Die Vagina endet kranial im Scheidengewölbe (**Fornix vaginae**), in das sich die Portio pfropfartig vorwölbt (↗ Abb. 6.52 und 6.71). Man unterscheidet einen vorderen, hinteren und 2 seitliche Teile des Scheidengewölbes (Partes anterior, posterior und laterales). Die Pars posterior grenzt an die Excavatio rectouterina (↗ Abb. 6.52).

Klinik

Bei der **klinisch-gynäkologischen Untersuchung** kann man durch die Vagina die weiblichen Geschlechtsorgane untersuchen: Bei der Inspektion wird mit einem „Spekulum" die Vagina gespreizt und mit einer binokularen Lupe (Kolposkop) eingesehen, um so Schleimhaut und Portio zu beurteilen. Bei der manuellen transvaginalen Tastung (Palpation) tastet man mit dem Zeige- und Mittelfinger die Ränder des Levatortors, die Portio mit dem Muttermund, das hintere Scheidengewölbe und das Promontorium. Den Uterus untersucht man palpatorisch, indem man mit der vaginalen Hand die Portio gegen die Bauchdecke schiebt und mit der anderen Hand von außen dagegen drückt, so dass man Größe, Form, Lage, Gewebsbeschaffenheit und Beweglichkeit beurteilen kann. Hinter dem seitlichen Scheidengewölbe kann man transvaginal die Adnexe tasten, manchmal auch die Tuba uterina. Das Ovarium muss von außen mit der anderen Hand am Ausweichen gehindert werden und ist analog zum Hoden schmerzhaft, wenn man es zusammendrückt. Bei der **transvaginalen Sonographie** wird eine Ultraschallsonde in die Vagina eingeführt, um die weiblichen Geschlechtsorgane morphologisch zu beurteilen. Durch einen **Vaginalabstrich** ist es möglich, Erkenntnisse über die Zyklusphase oder vaginale Tumoren zu gewinnen.

Histologie

Die 3 mm dicke Wand ist bei jüngeren Frauen in Querfalten aufgeworfen (Rugae vaginales) und besteht aus 3 Schichten:

- **Tunica mucosa** aus:
  - mehrschichtigem unverhornten Plattenepithel mit einem Stratum superficiale, Intermediärzellen und einem Stratum basale
  - Lamina propria mucosae aus elastischem Bindegewebe mit venösen Plexus
- **Tunica muscularis** aus glatten Muskelzellen, die spiralig angeordnet sind
- **Tunica adventitia:** fixiert die Vagina im Subperitonealraum.

Unter Östrogeneinfluss wird in den Epithelzellen der Tunica mucosa Glykogen produziert, das nach Abschilferung der Zellen von Bakterien zu Milchsäure abgebaut wird, wodurch in der Vagina ein saurer pH-Wert von 4 aufrechterhalten wird, der vor Infektionen schützt. Es existieren keine Drüsen in der Vaginalschleimhaut. Die venösen Plexus in der Lamina propria mucosae bilden aber eine Art Schwellkörper: Bei sexueller Erregung sickert ein Exsudat aus den Propria-Gefäßen durch die Schleimhaut in das Lumen und befeuchtet diese (**Lubrikation**).

Funktion

Die Vagina dient als Kopulationsorgan, Geburtskanal und der Ableitung von Menstruationsblut und Uterussekret nach außen. Ihr saures Milieu (s. o.) schützt vor Infektionen.

Der männlichen Erektion entspricht bei der Frau die vaginale Befeuchtung (Lubrikation). Bei zunehmender sexueller Erregung erweitert sich die Vagina in ihren oberen Abschnitten. Kurz vor dem Orgasmus füllen sich die Venen im unteren Teil der Vagina und erzeugen eine Verengung in diesem Bereich („orgastische Manschette"). Der Orgasmus ist durch rhythmische Kontraktionen des Beckenbodens gekennzeichnet.

Gefäßversorgung

Die **arterielle Blutversorgung** erfolgt über Rr. vaginales aus der A. uterina und der A. vesicalis inferior sowie aus Ästen der A. rectalis media und der A. pudenda interna.

Das **venöse Blut** aus dem Plexus venosus vaginalis wird über den Plexus venosus vesicalis in die V. iliaca interna abgeleitet.

Die **Lymphe** aus dem kaudalen Abschnitt wird in Lnn. inguinales superficiales abgeleitet. Der kraniale Abschnitt wird in die Lnn. iliaci externi drainiert.

Innervation

Sympathische, parasympathische und sensorische Nervenfasern gelangen über den N. pudendus und den Plexus uterovaginalis zur Scheide.

6.12.5 Vulva (Pudendum femininum)

Embryologie

Die Strukturen, die sich während des Indifferenzstadiums ausgebildet haben (↗ Kap. 6.11.1), entwickeln sich – bei fehlendem Androgeneinfluss – zu den weiblichen Geschlechtsorganen (↗ Abb. 6.63):

Aus dem Phallus entsteht die Clitoris, die Geschlechtsfalten (Plicae genitales) entwickeln sich zu den kleinen Schamlippen, die Geschlechtswülste (Tubercula labioscrotalia) zu den großen Schamlippen. Aus der Pars phallica des Sinus urogenitalis wird der Scheidenvorhof.

Topographie

Die äußeren weiblichen Geschlechtsorgane sind in der Regio urogenitalis lokalisiert.

Gliederung

Große Schamlippen (Labia majora pudendi)

Ventral der Symphyse liegt ein subkutanes Fettpolster, der Schamberg (**Mons pubis**), von dem die beiden großen Schamlippen (**Labia majora pudendi**) nach dorsokaudal zum Damm (Perineum) ziehen und die Schamspalte (**Rima pudendi**) seitlich begrenzen (↗ Abb. 6.74). Am Mons pubis vereinigen sich die beiden großen Schamlippen in der **Commissura labiorum anterior.** Am Perineum etwa 2,5 cm ventral des Anus sind die Labia majora durch eine quere Hautfalte (**Commissura labiorum posterior**) verbunden, vereinigen sich jedoch nicht.

In den großen Schamlippen enden die Ligg. teretis uteri. Ihre Außenseite ist wie der Schamberg ab der Pubertät von Schambehaarung (Pubes) bedeckt.

Kleine Schamlippen (Labia minora pudendi, Nymphen)

Hinter den großen Schamlippen verborgen liegen die kleinen Schamlippen (**Labia minora pudendi**), 2 dünne, längs gestellte Hautfalten, die den Scheidenvorhof (**Vestibulum vaginae**) umfassen.

Nach vorn laufen die Labia minora in 2 Falten aus: Als vordere, oberflächliche Falten vereinigen sich die beiden kleinen Schamlippen zur Kitzlervorhaut (**Preputium clitoridis**) und als hintere, tiefe Falten gehen sie als Kitzlerzügel (**Frenulae clitoridis**) in die Clitoris über. Am Perineum vereinigen sich die beiden Labia minora im **Frenulum labiorum pudendi.**

Scheidenvorhof (Vestibulum vaginae)

Begrenzt wird der Scheidenvorhof nach außen von den Labia minora und nach innen vom Hymen (↗ Abb. 6.74). In der Tiefe der Seitenwände zwischen Diaphragma urogenitale und M. bulbospongiosus befinden sich die paarigen 3 cm langen Vorhofschwellkörper (**Bulbi vestibuli**), die aus kavernösen, von glatten Muskelzellen umgebenden Venenplexus bestehen. Diese schwellen bei sexueller Erregung an und entsprechen entwicklungsgeschichtlich dem Corpus spongiosum des Mannes. Vorn sind die Vorhofschwellkörper an der **Commissura bulborum** im Bereich der Glans clitoridis miteinander verwachsen.

Folgende Strukturen münden in das Vestibulum vaginae:

- **Urethra:** 2,5 cm dorsokaudal der Clitoris befindet sich das Ostium urethrae externum.
- **Glandulae paraurethrales** (Skene-Drüsen): paarige, 2 cm lange Blindsäcke ohne Funktion, die beidseits seitlich des Ostium urethrae in den Vorhof münden (sie entsprechen entwicklungsgeschichtlich der Prostata)
- **Glandulae vestibulares minores:** münden zahlreich nahe dem Ostium urethrae zwischen Hymen und kleinen Schamlippen in den Vorhof, den sie mit ihrem mukösen Sekret befeuchten
- **Vagina:** Das Ostium vaginae befindet sich dorsokaudal des Ostium urethrae.
- **Glandulae vestibulares majores** (Bartholin-Drüsen): bohnenförmige Drüsen zwischen Diaphragma urogenitale und hinterem Ende der Bulbi vestibuli, deren Ausführungsgänge laterokaudal des Ostium vaginae auf 4 und 8 Uhr in den Scheidenvorhof münden und diesen mit ihrem mukösen Sekret (vor allem bei sexueller Stimulation) be-

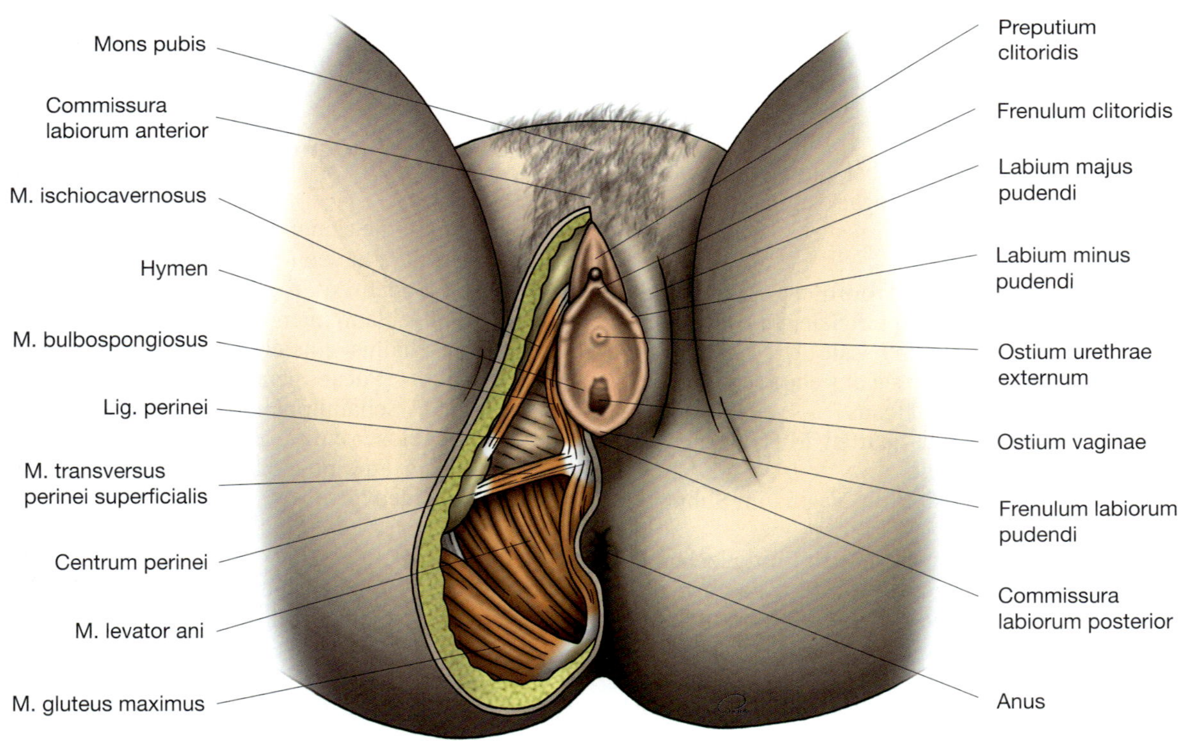

Abb. 6.74 Vulva und oberflächlicher Dammraum der Frau.

feuchten (sie entsprechen entwicklungsgeschichtlich den Cowper-Drüsen des Mannes).

Klinik

Durch eine Gonokokkeninfektion der Bartholin-Drüsen können sich diese entzünden (**Bartholinitis**), so dass hühnereigroße Abszesse entstehen (**Bartholini-Abszess**). Neben der bakteriell bedingten Bartholinitis gibt es (durch Herpes simplex oder humanes Papillomavirus ausgelöste) virale sowie allergische und toxische Vulvaentzündungen (Vulvitiden).

Clitoris (Kitzler)

Die Clitoris liegt hinter bzw. unter der Commissura labiorum anterior und dem Preputium clitoridis und ventral des Ostium urethrae externum. Sie entspricht entwicklungsgeschichtlich dem Penis des Mannes (↗ Abb. 6.63):

Wie dieser besteht der Kitzler aus einem Corpus clitoridis, zusammengesetzt aus 2 kurzen Schwellkörpern (**Corpora cavernosa clitoridis**), die, durch ein Septum geteilt und von einer Fascia clitoridis umhüllt, in einer kleinen Eichel (**Glans clitoridis**) enden. Die Corpora cavernosa entspringen mit den 2 Klitorisschenkeln (**Crura clitoridis**) von den Rr. inferiores ossis pubis unterhalb der Mm. ischiocavernosi, ziehen entlang den unteren Schambeinästen zur Symphyse, wenden sich dort in einem spitzen Winkel nach ventrokaudal und konvergieren zum Corpus clitoridis. Kranial ist die Clitoris an dieser Stelle durch das Lig. suspensorium clitoridis an der Symphyse verankert.

Histologie

Die **Labia majora** sind von mehrschichtig verhorntem, z.T. pigmentiertem Plattenepithel überzogene Fettpolster mit glatten Muskelzellen in der Dermis und subkutanen Talg-, Schweiß- sowie apokrinen Drüsen.

Die **Labia minora** sind Hautduplikaturen aus mehrschichtig unverhorntem und an der Außenseite z.T. pigmentiertem Plattenepithel. Die Lamina propria ist reich an elastischen Fasern, Nerven und freien Nervenendigungen und enthält viele Talg-, jedoch keine Schweißdrüsen oder Haare.

Das **Hymen** ist eine dünne Membran aus mehrschichtig verhorntem Plattenepithel an der Außenseite und mehrschichtig unverhorntem Vaginalepithel an der Innenseite.

Die **Clitoris** enthält von mehrschichtig unverhorntem Plattenepithel bedeckte Schwellkörper, die sich bei sexueller Erregung vergrößern. Sie ist reich an Nerven und sensiblen freien Nervenendigungen.

Klinik

Vom Plattenepithel der Vulva geht das **Vulvakarzinom** aus.

Funktion

Neben ihrer Funktion als Mündungsstelle von Harn- und Geschlechtstrakt nach außen fungiert die Vulva neben der Vagina als Ort der weiblichen sexuellen Erregung, wobei die Clitoris als Areal stärkster Erregbarkeit in diesem Zusammenhang eine zentrale Rolle einnimmt.

Gefäßversorgung

Die **arterielle Blutversorgung** erfolgt über 2 Arterien:

- A. pudenda interna:
  - Rr. labiales posteriores zu den Labia minora
  - A. bulbi vestibuli zu den Vorhofschwellkörpern
  - A. profunda clitoridis zu den Klitorisschenkeln
  - A. dorsalis clitoridis zur Glans clitoridis
- A. pudenda externa profunda zu den Labia majora.

Das **venöse Blut** aus Glans und Corpus clitoridis wird über die V. dorsalis clitoridis abgeleitet, das Blut aus dem Bulbus vestibuli in den Plexus venosus uterovaginalis und in die Vv. obturatoriae.

Die **Lymphe** fließt in die Lnn. inguinales ab.

Innervation

Die **sensible Versorgung** des ventralen Teils der Labia majora erfolgt durch die Nn. labiales anteriores aus dem N. ilioinguinalis. Die dorsalen Teile werden sensibel von den Nn. labiales posteriores aus dem N. pudendus innerviert. Des Weiteren nehmen an der sensiblen Versorgung die Rr. genitales aus dem N. genitofemoralis und der N. dorsalis clitoridis teil, der die Clitoris innerviert.

Sympathische Nervenfasern aus dem Plexus hypogastricus inferior gelangen mit der A. pudenda interna zur Vulva und regulieren die Schwellkörperdurchblutung.

6.13 Leitungsbahnen des Abdomens und des Beckens

6.13.1 Arterien

Aorta

Verlauf

Die arterielle Blutversorgung von Abdomen und Becken erfolgt über Äste der Aorta abdominalis. Dieser Aortenabschnitt beginnt am Hiatus aorticus des Zwerchfells in Höhe von BWK 11/12. Die Aorta verläuft – ventral und links lateral den Wirbelkörpern anliegend – links der V. cava nach kaudal und teilt sich in Höhe des 4.–5. LWK an der **Bifurcatio aortae** in die 2 **Aa. iliacae communes** und in eine dünne **A. sacralis mediana** auf (↗ Abb. 6.50).

Klinik

Durch eine Atherosklerose kann es in der abdominalen Aorta zu einer Aussackung kommen, einem sog. **Bauchaortenaneurysma,** das zunächst asymptomatisch ist und mit Zunahme des Durchmessers im Verlauf durch Bauchschmerzen auffällig werden kann. Das Platzen eines Bauchaortenaneurysmas (Aortenruptur) verläuft zumeist tödlich, weswegen ab einem Durchmesser von 5 cm eine operative Intervention empfohlen wird.

Verzweigungen

Aus der Aorta abdominalis gehen folgende Arterien hervor:

- **A. phrenica inferior** (paarig) in Höhe BWK 11: Abgabe der Aa. suprarenales superiores zur Nebenniere und Versorgung des Zwerchfells
- **Truncus coeliacus** (unpaar) in Höhe BWK 12 (↗ Abb. 6.11), der sich in 3 Äste aufteilt:
  - **A. gastrica sinistra:** Sie zieht an der Einmündungsstelle des Ösophagus von kranial zur kleinen Kurvatur des Magens und verläuft im Omentum minus.
  - **A. splenica** [lienalis]: Sie zieht nach links zur Milz und gibt diverse Äste ab: die **A. gastrica posterior** zum Paries posterior des Magens, die **Aa. gastricae breves** (ziehen in den Ligg. gastrosplenicum und phrenicosplenicum zum Magenfundus) sowie die **Rr. pancreatici** und **A. pancreatica dorsalis** zum Pankreaskörper und -schwanz. Aus der A. pancreatica dorsalis zweigt die **A. pancreatica inferior** ab und durchzieht kaudal parallel zur A. splenica die Bauchspeicheldrüse (↗ Abb. 6.36). Sie steht über eine A. pancreatica transversa mit den Aa. pancreaticoduodenales in Verbindung. Aus der A. splenica zweigt sich schließlich die **A. gastroomentalis sinistra** ab, die über das Lig. gastrosplenicum zur großen Magenkurvatur gelangt, an der sie im Lig. gastrocolicum in Richtung Pylorus verläuft.
  - **A. hepatica communis:** Sie bildet zusammen mit der A. gastrica sinistra die Plica gastropancreatica auf der Rückseite der Bursa omentalis und teilt sich in die A. hepatica propria und die A. gastroduodenalis auf. Die **A. hepatica propria** gibt die **A. gastrica dextra** ab (Verlauf im Omentum minus an der kleinen Magenkurvatur, Anastomose mit der A. gastrica sinistra) und zieht im Lig. hepatoduodenale zur Leberpforte, wo sie sich in einen R. dexter und einen R. sinister aufteilt. Aus dem R. dexter entspringt vor Eintritt in die Leber noch die A. cystica für die Gallenblase. Die **A. gastroduodenalis** teilt sich in die A. pancreaticoduodenalis superior und die A. gastroomentalis dextra auf. Die **A. pancreaticoduodenalis superior** versorgt mit ihren **Rr. anterior** und **posterior** Duodenum und Pankreaskopf und anastomosiert mit der A. pancreaticoduodenalis inferior (↗ Abb. 6.36). Die **A. gastroomentalis dextra** zieht zur großen Magenkurvatur, um dort im Lig. gastrocolicum mit der A. gastroomentalis sinistra zu anastomosieren.
- **A. mesenterica superior** (unpaar): Sie verlässt die Aorta in Höhe BWK 12/LWK 1 (↗ Abb. 6.22) und hat folgende Äste:
  - **A. pancreaticoduodenalis inferior,** die mit ihrem **anterioren** und **posterioren** Ast mit dem entsprechenden Ramus der A. pancreaticoduodenalis superior anastomosiert.
  - **A. colica media:** Sie versorgt die proximalen 2 Drittel des Colon transversum bis zum Cannon-Böhm-Punkt und anastomosiert mit der A. colica dextra und dem R. ascendens der A. colica sinistra (**Riolan-Anastomose**).
  - **A. colica dextra:** Sie versorgt das Colon ascendens und anastomosiert mit dem R. colicus der A. ileocolica und der A. colica media.
  - **Aa. jejunales** und **ileales:** Sie verlaufen in anastomosierenden Gefäßarkaden im Dünndarmgekröse und versorgen Jejunum und Ileum. Man unterscheidet primäre, sekundäre und tertiäre Arkaden.
  - **A. ileocolica** (↗ Abb. 6.22): Sie teilt sich in mehrere Äste auf: den R. ilealis (Versorgung des terminalen Ileums, Anastomose mit der unteren A. ilealis), den R. colicus (zum Colon ascendens, Anastomose mit der A. colica dextra), die **Aa. caecales anterior** und **posterior** (zum Zäkum) und die **A. appendicularis** (Verlauf im Mesoappendix zum Wurmfortsatz).
- **A. suprarenalis media** (paarig): Die Arterien versorgen die Nebennieren.
- **A. renalis** (paarig) in Höhe LWK 1/2: Die rechte A. renalis ist länger und unterkreuzt in ihrem Verlauf die V. cava, um dann hinter der V. renalis dextra dorsal des Caput pancreatis und des absteigenden Duodenums zum Nierenhilum zu ziehen. Die A. renalis sinistra verläuft (ebenfalls hinter der entsprechenden Vene) dorsal des Corpus pancreatis zum Hilum der linken Niere. Auf ihrem Weg geben beide Aa. renales die A. suprarenalis inferior zur Nebenniere und Äste zum Harnleiter ab.
- **A. testicularis/ovarica** (paarig) in Höhe LWK 2/3: Sie verlaufen auf dem M. psoas major nach kaudal und überkreuzen den Ureter (↗ Abb. 6.50). Die A. testicularis gelangt über den Leistenkanal und den Samenstrang zum Hoden und Nebenhoden. Die A. ovarica zieht über das Lig. suspensorium ovarii zum Eierstock und zur Tuba uterina und anastomosiert über die Ovararkade mit dem R. ovaricus der A. uterina (↗ Abb. 6.68).
- **A. mesenterica inferior** (unpaar): Sie verlässt die Aorta in Höhe von LWK 3/4 (↗ Abb. 6.23) und zweigt sich in mehrere Äste auf:
  - **A. colica sinistra:** Sie versorgt das distale Colon transversum und Colon descendens und verzweigt sich in eine **A. ascendens,** die eine Ana-

stomose mit der A. colica media bildet, und eine **A. descendens,** die mit der A. sigmoidea anastomosiert.
  - **A. sigmoidea:** Sie übernimmt die Versorgung des Sigmas und hat eine Verbindung mit der A. descendens und der A. rectalis superior.
  - **A. rectalis superior:** Sie versorgt das obere Rektum und bildet Anastomosen mit der A. sigmoidea und der A. rectalis inferior (aus dem Stromgebiet der A. iliaca interna).
- **Aa. lumbales** (paarig): Sie versorgen Muskeln und Haut der dorsalen Bauchwand.

Klinik

Im transabdominalen Ultraschall sieht man den **Truncus coeliacus** gut im Querschnitt: Er zieht nach rechts oben und wird nach Abgabe der A. splenica zur A. hepatica („Schwalbenschwanz"). Die A. gastrica sinistra zieht nach oben und ist meistens nicht weit zu verfolgen.

A. iliaca communis

Verlauf

Nach der Bifurkation verläuft die Arterie auf jeder Seite über einige Zentimeter lateral der V. iliaca communis in Richtung Leistenbandmitte. Da die Bifurkation links von der V. cava inferior liegt, überkreuzt die rechte A. iliaca communis auf ihrem Weg die beiden Vv. iliacae communes bzw. die untere Hohlvene. Die linke A. iliaca communis wird von der A. und V. rectalis superior aus der V. mesenterica inferior und von der Wurzel des Mesosigmoideums überkreuzt. Vor dem Iliosakralgelenk teilen sich die Arterien dann in die Aa. iliacae interna und externa auf.

Klinik

Beim Beckentyp der arteriellen Verschlusskrankheit kommt es durch Atherosklerose zu einer progredienten Einengung der Aa. iliacae communes im Bereich der Bifurkation mit Minderversorgung der nachgeschalteten Organe und Extremitäten. Dieses wird als **Leriche-Syndrom** bezeichnet. Klinisch imponieren Impotenz, Beinschwäche, Muskelatrophie sowie eine Abblassung und Erkaltung der Haut.

Beckenvenenthrombosen entstehen zumeist durch eine aufsteigende tiefe Beinvenenthrombose und sind bezüglich thrombembolischer Komplikationen (Lungenembolie) besonders gefährlich.

A. iliaca externa

Sie gibt auf ihrem Weg zum Leistenband 2 Äste ab:
- **A. epigastrica inferior:** Sie wirft die Plica umbilicalis lateralis an der inneren Bauchwand auf, tritt in die Rektusscheide ein und anastomosiert dort mit der A. epigastrica superior aus der A. thoracica interna. Sie gibt die **A. cremasterica/ligamenti teretis uteri** ab und versorgt die kaudale Bauchwand und den Samenstrang.
- **A. circumflexa ilium profunda:** Sie verläuft bogig zum Darmbeinkamm und versorgt die Bauchwand.

Unterhalb des Leistenbandes tritt die A. iliaca externa in die Lacuna vasorum ein und wird dort zur A. femoralis.

A. iliaca interna

Die A. iliaca interna zieht in das kleine Becken und teilt sich in 2 Hauptäste auf, aus denen viszerale und parietale Seitenäste abgehen:
- **viszerale Äste** (paarig):
  - A. iliolumbalis zum M. iliacus
  - A. sacralis lateralis zum Canalis sacralis
  - A. glutea superior durch das Foramen suprapiriforme zu den Glutealmuskeln
  - A. glutea inferior durch das Foramen infrapirifome zum M. gluteus maximus
  - A. obturatoria durch das Foramen obturatum zu Adduktoren, tiefen Hüftmuskeln und zum Hüftgelenk
  - **A. pudenda interna:** Sie verläuft durch das Foramen infrapiriforme zum Damm. Dabei gibt sie mehrere Arterien zu den äußeren Geschlechtsorganen ab (A. perinealis, Rr. labiales/scrotales posteriores, A. bulbi vestibuli/penis, A. dorsalis clitoridis/penis, A. profunda clitoridis/penis und Aa. perforantes penis), außerdem die A. rectalis inferior zum unteren Rektumabschnitt und die A. urethralis zur Harnröhre.
- **parietale Äste:**
  - A. umbilicalis (unpaar) zur Bauchwand, wo sie beim Erwachsenen als Chorda arteriae umbilicalis verödet persistiert. Vorher Abgabe der Rr. ureterici zum Harnleiter, der Aa. vesicales superiores zur Harnblase und der A. ductus deferentis zum Ductus deferens
  - A. vesicalis inferior zur Blase mit Abgabe von Rr. prostatici zur Prostata
  - **A. uterina** (paarig): Sie verläuft durch die Basis des Lig. latum zum Uterus und überkreuzt den Ureter. Ihre Äste sind einerseits die geschlängelten **Rr. helicini** (ziehen entlang dem Margo uteri nach kranial zu den Tubenwinkeln, bilden Anastomosen mit der Gegenseite aus und teilen sich in einen R. tubarius [zur Tuba uterina] und einen R. ovaricus [zum Ovar]; der R. ovaricus anastomosiert mit der A. ovarica) und andererseits die **Rr. vaginales,** die mit Ästen der A. vaginalis anastomosieren (↗ Abb. 6.68).
  - A. rectalis media (paarig) zum Rektum.

Klinik

Manchmal gibt es eine kräftige Verbindung zwischen A. epigastrica inferior und A. obturatoria. Diese wurde früher auch als **Corona mortis** bezeichnet, da sie aufgrund ihres Verlaufs am Rand der Bruchpforte von Schenkelhernien und manchmal auch direkten Leistenhernien bei Hernienoperationen verletzt werden kann. Bevor es suffiziente moderne operative Methoden zur Blutstillung gab, sind daran viele Patienten verblutet, was dieser Anastomose den Namen „Totenkrone" einbrachte.

6.13.2 Venen

V. iliaca communis

Die V. iliaca communis entsteht aus der Vereinigung von:
- **V. iliaca interna:** führt Blut aus Beckenwand und den Venengeflechten der Beckeneingeweide (Plexus venosi vesicalis, uterinus, vaginalis, prostaticus und rectalis, sowie rectalis)
- **V. iliaca externa:** führt Blut aus dem Bein, der Bauchwand und der Beckenschaufel.

Die Venen verlaufen jeweils medial der gleichnamigen Arterien. Die linke V. iliaca communis wird von der rechten A. iliaca communis überkreuzt.

V. cava inferior

Die V. cava inferior entsteht in Höhe des LWK 5 aus dem Zusammenfluss der beiden Vv. iliacae communes und der unpaaren dünnen V. sacralis media. Anschließend verläuft sie – ventral und rechts lateral der Wirbelkörper – rechts der Aorta nach kranial, bildet einen Teil der Rückwand der Bursa omentalis, zieht durch den Sulcus venae cavae der Leber und tritt schließlich durch das Foramen venae cavae des Zwerchfells in den Brustraum über. Nach ca. 1 cm mündet sie am Ostium venae cavae inferioris in den rechten Herzvorhof. Sie nimmt auf ihrem Weg folgende Äste auf:
- **V. ovarica/testicularis dextra** und **V. suprarenalis dextra**
- **V. renalis** (paarig): Vor der Einmündung in die untere Hohlvene überkreuzt die linke V. renalis die Aorta und nimmt auf ihrem Weg die linke V. ovarica/testicularis und V. suprarenalis auf.
- **Vv. hepaticae** münden kurz vor dem Zwerchfelldurchtritt in die V. cava ein.
- Man unterscheidet folgende **kavokavale Anastomosen** zwischen unterer und oberer Hohlvene, die als Umgehungskreisläufe wichtig werden können:
  - zwischen V. iliaca externa und V. cava superior über V. epigastrica inferior, V. epigastrica superior, V. thoracica interna und V. brachiocephalica
  - zwischen V. iliaca interna und V. cava superior über den Plexus venosus sacralis, Plexus venosi vertebrales externi und interni, Vv. azygos und hemiazygos
  - zwischen V. femoralis und V. cava superior über V. circumflexa ilium superficialis/epigastrica superficialis, V. thoracoepigastrica, V. axillaris und V. brachiocephalica.
  - zwischen Vv. lumbales und V. cava superior über V. lumbalis ascendens, Vv. azygos und hemiazygos.

V. portae

Die Pfortader leitet das Blut aus den unpaaren Bauchorganen zur Leber (↗ Kap. 6.4.1), von der aus es über die Vv. hepaticae in die V. cava inferior gelangt.

6.13.3 Lymphsystem

Gliederung

Die Lymphe aus Bauch, Becken und unteren Extremitäten sammelt sich in 2 großen Lymphstämmen:
- **Trunci lumbales:** beidseits der Bauchaorta anliegend, leiten Bein- und Beckenlymphe
- **Trunci intestinales:** leiten die Lymphe aus den Baucheingeweiden.

In der **Cisterna chyli** vereinigen sie sich im Hiatus aorticus auf der dorsalen Seite der Aorta zum **Ductus thoracicus.** Die Lymphknotengruppen folgen den Arterien und treten mit diesen in die Organe ein.

Klinik

Bei der **lymphogenen Metastasierung** von Tumoren können Tumorzellen über den Ductus thoracicus in den Blutkreislauf gelangen und anschließend hämatogen weiter metastasieren.

6.13.4 Plexus lumbosacralis

Die vorderen Äste der lumbalen und sakralen Nerven durchflechten sich mit ihren motorischen und sensiblen Nervenfasern analog zu den Plexus cervicalis und brachialis zu einem Lenden- und Kreuzbeingeflecht, das unter dem Namen Plexus lumbosacralis zusammengefasst wird.

Plexus lumbalis

Der Plexus lumbalis besteht aus Nervenfasern der Rr. anteriores L1–L4 mit Faseranteilen aus T12, die sich zu den in ↗ Tabelle 6.18 aufgeführten Nerven vereinigen.

Plexus sacralis

Der Plexus sacralis entsteht aus Nervenfasern L5–S3 mit Faseranteilen aus L4 und S4 und liegt beidseits

Tab. 6.18 Plexus lumbalis

Nerv	Verlauf	Innervation
N. iliohypogastricus (T12–L1)	durch den M. psoas major → zwischen Niere und M. quadratus lumborum → zwischen Mm. transversus und obliquus internus abdominis → medial der Spina iliaca anterior superior durch den inneren schrägen Bauchmuskel → Aufteilung in: • R. cutaneus anterior zur Leistenbeuge und • R. cutaneus lateralis zur Haut der seitlichen Hüftregion	• M. transversus abdominis • M. obliquus internus abdominis • Haut der Leistenbeuge
N. ilioinguinalis (L1)	Verlauf parallel zum M. iliohypogastricus → tritt mit sensiblen Fasern durch den äußeren Leistenring → Aufteilung in Nn. scrotales anteriores/labiales zur Vorderseite von Skrotum/großen Schamlippen	• M. transversus abdominis • M. obliquus internus abdominis • Vorderseite von Skrotum/großen Schamlippen
N. genitofemoralis (L1/2)	durch den M. psoas major, Aufteilung in: • R. genitalis: Verlauf durch den Leistenkanal zum M. cremaster und zur Skrotal-/Labialhaut • R. femoralis: durch die Lacuna vasorum zum Oberschenkel	• M. cremaster • Skrotal-/Labialhaut • Oberschenkelhaut
N. cutaneus femoris lateralis (L2/3)	Verlauf vom lateralen Rand des M. psoas major nach lateral unter die Fascia iliaca, dabei Abgabe sensibler Äste zum Peritoneum der Darmbeingrube → durch die Lacuna musculorum zum Oberschenkel	• Peritoneum der Fossa iliaca • Oberschenkelaußenseite
N. obturatorius (L2–L4)	Verlauf im oder hinter dem M. psoas major → seitlich des Ureters → im Canalis obturatorius Aufteilung in: • R. posterior zu den Oberschenkeladduktoren und zum Kniegelenk • R. anterior zu den Oberschenkeladduktoren und zum Hüftgelenk sowie mit dem R. cutaneus zur Oberschenkelinnenseite	• Oberschenkeladduktoren • Haut im distalen Drittel an der Medialseite des Oberschenkels
N. femoralis (L1–L4)	Verlauf unter der Fascia iliaca in der Rinne zwischen Mm. psoas major und iliacus durch die Lacuna musculorum, Aufteilung in: • Rr. musculares zu den Oberschenkelextensoren • Rr. cutanei anteriores zu den distalen 3 Vierteln des Oberschenkels • N. saphenus zu Unterschenkel und Fuß	• Oberschenkelextensoren • Oberschenkelhaut an den distalen 3 Vierteln der Vorderseite • Haut der medialen Unterschenkelseite und des Fußes

lateral der Foramina sacralia anteriora. Die einzelnen Nerven laufen dorsal der Vasa iliaca interna in Richtung Foramen ischiadicum majus, durch das sie das Becken verlassen. Die Nerven, die aus dem Plexus sacralis hervorgehen, sind:

- **N. gluteus superior:** zieht durch die suprapiriforme Abteilung und versorgt die Mm. glutei medius und minimus sowie den M. tensor fasciae latae
- **N. gluteus inferior:** verläuft durch die infrapiriforme Abteilung und versorgt den M. gluteus maximus
- **N. cutaneus femoris posterior:** gelangt durch die infrapiriforme Abteilung und zur Haut von Gesäß und dorsalem Oberschenkel
- **N. ischiadicus:** zieht durch die infrapiriforme Abteilung und versorgt die ischiokrurale Muskulatur sowie die Unterschenkelmuskulatur und sensibel den Unterschenkel und Fuß (außer medial)
- **N. pudendus:** verläuft durch die infrapiriforme Abteilung und versorgt motorisch die Beckenbodenmuskulatur und sensibel die äußeren Geschlechtsorgane und den After.

6.13.5 Vegetatives Nervensystem

Funktion

Die Eingeweide von Bauch und Becken werden autonom durch den Sympathikus und den Parasympathikus versorgt, wobei der Parasympathikus die Magen-, Darm und Gallenblasenmotorik sowie die Magen-, Darm- und exokrine Pankreassekretion stimuliert. Der Sympathikus wirkt hingegen hemmend auf die o.g. Funktionen, stimuliert jedoch die Sekretion des Nebennierenmarks und den Tonus der Schließmuskeln. Der Parasympathikus wirkt hemmend auf Letzteren.

Gliederung

Sympathische und parasympathische viszeromotorische und sekretorische und sowie viszerosensorische Nervenfasern durchflechten sich im Bauchaortengeflecht (**Plexus aorticus**), das an der Aorta und ihren Ästen entlangläuft und sich ohne scharfe Abgrenzung in verschiedene, den jeweiligen Organen zuzuordnende Nervengeflechte unterteilen lässt (↗ Abb. 6.75): Plexus coeliacus (Solarplexus, Sonnengeflecht), Plexus mesenterici superior und inferior, iliacus, gastrici, hepatici, splenicus, pancreaticus, suprarenalis, renalis, uretericus, ovaricus, testicularis und rectalis superior.

Nach der Aufteilung der Aorta in die Aa. iliacae communes setzt sich der Plexus aorticus ventral des Promontoriums im **Plexus hypogastricus superior** fort, von dem aus 2 Nervenstränge (Nn. hypogastrici) zur lateralen Wand von Rektum und Harnblase ziehen und dort auf beiden Seiten den **Plexus hypogastricus inferior** bilden (↗ Abb. 6.76). Im Bereich der einzelnen Beckenorgane werden die Nervengeflechte den Organen entsprechend benannt: Plexus rectales medius und inferior, prostaticus, deferentialis, vesicalis und uterovaginalis.

Sympathikus

Gliederung

Grenzstrang

Die sympathischen präganglionären Nervenfasern des Bauchraums stammen aus den 2 Grenzsträngen (**Trunci sympathici**), die lateral der Vv. azygos und hemiazygos durch das Zwerchfell in den Bauchraum übertreten und in ihrem weiteren Verlauf seitlich der Wirbelsäule anliegend nach kaudal (medial des Ursprungs des M. psoas major) 4 Lendenganglien (**Ganglia lumbalia**) und im Bereich der Foramina sacralia anteriora 4–5 Kreuzbeinganglien (**Ganglia sacralia**) mit den Perikarya multipolarer Nervenzellen ausbilden. Unterhalb der Kreuzbeinganglien vereinigen sich die 2 Grenzstränge zum unpaaren **Ganglion impar.**

Die Grenzstränge sind mit den sympathischen Kerngebieten im Cornu laterale des Rückenmarks in Höhe T1–L3 über **Rr. communicantes albi** verbunden.

Eingeweidenerven

Die präganglionären Nervenfasern gelangen über Eingeweidenerven (**Nn. splanchnici**) zu den prävertebralen Ganglien und anschließend zu ihren Zielorganen. Man unterscheidet folgende Eingeweidenerven:

- **N. splanchnicus major:** durchläuft den Grenzstrang vom 6.–10. Brustganglion und zieht anschließend mit der V. azygos/hemiazygos in den Bauchraum
- **N. splanchnicus minor:** durchläuft den Grenzstrang vom 10.–11. Brustganglion und zieht dann meist mit dem N. splanchnicus major durch das Zwerchfell in das Abdomen
- **Nn. splanchnici lumbales:** durchziehen die 4 Lendenganglien, N. splanchnicus lumbalis IV zieht u. a. zur A. iliaca communis
- **Nn. splanchnici sacrales:** durchziehen die Kreuzbeinganglien.

Prävertebrale Ganglien

Die prävertebralen Ganglien liegen in den autonomen Nervenplexus an der Aorta und ihren Abgängen: So gibt es ein Ganglion coeliacum, Ganglia mesenterica superius und inferius sowie Ganglia aortorenalia und renalia. In ihnen enden die Nn. splanchnici, die hier auf die Perikarya der 2. Neurone verschaltet werden.

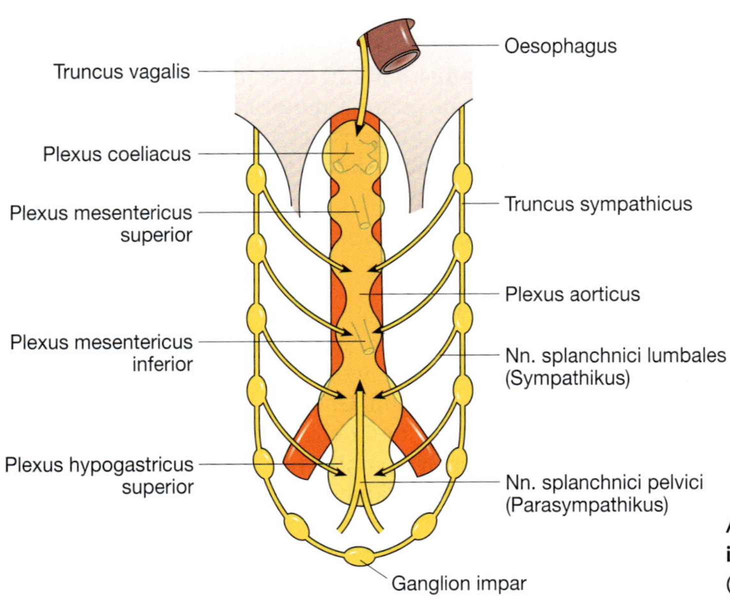

Abb. 6.75 Vegetatives Nervensystem in Abdomen und Becken, Plexus aorticus (Schema).

Parasympathikus

Gliederung

Die kraniale parasympathische Innervation (Oberbauchorgane und Darm bis zum Cannon-Böhm-Punkt) läuft über den **N. vagus,** der mit den Trunci vagales anterior und posterior durch den Hiatus oesophageus in den Bauchraum gelangt und auf seinem weiteren Weg die Rr. gastrici anteriores und posteriores, hepatici, coeliaci und renales abgibt, die in den Plexus aorticus einstrahlen.

Der Dickdarm ab dem Cannon-Böhm-Punkt und die Beckenorgane werden dagegen über die **Nn. splanchnici pelvici** parasympathisch versorgt. Deren Perikarya des 1. Neurons sind im Cornu laterale des Rückenmarks S2–S4 lokalisiert, verlassen in der Radix anterior das Rückenmark und strahlen in die Plexus aorticus sowie hypogastrici superior und inferior ein (↗ Abb. 6.76). Die Neurone werden in den Ganglia pelvica und intramuralia auf die Perikarya der 2. Neurone umgeschaltet.

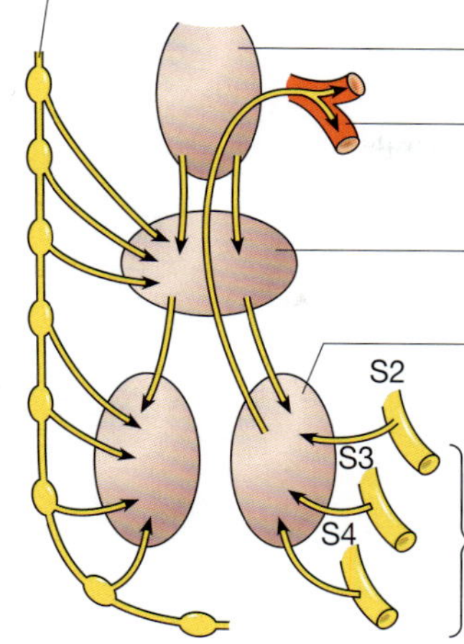

Abb. 6.76 Vegetatives Nervensystem in Abdomen und Becken, Plexus hypogastrici superior und inferior (Schema).

7 Obere Extremität

Philipp Henle

Inhaltsverzeichnis

Überblick

Die obere Extremität ist in ihren strukturellen Elementen analog zur unteren Extremität (➚ Kap. 8) aufgebaut. Nachdem der evolutionäre Schritt hin zum aufrechten Gang vollzogen war und die obere Extremität für die Haltung und Fortbewegung immer weniger gebraucht wurde, entwickelte sie sich zu einem Greif- und Arbeitsorgan. Dieser Funktion wird durch ein hohes Maß an Bewegungsfreiheit und differenzierter Bewegungssteuerung Rechnung getragen.

Die obere Extremität gliedert sich grob in 4 Segmente:

- **Schultergürtel:** Er stellt die Verbindung zwischen oberer Extremität und Rumpfskelett her. Im Gegensatz zum Beckengürtel ist der Schultergürtel posterior nicht knöchern geschlossen, was seinen Bewegungsumfang erhöht. Die einzige gelenkige Verbindung zwischen Arm und Rumpfskelett besteht zwischen Schlüsselbein (Klavikula, ➚ Kap. 7.1.1 und Abb. 7.1) und Brustbein (Sternum, ➚ Kap. 2.1.2).
- **Oberarm (Brachium):** Strukturgebend ist der Oberarmknochen (Humerus, ➚ Kap. 7.1.2 und Abb. 7.3), der im Schultergelenk (➚ Kap. 7.2.3), einem funktionellen Kugelgelenk, mit dem Schultergürtel verbunden ist.
- **Unterarm (Antebrachium):** Er beinhaltet Radius und Ulna (➚ Kap. 7.1.3 und Abb. 7.4), die gegeneinander in der Längsachse drehbar gelagert sind, was die Umwendbewegung der Hand ermöglicht.
- **Hand (Manus):** Sie setzt sich aus Handwurzel (Carpus), Mittelhand (Metacarpus) und den Fingern (Digites) zusammen (➚ Kap. 7.1.4 und Abb. 7.7) und ist das eigentliche Greiforgan.

Embryologie

Mitte der 4. Embryonalwoche wird die obere Extremitätenknospe sichtbar, in der ab Mitte der 5. Woche die knorpelige Anlage des Extremitätenskeletts entsteht. Der distale Rand der Extremitätenknospe zeigt eine deutliche Verdickung, die als **Randleiste** bezeichnet wird. Durch sie wird das Extremitätenwachstum durch Abgabe von Wachstumsfaktoren hauptsächlich gesteuert. Im Mittelstück der Klavikula beginnt Anfang der 6. Woche die erste **Knochenbildung** im Embryo durch desmale (intramembranäre) Ossifikation. Alle weiteren Knochen der oberen Extremität bilden sich durch Ossifikation knorpeliger Vorstufen (en[do]-chondrale Ossifikation), wobei das Längenwachstum der Röhrenknochen durch gerichtetes Voranschreiten der Ossifikationsfront in der Epiphysenfuge (Wachstumsfuge) zwischen Diaphyse und Epiphyse stattfindet. Die **Dickenzunahme** wird, ausgehend vom Periost, durch intramembranäre Knochenbildung sichergestellt. Die Epiphysen selbst, die Apophysen und die Handwurzelknochen haben eigene enchondrale Ossifikationszentren, deren Anlage zeitlich geordnet abläuft und somit zur Bestimmung des Knochenalters herangezogen werden kann. Für das Auftreten der Ossifikationszentren der Handwurzelknochen wird von folgenden Lebensaltern ausgegangen:

- Os hamatum, Os capitatum: 2.–4. Lebensmonat,
- Os triquetrum: 2.–3. Lebensjahr,
- Os lunatum, Os trapezium: 3.–4. Lebensjahr,
- Os trapezoideum, Os naviculare: 4.–6. Lebensjahr,
- Os pisiforme: 9.–12. Lebensjahr.

Dabei gelten für Mädchen jeweils die früheren, für Jungen die späteren Angaben.

Ein **Längenwachstum** der Röhrenknochen ist möglich, solange die Epiphysenfuge nicht durchgehend ossifiziert (verknöchert) ist. Ebenso wie die Anlage der Ossifikationszentren folgt der Epiphysenfugenverschluss einem zeitlichen Schema, beginnend um das 15. Lebensjahr und endend Mitte der 3. Lebensdekade.

Klinik

Bei Störungen in der Extremitätenentwicklung können verschiedenartige Fehlbildungen entstehen, die unter dem Begriff **Dysmelie** subsumiert werden. Diese werden je nach Art und Lokalität der Veränderung eingeteilt:

- Bei der **Amelie** fehlt die komplette Extremität.
- Bei der **Meromelie** ist die Extremität zwar auf der gesamten Länge angelegt, es fehlen jedoch Teile der normalen Morphologie.
- Die **Peromelie** beschreibt einen amputationsartigen Defekt, d.h., der Unterarm endet z.B. in Schaftmitte von Ulna und Radius.
- Bei der **Phokomelie** (Robbengliedrigkeit) spricht man von einem longitudinalen Defekt, da das Handskelett komplett ausgebildet ist, die langen Röhrenknochen jedoch fehlen. Die Hand artikuliert mit der Schulter.

Ende der 50er Jahre kam es aufgrund der Einführung des Medikaments Thalidomid (Contergan) zu einem Anstieg der Dysmelien.

7.1 Knochen

7.1.1 Schultergürtel

Der Schultergürtel setzt sich aus den beiden Schulterblättern (↗ Abb. 7.2) und Schlüsselbeinen (↗ Abb. 7.1) zusammen und wird anterior durch das Manubrium sterni vervollständigt. Diese 5 Elemente sind gelenkig untereinander verbunden, wobei der Schultergürtel posterior nur durch die muskuläre Fixierung der Schulterblätter geschlossen ist, was einen größtmöglichen Bewegungsumfang gewährleistet.

Schlüsselbein (Klavikula)

Die Klavikula (↗ Abb. 7.1) ist ein in der Horizontalebene S-förmig geschwungener Knochen. Er besteht aus dem Mittelstück (**Corpus claviculae**), einer medialen, dem Sternum zugewandten (**Extremitas sternalis**, ↗ Kap. 7.2.1) und einer lateralseitigen, abgeflachten Auftreibung (**Extremitas acromialis**, ↗ Kap. 7.2.2). Die Auftreibungen tragen die den benachbarten Knochen zugewandten Gelenkflächen, die Facies articularis sternalis zum Sternum und die Facies articularis acromialis zum Akromion. An der Unterseite der Klavikula finden sich – von medial nach lateral – die folgenden Strukturen:

- Impressio ligamenti costoclavicularis, die Anheftstelle des Lig. costoclaviculare
- Sulcus musculi subclavii, Rinne, in welcher der M. subclavius (↗ Tab. 7.4) zu liegen kommt
- Tuberculum conoideum und Linea trapezoidea, die dem Lig. coracoclaviculare als Anheftstelle dienen (↗ Kap. 7.2.2).

Klinik

Die **Klavikulafraktur** ist nach der Radiusfraktur die häufigste Fraktur beim Erwachsenen (14% aller Frakturen). Dabei ist in 65–80% das mittlere Drittel des Knochens betroffen. Durch den Zug des M. sternocleidomastoideus, der direkt lateral des Sternoklavikulargelenks ansetzt, verschiebt sich (disloziert) das mediale Fragment in eine kraniale Stellung, in der es federnd fixiert ist (Klaviertastenphänomen). Aufgrund der fehlenden Abstützung kann der M. pectoralis major die gesamte Schulter nach medial-kaudal ziehen, was zu einer Verkürzung des Schultergürtels auf der betroffenen Seite führt. Klavikulafrakturen im mittleren Drittel können mit einem sog. Rucksackverband behandelt werden. Dieser Verband wirkt der medial-kaudalen Dislokation der betroffenen Schulter entgegen und bringt den Knochen wieder in seine richtige Position (Reposition).

Schulterblatt (Skapula)

Die Skapula (↗ Abb. 7.2) ist ein annähernd dreieckiger, flächiger Knochen, der mit seiner leicht konkaven Vorderseite (**Facies costalis**) dem hinteren Brustkorb anliegt. Die 3 Ecken werden entsprechend ihrer Lage **Anguli superior**, **inferior** und **lateralis** genannt, die dazwischen liegenden Kanten **Margines medialis**, **lateralis** und **superior**. Im Angulus lateralis vereinigen sich Margo lateralis und Margo superior zum Schulterblatthals (**Collum scapulae**), an dessen Ende sich die Schultergelenkpfanne (**Cavitas glenoidalis**) befindet, die der Artikulation mit dem Humerus dient.

Die dorsale Fläche der Skapula (↗ Abb. 7.2a) wird durch einen kräftigen, gut tastbaren Muskelkamm, die **Spina scapulae** (Schultergräte), in eine obere (Fossa supraspinata) und untere Fläche (Fossa infraspinata) geteilt. Die Spina scapulae geht an ihrem freien, lateralen Ende in das **Akromion** über (↗ Abb. 7.2a), das die gelenkige Verbindung mit der Klavikula herstellt.

Weitere wichtige Strukturen an der der Skapula sind:

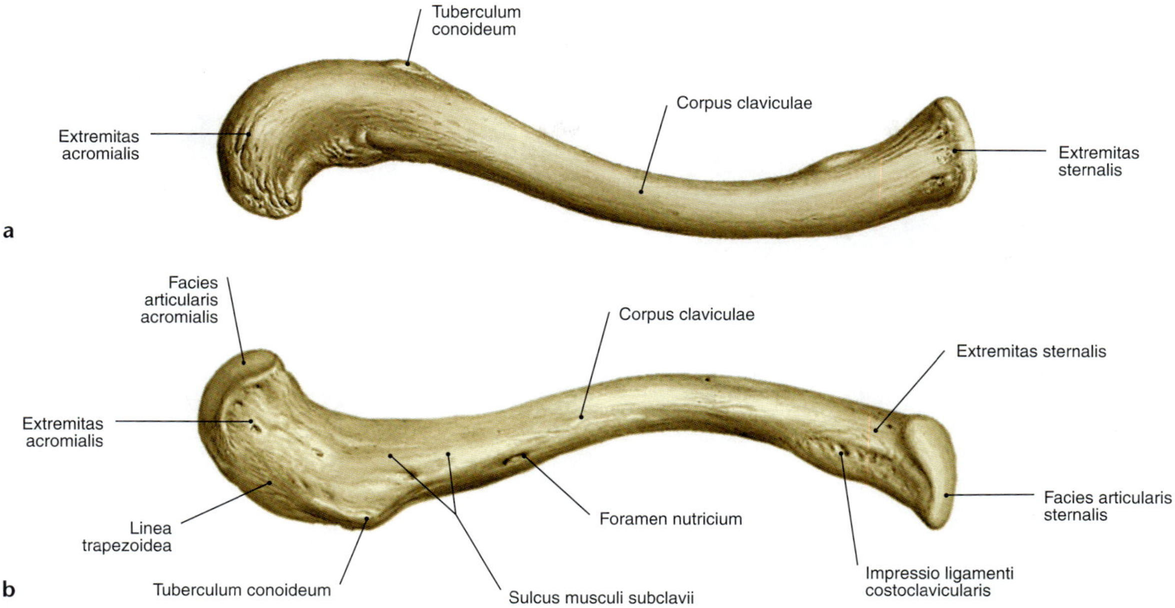

Abb. 7.1 Klavikula. **a** Ansicht von kranial. **b** Ansicht von kaudal. (Aus [14])

- **Processus coracoideus** (Rabenschnabelfortsatz): Dieser hakenförmig gebogene Fortsatz entspringt am Margo superior und zieht von dort nach ventral, wo seine Spitze unter der Haut tastbar ist (↗ Abb. 7.2c).
- **Incisura scapulae:** Medial der Korakoidbasis findet sich eine Vertiefung im Verlauf des Margo superior (↗ Abb. 7.2c), durch die der N. suprascapularis (↗ Tab. 7.14) zieht. Nach kranial wird die Incisura scapulae durch das **Lig. transversum scapulae superius** zu einem Kanal verschlossen.
- **Tuberculum supraglenoidale:** Knochenvorsprung am oberen Pol des Glenoids, an dem die lange Bizepssehne (↗ Kap. 7.3.3, Tab. 7.8 und Abb. 7.17) ihren Ursprung nimmt (↗ Abb. 7.2b)
- **Tuberculum infraglenoidale:** Knochenvorsprung am unteren Pol des Glenoids, an dem die lange Trizepssehne (↗ Kap. 7.3.3, Tab. 7.9 und Abb. 7.18) ansetzt (↗ Abb. 7.2b).

7.1.2 Humerus

Der Oberarmknochen (**Humerus**, ↗ Abb. 7.3) ist ein langer Röhrenknochen und gliedert sich in den Schaft (**Diaphyse**) und 2 Endabschnitte (**Epiphysen**), welche die Gelenkflächen zu den angrenzenden Knochen tragen.

Am **Humerusschaft** finden sich nur wenige auffällige Strukturen, z. B. der **Sulcus nervi radialis,** der sich spiralförmig an der Rückfläche des Humerus entlangzieht. Am Übergang vom proximalen in das mittlere Schaftdrittel findet sich lateralseitig eine Rauigkeit (**Tuberositas deltoidea**), die den Ansatz des M. deltoideus (↗ Kap. 7.3.2, Tab. 7.7 und Abb. 7.14) darstellt.

Klinik

Humerusschaftfrakturen sind wegen des Verlaufs des N. radialis im Sulcus nervi radialis nicht selten mit einer Verletzung dieses Nervs vergesellschaftet.

Das **proximale Ende** des Humerus bildet der Humeruskopf (**Caput humeri**), der eine große Gelenkfläche zur Artikulation mit dem Glenoid trägt. Die Gelenkfläche ist durch eine flache, zirkuläre Vertiefung (**Collum anatomicum**) von 2 weiteren knöchernen Vorsprüngen, dem anterior liegenden **Tuberculum minus** und dem lateral liegenden **Tuberculum majus,** getrennt. Diese beiden Tubercula sind durch den **Sulcus intertubercularis** getrennt und laufen nach distal in die Crista tuberculi minoris bzw. majoris aus. Sie bilden die Ansatzstellen für einen Großteil der Muskeln, die für Bewegungen im Schultergelenk verantwortlich sind (↗ Kap. 7.3.1 und 7.3.2).

Am Übergang von Humeruskopf zu Humerusschaft liegt das **Collum chirurgicum,** das keiner eindeutigen ossären Struktur zugeordnet ist, jedoch klinisch bedeutsam ist.

Klinik

Eine der häufigsten Frakturen am Humerus ist die **subkapitale Humerusfraktur.** Die Frakturlinie verläuft im Bereich des Collum chirurgicum.

An seinem **distalen Ende** ist der Humerus in seiner mediolateralen Ausdehnung deutlich verbreitert und zweigt sich in einen lateralen und einen medialen Pfeiler auf. Dazwischen liegt dorsalseitig eine deutliche Vertiefung (**Fossa olecrani**), die bei Streckung

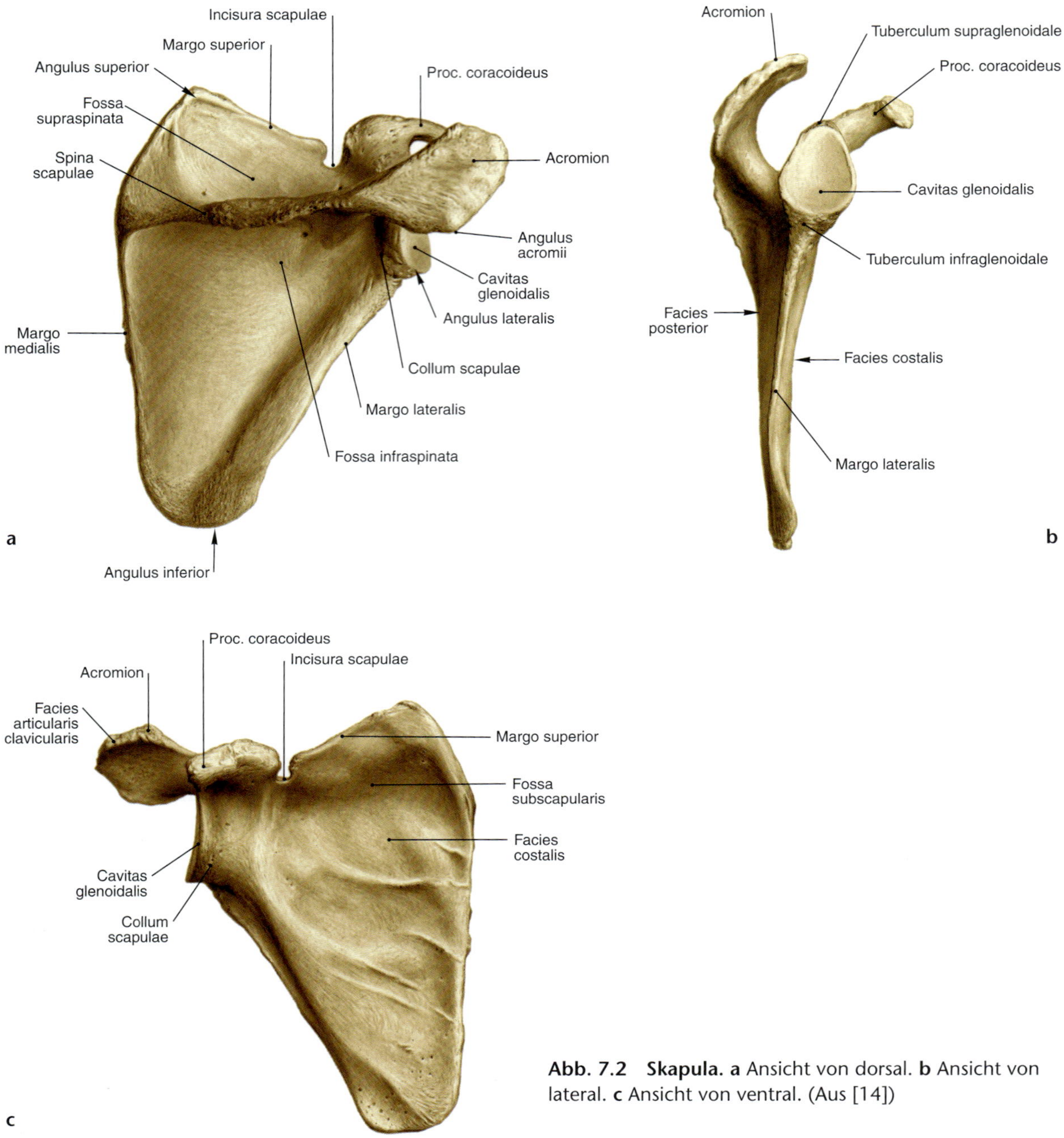

Abb. 7.2 Skapula. **a** Ansicht von dorsal. **b** Ansicht von lateral. **c** Ansicht von ventral. (Aus [14])

im Ellenbogengelenk das Olekranon aufnimmt. Ventralseitig findet sich ebenfalls eine Vertiefung (**Fossa coronoidea**), die in Beugestellung dem Proc. coronoideus ulnae (↗ Kap. 7.1.3 und Abb. 7.4) Raum gibt. Der Humerus trägt am Ende eine zusammenhängende Gelenkfläche, die sich funktionell in 2 Abschnitte unterteilen lässt. Lateral befindet sich das **Capitulum humeri,** das die Verbindung zum Radius (↗ Kap. 7.1.3 und Abb. 7.5) herstellt, medial die **Trochlea humeri,** die mit der Ulna (↗ Kap. 7.1.3 und Abb. 7.4) artikuliert (↗ Kap. 7.2.4). Beidseits und etwas proximal der Gelenkfläche befinden sich 2 gut durch die Haut tastbare Knochenvorsprünge:

- der **Epicondylus lateralis,** der als Ursprung der langen Hand- und Fingerstrecker (↗ Kap. 7.3.4, Tab. 7.10 und Abb. 7.19) dient, sowie
- der **Epicondylus medialis,** an dem die der Hand- und Fingerbeugung dienenden Muskeln (↗ Kap. 7.3.4, Tab. 7.12 und Abb. 7.21) entspringen. Dorsal des Epicondylus medialis liegt der **Sulcus ulnaris,** in welchem der gleichnamige Nerv (N. ulnaris, ↗ Kap. 7.4) verläuft.

Beide Epikondylen gehen nach proximal in einen Knochenkamm über, der dann in den Schaft einstrahlt. Diese Knochenkämme werden **Margo lateralis** und **Margo medialis** genannt.

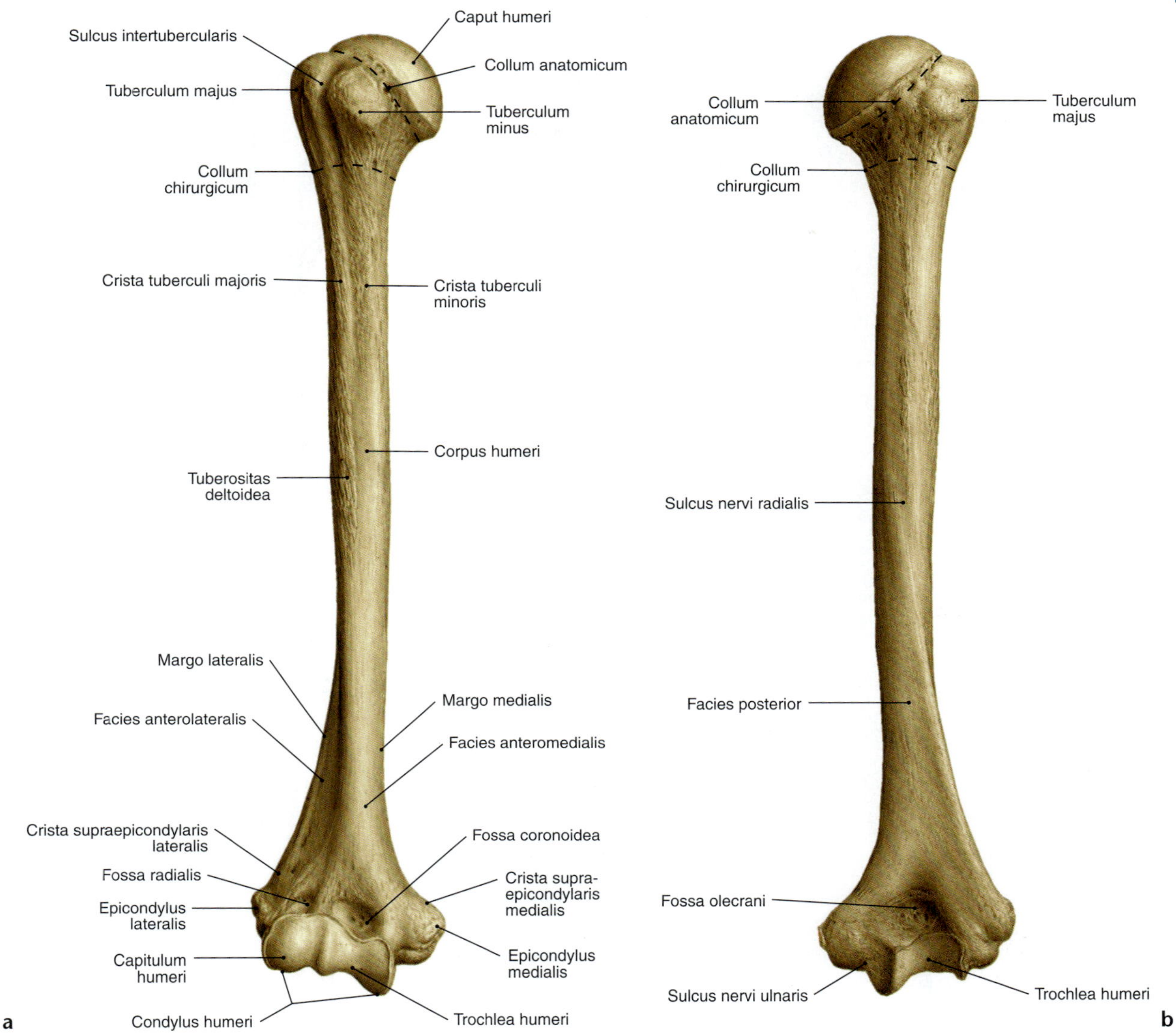

Abb. 7.3 Humerus. a Ansicht von ventral. **b** Ansicht von dorsal. (Aus [14])

7.1.3 Unterarm

Das Skelett des Unterarms besteht aus 2 gegeneinander drehbar gelagerten Knochen, **Elle (Ulna)** und **Speiche (Radius)**. Dadurch wird auch eine Bewegung um die Längsachse des Unterarms möglich.

Ulna

Die Ulna (↗ Abb. 7.4) ist maßgeblich an der Artikulation des Unterarms mit dem Humerus (↗ Kap. 7.2.4) beteiligt. Mit ihrem proximalen Gelenkfortsatz, der sich nach dorsal in das **Olekranon** (↗ Abb. 7.4b) und nach ventral in den **Proc. coronoideus** (↗ Abb. 7.4a) auszieht, umfasst sie die Konvexität der humeralen Gelenkfläche zu fast 180° und ermöglicht dadurch einen guten Formschluss der beiden Gelenkpartner. Die dadurch gebildete, konkave Gelenkfläche passt sich in ihrer Form der Trochlea humeri an, sie wird daher **Incisura trochlearis** genannt (↗ Abb. 7.4a).

An der Lateralseite geht die Gelenkfläche der Incisura trochlearis über in eine nach radial konkave Vertiefung, die **Incisura radialis,** in der die radreifenförmige Gelenkfläche des Radiusköpfchens zu liegen kommt und hier die proximale Verbindung zwischen Ulna und Radius darstellt.

Einige Zentimeter distal des Proc. coronoideus befindet sich an der Ventralseite die **Tuberositas ulnae** (↗ Abb. 7.4a), eine Rauigkeit, die dem M. brachialis (↗ Kap. 7.3.3) als Ansatzstelle dient.

Der Ulnaschaft verjüngt sich nach distal und endet im runden Ulnaköpfchen (**Caput ulnae**), das nur vom **Proc. styloideus ulnae** (Griffelfortsatz) überragt wird (↗ Abb. 7.4a). Im mittleren Bereich findet sich auf der dem Radius zugewandten Seite ein Knochenkamm (Margo interosseus).

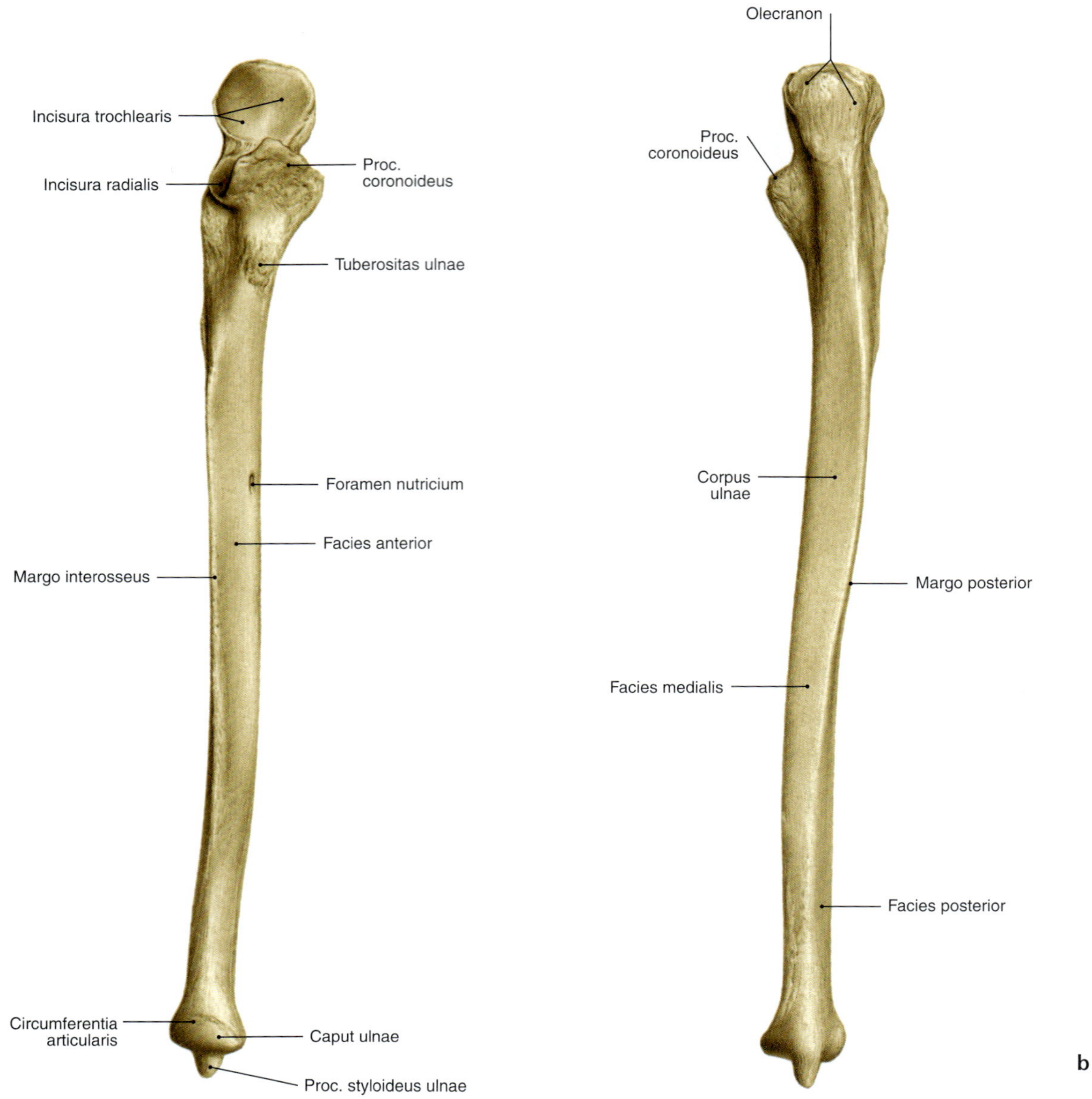

Abb. 7.4 Ulna (Elle). a Ansicht von ventral. **b** Ansicht von dorsal. (Aus [14])

Radius

In Spiegelsymmetrie zur Ulna befindet sich das Radiusköpfchen (**Caput radii**) proximal (↗ Abb. 7.5b) und steht mit seiner nach humeral gerichteten Gelenkfläche (**Fovea articularis**) über das Capitulum humeri in Verbindung mit dem Humerus (↗ Kap. 7.2.4). Über die seitliche, zirkuläre Gelenkfläche (**Circumferentia articularis**) besteht der Kontakt mit der Incisura radialis der Ulna (↗ Abb. 7.5a).

Distal des Radiusköpfchens verjüngt sich der Knochen zum Radiushals (**Collum radii**), um sich sogleich wieder zur in Supinationsstellung ventral liegenden **Tuberositas radii** zu verbreitern (↗ Abb. 7.5a), welche die Ansatzstelle des M. biceps brachii (↗ Kap. 7.3.3, Tab. 7.8 und Abb. 7.17) darstellt.

Im Gegensatz zur Ulna verjüngt sich der Radius in proximaler Richtung, so dass er mit seinem aufgetriebenen, distalen Ende die Hauptverbindung zur Handwurzel herstellt (↗ Kap. 7.2.6). In Analogie zur Ulna trägt der Radius an der Richtung Ulna zeigenden Schaftseite einen Margo interosseus. Auch am Radius existiert ein Griffelfortsatz (**Proc. styloideus radii**), der jedoch eher breitbasig und kegelförmig konfiguriert ist (↗ Abb. 7.5a). Auf der der Ulna zugewandten Seite besitzt der distale Radius zur Aufnahme des Ulnaköpfchens eine Knochenrinne (**Incisura ulnaris**).

Die der Handwurzel zugewandte Gelenkfläche des Radius (**Facies articularis carpalis**) steht nicht senkrecht zur Schaftachse, sondern ist um ~30° nach ulnar und ~10° nach palmar verkippt (Böhler-Winkel, ↗ Abb. 7.6).

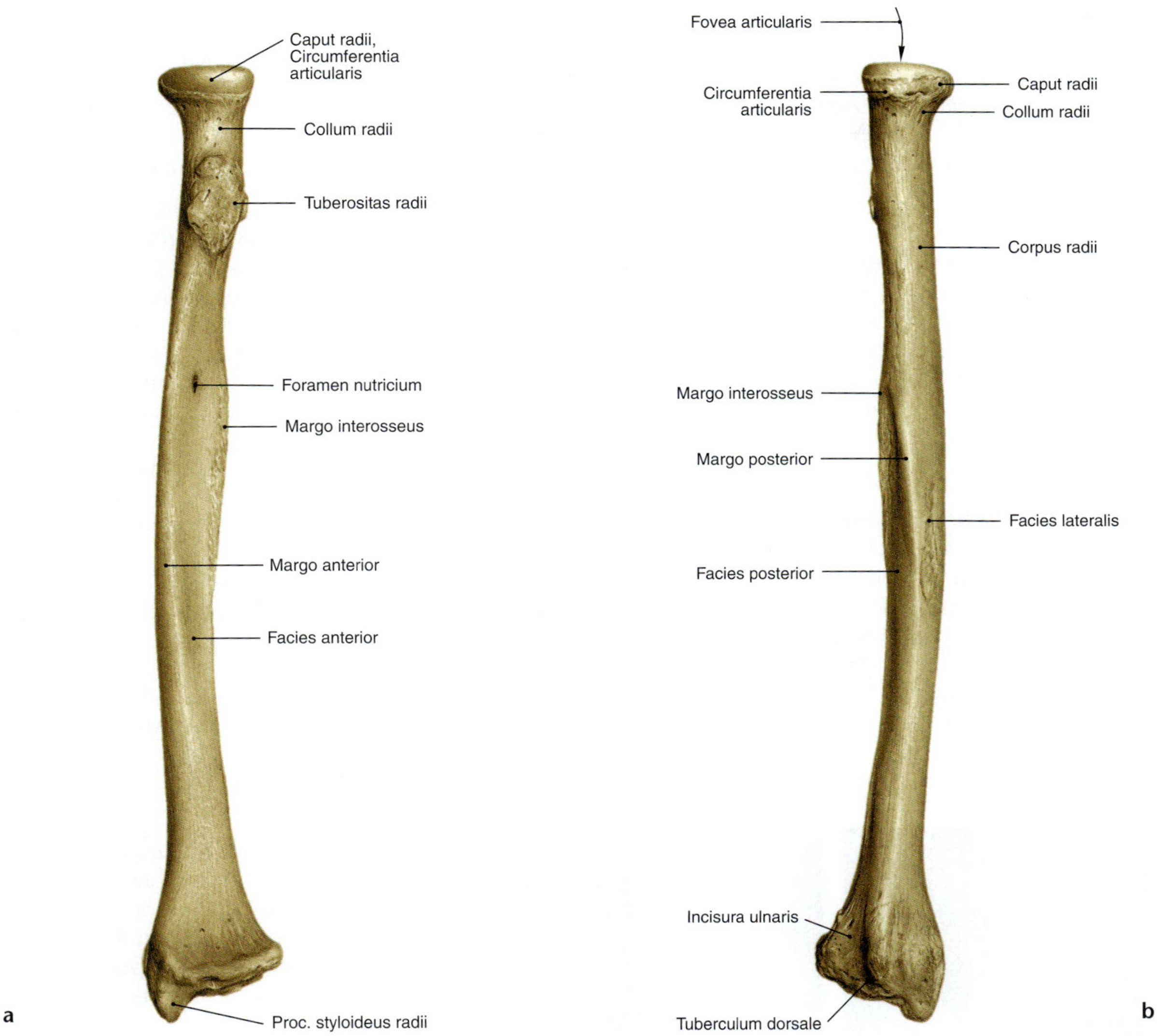

Abb. 7.5 Radius (Speiche). a Ansicht von ventral. **b** Ansicht von dorsal. (Aus [14])

Klinik

Die **distale Radiusfraktur** ist der häufigste Knochenbruch beim Menschen. Er entsteht meist durch einen Sturz auf den ausgestreckten Arm. Beim Abfangen mit der Handfläche (dorsalextendierter Hand) verkippt das distale Fragment gegenüber der Schaftachse nach dorsal. Diese Fraktur wird **Colles-Fraktur** genannt. Deutlich seltener ist eine Fraktur mit Abkippen des Fragments nach palmar. Sie entsteht durch Sturz auf die palmarflektierte Hand und wird **Smith-Fraktur** genannt. Bei der Reposition der Fragmente ist es von großer funktioneller Bedeutung, die physiologischen Stellungswinkel der Radiusgelenkfläche (Böhler-Winkel, ↗ Abb. 7.6) wiederherzustellen. Die Gefahr bei intraartikulären bzw. schlecht reponierten Brüchen besteht in einer beschleunigten Arthroseentwicklung und Funktionsverlust.

7.1.4 Knochen der Hand

Das Handskelett (↗ Abb. 7.7) lässt sich in Handwurzel (**Carpus**), Mittelhand (**Metacarpus**) sowie die Fingerknochen (**Ossa digitorum**) unterteilen.

Handwurzelknochen

Die Handwurzelknochen (↗ Abb. 7.7) werden entsprechend ihrer Lage der proximalen oder distalen Reihe zugerechnet. Die Knochen der proximalen Reihe bilden die Verbindung zum Unterarm, von radial nach ulnar sind dies im Einzelnen:

- **Os scaphoideum** (Kahnbein)
- **Os lunatum** (Mondbein)
- **Os triquetrum** (Dreiecksbein).

Die distale Reihe wird gebildet durch (von radial):

- **Os trapezium** (großes Vielecksbein)

- **Os trapezoideum** (kleines Vielecksbein)
- **Os capitatum** (Kopfbein).

Das **Os triquetrum** (Erbsenbein) wird keiner der beiden Handwurzelreihen zugerechnet, es ist seiner Funktion nach als Sesambein anzusehen. Es liegt palmar dem Os triquetrum auf.

Merke

Generationen von Medizinstudenten (und Ärzten) haben sich die **Reihenfolge der Handwurzelknochen** mit folgendem Merksatz eingeprägt: Es fährt ein Schiff im Mondenschein dreieckig um das Erbsenbein, Vieleck groß, Vieleck klein, der Kopf, der muss am Haken sein.

Klinik

Frakturen im Bereich der Handwurzelknochen betreffen fast immer das Os scaphoideum. Diese **Skaphoidfrakturen** werden in den üblichen 2 Ebenen der Handgelenksröntgenbilder oft übersehen. Als typisches klinisches Zeichen einer Skaphoidfraktur gilt der Druckschmerz in der Tabatière (↗ Kap. 7.3.4). Aufgrund seiner kritischen Blutversorgung heilt eine Fraktur des Skaphoids nur sehr langsam. Heilt der Bruch überhaupt nicht, spricht man von einer Skaphoidpseudarthrose, die zu chronischen Handgelenksbeschwerden führen kann.

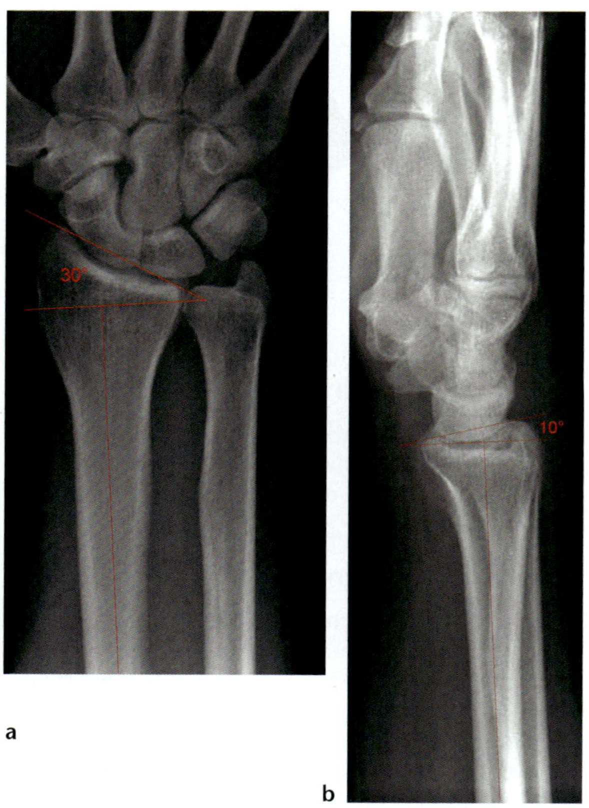

Abb. 7.6 Röntgenbild des Handgelenks mit Böhler-Winkeln. a Anterior-posteriorer Strahlengang. **b** Seitlicher Strahlengang.

Mittelhandknochen (Ossa metacarpi)

An die distale Reihe der Handwurzelknochen schließen sich die 5 **Mittelhandknochen** (Ossa metacarpi, ↗ Abb. 7.7) mit ihren Basen an. Die Mittelhandknochen werden wie die Finger, beginnend am Daumen, von I bis V durchgezählt. Die Kombination aus Mittelhandknochen und zugehörigen Fingern wird als Strahl bezeichnet. An der Basis artikulieren die Mittelhandknochen II–V auch jeweils mit ihren Nachbarn.

Der zum Daumen führende Mittelhandknochen I artikuliert mit dem Os trapezium und führt dabei nach radial. Der dadurch erzielte Bewegungszuwachs und die damit verbundene Opponierbarkeit des Daumens (der Daumen kann den übrigen Fingern gegenübergestellt werden und ermöglicht dadurch einen Zangengriff) werden als wichtiger evolutionärer Schritt angesehen.

Die Köpfchen der Mittelhandknochen sind fast kugelig konvex und ermöglichen die Artikulation mit den Grundphalangen (↗ Kap. 7.2.7).

Klinik

Im klinischen Alltag werden als **Abkürzung für die Mittelhandknochen** die Buchstaben „MC" (von Os metacarpi), gefolgt von der lateinischen Zahl des zugehörigen Strahls verwendet. Für die **Abkürzung der Finger** wird der Buchstabe „D" (von Digitus) verwendet. Der Mittelhandknochen des IV. Strahls wird somit als „MC IV" bezeichnet, der Mittelfinger als „D III".

Fingerknochen (Phalangen)

Der Daumen besteht nur aus einer **Grundphalanx (Phalanx proximalis)** und einer **Endphalanx (Phalanx distalis)**, alle anderen Finger weisen dazwischen noch eine **Mittelphalanx (Phalanx media)** auf. Alle Phalangen besitzen – wie auch die Mittelhandknochen – eine Basis, einen Schaft (**Corpus**) und ein Köpfchen (**Caput**).

7.2 Gelenk- und Bandverbindungen

Merke

Bewegungsausmaße (engl.: ROM = „range of motion") der einzelnen Gelenke werden generell nach der Neutral-0-Methode dokumentiert. Für diese Dokumentationsform wird von der **Neutralnullstellung** (↗ Kap. 1.1.2) ausgegangen. Sie entspricht einem

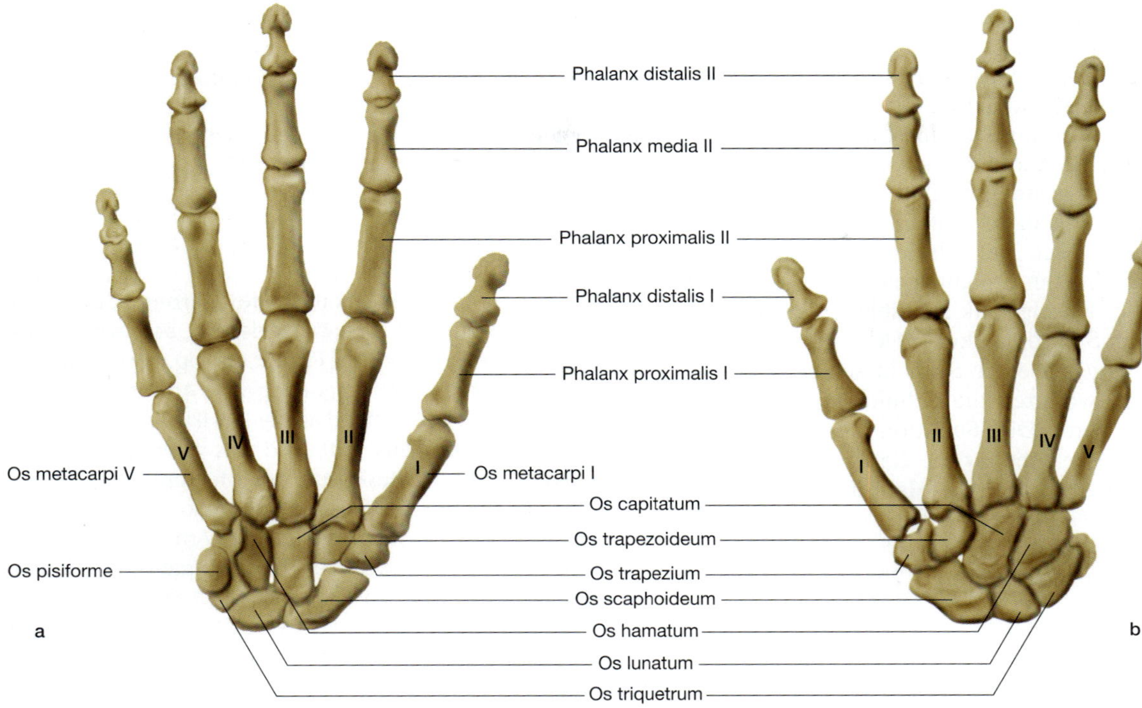

Abb. 7.7 Knochen der Hand. a Ansicht von palmar. **b** Ansicht von dorsal.

gerade stehenden Menschen mit geradem Blick und seitlich herabhängenden Armen. Aus dieser Stellung kann in jedem beliebigen Gelenk in der entsprechenden Ebene in 2 Richtungen bewegt werden. Die dabei möglichen Bewegungsamplituden sowie die vorhandene Neutralnullstellung ergeben 3 Zahlen. Die Zuordnung der Gradangaben erfolgt durch das Voranstellen der Bewegungsrichtungen, die Neutralstellung steht dabei in der Mitte. So ergibt sich z. B. für ein gesundes Kniegelenk folgende Dokumentation: Extension/Flexion 10–0–130°. Daran lässt sich ablesen, dass das Knie aus der Neutralstellung noch um 10° gestreckt sowie um 130° gebeugt werden kann. Die gesamte Bewegungsamplitude in Extension-Flexion beträgt damit 140°.

Klinik

Häufige Ursache dauerhafter, schmerzhafter Bewegungseinschränkungen von Gelenken ist die **Arthrose.** Hierunter versteht man Verschleißerscheinungen des Gelenkknorpels, die im Rahmen von prädisponierenden, angeborenen Deformitäten (O-Bein, asphärischer Hüftkopf), posttraumatisch (sekundäre Arthrose), jedoch häufig auch ohne bekannte Ursache (primäre Arthrose) auftreten können. Durch die Knorpeldegeneration wird eine chronische Entzündungsreaktion im Gelenk unterhalten, die wiederum Schmerzen und Veränderungen von Gelenkkapsel und umgebenden Weichteilen verursacht. Es resultiert eine Funktionseinschränkung des Gelenks, die durch Schmerzen und Reduktion des Bewegungsumfangs charakterisiert ist. Von den Bewegungseinschränkungen sind meist nicht alle Bewegungsebenen eines Gelenks in gleichem Ausmaß betroffen, sondern der Funktionsverlust erfolgt in den einzelnen Bewegungsrichtungen nacheinander (Kapselmuster). So sind beispielsweise bei der Hüftgelenkarthrose (Koxarthrose) im frühen Stadium meist zuerst die Rotationsbewegungen eingeschränkt, während die Flexion noch weitgehend möglich ist. Einzige kausale Behandlungsmöglichkeit der fortgeschrittenen Arthrose ist der künstliche Gelenkersatz (Endoprothese) oder – heute weniger gebräuchlich – die Versteifung (Arthrodese) des betroffenen Gelenks.

7.2.1 Sternoklavikulargelenk (Articulatio sternoclavicularis)

Das Sternoklavikulargelenk stellt die einzige gelenkige Verbindung der oberen Extremität mit dem Rumpfskelett dar. Die gelenkbildende Extremitas sternalis der Klavikula (↗ Kap. 7.1.1 und Abb. 7.1) ist deutlich größer als die mit ihr artikulierende Incisura clavicularis des Manubrium sterni. Die beiden Gelenkpartner sind durch einen aus Faserknorpel bestehenden **Discus articularis** getrennt, der zirkulär mit der Kapsel verwachsen ist und damit den Gelenkraum in 2 Kammern aufteilt. Das Sternoklavikulargelenk ist durch straffe Bandstrukturen gesichert:

- Die **Ligg. sternoclavicularia anterius** und **posterius** verlaufen vom medialen Klavikulaende zum

Manubrium sterni und verstärken somit die Gelenkkapsel.
- Das **Lig. interclaviculare** spannt sich zwischen den beiden Gelenkflächen-Oberrändern der Klavikulae auf und vermindert somit die durch Absenken eines Schlüsselbeines möglichen Scherkräfte.
- Das **Lig. costoclaviculare** fixiert das mediale Klavikulaende an der ersten Rippe.

Morphologisch handelt es sich beim Sternoklavikulargelenk um ein Sattelgelenk, das jedoch als funktionelles Kugelgelenk angesehen wird. Durch Bewegung im Sternoklavikulargelenk kann der komplette Schultergürtel einer Seite in seiner Lage verändert werden, wodurch die Schultergelenkpfanne ausgerichtet wird. Die Funktion des Sternoklavikulargelenks ist somit für die Reichweite des Arms von großer Bedeutung. Die Hauptbewegungsebenen im Sternoklavikulargelenk sind:
- Heben/Senken: 60–0–10°
- Vor- und Zurückführen: 20–0–20°.

Klinik

Aufgrund von Unfällen kann die Kongruenz der beiden Gelenkpartner gestört werden. Je nach Verletzungsschwere spricht man von Distorsion, Subluxation oder Luxation eines Gelenks.
- Bei der **Distorsion** (Verstauchung) kommt es lediglich zu einer Überdehnung der das Gelenk stabilisierenden Kapsel- und Bandstrukturen. Am häufigsten ist diese Verletzung am Sprunggelenk.
- Bei stärkerer Krafteinwirkung können die beiden Gelenkpartner dauerhaft voneinander entfernt werden, man spricht dann von einer **Luxation** (Ausrenkung). Die Funktion des betroffenen Gelenks geht bei einer Luxation meist vollständig verloren. Besonders häufig ist hiervon das Schultergelenk betroffen (↗ Kap. 7.2.3).
- Sind die beiden Gelenkpartner nicht mehr kongruent zueinander, aber auch nicht vollständig voneinander separiert, spricht man von einer **Subluxation.**

7.2.2 Akromioklavikulargelenk (Articulatio acromioclavicularis, AC-Gelenk, Schultereckgelenk)

Das Akromioklavikulargelenk wird durch die Extremitas acromialis der Klavikula und die Facies articularis des Akromions gebildet. Skapula und Klavikula sind in diesem Bereich durch zahlreiche Bänder verbunden (↗ Abb. 7.8):
- Das **Lig. acromioclaviculare** liegt der Gelenkkapsel direkt auf und verstärkt diese.
- Das **Lig. coracoclaviculare** fixiert die Klavikula am Proc. coracoideus der Skapula. Das Lig. coracoclaviculare setzt sich aus dem **Lig. conoideum** und dem **Lig. trapezoideum** zusammen.

Ohne ein weiteres Gelenk würde die Skapula (↗ Kap. 7.1.1 und Abb. 7.1) durch Bewegungen im Sternoklavikulargelenk von der thorakoskapulären Gleitfläche abgehoben werden. Das Akromioklavikulargelenk verhindert dies, indem es die Bewegungen der Klavikula (↗ Kap. 7.1.1 und Abb. 7.1) gegenüber der Skapula wieder ausgleicht.

Klinik

Bei traumatischer **Luxation des Akromioklavikulargelenks** kann es zum Abriss des Lig. acromioclaviculare bzw. zusätzlich zur Ruptur des Lig. coracoclaviculare kommen. Der herabhängende Arm ist daraufhin nicht mehr ausreichend an der Klavikula fixiert, so dass die Schulter tiefer tritt und das laterale Klavikulaende – durch Muskelzug des M. trapezius – höher steht. Röntgenbilder zur Diagnostik dieser Luxation werden daher stets mit an den Armen befestigten Gewichten (10 kg, „Wasserträgeraufnahmen") durchgeführt. Auf diesen wird der Abstand zwischen der Spitze des Proc. coracoideus und der Klavikula gemessen und mit der gesunden Gegenseite verglichen. Der Schweregrad der Verletzung wurde früher nach Tossy in 3 Grade, heute eher nach Rockwood in 6 Grade klassifiziert.

7.2.3 Schultergelenk (Articulatio glenohumeralis)

Das Schultergelenk (↗ Abb. 7.8), gebildet von der Cavitas glenoidalis (↗ Kap. 7.1.1 und Abb. 7.2) und dem Humeruskopf (↗ Kap. 7.1.2 und Abb. 7.3), hat den größten Bewegungsumfang aller Gelenke des menschlichen Körpers. Diese Mobilität wird durch die im Verhältnis zum Humeruskopf deutlich kleinere Gelenkpfanne, eine weite, schlaffe Kapsel und durch eine geringe Bandführung erreicht.

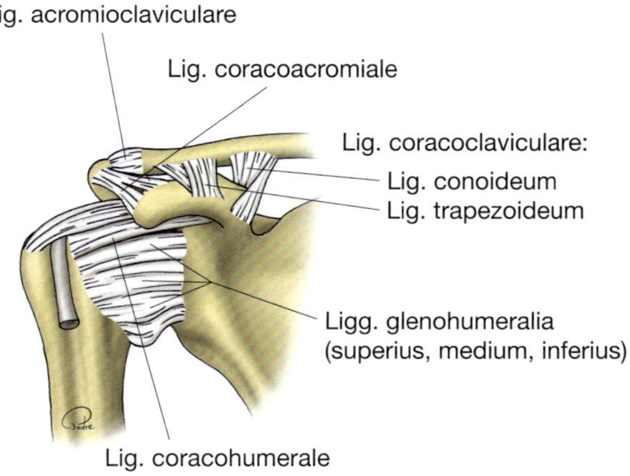

Abb. 7.8 Gelenkkapsel und Bandstrukturen von Schultergelenk und Akromioklavikulargelenk, Ansicht von ventral.

Merke

Die Gelenkfläche des Glenoids erreicht nur 1/3 der Gelenkfläche des Humeruskopfes. Sie wird jedoch durch eine ringsum laufende Knorpellippe (**Labrum glenoidale**) vergrößert.

Die fehlende strukturelle Stabilität wird funktionell durch Muskeln kompensiert, die das Schultergelenk umspannen. Diese Muskulatur wird in ihrer Gesamtheit als **Rotatorenmanschette** (↗ Kap. 7.3.2, Tab. 7.7, und Abb. 7.13) bezeichnet.

Die Gelenkkapsel wird nur von einigen schmächtigen Bandverbindungen verstärkt (↗ Abb. 7.8):

- Das **Lig. glenohumerale** hat 3 Anteile (superius, medium, inferius), welche direkt der Gelenkkapsel aufliegen. Sie ziehen vom Glenoidrand zum Humerus und verstärken die Kapsel dabei nach kranial, ventral und kaudal.
- Das **Lig. coracohumerale** zieht vom Proc. coracoideus zum Humerus und verstärkt die Gelenkkapsel dabei ebenfalls im kranialen Anteil.

Nach kranial stützt sich der Humeruskopf auch am Akromion am Proc. coracoideus (↗ Abb. 7.2) sowie an dem sich zwischen diesen beiden Knochenfortsätzen befindenden **Lig. coracoacromiale** (↗ Abb. 7.8) ab. Diese Strukturen werden daher in ihrer Summe auch als Schulterdach bezeichnet. Als Gleitschicht zwischen Caput humeri und Akromion dient in diesem Bereich ein großer Schleimbeutel (**Bursa subacromialis**), lateral liegt der Gelenkkapsel die Bursa subdeltoidea auf, die ein Gleiten des M. deltoideus über dem Humeruskopf ermöglicht.

Durch den Gelenkinnenraum zieht zwischen Humeruskopf und Schulterdach die lange Bizepssehne (↗ Kap. 7.3.3, Tab. 7.8 und Abb. 7.17) zum oberen Pol des Glenoids, um am Tuberculum supraglenoidale (↗ Kap. 7.1.1 und Abb. 7.2) zu inserieren.

Die **Beweglichkeit des Schultergelenks** wird meist als Kombination von Bewegungen im Schultergelenk selbst sowie in den Gelenken des Schultergürtels (Akromioklavikulargelenk ↗ Kap. 7.2.2, Sternoklavikulargelenk ↗ Kap. 7.2.1) angegeben (↗ Tab. 7.1). Dabei wird deutlich, dass insbesondere die Abduktion über die Horizontalebene (Elevation) nur durch Mitwirken der Schulterblattbewegung zustande kommt.

Klinik

Aufgrund der strukturellen Instabilität ist eine **Schulterluxation** häufig. Da die Gelenkkapsel ventral dünner und schwächer ist als dorsal, sind 97% aller Schulterluxationen vordere Luxationen. Dabei kommt der Humeruskopf unterhalb des Proc. coracoideus zu liegen und verhakt sich dort oder unter dem vorderen Pfannenrand. Daher muss der Arm immer (auch) nach distal gezogen werden, um die Schulter wieder einzurenken. Oft reißt bei dieser Verletzung die Kapsel (z. T. auch knöchern) aus, und das Labrum glenoidale löst sich ab (Bankart-Läsion). Das Schultergelenk ist dadurch dann andauernd instabil. Junge, sportliche Menschen, die eine traumatische Schultergelenkluxation erlitten haben, tragen daher aufgrund ihres hohen Aktivitätsniveaus ein 50%iges Risiko einer erneuten Luxation, weswegen in diesen Fällen eine operative Refixation des Labrums empfohlen wird.

Tab. 7.1 Wichtigste, für die Bewegungen des Schultergelenks verantwortliche Muskeln (↗ Kap. 7.3.1 und 7.3.2)

Bewegungsebenen	Muskeln	Bewegungsausmaße
Anteversion	• M. deltoideus (Pars clavicularis) • M. coracobrachialis	Anteversion/Retroversion: • Schultergelenk und Gelenke des Schultergürtels: 170–0–40° • Articulatio glenohumeralis allein: 90–0–35°
Retroversion	• M. latissimus dorsi • M. deltoideus (Pars spinalis)	
Abduktion	• M. supraspinatus (Start der Bewegung) • M. deltoideus (Pars acromialis, ab ~20°) • M. serratus anterior (zur Elevation)	Abduktion/Adduktion: • Schultergelenk und Gelenke des Schultergürtels: 180–0–40° • Articulatio glenohumeralis allein: 90–0–30°
Adduktion	M. pectoralis major	
Innenrotation	M. subscapularis	Innenrotation/Außenrotation: • Schultergelenk und Gelenke des Schultergürtels: 100–0–90° • Articulatio glenohumeralis allein: 70–0–60°
Außenrotation	M. infraspinatus	

7.2.4 Ellenbogengelenk (Articulatio cubiti)

Der distale Humerus (↗ Kap. 7.1.2) bildet zusammen mit den proximalen Anteilen von Radius und Ulna (↗ Kap. 7.1.3) das Ellenbogengelenk (↗ Abb. 7.9), das aus 3 Teilgelenken besteht:

- der **Articulatio humeroulnaris,** gebildet von Trochlea humeri und Incisura trochlearis ulnae
- der **Articulatio humeroradialis,** zusammengesetzt aus dem konvexen Capitulum humeri und dem flachkonkaven Caput radii
- dem **proximalen Radioulnargelenk,** bei dem das Radiusköpfchen durch das zirkulär verlaufende Lig. anulare radii in der Incisura radialis der Ulna gehalten wird.

Diese 3 Kompartimente werden von einer gemeinsamen Gelenkkapsel umhüllt. Auf beiden Seiten wird das Gelenk durch Seitenbänder gesichert:

- Das **Lig. collaterale ulnare** verläuft vom Epicondylus medialis zur Incisura trochlearis der Ulna. Im Verlauf fächert sich das Band auf und setzt breitbasig an der Ulna an, so dass es in seiner Form einem Dreieck ähnelt (↗ Abb. 7.9b).
- Das **Lig. collaterale radiale** entspringt am Epicondylus radialis. Es setzt nicht am Radius an (was seine Drehbewegung verhindern würde), sondern strahlt sowohl dorsal als auch ventral in das Lig. anulare radii ein und erreicht so die Ulna.

Das Ellenbogengelenk wird aufgrund seiner Kombination eines Scharniergelenks mit einer Rotationsmöglichkeit um die Längsachse als **Dreh-Scharnier-Gelenk** (Trochoginglymus) bezeichnet. Die o.g. Unterscheidung in die 3 Teilgelenke wird unter funktionellen Gesichtspunkten besonders deutlich:

- Die Articulatio humeroulnaris ist ein typisches Scharniergelenk, das die Flexions- und Extensionsbewegung des Ellenbogens ermöglicht (↗ Tab. 7.2) – die knöcherne Führung ist hier besonders deutlich ausgebildet.
- Die Articulatio humeroradialis ist strukturell zwar ein Kugelgelenk, wird aber durch die Fixierung des Radius an der Ulna ebenfalls auf Extension und Flexion beschränkt.
- Das proximale Radioulnargelenk erlaubt durch die Fixierung des Radiusköpfchens nur eine Drehbewegung des Radius um die Schaftachse. Es wird deshalb als Rad- oder Zapfengelenk bezeichnet. Gemeinsam mit dem distalen Radioulnargelenk (↗ Kap. 7.2.5) ermöglicht es die Auswärts- und Einwärtsdrehbewegung des Unterarms (Supination bzw. Pronation, ↗ Tab. 7.2).

Gegen eine Bewegung außerhalb der Scharnierebene wird das Ellenbogengelenk durch die beiden Kollateralbänder gesichert.

Klinik

Insbesondere bei kleinen Kindern tritt durch ruckartigen Zug am Arm eine **Subluxation des Radiusköpfchens** unter das Lig. anulare radii auf. Danach hält das Kind den Arm in einer schmerzhaften Pronationsstellung, weshalb die Verletzung bzw. deren Symptome auch als Pronatio dolorosa bezeichnet werden. Die Reposition ist unter leichtem Zug am rechtwinklig gebeugten Arm durch eine Supinationsbewegung bei gleichzeitigem Druck auf das Radiusköpfchen möglich. Meist sind die Kinder danach schmerzfrei und bedürfen keiner weiteren Behandlung.

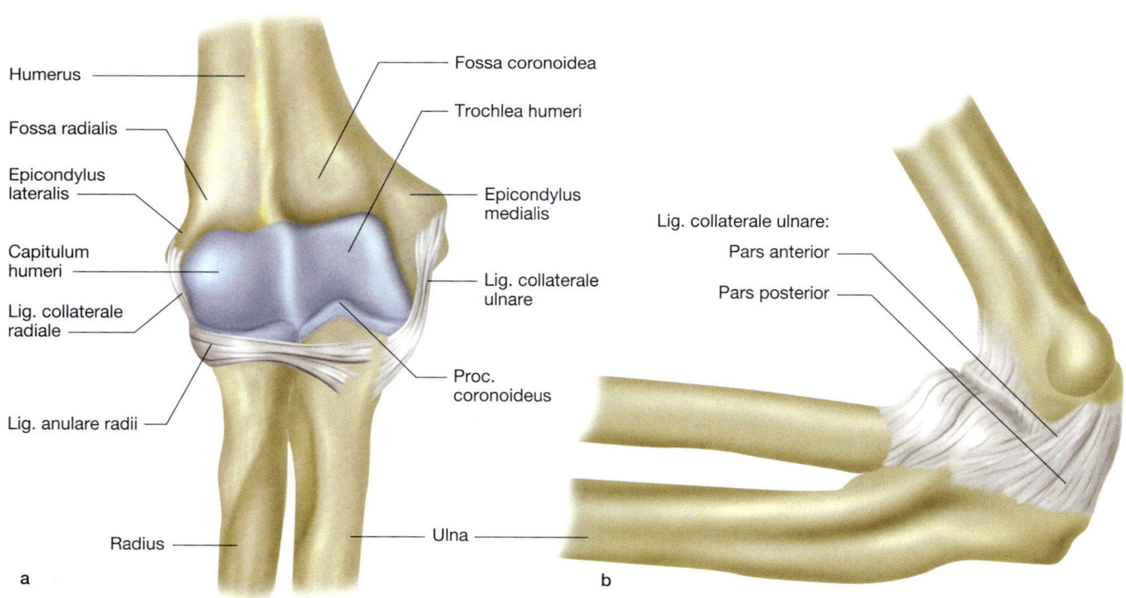

Abb. 7.9 Ellenbogen. a Ansicht von ventral nach Entfernung der Gelenkkapsel. **b** Bandstrukturen des Ellenbogens von medial. (Modifiziert nach [5])

Tab. 7.2 Wichtigste, für die Bewegung des Ellenbogengelenks verantwortliche Muskeln (↗ Kap. 7.3.3 und 7.3.4)

Bewegungsebenen	Muskeln	Bewegungsausmaße
Extension	M. triceps brachii	Extension/ Flexion: 10–0–150°
Flexion	• M. biceps brachii • M. brachialis	
Supination	• M. biceps brachii • M. supinator	Supination/ Pronation: 90–0–90°
Pronation	• M. pronator teres • M. pronator quadratus	

7.2.5 Radioulnare Verbindungen

Distales Radioulnargelenk

Das distale Radioulnargelenk (Articulatio radioulnaris distalis, ↗ Abb. 7.10) bildet mit dem proximalen Radioulnargelenk eine funktionelle Einheit. Eine Bewegung des einen Gelenks ist nur durch eine Mitbewegung des anderen möglich. Das distale Radioulnargelenk wird von der konkaven **Incisura ulnaris des Radius** (↗ Abb. 7.5b) und der konvexen **Circumferentia articularis der Ulna** (↗ Abb. 7.4a) gebildet. Vom Proc. styloideus ulnae zum Radius verläuft der kräftige **Discus articularis,** durch den das distale Radioulnargelenk vom Handgelenk getrennt wird. Es liegt hier ebenfalls ein Rad- bzw. Zapfengelenk vor. Bei Pro- und Supinationsbewegungen umkreist der Radius das Ulnaköpfchen, wobei er durch den Discus articularis auf der Kreisbahn um den Proc. styloideus ulnae gehalten wird.

Membrana interossea

Zwischen den beiden einander zugewandten Margines interossei von Radius und Ulna spannt sich die Membrana interossea auf, welche die beiden Knochen aneinander fixiert. Im proximalen Anteil wird sie durch eine diagonal verlaufende Bandstruktur, der **Chorda obliqua,** verstärkt (↗ Abb. 7.10).

7.2.6 Handgelenk

Das Handgelenk besteht aus dem proximalen und dem distalen Handgelenk:

- Das proximale Handgelenk (Articulatio radiocarpalis) wird aus der **distalen Radiusgelenkfläche** und dem **Discus articularis** mit der **proximalen Handwurzelreihe** gebildet.
- Das distale Handgelenk (Articulatio mediocarpalis) findet sich zwischen **proximaler** und **distaler Handwurzelreihe** mit einem S-förmig verlaufenden Gelenkspalt.

Funktionell handelt es sich beim proximalen Handgelenk um ein Eigelenk, also ein Gelenk mit 2 senkrecht zueinander stehenden Hauptachsen. Es ermöglicht hauptsächlich die Palmarflexion und Abduktion. Dagegen erlaubt das distale Handgelenk vorwiegend die Dorsalextension, während es eine Abduktion durch die Verzahnung des Os capitatum in der distalen Handwurzelreihe nur in sehr geringem Ausmaß zulässt. Eine Rotation ist weder im proximalen noch im distalen Handgelenk möglich – die Rotation der Hand geschieht ausschließlich durch die Radioulnargelenke (↗ Kap. 7.2.4 und 7.2.5). Der volle **Bewegungsumfang** des Handgelenks wird durch die Kombination der beiden Teilgelenke möglich (↗ Tab. 7.3).

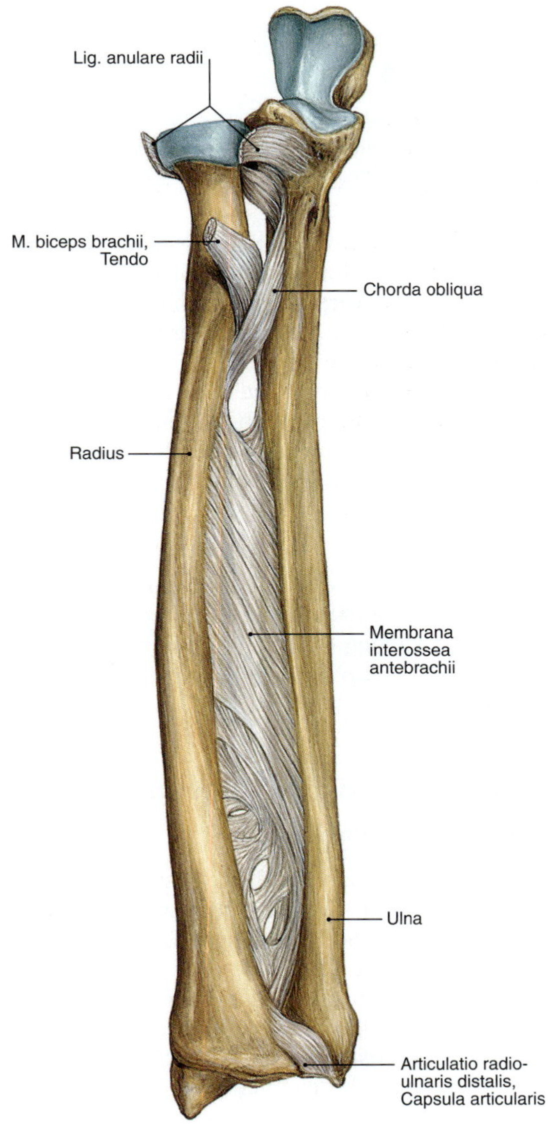

Abb. 7.10 Radioulnare Bandverbindungen, Ansicht von ventral. (Aus [14])

Tab. 7.3 Wichtigste, für die Bewegung des Handgelenks verantwortliche Muskeln (↗ Kap. 7.3.4)

Bewegungsebenen	Muskeln	Bewegungsausmaße
Dorsalextension	• Mm. extensores carpi radiales longus und brevis • M. extensor carpi ulnaris	Dorsalextension/Palmar(Volar)flexion: 60–0–60°
Palmarflexion	• M. flexor carpi radialis • M. flexor carpi ulnaris	
Ulnarabduktion	• M. flexor carpi ulnaris • M. extensor carpi ulnaris	Ulnarabduktion/Radialabduktion: 40–0–30°
Radialabduktion	• Mm. extensores carpi radiales longus und brevis • M. flexor carpi radialis • M. extensor pollicis longus	

Merke

Palmarflexion und Abduktion im proximalen, Dorsalextension im distalen Handgelenk, Rotation der Hand durch die Radioulnargelenke.

Die beiden Handwurzelreihen (↗ Kap. 7.1.4 und Abb. 7.7) bilden in funktioneller Hinsicht einen einheitlichen Gelenkkörper, auch wenn zwischen allen Handwurzelknochen kleinere Ausgleichsbewegungen möglich sind, die zur vollen Funktionalität des Handgelenks notwendig sind. Die Bewegungen der einzelnen Handwurzelknochen relativ zueinander sowie die zwischen ihnen bestehenden ligamentären Verbindungen sind äußerst komplex.

Merke

Da das Os pisiforme (↗ Kap. 7.1.4 und Abb. 7.7) nicht Mitglied einer der beiden Handwurzelreihen ist, ist es auch an der Bildung des Handgelenks nicht beteiligt. Es bildet ein eigenständiges Gelenk mit dem Os triquetrum.

7.2.7 Mittelhand- und Fingergelenke

Karpometakarpalgelenke

Die Gelenke zwischen der Handwurzel und den Mittelhandknochen II–IV sind durch straffe Bänder so fixiert, dass fast keine Bewegung möglich ist (Amphiarthrosen, ↗ Kap. 1.3.2).

Eine Sonderform bildet das Karpometakarpalgelenk des Daumens, das aufgrund seiner Gelenkform meist als **Daumensattelgelenk** (Articulatio carpometacarpalis pollicis) bezeichnet wird. Im Daumensattelgelenk können sowohl Flexions- und Extensionsals auch Abduktions- und Adduktionsbewegungen durchgeführt werden.

Fingergrundgelenke

Die **Fingergrundgelenke** oder **Metakarpophalangealgelenke** (MCP) sind Kugelgelenke, deren Bewegungsausmaß jedoch eingeschränkt ist. Die Hauptbewegungsebene ist die Flexion und Extension. Das Bewegungsausmaß beträgt für Extension/Flexion: 30–0–90°.

Eine Ausnahme stellt wiederum das MCP I (Daumengrundgelenk) dar. Es entspricht in seinem Aufbau einem Interphalangealgelenk und ist damit ein reines Scharniergelenk. Es besitzt äußerst kräftige Kollateralbänder.

Klinik

10% aller Verletzungen beim Skifahren betreffen das Daumengrundgelenk. Beim Sturz auf den durch den Skistock abduzierten Daumen kommt es zur Hyperabduktion und zum Riss des Lig. collaterale ulnare (**Skifahrerdaumen**). Das Daumengrundgelenk ist dann nach ulnar aufklappbar. Diese Instabilität muss operativ versorgt werden, da ohne stabiles Daumengrundgelenk kein fester Griff möglich ist.

Proximale Interphalangealgelenke (PIP)

Die proximalen Interphalangealgelenke liegen zwischen Grund- und Mittelphalanx. Es handelt sich um Scharniergelenke, in denen nur Extension und Flexion möglich sind. Sie werden jeweils durch ein ulnares (**Lig. collaterale ulnare**) und ein radiales Seitenband (**Lig. collaterale radiale**) stabilisiert. In den PIP kann ca. 100° gebeugt werden.

Merke

Da der Daumen keine Mittelphalanx besitzt, gibt es am ersten Strahl auch kein PIP.

Distale Interphalangealgelenke (DIP)

Die distalen Interphalangealgelenke liegen zwischen Mittel- und Endphalanx. Sie entsprechen in Morphologie und Funktion den PIP, das Bewegungsausmaß ist mit einer Flexionsfähigkeit von 90° geringfügig kleiner.

7.3 Muskeln

7.3.1 Schultergürtelmuskulatur

Die Schultergürtelmuskulatur lässt sich nach ihrem Ursprungsgebiet in **ventrale** (↗ Tab. 7.4 und Abb. 7.11) und **dorsale Rumpf-Schultergürtel-Muskeln** (↗ Tab. 7.5 und Abb. 7.12) aufteilen. Ihre Aufgabe ist die Fixation der oberen Extremität am Rumpf bzw. die Bewegung des Schultergürtels und damit hauptsächlich der Skapula (↗ Kap. 7.1.1 und Abb. 7.2).

Klinik

Bei einer **Lähmung des M. serratus anterior** (ventrale Rumpf-Schultergürtel-Muskulatur, Innervation durch den N. thoracicus longus) oder einer **Lähmung der Mm. rhomboidei** (dorsale Rumpf-Schultergürtel-Muskulatur, Innervation durch den N. dorsalis scapulae) steht die Skapula lateralisiert und liegt mit ihrem Margo medialis nicht mehr am Thorax an (Scapula alata).

Mannigfaltige funktionelle und strukturelle Ursachen – von geburtstraumatischen Läsionen über Störungen der Augenmotilität bis zu psychogenen Dystonien – können eine Verkürzung oder **Kontraktur des M. sternocleidomastoideus** (dorsale Rumpf-Schultergürtel-Muskulatur, Innervation durch den N. accessorius) hervorrufen. Dies wird als Schiefhals oder Tortikollis bezeichnet. Der Patient trägt den Kopf in einer Zwangshaltung entsprechend der Zugrichtung des Muskels in Rotationsstellung zur Gegenseite und Neigung zur gleichen Seite. Wird ein Schiefhals im Wachstumsalter nicht behandelt, kann hieraus eine Verzerrung der Gesichtsachse (Gesichtsskoliose) entstehen.

7.3.2 Schultermuskulatur

Alle Muskeln, deren Aufgabe in der Bewegung des Schultergelenks besteht, inserieren am Humerus. Nach ihrem Ursprung unterscheidet man **Rumpf-Oberarm-Muskeln** (↗ Tab. 7.6 und Abb. 7.13) und

Tab. 7.4 Ventrale Rumpf-Schultergürtel-Muskeln (↗ Abb. 7.11)

Muskel		Ursprung	Ansatz	Funktion	Innervation	Besonderheiten
M. pectoralis minor		3.–5. Rippe (1–2 cm lateral der Knorpel-Knochen-Grenze)	Skapula: Proc. coracoideus	• Absenken des Schultergürtels • hebt bei fixiertem Arm den Thorax (Atemhilfsmuskel)	Nn. pectorales medialis + lateralis	
M. serratus anterior	Pars superior	1.–2. Rippe	Skapula: Angulus superior	• Fixierung der Skapula an den Thorax, zusammen mit den Mm. rhomboidei • Zug des Angulus inferior nach lateral kranial (durch diese Kippung der Skapula wird die Cavitas glenoidalis nach oben gedreht und das Bewegungsausmaß des Schultergelenks dadurch in diese Richtung vergrößert)	N. thoracicus longus	verläuft an der Brustwand entlang unter der Skapula zu deren medialem Rand und bildet somit die mediale Begrenzung der Achselhöhle
	Pars divergens	2.–3. Rippe	Skapula: Margo medialis			
	Pars convergens	4.–9. Rippe	Skapula: kaudaler Teil des Margo medialis und Angulus inferior			
M. subclavius		1. Rippe kranialseitig		stemmt die Klavikula in das Sternoklavikulargelenk	N. subclavius	polstert die Klavikula gegen die unterhalb entlangziehenden A. und V. subclavia

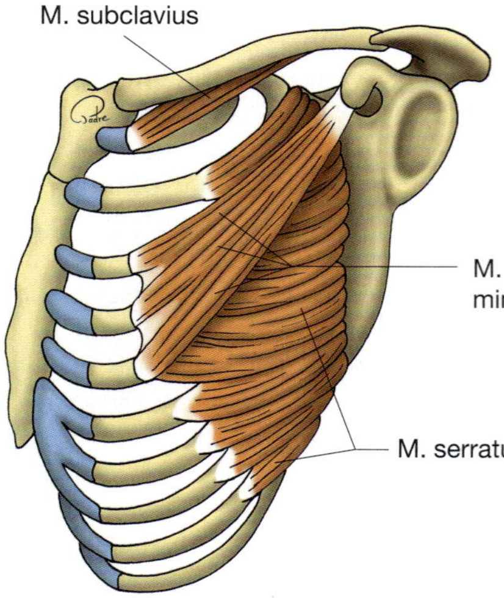

Abb. 7.11 Ventrale Rumpf-Schultergürtel-Muskeln.

Schultergürtel-Oberarm-Muskeln (↗ Tab. 7.7, Abb. 7.14 und 7.15).

Ein Teil der Schultergürtel-Oberarm-Muskulatur, die Gruppe der Muskeln, die der Gelenkkapsel direkt anliegen, wird **Rotatorenmanschette** genannt (↗ Tab. 7.7 und Abb. 7.15). Ihr kommt bei der Stabilisierung des Schultergelenks besondere Bedeutung zu.

Von den Muskeln des Schultergürtels sowie von Humerus und Brustwand wird ein mit Fett- und Bindegewebe gefüllter Raum unterhalb des Humeruskopfes begrenzt, der als **Achselhöhle (Fossa axillaris)** bezeichnet wird. Sie entspricht der Form nach einer Pyramide und hat damit 5 Außenflächen, die von den folgenden Strukturen gebildet werden:

- ventral: M. pectoralis major, M. pectoralis minor
- dorsal: M. latissimus dorsi, M. subscapularis
- medial: M. serratus anterior
- lateral: M. biceps brachii (Caput breve), M. coracobrachialis
- kaudal: Fascia axillaris.

Durch die Achselhöhle verlaufen die A. und V. axillaris sowie die infraklavikulären Äste des Plexus brachialis (Gefäß-Nerven-Strang des Arms). Zusätzlich liegen hier die axillären Lymphknotenstationen. Ventrale und dorsale Begrenzungen der Fossa axillaris sind zu je einer Falte (vordere und hintere Achselfalte) aufgeworfen, die auch das Oberflächenrelief der von der Achselhöhle zu unterscheidenden Achselgrube prägen. Als **Achselgrube** bezeichnet man die behaarte Oberflächenregion kaudal des Schultergelenks.

Zwischen den nach lateral divergierenden Muskelbäuchen des M. teres minor (kranial) und M. teres major kaudal besteht eine dreieckige Lücke, die lateral vom Humerus begrenzt wird. Durch diese Lücke zieht das Caput longum des M. triceps brachii und

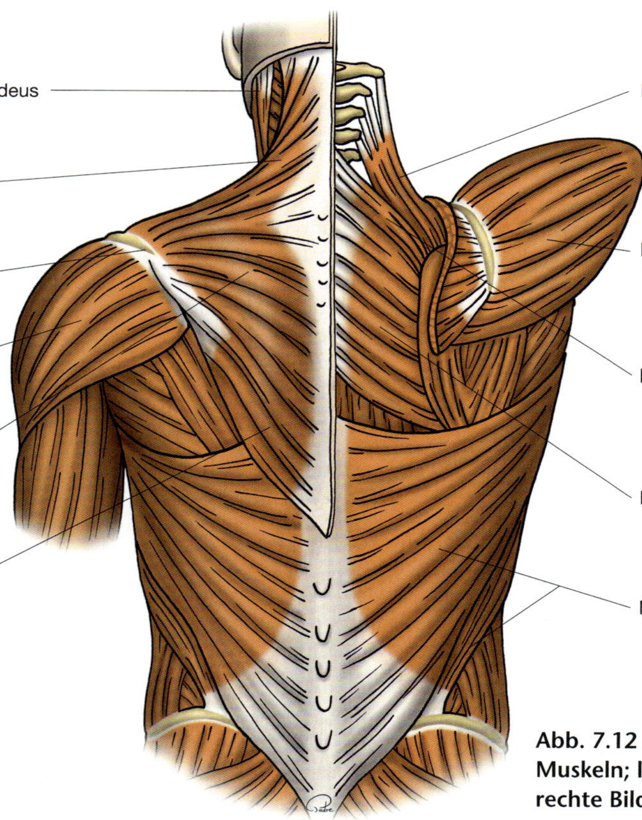

Abb. 7.12 Dorsale Rumpf-Schultergürtel-Muskeln; linke Bildseite mit oberflächlicher, rechte Bildseite mit tiefer Muskelschicht.

Tab. 7.5 Dorsale Rumpf-Schultergürtel-Muskeln (↗ Abb. 7.12)

Muskel		Ursprung	Ansatz	Funktion	Innervation	Besonderheiten
M. trapezius	Pars descendens	• Schädel (Os occipitale): Linea nuchalis superior, Protuberantia occipitalis externa • Lig. nuchae • Procc. spinosi C2–C6	laterales Drittel der Klavikula	• Anheben des Schultergürtels z. B. beim Tragen von Gewichten • Kopfneigen/-drehen zur Gegenseite	N. accessorius (XI) und Plexus cervicalis	Lähmung → hauptsächlich Elevation eingeschränkt (erforderliche Skapulakippung ist nicht mehr gewährleistet)
	Pars transversa	Procc. spinosi C6–T3	Akromion	Zug der Skapula nach medial-dorsal		
	Pars ascendens	Procc. spinosi T3–T12	Spina scapulae	kippt die Skapula (zusammen mit M. serratus anterior) und ermöglicht die Elevation		
Mm. rhomboidei	M. rhomboideus minor	Procc. spinosi C6–C7	Skapula: Margo medialis	Zug der Skapula nach medial als Antagonist des M. serratus anterior (die dadurch entstehende Rhomboideus-Serratus-Schlinge fixiert die Skapula am Thorax)	N. dorsalis scapulae	gemeinsame Muskelplatte, wird meist durch größere Blutgefäße in den kleineren kranialen und größeren kaudalen Teil getrennt
	M. rhomboideus major	Procc. spinosi T1–T4				
M. levator scapulae		Procc. transversi C1–C4	Skapula: Angulus superior	• Anheben des Schultergürtels • wirkt mit an der Drehung des Angulus inferior scapulae nach medial	N. dorsalis scapulae	
M. sternocleidomastoideus		• Proc. mastoideus • Linea nuchalis superior	• Klavikula (direkt lateral des Sternoklavikulargelenks) • Sternum	• Drehung des Kopfes zur Gegenseite • Neigung des Kopfes • sichert den Kopf gegen Zurücksinken • kann bei Fixierung des Kopfes auch den Schultergürtel anheben	N. accessorius (XI)	

teilt sie dadurch in 2 Teile, die mediale und laterale Achsellücke genannt werden. Die **mediale Achsellücke** wird begrenzt von:

- kranial: M. teres minor
- kaudal: M. teres major
- lateral: Caput longum des M. triceps brachii.

Durch sie gelangt die **A. circumflexa scapulae** aus der Achselhöhle auf die Dorsalseite der Skapula.

Die **laterale Achsellücke** wird begrenzt von:

- kranial: M. teres minor
- kaudal: M. teres major
- medial: Caput longum des M. triceps brachii
- lateral: Humerus.

Durch die laterale Achsellücke gelangt der **N. axillaris** mit der **A. circumflexa humeri posterior** aus der Achselhöhle auf die Dorsalseite des Humerus.

Tab. 7.6 Rumpf-Oberarm-Muskeln (↗ Abb. 7.13)

Muskel		Ursprung	Ansatz	Funktion	Innervation	Besonderheiten
M. pectoralis major	Pars clavicularis	Klavikula: mediale Hälfte	Crista tuberculi majoris (die Fasern der Muskelzüge inserieren am Humerus überkreuzt, d. h., die Fasern der Pars abdominalis setzen proximal, die der Pars clavicularis distal am Humerus an)	unterschiedlich in Abhängigkeit von der Ausgangsstellung: • generell führt er den Arm in die jeweilige Ausgangsstellung zurück • bei abduziertem Arm kraftvolle Adduktion • bei antevertiertem Arm Retroversion • am hängenden Arm Adduktion und Innenrotation	Nn. pectorales medialis et lateralis	
	Pars sternocostalis	Sternum, 2.–7. Rippe				
	Pars abdominalis	vorderes Blatt der Rektusscheide				
M. latissimus dorsi		• Procc. spinosi T7–L5 • über die Fascia thoracolumbalis am Os sacrum • Os ilium: Crista iliaca • 10.–12. Rippe • Skapula: Angulus inferior	Crista tuberculi minoris (gemeinsamer Ansatz mit dem M. teres major; oft sind auch die Sehnen der beiden Muskeln schon vereinigt)	unterschiedlich in Abhängigkeit von der Ausgangsstellung: • bei antevertiertem Arm Retroversion mit großer Kraft (z. B. Hiebbewegung) • bei herabhängendem Arm Adduktion, Innenrotation und Retroversion (ohne große Kraftentfaltung, weil der Muskel schon stark verkürzt ist)	N. thoracodorsalis	Hypertrophie bei chronischem Husten (daher auch „Hustenmuskel")

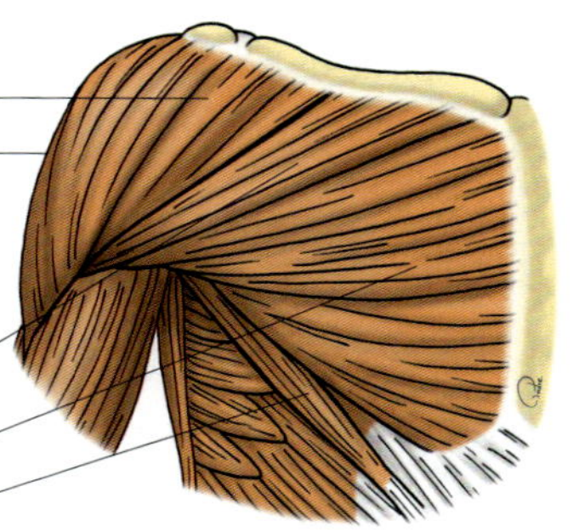

Abb. 7.13 Muskulatur des Schultergürtels, oberflächliche Schicht, von ventral.

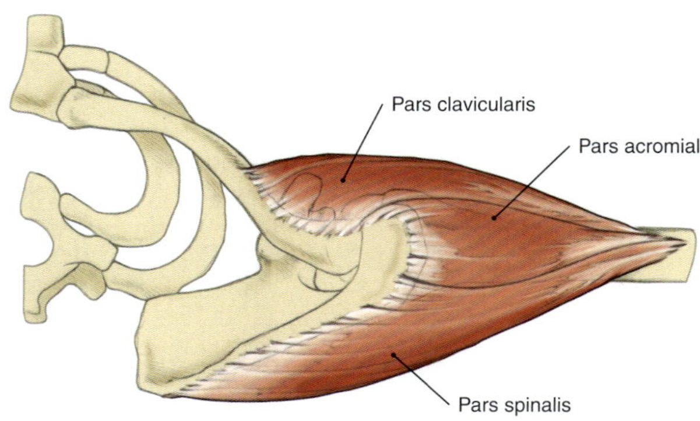

Abb. 7.14 M. deltoideus. (Aus [14])

Klinik

Läsionen der Rotatorenmanschette können aufgrund eines Traumas insbesondere durch forcierte Bewegungen des Arms entstehen. Häufiger jedoch sind subakute Verläufe mit chronischen Sehnenschädigungen. Meist ist hiervon die Sehne des M. supraspinatus betroffen. Sie verläuft im recht engen Subakromialraum, also zwischen Akromion, Lig. coracoacromiale und Humeruskopf (↗ Abb. 7.8 und 7.15). In diesem Gebiet kann sie regelrecht „aufgerieben" werden. Diese Einengung der Supraspinatussehne nennt man **Impingement**. Typische Symptomatik ist der „painful arc". Dabei beschreiben die Patienten eine in der Abduktionsbewegung bei ca. 70° beginnende Schmerzsymptomatik, die jedoch bei weiterer Elevation ab ca. 130° wieder nachlässt.

Tab. 7.7 Schultergürtel-Oberarm-Muskeln (↗ Abb. 7.14 und Abb. 7.15)

Muskel		Ursprung	Ansatz	Funktion	Innervation	Besonderheiten
M. deltoideus	Pars clavicularis	Klavikula: laterales Drittel	Tuberositas deltoidea	• Anteversion • Innenrotation	N. axillaris	Hauptaufgabe des Muskels ist die kraftvolle Abduktion; dies ist jedoch bei herabhängendem Arm aufgrund des Ansatzwinkels kaum möglich, so dass für den Start der Abduktionsbewegung der M. supraspinatus verantwortlich ist
	Pars acromialis	Skapula: Akromion		Abduktion		
	Pars spinalis	Spina scapulae		• Retroversion • Außenrotation		
M. teres major		Skapula: Angulus inferior	Crista tuberculi minoris	• Innenrotation • Retroversion • Adduktion	• N. thoracodorsalis • Nn. subscapulares	
M. coracobrachialis		Skapula: Proc. coracoideus	Schaftmitte des Humerus medialseitig	• Anteversion • Adduktion • Innenrotation	N. musculocutaneus	Der N. musculocutaneus zieht durch den Bauch des M. coracobrachialis
Muskeln der Rotatorenmanschette						
M. supraspinatus		Skapula: Fossa supraspinata	Tuberculum majus	Abduktion	N. suprascapularis	Sehne zieht zwischen Humerus und Schulterdach durch den relativ engen Subakromialraum, wo sie im höheren Lebensalter oft aufgerieben wird → degenerative Veränderungen und Sehnenriss
M. infraspinatus		Skapula: Fossa infraspinata	Tuberculum majus	Außenrotation	N. suprascapularis	
M. teres minor		Skapula: Margo lateralis	Crista tuberculi minoris	Außenrotation	N. axillaris	
M. subscapularis		Skapula: Facies costalis	Tuberculum minus	Innenrotation	Nn. subscapulares	

7.3.3 Muskulatur des Oberarms

Die Muskulatur ist topographisch und funktionell in 2 Gruppen geteilt (↗ Abb. 7.16):

- Die ventral liegenden **Flexoren** (↗ Tab. 7.8 und Abb. 7.17) beugen den Arm im Ellenbogengelenk und werden vom N. musculocutaneus innerviert.
- Die dorsal liegenden **Extensoren** (↗ Tab. 7.9 und Abb. 7.18) strecken den Arm im Ellenbogengelenk und werden vom N. radialis innerviert

Die Oberarmmuskeln werden von der Oberarmfaszie (**Fascia brachii**) umfasst. Zwischen Flexoren und Extensoren zieht medial und lateral jeweils ein Faszienzügel (**Septa intermuscularia brachii mediale und laterale**) zum Humerus. Dadurch entstehen ein Flexoren- und ein Extensorenkompartiment (↗ Abb. 7.16). Sowohl medial als auch lateral sind bei angespannter Muskulatur zwischen Flexoren und Extensoren Muskellücken zu tasten. Da diese Rinnen jeweils nach ventral vom M. biceps brachii begrenzt werden, bezeichnet man sie als **Sulcus bicipitalis medialis** und **Sulcus bicipitalis lateralis.** Im Sulcus bicipitalis medialis ist die A. brachialis (↗ Kap. 7.5.1) zu tasten.

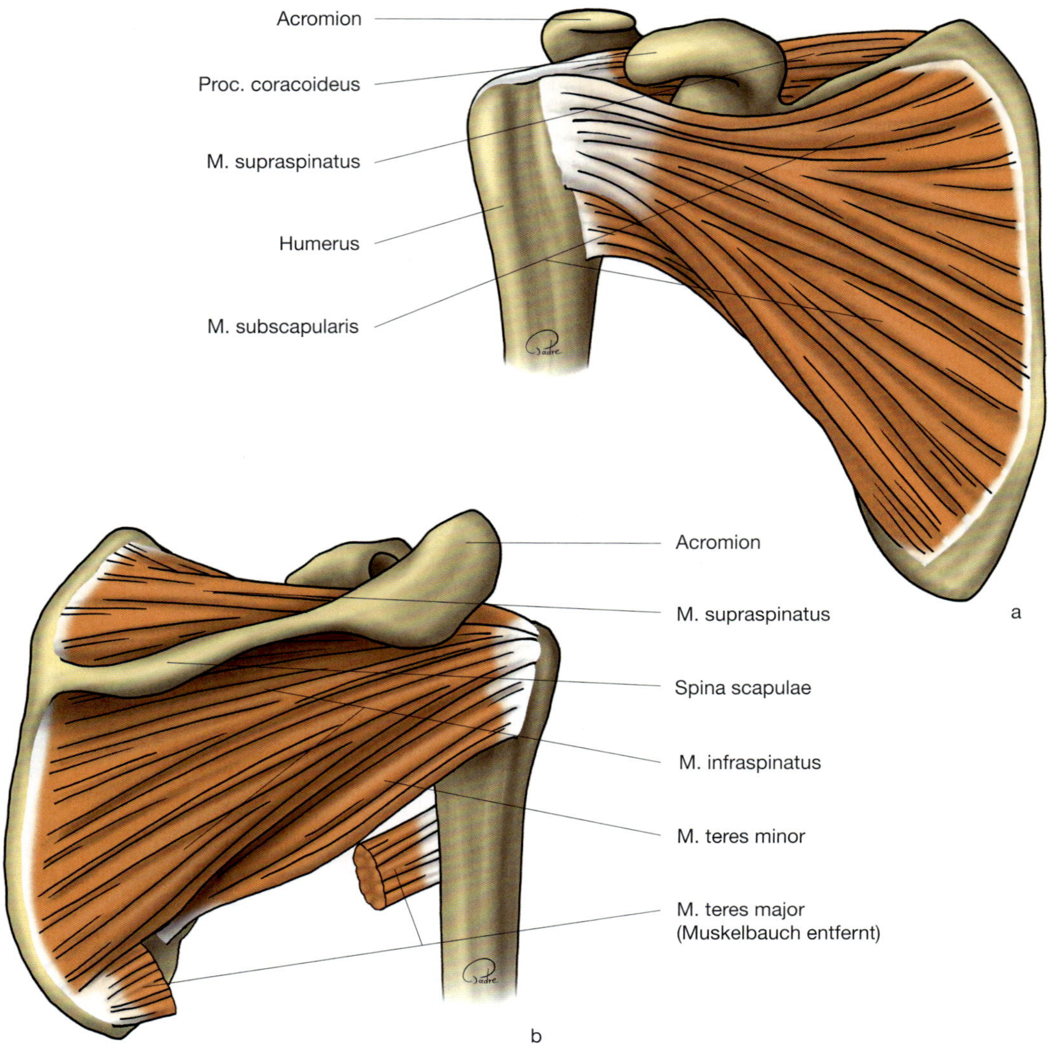

Abb. 7.15 Muskeln der Rotatorenmanschette. a Ansicht von ventral. **b** Ansicht von dorsal.

Tab. 7.8 Flexoren des Oberarms (↗ Abb. 7.17)

Muskel		Ursprung	Ansatz	Funktion	Innervation	Besonderheiten
M. biceps brachii	Caput longum	Skapula: Tuberculum supraglenoidale	• Tuberositas radii (Hauptansatz) • Aponeurosis musculi bicipitis brachii	• Flexion im Ellenbogengelenk • Supination	N. musculocutaneus	Die lange Bizepssehne • verläuft am proximalen Humerus durch den Sulcus intertubercularis • übergreift das Schultergelenk und übt daher auch auf dieses Gelenk eine geringfügige Abduktionskraft aus, die jedoch funktionell kaum eine Rolle spielt
	Caput breve	Skapula: Proc. coracoideus				
M. brachialis		• Humerus: Vorderseite, distale Hälfte • Septum intermusculare brachii	Tuberositas ulnae	Flexion im Ellenbogengelenk		

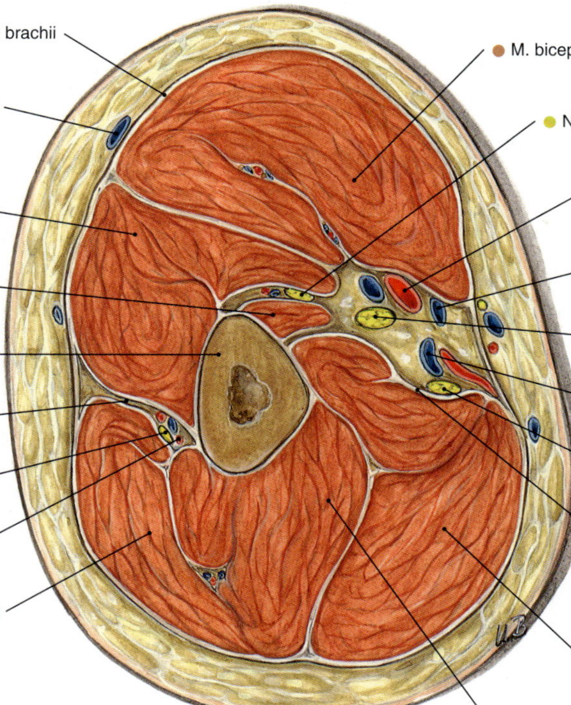

Abb. 7.16 Schnittbild in Höhe der Oberarmmitte zur Verdeutlichung der Faszien, Muskellogen und topographischen Beziehungen. (Aus [14])

Tab. 7.9 Extensoren des Oberarms (↗ Abb. 7.18)

Muskel		Ursprung	Ansatz	Funktion	Innervation	Besonderheiten
M. triceps brachii	Caput longum	Humerus: Tuberculum infraglenoidale	Ulna: Olekranon	Extension im Ellenbogengelenk	N. radialis	Wie die lange Bizepssehne übt auch die lange Trizepssehne eine geringfügige Kraft im Schultergelenk aus, allerdings in Adduktionsrichtung
	Caput laterale	Humerus: lateral des Sulcus nervi radialis				
	Caput mediale	Humerus: medial und distal des Sulcus nervi radialis				
M. anconeus		• Humerus: Epicondylus lateralis • Lig. collaterale laterale (Gelenkkapsel)	• Ulna: Olekranon • proximales Viertel der Ulna, dorsalseitig	• Extension im Ellenbogengelenk • Spannung der relativ weiten Gelenkkapsel in allen Positionen (verhindert das Einklemmen der Kapsel)	N. radialis	

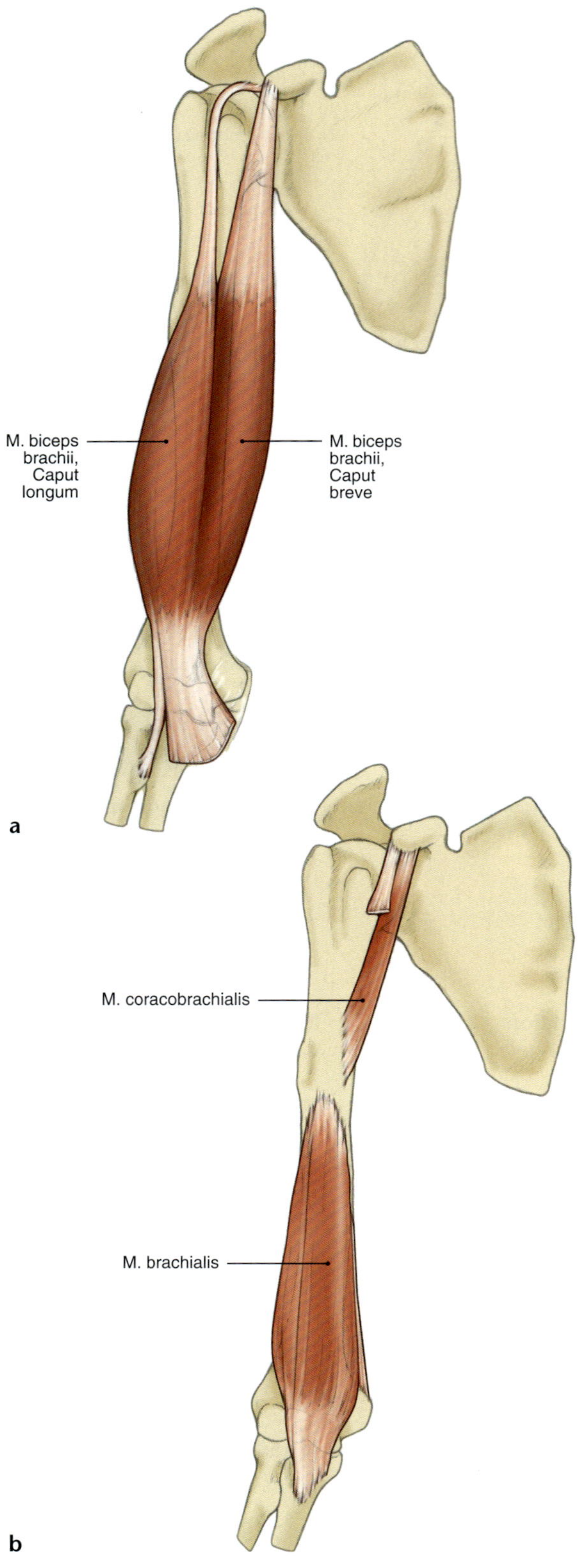

Abb. 7.17 Muskulatur des Oberarms, Ansicht von ventral. a Die oberflächliche Schicht enthält den M. biceps brachii. **b** Die tiefe Schicht enthält den M. brachialis, der zu den Flexoren des Oberarms gehört, und den M. coracobrachialis, der zu den Schultergürtel-Oberarm-Muskeln zählt (↗ Tab. 7.7). (Aus [14])

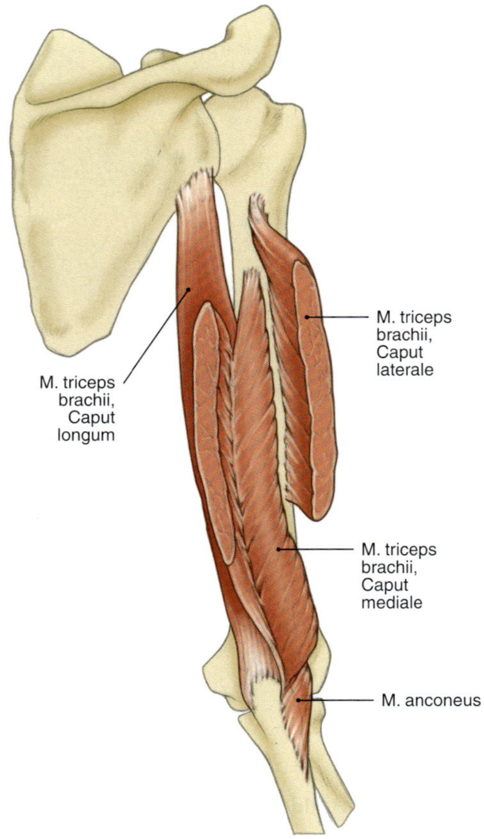

Abb. 7.18 Muskulatur des Oberarms, Ansicht von dorsal. (Aus [14])

Klinik

Wie bei der Sehne des M. supraspinatus ist auch ein **Riss der langen Bizepssehne** möglich, wenn sie in ihrem Verlauf durch das Schultergelenk zwischen Humeruskopf und Schulterdach chronisch mechanisch geschädigt wird. Die Sehne wird dann – ohne Funktionsbeeinträchtigung – operativ im Sulcus intertubercularis fixiert (Tenodese).

7.3.4 Muskulatur des Unterarms

Die Unterarmmuskeln werden funktionell in 2 Gruppen, die Flexoren und die Extensoren, unterteilt (↗ auch Abb. 7.20).

Extensoren des Unterarms

Die Extensoren des Unterarms (↗ Tab. 7.10 und Abb. 7.19) setzen an Humerus (↗ Kap. 7.1.2 und Abb. 7.3) und Unterarm (↗ Kap. 7.1.3 und Abb. 7.5) hauptsächlich lateral bzw. radial an. Sie werden alle durch den N. radialis (↗ Kap. 7.4 und Tab. 7.15) innerviert. Zum Handrücken ziehen die Sehnen der Extensoren unter dem Retinaculum musculorum flexorum hindurch, wo sie sich regelhaft einem der 6 Strecksehnenfächer zuordnen lassen (↗ Tab. 7.11).

Tab. 7.10 Extensoren des Unterarms (↗ Abb. 7.19)

Muskel		Ursprung	Ansatz	Funktion	Innervation	Besonderheiten
radiale Gruppe						
M. brachioradialis		Humerus: Margo lateralis	Radius: proximal des Proc. styloideus	• Flexion im Ellenbogengelenk • Pronation bei supiniertem Unterarm • Supination bei proniertem Unterarm	N. radialis	Rückverlagerung des Muskelansatzes im Laufe der Evolution vom Handgelenk auf den Radius → keine Streckung des Handgelenks mehr möglich (aufgrund seiner Entstehung und Innervation wird er dennoch der Extensorengruppe zugerechnet)
M. extensor carpi radialis longus		Humerus: Margo lateralis	Os metacarpi II: Basis dorsalseitig	• Dorsalextension und Radialabduktion im Handgelenk • schwache Beugung im Ellenbogengelenk	N. radialis	2. Strecksehnenfach
M. extensor carpi radialis brevis		Humerus: Epicondylus lateralis	Os metacarpi III: Basis dorsalseitig	• Dorsalextension und Radialabduktion im Handgelenk • schwache Beugung im Ellenbogengelenk	N. radialis, R. profundus	2. Strecksehnenfach
ulnare (oberflächliche) Gruppe						
M. extensor digitorum		Humerus: Epicondylus lateralis	strahlt in die Dorsalaponeurose der Finger 2–5 ein	• Dorsalextension der Fingergelenke und des Handgelenks • spreizt die Finger aus der Ausgangsstellung und adduziert sie aus der gespreizten Haltung	N. radialis, R. profundus	• Die distale Sehne teilt sich in 4 Endsehnen auf, die in die Dorsalaponeurosen der Finger 2–5 einstrahlen • 4. Strecksehnenfach
M. extensor digiti minimi		Humerus: Epicondylus lateralis	strahlt in die Dorsalaponeurose des Kleinfingers ein	• Dorsalextension im Kleinfingergrundglied • schwache Extension im Handgelenk	N. radialis, R. profundus	5. Strecksehnenfach
M. extensor carpi ulnaris	Caput humerale	Humerus: Epicondylus lateralis	Os metacarpi V, Basis dorsalseitig	Dorsalextension und Ulnarabduktion im Handgelenk	N. radialis, R. profundus	6. Strecksehnenfach
	Caput ulnare	Ulna: Dorsalseite				

Fortsetzung ▶

Tab. 7.10 *Fortsetzung*

Muskel	Ursprung	Ansatz	Funktion	Innervation	Besonderheiten
tiefe Gruppe					
M. supinator	• Humerus: Epicondylus lateralis • Lig. collaterale laterale • Lig. anulare radii • Ulna: Crista m. supinatoris	Radius: distal im Anschluss an die Tuberositas radii	Supination (alleiniger Supinator in Streckstellung des Ellenbogens)	N. radialis, R. profundus	Der R. profundus des N. radialis durchbohrt den M. supinator
M. abductor pollicis	• Ulna: Facies posterior • Radius: Facies posterior • Membrana interossea	Os metacarpi I: Basis	• Daumensattelgelenk: Abduktion, Reposition (Rückführung aus der Oppositionsstellung) • Handgelenk: Radialabduktion	N. radialis, R. profundus	1. Strecksehnenfach
M. extensor pollicis brevis	• Ulna: Facies posterior • Radius: Facies posterior • Membrana interossea	Grundphalanx I: Basis	• Daumengrundgelenk: Extension • Daumensattelgelenk: Abduktion, Reposition • Handgelenk: Radialabduktion	N. radialis, R. profundus	1. Strecksehnenfach
M. extensor pollicis longus	• Ulna: Facies posterior • Membrana interossea	Endphalanx I: Basis	• Daumengrundgelenk: Extension • Daumenendgelenk: Extension • Daumensattelgelenk: Abduktion, Reposition • Handgelenk: Radialabduktion	N. radialis, R. profundus	3. Strecksehnenfach
M. extensor indicis	• Ulna: Facies posterior • Membrana interossea	Dorsalaponeurose des Zeigefingers	• Extension in allen Gelenken des 2. Strahls • Handgelenk: (schwache) Dorsalextension	N. radialis, R. profundus	4. Strecksehnenfach

Tab. 7.11 Sehnenfächer unter dem Retinaculum musculorum extensorum

1. Sehnenfach	• M. abductor pollicis longus • M. extensor pollicis brevis
2. Sehnenfach	• M. extensor carpi radialis longus • M. extensor carpi radialis brevis
3. Sehnenfach	M. extensor pollicis longus
4. Sehnenfach	• M. extensor digitorum • M. extensor indicis
5. Sehnenfach	M. extensor digiti minimi
6. Sehnenfach	M. extensor carpi ulnaris

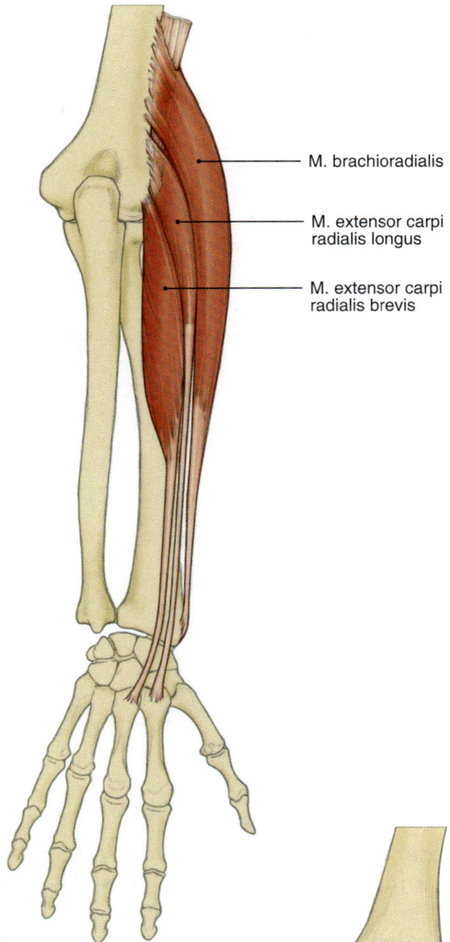

a

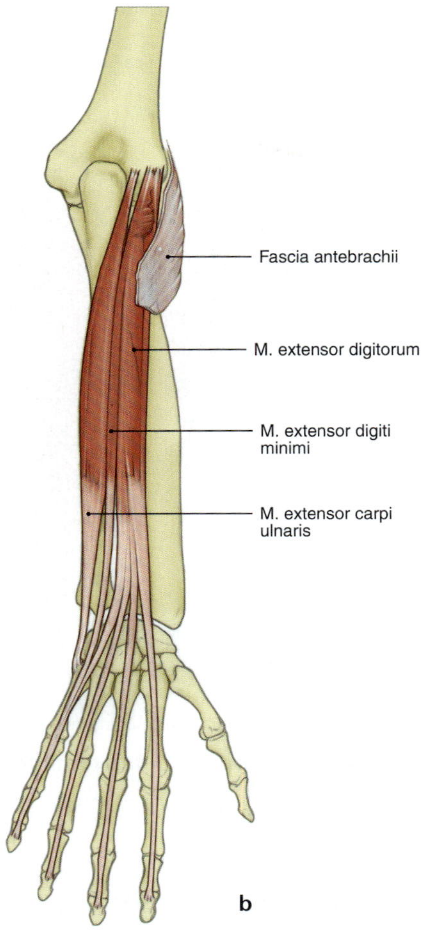

b

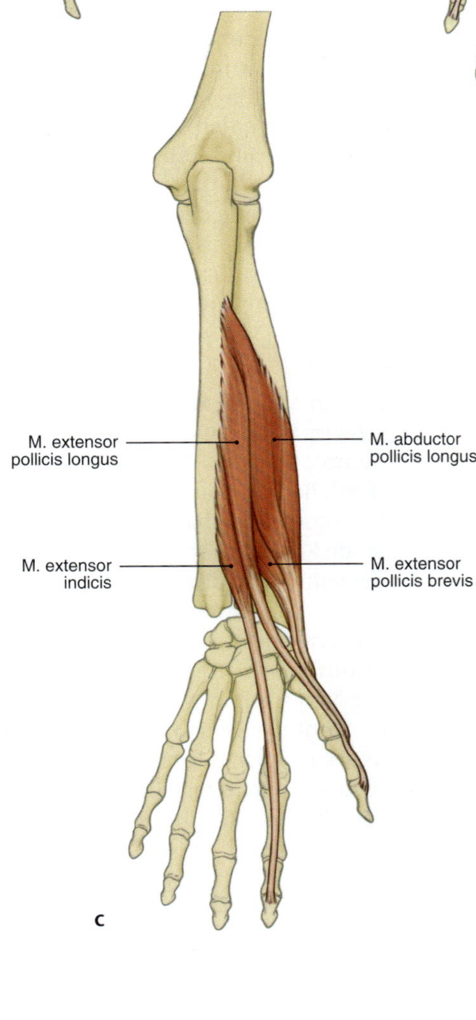

c

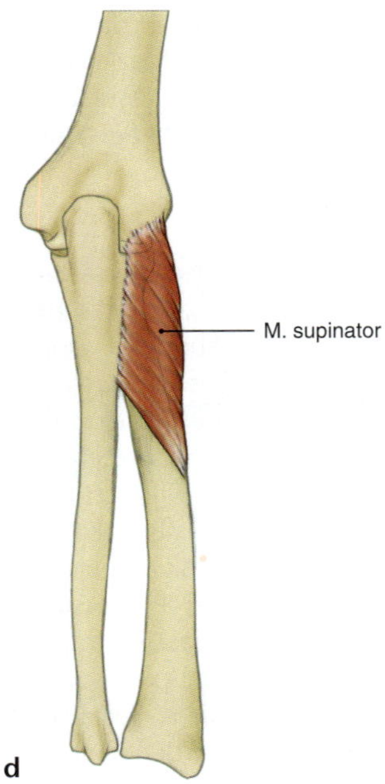

d

Abb. 7.19 Dorsoradiale Unterarmmuskeln.
a Radiale Muskeln. **b** Oberflächliche Extensoren. **c** Tiefe Extensoren. **d** M. supinator. (Aus [14])

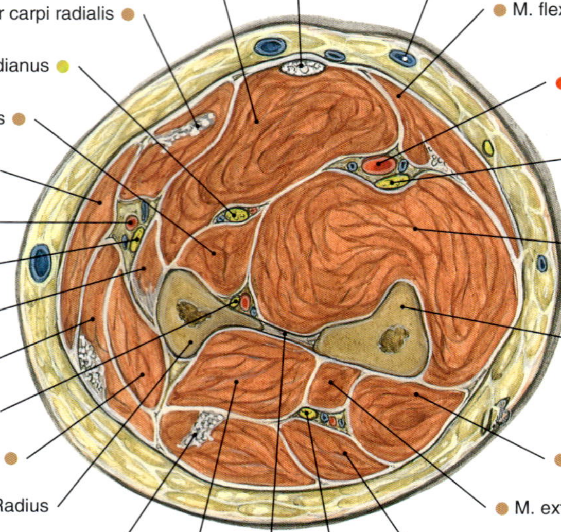

Abb. 7.20 Querschnitt auf Höhe der Unterarmmitte. (Aus [14])

Merke

Vom M. biceps brachii (kranial), M. brachioradialis (lateral) und M. pronator teres wird die dreieckförmige **Fossa cubitalis** begrenzt. In ihr liegen oberhalb der Fascia antebrachii die epifaszialen Venen des Unterarms. Unter der Faszie liegt der N. medianus gemeinsam mit der A. brachialis, die sich in der Fossa cubitalis in ihre Endäste aufspaltet.

Merke

Bei Abduktion und Extension des Daumens bildet sich zwischen den im 1. Strecksehnenfach verlaufenden Sehnen des M. abductor pollicis longus und des M. extensor pollicis brevis sowie der lateral davon gelegenen Sehne des M. extensor pollicis longus eine Grube. Anatomisch wird diese Vertiefung als **Foveola radialis** bezeichnet. Klinisch und umgangssprachlich bezeichnet man sie als **Tabatière** (Tabakdose), weil hier der Schnupftabak aufgelegt wird. Im Bereich der Tabatière liegen der Processus styloideus radii, das Os scaphoideum, das Os trapezium (↗ Kap. 7.1.4), die Sehnen der Mm. extensores carpi radiales longus und brevis sowie die A. radialis (↗ Kap. 7.5.1), deren Puls hier palpiert werden kann.

Flexoren des Unterarms

Die Unterarmflexoren (↗ Tab. 7.12) entspringen hauptsächlich am Epicondylus medialis humeri (↗ Kap. 7.1.2 und Abb. 7.3) sowie auf der Vorderseite von Radius, Ulna (↗ Kap. 7.1.3 und Abb. 7.4) und der Membrana interossea (↗ Kap. 7.2.5 und Abb. 7.10). Sie werden hauptsächlich vom N. medianus (↗ Kap. 7.4 und Tab. 7.15) innerviert. Flexorensehnen, die vom Unterarm in die Hohlhand ziehen, verlaufen auf Höhe des Handgelenks durch den Karpaltunnel (Canalis carpi), der oberflächlich vom Retinaculum musculorum flexorum verschlossen wird. Durch diesen Kanal verläuft auch der N. medianus.

Klinik

Im Karpaltunnel kann es durch chronische Weichteilschwellungen zu einer Druckerhöhung und damit Kompression des N. medianus kommen. Die unter dem Begriff **Karpaltunnelsyndrom** subsumierten Symptome beinhalten insbesondere nachts auftretende Kribbelparästhesien und Schmerzen im Bereich der vom N. medianus sensibel versorgten Finger 1–3 (palmarseitig) sowie im fortgeschrittenen Krankheitsstadium eine Atrophie und Schwäche der vom N. medianus innervierten Thenarmuskulatur. Die Messung der Nervenleitungsgeschwindigkeit des N. medianus bestätigt die Diagnose. Eine temporäre Ruhigstellung des Handgelenks kann die Beschwerden u. U. lindern, sollte sich hierunter jedoch kein Erfolg einstellen, wird das Retinaculum musculorum flexorum operativ durchtrennt.

Tab. 7.12 Flexoren des Unterarms (↗ Abb. 7.21)

Muskel		Ursprung	Ansatz	Funktion	Innervation	Besonderheiten
oberflächliche Schicht						
M. pronator teres	Caput humerale	Humerus: Epicondylus medialis	Radius: mittleres Drittel	• Radioulnargelenke: Pronation • Ellenbogengelenk: Flexion	N. medianus	Der N. medianus durchbohrt den M. pronator teres zwischen seinen beiden Ursprüngen
	Caput ulnare	Ulna: Proc. coronoideus				
M. flexor carpi radialis		Humerus: Epicondylus medialis	Os metacarpi II: Basis	Handgelenk: Palmarflexion, Radialabduktion	N. medianus	Der M. flexor carpi radialis verläuft nicht im Karpaltunnel wie die übrigen Flexoren, sondern besitzt ein eigenes Sehnenfach
M. palmaris longus		Humerus: Epicondylus medialis	Palmaraponeurose	spannt die Palmaraponeurose beim Faustschluss	N. medianus	Die Sehne wird oft für Sehnenplastiken im Bereich der Hand entnommen (Funktionsdefizite bestehen danach nicht); oft ist die Sehne primär nicht angelegt
M. flexor carpi ulnaris	Caput humerale	Humerus: Epicondylus medialis	• Os hamatum (via Lig. pisohamatum) • Os metacarpi V: Basis (via Lig. pisometacarpale)	Handgelenk: Palmarflexion, Ulnarabduktion	N. ulnaris	Der primäre Ansatz der Sehne des M. flexor carpi ulnaris befindet sich am Os pisiforme, das ihr als Hypomochlion dient
	Caput ulnare	Ulna: Olekranon, Margo posterior				
mittlere Schicht						
M. flexor digitorum superficialis	Caput humeroulnare	• Humerus: Epicondylus medialis • Ulna: Proc. coronoideus	Mittelphalangen II–IV	• Grund- und Mittelgelenke der Finger 2–4: Palmarflexion • Handgelenk: Palmarflexion	N. medianus	• Die 4 Ansatzsehnen des M. flexor digitorum superficialis verlaufen in einer gemeinsamen Sehnenscheide mit den 4 Sehnen des M. flexor digitorum profundus durch den Karpaltunnel • Auf Höhe der Grundphalanx spalten sich die Sehnen in 2 Schenkel und lassen die entsprechende Sehne des M. flexor digitorum profundus hindurchtreten
	Caput radiale	Radius: Margo anterior				
tiefe Schicht						
M. flexor digitorum profundus		• Ulna: Facies anterior • Membrana interossea	Endphalangen II–V	• Grund-, Mittel- und Endgelenke II–V: Palmarflexion • Handgelenk: Palmarflexion	• Finger 2–3: N. medianus • Finger 4–5: N. ulnaris	Aus dem Muskelbauch gehen 4 Sehnen hervor (Verlauf s. o.)

Fortsetzung ▶

Tab. 7.12 *Fortsetzung*

Muskel	Ursprung	Ansatz	Funktion	Innervation	Besonderheiten
tiefe Schicht					
M. flexor pollicis longus	• Humerus: Epicondylus medialis • Radius: Facies anterior • Membrana interossea	Endphalanx I	• Grund- und Endgelenk I: Palmarflexion • Daumensattelgelenk: Opposition	N. medianus	
M. pronator quadratus	Ulna: Facies anterior (distales Drittel)	Radius: Facies anterior (distales Drittel)	Radioulnargelenk: Pronation	N. medianus	

Wie fast überall im Körper Sehnen im Bereich von Haltebändern von Sehnenscheiden umgeben sind, so sind auch im Bereich des Karpaltunnels die Sehnen der Flexoren von Sehnenscheiden umgeben, die ihnen als Gleitlager dienen. Während die Finger II–IV im Phalanxbereich eigens abgeschlossene Sehnenscheiden besitzen, verlaufen die Sehnenscheiden der Finger I und V vom Karpaltunnel bis zu den Phalangen.

Klinik

Infektionen können sich entlang den Sehnenscheiden rasch ausbreiten. Breitet sich eine phlegmonöse (eitrige, flächenhafte) Entzündung von der Sehnenscheide des kleinen Fingers zum Daumen oder umgekehrt aus, so spricht man aufgrund der Konfiguration von einer **V-Phlegmone.**

Häufiger als bakterielle Infektionen der Sehnenscheiden sind Entzündungen des Sehnengleitgewebes (**Tendovaginitis**) durch mechanische Überbelastung. Hierzu kommt es meist im Bereich des Handgelenks bei stereotyper Fingerarbeit (Sekretärin, Kassiererin). Klinisch imponiert das sog. Schneeballknirschen oder Lederreiben. Hierunter versteht man feine Krepitationen bei Bewegung der Sehne, die durch Fibrinausscheidung in die Sehnenscheide verursacht werden.

7.3.5 Kurze Handmuskeln

Hohlhand-, Thenar- und Hypothenarmuskeln

Die kurzen Handmuskeln (↗ Tab. 7.13, Abb. 7.22 und Abb. 7.23) liegen sowohl mit Ursprung als auch mit Ansatz im Bereich distal des Handgelenks, sie werden bisweilen auch als **intrinsische Handmuskeln** bezeichnet. Im Gegensatz zu den vom Unterarm in die Hand einstrahlenden Muskeln, die für kraftvolle Bewegungen verantwortlich sind, übernehmen die kurzen Handmuskeln die Feinsteuerung der Finger. Sie werden unterteilt in:

- **Hohlhandmuskeln** (Mm. lumbricales, Mm. interossei, ↗ Tab. 7.13 und Abb. 7.23): Die Hohlhandmuskeln bestehen jeweils aus mehreren Muskelbäuchen. Sie übernehmen die Feinsteuerung bei Flexion im Bereich der Fingergrundgelenke (MCP), Extension der Interphalangealgelenke (PIP, DIP) sowie bei Ab- und Adduktion der Finger.
- **Thenarmuskeln** (Daumenballenmuskeln, ↗ Tab. 7.13 und Abb. 7.22): Die Muskeln des Daumenballens übernehmen die komplexe Bewegung des Daumens.
- **Hypothenarmuskeln** (Kleinfingerballenmuskeln, ↗ Tab. 7.13 und Abb. 7.22): Analog zur Thenarmuskulatur übernehmen die Muskeln des Hypothenars Funktionen bei der Bewegung des Kleinfingers.

Palmaraponeurose

In der Hohlhand ist die oberflächliche Faszie zu einer derben Bindegewebsplatte verstärkt, in die Sehnenfasern des M. palmaris longus einstrahlen (wenn der Muskel angelegt ist). Die Hauptfaserrichtung verläuft in Längsrichtung vom Retinaculum musculorum flexorum zum 2.–5. Finger. Die Längsfasern werden durch quer verlaufende Faserzügel (Fasciculi transversi) verbunden.

Klinik

Beim **Morbus Dupuytren** entstehen aus ungeklärter Ursache Knoten und Stränge innerhalb der Palmarfaszie. Durch Verkürzung der Fasern kommt es zu einem progredienten Streckdefizit der Finger.

7.4 Nerven

Nerval wird die obere Extremität aus den Spinalnerven C5 bis T1 versorgt, die sich zwischen Skalenuslücke (↗ Kap. 4.1.3) und Achselhöhle (↗ Kap. 7.3.2) zum Plexus brachialis (↗ Abb. 7.24) vereini-

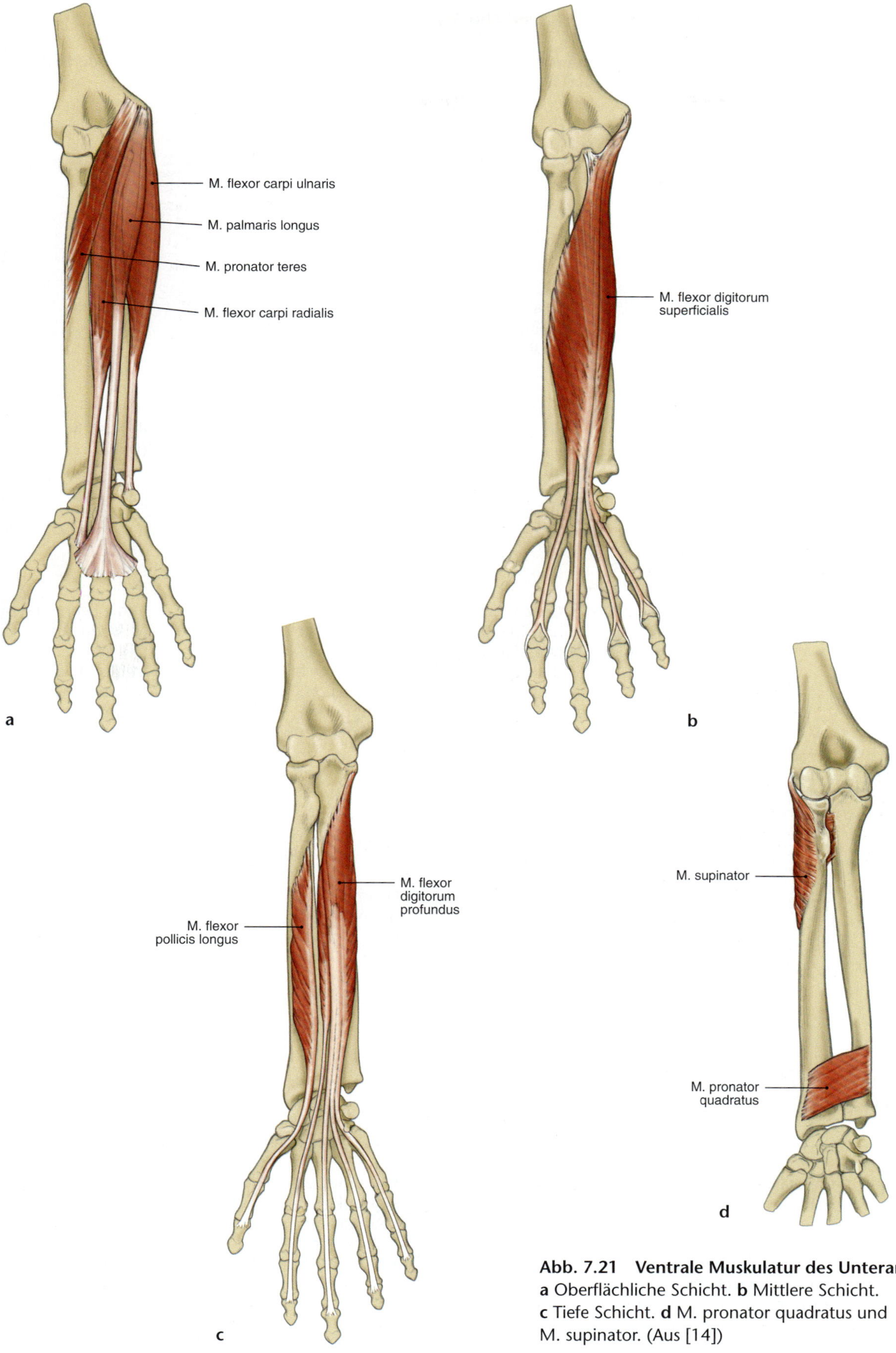

Abb. 7.21 Ventrale Muskulatur des Unterarms. **a** Oberflächliche Schicht. **b** Mittlere Schicht. **c** Tiefe Schicht. **d** M. pronator quadratus und M. supinator. (Aus [14])

Tab. 7.13 Kurze Handmuskeln (↗ Abb. 7.22 und Abb. 7.23)

Muskel		Ursprung	Ansatz	Funktion	Innervation	Besonderheiten
Hohlhandmuskeln						
Mm. lumbricales		Sehnen des M. flexor digitorum profundus	Dorsalaponeurosen der Finger II–V (radialseitig)	• MCP II–V: Flexion • PIP + DIP II–V: Extension	• Finger II–III: N. medianus • Finger IV–V: N. ulnaris	4 Muskeln (II–V)
Mm. interossei palmares		Ossa metacarpi II, IV und V	Dorsalaponeurosen der Finger II, IV und V (D II ulnarseitig, D IV, D V radialseitig)	• MCP II, IV, V: Flexion, Adduktion • PIP + DIP II, IV, V: Extension	N. ulnaris	3 Muskeln (II, IV, V)
Mm. interossei dorsales		Ossa metacarpi I–V	Dorsalaponeurosen der Finger II–IV (D II radialseitig, D III beidseitig, D IV ulnarseitig)	• MCP II–IV: Flexion, Abduktion • PIP + DIP II–IV: Extension	N. ulnaris	4 Muskeln (II–IV)
Thenarmuskeln						
M. abductor pollicis brevis		• Os scaphoideum • Retinaculum musculorum flexorum	• Grundphalanx I: radialseitig • Dorsalaponeurose des Daumens	• Daumensattelgelenk (Karpometakarpalgelenk I): Abduktion, Opposition • MCP I: Flexion	N. medianus	In die Sehne des M. abductor pollicis brevis ist das radiale Sesambein des Daumens eingebettet
M. flexor pollicis brevis	Caput superficiale	Retinaculum musculorum flexorum	Grundphalanx I: radialseitig	• Daumensattelgelenk: Abduktion, Opposition • MCP I: Flexion	N. medianus	• In 20% inseriert das Caput profundum getrennt vom Caput superficiale über das ulnare Sesambein an der Daumengrundphalanx • Das dargestellte Innervationsmuster besteht lediglich bei ca. 70%
	Caput profundum	• Os trapezium • Os trapezoideum • Os capitatum		Daumensattelgelenk: Adduktion MCP I: Flexion	N. ulnaris	
M. opponens pollicis		• Retinaculum musculorum flexorum • Os trapezium	Os metacarpi I	Daumensattelgelenk: Abduktion, Opposition	N. medianus	
M. adductor pollicis	Caput obliquum	• Ossa metacarpi II, III • Os capitatum	Grundphalanx I: ulnarseitig	• Daumensattelgelenk: Adduktion, Opposition • MCP I: Flexion	N. ulnaris	In die Sehne des M. adductor pollicis ist das ulnare Sesambein des Daumens eingebettet
	Caput transversum	Os metacarpi III				

Tab. 7.13 *Fortsetzung*

Muskel	Ursprung	Ansatz	Funktion	Innervation	Besonderheiten
Hypothenarmuskeln					
M. abductor digiti minimi	• Retinaculum musculorum flexorum • Os pisiforme	Grundphalanx V: Basis ulnarseitig	MCP V: Abduktion	N. ulnaris, R. profundus	
M. flexor digiti minimi brevis	• Retinaculum musculorum flexorum • Hamulus ossis hamati	Grundphalanx V: Basis palmar	MCP V: Palmarflexion	N. ulnaris, R. profundus	
M. opponens digiti minimi	• Retinaculum musculorum flexorum • Hamulus ossis hamati	Os metacarpi V	Karpometakarpalgelenk V: Opposition	N. ulnaris, R. profundus	
M. palmaris brevis	• Palmaraponeurose • Retinaculum musculorum flexorum	Haut des Hypothenars	Verspannung der Palmaraponeurose	N. ulnaris, R. superficialis	

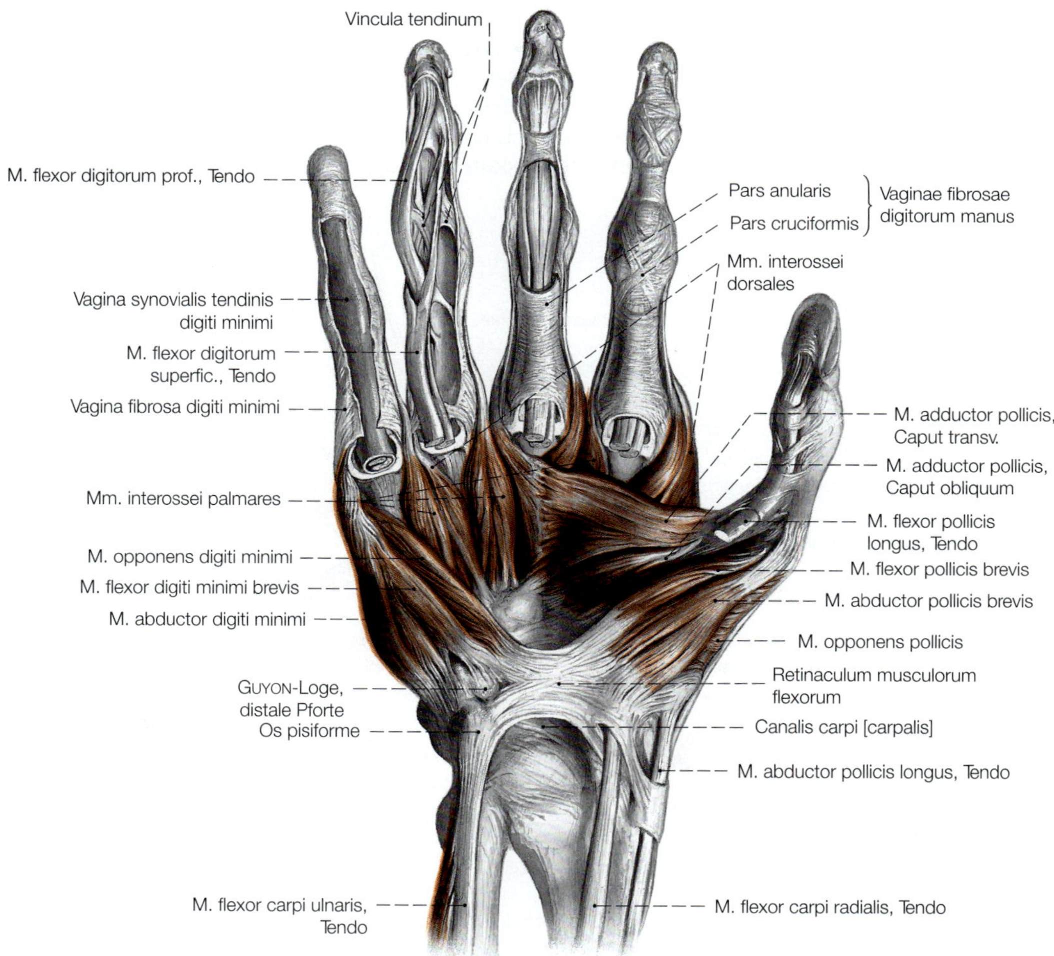

Abb. 7.22 Kurze Handmuskeln. Ansicht von palmar. (Aus [5])

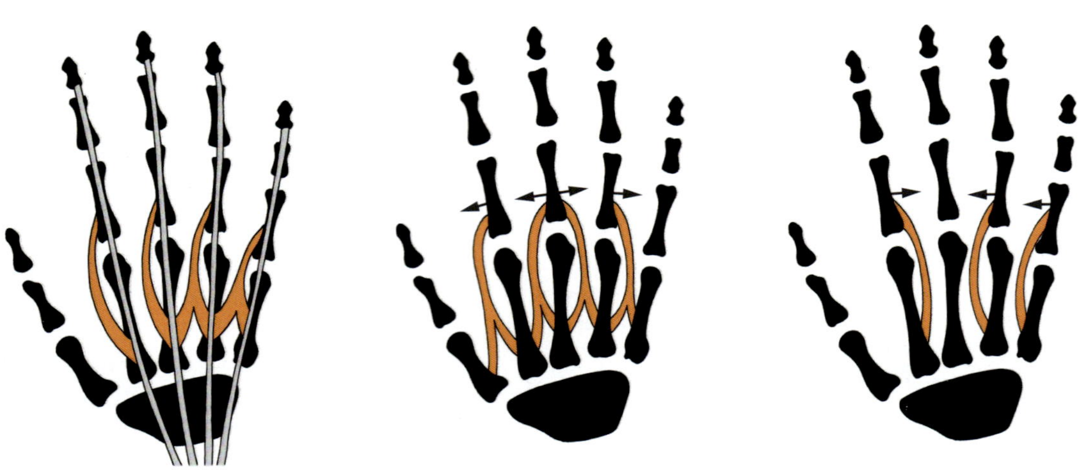

Abb. 7.23 Hohlhandmuskeln. (Nach [5])

gen. Die aus dem Plexus brachialis hervorgehenden Nerven werden nach der Höhe ihres Abgangs in supraklavikuläre (↗ Tab. 7.14) und infraklavikuläre Äste (↗ Tab. 7.15) eingeteilt.

Plexus brachialis

Die Vorderwurzeln der in den Plexus brachialis (↗ Abb. 7.24) ziehenden Spinalnerven bilden auf Höhe des M. scalenus medius 3 Bündel, die sich wie folgt zusammensetzen:

- **Truncus superior** aus C5 und C6
- **Truncus medius** aus C7
- **Truncus inferior** aus C8 und T1.

Bereits auf Höhe der Klavikula findet eine Umgruppierung statt, wobei sich zunächst alle 3 Trunci in je einen ventralen sowie einen dorsalen Anteil aufspalten. Die 3 dorsalen Äste vereinigen sich zum

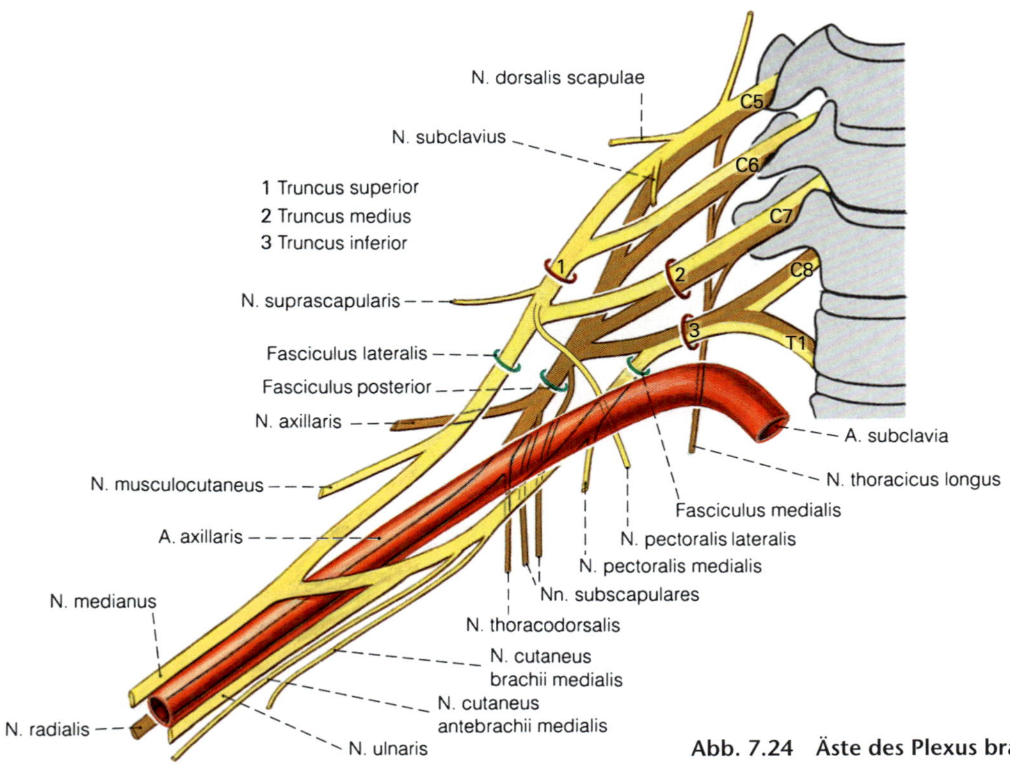

Abb. 7.24 Äste des Plexus brachialis. (Aus [5])

Fasciculus posterior. Die aus dem Trunci superior und medius hervorgehenden ventralen Äste bilden gemeinsam den **Fasciculus lateralis,** während aus dem ventralen Ast des Truncus inferior der **Fasciculus medialis** hervorgeht. Die Nomenklatur der 3 Faszikel entspricht deren Lagebeziehung zur A. subclavia. Aus ihnen gehen typischerweise die 7 infraklavikulären Äste des Plexus brachialis hervor, die den Nerven der oberen Extremität entsprechen:

- Fasciculus lateralis:
  - N. musculocutaneus
  - N. medianus (Radix lateralis)
- Fasciculus medialis:
  - N. medianus (Radix medialis)
  - N. ulnaris
  - N. cutaneus brachii medialis
  - N. cutaneus antebrachii medialis
- Fasciculus posterior:
  - N. radialis
  - N. axillaris.

Merke

Als Eselsbrücke für die Zuordnung der Nerven zu den Faszikeln dient der folgende Satz: Marilyn Monroe und King Kong retten die Anatomie.

Klinik

Die Tatsache, dass die gesamten Nervenfasern der oberen Extremität im Plexus brachialis gebündelt verlaufen, macht man sich im Rahmen operativer Eingriffe bzw. der dazu notwendigen Betäubung zunutze. Hierzu werden 20–60 ml eines Lokalanästhe-

Tab. 7.14 Supraklavikuläre Äste des Plexus brachialis (↗ Abb. 7.24)

Nerv (Segment)	Innervationsgebiet	Verlauf	Paresen
N. dorsalis scapulae (C3–C5)	• M. scalenus medius • M. levator scapulae • Mm. rhomboidei	• durchbohrt den M. scalenus medius von ventral nach dorsal • verläuft entlang dem M. levator scapulae nach kaudal	Skapula lateralisiert und abstehend (Scapula alata)
N. thoracicus longus (C5–C7)	M. serratus anterior	• entsteht aus 2 Wurzeln und durchdringt nach deren Vereinigung den M. scalenus medius • verläuft durch die Achselhöhle nach kaudal, wo er den M. serratus anterior erreicht	Angulus inferior scapulae medialisiert und Scapula alata, Elevation nicht möglich
N. suprascapularis (C4–C6)	• M. supraspinatus • M. infraspinatus	zieht nach seinem Abgang aus dem Truncus superior durch die Incisura scapulae zum M. supraspinatus und von dort nach kaudal zum M. infraspinatus	Außenrotations- (M. infraspinatus) und Abduktionsschwäche (M. supraspinatus)
N. subclavius (C5–C6)	M. subclavius	läuft direkt zum M. subclavius und gibt bisweilen einen Ast an den N. phrenicus ab (dieser wird als Nebenphrenikus bezeichnet)	
N. pectoralis lateralis (C5–C7)	• M. pectoralis major • M. pectoralis minor	• verläuft ventral von A. und V. axillaris nach kaudal und erreicht dort den M. pectoralis major • Wenige Fasern ziehen zum M. pectoralis minor	Adduktionsschwäche
N. pectoralis medialis (C8–T1)	• M. pectoralis major • M. pectoralis minor	• gelangt zwischen A. und V. axillaris nach ventrokaudal und innerviert dort den M. pectoralis minor • Einige Fasern ziehen zum M. pectoralis major weiter	
N. subscapularis (C5–C7)	• M. subscapularis • M. teres major	zieht direkt nach dorsokaudal in Richtung Angulus inferior scapulae	Innenrotationsschwäche
N. thoracodorsalis (C6–C8)	• M. latissimus dorsi • M. teres major	verläuft mit der A. subscapularis nach kaudal und erreicht dort die Innenseite des M. latissimus dorsi	Retroversionsschwäche

Tab. 7.15 Infraklavikuläre Äste des Plexus brachialis (↗ Abb. 7.25)

Nerv (Segment)	Ast	Innervationsgebiet	Verlauf	Reflexe
N. radialis (C5–T1)		M: • M. triceps brachii • M. anconeus • M. brachioradialis • M. extensor carpi radialis longus	• geht aus dem Fasciculus posterior hervor und verläuft als dessen Fortsetzung an der Dorsalseite der A. axillaris nach kaudal • dringt zwischen Caput laterale und Caput mediale des M. triceps brachii in die Tiefe und erreicht dort den Sulcus n. radialis des Humerus • zieht im Sulkus spiralartig, unter Durchdringung des Septum intermusculare laterale, nach lateral und ventral und erreicht so die Ellenbeuge, wo er sich auf Höhe des Radiusköpfchens in seine beiden Endäste, R. superficialis und R. profundus, aufspaltet	Trizepssehnenreflex (C7): Durch Beklopfen der Trizepssehne knapp proximal des Olekranons wird eine Kontraktion des M. triceps brachii ausgelöst; das Ellenbogengelenk wird gestreckt
	N. cutaneus brachii posterior	S: Haut des dorsalen Oberarms	zweigt auf Höhe des M. teres major ab	
	N. cutaneus brachii lateralis inferior	S: Haut des lateralen Oberarms	zweigt vor dem Eindringen zwischen lateralem und medialem Trizepskopf vom N. radialis ab	
	N. cutaneus antebrachii posterior	S: Haut des streckseitigen Unterarms	zweigt vor dem Durchtritt durch das Septum intermusculare laterale ab	
	R. profundus	M: • M. supinator • M. extensor carpi radialis brevis • M. extensor carpi ulnaris • M. extensor digitorum • M. extensor pollicis longus • M. extensor pollicis brevis • M. extensor indicis • M. extensor digiti minimi • M. abductor pollicis longus	• durchdringt den M. supinator und gelangt dadurch in die Tiefe • windet sich um den Radius in Richtung der Streckseite	
	N. interosseus antebrachii posterior (aus R. profundus)	S: Haut des Handgelenks, Periost der Unterarmknochen	liegt der Membrana interossea antebrachii dorsal direkt auf	
	R. superficialis (Nn. digitales dorsales)	S: • Haut des radialseitigen Handrückens • Haut der Dorsalseite der radialen 2½ Finger (nur Grund- und Mittelphalanx)	• verläuft mit der A. radialis und gelangt im distalen Unterarmdrittel auf die Dorsalseite • zieht anschließend auf den radialseitigen Handrücken und gibt dort 5 Nn. digitales dorsales ab	

M: motorische Innervation; S: sensible Innervation

Fortsetzung ▶

Tab. 7.15 *Fortsetzung*

Nerv (Segment)	Ast	Innervationsgebiet	Verlauf	Reflexe
N. musculocutaneus (C5–C7)		M: • M. biceps brachii • M. coracobrachialis • M. brachialis	• durchdringt den M. coracobrachialis und läuft lateral entlang der Bizepssehne • Auf Höhe der Ellenbeuge tritt er unter die Haut und zieht als N. cutaneus antebrachii lateralis am Unterarm radialseitig zum Thenar	Bizepssehnenreflex (C6): Bei Beklopfen der Bizepssehne in der Ellenbeuge wird eine Kontraktion des M. biceps brachii ausgelöst, das Ellenbogengelenk wird gebeugt
	N. cutaneus antebrachii lateralis	S: Haut des Unterarms, radial und volar bis zum Thenar		
N. medianus (C6–T1)	Rr. musculares	M: • M. pronator teres • M. flexor carpi radialis • M. flexor digitorum superficialis • M. palmaris longus	• entsteht auf der Vorderseite der A. axillaris aus seinen beiden Wurzeln (Radix medialis und Radix lateralis), die auch als Medianusgabel bezeichnet werden • begleitet die A. brachialis im Sulcus bicipitalis medialis • liegt in der Ellenbeuge medial der A. brachialis • zieht zwischen den beiden Köpfen des M. pronator teres hindurch und verläuft zwischen oberflächlichen und tiefen Flexoren zum Handgelenk • erreicht die Hohlhand nach Unterquerung des Retinaculum musculorum flexorum, wo er sich in seine 3 Endäste (Nn. digitales palmares communes) aufteilt	Trömner-Reflex (C8): Durch schnelle Extension der locker gehaltenen Finger wird eine Kontraktion der Fingerbeuger ausgelöst
	N. interosseus antebrachii anterior	• M. pronator quadratus • M. flexor pollicis longus • M. flexor digitorum profundus (nur D II + D III)	• verlässt den N. medianus distal des M. pronator teres • liegt der Membrana interossea antebrachii ventralseitig auf und endet im M. pronator quadratus	
	R. palmaris	S: Haut des Thenars und der radialen Hohlhand	verlässt den N. medianus vor Durchtritt durch den Karpaltunnel und durchbricht die Unterarmfaszie	
	Nn. digitales palmares communes I–III	M (über N. digitalis palmaris communis I): • M. abductor pollicis • M. flexor pollicis brevis (Caput superficiale) • M. opponens pollicis M (über Nn. digitales palmares communes II und III): • Mm. lumbricales I und II S: • Haut der Palmarseite der radialen 3½ Finger, • Endphalangen auch dorsalseitig (über Nn. digitales palmares proprii)	teilen sich in Höhe der Metakarpophalangealgelenke in je 2 Nn. digitales palmares proprii	

M: motorische Innervation; S: sensible Innervation

Fortsetzung ▶

Tab. 7.15 *Fortsetzung*

Nerv (Segment)	Ast	Innervationsgebiet	Verlauf	Reflexe
N. ulnaris (C6–T1)	Rr. musculares	M: • M. flexor carpi ulnaris • M. flexor digitorum profundus (für D IV und D V)	• verläuft medial der A. axillaris und A. brachialis • durchbricht im mittleren Oberarmdrittel das Septum intermusculare brachii mediale und gelangt so auf die Streckseite des Oberarms, auf der er zum Epicondylus humeri medialis zieht (ist auf dessen Rückseite im Sulcus nervi ulnaris zu tasten) • zieht unter dem die beiden Ursprünge des M. flexor carpi ulnaris verbindenden Sehnenbogen auf die Flexorenseite des Unterarms, auf der er zusammen mit der A. ulnaris, lateral des M. flexor carpi ulnaris, zum Handgelenk zieht • überkreuzt das Retinaculum musculorum flexorum und teilt sich in seine beiden Endäste (R. superficialis und R. profundus)	
	R. dorsalis	S: Haut der Dorsalseite der 2½ ulnaren Finger (über Nn. digitales dorsales)	• verlässt den N. ulnaris im distalen Unterarmdrittel und verläuft zum Handrücken • teilt sich dort in 3 Nn. digitales dorsales auf	
	R. palmaris	S: Haut des ulnaren Handgelenks sowie des Hypothenars	zweigt im proximalen Unterarmdrittel ab und zieht zum Hypothenar	
	R. profundus	M: • M. flexor digiti minimi brevis • M. abductor digiti minimi • M. opponens digiti minimi • Mm. interossei • Mm. lumbricales III und IV • M. adductor pollicis (Caput profundum) • M. flexor pollicis brevis (Caput profundum)	bildet einen Nervenbogen, der in Begleitung des tiefen Arterienbogens der Hohlhand (Arcus palmaris profundus) verläuft	
	R. superficialis	M: M. palmaris brevis S: Haut der Palmarseite der 1½ ulnaren Finger (über Nn. digitales palmares proprii)	zieht über den M. flexor digiti minimi und gibt einen N. digitalis palmaris proprius zur Versorgung der ulnaren Seite des Kleinfingers und einen N. digitalis palmaris communis ab, der sich in 2 weitere Nn. digitales palmares proprii teilt	

M: motorische Innervation; S: sensible Innervation

Fortsetzung ▶

Tab. 7.15 *Fortsetzung*

Nerv (Segment)	Ast	Innervationsgebiet	Verlauf	Reflexe
N. axillaris (C5–C6)	Rr. musculares	M: • M. deltoideus • M. teres minor	• befindet sich zunächst lateral direkt neben dem N. radialis • folgt dann der A. circumflexa humeri posterior entlang dem Collum chirurgicum des Humerus durch die laterale Achsellücke (liegt dabei direkt der Schultergelenkkapsel auf) • gibt dann den N. cutaneus brachii lateralis superior ab, der um den Hinterrand des M. deltoideus an die Oberfläche zieht	
	N. cutaneus brachii lateralis superior	S: Haut über dem M. deltoideus		
N. cutaneus brachii medialis (C8–T1)		S: Haut des medialen Oberarms	zieht aus der Axilla nach ventral an die Oberfläche	
N. cutaneus antebrachii medialis (C8–T1)	R. anterior	S: Haut des palmarseitigen Unterarms	• zieht mit der A. axillaris und A. brachialis nach kaudal • durchbricht im mittleren Oberarmdrittel mit der V. basilica die Oberarmfaszie und teilt sich in seine Endäste (R. anterior und R. ulnaris), die subkutan weiter nach distal ziehen	
	R. ulnaris	S: Haut des ulnarseitigen Unterarms		

M: motorische Innervation; S: sensible Innervation

tikums, das die Fortleitung der Nervenimpulse blockiert, um den Plexus brachialis injiziert und somit das Schmerzempfinden an diesem Arm ausgeschaltet. Diese Art von Anästhesie wird daher auch **Plexusanästhesie** genannt.

Klinik

Verletzungen des Plexus brachialis kommen hauptsächlich als geburtstraumatische Läsionen oder im Rahmen von Hochenergietraumen (Motorradunfall) vor. Die neurologischen Ausfälle und die Prognose richten sich nach Schädigungsort und -ausmaß. Bei den geburtstraumatischen Plexusläsionen unterscheidet man zwischen einer häufigen, oberen Plexusläsion sowie einer selteneren, unteren Plexusläsion:

- Bei der oberen Plexusläsion (Wurzeln C5 und C6, Erb-Duchenne) sind die Schultermuskulatur sowie die Flexoren und Supinatoren des Unterarms betroffen, so dass der Arm schlaff herabhängt und in Adduktion, Innenrotation und Pronation gehalten wird.
- Im Gegensatz hierzu sind bei der unteren Plexusläsion (Wurzeln C7 und T1, Klumpke) die Extensoren, die Fingerbeuger und die Handbinnenmuskulatur betroffen.

Klinik

Bei etwa 1% aller Menschen besteht eine meist einseitige zusätzliche Rippenanlage am 7. Halswirbelkörper. Je nach Größe der Rippenanlage kann es durch die enge Lagebeziehung zum Plexus brachialis bzw. zur A. subclavia zur Kompression dieser Strukturen mit entsprechenden Funktionseinbußen kommen. Oft ist dies durch bestimmte Armbewegungen auslösbar (**Halsrippensyndrom, Thoracic-Outlet-Syndrom;** ↗ auch Kap. 4.1.5).

Supraklavikuläre Äste

Als supraklavikuläre Äste werden alle kurzen, rein motorischen Nerven bezeichnet, die aus dem Plexus brachialis hervorgehen. Sie innervieren die Muskulatur des Schultergürtels. Für die distalen Nervenäste ist die topographische Bezeichnung jedoch nicht zutreffend. Von manchen Autoren werden daher die Nn. pectorales, der N. subscapularis und der N. thoracodorsalis den infraklavikulären Ästen zugeordnet.

Infraklavikuläre Äste

Die infraklavikulären Äste des Plexus brachialis stellen die gesamte sensible und motorische Innervation der oberen Extremität sicher (↗ Tab. 7.15 und Abb. 7.25 bis 7.27).

Klinik

Bei dem Verdacht auf eine **Nervenlähmung** ist jeweils das gesamte Innervationsgebiet des möglicherweise verletzten Nervs (motorisch und sensibel) zu überprüfen. Dabei muss insbesondere auf die folgenden typischen Ausfälle geachtet werden:

- **N. radialis:** Der Nerv ist vor allem bei einer Humerusschaftfraktur (wegen seines Verlaufs im Sulcus n. radialis) gefährdet. Typische Ausfallerscheinung ist dann die Fallhand – diese kommt durch einen Funktionsverlust der langen Hand- und Fingerextensoren zustande.
- **N. musculocutaneus:** Bei einer Parese sind die Ellenbogenflexion und Supination geschwächt.
- **N. medianus:** Bei Schädigung im Bereich des Oberarms fallen die langen Flexoren der Finger I–III aus; die Flexoren der Finger IV und V werden vom N. ulnaris innerviert und können weiter gebeugt werden; dadurch entsteht das Bild der Schwurhand. Durch eine Druckschädigung des Nervs im Canalis carpi entsteht das Karpaltunnelsyndrom (↗ Kap. 7.3.4).
- **N. ulnaris:** Häufig wird der Nerv in Höhe des Epicondylus humeri medialis in der sog. Loge de Guyon geschädigt. Hier liegt der Nerv sehr oberflächlich und auf einer knöchernen Unterlage, so dass er Druck oder Stoß von außen nicht ausweichen kann; bei stärkerem Beklopfen in diesem Bereich lassen sich Parästhesien im gesamten sensiblen Versorgungsbereich des Nervs auslösen. Bei einer Parese entsteht das Bild der Krallenhand (durch die Lähmung der Mm. interossei und lumbricales); da auch die Thenarmuskulatur und die Adduktoren des Daumens betroffen sind, können Daumen und Kleinfinger nicht mehr zueinander geführt werden (negative Daumen-Kleinfinger-Probe).
- **N. axillaris:** Der Nerv kann bei einer Schulterluxation oder einer subkapitalen Humerusfraktur (und deren Repositionen) verletzt werden. Da ein Kraftverlust des M. deltoideus in der Akutsituation nicht sicher prüfbar ist, ist die Sensibilitätsprüfung über dem M. deltoideus als klinisches Zeichen praktikabler (↗ Abb. 7.26).

Ist ein peripherer Nerv geschädigt, fällt die Sensibilität im Versorgungsgebiet dieses Nervs und seiner Äste aus (↗ Abb. 7.26). Die Hautsensibilität kann aber auch bei Rückenmarks- und Plexusverletzungen abgeschwächt oder verändert sein. Beispielsweise sind bei einer Rückenmarkverletzung auf Höhe von C7 alle weiter kaudal liegenden Segmente betroffen, was sich am Arm in einer Sensibilitätsstörung der Dermatome C7–T2/T3 äußern kann (↗ Abb. 7.27)

7.5 Gefäßversorgung

7.5.1 Arterien

Die obere Extremität (↗ Abb. 7.28) wird arteriell aus der A. subclavia versorgt. Diese ändert im Verlauf zweimal ihren Namen, zunächst in A. axillaris, dann in A. brachialis. Als solche zieht sie bis zur Ellenbeuge, in der sie sich in ihre Endäste, A. radialis und A. ulnaris, aufspaltet.

A. subclavia

Aus der A. subclavia gehen neben den Ästen zur Versorgung des Schultergürtels und des Arms auch Äste zum Hals (↗ Kap. 4.2.3) und Thorax (↗ Kap. 5.7.1) ab, die an entsprechender Stelle beschrieben sind. Nach der A. vertebralis ist der Truncus thyrocervicalis der 2. Abgang aus der A. subclavia. Aus ihm entspringen 2 Arterien, welche die dorsale Schultergürtelmuskulatur mitversorgen:

- **A. suprascapularis:** verläuft über das Lig. transversum scapulae in die Fossa supraspinata und gelangt vorbei an der lateralen Begrenzung der Spina scapulae in die Fossa infraspinata; anastomosiert hier mit der A. circumflexa scapulae und stellt somit einen Umgehungskreislauf der A. axillaris dar
- **A. dorsalis scapulae** (aus A. transversa colli oder direkt aus der A. subclavia): zieht entlang dem Margo medialis scapulae nach kaudal.

A. axillaris

Ab dem Unterrand der ersten Rippe heißt die A. subclavia A. axillaris. Sie liegt dorsal von Mm. pectorales major und minor (↗ Kap. 7.3.1) und gibt im Verlauf 6 Äste ab:

- **A. thoracica superior:** zieht, von kranial kommend, am Thorax nach ventrokaudal zu den Mm. pectorales und dem kranialen Anteil des M. serratus anterior (↗ Kap. 7.3.1)
- **A. thoracoacromialis:** teilt sich kurz nach ihrem Abgang aus der A. axillaris in mehrere Endäste auf, die zum M. deltoideus (↗ Kap. 7.3.2), zu den Mm. pectorales sowie zu Klavikula und Akromion (↗ Kap. 7.1.1) ziehen
- **A. thoracica lateralis:** zieht seitlich am Thorax nach kaudal, überkreuzt und versorgt die Ursprünge des M. serratus anterior; Endäste ziehen zur Brustdrüse
- **A. subscapularis:** Der kurze Gefäßstamm teilt sich in 2 Hauptäste:
  - **A. circumflexa scapulae:** zieht durch die mediale Achsellücke (↗ Kap. 7.3.2) in die Fossa infraspinata (↗ Kap. 7.1.1), wo sie mit der A. suprascapularis anastomosiert
  - **A. thoracodorsalis:** verläuft zwischen M. serratus anterior und M. latissimus dorsi nach kaudal

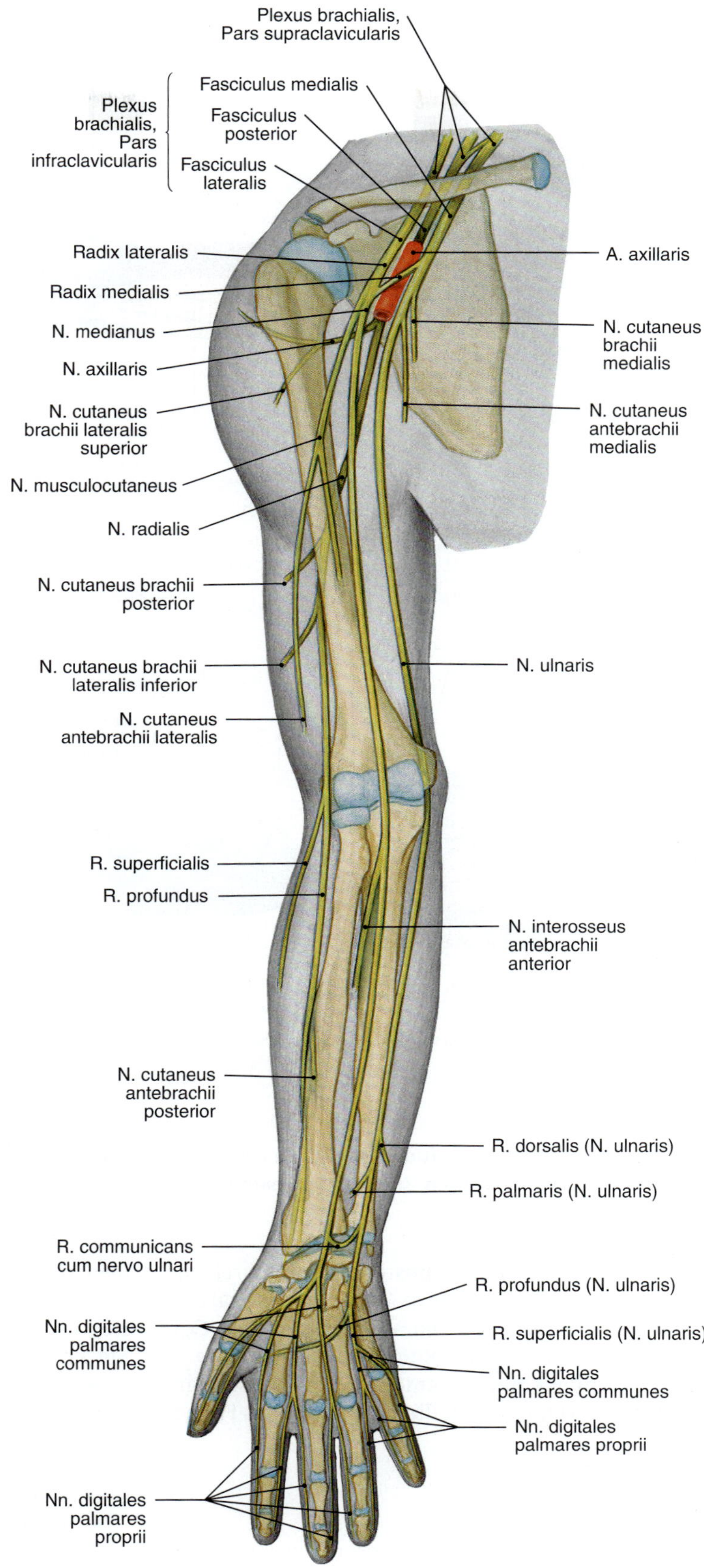

Abb. 7.25
Übersicht über die Nerven der oberen Extremität. (Aus [14])

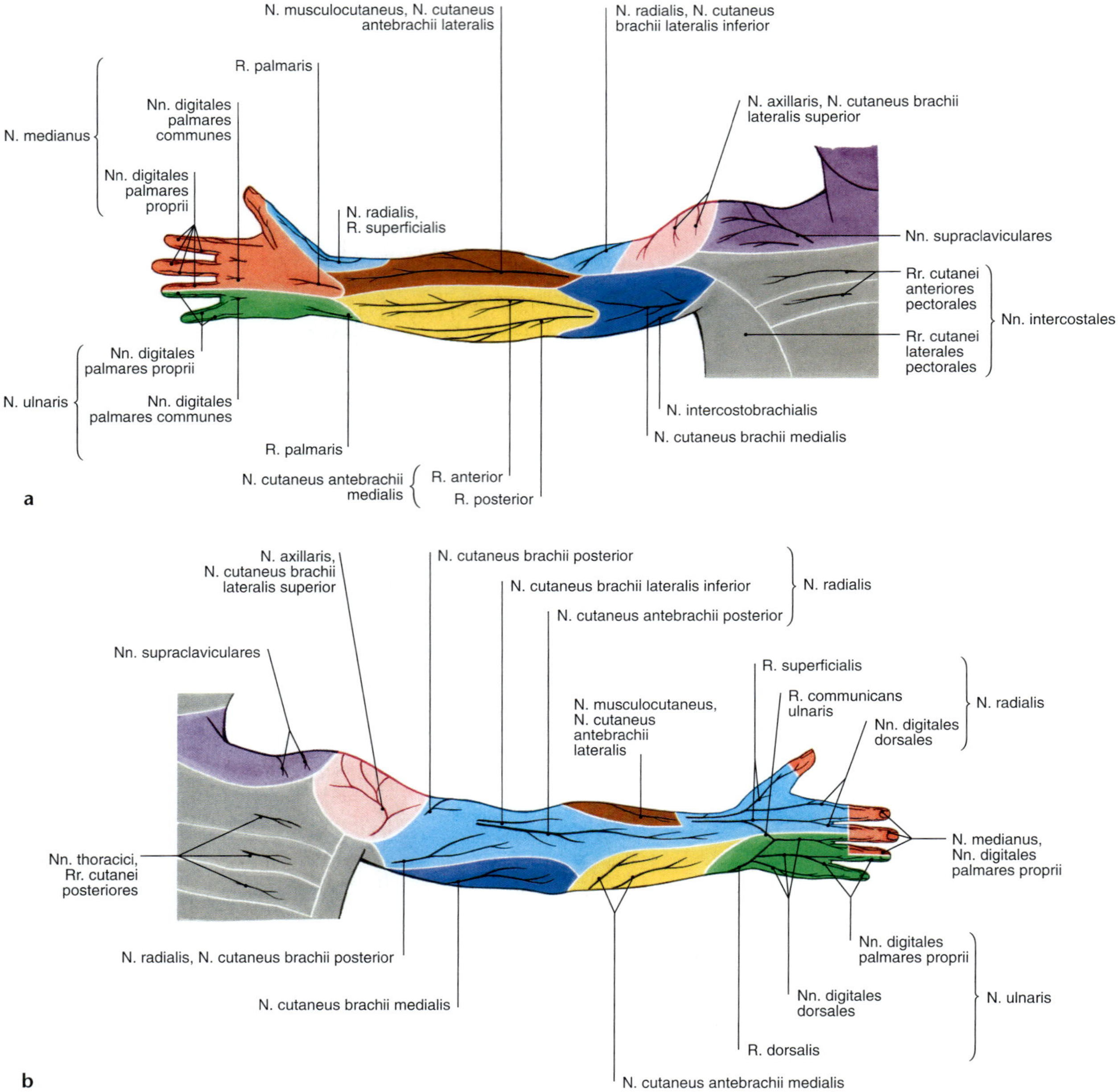

Abb. 7.26 Sensible Innervation der oberen Extremität. Autonomiegebiete, d. h. Gebiete, die ausschließlich von einem Nerv versorgt werden, sind dunkler eingefärbt. a Ansicht der Innenseite des Arms. **b** Ansicht der Rückseite des Arms. (Aus [14])

- **A. circumflexa humeri posterior:** tritt durch die laterale Achsellücke (↗ Kap. 7.3.2) nach dorsal und schlingt sich, bedeckt vom M. deltoideus, am Collum chirurgicum um die Rückseite des Humerus
- **A. circumflexa humeri anterior:** schlingt sich am Collum chirurgicum um die Vorderseite des Humerus.

A. brachialis

Nachdem die A. axillaris am Unterrand des M. pectoralis wieder hervortritt, wird sie A. brachialis genannt. Sie setzt ihren Weg nach distal im Sulcus bicipitalis medialis (↗ Kap. 7.3.3) fort. Sie erreicht, auf dem M. brachialis reitend, die Ellenbeuge. Dort spaltet sie sich in ihre Endäste, A. radialis und A. ulnaris, auf. Sie gibt am Oberarm 3 große Arterien ab:

- **A. profunda brachii:** entspringt auf Höhe der Unterkante des M. teres major und legt sich dem N. radialis an; mit diesem schlingt sie sich im Septum intermusculare brachii laterale dorsal um den Humerus; aus ihr zweigen Äste zum Humerus sowie zur streckseitigen Muskulatur des Oberarms ab; ihre Endäste verzweigen sich im Rete articulare cubiti
- **A. collateralis ulnaris superior:** entspringt kurz

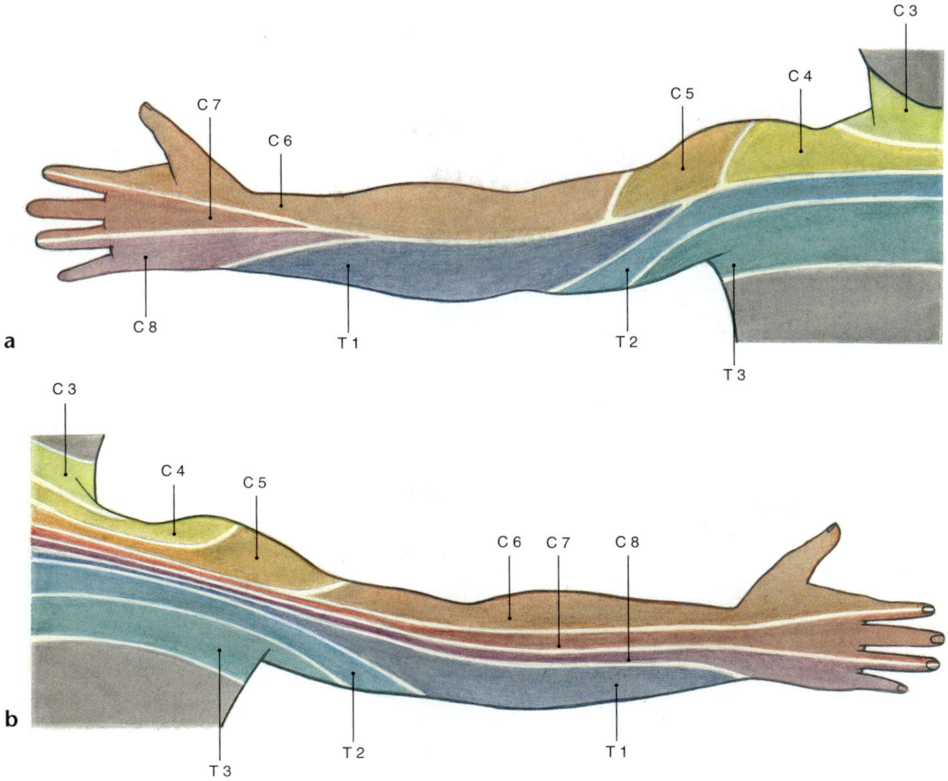

Abb. 7.27 Dermatome (Zuordnung der Hautsensibilität zu Rückenmarksegmenten) der oberen Extremität.
a Ansicht der Innenseite des Arms. **b** Ansicht der Rückseite des Arms. (Aus [14])

nach Abgang der A. profunda brachii aus der A. brachialis und schließt sich dem N. ulnaris an, mit dem sie dorsal des Septum intermusculare mediale nach distal zieht; anastomosiert mit der A. collateralis ulnaris inferior und dem Rete articulare cubiti

- **A. collateralis ulnaris inferior:** zweigt im distalen Drittel aus der A. brachialis ab und verzweigt sich ebenfalls im Rete articulare cubiti.

Das **Rete articulare cubiti** bildet ein Arteriengeflecht um das Ellenbogengelenk. In dieses Geflecht strahlen 4 Kollateralarterien aus dem Oberarm und 3 rückläufige Aa. recurrentes aus den Unterarmarterien ein:

- Aa. collaterales radialis und media (aus A. profunda brachii)
- Aa. collaterales ulnares superior und inferior (aus A. brachialis)
- A. recurrens radialis (aus A. radialis)
- A. recurrens ulnaris (aus A. ulnaris)
- A. interossea recurrens (aus A. interossea communis).

Klinik

Sowohl im Bereich des Schultergürtels als auch am Arm existieren um die Stammarterie (A. subclavia, A. axillaris, A. brachialis) **arterielle Kollateralkreisläufe.** Das kurze Zwischenstück vom Abgang der A. circumflexa humeri anterior bis zum Ursprung der A. profunda brachii ist jedoch frei von Kollateralen, so dass die Stammarterie hier in keinem Fall unterbunden werden darf.

A. radialis

Die A. radialis setzt die Verlaufsrichtung der A. brachialis fort, nachdem sich die A. ulnaris in der Ellenbeuge abgespaltet hat. Sie liegt zunächst zwischen M. pronator teres und M. brachioradialis, um sich im distalen Unterarmdrittel der volaren Radiusoberfläche anzulegen. Hier ist sie zwischen der Sehne des M. carpi radialis und des M. brachioradialis palpabel. Im weiteren Verlauf schlingt sich die A. radialis um das Os trapezium durch die **Tabatière** auf den radialen Handrücken, um hier den radialen Hauptast des **Arcus palmaris profundus** zu bilden. Die A. radialis gibt noch im Bereich des Ellenbogens eine **A. recurrens radialis** ab, die in das Rete articulare cubiti einstrahlt. Weitere größere Äste gibt sie erst wieder im Bereich des Handgelenks und der Hand ab, die für die Blutversorgung der radialen Handhälfte zuständig sind und meist mit entsprechenden Gefäßen aus der A. ulnaris anastomosieren. Es existieren 4 dieser Gefäßarkaden:

- **Rete carpale dorsale** im Bereich des Handgelenks dorsal (gespeist aus je einem R. carpalis dorsalis)

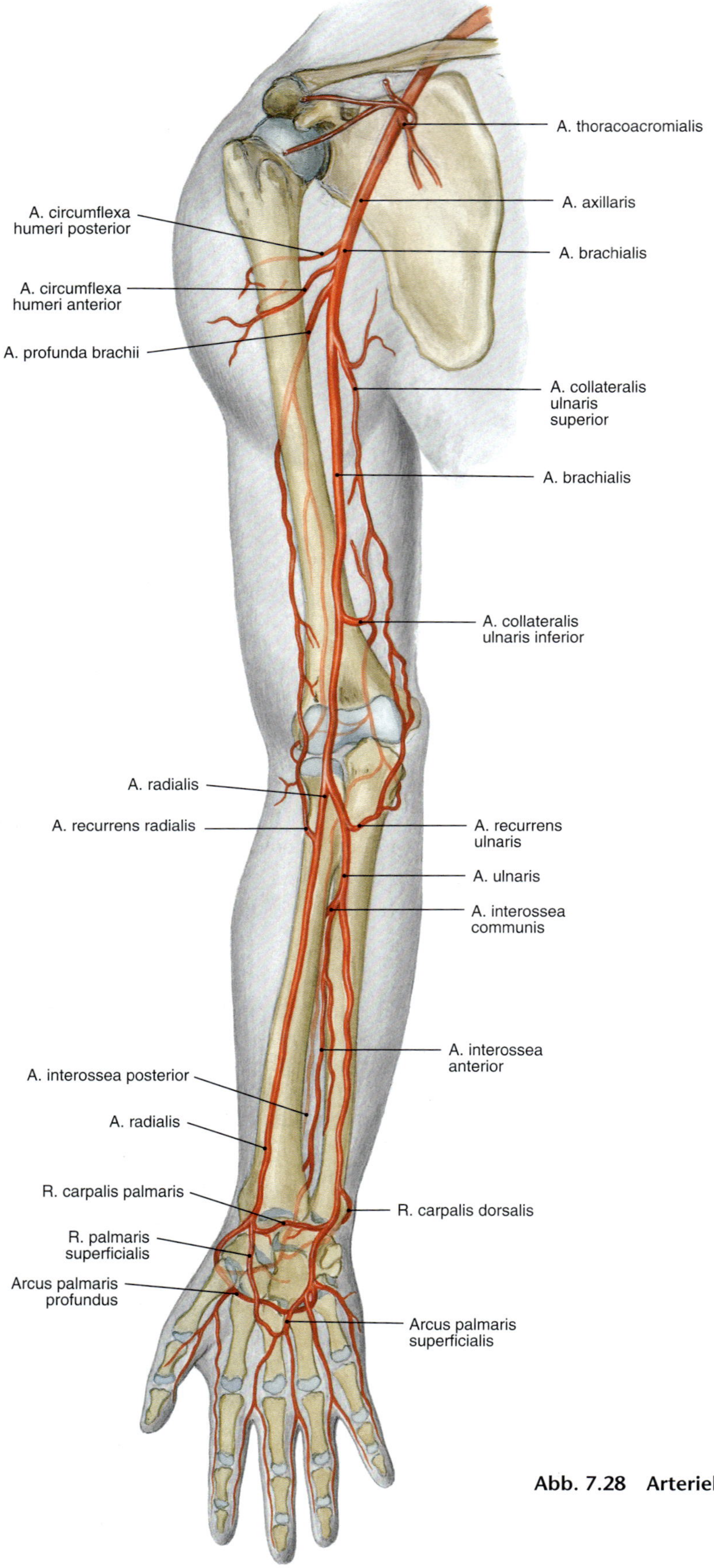

Abb. 7.28 Arterielle Versorgung des Arms. (Aus [14])

- **Rete carpale palmare** im Bereich des Retinaculum musculorum flexorum (gespeist aus je einem R. carpalis palmaris)
- **Arcus palmaris superficialis** oberflächlich in der Hohlhand (Endast der A. ulnaris, gespeist vom R. palmaris superficialis aus der A. radialis)
- **Arcus palmaris profundus** in der Tiefe der Hohlhand (Endast der A. radialis, gespeist vom R. palmaris profundus aus der A. ulnaris).

Arteriell werden die Finger hauptsächlich aus dem Arcus palmaris superficialis versorgt. Dieser gibt für die Finger 2 bis 5 (variabel) je eine **A. digitalis palmaris communis** ab, die sich auf Höhe des Fingergrundgelenks in 2 **Aa. digitales palmares propriae** aufspaltet. Diese verlaufen radial und ulnar in Fingermitte nach distal. Sie werden von je einem **N. digitalis palmaris proprius** (↗ Tab. 7.15) begleitet.

Klinik

Die beiden **Arterienbögen der Hohlhand** stellen jeweils eine Anastomose zwischen A. radialis und A. ulnaris dar. So ist auch bei Unterbrechung einer der beiden Arterien die Durchblutung der Hand gesichert, solange die Blutversorgung über die andere Arterie intakt ist. Ist jedoch eine der Arterien anlagebedingt oder aufgrund pathologischer Vorgänge nicht in der Lage, eine ausreichende Blutversorgung zu gewährleisten, ist die Hand auf die Durchblutung aus der verbleibenden Arterie angewiesen.

Da es nach arteriellen Punktionen, die häufig an der A. radialis vorgenommen werden, gelegentlich zur zumindest temporären Thrombosierung der Arterie kommen kann, muss vor diesem Eingriff die Durchgängigkeit der A. ulnaris sichergestellt und geprüft werden. Hierzu dient der **Allen-Test:** Während manueller Kompression der A. radialis bzw. A. ulnaris wird der Patient aufgefordert, 20- bis 30-mal die Hand zur Faust zu schließen und wieder zu öffnen. Im Normalfall erfolgt nun die Blutversorgung der Hand über den Kollateralkreislauf, der Inspektionsbefund der Hand bleibt normal. Kommt es jedoch zum dauerhaften Abblassen der Hand, muss von einer insuffizienten Kollateralversorgung ausgegangen werden. Eine Punktion der Arterie muss dann in jedem Fall unterlassen werden.

A. ulnaris

Die A. ulnaris taucht, nachdem sie aus der A. brachialis hervorgegangen ist, in die Tiefe unter den M. pronator teres ab und gibt dort die **A. interossea communis** ab. Anschließend zieht sie zur ulnaren Seite des Unterarms. Dort legt sie sich dem M. flexor carpi ulnaris an, mit dem sie zum Handgelenk zieht. Sie überkreuzt lateral des Os pisiforme das Retinaculum musculorum flexorum und endet im **Arcus palmaris superficialis.** Sie gibt analog zur A. radialis knapp distal des Ellenbogens eine zum Rete articulare cubiti verlaufende **A. recurrens ulnaris** ab. Im Handbereich gehen aus ihr die Endäste zur Speisung der 4 Gefäßarkaden hervor.

A. interossea communis

Die aus der A. ulnaris abzweigende A. interossea communis teilt sich zügig in einen dorsalen und einen palmaren Zweig auf:

- **A. interossea anterior:** zieht palmarseitig, der Membrana interossea (↗ Kap. 7.2.5) aufliegend, nach distal und wechselt auf Höhe des M. pronator quadratus (↗ Kap. 7.3.4) durch die Membrana interossea auf die Dorsalseite, um in das Rete carpale dorsale einzustrahlen
- **A. interossea posterior:** wechselt bereits auf Höhe der Chorda obliqua auf die Streckseite und zieht hier bis zum Handgelenk; gibt nach ihrem Durchtritt durch die Membrana interossea eine A. interossea recurrens ab, die wie die beiden anderen Rekurrens-Arterien des Unterarms in das Rete articulare cubiti zieht.

7.5.2 Venen

Man unterscheidet entsprechend ihrer Lage oberflächliche oder epifasziale von tiefen oder subfaszialen Venen. Beide stehen über zahlreiche Gefäßbrücken in Verbindung.

Subfasziale Venen

Die subfaszialen Venen begleiten paarweise die Arterien, deren Bezeichnung sie auch tragen. Die beiden Vv. brachiales vereinigen sich zur V. subclavia.

Epifasziale Venen

Das epifasziale Venensystem unterliegt einer deutlichen Varianz, so dass sich nur grobe Gemeinsamkeiten finden lassen: Aus dem meist sichtbaren Venengeflecht des Handrückens (Rete venosum dorsale manus) entstehen 2 Hauptabflüsse:

- **V. cephalica:** Sie zieht radialseitig am Unterarm zur Ellenbeuge. Von dort zieht sie, dem M. biceps brachii aufliegend, weiter nach proximal, um im Spalt zwischen M. deltoideus und M. pectoralis major in die Tiefe abzutauchen und dort in die V. subclavia zu münden.
- **V. basilica:** Sie verläuft an der ulnaren Unterarmseite nach proximal. Am Oberarm liegt sie in der medialen Bizepsfurche und dringt etwa in der Mitte des Oberarms in die Tiefe, um in einer der beiden Vv. brachiales zu münden.

Klinik

In der Ellenbeuge sind die V. cephalica und die V. basilica durch die V. mediana cubiti verbunden. Dort sind die epifaszialen Venen einer Punktion gut zugänglich. Werden Zugänge für Infusionen oder Medikamentengabe in epifasziale Venen gelegt, nennt man sie **periphere Venenkatheter.** Werden dagegen tiefe Venen punktiert, spricht man von **zentralen Venenkathetern** (ZVK). Hierzu werden häufig die V. jugularis interna oder die V. subclavia verwendet und die Katheterspitze bis kurz vor den rechten Herzvorhof vorgeschoben. Bei der Punktion der V. subclavia besteht bei zu tiefer Punktion die Gefahr, dass der Thorax eröffnet wird und durch eindringende Luft die Lunge kollabiert (Pneumothorax).

7.5.3 Lymphbahnen

Bei den Lymphgefäßen unterscheidet man zwischen epi- und subfaszialen Lymphbahnen. Die Lymphbahnen von Hand und Unterarm konfluieren im Bereich der Ellenbeuge, wo sich eine Lymphknotenstation befindet (**Lnn. cubitales**). Von dort ziehen 2 Bündel (medial, entlang der V. basilica, und dorsolateral, entlang der V. cephalica) von Lymphbahnen in Richtung axilläre bzw. supraklavikuläre Lymphknoten. Die meiste Lymphe aus der oberen Extremität sammelt sich in den axillären Lymphknoten. Diese drainieren nach proximal in die **Lnn. axillares apicales,** von dort wird die Lymphe über den **Truncus subclavius** rechtsseitig in den **Ductus lymphaticus dexter** und linksseitig in den **Ductus thoracicus** transportiert.

Klinik

Da auch die Lymphe der Brustdrüse über die axillären Lymphknoten abfließt, finden sich hier auch die ersten lymphogenen **Metastasen beim Mammakarzinom.** Werden die axillären Lymphknoten entfernt, kann eine Lymphstauung am betroffenen Arm entstehen. Um möglichst viele Lymphknoten zu schonen, wird das Lymphabflussgebiet eines Tumors mithilfe eines lymphgängigen Farbstoffs markiert. Der erste sich damit anfärbende Lymphknoten wird als Wächter- (engl.: Sentinel-)Lymphknoten bezeichnet. Er wird reseziert und histologisch aufgearbeitet. Ist er frei von Tumorzellen, ist eine lymphogene Metastasierung unwahrscheinlich, und die übrigen Lymphknotenpakete können belassen werden.

Klinik

Lymphknoten der oberen Extremität werden hauptsächlich im Bereich der Axilla palpiert. Hier können bei herabhängendem Arm **vergrößerte Lymphknoten** getastet werden. Physiologischerweise können axilläre Lymphknoten bis zu Erbsengröße erreichen. Im Rahmen von akuten Entzündungen sind Lymphknoten weich und druckschmerzhaft, wohingegen ein harter, indolenter Lymphknoten eher auf eine maligne Veränderung hinweist.

8 Untere Extremität

Philipp Henle

Inhaltsverzeichnis

Überblick

Die Morphologie der unteren Extremität ist durch ihre Aufgabe als Fortbewegungsorgan sowie der statischen Haltefunktion geprägt. Die Fähigkeit, das Körpergewicht zu tragen und in Bewegung zu versetzen, erfordert stabile Skelettelemente und kräftige Muskeln. Die untere Extremität gliedert sich grob in 4 Segmente:

- Becken (Pelvis)
- Oberschenkel (Femur)
- Unterschenkel (Crus)
- Fuß (Pes).

Embryologie

Zu Beginn der 5. Embryonalwoche und damit fast 1 Woche später als an der oberen Extremität werden die Extremitätenknospen der unteren Extremität sichtbar. Die knorpeligen Anlagen der Knochen entwickeln sich in der 6.–8. Woche von proximal beginnend. Der erste Knochenkern tritt Ende der 6. Woche im Bereich der Femurdiaphyse auf, danach folgen die diaphysären Knochenkerne der übrigen Röhrenknochen. Die Knochenkerne im Bereich des Beckens und der Fußwurzelknochen entstehen erst deutlich später, teilweise erst nach der Geburt. Epiphysenverknöcherungen treten gar erst im Kindes- und Jugendalter auf.

Klinik

Die Verknöcherung der Darmbeinkammapophyse findet in einem zeitlich geordneten Ablauf statt. Sie beginnt mit dem Auftreten eines lateralen Knochenkerns, der sich im Laufe der **Skelettreifung** nach medial ausdehnt. Die anschließende Verschmelzung mit dem Os ilium erfolgt dann in umgekehrter Richtung. Nach Risser lässt sich damit am Röntgenbild das Skelettalter in 5 Stadien abschätzen. Eine weitere Möglichkeit zur Bestimmung des Skelettalters ergibt sich aus der Entwicklung der Handwurzelknochen (↗ Kap. 7).

8.1 Knochen

8.1.1 Femur

Das Femur ist der längste und kräftigste Röhrenknochen des Menschen (↗ Abb. 8.1). Es unterteilt sich in:

- **Kopf (Caput femoris):** Er stellt mit seiner sphärischen Gelenkfläche die gelenkige Verbindung zum Becken und damit zum Achsenskelett her. Zentral in der Gelenkfläche befindet sich eine kleine, nicht von Knorpel überzogene Grube (Fovea capitis femoris). In ihr setzt das aus dem Azetabulum kommende Lig. capitis femoris an (↗ Abb. 8.4).
- **Schenkelhals (Collum femoris):** Er verbindet den Kopf mit dem Femurschaft. Dort, wo der Schenkelhals in den Schaft übergeht, befindet sich das Trochantermassiv. Es wird vom lateralen, großen **Trochanter major** und vom medialen, kleineren **Trochanter minor** gebildet. Beide sind Ansatzstellen für die das Hüftgelenk übergreifende Muskulatur. Am Trochanter major setzen die Mm. glutei medius und minimus sowie der M. piriformis an,

am Trochanter minor der M. psoas major und der M. iliacus. Auf der Medialseite des Trochanter major liegt die Fossa trochanterica, in der die Mm. obturatorii externus und internus ansetzen. Posterior werden Trochanteres major und minor durch einen Knochenkamm (Crista intertrochanterica) verbunden, auf der Vorderseite durch die Linea intertrochanterica.

- **Femurschaft (Corpus femoris):** Ihm sitzt dorsalseitig ein kräftiger Knochenkamm (Linea aspera) auf, der das Femur durch sein Profil gegen Biegekräfte stabilisiert. Ihre beiden Ränder oder Lippen (Labium laterale, Labium mediale) dienen als Muskelansatz. Proximal weichen die beiden Lippen auseinander, die laterale zieht auf den Trochanter major zu und verbreitert sich zur Tuberositas glutea, an ihr setzt der M. gluteus maximus an. Die mediale Lippe zieht auf den Trochanter minor zu und geht dort in die Linea pectinea über, welche dem M. pectineus als Ansatz dient.
- **Femurkondylen (Condylus medialis, Condylus lateralis):** Distal verbreitert sich der Femurschaft und endet in den 2 Kondylen, die im Kniegelenk mit der Tibia artikulieren. Die Gelenkflächen der beiden Kondylen vereinigen sich im anterioren Anteil. Die dort zwischen den beiden Kondylen liegende, mit Knorpel überzogene Rinne bildet das Patellagleitlager (Facies patellaris). Die dorsalseitige Aussparung zwischen den beiden Kondylen wird Fossa intercondylaris genannt, in ihr kommen die beiden Kreuzbänder zu liegen.

Femurschaft und Schenkelhals bilden im Normalfall bei Erwachsenen in der Frontalebene einen Winkel von ca. 125°, dieser Winkel wird **Collum-Diaphysen-Winkel** oder kurz **CCD-Winkel** (Centrum-Collum-Diaphysen-Winkel) genannt. Betrachtet man das Femur in der Aufsicht, lässt sich eine um ca. 10–15° nach anterior zeigende Stellung des Schenkelhalses erkennen. Dieser Winkel wird als **Antetorsionswinkel** (AT-Winkel) bezeichnet.

Klinik

Für die Funktion des Hüftgelenks ist die Stellung des Schenkelhalses wichtig, weswegen pathologische Veränderungen eigens bezeichnet werden:

- **Coxa valga:** Der CCD-Winkel ist größer als 140°, der Schenkelhals steht also steiler als normal.
- **Coxa vara:** Der Schenkelhals steht flacher als normal (CCD-Winkel < 120°).

Durch ausgeprägte Fehlstellungen können Folgeprobleme in Form von Schäden am Hüftgelenk oder einer insuffizienten Muskulatur auftreten. In diesen Fällen kann eine Umstellungsosteotomie durchgeführt werden, bei der der Knochen zwischen Trochanteres major und minor durchtrennt und in eine günstigere Stellung gebracht wird.

Entsprechend werden auch Hüftgelenke mit pathologisch verändertem AT-Winkel bezeichnet:

- **Coxa antetorta:** Der AT-Winkel ist größer als 15°.
- **Coxa retrotorta:** Der Schenkelhals zeigt nach dorsal.

Die Coxa antetorta ist bei Kindern häufig, die dann durch eine an den Füßen erkennbare Innenrotationsstellung auffallen. Die Fehlstellung korrigiert sich fast immer während des Wachstums ohne therapeutische Intervention, so dass hier nur äußerst selten eine operative Korrektur notwendig ist.

8.1.2 Patella

Die Patella ist das größte Sesambein des Menschen. Sie liegt eingebettet in die Sehne des M. quadriceps femoris und dient dieser als Hypomochlion. Ihre Rückseite ist mit Gelenkknorpel überzogen und bildet mit dem Femur das Femoropatellargelenk. Am proximalen Patellapol setzt die Quadrizepssehne an, am distalen entspringt die Patellarsehne (Lig. patellae). Im Stehen liegt die Patella oberhalb des femorotibialen Gelenkspaltes.

Klinik

Gelegentlich sind in der Patella 2 Knochenkerne angelegt, die nicht ossär fusionieren. Diese **Patella bipartita** kann im Röntgenbild leicht mit einer Patellafraktur verwechselt werden. Liegt die Patella – z. B. durch Verletzungen oder Krankheiten – weiter kranial oder kaudal als normal, spricht man von **Patella alta** (Patellahochstand, z. B. bei Ruptur des Lig. patella) bzw. **Patella bacha** (Patellatiefstand).

8.1.3 Knochen des Unterschenkels

Analog zum Unterarm finden sich am Unterschenkel ebenfalls 2 Schaftknochen, die medial liegende **Tibia (Schienbein)** sowie lateral davon die **Fibula (Wadenbein).** Im Unterschied zur oberen Extremität, wo Radius und Ulna im gleichen Umfang statische Aufgaben übernehmen, ist die Last am Unterschenkel asymmetrisch verteilt: Im Stand trägt die Tibia ca. 90% des Gesamtgewichts. Diese Ungleichverteilung spiegelt sich auch in der Morphologie der beiden Knochen wider.

Tibia

Die Tibia (↗ Abb. 8.2) beginnt im proximalen Anteil mit dem breiten **Tibiakopf (Caput tibiae),** der mit seinen beiden Anteilen

- Condylus medialis und
- Condylus lateralis

die gelenkige Verbindung mit den beiden Femurkondylen herstellt. Die leicht nach dorsal abfallende Gelenkfläche wird auch als Tibiaplateau (↗ Abb. 8.5) bezeichnet. Zwischen den beiden Gelenkflächen liegen

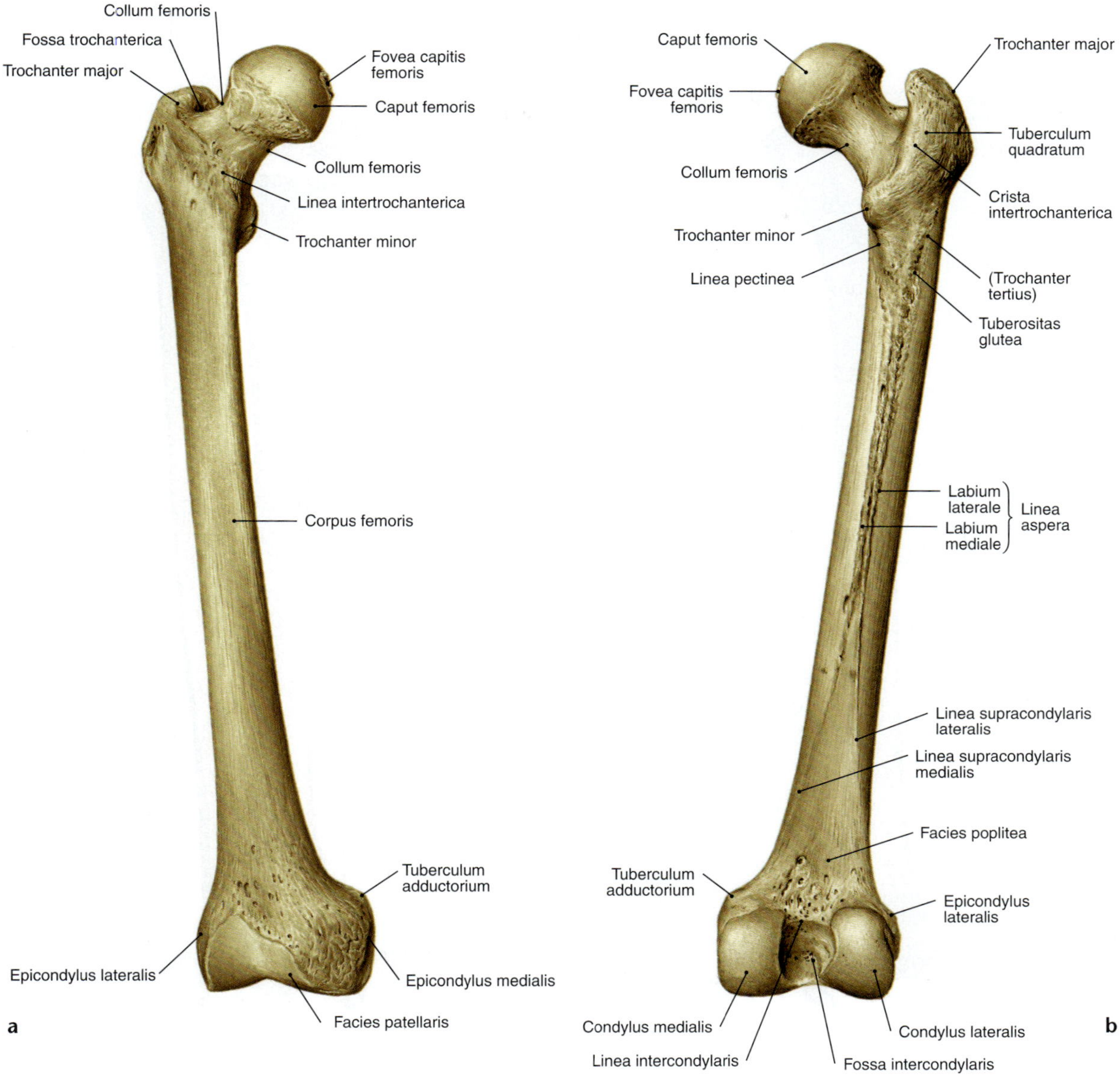

Abb. 8.1 Femur. a Ansicht von ventral. **b** Ansicht von dorsal. (Aus [15])

- das Tuberculum intercondylare mediale,
- die Eminentia intercondylaris sowie
- das Tuberculum intercondylare laterale.

In diesem Bereich inserieren die beiden Kreuzbänder und es finden sich die Anheftstellen der beiden Menisci.

Nach distal verjüngt sich die Tibia in ihren Schaft, der im Querschnitt dreieckig konfiguriert ist. Es lassen sich daher 3 Kanten,

- Margo anterior,
- Margo lateralis und
- Margo medialis

abgrenzen. Die dadurch gebildeten Flächen heißen

- Facies medialis,
- Facies lateralis und
- Facies posterior.

Margo anterior und Facies medialis sind direkt unter der Haut gut tastbar.

Klinik

Das den Knochen umgebende Periost ist sensibel sehr gut innerviert. Gerade an der Tibiavorderkante kann dies bei einem direkten Anprall schmerzlich bewusst werden. Im Leistungssport kommt es häufig durch wiederholte Mikrotraumen zu einer chronischen Entzündung der Knochenhaut an der Tibiavorderkante (**Periostitis tibialis**). Die hierdurch entstehenden, ausgeprägten Schmerzen führen nicht selten zur temporären Immobilität.

Knapp unterhalb des Kniegelenks ist der Margo anterior zur **Tuberositas tibiae** verbreitert und aufgeraut.

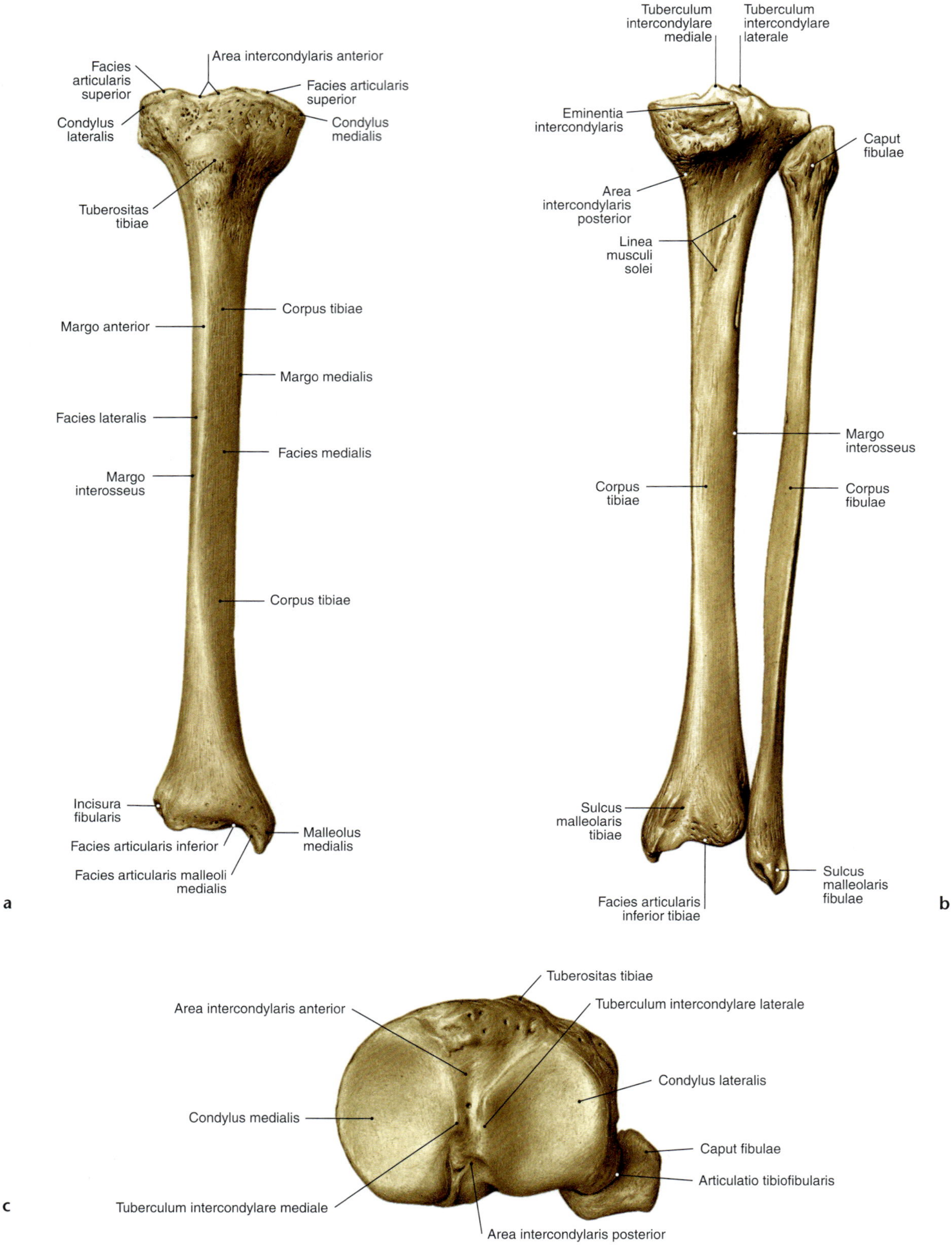

Abb. 8.2 Tibia und Fibula. **a** Tibia von ventral. **b** Tibia und Fibula von dorsal. **c** Tibia und Fibula von kranial. (Aus [15])

An dieser Stelle inseriert das Lig. patellae. Die Tuberositas tibiae hat einen eigenen Knochenkern, der erst im 11.–13. Lebensjahr auftritt.

Am distalen Ende bildet die Tibia mit einer in anterior-posteriorer Richtung gewölbten Gelenkfläche die Artikulation mit dem Talus, den sie medialseitig mit dem **Malleolus medialis** umfasst. Lateralseitig besitzt das distale Tibiaende eine Vertiefung (**Incisura fibularis**), in die sich das distale Ende der Fibula einpasst und damit den Außenknöchel (Malleolus lateralis) bildet. Hierdurch entsteht eine scharnierartige Umfassung des Talusdoms, die **Malleolengabel** genannt wird.

Fibula

Das proximale Ende der Fibula (↗ Abb. 8.2) wird **Fibulaköpfchen (Caput fibulae)** genannt. Es artikuliert in einer Amphiarthrose mit der Unterseite des Tibiakopfes. Vom Fibulaköpfchen ausgehend, verjüngt sich die Fibula nach distal und geht in den Schaft (Corpus fibulae) über. An dessen Ende sitzt der **Malleolus lateralis**, der im Vergleich zum Malleolus medialis etwas tiefer steht.

Klinik

Die häufigste Fraktur der unteren Extremität ist die Sprunggelenk- oder **Malleolarfraktur.** Dabei wird die Malleolengabel durch ein Pronations- oder Supinationstrauma verletzt. Diese Frakturen werden nach Danis und Weber aufgrund der Höhe der Fibulafraktur klassifiziert. Dabei bedeuten:

- Weber-A-Fraktur: Fibulafraktur distal des Syndesmosenbandes (Lig. tibiofibulare anterius, ↗ Kap. 8.2.3)
- Weber-B-Fraktur: Fibulafraktur auf Höhe des Syndesmosenbandes
- Weber-C-Fraktur: Fibulafraktur proximal des Syndesmosenbandes

Eine Sonderform der Weber-C-Fraktur ist die Maisonneuve-Fraktur. Dabei entsteht die Fibulafraktur durch Fortleitung der Deformationsenergie weit proximal unterhalb des Fibulaköpfchens. Eine Palpation in diesem Bereich ist daher bei allen Sprunggelenkverletzungen obligat. Während bei der Weber-A-Fraktur das Syndesmosenband intakt bleibt, rupturiert es bei der Weber-B- oder -C-Fraktur, so dass die Stabilität der Malleolengabel beeinträchtigt wird. Daher werden diese Frakturen operiert. Bei der Maisonneuve-Fraktur ist zusätzlich die Membrana interossea auf ihrer gesamten Länge gerissen.

8.1.4 Knochen des Fußes

Am Fuß werden von proximal nach distal Fußwurzelknochen (Ossa tarsi), Mittelfußknochen (Ossa metatarsi) und Zehenknochen (Ossa digitorum) unterschieden (↗ Abb. 8.3).

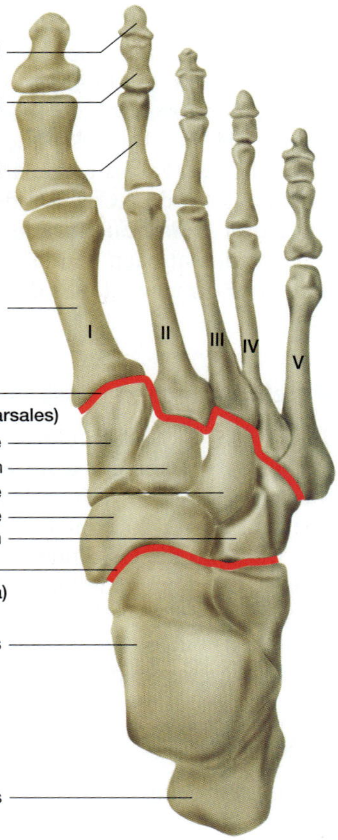

Abb. 8.3 Fußskelett von dorsal.

Fußwurzelknochen (Ossa tarsi)

Die Fußwurzelknochen (↗ Abb. 8.3) werden in eine proximale und eine distale Reihe eingeteilt. Zur proximalen Reihe gehören:

- Talus (Sprungbein)
- Kalkaneus (Fersenbein)
- Os naviculare (Kahnbein).

Zur distalen Reihe werden gezählt:

- Os cuneiforme mediale (mediales Keilbein)
- Os cuneiforme intermedium (mittleres Keilbein)
- Os cuneiforme laterale (laterales Keilbein)
- Os cuboideum (Würfelbein).

Aufgrund ihrer Größe und Funktion bei der Bildung von oberem und unterem Sprunggelenk nehmen Talus und Kalkaneus unter den Fußwurzelknochen eine Sonderstellung ein.

Der **Talus** artikuliert mit seiner Gelenkrolle (Trochlea tali), die auch Talusdom genannt wird, mit der distalen Gelenkfläche der Tibia und wird seitlich durch die beiden Malleolen gestützt. Nach ventral verjüngt sich der Talus zum Hals (Collum tali), der im Taluskopf (Caput tali) endet. Der Taluskopf steht mit dem Os naviculare in gelenkiger Verbindung. An der Unterseite besitzt der Talus 3 Gelenkflächen zur Artikulation mit dem Kalkaneus.

Analog hierzu besitzt der **Kalkaneus** auf seiner kranialen Fläche ebenfalls 3 Gelenkflächen. Medialseitig besitzt der Kalkaneus einen kurzen Fortsatz (Sustentaculum tali), der als zusätzliche Stütze für den Talus dient. Ein kräftiger Ausleger des Kalkaneus führt nach dorsal (Tuber calcanei) und dient dort als Ansatz für die Achillessehne. Über seine ventrale Gelenkfläche (Facies articularis cuboidea) steht der Kalkaneus mit dem Os cuboideum in Verbindung.

Die drei **Ossa cuneiformia** bilden aufgrund ihrer sich von dorsal nach plantar verjüngenden Keilform eine Art Bogen, wodurch das Fußquergewölbe entsteht.

Mittelfußknochen (Ossa metatarsalia)

Unter den 5 Mittelfußknochen (Ossa metatarsi, ↗ Abb. 8.3) sticht der erste Strahl aufgrund seiner kräftigen Bauweise hervor. Die ersten 3 Ossa metatarsi artikulieren proximal mit den 3 Ossa cuneiformia, während die Ossa metatarsi IV und V proximal am Os cuboideum fixiert sind. Sie werden von proximal nach distal jeweils in Basis, Corpus und Caput (Köpfchen) eingeteilt. Plantar des 1. Mittelfußköpfchens liegen regelhaft 2 Sesambeine.

Phalangen

Bis auf den ersten Strahl, der wie der Daumen nur aus Grund- und Endglied besteht, besitzen die Zehen jeweils ein Grund- (Phalanx proximalis), Mittel- (Phalanx media) und Endglied (Phalanx distalis).

8.2 Gelenk- und Bandverbindungen

8.2.1 Hüftgelenk (Articulatio coxae)

Das Hüftgelenk wird von Azetabulum (Gelenkpfanne des Hüftgelenks) und Femurkopf gebildet. Alle 3 Anteile des Beckenknochens (↗ Kap. 2.4.1) beteiligen sich an der Bildung des sphärisch konkaven Azetabulums.

Die Gelenkfläche (Facies lunata) des **Azetabulums** ist halbmondförmig ausgebildet. Die von der Gelenkfläche umrahmte Grube (Fossa acetabuli) öffnet sich in Richtung Foramen obturatum und trennt somit die beiden Enden des Halbmondes (Incisura acetabuli). Die Incisura acetabuli wird durch das überknorpelte **Lig. transversum acetabuli** überspannt, das somit gemeinsam mit der Facies lunata eine ringförmige Gelenkfläche bildet (↗ Abb. 8.4).

Klinik

Die **Hüftdysplasie** ist die häufigste kongenitale Skelettfehlbildung (ca. 4%). Hierunter versteht man eine Störung der Knochenbildung am Oberrand des Azetabulums. Die Gelenkpfanne wird dadurch zu steil, abgeflacht und ist nach kranial ausgezogen. Die Überdachung des Femurkopfes und die axiale Stabilität des Hüftgelenks sind damit vermindert. Dies kann dazu führen, dass der Femurkopf nach kranial aus der Hüftgelenkpfanne disloziert; man spricht von einer **angeborenen Hüftluxation**, obwohl zum Zeitpunkt der Geburt meist nur die Dysplasie als Voraussetzung der Luxation vorliegt, die eigentliche Luxation findet meist postpartal statt.

Wird die Hüftdysplasie früh erkannt, kann durch eine Abspreizbehandlung („Spreizhose") der Femurkopf im Azetabulum zentriert werden. Dadurch werden ein Nachreifen des Azetabulums und die Ausbildung einer normalen Pfannengeometrie gefördert.

In der Fossa acetabuli zieht das **Lig. capitis femoris** (↗ Abb. 8.4), eingebettet in Fett- und Bindegewebe, aus dem Azetabulum zum Hüftkopf. Eine mechanische Bedeutung kommt dieser Bandstruktur nicht zu, während der Skelettentwicklung verlaufen jedoch Gefäße aus der A. obturatoria durch das Lig. capitis femoris und versorgen den Hüftkopf mit Blut.

Merke

Die **Blutversorgung des Hüftkopfs** wird während der Skelettentwicklung, bei noch offener Wachstumsfuge, über Gefäße aus der A. obturatoria (aus der A. iliaca interna) durch das Lig. capitis femoris sichergestellt. Beim Erwachsenen erfolgt die Blutversorgung durch die Aa. circumflexae femoris medialis und lateralis aus der A. profunda femoris, die arterielle Versorgung über das Lig. capitis femoris spielt dann keine Rolle mehr.

Am Rand des Azetabulums, jedoch vollständig intraartikulär, verläuft eine knorpelige Gelenklippe (**Labrum acetabuli,** ↗ Abb. 8.4) und vergrößert somit die Kontaktfläche im Hüftgelenk über den Äquator des Hüftkopfes hinaus. Das Hüftgelenk wird daher auch als Nussgelenk, eine Sonderform des Kugelgelenks, klassifiziert.

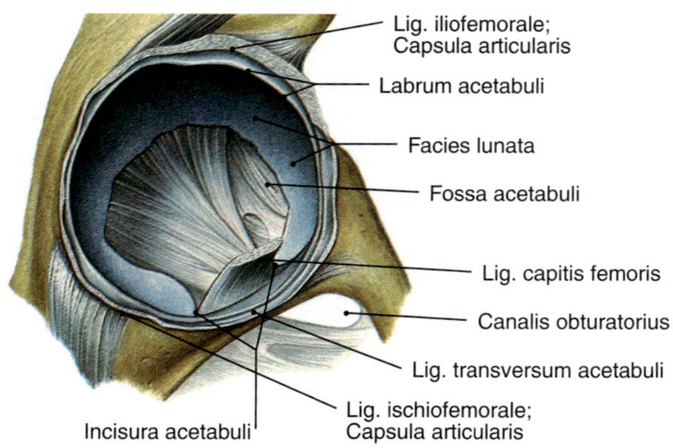

Abb. 8.4 Azetabulum nach Entfernung des Femurkopfes, von lateral. (Aus [15])

Die **Gelenkkapsel** des Hüftgelenks setzt am Schenkelhals weit lateral an: Ventral erreicht sie die Linea intertrochanterica, dorsal setzt sie etwas weiter proximal an, so dass dort 1 Drittel des Schenkelhalses extraartikulär liegt. 4 kräftige Bandstrukturen verstärken die Gelenkkapsel:

- **Lig. iliofemorale** (kräftigstes Band im menschlichen Körper): liegt der Gelenkkapsel vorn auf, hemmt die Hüftextension über 15° sowie die Adduktion und Außenrotation und trägt damit zur Stabilisierung des Beckens beim Gehen bei
- **Lig. pubofemorale:** liegt der Gelenkkapsel medial auf, hemmt in Extension die Außenrotation sowie in Flexion die Abduktion
- **Lig. ischiofemorale:** liegt der Gelenkkapsel dorsal auf, hemmt die Hüftextension und Innenrotation
- **Zona orbicularis.**

Die 3 erstgenannten Bänder entspringen – ihren Namen entsprechend – an den 3 Anteilen des Beckenknochens, ziehen schraubenförmig um den Schenkelhals und inserieren im Bereich der Linea intertrochanterica gemeinsam mit der Gelenkkapsel. Die Zona orbicularis verläuft zirkulär um den Schenkelhals.

Merke

Die Ligg. iliofemorale, pubofemorale und ischiofemorale werden aufgrund ihres Verlaufs bei Beugung im Hüftgelenk entspannt und bei Streckung angespannt. Im Stehen ist dadurch das Hüftgelenk durch die erhöhte Bandspannung besser stabilisiert als bei Hüftbeugung.

Klinik

Die häufigste Fraktur des Femurs ist die **Schenkelhalsfraktur,** die insbesondere bei einer Osteoporose häufig ist. Die übliche Einteilung der Frakturen in mediale bzw. laterale Schenkelhalsfraktur beschreibt die Lage der Fraktur in Bezug zum Ansatz der Gelenkkapsel. Im Bereich dieses Kapselansatzes treten die Äste der A. circumflexa femoris medialis (↗ Kap. 8.5.1), die die Blutversorgung des Hüftkopfs übernehmen, in den Schenkelhals ein. Bei der medialen Schenkelhalsfraktur besteht daher die Gefahr einer **Hüftkopfnekrose** aufgrund der unterbrochenen Gefäßversorgung, wohingegen diese bei der lateralen Schenkelhalsfraktur noch intakt ist.

Die **Bewegungshauptachsen und -umfänge** am Hüftgelenk sind in ↗ Tabelle 8.1 zusammengestellt. Die Werte für die Rotationsbewegung gelten bei 90° gebeugtem Hüftgelenk. In Streckstellung sind aufgrund der dann erhöhten Bandspannung jeweils 10–15° weniger Rotation möglich.

Klinik

Arthrose ist die Bezeichnung für eine degenerative Gelenkerkrankung, bei der die Knorpelschicht durch Verschleiß oder nach Verletzungen aufgebraucht oder zerstört wird. Durch die Verletzung bzw. das Freiliegen von Kollagenfasern wird eine chronische Entzündung in Gelenk unterhalten, die Schmerzen verursacht und die Funktion des Gelenks immer weiter einschränkt. Im Röntgenbild kann der Gelenkspalt (durch die Re-

Tab. 8.1 Wichtigste, für die Bewegung des Hüftgelenks verantwortliche Muskeln (↗ Kap. 8.3.1 und 8.3.2)

Bewegungsebenen	Muskeln	Bewegungsausmaße
Flexion	• M. iliopsoas • M. tensor fasciae latae • M. rectus femoris	Flexion/Extension: 10–0–130°
Extension	M. gluteus maximus	
Abduktion	• M. gluteus medius • M. gluteus minimus	Abduktion/Adduktion: 40–0–30°
Adduktion	• M. adductor magnus • M. adductor longus • M. adductor brevis	
Innenrotation	• M. gluteus medius (vorderer Anteil) • M. gluteus minimus (vorderer Anteil) • M. tensor fasciae latae	Innenrotation/Außenrotation: 50–0–40°
Außenrotation	• M. gluteus maximus • pelvitrochantäre Muskelgruppe	

duktion der Knorpeldicke) verschmälert sein, außerdem finden sich oft knöcherne Anbauten (Osteophyten) an den Gelenkrändern. Am häufigsten sind die großen, lasttragenden Gelenke der unteren Extremität betroffen, wobei die Arthrose der Hüfte **Koxarthrose** und die des Kniegelenks **Gonarthrose** genannt werden.

Gelenkknorpel kann im Erwachsenenalter vom Körper nicht mehr neu gebildet werden. Auch Versuche, die Knorpelregeneration durch Medikamente wieder anzuregen, verliefen bislang erfolglos. Daher muss das Gelenk im Endstadium der Arthrose oft durch eine **Endoprothese** ersetzt werden, um die Schmerzsymptomatik zu therapieren und die Gelenkfunktion wiederherzustellen. Das weltweit am häufigsten ersetzte Gelenk ist das Hüftgelenk. Dabei werden das Femur auf Höhe des Schenkelhalses durchtrennt, der Femurkopf entfernt und der Schaft der Prothese in den Markraum des Femurs eingesetzt. Auf das Ende des Schaftes wird ein künstlicher Kopf aufgesetzt, der jedoch deutlich kleiner ist als der natürliche Femurkopf. Als Gegenstück wird im ehemaligen Azetabulum eine exakt sphärische Höhle gefräst, in die dann die künstliche Pfanne eingesetzt wird.

8.2.2 Kniegelenk (Articulatio genus)

Gelenke und Gelenkkapsel

An der Bildung des Kniegelenks sind Femur, Tibia und Patella beteiligt. Man unterscheidet daher zwischen

- Femoropatellargelenk und
- Femorotibialgelenk.

Beide Teilgelenke liegen in einer gemeinsamen **Gelenkkapsel,** die auf der Vorderseite mit ihrem Recessus suprapatellaris weit nach kranial reicht. Nach kaudal setzt sie an der Knorpel-Knochen-Grenze des Tibiaplateaus an.

Klinik

Zur Palpation eines **intraartikulären Ergusses** im Kniegelenk wird der Recessus suprapatellaris mit einer Hand komprimiert, um dort angesammelte Flüssigkeit in die Hauptkammer des Gelenks zu entleeren. Bei entsprechend großem Erguss hebt sich dadurch die Patella vom Femur ab, was mit der anderen Hand durch leichten Druck auf die **„tanzende" Patella** nachgewiesen werden kann.

Im Bereich des Recessus suprapatellaris ist ein Kniegelenkerguss aus diagnostischen oder therapeutischen Gründen am einfachsten punktierbar. Die Punktionsstelle liegt dabei in Verlängerung des femoropatellaren Gelenkspalts am Oberrand der Patella. Nach gründlicher Desinfektion wird dort mit einer großlumigen Kanüle eingestochen, und bei einem ausgeprägten Erguss können so teilweise mehr als 100 ml Synovialflüssigkeit gewonnen werden.

Bei chronisch erhöhtem intraartikulärem Flüssigkeitsvolumen im Kniegelenk kann die Gelenkkapsel dem Druck oft nicht standhalten und bildet meist nach dorsal eine Aussackung, da dort die Kapselstrukturen am schwächsten ausgebildet sind. Diese Aussackungen lassen sich dann als **Baker-Zyste** in der Kniekehle tasten.

Klinik

Zwischen Patella und Haut liegt als Verschiebeschicht ein großer Schleimbeutel (Bursa prepatellaris), der eine spannungsfreie Beugung des Kniegelenks ermöglich. Da in diesem Bereich nur wenig Subkutangewebe vorhanden ist, wird die Bursa oft schon bei geringfügigen Verletzungen traumatisch eröffnet. Eine hierdurch verursachte Infektion kann sich schnell in dem präformierten Hohlraum der Bursa ausbreiten (**Bursitis praepatellaris**). Wunden über der Kniescheibe sollten daher stets sorgsam inspiziert werden, um festzustellen, ob der Schleimbeutel eröffnet ist.

Im **Femoropatellargelenk** artikuliert die Rückfläche der Patella mit der Facies patellaris des Femurs. Bei der Beugung im Kniegelenk gleitet die Patella auf dem Femur nach distal. Die Facies patellaris wird daher auch als Patellagleitlager bezeichnet. Die gute Verschieblichkeit der Patella wird durch große Schleimbeutel und die weit nach kranial reichende Kniegelenkkapsel erleichtert.

Das **Femorotibialgelenk** ist funktionell das Hauptgelenk des Knies. Da sowohl Femur als auch Tibia mit je einem lateralen und einem medialen Kondylus an der Bildung des Gelenks beteiligt sind, kann man dieses in ein laterales und ein mediales Kompartiment teilen, welche durch die Eminentia intercondylaris getrennt werden.

Menisken

Da die walzenförmigen Femurkondylen mit annähernd planen Gelenkflächen der Tibia artikulieren, ist die Kontaktfläche der beiden Gelenkpartner sehr gering. Es existiert praktisch keine knöcherne Führung. Zwischen Femur und Tibiakondylen liegen jedoch je ein **lateraler** und ein **medialer Meniskus** (↗ Abb. 8.5), die die Auflagefläche vergrößern und damit eine günstigere Druckverteilung und höhere Stabilität erzielen. Die Form der aus Faserknorpel bestehenden Menisci entspricht dem eines liegenden C. Mit ihren Enden sind die Menisci im Bereich der Eminentia intercondylaris an der Tibia verankert. Ihr Querschnitt ist keilförmig, und die Basis dieses Keils liegt am Rand des Gelenks, so dass die Menisci praktisch bewegliche Gelenkpfannen bilden. Damit können die Femurkondylen sich nicht nur scharnierartig bewegen, sondern gleichzeitig noch eine dorsoventrale Bewegung ausführen. Die Flexions- und Extensionsbewegung im Kniegelenk ist somit eine kombi-

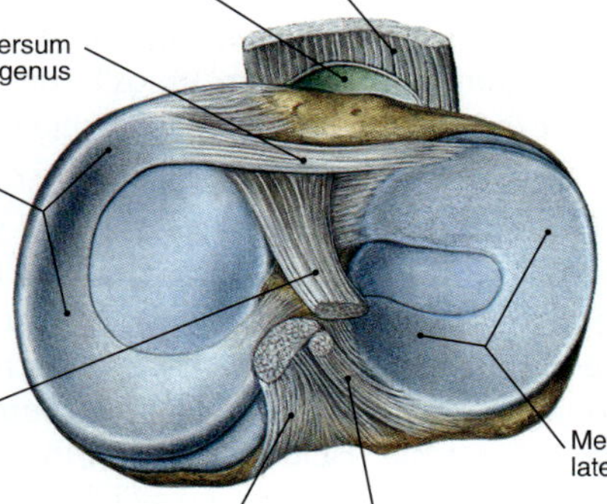

Abb. 8.5 Menisci des rechten Kniegelenks. Aufsicht auf das Tibiaplateau von kranial nach Entfernung des Femurs. (Aus [15])

nierte Roll-Gleit-Bewegung. Bei der Flexion gleiten beide Menisci auf dem Tibiaplateau nach dorsal. Findet im medialen und im lateralen Kompartiment eine gegensätzliche Gleitbewegung statt, entsteht eine Rotationsbewegung des Unterschenkels. Diese ist aufgrund der dann entspannten Kapsel-Band-Verhältnisse nur in Beugestellung möglich.

Der mediale Meniskus beschreibt zwar einen größeren Radius, ist jedoch dünner als der laterale. Gleichzeitig ist er straffer am umgebenden Gewebe fixiert. Bei beiden Menisci unterscheidet man

- Vorderhorn (ventrales Drittel)
- Pars intermedia (mittleres Drittel)
- Hinterhorn (dorsales Drittel).

Die beiden Vorderhörner sind durch das **Lig. transversum genus** miteinander verbunden. Vom Hinterhorn des Außenmeniskus zieht das **Lig. meniscofemorale posterius** zum femoralen Ansatz des hinteren Kreuzbandes (↗ Abb. 8.5).

Klinik

Meniskusverletzungen entstehen meist durch Rotationstraumen (Distorsionen) des Unterschenkels gegenüber dem Oberschenkel, wobei Sportverletzungen einen großen Anteil ausmachen. Aufgrund der genannten anatomischen Voraussetzungen ist der mediale Meniskus häufiger betroffen als der laterale. Da Menisci nur im basisnahen Drittel durchblutet sind, besteht auch nur bei Läsionen in diesem Bereich eine Heilungschance. Liegt eine Meniskusläsion in einem nicht durchbluteten Bereich vor, muss der lose Anteil des Meniskus entfernt werden, da sonst Knorpelschäden, Einklemmungen und eine chronische Reizung der sehr sensiblen Gelenkinnenhaut verursacht werden können. Diese Meniskusteilresektion wird heute arthroskopisch durchgeführt.

Klinik

Verletzungen von Strukturen innerhalb des Kniegelenks, hauptsächlich Menisken, Knorpel und Kreuzbänder, werden heute nicht mehr offen chirurgisch therapiert, sondern mittels der **Arthroskopie.** Hierfür werden über kleine Schnitte (Portale) eine Kamera mit Lichtquelle und Instrumente in das Kniegelenk eingeführt. Dies erlaubt die zuverlässige Beurteilung aller intraartikulären Strukturen sowie im Fall einer Verletzung die direkte operative Therapie. Auch für komplexere Operationen wie den Ersatz eines Kreuzbandes oder die Naht eines gerissenen Meniskus muss das Gelenk daher nicht mehr eröffnet werden, was die Rekonvaleszenz beschleunigt und das Risiko von Infektionen vermindert.

Arthroskopien werden auch an den anderen großen Gelenken (Schultergelenk, Hüftgelenk) sowie in geringerer Anzahl auch an mittelgroßen Gelenken (Sprunggelenk, Ellenbogengelenk, Handgelenk) durchgeführt.

Bandapparat

Eine Reihe von Bändern sichert die Stabilität des Kniegelenks (↗ Abb. 8.5). Wichtigste **Bandstrukturen** sind die beiden Kreuzbänder

- Lig. cruciatum anterius (vorderes Kreuzband) und
- Lig. cruciatum posterius (hinteres Kreuzband)

sowie die beiden Seiten- oder Kollateralbänder

- Lig. collaterale fibulare (laterales Kollateralband, „Außenband") und
- Lig. collaterale tibiale (mediales Kollateralband, „Innenband").

Die Zentrierung der Patella wird durch **Retinacula patellae** gewährleistet, also das

- Retinaculum patellae mediale sowie das
- Retinaculum patellae laterale.

Hierbei handelt es sich um Bandstrukturen, die ventromedial und ventrolateral der Gelenkkapsel aufliegen. In die beiden Retinacula strahlen auch Fasern des M. quadriceps femoris ein. Bei einem Riss der Quadrizepssehne oder einer Patellaquerfraktur kann über die beiden Retinacula dennoch Extensionskraft des M. quadriceps femoris auf den Unterschenkel übertragen werden. Die Retinacula patellae werden daher auch als Reservestreckapparat bezeichnet.

Die beiden **Kreuzbänder** liegen in der Fossa intercondylaris (↗ Abb. 8.5). Das **vordere Kreuzband** entspringt am lateralen Femurkondylus dorsomedial und inseriert im vorderen Anteil der Eminentia intercondylaris. Es verläuft also von kranial-lateral-dorsal nach kaudal-medial-ventral und begrenzt daher das Ausmaß des Ventralgleitens der Tibia gegenüber dem Femur auf das für die Flexionsbewegung notwendige Maß. Das **hintere Kreuzband** verläuft praktisch im rechten Winkel zum vorderen Kreuzband: Es entspringt am medialen Femurkondylus lateralseitig und inseriert im dorsalen Anteil der Eminentia intercondylaris. Somit wird ein Dorsalgleiten der tibialen Gelenkfläche verhindert. Die beiden Kreuzbänder liegen extraartikulär, sie verlaufen in einer nach dorsal offenen Einstülpung der Gelenkkapsel.

Veranschaulicht man sich die Beziehung der beiden Kreuzbänder zueinander, wird klar, dass diese sich bei Innenrotation des Unterschenkels umeinanderwickeln, bei der Außenrotation dagegen voneinander lösen. Somit wirken die Kreuzbänder passiv einer Innenrotation entgegen. Die Außenrotation wird dagegen durch die Kollateralbänder begrenzt.

Merke

Der **Verlauf des vorderen Kreuzbandes** entspricht in etwa dem Verlauf des Leistenbandes oder noch anschaulicher der Richtung, in der man sich die Hände in die (vorderen) Hosentaschen steckt. Die Verlaufsrichtung des hinteren Kreuzbandes ist dann orthogonal hierzu.

Klinik

Ursache von **Verletzungen des vorderen Kreuzbandes** sind häufig Sportverletzungen mit Innenrotationstrauma. Oft entstehen dabei zusätzliche Läsionen am medialen Kollateralband und am Innenmeniskus. Diese Kombinationsverletzung wird als „unhappy triad" bezeichnet. Typische Unfallmechanismen für eine **Verletzung des hinteren Kreuzbandes** sind der Sturz auf das gebeugte Knie sowie im Rahmen von Pkw-Unfällen der Anprall des Knies gegen das Armaturenbrett („dashboard injury"). In beiden Fällen wird die Tibia gegenüber dem Femur nach dorsal verschoben.

Als klinisches Zeichen der Instabilität ist bei Verletzungen der Kreuzbänder das sog. Schubladenphänomen nachzuweisen: Bei Ruptur des vorderen Kreuzbandes lässt sich in Beugestellung des Knies der Unterschenkel vermehrt nach ventral ziehen (vordere Schublade), bei Ruptur des hinteren Kreuzbandes besteht die Instabilität in die entgegengesetzte Richtung (hintere Schublade).

Kreuzbänder werden heute meist arthroskopisch ersetzt. Als Ersatz kommen die Patellarsehne, Quadrizepssehne oder die Sehnen des M. semitendinosus und M. gracilis (sog. „hamstrings" vom englischen Wort für die ischiokrurale Muskulatur) in Frage.

Das **Lig. collaterale fibulare** (laterales Seitenband) entspringt am Epicondylus lateralis des Femurs und inseriert am Caput fibulae. Analog hierzu verläuft das **Lig. collaterale tibiale** (mediales Seitenband) vom Epicondylus medialis des Femurs zum Condylus medialis der Tibia. Beide Bänder sind in Streckstellung gespannt und entspannen sich bei zunehmender Flexion. Während das mediale Seitenband flächig mit der Gelenkkapsel verwachsen ist, zieht das laterale Seitenband eher strangförmig an der Gelenkkapsel vorbei.

Am Kniegelenk bestehen 2 **Bewegungsachsen** (↗ Tab. 8.2).

Klinik

Achsenfehlstellungen am Kniegelenk sind häufige Deformitäten am Skelett. Man unterscheidet das **Genu varum** (O-Bein) vom **Genu valgum** (X-Bein). Aufgrund der nicht mehr zentral verlaufenden Traglinie (↗ Abb. 8.6) entsteht eine Ungleichverteilung des zu tragenden Gewichts zwischen medialem und lateralem Kompartiment. Beim O-Bein ist die Hauptlastachse nach medial verschoben, beim X-Bein nach lateral. Daher ist das O-Bein im höheren Lebensalter oft mit einer isolierten Arthrose des medialen Kompartimentes („Varusgonarthrose") vergesellschaftet. Beim X-Bein ist ein entsprechender Befund im lateralen Kompartiment zu finden („Valgusgonarthrose").

Genu varum und Genu valgum stellen Achsenfehler in der Frontalebene dar. Das **Genu recurvatum** ist eine Fehlstellung in der Sagittalachse. Dabei kommt es durch Veränderungen der Bandstabilität oder einer Ventralneigung des Tibiaplateaus zu einer Überstreckstellung im Kniegelenk. Die Tibia zeigt nach ventral.

Tab. 8.2 Wichtigste, für die Bewegung des Kniegelenks verantwortliche Muskeln (↗ Kap. 8.3.2)

Bewegungsebenen	Muskeln	Bewegungsausmaße
Flexion	• M. biceps femoris • ischiokrurale Muskelgruppe	Extension/Flexion: 10–0–120° (140° bei gebeugtem Hüftgelenk)
Extension	M. quadriceps femoris	
Innenrotation	• ischiokrurale Muskelgruppe • M. popliteus	Innenrotation/Außenrotation: 10–0–30° (Rotation nur bei gebeugtem Knie möglich)
Außenrotation	M. biceps femoris	

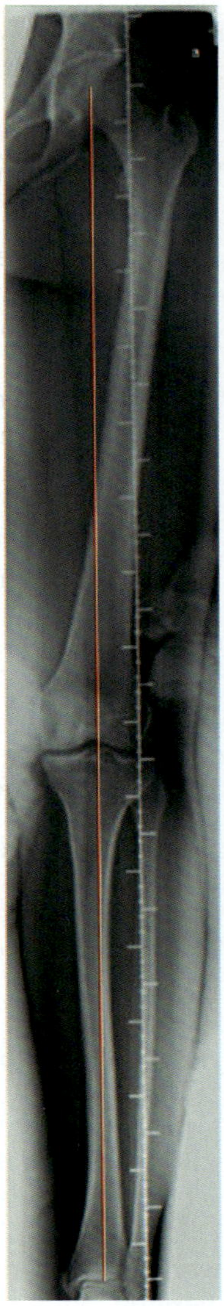

Abb. 8.6 Tragachse des Beines. Die statische Tragachse der unteren Extremität ist die gedachte geradlinige Verbindung zwischen Hüft- und Sprunggelenkszentrum (Mikulicz-Linie). Auf einer Röntgenaufnahme des gesamten Beines im anterior-posterioren Strahlengang lässt sich diese geometrisch bestimmen. Bei normalen Achsenverhältnissen verläuft sie zentral durch das Kniegelenk, bei Achsenabweichungen lateral (Genu valgum) oder medial (Genu varum) davon.

8.2.3 Tibiofibulare Verbindungen

Die beiden Knochen des Unterschenkels sind durch je ein proximales und distales Tibiofibulargelenk sowie in ihrem gesamten Verlauf durch die Membrana interossea cruris miteinander verbunden.

Proximales Tibiofibulargelenk (Articulatio tibiofibularis)

Die proximale Verbindung zwischen Tibia und Fibula stellt ein echtes synoviales Gelenk dar. Straffe Bandzügel (**Ligg. capitis fibulae**) fixieren jedoch das Fibulaköpfchen an der Tibia, so dass eine Amphiarthrose mit nur geringen Bewegungsmöglichkeiten entsteht. Eine Verbindung zum Kniegelenk besteht nur selten.

Membrana interossea cruris

Zwischen den beiden Margines interossei der beiden Unterschenkelknochen spannt sich die Membrana interossea cruris als faserknorpelige Platte auf. Die Faserrichtung ist diagonal, so dass ein sich überkreuzendes Verlaufsmuster (**Scherengitter**) entsteht. In ihrem proximalen Anteil besitzt sie eine Lücke für den Durchtritt der A. tibialis anterior, distal wird sie vom R. perforans der A. fibularis durchbohrt (↗ Kap. 8.5.1). Nach distal wird die Membrana interossea cruris schmaler, jedoch kräftiger, um schließlich in die beiden Syndesmosenbänder überzugehen. Der Membran kommt eine wichtige **Funktion** als federnde Stabilisierung der Malleolengabel zu. Des Weiteren dient die Membrana interossea cruris beidseitig als Muskelursprung.

Distales Tibiofibulargelenk (Syndesmosis tibiofibularis)

Distal sind Tibia und Fibula durch eine Syndesmose verbunden. Ein echtes synoviales Gelenk liegt hier nur als Variationsmöglichkeit vor. Im Normalfall fehlen Knorpelüberzug und eine synoviale Gelenkhöhle. Die beiden Knochen sind durch die kräftigen Syndesmosenbänder (**Ligg. tibiofibularia anterius** und **posterius,** ↗ Abb. 8.7) federnd aneinander fixiert.

8.2.4 Sprunggelenke

Die in ihrer Gesamtheit als Sprunggelenk bezeichnete gelenkige Verbindung zwischen Unterschenkel und Fuß besteht morphologisch und funktionell aus 2 Teilgelenken,

- dem oberen Sprunggelenk und
- dem unteren Sprunggelenk.

Oberes Sprunggelenk (Articulatio talocruralis)

Das obere Sprunggelenk ist ein **Scharniergelenk,** an dem die kraniale Gelenkfläche des Talus sowie die distalen Gelenkflächen von Tibia und Fibula beteiligt sind. Die Trochlea tali (Talusdom) wird von der Malleolengabel (↗ Kap. 8.1.3) umfasst. Damit ist die Bewegung im oberen Sprunggelenk auf praktisch eine Hauptachse beschränkt. Da die Trochlea tali sich nach dorsal verschmälert, ist in Plantarflexionsstellung eine geringe Ab- und Adduktionsbewegung auch im oberen Sprunggelenk möglich.

Im oberen Sprunggelenk finden Dorsalextension und Plantarflexion des Fußes statt (↗ Tab. 8.3). Diese Bewegungen sind aufgrund der beim Gehen und Laufen stattfindenden Abrollbewegung wichtig für ein normales Gangbild.

Merke

Am oberen Sprunggelenk sind Tibia/Fibula (Malleolengabel) und der Talus beteiligt, es ermöglicht Dorsalextension und Plantarflexion des Fußes.

Tab. 8.3 Wichtigste, für die Bewegung im oberen Sprunggelenk verantwortliche Muskeln (↗ Kap. 8.3.3)

Bewegungsebenen	Muskeln	Bewegungsausmaße
Dorsalextension	• M. tibialis anterior • M. extensor digitorum longus	Dorsalextension/Plantarflexion: 30–0–50°
Plantarflexion	• M. triceps surae (M. gastrocnemius und M. soleus) • M. flexor hallucis longus	

Die **Gelenkkapsel** des oberen Sprunggelenks entspringt jeweils an den Knorpel-Knochen-Grenzen. Nur der proximale Anteil des Talushalses ist in den Gelenkraum mit einbezogen. Die Kapsel ist relativ dünn und insbesondere dorsal und ventral schlaff ausgebildet, um einen großen Bewegungsumfang sicherzustellen.

Medial und lateral des Gelenks ziehen kräftige **Bandstrukturen** von den Malleoli zur Fußwurzel. Sie verstärken die Gelenkkapsel und stabilisieren das obere Sprunggelenk gegenüber Pro- und Supinationsbewegungen sowie dorsoventralen Translationsbewegungen. Dies sind im Einzelnen:

- Medial (↗ Abb. 8.7b) verläuft das **Lig. deltoideum** (Syn. Lig. collaterale mediale), das am Malleolus medialis entspringt und fächerförmig mit 4 abgrenzbaren Anteilen zum Talus, Calcaneus und Os naviculare zieht.
- Lateral (↗ Abb. 8.7a) verlaufen 3 Bänder, die alle vom Malleolus lateralis entspringen:
  - **Lig. talofibulare anterius:** zieht annähernd horizontal zum Talushals. Es verhindert hauptsächlich eine nach ventral gerichtete Translationsbewegung des Talus („Talusvorschub").
  - **Lig. calcaneofibulare:** zieht schräg nach hinten unten zum Kalkaneus. Es begrenzt die Supinationsbewegung.
  - **Lig. talofibulare posterius** (↗ Abb. 8.7c): zieht nach dorsal zum Talus. Hierdurch wird eine dorsal gerichtete Translation des Talus eingeschränkt.

Bandstrukturen, die, von den Malleoli kommend, am Kalkaneus oder Os naviculare ansetzen, üben auch auf das untere Sprunggelenk eine stabilisierende Wirkung aus.

Klinik

Verletzungen der lateralen Bandstrukturen (↗ Abb. 8.7a) des oberen Sprunggelenks zählen zu den häufigsten Verletzungen des Bewegungsapparats überhaupt. Der Unfallmechanismus ist hierbei meist ein kombiniertes Supinations-Innenrotations-Trauma. Meist rupturiert dabei nur das Lig. talofibulare anterius. Dadurch entsteht eine Instabilität des oberen Sprunggelenks, so dass der Talus gegenüber der Malleolengabel nach ventral verschoben werden kann (vermehrter Talusvorschub). Erst wenn auch das Lig. calcaneofibulare (teil)rupturiert ist, ist die laterale Aufklappbarkeit des Gelenks deutlich verstärkt. Verletzungen der medialen Bandstrukturen sind im Vergleich zu den lateralen äußerst selten.

Unteres Sprunggelenk

Das untere Sprunggelenk wird weiter unterteilt in 2 Kammern:

- **hintere Kammer (Articulatio subtalaris):** Diese wird gebildet durch die großen, dorsalen Gelenkflächen an der Talusunterseite sowie der Kalkaneusoberseite.
- **vordere Kammer (Articulatio talocalcaneonavicularis):** Hierin treffen die Gelenkflächen des Taluskopfes, die beiden vorderen Gelenkflächen des Kalkaneus, das Os naviculare sowie das überknorpelte Lig. calcaneonaviculare plantare aufeinander.

Die beiden Kammern des unteren Sprunggelenks werden durch das **Lig. talocalcaneum interosseum** getrennt. Die jeweiligen Gelenkhöhlen der beiden unteren Sprunggelenke sowie des oberen Sprunggelenks sind voneinander unabhängig.

Funktionell dagegen bilden die beiden Kammern des unteren Sprunggelenks eine Einheit. Hier findet ein Großteil der Pronations- (Heben des Fußaußenrandes) und Supinationsbewegung (Heben des Fußinnenrandes) des Fußes statt (↗ Tab. 8.4). Es ist jedoch zu beachten, dass zu diesem Bewegungsausmaß weitere Gelenke beitragen, bei der alleinigen Betrachtung des unteren Sprunggelenks fallen die Winkelmaße nur etwa halb so groß aus.

Merke

Am unteren Sprunggelenk sind Talus und Kalkaneus (Articulatio subtalaris) bzw. Talus, Kalkaneus, Os naviculare und Lig. calcaneonavicularis plantare (Articulatio talocalcaneonavicularis) beteiligt. Das untere Sprunggelenk ermöglicht Pronation und Supination.

Das untere Sprunggelenk wird durch folgende **ligamentäre Strukturen** stabilisiert:

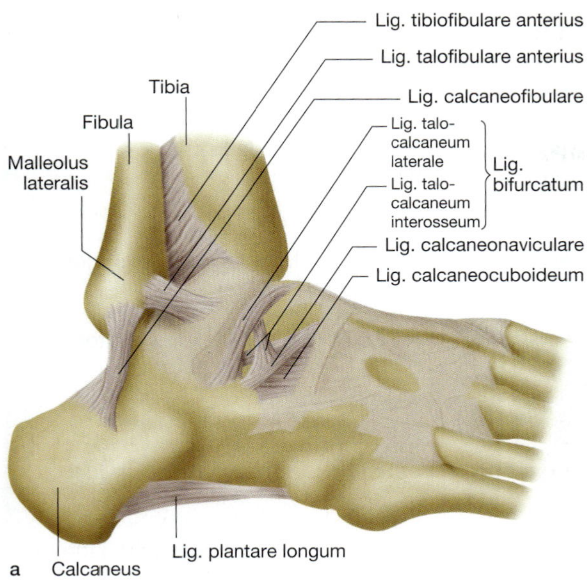

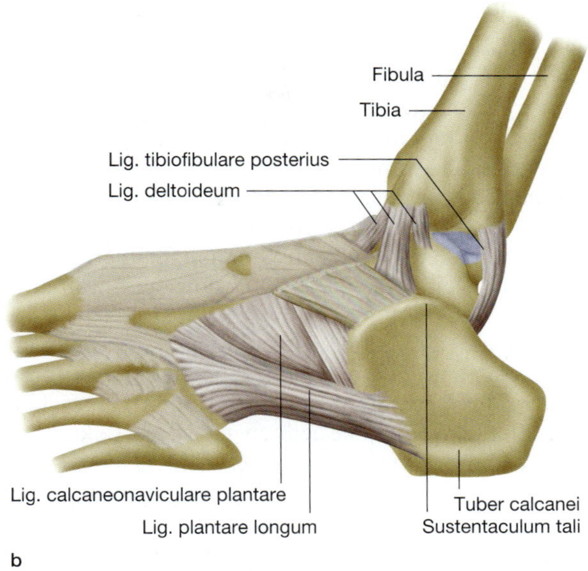

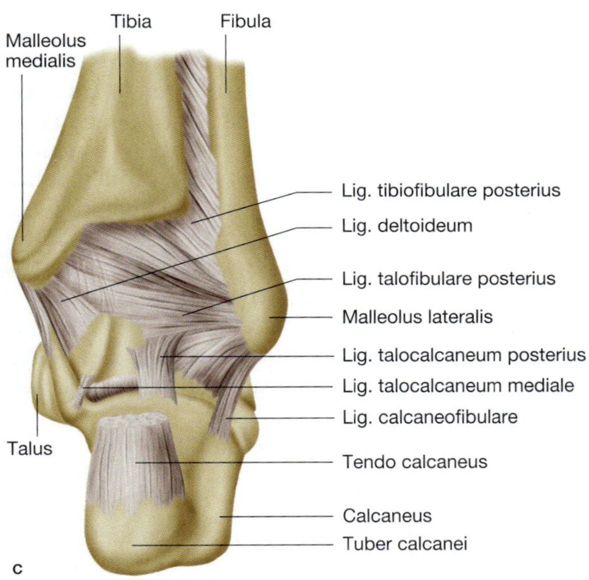

Abb. 8.7 Bandstrukturen an Sprunggelenk und Fuß. **a** Ansicht von lateral. Die Ligg. calcaneonaviculare und calcaneocuboideum bilden zusammen das Lig. bifurcatum. **b** Ansicht von medial. Das Lig. calcaneonaviculare plantare wird auch als Pfannenband bezeichnet. **c** Ansicht von dorsal. (Modifiziert nach [15])

Tab. 8.4 Wichtigste, für die Bewegung im unteren Sprunggelenk verantwortliche Muskeln (↗ Kap. 8.3.3)

Bewegungsebenen	Muskeln	Bewegungsausmaße
Pronation	• M. peroneus longus • M. peroneus brevis	Pronation/ Supination: 30–0–60°
Supination	• M. triceps surae (M. gastrocnemius, M. soleus) • M. tibialis posterior	

- **Lig. talocalcaneum interosseum:** verläuft im Sinus tarsi zwischen Talus und Kalkaneus und trennt somit die vordere von der hinteren Kammer des unteren Sprunggelenks
- **Lig. talonaviculare:** verstärkt dorsal die Gelenkkapsel der vorderen Kammer
- **Lig. calcaneonaviculare plantare:** verstärkt die Gelenkkapsel der vorderen Kammer an der Unterseite (das Band ist auf der dem Gelenk zugewandten Seite überknorpelt und bildet damit einen Teil der Gelenkpfanne; es wird daher auch als **Pfannenband** bezeichnet, ↗ Abb. 8.7b).

8.2.5 Gelenke und Bänder des Fußes

Fußwurzel (Tarsus)

Die Fußwurzelgelenke distal des Sprunggelenks und die Fußwurzel-Mittelfuß-Gelenke (Articulationes tarsometatarsales) sind in ihren Bewegungsmöglichkeiten nicht einzeln erfassbar. Teilweise liegen straffe Amphiarthrosen vor. Dennoch ist die Summationsbewegung der Fußwurzelknochen funktionell von Bedeutung. Arthrosen in einzelnen Fußwurzelgelenken können ausgeprägte Schmerzen und eine damit einhergehende Funktionseinschränkung hervorrufen.

Folgende definierte „Gelenklinien" im Fußwurzelbereich sind gebräuchlich. Sie wurden von ihren Erstbeschreibern als Amputationslinien vorgeschlagen. Heute werden sie jedoch meist als Lokalisationsangabe von Verletzungen verwendet:

- **Chopart-Gelenk** (Articulatio tarsi transversa): Das Chopart-Gelenk (↗ Abb. 8.3) setzt sich aus dem Kalkaneokuboidgelenk und dem Talonavikulargelenk zusammen. Als kräftiges Band überspannt das **Lig. bifurcatum** (↗ Abb. 8.7a) diese Gelenklinie, es entspringt am Kalkaneus und zieht mit seinen 2 Schenkeln sowohl zum Os cuboideum als auch zum Os naviculare. Das Chopart-Gelenk lässt hauptsächlich Pro- und Supinationsbewegungen zu.
- **Lisfranc-Gelenk:** Das Lisfranc-Gelenk (↗ Abb. 8.3) entspricht der Summation aller Tarsometatarsalgelenke. Da sich die Basen der Ossa metatarsi mit den Ossa cuneiformia und dem Os cuboideum verzahnen, besteht hier kaum Bewegungsspielraum. Die Verzahnung ist jedoch für die Sicherung des Fußquergewölbes bedeutsam.

Zehengelenke

Wie auch an der Hand unterscheidet man:

- Metatarsophalangealgelenke (Zehengrundgelenke)
- proximale Interphalangealgelenke (Zehenmittelgelenke)
- distale Interphalangealgelenke (Zehenendgelenke).

Wie der Daumen besitzt auch die Großzehe nur ein Interphalangealgelenk.

Bei den Zehengrundgelenken handelt es sich morphologisch um Kugelgelenke. Von Bedeutung ist jedoch nur deren Extensions- und Flexionsfähigkeit. Ein Spreizen der Zehen (Abduktion) ist in Streckstellung in geringem Umfang möglich, funktionell jedoch unbedeutend.

Die Zehenmittel- und -endgelenke sind Scharniergelenke, hier sind nur Beugung und Streckung möglich (↗ Tab. 8.5).

Tab. 8.5 Wichtigste, für die Bewegung der Zehengelenke verantwortliche Muskeln (↗ Kap. 8.3.3 und 8.3.4)

Bewegungsebenen	Zehe	Muskeln
Flexion	Großzehe	Mm. flexores halluci longus et brevis
	II.–V. Strahl	• Mm. flexores digitorum longus et brevis • Mm. interossei • Mm. lumbricales
Extension	Großzehe	Mm. extensores halluci longus et brevis
	II.–V. Strahl	Mm. extensores digitorum longus et brevis

Fußgewölbe

Der Fuß wird bei normaler Belastung nicht mit allen knöchernen Strukturen plan auf dem Boden aufgesetzt. Vielmehr besteht sowohl in Längs- wie auch in Querrichtung eine Art Bogen. Man spricht daher auch von Fußlängsgewölbe und Fußquergewölbe. Die Fußgewölbe entstehen durch die Form der beteiligten knöchernen Strukturen sowie passive ligamentäre und aktive muskuläre Elemente.

Das **Fußlängsgewölbe** (↗ Abb. 8.8) wird hauptsächlich durch die longitudinalen Bänder des Fußes gesichert. Diese sind 3-lagig, von dorsal nach plantar, wie folgt angelegt:

- Lig. calcaneonaviculare plantare
- Lig. plantare longum
- Aponeurosis plantaris.

Die **Aponeurosis plantaris** (Plantaraponeurose) ist eine kräftige Bindegewebsplatte, die vom Tuber calcanei ausgeht. Sie zieht nach distal und inseriert an den Zehengrundgelenken. Die Plantaraponeurose ist über bindegewebige Septen fest mit der Haut verbunden, so dass ihre Verschieblichkeit limitiert ist.

Auch alle weiteren plantar verlaufenden, longitudinalen Bandstrukturen der Fußwurzel und des Mittelfußes tragen in unterschiedlichem Ausmaß zur Längsstabilisierung bei. Muskulär wird das Längsgewölbe durch alle plantar verlaufenden Muskeln stabilisiert, die wichtigsten sind (↗ Kap. 8.3.3 und 8.3.4):

- Zehenbeuger
- M. tibialis anterior
- M. tibialis posterior
- M. quadratus plantae.

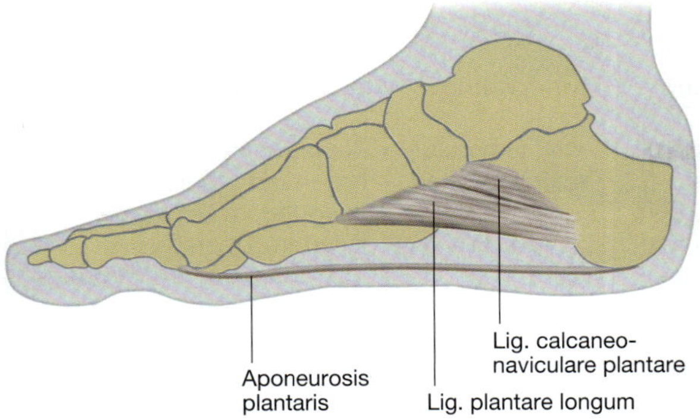

Abb. 8.8 Ligamentäre Strukturen zur Verspannung des Fußlängsgewölbes. (Modifiziert nach [15])

Klinik

Der **Fersensporn** als Krankheitsbild ist eine schmerzhafte Verknöcherung am Ursprung der Plantaraponeurose am Kalkaneus. Personen mit einer Abflachung des Fußlängsgewölbes sind hierfür prädisponiert.

Das **Fußquergewölbe** wird durch die bogenförmige Anordnung der Ossa cuneiformia und durch das Os cuboideum vorgegeben. Unterstützt wird es ligamentär durch das Lig. metatarsale transversum profundum, das die Reihe der Metatarsalköpfchen zu einem Bogen aufspannt. Die muskuläre Stabilisierung übernehmen der M. tibialis posterior und der M. fibularis (peroneus) longus. Ersterer greift von medial unter das Fußgewölbe, Letzterer von lateral. Hierdurch entsteht eine Art **Steigbügel,** der eine wirksame, dynamische Aufrichtung des Fußquergewölbes bedingt (↗ Kap. 8.3.3).

Klinik

Aufgrund einer Abflachung des Fußquergewölbes verbreitert sich die Metatarsalköpfchenreihe, dadurch steigt der Öffnungswinkel der Mittelfußknochen (Intermetatarsalwinkel). Klinisch wird die Abflachung des Fußquergewölbes daher als **Spreizfuß** (Pes transversoplanus) bezeichnet. Diese Spreizung des Mittelfußes führt dazu, dass sich die Zugrichtung der Sehnen nach medial verlagert. Dadurch kann das Krankheitsbild des **Hallux valgus** entstehen (die große Zehe ist im Grundgelenk nach lateral abgewinkelt). Bei fortgeschrittener Fehlstellung ist hiermit ein Digitus quintus varus vergesellschaftet.

Als Folge eines Spreizfußes können an den mittleren Zehen (II–IV) auch Kontrakturen der Interphalangealgelenke entstehen. Bei einer Flexionskontraktur des PIP mit Überstreckung des DIP spricht man von einer **Krallenzehe**, bei Flexionskontraktur des DIP von einer **Hammerzehe.**

8.3 Muskeln der unteren Extremität

Nach topographischen Gesichtspunkten wird die Muskulatur der unteren Extremität unterteilt in:
- Hüftmuskulatur (↗ Kap. 8.3.1)
- Muskulatur des Oberschenkels (↗ Kap. 8.3.2)
- Muskulatur des Unterschenkels (↗ Kap. 8.3.3)
- kurze Fußmuskeln (↗ Kap. 8.3.4).

8.3.1 Hüftmuskulatur

Gemeinsame Merkmale aller Hüftmuskeln sind ihr Ursprung am Becken, einschließlich Os sacrum und Lendenwirbelsäule, sowie eine Insertionsstelle am Femur. Sie werden in 4 topographisch und funktionell determinierte Gruppen unterteilt:
- innere Hüftmuskeln
- Gesäßmuskeln
- pelvitrochantäre Gruppe
- Adduktoren.

Die **inneren Hüftmuskeln** (↗ Tab. 8.6 und Abb. 8.9), also der M. psoas major und der M. iliacus (und der M. psoas minor, wenn er angelegt ist), entspringen an der Innenseite des Beckens. Oberhalb des Leistenbandes sind sie zu einem gemeinsamen M. iliopsoas vereinigt. Dessen Faszie (Fascia iliaca) ist mit dem Leistenband verwachsen und bildet zwischen Leistenband und Eminentia iliopubica den Arcus iliopectineus. Dieser trennt die mediale Lacuna vasorum von der lateralen Lacuna musculorum.

Die **Gesäßmuskeln** (dorsolaterale Gruppe, äußere hintere Hüftmuskeln, ↗ Tab. 8.7 und Abb. 8.10) entspringen an der Rück- bzw. Außenfläche der Beckenschaufel. Neben den Glutealmuskeln gehört auch der M. tensor fasciae latae zu dieser Gruppe, die 3 Schichten bildet. Am oberflächlichsten liegt der M. gluteus maximus, der die anderen Gesäßmuskeln bis auf den oberen Teil des M. gluteus medius bedeckt.

Klinik

Der M. gluteus medius (↗ Tab. 8.7 und Abb. 8.10b) wird meist für **intramuskuläre Injektionen** gewählt. Der M. gluteus maximus verbietet sich hierfür, weil er zu nah am N. ischiadicus liegt bzw. in ihm der N. gluteus superior und die Aa. gluteae inferior und superior verlaufen. Um mit der Injektionsnadel sicher in den M. gluteus medius zu gelangen, bietet sich folgendes Vorgehen an: Auf der rechten Beckenseite des Patienten wird mit der eigenen linken Hand durch Auflegen des Zeigefingers auf die Spina iliaca anterior superior sowie des Mittelfingers auf die Crista iliaca ein Dreieck gebildet. Innerhalb dieses Dreiecks wird injiziert.

Die Muskeln der **pelvitrochantären Gruppe** (kleine Außenrotatoren, äußere tiefe Hüftmuskeln, ↗ Tab. 8.8 und Abb. 8.10c) entspringen am Beckenknochen und ziehen dorsal am Hüftgelenk vorbei zum Tro-

Tab. 8.6 Innere Hüftmuskeln (↗ Abb. 8.9)

Muskel		Ursprung	Ansatz	Funktion	Innervation	Besonderheiten
M. iliopsoas	M. psoas major	• T12–L4: Seitenflächen • L1–L5: Procc. transversi	Trochanter minor	Hüftgelenk: Flexion, (Adduktion, Innen- und Außenrotation – je nach Ausgangsstellung)	• N. femoralis • direkte Äste des Plexus lumbalis	• Beugung im Stehen → Anheben des Oberschenkels • Beugung im Liegen bei fixiertem Oberschenkel → Aufrichten des Oberkörpers (daher bei „Sit-ups" zum Trainieren der Bauchmuskulatur Hüftbeugeposition einnehmen, um den M. iliopsoas auszuschalten!)
	M. iliacus	• Fossa iliaca • Spina iliaca anterior inferior				
	M. psoas minor	T12–L1	• Fascia iliaca • Arcus iliopectineus	spannt die Fascia iliaca	direkte Äste des Plexus lumbalis	inkonstant (~ 50%)

Tab. 8.7 Gesäßmuskeln (äußere Hüftmuskeln, ↗ Abb. 8.10)

Muskel	Ursprung	Ansatz	Funktion	Innervation	Besonderheiten
M. gluteus maximus	• Os ilium: dorsal der Linea glutea posterior • Os sacrum, Os coccygis: Dorsalflächen • Fascia thoracolumbalis • Lig. sacrotuberale	• Tractus iliotibialis (Ansatz: Condylus lateralis tibiae) • Femur: Tuberositas glutea	Extension, (Außenrotation, Adduktion)	N. gluteus inferior	• stärkster Strecker des Hüftgelenks, wird insbesondere für die Extension aus der Beugestellung benötigt (Treppensteigen, Aufstehen aus der Hocke, Fahrradfahren) • ist im Stand entspannt
M. gluteus medius	Os ilium: zwischen Crista iliaca und den Lineae gluteae anterior und posterior	Trochanter major	Abduktion, (Innenrotation, Flexion)	N. gluteus superior	• Die Abduktoren des Hüftgelenks haben die Aufgabe, in der Schwungphase eines Beins das Abkippen des Beckens zu dieser Seite zu verhindern • Bei Insuffizienz der Abduktoren kommt es zum Trendelenburg-Hinken (oder Insuffizienzhinken): Das Becken kippt bei jedem Schritt in Richtung Spielbeinseite
M. gluteus minimus	Os ilium: zwischen Linea glutea anterior und inferior				
M. tensor fasciae latae (↗ Abb. 8.12)	Spina iliaca anterior superior	Tractus iliotibialis (Ansatz: Condylus lateralis tibiae)	• Hüftgelenk: Innenrotation, Abduktion, Flexion • (Kniegelenk: Außenrotation) • spannt die Fascia lata (Name!)		ist bei Kurzstreckenläufern stark hypertroph, daher auch die Bezeichnung Sprintermuskel

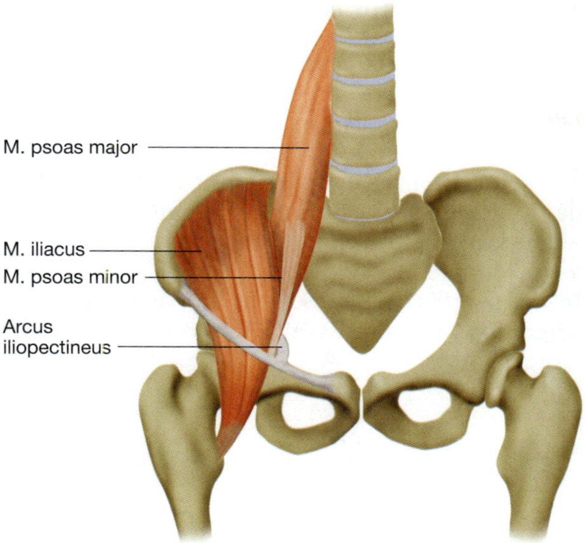

Abb. 8.9 Innere Hüftmuskeln. (Modifiziert nach [15])

chantermassiv. Zu ihnen gehört u. a. der **M. piriformis,** der aus dem kleinen Becken durch das Foramen ischiadicum majus nach lateral zieht und es damit in ein Foramen suprapiriforme und ein Foramen infrapiriforme teilt. Der **M. obturatorius internus** verlässt das kleine Becken durch das Foramen ischiadicum minus, wobei er beim Durchtritt durch das Foramen am knöchernen Rand der Incisura ischiadica minor im spitzen Winkel umgelenkt wird. Hier wirkt der Knochen als Hypomochlion, und eine Bursa reduziert die Reibung des Muskels am Knochen. Sobald der M. obturatorius internus das kleine Becken verlassen hat, verläuft er gemeinsam mit den Mm. gemelli. Dieses Trio wird im englischen Sprachraum als „rotator triceps" bezeichnet.

Die **Adduktoren** (↗ Tab. 8.9 und Abb. 8.11) entspringen am Sitz- und Schambein und setzen an der medialen Femurseite an. Sie bilden zusammen mit ihren Faszien an der Innenseite des Oberschenkels den Canalis adductorius (**„Adduktorenkanal"**). Er wird begrenzt durch:

- lateral: M. vastus lateralis
- dorsal: M. adductor longus
- medial: M. adductor magnus
- ventral: Membrana vastoadductoria (spannt sich zwischen der Faszie des M. adductor magnus und dem M. vastus medialis).

Er enthält die A. und V. femoralis und im Anfangsteil den N. saphenus. An seinem distalen Ende findet sich der **Hiatus adductorius,** eine Aussparung (zwischen den beiden Ansätzen) in der Ansatzsehne des M. adductor magnus, durch den die Gefäße in die Fossa poplitea gelangen.

Tab. 8.8 Pelvitrochantäre Muskeln (von kranial nach kaudal, ↗ Abb. 8.10c)

Muskel	Ursprung	Ansatz	Funktion	Innervation	Besonderheiten
M. piriformis	Os sacrum: Ventralseite	Trochanter major	Außenrotation, Abduktion	direkte Äste des Plexus sacralis	teilt das Foramen ischiadicum majus in ein Foramen suprapiriforme und ein Foramen infrapiriforme
M. gemellus superior	Spina ischiadica	Fossa trochanterica	Außenrotation (Adduktion)		
M. obturatorius internus	Innenfläche der Membrana obturatoria und angrenzende Knochenflächen				
M. gemellus inferior	Tuber ischiadicum				
M. obturatorius externus	Außenfläche der Membrana obturatoria und angrenzende Knochenflächen			N. obturatorius	
M. quadratus femoris	Tuber ischiadicum	Crista intertrochanterica		direkte Äste des Plexus sacralis oder N. ischiadicus	

Die **ischiokrurale Muskulatur** überspannt ebenfalls das Hüftgelenk und führt daher auch Bewegungen im Hüftgelenk aus. Sie wird bei der Oberschenkelmuskulatur (↗ Kap. 8.3.2) besprochen.

Klinik

Retroperitoneale Infektionen (Spondylodiszitis, Pyelonephritis) können entlang dem M. psoas major Abszessstraßen bilden, die bis zum Oberschenkel reichen. Man spricht von **Senkungsabszess** oder spezifischem **Psoasabszess.**

8.3.2 Muskulatur des Oberschenkels

Die Muskeln des Oberschenkels sind je nach ihrem Verlauf für Bewegungen im Hüftgelenk, Kniegelenk oder in beiden Gelenken verantwortlich. Teilweise werden sie daher in ↗ Kapitel 8.3.1 besprochen. Muskeln, deren Hauptfunktion in einer Bewegung des Kniegelenks besteht, lassen sich einteilen in

- eine ventrale Muskelgruppe und
- eine dorsale Muskelgruppe.

In der oberflächlichen Schicht der **ventralen Muskelgruppe** (↗ Tab. 8.10 und Abb. 8.12) verläuft der

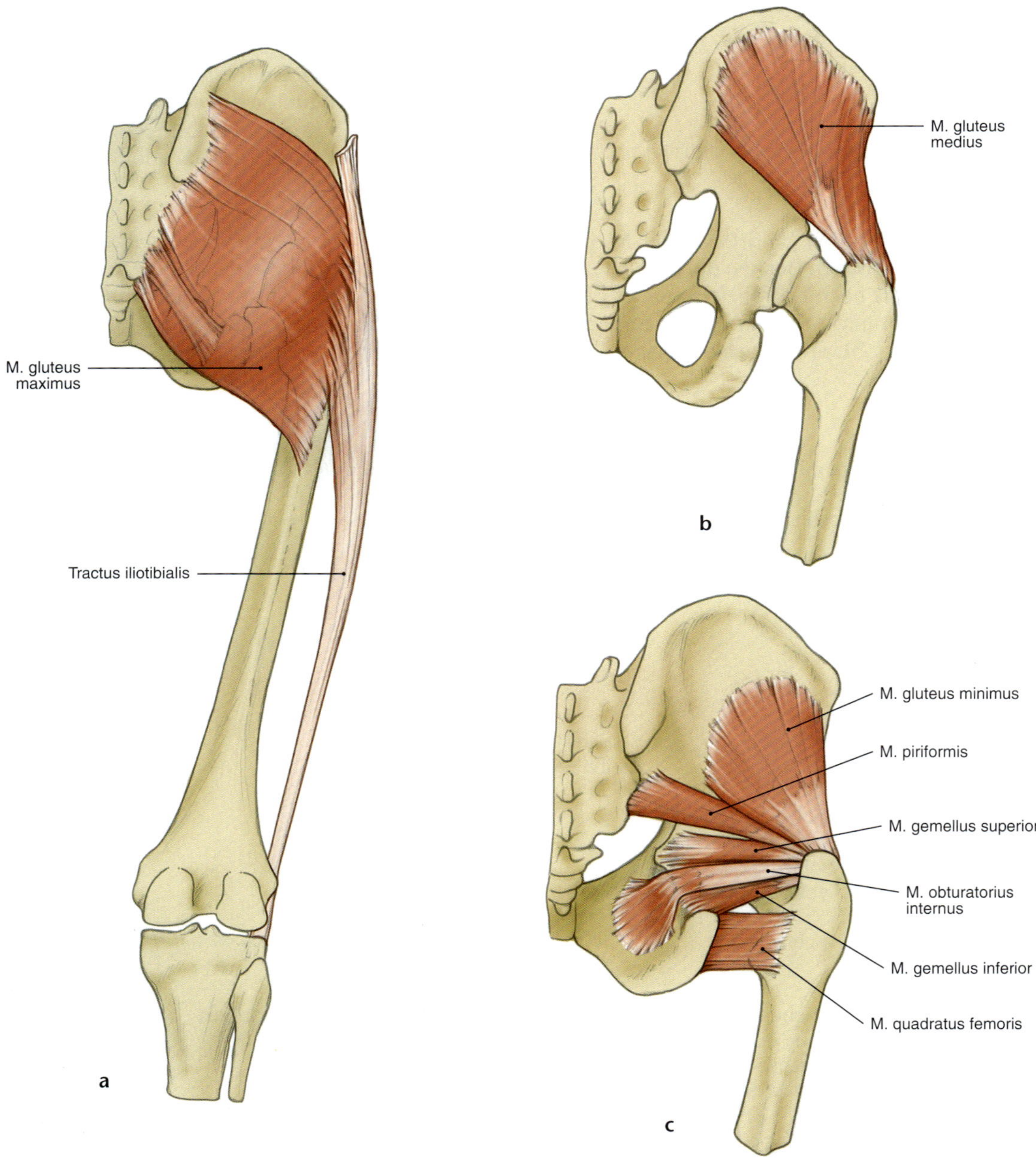

Abb. 8.10 Äußere Hüftmuskeln. a Oberflächliche Schicht. **b** Mittlere Schicht. **c** Tiefe Schicht (M. gluteus minimus) und pelvitrochantäre Muskelgruppe. (Aus [15])

Tab. 8.9 Adduktoren (von oberflächlich nach tief, ↗ Abb. 8.11)

Muskel	Ursprung	Ansatz	Funktion	Innervation	Besonderheiten
M. pectineus	Pecten ossis pubis	Femur: Linea pectinea	Hüftgelenk: Adduktion, Flexion, Außenrotation	N. femoralis, N. obturatorius	
M. adductor longus	Os pubis: Corpus	Femur: Linea aspera (Labrum mediale, mittleres Drittel)	Hüftgelenk: Adduktion, (Flexion, Außenrotation)	N. obturatorius	
M. gracilis	Os pubis: Corpus, Ramus inferior	Tibia: Pes anserinus superficialis	• Hüftgelenk: Adduktion, (Flexion) • Kniegelenk: Flexion, Innenrotation		• einziger zweigelenkiger Muskel der Adduktorengruppe • bildet den Pes anserinus superficialis mit
M. adductor brevis	Os pubis: Ramus inferior	Femur: Linea aspera (Labrum mediale, proximales Drittel)	Hüftgelenk: Adduktion, (Außenrotation)		
M. adductor magnus	• Os pubis: Ramus inferior • Os ischii: Tuber ischiadicum, Ramus ossis ischii	Femur: • Linea aspera (Labrum mediale) • Epicondylus medialis (Tuberculum adductorium)	Hüftgelenk: Adduktion, Extension, (Innenrotation)	N. obturatorius, N. tibialis	

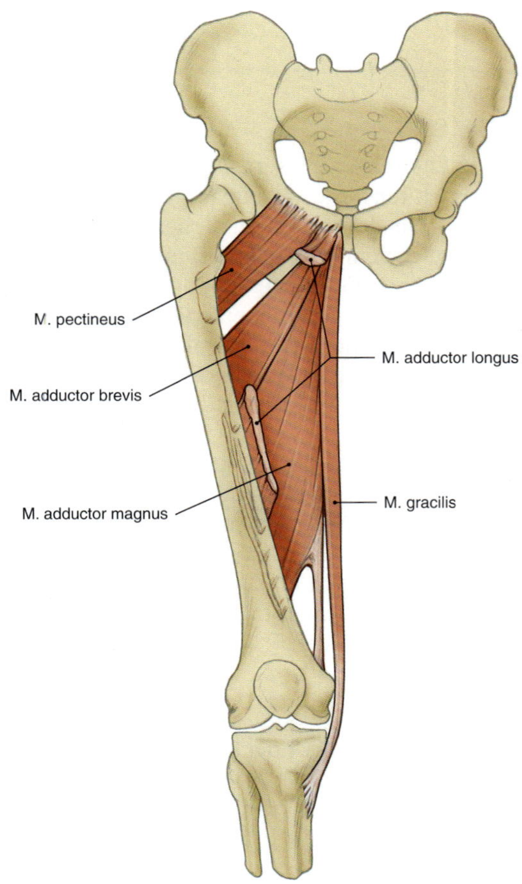

◄ **Abb. 8.11 Adduktoren des Hüftgelenks.** (Aus [15])

M. sartorius als längster Muskel des Körpers, in der mittleren und tiefen Schicht der M. quadriceps femoris. Primärer Ansatz des M. quadriceps femoris ist die Patella, funktionell gesehen inseriert der Muskel jedoch an der Tuberositas tibiae, wobei die Patella als Hypomochlion dient (↗ Kap. 8.1.2).

Da es sich bei einem Großteil der **dorsalen Oberschenkelmuskeln** (↗ Tab. 8.11 und Abb. 8.14) um zweigelenkige Muskeln handelt, spricht man hierbei auch von den **ischiokruralen Muskeln.** Der zu diesen Muskeln gehörige M. semitendinosus bildet – zusammen mit dem M. gracilis und dem M. sartorius – den Pes anserinus superficialis, einen gemeinsamen Ansatz der Sehnen medial der Tuberositas tibiae. Der Ansatz des ebenfalls zu diesen Muskeln gehörenden M. semimembranosus wird Pes anserinus profundus genannt.

Tab. 8.10 Ventrale Oberschenkelmuskeln (↗ Abb. 8.12)

Muskel		Ursprung	Ansatz	Funktion	Innervation	Besonderheiten
M. quadriceps femoris	M. rectus femoris	Spina iliaca anterior inferior	Patella, (Retinacula patellae)	• Hüftgelenk: Flexion • Kniegelenk: Extension	N. femoralis	• M. rectus femoris: ist als einziger Anteil des M. quadriceps femoris zweigelenkig und kann daher sowohl Hüft- wie auch Kniegelenk bewegen • M. vastus intermedius: Fasern ziehen zur ventralen Gelenkkapsel und verhindern so ein Einklemmen bei der Extension (dieser Anteil wird bisweilen als M. articularis genus bezeichnet)
	M. vastus lateralis	Femur: • Trochanter major • Linea aspera (Labium laterale)		Kniegelenk: Extension		
	M. vastus intermedius	Femur: Ventralfläche				
	M. vastus medialis	Femur: Linea aspera (Labium mediale)				
M. sartorius		Spina iliaca anterior superior	Tibia: Pes anserinus superficialis	• Hüftgelenk: Flexion, Abduktion, Außenrotation • Kniegelenk: Flexion, Innenrotation		• beugt aufgrund seines S-förmigen Verlaufs in einer Duplikatur der Fascia lata sowohl im Hüft- als auch im Kniegelenk und übt gleichzeitig einen Drehimpuls in beiden Gelenken aus • längster Muskel des Körpers

Klinik

Der **Pes anserinus** profundus muss vom ventromedial liegenden Pes anserinus superficialis unterschieden werden. Wird – wie häufig in der Klinik – nur vom Pes anserinus gesprochen, ist der Pes anserinus superficialis gemeint. Hier können die Sehnen des M. semitendinosus und M. gracilis als Transplantate insbesondere für Kreuzbandplastiken gewonnen werden.

Eine Sonderstellung nimmt der kurze **M. popliteus** ein, der in der Tiefe der Kniekehle der dorsalen Kniegelenkkapsel aufliegt. Er entspringt am Condylus lateralis femoris und zieht zum Condylus medialis tibiae. Er übt daher einen innenrotatorischen Impuls auf das Kniegelenk aus. Gleichzeitig spannt er die Gelenkkapsel und verhindert so ein Einklemmen bei der Flexion. Die Popliteussehne ist vom Gelenk aus sichtbar.

Die gesamte Oberschenkelmuskulatur wird von der **Fascia lata** (↗ Abb. 8.13) umgeben. Medial und lateral erstreckt sich am Rand des M. quadriceps femoris zwischen Fascia lata und Femur je ein **Septum intermusculare femoris.** Von proximal strahlen auf der Lateralseite Fasern des M. gluteus maximus und des M. tensor fasciae latae in die Faszie ein und verstärken sie dort zu einem derben Strang longitudinaler Fasern, dem **Tractus iliotibialis.** Dieser inseriert am Tuberculum Gerdii am Condylus lateralis tibiae.

Die rautenförmige **Kniekehle (Fossa poplitea)** wird durch die das Kniegelenk dorsal umspannende Muskulatur begrenzt, dies sind im Einzelnen:
- kranial-medial: M. semitendinosus, M. semimembranosus
- kranial-lateral: M. biceps femoris
- kaudal-medial: M. gastrocnemius (Caput mediale)
- kaudal-lateral: M. gastrocnemius (Caput laterale).

In ihr verläuft das Gefäß-Nerven-Bündel der unteren Extremität von oberflächlich nach tief in der Reihenfolge Nerv (N. tibialis), Vene (V. poplitea), Arterie (A. poplitea) → NiVeA.

Merke

Bei gebeugtem Knie ist die lange Sehne des M. semitendinosus am medialen Rand der Kniekehle gut zu tasten. Die laterale Begrenzung der Kniekehle wird durch die Sehne des M. biceps femoris gebildet.

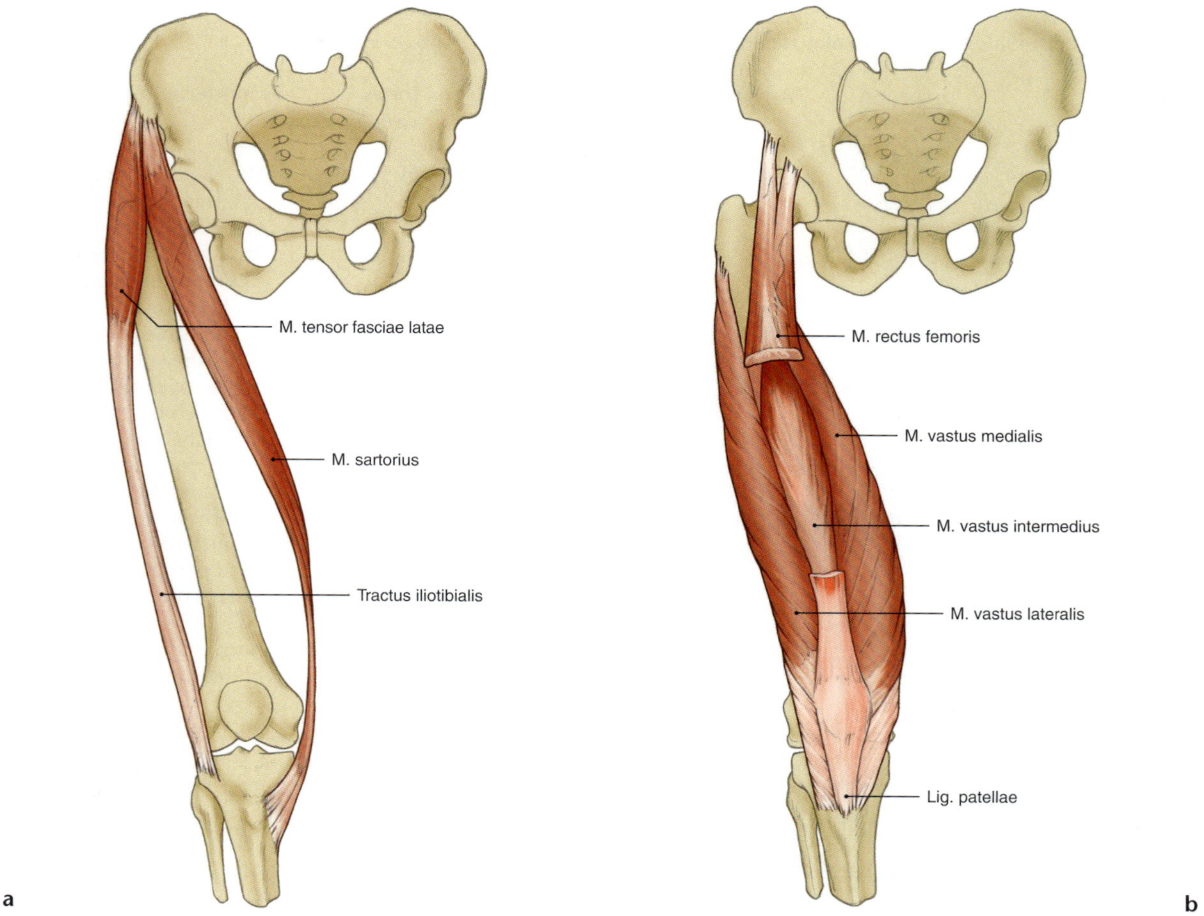

Abb. 8.12 Ventrale Oberschenkelmuskulatur. a Oberflächliche Schicht. **b** Mittlere und tiefe Schicht (M. rectus femoris teilweise entfernt). (Aus [15])

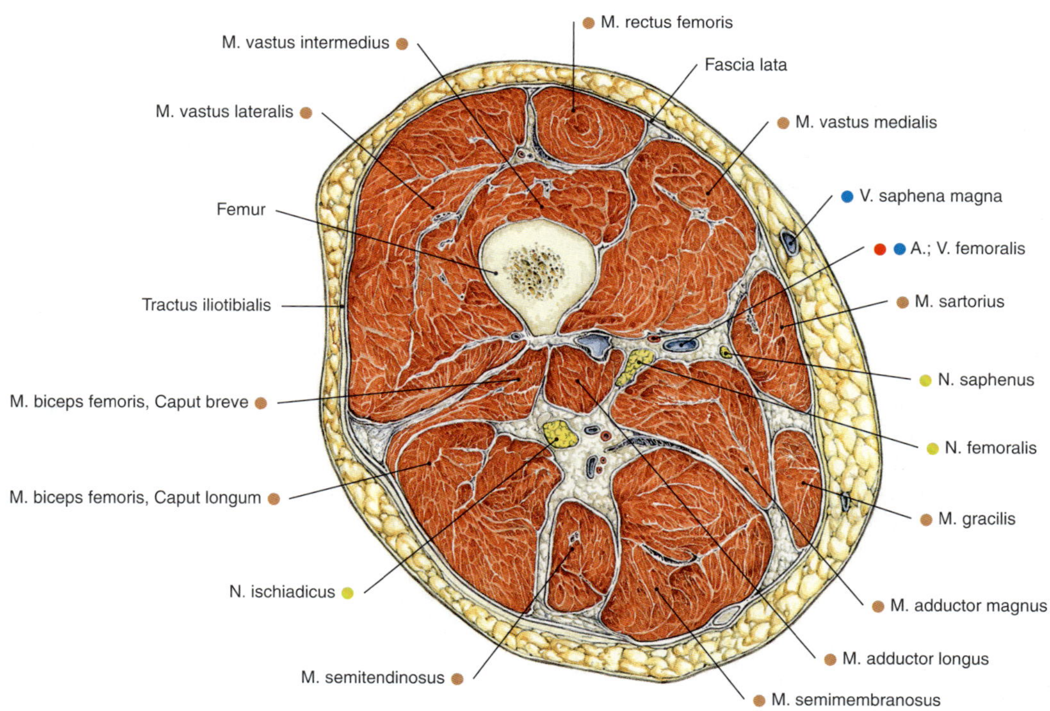

Abb. 8.13 Querschnitt durch die Mitte des Oberschenkels. (Aus [15])

Tab. 8.11 Dorsale Oberschenkelmuskeln (ischiokrurale Muskeln, ↗ Abb. 8.14)

Muskel		Ursprung	Ansatz	Funktion	Innervation	Besonderheiten
M. biceps femoris	Caput longum	Tuber ischiadicum	Caput fibulae	• Hüftgelenk: Extension • Kniegelenk: Flexion, Außenrotation	N. tibialis	• übt wie alle Flexoren des Kniegelenks aufgrund des dezentralen Ansatzes im Gegensatz zu den Extensoren auch ein Rotationsmoment auf das Kniegelenk aus • bildet die laterale Begrenzung der Kniekehle (lässt sich bis zum Fibulaköpfchen palpieren)
	Caput breve	Femur: Linea aspera (Labium laterale)		Kniegelenk: Flexion, Außenrotation	N. fibularis communis	
M. semitendinosus		Tuber ischiadicum	Tibia: Pes anserinus superficialis	• Hüftgelenk: Extension • Kniegelenk: Flexion, Innenrotation	N. tibialis	• bildet den Pes anserinus superficialis mit • Sehne ist am medialen Rand der Kniekehle gut zu tasten
M. semimembranosus		Tuber ischiadicum	Tibia: Dorsalfläche des Condylus medialis (Pes anserinus profundus)			Ansatz = Pes anserinus profundus

8.3.3 Muskulatur des Unterschenkels

Die Muskeln des Unterschenkels lassen sich funktionell in 3 Gruppen einteilen:

- Extensorengruppe
- Fibularisgruppe (Peroneusgruppe)
- Flexorengruppe.

Merke

Extensoren und Mm. fibulares liegen in jeweils eigenen **Muskellogen.** Die Flexoren teilen sich in eine oberflächliche und eine tiefe Muskelloge. Die Fascia cruris umgibt die gesamte Unterschenkelmuskulatur. Die 4 Muskellogen des Unterschenkels werden untereinander durch Septa intermuscularia getrennt (↗ Abb. 8.15).

Klinik

Bei Verletzungen des Unterschenkels, die mit Einblutungen oder Ödemen einhergehen, kommt es aufgrund der straffen Faszien, welche die einzelnen Muskellogen umgeben, rasch zu einem deutlichen Druckanstieg innerhalb eines oder mehrerer Muskellogen (Kompartimente). Der Druck innerhalb eines Kompartiments kann mit einer an ein Manometer angeschlossenen Kanüle gemessen werden. Übersteigt der Kompartmentdruck einen kritischen Wert (> 40 mmHg), ist die Blutversorgung nicht mehr sichergestellt. Man spricht dann von einem **Kompartmentsyndrom.** Alleinige erfolgversprechende Therapie ist die chirurgische Eröffnung aller 4 Muskellogen über die gesamte Länge des Unterschenkels.

Flexorengruppe

Die Flexorengruppe (↗ Tab. 8.12) wird in eine oberflächliche und eine tiefe Gruppe unterteilt. Zu den **oberflächlichen Flexoren** (↗ Abb. 8.16) gehören der M. gastrocnemius, der M. soleus und der M. plantaris. Der M. gastrocnemius und der M. soleus haben als M. triceps surae eine gemeinsame Endsehne, die als Achillessehne (Tendo calcaneus) bezeichnet wird. Der Name der Achillessehne geht auf Achill, einen der Helden der griechischen Mythologie zurück. Als Sohn der Göttin Thetis und eines Sterblichen war auch Achilles sterblich. Um ihren Sohn zumindest unverwundbar zu machen, tauchte ihn seine Mutter als Kind in das Wasser des Unterweltflusses Styx. Als einzige verletzliche Körperstelle blieb die Ferse, an der ihn seine Mutter beim Eintauchen in den Fluss festgehalten hatte. In den Kämpfen um Troja wurde ihm dies zum Verhängnis, als er der Sage nach durch einen vergifteten Pfeil des Paris in seine Ferse getötet wurde.

Die **tiefen Flexoren** (↗ Abb. 8.17) verlaufen um den Malleolus medialis durch den Malleolarkanal (oder Tarsaltunnel in Analogie zum Karpaltunnel), der vom Kalkaneus (Corpus und Sustentaculum tali) sowie vom Retinaculum musculorum flexorum be-

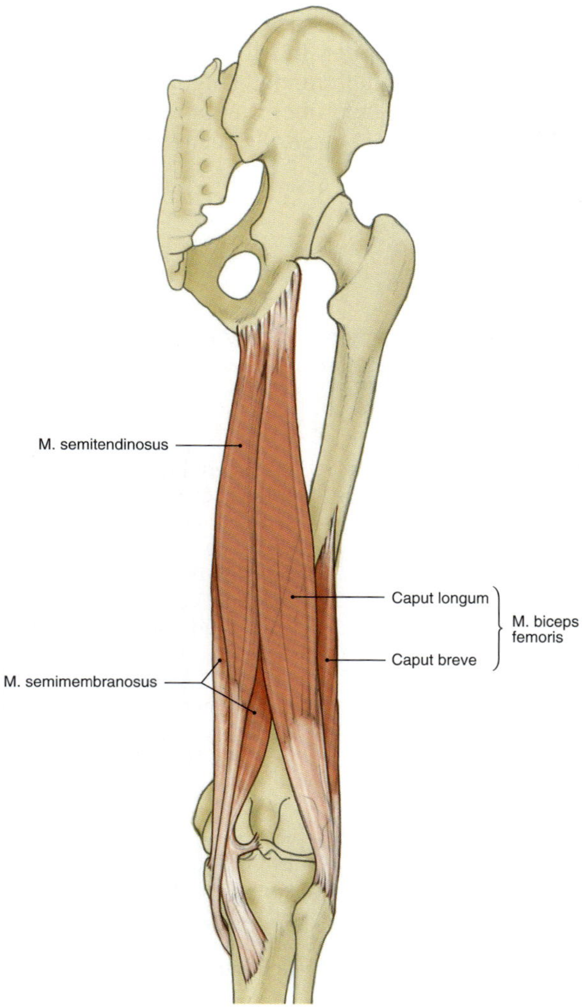

▶ **Abb. 8.14 Dorsale Oberschenkelmuskulatur.** (Aus [15])

grenzt wird. Die Sehnen verlaufen dort geschützt in ihren jeweiligen Sehnenscheiden. Der N. tibialis sowie die A. tibialis posterior verlaufen ebenfalls im Malleolarkanal.

Merke

Im Tarsaltunnel verlaufen die Sehnen der tiefen Flexoren, der N. tibialis und die A. tibialis posterior.

Die Muskeln der tiefen Flexoren weisen folgende Besonderheiten auf:

- Der **M. tibialis posterior** umgreift, von medial kommend, plantar fast die komplette Fußwurzel. Er stellt somit den medialen Schenkel des mit dem M. fibularis longus (aus der Fibularisgruppe) gebildeten Steigbügels zur Verspannung des Fußquergewölbes.
- Die Sehne des **M. flexor digitorum longus** überkreuzt 2 Sehnen, einerseits vor dem Eintritt in den Malleolarkanal die Sehne des M. tibialis posterior (Chiasma crurale), andererseits plantar die Sehne des M. flexor hallucis longus (Chiasma plantare). An der Fußsohle spaltet sie sich dann in ihre 4 Endsehnen auf. Außerdem dient die Sehne des M. flexor digitorum longus als Muskelursprung und -ansatz: Der vom Kalkaneus kommende M. quadratus

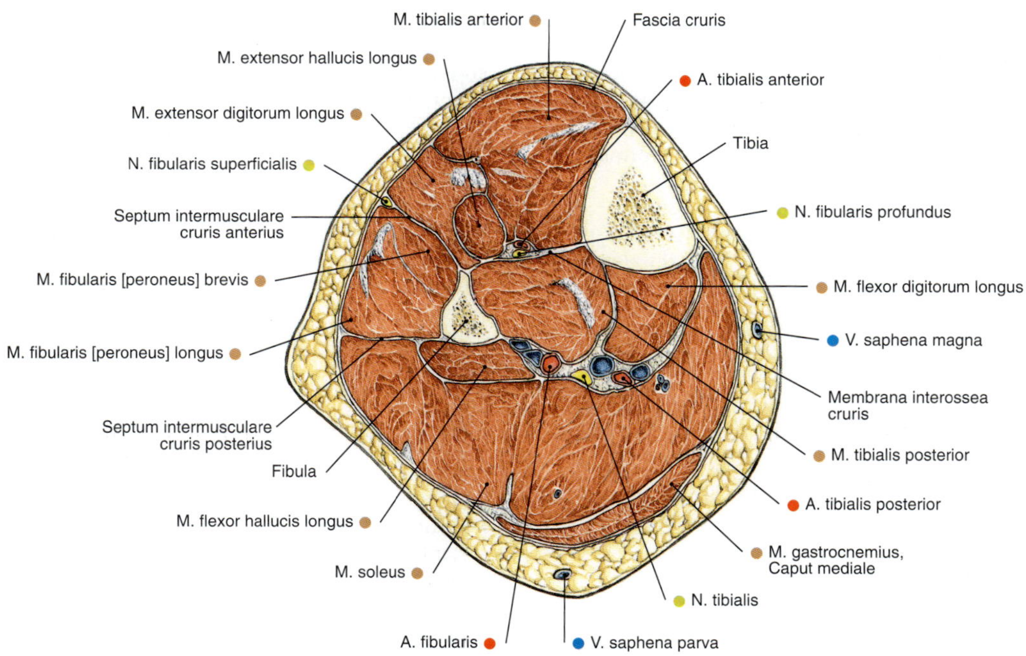

Abb. 8.15 Querschnitt in Höhe der Unterschenkelmitte zur Darstellung der Muskellogen und topographischen Beziehungen. (Aus [15])

plantae setzt plantar an ihr an und hilft somit bei der Zehenbeugung, und am Mittelfuß entspringen die M. lumbricales von den Endsehnen des M. flexor digitorum longus.
- Der **M. flexor hallucis longus** hat dynamische und statische Aufgaben: Dynamisch hilft er beim Abrollen des Fußes über das I. Metatarsalköpfchen, statisch sichert er den Rückfuß gegen eine Valgusabkippung und übernimmt aufgrund seines longitudinalen Verlaufs über die gesamte Länge der Fußsohle eine wichtige Rolle bei der Sicherung des Fußlängsgewölbes.

Tab. 8.12 Flexoren des Unterschenkels

Muskel		Ursprung	Ansatz	Funktion	Innervation	Besonderheiten
oberflächliche Flexoren (↗ Abb. 8.16)						
M. triceps surae	M. gastrocnemius	Femur: • Condylus medialis (mit Caput mediale) • Condylus lateralis (mit Caput laterale)	Tuber calcanei	• Kniegelenk: Beugung • Sprunggelenk: Plantarflexion, Supination	N. tibialis	Arcus tendineus musculi solei („Soleusarkade"): sehniger Bogen, der zwischen den beiden Ansatzpunkten des M. soleus diagonal von kraniolateral nach kaudomedial verläuft
	M. soleus	• Fibula: Caput fibulae, Facies posterior (proximales Drittel) • Tibia: Linea musculi solei		Sprunggelenk: Plantarflexion, Supination		Fabella: Sesambein im Caput laterale des M. gastrocnemius (in etwa 10–20%)
M. plantaris		Femur: Condylus lateralis	Tuber calcanei (medial der Achillessehne)	• Kniegelenk: Flexion • Sprunggelenk: Plantarflexion, Supination		ist im Gegensatz zum analogen M. palmaris nicht an der Bildung oder Spannung der Plantaraponeurose beteiligt
tiefe Flexoren (↗ Abb. 8.17)						
M. tibialis posterior		Membrana interossea cruris (Dorsalfläche) und angrenzende Knochenflächen von Tibia und Fibula	• Tuberositas ossis navicularis • Ossa cuneiformia	Sprunggelenk: Supination, (Plantarflexion)	N. tibialis	bildet mit dem M. fibularis longus den „Steigbügel" zur Verspannung des Fußquergewölbes
M. flexor digitorum longus		Tibia: Dorsalfläche	Phalanges distales II–V (jeweils Basis)	• Sprunggelenk: Plantarflexion, Supination • Zehengelenke II–V: Flexion		Die Sehne des Muskels • bildet die Chiasmata crurale und plantare • spaltet sich an der Fußsohle in die 4 Endsehnen auf • ist Ansatz für den M. quadratus plantae • ist Ursprung für die M. lumbricales
M. flexor hallucis longus		• Fibula: Facies posterior • Membrana interossea cruris	Phalanx distalis I	• Sprunggelenk: Plantarflexion, Supination • Flexion der Großzehe		• dynamische Funktion beim Abrollen des Fußes • statische Funktion durch Sicherung des Rückfußes gegen eine Valgusabkippung und des Fußlängsgewölbes

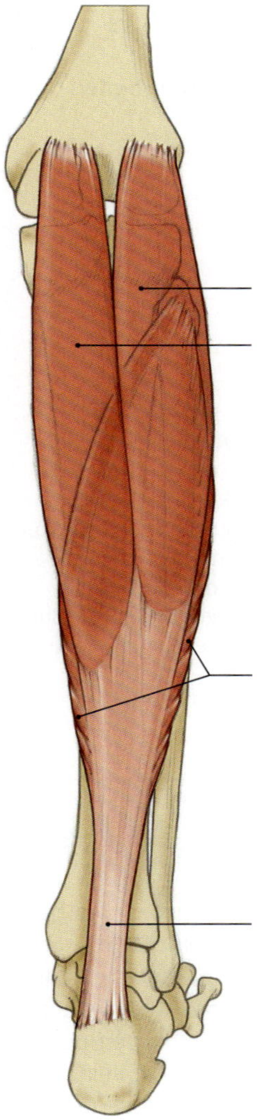

Abb. 8.16 Oberflächliche Beuger (dorsale Muskeln des Unterschenkels, oberflächliche Schicht). (Aus [15])

Extensorengruppe

Die Extensoren des Unterschenkels (↗ Tab. 8.13 und Abb. 8.18) sind proximal und distal des oberen Sprunggelenks durch die Retinacula musculorum extensorum superius und inferius in ihrem Verlauf gesichert. Im Bereich der Retinacula verlaufen die Sehnen innerhalb von Sehnenscheiden. Bei Anspannung der Extensoren lassen sich sowohl deren Sehnen als auch die Retinacula auf Höhe des oberen Sprunggelenks durch die Haut tasten. Die Sehne des **M. extensor digitorum longus** zweigt sich unter dem Retinaculum musculorum extensorum inferius in die 4 zu den Zehen führenden Endsehnen auf. Als Formvariante kommt bisweilen eine 5. Endsehne des M. extensor digitorum longus vor, die am lateralen Fußrand die Basis des Os metatarsi IV oder V erreicht. Besitzt diese Sehne auch einen eigenen Muskelbauch, spricht man vom M. fibularis (peroneus) tertius.

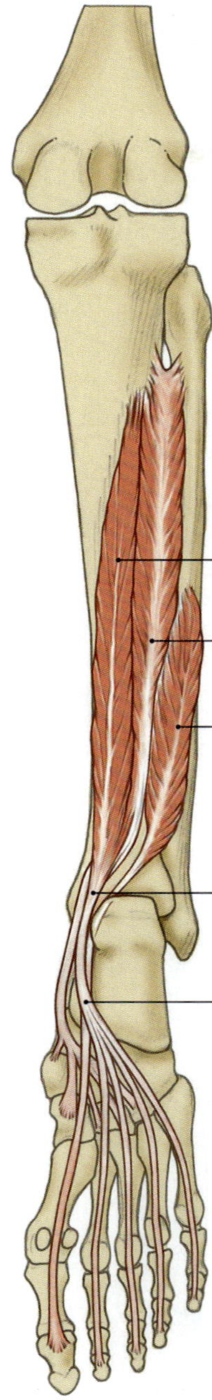

Abb. 8.17 Tiefe Beuger (dorsale Muskeln des Unterschenkels, tiefe Schicht). (Aus [15])

Merke

Nach der **Terminologia Anatomica** von 1998 ist der Begriff „peroneus" durch den Begriff „fibularis" ersetzt und sollte daher auch so gelernt und verwendet werden. In der Klinik ist jedoch für die Mm. peronei sowie die Nn. peronei weiterhin fast ausschließlich der alte Name gebräuchlich.

Tab. 8.13 Extensoren des Unterschenkels (↗ Abb. 8.18)

Muskel	Ursprung	Ansatz	Funktion	Innervation	Besonderheiten
M. tibialis anterior	• Tibia: Condylus lateralis, Facies lateralis (proximales Drittel) • Membrana interossea cruris	• Os metatarsi I: Basis • Os cuneiforme mediale	Sprunggelenk: Dorsalextension, (Supination)	N. fibularis (peroneus) profundus	
M. extensor hallucis longus	Fibula: Facies medialis (mittleres Drittel)	Phalanx distalis I	• Sprunggelenk: Dorsalextension • Extension der Großzehe		
M. extensor digitorum longus	• Tibia: Condylus lateralis • Fibula: Caput fibulae, Margo anterior • Membrana interossea cruris • Fascia cruris	Digites II–V: Dorsalaponeurose	• Sprunggelenk: Dorsalextension, (Pronation) • Extension der Zehen II–V		• Aufzweigung der Sehne unter dem Retinaculum musculorum extensorum inferius • Formvariante ist evtl. der M. fibularis (peroneus) tertius
M. fibularis (peroneus) tertius		Os metatarsi IV oder V (Basis)	Sprunggelenk: Dorsalextension		inkonstant, s. o.

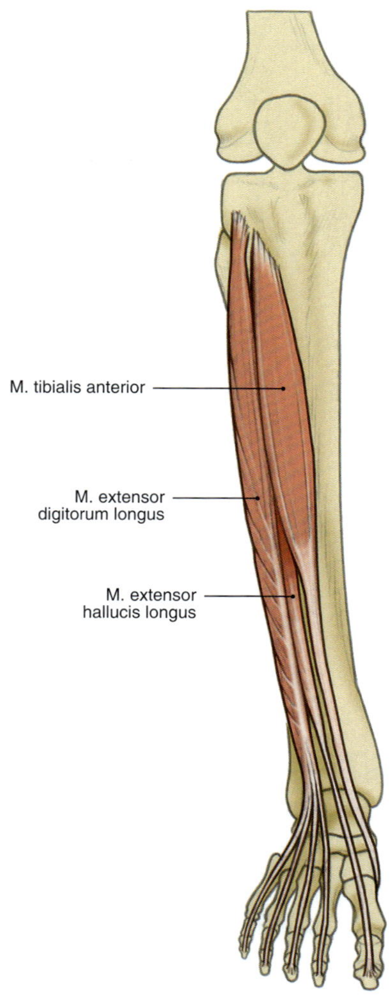

◄ **Abb. 8.18 Extensoren des Unterschenkels.** (Aus [15])

Klinik

Der Ausfall des M. tibialis anterior führt zur Fußheberschwäche (oft hervorgerufen durch eine Diskushernie). Da der Fuß beim Gehen nicht aktiv dorsal extendiert gehalten werden kann, müssen das Knie weiter gebeugt und der Fuß damit weiter nach oben gezogen werden, damit er nicht auf dem Boden schleift. Dieses Lähmungsmuster wird auch als **Steppergang** bezeichnet.

Fibularisgruppe

Die Fibularisgruppe (Peroneusgruppe, ↗ Tab. 8.14 und Abb. 8.19) wird von den beiden Mm. fibulares (peronei) gebildet. Sie verlaufen um den Malleolus lateralis, wo sie in Richtung Fuß umgelenkt werden. In diesem Bereich sind sie durch die beiden Retinacula musculorum fibularium superius und inferius fixiert. Die Sehne des **M. fibularis longus** liegt hier dorsal der Sehne des **M. fibularis brevis** und zieht zum lateralen Fußrand. Dort biegt sie nach medial ab und erreicht in einem fibrösen Kanal plantarseitig den medialen Fußrand. Sie bildet dadurch den lateralen Anteil des (gemeinsam mit dem M. tibialis posterior gebildeten) „Steigbügels" zur Sicherung des Fußquergewölbes.

Tab. 8.14 Fibularisgruppe (Peroneusgruppe, ↗ Abb. 8.19)

Muskel	Ursprung	Ansatz	Funktion	Innervation	Besonderheiten
M. fibularis (peroneus) longus	• Fibula: Caput fibulae, Facies lateralis (proximales Drittel) • Fascia cruris und Septa intermuscularia	• Os metatarsi I: Basis • Os cuneiforme mediale	Sprunggelenk: Pronation, Plantarflexion	N. fibularis (peroneus) superficialis	bildet mit dem M. tibialis posterior den „Steigbügel" zur Verspannung des Fußquergewölbes
M. fibularis (peroneus) brevis	Fibula: mittleres und distales Drittel bis oberhalb des Malleolus lateralis	Tuberositas ossis metatarsi V (Basis des Os metatarsi V)			

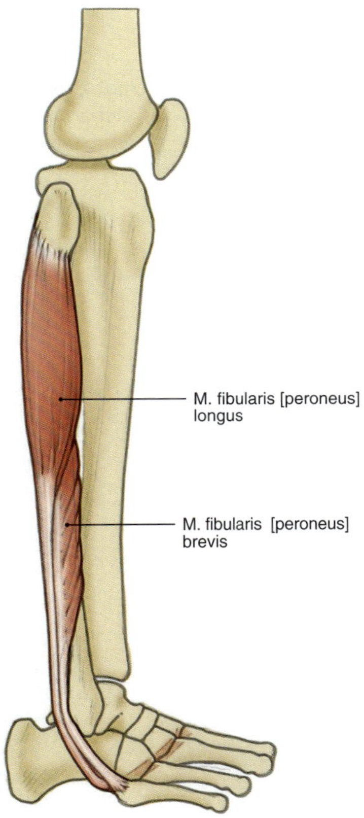

Abb. 8.19 Muskeln der Fibularisgruppe (Peroneusgruppe). (Aus [15])

Merke

Hinter dem **Malleolus lateralis** verlaufen die beiden Sehnen der Mm. fibulares (peronei) in einer gemeinsamen Sehnenscheide. Die Sehne des M. fibularis longus liegt hier dorsal der Sehne des M. fibularis brevis.

Hinter dem **Malleolus medialis** verlaufen die Sehnen der tiefen Flexoren in jeweils eigenen Sehnenscheiden. Von ventral nach dorsal ist die Reihenfolge der Muskeln: M. tibialis posterior, M. flexor digitorum longus, M. flexor hallucis longus.

8.3.4 Kurze Fußmuskeln

Die kurzen Fußmuskeln, deren Ursprung und Ansatz am Fuß liegen, lassen sich zunächst in

- Muskeln des Fußrückens (↗ Tab. 8.15) und
- Muskeln der Fußsohle

unterteilen. Auf dem Fußrücken liegen nur 2 Muskeln, die Muskeln der Fußsohle lassen sich dagegen weiter unterteilen in:

- Großzehenloge (Großzehenballen, mediales Fach, ↗ Tab. 8.16)
- mittlere Muskelloge (mittleres Fach, ↗ Tab. 8.17)
- Kleinzehenloge (Kleinzehenballen, laterales Fach, ↗ Tab. 8.18).

Tab. 8.15 Muskeln des Fußrückens (↗ Abb. 8.20)

Muskel	Ursprung	Ansatz	Funktion	Innervation
M. extensor hallucis brevis	Kalkaneus (Dorsalseite)	Phalanx proximalis I	MTP I: Extension	N. fibularis (peroneus) profundus
M. extensor digitorum brevis		Phalanges proximales II–IV	MTP II–IV: Extension	

Tab. 8.16 Muskeln der Fußsohle, Großzehenloge (↗ Abb. 8.21)

Muskel		Ursprung	Ansatz	Funktion	Innervation	Besonderheiten
M. abductor hallucis		• Tuber calcanei (Medialseite) • Aponeurosis plantaris	• mediales Sesambein • Phalanx proximalis I	MTP I: Abduktion	N. plantaris medialis	ist als längs verlaufender Muskel an der Verspannung des Fußlängsgewölbes beteiligt
M. adductor hallucis	Caput transversum	Gelenkkapseln der MTP III–V	• laterales Sesambein • Phalanx proximalis I	MTP I: Adduktion	N. plantaris lateralis	Caput transversum hilft bei der Verspannung des Fußquergewölbes
	Caput obliquum	• Os cuboideum • Os cuneiforme laterale • Ossa metatarsi II–IV (jeweils Basis)				
M. flexor hallucis brevis	Caput laterale	Ossa cuneiformia	• laterales Sesambein, • Phalanx proximalis I (lateral)	MTP I: Flexion	N. plantaris lateralis	trägt ebenfalls zur Verspannung des Längsgewölbes bei
	Caput mediale		• mediales Sesambein, • Phalanx proximalis I (medial)		N. plantaris medialis	

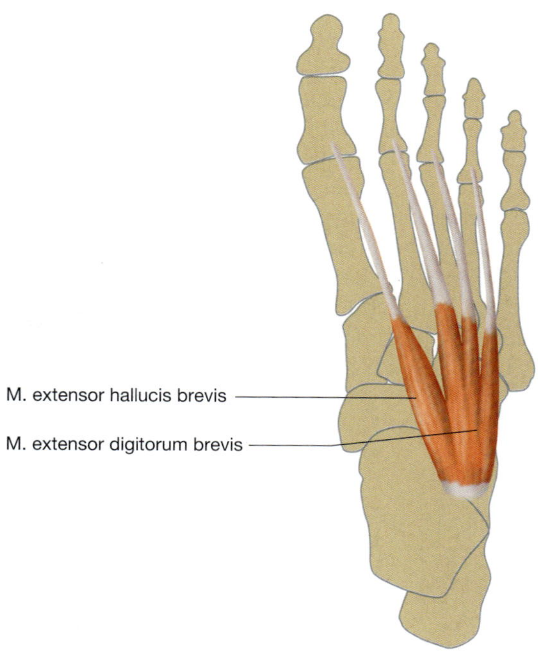

Abb. 8.20 Muskeln des Fußrückens.

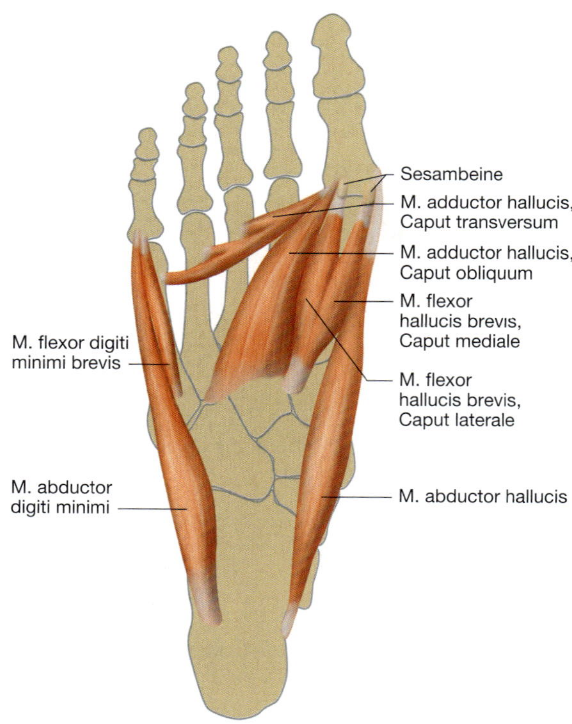

Abb. 8.21 Muskeln der Fußsohle, Groß- und Kleinzehenloge.

Tab. 8.17 Muskeln der Fußsohle, mittlere Muskelloge (↗ Abb. 8.22 und 8.23)

Muskel	Ursprung	Ansatz	Funktion	Innervation	Besonderheiten
M. quadratus plantae	Kalkaneus: Unterseite	Sehne(n) des M. flexor digitorum longus: von lateral in Höhe der Aufzweigung in die Endsehnen	unterstützt die Funktion des M. flexor digitorum longus	N. plantaris lateralis	korrigiert die sonst schräg verlaufende Zugrichtung des M. flexorum digitorum longus in die Längsrichtung der Zehen
M. flexor digitorum brevis	• Tuber calcanei: Unterseite • Aponeurosis plantaris	Phalanges mediae II–V: jeweils Basis	MTP II–V und PIP II–V: Flexion	N. plantaris medialis	Endsehnen spalten sich auf Höhe der Grundphalangen und ermöglichen damit den Endsehnen des M. flexorum digitorum longus einen Durchtritt
Mm. lumbricales (4)	Endsehnen des M. flexor digitorum longus	Phalanges proximales II–V (medial)	MTP II–V: Flexion, (Adduktion)	Nn. plantares medialis und lateralis	
Mm. interossei dorsales (4)	Ossa metatarsi I–V (jeweils im Intermetatarsalraum)	Phalanges proximales II–IV	MTP II–IV: Flexion, (Abduktion)	N. plantaris lateralis	sind jeweils zweiköpfig angelegt; an der 2. Zehe setzen 2 Mm. interossei dorsales an (medial und lateral)
Mm. interossei plantares (3)	Ossa metatarsi III–V: jeweils Basis (plantarseitig)	Phalanges proximales III–V (medial)	MTP III–V: Flexion, (Adduktion)		nur einköpfig angelegt

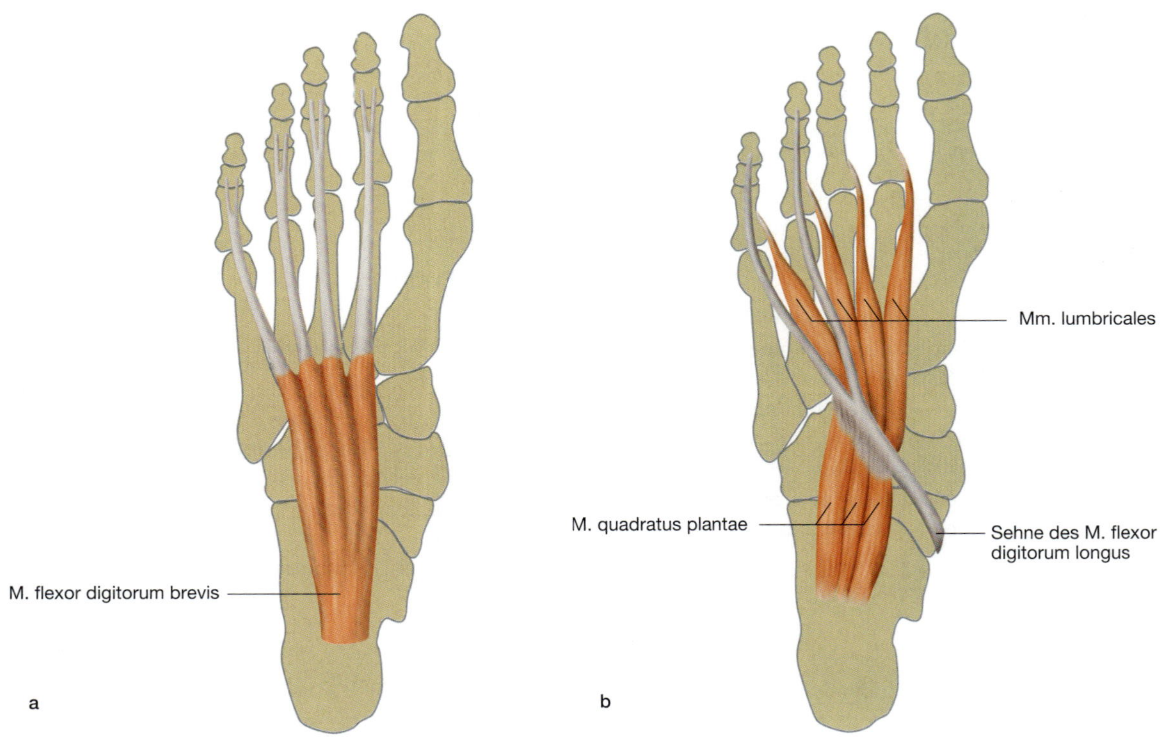

Abb. 8.22 Muskeln der Fußsohle, mittlere Muskelloge. **a** Oberflächliche Schicht. **b** Tiefe Schicht.

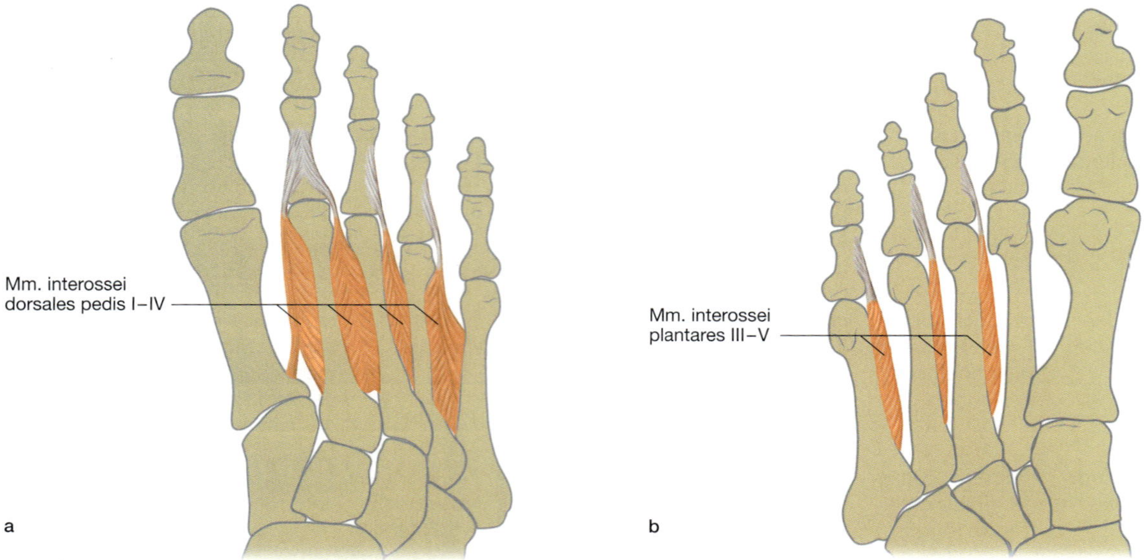

Abb. 8.23 Mm. interossei pedis. a Mm. interossei dorsales. **b** Mm. interossei plantares. (Modifiziert nach [15])

Tab. 8.18 Muskeln der Fußsohle, Kleinzehenloge (↗ Abb. 8.21)

Muskel	Ursprung	Ansatz	Funktion	Innervation	Besonderheiten
M. abductor digiti minimi	Tuber calcanei (lateral)	Phalanx proximalis V	MTP V: Flexion, Abduktion	N. plantaris lateralis	unterstützt das Fußlängsgewölbe
M. flexor digiti minimi brevis	• Os metatarsi V: Basis (lateral) • Lig. plantare longum	Phalanx proximalis V: Basis	MTP V: Flexion		
M. opponens digiti minimi	Lig. plantare longum	Os metatarsi V (lateral)	Adduktion des Os metatarsi V		unterstützt das Fußquergewölbe

Klinik

Wie auch an der Hand werden in der Klinik die Mittelfußknochen sowie Mittelfuß- und Zehengelenke aufgrund ihrer langen Namen wie folgt abgekürzt dargestellt: Os metatarsi = **MT**; Metatarsophalangealgelenk = **MTP**; proximales Interphalangealgelenk = **PIP**; distales Interphalangealgelenk = **DIP**. Die Abkürzungen werden jeweils gefolgt von einer römischen Zahl, die den betreffenden Strahl angibt.

8.4 Nerven

8.4.1 Plexus lumbosacralis

Die nervale Versorgung der unteren Extremität erfolgt aus den Rr. anteriores T12–S3, die sich im Nervengeflecht des **Plexus lumbosacralis** (↗ Abb. 8.24) miteinander verbinden. Dieser lässt sich in

- den kranialen Plexus lumbalis (T12–L4, ↗ Tab. 8.19) und
- den kaudalen Plexus sacralis (L5–S4, ↗ Tab. 8.20 und 8.21)

unterteilen.

Die Oberflächensensibilität lässt sich wie am gesamten Körper auch im Bereich der unteren Extremitäten regelhaft den spinalen Wurzeln zuordnen. Jedes Versorgungsgebiet einer Wurzel wird Dermatom genannt (↗ Abb. 8.25).

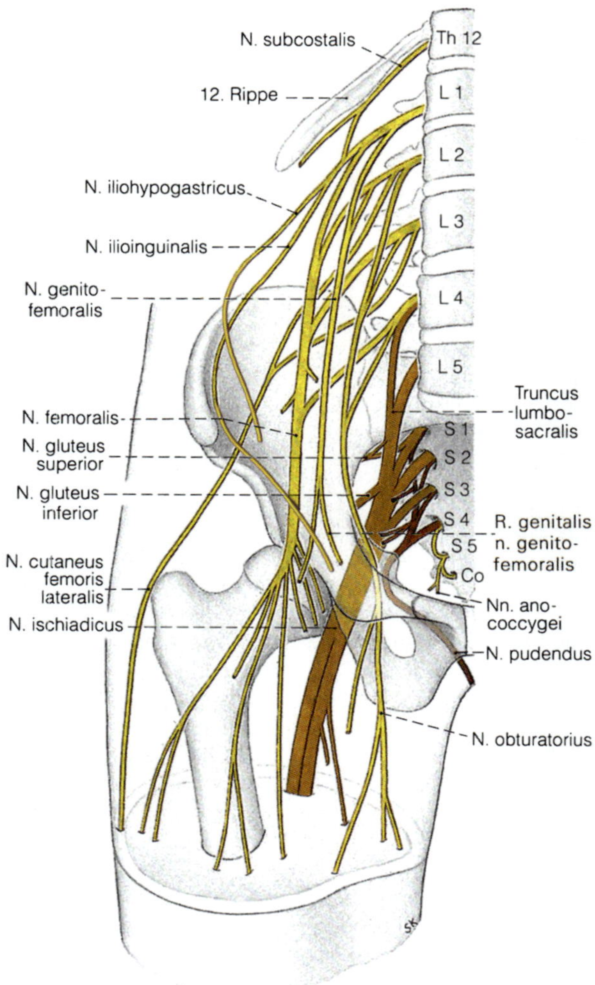

Abb. 8.24 Bauplan des Plexus lumbosacralis. Äste des Plexus lumbalis sind gelb, Äste des Plexus sacralis braun eingefärbt. (Aus [6])

Plexus lumbalis

Die Rr. anteriores der lumbalen Spinalnerven vereinigen sich lateral ihrer Austrittsstellen aus dem Spinalkanal dorsal des M. psoas major zum Plexus lumbalis. Aus ihm gehen 6 Nervenstämme sowie direkte Äste zur Versorgung der umliegenden Muskeln hervor.

Merke

Der von den meisten Studenten geschätzte Merkspruch für die Äste des Plexus lumbalis lautet: In Indien gibt's kein frisches Obst (N. iliohypogastricus, N. ilioinguinalis, N. genitofemoralis, N. cutaneus femoris lateralis, N. femoralis, N. obturatorius).

Klinik

Bei operativen Eingriffen können Nerven komprimiert oder verletzt werden. So z. B. der **N. cutaneus femoris lateralis,** wenn am Beckenkamm Material für autologe Knochentransplantate (Spongiosaplastik, Beckenkammspan) entnommen wird. Häufig wird der Nerv dabei nur durch ein postoperativ entstehendes Hämatom komprimiert und erholt sich im Verlauf rasch wieder. Der **R. infrapatellaris des N. saphenus** wird häufig beim operativen Zugang zum Pes anserinus superficialis im Rahmen der Kreuzbandchirurgie verletzt, es verbleibt dann ein kleiner Bereich mit sensiblem Defizit.

Plexus sacralis

Der Plexus sacralis liegt an der Rück- und Seitenwand des kleinen Beckens. Teilweise liegt er dem M. piriformis auf. Er wird von den Ästen der A. iliaca interna, dem Colon sigmoideum sowie dem Rektum bedeckt.

Klinik

Durch fehlerhafte ärztliche Maßnahmen können Nerven geschädigt werden:

- Beispielsweise kann der **N. gluteus superior** durch eine fehlerhafte intragluteale Injektion verletzt werden. Dadurch kommt es zur Insuffizienz der Abduktoren, so dass beim Gehen das Becken zur Spielbeinseite abkippt. Dieses hinkende Gangbild wird Trendelenburg-Zeichen genannt. Trifft man bei einer ebenso fehlerhaften intraglutealen Injektion den **N. gluteus inferior,** fällt mit dem M. gluteus maximus der wichtigste Hüftstrecker aus. Damit wird Treppensteigen, Radfahren oder ein Aufstehen aus der Hocke unmöglich.
- Im Bereich des Caput fibulae ist der **N. fibularis communis** gefährdet. Schon wenn das Bein bei einer Lagerung nicht ausreichend gepolstert wird oder ein Gips falsch angelegt wird, kann der N. fibularis communis durch Druck geschädigt werden. Eine aktive Dorsalextension und Pronation des Fußes sind dann nicht mehr möglich, es entsteht ein Spitzfuß (Pes equinovarus).

Klinik

Vergleichbar dem Karpaltunnelsyndrom am Handgelenk (↗ Kap. 7.3.4) gibt es am Sprunggelenk das **Tarsaltunnelsyndrom.** Hier wird der N. tibialis posterior unter dem Retinaculum musculorum flexorum chronisch druckgeschädigt. Klinische Symptome sind nächtlich auftretende Schmerzen und Parästhesien am medialen Fußrand sowie Druckschmerzen hinter dem Innenknöchel.

Tab. 8.19 Äste des Plexus lumbalis (↗ Abb. 8.26)

Nerv (Segment)	Ast	Innervationsgebiet	Verlauf	Reflexe, Paresen, Besonderheiten
Rr. musculares		M: • M. psoas major • M. psoas minor • M. quadratus lumborum	ziehen auf direktem Weg zu ihrem Zielmuskel	
N. iliohypogastricus (T12–L1)	Rr. musculares	M: • M. obliquus internus abdominis • M. transversus abdominis	• läuft dorsal der Niere nach laterokaudal, durchdringt dann den M. transversus abdominis und liegt schließlich zwischen den beiden von ihm innervierten Muskeln • teilt sich auf Höhe der Crista iliaca in seine beiden sensiblen Endäste auf	
	R. cutaneus lateralis	S: Haut der Hüftregion (lateral)		
	R. cutaneus anterior	S: Haut kranial des Lig. inguinale und der Regio pubica		
N. ilioinguinalis (L1)	Rr. musculares	M: • M. obliquus internus abdominis • M. transversus abdominis	• verläuft zunächst gemeinsam mit dem N. iliohypogastricus • zieht an der Crista iliaca entlang und gelangt an deren Ende in den Leistenkanal • seine sensiblen Endäste verlassen den Leistenkanal durch den äußeren Leistenring	
	Nn. scrotales anteriores (Mann)	S: Haut der Leistengegend, Peniswurzel und Skrotum		
	Nn. labiales anteriores (Frau)	S: Haut der Leistengegend und der Labia majora pudendi		
N. genitofemoralis (L1–L2)			verläuft auf dem M. psoas major nach kaudal und teilt sich in seine 2 Endäste	Kremasterreflex (L1–L2): durch Bestreichen der proximalen Oberschenkelinnenseite hebt sich der Hoden durch Kontraktion des M. cremaster (Fremdreflex)
	R. genitalis	Mann: • M: M. cremaster • S: Skrotum Frau: S: Labia majora	legt sich dem Samenstrang bzw. dem Lig. teres uteri an und verläuft mit diesem durch den Leistenkanal zum Skrotum bzw. den Labia majora pudendi	
	R. femoralis	S: Haut kaudal des Lig. inguinale	• zieht lateral der A. iliaca externa unter dem Leistenband zum Oberschenkel • erreicht im Bereich des Hiatus saphenus die Haut	
N. cutaneus femoris lateralis (L2–L3)		S: Haut der Oberschenkelaußenseite	zieht über den M. iliacus und unterkreuzt in der Lacuna musculorum das Leistenband, tritt anschließend durch die Fascia lata an die Oberfläche	

M: motorische Innervation; S: sensible Innervation

Tab. 8.19 *Fortsetzung*

Nerv (Segment)	Ast	Innervationsgebiet	Verlauf	Reflexe, Paresen, Besonderheiten
N. femoralis (L1–L4)	Rr. musculares	M: • M. psoas major • M. iliacus • M. quadriceps femoris (alle 4 Anteile) • M. pectineus (zusammen mit N. obturatorius) • M. sartorius	• zieht als stärkster Ast des Plexus lumbalis zwischen den von ihm innervierten M. psoas major und M. iliacus nach kaudal und gelangt durch die Lacuna musculorum zum Oberschenkel • spaltet sich unterhalb des Leistenbandes in seine Endäste auf	• Patellarsehnenreflex (L4): bei Schlag auf das Lig. patellae kontrahiert der M. quadriceps femoris • Parese: keine kräftige Streckung des Kniegelenks mehr möglich, der Patellarsehnenreflex fällt aus
	Rr. cutanei anteriores	S: • Haut des ventralen und medialen Oberschenkels • Periost der Femurvorderseite	durchbrechen in verschiedener Höhe die Fascia lata und gelangen an die Oberfläche	
	N. saphenus	S: • Haut unterhalb der Patella (über R. infrapatellaris) • Haut des ventralen und medialen Unterschenkels und des medialen Fußrandes (über Rr. cutanei cruris mediales)	• verläuft mit der A. femoralis durch den Adduktorenkanal • durchbricht distal die Membrana vastoadductoria • gibt auf Höhe des Kniegelenkspaltes den R. infrapatellaris ab • legt sich dann der V. saphena magna an, mit der er subkutan an der Medialseite des Unterschenkels zum Fußaußenrand zieht	
N. obturatorius (L2–L4)		M: M. obturatorius externus	• tritt an der Medialseite des M. psoas major nach vorn und läuft entlang der Medialseite des M. iliacus zum Canalis obturatorius • gibt im Canalis obturatorius einen Ast an den M. obturatorius externus ab • tritt durch das Foramen obturatum auf die Außenseite des Beckens • teilt sich dort in seine beiden Endäste, die ventral und dorsal des M. adductor brevis zu liegen kommen	• Adduktorenreflex (L3): Durch Beklopfen des Condylus medialis femoris wird eine Kontraktion der Adduktoren ausgelöst • Verletzung durch Fraktur der Beckenknochen möglich; eine aktive Adduktion ist auf der betroffenen Seite dann nicht mehr möglich
	R. anterior	M: • M. adductor longus • M. adductor brevis • M. pectineus (zusammen mit N. femoralis) • M. gracilis S: schmaler Hautstreifen an der distalen Oberschenkelinnenseite		
	R. posterior	M: • M. adductor magnus • M. adductor minimus		

M: motorische Innervation; S: sensible Innervation

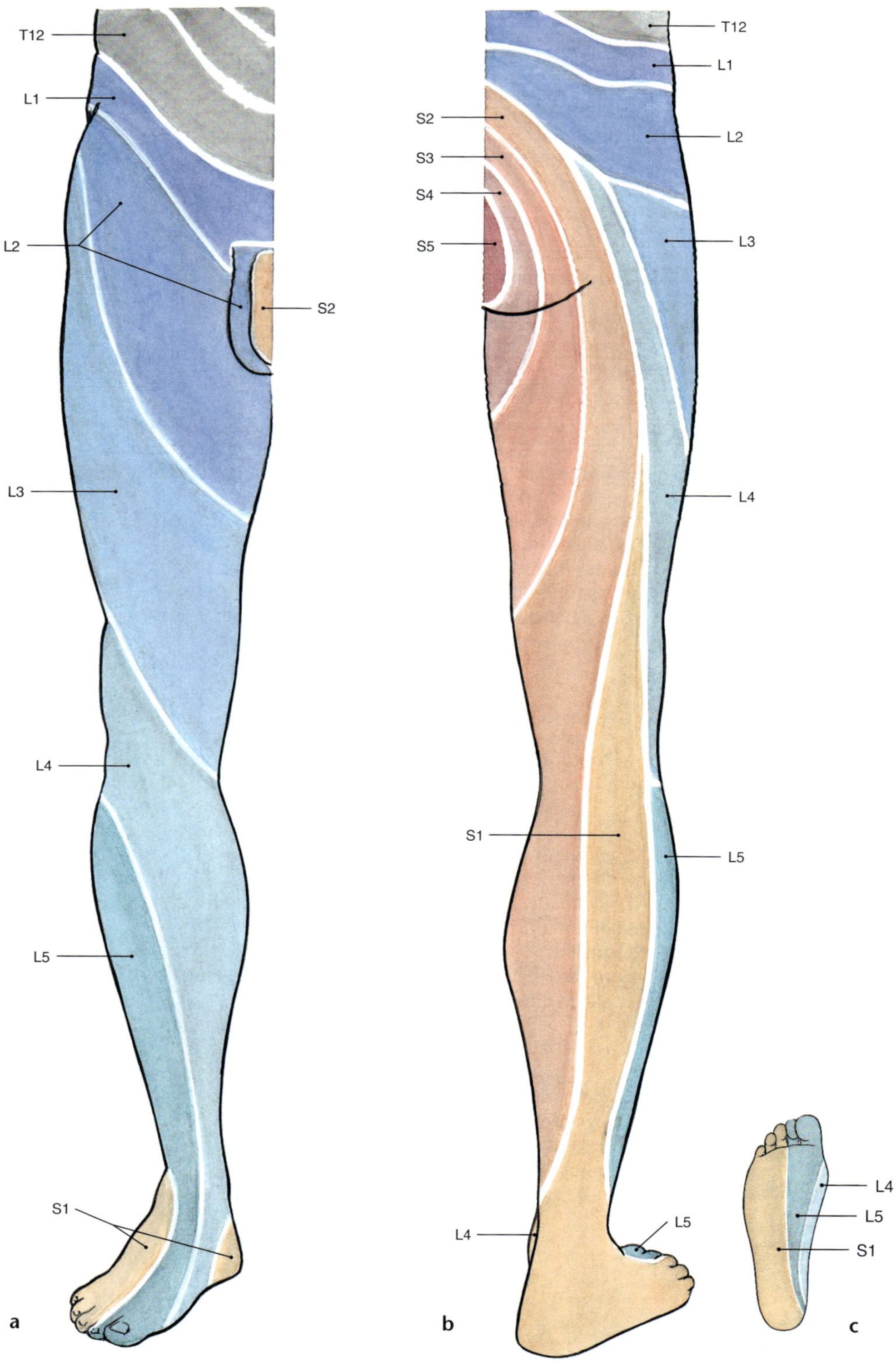

Abb. 8.25 Dermatome der unteren Extremität. **a** Ansicht von ventral. **b** Ansicht von dorsal. **c** Ansicht von plantar. (Aus [15])

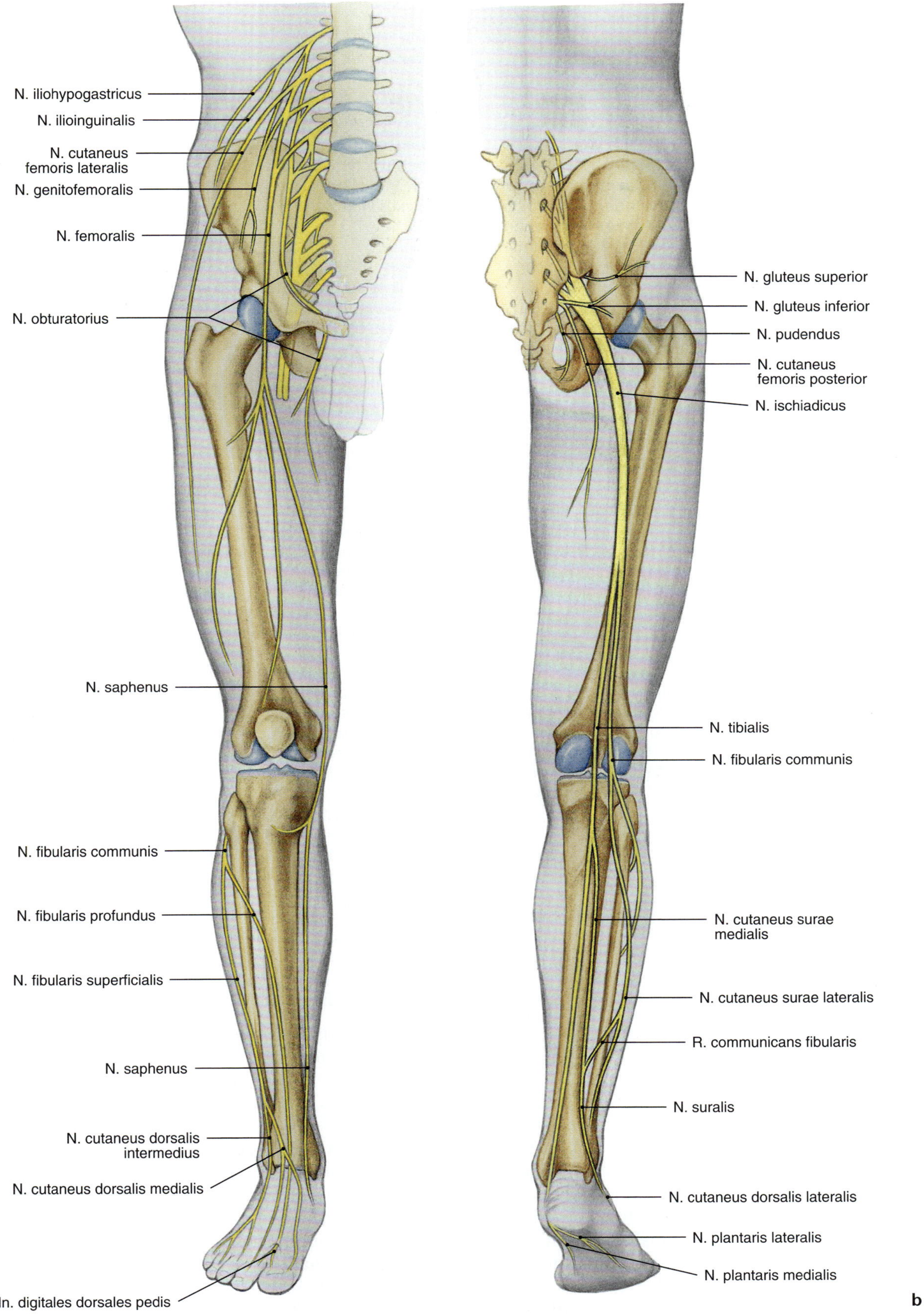

Abb. 8.26 Übersicht über die Nerven der unteren Extremität. a Ansicht von ventral. **b** Ansicht von dorsal. (Aus [15])

Tab. 8.20 Äste des Plexus sacralis (↗ Abb. 8.26)

Nerv (Segment)	Ast	Innervationsgebiet	Verlauf	Reflexe, Paresen, Besonderheiten
Rr. musculares		M: • M. piriformis • M. gemellus superior • M. obturatorius internus • M. gemellus inferior • (M. quadratus femoris)	ziehen als kurze Nervenäste zur pelvitrochantären Muskelgruppe, die in direkter Nachbarschaft des Plexus liegt	
N. gluteus superior (L4–S1)		M: • M. gluteus medius • M. gluteus minimus • M. tensor fasciae latae	verlässt das kleine Becken durch das Foramen suprapiriforme und erreicht so das Gesäß	
N. gluteus inferior (L5–S2)		M: M. gluteus maximus	zieht durch das Foramen infrapiriforme zum Gesäß	
N. cutaneus femoris posterior (S1–S3)		S: • Haut des dorsalen Oberschenkels • Gesäßhaut (über Nn. clunium inferiores) • Haut des Damms und des Schambereichs (über Rr. perineales)	• verlässt das kleine Becken in Begleitung des N. ischiadicus durch das Foramen infrapiriforme • gibt am Unterrand des M. gluteus maximus 2 Äste ab • zieht unter der Fascia lata auf der Dorsalseite des Oberschenkels nach kaudal bis etwas distal der Kniekehle und gibt dabei in regelmäßigen Abständen Hautäste ab	
N. ischiadicus (L4–S3)		M: • M. biceps femoris (Caput longum) • M. semimembranosus • M. semitendinosus • M. adductor magnus	• zieht durch das Foramen infrapiriforme vom kleinen Becken auf die Oberschenkelrückseite, wo er auf der Dorsalfläche der pelvitrochantären Muskeln nach kaudal zieht • bedeckt vom M. biceps femoris erreicht er die Kniekehle • teilt sich auf variabler Höhe in seine Endäste (↗ Tab. 8.21)	ist mit der Dicke eines Kleinfingers der stärkste periphere Nerv des menschlichen Körpers

M: motorische Innervation; S: sensible Innervation

8.5 Gefäßversorgung

8.5.1 Arterien

Ähnlich wie an der oberen Extremität erfolgt die arterielle Versorgung der unteren Extremität aus einem Gefäßstamm, der jedoch mehrfach seinen Namen ändert. Zunächst wird aus der **A. iliaca externa** auf der Höhe ihres Durchzugs durch die Lacuna vasorum (↗ Kap. 2.3.4) unter dem Leistenband die **A. femoralis.** Diese wird ab ihrem Eintritt in die Fossa poplitea (↗ Kap. 8.3.2) als **A. poplitea** bezeichnet. Distal hiervon teilt sich der Hauptstamm in seine 2 Endäste, **A. tibialis anterior** und **A. tibialis posterior,** auf (↗ Abb. 8.28).

A. femoralis

Die A. femoralis tritt in der Mitte des Leistenbandes in der Lacuna vasorum (↗ Kap. 2.3.4) unter dem Leistenband hervor. Sie begibt sich in die zwischen M. iliopsoas und M. pectineus liegende **Fossa iliopectinea.** Diese wird nach ventral nur vom oberflächlichen Blatt der Fascia lata bedeckt. In diesem Bereich ist die Arterie daher leicht zugänglich. Hier können der Puls getastet, die A. femoralis manuell komprimiert und Punktionen vorgenommen werden. Sie erreicht anschließend unter dem M. sartorius den **Canalis adductorius,** an dessen distalem Ende sie durch den Hiatus adductorius in die **Fossa poplitea** gelangt. Nach ihrem Durchtritt durch den Hiatus adductorius wird sie A. poplitea genannt.

Tab. 8.20 *Fortsetzung*

Nerv (Segment)	Ast	Innervationsgebiet	Verlauf	Reflexe, Paresen, Besonderheiten
N. pudendus (S2–S4)	Rr. musculares	M: M. levator ani	• verlässt in Begleitung der A. pudenda interna das kleine Becken durch das Foramen infrapiriforme • windet sich um die Spina ischiadica und gelangt durch das Foramen ischiadicum minus wieder in das kleine Becken • zieht unter der Faszie des M. obturatorius internus (Alcock-Kanal) nach ventral und gelangt unter der Symphyse zu Penis bzw. Klitoris • gibt auf seinem Weg mehrere Äste ab	kann bei Radfahrern durch Druck zwischen Sattel und Beckenknochen in seiner Funktion beeinträchtigt werden → Sensibilität am Penis geht verloren
	N. cutaneus perforans	S: Haut im Bereich des Tuber ischiadicum		
	Nn. anales inferiores	M: M. sphincter ani internus S: Haut der Perianalregion		
	Nn. perineales	M: • M. transversus perinei superficialis • M. transversus perinei profundus (gemeinsam mit N. dorsalis penis/clitoridis) • M. bulbospongiosus • M. ischiocavernosus S: • Haut des Damms • Skrotum (beim Mann, als Nn. scrotales posteriores) • Labia majora pudendi (bei der Frau, als Nn. labiales posteriores)		
	N. dorsalis penis/clitoridis (Mann/Frau)	• M: M. transversus perinei profundus (gemeinsam mit Nn. perineales) • S: Haut des Penis, Glans und Präputium (Mann), Glans clitoridis (Frau)		

M: motorische Innervation; S: sensible Innervation

Auf ihrem Weg gibt sie die folgenden Äste ab:

- Die **A. epigastrica superficialis** schlingt sich als erster Ast der A. femoralis um das Lig. inguinale nach ventral und steigt subkutan an der Bauchwand nach kranial.
- Die **A. circumflexa ilium superficialis,** die auch in einem gemeinsamen Stamm mit der A. epigastrica superficialis aus der A. femoralis hervorgehen kann, zieht am Unterrand des Lig. inguinale entlang nach lateral in Richtung Spina iliaca anterior superior.
- Die **Aa. pudendae externae** sind kleine Arterienäste, welche die Haut der äußeren Geschlechtsorgane versorgen.
- Die **A. profunda femoris** ist der stärkste Abgang aus der A. femoralis. Sie zweigt etwa 3–4 cm unterhalb des Lig. inguinale ab und zieht dorsal des M. adductor longus nach distal. Sie ist für die Versorgung der Oberschenkelmuskulatur verantwortlich und teilt sich in folgende Endäste:
  - Die **A. circumflexa femoris medialis** gelangt zwischen M. iliopsoas und M. pectineus nach dorsal, wo sie im Bereich der Fossa trochanterica der Hüftgelenkkapsel aufliegt. Sie umgreift den Schenkelhals dorsal und anastomosiert mit der von ventral kommenden A. circumflexa femoris lateralis.
  - Die **A. circumflexa femoris lateralis** verläuft, bedeckt vom M. rectus femoris, nach lateral. Sie teilt sich in einen R. ascendens und einen R. descendens. Der **R. ascendens** liegt an der Vorderseite des Schenkelhalses der Hüftgelenkkapsel auf und anastomosiert mit der A. circumflexa humeri medialis. Der **R. descendens** zieht nach distal und versorgt die Extensoren des Oberschenkels.
  - Die **Aa. perforantes** (meist 3, nach ihrem Abgang mit römischen Zahlen nummeriert) durchbrechen in Ansatznähe die Adduktorensehnen, ziehen nach dorsal und versorgen die ischiokrurale Muskulatur.

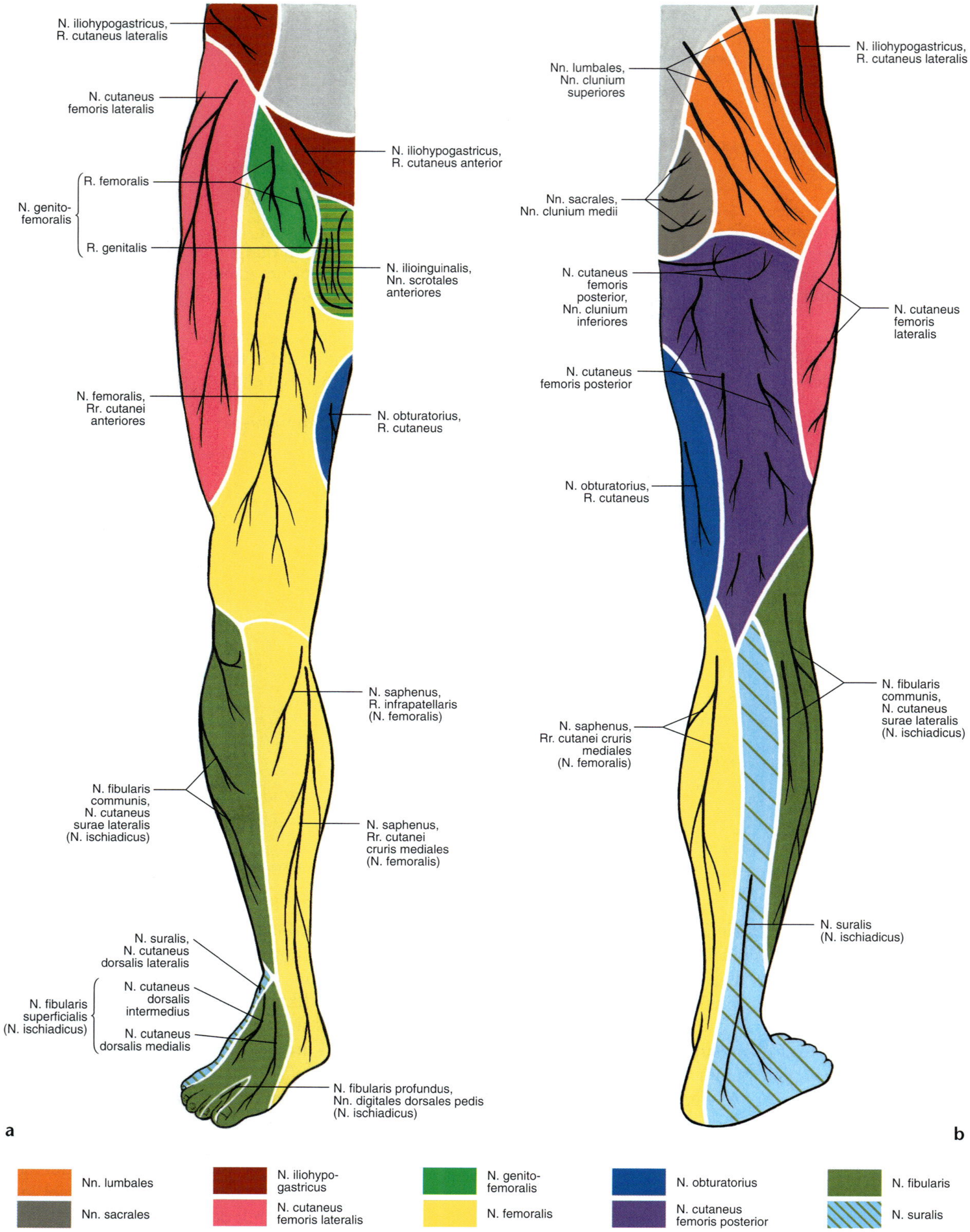

Abb. 8.27 Hautinnervation der unteren Extremität. Autonomiegebiete sind dunkler eingefärbt. **a** Ansicht von ventral. **b** Ansicht von dorsal. (Aus [15])

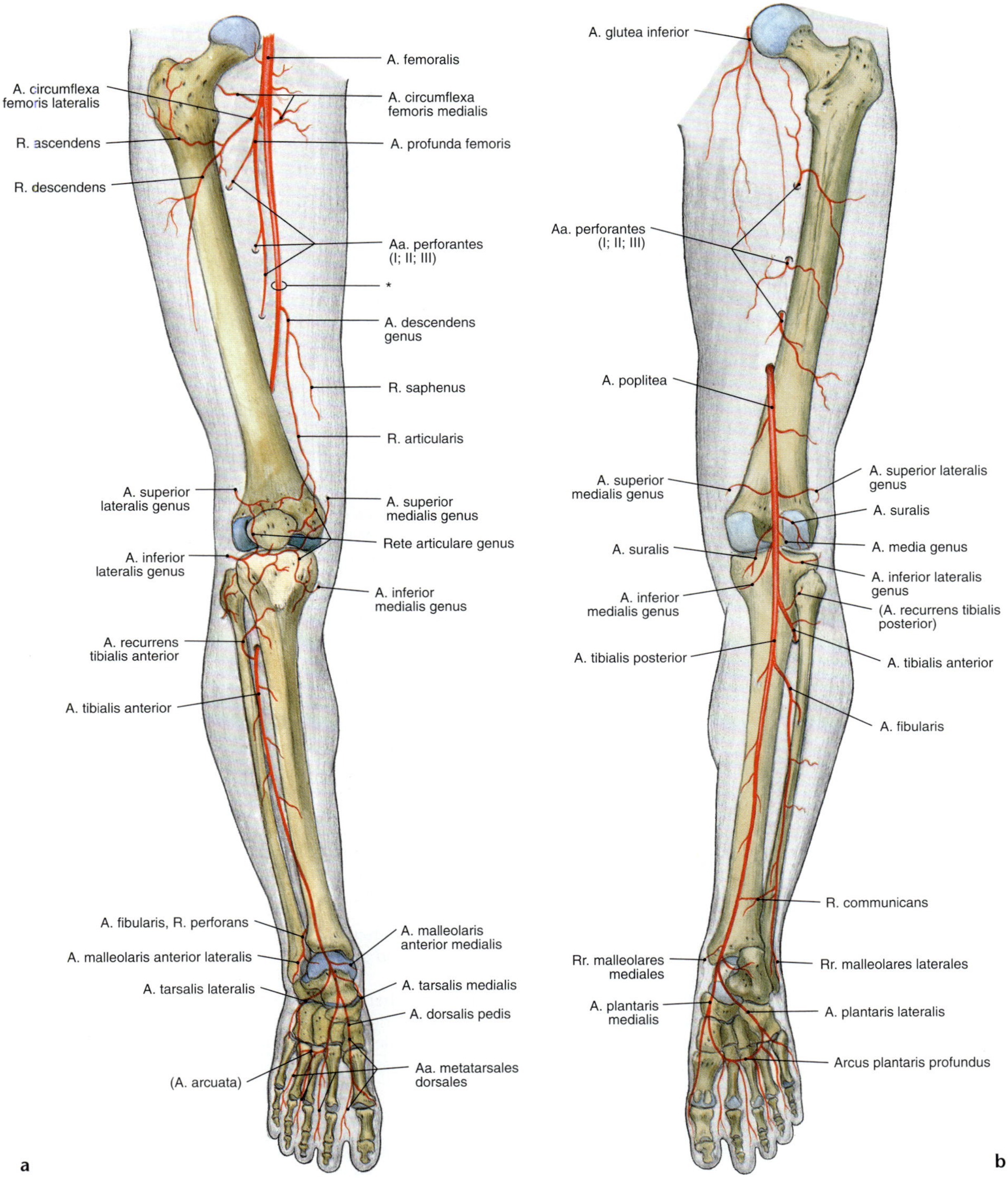

Abb. 8.28 Arterielle Versorgung der unteren Extremität. a Ansicht von ventral. **b** Ansicht von dorsal. (Aus [15])

Das Teilstück der A. femoralis zwischen dem Abgang der A. profunda femoris und dem Eintritt in den Canalis adductorius (*) wird klinisch auch als A. femoralis superficialis bezeichnet.

Tab. 8.21 Äste des N. ischiadicus (L4–S3 ↗ Abb. 8.26)

Nerv (Segment)	Ast	Innervationsgebiet	Verlauf	Reflexe, Parese, Besonderheiten
N. tibialis (L4–S3)	Rr. musculares	M (Oberschenkel): • M. adductor magnus (gemeinsam mit N. obturatorius) • M. biceps femoris (Caput longum) • M. semimembranosus • M. semitendinosus M (Unterschenkel): • M. gastrocnemius • M. soleus • M. popliteus • M. plantaris • M. tibialis posterior • M. flexor digitorum longus • M. flexor hallucis longus	• zieht dorsolateral der Gefäße durch die Kniekehle und gelangt durch die Soleusarkade (Arcus tendineus) zwischen die oberflächliche und tiefe Flexorenschicht des Unterschenkels • zieht dort in Begleitung der A. tibialis posterior weiter nach kaudal und schlingt sich unter dem Retinaculum musculorum flexorum um den Malleolus lateralis • Dort spaltet er sich in seine beiden Endäste (Nn. plantares medialis et lateralis) auf	• Tibialis-posterior-Reflex (L5): Beklopfen der Sehne des M. tibialis posterior unterhalb des Malleolus medialis löst eine Kontraktion des M. tibialis posterior aus, der mediale Fußrand wird angehoben • Achillessehnenreflex (S1): Durch Beklopfen der passiv leicht vorgespannten Achillessehne wird eine Kontraktion des M. triceps surae ausgelöst
	N. interosseus cruris	S: • Periost der Tibia • Sprunggelenk • mediale Fersenhaut (über Rr. calcanei mediales)	zweigt meist aus dem Muskelast zum M. popliteus ab und verläuft dorsal, der Membrana interossea cruris aufliegend, nach kaudal zum Malleolus medialis	
	N. cutaneus surae medialis		• entspringt in der Fossa poplitea aus dem N. tibialis und verläuft mit der V. saphena parva unter der Fascia cruris nach kaudal • durchbohrt etwa in Unterschenkelmitte die Faszie und verbindet sich mit dem R. communicans fibularis aus dem N. fibularis communis zum N. suralis	
	N. suralis	S: laterale Fersenhaut (über Rr. calcanei laterales)	verläuft nach seiner Entstehung (s. o.) lateral der Achillessehne und gelangt hinter dem Malleolus lateralis zum Fußaußenrand	
	N. plantaris medialis	M: • M. abductor hallucis • M. flexor hallucis brevis (Caput mediale) • M. flexor digitorum brevis • Mm. lumbricales I und II S: plantare Haut und Nagelbett der medialen 3½ Zehen (über Nn. digitales plantares proprii)	• zieht vom Innenknöchel zur Fußsohle und spaltet sich dort weiter auf • Aus ihm gehen 3 Nn. digitales communes hervor, die sich in je 2 Nn. digitales plantares proprii spalten	
	N. plantaris lateralis	M (direkt): • M. quadratus plantae M (über R. superficialis): • M. abductor digiti minimi • M. flexor digiti minimi brevis • M. opponens digiti minimi • Mm. interossei (lateral) M (über R. profundus): • M. adductor hallucis • M. flexor hallucis brevis (Caput laterale) • Mm. lumbricales III und IV • Mm. interossei	• gelangt unter dem M. flexor digitorum brevis vom Innenknöchel zur lateralen Fußsohle • spaltet sich dort in einen R. superficialis und einen R. profundus • Analog zum N. plantaris medialis geht aus dem R. superficialis ein N. digitalis plantaris communis hervor, der sich in die Nn. digitales plantares proprii teilt	

Tab. 8.21 *Fortsetzung*

Nerv (Segment)	Ast	Innervationsgebiet	Verlauf	Reflexe, Parese, Besonderheiten
N. fibularis (peroneus) communis (L4–S2)		M: M. biceps femoris (Caput breve)	• zieht mit der Ansatzsehne des M. biceps femoris zum Caput fibulae und schlingt sich im dünnen Subkutangewebe um das Collum fibulae • gelangt danach in die Fibularisloge (Peroneusloge), wo er sich in seine Endäste, N. fibularis superficialis und N. fibularis profundus aufteilt	
	N. cutaneus surae lateralis	S: Haut des lateralen Unterschenkels	geht als Hautast bereits in der Fossa poplitea aus dem N. fibularis communis hervor	
	R. communicans fibularis		schließt sich mit dem N. cutaneus surae medialis aus dem N. tibialis zum N. suralis zusammen (s. o.)	
	N. fibularis (peroneus) superficialis	M: • M. peroneus longus • M. peroneus brevis S: • Haut des Fußinnenrandes und des medialen Fußrückens (über N. cutaneus dorsalis medialis) • Haut des lateralen Fußrückens (über N. cutaneus dorsalis intermedius)	zieht in der Fibularisloge nach kaudal. Oberhalb des Sprunggelenks durchbricht er die Fascia cruris, um auf den Fußrücken zu gelangen. Dort teilt er sich in seine Endäste, den N. cutaneus dorsalis medialis und den N. cutaneus dorsalis intermedius. Deren Endäste ziehen als Nn. digitales dorsales pedis zu den Zehen	versorgt nicht die dorsale Haut der Zehen und Zehenzwischenräume (über Nn. digitales dorsales pedis) und die einander zugewandten Flächen von D I und D II
	N. fibularis (peroneus) profundus	M: • M. tibialis anterior • M. extensor digitorum longus • M. extensor digitorum brevis • M. extensor hallucis longus • M. extensor hallucis breviis S: Haut der einander zugewandten Seiten der 1. und 2. Zehe	• durchbricht das Septum intermusculare posterius und gelangt so in die Extensorenloge, deren Muskeln er innerviert • zieht zusammen mit der A. tibialis anterior und der Sehne des M. tibialis anterior unter den Retinacula musculorum extensorum auf den Fußrücken • spaltet sich dann in 2 Nn. digitales dorsales pedis auf	Hypästhesie im 1. Zehenzwischenraum als Zeichen einer Druckläsion des Nervs ist häufig erstes neurologisches Symptom bei einem Kompartmentsyndrom (↗ Kap. 8.3); oft sind die Schäden dann jedoch schon irreparabel

M: motorische Innervation; S: sensible Innervation (↗ Abb. 8.27)

- Die **A. descendens genus** verlässt im Adduktorenkanal die A. femoralis, durchbricht die Membrana vastoadductoria und zieht medialseitig nach distal.

Klinik

Die A. femoralis stellt unterhalb des Leistenbandes den Standardzugang für **interventionelle Verfahren** dar. Hierunter versteht man Operationen am arteriellen Gefäßsystem, die von der Lumenseite des Blutgefäßes her erfolgen. Dafür muss die A. femoralis zunächst mit einer Nadel punktiert werden. Über diese Nadel kann dann ein langer, an seinem Ende flexibel gebogener Draht (Katheter) in die Arterie vorgeschoben werden („Seldinger-Technik"). Von dort aus kann der Operateur mit dem Katheter praktisch alle Orte der arteriellen Strombahn erreichen, so z. B. die Koronararterien, intrazerebrale Gefäße, viszerale und Extremitätenarterien. Vor Ort können die Arterien mittels Röntgenkontrastmittel dargestellt (Angiographie) und evtl. vorhandene Pathologien therapiert werden. So können durch Arteriosklerose verursachte Verstopfungen aufgeweitet (dilatiert) oder akute Blutungen durch Einsetzen von Metallspiralen (Coils) gestillt werden.

A. poplitea

Die A. poplitea verläuft in der Fossa poplitea nach distal und liegt dabei zunächst dem Femur, dann der dorsalen Gelenkkapsel direkt auf. Dorsal von ihr liegen die V. poplitea und am oberflächlichsten der N. tibialis. Das Gefäß-Nerven-Bündel zieht zwischen den beiden Köpfen des M. gastrocnemius über die Dorsalfläche des M. popliteus und erreicht an dessen Unterrand den **Arcus tendineus m. solei,** durch den es zwischen die oberflächlichen und tiefen Flexoren des Unterschenkels gelangt. Auf Höhe des Arcus tendineus teilt sich die A. poplitea in ihre beiden Endäste A. tibialis anterior und A. tibialis posterior. Die A. poplitea gibt in ihrem Verlauf einige Äste zur Versorgung der Kniegelenkregion ab, die sich in einem Anastomosengeflecht (**Rete articulare genus**) treffen, das auch Zuflüsse aus der A. descendens genus und der A. tibialis anterior erhält:

- Die **Aa. superiores medialis** und **lateralis genus** umschlingen den Condylus medialis bzw. lateralis femoris nach ventral zum Rete articulare genus.
- Die **A. media genus** zieht in die Fossa intercondylaris zur Versorgung von Kreuzbändern und dorsaler Gelenkkapsel.
- Die **Aa. inferiores medialis** und **lateralis genus** verlaufen um den medialen bzw. lateralen Tibiakondylus nach ventral zum Rete articulare genus.
- Die **Aa. surales** versorgen die proximalen Abschnitte der Unterschenkelflexoren.

A. tibialis anterior

Die A. tibialis anterior verlässt die Flexorenloge nach ihrem Abgang aus der A. poplitea durch eine Aussparung in der Membrana interossea cruris und gelangt in die Extensorenloge. Hier liegt sie mit dem N. fibularis profundus der Membrana interossea cruris auf und zieht so nach distal. Sie gelangt mit den Extensorensehnen bis zum **Retinaculum mm. extensorum,** das sie unterkreuzt. Sie gelangt als **A. dorsalis pedis** auf den Fußrücken, wo ihr Puls lateral der Sehne des M. extensor hallucis longus zu tasten ist. Die Abgänge der A. tibialis anterior bzw. A. dorsalis pedis lauten wie folgt:

- Die **A. recurrens tibialis anterior** verläuft als proximaler Abgang zurück zum Rete articulare genus.
- Die **Aa. malleolares anteriores medialis** und **lateralis** schlingen sich um den Malleolus medialis bzw. lateralis nach dorsal und verzweigen sich im **Rete malleolare mediale** bzw. **laterale.** Das Rete malleolare laterale erhält Zuflüsse aus der A. fibularis (aus der A. tibialis posterior), das Rete malleolare mediale direkt aus der A. tibialis posterior.
- Die **A. dorsalis pedis** gibt als Endast der A. tibialis anterior folgende Äste ab:
  - Die **A. arcuata** verläuft bogenförmig auf der Dorsalseite über die Fußwurzel. Von ihr gehen die **Aa. metatarsales dorsales** hervor, die sich wiederum in Höhe der MTP-Gelenke in je 2 **Aa. digitales dorsales** zur Versorgung der Zehen spalten.
  - Der **R. profundus** gelangt zwischen 1. und 2. Os metatarsi auf die Fußsohle, wo er mit der A. plantaris lateralis (aus A. tibialis posterior) im **Arcus plantaris** anastomosiert.

A. tibialis posterior

Die A. tibialis posterior setzt den Verlauf der A. poplitea am Hinterrand der tiefen Flexorenloge des Unterschenkels fort. Mit den Sehnen der tiefen Flexoren zieht sie unter dem **Retinaculum mm. flexorum** durch den Tarsaltunnel um den Malleolus medialis. Aus der A. tibialis posterior gehen folgende Arterien hervor:

- Die **A. fibularis** ist der proximalste und stärkste Ast. Sie entspringt im proximalen Drittel des Unterschenkels und verläuft in der tiefen Flexorenloge entlang der Fibula nach distal zum Malleolus lateralis. Dort gibt sie folgende Endäste ab:
  - Die **Rr. malleolares laterales** verzweigen sich im Rete malleolare laterale.
  - Der **R. communicans** stellt eine distale Anastomose mit der A. tibialis posterior her.
  - Der **R. perforans** durchbricht oberhalb der Syndesmose die Membrana interossea cruris und zieht auf den Fußrücken.
- Die **Rr. malleolares mediales** verzweigen sich im **Rete malleolare mediale.**
- Die **A. plantaris medialis** geht nach Verlassen des Tarsaltunnels von der A. tibialis posterior ab und läuft entlang dem medialen Fußrand nach distal.
- Der nach Abgang der A. plantaris medialis verbleibende Endast der A. tibialis posterior, die **A. plantaris lateralis,** verläuft zunächst plantar des M. quadratus plantae in Richtung des lateralen Fußrandes und zieht dann als **Arcus plantaris** wieder nach medial, wo sie mit dem R. profundus der A. dorsalis pedis (aus der A. tibialis anterior) anastomosiert. Aus diesem entspringen die **Aa. metatarsales plantares,** die entlang den Ossa metatarsi nach distal ziehen und sich in Höhe der MTP-Gelenke in die **Aa. digitales plantares propriae** aufspalten.

8.5.2 Venen

Auch an der unteren Extremität lassen sich ein oberflächliches und ein tiefes Venensystem unterscheiden (↗ Abb. 8.29). Die tiefen Venen liegen innerhalb der entsprechenden Faszie (daher **„subfasziale" Venen**), wohingegen die oberflächlichen Venen im Subkutangewebe zu liegen kommen (daher **epifasziale Venen**). Zwischen diesen beiden Systemen existieren Verbindungsvenen, die als **Perforansvenen** bezeichnet werden, da sie die Faszie durchbrechen. Sie leiten Blut aus dem oberflächlichen in das tiefe Venensystem ab.

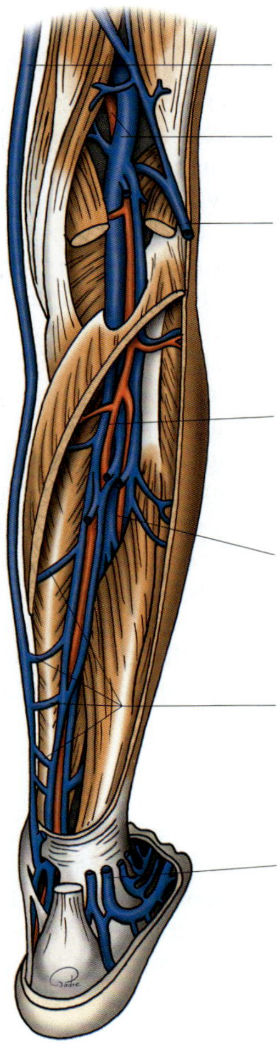

Abb. 8.29 Venensysteme der unteren Extremität. Gut zu erkennen sind die Perforansvenen als Verbindungen zwischen oberflächlichem und tiefem Venensystem. (Modifiziert nach [6])

Epifasziale Venen

Der Verlauf der kleinen epifaszialen Venen unterliegt einer großen Variationsbreite, so dass nur größere Strukturen namentlich benannt werden.

Das Blut des Fußrückens sammelt sich im **Rete venosum dorsale pedis,** das in Höhe der Ossa metatarsi im bogenförmigen **Arcus venosus dorsalis pedis** endet. Es erhält auch Zuflüsse von der Fußsohle. Auf der Fußsohle findet sich analog hierzu ein **Arcus venosus plantaris.** Am medialen und lateralen Fußrand konfluieren Arcus venosus dorsalis pedis und Arcus venosus plantaris zu den Vv. marginales medialis und lateralis.

- Aus der **V. marginalis lateralis** entsteht am lateralen Fußrand die **V. saphena parva.** Sie verläuft um den Malleolus lateralis und zieht auf der Dorsalseite des Unterschenkels nach proximal, wobei sie vom N. suralis begleitet wird. Zwischen den beiden Köpfen des M. gastrocnemius durchbricht sie die Fascia cruris und mündet in die V. poplitea.
- Aus der **V. marginalis medialis** geht am medialen Fußrand die **V. saphena magna** hervor. Sie zieht über den Vorderrand des Malleolus medialis und entlang dem Margo medialis der Tibia nach proximal, wobei sie vom N. saphenus begleitet wird. Sie durchquert die Kniekehle am medialen Rand und gelangt über die Adduktoren des Oberschenkels zum **Hiatus saphenus.** Der Hiatus saphenus stellt eine runde Öffnung in der Oberschenkelfaszie dar, die nur von der dünnen Fascia cribrosa bedeckt wird. Durch die Fascia cribrosa gelangt die V. saphena magna zur V. femoralis. Die rechtwinklige Krümmung der V. saphena magna zur Mündung in die V. femoralis wird bisweilen als „Krosse" bezeichnet.

Im sog. **Venenstern** konfluieren über dem Hiatus saphenus die V. epigastrica superficialis, die V. circumflexa ilium superficialis und die Vv. pudendae und münden in die V. saphena magna oder direkt in die V. femoralis.

Klinik

Thrombotische (durch Blutgerinnsel verursachte) Verschlüsse der tiefen Beinvenen sind ein häufiges Krankheitsbild. Bereits im Jahre 1856 wurden von Rudolf Virchow die 3 Gründe, die zur Entstehung einer **tiefen Beinvenenthrombose (TVT)** beitragen, in einer Trias zusammengefasst, die bis heute Gültigkeit besitzt:

- Beschädigung der Gefäßwand bzw. des Endothels
- Verlangsamung der Strömungsgeschwindigkeit
- Änderung der Blutzusammensetzung.

Insbesondere bei Immobilität (nach Operation, Gipsruhigstellung, Bettlägerigkeit, langen Flugreisen) ist das Risiko einer TVT deutlich erhöht, da die zur Aufrechterhaltung des Blutstroms wichtige „Muskelpumpe" nicht aktiv ist. Immobile Patienten erhalten daher prophylaktisch Medikamente, um die Gerinnungsaktivität des Blutes herabzusetzen.

Als Folgezustand einer TVT, aber auch unabhängig davon kann sich eine **chronisch-venöse Insuffizienz (CVI)** entwickeln. Bei der CVI reicht die Drainagekapazität einer Vene nicht mehr aus, das Blut staut sich in der Vene oder fließt sogar in das oberflächliche Venensystem zurück. Hierdurch wird die Mikrozirkulation gestört, und es entsteht eine Gewebeschädigung. Mit dieser gehen typische, schlecht heilende Hautveränderungen bis hin zu offenen Wunden (**Ulcus cruris venosum**) einher.

Subfasziale Venen

Die tiefen, subfaszialen Venen ziehen stets in Begleitung der großen Arterien, deren Namen sie auch tragen, und besitzen zahlreiche Venenklappen. Im Bereich des Unterschenkels sind sie jeweils paarig angelegt. In der Kniekehle vereinigen sich die beiden **Vv. tibiales** zur **V. poplitea.** In Analogie zur A. femoralis geht diese am Hiatus adductorius in die **V. femoralis** über. Innerhalb des Adduktorenkanals (↗ Kap. 8.5.1) liegt die V. femoralis dorsal der Arterie, beim Durchzug unter dem Leistenband in der Lacuna vasorum findet man sie medial der A. femoralis. Danach geht sie in die V. iliaca externa über.

Der Blutstrom aus der unteren Extremität zurück zum Herzen erfolgt gegen die Schwerkraft bzw. den hydrostatischen Druck. Um dies sicherzustellen, haben die Venenklappen die Aufgabe, Blut nur in der gewünschten Richtung passieren zu lassen. Bei den tiefen Venen sorgen die Pulse der begleitenden Arterie sowie die Kontraktionen der umgebenden Muskeln für die notwendige Kompression der venösen Gefäße („Muskelpumpe“).

Klinik

Als **Varikose** oder Krampfadern bezeichnet man eine krankhafte Erweiterung der oberflächlichen Venen. Dabei gibt es eine häufigere primäre Form (die Ursache der Varikose liegt in den betroffenen Venen selbst) und eine seltenere sekundäre Form (die Ursache der Varikose liegt nicht in den betroffenen Venen selbst, s. u.). Ätiologisch kommen bei der primären Varikose multiple Faktoren in Betracht. Hierzu zählen u. a. ein angeborenes Fehlen von Venenklappen, Venenwandschwäche, Bewegungsmangel, Adipositas und erbliche Faktoren. Zur Symptomatik der Varikose gehören Schmerzen am Unterschenkel, ein Schweregefühl in den Beinen und Schwellungszustände. Eine Komplikation der Varikose ist die **Thrombophlebitis,** bei der es zur Entzündung der Venenwände mit nachfolgender Thrombusbildung bis hin zur Verlegung des Lumens kommen kann.

Perforansvenen

Perforansvenen verbinden sowohl am Unter- wie auch am Oberschenkel das epifasziale mit dem subfaszialen Venensystem und durchbrechen dabei die Faszie. Sie gewährleisten den physiologischen Blutfluss aus dem oberflächlichen in das tiefe Venensystem. Da alle Perforansvenen mit mindestens einer Venenklappe ausgestattet sind, wird eine Strömungsumkehr verhindert.

Klinik

Werden die Klappen einer Perforansvene „undicht“, kann es zur Strömungsumkehr im entsprechenden Gefäß kommen (**Perforansinsuffizienz**). Dadurch entsteht ein Leck im tiefen Beinvenensystem, durch das Blut in die oberflächlichen Venen gelangt und dort zu einer Volumenüberladung führt. Durch Dilatation der oberflächlichen Venen wird deren Klappenapparat ebenfalls insuffizient. Es entsteht eine sekundäre Varikose („Krampfadern“). Sonographisch lässt sich die Strömungsumkehr einer Perforansvene gut darstellen. Kausale Therapie ist die chirurgische Unterbindung.

8.5.3 Lymphsystem

Auch das Lymphsystem ist in tiefe und oberflächliche Bahnen unterteilt.

- Die **oberflächlichen Lymphbahnen** ziehen im Subkutangewebe nach proximal. Man unterscheidet
  - ein **ventromediales Kollektorenbündel,** das im Verlauf der V. saphena magna folgt, und
  - ein schwächer ausgeprägtes **dorsolaterales Kollektorenbündel,** das entlang der V. saphena parva verläuft.
- Die **tiefen Lymphbahnen** verlaufen entlang den großen Gefäßen, haben jedoch eine geringere Drainagekapazität als die oberflächlichen.

Folgende wichtige **Lymphknotenstationen** existieren im Bereich der unteren Extremität:

- Die **Lnn. popliteales** liegen in der Kniekehle, in ihnen sammeln sich die Bahnen des dorsolateralen Bündels.
- In den **Lnn. inguinales superficiales** sammeln sich die Kollektoren des ventromedialen Bündels. Von dort gelangt die Lymphflüssigkeit zum Weitertransport in die Lnn. inguinales profundi.

In den im Trigonum femorale liegenden **Lnn. inguinales profundi** sammelt sich die gesamte Lymphe der unteren Extremität sowie von den unteren Abdominalquadranten und dem Genitale. Von dort erfolgt der Weitertransport über den großen **Rosenmüller-Lymphknoten** durch die Lacuna vasorum zu den Lymphstationen im Becken.

9 Zentrales Nervensystem

Ingo Steinbrück

Inhaltsverzeichnis

Überblick

Unter dem Begriff des zentralen Nervensystems (ZNS) werden Gehirn (↗ Kap. 9.3) und Rückenmark (↗ Kap. 9.2) subsumiert. Beide Strukturen werden von den Hirn- und Rückenmarkshäuten (↗ Kap. 9.1) umschieden.

Embryologie

Das Nervensystem entwickelt sich aus dem dorsalen Ektoderm. Nach Induktion (= Anreiz) durch Mesoderm und Chorda dorsalis entstehen median das **Neuroektoderm** (17. Embryonaltag) und nachfolgend die **Neuralplatte.** Diese vertieft sich am 18. Embryonaltag zur **Neuralrinne** und schnürt sich schließlich als **Neuralrohr** vom oberflächlichen Ektoderm ab (↗ Abb. 9.1). Diesen Vorgang nennt man Neurulation. Einige randständige Zellen der Neuralplatte verlieren während des Abschnürvorgangs den Kontakt zu Ektoderm und Neuralrohrzellen und bilden an der Übergangszone eine Zellplatte, die **Neuralleiste.** Das am vorderen und hinteren Ende zunächst offene Neuralrohr verschließt sich am Neuroporus rostralis (cranialis, anterior) während des 25. sowie am Neuroporus caudalis (posterior) während des 27. Embryonaltages.

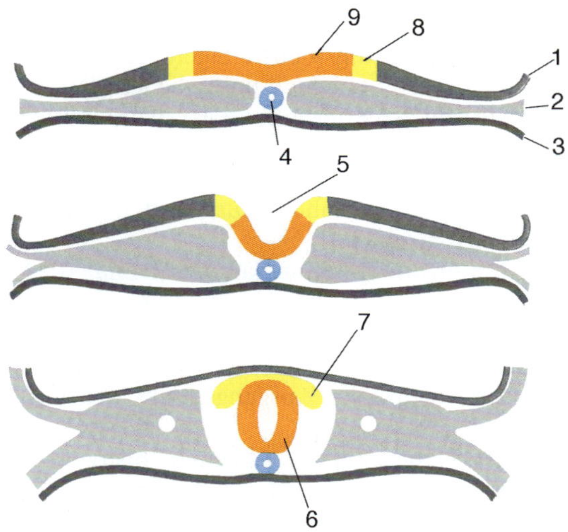

Abb. 9.1 Neurulation (Abschnürung von Neuralleiste und Neuralrohr aus dem Ektoderm) bei einem Embryo (Querschnitte vom 18.–20. Embryonaltag); 1 = Ektoderm, 2 = Mesoderm, 3 = Entoderm, 4 = Chorda dorsalis, 5 = Neuralrinne, 6 = Neuralrohr, 7 = Neuralleiste, 8 = Übergangszone von Neuralplatte (9) zu Restektoderm. (Aus [17])

Merke

Aus dem **Neuralrohr** entsteht das ZNS (= Gehirn und Rückenmark). Aus der **Neuralleiste** gehen die Spinalganglien, die vegetativen Ganglien, z. T. die Ganglien des V., VII., IX. und X. Hirnnervs, die Schwann-Zellen, die Hirnhäute, Pigment-, Nebennierenmarkzellen und Zellen von Kopfskelett und -muskulatur hervor.

Klinik

Bei fehlerhafter Neurulation können verschiedene sog. **dysrhaphische Defekte** entstehen:

- Falls der Verschluss des Neuroporus rostralis unterbleibt, kommt es zu einem mit dem Leben nicht zu vereinbarenden **Anenzephalus,** d. h. einem Fehlen des Groß- und Zwischenhirns und des Schädeldachs.

- Unterbleibt der Verschluss des Neuroporus caudalis, resultiert daraus eine **Spina bifida.** Hierbei fehlt der vollständige Schluss der Wirbelbögen. Je nach Schweregrad kann es sein, dass sie mit Haut bedeckt, also von außen nicht erkennbar ist (Spina bifida occulta), oder es entsteht eine Spina bifida aperta mit einem Herausquellen von Rückenmarkshäuten (Meningozele), von Rückenmark und Rückenmarkshäuten (Myelomeningozele) oder von Gehirn und Rückenmarkshäuten (Meningoenzephalozele). Die Spina bifida ist mit dem Leben vereinbar, führt jedoch in unterschiedlichem Maße zu neurologischen Ausfallerscheinungen (z. B. Lähmungen). Eine Myelomeningozele kann operativ korrigiert werden mit teilweiser Reversibilität der neurologischen Ausfälle.

Mit einer Spina bifida ist häufig die sog. **Syringomyelie** vergesellschaftet, bei der es aus unbekanntem Grund zu einer Hohlraumbildung vor allem im zervikalen Rückenmark kommt. Sie manifestiert sich zwischen dem 10. und 30. Lebensjahr, wird durch Sensibilitätsstörungen, schlaffe und spastische Lähmungen sowie trophische Störungen auffällig und verläuft chronisch progredient.

Das Neuralrohr umschließt den Neuralkanal mit einem teilungsaktiven mehrreihigen Neuralrohrepithel, das sich in 3 Schichten untergliedern lässt:

- Die **ventrikuläre Zone** enthält das Neuroepithel, in dem die sog. **Proneurone,** die Vorläufer der Nervenzellen, gebildet werden. Als Rudiment des Neuroepithels verbleibt im ausgereiften Gehirn die Ependymzellschicht.
- Die **Mantelzone** (Intermediärzone) enthält die Proneurone und ist der Ausgangspunkt der grauen Substanz.
- Die **Marginalzone** enthält die Zellfortsätze der Proneurone und ist Ausgangspunkt der weißen Substanz.

Aus dem Neuroepithel entstehen histogenetisch 3 Zellarten: Neurone (aus den Proneuronen), Astro- und Oligodendrogliazellen sowie Ependymzellen.

9.1 Hirn- und Rückenmarkshäute

Überblick

Die drei bindegewebigen Hirn- und Rückenmarkshäute sind mesodermaler Herkunft und im Rückenmarkskanal bzw. zwischen Gehirn und knöchernem Schädel lokalisiert. Sie dienen dem Schutz und der Ernährung von Gehirn und Rückenmark. Man unterscheidet von außen nach innen (↗ Abb. 9.2):

- Dura mater (**Pachymeninx**, harte Hirnhaut)
- Arachnoidea (Spinngewebshaut)
- Pia mater.

Arachnoidea und Pia mater entstehen aus derselben Anlage und werden unter dem Begriff weiche Hirnhaut (**Leptomeninx**) zusammengefasst.

Gefäßversorgung

Die **Rückenmarkshäute** werden arteriell über die Aa. spinales anterior (unpaar) und posterior (paarig) versorgt, die segmentale Zuflüsse aus der A. vertebralis, den Aa. intercostales posteriores und den Aa. lumbales erhalten.

Das venöse Blut wird über die Plexus venosi vertebrales interni anterior und posterior abgeleitet.

Die **Hirnhäute** werden arteriell über 3 in der Dura verlaufende Arterien versorgt:

- A. meningea anterior aus der A. ethmoidalis anterior
- A. meningea media aus der A. maxillaris
- A. meningea posterior aus der A. pharyngea ascendens (↗ Kap. 3.6.1).

Das venöse Blut wird in die Hirnsinus (Kap. ↗ 9.3.1) drainiert.

Klinik

Da die Hirnhäute hauptsächlich aus Ästen der A. carotis externa versorgt werden, das Gehirn jedoch aus Ästen der A. carotis interna, kann man in der **Tumordiagnostik** mithilfe eines Angiogramms auf die Herkunft des Tumors schließen: Wenn sich der Tumor nach Kontrastmittelgabe in die A. carotis externa im Röntgenbild darstellt, spricht das für einen meningealen (meist gutartigen) Tumor, bei Darstellung nach Kontrastmittelgabe in die A. carotis interna eher für einen (häufig bösartigen) hirneigenen Tumor.

Innervation

Die Hirnhäute werden größtenteils über Äste des N. trigeminus versorgt, z. T. auch über den N. vagus.

Klinik

Da die Hirnhäute, im Gegensatz zum Gehirn selbst, über reichlich Schmerzrezeptoren verfügen, sind **Kopfschmerzen** immer Schmerzen der Meningen, z. B. bei der Migräne, die durch eine Durchblutungsstörung der Hirnhäute zustande kommt.

Dura mater

Histologie

Die harte Hirnhaut besteht aus einem zugfesten kollagenen Bindegewebsgeflecht.

Gliederung und Topographie

Die Dura überspannt die komplette Hirnkonvexität. Sie ist beim Kind überall fest mit dem Schädelknochen verwachsen, beim Erwachsenen lediglich an einigen Punkten: der Crista galli, dem Foramen caecum und der Fossa subarcuata des Os temporale. Man unterscheidet ein periostales und ein meningeales Blatt (↗ Abb. 9.2). Im Schädel sind beide Blätter miteinander verwachsen (im Rückenmark nicht!), außer an den Stellen, wo sie die Sinus venosi bilden (↗ Abb. 9.2).

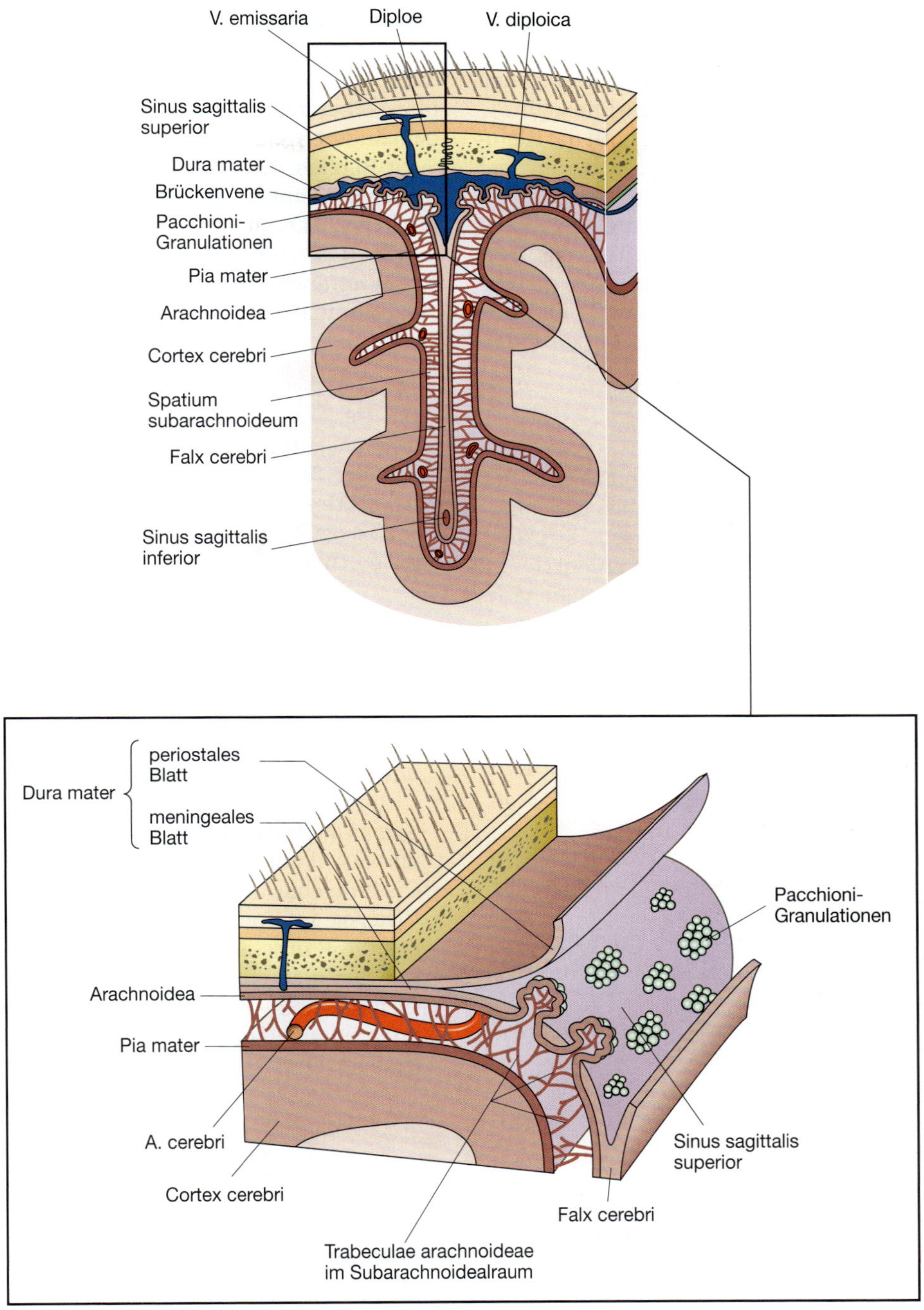

Abb. 9.2 Sinus sagittalis superior, Meningen und Blutgefäße, Koronarschnitt.

Klinik

Durch Zerreißung meistens der A. meningea media (z. B. nach einem Sturz) kommt es zur Einblutung zwischen Dura und Knochen (**Epiduralblutung**). Durch die Blutung entsteht dort ein Raum (Epiduralraum), der normalerweise gar nicht vorhanden ist. Die zunehmende Ausdehnung der Blutung kann dazu führen, dass der Hirndruck schnell ansteigt und rasch zur Bewusstseinstrübung führt.

Verschiedene **Durawände** ragen frei in die Schädelhöhle hinein (➚ Abb. 9.14):

- **Falx cerebri** (Großhirnsichel, ➚ Abb. 9.2): Sie teilt als vertikale Platte die Schädelhöhle median und trennt die beiden Großhirnhemisphären voneinander. Sie endet sichelförmig in der Tiefe der Fissura longitudinalis cerebri und strahlt dorsokaudal in das Kleinhirnzelt ein. An ihren Rändern bildet die Großhirnsichel die Sinus superior, inferior und rectus.

- **Tentorium cerebelli:** Das Kleinhirnzelt überspannt die Kleinhirnhemisphären wie ein Zeltdach und trennt sie vom Großhirn. Es umgreift U-förmig den Hirnstamm und bildet so den **„Tentoriumschlitz"**.
- **Falx cerebelli:** Die Kleinhirnsichel trennt die Kleinhirnhemisphären voneinander. In ihr verläuft der Sinus occipitalis.
- **Diaphragma sellae:** Das Türkensatteldach zieht von den Rändern der Sella turcica über das Dorsum sellae und überspannt auf diese Weise die Hypophyse, deren Stiel durch eine zentrale Öffnung nach rostral zieht. Seitlich geht das Türkensatteldach in die Sinus cavernosi über.

Klinik

Raumfordernde Prozesse in der Schädelhöhle (z. B. Tumor, Trauma, Blutung oder Infarkt) können den intrakraniellen Druck stark erhöhen. Die einzige Struktur, durch die eine gewisse Druckentlastung möglich ist, ist das Foramen magnum, weswegen das Gehirn nach kaudal gedrückt wird. Zunächst werden dabei Teile des Zwischen- und Mittelhirns durch den Tentoriumschlitz gedrückt und komprimiert (**obere Einklemmung**). Steigt der Druck weiter, werden Hirnstamm und Kleinhirntonsillen im Foramen magnum gequetscht (**untere Einklemmung**). Daraus resultieren Ausfälle von Hirnstammfunktionen von rostral in kaudaler Richtung:

- zunächst ein dienzephales Syndrom (Zwischenhirnsyndrom) mit Bewusstseinsstörung, Nackensteife und engen Pupillen,
- dann ein mesenzephales Syndrom (Mittelhirnsyndrom) mit fehlender Lichtreaktion der Pupillen, Koma und Streckkrämpfen,
- gefolgt von einem pontinen Syndrom mit Ausfall weiterer Hirnstammreflexe und
- schließlich ein bulbäres Syndrom (Bulbärhirnsyndrom) mit weiten, lichtstarren Pupillen und Schnappatmung bis hin zum Hirntod.

Sog. **Durataschen** sind Ausstülpungen der Arachnoidea und Pia durch die beiden Durablätter hindurch. Sie sind nicht von Dura umschlossen, liegen also extradural:

- Cavum Meckeli mit dem Ganglion trigeminale (an der Vorderfläche nahe der Felsenbeinpyramidenspitze)
- Sella turcica mit Hypophyse.

Arachnoidea (Spinngewebshaut)

Histologie

Die Arachnoidea liegt der Innenseite der Dura mit einer endothelartigen Oberfläche an, von der bindegewebige Trabekel und Septen (wie „Spinnweben") zur Pia mater ziehen (↗ Abb. 9.2). Sie ist gefäßfrei und enthält keine sensiblen Nervenfasern.

Topographie

Der dabei entstehende Raum zwischen Arachnoidea und Pia mater wird als **Subarachnoidealraum** (Spatium subarachnoideum) bezeichnet und entspricht dem äußeren Liquorraum.

Im Bereich der intraduralen venösen Sinus bildet der Subarachnoidealraum Ausstülpungen durch das meningeale Durablatt hindurch in die venösen Sinus hinein (Granulationes arachnoideae = **Pacchioni-Granulationen,** ↗ Abb. 9.2). Über sie wird der Liquor cerebrospinalis in das venöse System abgeleitet.

Klinik

Vom Deckepithel der Arachnoidea können gutartige Tumoren ausgehen, sog. **Meningeome**, die im Bereich der Pacchioni-Granulationen in den Duraspalt vorwachsen. Sie verdrängen das Hirngewebe, während sie die Dura und den Knochen infiltrieren. Häufig sind sie entlang der Falx cerebri lokalisiert.

Stellen mit besonders weitem Subarachnoidealraum nennt man **Liquorzisternen:**

- Cisterna cerebellomedullaris posterior (Cisterna magna): 2 cm groß und unterhalb des Kleinhirns, dorsal der Medulla oblongata und direkt oberhalb des Foramen magnum lokalisiert
- Cisterna fossae lateralis cerebri: im Bereich des Sulcus lateralis cerebri, wird von der A. cerebri media durchlaufen
- Cisterna chiasmatica: am Chiasma opticum
- Cisterna interpeduncularis: befindet sich ventral der Großhirnstiele und wird vom N. oculomotorius durchlaufen
- Cisterna ambiens: laterale Fortsetzung der Cisterna interpeduncularis, in ihr verläuft der N. trochlearis.

Klinik

Bei der **Subokzipitalpunktion** gewinnt man zu diagnostischen Zwecken Liquor, indem man, die Membrana atlantooccipitalis durchstechend, durch das Foramen magnum mit einer Hohlnadel die Cisterna cerebellomedullaris punktiert. Dieser Zugangsweg zur Liquorgewinnung ist jedoch wegen seiner potentiell letalen Komplikationen (Verletzung der Medulla oblongata, Gefäßverletzungen) klinisch von sehr untergeordneter Bedeutung und wird lediglich in dem äußerst seltenen Fall, dass eine weitaus gefahrlosere Lumbalpunktion nicht möglich ist, durchgeführt.

Der gesamte äußere Liquorraum zwischen Hirn- und Schädelbasis wird auch als Cisterna basalis bezeichnet.

Pia mater

Histologie

Lockeres Bindegewebe, das sich mit einer Pinzette leicht von der Hirnoberfläche und dem Rückenmark ablösen lässt.

Topographie

Die Pia mater liegt im Hirnbereich den Gyri unmittelbar auf und folgt ihnen (im Gegensatz zu Dura und Arachnoidea) mit den Sulci in die Tiefe (↗ Abb. 9.2). Sie umkleidet die in das Gehirn eintretenden Blutgefäße (Spatium perivasculosum, **Virchow-Robin-Räume**).

Merke

Während es sich beim Subarachnoidealraum um einen „echten" Raum zwischen Arachnoidea und Pia handelt, gibt es den **Epi- und den Subduralraum** am gesunden Gehirn gar nicht. Diese entstehen artifiziell durch traumatische Einblutungen zwischen die entsprechenden Begrenzungsstrukturen. Einzig im Bereich des Rückenmarks gibt es einen Epi-/Periduralraum, der mit Fettgewebe und einem Venenplexus ausgefüllt ist und durch den die Spinalnerven auf ihrem Weg zum Foramen intervertebrale ziehen.

9.2 Rückenmark

Überblick

Das 45 cm lange Rückenmark dient neben der Generierung einfacher integrativer Prozesse (z. B. Reflexe) vor allem als Verbindungsorgan zwischen den Spinalnerven und übergeordneten Hirnstrukturen.

Embryologie

Das Rückenmark entsteht aus dem **Neuralrohr,** dessen Wand sich kaudal des 4. Somitenpaares verdickt und das Lumen zum Zentralkanal einengt. Das hohe Zylinderepithel, das den Zentralkanal auskleidet, ist sehr teilungsaktiv und bildet die ventrikuläre Zone (**Mantelzone,** ↗ Abb. 9.3), aus der sich die nervalen (Neuroblasten) und gliösen Strukturen (außer der Mikroglia) der grauen Substanz entwickeln. Außen der Mantelzone anliegend, bildet sich aus den Fortsätzen der Neuroblasten der blassere sog. Randschleier (**Marginalzone,** ↗ Abb. 9.3). Dieser differenziert sich zur weißen Substanz.

Merke

Aus der Mantelzone entsteht die graue, aus der Marginalzone die weiße Substanz.

In der weiteren Entwicklung verdickt sich vor allem das seitliche Neuroepithel um den Zentralkanal herum, während sich dorsal und ventral die sog. Deck- und Bodenplatte ausbilden. Seitlich bildet sich im Neuralkanal eine longitudinale Rinne, der **Sinus limitans,** der die Grenze zwischen 2 Abschnitten des Neuroepithels bildet:

- **Flügelplatte:** Dorsal entwickeln sich die afferenten Nervenzellen des Hinterhorns. Durch weiteres Wachstum der beiden Flügelplatten bildet sich median das Septum dorsale. Pseudounipolare Spinalganglienzellen, die der Neuralleiste entstammen, wachsen als hintere Wurzel (**Radix dorsalis,** ↗ Abb. 9.3) von außen in das Rückenmark ein und bilden entweder mit den Neuronen Synapsen oder ziehen bis zum Gehirn hinauf.
- **Grundplatte:** Ventral entwickeln sich die efferenten Nervenzellen des Vorderhorns, deren Fortsätze aus der Rückenmarksanlage auswachsen und von Schwann-Zellen (aus der Neuralleiste) umschieden werden, so dass die vordere Rückenmarkswurzel (**Radix anterior,** ↗ Abb. 9.3) entsteht. Durch Wachstum der beiden Grundplatten bildet sich median die Fissura mediana.

Topographie

Das Rückenmark verläuft im Spinalkanal. Weil die Wirbelsäule während der natalen und postnatalen Entwicklung schneller wächst als das Rückenmark, endet das Rückenmark beim Erwachsenen kaudal in Höhe des 1. oder 2. Lendenwirbels in einer leichten Verdickung (**Conus medullaris**), dem sich das fadendünne **Filum terminale** anschließt (↗ Abb. 9.4).

Wie das Gehirn wird auch das Rückenmark von Dura, Arachnoidea und Pia umschieden (↗ Abb. 9.5)

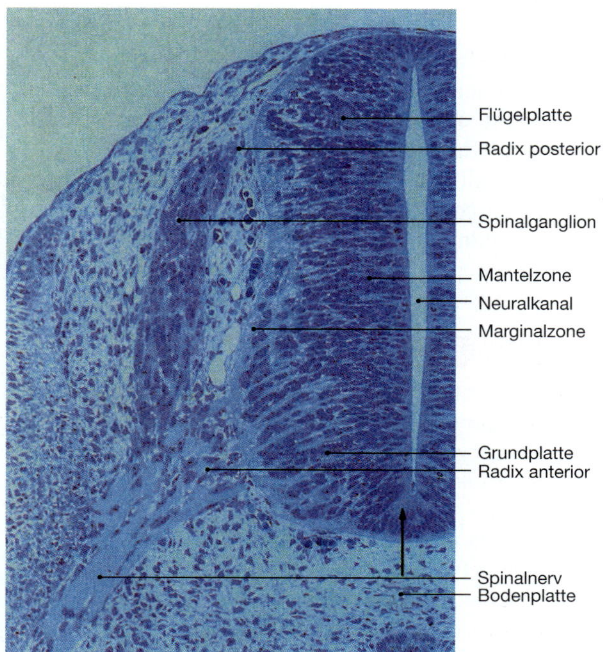

Abb. 9.3 Querschnitt durch das embryonale Rückenmark (6. Woche). (Aus [8]).

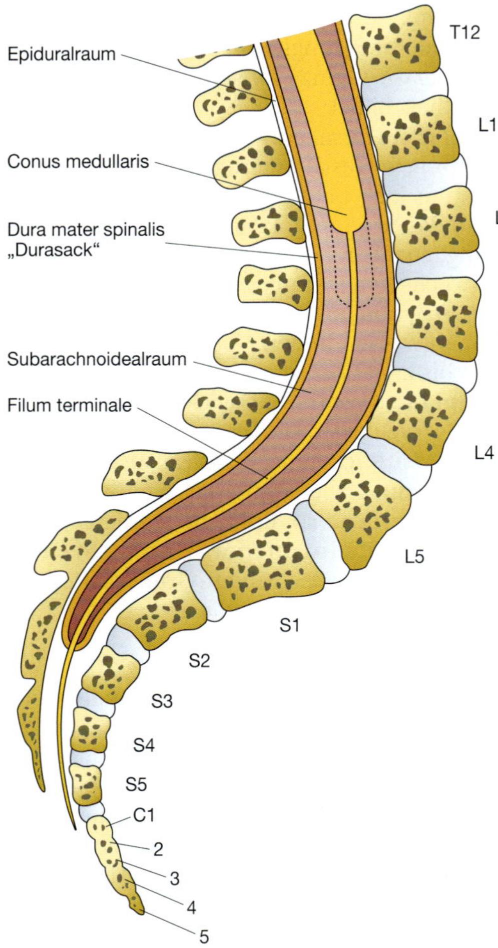

Abb. 9.4 Distales Ende des Rückenmarks, Sagittalschnitt.

und schwimmt in Liquor cerebrospinalis im Subarachnoidealraum (Spatium subarachnoideum). Dieser dehnt sich nach kaudal bis in Höhe des 2. oder 3. Sakralwirbels aus (↗ Abb. 9.4).

Unterhalb von L1/2 ziehen die Nervenwurzeln von L2 bis N. coccygeus im Durasack pferdeschweifartig nach kaudal zu ihren Austrittsstellen, weswegen die Gesamtheit der Nervenwurzeln als **Cauda equina** bezeichnet wird.

Klinik

Man macht sich diese anatomischen Gegebenheiten bei der **Lumbalpunktion** zunutze: In Höhe des 3. oder 4. Lendenwirbelkörpers punktiert man median zwischen 2 Wirbelbögen hindurch den Subarachnoidealraum, um Liquor zu gewinnen. Die Nervenwurzeln der Cauda equina weichen dabei zur Seite aus. Nach ähnlichen Prinzipien funktionieren die **Spinalanästhesie,** bei der ein Lokalanästhetikum in den Subarachnoidealraum injiziert wird, und die **Epi- bzw. Periduralanästhesie** (Injektion des Anästhetikums in den Epiduralraum zur selektiven Betäubung einzelner Spinalnerven).

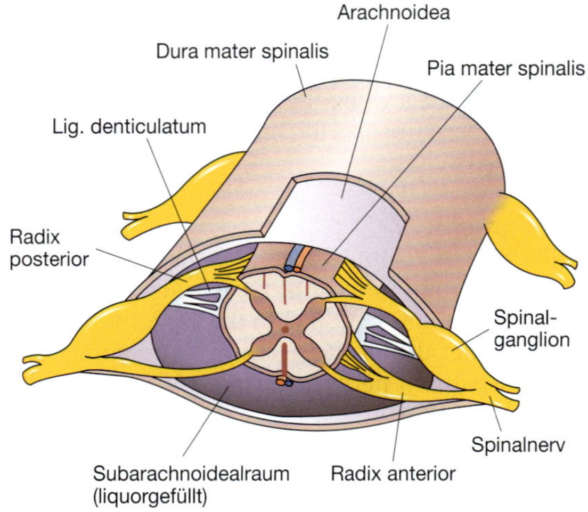

Abb. 9.5 Rückenmark und Meningen, Querschnitt.

Gliederung

Das Rückenmark wird im Subarachnoidealraum durch das **Lig. denticulatum** gehalten. Dieses Band verläuft als bindegewebige Platte in der Frontalebene von der Pia mater (zwischen vorderer und hinterer Wurzel entspringend) sägezahnartig zur Arachnoidea (↗ Abb. 9.6).

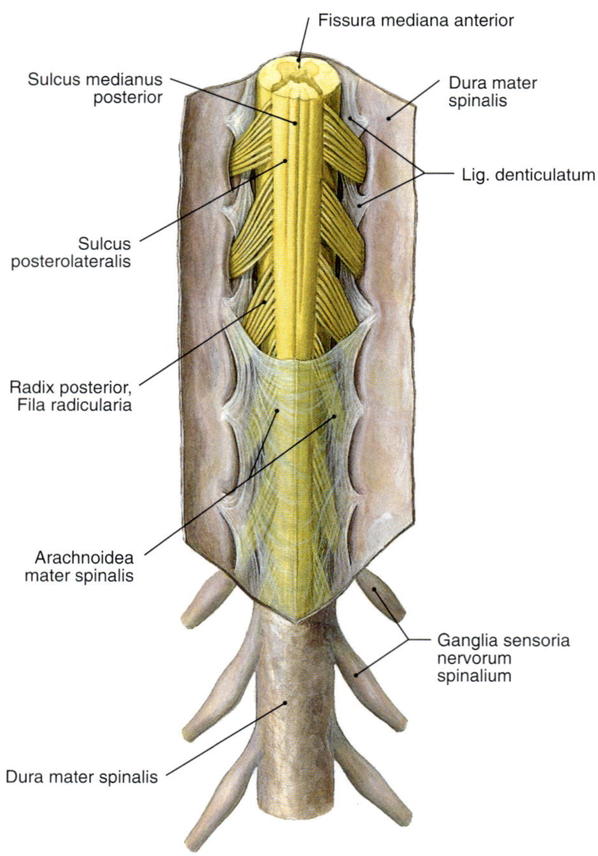

Abb. 9.6 Rückenmark und Rückenmarkshäute, Ansicht von dorsal. (Aus [14])

Die **31 Spinalnerven** treten durch die Foramina intervertebralia hindurch und teilen sich in eine vordere und eine hintere Wurzel. Diese treten in das Rückenmark ein. In der hinteren Wurzel (Radix posterior), die sensible (afferente) Neuronen enthält, liegt vor Eintritt in das Rückenmark das **Spinalganglion** (Ganglion spinale), das die Zellkörper von pseudounipolaren Nervenzellen enthält. Die vordere Wurzel (Radix anterior) enthält motorische (efferente) Nervenfasern (↗ Abb. 9.5).

Nach den aus- und eintretenden Nerven lässt sich das Rückenmark segmental gliedern (**Segmenta medullae spinalis**) und in 5 Abschnitte einteilen:

- Pars cervicalis: Hals- bzw. Zervikalsegmente C1–8
- Pars thoracica: Brust- bzw. Thorakalsegemente T1–12
- Pars lumbalis: Lenden- bzw. Lumbalsegmente L1–5
- Pars sacralis: Kreuzbein- bzw. Sakralsegmente S1–5
- Pars coccygea: Steißbein- bzw. Kokzygealsegmente C1–3 (meistens zurückgebildet).

Im Hals- und Lendenbereich ist das Rückenmark aufgrund der Innervation von oberen und unteren Extremitäten etwas verdickt (**Intumescentia cervicalis/lumbosacralis**).

Im Rückenmarkquerschnitt erkennt man folgende Strukturen (↗ Abb. 9.7):

- graue Substanz: in Form eines „H" innen gelegen (im Gehirn außen!)
- weiße Substanz: liegt der grauen Substanz außen an
- Canalis centralis: zentral in der grauen Substanz gelegen, oft obliteriert
- Fissura mediana anterior: zwischen den beiden Vordersträngen
- Sulcus anterolateralis: Austrittspunkt der Radix anterior
- Sulcus posterolateralis: Eintrittspunkt der Radix posterior zwischen Hinter- und Seitenstrang
- Sulcus intermedius posterior: zwischen Fasciculi gracilis und cuneatus
- Sulcus medianus posterior: zwischen den beiden Hintersträngen
- Commissura alba: zwischen Fissura mediana anterior und grauer Substanz.

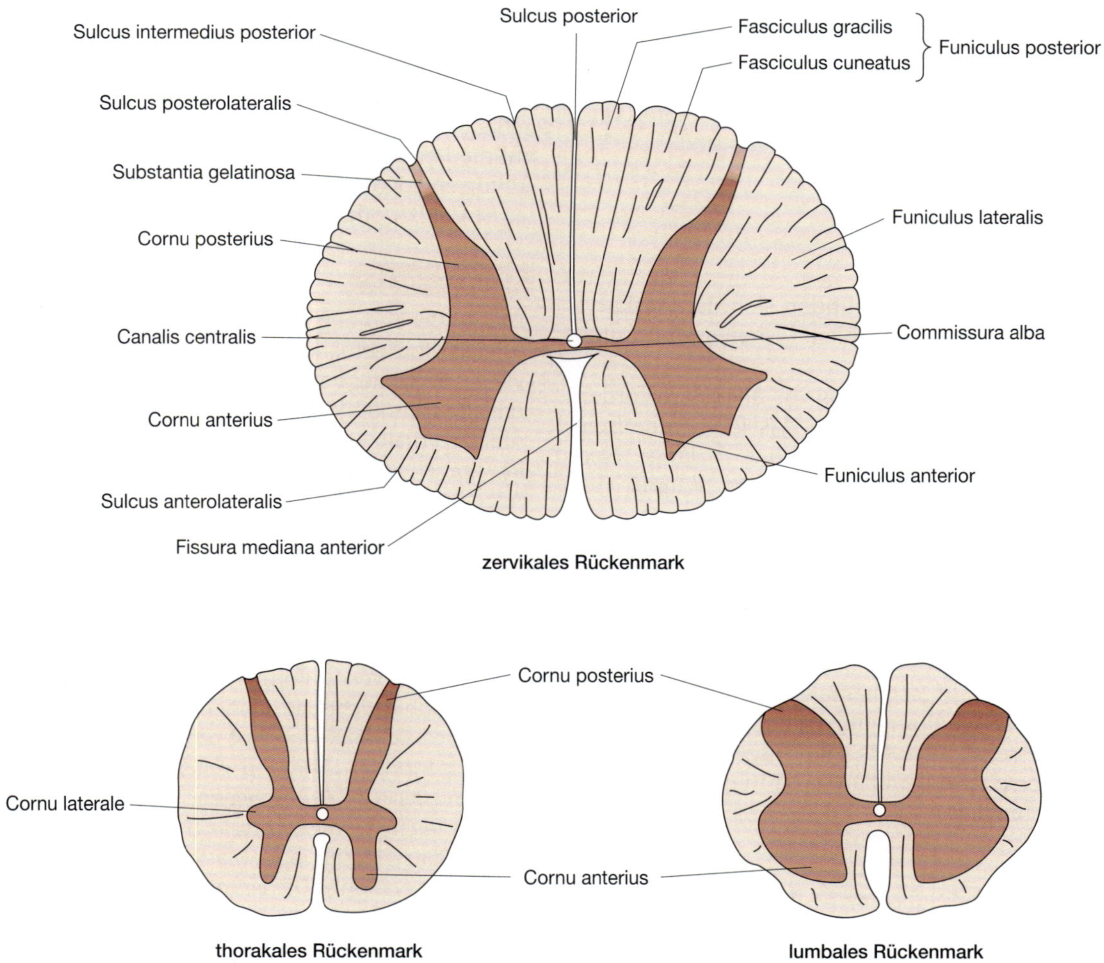

Abb. 9.7 Rückenmarksquerschnitt. (Aus [4])

Gefäßversorgung

Das Rückenmark wird über 3 Arterien versorgt:

- **A. spinalis anterior:** Verlauf in der Fissura mediana anterior, Versorgung von Vorderhörnern, Vorderseitensträngen sowie Basis der Hinterhörner
- **Aa. spinales posteriores:** Verlauf in den Sulci posterolaterales, Versorgung von Hinterhörnern und Hintersträngen.

Alle 3 Arterien erhalten ihren Blutzufluss aus zahlreichen Aa. spinales, die auf Segmentebene von den Aa. vertebrales, intercostales und lumbales zum Rückenmark ziehen. Der venöse Abfluss erfolgt über die Vv. spinales anterior und posterior segmental in die Vv. vertebrales, intercostales und lumbales.

Klinik

Durch Arteriosklerose oder Embolien kann es zu Durchblutungsstörungen des Rückenmarks kommen. Dies macht sich beim **Spinalis-anterior-Syndrom** bemerkbar: Die Betroffenen klagen zunächst über Schmerzen, die bei Belastung, z.B. beim Gehen, im Bereich des betroffenen Segments auftreten (Claudicatio spinalis). In späteren Stadien kommt es zu schlaffen Lähmungen, Blasen- und Mastdarmstörungen. Häufig sind auch dissoziierte Empfindungsstörungen, d.h., Temperatur und Schmerz werden nicht mehr wahrgenommen, Berührung, Druck und Vibration dagegen schon, was damit zusammenhängt, dass die Hinterstränge von den Aa. spinales posteriores versorgt werden und somit nicht betroffen sind.

9.2.1 Graue Substanz

Histologie

In der grauen Substanz befinden sich die Perikarya der motorischen und sensiblen Systeme. Man unterscheidet folgende Zellarten:

- **Wurzelzellen:** Nervenzellen vor allem im Vorderhorn des Rückenmarks, die das ZNS mit ihren Nervenfasern (Neuriten = Axone = lange Nervenzellfortsätze) durch die vordere Wurzel verlassen
- **Binnenzellen:** Nervenzellen, die vollständig im ZNS bleiben und sich weiter untergliedern lassen in Strangzellen, die das Rückenmark mit höheren Hirnstrukturen verbinden, und Interneurone, die auf Rückenmarksebene als Schalt- (= ipsilaterale Verschaltung auf segmentaler Ebene), Kommissuren- (= Verschaltung auf segmentaler Ebene mit der Gegenseite) oder Assoziationszellen (= longitudinale Verschaltung mit anderen Rückenmarkssegmenten) fungieren.

Gliederung

Im „H" der grauen Substanz (↗ Abb. 9.7) unterscheidet man ein Vorder- (Cornu anterius), ein Hinter- (Cornu posterius) und – vor allem thorakal – ein Seitenhorn (Cornu laterale), wobei es sich bei den im Querschnitt sichtbaren „Hörnern" bei dreidimensionaler Betrachtungsweise eigentlich um Säulen handelt. Die Morphologie des „H" ist auf den verschiedenen Ebenen des Rückenmarks unterschiedlich.

Cornu anterius

Das Vorderhorn ist wie die Großhirnrinde somatotop gegliedert, d.h., die einzelnen Körperregionen werden auf neuronaler Ebene in bestimmten Lokalisationen des Vorderhorns repräsentiert. Im Vorderhorn finden sich die **Perikarya der Motoneurone,** die mit ihren Fasern als Endstrecke aller motorischen ZNS-Systeme (2. Neuron der Pyramidenbahn, ↗ Kap. 9.4.3, extrapyramidales System, ↗ Kap. 9.4.4) über die Vorderwurzel das Rückenmark verlassen und die komplette periphere Skelettmuskulatur versorgen. Ihr Überträgerstoff (Neurotransmitter) ist das Acetylcholin. Zu diesen Motoneuronen gehören:

- große, multipolare **α-Motoneurone,** deren jeweiliges Axon sich aufzweigt und über neuromuskuläre Endplatten mit mehreren Skelettmuskelfasern verbunden ist (Motoneuron und Skelettmuskelfasern bilden eine neuromuskuläre Einheit)
- kleinere **γ-Motoneurone,** die zu Muskelspindeln ziehen und deren Empfindlichkeit auf Dehnungsreize steigern, was bei der Feinabstimmung von Bewegungen wichtig ist.

Schließlich gibt es noch **„Renshaw-Zellen",** Schaltzellen, die über rückläufige Kollateralen hemmend auf die Perikarya der Motoneuronen wirken können (rekurrente Kollateralhemmung). Ihr Neurotransmitter ist GABA oder Glycin.

Klinik

Die Kinderlähmung (**Poliomyelitis**, Entzündung der grauen Rückenmarksubstanz) entsteht durch einen viralen Befall der Vorderhornzellen. Klinisch steht eine schlaffe Lähmung im Vordergrund, während die Sensibilität erhalten bleibt. Die Vorderhornzellen gehen im Krankheitsverlauf zugrunde und werden durch Astrozyten ersetzt.

Die **spinalen Muskelatrophien** sind durch eine genetisch bedingte Degeneration der motorischen Vorderhornzellen (und/oder Hirnnervenkerne) mit den dazugehörigen Axonen charakterisiert, aus der eine Muskelatrophie resultiert. Zusätzlich beobachtet man bei einigen Verlaufsformen eine kompensatorische Hypertrophie nicht betroffener motorischer Einheiten. Klinische Merkmale sind eine progrediente, rein motorische periphere Lähmung mit segmentalem Verteilungsmuster und erloschenen Eigenreflexen sowie unwillkürlichem Muskelzittern (Faszikulationen) ohne Sensibilitäts-, Blasen- oder Mastdarmstörungen (vegetative Innervation!). Die Einteilung der verschiedenen Verlaufsformen erfolgt nach dem Erkrankungsalter in infantile (Werdnig-Hoffmann) und juvenile (Kugelberg-Welander) spinale Muskelatrophie sowie spinale

Muskelatrophie des Erwachsenenalters (Typ Duchenne-Aran und Typ Vulpian-Bernhard). Eine Sonderform stellt die progressive Bulbärparalyse dar, bei der es zwischen dem 20. und 50. Lebensjahr zu einer rasch progredienten Degeneration der motorischen Anteile der Hirnnerven V, VII, X und XII kommt. Hieraus resultieren neben einer Zungenatrophie Sprech- und Schluckstörungen mit rezidivierenden Aspirationspneumonien, die schließlich zum Tode führen.

Cornu posterius

Im Hinterhorn befinden sich die Perikarya afferenter Bahnen, die von der Peripherie über die Hinterwurzel in das Rückenmark ziehen: Ventral liegt der Nucleus dorsalis (Stilling-Clarke), von dem aus Axone im gleichseitigen Seitenstrang zum Kleinhirn ziehen (Tractus spinocerebellaris). Etwas weiter dorsal ist der Nucleus proprius lokalisiert. Diese beiden Kerngebiete empfangen hauptsächlich propriozeptive Afferenzen (= Tiefensensibilität). Noch weiter dorsal findet man die klinisch bedeutsame **Substantia gelatinosa** (➚ Abb. 9.7), in der proprio- und exterozeptive Schmerzafferenzen auf das 2. Neuron verschaltet werden, um dann im Tractus spinothalamicus zum Thalamus zu ziehen.

Merke

Die **Bahnen der epikritischen Sensibilität** (Berührung, Vibration, Körperlage, ➚ Kap. 9.4.5) haben keine Perikarya auf Segmentebene. Ihre Afferenzen werden über die Hinterstränge den Nuclei cuneatus und gracilis knapp unterhalb des Hirnstamms zugeleitet. Erst dort werden sie auf das 2. Neuron umgeschaltet.

Cornu laterale

Das vor allem im Thorakalmark abgrenzbare Seitenhorn enthält Perikarya von Sympathikusneuronen. Die Axone verlassen das Rückenmark durch die Radix anterior.

Reflexbögen

Definition

Ein Reflex ist als unwillkürliche, immer gleich verlaufende Antwort eines Organs (Muskel) auf einen bestimmten Reiz (z. B. Dehnungsreiz) definiert. Der Reflex wird durch einen **Reflexbogen** vermittelt, der von peripher in das ZNS und dann wieder nach peripher verläuft. Man unterscheidet **Eigenreflexe,** bei denen Reiz und Antwort im gleichen Organ lokalisiert sind und im selben Rückenmarkssegment verschaltet werden, von **Fremdreflexen,** bei denen Reiz und Antwort nicht im selben Organ erfolgen. Bei Letzteren ist die Verschaltung stets polysynaptisch.

Merke

Eigenreflexe sind mono- und Fremdreflexe polysynaptisch.

Eigenreflex

Das klassische Beispiel für einen Eigenreflex ist der Patellarsehnenreflex auf der Segmentebene L3/4: Durch Schlag auf die Patellarsehne wird diese gedehnt, und Muskelspindeln werden erregt. Im afferenten Schenkel des Reflexbogens wird die Erregung über die Hinterwurzel in das Hinterhorn des Rückenmarks übermittelt. Die afferenten Fasern ziehen zu den α-Motoneuronen im Vorderhorn und erregen diese über eine monosynaptische Verbindung. Der efferente Schenkel des Reflexbogens verläuft nun in den α-Motoneuronen über die Vorderwurzel zurück zum Muskel und verursacht dort eine unwillkürliche Kontraktion.

Fremdreflex

Als Beispiel für einen Fremdreflex sei das Zurückziehen der Hand nach dem Berühren einer heißen Herdplatte genannt: Dabei werden afferente Schmerzfasern der Handfläche aktiviert, über die die Erregung in das Hinterhorn des Rückenmarks geleitet wird. Dort werden über mehrere Zwischenneurone α-Motoneurone erregt, die mehrere Muskeln der Hand und des Arms innervieren, so dass letztlich die Hand in einer komplexen Bewegung zurückgezogen wird.

Klinik

Die **Reflexprüfung** ist ein wichtiges Mittel der klinisch-neurologischen Untersuchung, um rückenmarkssegmentspezifische Schädigungen des peripheren Nervs und des ZNS nachweisen zu können: So kann man durch einen Schlag auf die entsprechende Muskelsehne z. B. folgende Rückenmarkssegmente überprüfen: S1/2 mit dem Achillessehnenreflex, L3/4 mit dem Patellarsehnenreflex, C5/6 mit dem Bizepssehnenreflex und C7/8 mit dem Trizepssehnenreflex. Doch auch verschiedene Fremdreflexe lassen sich in der klinisch-neurologischen Untersuchung auslösen. Als Beispiel sei hier der Bauchhautreflex genannt: Durch Bestreichen der Bauchhaut über einen Quadranten des Abdomens kontrahiert die ipsilaterale Bauchmuskulatur in diesem Areal. Mit diesem Reflex kann man die Rückenmarkssegmente T5–12 überprüfen. Als pathologisch gelten ausgefallene oder einseitig verstärkte (bei der spastischen Lähmung) bzw. abgeschwächte (bei der schlaffen, peripheren Lähmung) Reflexe sowie unerschöpfliche Muskelkontraktionen (Kloni).

9.2.2 Weiße Substanz

Histologie

In der weißen Substanz verlaufen die verschiedenen motorischen und sensiblen Bahnen, bei denen es sich hauptsächlich um Projektionsbahnen zu oder von höheren Hirnstrukturen handelt. Ferner gibt es Bahnen, die nur Rückenmarkszellen miteinander verbinden. Sie werden auch als Eigenapparat bezeichnet. Ihre Farbe verdankt die weiße Substanz dem Fettgehalt der Myelinscheiden, die die Neuriten umgibt.

Gliederung

Analog zur grauen Substanz unterscheidet man einen Vorderstrang (Funiculus anterior), einen Seitenstrang (Funiculus lateralis) und einen Hinterstrang (Funiculus posterior, ↗ Abb. 9.7).

Motorische (absteigende) Bahnen

Pyramidenbahn

Topographie

Die somatotop gegliederte Pyramidenbahn (↗ Kap. 9.4.3) hat ihren Ursprung im motorischen Primärkortex (Gyrus precentralis) und verläuft im Bereich des Rückenmarks in 2 Tractus im Vorder- und Seitenstrang bis zu den motorischen Vorderhornzellen auf segmentaler Rückenmarksebene:

- Im **Tractus corticospinalis lateralis** (↗ Abb. 9.8) verlaufen 90 % der Fasern der Pyramidenbahn. Sie sind im Hirnstamm in der Decussatio pyramidum bereits auf die Gegenseite gekreuzt.
- Im **Tractus corticospinalis anterior** (↗ Abb. 9.8) verlaufen – ungekreuzt – die verbleibenden 10 % der Pyramidenbahnfasern. Von diesen kreuzen 5 % auf spinaler Ebene, und 5 % kreuzen gar nicht.

Merke

Den **Verlauf der Pyramidenbahnfasern** kann man sich folgendermaßen merken: „Die schlauen 90%" kreuzen in der Decussatio pyramidum zur Gegenseite und verlaufen dann im Tractus corticospinalis lateralis. „Die doofen 10%" kreuzen nicht und verlaufen im Tractus corticospinalis anterior. Von diesen 10% kreuzt die Hälfte auf Spinalebene, die übrigen 5% sind „die ganz doofen", die gar nicht kreuzen.

Funktion

Als Projektionsbahn für die distalen Extremitätenmuskeln ist sie für die Feinmotorik zuständig. Außerdem kann sie selektiv einzelne synaptische Prozesse im Rückenmark unterdrücken, was man sich in der

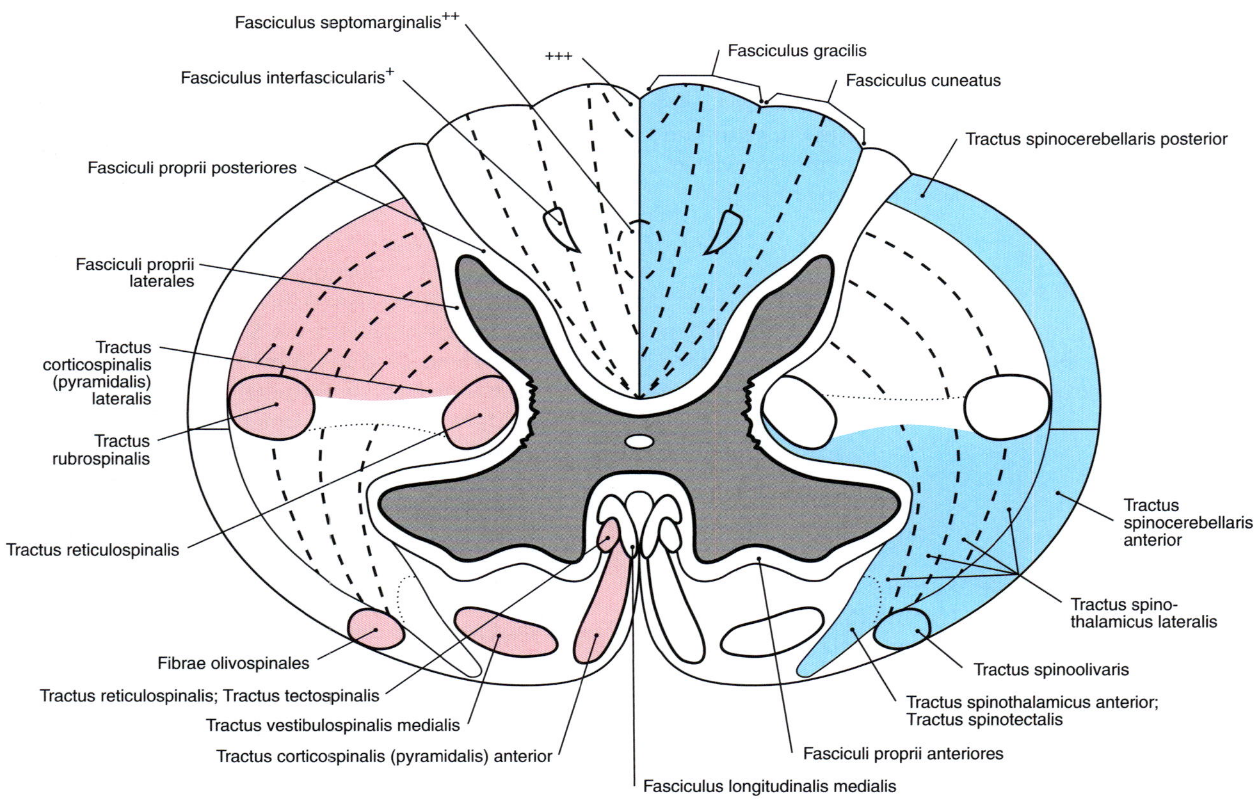

Abb. 9.8 Lokalisation der auf- und absteigenden Rückenmarksbahnen im Rückenmarksquerschnitt; + = Schultze-Komma (Pars cervicalis), ++ = Flechsig'sches ovales Feld (Pars thoracica), +++ = Philippe-Gombault-Triangel (Pars lumbalis; Pars sacralis). (Aus [14])

neurologischen Diagnostik zunutze macht, um Schädigungen im Verlauf der Pyramidenbahn aufzuspüren.

Klinik

Bestimmte Reflexe können während des Säuglingsalters wegen der noch unzureichenden Ausbildung der Pyramidenbahn ausgelöst werden, so z. B. der **Babinski-Reflex** (bei Bestreichen der lateralen Fußkante folgt eine tonische Dorsalextension der Großzehe). Beim Erwachsenen ist dieser Reflex normalerweise nicht auszulösen. Falls doch, weist dies auf eine Schädigung der Pyramidenbahn (z. B. infolge eines Schlaganfalls) hin. Die Prüfung des Babinski-Reflexes gehört damit zu jeder vollständigen neurologischen Untersuchung!

Die **amyotrophe Lateralsklerose** (ALS) ist eine im mittleren Lebensalter auftretende Erkrankung unbekannter Ätiologie, bei der es zu einer Degeneration des ersten (= Gyrus precentralis und Tractus corticospinalis) und zweiten (= Vorderhornzelle) motorischen Neurons kommt. Hieraus resultiert ein Mischbild aus schlaffer (= zentraler) und spastischer (= peripherer) Lähmung. Klinisch auffällig werden die Patienten in variabler Ausprägung durch unwillkürliches Muskelzittern (Faszikulationen), schlaffe oder spastische beidseitige Lähmungen (Paraspastik) der Arme und Beine, Sprech- und Schluckstörungen (bei Befall der Hirnnerven) sowie Muskelatrophien, jedoch bei erhaltener Sensibilität und ohne Aufreten von Blasen- oder Mastdarmstörungen (vegetative Innervation!). Die Krankheit verläuft rasch progredient und führt durch Befall der Atemmuskulatur normalerweise spätestens innerhalb von 4 Jahren zum Tode.

Extrapyramidal-motorisches System (EPMS)

Topographie

Die Bahnen des extrapyramidal-motorischen Systems (↗ Kap. 9.4.4) gehen von verschiedenen Zentren im Hirnstamm aus, hauptsächlich vom Nucleus ruber, von den Nuclei vestibulares und der Formatio reticularis. Entsprechend heißen im Vorder- und Seitenstrang lokalisierte Bahnen Tractus rubrospinalis, Tractus vestibulospinalis und Tractus reticulospinalis (↗ Abb. 9.8). Im Tractus rubrospinalis verlaufen die Fasern gekreuzt, im Tractus vestibulospinalis ungekreuzt und im Tractus reticulospinalis z. T. gekreuzt und ungekreuzt.

Funktion

Alle motorischen Projektionsbahnen, die nicht in der Pyramidenbahn verlaufen, werden unter dem Begriff „extrapyramidal-motorisches System“ zusammengefasst. Ihre Aufgabe besteht in der Versorgung von Vorderhornzellen, die Bewegungen des Rumpfes und der proximalen Extremitätenmuskulatur generieren, also für Grobmotorik, Halte- und Stützbewegungen zuständig sind.

Merke

Pyramidenbahn = Tractus corticospinales, Feinmotorik; **extrapyramidal-motorisches System** = Tractus rubro-, vestibulo- und reticulospinalis, Grobmotorik, Halte und Stützbewegungen.

Sensible (aufsteigende) Bahnen

Überblick

Man unterscheidet 2 Arten von Sensibilität: die epikritische Sensibilität, die das Berührungs-, Vibrations- und Körperlageeempfinden umfasst, und die protopathische Sensibilität, die sich aus Schmerz-, Temperatur-, Druck- und grober Berührungsempfindung zusammensetzt.

Gliederung (↗ Kap. 9.4.5)

Bahnen über den Thalamus zur Großhirnrinde

Folgende Bahnen ziehen zum Thalamus und anschließend zur Großhirnrinde:

- **Funiculus posterior:** Der Hinterstrang enthält die Axone der 1. Neurone der Berührungs-, Druck, und Tastempfindung (epikritischen Sensibilität), die im **Tractus spinobulbaris** ungekreuzt nach kranial verlaufen und erst im Hirnstamm im Nucleus gracilis bzw. cuneatus auf das 2. Neuron verschaltet werden. Im **Tractus bulbothalamicus** ziehen sie von dort zum Thalamus und kreuzen dabei zur Gegenseite. Getrennt durch den Sulcus intermedius kann der Funiculus posterior unterteilt werden in jeweils einen medialen **Fasciculus gracilis** mit Fasern aus der unteren Körperhälfte und einen **Fasciculus cuneatus,** der Fasern aus der oberen Körperhälfte enthält, die sich dem Fasciculus gracilis im Thorakalmark lateral anlagern (↗ Abb. 9.8).
- **Tractus spinothalamicus:** Der Tractus enthält die Fasern der 2. Neurone der protopathischen Sensibilität. Bereits auf spinaler Ebene erfolgen die Umschaltung auf das 2. Neuron im Hinterhorn (bzw. in der Substantia gelatinosa für die Schmerzafferenzen) und die Kreuzung zur Gegenseite über die Commissura alba. Im **Tractus spinothalamicus lateralis** verlaufen die Schmerz- und Temperaturempfindungen und im **Tractus spinothalamicus anterior** die Druck- und groben Berührungsafferenzen zum Thalamus.

Merke

Berührungs-, Druck- und Tastempfindung verlaufen ungekreuzt nach kranial und werden erst im Hirnstamm auf das 2. Neuron verschaltet. **Schmerz-, Temperatur- und protopathische Sensibilität** werden auf der gleichen Ebene auf das 2. Neuron verschaltet und kreuzen hier auch zur Gegenseite.

Bahnen zum Kleinhirn

Über 2 Bahnsysteme werden Informationen bezüglich Körperlage, Stellung von Gelenken sowie Muskel- und Sehnenspannung zum Kleinhirn geleitet:

- **Tractus spinocerebellaris anterior:** Der Tractus verläuft im ventrolateralen Seitenstrang. Die Bahn enthält gekreuzte sowie ungekreuzte Fasern von Hinterhornzellen.
- **Tractus spinocerebellaris posterior:** Der Tractus verläuft im dorsolateralen Seitenstrang und umfasst ungekreuzte Fasern aus dem Nucleus dorsalis (Stilling-Clarke), die in der Medulla oblongata kreuzen.

Bahn zum Mittelhirn

Außerdem gibt es noch eine Bahn, die zum Mittelhirn zieht, den **Tractus spinotectalis**.

Klinik

Eine **vollständige Querschnittslähmung** ist zumeist traumatisch bedingt. Zunächst beobachtet man das Stadium des „spinalen Schocks" mit einer schlaffen Lähmung aller Muskeln einschließlich Harnblase und Rektum sowie einem kompletten Sensibilitätsausfall unterhalb der Querschnittsebene. Nach einigen Wochen bis Monaten gewinnt der betroffene kaudale Rückenmarksbereich eine gewisse Selbstständigkeit zurück: Harnblase und Rektum entleeren sich reflektorisch bei Füllung, und die Muskeleigenreflexe kehren verstärkt zurück mit erhöhtem Muskeltonus im Sinne einer spastischen Lähmung.

Je nach betroffener Segmenthöhe beobachtet man bei Querschnittssyndromen verschiedene neurologische Ausfälle:

- Beim **zervikalen Querschnittssyndrom** sind sowohl die oberen und unteren Extremitäten (Tetraparese) als auch die Rücken- und Bauchmuskulatur gelähmt. Außerdem kommt es zum Ausfall der Sensibilität, zu Blasen- und Mastdarmstörungen, evtl. zum zentralen Horner-Syndrom sowie oberhalb von C4 zusätzlich zum Ausfall der Atemmuskulatur.
- Das **thorakale Querschnittssyndrom** ist durch eine Lähmung der Beine (Paraparese) sowie der Rücken- und Bauchmuskulatur, einen Sensibilitätsausfall unterhalb der Schädigung sowie Blasen- und Mastdarmstörungen gekennzeichnet.
- Beim **Kaudasyndrom** kommt es infolge eines Bandscheibenvorfalls oder eines Tumors zur Kompression der Nervenwurzeln der Cauda equina (L2–Co), woraus beidseitige Schmerzen an den Beininnenseiten („Reithose"), Sensibilitätsstörungen (Hypästhesien), beidseitige schlaffe Fußheber- und weitere periphere Lähmungen sowie Blasen- und Mastdarmstörungen resultieren. Das Kaudasyndrom ist ein neurochirurgischer Notfall und erfordert eine sofortige Operation!
- Beim **Konussyndrom** wird der Conus medullaris komprimiert. Hierbei beobachtet man einen Ausfall der Segmente S3–5 mit Stuhl- und Urininkontinenz, fehlendem Analreflex, Impotenz und „Reithosenanästhesie".

Eine **halbseitige Querschnittslähmung** entsteht z. B. durch Tumoren, die das Rückenmark komprimieren. Aus der einseitigen Schädigung resultieren ein Ausfall der Pyramiden-Vorderstrang-Bahn und der Tractus spinothalamici auf der Gegenseite, da diese Bahnen erst auf der Segmentebene kreuzen, sowie ein Ausfall der restlichen Bahnen auf der ipsilateralen Seite mit spastischer Parese und Verlust der Berührungs- und Tiefensensibilität. Aufgrund der doppelseitigen Innervation beobachtet man zumeist keine Blasen- oder Mastdarmstörungen.

Bei der **funikulären Spinalerkrankung** kommt es infolge eines Vitamin-B_{12}-Mangels (z. B. bei Alkoholikern) zu einem degenerativen Entmarkungsprozess im Rückenmark, vor allem der Hinter-, der Kleinhirnseiten- und Pyramidenseitenstränge. Über eine initiale Markscheidenschädigung kommt es zum Untergang des Axons und schließlich zu einer irreversiblen bindegewebigen Vernarbung. Klinisch zeigen sich brennende Missempfindungen, Störungen der Lagewahrnehmung und der Tiefensensibilität in den unteren Extremitäten, Zeichen der Pyramidenbahnschädigung (spastische Lähmung) und vegetative Störungen (Blasenatonie, Verstopfung, Impotenz). Sekundär können auch die peripheren Nerven betroffen sein. Unbehandelt verläuft die Krankheit chronisch fortschreitend.

Die **multiple Sklerose** (MS, Enzephalomyelitis disseminata) ist eine ätiologisch ungeklärte Entmarkungskrankheit, die im Unterschied zur funikulären Spinalerkrankung im gesamten ZNS auftritt. Das Prädilektionsalter liegt zwischen 20 und 40 Jahren. Es wird angenommen, dass es sich um eine multifaktorielle Autoimmunerkrankung handelt, bei der körpereigene Immunzellen perivaskuläre Mikrogliazellen als fremd erkennen und angreifen. Dadurch entwickelt sich eine Entzündungsreaktion mit einer Demyelinisierung und anschließender irreversibler Vernarbung (Sklerose). Die Erkrankung verläuft schubförmig und/oder chronisch progredient. Prädilektionsstellen der im gesamten ZNS auftretenden Entmarkungsherde sind N. opticus, Balken, periventrikuläres Marklager, Hirnstamm, Kleinhirn, Boden des 4. Ventrikels, Pyramidenbahn sowie Hinter- und Seitenstränge des Rückenmarks. Entsprechend dem multilokulären Befall beobachtet man variable Symptome: Visusminderung (häufig Erstmanifestation!), Sensibilitätsstörungen (typischerweise handschuh- oder strumpfförmig), eine herabgesetzte Tiefensensibilität mit Störungen in der Koordination von Bewegungsabläufen (sensible Ataxie), spastische Lähmungen mit gesteigerten Muskeleigenreflexen und pathologischen Reflexen sowie Augenmuskellähmungen, Kleinhirnsymptome, Blasen- und Mastdarmstörungen sowie im Spätstadium ein demenzielles Syndrom.

9.3 Gehirn (Cerebrum)

Embryologie

Im vorderen Abschnitt des Neuralrohrs bilden sich am Ende der 4. Woche die **3 primären Hirnbläschen** (von rostral nach kaudal, ↗ Abb. 9.9):

- Prosencephalon (Vorderhirn)
- Mesencephalon (Mittelhirn)
- Rhombencephalon (Rautenhirn).

Im Prosencephalon und Rhombencephalon werden zwischenzeitlich segmentale Gliederungen sichtbar (sog. Neuromere), die sich jedoch im Verlauf wieder zurückbilden. Das vordere und das hintere Hirnbläschen teilen sich ab der 5. Woche ein 2. Mal, so dass **5 sekundäre Hirnbläschen** entstehen (↗ Abb. 9.9). Diese sind die Grundlage der verschiedenen Abschnitte des ausgewachsenen Gehirns (von rostral nach kaudal):

- Telencephalon (Endhirn)
- Diencephalon (Zwischenhirn)
- Mesencephalon (Mittelhirn)
- Metencephalon (Nachhirn)
- Myelencephalon (Markhirn).

Merke

Die Reihenfolge der **3 kaudalen sekundären Hirnbläschen** kann man sich anhand der Buchstaben hinter dem „M(e)" merken, die sich von rostral nach kaudal nach ihrem Vorkommen im Alphabet ordnen lassen: Mesencephalon, Metencephalon, Myelencephalon.

Während sich das Endhirnbläschen in die 2 Hemisphärenbläschen aufteilt, wachsen aus dem Zwischenhirnbläschen seitlich 2 Augenbläschen heraus. Die Entwicklung der Hirnbläschen und ihre Derivate im ausgereiften Gehirn sind in ↗ Tabelle 9.1 zusammengestellt.

Gliederung

Das ausgereifte Gehirn (↗ Abb. 9.10) lässt sich, entsprechend seiner embryonalen Entstehung, folgendermaßen gliedern:

- Myelencephalon mit Medulla oblongata (verlängertes Mark)
- Metencephalon mit Pons (Brücke) und Cerebellum (Kleinhirn)
- Mesencephalon (Mittelhirn) u.a. mit Colliculi superiores und inferiores und Tegmentum
- Diencephalon (Zwischenhirn) u.a. mit Thalamus, Glandula pinealis (Corpus pineale) und Sehorgan
- Telencephalon (Groß- oder Endhirn) mit 2 Hemisphären aus jeweils 6 Lappen (Lobi frontalis, parietalis, temporalis, occipitalis, insularis und limbicus).

Merke

Myel-, Met- und Mesencephalon (Mark-, Nach- und Mittelhirn) können auch unter dem Begriff **Hirnstamm** subsumiert werden (↗ auch Kap. 9.3.4).

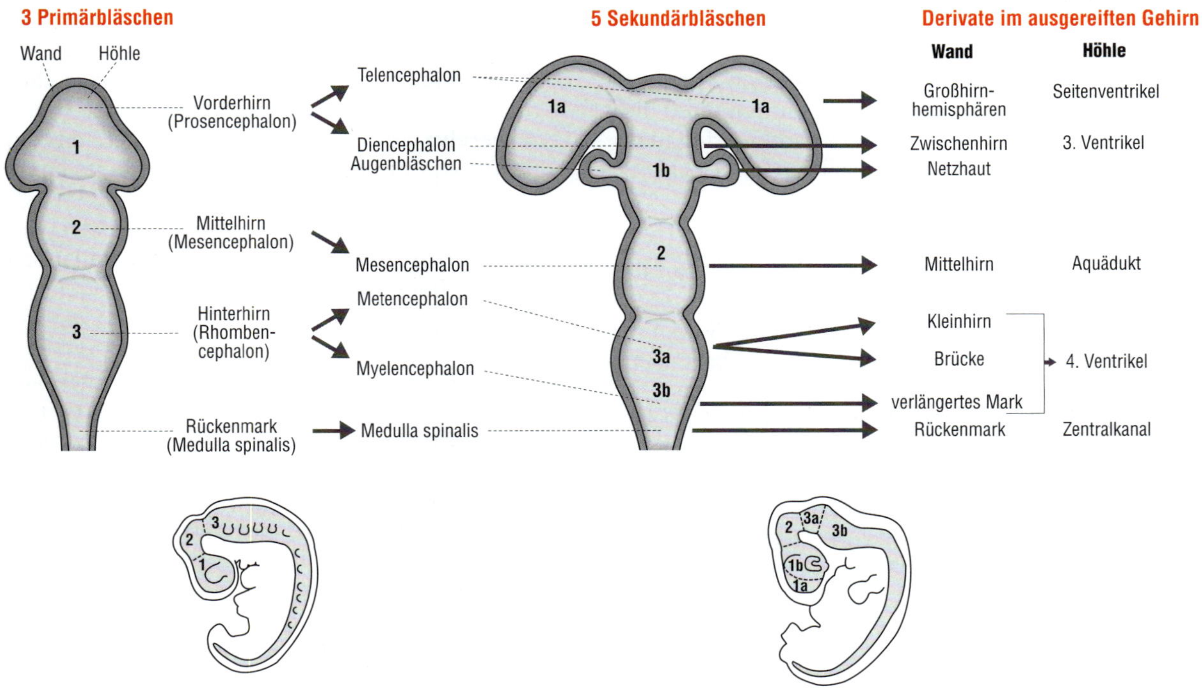

Abb. 9.9 Hirnentwicklung. Aus den 3 primären Hirnbläschen entstehen durch Teilung des vorderen und hinteren Hirnbläschens 5 sekundäre Hirnbläschen. Aus ihnen entwickeln sich die verschiedenen Hirnanteile. (Aus [17])

Tab. 9.1 Differenzierung der Hirnbläschen und ihre Derivate im ausgereiften Gehirn

primäre Hirnbläschen	sekundäre Hirnbläschen	graue Substanz	Ventrikel	Hirnnerven
Prosencephalon (Vorderhirn)	Telencephalon (Endhirn)	• Großhirnrinde • Nucleus caudatus • Putamen • Hippocampus • Corpus amygdaloideum	Seitenventrikel	Fila olfactoria (I)
	Diencephalon (Zwischenhirn)	• Globus pallidus • Thalamus • Hypo-, Metathalamus • Sehorgan • Epiphyse • Neurohypophyse	3. Ventrikel	N. opticus (II)
Mesencephalon (Mittelhirn)	Mesencephalon (Mittelhirn)	• Tectum (colliculi) • Tegmentum • Pedunculi cerebri (u.a. Substantia nigra, Nucleus ruber)	Aqueductus mesencephali	• N. oculomotorius (III) • N. trochlearis (IV)
Rhombencephalon (Rautenhirn)	Metencephalon (Nachhirn)	• Kleinhirn • Brücke (Pons)	4. Ventrikel	• N. trigeminus (V) • N. abducens (VI)
	Myelencephalon (Markhirn)	• Medulla oblongata • Oliven • Pyramiden		• N. facialis (VII) • N. vestibulocochlearis (VIII) • N. glossopharyngeus (IX) • N. vagus (X) • N. accessorius XI) • N. hypoglossus (XII)

9.3.1 Gefäßversorgung

Arterien

Die Blutversorgung des Gehirns wird durch 2 paarige Arterien sichergestellt, die A. carotis interna und die A. vertebralis. Diese speisen einen Arterienring, den Circulus arteriosus cerebri (Willisii).

A. carotis interna

An der Bifurcatio carotidis teilt sich die A. carotis communis in die Aa. carotides externa und interna auf. Letztere hat folgenden Verlauf (↗ Kap. 3.6.1):

- **Pars cervicalis:** der Rachenwand benachbart nach kranial ohne Abgabe von Ästen
- **Pars petrosa:** durch den Canalis caroticus in das Schädelinnere zur Felsenbeinspitze
- **Pars cavernosa:** Verlauf durch den Sinus cavernosus in einem S-förmigen Bogen, der auch als Karotissiphon bezeichnet wird; dort Abzweigung kleiner Arterienäste zu den Meningen und der Hypophyse (↗ Kap. 3.6.1)
- **Pars cerebralis:** kurzes Stück nach Austritt aus dem Sinus; Äste sind:
  - **A. ophthalmica:** Abzweig nach Austritt aus dem Sinus, versorgt Auge, Nase und Meningen der vorderen Schädelgrube (↗ Kap. 3.6.1)
  - **A. communicans posterior:** verbindet den vorderen mit dem hinteren Teil des Circulus Willisii (s. u.)
  - **A. choroidea anterior:** versorgt den Plexus choroideus und das Seitenventrikelunterhorn
  - **A. cerebri anterior:** kleinerer von 2 Endästen, übernimmt die Blutversorgung der Mantelkante (↗ Tab. 9.2)
  - **A. cerebri media:** größerer von 2 Endästen, versorgt den Frontal-, Temporal- und Parietallappen (außer Mantelkante, ↗ Tab. 9.2).

Klinik

Die A. carotis interna ist nach den Herzkranzgefäßen das am häufigsten von einer Gefäßverkalkung (**Arteriosklerose**) betroffene Gefäß und kann bei partiellem oder vollständigem Verschluss entsprechend dem großen Versorgungsgebiet verschiedene Symptome verursachen: kontralaterale Halbseitenlähmung und Sensibilitätsstörungen, Sprachstörungen und Sehstörungen (durch Minderdurchblutung der Retina).

Es wird angenommen, dass die **Migräne** durch eine serotoninvermittelte Gefäßreaktion im Stromgebiet der Aa. carotides interna und externa entsteht. Die anfängliche, hypoxisch bedingte Gefäßverengung (Vasokonstriktion) verursacht neuronale Reizerschei-

1 Cerebellum
2 Sulcus calcarinus
3 Lobus occipitalis
4 Lamina tecti [quadrigemina]
5 Sulcus parietooccipitalis
6 Lobus parietalis
7 Sulcus centralis
8 Glandula pinealis [Corpus pineale]
9 Commissura posterior [epithalamica]
10 Plexus choroideus (ventriculi tertii)
11 Gyrus cinguli
12 Corpus callosum
13 Fornix
14 Septum pellucidum
15 Commissura anterior
16 Lobus frontalis
17 Ventriculus tertius
18 Chiasma opticum
19 Hypophysis [Glandula pituitaria]
20 Corpus mamillare
21 N. oculomotorius
22 Pons
23 Aqueductus mesencephali [cerebri]
24 Myelencephalon [Medulla oblongata] [Bulbus]
25 Ventriculus quartus

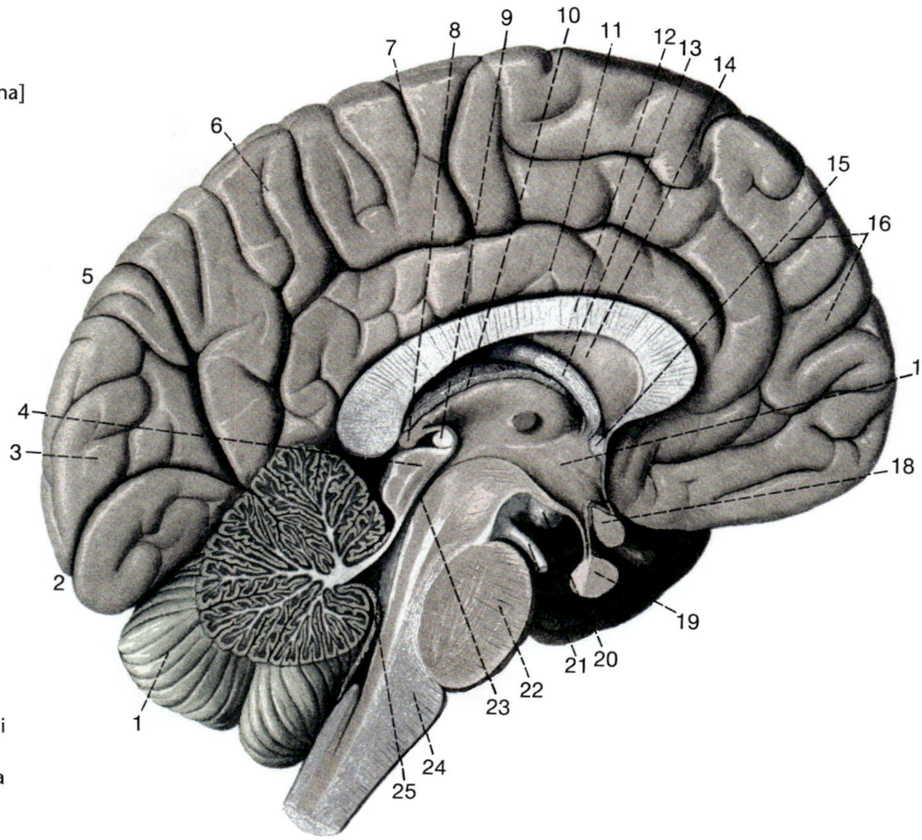

Abb. 9.10 Linke Gehirnhälfte, medianer Sagittalschnitt. (Aus [21])

nungen (z. B. Augenflimmern). Eine anschließende Gefäßerweiterung (Vasodilatation) im Versorgungsgebiet der A. carotis externa ruft dann die typischen heftigen Kopfschmerzen hervor. Häufig ist der Kopfschmerz halbseitig lokalisiert, und Übelkeit, Erbrechen und eine Überempfindlichkeit gegenüber äußeren Reizen kommen hinzu.

A. vertebralis

Die A. vertebralis entspringt aus der A. subclavia und nimmt folgenden Verlauf:

- **Pars prevertebralis:** zwischen M. scalenus anterior und M. longus colli nach kranial bis zum 6. Halswirbel
- **Pars transversaria:** durch die Foramina processi transversi des 6. bis 1. Halswirbels nach kranial
- **Pars atlantica:** Verlauf im Sulcus arteriae vertebralis des Atlas nach medioposterior, und anschließend durch die Membrana atlanooccipitalis und das Foramen magnum in das Schädelinnere
- **Pars intracranialis:** Verlauf in der hinteren Schädelgrube; Äste sind:
  - **A. spinalis anterior:** zieht durch das Foramen magnum zurück in den Wirbelkanal
  - **A. inferior posterior cerebelli:** zieht zum Kleinhirn.

Anschließend vereinigen sich die Aa. vertebrales beider Seiten auf dem Clivus zur **A. basilaris.** Diese gibt mehrere paarige Äste ab, bevor sie als **A. cerebri posterior** in den Circulus arteriosus eingeht und den Okzipitalpol des Gehirns versorgt:

- **A. inferior anterior cerebelli:** gibt die **A. labyrinthi** an das Innenohr ab und versorgt das Kleinhirn
- **A. superior cerebelli:** zieht zum Kleinhirn.

Klinik

Bei **Engstellen (Stenosen) im vertebrobasilären Stromgebiet** oder **Hirnstamminfarkten** kommt es durch Minderversorgung des Hirnstamms, des Innenohrs und des Kleinhirns zu Lähmungen der Augenmuskeln (Doppelbilder) sowie der vom N. facialis (mimische Muskulatur), N. accessorius (Mm. sternocleidomastoideus und trapezius) und N. hypoglossus (Zunge) versorgten Muskeln, Schwindelgefühl, Ohrgeräuschen und Gleichgewichtsstörungen. Außerdem kann eine Mangeldurchblutung der Sehrinde im Okzipitalpol des Gehirns Gesichtsfeldausfälle verursachen. Ein vollständiger Basilarisverschluss verläuft meist tödlich, weil das Atem- und Kreislaufzentrum im Hirnstamm ausfallen.

Circulus arteriosus cerebri (Willisii)

Definition

Der Circulus arteriosus cerebri wurde erstmals 1664 von Thomas Willis, dem Leibarzt von König James II., beschrieben. Es handelt sich um ein Gefäßsystem, über das die 3 großen Hirngefäße A. cerebri anterior, A. cerebri media und A. cerebri posterior (↗ Tab. 9.2) über kleine Anastomosenarterien miteinander verbunden sind (↗ Abb. 9.11):

- **Rr. communicantes posteriores:** beidseits zwischen Aa. carotides internae und Aa. cerebri posteriores gelegen
- **R. communicans anterior:** zwischen den beiden Aa. cerebri anteriores vor dem Chiasma opticum.

Topographie

Der Circulus arteriosus Willisii liegt im Subarachnoidealraum, wo er Chiasma opticum, Hypophysenstiel und die Corpora mamillaria umkreist.

Klinik

Der Circulus arteriosus Willisii ist häufig der Sitz angeborener Gefäßaussackungen (Aneurysmen), die spontan oder unter Druckbelastung rupturieren können. Dadurch kommt es zu einer lebensbedrohlichen **Subarachnoidalblutung.** Diese macht sich durch einen plötzlichen starken Kopfschmerz („wie noch nie im Leben") bemerkbar, häufig gefolgt von Bewusst-

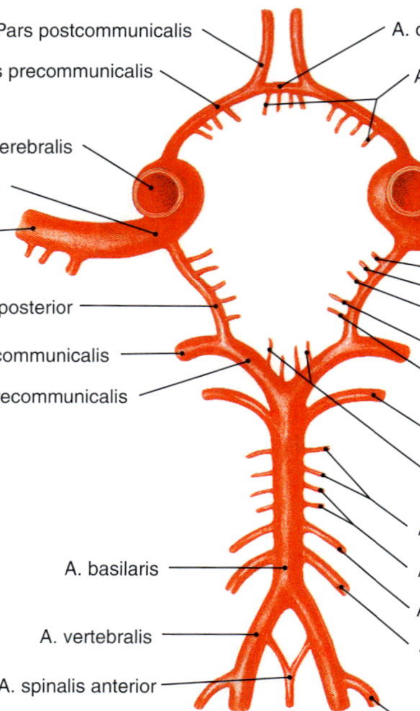

Abb. 9.11 Circulus arteriosus cerebri (Willisii).

Tab. 9.2 Verlauf und Versorgungsgebiete des arteriellen Gefäßsystems im Gehirn (↗ Abb. 9.12)

Arterie	Verlauf	Versorgungsgebiet
A. cerebri anterior	in der Fissura longitudinalis nach vorn bis zum Balkenknie, dann als A. pericallosa auf dem Balken dorsalwärts bis zum Splenium	Mantelkante des Frontal- und Parietallappens bis einen Fingerbreit lateral der Fissura longitudinalis
A. cerebri media	von unten in den Sulcus lateralis, auf der Insula Verzweigung in die Endäste	laterale Rindenfläche des Frontal-, Parietal- und Temporallappens außer Mantelkante, Basalganglien
A. cerebri posterior	um das Crus cerebri herum (wie der N. trochlearis) zur Vierhügelplatte	Okzipitallappen, z. T. Temporallappen
Aa. vertebralis und basilaris	s. o.	Rückenmark, Hirnstamm, Kleinhirn, Innenohr

seinstrübung, Übelkeit und Erbrechen. Zwischen dem 4. und 14. Tag nach der Blutung kommt es manchmal zu krampfartigen Kontraktionen der Gefäßmuskulatur (Vasospasmen), die Hirninfarkte verursachen können. Da der äußere Liquorraum mit dem Subarachnoidealraum identisch ist, ist im Gegensatz zu epi- oder subduralen Blutungen bei Subarachnoidalblutungen stets Blut im Liquor nachweisbar.

Die Versorgungsgebiete der verschiedenen Hirnarterien (↗ Abb. 9.12) sind klinisch sehr relevant, da man bei Schlaganfällen aus den resultierenden Ausfällen Rückschlüsse auf das verschlossene Gefäß ziehen kann.

Venen

Überblick

Man unterscheidet oberflächliche Venen (**Vv. superficiales cerebri**), die das Blut aus den äußeren 2 cm des Kortex direkt in die Sinus durae matris leiten, und ein tiefes Venensystem (**Vv. profundae cerebri**), das Blut aus den inneren Hirnabschnitten (z. B. Basalganglien, Mittelhirn) in die V. magna cerebri (Galeni) befördert. Der gemeinsame Hauptabfluss beider Systeme erfolgt über den Sinus sigmoideus und Bulbus venae jugularis in die V. jugularis interna, die durch das Foramen jugulare aus dem Schädel zieht.

Histologie

Die Venen des Gehirns sind klappenlos und besitzen keine Muskelschicht. Sie bestehen aus einer Endothelschicht, die von kollagenem Bindegewebe unterlagert wird.

Klinik

Bei **Thrombosen der Hirnvenen** mit Rückstau von Blut kommt es aufgrund der zarten Venenwände häufig zu Zerreißungen mit lebensbedrohlichen intrazerebralen Blutungen. Durch eine solche Blutung und die begleitende Hirnschwellung kann es zu einer lebensbedrohlichen Einklemmung des Gehirns kommen, die sich zunächst durch Kopfschmerzen, Übelkeit und Erbrechen bemerkbar macht, gefolgt von Verwirrtheitszuständen, Bewusstseinstrübung, Lähmungen und Krampfanfällen bis hin zum Tod.

Vv. superficiales cerebri

Gliederung

Jede Hemisphäre besitzt 8–12 **Vv. superiores cerebri,** die Blut aus dem Frontal- und Parietallappenkortex sowie dem Marklager in den Sinus sagittalis superior leiten (↗ Abb. 9.13). Die **V. media superficialis cerebri** drainiert Blut aus dem Gebiet um den Sulcus lateralis in den Sinus sphenoparietalis, und über die **Vv. inferiores cerebri** gelangt Blut aus basalen Großhirnhemisphärenbereichen vor allem in den Sinus transversus.

Topographie

Die Vv. superficiales cerebri verlaufen entlang den Sulci durch den Subarachnoidealraum und durchbohren als „Brückenvenen" die Arachnoidea, um anschließend in die verschiedenen Hirnsinus zu münden (↗ Abb. 9.2).

Klinik

Bevor die subarachnoidal verlaufenden Vv. superficiales cerebri in die intradural gelegenen Sinus münden, müssen sie eine kurze Strecke subdural verlaufen. Diese Stellen sind anfällig für Gefäßrupturen, was bei Schädel-Hirn-Traumen häufig zu **Subduralhämatomen** führt. Der akuten subduralen Blutung liegt in der Regel ein schweres Schädel-Hirn-Trauma zugrunde. Es kommt rasch zur Bewusstseinstrübung, Pupillenerweiterung und Symptomen der oberen und unteren Einklemmung. Das chronische Subduralhämatom tritt typischerweise bei alten Menschen nach Bagatelltraumen auf und macht sich durch langsam zunehmende Kopfschmerzen und psychische Veränderungen (Verlangsamung, Gedächtnisstörungen) bemerkbar. Eine Pupillenerweiterung und Hirndruckzeichen (z. B. Kopfschmerzen, Erbrechen, Doppelbilder, Verwirrtheit, zerebrale Krampfanfälle, Bewusstseinstrübung) können sich im weiteren Verlauf ebenfalls einstellen.

Vv. profundae cerebri

Gliederung

Man unterscheidet 2 große Venen des tiefen Venensystems: die **V. basalis** und die **V. interna cerebri.** Über sie gelangt das Blut der tiefen Hirnabschnitte in die **V. magna cerebri (Galeni;** ↗ Abb. 9.13).

Merke

Die **V. basalis** enthält Blut aus subkortikalen Frontalhirnstrukturen, die **V. interna cerebri** Blut aus den Basalganglien.

Topographie

Die Vv. profundae cerebri verlaufen in der Tiefe des End-, Mittel- und Zwischenhirns. Die unpaare V. magna cerebri mündet als Endast des tiefen Hirnvenensystems im vorderen Bereich des Tentorium cerebelli in den Sinus rectus (↗ Abb. 9.13).

Sinus durae matris

Überblick

Die Sinus durae matris sind Hohlräume, die zwischen meningealem und periostalem Blatt der harten Hirnhaut (Dura mater) liegen und als venöse Blutleiter dienen (↗ Abb. 9.2). Sie werden durch Zug an der Dura stets offen gehalten und dienen als Abfluss sowohl der oberflächlichen als auch der tiefen Hirnvenen. Sie leiten das Blut fast vollständig in die V. jugularis interna.

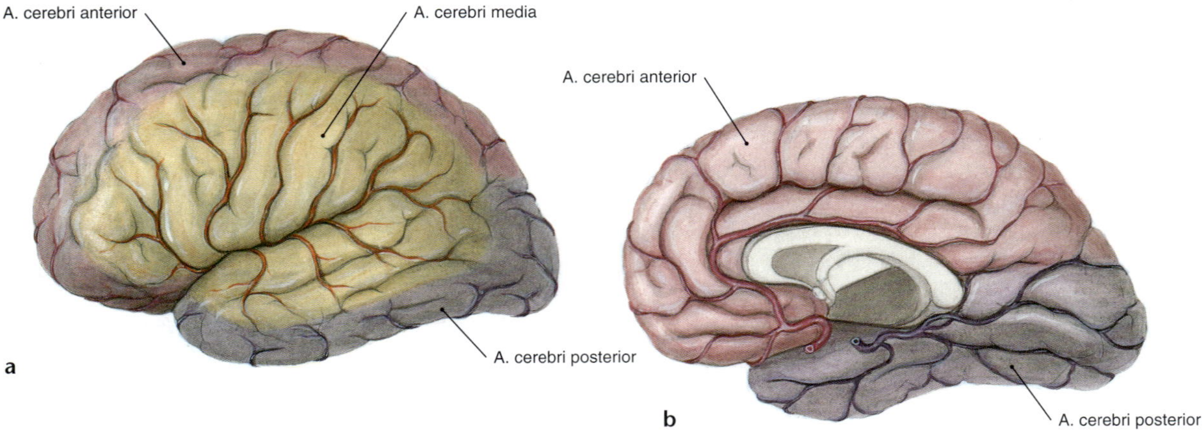

Abb. 9.12 Verlauf und Versorgungsgebiet der Zerebralarterien. **a** Ansicht von lateral. **b** Ansicht von medial. (Aus [14])

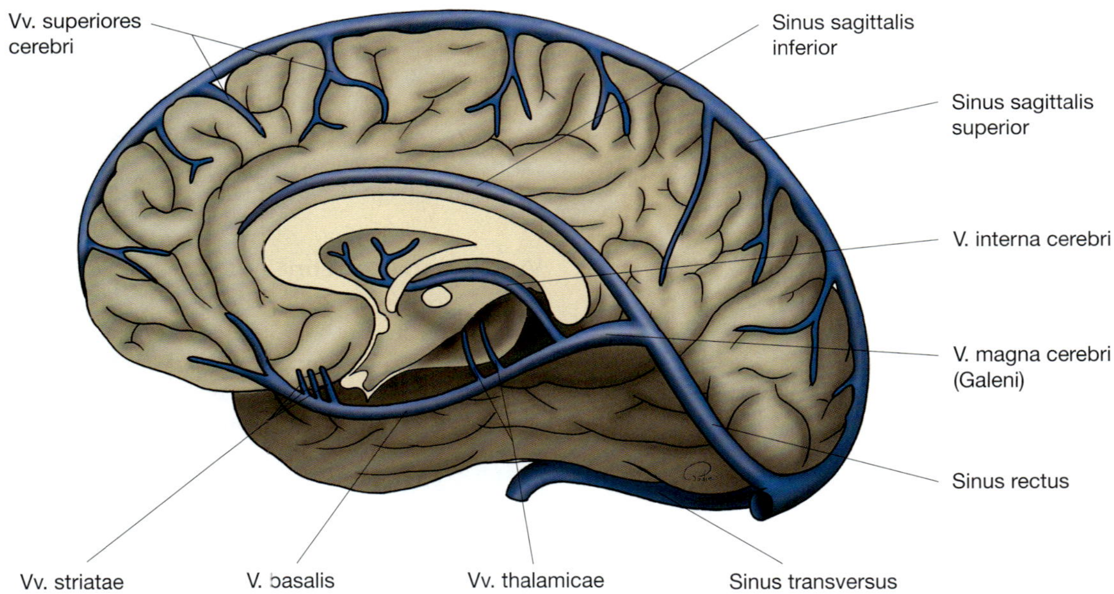

Abb. 9.13 Venöse Drainage der Großhirnhemisphären, des Thalamus und der Basalganglien, Medialansicht.

Topographie und Gliederung

Der **Sinus sagittalis superior** zieht im oberen Rand der Falx cerebri median entlang der Kalotte nach dorsokaudal. Der **Sinus sagittalis inferior** verläuft im Unterrand der Falx und vereinigt sich mit der V. magna cerebri zum **Sinus rectus,** der nach dorsal zieht und sich mit dem Sinus sagittalis superior an der Protuberantia occipitalis im **Confluens sinuum** vereinigt (↗ Abb. 9.14a). Beidseits davon abgehend, ziehen die **Sinus transversi** nach laterokaudal, nehmen dort als **Sinus sigmoidei** einen S-förmigen Verlauf und münden im Bereich des Foramen jugulare in die V. jugularis interna (↗ Abb. 9.14b).

Entlang den Keilbeinflügeln zwischen vorderer und mittlerer Schädelgrube verläuft der **Sinus sphenoparietalis** nach medial zum **Sinus cavernosus,** der als großes Hohlraumsystem die Hypophyse umgibt. Über die **Sinus petrosi superior** und **inferior** steht dieser mit den **Sinus sigmoidei** in Verbindung. Ein weiterer Abflussweg des Sinus cavernosus ist der **Plexus basilaris,** der über den Clivus nach kaudal in Richtung V. jugularis verläuft (↗ Abb. 9.14b).

Der paarige **Sinus cavernosus** ist beidseits der Hypophyse lokalisiert und durch Sinus intercavernosi mit der Gegenseite verbunden. Er ist nur durch eine dünne Knochenplatte vom Sinus sphenoparietalis getrennt. Durch ihn hindurch ziehen A. carotis interna und N. abducens (VI). In der Wand laufen N. oculomotorius (III), N. trochlearis (IV), N. ophthalmicus (V1) und N. maxillaris (V2) (↗ Abb. 9.15).

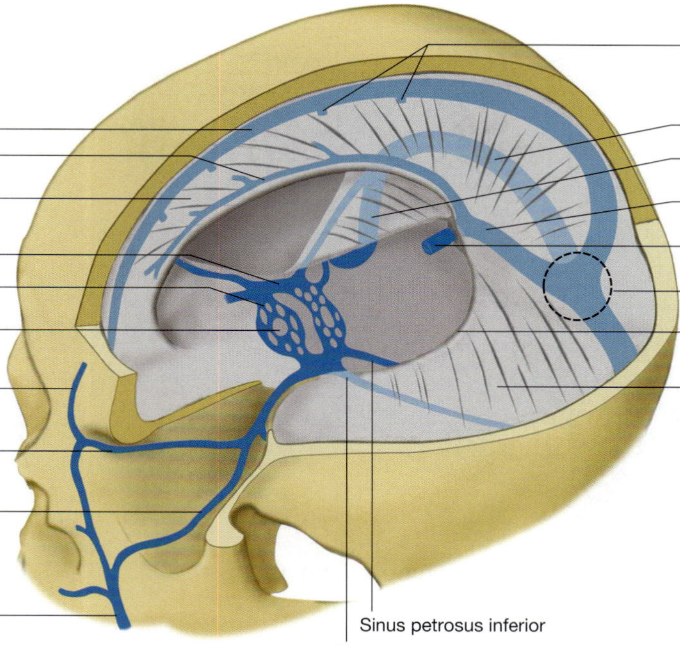

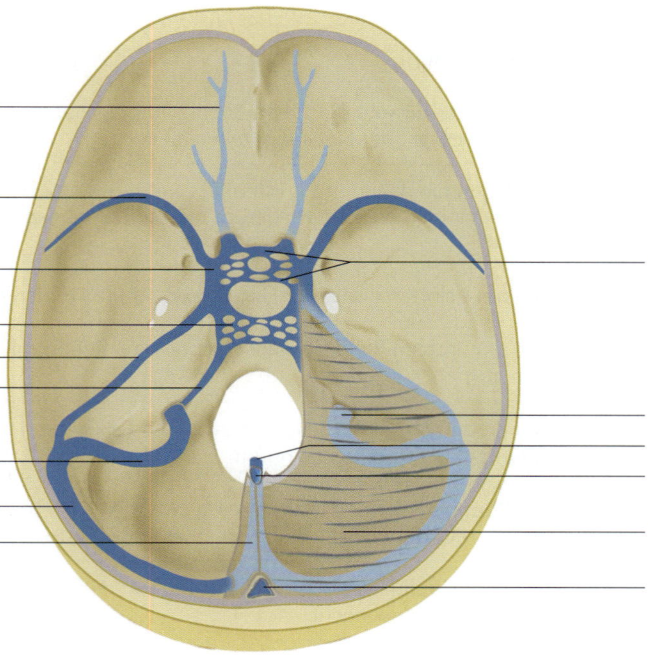

Abb. 9.14 Sinus durae matris. a Ansicht von lateral oben. **b** Ansicht von oben.

Neben den o.g. Abflüssen in die Sinus petrosi und den Plexus basilaris erhält der Sinus cavernosus Zuflüsse aus der V. ophthalmica superior, die Blut aus dem Bereich des Augapfels führt und mit der extrakraniellen V. facialis bzw. angularis anastomosiert (↗ Abb. 9.14).

Venöse Anastomosen

Neben dem Sinus occipitalis, der den Confluens sinuum mit dem venösen Rückenmarksplexus verbindet, existieren 3 andere wichtige Anastomosen:

- **Vv. emissariae:** stehen über die Schädelkalotte mit Venen der Kopfhaut in Verbindung (↗ Abb. 9.2)
- **V. ophthalmica superior:** verbindet die V. angularis/facialis mit dem Sinus cavernosus
- **V. ophthalmica inferior:** Verbindung zwischen dem Plexus pterygoideus der V. maxillaris und dem Sinus cavernosus.

Eine Zusammenfassung über Verlauf und Mündung der verschiedenen Hirnvenen gibt ↗ Tabelle 9.3.

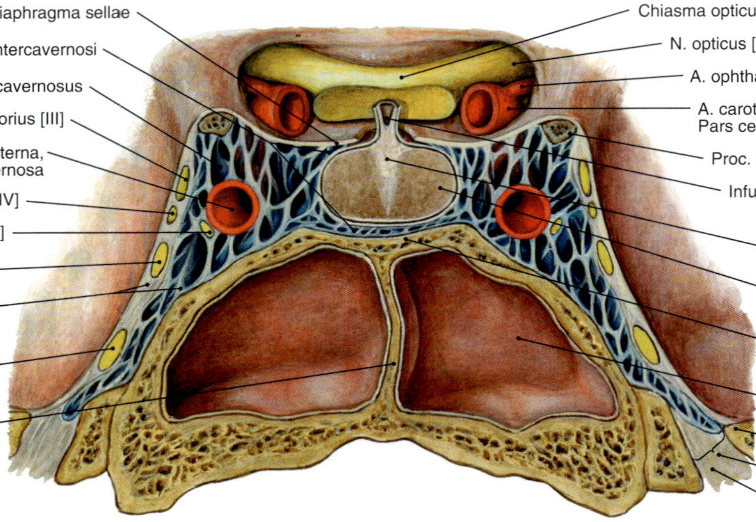

Abb. 9.15 Sinus cavernosus und Hypophyse, Frontalschnitt. (Aus [14])

Tab. 9.3 Venöse Abflüsse des Gehirns

Vene/Sinus	Verlauf/Mündung
Vv. superficiales cerebri	Verlauf auf der Hirnoberfläche im Subarachnoidealraum, Mündung in den Sinus transversus oder Sinus sagittalis superior
Vv. profundae cerebri	Mündung in die paarigen Vv. internae cerebri oder Vv. basales, die sich zur V. magna cerebri vereinigen, welche wiederum mit dem Sinus sagittalis inferior zum Sinus rectus konfluiert
Sinus sagittalis superior	Verlauf am Kalottenansatz der Falx cerebri, Abfluss in den Confluens sinuum
Sinus sagittalis inferior	Verlauf am unteren Rand der Falx cerebri, Vereinigung mit der V. magna cerebri zum Sinus rectus
Sinus rectus	Verlauf an der Verschmelzungslinie zwischen Falx cerebri und Tentorium cerebelli, Mündung in die Confluens sinuum
Confluens sinuum	an der Protuberantia occipitalis interna zwischen Falx/Tentorium und Schädeldach lokalisiert, Mündung in die Sinus occipitalis und transversus
Sinus occipitalis	Verlauf vom Confluens sinuum nach kaudal an der Schädelkalotte, Verbindung zum Rückenmarksvenengeflecht
Sinus transversus	paarig, Verlauf vom Confluens sinuum nach lateral
Sinus sigmoideus	paarig, S-förmiger Verlauf durch das Foramen jugulare zum Bulbus venae jugularis
Sinus cavernosus	paarig lateral der Sella turcica lokalisiert, umgibt beidseits den Hypophysenstiel und anastomosiert über Sinus intercavernosi mit der Gegenseite; durch den Sinus ziehen A. carotis interna und N. abducens, in der Wand verlaufen die Hirnnerven III, IV, V1 und V2
Sinus petrosi superior und inferior	Verlauf am oberen bzw. unteren Rand der Felsenbeinpyramide; verbinden den Sinus cavernosus mit dem Sinus sigmoideus
Plexus basilaris	Lokalisation auf dem Clivus, Verbindung zwischen Sinus cavernosus und V. jugularis interna

Klinik

Über die Vv. ophthalmicae können Keime z. B. von Gesichtsfurunkeln in den Sinus cavernosus verschleppt werden und dort eine **eitrige (= septische) Hirnvenenthrombose** auslösen. Diese kann zu einer Schädigung der im Sinus (bzw. in der Wand) verlaufenden Hirnnerven (zuerst VI, dann III, IV, V1, V2) sowie zu einer eitrigen Meningitis führen. Neben der septischen Thrombose gibt es die sog. **blande Sinusthrombose,** die vor allem den Sinus sagittalis superior und den Sinus cavernosus betrifft und bei hämatoonkologischen Erkrankungen, Unterernährung oder schwerer Herzinsuffizienz auftreten kann. Wie bei allen Thrombosen gelten das weibliche Geschlecht, Rauchen und die Einnahme von oralen Kontrazeptiva als Risikofaktoren. Über eine Gefäßwandläsion, Veränderungen der Hämodynamik oder Blutgerinnungsstörungen kann es zur Bildung eines Blutgerinnsels (Thrombus) im Sinus kommen. Über einen Blutrückstau in die zuführenden Venen können sich bei beiden Arten der Sinusvenenthrombose ein ischämisches Hirnödem, eine Stauungsblutung und ein hämorrhagischer Hirninfarkt entwickeln. Die Hirndrucksymptome entwickeln sich zumeist schleichend mit Kopfschmerzen, Übelkeit, Erbrechen und Doppelbildern bis hin zu zentralen Lähmungen, Verwirrtheitszuständen, zerebralen Krampfanfällen, Bewusstseinstrübung und Koma.

9.3.2 Liquor und Ventrikelsystem

Liquor cerebrospinalis

Definition

Der Liquor cerebrospinalis ist eine klare, farblose, zellarme Flüssigkeit, die Elektrolyte, Glukose und Eiweiß enthält und ein Ultrafiltrat des Blutes darstellt. Im Vergleich zum Blut sind die Konzentrationen an Glukose und Eiweiß jedoch niedrig.

Klinik

Bei der **Liquorpunktion** gewonnener Liquor cerebrospinalis kann durch Änderungen seiner Zusammensetzung Hinweise auf verschiedene ZNS-Erkrankungen liefern: Erythrozyten können auf eine Subarachnoidalblutung, Leukozyten und verminderter Glukosegehalt auf eine bakterielle Infektion hinweisen (Mikroorganismen „verbrauchen" Glukose). Ein vermehrter Eiweißgehalt und maligne Zellen können Zeichen eines Hirntumors sein.

Topographie

Der Liquor cerebrospinalis durchfließt den inneren und äußeren Liquorraum (↗ Abb. 9.16). Der innere Liquorraum entspricht dem Ventrikelsystem, der äußere Liquorraum dem Spatium subarachnoideum. Täglich werden etwa 500 ml Liquor aus arteriovenösen Gefäßkonvoluten gebildet (**Plexus choroideus**), die im 4. Ventrikel lokalisiert sind. Über die Aperturae mediana (Magendii) und laterales (Luschkae) gelangt der Liquor vom inneren in den äußeren Liquorraum.

Klinik

Die Summe der anatomischen Grenzflächen, an denen Liquor aus Blutplasma entsteht, bildet die **Blut-Liquor-Schranke.** Diese schützt das ZNS durch ihre geringe Permeabilität und hohe Selektivität des Stoffaustauschs mit schwerer Durchdringlichkeit für hochmolekulare und polare Substanzen vor toxischen Einflüssen. Durch verschiedene Erkrankungen des ZNS (Tumoren, Entzündungen) kann die Permeabilität erhöht werden mit Nachweis einer erhöhten Eiweißkonzentration im Liquor.

Resorbiert wird er an den Granulationes arachnoideae (**Pacchioni-Granulationen**, s. o.), über die er in die Hirnsinus gelangt, um dann auf dem Blutwege abtransportiert zu werden. Im Bereich des Rückenmarks findet die Resorption an den Austrittsstellen der Spinalnerven aus dem Wirbelkanal statt.

Funktion

Der Liquor cerebrospinalis umspült Gehirn und Rückenmark und fungiert als Pufferkissen für das druck- und stoßempfindliche ZNS. Außerdem ist er an der Regulierung des Atemzentrums beteiligt, übernimmt in der Embryonalphase Ernährungsfunktionen für das Gehirn und scheint in der interneuronalen Nachrichtenübermittlung eine Rolle zu spielen.

Ventrikelsystem

Überblick und Gliederung

Das Ventrikelsystem (↗ Abb. 9.17) entspricht dem **inneren Liquorraum.** Durch enge Kanäle (Aperturae) sind die einzelnen Ventrikel untereinander sowie mit dem äußeren Liquorraum verbunden. Von rostral nach kaudal unterscheidet man 2 Seitenventrikel (= Ventrikel 1 + 2, **Ventriculi laterales**), einen 3. Ventrikel (**Ventriculus tertius**), den Aquädukt (**Aqueductus mesencephali**) und einen 4. Ventrikel (**Ventriculus quartus**). Im Bereich des Rückenmarks setzt sich der 4. Ventrikel in den z. T. obliterierten Canalis centralis fort.

Histologie

Die Ventrikelwände sind von **Ependymzellen** ausgekleidet, die einen Flüssigkeitsaustausch zwischen Liquorraum und Interzellularräumen des Gehirns ermöglichen.

Seitenventrikel (Ventriculus lateralis)

Morphologie und Gliederung

Die ersten beiden Hirnkammern sehen aus wie Widderhörner und lassen sich in 4 Abschnitte unterteilen (↗ Abb. 9.17):

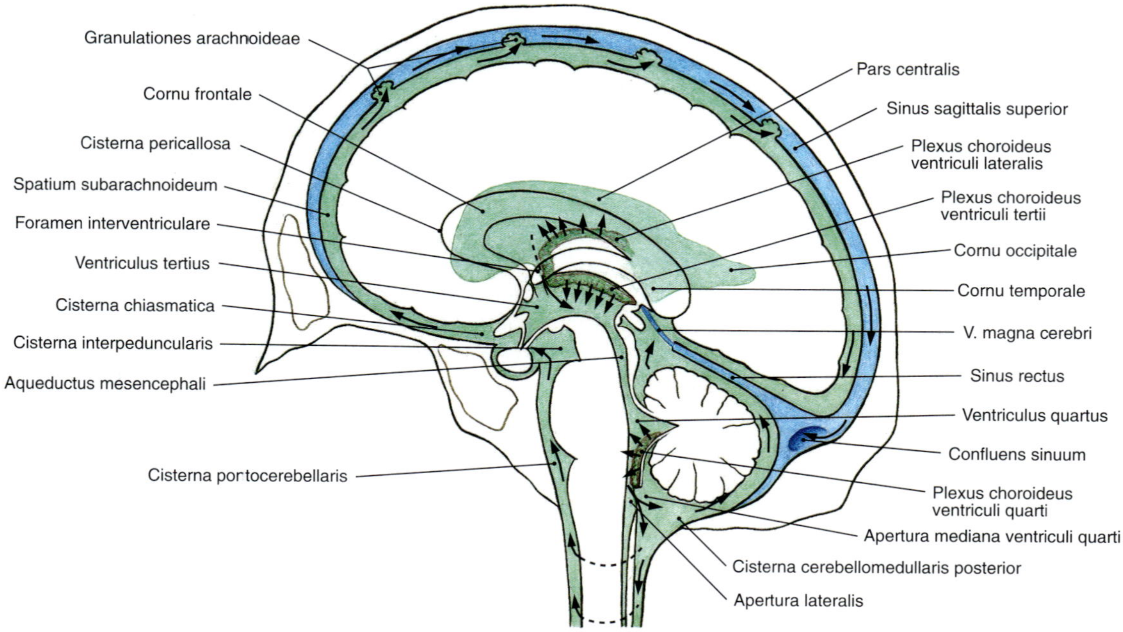

Abb. 9.16 Liquor und Ventrikelsystem, schematischer Sagittalschnitt mit Darstellung des inneren und äußeren Liquorraums. (Aus [14])

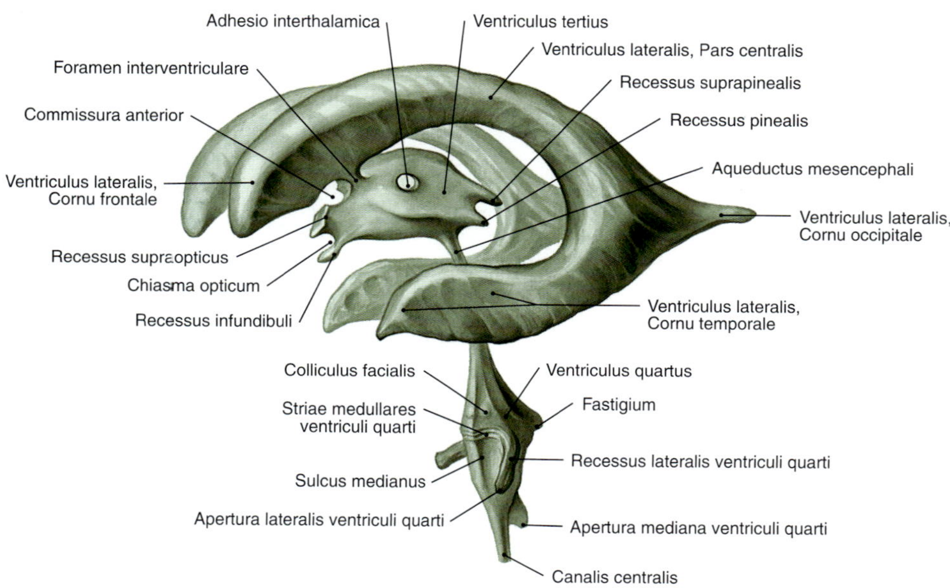

Abb. 9.17 Ventrikelausgusspräparat, Seitenansicht. (Aus [14])

- Unterhorn (Cornu temporale) im Temporallappen
- Hinterhorn (Cornu occipitale) im Okzipitallappen
- Mittelteil (Pars centralis) im Parietallappen
- Vorderhorn (Cornu frontale) im Frontallappen.

Topographie

Die Seitenventrikel gehören zum Telencephalon, befinden sich also im Zentrum der Großhirnhemisphären in den jeweiligen Hirnlappen, deren Strukturen ihre Begrenzungen bilden (↗ Tab. 9.4, ↗ auch Abb. 9.24 und 9.25).

Über die **Foramina interventricularia Monroi** werden die beiden Seitenventrikel mit dem unpaaren 3. Ventrikel verbunden. Begrenzungsstrukturen der Foramina interventricularia sind:

- Columna fornicis (vorn/oben),
- Thalamus (lateral),
- Commissura anterior (unten).

Tab. 9.4 Topographische Beziehungen der Seitenventrikel

Begrenzung	Cornu frontale	Pars centralis	Cornu occipitale	Cornu temporale
vorn	Genu corporis callosi	Foramen interventriculare	Splenium corporis callosi	Corpus amygdaloideum
Dach	Truncus corporis callosi	Truncus corporis callosi	Forceps major	Cauda nuclei caudati
Boden	Rostrum corporis callosi	Lamina affixa	Trigonum collaterale	Eminentia collateralis
lateral	Caput nuclei caudati	Corpus nuclei caudati	Radiatio optica	Tapetum corporis callosi, Temporalmark
medial	Septa pellucida	Fornix	Calcar avis	Hippocampus
hinten	Thalamus, Foramen interventriculare	Splenium corporis callosi	Okzipitalmark	(Übergang in Cornu occipitale)

3. Ventrikel (Ventriculus tertius)

Morphologie und Gliederung

Der unpaare 3. Ventrikel hat die Form einer hochgestellten Platte (↗ Abb. 9.17). Er besitzt 4 Aussackungen (Recessus, ↗ Abb. 9.18):

- Recessus supraopticus
- Recessus infundibuli
- Recessus suprapinealis
- Recessus pinealis.

In Ventrikelausgusspräparaten sieht man ein zentrales „Loch“, die **Adhesio interthalamica** (↗ Abb. 9.17). Hier berühren sich die Thalami beider Seiten. Es gehen jedoch keine Nervenfasern im Sinne einer Kommissurenbahn von einer Seite zur anderen.

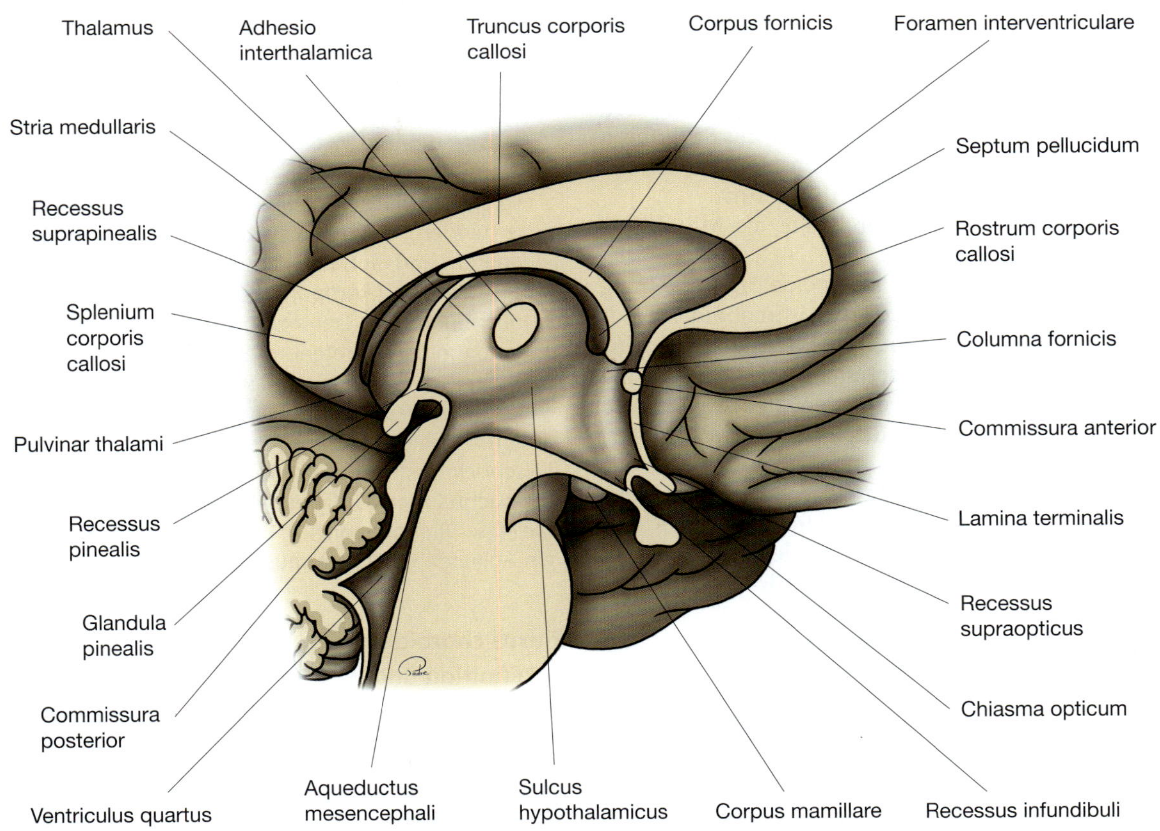

Abb. 9.18 3. Ventrikel und angrenzende Strukturen, Sagittalschnitt.

Topographie

Der Ventriculus tertius ist der Ventrikel des Diencephalons. Er hat folgende Begrenzungen (↗ Abb. 9.18):

- Seitenwände: Thalamus und Hypothalamus,
- Boden: Großhirnstiele, Corpus mamillare, Tuber cinereum und Chiasma opticum
- Vorderwand: Lamina terminalis, Commissura anterior
- Hinterwand: Zirbeldrüse und Commissura posterior,
- Dach: wird vom Plexus choroideus überzogen, der über die Foramina interventricularia in die Seitenventrikel zieht (↗ Abb. 9.16).

Aqueductus mesencephali

Der unpaare Aquädukt ist ein 1,5 cm langer, plexusfreier Verbindungsgang, der den 3. und 4. Ventrikel miteinander verbindet (↗ Abb. 9.10 und 9.17). Er entspricht dem nicht ausgebildeten Ventrikel des Mesencephalons.

4. Ventrikel (Ventriculus quartus)

Topographie

Der unpaare 4. Ventrikel setzt den Aquädukt kaudal fort. Er ist der Ventrikel des Rhombencephalons. Kaudal geht er in den z. T. obliterierten Canalis centralis des Rückenmarks über (↗ Abb. 9.10 und 9.17). Begrenzt wird der Ventriculus quartus von den 3 Kleinhirnsegeln (Dach), den 3 Kleinhirnstielen (Seitenwände) und der Rautengrube (Boden).

Nach Entfernung des Kleinhirns blickt man direkt auf die Rautengrube (**Fossa rhomboidea**), die sich rostral aus Teilen des Pons und kaudal aus Strukturen der Medulla oblongata zusammensetzt. Sie enthält einige wichtige Strukturen (↗ Abb. 9.19):

- Der **Sulcus medianus** durchzieht als Mittelrinne die Rautengrube median.
- Die **Eminentia medialis** ist eine paarige Erhebung im rostralen Bereich der Fossa rhomboidea beidseits des Sulcus medianus, aus der der Colliculus facialis herausragt. Dieser stellt eine Vorwölbung des N. abducens dar, um den sich Fasern des N. facialis vor Verlassen des Gehirns herumschlingen (inneres Fazialisknie).
- Die **Striae medullares** sind zur Gegenseite kreuzende, markhaltige Fasern der dorsalen Kerne des N. cochlearis. Sie schließen sich anschließend dem Lemniscus lateralis an (Hörbahn, ↗ Kap. 9.4.2).
- Die **Trigona nervorum hypoglossi und vagi** sind jeweils Vorwölbungen der Vagus- und Hypoglossuskerngebiete (↗ Kap. 3.7.2).
- Die **Recessus laterales** sind 2 seitliche Ausziehungen der Rautengrube mit Öffnungen (Aperturae laterales Luschkae), über die der innere mit dem äußeren Liquorraum in Verbindung steht (↗ Abb. 9.16).
- Die **Apertura mediana (Magendii)** ist eine Öffnung in den äußeren Liquorraum am unteren Ende der Fossa rhomboidea (↗ Abb. 9.16).
- Der **Obex** ist der untere Rand der Rautengrube. Direkt darüber befindet sich das Brechzentrum (**Area postrema**).

Merke

Es gibt eine mediale und 2 laterale Öffnungen (Aperturae) im 4. Ventrikel, über die der innere mit dem äußeren Liquorraum in Verbindung steht: die Apertura **m**ediana **M**agendii und die Aperturae **l**aterales **L**uschkae.

Klinik

Durch Liquorresorptionsstörungen oder Verengungen des Liquorraums kann es zum Aufstau von Liquor in den verschiedenen Liquorräumen kommen (= Hydrozephalus):

- Ein **Hydrocephalus internus occlusivus** zeichnet sich durch eine Erweiterung der Hirnventrikel aus und kann erworben (z. B. durch einen Tumor) oder angeboren (kongenital) sein (durch eine Aquäduktstenose oder Obliteration bzw. Atresie der Foramina Luschkae und Magendii). Die Atresie der Foramina wird auch als **Dandy-Walker-Syndrom** bezeichnet. Auch die ebenfalls angeborene **Arnold-Chiari-Fehlbildung,** bei der Teile des Kleinhirns und der Medulla oblongata nach kaudal in den Spinalkanal verschoben sind, kann Ursache eines Hydrocephalus internus occlusivus sein.
- Beim **Hydrocephalus malresorptivus,** der auch den irreführenden Namen „Normaldruckhydrozephalus" trägt, ist (z. B. nach einer Meningitis) die Resorptionsfläche an den Pacchioni-Granulationen vermindert, wodurch es zu einer Vergrößerung von inneren und äußeren Liquorräumen kommt und Hirnstrukturen komprimiert werden. Gangstörung, Inkontinenz und Demenz bilden die klassische Trias der dann oft auftretenden Symptome.

Bei Schädel-Hirn-Traumen können **Liquorfisteln** entstehen, d. h. Verbindungen zwischen Liquorraum und anderen Höhlen des Schädels (z. B. Mittelohr bei einer Felsenbeinfraktur). Bei frontobasalen Schädelfrakturen beobachtet man häufig ein Ablaufen von Liquor durch die Nase (Rhinoliquorrhö), bei laterobasalen Frakturen ein Ablaufen von Liquor aus dem Ohr (Otoliquorrhö).

Plexus choroideus

Definition und Histologie

Beim Plexus choroideus handelt es sich um spezielle, in ein bindegewebiges Gerüst (Tela choroidea) eingebettete arteriovenöse Gefäßkonvolute, die von einem mikrovillibehafteten, einschichtig-kubischen Plexusepithel überzogen sind und den Liquor als Ultrafiltrat des Blutes sezernieren.

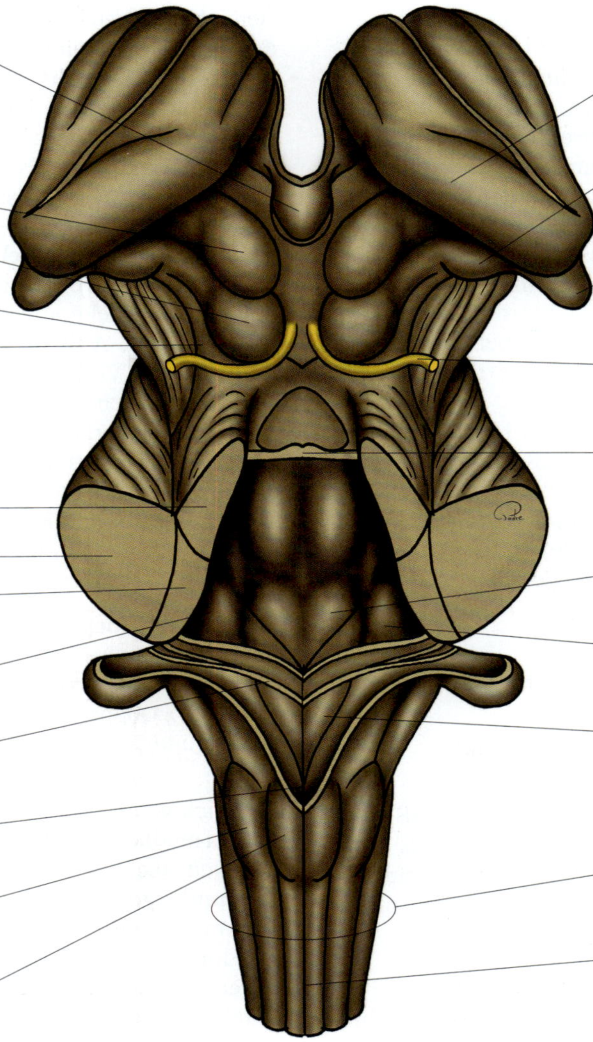

Abb. 9.19 Dorsalansicht des Hirnstamms nach Entfernung des Kleinhirns und des Dachs des 4. Ventrikels.

Topographie

Alle 4 Ventrikel enthalten Plexus choroidei:

- **Seitenventrikel:** Hier zieht der Plexus vom Dach des Unter- (Cornu temporale) zum Boden des Mittelhorns (Pars centralis) und dann durch die Foramina interventricularia in den 3. Ventrikel (↗ Abb. 9.16). Das Vorderhorn ist plexusfrei.
- **3. Ventrikel:** Der Plexus überzieht das Dach (↗ Abb. 9.25).
- **4. Ventrikel:** Der Plexus ist am unteren Kleinhirnsegel fixiert und kann sich bis zu den Aperturae laterales Luschkae ausdehnen. Manchmal ragt er als **Bochdalek-Blumenkörbchen** durch diese hindurch in den äußeren Liquorraum.

9.3.3 Hirnnerven

Die 12 Nerven, die direkt aus dem Gehirn austreten, werden Hirnnerven genannt. Sie wurden von den früheren Anatomen nach topographischen Gesichtspunkten durchnummeriert.

Zu beachten ist, dass die ersten beiden Hirnnerven im eigentlichen Sinne gar keine Nerven sind, sondern vorgezogene Hirnteile.

Die Kerngebiete der Hirnnerven III–XII liegen im gesamten Tegmentum des Mesencephalons bis hinunter in die Medulla oblongata verteilt. Die einzelnen Hirnnerven wurden in Kapitel 3.7 behandelt.

9.3.4 Hirnstamm

Definition

Das Mes- und das Rhombencephalon (= Met- und Myelencephalon, ↗ Tab. 9.1) werden aufgrund ihres ähnlichen inneren Aufbaus unter dem Begriff Hirnstamm zusammengefasst.

Gliederung

Die Fortsetzung des zentralen Höhlengraus im Rückenmark ist hier das Tegmentum, das von Projektions- und Assoziationsbahnen (= weiße Substanz) durchzogen wird, so dass diffuse Kerngebiete wie die Formatio reticularis entstehen. Um die zentralen Anteile des Hirnstamms herum haben sich jüngere Hirnteile angelagert (↗ Abb. 9.19). Im Bereich des Rhombencephalons sind das ventral die Brücke (Pons), die Pyramide und die Kleinhirnstiele (Pedunculi cerebri) sowie dorsal das Kleinhirn (Cerebellum). An die mesenzephalen Strukturen haben sich ventral die Pedunculi cerebri und dorsal das Tectum angelagert.

Zusammenfassend kann man den Hirnstamm von kaudal nach rostral folgendermaßen untergliedern (↗ Abb. 9.10):

- Myelencephalon mit Medulla oblongata (einschließlich Olive und Pyramide)
- Metencephalon mit Pons und Cerebellum
- Mesencephalon mit Tegmentum, Tectum und Pedunculi cerebri.

Myelencephalon (Markhirn)

Medulla oblongata (verlängertes Mark)

Topographie

Die Medulla oblongata reicht definitionsgemäß vom Austritt des ersten Zervikalnervs (kaudal) bis zum Beginn des Pons (rostral). Sie bildet mit diesem zusammen den rautenförmigen Boden des 4. Ventrikels (Fossa rhomboidea, ↗ Abb. 9.19).

Morphologie und Gliederung

Ventral erkennt man folgende Strukturen (↗ Abb. 9.20):

- **Fissura mediana anterior:** Fortsetzung der gleichnamigen Rückenmarksfissur, die von den Pyramiden begrenzt wird
- **Pyramide** (Pyramis): Vorwölbung durch die Fasern der kortikospinalen Pyramidenbahn (kein Kerngebiet!); kaudal begrenzt von der Decussatio pyramidum, wo 90% der Fasern zur Gegenseite kreuzen
- **Sulcus anterolateralis:** Fortsetzung des gleichnamigen Rückenmarkssulcus; wird begrenzt von der Pyramide (medial) und der Olive (lateral), Austrittsstelle des N. hypoglossus.

Laterale Strukturen sind (↗ Abb. 9.20):

- **Olive** (Oliva): Sie enthält die Nuclei olivares inferiores (Nucleus olivaris principalis, Nuclei olivares accessorii medialis und posterior) und den Nucleus olivaris superior, der Teil der Hörbahn ist. Umgeben sind die Olivenkerne von absteigenden Fasern des Tractus tegmentalis centralis, einem Teil des extrapyramidal-motorischen Systems, von dem sie auch die meisten Afferenzen erhalten. Die Haupteefferenz zieht nach Kreuzung zur Gegenseite zum Cerebellum. Die Olive hat eine wichtige Funktion im Bereich der willkürlichen Präzisionsbewegungen der oberen Extremität.
- **Sulcus dorsolateralis:** Dieser Sulcus ist dorsal der Olive lokalisiert. Er liegt weiter ventral als der gleichnamige Rückenmarkssulcus und ist somit nicht dessen kraniale Fortsetzung! Der Sulcus dorsolateralis ist Austrittsstelle für die Hirnnerven IX–XI.
- **Kleinhirnbrückenwinkel** (Angulus pontocerebellaris, ↗ Abb. 3.50): Berührungspunkt von Medulla oblongata, Brücke sowie unterem und mittlerem Kleinhirnstiel. Austrittsstelle der Hirnnerven VII und VIII. Der V. Hirnnerv verlässt ein wenig rostral des Angulus den Pedunculus cerebellaris medius.

Der **Nucleus olivaris principalis** sieht im Querschnitt wie ein eingefaltetes Band aus, ist also bei unbekanntem Querschnitt ein wichtiges differentialdiagnostisches Kriterium für den Hirnstamm.

Klinik

Tumoren im Kleinhirnbrückenwinkel sind meist gutartig und können sich durch Kompression der hier verlaufenden Hirnnerven bemerkbar machen: Gesichtsschmerz (V), Doppelbilder (VI), Gesichtslähmung (VII), Taubheit und Schwindel (VIII).

Beim Blick von dorsal erkennt man (↗ Abb. 9.19):

- **Sulcus medianus posterior:** Fortsetzung der gleichnamigen Rückenmarksfissur
- **Tubercula gracile und cuneatum:** Verdickungen am kranialen Ende der Hinterstränge, hervorgerufen durch die gleichnamigen Kerne. Hier werden die epikritischen Bahnen auf das 2. Neuron umgeschaltet.

Metencephalon (Nachhirn)

Pons (Brücke)

Topographie

Der Pons liegt zwischen den Pyramiden und den Crura cerebri und ist beim Blick von ventral an seinen quer verlaufenden Faserzügen zu erkennen (↗ Abb. 9.20). Zwischen den Fasern liegen die Brückenkerne (**Nuclei pontis**). Lateral geht der Pons in den Pedunculus cerebellaris medius über (↗ Abb. 9.19).

Die Pyramidenbahn verläuft longitudinal durch den vorderen Brückenanteil, wodurch dieser sich beidseits vorwölbt, geteilt durch den medianen Sulcus basilaris, in dem außen die A. basilaris verläuft. Von dorsal ist die Brücke nur nach Entfernung des Cerebellums sichtbar, nämlich in den rostralen Anteilen der Fossa rhomboidea ab den Striae medullares aufwärts (↗ Abb. 9.19).

Funktion

Der Pons ist eine Zwischenstation in **kortikopontozerebellären Bahnen:** Kortikale Nervenfasern, die mit den Neuriten der **Pyramidenbahn** in die Brücke

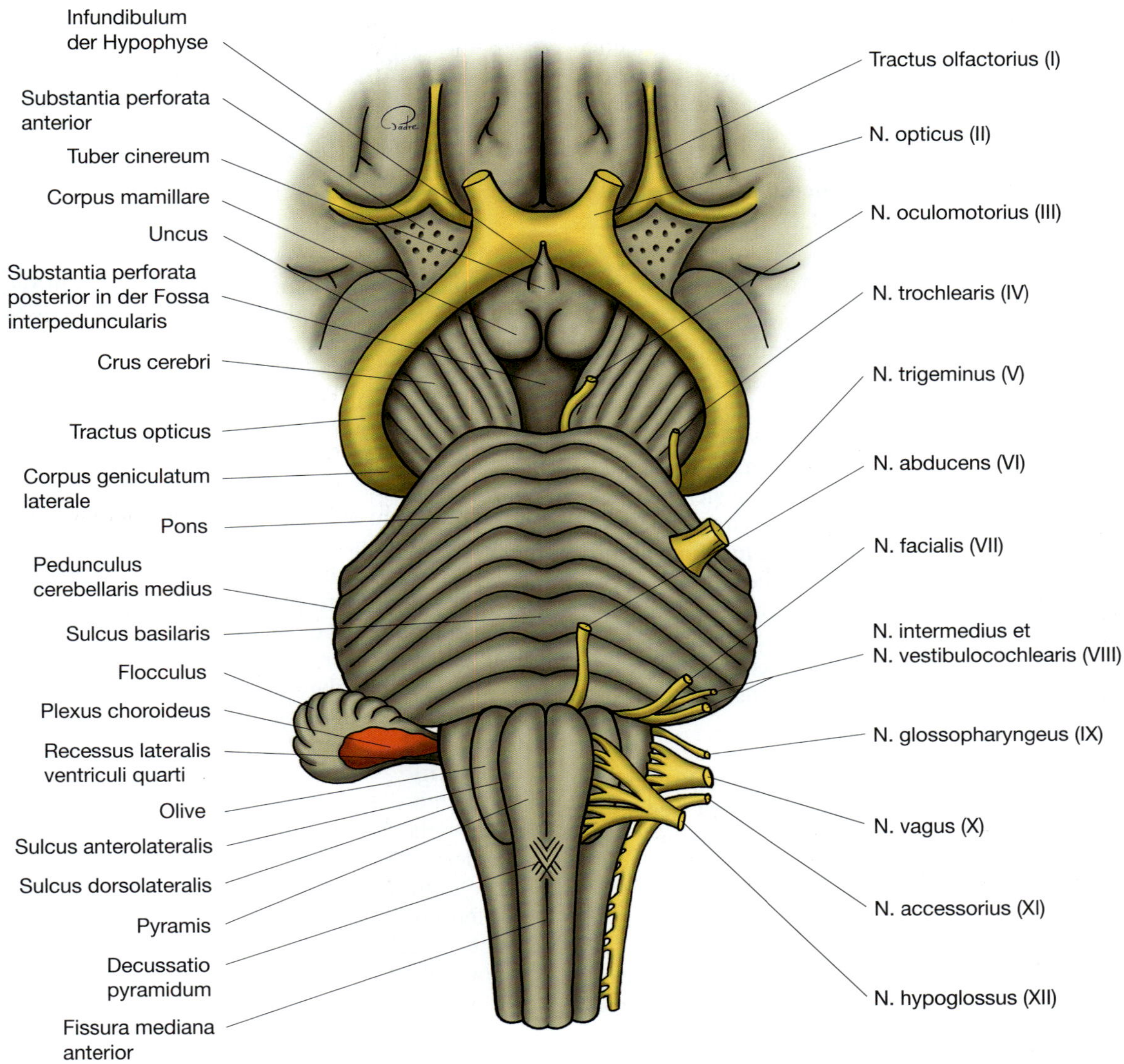

Abb. 9.20 Ventralansicht des Hirnstamms mit Hirnnerven.

gelangt sind, werden in den Nuclei pontis auf das 2. Neuron verschaltet und nach Kreuzung zur Gegenseite über den Pedunculus cerebellaris medius dem Kleinhirnkortex zugeleitet. Des Weiteren gibt die Pyramidenbahn selbst Kollateralen zu den Brückenkernen ab, so dass dem Kleinhirn jede Willkürbewegung mitgeteilt wird. Auf diese Weise kann das Cerebellum die Feinmotorik über direkte Rückkopplungsmechanismen positiv beeinflussen.

Klinik

Durch eine beidseitige Läsion der Pyramidenbahn im Brückenfuß kommt es zum **Locked-in-Syndrom,** bei dem bei vollständig erhaltenem Bewusstsein des Patienten die gesamte Motorik ausfällt. Manchmal sind noch vertikale Augenbewegungen sowie Lidöffnung und -schluss möglich (inkomplettes Locked-in-Syndrom).

Davon zu unterscheiden ist das **apallische Syndrom,** bei dem durch eine Unterbrechung sämtlicher Efferenzen und Afferenzen die Hirnfunktionen auf mesodienzephale Aktivität reduziert sind. Das bedeutet, dass der Patient bei erhaltener Wachheit über keinerlei kognitive Funktionen und Wahrnehmungen mehr verfügt. Der Patient nimmt also trotz geöffneter Augen nichts wahr, fixiert nicht, nimmt keinen Kontakt zur Außenwelt auf und ist zu keinen reaktiven oder emotionalen verbalen oder nonverbalen Entäußerungen fähig. Das apallische Syndrom tritt nach ausgedehnten Hirnschädigungen (z. B. hypoxisch oder traumatisch) auf.

Cerebellum (Kleinhirn)

Topographie

Über 3 paarige Stiele (**Pedunculi cerebellares superior, medius** und **inferior,** ↗ Abb. 9.19) mit dem

Rhombencephalon verbunden, sitzt das Kleinhirn auf in der hinteren Schädelgrube dorsal dem Hirnstamm (↗ Abb. 9.10). Kranial wird es von dem duralen Tentorium cerebelli überspannt. Zwischen seine 2 Hemisphären schneidet die Falx cerebelli, zwischen den beiden Pedunculi cerebellares superiores überspannt das **Velum medullare superius** die Fossa rhomboidea.

Gliederung

Der unpaare zentrale Teil, der das Kleinhirn in der Mitte zusammenzuschnüren scheint, wird als **Vermis** (= Wurm) bezeichnet. An diesem lassen sich diverse Strukturen abgrenzen, wie der zungenförmige Ausläufer (Lingula) direkt oberhalb des Velum medullare superius sowie am inferioren Wurm unterhalb des 4. Ventrikels der Nodulus, der mit dem sich beidseits lateral anschließenden Flocculus (wird zur Kleinhirnhemisphäre gezählt) den **Lobulus flocculonodularis** (= Vestibulocerebellum) bildet. Lateral des Wurms wölben sich die 2 Kleinhirnhemisphären vor. Klinisch-topographisch wichtige Strukturen sind außerdem die 2 **Kleinhirntonsillen,** die sich als kaudalster Teil der Hemisphären beidseits lateral des Wurms vorwölben (↗ Abb. 9.21).

Im Sagittalschnitt ist das Kleinhirn an der charakteristischen Fältelung des zerebellären Kortex zu erkennen, die aufgrund ihres Aussehens den klingenden Namen **Arbor vitae** („Baum des Lebens") hat (↗ Abb. 9.10).

Klinik

Bei intrakranieller Drucksteigerung (z.B. durch Blutung oder Tumor) werden die Kleinhirntonsillen durch das Foramen magnum des Schädels gedrückt und üben Druck auf die medial lokalisierte Medulla oblongata aus, so dass lebenswichtige Funktionen des Hirnstamms (vor allem die Atmung) ausfallen **(untere Einklemmung)**. Der unteren Einklemmung geht meist die noch nicht lebensbedrohliche obere Einklemmung voraus, bei der das Mittelhirn im Tentoriumschlitz komprimiert wird.

Neben dem Lobus flocculonodularis kann man in jeder Hemisphäre noch (durch die Fissura prima voneinander getrennt) einen Lobus anterior und einen Lobus posterior unterscheiden, eine Einteilung, die jedoch auf äußeren Gesichtspunkten beruht und keine weitere klinische Bedeutung besitzt.

Eine funktionelle Einteilung in 3 Kleinhirnabschnitte ist sinnvoller (↗ Abb. 9.21):

- **Vestibulocerebellum:** Lobulus flocculonodularis, erhält Afferenzen aus dem Vestibularorgan
- **Spinocerebellum:** Wurm und paravermale Zone, Hauptafferenzen aus dem Rückenmark
- **Pontocerebellum:** Hemisphären, die Afferenzen von den Brückenkernen erhalten.

Merke

Im Horizontalschnitt erkennt man neben der Rinden-Mark-Struktur die 4 verschiedenen Kleinhirnkerne, dessen größter eine sägezahnartige, bandförmig gewundene Struktur aufweist. Er wird **Nucleus dentatus** genannt (↗ Abb. 9.21).

Kleinhirnstiele (Pedunculi cerebellares)

Durch die 3 Kleinhirnstiele verlaufen die Bahnsysteme, über die das Kleinhirn mit dem restlichen Nervensystem in Verbindung steht:

- **Pedunculus cerebellaris superior:** Neben Afferenzen aus dem Tractus spinocerebellaris anterior (Tiefensensibilität ipsilateral) verlaufen hier die Hauptefferenzen des Kleinhirns im Tractus cerebellothalamicus (Tractus dentatothalamicus) zum Thalamus und motorischen Kortex der Gegenseite sowie im Tractus cerebellorubralis zum kontralateralen Nucleus ruber. Da die sich anschließenden kortiko- und rubrospinalen Bahnen erneut kreuzen, beeinflusst das Cerebellum die Motorik der ipsilateralen Körperhälfte.
- **Pedunculus cerebellaris medius:** Hier verlaufen die Afferenzen des Tractus corticopontinocerebellaris der Gegenseite (Bewegungsentwürfe aus dem Großhirn).
- **Pedunculus cerebellaris inferior:** In diesem Pedunculus verlaufen die afferenten Tractus vestibulocerebellaris (Gleichgewicht), olivocerebellaris (Motorik kontralateral) und spinocerebellaris posterior (Tiefensensibilität ipsilateral) und die efferenten Tractus cerebellovestibularis (Gleichgewicht, vestibulookulärer Reflex, Stützmotorik) und cerebelloolivaris.

Kleinhirnkortex

Der somatotopisch gegliederte Kleinhirnkortex weist eine Dreischichtung auf (von außen nach innen, ↗ Abb. 9.22):

- **Stratum moleculare:** enthält marklose Fasern, Stern- und Korbzellen
- **Stratum ganglionare:** gekennzeichnet durch GABAerge, inhibierende Purkinje-Zellen
- **Stratum granulosum:** besteht aus exzitatorischen Körnerzellen und inhibierenden Golgi-Zellen sowie Parallel-, Kletter- und Moosfasern.

Merke

Wenn man auf einem kortikalen Schnittbild die **Purkinje-Zellen** mit ihren baumartigen Dendriten erkennt, dann handelt es sich um den Kleinhirnkortex.

Es gibt 2 exzitatorische Afferenzen, die den Kleinhirnkortex erreichen:

- Afferente Impulse aus der Olive gelangen über Kletterfasern in das Stratum moleculare und

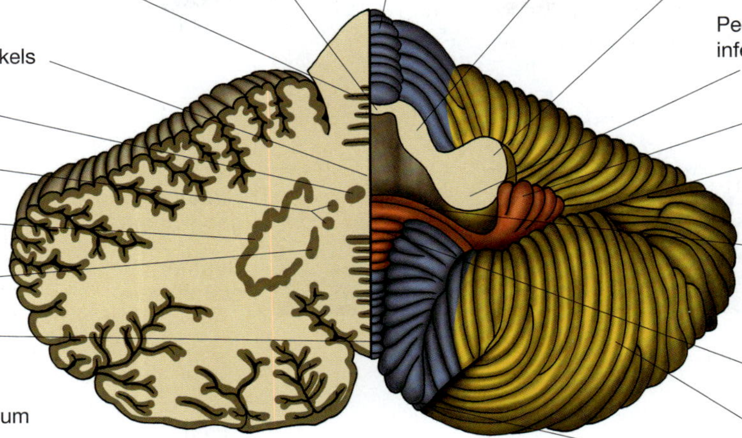

Abb. 9.21 Kleinhirn und Kleinhirnkerne im Horizontalschnitt und von vorne. (Modifiziert nach [17])

- Afferenzen aus Spinalmark, Vestibulariskernen und Pons über die Moosfasern in die Körnerzellen.

Alle anderen Afferenzen des Kleinhirns sind inhibitorisch.

Die Efferenzen des Kleinhirnkortex laufen sämtlich über die Axone der Purkinje-Zellen zum Nucleus dentatus, den sie inhibieren. Bei afferenter Erregung des Stratum moleculare werden die Purkinje-Zellen in ihrer Wirkung gehemmt, so dass ihre Inhibierung nicht mehr so stark ausfällt und die Neurone der Kleinhirnkerne jetzt vermehrt Signale aussenden.

Kleinhirnkerne

Neben dem bereits erwähnten Nucleus dentatus gibt es noch 3 weitere paarige Kleinhirnkerngebiete, in denen die Efferenzen des Kortex verschaltet werden: **Nuclei fastigii, interpositus posterior (globosus)** und **interpositus anterior (emboliformis;** ↗ Abb. 9.21).

Funktion

Das Kleinhirn ist ein unbewusst agierendes, nicht lebenswichtiges Organ, das verschiedene Funktionen hat:

- Steuerung und Kontrolle der Körperlage im Raum
- Koordination der Motorik. Hierzu erhält es Afferenzen oder Kollateralen von sämtlichen motorischen Systemen und steuert die Feinabstimmung, die schnelle Zielmotorik und Kurskorrekturen.

Ferner spielt das Kleinhirn eine bedeutende Rolle bei der Erlernung von Bewegungsabläufen wie Rad fahren oder Klavier spielen.

Klinik

Folgende Symptome können Hinweise auf einen **Ausfall der Kleinhirnhemisphären** sein:

- Ataxie: Fallneigung und Gangabweichung zur Herdseite
- Dysmetrie: mangelnde Koordination von Zielbewegungen
- Asynergie: Störung der Muskelkoordination
- Dysdiadochokinese: Störung der Koordination von Muskelantagonisten (z. B. Supinatoren/Pronatoren)
- Intentionstremor: Zittern bei Zielbewegungen
- Rebound-Phänomen: Störung beim Abbremsen einer schnellen Bewegung, so dass der Betroffene „über das Ziel hinausschießt"
- Nystagmus: ruckartige Augenbewegungen zur Seite des Herdes
- skandierende Sprache
- Hypotonie und rasche Ermüdbarkeit der ipsilateralen Muskulatur.

Die Symptome Intentionstremor, Nystagmus und skandierende Sprache werden auch unter dem Begriff **Charcot-Trias** zusammengefasst.

Eine **Kleinhirnwurmatrophie** kann nach langjährigem Alkoholabusus auftreten und wird durch eine Rumpf- und Gangataxie, eine Fallneigung und einen Nystagmus auffällig.

Bahnen im Bereich des Hirnstamms

In ↗ Tabelle 9.5 sind die wichtigsten Bahnen im Bereich des Hirnstamms noch einmal zusammengefasst.

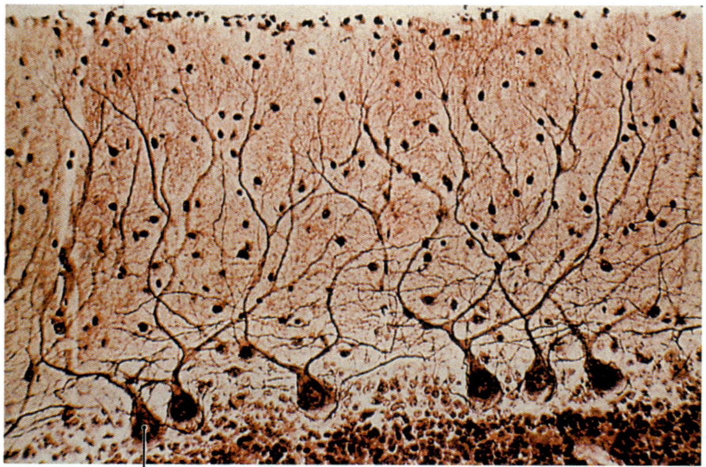

Abb. 9.22 Histologischer Schnitt durch den Kleinhirnkortex. (Aus [8])

Tab. 9.5 Die wichtigsten Bahnen im Bereich des Hirnstamms

Verbindungen			Bahnen
durchlaufend		absteigend ohne Verschaltung	Fibrae corticospinales (Pyramidenbahn)
		aufsteigend ohne Verschaltung	Tractus spinothalamici anterior und lateralis
		aufsteigend mit Verschaltung	Lemniscus medialis
Kleinhirnbahnen	afferent	vom Rückenmark	Tractus spinocerebellares anterior und posterior
		von Hirnstammkerngebieten	• Tractus olivocerebellaris • Fibrae arcuatae externae anterior und posterior • von der Formatio reticularis • von den Nuclei vestibulares
		vom Kortex	Tractus corticopontinus und Fibrae pontocerebellares
	efferent	im Pedunculus cerebellaris superior	vom Nucleus dentatus zu Thalamus und Nucleus ruber
		im Pedunculus cerebellaris inferior	vom Nucleus fastigii und Cortex cerebelli zu Hirnstammkerngebieten
Beginn oder Ende im Hirnstamm		absteigend	• Fibrae corticonucleares (Pyramidenbahn) • von Tractus opticus und Corpus geniculatum laterale zu Nuclei pretectales und Colliculi superiores (Sehbahn)
		aufsteigend	• Lemniscus trigeminalis • Lemniscus lateralis • von Formatio reticularis zum Cortex cerebri
		auf- und absteigend	• Fasciculus longitudinalis medialis • Fasciculus longitudinalis posterior • von Nucleus ruber und Substantia nigra und Basalganglien und Oliven • Tractus mesencephalicus nervi trigemini

Mesencephalon (Mittelhirn)

Oberhalb der Brücke ist das Mesencephalon lokalisiert. Es endet rostral mit dem Oberrand der Vierhügelplatte und wird zentral vom Aquädukt durchzogen, der dem nicht ausgebildeten Ventrikel des Mittelhirns entspricht. Es lässt sich in 3 Teile untergliedern (↗ Abb. 9.10):

- Tegmentum
- Tectum (Vierhügelplatte, Lamina quadrigemina, Colliculi superiores und inferiores)
- Pedunculi/Crura cerebri (Hirnschenkel, ↗ Abb. 9.20).

Tegmentum

Das entwicklungsgeschichtlich sehr alte Tegmentum besteht wie der Hirnstamm aus unterschiedlichen Kerngebieten und Bahnsystemen.

Wichtige **Bahnsysteme** sind der Fasciculus longitudinalis medialis (Koordinationsbahn, die Kerngebiete von Augenmuskel-, Gleichgewichts- und Halsmuskelnerven miteinander verbindet) und die Lemnisci medialis und lateralis (Schleifenbahnen; ↗ Abb. 9.23).

Neben der Formatio reticularis und den Hirnnervenkernen III, IV und VI gibt es 2 wichtige **Kerngebiete** des extrapyramidal-motorischen Systems:

- Nucleus ruber
- Substantia nigra.

Nucleus ruber

Der im Querschnitt durch das Mittelhirn kreisrunde Nucleus ruber (roter Kern) erstreckt sich beidseits parallel zum Aqueductus von den oberen Hügeln bis zum Diencephalon. Die rote Farbe verdankt er der guten Vaskularisierung sowie seinem hohen Eisengehalt. Er besitzt zahllose Afferenzen und Efferenzen und fungiert als Schaltstelle zwischen Cerebellum, Diencephalon und Basalganglien und wirkt auf diese Weise bei der Bewegungskoordination von Muskeln mit.

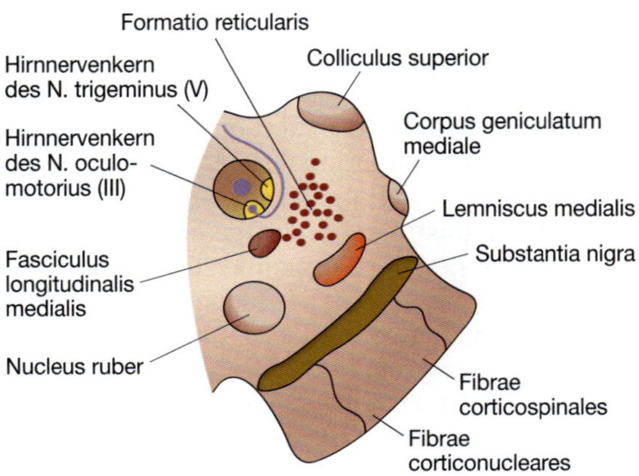

Abb. 9.23 Querschnitt durch das Mesencephalon.

> **Merke**
>
> Wenn im Querschnitt der **Nucleus ruber** zu sehen ist, dann sind die sichtbaren Hügel die Colliculi superiores (↗ Abb. 9.35).

Substantia nigra

Im Querschnitt durch das Mesencephalon liegt sie an der Grenze vom Tegmentum zu den Crura cerebri und durchzieht das gesamte Mesencephalon (↗ Abb. 9.23).

Man unterscheidet 2 Bereiche:

- **Pars compacta** (dorsal): Der Neurotransmitter ist Dopamin. Ein Abfallprodukt der Dopaminsynthese ist das Melanin, dem die Substantia nigra ihre schwarze Farbe verdankt. Die Efferenzen ziehen zum Striatum.
- **Pars reticularis** (ventral): Sie ist aufgrund des hohen Eisengehalts rot. Die Pars reticularis erhält Afferenzen aus dem Striatum.

Die Substantia nigra spielt eine wichtige Rolle in der Modulation von Bewegungsabläufen. Sie erhält hauptsächlich Afferenzen aus dem motorischen Kortex und dem Striatum und hemmt (über den Transmitter Dopamin) das normalerweise inhibitorisch wirkende Striatum, wodurch es eine positive Wirkung auf den Bewegungsantrieb ausübt. Nach funktionellen Gesichtspunkten wird die Substantia nigra von vielen Autoren zu den Basalganglien gezählt.

> **Klinik**
>
> Durch eine Degeneration dopaminerger Neurone in der Substantia nigra entfällt die hemmende Wirkung auf das Striatum, wodurch es zum **Morbus Parkinson** kommt. Die klassische Trias ist dann Rigor (erhöhter Muskeltonus), Tremor (Zittern) und Akinese (Bewegungsarmut). Letztere zeigt sich an der Schwierigkeit, Bewegungen zu starten oder zu beenden, einem fehlenden Mitschwingen der Arme beim Gehen, einer erstarrten Mimik (Hypomimie) und einem verkleinerten Schriftbild (Mikrographie). Zusätzlich klagen die Patienten über Extremitätenschmerzen, depressive Verstimmungen, eine Verlangsamung des Denkablaufs (Bradyphrenie) und vegetative Störungen (z. B. vermehrte Speichelproduktion, Verstopfung, Bluthochdruck, nächtliches Schwitzen). Die Symptome beginnen zumeist einseitig. Der Verlauf ist chronisch progredient mit der Entwicklung einer Demenz. Vom Morbus Parkinson sind die sog. **Parkinson-Syndrome** abzugrenzen, die symptomatisch identisch sind, jedoch auf andere Ursachen zurückgeführt werden können, z. B. Vergiftungen (CO, Mangan, Blausäure), Medikamente, postenzephalitisch oder ischämisch.

Tectum (Lamina tecti, Lamina quadrigemina, Vierhügelplatte)

Die Lamina quadrigemina liegt an der dorsalen Oberfläche des Mittelhirns (↗ Abb. 9.19 und 9.23) und besteht aus 2 oberen und 2 unteren Hügeln (↗ Abb. 9.19): Die **Colliculi superiores** sind Bestandteil optischer Reflexbögen, während die **Colliculi inferiores** eine Verschaltungsstelle in der Hörbahn darstellen. Es handelt sich also um sensorische Kerngebiete.

Colliculi superiores (obere Hügel)

Die Colliculi superiores bestehen aus einem Kortex mit 7 Zellschichten, die bei optischen Reflexen eine wichtige Rolle spielen. Afferenzen bekommen sie von der Retina, von der Großhirnrinde, vom Rückenmark und von den unteren Hügeln. Die Efferenzen ziehen hauptsächlich zu den okulomotorischen Hirnnervenkernen und zum Fazialiskern sowie zur Formatio reticularis und zum Rückenmark.

Neben Hin- und Abwendbewegungen von Augen und Kopf (z.B. in Richtung eines Geräusches oder optischen Reizes bzw. von diesen weg) werden hier der Lidschluss- und (wahrscheinlich) auch der Akkommodationsreflex verschaltet.

Direkt ventral der oberen Hügel befinden sich die **Nuclei pretectales,** die an der Steuerung der Pupillenweite (in Abhängigkeit von der Lichtintensität) beteiligt sind und Efferenzen zum Nucleus Edinger-Westphal und zum parasympathischen Okulomotoriuskern schicken.

Colliculi inferiores (untere Hügel)

Die Kerngebiete der unteren Hügel verschalten viele (nicht alle!) Neurone der Hörbahn zwischen dem Lemniscus lateralis und dem Corpus geniculatum mediale (↗ Kap. 9.4.2).

Klinik

Während es bei **Schädigungen der Colliculi** superiores lediglich zu Störungen optischer Reflexe kommt (jedoch nicht der visuellen Wahrnehmung selbst), haben Schädigungen im Bereich der Colliculi inferiores als unmittelbare Zwischenstation der sensorischen Bahn Hörminderungen zur Folge.

Pedunculi cerebri (Crura cerebri)

Topographie

Die paarigen Hirnschenkel (Pedunculi/Crura cerebri) springen ventral aus dem Mittelhirn hervor. Das dreieckige Feld zwischen den beiden kaudal aufeinander zulaufenden Crura cerebri wird Fossa interpeduncularis genannt und ist der Austrittspunkt des N. oculomotorius (↗ Abb. 9.20).

Funktion

In den 2 Hirnschenkeln verlaufen absteigende Bahnen (↗ Abb. 9.23): Lateral und medial flankiert von kortikopontinen Bahnen (Fibrae parietotemporopontinae und frontopontinae) verläuft mittig die Pyramidenbahn (↗ Kap. 9.4.3). Diese wiederum enthält medial Fasern, die zu motorischen Hirnnervenkernen ziehen (Tractus corticonuclearis), und lateral den Tractus corticospinalis mit Fasern, die in das Rückenmark laufen.

Formatio reticularis

Überblick

Ihren Namen verdankt die Formatio reticularis (Reticulum = Netz) ihrer Struktur: Verstreute, ungeordnete Kerngebiete sind miteinander sowie mit höheren und tieferen Strukturen des ZNS vernetzt. Somit stellt sie ein ungeordnetes Zwischenglied zwischen Rückenmark (Kerne innen, Bahnen außen) und Großhirn (Kerne außen, Bahnen innen) dar.

Topographie

Die Formatio reticularis durchzieht das gesamte Tegmentum und reicht bis in das Rückenmark hinunter.

Gliederung

Man kann (mehr oder weniger) 3 Kerngebiete unterscheiden:

- **mediane Gruppe** (Raphekerne): Die Raphekerne werden zum limbischen System gezählt. Ihr Neurotransmitter ist Serotonin.
- **mediale Gruppe:** Die Kerne gehören zum extrapyramidal-motorischen System und zeichnen sich durch große Zellen aus.
- **laterale Gruppe:** Ihre Kerne sind in Reflexbögen integriert und Teil des vegetativen Systems. Sie bestehen aus kleinen Zellen.

Afferenzen erhält die Formatio reticularis aus allen Hirnarealen und Sinnesorganen sowie über Kollateralen aus sämtlichen Tractus. Ebenso verhält es sich mit den Efferenzen.

Funktion

Folgende Zentren lassen sich funktionell ungefähr lokalisieren:

Das **Atem- und Kreislaufkoordinationszentrum** (pneumotaktisches Kerngebiet) liegt im Boden des 4. Ventrikels und koordiniert Atmung (in speziellen Inspirations- und Exspirationszentren), Kreislauf, Blutdruck (Depressor-/Pressorzentrum) und andere Zentren der Formatio reticularis.

Das **Schluckzentrum** ist im Bereich der Medulla oblongata in Nachbarschaft der Hirnnervenkerne der Schlundmuskulatur lokalisiert.

Die im Boden der kaudalen Rautengrube lokalisierte **Area postrema** bildet gemeinsam mit angrenzenden Teilen der Formatio reticularis und den unmittelbar ventral davon liegenden Kernkomplexen der Nuclei tractus solitarii das **Brechzentrum,** ein Koordinationszentrum für den Würgereflex. Die Area postrema gehört zu den sog. zirkumventrikulären Organen, das sind Neuronenverbände, die unmittelbaren Kontakt zum Liquorraum (ohne Ependymzellschicht) haben, so dass in diesem Bereich die Blut-

Hirn-Schranke unterbrochen ist. Über spezielle Rezeptoren auf der Zelloberfläche dieser Neuronen können auf diese Weise toxische Stoffe im Blutkreislauf detektiert werden.

Klinik

Aus diesem Grunde reagiert der Mensch auf **Vergiftungen** häufig mit Übelkeit und Erbrechen.

Merke

Weitere zirkumventrikuläre Organe sind neben der Area postrema die Eminentia mediana, die Neurohypophyse, die Epiphyse (↗ Kap. 9.3.5), das unterhalb des Fornix lokalisierte sog. Subfornikalorgan und das nur während der Prä- und frühen Postnatalzeit existente Subkommissuralorgan. Durch die unterbrochene Blut-Hirn-Schranke sind hier direkte Wechselwirkungen zwischen zirkulierendem Blut und ZNS möglich (z. B. Hormonabgabe aus der Neurohypophyse in den Blutkreislauf).

Das **pontine Miktionszentrum** hat einen stimulierenden Einfluss bei der Regulierung der Harnblasenentleerung.

Die **motorischen Zentren** (absteigendes retikuläres System) sind inhibierende Areale in der Medulla und exzitatorische in Brücke und Mesencephalon (mesenzephales lokomotorisches Zentrum). Afferenzen erhalten sie aus dem prämotorischen Kortex, dem Kleinhirn und dem limbischen System. Sie sind integriert in motorische Reflexbögen des extrapyramidalmotorischen Systems und neben Inhibition bestimmter intraspinaler Reflexe u. a. verantwortlich für die Aufrechterhaltung des Muskeltonus.

Das **aszendierende retikuläre aktivierende System** (ARAS, „Weckzentrum") steuert Bewusstsein und Schlaf-wach-Rhythmus in zahlreichen Zentren wie dem Locus caeruleus (Transmitter: Noradrenalin) und den Raphekernen (Transmitter: Serotonin) im Boden des 4. Ventrikels.

Das **periaquäduktale Grau** (Substantia grisea centralis) generiert über Faserverbindungen zum limbischen System (↗ Kap. 9.4.6) Angst- und Fluchtreflexe. Außerdem spielt es im Rahmen der Lautbildung als Koordinationszentrum zwischen den Hirnnervenkernen eine große Rolle.

Klinik

Das periaquäduktale Grau ist zudem der Endpunkt zahlreicher endorphinerger Afferenzen. Da der Transmitter Endorphin dem Morphin ähnlich ist, ist dieser Kern mit seinen Endorphinrezeptoren (neben dem Hinterhorn des Rückenmarks) der wichtigste Ansatzpunkt für Opiate im Rahmen der **medikamentösen Schmerztherapie.**

9.3.5 Diencephalon (Zwischenhirn)

Überblick

Das Zwischenhirn („dia" = zwischen) liegt zwischen Mittel- und Endhirn. Alle Informationen von und zum Telencephalon verlaufen durch das Diencephalon. Die Bahnsysteme ziehen als **Capsula interna** durch das ursprünglich einheitliche Grau und trennen auf diese Weise **Thalamus** und **Globus pallidus** voneinander. Sämtliche aufsteigenden Bahnsysteme werden im Thalamus (meist auf das 3. Neuron) verschaltet und gefiltert.

In der Außenansicht ist vom Diencephalon wenig zu sehen, da es nahezu vollständig von den beiden Hemisphären überdeckt wird. Lediglich in der Ansicht von unten sind zwischen Chiasma opticum, Tractus opticus und Crura cerebri einige dienzephale Strukturen erkennbar (↗ Abb. 9.20): die **Hypophyse,** die **Corpora mamillaria** und das **Tuber cinereum.** Alle anderen Bestandteile des Zwischenhirns sind nur in Hirnschnitten zu sehen.

Gliederung

Aufgrund des etagenförmigen Aufbaus während der Embryonalentwicklung kann man das Diencephalon in mehrere „Stockwerke" untergliedern:

- Epithalamus: Epiphyse, Habenulae und Striae medullares, Area pretectalis, Commissura posterior
- Thalamus (dorsalis)
- Subthalamus: Corpus subthalamicus, Globus pallidus
- Hypothalamus: Corpora mamillaria, Tuber cinereum
- Hypophyse.

Epithalamus

Epiphyse (Glandula pinealis, Corpus pineale, Zirbeldrüse)

Topographie

Die wie ein Pinienzapfen geformte Zirbeldrüse ragt rostral der Vierhügelplatte dorsal aus dem Dach des 3. Ventrikels (↗ Abb. 9.10 und 9.18).

Funktion

Der Philosoph René Descartes (1596–1650) war der Auffassung, dass die Zirbeldrüse der Sitz der Seele sei. Obwohl dies nach aktuellem Wissen nicht zutrifft, bleibt die Funktion der Glandula pinealis bis heute mysteriös: Was man weiß, ist, dass sie spezielle Neurone (Pinealozyten) besitzt, die wahrscheinlich rein endokrinologische Aufgaben haben und das Hormon **Melatonin** produzieren. Dieses Hormon scheint eine wichtige Rolle bei der Regelung der zirkadianen Rhythmik zu spielen und erscheint tages- und jahreszeitabhängig in unterschiedlichen Konzentrationen im Blut. Außerdem nimmt man an, dass es die Keimdrüsen vor der Pubertät hemmt.

Afferenzen erhält die Zirbeldrüse von einem übergeordneten Steuerungszentrum, dem hypothalamischen **Nucleus suprachiasmaticus:** Dessen efferente Fasern werden im zervikalen Rückenmark auf das 2. Neuron verschaltet und gelangen über den Grenzstrang und das Ganglion cervicale superius zur Glandula pinealis.

Klinik

Epiphysentumoren (**Pinealozytome**) werden vor allem durch Druck auf benachbarte Strukturen auffällig:

- Durch Kompression des Aquädukts kann der Druck in den inneren Liquorräumen steigen (Hydrocephalus internus).
- Durch Druck auf die Commissura posterior (= Kreuzungspunkt der vertikalen Blickzentren) entwickelt sich eine vertikale Blickparese.
- Durch Kompression der Area pretectalis (= Verschaltungspunkt des Pupillenreflexes) ist ein Ausfall des Pupillenreflexes zu beobachten.

Habenulae (Epiphysenstiele)

Topographie

Wie 2 Zügel (Habenulae = Zügel) halten die Habenulae die Glandula pinealis im dorsalen Dach des 3. Ventrikels. Im vorderen Bereich sind sie außerdem Befestigungspunkt des Plexus choroideus. Beide Habenulae stehen durch die Commissura habenularum miteinander in Verbindung.

Funktion

Die Habenulae enthalten die **Nuclei habenulares** (Zügelkerne), die über die **Striae medullares** mit den Thalami in Verbindung stehen (↗ Abb. 9.18) und von dort Afferenzen aus dem olfaktorischen System erhalten. Ihre Efferenzen leiten sie den salivatorischen und motorischen Kerngebieten des Hirnstamms zu und sind damit Verbindungsorgan zwischen Riechorgan und Nahrungsaufnahme. Es werden Vorgänge vermittelt wie eine vermehrte Speichelsekretion bei der Wahrnehmung wohlriechender Speisen oder die Auslösung eines Brechreizes bei übler Geruchswahrnehmung.

Area pretectalis

Topographie

Sie befindet sich rostral der Vierhügelplatte an der Grenze zwischen Mes- und Diencephalon.

Funktion

In der Area pretectalis sind die **Nuclei pretectales** lokalisiert, die eine Verschaltungsstation des Lichtreflexes sind: Die Afferenzen gelangen von der Netzhaut über den Nervus und Tractus opticus und die Brachia colliculi superioris zu den Nuclei pretectales. Die Efferenzen verlaufen zum ipsi- und (über die Commissura posterior) kontralateralen Nucleus Edinger-Westphal und ziehen von dort mit dem N. oculomotorius zum M. sphincter pupillae.

Klinik

Man testet mithilfe des **Pupillenreflexes** die Funktion des N. opticus (afferenter Schenkel) und des N. oculomotorius (efferenter Schenkel). Durch Lichteinfall in das Auge wird eine Kontraktion des M. sphincter pupillae mit Verengung der Pupille ausgelöst. Da der Nucleus pretectalis auch in den kontralateralen Nucleus Edinger-Westphal projiziert, gibt es das Phänomen der sog. **konsensuellen Lichtreaktion:** Bei Lichteinfall in das eine Auge verengt sich automatisch auch die Pupille des anderen Auges.

Commissura posterior (Commissura epithalamica)

Topographie

Die Kommissur ist als Einschnürung an der Innenseite des 3. Ventrikels kurz vor Beginn des Aquädukts kaudal der Zirbeldrüse sichtbar (↗ Abb. 9.18).

Funktion

Über die Commissura posterior kreuzen Faserzüge aus Vierhügelplatte, Tegmentum und Area pretectalis (s. o.) zur Gegenseite.

Thalamus

Topographie

Der paarige, bohnenförmige Thalamus bildet mit seiner medialen Fläche die seitliche Wand des 3. Ventrikels und wird lateral von der Capsula interna flankiert (↗ Abb. 9.24 und 9.25). Die Thalami beider Seiten berühren sich häufig in Ventrikelmitte und bilden dort die **Adhesio interthalamica** (↗ Abb. 9.18), über die jedoch keine Faserverbindungen vom einen zum anderen Thalamus ziehen.

Funktion

Fast alle sensorischen und sensiblen Impulse werden im Thalamus verschaltet, gefiltert, integriert und koordiniert, bevor sie zum Kortex und damit ins Bewusstsein gelangen. Somit findet hier eine Selektion von Sinnesinformationen statt, die einer Reizüberflutung des Bewusstseins entgegenwirkt. Über komplizierte Mechanismen werden zusätzlich Sinnesinformationen verglichen und mit Emotionen besetzt. Außerdem besitzt der Thalamus Kontrollfunktionen im extrapyramidal-motorischen System und trägt durch die Verarbeitung und Integration motorischer Impulse von den Basalganglien, dem Kleinhirn, dem motorischen und dem prämotorischen Kortex zum Zustandekommen und zur Koordination der Willkürmotorik bei.

Merke

Der **Thalamus** ist das „Tor zum Bewusstsein".

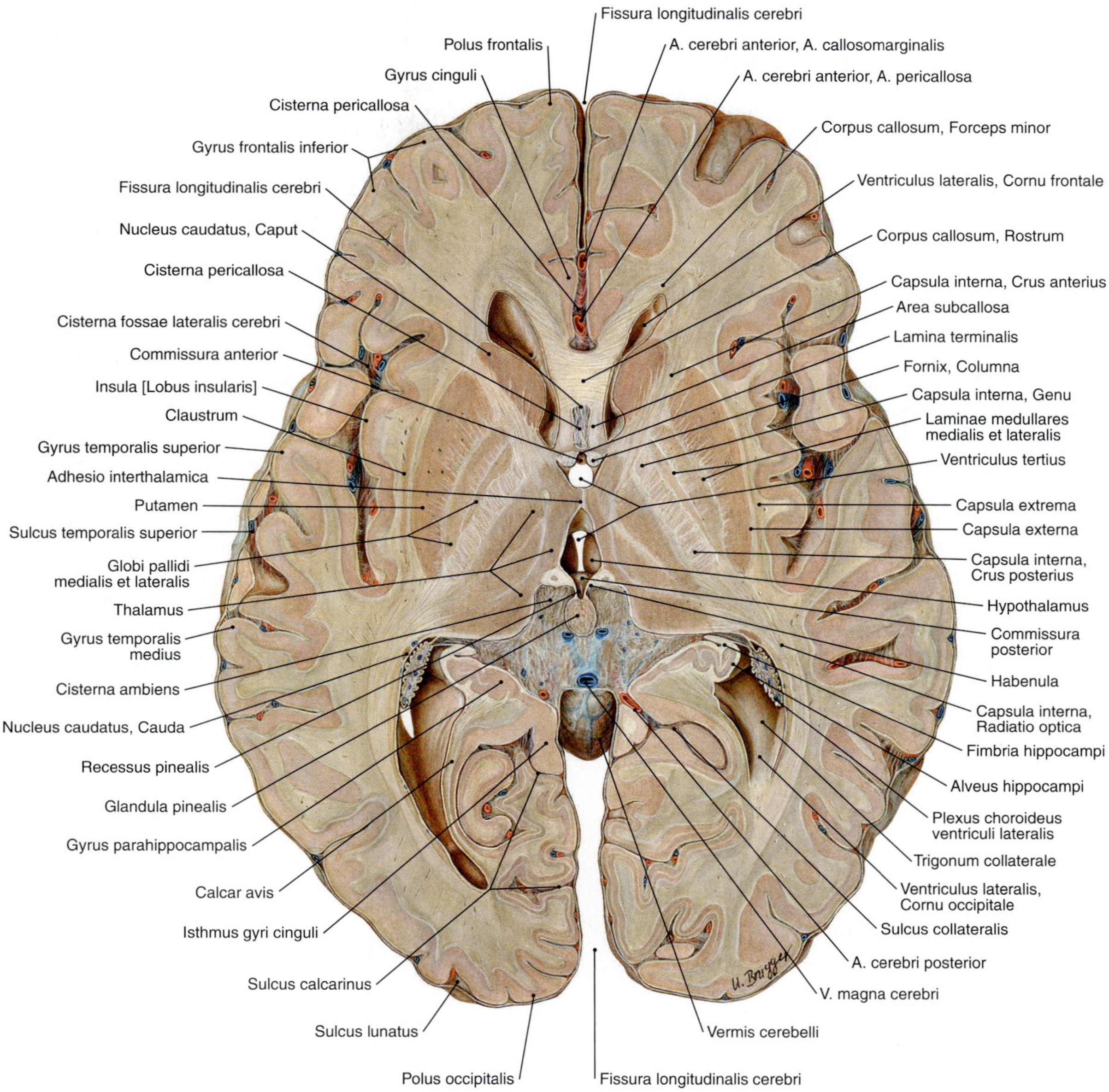

Abb. 9.24 Großhirnhemisphären, Horizontalschnitt. (Aus [14])

Gliederung

Der Thalamus ist eine der komplexesten Strukturen im ZNS und besteht aus vielen verschiedenen Kerngebieten, die durch Assoziationsfasern miteinander in Verbindung stehen.

Sämtliche sensorischen und sensiblen Bahnen (außer einigen olfaktorischen Fasersystemen) werden hier (im jeweils kontralateralen Thalamus) verschaltet, bevor sie über die Capsula interna zur Großhirnrinde ziehen.

Hinsichtlich der Kerngebiete unterscheidet man:

- **spezifische Kerngebiete** (Palliothalamus), die ausgeprägte bidirektionale Verbindungen zu je einem spezifischen Kortexgebiet haben (↗ Tab. 9.6)
- **unspezifische Kerngebiete** (Truncothalamus) mit vielen Verbindungen zum Hirnstamm (vor allem Formatio reticularis), jedoch jeweils nur unspezifischen Verbindungen zu sämtlichen Kortexarealen
- **Assoziationskerne,** die weder zu den spezifischen noch zu den unspezifischen Kerngebieten gezählt werden.

Spezifische Kerngebiete

Die beiden wichtigsten spezifischen Kerngebiete sind die Corpora geniculata mediale und laterale (↗ Abb. 9.19):

- **Corpus geniculatum mediale:** im kaudalen Bereich des Thalamus lateral der Colliculi superiores gelegen und Teil der Hörbahn (↗ Kap. 9.4.2)
- **Corpus geniculatum laterale:** Lokalisation lateral des Corpus geniculatum mediale und Bestandteil der Sehbahn (↗ Kap. 9.4.1).

Merke

Wenn man von der Seite auf den Kopf schaut, dann sind das Ohr in der Mitte (medial) und das Auge seitlich (lateral). Entsprechend sind das Corpus geniculatum **mediale** als primäres Hörzentrum in die Hörbahn und das Corpus geniculatum **laterale** als primäres Sehzentrum in die Sehbahn integriert.

Die unterschiedlichen spezifischen Kerngebiete stehen mit unterschiedlichen Kortexstrukturen in Verbindung (↗ Tab. 9.6).

Unspezifische Kerngebiete

Die unspezifischen Kerngebiete bestehen neben den Mittellinienkernen (Nuclei reticulares) hauptsächlich aus der intralaminären Kerngruppe (Nuclei intralaminares). Afferenzen erhalten sie von den Basalganglien, dem Cerebellum und der Formatio reticularis. Die efferenten Verbindungen gehen unspezifisch zum Kortex und zu anderen Thalamuskernen.

Eine bedeutende Rolle spielen die unspezifischen Thalamuskerne im aufsteigenden retikulären Aktivierungssystem (ARAS), indem sie die Großhirnrinde für die Durchführung kognitiver Prozesse oder die Zuwendung zu sensorischen und emotionalen Stimuli können im Sinne von Schlaf-, Müdigkeits-, Wach- oder Erregungszuständen aktivieren oder hemmen.

Verbindungen

Die Kerne des Thalamus weisen multiple Verbindungen auf:

- zur Großhirnrinde (kortikal):
  - Thalamusstrahlung: afferente und efferente Verbindungen mit der Hirnrinde, die in der Capsula interna verlaufen. Man unterscheidet eine Radiatio anterior zum Frontalhirn, eine Radiatio centralis zu den zentralen Windungen und eine Radiatio posterior zum Lobus temporalis, Lobus occipitalis und zur Insula.
  - Sehstrahlung (Radiatio optica): vom Corpus geniculatum laterale in der Capsula interna kaudal des Nucleus lentiformis zum Lobus occipitalis
  - Hörstrahlung (Radiatio acustica): vom Corpus geniculatum mediale in der Capsula interna kaudal des Nucleus lentiformis zu den Gyri temporales transversi
- zu Basalganglien und Hypothalamus (subkortikal):
  - Fasciculus mamillothalamicus (Vicq-d'Azyr-Bündel): vom Nucleus mamillaris medialis zu den Thalamuskernen des limbischen Systems und dann zum Gyrus cinguli
  - afferente und efferente Verbindungen zu den Basalganglien
- zu den Kerngebieten von Hirnstamm, Kleinhirn und Rückenmark (überwiegend afferent).

Klinik

Durch Thrombose der A. thalamostriata, A. thalamogeniculata oder Thalamusblutungen entsteht das **Thalamussyndrom.** Es kommt zu folgenden Symptomen in der kontralateralen Körperhälfte:

- vorübergehende Halbseitenlähmung (Hemiparese) durch fehlende Aktivierung des Motokortex einschließlich zentraler Fazialisparese, die jedoch nur die willkürlichen Gesichtsbewegungen betrifft
- Störungen der Tiefensensibilität durch fehlende Projektion in den sensiblen Kortex
- brennende, stechende Schmerzen (**Thalamusschmerz**), die spontan oder bei leichter Berührung auftreten (Hyperpathie), wahrscheinlich durch unzureichende Selektion von Schmerzwahrnehmungen vor der Weiterleitung in die Großhirnrinde
- Bewegungsunruhe und Koordinationsstörungen (Ataxie) durch Störungen der Lagewahrnehmung
- „Thalamushand“: Beugung der Finger im Grundgelenk und Überstreckung in den Interphalangealgelenken
- homonyme Hemianopsie durch Unterbrechung der Sehbahn im Corpus geniculatum laterale
- Bewusstseinsstörung durch Schädigung der unspezifischen Thalamuskerne.

Subthalamus

Globus pallidus (Pallidum)

Topographie

Der Globus pallidus liegt in Hirnschnitten medial des Putamens (↗ Abb. 9.24 und 9.25) und ist von blasserer Färbung als Thalamus und Striatum. Er teilt sich in ein mediales und ein laterales Segment.

Funktion

Als funktioneller Antagonist des Striatums ist der Globus pallidus für die Erzeugung von Bewegungen wichtig: Das mediale Segment wirkt inhibierend und das laterale stimulierend auf Bewegungsimpulse. In der Summe überwiegt (im Gegensatz zum Striatum) der stimulierende Effekt.

Seine Afferenzen erhält das Pallidum vom Striatum (inhibitorisch), vom Nucleus subthalamicus und von den unspezifischen Thalamuskernen (ARAS). Die exzitatorischen Efferenzen werden über die Ansa lenticularis hauptsächlich dem Thalamus (Nucleus ventralis anterolateralis) und anschließend dem prämotorischen und motorischen Kortex zugeleitet. Die inhibitorischen Efferenzen ziehen zum Nucleus subthalamicus.

Klinik

Aus einer Schädigung des Globus pallidus resultieren ungeschickte Bewegungsabläufe und eine Bewegungsarmut. Es können jedoch auch Überbewegungen (**Hyperkinesien**) vorkommen.

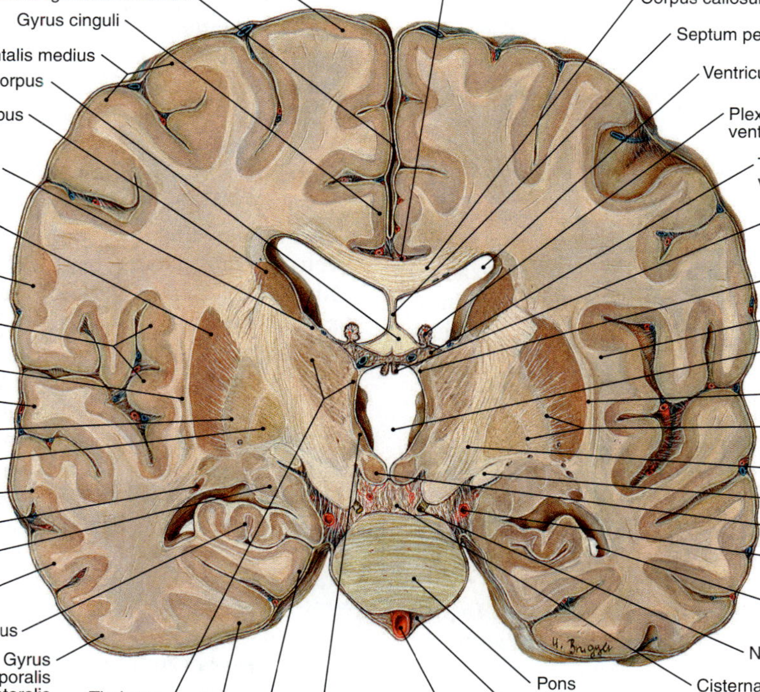

Abb. 9.25 Koronarschnitt durch das Gehirn. (Aus [14])

Tab. 9.6 Spezifische Thalamuskerne

Thalamuskern	Afferenz	Efferenz	Funktion
Nuclei ventrales anterior und lateralis	Basalganglien, Pallidum, Substantia nigra	prämotorischer und motorischer Kortex (Gyrus precentralis)	Integration motorischer Impulse, Willkürmotorik
Nucleus ventralis posterior	Bahnen der viszerosensiblen, epikritischen und protopathischen Sensibilität aus der kontralateralen Körperhälfte	sensibler Kortex im Gyrus postcentralis	Integration sensibler und schmerzhafter Impulse
Corpus geniculatum laterale	ipsilaterale Netzhauthälften beider Retinae	Sehrinde im Okzipitallappen	Integration visueller Impulse
Corpus geniculatum mediale	Colliculi inferiores	Hörrinde im Temporallappen	Integration auditorischer Impulse
Nuclei anteriores	Rindengebiete des limbischen Systems	Rindengebiete des limbischen Systems	Integration emotionaler Vorgänge
Nuclei mediales	andere Thalamuskerne, Hippocampus, Corpus amgydaloideum	präfrontaler Kortex	Integration psychischer Vorgänge
Pulvinar	Colliculi superiores und Corpus geniculatum laterale	visuelle Zentren und Sprachzentrum im Parietal- und Temporallappen	Integration visueller Impulse, Verarbeitung der Sprache

Nucleus subthalamicus (Luys)

Topographie

Der Nucleus subthalamicus ist in Frontalschnitten durch Zwischen- und Endhirn in Höhe der Corpora mamillaria medial von Pallidum und Capsula interna zu finden.

Funktion

Der Nucleus subthalamicus hemmt Bewegungsimpulse (vor allem der proximalen Extremitätenmuskeln), da er inhibitorische Afferenzen von exzitatorischen Pallidumanteilen empfängt und exzitatorische Efferenzen zu den inhibitorischen Pallidumanteilen sendet.

Klinik

Bei Schädigung des Nucleus subthalamicus durch Tumoren, Infarkte oder Blutungen kommt es durch Aktivitätssteigerung im ipsilateralen motorischen Kortex zum **Ballismus** (griech. das Werfen) der kontralateralen Körperseite: Die Betroffenen führen neben häufigem Grimassieren und pathologischem Lachen und Weinen plötzliche, von den proximalen Extremitätenmuskeln ausgehende Schleuderbewegungen aus. Ausgelöst werden diese Bewegungen durch Aufmerksamkeitszuwendung, plötzliche Sinnesreize oder intendierte Bewegungen.

Hypothalamus

Topographie

Im Boden und in Teilen der Vorder- und Seitenwände des 3. Ventrikels liegt der Hypothalamus (↗ Abb. 9.10).

Beim Blick von außen und unten auf das Gehirn sieht man als hypothalamische Strukturen die Corpora mamillaria, das Tuber cinereum, die Eminentia mediana und das Infundibulum, das zur Hypophyse führt (↗ Abb. 9.20).

Funktion

Der Hypothalamus ist das oberste Steuerungsorgan vegetativer Funktionen:

- Mithilfe von **Releasing-Hormonen** steuert er die Hormonausschüttung der Adenohypophyse. Seine Afferenzen erhält der Hypothalamus dabei aus dem ZNS und fungiert auf diese Weise als „Dolmetscher" zwischen Nerven- und Hormonsystem. Die Releasing-Hormone werden in einen venösen Gefäßplexus abgegeben, der sie über ein Pfortadersystem unter Umgehung des systemischen Kreislaufs direkt der Adenohypophyse zuführt.
- Bildung peripher wirksamer Hormone:
  - **Vasopressin** (= antidiuretisches Hormon, ADH): ADH wird bei zu hohen Elektrolytkonzentrationen (Hyperosmolarität) im Blut oder unzureichender Dehnung von Vorhofrezeptoren im Herzen durch ein zu geringes Intravasalvolumen ausgeschüttet. Es bewirkt neben einer Gefäßverengung eine vermehrte Wasserrückresorption in der Niere.
  - **Oxytocin:** stimuliert die Uteruskontraktionen während der Geburt und sorgt für die Milchausschüttung während des Stillens.
- Durch seine efferenten Verbindungen mit dem Hirnstamm übernimmt der Hypothalamus wichtige Funktionen in der **Steuerung des vegetativen Nervensystems:** Regulierung der zirkadianen Rhythmik, des Herz-Kreislauf-Systems, der Atmung sowie der Flüssigkeits- und Temperaturhomöostase.
- Durch reichhaltige afferente Verbindungen zum limbischen System (vor allem Hippocampus) schreibt man dem Hypothalamus eine bedeutende Rolle bei der **Generierung von Verhaltensmustern** zur Selbsterhaltung und Reproduktion sowie der Steuerung von Lernvorgängen zu.

Merke

Der **Hypothalamus** bekommt Afferenzen aus dem Vorderhirn und limbischen System und schickt Efferenzen in die vegetativen Zentren des Hirnstamms. Durch diese Verbindung erklärt man sich die Beeinflussung vegetativer Funktionen durch Persönlichkeitsstruktur und Emotionen.

Gliederung

Der Hypothalamus besteht aus einer rostralen, einer intermediären und einer posterioren Kerngruppe. Die Aufgaben der einzelnen Kerngebiete sind in ↗ Tabelle 9.7 zusammengefasst.

Klinik

Schädigungen der Hypothalamuskerngebiete sind z. B. durch Hirntumoren möglich. Je nach betroffenem Gebiet kommt es dann zu unterschiedlichen Symptomen: Diabetes insipidus mit unstillbarem Durst (Polydipsie) und Harnverlust von bis zu 20 l pro Tag (Polyurie) durch Ausfall der ADH-Produktion, unnormale Milchejektion, Hypo-/Hyperthermie, Magersucht, Esssucht, Sistieren des weiblichen Zyklus, herabgesetzter Geschlechtstrieb, Verhaltensauffälligkeiten, Störungen der Merkfähigkeit und Müdigkeit.

Der Nucleus supraopticus und Nucleus paraventricularis sind großzellige hypophysäre Kerne des hypothalamisch-neurohypophysären Systems, der Nucleus arcuatus und die Nuclei tuberales sind kleinzellige hypophysäre Kerne des hypothalamisch-adenohypophysären Systems. Alle übrigen Kerngebiete werden auch unter dem Begriff der nichthypophysären Kerne zusammengefasst.

Tab. 9.7 Kerngebiete des Hypothalamus und ihre Funktionen

Kerngruppen	Funktionen
vordere Kerngruppe	
Nucleus supraopticus	Produktion von Vasopressin (→ Wasserrückresorption, Gefäßverengung)
Nucleus paraventricularis	Produktion von Oxytocin (→ Uteruskontraktion, Milchausschüttung), Kreislauf- und Temperaturregulierung, Regulierung des Nahrungsaufnahmeverhaltens
Nucleus suprachiasmaticus	Impulsgeber für die zirkadiane Rhythmik
Nuclei preoptici	Temperaturregulierung, Sexualverhalten, Steuerung gonadotroper Hypophysenhormone
mittlere Kerngruppe	
Nucleus arcuatus	Releasing-Hormon-Produktion, Regulierung des Nahrungsaufnahmeverhaltens
Nuclei tuberales (Tuber cinereum)	Releasing-Hormon-Produktion
hintere Kerngruppe	
Nuclei corporis mamillaris (Corpora mamillaria)	Generierung von Verhaltensmustern für Selbsterhaltung und Reproduktion, Regulierung von Lernvorgängen

Hypophyse (Hirnanhangsdrüse)

Topographie

Die Hypophyse liegt in der Sella turcica des Os sphenoidale und wird kranial vom duralen Diaphragma sellae überspannt (↗ Abb. 9.15). Über den Hypophysenstiel (Infundibulum) steht sie kranial mit dem Hypothalamus in Verbindung (↗ Abb. 9.20).

Klinisch wichtige Nachbarschaftsbeziehungen bestehen zum Chiasma opticum (rostral des Hypophysenvorderlappens) und zum Sinus cavernosus, der beidseits seitlich der Hypophyse verläuft.

Klinik

Bei **Hypophysentumoren** kann es durch die Kompression des Chiasma opticum zum Ausfall der temporalen Gesichtsfeldhälften (bitemporale Hemianopsie) und durch Kompression des Sinus cavernosus zum Ausfall verschiedener Hirnnerven (vor allem des N. abducens) kommen.

Gliederung

Die Hypophyse besteht aus 2 Lappen, die sich entwicklungsgeschichtlich und funktionell voneinander unterscheiden:

- Hypophysenvorderlappen (HVL, **Adenohypophyse**):
  - Pars tuberalis (Trichterlappen)
  - Pars intermedia (Zwischenlappen)
  - Pars distalis
- Hypophysenhinterlappen (HHL, **Neurohypophyse**)
  - Infundibulum (Hypophysenstiel)
  - Lobus nervosus.

Embryologie

Die **Neurohypophyse** entsteht aus dem Diencephalon und wächst als Knospe aus dem Zwischenhirnboden nach kaudal. Die **Adenohypophyse** hingegen entwickelt sich nicht aus Nervengewebe, sondern wächst als ektodermale Aussackung aus dem Dach der Mundbucht nach kranial. Diese Aussackung wird auch Rathke-Tasche genannt. Beide Anteile wachsen aufeinander zu und bilden zusammen die Hirnanhangsdrüse.

Klinik

Aus Resten der Rathke-Tasche kann sich ein Tumor entwickeln, das **Kraniopharyngeom,** das je nach Lokalisation und Größe den Hypothalamus, die Hypophyse oder das Chiasma opticum schädigen kann mit entsprechender Klinik durch direkte Kompression und/oder Ausfall verschiedener Hormone.

Adenohypophyse (Hypophysenvorderlappen, HVL)

Histologie

Der HVL besteht aus Drüsenepithelzellen, die in einem bindegewebigen Gitterfasernetz liegen. Nach ihrer Anfärbbarkeit unterscheidet man chromophobe und chromophile (azido-/baso-/eosinophile) Zellen. Die Gefäße in diesem Bereich besitzen ein fenestriertes Endothel.

Funktion

Wie der Name „Adeno“ suggeriert, werden im HVL Hormone gebildet (↗ Tab. 9.8):

- glandotrope Hormone, mit denen die Hormonsekretion peripherer endokriner Drüsen (Schilddrüse, Nebennierenrinde) gesteuert wird
- Effektorhormone, die direkt am Erfolgsorgan wirken.

Die Hormone der Adenohypophyse werden in ihrer Ausschüttung von den Releasing- und Inhibiting-Hormonen des Hypothalamus kontrolliert, die über einen venösen Gefäßplexus unter Umgehung des systemischen Kreislaufs – also im Sinne eines sog. Pfortadersystems – direkt zum Hypophysenvorderlappen gelangen.

Klinik

Hypophysenadenome als gutartige Tumoren des HVL fallen durch abnorme Sekretion von Vorderlappenhormonen durch die entarteten Zellen auf:

- Bei vermehrter Sekretion von STH kommt es bei Kindern zu Riesenwuchs und bei Erwachsenen zur Vergrößerung von Kinn, Nase, Händen und Füßen (Akromegalie).
- Das Prolaktinzelladenom verursacht neben einem Ausbleiben der Regelblutung (Amenorrhö) einen vermehrten Milchfluss (Galaktorrhö).
- Das ACTH-Zell-Adenom bewirkt eine vermehrte Kortisolausschüttung aus der Nebenniere mit nachfolgendem Cushing-Syndrom (Vollmondgesicht, Stiernacken, Hypertonie, Osteoporose, Amenorrhö und Potenzstörungen).

Durch Druck der Tumorzellverbände auf das restliche Hypophysengewebe kann wiederum die Sekretion anderer Hormone ausfallen: So kann beispielsweise ein begleitender Mangel an STH bei Kindern zum normal proportionierten hypophysären Kleinwuchs führen.

Neurohypophyse (Hypophysenhinterlappen, HHL)

Histologie

Die Neurohypophyse besteht histologisch aus marklosen Nervenfasern, die ihre Perikarya in den hypothalamischen Kerngebieten haben und im **Tractus hypothalamohypophysialis** über den Hypophysenstiel zum HHL gelangen. Umgeben sind diese Fasern von Gliazellen, den Pituizyten. Die Nervenfasern enden mit synapsenartigen Fortsätzen an den sinusoidalen Blutgefäßen des HHL, wo die hypothalamischen Hormone in das Blut abgegeben werden.

Funktion

In der Neurohypophyse selbst werden keine Hormone gebildet. In Anschwellungen der Nervenfasern („Herring-Körper“) werden die hypothalamischen Hormone ADH und Oxytocin gespeichert und bei Bedarf in das Blut abgegeben.

Klinik

Durch **Schädigung des HHL** kommt es zum Diabetes insipidus (s. o.)

Tab. 9.8 Hormone der Adenohypophyse

HVL-Hormon	Releasing-/Inhibiting-Hormon	Funktion
TSH (thyreoideastimulierendes Hormon)	TRH (Thyrotropin-releasing-Hormon)/ SIH (Somatotropin-inhibiting-Hormon)	Schilddrüsenhormonsekretion
ACTH (adrenokortikotropes Hormon)	CRH (Corticotropin-releasing-Hormon)	Nebennierenrindenhormonsekretion
STH (somatotropes Hormon)	SRH/SIH (Somatotropin-releasing-/ inhibiting-Hormon)	Bildung von Wachstumshormonen in der Leber
MSH (melanozytenstimulierendes Hormon)	MRH/MIH (Melanotropin-releasing-/ inhibiting-Hormon)	Pigmentbildung in den Melanozyten der Haut
FSH (follikelstimulierendes Hormon)	GnRH (Gonadotropin-releasing-Hormon)/ Dopamin	Eizellen- und Spermienreifung
LH (luteotropes Hormon)	GnRH (Gonadotropin-releasing-Hormon)/ Dopamin	Gelbkörperbildung im Eierstock und Testosteronbildung im Hoden
PRL (Prolaktin)	PRH (Prolaktin-releasing-Hormon)/ Dopamin	Milchproduktion in der Brustdrüse

9.3.6 Telencephalon (Großhirn)

Überblick

Das Endhirn ist der differenzierteste Hirnteil und beim Menschen besonders stark ausgebildet. Hier werden das Denken, das Fühlen und das Handeln generiert.

Topographie

Das Großhirn schmiegt sich innen der Schädelkalotte an und füllt die vordere und die seitliche mittlere Schädelgrube sowie den Raum rostral des Kleinhirnzeltes aus.

Gliederung

In der Hirnentwicklung ursprünglich ventral des Diencephalons gelegen, überdeckt das Großhirn das Diencephalon beim Menschen schließlich vollkommen durch die mächtig angewachsenen 2 Großhirnhemisphären.

Merke

Alle **Strukturen des Telencephalons,** abgesehen von Kommissurenbahnen wie dem Corpus callosum, sind paarig angelegt.

Die Hemisphären werden durch die **Fissura longitudinalis cerebri** voneinander getrennt, die in die Tiefe bis zum Corpus callosum reicht und von der Falx cerebri durchschnitten wird.

Nach ihrer Angrenzung an die einzelnen Schädelknochen lassen sich beide Hemisphären in 4 Hirnlappen (Lobi) unterteilen (➚ Abb. 9.10):

- Lobus frontalis (Frontallappen)
- Lobus parietalis (Parietallappen)
- Lobus temporalis (Temporallappen)
- Lobus occipitalis (Okzipitallappen).

Des Weiteren gibt es den in der Medialansicht sichtbaren **Gyrus cinguli** (➚ Abb. 9.27) und die vom Frontal-, Temporal- und Parietallappen bedeckte **Inselrinde** (Lobus insularis, ➚ Abb. 9.24 und 9.25), die keinem der o. g. Lobi zuzuordnen sind. Die einzelnen Lappen wiederum bestehen aus Großhirnwindungen (**Gyri**), die von Furchen (**Sulci**) durchschnitten werden (➚ Abb. 9.26).

Klinik

Bei der **Mikrogyrie** handelt es sich um eine Fehlbildung des Gehirns, bei der die Hirnwindungen extrem klein und nur durch flache Furchen voneinander getrennt sind.

In Frontalschnitten lateral der Zwischenhirnstrukturen gelegen, befinden sich die **Basalganglien** (= Claustrum, Putamen, Nucleus caudatus und Corpus amygdaloideum, ➚ Abb. 9.25), verschiedene Kerngebiete, die von Fasersystem weißer Substanz durchzogen und umgeben werden. Diese Fasersysteme bilden das **Marklager** des Endhirns. Diesem außen aufgelagert ist die Rinde (**Cortex cerebri**, Kortex), die aus grauer Substanz, d.h Perikarya besteht und eine Dicke zwischen 1,5 mm im Bereich der Sehrinde und 5 mm im Bereich des Motokortex aufweist.

Zu jeder Hemisphäre gehört einer der beiden plexushaltigen **Seitenventrikel,** der über das Foramen interventriculare mit dem 3. Ventrikel verbunden ist.

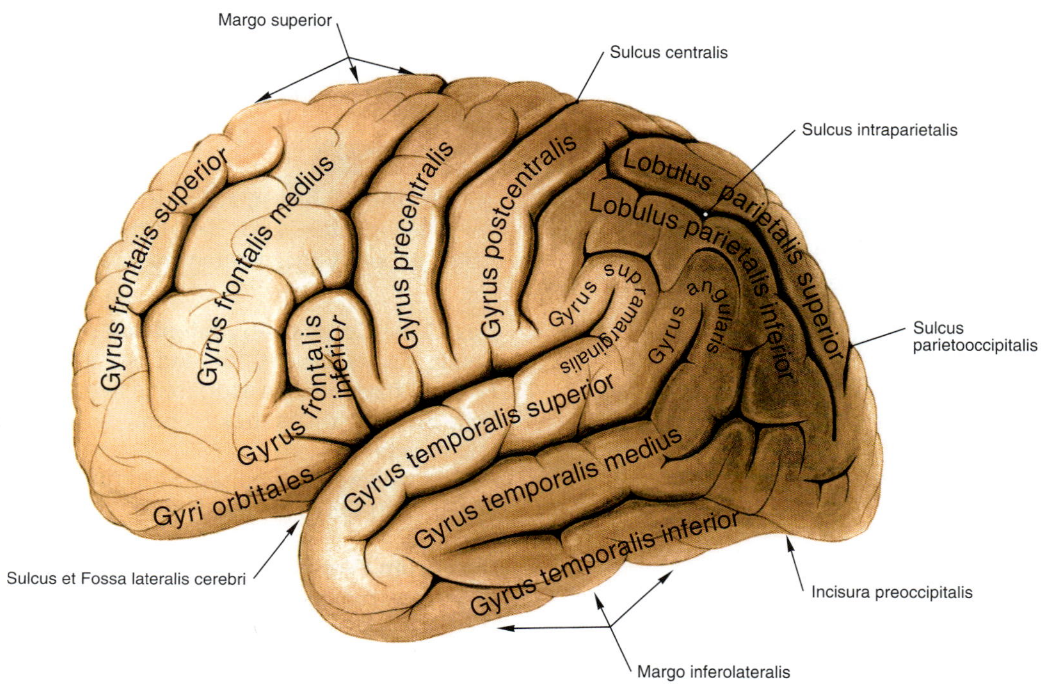

Abb. 9.26 Linke Großhirnhemisphäre, Seitenansicht. (Aus [14])

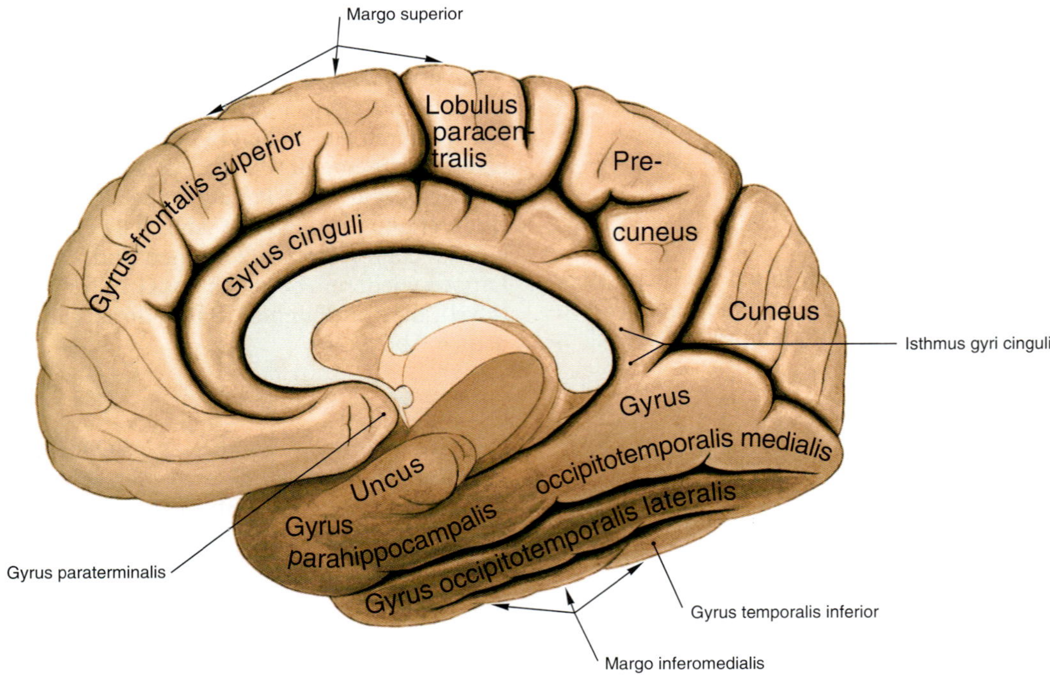

Abb. 9.27 Rechte Großhirnhemisphäre, Medialansicht. (Aus [14])

Basalganglien (Nuclei basales)

Überblick

Die Basalganglien sind die grauen Kerngebiete des Telencephalons im Marklager und bestehen aus:

- Claustrum (Vormauer)
- Putamen (Schalenkörper)
- Nucleus caudatus (Schweifkern)
- Corpus amygdaloideum (Mandelkern).

Putamen und Nucleus caudatus werden als Striatum zusammengefasst.

Merke

Der Begriff **„Basalganglien"** wird in verschiedenen Büchern unterschiedlich definiert: Neben der o.g. Variante gibt es einige Autoren, die Striatum und Globus pallidus unter diesem Begriff subsumieren, andere zählen außerdem noch den Nucleus subthalamicus und die Substantia nigra dazu.

Topographie

Die Basalganglien sind am besten auf Horizontal- (↗ Abb. 9.24) und Frontalschnitten (↗ Abb. 9.25) zu sehen:

Durch die Capsula extrema von der Inselrinde getrennt erkennt man am weitesten lateral als welligen Strich das **Claustrum.** Medial folgt nach der Capsula externa das **Putamen,** dem sich innen der dienzephale Globus pallidus anschmiegt. Putamen und Pallidum werden, obwohl sie funktionell nichts miteinander zu tun haben und verschiedenen Hirnteilen zugeordnet werden, häufig unter dem Begriff Nucleus lentiformis (Linsenkern) zusammengefasst.

Medial folgt die mächtige Capsula interna. Da der lang gezogene **Nucleus caudatus** kometengleich in einer Ellipse rostral Putamen und Thalamus umrundet (↗ Abb. 9.28), ist er auf vielen Hirnschnitten zweifach angeschnitten: Lateral dem Cornu frontale des Seitenventrikels anliegend, erkennt man als runde Struktur das Caput bzw. Corpus nuclei caudati, rostral bzw. ventral des Cornu temporale die Cauda nuclei caudati.

Merke

In allen **Hirnschnitten,** auf denen der Seitenventrikel zu sehen ist, muss auch der Nucleus caudatus (u.U. sogar doppelt angeschnitten) zu finden sein.

Das kleine **Corpus amygdaloideum** schließt sich der Cauda nuclei caudati an und ist nur in medialen Frontal- bzw. basalen Horizontalschnitten als rundliche Struktur rostral bzw. ventral des Cornu temporale zu sehen.

Eine weitere dienzephale Struktur ist – am Rand des 3. Ventrikels – der Thalamus.

Claustrum (Vormauer)

Das Claustrum gleicht einer hochgestellten, welligen Platte (↗ Abb. 9.24). Seine Funktion ist unbekannt.

Striatum

Morphologie

Der **Nucleus caudatus** (Schweifkern/Schwanzkern) und das **Putamen** (Schalenkörper) waren ursprünglich ein Kerngebiet, bevor sie durch die Faserzüge der Capsula interna voneinander getrennt wurden (↗ Abb. 9.24), und verfügen über viele Verbindungen grauer Substanz. Nach embryologischen und funktionellen Gesichtspunkten werden sie deshalb häufig unter dem Begriff Striatum (Streifenkörper) zusammengefasst.

Das Putamen gleicht einem Ei und geht vorn in den Nucleus caudatus über, der sich nach rostral wendet und das Putamen in einer Ellipse umkreist. Man unterscheidet Caput (Kopf), Corpus (Körper) und Cauda (Schwanz; ↗ Abb. 9.28).

Funktion

Das Striatum ist ein wichtiger Bestandteil des basalen motorischen Systems und spielt eine bedeutende Rolle bei der Verfeinerung von Bewegungsimpulsen und Erstellung von Bewegungsprogrammen.

Hierzu erhält es Afferenzen aus Kortex, Substantia nigra und Thalamus, wobei die kortikostriatalen Fasern erregend (Transmitter Glutamat) und die nigrostriatalen Fasern hemmend (Transmitter: Dopamin) auf das Striatum wirken. Die striatalen Efferenzen sind überwiegend inhibitorisch (Transmitter GABA) und ziehen zum Pallidum und zur Substantia nigra. Somit wirkt das Striatum überwiegend hemmend (jedoch z. T. auch fördernd) auf Bewegungsimpulse.

Klinik

Bei der autosomal-dominant vererbten **Chorea major Huntington,** die sich zwischen dem 25. und 55. Lebensjahr manifestiert, degenerieren inhibitorische GABAerge Striatumneurone. Dadurch überwiegt der dopaminerge Input in Striatum und Pallidum. Sekundär kommt es auch zu einer kortikalen Atrophie. Klinisch äußert sich das darin, dass motorische Impulse enthemmt sind und unkontrollierte, ausfahrende hyperkinetisch-hypotone Bewegungen der Gliedmaßen und unwillkürliches Grimassieren (Schmatzen, Kauen) entstehen. Bestimmte Bewegungsmuster wiederholen sich dabei ständig. Des Weiteren kommt es zu Verhaltensauffälligkeiten wie Distanzlosigkeit, Aggression oder Depression und zunehmender Demenz. Die Chorea major endet immer tödlich. Eine andere Form der choreatischen Bewegungsstörung ist die durch Bakterien (Streptokokken) ausgelöste **Chorea minor Sydenham** (Veitstanz). Diese betrifft meist Kinder und heilt innerhalb weniger Wochen spontan aus.

Corpus amygdaloideum (Mandelkern)

Morphologie

Das Corpus amygdaloideum ist eine kleine mandelförmige Struktur (↗ Abb. 9.28).

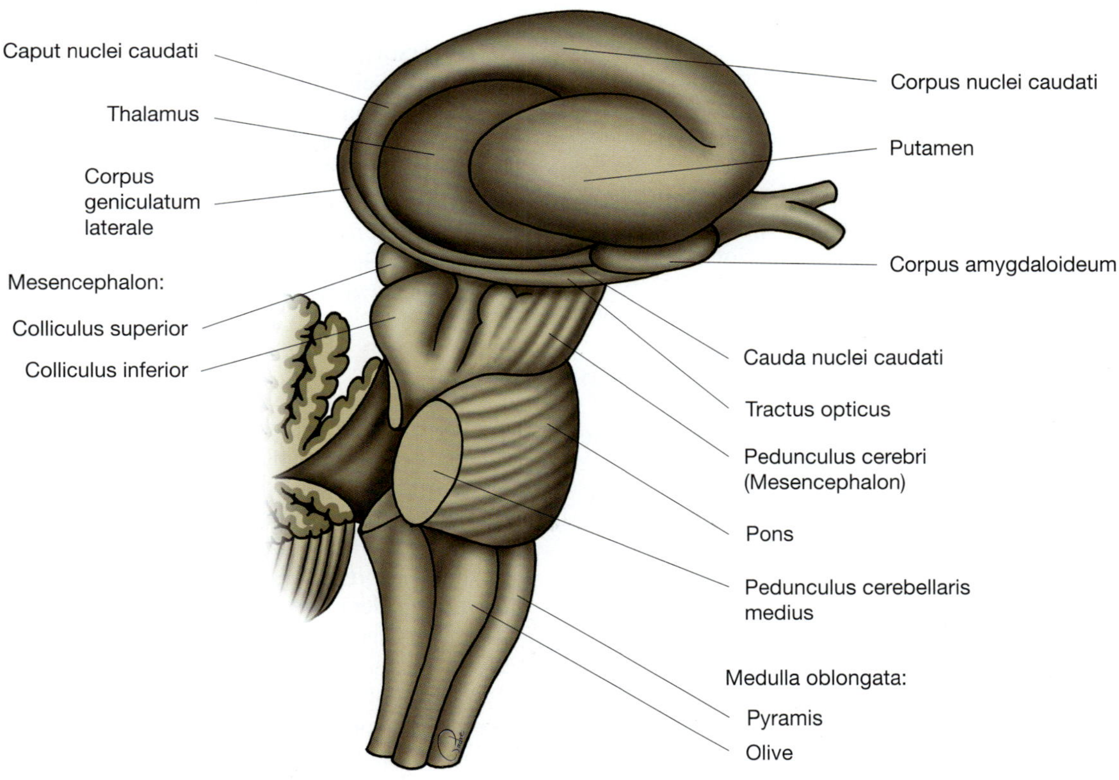

Abb. 9.28 Basalganglien und Hirnstamm, Seitenansicht.

Funktion

Es gehört zum limbischen System und übernimmt wichtige Aufgaben im Affektverhalten, emotionalen Lernen und in der Steuerung sexueller und vegetativer Funktionen. Es bestehen viele Verbindungen mit dem Hippocampus. Ein kleiner vorderer Teil des Corpus amygdaloideum ist Bestandteil des Riechhirns.

Klinik

Bei der **Amygdala-Epilepsie** entstehen nach einer Aura (Vorgefühl des kommenden Anfalls) mit Übelkeit gustatorische (Geschmack) und olfaktorische (Geruch) Halluzinationen.

Marklager

Überblick

Das Marklager besteht aus myelinisierten Nervenfasern, die verschiedene ZNS-Gebiete miteinander verbinden:

- **Projektionsfasern** zu unter- oder übergeordneten Hirnstrukturen (↗ Abb. 9.24 und 9.25). Sie verlaufen in:
  - Capsula interna
  - Capsula externa
  - Capsula extrema
- **Kommissurenfasern** zwischen den Hemisphären (↗ Abb. 9.10 und 9.18). Sie verlaufen in:
  - Corpus callosum (Balken)
  - Commissura anterior (unterhalb des Rostrum corporis callosi gelegen, verbindet sie Teile des Riechhirns sowie die Temporallappen miteinander)
  - Commissura posterior (wichtig für den konsensuellen Lichtreflex)
  - Commissura fornicis (verbindet Strukturen des limbischen Systems)
- **Assoziationsfasern** verbinden Areale innerhalb einer Hemisphäre und verlaufen in:
  - Fasciculus longitudinalis superior (verbindet Gyri frontalis und occipitalis)
  - Fasciculus longitudinalis inferior (verbindet Gyri temporalis und occipitalis)
  - Fasciculus uncinatus (verbindet Gyri frontalis und temporalis)
  - Fasciculus arcuatus (verbindet das motorische mit dem sensorischen Sprachzentrum)
  - Fornix (verbindet Hippocampus und Corpus mamillare)
  - Cingulum (verbindet verschiedene Strukturen des limbischen Systems).

Die wichtigsten Bahnsysteme des Marklagers sind die Capsula interna, der Balken und der Fornix.

Capsula interna

Topographie

Medial von Nucleus caudatus und Thalamus sowie lateral von Putamen und Pallidum flankiert, verläuft die innere Kapsel als Projektionsbahn durch das Endhirn (↗ Abb. 9.24 und 9.25).

Gliederung

Man unterscheidet verschiedene Areale in dem breiten, „geknickten Streifen" weißer Substanz:

Von anterior nach posterior sind das:

- Crus anterius (vorderer Schenkel)
- Genu (Knie)
- Crus posterius (hinterer Schenkel).

Außerdem existieren einige Fasern, die unter bzw. hinter dem Linsenkern in der Pars sub- bzw. retrolentiformis verlaufen.

Ähnlich wie im Kortex sind die motorischen Bahnen im Bereich von Knie und hinterem Schenkel somatotop gegliedert:

- Im **Genu** ziehen kortikonukleäre Fasern zu den motorischen Hirnnervenkernen (= motorische Versorgung des Kopfbereichs).
- Der **hintere Schenkel** enthält neben Fasern des extrapyramidal-motorischen Systems die kortikospinalen Fasern zur Extremitäten- und Rumpfmuskulatur (= Pyramidenbahn), und zwar von ventral nach dorsal zunächst zur oberen Extremität, dann zum Rumpf und schließlich zur unteren Extremität ziehend. Außerdem enthält das Crus posterius den „oberen Thalamusstiel" (Fasern vom Thalamus zum Gyrus postcentralis), den Tractus temporopontinus sowie Anteile der Hör- und Sehbahn.

Der **vordere Schenkel** beinhaltet den „vorderen Thalamusstiel" (Fasern vom Thalamus zum Frontallappen) und den Tractus frontopontinus.

Gefäßversorgung

Der **vordere Schenkel** wird aus den Aa. centrales anteromediales und der A. striata medialis distalis (Heubner-Arterie) versorgt, die Äste der A. cerebri anterior sind.

Die Versorgung des **Knies** erfolgt über die Aa. centrales anterolaterales aus der A. cerebri media.

Der **hintere Schenkel** wird über die A. choroidea anterior aus der A. carotis interna versorgt.

Klinik

Die Capsula interna kann durch Durchblutungsstörungen oder Einblutungen geschädigt werden. Dadurch entsteht das typische klinische Bild des **Schlaganfalls:**

- Die Schädigung der Pyramidenbahn führt zur Lähmung der entgegengesetzten Seite (kontralaterale Hemiparese, Halbseitenlähmung). Es gibt Bahnen, die den Flexorentonus der oberen und den Extensorentonus der unteren Extremität hemmen. Wenn diese betroffen sind, entsteht eine Wernicke-Mann-Lähmung mit kontralateral spastisch gebeugtem Arm und gestrecktem Bein.
- Die Schädigung der thalamokortikalen Bahnen führt zu Sensibilitätsstörungen der kontralateralen Seite (Hemihypästhesie).

- Die Schädigung der Sehstrahlung führt zur Halbseitenblindheit (homonyme Hemianopsie, ↗ auch Abb. 9.33).
- Bei Schlaganfällen der linken Hirnseite kommt es zusätzlich zu Sprachstörungen (Aphasie).

Corpus callosum (Balken)

Topographie

Medial in der Tiefe der Fissura longitudinalis cerebri gelegen, überdacht der Balken die Seitenventrikel (↗ Abb. 9.10, 9.24 und 9.25).

Gliederung

Im Medianschnitt stellt sich der Balken als längliche, gebogene Struktur oberhalb der Seitenventrikel dar. Von vorn nach hinten unterscheidet man (↗ Abb. 9.18):

- Rostrum (Schnabel)
- Genu (Knie)
- Truncus (Stamm)
- Splenium (Wulst).

Funktion

Fast alle Teile des Telencephalons stehen über den Balken miteinander in Verbindung. Wie wichtig dies ist, zeigt sich z. B. an der Sehrinde: Zur Erzeugung eines kompletten Bildeindrucks ist es unabdingbar, dass die Okzipitalrinden beider Hemisphären, die jeweils die Informationen des kontralateralen Gesichtsfeldes verarbeiten, miteinander in Verbindung stehen.

Klinik

Bei Zerstörung von Kommissurenbahnen im Corpus callosum, z. B. im Rahmen von Schlaganfällen, kommt zur Klinik des **Balkensyndroms:** Da das Sprachzentrum meist in der linken Hemisphäre angesiedelt ist, kann der Betroffene mündliche Aufforderungen nur mit der rechten Hand ausführen und nur von Dingen erzählen, die in der linken Hemisphäre verarbeitet werden (z. B. Wahrnehmungen aus dem rechten Gesichtsfeld). Bei leichteren Schädigungen kommt es zur Vernachlässigung einer Körperhälfte (**Hemineglect**).

Fornix (Gewölbe)

Topographie

Der Name Fornix (= Gewölbe) kommt vom bogenförmigen Verlauf dieses Bahnsystems, das sich unterhalb des Corpus callosum an der Medialseite der Großhirnhemisphäre befindet (↗ Abb. 9.10, 9.18 und 9.24).

Gliederung

Der Fornix enthält etwa 1 Million Nervenfasern und verbindet afferent und efferent den Hippocampus mit dem Corpus mamillare. Man kann ihn folgendermaßen unterteilen (↗ Abb. 9.29):

- **Crus:** Der Fornixschenkel liegt dem Hippocampus auf und verläuft dann in einem Bogen unterhalb des Balkens nach vorn. Dort ziehen Fasern über die Commissura fornicis zur Gegenseite.
- **Corpus:** Der rechte und der linke Schenkel vereinigen sich in der Mittellinie unterhalb des Balkens zum Corpus.
- **Columna:** Die Fasern des Corpus teilen sich wieder in 2 Stränge auf und verlaufen in einem Bogen unterhalb des Septum pellucidum nach dorsokaudal, wo der präkommissurale Teil im Gyrus paraterminalis und der wesentlich stärkere postkommissurale Teil im Corpus mamillare enden.

Funktion

Als Assoziationsbahn des limbischen Systems ist der Fornix Bestandteil des Papez-Neuronenkreises (↗ Kap. 9.4.6).

Kortex

Überblick

Der Kortex ist die höchste Ebene des ZNS. Sämtliche sensiblen und sensorischen Afferenzen enden hier. Er ist das Entstehungsgebiet der Willkürmotorik, des Bewusstseins, des Gedächtnisses, der Emotionen und des Denkens.

Gliederung

Man unterscheidet 3 entwicklungsgeschichtlich jüngere und ältere Kortexareale:

- Neocortex (Neurinde)
- Paleocortex (Altrinde)
- Archicortex (Urrinde).

Wenn man die histologische Schichtung zur Einteilung der Großhirnrinde heranzieht, dann entspricht der Neocortex dem **Isocortex** (6-schichtig). Paleocortex und Archicortex werden aufgrund ihrer uneinheitlichen Schichtengliederung unter dem Begriff **Allocortex** zusammengefasst („ísos" ist das griechische Wort für „gleich", „állos" bedeutet „anders"). Als Übergangszonen zwischen beiden Rindenarealen (4–5-schichtig) differenziert man noch einen **Mesocortex.**

Neocortex (Isocortex)

Topographie

Der Isocortex umfasst die komplette Hirnkonvexität und bildet 90 % der Rinde.

Histologie

Er umfasst 6 Schichten (von außen nach innen):

- **Stratum moleculare:** enthält nur wenige Zellen
- **Stratum granulare externum** mit vielen Körnerzellen (Sternzellen)
- **Stratum pyramidale externum** mit kleinen Pyramidenzellen
- **Stratum granulare internum** mit Körnerzellen, an denen die thalamokortikalen Bahnen enden

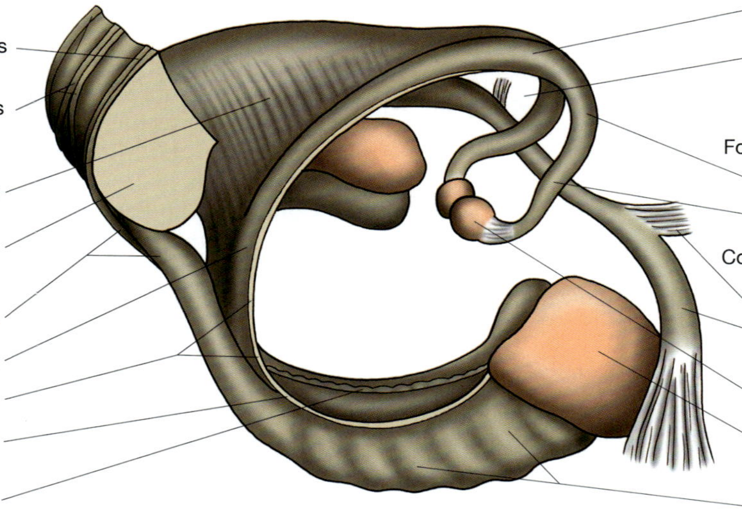

Abb. 9.29 Beide Gewölbe, Fornices, und Commissura anterior, räumliches Schema, Ansicht von links hinten. (Modifiziert nach [14])

- **Stratum pyramidale internum:** mit großen Pyramidenzellen (im Motokortex liegen die Betz-Pyramidenzellen, von denen die Pyramidenbahn ausgeht)
- **Stratum multiforme:** mit polymorphen Zellen.

Da die afferenten Bahnen überwiegend in den Schichten 2 und 4 enden, sind in sensorischen Rindenarealen die Körnerzellschichten besonders stark ausgebildet und werden deshalb auch unter dem Begriff **granulärer Rindentyp** subsumiert.

Die efferenten Bahnen gehen hingegen meist von den Schichten 5 und 6 aus, weswegen diese in motorischen Kortexarealen besonders ins Auge fallen. Sie werden unter dem Begriff **agranulärer Rindentyp** zusammengefasst.

Gliederung

Funktionelle Einteilung

Nach funktionellen Gesichtspunkten unterscheidet man im Neocortex 3 Arten von Feldertypen:

- **Primärfelder:** Beginn oder Ende der Projektionsbahnen zu oder von untergeordneten Hirnstrukturen (z. B. somatosensible Rinde oder Motokortex)
- **Sekundärfelder:** dienen der Integration und Interpretation der Sinnesinformationen aus den Primärfeldern
- **Assoziationsfelder:** besitzen zahlreiche afferente und efferente Verbindungen mit den anderen Rindenfeldern.

Während die Primärfelder in beiden Hemisphären etwa gleich lokalisiert sind und jeweils die andere Körperhälfte versorgen, unterscheidet sich die Verteilung der Sekundär- und Assoziationsfelder auf beide Hemisphären stark: Für viele Funktionen existiert eine „Hemisphärendominanz" (↗ Tab. 9.9): Beispielsweise befinden sich die Sprachzentren bei über 90 % der Menschen in der linken Hemisphäre.

Klinik

Ein Beispiel für die Hemisphärendominanz liefert das neuropsychologische Syndrom der **Apraxie,** die als Unfähigkeit, Bewegungen zu Bewegungsabläufen und Handlungsfolgen zusammenzusetzen, definiert wird, obwohl die Beweglichkeit komplett erhalten ist. Man unterscheidet verschiedene Formen:

- ideomotorische Apraxie: Gesten („Vogelzeigen") und Alltagshandlungen (Essen oder Trinken) können nicht mehr durchgeführt werden. Stattdessen werden fehlerhafte und unpassende Bewegungselemente ausgeführt (Parapraxie). Ursache sind Läsionen im motorischen Assoziationskortex der sprachdominanten, also linken Hemisphäre, weswegen diese Form der Apraxie häufig mit einer Sprachstörung (Aphasie) vergesellschaftet ist.
- ideatorische Apraxie: Komplexe zielgerichtete Handlungen (Brotschneiden) werden fehlerhaft ausgeführt. Diese Form der Apraxie kommt bei Läsionen im linken Temporallappen vor und ist häufig mit der ideomotorischen Apraxie vergesellschaftet.
- konstruktive Apraxie: Lediglich gestalterische Handlungen (Malen, Modellieren), die eine räumliche Orientierung voraussetzen, können nicht ausgeführt werden. Ursache sind Läsionen im Parietallappen der rechten Hemisphäre.

Ein weiteres Beispiel für die Hemisphärendominanz ist der **Neglect,** eine halbseitige motorische, sensible oder sensorische Vernachlässigung, die durch rechts inferior-parietale Hirnläsionen hervorgerufen wird (die rechte Hemisphäre ist für Aufmerksamkeit und Raumwahrnehmung verantwortlich). So beobachtet man bei den Betroffenen z. B., dass ein Teller nur auf einer Seite leer gegessen oder nur eine Gesichtshälfte rasiert wird.

Tab. 9.9 Hemisphärendominanz

linke Hemisphäre	rechte Hemisphäre
Sprachzentren	nonverbales Denken
analytisches Denken	Synthesefähigkeit
Abstraktionsfähigkeit	räumliches Vorstellungsvermögen
Bewusstsein	(Unbewusstsein)

Rindenfelder

Anfang des 20. Jahrhunderts unterschied Korbinian **Brodmann** 52 Rindenfelder, die er relativ unsystematisch durchnummerierte (Areae 1–52). Die wichtigsten Rindenfelder und ihr Bezug zur Brodmann-Einteilung werden im Folgenden erläutert (↗ Abb. 9.30):

Die **primär somatosensible Rinde** ist im Gyrus postcentralis (Areae 1–3) lokalisiert und der Endpunkt sämtlicher sensibler Afferenzen, von der Berührungs- über die Tiefensensibilität bis hin zur Schmerz- und Temperaturwahrnehmung. Dabei ist der Kortex somatotopisch gegliedert, was man am „Homunkulus" sehen kann (↗ Abb. 9.31): Beginnend mit Mund, Pharynx und Larynx, wird der Kopf auf der Hirnkonvexität kaudal repräsentiert, rostral gefolgt von den oberen Extremitäten. Weiter in Richtung Mantelkante folgt der Rumpf. Die Beine „hängen" über die Mantelkante in die Tiefe der Fissura longitudinalis hinab. Auch die Genitalien sind dort repräsentiert. Je nach Genauigkeit der Sinneswahrnehmungen in den einzelnen Körperbereichen sind die verschiedenen Repräsentationsareale unterschiedlich groß. So ist das Gebiet für die Hand z. B. sehr ausgedehnt, verglichen mit dem Rumpf (↗ auch Abb. 9.30).

Die **primär somatomotorische Rinde** ist der Ursprungsort sämtlicher Willkürbewegungen und lässt sich im Gyrus precentralis (Area 4) finden. Die „Bewegungsidee" entsteht in anderen Hirnarealen. Sie wird jedoch hier in konkrete Befehle für die einzelnen Muskeln umgesetzt. Afferenzen erhält der Motokortex vom Thalamus, Gyrus postcentralis und von der prämotorischen Rinde. Die Efferenzen ziehen über die Pyramidenbahn in die Peripherie. Histologisches Merkmal der agranulären Rinde sind die Betz-Riesenpyramidenzellen, die nur hier vorkommen. Wie im Gyrus postcentralis weist der Motokortex eine somatotopische Gliederung auf, die im Prinzip mit der der somatosensiblen Rinde identisch ist, jedoch mit unterschiedlicher Gewichtung und damit mit anderer Größenausdehnung einzelner Repräsentationsareale (↗ Abb. 9.31).

Die **primär prämotorische Rinde** liegt rostral vor dem Gyrus precentralis (Areae 6 und 8) und ist der

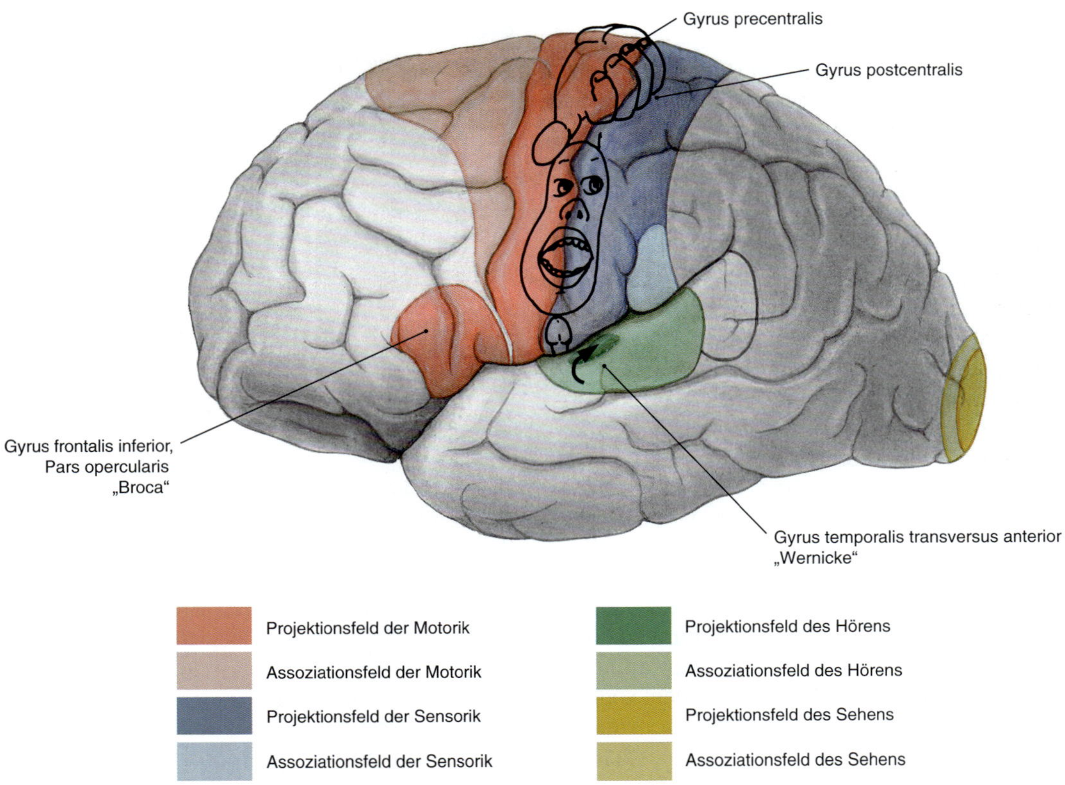

Abb. 9.30 Wichtige Rindenfelder, Ansicht von lateral. Das Projektionsfeld des Hörens (Pfeil) erstreckt sich über die Oberkante des Temporallappens hinweg auf dessen Innenfläche. (Aus [14])

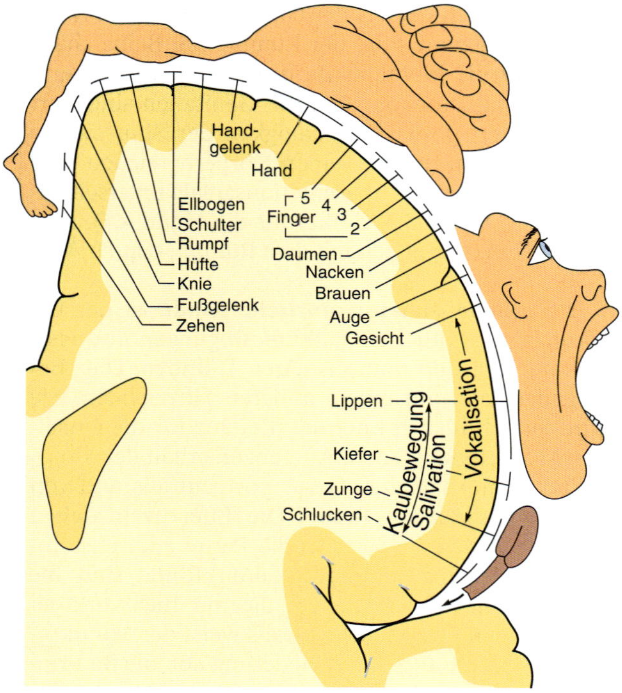

Abb. 9.31 Repräsentation des Körpers im Gyrus pre- und postcentralis, Koronarschnitt. (Aus [7])

Ursprungsort des extrapyramidal-motorischen Systems. In der Area 8 befindet sich außerdem ein somatomotorisches Feld, das für Willkürbewegungen der Augen verantwortlich ist.

Das **sensorische Sprachzentrum** (Wernicke, Areae 41 und 42) ist für das Sprachverständnis verantwortlich und liegt im Gyrus superior des Temporallappens.

Das **motorische Sprachzentrum** (Broca, Area 44) ist im Gyrus inferior des Frontallappens lokalisiert und erhält über eine Assoziationsbahn, den Fasciculus arcuatus, Afferenzen vom Wernicke-Sprachzentrum. Geplante Wörter werden hier in Befehle für die einzelnen Muskeln umgesetzt und koordiniert und anschließend an den Motokortex weitergeleitet.

Aphasien sind zentrale Sprachstörungen, die aufgrund der Hemisphärendominanz größtenteils linkshirnig auftreten. Zusätzlich beobachtet man zumeist Störungen des Lesens (Alexie) und Schreibens (Agraphie). Bei zerebralen Ischämien im Versorgungsgebiet der A. temporalis posterior kann es zur **Wernicke-Aphasie** (= sensorische Aphasie) kommen, die ca. 20 % der akuten Aphasieformen ausmacht: Dabei ist das Sprachverständnis gestört. Es kommt zu Satzabbrüchen und Wortumstellungen (= Paragrammatismus). Neben phonematischen sind vor allem semantische Paraphrasien auffällig, d. h., Worte werden durch sinnverwandte Begriffe ersetzt (z. B. „Äffchen" statt „Kinder"). Auch Wortneubildungen (= Neologismen) kommen vor. Kurz: Die Patienten reden viel und flüssig, aber vollkommen sinnentleert.

Bei der **Broca-Aphasie** (= motorische Aphasie) reden die Patienten kaum und wenn, dann sehr langsam und mit großer Anstrengung und im Sinne eines Agrammatismus in stark verkürzten Sätzen (= „Telegrammstil"). Bei der Broca-Aphasie stehen phonematische Paraphrasien, d. h. Lautverwechslungen (z. B. „Giffare" statt „Giraffe") im Vordergrund.

Häufiger als Aphasien, die nur eine der beiden Sprachzentren betreffen, sind **globale Aphasien,** die aus einer kombinierten Broca- und Wernicke-Aphasie bestehen und bei ausgedehnten Mediainfarkten auftreten.

Merke

Wernicke befindet sich im Temporal- und Broca im Frontallappen!

Die **Sehrinde** (Area 17) befindet sich am Okzipitalpol beidseits des Sulcus calcarinus. Histologisch gehört sie zum granulären Rindentyp, wobei die innere Körnerschicht besonders stark ausgebildet ist, was man (auch makroskopisch) am Gennari-Streifen erkennt. Aus diesem Grunde wird die Area 17 auch Area striata genannt. Die Afferenzen der Sehrinde enthalten Informationen aus dem kontralateralen Gesichtsfeld und gelangen über das Corpus geniculatum laterale und die Sehstrahlung zum Kortex (↗ Kap. 9.4.1).

Merke

In Hirnschnitten ist die **Sehrinde** am Gennari-Streifen zu identifizieren (↗ Abb. 9.32).

Klinik

Bei einer Durchblutungsstörung im Stromgebiet der A. cerebri posterior, die die Sehrinde betrifft, z. B. im Rahmen eines Infarkts, kommt es zur **homonymen Hemianopsie** (= Ausfall der nasalen Netzhauthälfte auf dem einen und der temporalen Netzhauthälfte auf dem anderen Auge) oder, wenn nur ein Teil der Sehstrahlung betroffen ist, einer Quadrantenanopsie zur Gegenseite (↗ auch Abb. 9.33).

Die **Hörrinde** (Area 41) liegt in der Tiefe des Sulcus temporalis in den Gyri temporales transversi (Heschl'sche Querwindungen) des Temporallappens. Sie ist der Entstehungsort der wertfreien Bewusstwerdung auditorischer Wahrnehmungen. Ihre Afferenzen erhält sie vom Corpus geniculatum mediale (↗ auch Abb. 9.34). Sie ist tonotopisch, d. h. nach Frequenzen gegliedert.

Das **präfrontale Assoziationsgebiet** liegt im Frontallappen rostral der prämotorischen Rinde und der Broca-Region und ist für die Integration psychisch-emotionaler Prozesse zuständig. Außerdem spielt es eine Rolle beim Kurzzeitgedächtnis.

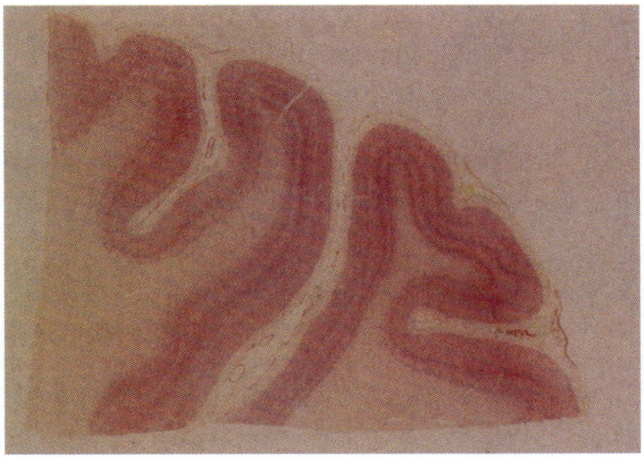

Abb. 9.32 Histologischer Schnitt durch die Sehrinde (Area striata) mit Gennari-Streifen. (Aus [8])

Klinik

Zu einer Schädigung des präfrontalen Kortex kommt es bei der in ihrer Genese ungeklärten neurodegenerativen Frontalhirnatrophie (**Morbus Pick**): Im Alter von 40–60 Jahren sieht man bei den Betroffenen zunächst eine Persönlichkeitsveränderung mit Nachlassen der Leistungsfähigkeit, (sexueller) Enthemmung und Taktlosigkeit. Im Verlauf folgen ein zunehmender intellektueller Abbau mit Gedächtnisstörungen sowie schließlich eine amnestische Aphasie, pathologische Greifreflexe und ein akinetisches Parkinson-Syndrom mit Demenz. Nach etwa 10 Jahren endet die nicht behandelbare Krankheit tödlich.

Die Gehirnerschütterung (**Commotio cerebri**) ist als reversible Funktionsstörung des ZNS ohne Substanzschädigung nach einem Schädel-Hirn-Trauma definiert. Das Leitsymptom ist eine Bewusstseinsstörung (Bewusstlosigkeit bis zu 1 Stunde oder posttraumatischer Dämmerzustand). Des Weiteren beobachtet man häufig eine Erinnerungslücke für den Moment des Traumas und die Zeit danach (anterograde Amnesie), Übelkeit, Erbrechen, Schwindel und einen Nystagmus. Die **Contusio cerebri** geht demgegenüber mit einer Substanzschädigung des Gehirns einher: Durch den Aufprall des Schädels bei einem Trauma stößt das Gehirn an der Aufprallstelle von innen an den knöchernen Schädel (Coup). Am gegenüberliegenden Hirnpol entsteht eine zweite lokale Hirnschädigung durch den Unterdruck (Contrecoup). Neben Rindenprellungsläsionen sind häufig Blutungen in das Marklager, den Balken und die Stammganglien und als Komplikation ein Hirnödem nachweisbar. Klinisch zeigen sich eine Bewusstlosigkeit, die länger als 1 Stunde andauert, zerebrale Herdsymptome (Lähmungen, Sprachstörungen, Krampfanfälle), eine traumatische Psychose mit den Stadien Koma, Delirium und Desorientiertheit sowie vegetative Störungen.

Paleocortex

Topographie

Dieser phylogenetisch älteste Teil des Kortex liegt an der Hirnbasis (↗ Kap. 3.7.2) und besteht aus Bulbus und Tractus olfactorius, Trigonum olfactorium und Area olfactoria.

Histologie

Der Paleocortex ist überwiegend 3-schichtig:
- Stratum moleculare
- Stratum pyramidale
- Stratum multiforme.

Funktion

Der Paleocortex ist das Riechhirn.

Archicortex

Topographie

Der Archicortex liegt an der medialen Hemisphärenseite und umfasst den Hippocampus (↗ Abb. 9.29) und angrenzende Strukturen wie Teile des Gyrus parahippocampalis (Gyrus hippocampi) und Gyrus cinguli (↗ Abb. 9.27).

Histologie

Wie der Paleocortex besteht der Archicortex meist aus 3 Schichten (von außen nach innen):
- Stratum oriens
- Stratum pyramidale
- Stratum moleculare.

Funktion

Er umfasst einen großen Teil des limbischen Systems (↗ Kap. 9.4.6).

Gliederung

Hippocampus

Der Hippocampus besteht aus dem **Gyrus dentatus** (Fascia dentata), dem **Cornu ammonis** (Ammonshorn) und dem **Subiculum.** Er liegt im Temporallappen an der Medialwand des Cornu inferius des Seitenventrikels (↗ Abb. 9.25). Im Frontalschnitt durch den Hippocampus gleicht die sichtbare Rindenstruktur einem eingerollten Seepferdchenschwanz, wovon der distale Anteil dem Gyrus dentatus entspricht, dem sich proximal das Ammonshorn anschließt. Dieses geht schließlich in das Subiculum über. Sein Endstück wird als **Pes hippocampi** bezeichnet. In einem Bogen geht er nach rostral bis zum hinteren Ende des Corpus callosum, um sich dann in den Fornix fortzusetzen (↗ Abb. 9.29). Den Gyrus dentatus erkennt man in der Medialansicht an seiner gezahnten Oberflächenstruktur (↗ Abb. 9.27).

Seine **Afferenzen** erhält der Hippocampus hauptsächlich aus der Area entorhinalis, die im Gyrus parahippocampalis liegt und sensible und sensorische Informationen aus Riechhirn, Corpus amygdaloideum und Neocortex verarbeitet. Außerdem erreichen afferente Fasern aus Thalamus, Gyrus cinguli und Septum den Hippocampus. Die meisten **Efferenzen** werden über den Fornix den Corpora mamillaria zugeleitet, wobei auch Fasern an das Septum, den Mandelkörper und den Hypothalamus abgegeben werden. Der Hippocampus ist Bestandteil des Papez-Neuronenkreises (↗ Kap. 9.4.6).

Als wichtiger Teil des limbischen Systems spielt der Hippocampus eine bedeutende Rolle in der Generierung von Emotionen, Verhaltensweisen und vegetativen Funktionen. Da er Zuflüsse aus fast allen Sinnesorganen erhält, vermutet man, dass im Hippocampus eine emotionale Bewertung von Sinneseindrücken stattfindet, wobei er auch einen Einfluss auf endokrine und viszerale Vorgänge hat.

Klinik

Eine **Temporallappenepilepsie** ist durch wenige Minuten dauernde Bewusstseinsstörungen mit sensorischen, sensomotorischen und vegetativen Symptomen gekennzeichnet: Die Betroffenen befinden sich in einer Art Traumzustand („dreamy state") und empfinden ihre Umwelt entweder vertraut im Sinne eines Déjà-vu-Erlebnisses oder fremdartig und bedrohlich. Dabei führen sie Automatismen wie Kauen, Schmatzen oder Handbewegungen aus.

Außerdem spielt der Hippocampus eine entscheidende Rolle in der Überführung von Gedächtnisinhalten aus dem Kurzzeit- in das Langzeitgedächtnis.

Klinik

Nach doppelseitiger Hippocampusschädigung kommt es zu einer **anterograden Amnesie,** d.h., Dinge, die nach dem Schädigungsereignis erlebt werden, können aus dem Kurzzeit- nicht in das Langzeitgedächtnis überführt werden und werden innerhalb weniger Minuten vergessen. Was das bedeutet, erzählt der Hollywoodfilm „Memento" mit der Geschichte eines Mannes, dessen Frau bei einem Überfall ermordet wird und der sich – selbst seit dem Überfall unter einer anterograden Amnesie leidend – auf die Suche nach den Mördern macht. Dieser Film ist in der Chronologie umgedreht, d.h., die letzten Szenen werden zuerst gezeigt und die ersten zuletzt, wodurch der Zuschauer sich ständig in einer Szene befindet, deren Vorgeschichte er nicht kennt (womit es ihm so geht wie dem Protagonisten des Films).

Gyrus cinguli

Der Gyrus cinguli liegt dem Corpus callosum auf (↗ Abb. 9.10 und 9.27). Er besitzt Verbindungen zu anderen Strukturen des limbischen Systems, dem Hypothalamus, dem Assoziationskortex und dem Striatum.

Neben dem Hippocampus ist der Gyrus cinguli der wichtigste Bestandteil des limbischen Systems. Er beteiligt sich an der Steuerung autonomer Vorgänge (z.B. Nahrungsaufnahme) und ist für den psycho- und lokomotorischen Antrieb verantwortlich.

Klinik

Bei **Hirntumoren im Bereich des Gyrus cinguli** kommt es zu ausgeprägten Persönlichkeitsveränderungen: Die Betroffenen erscheinen wegen herabgesetzter Psychomotorik gleichgültig und abgestumpft und sind bewegungsarm. In früheren Zeiten wurde bei Patienten mit chronischen Aggressions- oder Angstzuständen der Gyrus cinguli neurochirurgisch entfernt (Zingulektomie).

9.4 Funktionelle Systeme

9.4.1 Sehbahn

Überblick

Da die Retina ein vorgelagerter Teil des Diencephalons ist, gehört die gesamte Sehbahn zum ZNS mit dem Optikusnerv als Assoziationsbahn (↗ Kap. 3.7.3).

Gliederung

Die Sehbahn verläuft über folgende Stationen (↗ Abb. 9.33):

- **1. Neuron:** Im äußersten Bereich der Netzhaut (am weitesten vom Glaskörper entfernt) befinden sich die Lichtrezeptoren: Stäbchen für das Schwarz-Weiß-Sehen und Zapfen für die Farbwahrnehmung. Im Punkt des schärfsten Sehens (Macula densa) liegen nur Zapfen.
- **2. Neuron:** Die Sinneszellen geben ihre Impulse an bipolare Ganglienzellen weiter, die sich weiter innen in der Retina befinden und mit der Verarbeitung der Impulse beginnen.
- **3. Neuron:** Die Perikarya des N. opticus liegen in der innersten Retinaschicht direkt dem Glaskörper an. Von hier gehen die Axone aus, die das Auge mit ca. 1 Mio. Fasern am Discus nervi optici verlassen und dann als N. opticus durch den Canalis opticus ziehen, wo sie von Markscheiden umschlossen werden. Nach Eintritt in die Schädelhöhle liegt rostral des Türkensattels das Chiasma opticum. Die Fasern aus der jeweils nasalen Retinahälfte (mit den optischen Informationen aus den temporalen Gesichtsfeldern) kreuzen hier zur Gegenseite. Nach dem Chiasma opticum beginnt der Tractus opticus, der die Fasern aus der temporalen Retinahälfte des ipsilateralen sowie die Neuriten aus der nasalen Retinahälfte des kontralateralen Auges enthält und somit die optischen Informationen einer Gesichtsfeldhälfte weiterleitet.
- **4. Neuron:** Im retinotop gegliederten Corpus geniculatum laterale des Thalamus wird die Sehbahn auf das 4. Neuron umgeschaltet. Über die Sehstrah-

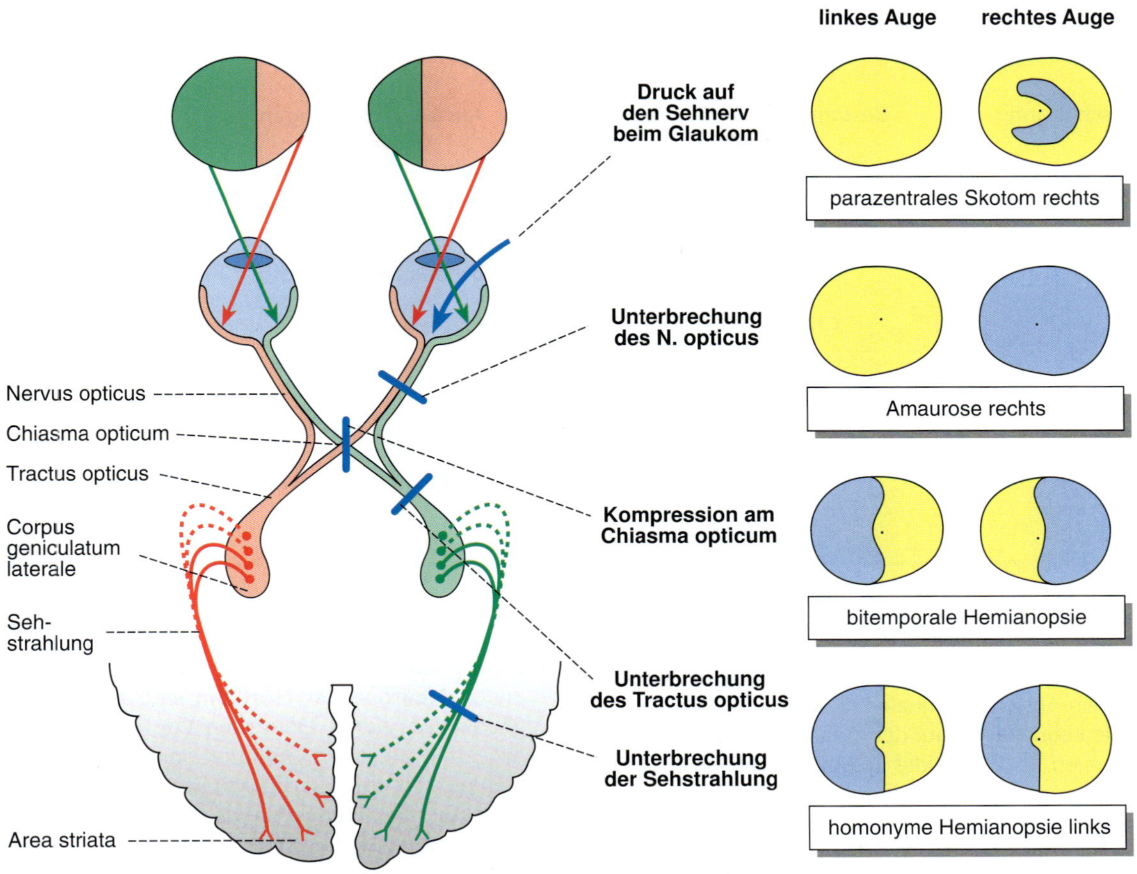

Abb. 9.33 Sehbahn und Gesichtsfeldausfälle in bestimmten Bereichen. (Aus [7])

lung (Radiatio optica, Gratiolet-Strahlung) zieht es an den Cornua inferior und posterior des Seitenventrikels vorbei zum Okzipitalpol des Hirns. Dabei werden zahlreiche Kollateralen abgegeben: zum einen an das Pulvinar thalami, das ein Assoziationsgebiet für den Vergleich von optischen und akustischen Informationen darstellt, und an die Colliculi superiores sowie die Nuclei pretectales, wo sich die optischen Reflexzentren (z. B. Licht- und Blinzelreflex) befinden und eine weitere Verschaltung der Neurone erfolgt.

- **5. Neuron:** In der Area striata am Okzipitalpol beidseits des Sulcus calcarinus wird die Sehbahn auf das 5. und weitere Neurone verschaltet. Auch die Area striata ist retinotop gegliedert, wobei die Fovea centralis als Ort des schärfsten Sehens auf ca. 50 % der gesamten Sehrinde repräsentiert ist. In der Nachbarschaft der Area striata befinden sich optische Assoziationsgebiete (Areae 18 und 19), die eine Rolle bei der Interpretation, Bewusstmachung und Erinnerung optischer Informationen spielen.

Klinik

Spezielle **Gesichtsfeldausfälle** lassen sich Schädigungen in bestimmten Bereichen der Sehbahn zuordnen (↗ Abb. 9.33 und Tab. 9.10):

- **Schädigung eines Auges oder des N. opticus:** Mögliche Ursachen sind Zentralarterienverschluss, Glaskörper- oder Netzhautblutung. Es entsteht eine plötzliche einseitige Sehschärfenminderung oder komplette Blindheit eines Auges (Amaurosis). Typisch ist eine amaurotische Pupillenstarre: Durch Unterbrechung der afferenten Fasern fällt die Pupillenreaktion auf dem blinden und dem gesunden Auge bei Belichtung des blinden Auges aus. Pupillen- und Konvergenzreaktion bei Belichtung des gesunden Auges sind jedoch beidseits erhalten.
- **Schädigung des Chiasmas:** Ein Hypophysentumor, der von unten auf die kreuzenden Fasern im Chiasma opticum drückt, kann die Fasern aus den nasalen Netzhauthälften schädigen und eine bitemporale (heteronyme) Hemianopsie verursachen (= Ausfall der temporalen Gesichtsfeldhälften beider Augen). Viel seltener ist eine arteriosklerotische Elongation beider benachbarter Karotiden mit Kompression der temporalen Chiasmafasern, die eine binasale Hemianopsie verursacht.

Tab. 9.10 Sehbahn und Ausfallerscheinungen bei Schädigungen an verschiedenen Stellen

Verschaltung	Bestandteile der Sehbahn	Ausfallerscheinungen
1. Neuron	Stäbchen und Zapfen ↓	Sehschärfenminderung
2. Neuron	bipolare Ganglienzellen ↓	
3. Neuron	N. opticus ↓	Blindheit eines Auges
	Chiasma opticum ↓	heteronyme bitemporale Hemianopsie
	Tractus opticus ↓	homonyme Hemianopsie
4. Neuron	Corpus geniculatum laterale ↓	homonyme Hemianopsie
	Sehstrahlung ↓	Quadrantenanopsie/homonyme Hemianopsie
5. Neuron	Area striata	

- **Schädigung im Bereich des Tractus opticus:** Folge ist ein Ausfall des nasalen Gesichtsfeldes (= temporale Retinahälfte) auf der ipsilateralen und des temporalen Gesichtsfeldes (= nasale Retinahälfte) auf der kontralateralen Seite, was man als homonyme Hemianopsie bezeichnet.
- **Schädigungen der Sehstrahlung:** Meist ist nicht die gesamte Sehstrahlung betroffen, so dass Quadrantenausfälle entstehen. Im Fall einer kompletten Schädigung entsteht eine homonyme Hemianopsie.
- **Schädigung der Area striata:** Während es bei einseitiger Schädigung zur homonymen Hemianopsie oder Quadrantenanopsie kommt, resultiert aus einem beidseitigen Ausfall (z. B. durch Tumoren oder Schussverletzungen) eine „Rindenblindheit“: Im Gegensatz zur Blindheit bei Optikusschäden sind sämtliche Lichtreflexe intakt, da die Reflexbögen in der Sehbahn vor der Sehrinde lokalisiert sind.

9.4.2 Hörbahn

Überblick

Die Hörbahn ist ein wenig komplizierter strukturiert als die Sehbahn. Das liegt zum einen daran, dass die neuronale Verschaltung nicht so einheitlich ist, und zum anderen an mehreren Kreuzungen zur Gegenseite, an denen jedoch nicht alle Fasern beteiligt sind.

Gliederung (↗ Abb. 9.34)

- **Corti-Organ mit äußeren und inneren Haarzellen:** Die Haarzellen sind die Sinneszellen des Corti-Organs im Innenohr, die bei einfallenden Schallwellen durch Abknickung ihrer apikalen Stereozilien gegenüber der Membrana tectoria stimuliert werden (↗ Kap. 3.5.3).
- **Pars cochlearis des N. vestibulocochlearis:** Die ersten Neurone der Hörbahn sind bipolare Ganglienzellen, deren Dendriten von den Haarzellen ausgehen und zum Ganglion spirale im Modiolus ziehen, wo ihre Perikarya liegen. Anschließend verlaufen die Axone als Pars cochlearis des N. vestibulocochlearis durch den Meatus acusticus internus und treten im Kleinhirnbrückenwinkel in das Rhombencephalon ein (↗ Kap. 3.7.2).
- **Nuclei cochleares:** In der Nähe des lateralen Recessus des 4. Ventrikels liegen die Nuclei cochleares. Dort werden die Neuriten der Pars cochlearis auf das 2. Neuron umgeschaltet. Man unterscheidet 2 Nuclei cochleares:
  - **Nucleus cochlearis ventralis:** Die Neurone aus dem apikalen Schneckenteil werden hier auf das 2. Neuron umgeschaltet. Einige wenige Fasern ziehen dann im ipsilateralen Lemniscus lateralis nach rostral. Die meisten Neurone kreuzen jedoch im Corpus trapezoideum zur Gegenseite. Auf diesem Wege werden einige von ihnen in Zwischenkernen (Nuclei corporis trapezoidei) bereits auf das 3. Neuron umgeschaltet. Im Lemniscus lateralis der Gegenseite ziehen die Fasern anschließend nach rostral zur Vierhügelplatte. Auf dem Weg werden noch einige Fasern zu den kontralateralen Nuclei lemnisci laterales abgegeben.
  - **Nucleus cochlearis dorsalis:** Hier werden Neurone aus dem basalen Teil der Schnecke auf das 2. Neuron verschaltet. Während sich wiederum einige wenige Fasern dem ipsilateralen Lemniscus lateralis anschließen, ziehen die meisten Neurone als Striae medullares ventriculi quarti unterhalb des 4. Ventrikels zur Gegenseite (↗ Abb. 9.19), um dann im kontralateralen Lemnicus lateralis zum Colliculus inferior zu ziehen.

- **Colliculi inferiores:** Hier werden die meisten Neurone der Hörbahn auf das 3. bzw. 4. Neuron umgeschaltet. Die meisten Fasern ziehen anschließend über das Brachium colliculi inferioris zum Corpus geniculatum mediale. Einige Fasern kreuzen über eine Kommissurenbahn zum kontralateralen Colliculus inferior, und es werden Kollateralen abgegeben, zum einen an das Kleinhirn und an das Pulvinar thalami (Assoziationsgebiete für optische und akustische Informationen) und zum anderen an die oberen Hügel als Station akustischer Reflexbögen.
- **Corpus geniculatum mediale:** Dieser Thalamusteil ist die letzte Umschaltstation der Hörbahn. Hier beginnt die Hörstrahlung (Radiatio acustica), die

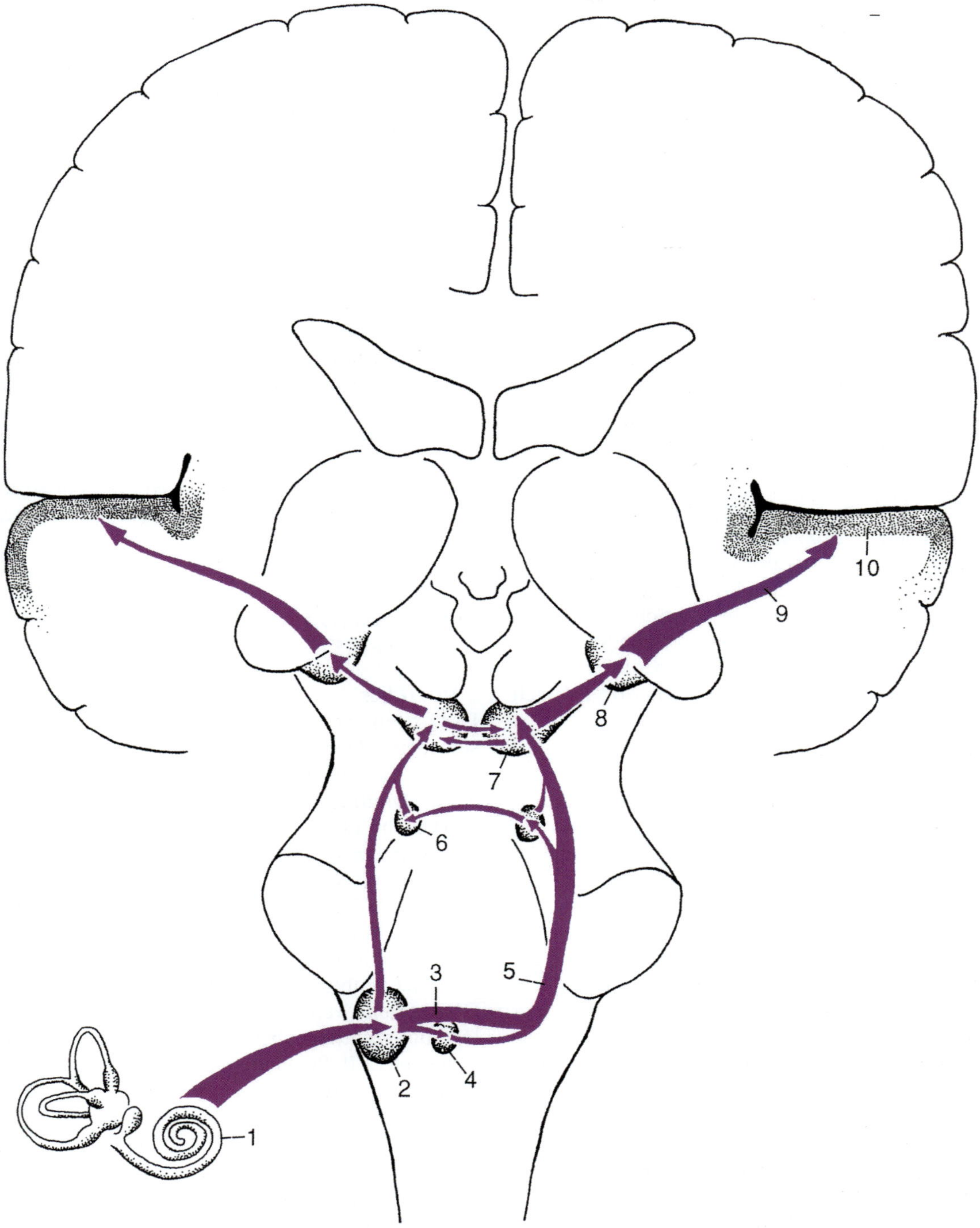

Abb. 9.34 Hörbahn. 1 = Cochlea, 2 = Ncll. cochleares, 3 = Corpus trapezoideum, 4 = Ncll. olivares superiores und Ncl. corporis trapezoidei, 5 = Lemniscus lateralis, 6 = Ncll. lemnisci laterales, 7 = Colliculus inferior, 8 = Corpus geniculatum mediale (Teil des Thalamus), 9 = Hörstrahlung, 10 = primäre Hörrinde. (Aus [17])

im Crus posterius der inneren Kapsel zur primären Hörrinde zieht.
- **Primäre Hörrinde (Heschl'sche Querwindungen):** Im Temporallappen lokalisiert, bildet sie den Endpunkt der Hörbahn. Sie ist nach Frequenzen tonotop gegliedert.

Klinik

Bei einseitiger **Schädigung der Hörrinde** kommt es lediglich zu einer Hörminderung, da ein kleiner Teil der Fasern ungekreuzt verläuft, also in der anderen Großhirnhälfte repräsentiert wird. Durch **Störung der Verteilung von Fasern** in Richtung kontra- und ipsilateraler Hörrinde beim Ausfall von Hörbahn oder Hörrinde leidet vor allem das Richtungshören.

9.4.3 Pyramidenbahn

Überblick

Die Pyramidenbahn hat ihren Namen von der Pyramide, die sie durchzieht. Sie stellt mit über 1,2 Millionen Fasern die größte Bahn des ZNS dar. Sie ist eine Projektionsbahn, über die die Impulse sämtlicher Willkürbewegungen vom ZNS zu den peripheren Muskeln geleitet werden.

Gliederung

Die Pyramidenbahn setzt sich aus folgenden Strukturen zusammen (↗ Abb. 9.35):
- **Motokortex im Gyrus precentralis:** Im somatotop gegliederten motorischen Primärgebiet liegen die Perikarya der 1. Neurone (in den Schichten 4–6). Außerdem entsendet der prämotorische Kortex Fasern zur Pyramidenbahn. Über die Corona radiata laufen die motorischen Fasern fächerförmig nach mediokaudal in Richtung Capsula interna.
- **Capsula interna:** Man unterscheidet in der Pyramidenbahn 2 verschiedene Fasersysteme:
  - Die **Fibrae corticonucleares** enden an den Hirnnervenkernen im Hirnstamm und verlaufen somit gar nicht durch die namengebende Pyramide, weswegen man sie im engeren Sinne nicht zur Pyramidenbahn zählen kann. Sie ziehen durch das Genu capsulae internae.
  - Die **Fibrae corticospinales** ziehen zu den motorischen Vorderhornzellen im Rückenmark. Sie verlaufen im posterioren Kapselschenkel.
- **Crus cerebri:** Kaudal der Capsula interna verläuft die Pyramidenbahn in den zentralen Teilen der Hirnschenkel, wobei die Fibrae corticonucleares medial der Fibrae corticospinales verlaufen. Erstere enden an den motorischen Hirnnervenkernen im Hirnstamm (z. B. für den N. facialis oder N. hypoglossus, ↗ Abb. 9.35).
- **Pons:** weiterer Verlauf durch die Brücke, an deren Kerne zahlreiche Kollateralen abgegeben werden
- **Pyramis:** Sie wölben sich unterhalb des Pons vor und markieren den Beginn des Vorderstrangs.
- **Decussatio pyramidum:** Die Decussatio befindet sich unterhalb der Pyramiden in der Fissura anterior. Hier kreuzen 90% der Fibrae corticospinales zur Gegenseite, während die verbleibenden 10% der Fasern weiterhin ungekreuzt nach kaudal verlaufen.
- **Rückenmark:** Die Pyramidenbahn durchläuft das Rückenmark in 2 Bahnsystemen:
  - **Tractus corticospinalis lateralis:** Er ist im dorsalen Teil des Seitenstrangs lokalisiert und enthält die gekreuzten Fasern. Die meisten Neuriten enden im Halsmark zur Innervation der oberen Extremität (viele Fasern = Feinmotorik). Die restlichen ziehen weiter bis in das Lumbalmark. Die einzelnen Fasern (1. Neuron aus dem Gyrus precentralis) enden im Vorderhorn, wo sie auf das 2. Neuron verschaltet werden. Dieses ist jedoch häufig nicht das Motoneuron, das zum Muskel zieht, sondern ein zwischengeschaltetes Interneuron.
  - **Tractus corticospinalis anterior:** Er verläuft im Vorderstrang lateral der Fissura anterior und enthält die ungekreuzten Neurone. Von diesen Neuronen (10% der Fibrae corticospinales) kreuzt die Hälfte (also 5%) auf Rückenmarksebene über die Commissura alba zur Gegenseite. Die restlichen 5% kreuzen gar nicht. Auch die Fasern aus diesem Tractus werden auf segmentaler Ebene auf das 2. Neuron (Motoneuron oder Schaltneuron) verschaltet.

9.4.4 Extrapyramidal-motorisches System (EPMS)

Überblick

Das extrapyramidal-motorische System umfasst verschiedene, hierarchisch gegliederte Kerngebiete in Kortex, Basalganglien und Hirnstamm, die Einfluss auf die Motorik haben, jedoch (wie der Name schon sagt) nicht zur Pyramidenbahn zählen. Im engeren Sinne sind das:
- Striatum (= Nucleus caudatus und Putamen)
- Globus pallidus
- Nucleus subthalamicus
- Substantia nigra
- Nucleus ruber.

Dazugezählt werden können auch verschiedene Integrationszentren, über die das EPMS mit anderen Systemen (z. B. Pyramidenbahn oder Gleichgewichtssystem) kommuniziert:
- Cerebellum
- Thalamus
- Nuclei vestibulares
- Formatio reticularis.

Das EPMS besitzt deutlich weniger Fasern als die Pyramidenbahn und ist durch die komplizierten Verschaltungen der verschiedenen Kerngebiete über eine Vielzahl von Neuronen hinweg deutlich langsamer.

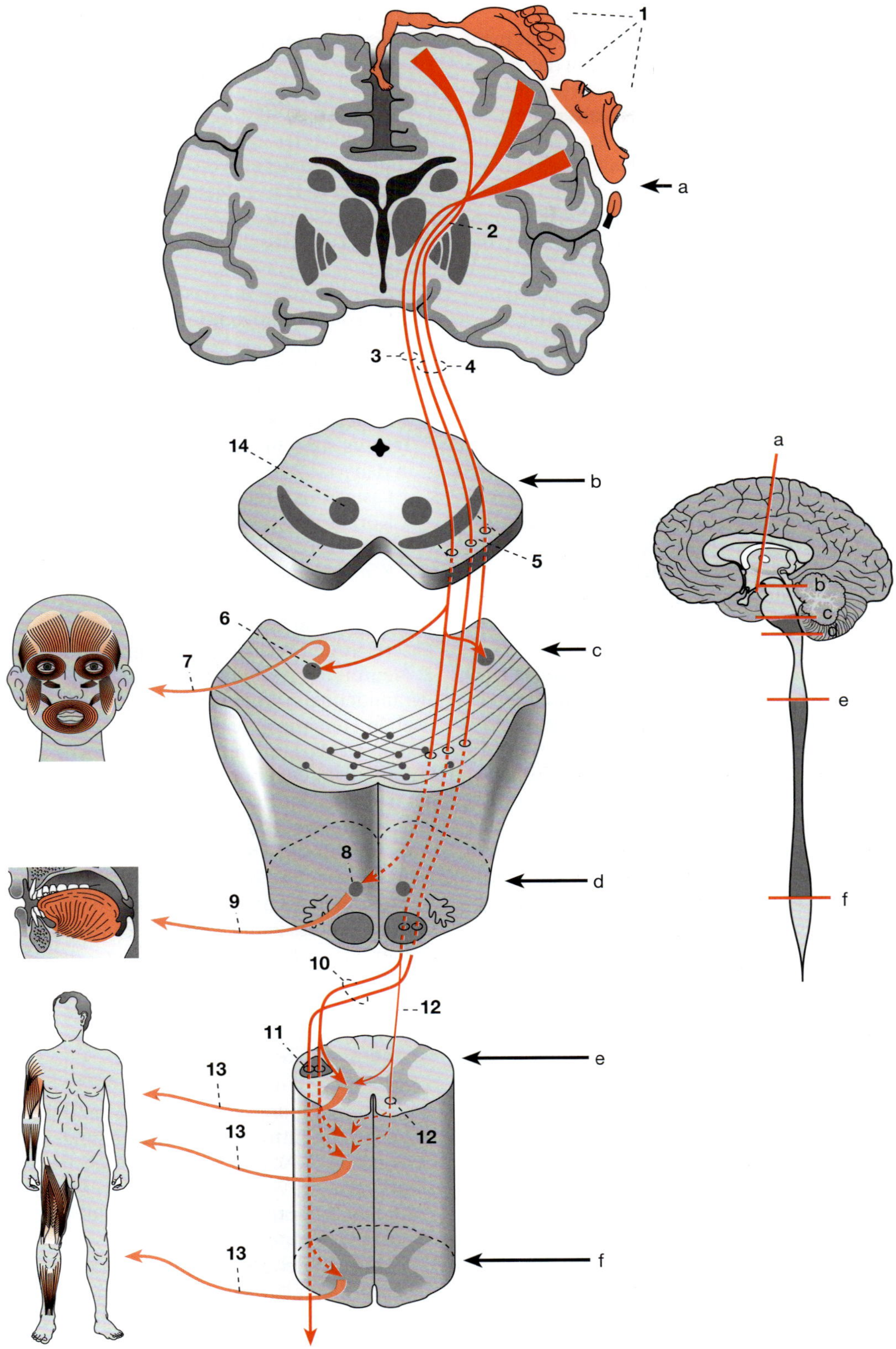

Abb. 9.35 Pyramidenbahn (Tractus corticonuclearis und corticospinalis). 1 = Motokortex mit somatotopischer Gliederung, 2 = Capsula interna, 3 = Tractus corticonuclearis, 4 = Tractus corticospinalis, 5 = Crus cerebri, 6 = Ncl. nervi facialis, der mit seinen Motoneuronen den 7 = N. facialis bildet, 8 = Ncl. nervi hypoglossi, der mit seinen Motoneuronen den 9 = N. hypoglossus bildet, 10 = Pyramidenbahnkreuzung in der Medulla oblongata, 11 = Tractus corticospinalis lateralis, 12 = Tractus corticospinalis anterior, 13 = Axone der Motoneurone im Vorderhorn des Rückenmarks, die die motorischen Spinalnerven bilden, 14 = Nucleus ruber. (Aus [17])

Funktion
Während die Auslösung von Bewegungen dem pyramidalen System zugeschrieben wird, spielt das EPMS eine wichtige Rolle in der Bewegungsregulierung. Hier werden z. B. die unwillkürlichen Anteile bei willkürlichen Bewegungen generiert wie das Mitschwingen der Arme beim Gehen oder das Halten des Gleichgewichts. Auch an der Steuerung von Körperhaltung und Mimik sowie der Regulierung angeborener oder trainierter Automatismen (z. B. Klavierspielen) hat das EPMS einen bedeutenden Anteil. Die genaue Funktionsweise oder spezielle Funktionen einzelner Bestandteile des EPMS sind weitgehend unklar.

Gliederung
Das **Striatum** ist die oberste Ebene des EPMS. Es erhält Afferenzen vor allem vom pyramidalen Kortex (inhibitorisch) und vom Thalamus (hauptsächlich exzitatorisch). Zusätzliche (hemmende, dopaminerge) Afferenzen bekommt es außerdem von der Substantia nigra, an die es GABAerge Efferenzen zurückschickt. Die Hauptefferenz des Striatums geht zur nächsttieferen Ebene des EPMS, den Globus pallidus, und ist inhibitorisch. Weitere efferente Verbindungen ziehen zum Thalamus und zu anderen Bestandteilen des EPMS.

Globus pallidus und **Nucleus subthalamicus** sind als nächsttiefere Ebenen gegenläufig miteinander verbunden und in komplexe Regelkreise integriert.

Der **Nucleus ruber** als unterste Ebene des EPMS fungiert als Schaltstelle zu Cerebellum, Formatio reticularis, Olive und Rückenmark. Die wichtigste efferente Bahn ist die zentrale Haubenbahn (Tractus tegmentalis centralis), die vom Nucleus ruber zur Olive zieht und auch Neurone aus der Formatio reticularis und dem Globus pallidus aufnimmt. Außerdem ziehen einige Faserbündel als Tractus rubrospinalis (Monakow-Bündel) zum Halsmark.

Vom Nucleus olivaris inferior zieht die eigentliche Projektionsbahn dann als Tractus olivospinalis zwischen Vorder- und Seitenstrang abwärts, um auf segmentaler Ebene an Schaltzellen und Motoneuronen im Vorderhorn zu enden. Außerdem sind Nucleus ruber und Olive über das Cerebellum miteinander verbunden.

9.4.5 Bahnen der Sensibilität

Überblick
Die Sensibilität lässt sich in 2 Systeme unterteilen, die in 3 verschiedenen Bahnen im Rückenmark verlaufen:

- **epikritische Sensibilität:** Diese umfasst die Wahrnehmung von Berührung, Vibration und der Körperlage im Raum. Sie verläuft im Hinterstrang als Fasciculi cuneatus und gracilis.
- **protopathische Sensibilität:** Diese umfasst Schmerz- und Temperaturreize, die über den Tractus spinothalamicus lateralis geleitet werden, sowie grobe Berührungs- und Druckreize, die im Tractus spinothalamicus ventralis verlaufen.

Epikritische Sensibilität

Die Impulse der epikritischen Sensibilität entstehen in Sinnesrezeptoren von Haut, Muskeln, Gelenken und Sehnen. Das 1. Neuron hat sein Perikaryon im Spinalganglion (im Kopfbereich mit dem N. trigeminus als epikritischem Hautnerv im Ganglion trigeminale).

Weiter verlaufen die Fasern (↗ Abb. 9.36)

- durch das **Foramen intervertebrale** in den Rückenmarkskanal,
- über die hintere Wurzel (**Radix dorsalis**) in das Rückenmark und
- im **ipsilateralen Hinterstrang** nach kranial im **Tractus spinobulbaris,** der sich untergliedern lässt in den
  - **Fasciculus gracilis** mit Fasern aus der unteren Körperhälfte und den
  - **Fasciculus cuneatus** mit Fasern aus der oberen Körperhälfte, die sich dem Fasciculus gracilis lateral anlagern.

Im Hirnstamm kaudal des 4. Ventrikels werden die Fasern in den **Nuclei gracilis** und **cuneatus** auf das 2. Neuron umgeschaltet. Durch Kollateralen aus der Pyramidenbahn kommt es zur prä- und postsynaptischen Hemmung der afferenten Signale. Dann verlaufen die Fasern im **Lemniscus medialis** (Tractus bulbothalamicus) nach rostral, wo sie in der **Decussatio lemniscorum** in der Medulla oblongata zur Gegenseite kreuzen. Ab etwa dem Pons werden sie von den epikritischen Fasern aus dem N. trigeminus begleitet. Im **Thalamus** werden die Fasern auf das 3. Neuron verschaltet, und ziehen dann über die **Corona radiata** zum **Gyrus postcentralis,** dem somatischen Primärkortex.

Protopathische Sensibilität

Schmerz und Temperatur

Verlauf
Die Wahrnehmung von Schmerz- und Temperaturreizen erfolgt in freien Nervenendigungen. Das Perikaryon des 1. Neurons befindet sich im Spinalganglion. Von dort verlaufen die Fasern (↗ Abb. 9.37)

- durch das **Foramen intervertebrale** in den Rückenmarkskanal und
- über die **Radix posterior** in das Rückenmark.

In der ipsilateralen **Substantia gelatinosa** verzweigen sich die Fasern und ziehen 1–2 Rückenmarkssegmente nach kranial, um dann auf das 2. Neuron umgeschaltet zu werden. Von dort

- kreuzen sie in der **Commissura alba** zur Gegenseite,
- verlaufen im kontralateralen **Tractus spinothalamicus lateralis** nach kranial und
- im Hirnstamm im **Lemniscus medialis.**

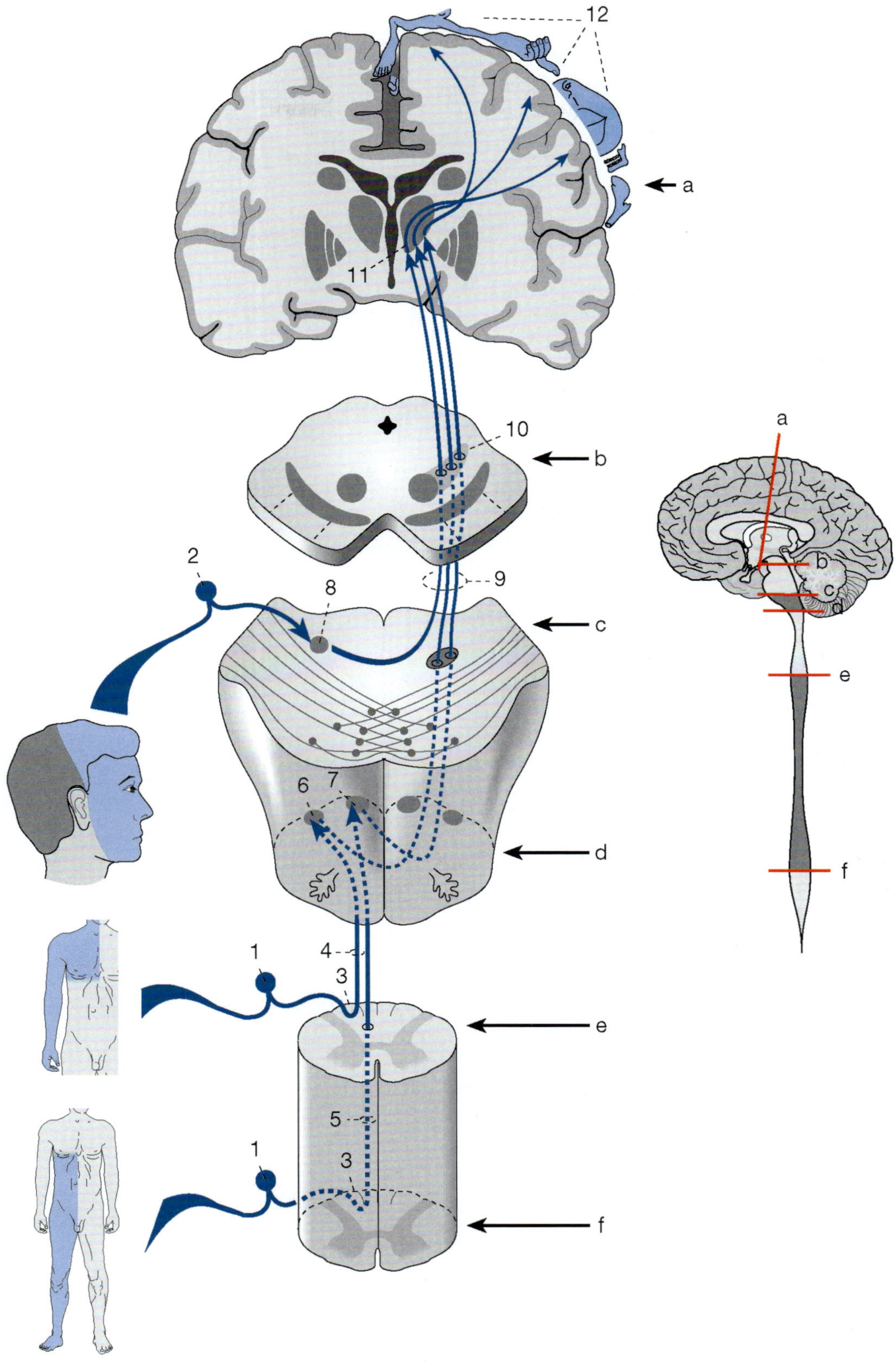

Abb. 9.36 Bahnsysteme der epikritischen Sensibilität. 1 = Spinalganglien, 2 = Ganglion trigeminale, 3 = Hinterstrang des Rückenmarks, 4 = Fasciculus cuneatus, 5 = Fasciculus gracilis, 6 = Nucleus cuneatus, 7 = Nucleus gracilis, 8 = Nucleus principalis n. trigemini, 9, 10 = Lemniscus medialis, 11 = Nucleus ventralis posterior thalami, 12 = Gyrus postcentralis (primär somatosensibler Kortex) mit somatotopischer Gliederung. (Aus [17]).

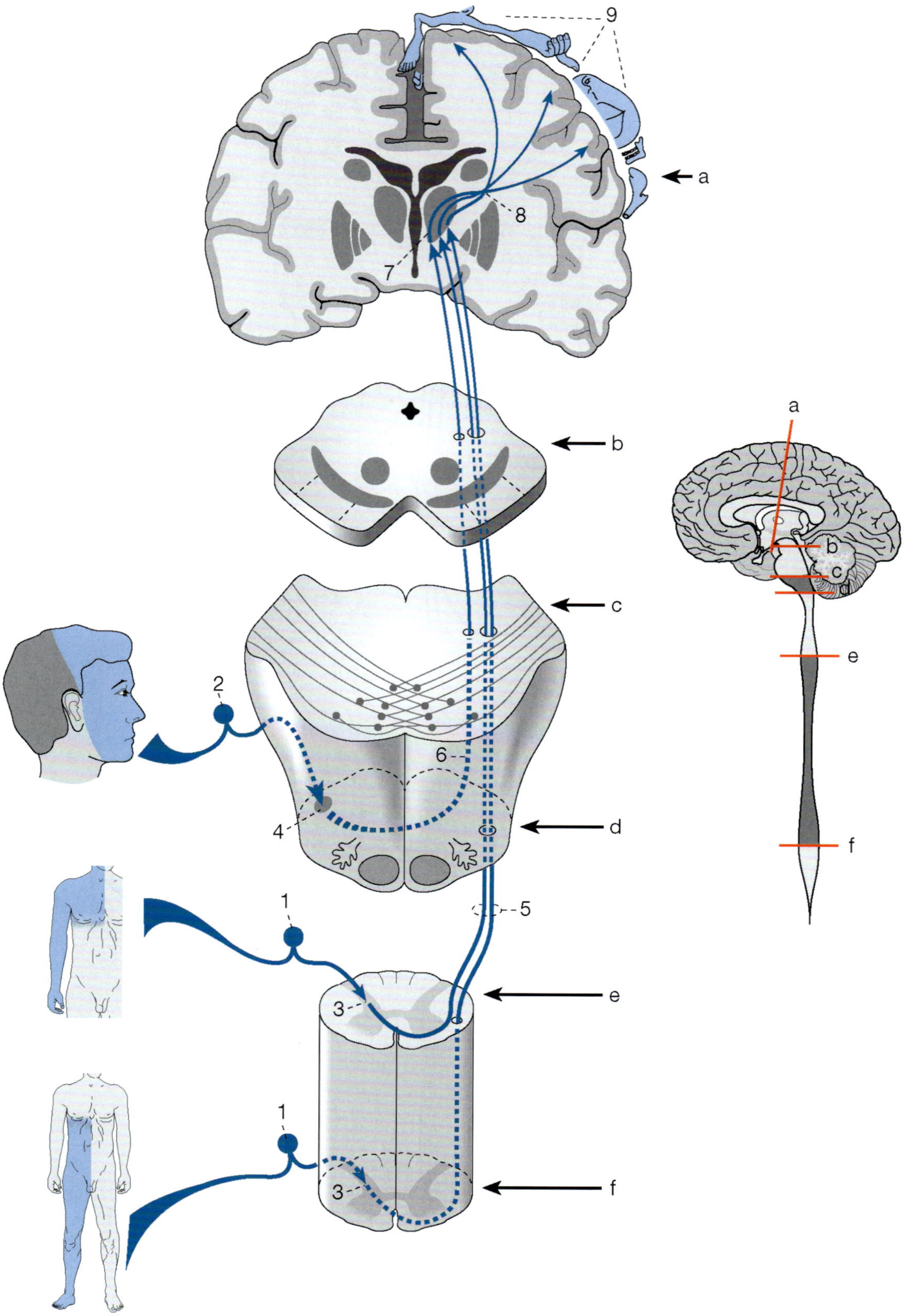

Abb. 9.37 Bahnsysteme der protopathischen Sensibilität. 1 = Spinalganglien, 2 = Ganglion trigeminale, 3 = Hinterhorn des Rückenmarks, 4 = Nucleus spinalis n. trigemini, 5 = Tractus spinothalamicus lateralis, 6 = protopathisch-sensible Fasern aus 4, 7 = Nucleus ventralis posterior thalami, 8 = thalamokortikale Fasern, 9 = Gyrus postcentralis (primär somatosensibler Kortex) mit somatotopischer Gliederung. (Aus [17])

In der Formatio reticularis werden einige Fasern an das ARAS abgegeben (Schmerzreize steigern die Aufmerksamkeit), der größte Teil wird im **Thalamus** auf das 3. Neuron umgeschaltet und zieht dann über die **Corona radiata** zum **Gyrus postcentralis.**

Grobe Berührung und Druck

Verlauf

Grobe Berührungs- und Druckreize werden von Hautrezeptoren wahrgenommen und zunächst auf dem gleichen Wege weitergeleitet wie die Schmerz- und Temperaturafferenzen (↗ Abb. 9.37). Im Unterschied zu diesen ziehen sie jedoch nach Verschaltung auf das 2. Neuron in der Substantia gelatinosa und Kreuzung zur Gegenseite in der Commissura alba im kontralateralen **Tractus spinothalamicus ventralis** nach kranial, um sich dann im Hirnstamm im Lemniscus medialis wieder mit den Fasern der Schmerz- und Temperaturwahrnehmung zu vereinigen. Nach Verschaltung auf das 3. Neuron im Thalamus ziehen sie ebenfalls zum Gyrus postcentralis.

Klinik

Beim **Brown-Séquard-Syndrom** handelt es sich um eine halbseitige Rückenmarksschädigung: Ipsilateral fällt die epikritische Sensibilität aus, kontralateral – aufgrund der Kreuzung der Tractus spinothalamici auf Segmentebene – die Schmerz-, Temperatur- und Druckempfindung. Man bezeichnet diese Symptomatik als **dissoziierte Empfindungsstörung.**

9.4.6 Limbisches System

Überblick

Der Begriff „limbisches System" stammt von Broca und ist über 100 Jahre alt. Er subsumiert verschiedene funktionell miteinander verbundene Rinden- und Kerngebiete, die hauptsächlich dem Archipallium entstammen und in engem Zusammenhang mit dem Riechhirn stehen. Man geht heute von der Vorstellung aus, dass das bei niederen Säugetieren stark ausgebildete Riechhirn bei den Menschen größtenteils zum „emotionalen Gehirn" umfunktioniert worden ist, weswegen im menschlichen Gehirn noch immer ein enger anatomischer Zusammenhang zwischen diesen beiden Systemen besteht.

In den letzten Jahren hat das limbische System in der Medizin als Angriffspunkt verschiedener Psychopharmaka an Bedeutung zugenommen.

Funktion

Das limbische System ist das **„emotionale Gehirn"**, in dem Gefühle wie Angst oder Aggression, Stimmungen, Affekte und Triebe generiert und in Verhaltensweisen umgesetzt werden. In den Neuronenkreisen des limbischen Systems können sich Affekte wie Angst oder Aggression durch Selbstinduktion aufbauen. Außerdem spielt es eine wichtige Rolle in der Speicherung von Gedächtnisinhalten.

Gliederung

Die zum limbischen System zählenden Hirnstrukturen sind in der Literatur uneinheitlich definiert. Man unterscheidet einen inneren und einen äußeren Bogen:

- äußerer Bogen (periarchikortikaler Teil):
  - Gyrus parahippocampalis (6 in ↗ Abb. 9.38)
  - Gyrus cinguli (1 in ↗ Abb. 9.38)
- innerer Bogen (archikortikaler Teil):
  - Hippocampus einschließlich Gyrus dentatus (2 in ↗ Abb. 9.38)
  - Gyrus fasciolaris (Lokalisation inferiodorsal des Splenium corporis callosi)
  - Indusium griseum mit Striae longitudinales (oberhalb des Balkens)
  - Gyrus paraterminalis (unterhalb des Rostrum corporis callosi)
  - Septumregion (Area septalis, 7 in ↗ Abb. 9.38)
  - Fornix (3 in ↗ Abb. 9.38)
- weitere Strukturen des limbischen Systems:
  - Corpus amygdaloideum (4 in ↗ Abb. 9.38)
  - Corpus mamillare (5 in ↗ Abb. 9.38)
  - Nuclei anteriores thalami
  - Nuclei habenulares und tegmentales
  - Nucleus interpeduncularis.

Die verschiedenen Rinden- und Kerngebiete des limbischen Systems sind über Bahnsysteme zu komplexen, wechselsinnigen Neuronenkreisen zusammengeschlossen, von denen der bekannteste der **Papez-Neuronenkreis** ist: Über diesen Neuronenkreis gelangen Efferenzen aus dem Hippocampus über Fornix, Corpus mamillare, den Fasciculus mamillothalamicus (Vicq d'Azyr), Thalamus und Gyrus cinguli zurück zum Hippocampus. Der Papez-Neuronenkreis spielt in leicht modifizierter Form eine wichtige Rolle bei der Überführung von Gedächtnisinhalten aus dem Kurzzeit- in das Langzeitgedächtnis.

Klinik

Bei Schädigung eines der Glieder des Papez-Neuronenkreises, z. B. im Zuge des Neuronenuntergangs bei einer Alzheimer-Demenz, nach Schädel-Hirn-Traumen oder bei Hirntumoren, kommt es zu einer **anterograden Amnesie,** d. h., alle Erinnerungen vor dem schädigenden Ereignis bleiben erhalten, während neue Gedächtnisinhalte nach 2 Minuten vergessen werden.

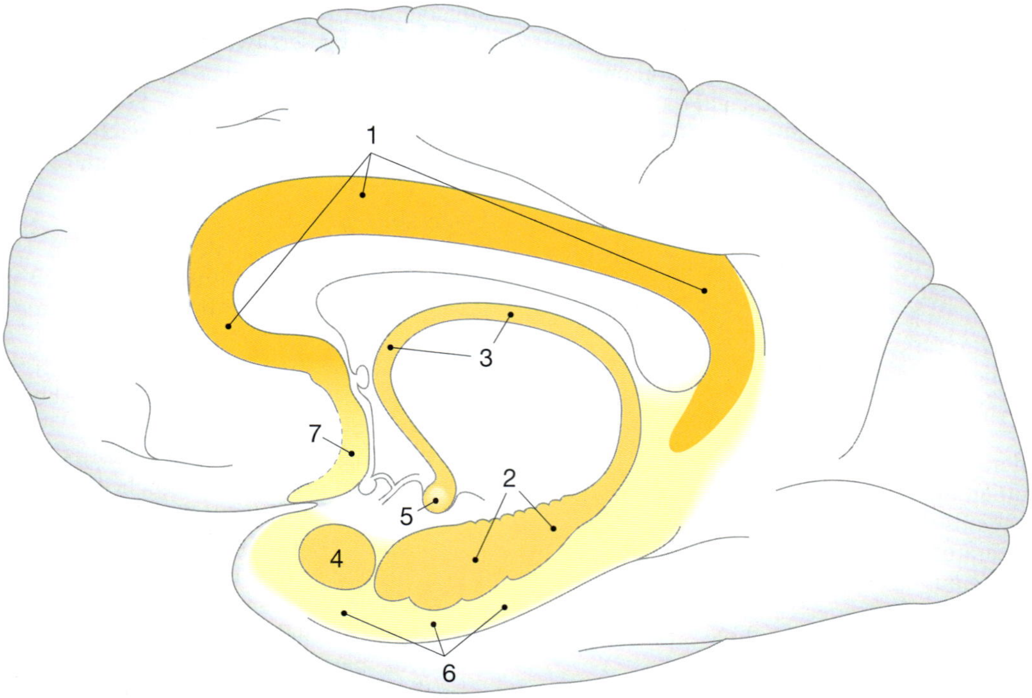

Abb. 9.38 Das limbische System, die wichtigsten Strukturen. (Aus [17])

10 Anatomie in Schnittbildern

Ingo Steinbrück

Überblick

Schnittbilder (Computertomographie, Magnetresonanztomographie) sind gern gefragte Examensthemen und haben eine große klinische Relevanz, weil die moderne Diagnostik nicht mehr ohne sie auskommt. Die Interpretation dieser Bilder ist manchmal schwierig, weil das Wissen über die Lokalisation und topographischen Beziehungen der einzelnen Organe hierbei nicht genügt, sondern auf die Schnittebenen übertragen werden muss. Um Schnittbilder herzustellen, wird entweder die Computertomographie (CT) oder die Magnetresonanztomographie (MRT) eingesetzt. Beide Verfahren beruhen auf unterschiedlichen Techniken:

- Die **CT** ist ein Röntgenverfahren, bei dem sich die Röntgenröhre und die ihr gegenüberliegenden Detektoren kontinuierlich kreisförmig um den Patienten drehen. Die dabei fächerförmig ausgesendeten Strahlen werden vom Patientengewebe geschwächt. Dabei gilt, dass die Absorption umso stärker ist, je höher die physikalische Dichte des Gewebes ist. Aus der Schwächung der von den Detektoren aufgefangenen Reststrahlen werden Dichtewerte für jeden Raumpunkt (Voxel) in der Untersuchungsebene errechnet. Dabei wird den Dichtewerten die Hounsfield-Skala zugrunde gelegt: –1000 HU für die geringste Dichte (= Luft), 0 HU für Wasser und +1000 HU für dichte Knochen. Die Dichtewerte werden im CT-Bild mit Hilfe einer Grauskala dargestellt: Dunkle Bildpunkte (Pixel) für geringe und zunehmend helle Pixel entsprechend der ansteigenden Dichte. Auf diese Weise werden z. B. Luft schwarz und Knochen weiß dargestellt (➚ Tab. 10.1).
- Die **MRT** arbeitet mit einem starken Grundmagnetfeld, in dem Gewebeprotonen durch einen angepassten Hochfrequenzpuls energetisch angeregt werden. Die bei der Rückkehr der Protonen in den Ursprungszustand (sog. Relaxation) ausgesendete Hochfrequenzenergie wird mit Empfangsspulen erfasst, die an die untersuchte Körperregion angepasst sind. Durch zusätzliche Magnetfelder (Gradientenfelder) lässt sich das Signal dem dreidimensionalen Bildpunktraster des Patienten zuordnen. Die Signalintensität eines Bildpunktes hängt von lokalen Gewebeparametern ab (z. B. Protonendichte, T1- und T2-Relaxationszeiten, Diffusion, Blutfluss, paramagnetische Substanzen), die mit einem Protokoll variabler Messparameter in unterschiedlicher Gewichtung und damit unterschiedlichen Grauwertkontrasten dargestellt werden können. Dadurch erhält man mehrere geometrisch gleiche, jedoch im Kontrastmuster unterschiedliche Bilder einer Körperregion, aus deren Synopse sich anatomische und pathologische Strukturen charakterisieren lassen (➚ Tab. 10.1).

Im Folgenden sind einige Schnitte durch den menschlichen Körper in unterschiedlichen Höhen und Ebenen zusammengestellt.

Tab. 10.1 Grauwerte verschiedener Strukturen in der CT und MRT

Struktur	CT	T1-Gewichtung	T2-Gewichtung
Liquor	schwarz	schwarz	weiß
Fett	grau	weiß	dunkelgrau
Hirngewebe	grau	hellgrau	dunkelgrau
Knochen	weiß	dunkelgrau	dunkelgrau
frisches Blut	weiß	weiß	grau

Schnittbilder des Kopfes

Der Kopf ist mit einem Koronarschnitt (➚ Abb. 10.1), einem Sagittalschnitt (➚ Abb. 10.2) und 2 Querschnitten (➚ Abb. 10.3 und 10.4) dargestellt. Bei den Abbildungen 10.1 und 10.4 handelt es sich um kraniale CTs (CCT), bei den anderen beiden Abbildungen um MRTs. Mit der CT kann am Kopf vor allem Knochen gut dargestellt werden, mit der MRT lassen sich Hirnstrukturen detailliert darstellen.

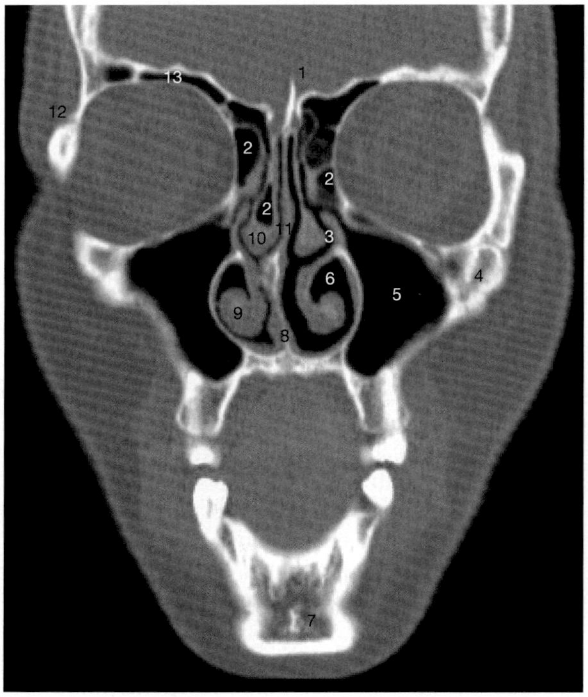

Abb. 10.1 Koronarschnitt des Kopfes durch die Sinus maxillaris im CT. 1 = Crista galli, 2 = Cellulae ethmoidales, 3 = Meatus nasi medius, 4 = Os zygomaticum, 5 = Sinus maxillaris, 6 = Meatus nasi inferior, 7 = Mandibula, 8 = Vomer, 9 = Concha nasalis inferior, 10 = Concha nasalis media, 11 = Septum nasi, 12 = Sutura frontozygomatica, 13 = Sinus frontalis [2]

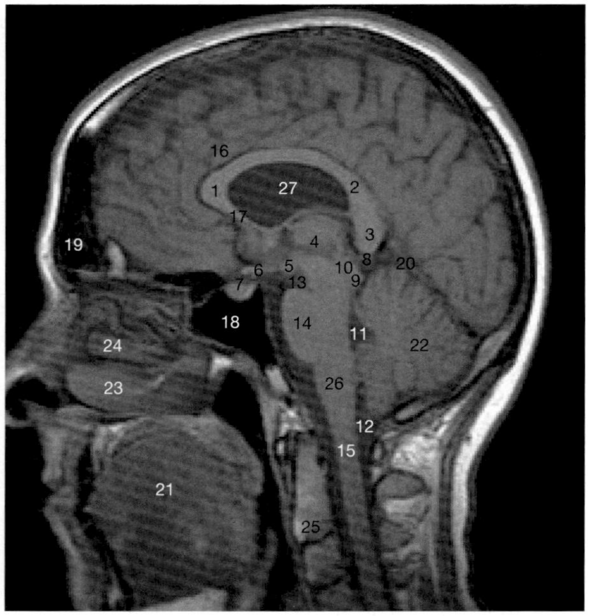

Abb. 10.2 Medianer Sagittalschnitt des Kopfes im MRT (T1-Gewichtung). 1 = Corpus callosum, Genu, 2 = Corpus callosum, Truncus, 3 = Corpus callosum, Splenium, 4 = Ventriculus tertius, Thalamus, 5 = Corpus mamillare, 6 = Chiasma opticum, 7 = Hypophysis, 8 = Glandula pinealis, 9 = Tectum mesencephali, 10 = Aqueductus mesencephali, 11 = Ventriculus quartus, 12 = Cisterna cerebellomedullaris, 13 = Cisterna interpeduncularis, 14 = Pons, 15 = Medulla spinalis, 16 = Gyrus cinguli, 17 = Corpus callosum, Rostrum, 18 = Sinus sphenoidalis, 19 = Sinus frontalis, 20 = Tentorium cerebelli, 21 = Lingua, 22 = Vermis cerebelli, 23 = Concha nasalis inferior, 24 = Concha nasalis media, 25 = Dens axis, 26 = Medulla oblongata, 27 = Septum pellucidum [2]

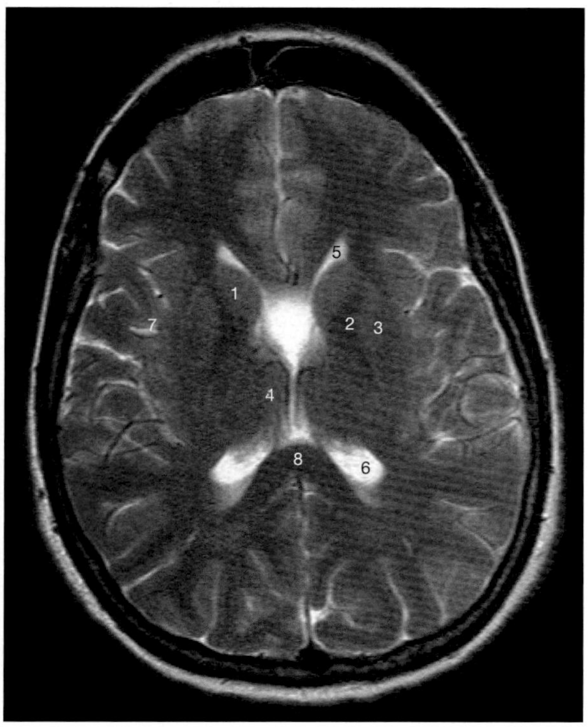

◀ **Abb. 10.3 Querschnitt des Großhirns im MRT (T2-Gewichtung).** 1 = Nucleus caudatus, Caput, 2 = Capsula interna, 3 = Putamen, 4 = Thalamus, 5 = Ventriculus lateralis, Cornu frontale, 6 = Ventriculus lateralis, Cornu occipitale, 7 = Insula, 8 = Corpus callosum, Splenium [2]

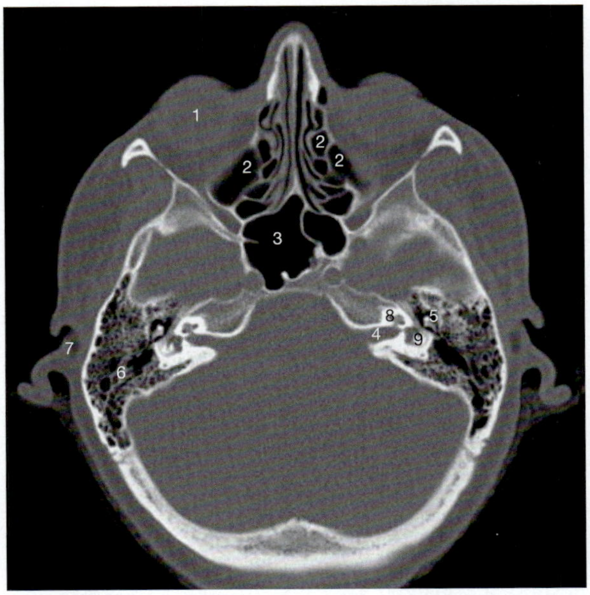

Abb. 10.4 Querschnitt des Kopfes in Höhe der Bulbi oculi im CT. 1 = Bulbus oculi, 2 = Cellulae ethmoidales, 3 = Sinus sphenoidalis, 4 = Meatus acusticus internus, 5 = Cavitas tympani mit Gehörknöchelchen, 6 = Cellulae mastoideae, 7 = Meatus acusticus externus, 8 = Cochlea, 9 = Labyrinth [2]

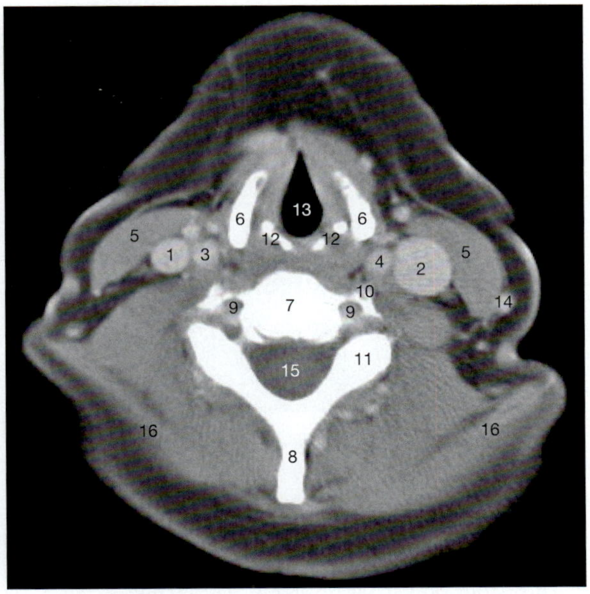

Abb. 10.5 Querschnitt des Halses in Höhe HWK 5/6 im CT. 1 = V. jugularis interna dextra, 2 = V. jugularis interna sinistra, 3 = A. carotis communis dextra, 4 = A. carotis communis sinistra, 5 = M. sternocleidomastoideus, 6 = Cartilago thyroidea, 7 = Corpus vertebrae, 8 = Vertebra, Processus spinosus, 9 = Foramen transversum mit A. vertebralis, 10 = Tuberculum anterius, 11 = Processus articularis, 12 = Cartilago arytenoidea, 13 = Glottis, 14 = V. jugularis externa sinistra, 15 = Rückenmark, 16 = M. trapezius [2]

Schnittbilder des Rumpfes

Beim Querschnitt durch den **Hals** in Höhe HWK 5/6 (↗ Abb. 10.5) handelt es sich um ein CT, was gut an den weiß dargestellten knöchernen Strukturen zu erkennen ist.

Bei der Darstellung der **thorakalen und abdominellen Organe** ist die CT in den meisten Fällen sensitiver als die MRT, weswegen für die Diagnostik in diesen Bereichen zumeist CT-Bilder zur Anwendung kommen. Beispiele sind CT-Frontalschnitte durch Thorax (↗ Abb. 10.6) und Abdomen (↗ Abb. 10.9) sowie Querschnitte in verschiedenen Höhen von Thorax (↗ Abb. 10.7 und 10.8) und Abdomen (↗ Abb. 10.10 und 10.11).

Das **Becken** ist bereits in ↗ Abbildung 10.9 im Frontalschnitt als CT dargestellt. In der MRT ist das Becken im paramedianen Sagittalschnitt in ↗ Abbildung 10.12 dargestellt. Die LWS (mit Bandscheibenvorfall) ist in der MRT in ↗ Abbildung 10.13 gezeigt.

Schnittbilder der Extremitäten

Bei den folgenden Schnittbildern handelt es sich um ein MRT auf Höhe der Oberschenkelmitte (↗ Abb. 10.14), ein MRT auf Höhe der Unterschenkelmitte (↗ Abb. 10.15) und ein MRT auf Höhe der Oberarmmitte (↗ Abb. 10.16).

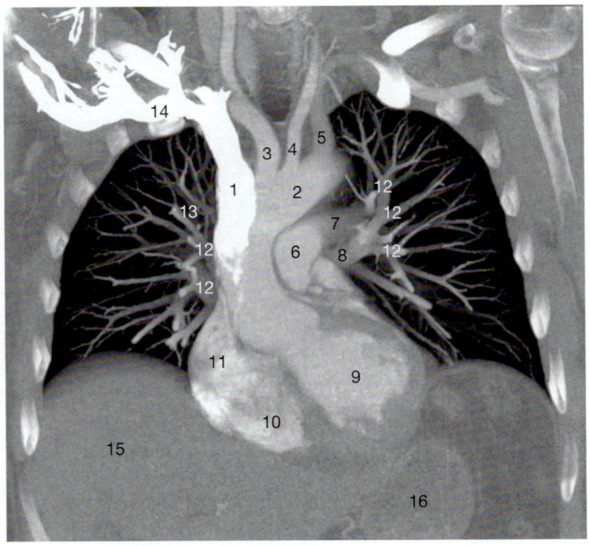

Abb. 10.6 Frontalschnitt durch Herz und Lunge im CT (sog. maximum intensive projection). 1 = V. cava superior, 2 = Arcus aortae, 3 = Truncus brachiocephalicus, 4 = A. carotis communis, 5 = A. subclavia, 6 = Truncus pulmonalis, 7 = A. pulmonalis sinistra, 8 = V. pulmonalis sinistra, 9 = Ventriculus cordis sinister, 10 = Ventriculus cordis dexter, 11 = Atrium cordis dextrum, 12 = Vv. pulmonales, 13 = Aa. pulmonales, 14 = V. subclavia, 15 = Hepar, 16 = Gaster [2]

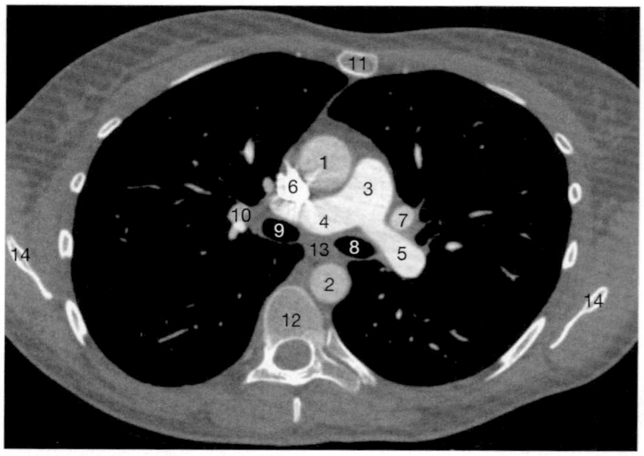

Abb. 10.7 Thorakaler Querschnitt in Höhe des Truncus pulmonalis im CT. 1 = Pars ascendens aortae, 2 = Pars descendens aortae, 3 = Truncus pulmonalis, 4 = A. pulmonalis dextra, 5 = A. pulmonalis sinistra, 6 = V. cava superior, 7 = V. pulmonalis sinistra, 8 = Bronchus principalis sinister, 9 = Bronchus principalis dexter, 10 = V. pulmonalis dextra, 11 = Corpus sterni, 12 = Vertebra thoracica, 13 = Oesophagus, 14 = Scapula [2]

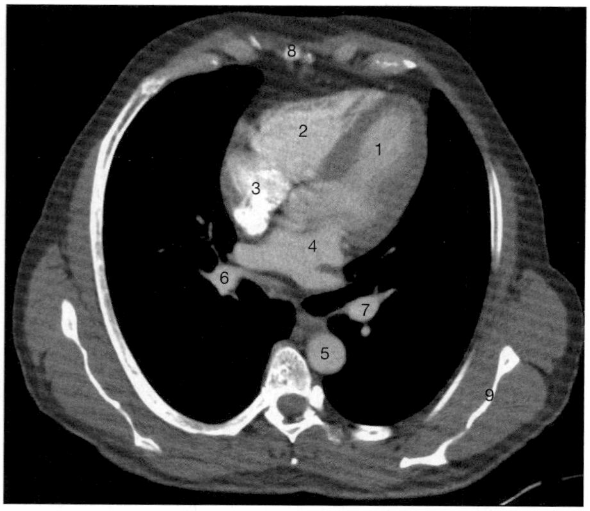

Abb. 10.8 Querschnitt (entsprechend dem sonographischen „4-Kammer-Blick") durch Herz und Lunge in Höhe des BWK 10 im CT. 1 = Ventriculus cordis sinister, 2 = Ventriculus cordis dexter, 3 = Atrium cordis dextrum, 4 = Atrium cordis sinistrum, 5 = Pars descendens aortae, 6 = V. pulmonalis dextra inferior, 7 = V. pulmonalis sinistra inferior, 8 = Processus xiphoideus, 9 = Scapula [2]

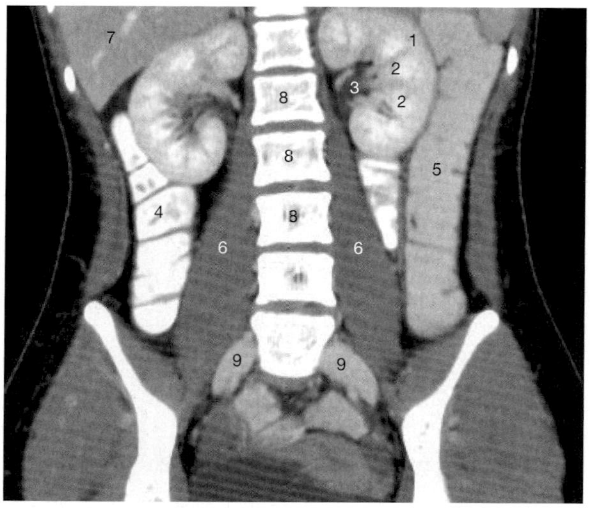

Abb. 10.9 Frontalschnitt durch Abdomen und Becken im CT. 1 = Cortex renalis, 2 = Medulla renalis, 3 = Pelvis renalis, 4 = Colon ascendens, 5 = Colon descendens, 6 = M. psoas major, 7 = Hepar, 8 = Columna vertebralis, 9 = V. iliaca [2]

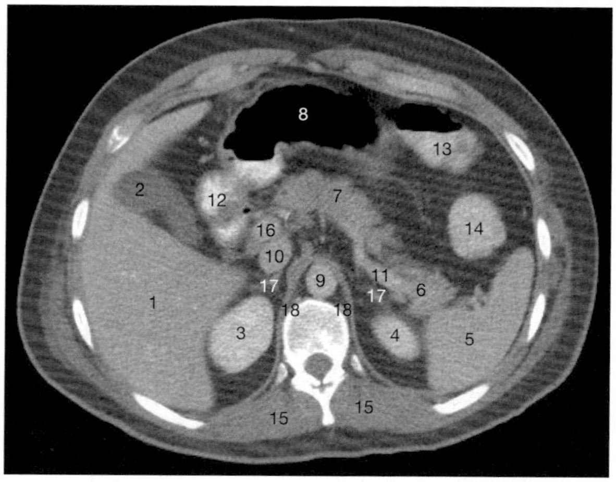

Abb. 10.10 Querschnitt des Abdomens in Höhe des Pankreas im CT. 1 = Hepar, 2 = Vesica biliaris, 3 = Ren dexter, 4 = Ren sinister, 5 = Splen, 6 = Cauda pancreatis, 7 = Corpus pancreatis, 8 = Gaster, 9 = Pars abdominalis aortae, 10 = V. cava inferior, 11 = V. splenica, 12 = Pylorus, 13 = Flexura coli sinistra, 14 = Colon descendens, 15 = M. erector spinae, 16 = V. portae, 17 = Glandulae suprarenales, 18 = Diaphragma [2]

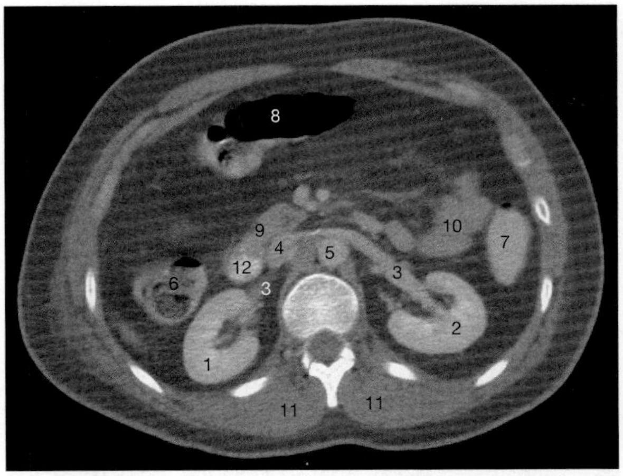

Abb. 10.11 Querschnitt des Abdomens in Höhe der Nierenhila im CT. 1 = Ren dexter, 2 = Ren sinister, 3 = V. renalis, 4 = V. cava inferior, 5 = Pars abdominalis aortae, 6 = Colon ascendens, 7 = Colon descendens, 8 = Colon transversum, 9 = Pancreas, Processus uncinatus, 10 = Jejunum, 11 = M. erector spinae, 12 = Duodenum, Pars descendens [2]

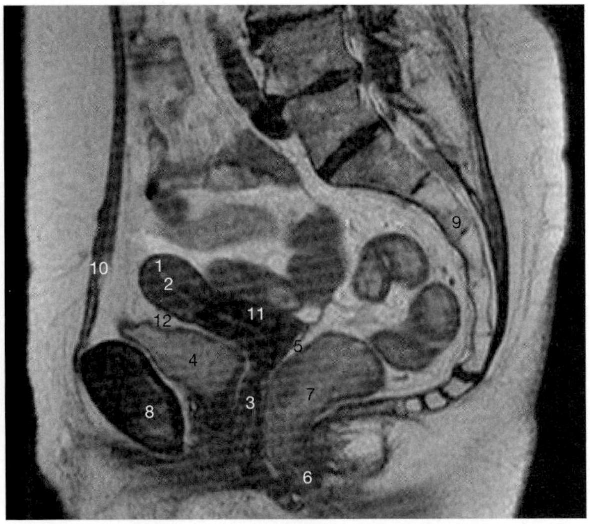

Abb. 10.12 Paramedianer Sagittalschnitt durch das Becken im MRT. 1 = Fundus uteri, 2 = Cavitas uteri, 3 = Vagina, 4 = Vesica urinaria, 5 = Excavatio rectouterina, 6 = Anus, 7 = Ampulla recti, 8 = Symphysis pubica, 9 = Os sacrum, 10 = Linea alba, 11 = Isthmus uteri, 12 = Excavatio vesicouterina [2]

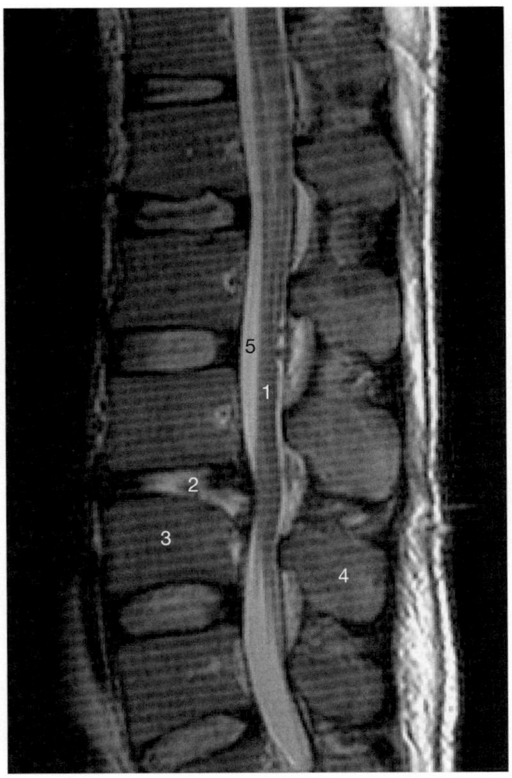

Abb. 10.13 Sagittalschnitt der LWS (T2-Gewichtung) mit Bandscheibenvorfall im MRT. 1 = Cauda equina, 2 = Discus intervertebralis mit Prolaps, 3 = Corpus vertebrae, 4 = Processus spinosus, 5 = Canalis vertebralis, Spatium subdurale [2]

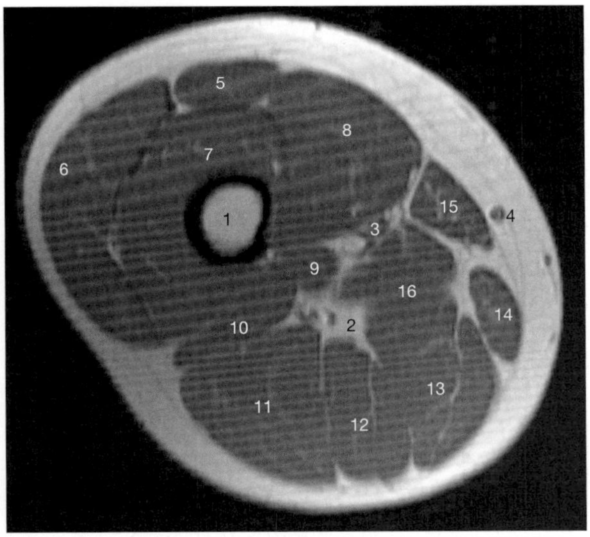

Abb. 10.14 Axiales Schnittbild der unteren Extremität auf Höhe der Oberschenkelmitte im MRT (T1-Gewichtung). 1 = Femur, 2 = N. ischiadicus, 3 = A., V. und N. femoralis, N. saphenus, 4 = V. saphena magna, 5 = M. rectus femoris, 6 = M. vastus lateralis, 7 = M. vastus intermedius, 8 = M. vastus medialis, 9 = M. adductor longus, 10 = M. biceps femoris, Caput breve, 11 = M. biceps femoris, Caput longum, 12 = M. semitendinosus, 13 = M. semimembranosus, 14 = M. gracilis, 15 = M. sartorius, 16 = M. adductor magnus

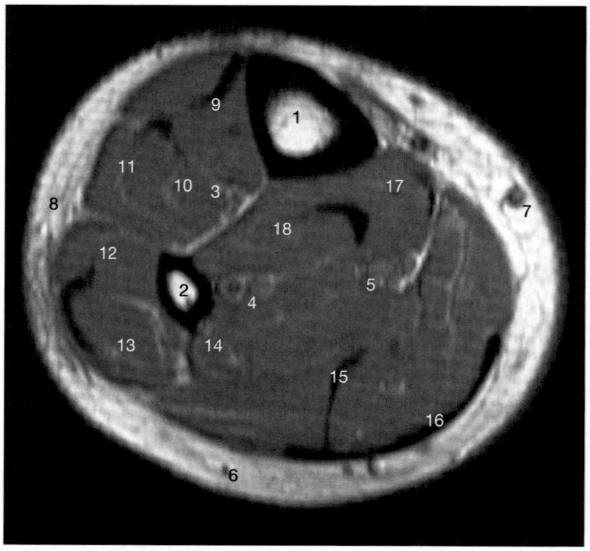

Abb. 10.15 Axiales Schnittbild der unteren Extremität auf Höhe der Unterschenkelmitte im MRT (T1-Gewichtung). 1 = Tibia, 2 = Fibula, 3 = A. tibialis anterior, N. fibularis profundus, 4 = A. fibularis, 5 = A. tibialis posterior, N. tibialis, 6 = V. saphena parva, 7 = V. saphena magna, 8 = N. fibularis superficialis, 9 = M. tibialis anterior, 10 = M. extensor hallucis longus, 11 = M. extensor digitorum longus, 12 = M. fibularis (peroneus) brevis, 13 = M. fibularis (peroneus) longus, 14 = M. flexor hallucis longus, 15 = M. soleus, 16 = M. gastrocnemius, 17 = M. flexor digitorum longus, 18 = M. tibialis posterior

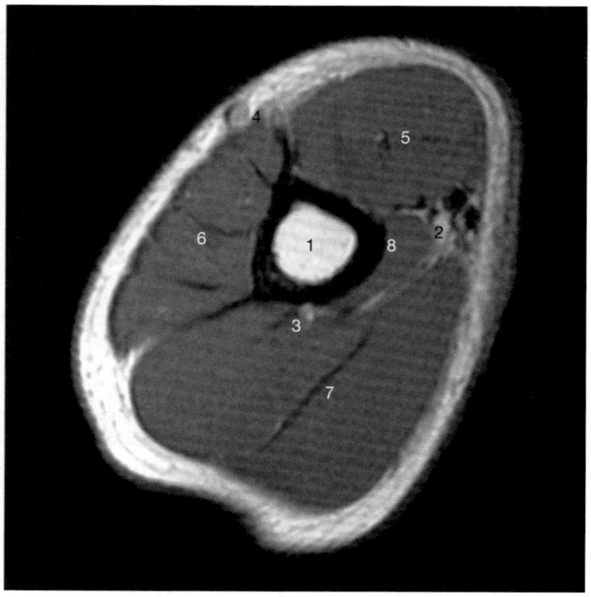

Abb. 10.16 Axiales Schnittbild der oberen Extremität auf Höhe der Oberarmmitte im MRT (T1-Gewichtung). 1 = Humerus, 2 = A. brachialis, N. ulnaris, N. medianus, V. basilica, 3 = N. radialis, A. profunda brachii, 4 = V. cephalica, 5 = M. biceps brachii, 6 = M. brachialis, 7 = M. triceps brachii, 8 = M. coracobrachialis

Quellenverzeichnis

[1] Abdruck mit freundlicher Genehmigung von Prof. Dr. Friedrich Hagenmüller. Asklepios Klinik Altona, 1. Medizinische Abteilung (Gastroenterologie), Hamburg.

[2] Abdruck mit freundlicher Genehmigung von Dr. Ernst-J. Malzfeldt. Asklepios Klinik Altona, Abteilung für Strahlendiagnostik und Nuklearmedizin, Hamburg.

[3] Abdruck mit freundlicher Genehmigung von Prof. Dr. Norbert P. Südkamp. Universitätsklinikum Freiburg, Department für Orthopädie und Traumatologie, Freiburg i.Br.

[4] Baumhoer/Steinbrück/Götz. Kurzlehrbuch Histologie. 2. Aufl. Urban & Fischer 2003.

[5] Benninghoff/Drenckhahn. Anatomie. Bd. 1. Hrsg. v. Drenckhahn. 16. Aufl. Urban & Fischer 2002.

[6] Benninghoff/Drenckhahn. Anatomie. Bd. 2. Hrsg. v. Drenckhahn. 16. Aufl. Elsevier 2004.

[7] Golenhofen. Basislehrbuch Physiologie. 4. Aufl. Elsevier 2006.

[8] Mediscript-CD-ROM GK1, Physikum 3/96–3/05, 1. Abschnitt der Ärztlichen Prüfung 8/05–3/07, Mediscript-CD-ROM GK3, 2. Staatsexamen 3/96–3/06.

[9] Jacob. Atlas of Human Anatomy. Churchill Livingstone 2002.

[10] Liebsch. Kurzlehrbuch Neurologie. 2. Aufl. Urban & Fischer 2001.

[11] Moll. Anatomische Tafeln. 2. Aufl. Urban & Fischer 2000.

[12] Moore/Persaud. Embryologie. 7. Aufl. Elsevier 2007.

[13] Sobotta. Atlas der Anatomie des Menschen. Bd. 1. Hrsg. v. Putz u. Pabst. 21. Aufl. Urban & Fischer 2000.

[14] Sobotta. Atlas der Anatomie des Menschen. Bd. 1. Hrsg. v. Putz u. Pabst. 22. Aufl. Elsevier 2005.

[15] Sobotta. Atlas der Anatomie des Menschen. Bd. 2. Hrsg. v. Putz u. Pabst. 22. Aufl. Elsevier 2005.

[16] Sobotta. Lehrbuch Histologie. Hrsg. v. Welsch. 2. Aufl. Elsevier 2006.

[17] Trepel. Neuroanatomie. 3. Aufl. Elsevier 2003

[18] Wicke. Atlas der Röntgenanatomie. 7. Aufl. Elsevier 2005.

[19] Frick/Leonhardt/Starck. Taschenlehrbuch der gesamten Anatomie, Bd. 2: Spezielle Anatomie II. Thieme 1992 (Abb. 67, S. 179).

[20] Netter. Atlas der Anatomie des Menschen. 2. Aufl. Thieme 2003.

[21] Lippert. Lehrbuch Anatomie. 7. Aufl. Elsevier 2006.

Register

A

B

C

D

E

F

G

H

I

J

K

L

M

N

O

P

Q

R

S

T

U

V

W

X

Z